U0922275

中 国 国 家 标 准 汇 编

2007 年修订-19

中国标准出版社　编

中 国 标 准 出 版 社

北　京

图书在版编目（CIP）数据

中国国家标准汇编：2007 年修订.19/中国标准出版社编.—北京：中国标准出版社，2008
ISBN 978-7-5066-4993-3

Ⅰ.中… Ⅱ.中… Ⅲ.国家标准-汇编-中国-2007 Ⅳ.T-652.1

中国版本图书馆 CIP 数据核字（2008）第 101053 号

中国标准出版社出版发行
北京复兴门外三里河北街 16 号
邮政编码：100045
网址 www.spc.net.cn
电话：68523946 68517548
中国标准出版社秦皇岛印刷厂印刷
各地新华书店经销
*
开本 880×1230 1/16 印张 46 字数 1 395 千字
2008 年 8 月第一版 2008 年 8 月第一次印刷
*
定价 200.00 元

出 版 说 明

1.《中国国家标准汇编》是一部大型综合性国家标准全集，自1983年起，按国家标准顺序号以精装本、平装本两种装帧形式陆续分册汇编出版。《汇编》在一定程度上反映了我国建国以来标准化事业发展的基本情况和主要成就，是各级标准化管理机构，工矿企事业单位，农林牧副渔系统，科研、设计、教学等部门必不可少的工具书。

2. 由于标准的动态性，每年有相当数量的国家标准被修订，这些国家标准的修订信息无法在已出版的《汇编》中得到反映。为此，自1995年起，新增出版在上一年度被修订的国家标准的汇编本。

3. 修订的国家标准汇编本的正书名、版本形式、装帧形式与《中国国家标准汇编》相同，视篇幅分设若干册，但不占总的分册号，仅在封面和书脊上注明“2006年修订-1，-2，-3，……”等字样，作为对《中国国家标准汇编》的补充。读者配套购买则可收齐前一年新制定和修订的全部国家标准。

4. 修订的国家标准汇编本的各分册中的标准，仍按顺序号由小到大排列(不连续)；如有遗漏的，均在当年最后一分册中补齐。

5. 2007年制修订国家标准1 410项，全部收入在《中国国家标准汇编》第352～367分册和2007年修订-1～修订-23分册中。本分册为“2007年修订-19”，收入新制修订的国家标准15项。

中国标准出版社
2008年6月

目　　录

ICS 07.060
A 45

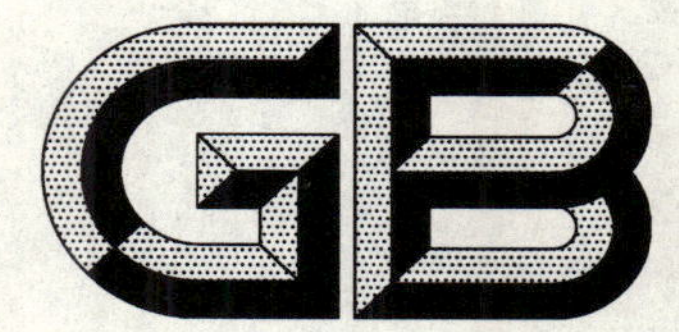

中华人民共和国国家标准

GB 17378.4—2007
代替 GB 17378.4—1998

海洋监测规范
第4部分:海水分析

The specification for marine monitoring—
Part 4: Seawater analysis

2007-10-18 发布　　　　2008-05-01 实施

中华人民共和国国家质量监督检验检疫总局
中国国家标准化管理委员会　发布

ICS 07.060
A 45

中华人民共和国国家标准

GB 17378.4—2007
代替GB 17378.4—1998

海洋监测规范
第4部分：海水分析

The specification for marine monitoring—
Part 4: Seawater analysis

2007-10-18发布　　2008-05-01实施

中华人民共和国国家质量监督检验检疫总局
中国国家标准化管理委员会　发布

前　言

本部分的全部技术内容为强制性。

GB 17378《海洋监测规范》分为七个部分：

——第1部分：总则；

——第2部分：数据处理与分析质量控制；

——第3部分：样品采集、贮存与运输；

——第4部分：海水分析；

——第5部分：沉积物分析；

——第6部分：生物体分析；

——第7部分：近海污染生态调查和生物监测。

本部分为GB 17378的第4部分，代替GB 17378.4—1998《海洋监测规范　第4部分：海水分析》。

本部分与GB 17378.4—1998相比主要变化如下：

——水样采集、贮存和运输调整为规范性附录（1998年版的4.3；本版的附录B）；

——检出限调整为资料性附录（1998年版的第5章；本版的附录C）；

——增加了汞的原子荧光测定法（见5.1）；

——取消了汞的双硫腙分光光度法（1998年版的6.2）；

——修改了铜、铅和镉的无火焰原子吸收分光光度测定法，调整为铜、铅和镉的连续测定法（1998年版的7.1、8.1、9.1；本版的6.1、7.1、8.1）；

——取消了铜的二乙氨基二硫代甲酸钠分光光度法（1998年版的7.4）；

——取消了铅的双硫腙分光光度法（1998年版的8.4）；

——取消了镉的双硫腙分光光度法（1998年版的9.4）；

——取消了锌的双硫腙分光光度法（1998年版的10.3）；

——增加了砷的原子荧光测定法（见11.1）；

——修改了油类的环己烷萃取荧光分光光度测定法（1998年版的14.1；本版的13.1）；

——取消了氟里昂-环己烷萃取体系荧光分光光度法（1998年版的14.2）；

——透明度—目视法修改为透明度—透明圆盘法（1998年版的23.1；本版的22）；

——取消了pH的pH比色法（1998年版的27.2）；

——增加了盐度的温盐深仪（CTD）测定法（见29.2）；

——增加了总有机碳的总有机碳仪器测定法（见34.1）；

——增加了总磷过硫酸钾氧化测定法（见第40章）；

——增加了总氮过硫酸钾氧化测定法（见第41章）；

——增加了镍的无火焰原子吸收分光光度测定法（见第42章）；

——修改完善了附录A并调整为规范性附录（1998年版的附录A；本版的附录A）；

——附录B调整为资料性附录（1998年版的附录B；本版的附录D）。

本部分的附录A和附录B为规范性附录，附录C和附录D为资料性附录。

本部分由国家海洋局提出。

本部分由全国海洋标准化技术委员会（SAC/TC 283）归口。

本部分起草单位：国家海洋环境监测中心。

本部分主要起草人：马永安、徐恒振、于涛、贺广凯、赵云英、张国光、尚龙生、孙茜、吴之庆、陈淑梅、韩庚辰、关道明、王健国、张春明、许昆灿、陈维岳、陈邦龙、战秀文。

本部分所代替标准的历次版本发布情况为：

——GB 17378.4—1998。

海洋监测规范
第4部分:海水分析

1 范围

GB 17378的本部分规定了海水监测项目的分析方法,对海水分析的样品采集、贮存、运输、测定结果计算等提出了技术规定和要求。

本部分适用于大洋、近海、河口及咸淡混合水域。可用于海洋环境监测,常规水质监测,近岸浅水区环境污染调查监测,以及海洋倾废、疏浚物、赤潮和海洋污染事故的应急专项调查监测与海洋有关的海洋环境调查监测。

2 规范性引用文件

下列文件中的条款通过GB 17378的本部分的引用而成为本部分的条款。凡是注日期的引用文件,其随后所有的修改单(不包括勘误的内容)或修订版均不适用于本部分,然而,鼓励根据本部分达成协议的各方研究是否可使用这些文件的最新版本。凡是不注日期的引用文件,其最新版本适用于本部分。

GB/T 12763.2 海洋调查规范 第2部分:海洋水文观测

GB/T 12763.4 海洋调查规范 第4部分:海洋化学要素调查

GB 17378.2 海洋监测规范 第2部分:数据处理与分析质量控制

GB 17378.3 海洋监测规范 第3部分:样品采集、贮存与运输

HY/T 07—1992 颠倒温度表

3 术语和定义

下列术语和定义适用于GB 17378的本部分。

3.1

过滤的水样 filtered water sample

用0.45μm纤维滤膜过滤的水。

3.2

标线 standard line

计量容器体积的刻度线。

4 一般规定

4.1 试剂、溶剂、滤膜的纯化和处理

4.1.1 氨水的等温扩散法纯化:将分别盛有氨水和高纯水的容器分放在玻璃干燥器隔板上或隔板下,密闭放置。扩散时间依气温而定,大约1周~2周。

4.1.2 三氯甲烷、四氯化碳的纯化:对新开封的溶剂可进行简单的处理,即每升溶剂中加200 mL盐酸羟胺溶液(体积分数0.5%),于分液漏斗中振荡洗涤弃去水相,再用纯水洗涤一次,经干燥过的滤纸过滤即可。若作为回收的废溶剂或经上述方法处理后仍不合格者,改用下法处理:将溶剂倒入蒸馏瓶至半满,加适量亚硫酸钠溶液(体积分数10%)适量覆于上层,进行第一次蒸馏,再移入另一清洁的蒸馏瓶中,加入固体氧化钙进行第二次蒸馏,弃去初馏液少许,接取馏液,贮于棕色瓶中。若溶剂为氯仿,可加

1%体积的无水乙醇，增加其稳定性。

4.1.3　0.45 μm 纤维滤膜的处理：用敷有聚乙烯膜的不锈钢镊子挟持滤膜的边缘，逐张地竖直向下浸入 0.5 mol/L 的盐酸溶液中，至少 12 h。用纯水冲洗至中性，密封待用。

4.2　说明

4.2.1　标准空白(A_0)与分析空白(A_b)的扣除

4.2.1.1　当 $A_0=A_b$(即标准系列与水样测定步骤完全一致)，两者都可不必扣除，即 A_i 不减 A_0；A_w 不减 A_b 绘制校准曲线或查读曲线，但只限同批可行；若空白值(A_0 及 A_b)十分稳定，可延用一周。

注 1：A_w：水样的吸光(信号)值；

注 2：A_b：分析空白吸光值；

注 3：A_i：标准系列各点的吸光值，其中零浓度为标准空白 A_0。

4.2.1.2　当 $A_0 \neq A_b$，即标准系列的测定步骤较之水样有所省略时，则必须 A_i-A_0 后绘制曲线；A_w-A_b 后查读曲线。

4.2.1.3　用线性回归方程计算也应按上述规定。

4.2.1.4　原子吸收、气相色谱、电化学等测定方法，参照上述规定。

4.2.2　盐误差的校正

盐误差（离子强度不同带来的误差）的校正，应用清洁海水稀释定容标准系列；若用纯水则应给出校正因数；已知某些校正因数(如硅、氨)受环境和纯水影响波动较大，使用者应以实测的结果作必要的校正。

4.2.3　水样体积的校正

在量取测定水样之前向水样加入的试剂溶液超过 1%体积时，按式(1)进行体积校正：

$$V=\frac{V_1V_3}{V_1+V_2} \qquad (1)$$

式中：

V——校正后水样体积，单位为毫升(mL)；

V_1——原始水样体积，单位为毫升(mL)；

V_3——量取测定水样体积，单位为毫升(mL)；

V_2——加入试剂溶液体积，单位为毫升(mL)。

4.2.4　测试方法的验证

水温、盐度、水色、透明度、pH、氯化物、化学需氧量、氨的次溴酸盐法等测试方法系等同采用国内外经典方法，其性能指标多数引自原稿，未再验证。

4.2.5　平行样间的相对偏差限及天然样品加标回收率

重复测定平行样之间的相对偏差限及天然样品加标回收率，若原方法中未作规定，按照 GB 17378.2 的规定执行。

5　汞

5.1　原子荧光法

5.1.1　适用范围和应用领域

适用于大洋、近岸及河口区海水中汞的测定。

本方法为仲裁方法。

5.1.2　方法原理

水样经硫酸-过硫酸钾消化后，在还原剂硼氢化钾的作用下，汞离子被还原成单质汞。以氩气为载气将汞蒸气带入原子荧光光度计的原子化器中，以特种汞空心阴极灯为激发光源，测定汞原子荧光强度。

5.1.3 试剂及其配制

5.1.3.1 硫酸:工艺超纯,ρ=1.84 g/ mL。

5.1.3.2 硝酸:优级纯,ρ=1.42 g/ mL。

5.1.3.3 盐酸羟胺($NH_2OH \cdot HCl$)。

5.1.3.4 过硫酸钾($K_2S_2O_8$)。

5.1.3.5 硼氢化钾(KBH_4)。

5.1.3.6 氢氧化钾(KOH):优级纯。

5.1.3.7 盐酸羟胺溶液(100 g/L):称取 25 g 盐酸羟胺(见 5.1.3.3)溶于水中,稀释至 250 mL。

5.1.3.8 过硫酸钾溶液(50 g/L):称取 50 g 过硫酸钾(见 5.1.3.4)用水溶解并稀释至 1 000 mL。

5.1.3.9 硫酸溶液:在搅拌下,将 28 mL 硫酸(见 5.1.3.1)缓慢地加到 500 mL 水中,稀释至1 000 mL。

5.1.3.10 硝酸溶液(1+19):将 50 mL 硝酸(见 5.1.3.2)缓慢地加到 1 000 mL 水中。

5.1.3.11 KBH_4 溶液(0.05 g/L):称取 1 g 氢氧化钾(5.1.3.6)溶于 200 mL 水中,加入 0.5 g 硼氢化钾(见 5.1.3.5)溶解后,取 20 mL 用水稀释至 1 000 mL。

5.1.3.12 汞标准储备溶液(1.00 mg/mL):准确称取 0.135 4 g 氯化汞($HgCl_2$,优级纯,预先在硫酸干燥器中放置 24 h 以上)于 50 mL 干净的烧杯中,用少量硝酸溶液(见 5.1.3.10)溶解后,全量转入 100 mL 容量瓶中,用硝酸溶液(见 5.1.3.10)定容至标线,混匀。

5.1.3.13 汞标准中间溶液(10.0 μg/mL):移取 1.00 mL 汞标准储备溶液(见 5.1.3.12)置于 100 mL 容量瓶中,加硝酸溶液(见 5.1.3.10)至标线,混匀。

5.1.3.14 汞标准中间溶液(0.100 μg/mL):移取 1.00 mL 汞标准中间溶液(见 5.1.3.13)置于100 mL 容量瓶中,加硝酸溶液(见 5.1.3.10)至标线,混匀。

5.1.3.15 汞标准使用溶液(10.0 ng/mL):移取 10.00 mL 汞标准中间溶液(见 5.1.3.14)置于100 mL 容量瓶中,加硝酸溶液(见 5.1.3.10)至标线,混匀(使用时配制)。

5.1.4 仪器及设备

仪器和设备如下:

——原子荧光光度计;

——容量瓶:容量 100 mL、1 000 mL;

——移液管:容量 1 mL、2 mL、5 mL、10 mL;

——烧杯:容量 50 mL、1 000 mL;

——一般实验室常备仪器和设备。

5.1.5 分析步骤

5.1.5.1 绘制标准曲线

5.1.5.1.1 量取 0 mL、0.25 mL、0.50 mL、1.00 mL、2.00 mL、4.00 mL、8.00 mL 汞标准使用液(见 5.1.3.15),分别移入 100 mL 容量瓶中,加硫酸溶液(见 5.1.3.9)至标线,混匀。分别进样 2.0 mL,依次测定标准系列各点荧光强度值(I_i)和标准空白荧光强度值(I_0)。

5.1.5.1.2 以(I_i-I_0)为纵坐标,汞量(ng)为横坐标,绘制标准曲线(给出线性回归方程)并计算线性回归系数,结果记入表 A.1。

5.1.5.2 样品测定

5.1.5.2.1 样品消化:量取 100 mL 水样于 250 mL 锥形瓶中,加入 2.0 mL 硫酸(见 5.1.3.1),5.0 mL 过硫酸钾溶液(见 5.1.3.8),放置在室温下消化 24 h,或加热煮沸 1 min 后,冷却至室温,滴加 2 mL 盐酸羟胺溶液(见 5.1.3.7),混匀,此液为样品消化液。

5.1.5.2.2 分析空白:量取 100 mL 无汞纯水于 250 mL 锥形瓶中,加入 2.0 mL 硫酸(见 5.1.3.1),5.0 mL过硫酸钾溶液(见 5.1.3.8),在室温下放置消化 24 h 以上,或加热煮沸 1 min 后,冷却至室温,滴加 2 mL 盐酸羟胺溶液(见 5.1.3.7),混匀,此液为分析空白液。

5.1.5.2.3　分别取 2.0 mL 样品消化液(见 5.1.5.3.1)和分析空白液(见 5.1.5.3.2)于氢化物发生器中,测定空白荧光强度(I_b)和样品消化液的荧光强度(I_s)。以(I_s-I_b)值,由标准曲线查得汞量(ng),或用线性回归方程计算得出汞量(ng)。

5.1.6　记录和计算

将样品测定数据记表 A.2 中,按式(2)计算海水中汞的含量:

$$c=\frac{m}{V}\times k \qquad (2)$$

式中:

c——水样中汞的浓度,单位为微克每升(μg/L);

m——水样中汞含量,单位为纳克(ng);

k——样品消化后体积校正系数为 1.09;

V——进样体积,单位为毫升(mL)。

5.1.7　精密度和准确度

浓度为 1.00 μg/L 时,重复性相对标准偏差 2.5%;再现性相对标准偏差 10.2%;相对误差 6.5%。

5.1.8　注意事项

本方法执行中应注意以下事项:

——除非另有说明,本方法所用试剂均为分析纯,水为无汞纯水或等效纯水。

——测试使用的所有器皿必须在硝酸溶液(1+3)中浸泡 24 h 后,再用去离子水冲洗干净方可使用;

——测试过程中切勿使器皿受汞的沾污。

——盐酸羟胺的含汞量差别较大,使用前应进行试剂空白测试,以免因空白值过大,造成过大的测定误差。

——由于影响汞测定的因素较多,如载气流量、汞灯电流、负高压等,因此,每次测定均应测定标准系列。

5.2　冷原子吸收分光光度法

5.2.1　范围和应用领域

适用于大洋、近岸及河口区海水中汞的测定。

5.2.2　方法原理

水样经硫酸-过硫酸钾消化,在还原剂氯化亚锡的作用下,汞离子被还原为金属汞,采用气-液平衡开路吸气系统,在 253.7 nm 波长测定汞原子特征吸收值。

5.2.3　试剂及其配制

5.2.3.1　过硫酸钾($K_2S_2O_8$)

5.2.3.2　无水氯化钙($CaCl_2$):用于装填干燥管。

5.2.3.3　低汞海水:表层海水经滤纸过滤,汞含量应低于 0.005 μg/L。

5.2.3.4　硝酸溶液(1+19):将 50 mL 硝酸(ρ=1.42 g/mL) 缓慢地加到 1 000 mL 水中。

5.2.3.5　硫酸溶液(1+1):将 500 mL 硫酸(ρ=1.84 g/mL)缓慢地加到 500 mL 水中。

5.2.3.6　硫酸溶液(0.5 mol/L):在搅拌下将 28 mL 硫酸(ρ=1.84 g/mL)缓慢地加到水中,并稀释至 1 L。

5.2.3.7　盐酸溶液(1+1):将盐酸(ρ=1.19 g/mL)用等体积水稀释。

5.2.3.8　盐酸羟胺溶液(100 g/L):称取 25 g 盐酸羟胺($NH_2OH\cdot HCl$)溶于水中,并稀释至 250 mL。

5.2.3.9　氯化亚锡溶液:称取 100 g 氯化亚锡($SnCl_2$)于烧杯中,加入 500 mL 盐酸溶液(见 5.2.3.7),加热至氯化亚锡完全溶解,冷却后盛于试剂瓶中。临用时加等体积水稀释。汞杂质高时,通入氮气除汞，直至汞含量检不出。

5.2.3.10　汞标准贮备溶液(1.00 mg/mL-Hg)：称取 0.135 4 g 氯化汞($HgCl_2$，预先在硫酸干燥器中干燥)于 10 mL 烧杯中，用硝酸溶液(见 5.2.3.4)溶解，全量移入 100 mL 量瓶中，加硝酸溶液(见 5.2.3.4)稀释至刻度，混匀。盛于棕色硼硅玻璃试剂瓶中，此溶液可保存期为一年。

5.2.3.11　汞标准中间溶液(10.0 μg/mL)：移取 1.00 mL 汞标准贮备溶液(见 5.2.3.10)于 100 mL 量瓶中，加硝酸溶液(见 5.2.3.4)稀释至标线，混匀。此溶液可保存期一星期。

5.2.3.12　汞标准使用溶液(0.100 μg/mL)：移取 1.00 mL 汞标准中间溶液(见 5.2.3.11)于 100 mL 量瓶中，加硫酸溶液(见 5.2.3.6)稀释至标线，混匀。此溶液当日配制。

5.2.4　仪器及设备

仪器和设备如下：

——测汞装置见图 1。

——汞蒸气发生瓶：用 250 mL 锥形玻璃洗瓶改制而成，截割洗瓶通气管下端，恰使管端刚离开待测的液面；

——量瓶：容量 100 mL；

——刻度吸管：容量 0.2 mL、0.5 mL、1 mL、2 mL、5 mL；

——移液吸管：容量 1 mL；

——试剂瓶：容量 250 mL、500 mL、1 000 mL、250 mL；

——一般实验室常备仪器和设备。

1—抽气泵；
2—空气流量调节阀；
3—含汞废气吸收器；
4—测汞仪；
5—光吸收池；
6—干燥管；
7—三通阀；
8—汞蒸气发生瓶；
9—空气净化装置；
10—活性碳吸收器；
11—气体流量计。

图 1　冷原子吸收测汞装置

5.2.5　分析步骤

5.2.5.1　绘制标准曲线

5.2.5.1.1　取 6 个汞蒸气发生瓶，分别加入 100 mL 低汞海水(见 5.2.3.3)，2.5 mL 硫酸溶液(见 5.2.3.5)，摇匀，用 0.2 mL 刻度吸管分别移入 0 mL，0.010 mL，0.020 mL，0.040 mL，0.060 mL，0.080 mL汞标准使用液(见 5.2.3.12)，混匀。

5.2.5.1.2　将测汞系统上的三通开关(7)转至调零档，以 1 L/min～1.5 L/min 流量的空气通过光吸收池。

5.2.5.1.3　将汞蒸气发生瓶依次连接于测汞系统中，加入 2.0 mL 氯化亚锡溶液(见 5.2.3.9)，塞紧瓶塞，剧烈振摇 1 min。

5.2.5.1.4 调节测汞仪零点，把三通开关转至测定档，测其吸光值 A_i。

5.2.5.1.5 将数据记入表 A.3 中，吸光值 $A_i - A_0$（标准空白）为纵坐标 相应的汞量（μg）为横坐标，绘制标准曲线。

5.2.5.2 **水样测定**

5.2.5.2.1 量取 100 mL 水样于 250 mL 锥形瓶中，加 2.5 mL 硫酸溶液（见 5.2.3.5），0.25 g 过硫酸钾（见 5.2.3.1）放置在常温下消化 15 h 以上，或加热煮沸 1 min 后冷却至室温（采样时也可先按计量加入上述两种消化剂）。滴加 2.0 mL 盐酸羟胺溶液（见 5.2.3.8）。

5.2.5.2.2 将水样转移入汞蒸气发生瓶（注意赶尽氯气！）其余按照 5.2.5.1.2～5.2.5.1.4 步骤测定其吸光值 A_w。

5.2.5.2.3 量取 100 mL 无汞纯水，按以上步骤测定分析空白值 A_b。

5.2.6 **记录和计算**

将样品测定数据记入表 A.4 中，由（$\overline{A_w} - \overline{A_b} = A$）值查标准曲线得汞量 m，或用线性回归计算 m 值：$m = \frac{A - a}{b}$，按式（3）计算水样中汞浓度。

$$c_{Hg} = \frac{k \cdot m}{V} \times 1\,000 \qquad (3)$$

式中：

c_{Hg}——水样中汞浓度，单位为微克每升（μg/L）；

k——测定样品体积校正系数为 1.05；

m——水样中汞含量，单位为微克（μg）；

V——水样体积，单位为毫升（mL）；

a——曲线截距；

b——曲线斜率。

5.2.7 **精密度和准确度**

浓度为 1.25 μg/L 时，相对误差 0.50%；重复性（r）0.17 μg/L；重复性相对标准偏差 4.8%；再现性（R）0.37 μg/L；再现性相对标准偏差 9.3%。

5.2.8 **注意事项**

本方法执行中应注意以下事项：

——除非另有说明，本方法所用试剂均为分析纯，水为无汞纯水或等效纯水；

——汞离子在蒸馏水中极不稳定，因此汞的标准系列应配于过滤的表层海水或 2% 的氯化钠溶液中；

——氯气影响测定结果，在测定前必须除净消化样品中的氯气，否则结果偏高；

——所用器皿，均须用硝酸溶液（1+3）浸泡 1 d 以上，并检查合格；

——用过的汞蒸气发生瓶，须用酸性高锰酸钾溶液洗涤，再用水洗净。

5.3 **金捕集冷原子吸收光度法**

5.3.1 **适用范围和应用领域**

适用于大洋水、近岸海水、地面水痕量汞的测定。

5.3.2 **方法原理**

样品经硫酸-过硫酸钾消化，有机汞转化为无机汞，在还原剂氯化亚锡的作用下，汞离子还原为金属汞，汞蒸气被载气带入金捕集器与金丝生成金汞齐。加热金丝，释放汞蒸气，由载气导入测汞仪吸收池中。在 253.7 nm 波长，测定汞原子特征吸光值。

5.3.3 试剂及其配制

5.3.3.1 汞标准溶液

5.3.3.1.1 汞标准贮备溶液(1.00 mg/mL-Hg):准确称取0.135 4 g氯化汞($HgCl_2$,优级纯,预先在硫酸干燥器中干燥)于10 mL烧杯中,用硝酸溶液(见5.3.3.2)溶解,全量移入100 mL棕色量瓶中,加入1.00 mL重铬酸钾溶液(见5.3.3.10),用硝酸溶液(见5.3.3.2)稀释至标线,混匀,冰箱保存。

5.3.3.1.2 汞标准中间溶液(10.0 μg/mL):量取1.00 mL汞标准贮备溶液(见5.3.3.1.1)于100 mL量瓶中〔瓶内预先加入约50 mL硝酸溶液(见5.3.3.2)〕,加入1.0 mL重铬酸钾溶液(见5.3.3.10),用硝酸溶液(见5.3.3.2)稀释至标线,混匀,冰箱保存。

5.3.3.1.3 汞标准使用溶液(0.100 μg/mL):量取1.00 mL汞标准中间溶液(见5.3.3.1.2)于100 mL量瓶中〔瓶内预先加入约50 mL硝酸溶液(见5.3.3.2)〕,加入1.0 mL重铬酸钾溶液(见5.3.3.10),用硝酸溶液(见5.3.3.2)稀释至标线,混匀,冰箱保存。此溶液可使用二个月。

5.3.3.2 硝酸溶液(1+19):量取50 mL硝酸(HNO_3,ρ=1.42 g/mL,优级纯)加到950 mL去离子水中,混匀。

5.3.3.3 硫酸(H_2SO_4):ρ=1.84 g/mL,工艺超纯。

5.3.3.4 过硫酸钾溶液(50 g/L):称取5.0 g过硫酸钾($K_2S_2O_8$,优级纯),溶于水并稀释至100 mL,贮存于试剂瓶中。

5.3.3.5 盐酸羟胺溶液(100 g/L):称取25.0 g盐酸羟胺($NH_2OH\cdot HCl$)溶于水并稀释至250 mL,贮存于试剂瓶中。

5.3.3.6 氯化亚锡溶液(100 g/L):称取10.0 g氯化亚锡($SnCl_2\cdot 2H_2O$,优级纯),加于90 mL盐酸溶液(5.3.3.7)中,加热溶解,加盐酸溶液(5.3.3.7)稀释至100 mL。贮存于试剂瓶中。临有现配。

5.3.3.7 盐酸溶液(1+1):量取50 mL盐酸(HCl,ρ=1.19 g/mL,优级纯)缓慢加入50 mL水中。

5.3.3.8 无水氯化钙($CaCl_2$)。

5.3.3.9 活性炭:Ⅲ型颗粒。

5.3.3.10 重铬酸钾溶液(0.5 g/L):称取0.5 g重铬酸钾($K_2Cr_2O_7$),溶于水,并稀释至1 L。

5.3.4 仪器及设备

仪器和设备如下:

——金捕集冷原子吸收测汞仪装置见图2;

——稳压器:1 kVA;

——气体压缩机;

——记录仪;

——空气净化装置:使用带有气体进、出口的体积为500 mL左右的硬质玻璃瓶二个,一个装无水氯化钙(见5.3.3.8),另一个装活性炭(见5.3.3.9)。压缩空气从下口进入,通过固体试剂,由上口排出。空气先进入装有无水氯化钙的瓶以除去空气中的水分,再进入有活性炭的瓶以除去汞;

——金捕集器:一支长150 mm,内径5 mm～8 mm的石英管,在通仪器一端1/3处,管壁有一凹陷,以阻挡金丝移动。石英管内装2 g金丝(纯度99.99%,ϕ0.2 mm)。管外用电炉丝均匀缠绕数十圈。其电流为6 A;

——金捕集加热系统:2 kVA调压变压器一台,开关一个。调压变压器输入220 V,输出40 V左右。

——转子流量计:量程300 mL/min～3 000 mL/min;

——电吹风;

——反应瓶:由250 mL玻璃洗瓶改装。

——定量吸液管:容量2 mL;

——量瓶：容量 100 mL；

——试剂瓶：容量 250 mL，500 mL；

——量筒：容量 5 mL，50 mL，100 mL，250 mL，500 mL；

——玻璃三通阀；

——缓中瓶；

——玻璃磨口样品瓶：容量 250 mL、500 mL；

——微量进样器：容量 100 μL；

——一般实验室常备仪器和设备。

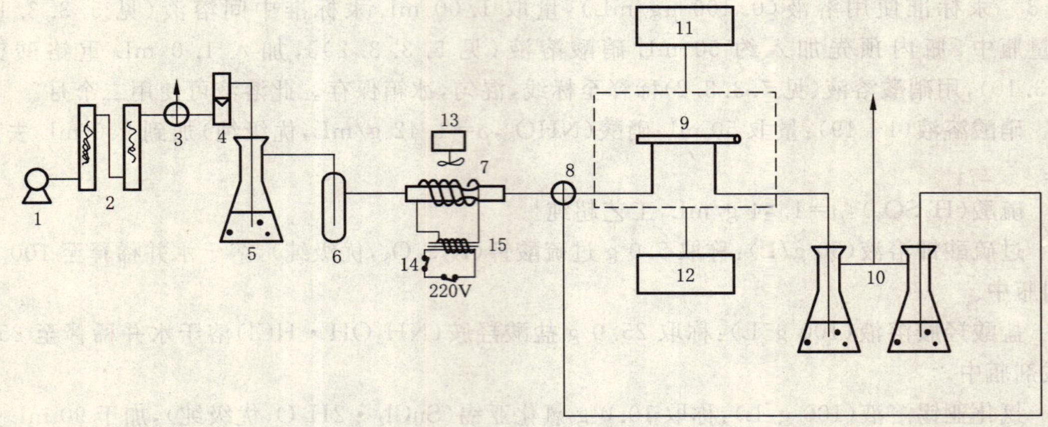

1——空气压缩机；
2——气体净化装置；
3——气体流量调节三通阀；
4——转子流量计；
5——反应瓶；
6——缓冲瓶；
7——金捕集器；
8——汞蒸气导入三通阀；
9——测汞仪吸收池；
10——尾气吸收瓶；
11——记录仪；
12——交流稳压器；
13——电吹风；
14——金捕集器加热开关；
15——调压变压器。

图 2 金捕集冷原子吸收测汞装置

5.3.5 分析步骤

5.3.5.1 样品制备

现场取样后，注入样品瓶中，立即进行样品消化。每 100 mL 水样加入 2.5 mL 硫酸(见 5.3.3.3)和 5.0 mL 过硫酸钾溶液(见 5.3.3.4)，混匀。并将样品瓶用塑料袋包装好运回实验室，放置，冷消化 15 h 以上。此为样品消化液 D。

5.3.5.2 样品测定

5.3.5.2.1 移取 107.5 mL 消化液 D 于反应瓶中。

5.3.5.2.2 将载气接至反应瓶进气端，另一端放空，提起载气进气端至液面上方。通入载气半分钟，排除瓶内气相部分中的酸气。

注意:切勿使样品鼓泡。

5.3.5.2.3　加入 2.0 mL 氯化亚锡溶液(见 5.3.3.6),迅速按图 2 所示接好装置。玻璃三通阀转向尾气吸收瓶(10)。转动玻璃三通阀(3),调载气流量为 2.0 L/min,鼓气 3 min。

5.3.5.2.4　取下反应瓶(5),并连接缓冲瓶(6)和转子流量计(4),继续通载气半分钟,排除金捕集器中残留水气。然后将玻璃三通阀(8)转向仪器吸收池。调载气流量 0.5 L/min,接通金捕集器加热开关,电阻丝红热,汞蒸气释放,并被载气导入吸收池。当仪器信号达最大值(A_w)时,立即关闭加热开关。

5.3.5.2.5　调载气流量回到 2.0 L/min,打开电吹风,用冷风冷却电阻丝。准备下一次分析。

5.3.5.3　绘制标准曲线

量取 100 mL 无汞纯水,移入反应瓶中,分别用微量进样器加入:0.0 mL,0.02 mL,0.04 mL,0.06 mL,0.08 mL,0.10 mL 汞标准使用溶液(见 5.4.3.1.3)。

按 5.3.5.2.2~5.3.5.2.5 步骤逐个测定吸收值 A_i。以吸收值 A_i-A_0(标准空白)为纵坐标,相应的汞量(μg)为横坐标,绘制标准曲线。将数据记入附录 A 表 A.3 中。

5.3.6　记录与计算

将测定数据记入附录 A 表 A.4 中,由 A_w-A_b 值从工作曲线上查得或以线性回归方程,以式(4)计算水样中汞量;以式(5)计算水样中汞浓度。

$$m=\frac{A-a}{b} \qquad (4)$$

式中:

m——水样中汞含量,单位为微克(μg);

A——水样吸光值 A_w-A_b;

a——截距;

b——斜率。

$$c_{Hg}=\frac{m}{V}\times 1\,000 \qquad (5)$$

式中:

c_{Hg}——水样中汞浓度,单位为微克每升(μg/L);

m——测得汞量,单位为微克(μg);

V——水样体积=100 mL。

5.3.7　精密度和准确度

浓度为 1.25 μg/L 时,相对误差 2.9 %;重复性(r)0.25 μg/L;重复性相对标准偏差 7.2%;再现性(R)0.28 μg/L;再现性相对标准偏差 8.1%。

5.3.8　注意事项

本方法执行中应注意如下事项:

——除非另有说明,本方法所用试剂均为分析纯,水为无汞纯水或等效纯水;

——本方法由于超痕量级分析,器皿必须按要求严格清洗;

——若遇到高含汞量样品,在测定该样之后,需再通电加热金丝除掉残留汞,以防影响下一样品的测定。测定样品时,浓度应由低到高逐次进行;

——金丝的保护是延长其使用寿命的关键。大量有机质和氧化性物质会破坏金丝的捕集能力。金丝加热时间不宜过长,当吸收值达最大时,应立即关闭加热开关,同时迅速冷却金丝;

——若金丝捕集能力下降,可以取出金丝用 20%氢氧化钠溶液浸泡一周左右:若因含氧化性物质而引起的,可用盐酸羟胺溶液(见 5.3.3.5)浸泡几天,然后用标准溶液检查其恢复情况;

——金丝置于石英管中,不要使其缠绕过紧,要呈网状丝团,长度大约 5 mm 与石英管壁紧贴;

——有机质、氧化性物质和其他易挥发物质,会降低或破坏金丝的捕集能力,当测定受污染较重的水体时，须先经高倍稀释；

——样品瓶及接触样品的容器，必须用硝酸溶液(1+1)浸泡1 h以上。

6 铜

6.1 无火焰原子吸收分光光度法(连续测定铜、铅和镉)

6.1.1 适用范围和应用领域

本法适用于海水中痕量铜、铅和镉的连续测定。

本方法为仲裁方法。

6.1.2 方法原理

在pH为5～6的条件下，海水中的铜、铅、镉与吡咯烷二硫代氨甲酸铵(APDC)和二乙氨基二硫代甲酸钠(DDTC)混合液螯合，经甲基异丁酮(MIBK)-环己烷混合溶液萃取分离后，于各自的特征波长下用石墨炉原子吸收光谱法测定其吸收值。

6.1.3 试剂及其配制

6.1.3.1 铜、铅和镉标准贮备溶液(1.000 mg/mL-Cu、Pb和Cd)：分别称取0.100 0 g金属铜、铅和镉(纯度99.99%)于3只50 mL烧杯中，用适量硝酸溶液(见6.1.3.5)溶解，必要时加热直至溶解完全后分别转入3只100 mL量瓶中，用水稀释至标线，混匀。

6.1.3.2 铜、铅和镉标准中间溶液：分别移取5.0 mL铜标准贮备液，3.0mL铅标准贮备液和1.0 mL镉标准贮备液(见6.1.3.1)，置于同一100 mL量瓶中，用硝酸溶液(见6.1.3.6)稀释至标线，混匀。溶液中铜为50.0 μg/mL、铅为30.0 μg/mL、镉为10.0 μg/mL；再移取10.0 mL该溶液于100 mL量瓶中，用硝酸溶液(见6.1.3.6)稀释至标线，混匀。此溶液铜为5.0 μg/mL，铅为3.0 μg/mL，镉为1.0 μg/mL。

6.1.3.3 铜、铅和镉标准使用溶液：移取1.0 mL铜、铅、镉标准中间液(见6.1.3.2)于100 mL量瓶内，用硝酸溶液(见6.1.3.6)稀释至标线，混匀。此溶液铜浓度为0.05 μg/mL，铅浓度为0.03 μg/mL，镉浓度为0.01 μg/mL。

6.1.3.4 硝酸(HNO_3)：ρ=1.42 g/mL，优级纯。

6.1.3.5 硝酸溶液(1+1)：1体积的水和1体积的硝酸混合。

6.1.3.6 硝酸溶液(1+99)：1体积的硝酸和99体积的水混合。

6.1.3.7 氨水($NH_3 \cdot H_2O$)：用等温扩散法提纯。

6.1.3.8 盐酸(HCl)：用等温扩散法提纯。

6.1.3.9 醋酸(CH_3COOH)：ρ=1.05 g/mL，优级纯。

6.1.3.10 环己烷(C_6H_{12})。

6.1.3.11 甲基异丁基酮(MIBK，$C_6H_{12}O$)：优级纯，如果含干扰杂质，用石英亚沸蒸馏器蒸馏提纯。

6.1.3.12 甲基异丁酮(MIBK)-环己烷混合液：将240 mL甲基异丁酮(见6.1.3.11)和60 mL环己烷(6.1.3.10)在锥形分液漏斗中混合，加3 mL硝酸(见6.1.3.4)，振荡0.5 min，用水洗涤有机相两次。按此步骤重复3次。最后用水洗涤至水相pH6～7，收集有机相。

6.1.3.13 吡咯烷二硫代甲酸铵(APDC)-二乙氨基二硫代甲酸钠(DDTC)溶液(1%)：分别称取吡咯烷二硫代甲酸铵(APDC)和二乙氨基二硫代甲酸钠(DDTC)各1.0 g，溶于水中，经滤纸过滤后稀释至100 mL，用MIBK-环己烷(见6.1.3.12)萃取提纯3次，每次10 mL，收集的水溶液保存于冰箱中，一周内有效。

6.1.3.14 醋酸铵溶液：量取100 mL醋酸(见6.1.3.9)于分液漏斗中，用氨水(见6.1.3.7)中和至pH为5，加2 mL APDC- DDTC溶液(见6.1.3.13)，10 mL MIBK-环己烷混合液(见6.1.3.12)，振摇1 min，弃去有机相。重复萃取提纯3次，存于试剂瓶中。

6.1.3.15 溴甲酚绿指示液(1 g/L)：称取0.1 g溴甲酚绿，溶于100 mL 20%(体积分数)乙醇溶液中。

6.1.4　仪器及设备

仪器和设备如下：

——无火焰原子吸收分光光度计；

——石英亚沸蒸馏器；

——移液管：容量 1 mL，2 mL，5 mL，10 mL；

——分液漏斗：容量 250 mL，500 mL；

——量瓶：容量 100 mL；

——聚乙烯瓶；

——一般实验室常用仪器及设备。

6.1.5　分析步骤

6.1.5.1　绘制标准曲线

按以下步骤绘制标准曲线：

a)　取 6 支 100 mL 比色管，分别移入 0 mL，1.00 mL，2.00 mL，3.00 mL，4.00 mL，5.00 mL 铜、铅和镉标准使用溶液（见 6.1.3.3），加水稀释至 50 mL 刻度线，混匀；

b)　加 1 滴溴甲酚绿指示液（见 6.1.3.15），用盐酸（见 6.1.3.8）和氨水（见 6.1.3.7）调至溶液呈蓝色（pH 5～6）；

c)　加 1.0mL 醋酸铵溶液（见 6.1.3.14），3.0 mLAPDC-DDTC 混合液（见 6.1.3.13），10.0 mL MIBK-环己烷溶液（见 6.1.3.12），振荡 2 min，静置分层，有机相收集于样品瓶中；

d)　按选定的仪器工作条件，测定标准溶液的吸光值 A_i。将测定数据填于表 A.5 中；

e)　以吸光值 A_i-A_0（标准空白）为纵坐标，相应的金属元素浓度（μg/L）为横坐标，绘制标准曲线。若使用计算机控制的石墨炉原子吸收分光光度计，可由计算机绘制出标准曲线。

6.1.5.2　水样的测定

准确量取 50.0 mL 过滤的水样于比色管中，按分析步骤 6.1.5.1.b)～6.1.5.1.d)测定样品吸光值 A_w。同时测定分析空白值 A_b。

6.1.6　记录与计算

以（A_w-A_b）由工作曲线查得或用线性回归方程计算得出样品中相应金属元素的浓度（μg/L）。由计算机控制的原子吸收分光光度计，可直接计算出样品中相应金属元素的浓度（μg/L）。将结果记入表 A.6 中。

6.1.7　精密度和准确度

铜含量为 24.4 μg/L 时，相对误差 3.0 %；重复性（r） 3.9 μg/L；重复性相对标准偏差 5.2 %；再现性（R） 7.5 μg/L；再现性相对标准偏差 11%。

铅含量为 24.4 μg/L 时，相对误差 0.51 %；重复性（r） 14 μg/L；重复性相对标准偏差 3.9%；再现性（R） 39 μg/L；再现性相对标准偏差 11%。

镉含量为 10.1 μg/L 时，相对误差 4.9 %；重复性（r） 1.2 μg/L；重复性相对标准偏差 4.2 %；再现性（R） 2.2 μg/L；再现性相对标准偏差 7.9 %。

6.1.8　注意事项

本方法执行中应注意如下事项：

——除非另作说明，本方法所用试剂均指分析纯，水为去离子水或等效纯水；

——所用器皿用硝酸溶液（1+3）浸泡，使用前用水清洗，防止沾污；

——所用试剂，在使用前作空白试验，对空白值高的试剂，应进行提纯处理或使用级别更高的试剂；

——根据所使用原子吸收分光光度计灵敏度高低，和海水样品铜、铅、镉含量的高低，相应增加或减少海水样品取样量。海水取样量与标准溶液体积相同；

——根据所用的原子吸收分光光度计，选定最佳仪器工作条件。

6.2 阳极溶出伏安法(连续测定铜、铅和镉)

6.2.1 适用范围和应用领域

本法适用于盐度大于 0.5 的河口水和海水中溶解铜、铅和镉的连续测定。

6.2.2 方法原理

水样中铜、铅和镉金属离子在极限扩散电流电位范围内,于−0.90 V 恒压电解,金属离子在悬汞电极上还原生成汞齐。当电极电位均匀地由负向正方向扫描,电位到达可使该金属的汞齐发生氧化反应时,富集在电极上的该金属重新氧化成离子进入溶液。根据所得到的伏安曲线连续测定铜、铅和镉的含量。

6.2.3 试剂及其配制

6.2.3.1 水:去离子水经石英蒸馏器蒸馏或等效纯水。

6.2.3.2 硝酸(HNO_3,ρ=1.42 g/mL,优级纯):经亚沸石英蒸馏器纯化。

6.2.3.3 硝酸溶液(1+1):硝酸(见 6.2.3.2)与等体积水(见 6.2.3.1)混匀。

6.2.3.4 硝酸溶液(1+99):1 体积消酸(见 6.2.3.2)与 99 体积水(见 6.2.3.1)混匀。

6.2.3.5 汞:纯度 99.999%。

6.2.3.6 铜、铅和镉:纯度均为 99.99%。

6.2.3.7 铜、铅和镉标准贮备溶液:分别称取 0.200 0 g 铜、铅和镉(见 6.2.3.6)于 3 个 50 mL 烧杯中,用 6 mL 硝酸溶液(见 6.2.3.3)溶解后,分别全量移入 3 个 200 mL 量瓶中,用硝酸溶液(见 6.2.3.4)稀释至标线,混匀。该铜、铅和镉标准贮备溶液的浓度均为 1.00 g/ L。

6.2.3.8 铜、铅和镉标准中间溶液:分别移取 5.00 mL 铜、铅和 0.50 mL 镉标准贮备溶液(见 6.2.3.7)于3 个 50 mL 量瓶中,加硝酸溶液(见 6.2.3.4)稀释至标线,混匀。该铜、铅和镉标准中间溶液的浓度分别为 100 μg/mL,100 μg/mL,10.0 μg/mL。

6.2.3.9 铜、铅和镉标准使用溶液:分别移取 0.500 mL 铜、铅和镉标准中间溶液(见 6.2.3.8)于 3 个 50 mL 量瓶中,用硝酸溶液(见 6.2.3.4)稀释至标线,混匀。该铜、铅和镉标准使用溶液的浓度分别为 1.00 μg/mL,1.00 μg/mL,0.100 μg/mL。有效期 7d。

6.2.3.10 硝酸溶液:(HNO_3:ρ=1 mol/L)。

6.2.4 仪器及设备

仪器和设备如下:

——多功能极谱仪;

——悬汞电极,Ag/AgCl 参比电极和铂金丝辅助电极;

——钢瓶氮气(纯度 99.999%);

——pH 计;

——微量吸液器:容量 50 μL、100 μL;

——移液吸管:容量 5 mL、10 mL;

——量瓶:容量 50 mL、200 mL;

——烧杯:容量 50 mL;

——亚沸石英蒸馏器;

——普通石英蒸馏器;

——一般实验室常备仪器和设备。

6.2.5 分析步骤

准确量取 10.0 mL 经硝酸酸化成 pH 为 1.5~2.0 的过滤水样于电解池中,按选定的仪器参数进行测定,记录铜、铅和镉的峰电流值。参考各元素的灵敏度,分别加入一定量的铜、铅和镉标准使用溶液(见 6.2.3.9)后依同法测定,记录加入标准溶液后各元素的峰电流值。

6.2.6 记录与计算

将测得的数据记录于表 A.7 中，水样中各重金属的浓度按式(6)计算。

$$\rho_{Me}=\frac{I\rho'_{Me}V_{Me}}{(I'-I)V} \quad\cdots\cdots\cdots(6)$$

式中：

ρ_{Me}——水样中铜、铅和镉浓度，$\mu g/L$；

I——加入标准使用溶液前该金属的峰电流值，单位为纳安(nA)；

ρ'_{Me}——标准使用溶液的浓度，单位为微克每升($\mu g/mL$)；

V_{Me}——添加的标准使用溶液体积，单位为微升(μL)；

I'——加入标准使用溶液后该金属的峰电流值，单位为纳安(nA)；

V——测定水样体积，单位为毫升(mL)。

6.2.7 精密度和准确度

铜含量为 9.09 $\mu g/L$ 时，相对误差 4.6%；重复性(r) 2.8 $\mu g/L$；重复性相对标准偏差 11 %；再现性(R) 4.8 $\mu g/L$；再现性相对标准偏差 19 %。

铅含量为 34.9 $\mu g/L$ 时，相对误差 2.0 %；重复性(r) 9.5 $\mu g/L$；重复性相对标准偏差 10 %；再现性(R) 11 $\mu g/L$；再现性相对标准偏差 12 %。

镉含量为 10.1 $\mu g/L$ 时，相对误差 3.4 %；重复性(r) 1.8 $\mu g/L$；重复性相对标准偏差 6.5 %；再现性(R) 2.4 $\mu g/L$；再现性相对标准偏差 8.5 %。

6.2.8 注意事项

本方法执行中应注意如下事项：

——除非另作说明，本方法所用试剂均为分析纯；

——所用器皿使用前均用硝酸溶液(1+1)浸泡一星期，而后用重蒸馏水冲洗干净；

——电解池在水样测定前用提纯过的 1 mol/L 硝酸溶液冲洗一次，再用重蒸馏水冲洗二次，电极系统也同样处理；

——本方法所测定的只是水样中具有电极反应活性的金属形态；

——海水中铜、铅和镉的特征峰电压分别约为－0.30 V，－0.52 V，－0.72 V，其中铅和镉的特征峰电压随盐度的变化不大，但铜的特征峰电压随盐度变化很明显，盐度为 0.5 的河口水中铜的特征峰电压约为－0.19 V；

——用于酸化水样的硝酸为经亚沸石英蒸馏器重蒸馏的超纯酸，该试剂中的空白值可略而不计；

——各实验室均应自行以所用的极谱仪，试验本方法各金属的线性范围及灵敏度，必要时自行选定最佳仪器参数；

——加标准使用溶液时，应参考加入标准溶液前的峰电流值和金属的灵敏度，选择合适体积的标准使用溶液，尽量使加入标准溶液后峰电流值的增值与未加入标准溶液时的峰电流值相接近。必要时改变标准使用溶液的浓度，使所加入的金属标准溶液的体积一般均不小于 10.0 μL，加入标准溶液后的总体积一般不大于 200 μL。

6.3 火焰原子吸收分光光度法

6.3.1 适用范围和应用领域

本方法适用于海水中痕量铜的测定。

6.3.2 方法原理

在 pH 值 5～6 条件下，水中溶解态铜与吡咯烷二硫代甲酸铵(APDC)及二乙氨基二硫代甲酸钠(DDTC-Na)形成螯合物，用甲基异丁酮(MIBK)萃取富集分离后，有机相中铜在其特征吸收谱线处测定吸光值。

6.3.3 试剂及其配制

6.3.3.1 铜标准贮备溶液(1.00 0 mg/mL):见6.1.3.1。

6.3.3.2 铜标准中间溶液(100 μg/mL):移取10.0 mL铜标准贮备溶液(见6.3.3.1)于100 mL量瓶中,用硝酸溶液(见6.1.3.6)稀释至标线,混匀。

6.3.3.3 铜标准使用溶液(2.00 μg/mL):移取2.00 mL铜标准中间溶液(见6.3.3.2)于100 mL量瓶中,用硝酸溶液(见6.1.3.6)稀释至标线,混匀。

6.3.3.4 溴甲酚绿指示液(1 g/L):见6.1.3.15

6.3.3.5 盐酸溶液(1+1):等体积超纯盐酸与等体积水混匀。

6.3.3.6 甲基异丁酮:〔$CH_3COCH_2CH(CH_3)_2$〕(MIBK)。

6.3.3.7 氨水溶液(1+10):用1体积经等温扩散法提纯后的氨水与10体积水混合配制。

6.3.3.8 酒石酸铵溶液($c(C_4H_{12}N_2O_6)=1$ mol/L):称取18.4 g酒石酸铵,溶于水并稀释至100 mL,用定量滤纸过滤于剂瓶中。

6.3.3.9 吡咯烷二硫代甲酸铵(APDC)-二乙氨基二硫代甲酸钠(DDTC-Na)混合溶液:20 g/L APDC溶液和20 g/L DDTC-Na溶液等体积混合,用定量滤纸过滤后与酒石酸铵溶液(见6.3.3.8)等体积混合,用1/6体积的MIBK(见6.3.3.6)萃取2 min。弃去有机相,水相待用(当日配制)。

6.3.4 仪器及设备

仪器和设备如下:

——原子吸收分光光度计;

——铜空心阴极灯;

——空气压缩机;

——钢瓶乙炔;

——洁净台:100级;

——离心器:2 500 r/min;

——锥形分液漏斗:容量125 mL;

——具塞刻度离心管:容量10 mL;

——刻度吸管:容量2.5 mL;

——移液吸管:容量2.10 mL;

——量瓶:容量100 mL;

——一般实验室常用仪器和设备。

6.3.5 分析步骤

6.3.5.1 绘制工作曲线

按以下步骤绘制标准曲线:

a) 在6个锥形分液漏斗中,各加入约50 mL水,分别移入0 mL,0.40 mL,0.80 mL,1.20 mL,1.60 mL,2.00 mL铜标准使用溶液(见6.3.3.3),用水稀至100 mL,混匀;

b) 各加入2滴溴甲酚绿指示液(见6.3.3.4),用氨水溶液(见6.3.3.7)和盐酸溶液(见6.3.3.5)调节至呈浅蓝色(pH 5.5±0.5);

c) 各加入10 mL APDC-DDTC混合溶液(见6.3.3.9),混匀;

d) 各加入4.0 mL甲基异丁酮(见6.3.3.6),振荡萃取3 min,静置分层后,弃去水相;

e) 将有机相移入10 mL具塞刻度离心管中,另取1 mL甲基异丁酮(见6.3.3.6)洗涤分液漏斗,有机相并入离心管;

f) 加甲基异丁酮(见6.3.3.6)将有机相稀释至5 mL。手持振摇,半分钟后,于离心器上离心1 min;

g) 按选定的仪器工作条件以甲基异丁酮(见6.3.3.6)调零,测定吸光值A_i;

h) 在厘米方格纸上，以吸光值 $A_i - A_0$（标准空白）为纵坐标，以铜的浓度（μg/L）为横坐标绘制工作曲线，将测定数据填入表 A.8 中。

6.3.5.2 **水样的测定**

移取 100 mL 过滤的水样于锥形分液漏斗中，按 6.3.5.1.b)～6.3.5.1.g)的步骤测定水样的吸光值 A_w。

量取 100 mL 与水样同步过滤、加酸固定的纯水，按同样步骤测定分析空白吸光值 A_b。

6.3.6 **记录与计算**

将测得数据记入表 A.4 中，由吸光值 $A_w - A_b$ 从工作曲线上查得或用线性回归方程计算水样含铜浓度（μg/L）。

6.3.7 **精密度和准确度**

铜含量为 66.4 μg/L 时，相对误差 1.9%；重复性（r）4.9μg/L；重复性相对标准偏差 2.6%；再现性（R）5.1 μg/L；再现性相对标准偏差 2.7%。

6.3.8 **注意事项**

——除非另作说明，本方法所用试剂均为分析纯，水为无铜去离子水或等效纯水；

——本方法所用的器皿均先用硝酸溶液（1+1）浸泡 24 h 以上，使用前用二次去离子水冲洗干净，待用；

——根据所用的原子吸收分光光度计，选定最佳仪器工作条件。

7 铅

7.1 **无火焰原子吸收分光光度法**

无火焰原子吸收分光光度法见 6.1。

本方法为仲裁方法。

7.2 **阳极溶出伏安法**

阳极溶出伏安法见 6.2。

7.3 **火焰原子吸收分光光度法**

7.3.1 **适用范围和应用领域**

本法适用于近海、沿岸、河口水中铅的测定。

7.3.2 **方法原理**

在 pH 为 4～5 条件下，铅与吡咯烷基二硫代甲酸铵（APDC）和二乙氨基二硫代甲酸钠（DDTC）形成螯合物，经甲基异丁酮（MIBK）和环己烷混合溶液萃取分离，用硝酸溶液反萃取，于 217.0 nm 波长测定原子吸光值。

7.3.3 **试剂及其配制**

7.3.3.1 二次去离子无铅水：电导率小于 2×10^{-6} S/m。

7.3.3.2 硝酸（HNO_3）：ρ=1.42 g/mL，优级纯。

7.3.3.3 硝酸溶液（1+1）：1 体积硝酸（见 7.3.3.2）与 1 体积水（见 7.3.3.1）混匀。

7.3.3.4 硝酸溶液（1+99）：1 体积硝酸（见 7.3.3.2）与 99 体积水（见 7.3.3.1）混匀。

7.3.3.5 氨水（$NH_3 \cdot H_2O$）：等温扩散法提纯，浓度约为 6 mol/L。

7.3.3.6 乙酸（CH_3COOH）：ρ=1.05 g/mL，37%，优级纯。

7.3.3.7 甲基异丁酮（MIBK）-环己烷混合溶液：将 240 mL MIBK（$C_6H_{12}O$）和 60 mL 环己烷（C_6H_{12}）混合。

7.3.3.8 吡咯烷基二硫代甲酸铵（APDC）-二乙氨基二硫代甲酸钠（DDTC）混合溶液：分别称取 APDC（$C_5H_{12}N_2S_2$）和 DDTC（$C_5H_{10}NSNa$）各 1 g 溶于 50 mL 水（见 7.3.3.1），经定量滤纸过滤，加水（见 7.3.3.1）稀释至 100 mL。用 MIBK-环己烷混合液（见 7.3.3.7）萃取 3 次，每次 10 mL。于冰箱内保

存,一星期内使用有效。

7.3.3.9 乙酸铵溶液:量取 100 mL 乙酸(见 7.3.3.6)用氨水(见 7.3.3.5)中和至 pH5。

7.3.3.10 铅标准贮备溶液(1.00 mg /mL-Pb):称取 0.500 0 g 金属铅(纯度 99.99%),用硝酸溶液(见 7.3.3.3)加热溶解,冷却后全量转入 500 mL 量瓶中,加硝酸溶液(见 7.3.3.4)稀释至标线,混匀。

7.3.3.11 铅标准使用溶液(100 μg/mL):移取 10.0 mL 铅标准贮备溶液(见 7.3.3.10)于 100 mL 量瓶中,用硝酸溶液(见 7.3.3.4)稀释至标线,混匀。

7.3.4 仪器及设备

仪器和设备如下:

——火焰原子吸收分光光度计;

——铅空心阴极灯;

——锥形分液漏斗:容量 250 mL、500 mL;

——量瓶:容量 25 mL、50 mL、100 mL、500 mL;

——聚乙烯瓶:容量 10 mL、30 mL、100 mL、500 mL;

——刻度吸管:容量 1 mL、2 mL;

——移液吸管:容量 10 mL;

——一般实验室常备仪器和设备。

7.3.5 分析步骤

7.3.5.1 绘制标准曲线

7.3.5.1.1 取 6 个 50 mL 量瓶,分别加入 0 mL,0.20mL,0.50mL,1.00mL,1.50mL,2.00 mL 铅标准使用溶液(见 7.3.3.11),用硝酸溶液(见 7.3.3.4)〔使用前,加入少量的 MIBK-环己烷混合液(见 7.3.3.7),振荡 1 min,弃去有机相。〕稀释至标线,混匀。按选定的仪器工作条件测定铅的吸光值 A_i。将数据记入表 A.8 中。

7.3.5.1.2 以吸光值 A_i-A_0(标准空白)为纵坐标,相应的铅浓度为横坐标,绘制标准曲线。

7.3.5.2 水样测定

水样测定按以下步骤进行:

a) 量取 400 mL 过滤酸化(pH≈2)的水样于 500 mL 锥形分液漏斗中,用氨水(见 7.3.3.5)和硝酸溶液(见 7.3.3.4)调节 pH 至 4~5,加入 1 mL 乙酸铵溶液(见 7.3.3.9),2 mL APDC-DDTC 混合溶液(见 7.3.3.8),20 mL MIBK-环己烷混合液(见 7.3.3.7),振荡 2 min,静置分层;

b) 将下层水相转入另一个 500 mL 锥形分液漏斗中,加入 0.5 mL APDC-DDTC 混合溶液(见 7.3.3.8)、10 mL MIBK-环己烷混合溶液(见 7.3.3.7),振荡 2 min,静置分层,弃去水相,将第二次萃取液并入第一次萃取的有机相中;

c) 加 10 mL 水(见 7.3.3.1)洗涤有机相,静置约 5 min,仔细弃尽水相;

d) 加入 0.40 mL 硝酸(见 7.3.3.2),振荡 1 min,继加入 9.6 mL 水(见 7.3.3.1),再振荡 1 min,静置分层,将硝酸反萃取液收集于 10 mL 聚乙烯瓶中,此为反萃取液 D。按绘制标准曲线的仪器工作条件测定吸光值 A_w。同时测定分析空白 A_b。

7.3.6 记录与计算

将测得数据记入表 A.4 中,由 A_w-A_b 查标准曲线得反萃取液 D 中铅浓度 c_{pb}。按式(7)计算水样中铅浓度:

$$\rho_{pb}=\frac{c_{pb}V_2}{V_1}=\frac{c_{pb}\times 10}{400} \quad \cdots\cdots (7)$$

式中:

ρ_{pb}——水样中铅浓度,单位为微克每升(μg/L);

c_{pb}——反萃取液 D 中铅浓度，单位为微克每升（μg/L）；

V_2——反萃取液 D 的体积，单位为毫升（mL）；

V_1——水样体积，单位为毫升（mL）。

按式（8）线性回归计算水样中铅浓度：

$$\rho_{pb}=\frac{(A_w-A_b)-a}{b}\cdot\frac{V_2}{V_1}\quad\cdots\cdots(8)$$

式中：

a——曲线截距；

b——曲线斜率。

7.3.7 精密度和准确度

铅含量为 347 μg/L 时，相对误差 1.7%；重复性（r）33 μg/L；重复性相对标准偏差 3.4%；再现性（R）53 μg/L；再现性相对标准偏差 5.5%。

7.3.8 注意事项

本方法执行中应注意如下事项：

——除非另作说明，本方法所用试剂均指分析纯；

——器皿必须用硝酸溶液（1+3）浸泡 24 h 以上，使用前用水（7.3.3.1）洗净；

——所用试剂必须检查纯度后使用。不合要求的试剂应提纯；

——在萃取与反萃取过程中，溶液放出前须用水（7.3.3.1）洗净锥形分液漏斗出口管下端的内外壁，避免沾污；

——根据所用的原子吸收分光光度计，选定最佳仪器工作条件；

——用细玻璃棒沾微量溶液试验其 pH 值时，应防止沾污。

8 镉

8.1 无火焰原子吸收分光光度法

无火焰原子吸收分光光度法见 6.2。

本方法为仲裁方法。

8.2 阳极溶出伏安法

阳极溶出伏安法见 6.2。

8.3 火焰原子吸收分光光度法

8.3.1 适用范围和应用领域

本法适用于近海、河口水体中镉的测定。

8.3.2 方法原理

在 pH 为 4～5 条件下，海水中的镉与吡咯烷二硫代甲酸铵（APDC）和二乙氨基二硫代甲酸钠（DDTC）形成螯合物，经甲基异丁酮（MIBK）和环己烷混合溶液萃取分离，用硝酸溶液反萃取，于 228.8 nm波长测定原子吸光值。

8.3.3 试剂及其配制

8.3.3.1 二次去离子水：电导率小于 2×10^{-6} S/m。

8.3.3.2 硝酸（HNO_3）：ρ=1.42 g/mL，优级纯。

8.3.3.3 硝酸溶液（1+1）：1 体积硝酸（见 8.3.3.2）与 1 体积水（见 8.3.3.1）混匀。

8.3.3.4 硝酸溶液（1+99）：1 体积硝酸（见 8.3.3.2）与 99 体积水（见 8.3.3.1）混匀。

8.3.3.5 氨水溶液（$NH_3\cdot H_2O$，ρ=0.90 g/mL）：约为 6 mol/L，氨水经等温扩散法提纯。

8.3.3.6 乙酸（CH_3COOH）：ρ=1.05 g/mL。

8.3.3.7 甲基异丁酮（MIBK）-环己烷混合溶液：将 240 mL MIBK（$C_6H_{12}O$）和 60 mL 环己烷（C_6H_{12}）混合。

8.3.3.8 吡咯烷二硫代甲酸铵(APDC)-二乙氨基二硫代甲酸钠(DDTC)混合溶液:分别称取 APDC($C_5H_{12}N_2S_2$)和 DDTC($C_5H_{10}NS_2Na$)各 1 g,溶于 50 mL 水(见8.3.3.1),经定量滤纸过滤,用水(见8.3.3.1)稀释至 100 mL。用 MIBK-环己烷混合溶液(见 8.3.3.7)萃取 3 次,每次 10 mL。于冰箱内保存。一周内有效。

8.3.3.9 乙酸铵溶液:量取 100 mL 乙酸(见 8.3.3.6)用氨水溶液(见 8.3.3.5)中和至 pH5。

8.3.3.10 镉标准贮备溶液(1.00 mg/mL-Cd):称取 0.500 0 g 金属镉(纯度 99.99%),用 5 mL 硝酸溶液(见 8.3.3.3)加热溶解,冷却后转入 500 mL 量瓶中,用硝酸溶液(见 8.3.3.4)稀释至标线,混匀。

8.3.3.11 镉标准使用溶液(10.0 μg/mL):移取 1.00 mL 镉标准贮备溶液(见 8.3.3.10)于 100 mL 量瓶中,用硝酸溶液(见 8.3.3.4)稀释至标线,混匀。

8.3.4 仪器及设备

仪器和设备如下:

——火焰原子吸收分光光度计;

——镉空心阴极灯;

——锥形分液漏斗:容量 250 mL、500 mL;

——量瓶:容量 25 mL、50 mL、100 mL、500 mL;

——聚乙烯瓶:容量 10 mL、30 mL、100 mL、500 mL;

——刻度吸管:容量 1 mL、2 mL;

——移液吸管:容量 1 mL;

——一般实验室常备仪器和设备。

8.3.5 分析步骤

8.3.5.1 绘制工作曲线

按以下步骤绘制标准曲线:

a) 取 6 个 50 mL 量瓶,分别加入 0 mL,0.20 mL,0.50 mL,1.00 mL,1.50 mL,2.00 mL 镉标准使用溶液(见 8.3.3.11),用硝酸溶液(见 8.3.3.4)[使用前,加入少量的 MIBK-环己烷混合溶液(见 8.3.3.7),振荡 1 min,弃去有机相],稀释至标线,混匀。按选定的仪器工作条件测定镉的吸光值 A_i,将测得数据记入表 A.8 中;

b) 以吸光值 $A_i - A_0$(标准空白)为纵坐标,相应的镉浓度(μg/L)为横坐标,绘制标准曲线。

8.3.5.2 水样测定

按以下步骤测定水样:

a) 量取 400 mL 过滤酸化(pH=2)的水样于 500 mL 锥形分液漏斗中,用氨水溶液(见 8.3.3.5)和硝酸溶液(见 8.3.3.4)调 pH 至 4~5,加入 1.0 mL 乙酸铵溶液(见 8.3.3.9)、2.0 mL APDC-DDTC 混合溶液(见 8.3.3.8)、20 mL MIBK-环己烷混合溶液(见 8.3.3.7),振荡 2 min,静置分层;

b) 将下层水相转入另一 500 mL 锥形分液漏斗中,加入 0.50 mL APDC-DDTC 混合溶液(见 8.3.3.8)10 mL MIBK-环己烷混合溶液(见 8.3.3.7),振荡 2 min,静置分层,弃去水相,将第二次萃取液并入第一次萃取的有机相中;

c) 加 10 mL 水(见 8.3.3.1)洗涤有机相,静置约 5 min,仔细弃尽水相;

d) 加入 0.40 mL 硝酸(见 8.3.3.2),振荡 1 min,继加入 9.60 mL 水(见 8.3.3.1),再振荡 1 min,静置分层,收集下层硝酸萃取液于 10 mL 聚乙烯瓶中(此为反萃取液 D),按绘制工作曲线的仪器条件测定吸光值 A_w,同时测定分析空白 A_b。

8.3.6 记录与计算

将测得数据记入表 A.4 中,由 $A_w - A_b$ 查标准曲线或用线性回归方程计算得反萃取液 D 中镉的浓度 c_{Cd},按式(9)计算水样中镉的浓度:

$$\rho_{Cd}=\frac{c_{Cd}V_2}{V_1}=\frac{c_{Cd}\times 10}{400} \quad\cdots\cdots\cdots\cdots (9)$$

式中：

ρ_{Cd}——水样中镉的浓度，单位为微克每升（μg/L）；

c_{Cd}——反萃取液D中镉的浓度，单位为微克每升（μg/L）；

V_2——反萃取液D的体积，单位为毫升（mL）；

V_1——水样体积，单位为毫升（mL）。

按式（10）线性回归计算水样中镉的浓度：

$$\rho_{Cd}=\frac{(A_w-A_b)-a}{b}\cdot\frac{V_2}{V_1} \quad\cdots\cdots\cdots\cdots (10)$$

式中：

a——曲线截距；

b——曲线斜率。

8.3.7 精密度和准确度

镉含量为31.6 μg/L时，相对误差1.9%；重复性（r）3.6 μg/L；重复性相对标准偏差4.1%，再现性（R）7.1 μg/L；再现性相对标准偏差8.1%。

8.3.8 注意事项

本方法执行中应注意如下事项：

——除非另作说明，本方法所用试剂均指分析纯；

——器皿均须用硝酸溶液（1+3）浸泡24 h以上，使用前用水（8.3.3.1）洗净；

——所用试剂必须检查纯度后使用，不合要求的试剂应提纯；

——萃取与反萃取过程中，溶液放出前须用水（8.3.3.1）洗净锥形分液漏斗出口管下端的内外壁，避免沾污；

——根据所用原子吸收分光光度计，选定最佳仪器工作条件；

——用细玻璃棒沾微量溶液试验其pH值时，应防止沾污。

9 锌

9.1 火焰原子吸收分光光度法

9.1.1 适用范围和应用领域

本法适用于海水中痕量锌的测定。

本方法为仲裁方法。

9.1.2 方法原理

在弱酸性（pH为3.5～4.0）条件下，锌与吡咯烷二硫代甲酸铵（APDC）及二乙氨基二硫代甲酸钠（DDTC-Na）形成螯合物，经甲基异丁酮（MIBK）萃取富集分离后，有机相中的锌在乙炔-空气火焰中被原子化。在其特征吸收波长处测定原子吸光值。

9.1.3 试剂及其配制

9.1.3.1 锌标准贮备溶液（1.00 mg/mL-Zn）：称取0.200 0 g光谱纯金属锌。用5 mL硝酸溶液（见9.1.3.10）溶解后，全量称入200 mL量瓶中，加水至标线，混匀。

9.1.3.2 锌标准中间溶液（100 μg/mL）：量取10.0 mL锌标准贮备液（见9.1.3.1）于100 mL量瓶中，用盐酸溶液（见9.1.3.7）稀释至标线，混匀。

9.1.3.3 锌标准使用溶液（2.00 μg/mL）：量取2.00 mL标准中间溶液（见9.1.3.2）于100 mL量瓶中，用盐酸溶液（见9.1.3.7）稀释至标线，混匀，可稳定7 d。

9.1.3.4 乙酸铵溶液：量取57 mL冰乙酸（CH_3COOH）于200 mL水中，加3滴二甲基黄指示剂溶液

(见 9.1.3.9),用氨水溶液(见 9.1.3.6)调节溶液恰呈橙黄色(pH=4),加水稀释至 1 L。

9.1.3.5 络合剂混合溶液:分别称取吡咯烷基二硫代甲酸铵(APDC,$C_5H_{12}N_2S_2$)和二乙氨基二硫代甲酸钠(DDTC,$C_5H_{10}NS_2$)各 0.25 g,溶于 50 mL 水中,用定量滤纸过滤后与 50 mL 乙酸铵溶液(见 9.1.3.4)混合,用甲基异丁基酮(见 9.1.3.8)提纯两次,每次 10 mL。水相盛于试剂瓶中(当日配制)。

9.1.3.6 氨水溶液(6 mol/L):氨水($NH_3 \cdot H_2O$,ρ=0.90 g/mL)经等温扩散法提纯。

9.1.3.7 盐酸溶液(1+99):用 1 体积盐酸(HCl,ρ=1.19 g/mL,超级纯)与 99 体积水混匀。

9.1.3.8 甲基异丁基酮(MIBK)$CH_3COCH_2CH(CH_3)_2$。

9.1.3.9 二甲基黄指示剂溶液(0.5 g/L):称取 0.05 g 二甲基黄($C_{14}H_{15}N_3$)溶于 100 mL90%乙醇溶液中,混匀,过滤后使用。

9.1.3.10 硝酸溶液(6 mol/L):移取 75 mL 硝酸(HNO_3,ρ=1.42 g/mL,优级纯)与 125 mL 水混匀。

9.1.4 仪器及设备

仪器和设备如下:

——火焰原子吸收分光光度计;

——锌空心阴极灯;

——钢瓶乙炔;

——洁净台;

——量瓶:容量 100 mL、200 mL;

——具塞比色管:容量 25 mL;

——移液吸管:容量 2 mL、10 mL;

——刻度吸管:容量 2 mL;

——一般实验室常备仪器和设备。

9.1.5 分析步骤

9.1.5.1 绘制工作曲线

按以下步骤绘制标准曲线:

a) 取 6 个 25 mL 具塞比色管,分别加入 0 mL,0.20 mL,0.40 mL,0.60 mL,0.80 mL,1.00 mL 锌标准使用液(见 9.1.3.3),加水稀释至 20 mL,混匀;

b) 各加 1 滴二甲基黄指示剂溶液(见 9.1.3.9),混匀;

c) 用氨水溶液(见 9.1.3.6)调溶液恰呈橙黄色(pH=4);

d) 各加 2 mL APDC-DDTC-乙酸铵络合剂混合溶液(见 9.1.3.5),混匀;

e) 各加 3.0 mL 甲基异丁酮(见 9.1.3.8),塞紧塞子,强烈振荡萃取 2 min,静置分层;

f) 用 MIBK(见 9.1.3.8)调零,按仪器测定条件测定锌的吸光值 A_i。将测得数据记入表A.8 中;

g) 以吸光值 $A_i - A_0$(标准空白)为纵坐标,相应的锌量(μg)为横坐标,绘制工作曲线。

9.1.5.2 样品测定

取 20 mL 过滤的水样于 25 mL 具塞比色试管中,按 9.1.5.1.b)~9.1.5.1.f)步骤测定其吸光值 A_w。取 20 mL 水,按同样步骤测定分析空白值 A_b。

9.1.6 记录与计算

将测得吸光值记入表 A.4 中,由吸光值($A_w - A_b$)值从工作曲线上查得或用线性回归计算水样中锌的微克数,按式(11)计算:

$$\rho_{Zn} = \frac{m}{V} \times 1\,000 \qquad (11)$$

式中:

ρ_{Zn}——水样中锌的浓度,单位为微克每升(μg/L);

m——曲线中查得锌量,单位为微克(μg);

V——水样体积，单位为毫升(mL)。

9.1.7 精密度和准确度

锌含量为 282 μg/L 时，相对误差 2.8%；重复性(*r*) 54.5 μg/L；重复性相对标准偏差 6.9；再现性(*R*) 74.5 μg/L；再现性相对标准偏差 9.3%。

9.1.8 注意事项

本方法执行中应注意如下事项：

——除非另有说明，本方法所用试剂均为分析纯，水为二次去离子无锌水或等效纯水；

——本法测定所用器皿必须用硝酸溶液(1+1)浸泡 12 h 以上，再用水洗净；

——根据所用火焰原子吸收分光光度计，选定最佳仪器工作条件。

9.2 阳极溶出伏安法

9.2.1 适用范围和应用领域

本法适用于盐度大于 0.5 的河口水和海水中溶解锌的测定。

9.2.2 方法原理

水样中锌离子在－1.30 V 恒电压电解，锌离子在悬汞电极上还原生成锌汞齐。然后，将电极电位均匀地由负向正方向扫描，当电位到达锌汞齐氧化电位时，汞齐中的锌重新氧化成离子进入溶液。根据所得到的伏安曲线测定锌含量。

9.2.3 试剂及其配制

9.2.3.1 水：去离子水经石英蒸馏器蒸馏或等效纯水。

9.2.3.2 硝酸(HNO_3，ρ=1.42 g/mL，优级纯)经亚沸石英蒸馏器纯化。

9.2.3.3 硝酸溶液(1+1)：1 体积硝酸(见 9.2.3.2)与 1 体积水(见 9.2.3.1)混匀。

9.2.3.4 硝酸溶液(1+99)：1 体积硝酸(见 9.2.3.2)与 99 份水(见 9.2.3.1)混匀。

9.2.3.5 氨水溶液：氨水($NH_3 \cdot H_2O$，ρ=0.90 g/mL)经等温扩散法提纯。

9.2.3.6 汞(Hg)：纯度 99.999%。

9.2.3.7 锌(Zn)：纯度 99.99%。

9.2.3.8 锌标准贮备溶液(1.00 mg/mL-Zn)：称取 0.200 0 g 锌(见 9.2.3.7)于 50 mL 烧杯中，用6 mL 硝酸溶液(见 9.2.3.3)溶解后，全量移入 200 mL 量瓶中，用硝酸溶液(见 9.2.3.4)稀释至标线，混匀。

9.2.3.9 锌标准中间溶液(0.100 mg/mL)：移取 5.00 mL 锌标准贮备溶液(见 9.2.3.8)于 50 mL 量瓶中，用水(见 9.2.3.1)稀释至标线，混匀。

9.2.3.10 锌标准使用溶液(1.00 μg/mL)：移取 0.500 mL 锌标准中间溶液(见 9.2.3.9)于 50 mL 量瓶中，用水(见 9.2.3.1)稀释至标线，混匀。此溶液有效期 7 d。

9.2.4 仪器及设备

仪器和设备如下：

——多功能极谱仪；

——悬汞电极，Ag/AgCl 参比电极和铂金丝辅助电极；

——钢瓶，氮气：纯度 99.999%；

——pH 计；

——微量吸液器：容量 50 μL、100 μL；

——移液吸管：容量 5 mL、10 mL；

——量瓶：容量 50 mL、200 mL；

——烧杯：容量 50 mL；

——亚沸石英蒸馏器；

——普通石英蒸馏器；

——一般实验室常备仪器和设备。

9.2.5　分析步骤

准确量取 10.0 mL 经硝酸酸化成 pH 为 1.5～2.0 的过滤水样于电解池中，滴加氨水溶液(见9.2.3.5)，使得体系 pH 为 6.0～8.0，按选定的仪器测定参数进行测定，记录锌的峰电流值。参考本法的灵敏度，加入一定量锌标准使用溶液(见 9.2.3.10)后依同法测定，记录加入标准溶液后锌的峰电流值。

9.2.6　记录与计算

将测得的数据记入附录 A 表 A.7 中，水样中锌的浓度按式(12)计算

$$\rho_{Zn}=\frac{I\rho'_{Zn}V_{Zn}}{(I'-I)V} \qquad (12)$$

式中：

ρ_{Zn}——水样中锌浓度，单位为微克每升(μg/L)；

I——加入锌标准使用溶液前锌的峰电流值，单位为纳安(nA)；

ρ'_{Zn}——锌标准使用溶液的浓度，单位为微克每升(μg/mL)；

V_{Zn}——添加的锌标准使用溶液体积，单位为微升(μL)；

I'——加入锌标准使用溶液后锌的峰电流值，单位为纳安(nA)；

V——测定水样体积，单位为毫升(mL)。

9.2.7　精密度和准确度

锌含量为 270 μg/L 时，相对误差 6.6%；重复性(*r*) 44 μg/L；重复性相对标准偏差 5.8%；再现性(*R*) 56 μg/L；再现性相对标准偏差 7.5%。

9.2.8　注意事项

本方法执行中应注意如下事项：

——除非另作说明，本方法所用试剂均为分析纯；

——所用器皿均用硝酸溶液(1+1)浸泡一周而后用重蒸馏水冲洗干净；

——电解池在水样测定前用提纯过的 1 mol/L 硝酸溶液冲洗一次，再用重蒸馏水冲洗二次，电极系统也同样处理；

——本法所测定的只是水样中具有电极反应活性的锌；

——海水、河口水中锌的特征峰电压约为－1.1 V；

——根据所用极谱仪型号，试验本法测定锌的线性范围及灵敏度，必要时自行选定最佳仪器参数；

——加标准使用溶液时，应参考加入标准溶液前锌的峰电流值和灵敏度，选择合适体积的标准使用溶液，尽量使加入标准溶液后峰电流值的增值与未加标准溶液时的峰电流值相接近。必要时改变标准使用溶液的浓度，使所加入锌标准溶液的体积一般为 10.0 μL～100 μL。

10　总铬

10.1　无火焰原子吸收分光光度法

10.1.1　适用范围和应用领域

本方法适合于海水中总铬的测定。

本方法为仲裁方法。

10.1.2　方法原理

在 pH 为 3.8±0.2 的条件下，低价态铬被高锰酸钾氧化后，同二乙氨基二硫代甲酸钠(DDTC)螯合，用甲基异丁酮(MIBK)萃取，于铬的特征吸收波长处测定原子吸光值。

10.1.3　试剂及其配制

10.1.3.1　铬标准贮备溶液(1.00 mg/mL-Cr)：称取重铬酸钾 ($K_2Cr_2C_7$，99.99%) 0.282 9 g 溶于水中，全量转入 100 mL 量瓶中，加入 1 mL 硝酸(HNO_3，ρ=1.42 g/mL)用水稀释到标线。

10.1.3.2　铬标准中间溶液(100 μg/mL)：量取 10.0 mL 铬标准贮备溶液(见 10.1.3.1)于 100 mL 量

瓶内,用硝酸溶液(1+99)稀释至标线,混匀。

10.1.3.3 铬标准使用液(0.020 0 μg/mL):量取 1.00 mL 铬标准中间溶液(见 10.1.3.2)于 100 mL 量瓶内,用硝酸溶液(1+99)稀释至标线,混匀。再移取此溶液 2.00 mL 于 100 mL 量瓶,用硝酸溶液(1+99)稀释至标线,混匀。

10.1.3.4 缓冲溶液:称取 50.1 g 苯二甲酸氢钾($C_8H_5KO_4$,优级纯)溶于水中,加入 7 mL 盐酸溶液(1 mol/L)并用水稀释至 500 mL,最后用盐酸或氨水在 pH 计上调 pH 为 3.8±0.2。

10.1.3.5 二乙氨基二硫代甲酸钠(DDTC)溶液(20 g/L):根据当天用量,称取适量 DDTC($C_5H_{10}NS_2Na$),加水溶解,临用时现配,用定性滤纸滤去浮沫。

10.1.3.6 高锰酸钾溶液(10 g/L):称取 1 g 高锰酸钾($KMnO_4$,优级纯),溶于水并稀释至 100 mL。

10.1.3.7 二甲基黄乙醇溶液(10 g/L):称取 1 g 二甲基黄($C_{14}H_{15}N_3$),溶于 95%乙醇并释至 100 mL。

10.1.3.8 甲基异丁酮[MIBK,$CH_3COCH_2CH(CH_3)_2$]。

10.1.4 仪器及设备

仪器和设备如下:

——无火焰原子吸收分光光度计;

——铬空心阴极灯;

——自动进样器:容量 20 μL;

——钢瓶氩气;

——聚四氟乙烯(或聚丙烯)杯:容量 2 mL;

——具塞比色管:容量 25 mL;

——移液吸管:容量 2 mL、10 mL;

——石英亚沸蒸馏器;

——超净工作台;

——一般实验室常备仪器和设备。

10.1.5 分析步骤

10.1.5.1 绘制工作曲线

按以下步骤绘制标准曲线:

a) 取 6 支 25 mL 具塞比色管,分别加入 0 mL,1.00 mL,2.00 mL,3.00 mL,4.00 mL,5.00 mL 铬标准使用溶液(见 10.1.3.3)用水稀释至 100 mL,混匀;

b) 加 1 滴二甲基黄乙醇溶液(见 10.1.3.7),用稀氨水或稀盐酸调 pH,使溶液呈浅橙色;

c) 加 1 滴高锰酸钾溶液(见 10.1.3.6),在水浴上加热(控制温度在 70℃±5℃)10 min,溶液保持微紫色;

d) 加入 1 mL 缓冲溶液(见 10.1.3.4)和 1 mL DDTC 溶液(10.1.3.5),混匀;

e) 加 1.50 mL MIBK(见 10.1.3.8)萃取 2 min,静置分层,移取有机相一定体积注入石墨炉,按仪器工作条件测定吸光值 A_i,将测得数据记入表 A.5 中;

f) 以测得吸光值 A_i-A_0(标准空白)为纵坐标,以相应铬的溶度(μg/L)为横坐标,绘制工作曲线。

10.1.5.2 水样测定

取 10.0 mL 过滤的水样于 25 mL 具塞比色管中,按分析步骤 10.1.5.1.b)~10.1.5.1.e)测定样品吸光值 A_w,同时取 10 mL 纯水,按同样的步骤测定分析空白的吸光值 A_b。

10.1.6 记录与计算

将测得数据记入表 A.6 中,由 A_w-A_b 值于工作曲线上直接查得样品中含铬浓度(μgL),或用线性回归方程公式(13)计算:

$$\rho_{Cr}=\frac{(A_w-A_b)-a}{b} \qquad (13)$$

式中：

ρ_{Cr}——水样中铬浓度，单位为微克每升（μg/L）；

a——曲线截距；

b——曲线斜率。

10.1.7 精密度和准确度

铬含量为 184 μg/L 时，相对误差 1.0%；重复性（r） 12.0 μg/L；重复性相对标准偏差 3.2%；再现性（R） 23.0 μg/L，再现性相对标准偏差 4.5%。

10.1.8 注意事项

本方法执行中应注意如下事项：

——除非另作说明，本方法所用试剂均为分析纯，水为二次去离子水或等效纯水；

——本方法关键是控制 pH 范围，因此在调 pH 接近浅橙色时，必须用很稀的氨水（1+500）仔细调；

——当水样中铬的含量很低时，取水样量增加到 20 mL，进入石墨炉的有机相体积增加到 50 μL；

——水样的萃取体积和进样体积，应与标准系列分析时完全一致；

——不同型号仪器应自选最佳工作条件。

10.2 二苯碳酰二肼分光光度法

10.2.1 适用范围和应用领域

本法适用于河口和近岸海水总铬的测定。

10.2.2 方法原理

海水中六价铬在酸性条件下，用亚硫酸钠还原为三价铬，以氢氧化铁共沉淀富集。沉淀物溶于酸中，在一定酸度下，用高锰酸钾将三价铬氧化为六价铬，分离铁后，六价铬离子与二苯氨基脲生成紫红色络合物，于 540 nm 波长测定吸光值。

10.2.3 试剂及其配制

10.2.3.1 盐酸（HCl）：ρ=1.19 g/mL，优级纯。

10.2.3.2 氨水（$NH_3 \cdot H_2O$）：ρ=0.90 g/mL。

10.2.3.3 乙醇（C_2H_5OH）：95%。

10.2.3.4 盐酸溶液（1+1）：将盐酸（见 10.2.3.1）与等体积水混合。

10.2.3.5 硫酸溶液（4 mol/L）：在搅拌下，将 1 体积硫酸（H_2SO_4，ρ=1.84 g/mL，优级纯）慢慢加入 8 体积水中。

10.2.3.6 亚硫酸钠溶液（30 g/L）：称取 3 g 无水亚硫酸钠（Na_2SO_3），溶于水中，并稀释至 100 mL，混匀。

10.2.3.7 硫酸铁铵〔$NH_4Fe(SO_4)_2 \cdot 12H_2O$〕溶液：称取 17.2 g 硫酸铁铵于烧杯中，加 5 mL 硫酸溶液（10.2.3.5）溶解，再加水至 100 mL，混匀。

10.2.3.8 氢氧化钠溶液（400 g/L）：称取 40g 氢氧化钠（NaOH，优级纯），溶于水中，并稀释至 100 mL。

10.2.3.9 高锰酸钾溶液 A（50 g/L）：移取 5 g 高锰酸钾（$KMnO_4$，优级纯），溶于热水中，并稀释至 100 mL。

10.2.3.10 高锰酸钾溶液 B（10 g/L）：移取 5 mL 高锰酸钾溶液（见 10.2.3.9）于 25 mL 滴瓶中，加 20 mL 水，混匀。

10.2.3.11 二苯氨基脲（二苯碳酰二肼）溶液（2.5 g/L）：称取 0.25 g 二苯氨基脲（$C_{13}H_{12}N_4O$），用少量丙酮（CH_3COCH_3）溶解，然后用丙酮溶液（1+1）稀释至 100 mL，盛入棕色瓶，置冰箱中保存。

10.2.3.12 铬标准贮备溶液（100 μg /mL-Cr）：称取 0.282 9 g 重铬酸钾（$K_2Cr_2O_7$，预先在 105℃～110℃烘干 2 h，优级纯），用少量水溶解，全量移入 1 000 mL 量瓶中，加水至标线，混匀。

10.2.3.13 铬标准使用溶液（2.00 μg /mL）：移取 5.00 mL 铬标准贮备溶液（见 10.2.3.12）于 250 mL

量瓶中，用水稀释至标线。

10.2.3.14　低铬海水：尽可能采用大洋海水。

10.2.4　仪器及设备

仪器和设备如下：

——分光光度计；

——电热板；

——锥形分液漏斗：容量 1 000 mL；

——具塞比色管：容量 50 mL；

——玻璃漏斗：内径 7.5 cm；

——一般实验室常备仪器和设备。

10.2.5　分析步骤

10.2.5.1　绘制工作曲线

按以下步骤绘制标准曲线：

a) 取 6 个 1 000 mL 锥形分液漏斗，各加入 500 mL 低铬海水(见 10.2.3.14)，再分别加入 0 mL，0.50 mL，1.50 mL，2.50 mL，3.50 mL，5.00 mL 铬标准使用溶液(见 10.2.3.13)；

b) 加入 3 mL 亚硫酸钠溶液(见 10.2.3.6)，混匀，再加 5 mL 盐酸(见 10.2.3.1)，10 min 内依次轮流摇动。滴加高锰酸钾溶液 B(见 10.2.3.10)至出现稳定的微红色，加 1 滴亚硫酸钠溶液(见 10.2.3.6)使红色消失。加 1 mL 硫酸铁铵溶液(见 10.2.3.7)，混匀；

c) 在不断摇动下，加入 5 mL 氨水(见 10.2.3.2)此时 pH 值≈8，剧烈振摇半分钟，静置至沉淀凝聚于分液漏斗底部；

d) 打开分液漏斗活塞，将沉淀全部放入 150 mL 烧杯中(沉淀物和所带母液的总体积不超过 50 mL)加 1 mL 盐酸溶液(见 10.2.3.4)，加热溶解并浓缩至 30 mL 左右；

e) 滴加氢氧化钠溶液(见 10.2.3.8)至刚出现沉淀，滴加盐酸溶液(见 10.2.3.4)使沉淀溶解并调至 pH=1，加 5 mL 高锰酸钾溶液 A (见 10.2.3.9)，在电热板上(90℃左右)加热 15 min。氧化过程中，若试样溶液红色消失，应补加高锰酸钾溶液 A (见 10.2.3.9)保持红色；

f) 滴加氢氧化钠溶液(见 10.2.3.8)调至 pH 为 8，加 2 mL 乙醇(见 10.2.3.3)，在不断搅拌下煮沸 2 min，趁热用中速定量滤纸将试样溶液过滤于 50 mL 比色管中，用热水洗涤沉淀和烧杯内壁，洗涤液合并于比色管中；

g) 滴加硫酸溶液(见 10.2.3.5)于比色管中，使试样溶液呈中性后，再多加 2.5 mL。冷至室温，加 1 mL 二苯氨基脲溶液(见 10.2.3.11)，立即加水稀释至标线并混匀。静置显色 10 min；

h) 用 3 cm 测定池，以水为参比，于 540 nm 波长测定其吸光值 A_0(标准空白)和 A_i，将测得数据记入表 A.3 中，以吸光值 A_i-A_0 为纵坐标，相应的铬量(μg)为横坐标绘制工作曲线。

10.2.5.2　样品测定

a) 取 1 000 mL 过滤的水样，按绘制工作曲线 10.2.5.1.b)～10.2.5.1.h)步骤[其中 b)、c)步骤中加入盐酸(10.2.3.1)、氨水(见 10.2.3.2)的量均为 10 mL]测定样品的吸光值 A_w。

b) 同时取 50 mL 水于 150 mL 烧杯中，按样品测定步骤(沉淀后，不需放置和分离)测定分析空白吸光值 A_b。

10.2.6　记录与计算

将测定数据记入表 A.4 中，以 A_w-A_b 查工作曲线或用线性回归方程计算得铬量(μg)。按式(14)计算样品中总铬浓度：

$$\rho_{Cr}=\frac{m}{V} \qquad (14)$$

式中：

ρ_{Cr}——样品中总铬浓度，单位为微克每升（μg/L）；

m——查工作曲线所得铬的量，单位为微克（μg）；

V——水样体积，单位为升（L）。

10.2.7 精密度和准确度

铬含量为 572 μg/L 时，相对误差 2.1%；重复性（r） 32 μg/L；重复性相对标准偏差 2.2%；再现性（R） 38 μg/L；再现性相对标准偏差 2.4%。

10.2.8 注意事项

本方法执行中应注意如下事项：

——除非另作说明，本方法所用试剂均为分析纯，水为二次蒸馏水或等效纯水；

——所用器皿先用洗涤剂洗净，再用硝酸溶液（1+3）浸泡 2 d～3 d，不得使用重铬酸钾洗液，以免沾污；

——六价铬与二苯氨基脲生成的络合物的稳定性随温度增加而降低，一般应在 2 h 内测定完毕，温度高于 30 ℃时，应在半小时内完成测定；

——二苯氨基脲的丙酮溶液变黄或浑浊时，应重配。

11 砷

11.1 原子荧光法

11.1.1 适用范围和应用领域

本方法适用于海水中砷的测定。

本方法为仲裁方法。

11.1.2 方法原理

在酸性介质中，五价砷被硫脲-抗坏血酸还原成三价砷，用硼氢化钾将三价砷转化为砷化氢气体，由氩气作载气将其导入原子荧光光度计的原子化器进行原子化，以砷特种空心阴极灯作激发光源，测定砷原子的荧光强度。

11.1.3 试剂及其配制

11.1.3.1 盐酸（HCl）。

11.1.3.2 氢氧化钠（NaOH）。

11.1.3.3 硫脲（CH_4N_2S）。

11.1.3.4 抗坏血酸（$C_6H_8O_6$）。

11.1.3.5 硼氢化钾（KBH_4）。

11.1.3.6 氢氧化钾（KOH）：优级纯。

11.1.3.7 氢氧化钠溶液（40 g/L）：称取 4.0 g 氢氧化钠（见 11.1.3.2），溶于 100 mL 水中；

11.1.3.8 盐酸溶液（1+1）：1 体积盐酸（见 11.1.3.1）和 1 体积水混合。

11.1.3.9 硫脲-抗坏血酸还原剂：称取 5.0 g 硫脲（见 11.1.3.3）和 3.0 g 抗坏血酸（见 11.1.3.4）用水溶解，稀释至 100 mL（使用前配制）。

11.1.3.10 硼氢化钾（KBH_4）溶液（7 g/L）：称取 7 g 硼氢化钾（见 11.1.3.5）溶解于预先溶有 2 g 氢氧化钾（11.1.3.6）的水中，用水稀释至 1 000 mL，混匀。

11.1.3.11 砷标准储备溶液（100.0 μg /mL）：准确称取 0.132 0 g 三氧化二砷（As_2O_3，优级纯，经 105℃烘干 2 h，置于干燥器中保存）于 25 mL 烧杯中，用 10 mL 氢氧化钠溶液（见 11.1.3.7）溶解后，加入 10 mL 盐酸溶液（见 11.1.3.8），全量移入 1 000 mL 容量瓶中，加水稀释至标线，混匀。

11.1.3.12 砷标准中间溶液（1.00 μg/mL）：量取 1.00 mL 砷标准储备溶液（见 11.1.3.11），移入已加入盐酸溶液（见 11.1.3.8）的 100 mL 容量瓶中，加水稀释至标线。

11.1.3.13 砷标准标使用溶液(0.100 μg/mL):量取 10.0 mL 砷标准中间溶液(见 11.1.3.12),移入已加入 10 mL 盐酸溶液(见 11.1.3.8)的 100 mL 容量瓶中,加水稀释至标线。

11.1.4 仪器及设备

仪器和设备如下:

——原子荧光光度计;

——容量瓶:容量 100 mL、1 000 mL;

——微量移液管:容量 20 μL、50 μL、100 μL、500 μL;

——烧杯:容量 50 mL、1 000 mL;

——定量加液器:容量 2 mL;

——比色管:容量 100 mL;

——氩气;

——一般实验室常备仪器和设备。

11.1.5 分析步骤

11.1.5.1 绘制工作曲线

按以下步骤绘制标准曲线:

a) 量取 0 mL、0.50 mL、1.00 mL、2.00 mL、4.00 mL、8.00 mL、10.00 mL 砷标准使用溶液(见 11.1.3.13),分别移入已加入 10.0 mL 盐酸溶液(见 11.1.3.8)的 7 个 100 mL 容量瓶中,加入 2.0 mL 硫脲-抗坏血酸还原剂(11.1.3.9),用水稀释至标线,混匀;

b) 放置 20 min 后分别进样 2 mL,依次读取标准空白荧光强度(I_0)和标准系列各点的荧光强度(I_i)。以测得的荧光强度(I_i-I_0)为纵坐标,以砷的微克数为横坐标,绘制标准曲线(给出线性回归方程),并计算线性回归系数。将测得数据记入表 A.1。

11.1.5.2 样品测定

按以下步骤测定样品:

a) 量取 100.0 mL 过滤的水样于 100 mL 比色管中,加入 10.0 mL 盐酸(见 11.1.3.1),2.0mL 硫脲-抗坏血酸还原剂(11.1.3.9),混匀,放置 20 min;

b) 量取 2 mL 样品消化液,测定其荧光强度(I_s);

c) 同时测定分析空白:量取 100.0 mL 去离子水于 100 mL 比色管中,加入 10.0 mL 盐酸(见 11.1.3.1),2.0 mL 硫脲-抗坏血酸还原剂(见 11.1.3.9),混匀,放置 20 min,测定其荧光强度(I_b)。

11.1.6 记录与计算

将测得数据记入表 A.2 中,由 I_s-I_b 值从工作曲线上查得或用线性回归方程计算水样砷量(ng)并按式(15)计算:

$$c=\frac{m}{V}\times k \qquad (15)$$

式中:

c——水样中砷的浓度,单位为微克每升(μg/L);

m——由标准曲线计算出的样品中含砷量,单位为纳克(ng)。

k——样品消化后体积校正系数为 1.12;

V——进样体积,单位为毫升(mL)。

11.1.7 精密度和准确度

砷含量为 5.0 μg /L 时,重复性相对标准偏差 3%;再现性相对标准偏差 10.8%;相对误差 2.1%。

11.1.8 注意事项

本方法执行中应注意如下事项:

——除非另有说明，本方法所用试剂均为分析纯，水为去离子水或等效纯水；

——所用器皿必须清洁，器皿水洗后要经 15%硝酸浸泡 24 h 以上，再用二次去离子水或等效纯水冲干净方可使用，尤其对新玻璃器皿，应做空白试验；

—— 盐酸试剂的空白值差别较大，使用前应进行空白检验；

—— 配制标准溶液与检测样品应用同一瓶盐酸；

——由于影响砷测定的因素很多，如载气、炉温、灯电流、气液体积比等，因此，每次测定应同时绘制标准曲线。

11.2 砷化氢-硝酸银分光光度法

11.2.1 适用范围和应用领域

本方法适用于各类海水及地面水中砷的测定。

11.2.2 方法原理

在弱酸性条件下，砷(Ⅴ)经抗坏血酸预还原成砷(Ⅲ)，然后用硼氢化钾还原砷(Ⅲ)为砷化氢，经硝酸银-聚乙烯醇吸收液吸收。银离子被砷化氢还原成黄色胶体银，在特征吸收波长 406 nm 处测其吸光值。

11.2.3 试剂及其配制

11.2.3.1 砷标准贮备溶液(1.000 mg/mL-As)：称取 0.132 0 g 三氧化二砷(As_2O_3，经 105℃烘干2 h，置于干燥器中保存)于 25 mL 烧杯中，用 10 mL 氢氧化钠溶液〔$c(NaOH)=1$ mol/L，优级纯〕溶解后，加入 10 mL 硫酸溶液〔$c(H_2SO_4)=1$ mol/L〕，全量移入 100 mL 量瓶中，加水稀释至标线，混匀。

注：三氧化二砷剧毒！

11.2.3.2 砷标准中间溶液(10.0 μg/mL)：移取 10.0 mL 砷标准贮备溶液(见 11.2.3.1)于 100 mL 量瓶中，加水稀释至标线，混匀。再移取此溶液(浓度为 100 μg/mL)10.0 mL 于 100 mL 量瓶中，加水稀释至标线，混匀。

11.2.3.3 砷标准使用溶液(1.00 μg/mL)：量取砷标准中间溶液(见 11.2.3.2)10.0 mL 于 100 mL 量瓶中，加水稀释至标线，混匀。

11.2.3.4 硝酸-硝酸银溶液：称取 4.07 g 硝酸银($AgNO_3$，优级纯)于 100 mL 烧杯中，用 60 mL 水溶解后，全量移入 500 mL 量瓶，加 10 mL 硝酸(HNO_3，$\rho=1.42$ g/mL，优级纯)，加水稀释至标线，混匀。

11.2.3.5 聚乙烯醇溶液(2.5 g/L)：称取 0.5 g 聚乙烯醇 (PVA-200)于 300 mL 烧杯中，加入200 mL水，搅拌并加热至沸。待完全溶解后，盖上表面皿保温 5 min～10 min，冷却后转入广口瓶中，贮于冰箱。可使用一周。

11.2.3.6 无水乙醇(C_2H_5OH)：优级纯。

11.2.3.7 吸收液：将硝酸-硝酸银溶液(见 11.2.3.4)、聚乙烯醇溶液(见 11.2.3.5)和无水乙醇(见 11.2.3.6)以 1+1+25 体积比混合(先将 HNO_3-$AgNO_3$ 和 PVA 溶液混匀后，再加入乙醇)，当日配制。

11.2.3.8 N，N′-二甲基甲酰胺(DMF)溶液：45 mL DMF(化学纯)和 5.0 mL 乙醇胺(C_2H_7NO，化学纯)混合，贮于 60 mL 棕色滴瓶，可保存约一个月。

11.2.3.9 乙酸铅棉花：称取 10 g 乙酸铅[$Pb(CH_3COO)_2\cdot 3H_2O$]，溶于 100 mL 乙酸溶液[$c(CH_3COOH)=1$ mol/L]中，将脱脂棉(8 g～10 g)在上述溶液中浸泡 1 h，取出晾干备用。

11.2.3.10 硫酸溶液[$c(H_2SO_4)=3$ mol/L]：量取 20 mL 硫酸(H_2SO_4，$\rho=1.84$ g/mL)慢慢地倾入 100 mL 水中，混匀，贮于试剂瓶。

11.2.3.11 抗坏血酸溶液(100 g/L)：称取 25 g 抗坏血酸($C_6H_8O_6$)，溶解于水并稀释至 250 mL，贮于棕色试剂瓶中。

11.2.3.12 硼氢化钾片剂：称取在玛瑙研钵中研细的硼氢化钾(KBH_4)，在压片机上压制成片，每片1.0 g。

11.2.3.13 硝酸洗液(4 mol/L)：量取 120 mL 硝酸(HNO_3，$\rho=1.42$ g/mL)加到 360 mL 水中，混匀，

贮于广口瓶中。

11.2.3.14 中性红指示液(1 g/L):称取 0.05 g 中性红指示剂($C_{15}H_{17}ClN_4$),溶于 50 mL 水中,贮于试剂瓶中。

11.2.3.15 氢氧化钠溶液(100 g/L):称取 10 g 氢氧化钠(NaOH)溶于水,稀释至 100 mL。

11.2.4 仪器及设备

仪器和设备如下:

——分光光度计;

——测定池:1 cm;

——压片机:400 kg/cm²,压片直径 1.3 cm;

——砷化氢发生-吸收装置(见图 3);

——量筒:容量 50 mL、250 mL;

——棕色试剂瓶:容量 125 mL、500 mL;

——量瓶:容量 100 mL、500 mL;

——棕色滴瓶:容量 60 mL;

——移液吸管:容量 10 mL;

——刻度吸管:容量 1 mL、2 mL、5 mL;

——烧杯:容量 25 mL、100 mL

——玛瑙研钵:直径 14.5 cm;

——广口瓶:容量 500 mL;

——一般实验室常备仪器和设备。

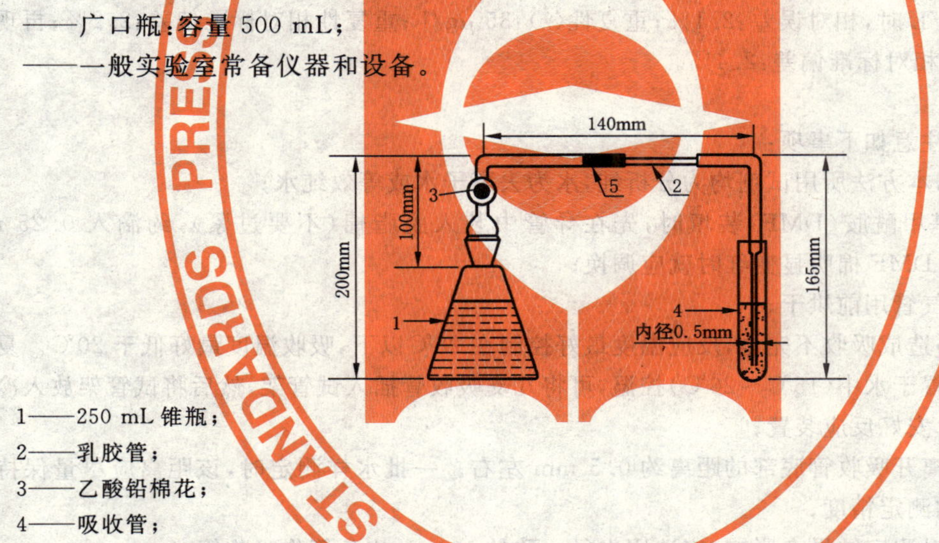

1——250 mL 锥瓶;

2——乳胶管;

3——乙酸铅棉花;

4——吸收管;

5——二甲基甲酰胺。

图 3 砷化氢发生-吸收装置

11.2.5 分析步骤

11.2.5.1 绘制工作曲线

按以下步骤绘制标准曲线:

a) 在 6 个 250 mL 锥形瓶中,各加入 200 mL 纯水后分别加入 0 mL,0.50 mL,1.00 mL,1.50 mL,2.00 mL,2.50 mL 砷标准使用溶液(见 11.2.3.3);

b) 各加入 2.5 mL 抗坏血酸溶液(见 11.2.3.11)和 2.5 mL 硫酸溶液(见 11.2.3.10),混匀。放置约 2 h;

c) 吸收管内加入 5.0 mL 吸收液(见 11.2.3.7),如图 3 接好反应装置。加入 1 粒硼氢化钾片剂(见 11.2.3.12),立即塞紧塞子,待反应完全(约需 20 min~30 min)。拆下导气管,插入硝酸洗液(见 11.2.3.13)浸泡;

d） 用 1 cm 测定池，以吸收液（见 11.2.3.7）作参比，于 406 nm 处测定吸光值 A_i；

e） 以吸光值 A_i-A_0（标准空白）为纵坐标，相应的砷量（μg）为横坐标，绘制工作曲线。

11.2.5.2 样品测定

按以下步骤测定样品：

a） 量取 200 mL 过滤的水样于 250 mL 锥形瓶中，滴加几滴中性红指示液（见 11.2.3.14），用氢氧化钠溶液（见 11.2.3.15）或硫酸溶液（见 11.2.3.10）调至刚好变红；

b） 以下按 11.2.5.1.b)～11.2.5.1.d)步骤测定吸光值 A_w；

c） 同时测定分析空白吸光值 A_b。

11.2.6 记录与计算

将测得数据记入表 A.3 及表 A.4 中，由 A_w-A_b 值从工作曲线上查得或用线性回归方程计算水样砷的量（μg）并按式(16)计算：

$$\rho_{As}=\frac{m}{A}\times 1\,000 \quad \cdots\cdots (16)$$

式中：

ρ_{As}——水样中砷的浓度，单位为微克每升（μg/L）；

m——查或计算得砷量，单位为微克（μg）；

V——水样体积，单位为毫升（mL）。

11.2.7 精密度和准确度

砷含量为 572 μg/L 时，相对误差：2.1%；重复性（r）：35 μg/L；重复性相对标准偏差：2.2%；再现性（R）：38 μg/L；再现性相对标准偏差：2.4%。

11.2.8 注意事项

本方法执行中应注意如下事项：

——除非另说明，本方法所用试剂均为分析纯，水为去离子水或等效纯水；

——N,N′-二甲基甲酰胺（DMF）装填时，先在导管中装入脱脂棉（不要过紧），约滴入 0.25 mL DMF 溶液。DMF 棉明显变红时就应调换；

——吸收管和导气管用前烘干；

——室温高时，易造成吸收不完全，反应温度最好控制在 28℃以下，吸收温度最好低于 20℃。夏天应将吸收管置于水中（15℃～20℃）控温，可将几支吸收管插入试管架，然后将试管架放入冷水中，再按图 3 安好反应装置；

——导气管出口离开吸收管底部的距离约 0.5 mm 左右。一批水样测定时，该距离应尽量保持一致，以免影响测定精度；

——吸收液高度对测定结果有影响，应选用内径一致的 10 mL 比色管作吸收管；

——投入硼氢化钾片剂后，迅即塞紧塞子，可在塞子边缘采用水封法检漏。反应过程中应不时摇动反应瓶，使反应完全。

11.3 氢化物发生原子吸收分光光度法

11.3.1 适用范围和应用领域

本方法适用于大洋、近岸、河口水中无机砷的测定。

11.3.2 方法原理

在酸性介质中，以硼氢化钾将砷（Ⅲ）转化为砷化氢气体，由载气将其导入原子化器，分解生成原子态砷，在其特征吸收波长处测定原子吸光值。

11.3.3 试剂及其配制

11.3.3.1 砷标准贮备溶液（500 μg/mL）：称取 0.660 2 g 三氧化二砷（As_2O_3，经 105℃烘 2 h，置于干燥器中冷却），置于 50 mL 烧杯中，加入 20 mL 氢氧化钠溶液（见 11.3.3.11）溶解，转入 1 000 mL 量瓶

中。以 20 mL 硫酸溶液(见 11.3.3.12)分三次洗涤烧杯,洗涤液并入量瓶中,加水至标线,混匀。

注:三氧化二砷剧毒!

11.3.3.2　砷标准中间溶液(10.0 μg/mL):移取 1.00 mL 砷标准贮备溶液(见 11.3.3.1),置于 50 mL 量瓶中,加 5 mL 硫酸溶液(见 11.3.3.12),加水至标线,混匀。

11.3.3.3　砷标准使用溶液(0.100 μg/mL):移取 1.00 mL 砷标准中间溶液(见 11.3.3.2),置于 100 mL量瓶中,加 10 mL 硫酸溶液(见 11.3.3.12),加水至标线,混匀。

11.3.3.4　混合还原剂:称取 5.0 g 硫脲(见 11.3.3.8)和 3.0 g 抗坏血酸(见 11.3.3.9),以水溶解,加水稀释至 100 mL。当天配用。

11.3.3.5　硼氢化钾溶液(15 g/L):称取 15 g 硼氢化钾(见 11.3.3.10),加 100 mL 氢氧化钠溶液(见 11.3.3.11)溶解,加水稀释至 1 000 mL,经双层定性滤纸抽滤后放入冰箱,可保存一周(使用时要与室温一致)。改用硼氢化钠亦可。

11.3.3.6　去砷盐酸溶液(约 6 mol/L):取 600 mL 盐酸(见 11.3.3.13)置于 2 000 mL 聚乙烯广口瓶中,加 400 mL 水,通过刻度吸管从溶液底部滴入 100 mL 硼氢化钾溶液(见 11.3.3.5)通氮气 3 min (1.5 L/min)驱赶残余砷化氢。再重复去砷一次。

11.3.3.7　去砷盐酸海水:将 100 mL 盐酸(见 11.3.3.13)及 900 mL 海水加入 2 000 mL 广口聚乙烯瓶中,通过刻度吸管从溶液底部滴入 100 mL 硼氢化钾溶液(见 11.3.3.5),通氮气 3 min(1.5 L/min)驱除残余的砷化氢。再重复去砷一次。临用前每 1 000 mL 此种溶液中加入 3.0 g 抗坏血酸(见 11.3.3.9)及 5.0 g 硫脲(见 11.3.3.8),溶后混匀。

11.3.3.8　硫脲(CH_4N_2S)

11.3.3.9　抗坏血酸($C_6H_8O_6$)

11.3.3.10　硼氢化钾(KBH_4)

11.3.3.11　氢氧化钠溶液:10 g/L,贮于聚乙烯瓶

11.3.3.12　硫酸溶液(5+95):取 5 体积硫酸(H_2SO_4,ρ=1.84 g/mL)缓缓地倾入 95 体积水中,放置冷却后,混匀。

11.3.3.13　盐酸(HCl,ρ=1.19 g/mL)。

11.3.4　仪器及设备

仪器和设备如下:

——原子吸收分光光度计(带氢化物原子化装置);

——瓷质布氏漏斗:直径 60 mm;

——广口聚乙烯瓶:容量 200 mL、2 000 mL;

——抽滤器:容量 1 000 mL;

——氢化物发生装置;

——一般实验室常备仪器和设备。

11.3.5　分析步骤

11.3.5.1　样品处理

取 73 mL 过滤的水样置于 200 mL 聚乙烯瓶中,加 17 mL 去砷盐酸溶液(见 11.3.3.6)及 10 mL 混合还原剂(见 11.3.3.4),放置 15 min 以上,此液为试样制备液 D。

11.3.5.2　冲洗管路

按以下步骤冲洗管路:

a)　原子化器预热半小时;

b)　调好氮气流速;

c)　用量筒往反应瓶里加入 15 mL 去砷盐酸海水(见 11.3.3.7)其体积要与测定海水样品体积相同;

d) 接通记录仪,松开弹簧夹,以 24 mL/min 流速滴加硼氢化钾溶液(见 11.3.3.5)。吸收峰顶刚过,夹紧弹簧夹,关闭记录仪,放掉残液;

e) 按照 11.3.5.2.c)与 11.3.5.2.d)两步反复操作,直至空白值稳定(以稳定的空白值为标准液的空白值 A_0)。

11.3.5.3 绘制标准曲线

按以下步骤绘制标准曲线:

a) 往反应瓶里加入 0.100 mL 砷标准使用溶液(见 11.3.3.3),加入 15 mL 去砷盐酸海水(见 11.3.3.7);

d) 同 11.3.5.2.d)操作;

c) 依次分别加入 0 mL,0.10 mL,0.20 mL,0.30 mL,0.40 mL,0.50 mL 砷标准使用溶液(见 11.3.3.3)及 15 mL 去砷盐酸海水(见 11.3.3.7),如上进行测定,测定数据记入表 A.3 中;

d) 以测得的各峰高 A_i-A_0 对应砷的含量(ng)绘制标准曲线。

11.3.5.4 水样测定

水样测定步骤如下:

a) 移取 15.0 mL 水样制备液 D(见 11.3.5.1)置反应瓶里(如样品含砷量高于 3 ng/mL,则取 10.0 mL;低于 0.5 ng/mL 则取 20.0 mL);

b) 按 11.3.5.2.d)操作测定样品的吸收峰高 A_w。与样品同时测定分析空白值 A_b。

11.3.6 记录与计算

将测得数据记入表 A.4 中,由 A_w-A_b 查标准曲线或用线性回归方程计算得砷的量(ng)m。按式(17)计算:

$$\rho_{As}=\frac{V_1}{V_2}\times\frac{m}{V_3} \qquad (17)$$

式中:

ρ_{As}——海水样品中砷浓度,单位为微克每升(μg/L);

V_1——水样制备液 D 体积,单位为毫升(mL);

m——查曲线得砷量,单位为纳克(ng);

V_2——原水样品体积,单位为毫升(mL);

V_3——每次测定分取 D 液体积,单位为毫升(mL)。

11.3.7 精密度和准确度

砷含量为 184 μg/L 时,相对误差 1.0%;重复性(r)12 μg/L;重复性相对标准偏差 3.2%;再现性(R)23 μg/L;再现性相对标准偏差 4.5%。

11.3.8 注意事项

本方法执行中应注意如下事项:

——除非另作说明,本方法所用试剂均为分析纯,水为二次去离子水或等效纯水;

——原子化器加热温度对测定结果影响极大,因此必须预热,待散热和加热达到平衡后再正式工作;

——所用器皿均需用 1+6 硝酸溶液浸泡 2 h 以上,用纯水冲洗 5 次以上方可使用;

——加热电压要稳定;

——每份样品分析间隔时间要尽量一致;

——测定中间对标准曲线重校一次,检查灵敏度是否有变化;

——硼氢化钾流速,浓度及反应液的温度,载气流速对结果均有影响,因此条件要恒定。

11.4 催化极谱法

11.4.1 适用范围和应用领域

本法适用于河水、各种盐度的海水中砷的测定。

11.4.2 方法原理

在酸性介质中,用氯酸钾将砷(Ⅲ)氧化成砷(Ⅴ),用 EDTA 作掩蔽剂,以铍作载体与砷(Ⅴ)共沉淀,沉淀溶于硫酸后,被过氧化氢还原砷呈三价状态,砷(Ⅲ)在碲-硫酸-碘化铵介质中能得到灵敏的催化波,其催化电流与砷的浓度呈正相关。

11.4.3 试剂及其配制

11.4.3.1 砷标准贮备溶液(0.100 mg/mL):称取 0.132 0 g 三氧化二砷(As_2O_3,基准试剂,105℃烘干 2 h,于干燥器中保存)于 50 mL 石英烧杯中,加入 8 mL 氢氧化钠溶液(见 11.4.3.9),搅拌至溶解,加入 2 mL 过氧化氢溶液(见 11.4.3.13)于电热板上低温蒸干,加入 2 mL 氨水溶液(见 11.4.3.10),继续蒸干,加入 30 mL～40 mL 水,搅拌使盐类溶解,用 6.0 mL 硫酸溶液(见 11.4.3.12)中和至 pH1～2。全量移入 1 000 mL 量瓶中加水至标线,混匀。

注:三氧化二砷剧毒!氧化铍剧毒!

11.4.3.2 砷标准中间溶液(10.0 μg/mL):移取 10.0 mL 砷标准贮备溶液(见 11.4.3.1)于 100 mL 量瓶中,加入 1.0 mL 硫酸溶液(见 11.4.3.12),加水至标线,混匀。

11.4.3.3 砷标准使用溶液(200 ng/mL):移取 2.00 mL 砷标准中间溶液(见 11.4.3.2)于 100 mL 量瓶中,加入 0.50 mL 硫酸溶液(见 11.4.3.12),加水至标线,混匀。

11.4.3.4 碲溶液(10.0 μg/mL):称取 0.010 g 碲粉(99.99%)于 50 mL 石英烧杯中,加入 1 mL 硝酸(HNO_3,ρ=1.42 g/mL)于电热板上加热溶解,加入 5 mL 硫酸溶液(见 11.4.3.12),加热至刚冒白烟,取下冷却,全量移入 100 mL 量瓶中,加水至标线,混匀。此溶液 1.00 mL 含碲 100 μg,再移取此液一定体积加水稀至 10.0 μg/mL。

11.4.3.5 氯酸钾溶液(10 g/L):称取 1 g 氯酸钾($KClO_3$)于 100 mL 量瓶中,加水稀释至标线,混匀。

11.4.3.6 氧化铍溶液(1 g/L):称取 100 mg 氧化铍(BeO,基准试剂)于 50 mL 石英烧杯中,加入几滴盐酸(HCl,ρ=1.18 g/mL)溶解,移入 100 mL 量瓶中,加水稀释至标线,混匀。

11.4.3.7 动物胶溶液(0.1 g/L):取 10 mg 动物胶溶于 100 mL 热水中(当日配制)。

11.4.3.8 碘化铵溶液(2 mol/L):称取 2.9 g 碘化铵(NH_4I)于 10 mL 具塞比色管中,加水溶解并稀释至标线,混匀。

11.4.3.9 氢氧化钠溶液(1 mol/L):称取 4 g 氢氧化钠(NaOH,优级纯)溶于水并稀释至 100 mL。

11.4.3.10 氨水溶液(1+1):1 体积等温扩散法提纯后的氨水($NH_3 \cdot H_2O$,ρ=0.90 g/L)加入 1 体积水中。

11.4.3.11 EDTA 二钠溶液(50 g/L):称取 5 g 乙二胺四乙酸二钠(EDTA-2Na,$C_{10}H_{14}O_8N_2\text{-}Na_2$,优级纯)溶于水并稀释至 100 mL。

11.4.3.12 硫酸溶液(1+1):取 1 体积硫酸(H_2SO_4,ρ=1.84 g/mL,优级纯)缓缓地倾入 1 体积的水中。

11.4.3.13 过氧化氢溶液(H_2O_2):30%。

11.4.4 仪器及设备

仪器和设备如下:

——极谱仪:具有二次导数性能的示波极谱仪(JP-2 型);

——三电极系统:滴汞电极、甘汞电极、铂电极;

——可调速离心机:3 000 r/min;

——石英电解池:容量 5 mL;

——量瓶:容量 100 mL、1 000 mL;

——石英烧杯:容量 50 mL;

——水浴锅:直径 30 cm;

——温度计:100℃;

——具塞比色管:容量 10 mL;

——移液吸管:容量 10 mL;

——刻度吸管:容量 2.5 mL;

——滴瓶:容量 60 mL;

——电炉:1 000 W;

——精密微量移液管:容量 100 μL、500 μL、1 000 μL;

——电热板:6 000 W;

——一般实验室常备仪器和设备。

11.4.5 分析步骤

11.4.5.1 绘制标准曲线

按以下步骤绘制标准曲线:

a) 分别移取 0 mL,0.20 mL,0.40 mL,0.60 mL,0.80 mL,1.00 mL 砷标准使用溶液(见 11.4.3.3)于 5 mL 石英电解池中;

b) 加入 0.30 mL 硫酸溶液(见 11.4.3.12),0.50 mL 碲溶液(见 11.4.3.4),补加水至 2.00 mL,混匀;

c) 加入 0.10 mL 动物胶溶液(见 11.4.3.7),0.20 mL 碘化铵溶夜(见 11.4.3.8),混匀。放置半小时后于起始电压−0.42V 处用二次导数极谱记录砷催化波的峰电流值(A_i=波高×电流倍率)。峰电位约−0.62V;

d) 以峰电流值 I_i-I_0(标准空白)作纵坐标,砷量(ng)作横坐标绘制标准曲线。

11.4.5.2 水样测定

按以下步骤测定水样:

a) 量取 10.0 mL 过滤的水样于 10 mL 具塞比色管中,加入 0.10 mL 硫酸溶液(见 11.4.3.12),0.50 mL 氯酸钾溶液(见 11.4.3.5),混匀。于 85℃±5℃水浴中加热 20 min

b) 取出比色管,加入 0.50 mL EDTA 二钠溶液(见 11.4.3.11),0.20 mL 氧化铍溶液(见 11.4.3.6),以氨水溶液(见 11.4.3.10)调节溶液至 pH 为 9~10,剧烈振荡 4 min,待沉淀澄清后,离心 1 min,吸去清液,加入 5 mL pH 为 8 的水,振荡半分钟,离心 1 min,吸去清液;

c) 加入 0.30 mL 硫酸溶液(见 11.4.3.12),振荡使沉淀溶解,用少量水将溶液全量移入 5 mL 石英电解池中,加入 0.10 mL 过氧化氢溶液(见 11.4.3.13)于中温电热板上蒸至刚冒白烟,取下冷却,加入 0.50 mL 碲溶液(见 11.4.3.4),补加水至 2.00 mL。以下按 11.4.5.1.c)步骤操作,测得电流值 I_w;

d) 同时按 11.4.5.2 步骤取 10 mL 纯水测定分析空白,得电流值 I_b。

11.4.6 记录与计算

将测得数据记入表 A.9 及表 A.10 中由 I_w-I_b 从标准曲线中查出或用线性回归方程计算砷的量 m,按式(18)计算砷的浓度。

$$\rho_{As}=\frac{m}{V} \qquad (18)$$

式中:

ρ_{As}——水样中砷的浓度,单位为微克每升(μg/L);

m——查得的砷量,单位为纳克(ng);

V——量取水样的体积,单位为毫升(mL)。

11.4.7 精密度和准确度

砷含量为 214 μg/L 时,相对误差 7.0%;重复性(r)25 μg/L;重复性相对标准偏差 4.2%;再现性

(R)41 μg/L；再现性相对标准偏差 6.9%。

11.4.8　注意事项

本方法执行中应注意如下事项：

——除非另作说明，本方法所用试剂均为分析纯，水为二次去离子水或等效纯水；

——共沉淀结束后，一定要待沉淀澄清（给予充分的陈化时间）再离心分离，否则结果会偏低；

——加入过氧化氢的目的在于将砷（Ⅴ）还原成砷（Ⅲ），在中温蒸至硫酸刚冒白烟时就取下，时间过长由于硫酸挥发损失过量会影响峰电流值及结果不稳定。反之，若过氧化氢分解不完全，在加入碘化铵时，会析出碘而影响测定；

——硫酸溶液（1+1）及碲溶液要准确地加入，否则结果不稳定；

——测定时，室温要控制在（15～30）℃，并且温度要基本保持一致。低于 14℃时，砷的催化波波形不稳定，甚至不出峰。高于 30℃时，峰电流值也不稳定，因此，仪器室应配有空调装置；

——所用器皿均用硝酸溶液（1+3）浸泡过夜并用水清洗干净。

12　硒

12.1　荧光分光光度法

12.1.1　适用范围和应用领域

本法适用于海水、天然水中总硒的测定，如果样品不经酸处理，可直接测定四价硒的含量。

本方法为仲裁方法。

12.1.2　方法原理

水样用高氯酸-硫酸-钼酸钠消化，再用盐酸将硒（Ⅵ）还原为硒（Ⅳ）。在酸性条件下，硒（Ⅳ）与 2,3-二氨基萘反应生成有绿色荧光的 4,5-苯并苤硒脑，用环己烷萃取，在激发波长 376 nm，发射波长520 nm 下，进行荧光分光光度测定。

12.1.3　试剂及其配制

12.1.3.1　硒标准贮备溶液（0.400 mg/mL）：称取 0.140 5 g 二氧化硒（SeO_2，纯度 99.9%）于 50 mL 烧杯中，用适量水溶解后，移入 250 mL 量瓶中，加盐酸溶液（见 12.1.3.12）至标线，混匀。

12.1.3.2　硒标准中间溶液（4.00 μg/ mL）：量取 2.50 mL 硒标准贮备溶液（见 12.1.3.1）于 250 mL 量瓶中，加盐酸溶液（见 12.1.3.12）至标线，混匀。

12.1.3.3　硒标准使用溶液（0.100 μg /mL）：量取 2.50 mL 硒标准中间溶液（见 12.1.3.2）于 100 mL 量瓶中，加盐酸溶液（见 12.1.3.12）至标线，混匀。

12.1.3.4　高氯酸-硫酸-钼酸钠混合溶液：称取 7.5 g 钼酸钠（$Na_2MoO_4 \cdot 7H_2O$）溶于 150 mL 水中，加入 200 mL 高氯酸（$HClO_4$，ρ=1.66 g/mL）和 150 mL 去硒硫酸（见 12.1.3.5），混匀。贮于 500 mL 试剂瓶中。

12.1.3.5　去硒硫酸：量取 200 mL 硫酸（H_2SO_4，ρ=1.84 g/mL），在搅拌下，缓缓加入 200 mL 水中，加 30 mL 氢溴酸（HBr，ρ=1.38 g/mL），混匀，置沙浴上加热至冒白烟。

12.1.3.6　盐酸（HCl）：ρ=1.19 g/mL。

12.1.3.7　EDTA-盐酸羟胺混合溶液：量取 100 mL EDTA（二钠）溶液（见 12.1.3.8），10 mL 盐酸羟胺溶液（见 12.1.3.9），加水稀释至 1 000 mL。

12.1.3.8　EDTA（二钠）溶液（0.2 mol/L）：称取 37 g EDTA（二钠）（$C_{10}H_{14}N_2Na_2O_8 \cdot 2H_2O$）于 250 mL烧杯中，加适量水，加热溶解，冷却后稀释至 500 mL。

12.1.3.9　盐酸羟胺溶液（100 g/L）：称取 10 g 盐酸羟胺（$NH_2OH \cdot HCl$）于 100 mL 烧杯中，用水溶解后，并稀释至 100 mL。

12.1.3.10　甲酚红指示液（0.4 g/L）：称取 40 mg 甲酚红（$C_{21}H_{18}O_5S$）于 100 mL 烧杯中，加少量水及 2 滴氨水溶液（见 12.1.3.11）溶解，加水至 100 mL。

12.1.3.11　氨水溶液(1+1):取一定体积氨水($NH_3 \cdot H_2O$,ρ=0.90 g/mL)与等体积水混匀。

12.1.3.12　盐酸溶液:0.1 mol/L。

12.1.3.13　2,3-二氨基萘(DAN)溶液(1 g/L):称取 400 mg DAN($C_{10}H_{10}N_2$)于 500 mL 烧杯中,加 400 mL 盐酸溶液(见 12.1.3.12)溶解,然后转入 1 000 mL 锥形分液漏斗中(漏斗颈部塞有脱脂棉),在振荡器上振荡 15 min 使其全部溶解。加入 80 mL 环己烷(见 12.1.3.14)再振荡 5 min,静置分层后,收集水相,弃去有机相,如此反复纯化数次,直至有机相的荧光强度降到接近纯环己烷(见 12.1.3.14)的荧光强度为止。将纯化后的 DAN 溶液贮于棕色瓶中,加入环己烷(见 12.1.3.14)使其覆盖液面约1 cm 厚,置于冰箱中保存,有效期一个月。

12.1.3.14　环己烷(C_6H_{12}):若有荧光杂质需重蒸馏提纯,用过的环己烷重蒸馏后可再使用。

12.1.4　仪器及设备

仪器和设备如下:

——荧光分光光度计;

——电动振荡器;

——锥形分液漏斗:容量 60 mL、1 000 mL;

——比色管:容量 50 mL;

——烧杯:容量 50 mL、100 mL、250 mL、500 mL;

——量瓶:容量 100 mL、250 mL、500 mL、1 000 mL;

——刻度吸管:容量 5 mL、10 mL;

——量筒:容量 10 mL、50 mL、100 mL、250 mL;

——一般实验室常备仪器和设备。

12.1.5　分析步骤

12.1.5.1　绘制工作曲线

按以下步骤绘制标准曲线:

a)　取 6 个 50 mL 烧杯,分别加入 0 mL,0.50 mL,1.00 mL,2.00 mL,3.00 mL 和 4.00 mL 硒标准使用溶液(见 12.1.3.3),加水稀释至约 10 mL,混匀;

b)　加 5 mL 混合酸溶液(见 12.1.3.4),在沙浴中加热消化至冒浓白烟,至溶液变黄(约 2 h)。取下冷却至室温,溶液恢复为无色,用水释至约 10 mL。加 5 mL 盐酸(见 12.1.3.6),将烧杯放在沙浴表面加热至溶液变黄为止。取下冷却至室温;

c)　将溶液移到 50 mL 比色管中,用少量水洗净烧杯,洗液并入比色管中。加 5 mL EDTA 混合溶液(见 12.1.3.7),4~5 滴甲酚红指示液(见 12.1.3.10),用氨水溶液(见 12.1.3.11)或盐酸液(见 12.1.3.12)调节 pH 为 1.5~2.0(粉橙色),加 3.0 mL DAN 溶液(见 12.1.3.13),摇匀,置沸水浴中加热 5 分钟取下冷却到室温。将溶液移入 60 mL 分液漏斗中,用少量水洗涤比色管,洗液并入分液漏斗中。加 3.0 mL 环己烷(见 12.1.3.14),振摇 4 min,分层后弃去水相;

d)　将环己烷层从分液漏斗移入 1 cm 测定池中,在荧光分光光度计上,以 376 nm 为激发波长,520 nm 为发射波长,环己烷(见 12.1.3.14)为参比,测定硒的荧光强度 I_i,将测定数据记入表 A.11 中;

e)　以荧光强度 I_i-I_0(标准空白)为纵坐标,相应硒含量(μg)为横坐标绘制工作曲线,并计算曲线斜率 b 和截距 a。

12.1.5.2　样品测定

量取 5.0 mL~50.0 mL 过滤的水样,于 50 mL 烧杯中,以下按绘制工作曲线 12.1.5.1.b)~12.1.5.1.d)步骤测定荧光强度 I_w。同时测定分析空白荧光强度 I_b。

12.1.6　记录与计算

将测得数据记入表 A.12 中,由 I_w-I_b 查工作曲线得硒的量(μg)m,按式(19)或式(20)计算水样中硒的浓度：

$$\rho_{Se}=\frac{m}{V}\times 1\ 000 \quad (19)$$

$$\rho_{Se}=\frac{(I_w-I_b)-a}{bV}\times 1\ 000 \quad (20)$$

式中：

ρ_{Se}——水样中硒浓度，单位为微克每升(μg/L)；

m——硒的量，单位为微克(μg)；

I_w——水样平均荧光强度；

I_b——分析空白平均荧光强度；

a——工作曲线截距；

b——工作曲线斜率；

V——水样体积，单位为毫升(mL)。

12.1.7 精密度和准确度

硒含量为 214 μg/L 时，相对误差 3.5%；重复性(r)2.7 μg/L；重复性相对标准偏差 2.5%；再现性(R)4.4 μg/L；再现性相对标准偏差 4.1%。

12.1.8 注意事项

本方法执行中应注意如下事项：

——除非另作说明，本方法所用试剂均为分析纯，水为去离子水或等效纯水；

——配制 DAN 溶液时应在暗处进行；

——在沸水浴上加热 5 min 后，用冷水冷却的时间控制在 10 min 内。否则结果会稍偏低；

——甲酚红指示剂有两个变色范围，当 pH 为 2～3 时由红变黄，pH 为 7.2～8.8 时由黄变红。本方法中调节 pH 为 1.5～2.0 时至粉橙色，pH<1.5 为桃红色。因此调 pH 时要注意颜色变化，必要时可用精密 pH 试剂确证；

——玻璃器皿用硝酸溶液浸泡 2 d～3 d，洗净后使用；

——样品中硒含量低时，可增加水样体积至 50 mL，对测定无影响。

12.2 二氨基联苯胺分光光度法

12.2.1 适用范围和应用领域

本方法适用于河口和海水中硒的测定。

12.2.2 方法原理

水样经酸性高锰酸钾消化，硒(Ⅵ)用盐酸还原为硒(Ⅳ)。在酸性条件下，硒(Ⅳ)与 3,3′-二氨基联苯胺四盐酸盐形成黄色络合物，在 pH 为 6～8 条件下用甲苯萃取，于 420 nm 处进行分光光度测定。

12.2.3 试剂及其配制

12.2.3.1 盐酸(HCl)：ρ=1.19 g/mL，优级纯。

12.2.3.2 盐酸溶液(0.1 mol/L)：称取 8.3 mL 盐酸(见 12.2.3.1)加水稀释至 1 000 mL，混匀。

12.2.3.3 氨水($NH_3\cdot H_2O$)：ρ=0.90 g/mL。

12.2.3.4 无水硫酸钠(Na_2SO_4)：500℃灼烧 4 h。

12.2.3.5 活性炭：20 目～40 目(830 μm～380 μm)，于 300℃下活化 4 h。

12.2.3.6 甲苯(C_7H_8)：经活性炭(12.2.3.5)吸附，滤纸过滤后使用。

12.2.3.7 高锰酸钾溶液[$c(KMnO_4)$=0.1 mol/L]：称取 1.58 g 高锰酸钾($KMnO_4$)，溶于 90 mL 水中，稀释至 100 mL，混匀。

12.2.3.8 氢氧化钠溶液(0.1 mol/L)：称取 2 g 氢氧化钠(NaOH)，溶于水中，稀释至 500 mL，混匀。

12.2.3.9 乙二胺四乙酸二钠(EDTA-2Na)溶液(0.2 mol/L)：称取 74 g EDTA-2Na($C_{10}H_{14}N_2Na_2O_8$

· $2H_2O$)溶解于水中，并稀释至 1 000 mL，混匀。

12.2.3.10 盐酸羟胺溶液(200 g/L)：称取 20 g 盐酸羟胺($NH_2OH \cdot HCl$)，溶于水中，并稀释至 100 mL，混匀。

12.2.3.11 3,3′-二氨基联苯胺四盐酸盐(DAB)溶液(5 g/L)：称取 0.5 g DAB($C_{12}H_{18}Cl_4N_4 \cdot 2H_2O$)加水溶解，若有残渣须过滤。最后用水稀释至 100 mL。当日配制。

12.2.3.12 硒标准贮备溶液(1.00 mg / mL)：称取 0.140 5 g 二氧化硒(SeO_2)溶于少量水中，全量转入 100 mL 量瓶中，用盐酸溶液(见 12.2.3.2)稀释至标线，混匀。

12.2.3.13 硒标准中间溶液(100 μg/mL)：移取 10.0 mL 硒标准贮备溶液(见 12.2.3.12)于 100 mL 量瓶中，用盐酸溶液(见 12.2.3.2)稀释至标线，混匀。

12.2.3.14 硒标准使用溶液(1.00 μg/mL)：移取 1.00 mL 硒标准中间溶液(见 12.2.3.13)于 100 mL 量瓶中，用盐酸溶液(见 12.2.3.2)稀释至标线，混匀。

12.2.4 仪器及设备

仪器和设备如下：

——分光光度计：带 3 cm 测定池；

——电热板；

——水浴锅；

——离心机；

——离心管：容量 10 mL；

——平底烧瓶：容量 500 mL、1 000 mL；

——锥形分液漏斗：容量 125 mL；

——棕色试剂瓶：容量 100 mL；

——一般实验室常备仪器和设备。

12.2.5 分析步骤

12.2.5.1 绘制工作曲线

按以下步骤绘制标准曲线：

a) 取 6 个 500 mL 平底烧瓶，分别加入 0 mL，0.50 mL，1.00 mL，2.00 mL，3.00 mL，5.00 mL 硒标准使用溶液(见 12.2.3.14)加水至 500 mL；

b) 滴加盐酸(见 12.2.3.1)至溶液 pH 约为 2.5，加 3 滴～5 滴高锰酸钾溶液(见 12.2.3.7)，使溶液呈浅紫色，置于电热板上加热浓缩。加热过程中如紫色褪去，需滴加高锰酸钾溶液(见 12.2.3.7)使溶液保持浅紫色。蒸至体积减少一半时，加 5 mL 氢氧化钠溶液(见 12.2.3.8)，继续蒸至近干。取下冷却，加 8 mL～10 mL 盐酸(见 12.2.3.1)及 10 mL 水，使溶液酸度为 4 mol/L～6 mol/L。置于 100℃砂浴上加热 10 min，使硒(Ⅵ)转化为硒(Ⅳ)；

c) 将溶液转入 100 mL 锥形瓶内，用水洗涤平底烧瓶内壁。洗涤液并入锥形瓶中，加 2 mL 盐酸羟胺溶液(见 12.2.3.10)，2 mL EDTA 溶液(见 12.2.3.9)，于酸度计上用盐酸(见 12.2.3.1)或氨水(见 12.2.3.3)调节溶液 pH 为 1～2，最后加水至约 50 mL。加 2 mL DAB(见 12.2.3.11)，于室温下放置 1 小时。用氨水(见 12.2.3.3)调节试样溶液为 pH 为 6～8；

d) 将试样溶液转入 125 mL 分液漏斗中，加 5.00 mL 甲苯(见 12.2.3.6)振荡 1 min，静置分层后弃去水相，有机相置于离心管内离心脱水。或经无水硫酸钠(见 12.2.3.4)脱水，将甲苯萃取液放入 3 cm 测定池中，用甲苯(见 12.2.3.6)调零，于 420 nm 波长测定吸光值 A_0 和 A_i；

e) 以吸光值 $A_i - A_0$(标准空白)为纵坐标，相应硒含量(μg)为横坐标绘制工作曲线。

12.2.5.2 样品测定

取 500 mL 过滤的水样于平底烧瓶内。以下按绘制工作曲线 12.2.5.1.b)～12.2.5.1.d)步骤测定吸光值 A_w。同时测定分析空白吸光值 A_b。以 $A_w - A_b$ 查工作曲线或以线性回归方程计算硒的微克数

(m)。

12.2.6 记录与计算

将测得数据记入表 A.3 及表 A.4 中,按式(21)计算水样中硒浓度:

$$\rho_{Se}=\frac{m}{V} \qquad (21)$$

式中:

ρ_{Se}——水样中硒浓度,单位为微克每升(μg/L);

m——从工作曲线查得硒量,单位为微克(μg);

V——水样体积,单位为升(L)。

12.2.7 精密度和准确度

硒含量为 74.6 μg/L 时,相对误差 2.5 %;重复性(r)13 μg/L;重复性相对标准偏差 6.2 %;再现性(R)18.3 μg/L;再现性相对标准偏差 8.8 %。

12.2.8 注意事项

本方法执行中应注意如下事项:

——除非另作说明,本方法所用试剂均为分析纯,水为去离子水或等效纯水;

——所用玻璃器皿均经硝酸溶液(1+1)浸泡 2 d~3 d,用自来水、去离子水洗净;

——DAB 在空气中和光照下易分解,需避光密封保存;

——蒸发浓缩海水测定样时,其温度控制在 170℃以下,以免盐类析出爆溅。

12.3 催化极谱法

12.3.1 适用范围和应用领域

本法适用于海水及河水中溶解态硒的测定。

12.3.2 方法原理

用盐酸将硒(Ⅵ)还原成硒(Ⅳ)。在 pH 为 4.6~6 时,以氢氧化铁作载体共沉淀硒(Ⅳ)。沉淀溶于高氯酸中,以柠檬酸三铵、EDTA 作掩蔽剂,硒(Ⅳ)被亚硫酸还原成单价硒。在氟化铵-氢氧化铵缓冲溶液中(pH=10),Se 与 S_3^{2-} 生成 $SeSO_3^{2+}$。在碘酸钾存在下 $SeSO_3^{2+}$ 产生一个灵敏的硒极谱催化波。其峰电流值随硒浓度增加而增加。

12.3.3 试剂及其配制

12.3.3.1 硒标准贮备溶液(1.00 mg/mL):称取 0.100 0 g 硒粉(99.99%)于 50 mL 烧杯中,沿杯壁缓缓地加入 4 mL 硝酸(见 12.3.3.14)盖上表面皿,置于电炉低温加热至硒粉溶解,全量移入 100 mL 量瓶中,加水至标线,混匀。

12.3.3.2 硒标准中间溶液(100 ng/mL):用移液吸管移取 1.00 mL 硒标准贮备溶液(见 12.3.3.1)于 100 mL 量瓶中,加入 1 mL 盐酸(ρ=1.19 g/mL)。加水至标线,混匀。此溶液浓度为 10.0 μg/mL。再移取 1.00 mL 此溶液置于 100 mL 量瓶中,加 1 mL 盐酸(ρ=1.19 g/mL),加水至标线,混匀。此溶液浓度为 100 ng/mL。

12.3.3.3 硒标准使用溶液(5.00 ng/mL):移取 5.00 mL 硒标准中间溶液(见 12.3.3.2)于 100 mL 量瓶中,加入 1 mL 盐酸(ρ=1.19 g/mL),加水至标线,混匀,临用前配制。

12.3.3.4 铁溶液(1.00 mg/mL):称取 142.9 mg 三氧化二铁(Fe_2O_3)于 50 mL 烧杯中,加入 5 mL (1+1)盐酸溶液,微热溶解,移入 100 mL 量瓶中,加水至标线,混匀。

12.3.3.5 亚硫酸钠溶液(50 g/L):称取 5 g 亚硫酸钠(Na_2SO_3)于 50 mL 烧杯中,加水溶解,转入 100 mL量瓶并稀释至标线,混匀。

12.3.3.6 柠檬酸三铵-EDTA 二钠盐混合溶液:称取 5 g 柠檬酸三铵〔$(NH_4)_3C_6H_5O_7$〕和 2 g 乙二胺四乙酸二钠盐(EDTA 二钠盐,$C_{10}H_{14}N_2O_8Na_2 \cdot 2H_2O$,优级纯)于 50 mL 烧杯中,加水溶解,全量转入 100 mL 量瓶并稀释至标线,混匀。

12.3.3.7　碘酸钾溶液(12 g/L):称取 1.2 g 碘酸钾(KIO_3,优级纯)于 50 mL 烧杯中,加水溶解,全量转入 100 mL 量瓶并稀释至标线,混匀。

12.3.3.8　氟化铵-氢氧化铵缓冲溶液(pH=10):称取 20 g 氟化铵(NH_4F)于 100 mL 烧杯中,加水溶解,全量转入 200 mL 量瓶中,加入 60 mL 氢氧化铵(NH_4OH,ρ=0.90 g/mL,优级纯),加水稀释至标线,混匀后转入聚乙烯塑料瓶中保存。

12.3.3.9　溴百里酚蓝指示液(0.5 g/L):称取 0.025 g 溴百里酚蓝($C_{27}H_{28}Br_2O_5S$)于 60 mL 滴瓶中,加入 50 mL 乙醇(优级纯),混匀。

12.3.3.10　盐酸溶液(1+4):取 1 体积盐酸(HCl,ρ=1.19 g/mL,优级纯)与 4 体积水混匀。

12.3.3.11　高氯酸溶液(1+1):取 1 体积高氯酸($HClO_4$,ρ=1.66 g/mL,优级纯)与等体积水混匀。

12.3.3.12　氨水溶液(1+2):取 1 体积氨水($NH_3 \cdot H_2O$,ρ=0.90 g/mL,优级纯)与 2 体积水混匀。

12.3.3.13　氨水溶液(1+99):取 1 体积氨水($NH_3 \cdot H_2O$,ρ=0.90 g/mL,优级纯)与 99 体积水混匀。

12.3.3.14　硝酸(HNO_3,ρ=1.42 g/mL,优级纯)。

12.3.4　仪器及设备

仪器和设备如下:

——示波极谱仪;

——三电极系统:滴汞电极、甘汞电极及铂电极;

——离心机:4 000 r/min;

——具塞比色管:容量 10 mL;

——量瓶:容量 100 mL、200 mL;

——烧杯:容量 5 mL、50 mL、100 mL;

——移液吸管:容量 1 mL、5 mL;

——刻度吸管:容量 2 mL、5 mL;

——滴瓶:容量 60 mL;

——水浴锅:直 30 cm;

——微量移液管:容量 100 μL、1 000 μL;

——表面皿:直径 5 cm;

——比色管架;

——电炉:1 000 W;

——电热板:6 000 W;

——一般实验室常备仪器和设备。

12.3.5　分析步骤

12.3.5.1　绘制标准曲线

按以下步骤绘制标准曲线:

a)　分别取 0 mL,0.20 mL,0.40 mL,0.60 mL,0.80 mL,1.20 mL 硒标准使用溶液(见 12.3.3.3)于 5 mL 烧杯中,加入 0.30 mL 高氯酸溶液(见 12.3.3.11),于电热板上加热至刚冒浓白烟,取下冷却;

b)　加入 0.50 mL 柠檬酸三铵-EDTA 混合溶液(见 12.3.3.6),0.50 mL 亚硫酸钠溶液(见 12.3.3.5)混匀,放置 20 min;

c)　加入 1.0 mL 氟化铵-氢氧化铵缓冲溶液(见 12.3.3.8)并混匀,加入 0.50 mL 碘酸钾溶液(见 12.3.3.7),混匀后加盖放置 10 min;

d)　于起始电位−0.60 V 处,用导数部分记录硒催化波的峰电流 I_i(电流倍率×波高),峰电位为−0.86 V;

e)　用峰电流值 I_i-I_0(标准空白)作纵坐标,硒量(ng)作横坐标绘制标准曲线。

12.3.5.2　**水样测定**

按以下步骤测定水样：

a)　量取 5.0 mL 过滤的水样于 10 mL 具塞比色管中，加入 2.2 mL 盐酸(ρ=1.19 g/mL)，混匀。将比色管放入比色管架中，置于铝锅中煮沸 30 min，取出冷却；

b)　加入 1.7 mL 氨水(ρ=0.90 g/mL)，混匀后加入 0.30 mL 铁溶液(见 12.3.3.4)，1 滴溴百里酚蓝指示液(见 12.3.3.9)，用氨水溶液(见 12.3.3.12 和 12.3.3.13)调节溶液至蓝色(pH=8)，滴加盐酸溶液(见 12.3.3.10)至黄色，再用氨水溶液(见 12.3.3.13)调至溶液刚由黄变绿色。振荡 4 min，放置待沉淀沉降后，离心(2 000 r/min)2 min，用精密微量移液管小心地吸去上层清液。加入 5mL pH 为 4～6 的水，振荡半分钟，沉淀沉降后再离心，小心吸去上层清液；

c)　加入 0.50 mL 盐酸溶液(见 12.3.3.10)溶解沉淀并移入 5 mL 烧杯中，比色管壁用少许水淋洗后，并入烧杯中，加入 0.40 mL 高氯酸溶液(见 12.3.3.11)，于电热板上蒸至刚冒浓白烟，加入 0.2 mL 硝酸(见 12.3.3.14)，蒸至刚冒浓白烟，再重复加硝酸(见 12.3.3.14)一次。用少许水吹洗杯壁并蒸至刚冒浓白烟，取下冷却；

d)　以下操作按 12.3.5.1.b)～12.3.5.1.d)步骤，测定峰电流值 I_w；

e)　同时按 12.3.5.2 步骤测定分析空白峰电流值 I_b。

12.3.6　**记录与计算**

将测得数据记入表 A.9 及表 A.10 中，由 $I_w - I_b$ 查标准曲线或用线性回归方程计算得出硒量(m)，按式(22)计算：

$$\rho_{Se} = \frac{m}{V} \quad \cdots\cdots (22)$$

式中：

ρ_{Se}——水样中硒的浓度，单位为微克每升(μg/L)；

m——查得的硒量，单位为纳克(ng)；

V——量取水样的体积，单位为微毫升(mL)。

12.3.7　**精密度和准确度**

硒含量为 23.6 μg/L 时，相对误差 1.1%；重复性(r)3.0 μg/L；重复性相对标准偏差 4.6%；再现性(R)3.4 μg/L；再现性相对标准偏差 5.2%。

12.3.8　**注意事项**

本方法执行中应注意如下事项：

——除非另有说明，本方法所用试剂均为分析纯，水均为二次去离子水或等效纯水；

——本法适宜温度(15～25)℃。若室温高于 25℃，加入氟化铵-氢氧化铵缓冲溶液(见 12.3.3.8)及碘酸钾溶液(见 12.3.3.7)后，需在冷水浴中放置 10 min 再测定硒峰电流值，否则结果不稳；

——为了使结果稳定，样品加入碘酸钾溶液(见 12.3.3.7)后，应在半小时内测完。若样品多，应分小批量加入底液。但标准曲线制作时不受时间影响；

——样品和标准溶液于电热板上加热时，要防止蒸干，为此应在低温进行，否则结果偏低；

——本法对所用的试剂纯度要求比较高，应尽量使用超纯或优级纯。特别值得注意的是有时不同厂家生产的同一纯度的氨水，其空白值有较大的差别。若遇到无低空白值的氨水时，可用优级纯的氢氧化钠溶液代替。使用方法是，硒(Ⅵ)经盐酸还原为硒(Ⅳ)以后，加 1.5 mL (17 mol/L)的氢氧化钠，然后加铁(Ⅲ)和用等温扩散提纯的稀氨水调节 pH 为 4.6～6.0。其他步骤同 12.3.5.2；

——做试剂空白时，可采用亚沸蒸馏水代替样品取样体积，而按分析步骤加入试剂；

——所用器皿均用硝酸溶液(1+3)浸泡过夜并用二次去离子水清洗干净。

13 油类

13.1 荧光分光光度法

13.1.1 适用范围和应用领域

本法适用于大洋、近海、河口等水体中油类的测定。

本方法为仲裁方法。

13.1.2 方法原理

海水中油类的芳烃组分，用石油醚萃取后，在荧光分光光度计上，以 310 nm 为激发波长，测定 360 nm发射波长的荧光强度，其相对荧光强度与石油醚中芳烃的浓度成正比。

13.1.3 试剂及其配制

13.1.3.1 活性炭：层析用粒状活性炭，60 目(250 μm)。

13.1.3.2 硫酸(H_2SO_4)：ρ=1.84 g/mL。

13.1.3.3 石油醚：沸点范围(60～90)℃。

13.1.3.4 盐酸(HCl)。

13.1.3.5 氢氧化钠(NaOH)。

13.1.3.6 盐酸溶液(2 mol/L)：在搅拌下将 10 mL 盐酸(见 13.1.3.4)与 500 mL 蒸馏水混合。

13.1.3.7 氢氧化钠溶液(2 mol/L)：称取 40 g 氢氧化钠(见 13.1.3.5)溶于水中，加水至 500 mL。

13.1.3.8 活性炭处理：取 1 000 g 活性炭(见 13.1.3.1)于烧杯中，用盐酸溶液(见 13.1.3.6)浸泡 2 h，依次用自来水、蒸馏水冲洗至中性。倾出水分后，用氢氧化钠溶液(见 13.1.3.7)浸泡 2 h，依次用自来水、蒸馏水冲洗至中性，于 100℃烘干。将烘干的活性碳放入瓷坩埚中，盖好盖子，于 500℃高温炉内活化 2 h。炉温降至 50℃左右时，取出放入干燥器中，备用。

13.1.3.9 活性炭层析柱：将玻璃层析柱清洗干净后，自然干燥，柱头先装入少许玻璃毛或脱脂棉。将处理的活性碳(见 13.1.3.8)放入烧杯中，用石油醚(见 13.1.3.3)充分浸泡，排尽活性碳中的空气，边搅拌边倒入玻璃层析柱中，装柱时要注意避免出现气泡。

13.1.3.10 脱芳石油醚：将石油醚(见 13.1.3.3)倾入活性炭层析柱中(见 13.1.3.9)，初始流出的石油醚质量较差，注意检查流出石油醚的相对荧光强度，当其荧光强度小于标准油品(0.1 mg/mL)相对荧光强度的 1%时，以每分钟 60～100 滴的流速收集石油醚于清洁容器中，混匀后分装于试剂瓶中，待用。

13.1.3.11 硫酸溶液(1+3)：在搅拌下将 1 体积的硫酸(见 13.1.3.2)与 3 体积蒸馏水混合。

13.1.3.12 油标准贮备溶液(1.000 g/ L)：准确称取 1.000 g 标准油于 5 mL 称量瓶中，用少量脱芳石油醚(见 13.1.3.10)溶解，用吸管移入 1 000 mL 容量瓶中，称量瓶用脱芳石油醚(见 13.1.3.10)洗涤数次，洗涤液均移入容量瓶中，用脱芳石油醚(见 13.1.3.10)稀释至标线，混匀。

13.1.3.13 油标准使用溶液(100 μg/mL)：移取 5.00 mL 油标准贮备溶液(见 13.1.3.12)于 50 mL 容量瓶中，用脱芳石油醚(见 13.1.3.10)稀释至标线，混匀。

13.1.4 仪器及设备

仪器和设备如下：

——荧光分光光度计；

——容量瓶：容量 10 mL、50 mL、1 000 mL；

——移液管：容量 10 mL、20 mL；

——烧杯：容量 50 mL、1 000 mL；

——带刻度比色管：容量 20 mL；

——锥形分液漏斗：容量 500 mL；

——称量瓶：容量 5 mL、100 mL；

——瓷坩埚：容量 100 mL、200 mL；

——玻璃层析柱：直径 25 mm，长度 900 mm；
——一般实验室常用仪器和设备。

13.1.5 分析步骤

13.1.5.1 绘制标准曲线

按以下步骤绘制标准曲线：

a） 分别移取 0 mL、0.1 mL、0.2 mL、0.3 mL、0.4 mL、0.5 mL 油标准使用溶液（见 13.1.3.13）于 6 个 10 mL 容量瓶中，用脱芳石油醚（见 13.1.3.10）稀释至标线，混匀；

b） 将系列各点从低浓度向高浓度依次移入 1 cm 石英测定池中，以溶剂作参比测定 360 nm 处的相对荧光强度 I_0 和 I_i，以 I_i-I_0 为纵坐标，相应的浓度为横坐标，绘制标准曲线。

13.1.5.2 样品测定

按以下步骤测定样品：

a） 将经 5 mL 硫酸溶液（见 13.1.3.11）酸化的水样约 500 mL 全量转入分液漏斗中，准确加入 10.0 mL 脱芳石油醚（见 13.1.3.10）振荡 2 min（注意放气），静置分层，将水相放入原水样瓶中，石油醚萃取液收集于 20 mL 带刻度比色管中。用同法再萃取一次，合并两次石油醚萃取液，用脱芳石油醚（见 13.1.3.10）定容至标线（V_1）。测量水样体积，减去硫酸溶液用量得水样实际体积 V_2；

b） 将石油醚萃取液移入 1 cm 石英测定池中，测定 360 nm 处的荧光强度 I_w。同时取 500 mL 脱油水代替水样测定分析空白荧光强度 I_b，由 I_w-I_b 查标准曲线或用线性回归计算得浓度 Q。如果不能及时测定，应将石油醚萃取液密封避光贮存于 0℃左右的冰箱中，有效期 20 d。

13.1.6 记录与计算

将测得数据记入表 A.11 及表 A.12 中，按式(23)计算：

$$\rho_{oil}=Q\cdot\frac{V_1}{V_2} \qquad (23)$$

式中：

ρ_{oil}——油类浓度，单位为毫克每升（mg/L）。

Q——由标准曲线查得石油醚萃取液的浓度，单位为毫克每升（mg/L）；

V_1——萃取剂石油醚的体积，单位为毫升（mL）；

V_2——实取水样体积，单位为毫升（mL）。

13.1.7 精密度和准确度

重复性相对标准偏差 4.6％；再现性相对标准偏差 9.3％；相对误差 5.0％。

13.1.8 注意事项

本方法执行中应注意如下事项：

——除非另作说明，本方法所用试剂均为分析纯，水为去离子水或等效纯水；
——水样用 500 mL 小口玻璃瓶直接采集时，须一次装好，不可灌满或溢出，否则应另取水样瓶重新取样。采集的水样用 5 mL 硫酸溶液（见 13.1.3.11）酸化。分析时需将瓶中水样全部倒入分液漏斗中萃取，萃取后需测量萃取过水样的体积，扣除 5 mL 硫酸溶液体积，即为水样实际体积；
——现场取样及实验室处理，应仔细认真，严防沾污；
——用过的玻璃容器，应及时用硝酸溶液（1＋1）浸泡，洗净，烘干；
——判断石油醚的质量要求：经过脱芳处理的石油醚，其荧光强度与最大的瑞利散射峰强度比不大于 2％；
——采样后 4 h 内萃取，有效期 20 d。

13.2 紫外分光光度法

13.2.1 适用范围和应用领域

本法适用于近海、河口水中油类的测定。

13.2.2 方法原理

水体中油类的芳烃组分，在紫外光区有特征吸收，其吸收强度与芳烃含量成正比。水样经正己烷萃取后，以油标准作参比，进行紫外分光光度测定。

13.2.3 试剂及其配制

13.2.3.1 正己烷〔$CH_3(CH_2)_4CH_3$〕：使用前于波长 225 nm 处，以水作参比，透光率大于 90%方可使用，否则需脱芳处理。脱芳处理方法：取约 900 mL 正己烷于 1 000 mL 小口试剂瓶中，加 10 mL 硫酸（见 13.2.3.3），在康氏振荡器上振荡 1 h，弃去硫酸相，重复上述操作，直至硫酸相近无色，再用蒸馏法提纯或用活性碳层析柱进行脱芳处理，见 13.1.3.10。纯化后的正己烷需再检查透光率，合格后方可使用。

13.2.3.2 层析活性炭：需经活化处理，见 13.1.3.8。

13.2.3.3 硫酸（H_2SO_4）：ρ=1.84 g/mL。

13.2.3.4 硫酸溶液（1+3）：在搅拌下将 1 体积硫酸（见 13.2.3.3）慢慢加入 3 体积水中。

13.2.3.5 油标准贮备溶液（5.00 mg /mL）：称取 0.500 g 标准油品于 10 mL 烧杯中，加入少量正己烷（见 13.2.3.1）溶解，全量移入 100 mL 量瓶中，加正己烷（见 13.2.3.1）至标线，混匀。置于冰箱中可保存 3 个月。

13.2.3.6 油标准使用溶液（200 μg / mL）：移取 2.00 mL 油标准贮备容液（见 13.2.3.5）于盛有少量正己烷（见 13.2.3.1）的 50 mL 量瓶中，用正己烷（见 13.2.3.1）移释至标线，混匀。置于冰箱中可保存一个月。

13.2.4 仪器及设备

仪器和设备如下：

——紫外分光光度计；

——石英测定池：1 cm；

——康氏振荡器；

——锥形分液漏斗：容量 800 mL；

——带刻度比色管：容量 20 mL；

——移液吸管：容量 2 mL、5 mL；

——刻度吸管：容量 2 mL、5 mL；

——量瓶：容量 10 mL、50 mL、100 mL；

——一般实验室常备仪器和设备。

13.2.5 分析步骤

13.2.5.1 绘制标准曲线

按以下步骤绘制标准曲线：

a) 分别移取 0 mL，0.25 mL，0.50 mL，0.75 mL，1.00 mL，1.25 mL 油标准使用溶液（见 13.2.3.6）于盛有少量正己烷（见 13.2.3.1）的 10 mL 容量瓶中，加正己烷（见 13.2.3.1）稀释至标线，混匀；

b) 将溶液移入 1 cm 石英测定池中，于波长 225 nm 处，以正己烷（见 13.2.3.1）作参比，测定吸光值 A_i 和 A_0（标准空白）；

c) 以吸光值 A_i-A_0 为纵坐标，相应的油浓度（μg/mL）为横坐标，绘制油标准曲线。

13.2.5.2 样品测定

按以下步骤测定样品：

a) 将经 5 mL 硫酸溶液(见 13.2.3.4)酸化的水样约 500 mL 全量转入 800 mL 锥形分液漏斗中,加 10.0 mL 正己烷(见 13.2.3.1)于分液漏斗中,振荡 2 min(注意放气),静置分层。将下层水样放入原水样瓶中。用滤纸卷吸干锥形分液漏斗管颈内水分,正己烷萃取液放入 20 mL 带刻度比色管中;

b) 振荡水样瓶,将萃取过的水样倒回原分液漏斗,加 10.0 mL 正己烷(见 13.2.3.1)重复萃取一次。将下层水样放入 1 000 mL 量筒中,测量萃取后水样体积。萃取液合并于上述带刻度比色管中,用正己烷(见 13.2.3.1) 定容至标线。测量水样体积,减去硫酸溶液用量得水样实际体积 V_2;

c) 按油标准曲线 13.2.5.1.b)步骤测定吸光值 A_w。同时取 500 mL 蒸馏水测定分析空白吸光值 A_b。

13.2.6 记录与计算

将测得数据记入表 A.3 及表 A.4 中,以 A_w-A_b 查标准曲线得油浓度 Q,或用线性回归方程计算油的浓度 Q。按式(24)计算水样中油浓度:

$$\rho_{oil}=Q\frac{V_1}{V_2} \qquad (24)$$

式中:

ρ_{oil}——水样中油浓度,单位为毫克每升(mg/L);

Q——正己烷萃取液中油浓度,单位为毫克每升(mg/L);

V_1——正己烷萃取液体积,单位为毫升(mL);

V_2——水样体积,单位为毫升(mL)。

13.2.7 精密度和准确度

石油含量分别为 14.4 μg/L,38.9 μg/L 和 78.6 μg/L 时,相对标准偏差分别为 9.0%,3.1%和 1.9%;海水添加 200 μg 大港原油的回收率为(97±3)%。

13.2.8 注意事项

本方法执行中应注意如下事项:

——除非另作说明,本方法所用试剂均为分析纯,水为自来水加高锰酸钾蒸馏或等效纯水;

——水样用 500 mL 小口玻璃瓶直接采集时,须一次装好,不可灌满或溢出,否则应另取水样瓶重新取样。采集的水样用 5 mL 硫酸溶液(见 13.2.3.4)酸化。分析时需将瓶中水样全部倒入分液漏斗中萃取,萃取后需测量萃取过水样的体积,扣除 5 mL 硫酸溶液体积,即为水样实际体积;

——测定池易受沾污,注意保持洁净。使用前须校正测定池的误差;

——用过的层析活性炭经活化,可重复使用;

——用过的正己烷经脱芳处理,可重复使用;

——塑料、橡皮材料对测定有干扰,应避免使用由其制成的器件;

——采样后 4 h 内萃取,萃取液避光贮存于 5℃冰箱内,有效期 20 d。

13.3 重量法

13.3.1 适用范围和应用领域

本方法适用于油污染较重海水中油类的测定。

13.3.2 方法原理

用正己烷萃取水样中的油类组分,蒸除正己烷,称重,计算水样中含油浓度。

13.3.3 试剂及其配制

13.3.3.1 正己烷(C_6H_{14})

13.3.3.2 硫酸溶液(1+3):在搅拌下将 1 体积硫酸(H_2SO_4,ρ=1.84 g/mL)慢慢加入 3 体积水中。

13.3.3.3 无水硫酸钠(Na_2SO_4):500℃灼烧 4 h,贮于小口试剂瓶中。

13.3.3.4 油标准溶液(5.00 g/L):称取 0.500 g 标准油于 10 mL 烧杯中,加入少量正己烷(见 13.3.3.1)溶解,全量移入 100 mL 量瓶中,加正己烷(见 13.3.3.1)稀释至标线,混匀,置于冰箱可保存 3 个月。

13.3.3.5 无油海水:取 500 mL 未受油沾污的海水,加 5 mL 硫酸溶液(见 13.3.3.2)用正己烷(见 13.3.3.1)萃取两次,每次 15 mL。

13.3.4 仪器及设备

仪器和设备如下:

——分析天平:感量 0.01 mg;

——康氏振荡器;

——恒温水浴锅;

——KD 浓缩器;

——试剂瓶:容量 500 mL;

——锥形分液漏斗:容量 800 mL;

——具塞比色管:容量 25 mL;

——干燥器;

——铝箔槽:用铝箔自制,体积约 2 mL。使用前于 70℃水浴铝盖板上加热至恒重,于干燥器中放置 1 h 称重;

——一般实验室常备仪器和设备。

13.3.5 分析步骤

13.3.5.1 校正因数测定

按以下步骤测定校正因数:

a) 取 6 个 500 mL 试剂瓶,分别加入 500 mL 无油海水(见 13.3.3.5)和 0.50 mL 油标准溶液(见 13.3.3.4),摇匀,倒入锥形分液漏斗中;

b) 加 15 mL 正己烷(见 13.3.3.1 于锥形分液漏斗中,振荡 2 min,(注意放气),静置分层,将下层水相放入原试剂瓶中。用滤纸卷吸干锥形分液漏斗下端管颈内水分,正己烷萃取液放入 25 mL具塞比色管中;

c) 摇荡试剂瓶,将萃取过的水样倒回分液漏斗中,加 10 mL 正己烷(见 13.3.3.1)再萃取 1 次,萃取液合并于上述比色管中;

d) 加 2 g 无水硫酸钠(见 13.3.3.3)于正己烷萃取液中,摇动后放置 30 min;

e) 将脱水的正己烷萃取液倾入 KD 浓缩器中,并用少量正己烷(见 13.3.3.1)洗涤含脱水剂的具塞比色管 2 次,合并于 KD 浓缩器中。置(70~78)℃水浴中浓缩至(0.5~1)mL;

f) 取下 KD 浓缩器,将其中的浓缩液转入已恒重的铝箔槽中,置于 70℃水浴铝盖板上蒸干,继用 1 mL 正己烷(见 13.3.3.1)洗涤 KD 浓缩器,并转入铝箔槽中继续蒸干,重复 2 次~3 次;

g) 铝箔槽置于干燥器内 1 h,称重,减去铝箔槽重量得 m_1。同时,取 500 mL 无油海水(见 13.3.3.5)按 13.3.5.1.b)~13.3.5.1.g)步骤测定校正空白 m_b;

h) 校正因数按式(25)计算:

$$K=\frac{m_1-m_b}{m_0} \quad \cdots\cdots (25)$$

式中:

K——校正因数;

m_1——萃取后油标准平均重量,单位为毫克(mg);

m_b——校正空白残渣重量,单位为毫克(mg);

m_0——油标准液加入量,单位为毫克(mg)。

13.3.5.2 **样品测定**

将约 500 mL 经硫酸溶液(见 13.3.3.2)酸化的水样摇匀,移入锥形分液漏斗中。以下按 13.3.5.1.b)~13.3.5.1.g)步骤测定油重 m_w。同时取 25.0 mL 正己烷,按 13.3.5.1.d)~13.3.5.1.g)步骤测定试剂空白 m。

13.3.6 **记录与计算**

将测得数据记入表 A.13 中,按式(26)计算水样中油的浓度:

$$\rho_{oil}=\frac{m_w-m}{K \cdot V} \qquad (26)$$

式中:

ρ_{oil}——水体中油浓度,单位为毫克每升(mg/L);

m_w——海水正己烷萃取液中油重,单位为毫克(mg);

m——试剂空白残渣重,单位为毫克(mg);

K——校正因数;

V——水样体积,单位为升(L)。

13.3.7 **精密度和准确度**

石油含量分别为 0.35 mg/L 和 3.76 mg/L 时,相对标准偏差分别为 8.6%和 2.7%;平均回收率为 86%。

13.3.8 **注意事项**

本方法执行中应注意如下事项:

——除非另作说明,本方法所用试剂均为分析纯,水为纯水加高锰酸钾蒸馏或等效纯水;

——水样用试剂瓶直接采集时,须一次装好,不可灌满或溢出,否则应另取水样瓶重新取样。采集的水样用 5 mL 硫酸溶液(1+3)酸化。分析时须将瓶中水样全部倒入分液漏斗中萃取。萃取后需测量萃取过水样的体积,扣除 5 mL 硫酸溶液体积,即得水样实际体积 V;

——用过的正己烷经重蒸馏处理,可重复使用;

——铝箔槽自重应尽量小,以提高测定准确度。制作时,边缘避免纵向折痕,防止油沿痕蠕升损失;

——采样后,4 h 内萃取,萃取液避光贮存于 5℃冰箱内,有效期 20 d。

14 666、DDT——气相色谱法

14.1 适用范围和应用领域

本方法适用于河口、近岸海水中 666、DDT 的测定。

本方法为仲裁方法。

14.2 方法原理

水样中的 666、DDT 经正己烷萃取,净化和浓缩,用填充柱气相色谱法测定其各异构体含量。总量为各异构体含量之和。

14.3 试剂及其配制

14.3.1 硫酸(H_2SO_4):ρ=1.84 g/mL,超纯。

14.3.2 无水硫酸钠(Na_2SO_4):600℃灼烧 4 h 以上,冷却后密闭保存,有效期 1 个月。

14.3.3 硫酸钠溶液(20 g/L):将 20 g 无水硫酸钠(14.1.3.2)溶于水中,稀释至 1 000 mL。

14.3.4 正己烷[$CH_3(CH_2)_4CH_3$](含量大于 99%):于全玻璃磨口回流蒸馏器中每 1 000 mL 正己烷加入 1 g 固体氢氧化钠(NaOH),回流 4 h。换上分馏柱水浴蒸馏,收集(68~69)℃馏分,弃去前 5%和最后 10%的馏分。

14.3.5 苯(C_6H_6):经全玻璃蒸馏器重蒸,收集 80℃馏分。

14.3.6 异辛烷[$CH_3(CH_2)_6CH_3$]:经全玻璃蒸馏器重蒸。

14.3.7 丙酮(CH_3COCH_3):经全玻璃蒸馏器重蒸,收集(38~39)℃馏分。

14.3.8 色谱担体:Gas Chrom Q,100 目~120 目(150 μm ~120 μm)。

14.3.9 固定液:OV-17,OV-210。

14.3.10 666、DDT 各组分标准品:α-666、β-666、γ-666、δ-666、o. p-DDT、p. p′-DDE、p. p′-DDT、p. p′-DDD,色谱纯。

14.3.11 666、DDT 各组分标准贮备溶液:分别称取 1.00 mg α-666、γ-666、δ-666,4.00 mgβ-666,p. p′-DDE,5.00 mg p. p′-DDD,8.00 mg o. p-DDT 和 10.0 mg p. p′-DDT 于 8 个 10.0 mL 的量瓶中,用正己烷(见 14.3.4)或异辛烷(见 14.3.6)[β-666 需先用少量苯(见 14.3.5)溶解]溶解并稀释至标线,混匀。各标准贮备液的浓度分别为:0.100 mg/mL,0.100 mg/mL,0.100 mg/mL,0.400 mg/mL,0.400 mg/mL,0.500 mg/mL,0.800 mg/mL,1.00 mg/mL。

14.3.12 666、DDT 各组分混合标准使用溶液:分别准确移取一定体积(例如 10.0 μL) 666、DDT 各组分标准贮备液(见 14.3.11)于同一量瓶中(例如 100 mL 量瓶)用正己烷(见 14.3.4)稀释定容(或通过两次稀释)最终制成混合标准使用液的浓度分别为:α-666,0.010 ng/μL;γ-666,0.010 ng/μL;β-666,0.040 ng/μL;δ-666,0.010 ng/μL;p. p′-DDE,0.040 ng/μL;o. p-DDT,0.080 ng/μL;p. p′-DDD,0.050 ng/μL;p. p′-DDT,0.100 ng/μL。

将上述混合标准使用液分装于 2 mL 安瓿瓶(经 450℃灼烧 4 h 以上)中封存,置冰箱内保存。每支安瓿瓶装 0.3 mL~0.5 mL 标准使用液,临用时启封。

14.4 仪器及设备

仪器和设备如下:

——气相色谱仪:配[63]Ni 电子捕获检测器;

——玻璃填充色谱柱:内径 2 mm,长 1.8 m;

——全玻璃磨口回流蒸馏装置:带 50 cm 长的分馏柱;

——全玻璃蒸馏器;

——K-D 浓缩器或带三球冷凝柱的蒸发浓缩器;

——分析天平:感量 0.01 mg;

——锥形分液漏斗:容量 800 mL;

——微量注射器:容量 1 μL、10 μL、100 μL;

——定量加液器:容量 5 mL、10 mL;

——真空系统或电动吸引器;

——一般实验室常备仪器和设备。

14.5 分析步骤

14.5.1 色谱柱制备

按以下步骤制备色谱柱:

a) 色谱柱预处理:玻璃柱用盐酸溶液(1+1)浸泡过夜,用水冲净,烘干。注入 10%(V/V)二甲基二氯硅烷的甲苯溶液浸泡 2 h,弃去溶液,用氮气吹干;

b) 固定相制备:称取 0.080 g OV-17 和 0.320 g OV-210(见 14.3.9)于 100 mL 园底烧瓶内,用适量丙酮(见 14.3.7)溶解。烧瓶与冷凝管联接,置于水浴中回流 2 h。稍冷后将 5 g 预热过(120℃,2 h)的色谱担体 (见 14.3.8)倒入,控制丙酮液面略高于担体,在微沸下回流 4 h。冷却后自然晾干(不时摇动,以防粘结);

c) 色谱柱装柱:将玻璃柱与固定相在 120℃下预热 2 h,冷却。在柱的一端填上一小块玻璃毛,高度约 5 mm,并接到真空系统的抽滤瓶。柱的另一端接一小漏斗,在减压下边振荡,边填柱,使固定相填充均匀。填完后取下漏斗,并填上一小块玻璃毛;

d) 色谱柱老化：将已填好的色谱柱一端接色谱仪注射进样口，另一端放空，依次在150℃，180℃，210℃各老化2 h，最后在230℃老化16 h以上；

e) 连接检测器：将已老化的色谱柱放空端接入检测器，在工作条件下用氮气吹洗8 h。注射666、DDT各组分混合标准使用溶液（见14.3.12），根据其色谱图检验色谱柱的分离效果，应得到完全分离的8种异构体的色谱峰。

14.5.2 样品测定

样品的测定按以下步骤进行：

a) 样品萃取：量取500 mL海水样品于锥形分液漏斗中，加入10.0 mL正己烷（见14.3.4），剧烈振荡2 min，静置分层后弃去水层；

b) 净化：正己烷相用硫酸（见14.3.1）净化2次，每次5 mL，剧烈振荡1 min。再用硫酸钠溶液（见14.3.3）洗涤2次，每次10 mL，振荡1 min。正己烷相经无水硫酸钠（见14.3.2）柱脱水。用10 mL正己烷（见14.3.4）分两次洗涤分液漏斗并经脱水柱。最后用5 mL正己烷（见14.3.4）冲洗脱水柱。所有流经脱水柱的正己烷均收集在浓缩瓶内；

c) 浓缩：将浓缩瓶装到K-D浓缩器或蒸发浓缩装置，在80℃～90℃的水浴中浓缩至3 mL～5 mL。取下浓缩瓶，在常温下用氮气吹拂使溶液体积小于0.5 mL，最后用正己烷（见14.3.4）定容至0.50 mL。若不能立即进行色谱测定，将溶液封存在安瓿瓶内，冰箱保存；

d) 色谱测定：分别抽取相同体积的样品浓缩液［见14.5.2.c)］和混合标准使用液（见14.3.12）按选定的气相色谱仪工作条件测量各异构体的峰高 h_w 和 h_0；

e) 同时，取10 mL正己烷（见14.3.4）按14.5.2.b)～14.5.2.d)步骤测定试剂空白 h_b。

14.6 记录与计算

将测得的标准空白和水样的有机氯农药各异构体的数据记入表A.14中，按式(27)计算水样中有机氯农药各异构体的浓度。

$$\rho_{666\text{、DDD}}=\frac{c_0(h_w-h_b)V}{h_0V_1} \qquad \cdots\cdots(27)$$

式中：

$\rho_{666\text{、DDD}}$——水样中有机氯农药各异构体浓度，单位为纳克每升(ng/L)；

c_0——标准使用溶液中该异构体的浓度，单位为纳克每微升(ng/μL)；

h_0——标准使用溶液对应的异构体的色谱峰高，单位为毫米(mm)；

h_w——样品提取液相应的异构体的色谱峰高，单位为毫米(mm)；

V——提取液浓缩后定容体积，单位为微升(μL)；

h_b——空白中相应的异构体的色谱峰高，单位为毫米(mm)；

V_1——水样体积，单位为升(L)。

水样中666和DDT的总量为各异构体浓度之和。

14.7 精密度和准确度

有机氯农药的含量分别为α-666，44.0 ng/L；γ-666，6.48 ng/L；β-666，6.86 ng/L；δ-666，2.13 ng/L；Σ666，59.5 ng/L；p. p′-DDE，0.71 ng/L；p. p′-DDD，15.5 ng/L；p. p′-DDT，10.2 ng/L；ΣDDT，26.4 ng/L时，相对标准偏差(%)分别为α-666 2.9，γ-666 4.5，β-666 5.5，δ-666 4.7；Σ666 2.7；p. p′-DDE 28，o. p-DDT 1，p. p′-DDD 8.4，p. p′-DDT 12，ΣDDT 5.7；方法平均回收率为Σ666，86%～95%，ΣDDT，78%～86%。

14.8 注意事项

本方法执行中应注意如下事项：

——除非另作说明，本方法所用试剂均为分析纯，水为蒸馏水加入高锰酸钾溶液至稳定的紫红色蒸馏。再加氢氧化钠溶液呈强碱性重蒸。亦可采用活性炭-国产1300型树脂吸收柱净化；

——所用玻璃器皿均先用洗涤剂刷洗，自来水彻底冲洗，再用普通蒸馏水和净化蒸馏水各荡洗3次。浓缩瓶需用5%氢氧化钠-乙醇溶液浸泡过夜，用自来水彻底冲洗，普通蒸馏水洗5次，净化蒸馏水洗3次。除分液漏斗自然晾干外，其余均烘干，置于干净的柜内避尘保存；

——为减少微量注射器引起的误差，标准和样品均使用同一支注射器，且注射体积相同，若确实需要采用不同体积注射，需对针头滞液量进行校正，并在计算公式中引入体积比($V_{标}/V_{样}$)因子；

——如果水样有机质含量较高，可增加硫酸净化次数；

——提取液浓缩时应保持溶液呈微沸状态，以减少损失；

——提取浓缩液最好当天进行色谱测定，试剂空白必须当天测定，否则变异很大；

——蒸发浓缩回收的正己烷经纯化后可反复使用；

——超纯硫酸一般可直接使用，低于此纯度的硫酸须用正己烷(见14.3.4)提纯至空白值可以接受；

——Σ666和ΣDDT分别为666和DDT各异构体含量之和，在实际工作中，往往会出现个别异构体含量低于其检测限，出现此情况用其检出限的一半代表该异构体的含量；

——色谱仪的最佳工作条件需根据所用仪器型号进行选择；

——海水样品必须存放在全玻璃容器内，并尽快进行分析。塑料容器不适宜用于水样的贮放。

15 多氯联苯——气相色谱法

15.1 适用范围和应用领域

本法适用于近岸和大洋海水中多氯联苯含量的测定。

本方法为仲裁方法。

15.2 方法原理

海水样品通过树脂柱，多氯联苯及有机氯农药吸附在树脂上。用丙酮洗脱，正己烷萃取，通过硅胶混合层析柱脱水、净化、分离，浓缩的洗脱液经氢氧化钾-甲醇溶液碱解，浓缩后进行气相色谱测定。

15.3 试剂及其配制

15.3.1 1300(I)型或Ambetlite XAD-2型树脂：把树脂置于20目～40目(830 μm～380 μm)筛网中，用自来水冲洗，除去细微悬浮颗粒与无机杂质，依次于索氏提取器中用甲醇、丙酮、甲醇提取各24 h，用水冲净溶剂，并置于水中保存。

15.3.2 无水硫酸钠(Na_2SO_4)：用正己烷(见15.3.8)索氏提取8 h，凉干后，于250℃烘4 h，装在具塞磨口玻璃瓶中，于干燥器内保存。

15.3.3 中性氧化铝(Al_2O_3)：于800℃活化4 h，冷却后加入5%的水，剧烈振摇30 min，装具塞磨口玻璃瓶中，于干燥器内保存。保存期一个月。

15.3.4 层析硅胶[100目～200目(154 μm～74 μm)]：450℃活化8 h，密封于磨口塞玻璃瓶中，置于干燥器内保存。使用前，再于130℃烘8 h。

15.3.5 活性炭：粒状，在280℃烘4 h后，装具塞玻璃瓶中，置于干燥器保存。

15.3.6 GF/F型0.7 μm玻璃纤维膜：在300℃烘3 h，用干净的铝箔包封，置于干燥器中。

15.3.7 玻璃纤维：依次用10%氢氧化钠溶液与盐酸溶液(1+1)浸泡，去除杂质。用自来水冲洗至中性后，用蒸馏水涮洗。于500℃烘4 h，然后用适量正己烷(见15.3.8)浸泡，凉干后置于玻璃瓶中保存。

15.3.8 正己烷[$CH_3(CH_2)_4CH_3$]：在正己烷中加入0.5%颗粒氢氧化钾(KOH)，回流4 h以后开始分馏，弃去5%前馏分与10%后馏分，收集67.5℃～68℃中间馏分。

15.3.9 丙酮(CH_3COCH_3)：通过活性炭柱，然后重蒸一次。

15.3.10 甲醇(CH_3OH)：重蒸。

15.3.11 甲苯($C_6H_5CH_3$)：重蒸。

15.3.12 乙醚($CH_3CH_2OCH_2CH_3$)：重蒸。

15.3.13 乙醚-正己烷混合溶剂：1体积乙醚（见15.3.12）与9体积正己烷（见15.3.8）混合，并加入适量无水硫酸钠（见15.3.2）。

15.3.14 固定液：OV-17，OV-210。

15.3.15 担体：Chromosorb W HP，80目～100目（180 μm～150 μm）[或者相当的Gas chrom Q，100目～120目（154 μm～125 μm）]。

15.3.16 氢氧化钾（KOH）：粒状。

15.3.17 二甲基二氯硅烷。

15.3.18 PCB_S标准贮备溶液：分别称取12.50 mg的PCB_3和PCB_5标准品，置于2个25 mL量瓶中，用正己烷（见15.3.8）溶解并稀释至标线，混匀。此标准贮备溶液1.00 mL含PCB_3和PCB_5各0.50 mg。

15.3.19 PCB_S标准中间溶液：分别移取100 μL标准贮备液（见15.3.18）于2个100 mL量瓶中，加正己烷（见15.3.8）至标线，混匀。此标准中间溶液1.00 mL含PCB_3和PCB_5各0.50 μg。

15.3.20 PCB_S标准使用溶液：分别移取5.00 mL PCB_3与PCB_5标准中间溶液（见15.3.19），分别置于两个25 mL的量瓶中，加正己烷（见15.3.8）至标线，混匀。此标准使用液1.00 mL含PCB_3和PCB_5各0.10 μg。标准使用溶液分装于已净化的安瓿瓶中，每支约0.5 mL。熔封后贴上标签，置于4℃冰箱，临用时打开。

15.3.21 PCB_S混合标准使用溶液：分别移取5.00 mL的PCB_3与PCB_5标准中间溶液（见15.3.19）置于同一25 mL量瓶中，加正己烷（见15.3.8）至标线，混匀。此溶液1.00 mL含0.20 μg PCB_S。

15.4 仪器及设备

仪器和设备如下：

——气相色谱仪：带^{63}Ni电子捕获检测器；

——电动真空泵；

——高纯氮气：纯度99.99%；

——微量注射器：容量1 μL，10 μL；

——索氏提取器；

——全玻璃蒸馏器；

——蒸发浓缩器：带浓缩瓶250 mL；

——玻璃柱：内径30 mm×400 mm与内径12 mm×300 mm，下端具磨口玻璃活塞；

——玻璃柱：内径30 mm×60 mm与内径30 mm×50 mm，下端具磨口玻璃活塞；

——具塞刻度离心管：容量10 mL、25 mL；

——锥形分液漏斗：容量60 mL、1 000 mL；

——碱解回流装置：带100 mL锥形蒸馏瓶（见图4）；

——一般实验室常备仪器和设备。

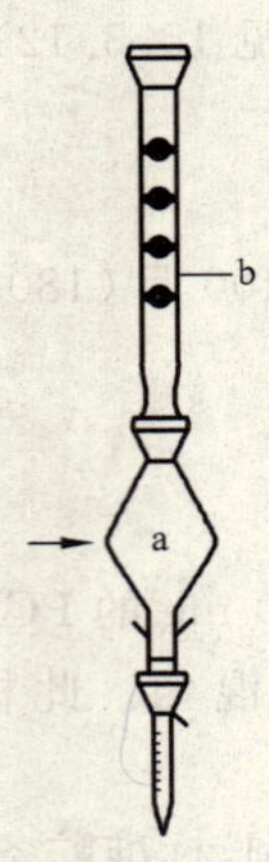

a——100 mL 锥形蒸馏瓶；

b——内径 20 mm×300 mm 分馏柱。

图 4　碱解回流装置

15.5　分析步骤

15.5.1　色谱柱制备

按以下步骤制备色谱柱：

a)　色谱柱的净化与硅烷化：将内径 2 mm，长 1.8 m 硬质玻璃柱用 1+1 盐酸溶液浸泡数小时，自来水冲净，水淋洗，烘干后，注入 10%（体积分数）二甲基二氯硅烷（见 15.3.17）的甲苯（见 15.3.11）溶液浸泡过夜，弃掉溶液，用氮气将柱吹干；

b)　涂渍固定相：称取 0.16 g OV-17 和 0.64 g OV-210（见 15.3.14）加入少量丙酮（见 15.3.9）使之完全溶解，然后转入 100 mL 磨口圆底烧瓶中，接冷凝管回流 1 h。稍冷后，加 10 g 在 120℃预热 2 h 的担体（见 15.3.15），控制烧瓶中丙酮的液面稍高于担体界面，再回流 4 h。冷却后，将烧瓶置于热水浴上，微沸下蒸除溶剂至干，于 120℃烘箱中烘 4 h，置于具塞磨口玻璃瓶中保存；

c)　装柱：把色谱柱与固定相置于 120℃烘箱预热 1 h，冷却后，在柱的一端填一小块细玻璃棉，约 10 mm，并与真空系统的抽滤瓶连接，柱的另一端接一个小漏斗，在减压下边振荡，使固定相填充均匀。填完柱后，取下漏斗，再填一小块玻璃棉；

d)　柱子老化：将柱的一端接在注射口上，另一端放空，（不与检测器连接，用氮气保护）。调节载气流量至约 50 mL/min。开始升温时柱温调在 180℃，在 4 h 内慢慢把柱温升到 230℃，在此温度老化 24 h～48 h。若老化时间不够，固定液易流失，影响栏子寿命；

e)　连接检测器：将老化时柱子放空的一端接入检测器，在色谱工作条件下，运转 8 h。注入混合标准样品，检查柱子质量，样品各组分应能满意的分离。

15.5.2　样品富集与洗脱

按以下步骤进行样品的富集与洗脱：

a)　样品富集：在一根内径 30 mm×400 mm 玻璃柱下端填上少量玻璃纤维，边轻敲柱壁边注入 1 300（I）型树脂（见 15.3.1），树脂层高约 10 cm，并在它的顶端再填一层玻璃纤维。加 100 mL 水过柱，当水的液面到达柱层顶端时，加 50 mL 近于沸腾的热丙酮（见 15.3.9），浸泡树脂层约 1 h。放弃丙酮，加入 100 mL 水过柱，以带出残留柱中的丙酮。每支柱使用前或使用后，均需通过上述的预洗，以达到柱的净化与再生；

b)　量取 2 L 经过 0.7 μm 玻璃纤维薄膜过滤海水分两次于 1 L 锥形分液漏斗中，在重力作用下以最大流速过柱。待最后部份的水样到达树脂层顶端时，加入 50 mL 水，重复洗 2 遍，当液面降至树脂层顶端时，关闭活塞；

c)　量取 50 mL 丙酮（见 15.3.9）淋洗装样的分液漏斗后，过柱。打开柱下方活塞，流下的混合液收集于 250 mL 锥形接收瓶中。当丙酮液面降至柱层顶端时，关闭活塞，让丙酮浸泡树脂

30 min,使氯代烃在丙酮与树脂间达到分配平衡。继加 120 mL 丙酮(见 15.3.9),以 3 mL/min～4 mL/min的速度洗脱氯代烃,收集于同一接收瓶中;

d) 将洗脱液移入蒸发浓缩器中,用 10 mL 丙酮(见 15.3.9)淋洗接收瓶后并入浓缩器。在75℃～80℃水浴上蒸出大部份水-丙酮混合溶液;

e) 留下的浓缩液(约 40 mL)被转入 60 mL 的锥形分液漏斗,用 7 mL 正己烷(见 15.3.8)分两次淋洗浓缩瓶,合并于分液漏斗,剧烈振荡 3 min,待分层后(若分层不明显加入适量的 2%硫酸钠溶液),放弃水相,正己烷相收入 10 mL 刻度离心管。用 2 mL 正己烷(见 15.3.8)分 2 次淋洗分液漏斗,收集于同一离心管中。用氮气吹拂样品提取液浓缩至大约 1 mL。

15.5.3 样品提取液的脱水、净化和分离

样品提取液的脱水、净化和分离步骤如下:

a) 在一根内径 12 mm×300 mm 玻璃柱下端填入少量玻璃纤维,并加入 10 mL 正己烷(见 15.3.8),边轻敲柱壁边依次填入 2 g 层析硅胶(见 15.3.4),1 g 氧化铝(见 15.3.3),1 g 无水硫酸钠(见 15.3.2);

b) 放弃柱中多余的正己烷,用滴管将样品提取液全量转入层析柱,用 2 mL 正己烷(见 15.3.8)分 2 次淋洗离心管,同样用滴管转移到层析柱中,打开柱活塞,再放弃正己烷;

c) 用刻度移液管量取 10 mL～13 mL 正己烷(见 15.3.8)加入柱,在柱下面置 1 支 25 mL 刻度离心管作接收用。打开柱活塞,正己烷以 1 mL/min 速度淋洗层析柱,所收集的淋洗液中含有 PCBs,pp′-DDE,部分 op-DDT 和 pp′-DDT;

d) 将接收的淋洗液用氮气吹拂浓缩至 1 mL。

15.5.4 样品提取液的碱解

样品提取液的碱解步骤如下:

a) 加 1 mL 甲醇(见 15.3.10)与 1 粒氢氧化钾(见 15.3.16)于 15.5.2.d)步骤的浓缩液中。将刻度离心管与锥形蒸馏瓶和分馏柱连接(图 4)。将离心管插入 220℃～240℃砂浴回流 30 min。回流时砂浴的加热电源应切断;

b) 冷却后,将碱解液转入 60 mL 的分液漏斗,加 10 mL 水淋洗容器,转入分液漏斗。用 4 mL 正己烷(见 15.3.8)洗回流装置,并入分液漏斗中。剧烈振摇 3 min,待分层后,放弃水相,正己烷相通过 5 g 无水硫酸钠柱,滤入 10 mL 离心管中。用 2 mL 正己烷(见 15.3.8)淋洗分液漏斗与硫酸钠柱,并入离心管中;

c) 碱解后的提取液用氮气吹拂浓缩到小于 0.5 mL,准确定容 0.50 mL 待气相色谱分析。

15.5.5 气相色谱测定

将多氯联苯混合标准使用溶液(见 15.3.21),样品提取液和 pp′-DDE 标准使用液(见 14.3.12)在同一色谱条件下,分别进样相同体积,求出多氯联苯标准样各组分与 pp′-DDE 的保留时间的比值。同样把样品谱图与标准样品谱图的峰形加以对照,确定两个谱图中相对于 pp′-DDE 保留时间比值相同的峰,以此鉴别试样中欲测多氯联苯的组分。确定样品组分之后,分别测出样品提取液与标准使用液中 PCB_3,PCB_5 各峰的峰高。同时按上述步骤测定试剂空白峰高。

15.6 记录与计算

所测色谱数据记入表 A.15 中,按式(28)计算水样中多氯联苯的浓度:

$$\rho_{PCB}=\Sigma\rho_{PCBs}=\Sigma\frac{(h_w-h_b)c_{st}V_1}{h_{st}V_2} \qquad (28)$$

式中:

ρ_{PCBs}——水样中 PCBs 浓度,单位为毫克每升(mg/L);

$\Sigma\rho_{PCB}$——水样中 PCB 各异构体 PCBs 浓度的总和,单位为毫克每升(mg/L);

h_w——试样组分峰高,单位为毫米(mm);

h_b——试剂空白的组分峰高,单位为毫米(mm);

c_{st}——对应于峰高 h_{st} 的相应组分标准溶液的浓度,单位为纳克每微升(ng/μL);

V_1——样品提取液体积,单位为毫升(mL);

h_{st}——与试样相对应组分的标准样峰高,单位为毫米(mm);

V_2——水样的体积,单位为毫升(mL)。

15.7 精密度和准确度

PCBs 浓度分别为 25.0 ng/L 和 125 ng/L 时,相对标准偏差分别为 6.6%和 7.6%;平均回收率分别为 66%和 73%。

15.8 注意事项

本方法执行中应注意如下事项:

——除非另作说明,本方法所用试剂为分析纯,水为普通蒸馏水通过 1300(I)型树脂柱的水或等效纯水;

——所用玻璃器皿应先用洗涤剂洗后,浸泡于热的洗涤剂水溶液或重铬酸洗液中,自来水冲净,普通蒸馏水淋洗 3 遍,最后用纯净水冲洗。于 120℃烘箱烘干后,用铝箔盖住瓶口,于橱中保存。临使用前用丙酮(见 15.3.9)洗 2 次,再用正己烷(见 15.3.8)洗 1 次;

——实验中很难把树脂净化到分析所要求的纯度,因此,树脂经甲醇,丙酮,甲醇索提以后,应该进行空白检验。其检验方法按照 15.5.2～15.5.4 的操作步骤,但不必通过海水样;

——15.5.2～15.5.3 分析步骤是本方法的关键。操作时应将树脂柱与硅胶层析柱填得紧密没有气泡。一旦出现气泡,既影响流速,也影响吸附效率。每当水或溶剂通过柱时,不要让水或溶剂的液面低于柱层的顶端,即不要让空气进入柱层。树脂层更容易有气泡,一旦出现,可暂停操作,用玻璃棒插入柱层将气泡赶出;

——若待测试样中仅含 PCBs,不含有机氯农药时,15.5.2～15.5.3 步骤可以省略,将 15.5.3.d)步骤的淋洗液直接浓缩至小于 0.5 mL,其他步骤不变;

——根据所用色谱仪型号,选定最佳色谱条件。

16 狄氏剂——气相色谱法

16.1 适用范围和应用领域

本法适用于近岸和大洋海水中狄氏剂含量测定。

本方法为仲裁方法。

16.2 方法原理

海水样品通过树脂柱,溶解态的狄氏剂被吸附于树脂上。用丙酮洗脱,正己烷萃取,通过硅胶混合层析柱脱水、净化、分离,浓缩后进行气相色谱测定。

16.3 试剂及其配制

16.3.1 1 300(I)型或 Amberlite XAD-2 型树脂:同 15.3.1。

16.3.2 无水硫酸钠(Na_2SO_4):同 15.3.2。

16.3.3 中性氧化铝(Al_2O_3):同 15.3.3。

16.3.4 层析硅胶:100 目～200 目(150 μm～75 μm):同 15.3.4。

16.3.5 活性炭:粒状、同 15.3.5。

16.3.6 GF/F 型玻璃纤维膜:同 15.3.6。

16.3.7 玻璃纤维:同 15.3.7。

16.3.8 正己烷[$CH_3(CH_2)_4CH_3$]:同 15.3.8。

16.3.9 甲醇(CH_3OH):重蒸。

16.3.10 甲苯($C_6H_5CH_3$):重蒸。

16.3.11　乙醚($CH_3CH_2OCH_2CH_3$):重蒸。

16.3.12　乙醚-正己烷混合溶剂:1体积乙醚(见16.3.11)与9体积正己烷(见16.3.8)混匀,加入适量无水硫酸钠(见16.3.2)。

16.3.13　固定液:OV-17,OV-210。

16.3.14　担体:chromosorb W HP,80目～100目(180 μm～150 μm)或Gas chrom Q,100目～120目(150 μm～120 μm)。

16.3.15　氢氧化钾(KOH):粒状。

16.3.16　二甲基二氯硅烷。

16.3.17　狄氏剂标准贮备溶液(0.50 mg /mL):称取5.00 mg狄氏剂($C_{12}H_8Cl_6O$)置于10 mL量瓶中,用正己烷(见16.3.8)稀释至标线并混匀。

16.3.18　狄氏剂标准中间溶液(0.25 μg / mL):移取12.5 μL狄氏剂标准贮备液(16.1.3.17)于25 mL量瓶中,用正己烷(见16.3.8)稀释至标线并混匀。

16.3.19　狄氏剂标准使用溶液(0.050 ng / mL):移取5.00 μL狄氏剂标准中间溶液(见16.3.18)于25 mL量瓶中,用正己烷(见16.3.8)稀释至标准线并混匀。该标准使用溶液分装于已净化的安瓿瓶中,每支约0.5 mL。熔封后贴上标签,置于4℃冰箱。临用时打开。

16.4　仪器及设备

仪器和设备如下:

——气相色谱仪:带^{63}Ni电子捕获检测器;

——填充色谱柱:内径2 mm,长1.8 m硬质玻璃柱;

——电动真空吸引泵;

——高纯氮气:纯度99.99%;

——微量注射器:容量1 μL、10 μL;

——索氏提取器;

——全玻璃蒸馏器;

——蒸发浓缩器:浓缩瓶250 mL;

——玻璃柱:内径30 mm×400 mm与内径12 mm×300 mm,下端具玻璃活塞;

——玻璃柱:内径30 mm×60 mm与内径30 mm×50 mm,下端具玻璃活塞;

——具塞刻度离心管:10 mL、25 mL;

——锥形分液漏斗:60 mL、1 000 mL;

——碱解回流装置:带100 mL锥形蒸馏瓶;

——内径20 mm×300 mm分馏柱:上下端具19号标准口接头;

——一般实验室常备仪器和设备。

16.5　分析步骤

16.5.1　色谱柱制备:同15.5.1。

16.5.2　样品富集:同15.5.2。

16.5.3　样品提取液的脱水、净化和分离

样品提取液的脱水、净化和分离按以下步骤进行:

a) 在一根内径12 mm×300 mm玻璃柱下端填入少量玻璃纤维,并加入10 mL正己烷(见16.3.8)。边轻敲柱壁边依次填入2 g层析硅胶(见16.3.4),1 g中性氧化铝(见16.3.3),1 g无水硫酸钠(见16.3.2);

b) 放弃柱中的正己烷,用滴管将样品提取液定量地转入层析柱,用2 mL正己烷(见16.3.8)分2次涮洗离心管,同样用滴管小心把它转移到层析柱,打开柱活塞,再放弃正己烷;

c) 用刻度移液管量取10 mL～13 mL正己烷(见16.3.8)加入柱,在柱下面置1支25 mL刻度离

心管作接收用。打开柱活塞,正己烷以 1 mL/min 速度淋洗层析柱,淋洗液中含有 PCBs 及 p. p′-DDE 等;

d) 用 12 mL～14 mL 的乙醚-正己烷混合溶剂(见 16.3.12)以同样速度淋洗层析柱,淋洗液接收于第 2 支 25 mL 刻度离心管中,此淋洗液中含有狄氏剂、BHC、p. p′-DDD、以及部分 o. p-DDT 与 p. p′-DDT;

e) 所接收的第二支淋洗液用氮气吹拂浓缩到小于 0.5 mL,准确定容至 0.50 mL,待气相色谱分析。

16.5.4 气相色谱测定

a) 将狄氏剂的标准使用溶液,试样提取液在同一色谱条件下分别进样相同体积,确定 2 个谱图中保留时间相同的峰。

b) 在此基础上,取同等量的提取液与狄氏剂标准使用液,用确证试验确认狄氏剂。

c) 分别测量试样与标准样的狄氏剂峰高。同时测定分析空白峰高。

16.6 记录与计算

将测定色谱数据记入表 A.14 中,按式(29)计算试样中狄氏剂的浓度:

$$\rho_D = \frac{(h_w - h_b) \times c_{st} \times V_1}{h_{st} \times V_2} \quad \cdots\cdots (29)$$

式中:

ρ_D——水样狄氏剂含量,单位为毫克每升(mg/L);

h_w——试样峰高,单位为毫米(mm);

h_b——分析空白峰高,单位为毫米(mm);

c_{st}——狄氏剂标准溶液浓度,单位为微克每毫升(μg/mL);

V_1——样品提取液体积,单位为毫升(mL);

h_{st}——标准样峰高,单位为毫米(mm);

V_2——海水样的体积,单位为毫升(mL)。

16.7 精密度和准确度

狄氏剂浓度分别为 6.25 ng/L 和 25 ng/L 时,平均值分别为 5.4 ng/L 和 22 ng/L;相对标准偏差分别为 1.7% 和 5.4%;平均回收率分别为 86% 和 88%。

16.8 注意事项

本方法执行中应注意如下事项:

——除非另作说明,本方法所用试剂为分析纯,水为普通蒸馏水通过 1 300(I)型树脂柱的水或等效纯水;

——由于海水中存在多种有机化合物,保留时间相同的有机物时有所见,因而,当样品检出含狄氏剂时,尚需进一步做确证试验,方法如下:

a) 盐酸-乙酸酐混合物的制备:搅拌下滴加 10 mL 乙酸酐到一个置于冰水中,内装 5 mL 盐酸(HCl,ρ=1.19 g/mL)的锥形烧瓶中。该溶液密闭于锥形瓶,在室温下可放 30min;

b) 狄氏剂衍生物:在 1 个 12 mL 离心管中放入含有适量杀虫剂的样品提取液(本试验在 1 mL正己烷中加入含有 12.5 ng 标准狄氏剂),当 0.5 mL 的盐酸乙酸酐试剂加入后,用氮气吹拂浓缩至大约 0.5 mL,摇动离心管使内容物完全湿润,后用磨口玻璃塞塞住,把内容物置于 100±1℃ 烘箱加热 45 min,冷却至室温后加入 1.5 mL 纯水,接着在搅拌下加入饱和的碳酸钠溶液,直至没有二氧化碳气体逸出为止。加入 1 mL 正己烷(见 16.3.8),摇动离心管,待分层后,上面有机相用滴管吸取,通过硅胶(2 g)-氧化铝(1 g)-无水硫酸钠(1 g)层析柱,先用 13 mL 正己烷(见 16.3.8)淋洗层析柱,弃掉淋洗液。用 14 mL 乙醚-正己烷混合溶剂(见 16.3.12)淋洗,收集该淋洗液于离心管中,将它浓缩至 0.5 mL,注入色谱仪,色谱条件与本方法其他测试相同。

试验参数为：注入色谱仪的狄氏剂标准溶液和狄氏剂与盐酸-乙酸酐反映的衍生物的保留时间分别为 4.70 min 和 10.88 min。

——在实验室中，很难把树脂净化到要求的纯度，因此，树脂经甲醇、丙酮、甲醇索提以后，仍需进行空白检验。其检验方法按照 16.1.5.1～16.1.5.3 的操作步骤，但不必通过海水样；

——16.5.1～16.5.3 是本方法的关键步骤，操作时应将树脂柱与硅胶层析柱填得紧密没有气泡。一旦出现气泡，既影响流速，也影响吸附效率。任何水或溶剂过柱时，其液面不得低于柱层的顶端，严防空气进入柱层。树脂层更容易有气泡，一旦出现，可暂停操作，用玻璃棒插入柱层将气泡赶出；

——若待测试样中不仅含有狄氏剂，尚含有 PCBs 与其他有机氯农药。那么，本方法中 16.5.2～16.5.3 步骤所收集的第一份淋洗液不能弃掉，留待测定 PCBs 与其他组分；

——根据所用的色谱仪器型号，选择最佳色谱条件。

17 活性硅酸盐

17.1 硅钼黄法

17.1.1 适用范围和应用领域

本法适用于硅酸盐含量较高的海水。

本方法为仲裁方法。

17.1.2 方法原理

水样中的活性硅酸盐与钼酸铵-硫酸混合试剂反应，生成黄色化合物（硅钼黄），于 380 nm 波长测定吸光值。

17.1.3 试剂及其配制

17.1.3.1 钼酸铵溶液（100 g/L）：称取 10 g 钼酸铵[$(NH_4)_6Mo_7O_{24}\cdot 4H_2O$]，溶于水中并稀释至 100 mL（如浑浊应过滤），贮于聚乙烯瓶中。

17.1.3.2 硫酸溶液（1＋4）：在搅拌下将 50 mL 硫酸（H_2SO_4，$\rho=1.84$ g/mL）缓慢加入 200 mL 水中，冷却，盛于试剂瓶中。

17.1.3.3 硫酸-钼酸铵混合溶液：1 体积硫酸溶液（见 17.1.3.2）与 2 体积钼酸铵溶液（见 17.1.3.1）混匀，贮于聚乙烯瓶中。有效期为一周。

17.1.3.4 人工海水（盐度为 28）：称取 25 g 氯化钠（NaCl，优级纯）和 8 g 硫酸镁（$MgSO_4\cdot 7H_2O$，优级纯），溶于水，稀释至 1 L。盐度 35：称取 31 g 氯化钠（NaCl）和 10 g 硫酸镁（$MgSO_4\cdot 7H_2O$，优级纯），溶于水，稀释至 1 L。其他盐度的人工海水可按上述比例配制。贮于聚乙烯桶中。

17.1.3.5 用氟硅酸钠配制硅标准贮备溶液（300 mg/L-Si）：将氟硅酸钠（Na_2SiF_6，优级纯）在 105℃下烘干 1 h，取出置于干燥器中冷却至室温，称取 2.009 0 g 置塑料烧杯中，加入约 600 mL 水，用磁力搅拌至完全溶解（需半小时）全量移入 1 000 mL 量瓶，加水至标线，混匀，贮于塑料瓶中，有效期一年。

17.1.3.6 用二氧化硅配制硅标准贮备溶液（300 mg/L-Si）：称取 0.641 8 g 研细至 200 目（74 μm）二氧化硅（SiO_2，高纯，经 1 000℃灼烧 1 h）于铂坩埚中，加 4 g 无水碳酸钠（Na_2CO_3），混匀。在 960℃～1 000℃融熔 1 h，冷却后用热的纯水溶解，稀释至 1 000 mL，贮于聚乙烯瓶中，有效期一年。

17.1.3.7 硅标准使用溶液（15.0 μg/mL）：取 5.00 mL 硅标准贮备溶液（见 17.1.3.5 或 17.1.3.6）加水稀释至 100 mL，盛于聚乙烯瓶中，有效期 1 d。

17.1.3.8 草酸溶液（100 g/L）：称取 10.0 g 草酸（$H_2C_2O_4\cdot 2H_2O$，优级纯），溶于水并稀释至100 mL，过滤，贮于试剂瓶中。

17.1.4 仪器及设备

仪器和设备如下：

——分光光度计；

——铂坩埚；
——具塞比色管：容量 50 mL、100 mL；
——量瓶：容量 100 mL、500 mL；
——烧杯：容量 50 mL、500 mL；
——移液吸管：容量 3 mL、5 mL、10 mL；
——刻度吸管：容量 10 mL；
——聚乙烯瓶：容量 500 mL；
——试剂瓶：容量 500 mL；
——聚乙烯桶：容量 5 L～20 L；
——聚乙烯水样瓶：聚乙烯瓶 1 500 mL，初次使用前须用海水浸泡数天；
——一般实验室常备仪器和设备。

17.1.5 分析步骤

17.1.5.1 绘制工作曲线

按以下步骤绘制标准曲线：

a) 向 6 个 50 mL 具塞比色管中分别移入硅标准使用溶液（见 17.1.3.7），0 mL，1.00 mL，2.00 mL，4.00 mL，6.00 mL，8.00 mL，加纯水至标线，混匀；
b) 用移液吸管分别加入 3 mL 硫酸-钼酸铵混合溶液（见 17.1.3.3），混匀。放置 5 min，加 2.0 mL草酸溶液（见 17.1.3.8），混匀（至少颠倒 6 次）；
c) 显色完全且稳定时（15 min），选 380 nm 波长，2 cm 测定池以蒸馏水为参比测定吸光值 A_i 和 A_0（标准空白）；
d) 以吸光值（A_i-A_0）为纵坐标，相应硅的浓度（mg/L）为横坐标绘制工作曲线。测定结果记入表 A.3。

17.1.5.2 样品测定

样品测定步骤如下：

a) 取 50.0 mL 水样于 50 mL 具塞比色管中，同时取 50 mL 纯水测定分析空白；
b) 按照 17.1.5.1.b)～17.1.5.1.c)步骤测定水样吸光值 A_w 及分析空白吸光度 A_b；
c) 如水样的硅酸盐含量较低，改用 5 cm～10 cm 光程的测定池，测定水样及标准系列的吸光值。

17.1.6 记录与计算

将测得数据记入表 A.16 中，由（A_w-A_b）值，查工作曲线或用线性回归方程计算得浓度值 ρ，按式(30)计算水样中活性硅酸盐浓度：

$$\rho_{Si}=f_s\cdot\rho \qquad (30)$$

式中：

ρ_{Si}——水样中活性硅酸盐的浓度，单位为毫克每升（mg/L）；
f_s——盐度校正因数，由表 1 查出；
ρ——查工作曲线或用线性回归方程计算得硅的浓度，单位为毫克每升（mg/L）。

表 1 盐度校正 f_s 表

盐度	1～5	5～10	10～15	15～20	20～25	25～28	28～34
f_s	1.10	1.15	1.20	1.22	1.23	1.24	1.25

17.1.7 精密度和准确度

浓度为 0.56 mg/L 时，相对标准偏差为 1.93%，相对误差为 2.17%；重复性相对标准偏差为 1.70%；浓度为 2.8 mg/L 时，相对标准偏差为 0.6%，相对误差为 3.03%。

17.1.8 注意事项

本方法执行中应注意如下事项：

——除非另作说明，本方法所用试剂均为分析纯，水为无硅蒸馏水或等效纯水；

——所有试剂、溶液及纯水用塑料瓶保存，并选用含硅低的试剂可降低空白值；

——工作曲线在水样测定实验室绘制，工作期间每天加测一次标准溶液以检查工作曲线，并须每个站位至少测一份空白。曲线延用的时间最多为一周；

——温度对反应速度影响较大，整个实验操作的温度变化范围应控制在±5℃以内；

——当试液中加混合液后，一般 60 min 内颜色稳定，应及时完成测定，否则，结果偏低；

——器皿和测定池要及时清洗，必要时可用等体积硝酸与硫酸的混合酸或铬酸洗液短时间浸泡，洗净；

——此方法的显色受酸度及钼酸铵浓度影响，因此要注意测定条件尽量一致；

——此方法受水样中离子强度的影响而造成盐度误差，除用盐度校正表外，最好用接近水样盐度的人工海水制得硅酸盐工作曲线。

17.2 硅钼蓝法

17.2.1 适用范围和应用领域

本法适用于硅酸盐含量较低的海水。

17.2.2 方法原理

活性硅酸盐在酸性介质中与钼酸铵反应，生成黄色的硅钼黄，当加入含有草酸（消除磷和砷的干扰）的对甲替氨基苯酚-亚硫酸钠还原剂，硅钼黄被还原为硅钼蓝，于 812 nm 波长测定其吸光值。

17.2.3 试剂及其配制

17.2.3.1 钼酸铵（酸性）溶液：称取 2.0 g 钼酸铵[$(NH_4)_6Mo_7O_{24}\cdot 4H_2O$]，溶于 70 mL 水，加 6 mL 盐酸（HCl，ρ=1.19 g/mL），稀释至 100 mL（如浑浊应过滤），贮于聚乙烯瓶中。

17.2.3.2 草酸溶液（100 g/L）：称取 10 g 草酸（$H_2C_2O_4\cdot 2H_2O$，优级纯），溶于水，稀释至 100 mL，过滤，贮于聚乙烯瓶中。

17.2.3.3 硫酸溶液（1+3）：在搅拌下将 1 体积硫酸（H_2SO_4，ρ=1.84 g/mL，优级纯）缓慢地加入至 3 体积水中，冷却后盛于聚乙烯瓶中。

17.2.3.4 对甲替氨基酚（硫酸盐）-亚硫酸钠溶液：称取 5 g 对甲替氨基酚（米吐尔）[$(CH_3NHC_6H_4OH)_2\cdot H_2SO_4$]，溶于 240 mL 水，加 3 g 亚硫酸钠（Na_2SO_3），溶解后稀释至 250 mL，过滤，贮于棕色试剂瓶中，并密封保存于冰箱中，此液可稳定一个月。

17.2.3.5 还原剂：将 100 mL 对甲替氨基酚-亚硫酸钠溶液（见 17.2.3.4）和 60 mL 草酸溶液（见 17.2.3.2）混合，加 120 mL 硫酸溶液（见 17.2.3.3），混匀，冷却后稀释至 300 mL，贮于聚乙烯瓶中。此液临用时配制。

17.2.3.6 人工海水：见 17.1.3.4。

17.2.3.7 硅标准贮备溶液（300 μg/mL）：见 17.1.3.5 或 17.1.3.6。

17.2.3.8 硅标准使用溶液（15.0 μg/mL）：见 17.1.3.7。

17.2.4 仪器及设备

仪器和设备如下：

——移液吸管：容量 15 mL、20 mL；

——棕色试剂瓶：容量 500 mL；

——量瓶：容量 100 mL；

——其他见 17.1.4。

17.2.5 分析步骤

17.2.5.1 绘制工作曲线

按以下步骤绘制标准曲线：

a) 取 7 个 100 mL 量瓶，分别移入 0 mL，1.00 mL，2.00 mL，3.00 mL，4.00 mL，5.00 mL，

6.00 mL硅标准使用溶液(见 17.2.3.8),加纯水至标线,混匀

b) 向 7 个 50 mL 具塞比色管中各加入 3 mL 钼酸铵溶液(见 17.2.3.1),分别移入 20 mL 硅标准系列各点溶液(见 17.2.5.1.b),每加标准溶液后,立即混匀,放置 10 min,加入 15 mL 还原剂溶液(见 17.2.3.5),加水稀释至 50 mL,混匀,系列各点的含硅量分别为 0.0 μg,3.00 μg,6.00 μg,9.00 μg,12.0 μg,15.0 μg,18.0 μg;

c) 3 h 后,用 5 cm 测定池,以蒸馏水为参照液,于 812 nm 波长处逐个测定吸光值 A_i。其中零浓度为标准空白吸光值 A_0;

d) 以吸光值(A_i-A_0)为纵坐标,相应硅的含量(μg)为横坐标绘制工作曲线。

17.2.5.2 水样测定

加 3 mL 钼酸铵溶液(见 17.2.3.1)至 50 mL 具塞比色管中,移入 20 mL 水样混匀,放置 10 min,加 15 mL还原剂(见 17.2.3.5),加水稀释至 50 mL,混匀,按照 17.2.5.1.c),测量水样的吸光值 A_w。同时以 20 mL 纯水代替水样,按照 17.2.5.1.b)～17.2.5.1.c)步骤,测定分析空白吸光值 A_b。

17.2.6 记录与计算

将测得数据记入表 A.3 和表 A.4 中。由 A_w-A_b 值查工作曲线或用线性回归方程计算得水样中硅含量(x),按式(31)计算水样中活性硅酸盐的浓度:

$$\rho_{Si}=\frac{x}{V} \qquad (31)$$

式中:

ρ_{Si}——水样中活性硅酸盐的浓度,单位为毫克每升(mg/L);

x——水样中含硅量,单位为微克(μg);

V——水样体积,单位为毫升(mL)。

17.2.7 精密度和准确度

浓度为 0.13 mg/L 时,相对误差为 4%;浓度为 1.3 mg/L 时,相对误差为 2.5%;浓度为 4.2 mg/L 时,相对误差 6%。

17.2.8 注意事项

本方法执行中应注意如下事项:

——除非另作说明,本方法所用试剂为分析纯,水为无硅蒸馏水或等效纯水;

——使用硅含量低的试剂。试剂溶液及纯水用塑料瓶保存,可降低空白值;

——测量水样时,硅酸盐溶液的温度与制定工作曲线时硅钼蓝溶液的温度之差不得超过 5℃;

——本法最佳测量温度为 18℃～25℃,当水样温度较低时,可用水浴 18℃～25℃;

——采集水样后立即过滤,然后贮存于冰箱中(<4℃),在 24 h 内分析完毕;

——如水样中硅酸盐含量很低,可多取水样或改用较长光程的测定池测量;如水样中硅酸盐含量较高,则改用较短光程的测定池测量;

——工作曲线应在水样测定实验室制定,工作期间每天加测工作标准溶液,以检查曲线,并须每个站位加测一份空白。曲线延用时间最多为一周;

——此方法受水样中离子强度影响而造成盐度误差,除用盐度校正表外,最好用接近于水样盐度的人工海水制得硅酸盐工作曲线;

——水中含有大量铁质、丹宁、硫化物和磷酸盐将干扰测定。加入草酸以及硫酸可以清除磷酸盐的干扰和减低丹宁的影响。

18 硫化物

18.1 亚甲基蓝分光光度法

18.1.1 适用范围和应用领域

本法适用于大洋、近岸、河口水体中硫化物浓度为 10 μg/L 以下的水样。

本方法为仲裁方法。

18.1.2　**方法原理**

水样中的硫化物同盐酸反应，生成的硫化氢随氮气进入乙酸锌-乙酸钠混合溶液中被吸收。吸收液中的硫离子在酸性条件和三价铁离子存在下，同对氨基二甲基苯胺二盐酸盐反应生成亚甲基蓝，在650 nm波长测定其吸光值。

18.1.3　**试剂及其配制**

18.1.3.1　抗坏血酸($C_6H_8O_6$)。

18.1.3.2　盐酸溶液(1+2)：量取 333 mL 盐酸(HCl，ρ=1.19 g/mL)在棒搅拌下缓缓加入 667 mL 水中。冷却后，盛于试剂瓶中。

18.1.3.3　乙酸锌-乙酸钠混合溶液：称取 50 g 乙酸锌[$Zn(CH_3COO)_2 \cdot 2H_2O$]和 12.5 g 乙酸钠($CH_3COONa \cdot 3H_2O$)溶于少量水中，稀释至 1 L，混匀。如浑浊，应过滤。

18.1.3.4　硫酸铁铵溶液：称取 25 g 硫酸铁铵[$Fe(NH_4)(SO_4)_2 \cdot 12H_2O$]于 250 mL 烧杯中，加入水 100 mL，浓硫酸(H_2SO_4，ρ=1.84 g/mL)5 mL 溶解(可稍加热)，加水稀释至 200 mL，混匀。如浑浊，应过滤。

18.1.3.5　对氨基二甲基苯胺二盐酸盐溶液：取 1g 对氨基二甲基苯胺二盐酸盐[$NH_2C_6H_4N(CH_3)_2 \cdot 2HCl$，化学纯]溶于 700 mL 水中，在不断搅拌下，缓缓加入 200 mL 硫酸(H_2SO_4，ρ=1.84 g/mL)，冷却后，稀释至 1 L，混匀，盛于棕色试剂瓶中，置冰箱中保存。

18.1.3.6　碘溶液[(1/2I_2)=0.010 0 mol/L]：称取 10 g 碘化钾(KI)，溶于 50 mL 水中，加入 1.27 g 碘片(I_2)，溶解后，全量移入 1 000 mL 量瓶中，稀释至标线，混匀。

18.1.3.7　高锰酸钾溶液：$c(1/5KMnO_4)$=0.01 mol/L。

18.1.3.8　硫酸溶液(1+3)：在搅拌下将 1 体积硫酸(H_2SO_4，ρ=1.84 g/mL)缓缓加至 3 体积水中，趁热滴加高锰酸钾溶液(见 18.1.3.7)至溶液显微红色不褪为止，盛于试剂瓶中。

18.1.3.9　盐酸溶液(1+9)：在搅拌下将 20 mL 盐酸(HCl，ρ=1.19 g/mL)缓缓加入 180 mL 水中。

18.1.3.10　冰乙酸(CH_3COOH)。

18.1.3.11　淀粉溶液(5 g/L)：称取可溶性淀粉(化学纯)1 g，用少量水调成糊状，加入沸水 100 mL，调匀，继续煮至透明。冷却后，加入冰乙酸(见 18.1.3.10)1 mL，稀释至 200 mL，盛于试剂瓶中。

18.1.3.12　碳酸钠(Na_2CO_3)。

18.1.3.13　硫代硫酸钠标准溶液(0.01 mol/L)：称取 25 g 硫代硫酸钠($Na_2S_2O_3 \cdot 5H_2O$)，用刚煮沸冷却的水溶解，加入约 2 g 碳酸钠(见 18.1.3.12)，移入棕色试剂瓶中，稀释至 10 L，混匀，置于阴凉处，8 d～10 d 后标定其浓度。

标定方法：移取碘酸钾标准溶液(见 18.1.3.14)15.00 mL，沿壁注入定碘烧瓶中，用少量水冲洗瓶壁，加入 0.5 g 碘化钾(见 18.1.3.15)，用刻度吸管沿壁注入 1 mL 硫酸溶液(见 18.1.3.8)，塞好瓶塞，轻摇混匀，加少量水封口，在暗处放置 2 min，轻摇旋开瓶塞，沿壁加水 50 mL 稀释后，在不断振摇下，用待标定的硫代硫酸钠溶液(见 18.1.3.13)，滴定至溶液呈浅黄色，加入 1 mL 淀粉溶液(见 18.1.3.11)，继续滴定至蓝色刚刚消失。记录滴定管读数。重复标定，至两次滴定差不超过 0.05 mL 为止。按式(32)计算：

$$c(Na_2S_2O_3) = \frac{0.010\,0 \times 15.0}{V_s} \qquad (32)$$

式中：

$c(Na_2S_2O_3)$——硫代硫酸钠溶液的浓度，单位为摩尔每升(mol/L)；

V_s——标定所耗硫代硫酸钠溶液的体积，单位为毫升(mL)。

18.1.3.14　碘酸钾标准溶液[(c 1/6 KIO_3)=0.010 0 mol/L]：称取 3.567 g 碘酸钾(KIO_3)(预先在 120℃烘 2 h，置于干燥器中冷却)，溶于水中，全量移入 1 000 mL 量瓶中，稀释至标线，混匀，置于阴凉处，此溶液有效期为 1 个月。使用前稀释至 10 倍。

18.1.3.15　碘化钾(KI)。

18.1.3.16　硫化钠($Na_2S \cdot 9H_2O$)溶液:10 g/L。

18.1.3.17　硫化物标准贮备溶液的制备:使用硫化氢曝气装置(图5)。向200 mL硫化钠溶液(见18.1.3.16)中缓缓滴加5.0 mL盐酸溶液(见18.1.3.2)。产生的硫化氢随氮气逸出,被500 mL乙酸锌溶液[$Zn(CH_3COO)_2 \cdot 2H_2O$,1 g/L]吸收。将吸收液用定量滤纸滤入棕色试剂瓶。

硫化物标准贮备溶液浓度的标定:移取硫化物标准贮备溶液(见18.1.3.17)20.00 mL于250 mL碘量瓶中,依次加入40 mL水,20.00 mL碘溶液(见18.1.3.6),10 mL盐酸溶液(见18.1.3.9),混匀。用已知浓度的硫代硫酸钠溶液(见18.1.3.13)滴定至溶液呈浅黄色,加入1 mL淀粉溶液(见18.1.3.11),继续滴定至蓝色刚刚消失。记录滴定管读数(V_1)。

重复标定,至两次滴定差不超过0.05 mL为止。

同时移取20.00 mL水两份,进行空白滴定,两次读数差不得超过0.05 mL。记录读数(V_2)。

按式(33)计算硫化物标准贮备溶液中硫(S^{2-})的质量浓度:

$$\rho_{S^{2-}} = \frac{(V_2 - V_1) \times c_s \times 16.04 \times 1\,000}{20.00} \quad \cdots\cdots (33)$$

式中:

$\rho_{S^{2-}}$——硫的质量浓度,单位为微克每毫升(μg/mL);

V_2——空白滴定所耗硫代硫酸钠标准溶液的体积,单位为毫升(mL);

V_1——标定所耗硫代硫酸钠标准溶液的体积,单位为毫升(mL);

c_s——硫代硫酸钠标准溶液的浓度,单位为摩尔每升(mol/L);

20.00——硫化物标准贮备溶液的体积,单位为毫升(mL)。

18.1.3.18　硫化物标准使用溶液[20 μg/mL(以S^{2-}计)]:取一定量的硫化物标准贮备溶液(见18.1.3.17),将其质量浓度调整为20 μg/mL。按式(34)计算:

$$V_4 = \frac{\rho_3 \times V_3}{\rho_4} \quad \cdots\cdots (34)$$

式中:

V_4——所取硫化物标准贮备溶液体积,单位为毫升(mL);

ρ_3——标准使用溶液的浓度,单位为微克每毫升(μg/mL);

V_3——欲配制的标准使用溶液的体积,单位为毫升(mL);

ρ_4——标准贮备溶液的浓度,单位为微克每毫升(μg/mL)。

18.1.4　仪器及设备

仪器和设备如下:

——硫化氢曝气装置(见图5);

——分光光度计;

——恒温水浴或电热套;

——包氏吸收管;

——锥形分液漏斗:容量50 mL、100 mL;

——溶解氧滴定管:容量20 mL;

——具塞比色管:容量25 mL;

——定碘烧瓶:容量250 mL;

——棕色试剂瓶:容量125 mL、250 mL、1 000 mL、10 000 mL;

——砂芯漏斗:直径60 mm;

——电炉:1 000 W;

——一般实验室常备仪器和设备。

18.1.5 分析步骤

18.1.5.1 绘制标准曲线

按以下步骤绘制标准曲线：

a) 取6支25 mL具塞比色管，各加入10 mL乙酸锌-乙酸钠混合溶液(见18.1.3.3)，分别加入0 mL，0.20mL，0.40mL，0.60mL，0.80mL，1.00 mL硫化物标准使用溶液(18.1.3.18)；

b) 各加入5 mL对氨基二甲基苯胺二盐酸盐溶液(见18.1.3.5)，1 mL硫酸铁铵溶液(见18.1.3.4)，混匀。加水定容至25 mL，混匀；

c) 10 min后，将溶液置入1 cm测定池中，以水参比调零，于650 nm波长测定其吸光值A_i；

d) 将数据记入表A.3中。未加硫化物标准使用溶液者为标准空白A_0。以A_i-A_0为纵坐标，相应的硫(S^{2-})浓度(μg/mL)为横坐标，绘制标准曲线。

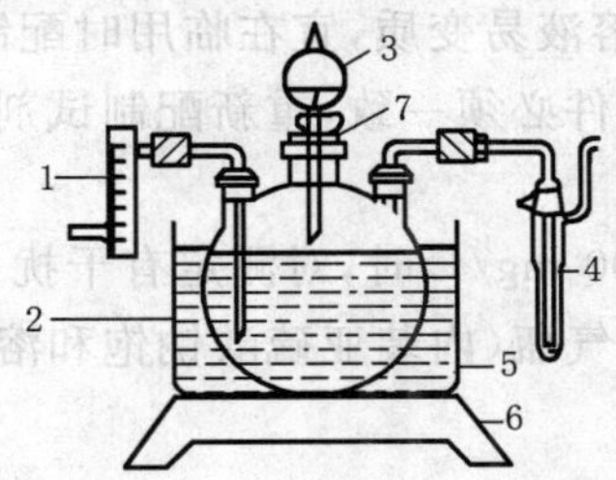

1——转子流量计：0.5 L/min～3 L/min；

2——曝气瓶：2 000 mL；

3——分液漏斗：50 mL；

4——包氏吸收管：500 mL；

5——水浴锅或电热套；

6——电炉；

7——软木塞或磨口。

图5 硫化氢曝气装置

18.1.5.2 样品的测定

按以下步骤测定样品：

a) 取水样2 000 mL(每一水样取两份)于曝气瓶中，加入2 g抗坏血酸(见18.1.3.1)，安装好曝气装置。量取乙酸锌-乙酸钠混合溶液(见18.1.3.3)10 mL于包氏吸收管中，安放在固定架上，与曝气瓶的出口相接；

b) 取30 mL盐酸溶液(见18.1.3.2)加于曝气瓶上端的锥形分液漏斗中，通氮气10 min(气流速度1 L/min)，将曝气瓶置于50℃～60℃的水浴中；

c) 当曝气瓶内水样温度达到50℃～60℃后，一次加完锥形漏斗中的盐酸，及时关闭锥形漏斗的旋塞，以免空气进入曝气瓶中。继续通氮气30 min，取下吸收管；

d) 加5 mL对氨基二甲基苯胺二盐酸盐溶液(见18.1.3.5)，1 mL硫酸铁铵溶液(见18.1.3.4)于吸收管中，充分混匀，全量移入25 mL具塞比色管中，稀释至标线；

e) 静置10 min后，将显色液移入1 cm测定池中，用水调零，于650 nm波长测定其吸光值A_w；

f) 以2 000 mL纯水代替水样，测定全程分析空白，得吸光值A_b。

18.1.6 记录与计算

测得数据记入表A.4中。查标准曲线或按线性回归方程计算ρ_1。按式(35)计算水样中硫化物的浓度：

$$\rho_s = \rho_1 \cdot \frac{V_2}{V_1} \qquad (35)$$

式中：

ρ_s——水样中硫化物的浓度，单位为微克每升(μg/L)；

ρ_1——标准曲线上与 A_w-A_b 值对应的硫质量浓度，单位为微克每升(μg/L)；

V_2——吸收液定容体积，单位为毫升(mL)；

V_1——水样体积，单位为毫升(mL)。

18.1.7 精密度和准确度

硫化物(以 S^{2-} 计)含量为 427 μg/L 时，重复性(r)91 μg/L；重复性相对标准偏差 7.6%；再现性(R)118 μg/L；再现性相对标准偏差 9.9%。

18.1.8 注意事项

本方法执行中应注意如下事项：

——除非另作说明，本方法所用试剂均为分析纯，水为去离子水或等效纯水；

——水样不能立即分析时，1 L 水样应加入 2 mL 乙酸锌溶液(1 mol/L)，予以固定；

——对氨基二甲基苯胺二盐酸盐溶液易变质，宜在临用时配制；

——测定水样与绘制标准曲线，条件必须一致，重新配制试剂或室温变化超过±5℃时，要重新绘制标准曲线；

——水样中 CN^- 离子浓度达到 500 mg/L 时，对测定有干扰；

——氮气中如有微量氧，可安装洗气瓶(内装亚硫酸钠饱和溶液)予以除去。

18.2 离子选择电极法

18.2.1 适用范围和应用领域

适用于大洋近岸海水中硫化物的测定。

18.2.2 方法原理

硫离子选择电极以硫化银为敏感膜，它对银离子和硫离子均有响应，其电极电势与被测溶液中银离子活度呈正相关。银离子活度和硫离子活度由硫化银溶度积决定，即电极对 S^{2-} 的响应是通过 Ag_2S 的溶质积 K_{sp} 间接实现的，因而测定的电极电势值与硫离子活度的负对数呈线性关系。当标准系列溶液与被测液离子强度相近，两者电极电势相等时其 S^{2-} 浓度也相等。加入抗坏血酸作抗氧化剂，防止 S^{2-} 被溶解氧所氧化。海水中硫含量大于 160 μg/L 时可直接取样测定；小于 160 μg/L 时，可加入乙酸锌溶液使硫离子形成硫化锌随氢氧化锌共沉淀，再将沉淀溶解于碱性 EDTA-抗坏血酸抗氧络合溶液后进行测定。

18.2.3 试剂及其配制

18.2.3.1 抗氧络合贮备溶液：分别称取 40 g 氢氧化钠(NaOH)，40 g 乙二胺四乙酸二钠(EDTA-Na_2，$C_{10}H_{14}N_2O_8Na_2\cdot 2H_2O$)至 200 mL 聚乙烯烧杯中，加 60 mL 水(已煮沸并放冷或已通氮气除氧)，溶解及冷却后稀释至 200 mL，转入聚乙烯试剂瓶中，于阴凉处保存。

18.2.3.2 抗氧络合使用液

a) 取 100 mL 抗氧络合贮备溶液(见 18.2.3.1)，加 5 g 抗坏血酸($C_6H_8O_6$)，加水稀释至 500 mL，盛于聚乙烯试剂瓶中(临用现配)。

b) 取 100 mL 抗氧络合贮备溶液(见 18.2.3.1)，加 5 g 抗坏血酸($C_6H_8O_6$)，溶解。盛于聚乙烯试剂瓶中(临用时现配)。

18.2.3.3 氢氧化钠(NaOH)溶液：400 g/L。

18.2.3.4 乙酸锌溶液($c[Zn(CH_3COO)_2\cdot 2H_2O]=1.0$ mol/L)：称取 22 g 乙酸锌溶解于水中并稀释至 100 mL。

18.2.3.5 饱和氯化钾溶液：称取 80 g 氯化钾(KCl)加水 100 mL 溶解，须保持有氯化钾结晶。

18.2.3.6 硝酸钾溶液[$c(KNO_3)=0.1$ mol/L]：称取 1.02 g 硝酸钾(KNO_3)溶于水中并稀释至 100 mL。

18.2.3.7 硫代硫酸钠标准溶液[$c(Na_2S_2O_3\cdot 5H_2O)=0.1$ mol/L]：称取 25 g 硫代硫酸钠($Na_2S_2O_3\cdot 5H_2O$)，用新煮沸并冷却的水溶解，稀释至 1 000 mL，加入 1 g 无水碳酸钠(Na_2CO_3)或数粒碘化汞(HgI_2)以防止分解，混匀。保存于棕色瓶中。此溶液浓度约为 0.10 mol/L。

18.2.3.8 重铬酸钾标准溶液[$c(1/6K_2Cr_2O_7)$=0.100 0 mol/L]:称取 4.904 g 重铬酸钾($K_2Cr_2O_7$),加水溶解,全量转入 1 000 mL 量瓶,加水至标线,混匀。

18.2.3.9 硫代硫酸钠标准溶液(见 18.2.3.7)的标定:于 250 mL 碘量瓶中加入 1 g 碘化钾(KI)及 50 mL水,加入 15.00 mL 重铬酸钾标准溶液(见 18.2.3.8)及 5 mL 盐酸溶液(见 18.2.3.11),于暗处静置 5 min 后用滴定管滴加硫代硫酸钠标准溶液(见 18.2.3.7)至呈黄绿色,加入 1 mL 淀粉溶液(见 18.2.3.10),继续滴定至蓝色刚刚褪去(同时呈现亮绿色)为终点。硫代硫酸钠标准溶液的浓度按式(36)计算:

$$c(Na_2S_2O_3 \cdot 5H_2O) = \frac{0.100\,0 \times 15.00}{V} \quad \cdots\cdots (36)$$

式中:

$c(Na_2S_2O_3 \cdot 5H_2O)$——硫代硫酸钠标准溶液浓度,单位为摩尔每升(mol/L);

V——滴定时用去硫代硫酸标准溶液的体积,单位为毫升(mL);

0.100 0——重络酸钾标准溶液的浓度,单位为摩尔每升(mol/L);

15.00——重络酸钾标准溶液体积,单位为毫升(mL)。

18.2.3.10 淀粉溶液(10 g/L):称取 1 g 可溶性淀粉,置于 200 mL 烧杯中,加少许水调成糊状后,再加入 100 mL 沸水并煮至无色透明。若混浊则冷却后过滤。加入少许苯甲酸($C_7H_6O_2$)可防腐。

18.2.3.11 盐酸溶液(1+1):取 1 体积的盐酸(HCl,ρ=1.19 g/mL)与等体积的水混匀。

18.2.3.12 碘标准溶液[$c(1/2I_2)$=0.100 0 mol/L]:称取 15 g 碘化钾(KI)溶于 50 mL 水中,加入 6.345 g碘(I_2),溶解后全量转入 500 mL 量瓶中,加水至标线,混匀。贮于棕色瓶放阴凉处保存。

18.2.3.13 硫化物标准贮备溶液[$c(1/2Na_2S \cdot 9H_2O)$=0.200 mol/L]:称取 5 g 硫化钠($Na_2S \cdot 9H_2O$)溶于新煮沸经冷却的 100 mL 水中,加入 1 g 氢氧化钠(NaOH),定容至 200 mL。其准确浓度按下述方法标定:

移取 2.00 mL 硫化物标准贮备溶液(见 18.2.3.13)置碘量瓶中,依次加入 50 mL 水,20.00 mL 碘标准溶液(见 18.2.3.12),2 mL 盐酸溶液(见 18.2.3.11),用已标定的硫代硫酸钠标准溶液(见 18.2.3.7)滴定呈淡黄色,加入 1 mL 淀粉溶液(见 18.2.3.10),继续滴定至蓝色刚消失为终点。重复标定,两次读数差应小于 0.03 mL。按式(37)计算硫化物标准溶液的浓度:

$$c(1/2Na_2S \cdot 9H_2O) = \frac{N_1V_1 - N_2V_2}{V_3} \quad \cdots\cdots (37)$$

式中:

$c(1/2Na_2S \cdot 9H_2O)$——硫化钠标准贮备溶液浓度,单位为摩尔每升(mol/L);

N_1——碘标准溶液浓度,单位为摩尔每升(mol/L);

V_1——碘标准溶液体积,单位为毫升(mL);

N_2——硫代硫酸钠标准溶液浓度,单位为摩尔每升(mol/L);

V_2——硫代硫酸钠标准溶液体积,单位为毫升(mL);

V_3——硫化钠标准溶液体积,单位为毫升(mL)。

18.2.3.14 硫化物标准使用溶液[$c(1/2Na_2S \cdot 9H_2O)$=0.200 mol/L]:准确移取一定量(V,mL)的硫化物标准贮备溶液(见 18.2.3.13),置于 50 mL 量瓶中,加水至标线混匀。按式(38)计算硫化物标准使用溶液的浓度:

$$V = \frac{50.0 \times 0.200}{c_a} \quad \cdots\cdots (38)$$

式中:

V——硫化物标准贮备溶液体积,单位为毫升(mL);

c_a——硫化物标准使用溶液标定浓度,单位为摩尔每升(mol/L)。

18.2.4 仪器及设备

仪器和设备如下：

——离子计或精密 pH 计；

——硫离子选择电极；

——双液界饱和甘汞电极[外充液为硝酸钾溶液(18.2.3.6)]；

——电动离心机；

——聚乙烯烧杯：容量 500 mL；

——聚乙烯试剂瓶：容量 500 mL、1 000 mL；

——碘量瓶：容量 250 mL；

——棕色滴定管：容量 50 mL；

——覆聚乙烯膜的铁芯磁转子；

——一般实验室常备仪器和设备。

18.2.5 分析步骤

18.2.5.1 绘制标准曲线

按以下步骤绘制标准曲线：

a) 移取 5.00 mL 硫化物标准使用溶液(见 18.2.3.14)置于 50 mL 量瓶中，加抗氧络合使用液[见 18.2.3.2.a)]至标线，混匀。此标准溶液浓度 $c(1/2Na_2S)=0.020\ 0$ mol/L。用抗氧络合使用液[见 18.2.3.2.a)]逐级稀释配制标准系列各浓度：0.0 mol/L，2.00×10^{-7} mol/L，2.00×10^{-6} mol/L，2.00×10^{-5} mol/L，2.00×10^{-4} mol/L，2.00×10^{-3} mol/L，2.00×10^{-2} mol/L；

b) 分别倒入 50 mL 烧杯中，加入铁芯磁子，以硫离子选择电极为指示电极，甘汞电极为参比电极，在电磁搅拌下从低浓度至高浓度测定标准系列的电势值 E。其中零浓度的电势值为 E_0；

c) 以(E_i-E_0)为纵坐标，相应浓度为横坐标，在半对数坐标纸上绘制标准曲线。

18.2.5.2 水样的测定

按以下步骤测定水样：

a) 准确量取 20 mL～40 mL 水样(根据硫含量而定)至 50 mL 量瓶，加入 10 mL 抗氧络合使用液[见 18.2.3.2.b)]，加水至标线，混匀。按 18.2.5.1.b)测定其电势值(E_x)。若水样中硫含量小于 160 μg/L，可改为：量取 200 mL 水样至 200 mL 聚乙烯烧杯中，加 1 mL 乙酸锌溶液(见 18.2.3.4)，用氢氧化钠溶液(见 18.2.3.3)调 pH 为 12 左右，再搅拌片刻，静置沉淀。离心分离，弃去清液。以少量水洗沉淀 2 次。沉淀用 10 mL 抗氧络合使用液[见 18.2.3.2.b)]溶解后，转移至 50 mL 量瓶中，加水至标线，混匀。按 18.2.5.1.b)测定其电势值(E_x)；

b) 同时在 50 mL 量瓶中加入 10 mL 抗氧络合使用液[见 18.2.3.2.b)]，加水至标线，混匀。按 18.2.5.1.b)测定其分析空白电势值 E_b；

c) 上述测定均需平行 6 次，取平均值。

18.2.6 记录与计算

将测得数据记入表 A.17 及表 A.18 中。据(E_x-E_b)从标准曲线上查出相应的浓度，按式(39)计算水样中硫化物的浓度：

$$\rho_s=\frac{c_x\times16.04\times50}{V}\times10^3 \quad\cdots\cdots(39)$$

式中：

ρ_s——水样中硫化物浓度，单位为毫克每升(mg/L)；

c_x——查标准曲线得的硫的浓度，单位为摩尔每升(mol/L)；

V——水样体积，单位为毫升(mL)；

16.04——$1/2S^{2-}$ 的摩尔质量，单位为克每摩尔(g/mol)。

18.2.7 精密度和准确度

硫化物（以 S^{2-} 计）含量为 344 μg/L 时，重复性（r）5.6 μg/L；重复性相对标准偏差 5.8%；再现性（R）9.9 μg/L；再现性相对标准偏差 10%。

18.2.8 注意事项

本方法执行中应注意如下事项：

——除非另作说明，本方法所用试剂均为分析纯，水为去离子水或等效纯水；

——电极性能的好坏是决定测试结果的关键，为此对电极的使用要注意保护；

——当 pH>13 时，电极膜受腐蚀。由于在强碱性溶液中操作，所以要注意控制溶液的 pH 值，电极用后要用去离子水洗净到空白值，擦干避光保存；

——CN^- 会使电极中毒干扰测定。可加入甲醛掩蔽，加入量视 CN^- 浓度大小而定。

19 挥发性酚——4-氨基安替比林分光光度法

19.1 适用范围和应用领域

本方法适用于海水及工业排污口水体中酚含量低于 10 mg/L 的测定。酚含量超过此值，可用溴化滴定法。

本方法为仲裁方法。

19.2 方法原理

被蒸馏出的挥发酚类在 pH 10.0±0.2 和以铁氰化钾为氧化剂的溶液中，与 4-氨基安替比林反应形成有色的安替比林染料。此染料的最大吸收波长在 510 nm 处，颜色在 30 min 内稳定，用三氯甲烷萃取，可稳定 4 h 并能提高灵敏度，但最大吸收波长移至 460 nm。本方法不能区别不同类型的酚，而在每份试样中各种酚类化合物的百分组成是不确定的，因此，不能提供含有混合酚的通用标准参考物，本方法用苯酚作为参比标准。

19.3 试剂及其配制

19.3.1 无酚水：将普通蒸馏水放置于全玻璃蒸馏器中，加氢氧化钠至强碱性，滴入高锰酸钾（$KMnO_4$）溶液至深紫红色，放入少许无釉瓷片（浮石或玻璃毛细管亦可），加热蒸馏。弃去初馏份，收集无酚水于硬质玻璃瓶中，或于每升蒸馏水中加入 0.2 g 经 280℃活化 4 h 的活性碳粉末，充分振摇后用 0.45 μm 滤膜过滤。

19.3.2 磷酸溶液：用水稀释 10 mL 磷酸（H_3PO_4，ρ=1.69 g/mL）至 100 mL。

19.3.3 甲基橙指示液：2 g/L。

19.3.4 硫酸铜溶液（100 g/L）：称取 10 g 硫酸铜（$CuSO_4 \cdot 5H_2O$）溶解于水中并稀释至 100 mL。

19.3.5 三氯甲烷（$CHCl_3$）或二氯甲烷（CH_2Cl_2）。

19.3.6 精制苯酚：将苯酚（C_6H_5OH）置于 50℃～70℃热水浴中溶化，小心地移入 100 mL 蒸馏瓶中，用包有铝箔的软木塞塞紧，其中插有一支 250℃水银温度计，蒸馏瓶的支管与空气冷凝管连接，用一干燥的锥形烧瓶接受器。电炉加热蒸馏，弃去带色的初馏出液，收集 182℃～184℃馏份（无色），密封避光保存。

19.3.7 酚标准贮备溶液（1.00 mg /mL）：称取 1.000 g 精制苯酚（见 19.3.6）溶解于水中，稀释至 1 000 mL。通常直接称取精制的苯酚即可配标准溶液，若为非精制苯酚可按下法标定：

移取 10.00 mL 待标定的酚贮备溶液，注入 250 mL 碘量瓶中，加入 50 mL 水，10.00 mL 溴酸盐-溴化钾溶液（见 19.3.10）及 5 mL 盐酸（见 19.3.11），立即盖紧瓶塞，摇匀。避光放置 5 min 后用硫代硫酸钠标准溶液（见 19.3.12）滴定，至呈淡黄色时，加入 1 mL 淀粉溶液（见 19.3.13），继续滴定至蓝色刚好消失为止，记下硫代硫酸钠标准溶液滴定体积 V_2。同时用水作试剂空白滴定，消耗硫代硫酸钠标准溶液体积为 V_1。酚标准贮备溶液浓度按式（40）的计算：

$$\rho_i = \frac{(V_1 - V_2) \times 0.0250 \times 15.68 \times 1000}{10}$$

$$= (V_1 - V_2) \times 39.21 \quad (40)$$

式中：

ρ_f——酚溶液浓度，单位为毫克每升(mg/L)；

V_1——试剂空白消耗硫代硫酸钠溶液的体积，单位为毫升(mL)；

V_2——酚贮备溶液消耗标准硫代硫酸钠溶液的体积，单位为毫升(mL)。

19.3.8　酚标准中间溶液(10.0 μg/mL)：量取 10.0 mL 酚标准贮备溶液(见 19.3.7)用水稀释至 1 000 mL。当天配制。

19.3.9　酚标准使用溶液(1.00 μg/mL)：量取 10.0 mL 酚标准中间溶液(见 19.3.8)，用水稀释至 100 mL。临用时配制。

19.3.10　溴酸盐-溴化钾溶液[$c(1/6KBrO_3)$=0.100 mol/L]：称取 2.784 g 无水溴酸钾($KBrO_3$)溶解于水中，加 10 g 溴化钾(KBr)溶解后稀释至 1 000 mL。

19.3.11　盐酸(HCl)：ρ=1.19 g/mL。

19.3.12　硫代硫酸钠标准溶液[$c(Na_2S_2O_3)$=0.025 0 mol/L]：配制及标定方法见 32.3.4。

19.3.13　淀粉溶液(10 g/L)：称取 1.0 g 可溶性淀粉，盛于 200 mL 烧杯中，加少量水调成糊状，加入 100 mL 沸水搅拌，冷后加入 0.4 g 氯化锌($ZnCl_2$)或 0.1 g 水杨酸($C_7H_6O_3$)防腐。

19.3.14　缓冲溶液：称取 20 g 氯化铵(NH_4Cl)溶解于 100 mL 浓氨水($NH_3 \cdot H_2O$，ρ=0.90 g/mL)中，此溶液 pH 为 9.8。

19.3.15　4-氨基安替比林溶液(20 g/L)：称取 2 g 4-氨基安替比林[$C_6H_5NN(CH_3)C(CH_3)$:$C(NH_2)C$:O]溶于水中，并稀释至 100 mL，贮于棕色瓶中，置冰箱内，有效期一周。

19.3.16　铁氰化钾溶液(80 g/L)：称取 8 g 铁氰化钾[$K_3Fe(CN)_6$]溶于水中，并稀释至 100 mL。贮于棕色瓶中，置冰箱内，可稳定一周，颜色变深时，应重新配制。

19.4　仪器及设备

仪器和设备如下：

——分光光度计；

——蒸馏装置：全玻璃蒸馏器和蛇形冷凝管；

——锥形分液漏斗：容量 250 mL；

——蒸馏瓶：容量 100 mL；

——空气冷凝管(可用玻璃管自行弯制)；

——水银温度计：250℃；

——棕色量瓶：容量 100 mL；

——棕色试剂瓶：容量 125 mL、500 mL；

——比色管：棕色 50 mL；

——一般实验室常备仪器和设备。

19.5　分析步骤

19.5.1　样品保存

酚类化合物易被氧化，应在采集后 4 h 内进行分析。否则按以下办法保存：

a)　样品收集在玻璃瓶中；

b)　用磷酸溶液(见 19.3.2)将样品酸化到 pH4.0，以防止酚类化合物分解；

c)　向每升水样中加入 2.0 g 硫酸铜($CuSO_4 \cdot 5H_2O$)抑制生物对酚的氧化作用；

d)　在 4℃的条件下冷藏水样，并在采样后 24 h 内分析样品。

19.5.2　样品前处理

量取 200 mL 水样，若酚量高可少取水样，记下体积 V，加无酚水(见 19.3.1)至 200 mL，置于 500 mL全玻璃蒸馏器中，用磷酸溶液(19.3.2)调节 pH 到 4.0 左右[以甲基橙作指示液(见 19.3.3)，使水样由桔色变为橙红色]。加入 5 mL 硫酸铜溶液(见 19.3.4),放入少许无釉瓷片(浮石或玻璃毛细管),加热。蒸出 150 mL 左右时,停止蒸馏,在沸腾停止后,向蒸馏瓶内加入 50 mL 左右无酚水(见 19.3.1),继续蒸馏,直到收集馏出液(D)大于或等于 200 mL 为止。若样品已按(见 19.5.1)所述的方法加磷酸和硫酸铜保存,则可直接蒸馏(若水样经稀释须补加试剂 19.3.2 和 19.3.4)。

19.5.3 绘制标准曲线

按以下步骤绘制标准曲线:

a) 量取 0 mL,0.50 mL,1.00 mL,2.00 mL,4.00 mL,7.00 mL,10.00 mL,15.00 mL 酚标准使用溶液(见 19.3.9),分别置于预先盛有 100 mL 无酚水(见 19.3.1)的 250 mL 分液漏斗中,最后加无酚水(见 19.3.1)到 200 mL,混匀;

b) 向各分液漏斗内加入 1.00 mL 缓冲溶液(见 19.3.14)混匀。再各加 1.0 mL 4-氨基安替比林溶液(见 19.3.15),混匀,加 1.0 mL 铁氰化钾溶液(见 19.3.16),混匀,放置 10 min。加 10.0 mL三氯甲烷(见 19.3.5),振摇 2 min,静置分层,接取三氯甲烷提取液于测定池中,在波长 460 nm 处,用三氯甲烷(见 19.3.5)做参比,测定吸光值(A_i)。以吸光值 A_i-A_0(标准空白)为纵坐,标酚浓度为横坐标绘制标准曲线。

19.5.4 样品测定

将馏出液(D)(见 19.5.2),全量转入 250 mL 分液漏斗中,按 19.5.3.b)步骤测定吸光值 A_w。同时测定全程分析空白得吸光值 A_b。

19.6 记录与计算

测得数据记入表 A.3 及表 A.4 中。由 A_w-A_b 查标准曲线或用线性回归方程计算水样中挥发酚的浓度。若是经稀释后再蒸馏的水样则按式(41)计算其含酚浓度:

$$\rho_f = c\frac{V_1}{V} \quad \cdots\cdots (41)$$

式中:

ρ_f——样品中酚浓度,单位为微克每升($\mu g/L$);

c——查标准曲线得酚浓度,单位为微克每升($\mu g/L$);

V_1——馏出液(D)体积,单位为毫升(mL);

V——量取水样体积,单位为毫升(mL)。

19.7 精密度和准确度

挥发酚含量为 10.1 $\mu g/L$ 时,相对误差 4.5%;重复性(r) 0.68 $\mu g/L$;重复性相对标准偏差 2.4%;再现性(R) 2.1 $\mu g/L$;再现性相对标准偏差 7.3%。

19.8 注意事项

本方法执行中应注意如下事项:

——除非另作说明,本方法所用试剂均为分析纯,水为不含酚和氯的蒸馏水;

——干扰物质的消除:来自水体的干扰可能有分解酚的细菌、氧化及还原物质和样品的强碱性条件。在分析前除去干扰化合物的处理步骤中可能有一部分挥发酚类被除去或损失。因此,对一些高污染海水,为消除干扰和定量回收挥发酚类,需要较严格的操作技术,具体步骤如下:

a) 水样中的氧化剂能将酚类氧化而使结果偏低。采样后取一滴酸化了的水样于淀粉-碘化钾试纸上,若试纸变蓝则说明水中有氧化剂。采样后应立即加入硫酸亚铁溶液或抗坏血酸溶液以除去所有的氧化性物质。过剩的硫酸亚铁或抗坏血酸在蒸馏步骤中被除去。

b) 水样中含有石油制品,如油类和焦油等低沸点污染物,可使蒸馏液浑浊,某些酚类化合物还可能溶于这些物质中。采样后用分液漏斗分离出浮油,在没有硫酸铜($CuSO_4$)存在的条件下,先用粒状氢氧化钠(NaOH)将 pH 调节至 12~12.5,使酚成为酚钠,以避免萃取酚类化合物。尽快用四氯化碳(CCl_4)从水相中提出杂质(每升废水用 40 mL 四氯化碳萃取两次)。并将 pH

调到 4.0。

c) 用三氯甲烷萃取时,须用无酚水作一试剂空白,或先用 1 g/L 氢氧化钠溶液洗涤三氯甲烷,以除去可能存在的酚。二氯甲烷可代替三氯甲烷,尤其在用氢氧化钠提纯三氯甲烷溶液形成乳浊液时。

d) 硫的化合物,酸化时释放出硫化氢能干扰酚的测定,用磷酸将水样酸化至 pH4.0,短时间搅拌曝气即可除去硫化氢及二氧化硫的干扰。然后加入足够的硫酸铜溶液(见 19.3.4),使样品呈淡蓝色或不再有硫化铜沉淀产生。然后将 pH 调到 4.0。铜(Ⅱ)离子抑制了生物降解,酸化保证了铜(Ⅱ)离子的存在并消除样品为强碱性时的化学变化。

——将水样蒸馏,馏出液清亮,无色,从而消除浑浊和颜色的干扰,铁(Ⅲ)能与铁氰酸根生成棕色产物而干扰测定,蒸馏将排除这一干扰。pH 在 8.0～10.0 范围内显示的颜色都可以,但为了防止芳香胺(苯胺、甲苯胺、乙酰苯胺)的干扰,以 pH9.8～10.2 最合适,因为此范围内20 mg/L 苯胺所产生的颜色仅相当于 0.1 mg/L 酚的颜色;

——游离氯能氧化 4-氨基安替比林,还能与酚起取代反应生成氯酚

——NH_4OH-NH_4Cl 体系的缓冲液比较稳定,由于增大了溶液 NH_3 的浓度,可以抑制 4-氨基安替比林被氧化为安替比林红的反应;

——主试剂在空气中易变质而使底色加深,此外,4-氨基安替比林的纯度越高,灵敏度越高,如配制的 4-氨基安替比林溶液颜色较深时,可用活性炭处理脱色;

——过硫酸铵[$(NH_4)_2S_2O_8$]可代替铁氰化钾[$K_3Fe(CN)_6$];

——测定酚的水样必须用全玻璃蒸馏器蒸馏,如用橡皮塞、胶皮管等联接蒸馏烧瓶及冷凝管,都能使结果偏高和出现假阳性而产生误差;

——各种试剂加入的顺序很重要,不能随意更改;

——停止蒸馏时,须防电炉余热引起的爆沸,以免将瓶塞冲起砸碎或沾污冷凝管;

——比色槽在连续使用过程中,宜用氯仿荡洗,蒸发至干。

20 氰化物

20.1 异烟酸-吡唑啉酮分光光度法

20.1.1 适用范围和应用领域

本法适用于大洋、近岸、河口及工业排污口水体中氰化物的测定。

本方法为仲裁方法。

20.1.2 方法原理

蒸馏出的氰化物在中性(pH7～8)条件下,与氯胺 T 反应生成氯化氰,后者和异烟酸反应并经水解生成戊烯二醛,与吡唑啉酮缩合,生成稳定的蓝色化合物,在波长 639 nm 处测定吸光值。

20.1.3 试剂及其配制

20.1.3.1 氯化钠标准溶液(0.019 2 mol/L):取氯化钠(NaCl,优级纯)于瓷坩埚中,于高温炉 450 ℃灼烧至无爆裂声,置干燥器中冷却至室温。准确称取 1.122 g 加水溶于 1 000 mL 量瓶中,并稀释至标线。密闭保存。

20.1.3.2 硝酸银标准溶液:称取硝酸银($AgNO_3$)3.76 g,溶于水并稀释至 1 000 mL,于棕色试剂瓶贮存,此溶液每周标定一次。

硝酸银标准溶液的标定:量取 25.00 mL 氯化钠标准溶液(见 20.1.3.1)于 250 mL 锥形烧瓶中,加入 50 mL 水,放入玻璃搅拌子,装好滴定装置,滴入 2～3 滴铬酸钾指示液(见 20.1.3.3),用硝酸银标准溶液(见 20.1.3.2)滴定,颜色由白色变桔红色即为终点。平行二次,极差小于 0.02 mL 取平均值得 $\overline{V}_1$。以 75 mL 水代替氯化钠溶液,按上述步骤平行测定二次,取平均数得空白值 $\overline{V}_2$。按式(42)计算硝酸银标准溶液浓度(mol/L):

$$c_{AgNO_3} = \frac{c_{NaCl} \cdot V_{NaCl}}{\overline{V}_1 - \overline{V}_2} = \frac{0.019\,2 \times 25.00}{\overline{V}_1 - \overline{V}_2} \quad \cdots\cdots\cdots\cdots (42)$$

20.1.3.3 铬酸钾指示液(50 g/L):称取 5 g 铬酸钾(K_2CrO_4)溶于少量水中,滴加硝酸银标准溶液(20.1.3.2)至红色沉淀不溶解,静置过夜,过滤后稀释至 100 mL,盛于棕色瓶中。

20.1.3.4 氢氧化钠溶液(2 g/L):称取 2 g 氢氧化钠(NaOH)加水溶解并稀释至 1 000 mL,转入棕色小口试剂瓶,橡皮塞盖紧。

20.1.3.5 氢氧化钠溶液(0.01 g/L):取 5 mL 氢氧化钠溶液(见 20.1.3.4)稀释至 1 000 mL,盛于小口试剂瓶中。

20.1.3.6 对二甲氨基亚苄基罗丹宁(试银灵)-丙酮溶液:溶解 20 mg 试银灵[$(CH_3)_2NC_6H_4CH$:CCONH:SS]于 100 mL 丙酮(CH_3COCH_3)中,搅匀,转入 125 mL 棕色滴瓶中。

20.1.3.7 丙酮(CH_3COCH_3)。

20.1.3.8 氯胺 T 溶液(10 g/L):取 1 g 氯胺 T($CH_3C_6H_4SO_2NClNa \cdot 3H_2O$)加水溶解并稀释至 100 mL,盛于 125 mL 棕色试剂瓶中,低温避光保存,有效期一周。

20.1.3.9 N-二甲基甲酰胺[DMF HCON $(CH_3)_2$]。

20.1.3.10 异烟酸-吡唑啉酮溶液:称取 1.0 g 吡唑啉酮[C_6H_5NN:$C(CH_3)CH_2CO$]溶于 40 mL N-二甲基甲酰胺(见 20.1.3.9)中,两液合并于 100 mL 量瓶中,加水至标线。

20.1.3.11 甲基橙指示液(2 g/L):称取 0.2 g 甲基橙[$NaSO_3C_6H_4N$:$NC_6H_4N(CH_3)_2$]溶解于 100 mL水中,转入 125 mL 棕色滴瓶中。

20.1.3.12 磷酸盐缓冲溶液(pH 值=7):称取 34.0 g 磷酸二氢钾(KH_2PO_4)和 89.4 g 磷酸氢二钠($Na_2HPO_4 \cdot 12H_2O$)溶于水中并稀释至 1 000 mL,贮于小口试剂瓶中。

20.1.3.13 醋酸锌溶液(100 g/L):称取 50 g 醋酸锌[$Zn(CH_3COO)_2$]加水溶解并稀释至 500 mL,转入小口试剂瓶中。

20.1.3.14 酒石酸溶液(200 g/L):称取 100 g 酒石酸[$HOOC(CHOH)_2COOH$]加水溶解并稀释至 500 mL,转入小口试剂瓶中。

20.1.3.15 氰化钾标准贮备溶液:称取 2.5 g 氰化钾(KCN),先用少量氢氧化钠溶液(20.1.3.4)溶解,全量移入 1 000 mL 量瓶中,再以氢氧化钠溶液(20.1.3.4)稀释至标线,混匀后转入 1 000 mL 小口试剂瓶中,用橡皮塞盖紧。

注:氰化钾剧毒,须小心操作,严禁遇酸。

氰化钾标准贮备溶液的标定:量取 25.00 mL 氰化钾标准贮备液(见 20.1.3.15)于 250 mL 锥形烧瓶中,加 50 mL 氢氧化钠溶液(见 20.1.3.4),放入玻璃搅拌子,滴入 2~3 滴试银灵指示液(见 20.1.3.6),用硝酸银标准溶液(见 20.1.3.2)滴定至白色变红色为终点,平行滴定二次极差小于 0.02 mL,取平均值得 $\overline{V}'_1$。以 75 mL 氢氧化钠溶液(见 20.1.3.4)代替氰化钾溶液,按上述步骤平行测定二次,取平均值得 $\overline{V}'_2$。按式(43)计算:

$$\rho_{CN} = \frac{c_{AgNO_3} \cdot (\overline{V}'_1 - \overline{V}'_2) \times 52.04}{25.00} \quad \cdots\cdots\cdots\cdots (43)$$

式中:

ρ_{CN}——氰化钾标准贮备溶液浓度,单位为毫克每毫升(mg/mL);

c_{AgNO_3}——标定过的硝酸银溶液的浓度,单位为摩尔每升(mol/L)。

20.1.3.16 氰化钾标准中间溶液(10.0 μg/mL):量取 V_3 mL 氰化钾标准贮备溶液[见 20.1.3.15,计算见式(43)]放入 200 mL 量瓶中,用氢氧化钠溶液(见 20.1.3.4)稀至标线,混匀。此溶液 1.00 mL 含氰化钾 10.0 μg。按式(44)计算:

$$V_3 = \frac{10.0 \times 200}{\rho_{CN} \times 1\,000} \quad \cdots\cdots\cdots\cdots (44)$$

式中：

ρ_{CN}——氰化钾标准中间溶液的浓度，单位为毫克每毫升(mg/mL)。

20.1.3.17 氰化钾标准使用溶液(1.00 μg/mL)：量取 10.00 mL 氰化钾标准中间溶液(见 20.1.3.16)于 100 mL 量瓶中，加氢氧化钠溶液(见 20.1.3.5)至标线，当天配制。

20.1.4 仪器及设备

仪器和设备如下：

——分光光度计；

——高温炉；

——带蛇形冷凝管的全玻璃磨口蒸馏器：容量 1 000 mL；

——电炉；

——棕色酸式滴定管：容量 25 mL；

——棕色瓶：容量 1 000 mL；

——移液吸管：容量 10 mL、25 mL；

——棕色小口试剂瓶：容量 1 000 mL；

——棕色滴瓶：容量 125 mL；

——具塞比色管：容量 50 mL；

——沸石；

——一般实验室常备仪器和设备。

20.1.5 分析步骤

20.1.5.1 绘制标准曲线

按以下步骤绘制标准曲线：

a) 取 6 支 50 mL 具塞比色管，分别量入 0 mL，0.40 mL，0.80 mL，1.60 mL，3.20 mL，6.40 mL 氰化钾标准使用溶液(见 20.1.3.17)，加水至 25 mL，混匀；

b) 加入 5 mL 磷酸盐缓冲溶液(见 20.1.3.12)，混匀；

c) 加入 0.5 mL 氯胺 T 溶液(见 20.1.3.8)，混匀；

d) 加入 5 mL 异烟酸-吡唑啉酮溶液(见 20.1.3.10)，混匀；

e) 加水至标线，混匀，在 40℃±1℃的水浴中加热 15 min，取出，冷却至室温；

f) 用 3 cm 测定池，以水调零，于波长 639 nm 处测定吸光 A_i，须 1 h 内测完；

g) 数据记入表 A.3 中，其中未加氰化钾标准使用溶液的为标准空白 A_0，以 A_i-A_0 为纵坐标，相应的量(μg)为横坐标，绘制标准曲线。

20.1.5.2 样品测定

按以下步骤测定样品：

a) 取 500 mL 混匀水样于 1 000 mL 蒸馏瓶中，依次加入 7 滴甲基橙指示液(见 20.1.3.11)，20 mL醋酸锌(见 20.1.3.13)，10 mL 酒石酸溶液(见 20.1.3.14)，如水样不显红色则继续加酒石酸溶液(见 20.1.3.14)直至水样保持红色，再过量 5 mL；

b) 放入少许沸石，立即盖上瓶塞，接好蒸馏装置；

c) 移取 10 mL 氢氧化钠溶液(见 20.1.3.5)置于 100 mL 量瓶中(吸收液)，并将冷凝管出口浸没于吸收液中；

d) 开通冷却水，接通电源进行蒸馏。当馏出液接近 100 mL 时，停止蒸馏，取下量瓶，加水至标线，混匀，此为溜出液 B；

e) 量取 25 mL 馏出液(B)置于 50 mL 具塞比色管中，按 20.1.5.1.b)～20.1.5.1.f)步骤测定其吸光值 A_w；

f) 量取纯水 500 mL，按 21.1.5.1.b)～21.1.5.1.f)步骤，测定分析空白吸光值 A_b。

20.1.6 记录与计算

将测得的吸光值记入表 A.4 中。由($A_w - A_b$)值从标准曲线中查得相应的氰化物量(μg)。按式(45)计算:

$$\rho_{CN} = \frac{m_{CN} V_1}{V_2 V} \quad \cdots\cdots (45)$$

式中:

ρ_{CN}——样品中氰化物的浓度,单位为毫克每升(mg/L);

m_{CN}——查标准曲线或由回归方程计算得到的氰化物量,单位为微克(μg);

V_1——馏出液定容后的体积,单位为毫升(mL);

V_2——用于测定的馏出液的体积,单位为毫升(mL);

V——量取水样的体积,单位为毫升(mL)。

20.1.7 精密度和准确度

氰化物含量为 43.4 μg/L 时,相对误差 3.8%;重复性(r)2.7 μg/L;重复性相对标准偏差 2.2%;再现性(R) 4.6 μg/L;再现性相对标准偏差 3.8%。

20.1.8 注意事项

本方法执行中应注意如下事项:

——除非另作说明,本方法所用试剂均为分析纯,水为不含氰化物的蒸馏水;

——水样进行蒸馏时应防止倒吸,发现倒吸较严重时,可轻轻敲一下蒸馏器;

——须经常检查氯胺 T 溶液是否失效,检查方法为:取配成的氯胺 T 溶液若干毫升,加入邻甲联苯胺,若呈血红色,则游离氯(Cl_2)含量充足,如呈淡黄色,则游离氯(Cl_2)不足,应重新配制;

——接触氰化物时务必小心,要防止喷溅在任何物体上,严禁氰化物与酸接触,不可用嘴直接吸取氰化物溶液,若操作者手上有破伤或溃烂,必须带上胶皮手套保护;

——含有氰化钾的废液应收集在装有适量硫代硫酸钠和硫酸亚铁的废液瓶中,稀释处理;

——比色管和蒸馏器使用完毕后应浸泡在稀硝酸中;

——在水样的保存和处理期间,氧化剂能破坏大部分氰化物。检验方法:点一滴水样于稀盐酸浸过的 KI-淀粉试纸上,如出现蓝色斑点,可在水样中加计量的 $Na_2S_2O_3$ 晶体,搅拌均匀,重复试验,直至无蓝色斑点出现,然后每升加 0.1 g 过量的硫代硫酸钠晶体;

——硫化物能迅速地把 CN^- 转化成 CNS^-,特别是在高 pH 值的情况下,并且随氰化物一起蒸出,对比色、滴定和电极法产生干扰。检验方法:点一滴水样于预先用醋酸盐缓冲液(pH=4)浸过的醋酸铅试纸上,如试纸变黑,表示有硫离子,可加醋酸铅或柠檬酸铋除去。重复这一操作,直至醋酸铅试纸不再变黑;

——高浓度的碳酸盐,在加酸时,可释放出较多的二氧化碳气体,影响蒸馏。而二氧化碳消耗吸收剂中的氢氧化钠。当采集的水样含有较高的碳酸盐(例如炼焦废水等),其碳酸盐含量较高,可使用熟石灰[$Ca(OH)_2$],使 pH 提高至 12~12.5。在沉淀生成分层后,量取上清液测定;

——水样中加氢氧化钠固体,直至 pH12~12.5 贮存于棕色玻璃瓶中。因氰化物不稳定,水样加碱固定后,亦应尽快测定。

20.2 吡啶-巴比土酸分光光度法

20.2.1 适用范围和应用领域

本法适用于大洋、近岸、河口和沿岸排污口水体中氰化物测定。

20.2.2 方法原理

蒸馏出的氰化物在弱酸性(pH4.5)条件下,与氯胺 T 反应生成氯化氰,后者使吡啶开环,生成戊烯二醛,再与巴比土酸反应,产生红-蓝色染料,在波长 579 nm 处,测定吸光值。

20.2.3 试剂及其配制

20.2.3.1 氯化钠标准溶液(0.019 2 mol/L):见 20.1.3.1。

20.2.3.2　硝酸银标准溶液：见 20.1.3.2。

20.2.3.3　铬酸钾指示液(50 g/L)：见 20.1.3.3。

20.2.3.4　氢氧化钠溶液(2 g/L)：见 20.1.3.4。

20.2.3.5　氢氧化钠溶液(0.01 g/L)：见 20.1.3.5。

20.2.3.6　丙酮(CH_3COCH_3)。

20.2.3.7　对二甲氨基亚苄基罗丹宁(即试银灵)-丙酮溶液：见 20.1.3.6。

20.2.3.8　氯胺 T 溶液(10 g/L)：见 20.1.3.8。

20.2.3.9　吡啶-巴比土酸溶液：称取 6 g 巴比土酸于 100 mL 量瓶中，加入 30 mL 吡啶(C_5H_5N，ρ=0.978 g/mL)，6 mL 盐酸(HCl，ρ=1.18 g/mL)，剧列振荡至固体溶解，如不溶解，可置于 45℃水浴中加热，直至溶解。加水至标线。冰箱中保存，有效期一周，若溶液出现浑浊，须重新配制。

20.2.3.10　甲基橙指示液(2 g/L)：见 20.1.3.11。

20.2.3.11　磷酸二氢钾缓冲溶液[$c(KH_2PO_4)$=1.0 mol/L]：称取 136 g 磷酸二氢钾(KH_2PO_4)溶于水中，并定容到 1 000 mL(pH4.4～4.7)，盛于棕色试剂瓶中。

20.2.3.12　醋酸锌溶液(100 g/L)：见 20.1.3.13。

20.2.3.13　酒石酸溶液(200 g/L)：见 20.1.3.14。

20.2.3.14　氰化钾标准贮备溶液：见 20.1.3.15。

注：氰化钾剧毒，小心操作，严禁遇酸。

20.2.3.15　氰化钾标准中间溶液(10.0 μg/mL)：见 20.1.3.16。

20.2.3.16　氰化钾标准使用溶液(1.00 μg/mL)：见 20.1.3.17。

20.2.3.17　无水乙醇(CH_3CH_2OH)。

20.2.4　仪器及设备

仪器和设备如下：

——分光光度计及配件；

——高温炉；

——带蛇形冷凝管的全玻璃蒸馏器：1 000 mL；

——电炉；

——棕色酸式滴定管：容量 25 mL；

——棕色试剂瓶；

——棕色小口试剂瓶：容量 1 000 mL；

——棕色滴瓶：容量 125 mL；

——具塞比色管：容量 50 mL；

——沸石；

——一般实验室常备仪器和设备。

20.2.5　分析步骤

20.2.5.1　绘制标准曲线

按以下步骤绘制标准曲线：

a)　取 6 支 25 mL 比色管，分别移入 0 mL，0.20mL，0.40mL，0.80mL，1.60mL，3.20 mL 氰化钾标准使用溶液(见 20.2.3.16)，加水至 25 mL；

b)　加入 5 mL 磷酸二氢钾缓冲溶液(见 20.2.3.11)，混匀；

c)　加入 0.7 mL 氯胺 T 溶液(见 20.2.3.8)，混匀；

d)　加入 5 mL 吡啶-巴比土酸溶液(见 20.2.3.9)，混匀；

e)　加入 1 mL 无水乙醇(见 20.2.3.17)加水至 50 mL，混匀。静置 8 min，测定须在 1 h 内完成；

f)　用 2 cm 测定池，以水为参比调零点，于波长 579 nm 处测吸光值 A_i；

g) 将吸光值数据记入表 A.3 中。以 $A_i - A_0$ 为纵坐标，相应的氰的量（μg）为横坐标，绘制标准曲线。

20.2.5.2 **样品测定**

按以下步骤测定样品：

a) 量取 500 mL 混匀水样于 1 000 mL 蒸馏器中，依次加入 7 滴甲基橙指示液（见 20.2.3.10），20 mL醋酸锌溶液（见 20.2.3.12），10 mL 酒石酸溶液（见 20.2.3.13）。若水样不呈红色，测要再添加 10 mL 酒石酸溶液（见 20.2.3.13）。直至水样保持红色，再加过量 5 mL；

b) 放入十几颗沸石（或一端熔封玻璃毛细管）立即盖上瓶塞，接好蒸馏装置；

c) 量取 10 mL 氢氧化钠溶液（见 20.2.3.5）置于 100 mL 量瓶中，用作吸收液，并将冷凝管出口浸没于吸收液中；

d) 开通冷却水，接通电源进行蒸馏，当馏出液的体积接近 100 mL 时，停止蒸馏，取下量瓶并加水至标线，混匀。此液为馏出液 D；

e) 移取 25 mL 馏出液（D）于比色管中，按 20.2.5.1.b)～20.2.5.1.f)步骤测定其吸光值 A_w；

f) 量取 500 mL 纯水，按 20.2.5.1.b)～20.2.5.1.f)步骤测定分析空白吸光值 A_b。

20.2.6 **记录与计算**

将测得的吸光值数据记入表 A.4 中。由（$A_w - A_b$）值，查标准曲线或由线性回归方程计算得氰量（μg）。按式(46)计算：

$$\rho_{CN} = \frac{m_{CN} \cdot V_1}{V_2 \cdot V} \times 1\,000 \quad \cdots\cdots (46)$$

式中：

ρ_{CN}——水样中氰化物浓度，单位为微克每升（$\mu g/L$）；

m_{CN}——查标准曲线或由回归方程计算得到的氰化物量，单位为微克（μg）；

V_1——馏出液的定容体积，单位为毫升（mL）；

V_2——用于测定馏出液体积，单位为毫升（mL）；

V——量取水样的体积，单位为毫升（mL）。

20.2.7 **精密度和准确度**

氰化物含量为 43.4 $\mu g/L$ 时，相对误差 2.7%；重复性(r)3.7 $\mu g/L$；重复性相对标准偏差 3.1%；再现性(R)6.4 $\mu g/L$；再现性相对标准偏差 5.3%。

20.2.8 **注意事项**

见 20.1.7。

21 水色——比色法

21.1 适用范围和应用领域

本法适用于大洋、近岸海水水色的测定。

本方法为仲裁方法。

21.2 方法原理

海水水色是指位于透明度值一半的深度处，白色透明度盘上所显现的海水颜色。水色的观测只在白天进行。观测地点应选在背阳光处。观测时应避免船只排出污水的影响。

水色根据水色计目测确定，水色计是由蓝色、黄色、褐色三种溶液按一定比例配成的 22 支不同色级，分别密封在 22 支内径 8 mm、长 100 mm 无色玻璃管内，置于敷有白色衬里两开的盒中。

21.3 观测方法

观测透明度后，将透明度盘提到透明度值一半的水层，根据透明度盘上所呈现的海水颜色，在水色计中找出与之最相似的色级号码，并记入表 A.18 中。

21.4 注意事项

——观测时水色计内的玻璃管应与观测者的视线垂直；

——水色计必须保存在阴暗干燥处，切忌日光照射，以免褪色。每次观测结束后，应将水色计擦净并装在里红外黑的布套里；

——使用的水色计在6个月内至少应与标准水色计校准一次，发现褪色现象，应及时更换。作为校准用的标准水色计(在同批出厂的水色计中，保留一盒)，平时应始终装在里红外黑的布套里，并保存在阴暗干燥处。

22 透明度——透明圆盘法

22.1 适用范围和应用领域

本法适用于大洋、近岸海水透明度的测定。

本方法为仲裁方法。

22.2 方法原理

海水透明度是指白色透明度盘在海水中的最大可见深度。透明度观测只在白天进行。观测地点应选在背阳光处，观测时务须避免船只排出污水的影响。

透明度用透明度盘观测。透明度盘是一块漆成白色的木质或金属圆盘，直径30 cm。盘下应拴有铅锤(约5 kg)，盘上系有绳索。绳索上标有以米为单位的长度记号，强索长度应根据海区透明度值大小而定，一般可取30 m～50 m。

22.3 观测方法

在船主甲板的背阳光处，将透明度盘放入水中，沉至刚看不见的深度，然后再慢慢地提到隐约可见时，读取绳索在水面的标记数值(有波浪时应分别读取绳索在波峰和波谷处的标记数值)，读到一位小数，重复2～3次，取其平均值，即为观测的透明度值，记入表A.18中。若倾角超过15℃，则应进行深度校正(根据“海洋水文常用表”)。当绳索倾角过大时，盘下的铅锤应适当加重。

观测工作应在透明度盘的垂直上方进行。

22.4 注意事项

本方法执行中应注意如下事项：

——出海前应检查透明度盘的绳索标记。新绳索使用前须经缩水处理(将绳索放在水中浸泡手拉紧晾干)，使用过程中须增加校正次数；

——透明度盘应保持洁白，当油漆脱落或污脏时应重新油漆；

——每航次观测结束后，透明度盘应用淡水冲洗。绳索须用淡水浸洗，晾干后保存。

23 阴离子洗涤剂——亚甲基蓝分光光度法

23.1 适用范围和应用领域

本法适用于海水。对有较深颜色的水样本法受干扰。有机的硫酸盐、磺酸盐、羧酸盐、酚类以及无机的氰酸盐、硝酸盐和硫氰酸盐等引起正干扰，有机胺类则引起负干扰。

本方法为仲裁方法。

23.2 方法原理

阴离子洗涤剂与亚甲基蓝反应，生成蓝色的离子对化合物，用氯仿萃取后，在650 nm波长处测定吸光值。测定结果以直链烷基苯磺酸钠(LAS，烷基平均碳原子数为12)的表观浓度表示，实际上是测定了亚甲基蓝活性物质(MBAS)。

23.3 试剂及其配制

23.3.1 直链烷基苯磺酸钠标准贮备溶液(1.00 mg/mL)：称取100.0 mg LAS溶于50 mL水中，全量转入100 mL量瓶，加水至标线，混匀。在冰箱内保存，至少可稳定6个月。

23.3.2 直链烷基苯磺酸钠标准使用溶液(10.0 μg/mL):量取 10.0 mL 标准贮备溶液(见 23.3.1)于 100 mL 量瓶中,加水至标线,混匀。再量取 10.0 mL 此溶液于 100 mL 量瓶中,加水至标线,混匀。此标准使用溶液 1.00 mL 含 LAS 10.0μg。在冰箱中保存,可稳定 7 d。

23.3.3 氯化钠(NaCl)溶液:300 g/L。

23.3.4 亚甲基蓝溶液:于 1 000 mL 烧杯中加 500 mL 水,加 50 g 磷酸二氢钠($NH_2PO_4 \cdot H_2O$),搅拌下缓缓加入 6.8 mL 硫酸(H_2SO_4,ρ=1.84 g/mL),加入 50 mg 亚甲基蓝($C_{16}H_{18}N_3ClS \cdot 3H_2O$)指示剂,搅拌溶解,加水至 1 000 mL,混匀。转入棕色试剂瓶保存。

23.3.5 洗涤液:于 1 000 mL 烧杯中加入 500 mL 水,加入 50 g 磷酸二氢钠,搅拌下缓缓加入 6.8 mL 硫酸,搅拌溶解。加水至 1 000 mL,混匀。

23.3.6 酚酞指示液:称取 0.25 g 酚酞($C_{20}H_{14}O_4$)指示剂,溶于 40 mL 无水乙醇(C_2H_5OH),加水 10 mL,混匀。

23.3.7 氢氧化钠溶液[c(NaOH)=1 mol/L]:称取 10.0 g 氢氧化钠(NaOH)溶于水并稀至 250 mL,混匀。保存于聚乙烯瓶中。

23.3.8 硫酸(H_2SO_4,ρ=1.84 g/mL)溶液:$c(H_2SO_4)$=0.5 mol/L。

23.3.9 氯仿($CHCl_3$)。

23.3.10 脱脂棉:用丙酮(CH_3COCH_3)浸过后干燥。

23.4 仪器及设备

仪器和设备如下:

——分光光度计;

——锥形分液漏斗:容量 125 mL,250 mL;

——具塞比色管:容量 25 mL;

——一般实验室常备仪器及设备。

23.5 分析步骤

23.5.1 绘制工作曲线

按以下步骤绘制标准曲线:

a) 在 6 个 250 mL 锥形分液漏斗中,分别加入 100 mL,99.5 mL,99.0 mL,98.0 mL,97.0 mL,95.0 mL 水,用刻度吸管分别加入 0 mL,0.50 mL,1.00 mL,2.00 mL,3.00 mL,5.00 mL 直链烷基苯磺酸钠标准使用溶液(见 23.3.2),混匀;

b) 各加 10 mL 氯化钠溶液(见 23.3.3)和 1 滴酚酞指示液(见 23.3.6),滴加氢氧化钠溶液(见 23.3.7)至刚显红色,滴加硫酸溶液(见 23.3.8)至红色刚褪去。加 10 mL 亚甲基蓝溶液(见 23.3.4),混匀。加 10 mL 氯仿(见 23.3.9),振摇半分钟(其间放气 2 次。振摇不要过于激烈,以免形成乳浊液)。静置分层,倾斜转动分液漏斗让水面线扫过内壁,即可使壁上的氯仿液滴汇集到下层萃取液中;

c) 在 6 个 125 mL 锥形分液漏斗中各加 50 mL 洗涤液(见 23.3.5),然后将上述萃取液分别放入;

d) 在原来的 250 mL 锥形分液漏斗中各加 10 mL 氯仿(见 23.3.9)再萃取一次,萃取液分别并入上述 125 mL 锥形分液漏斗中;

e) 振摇 125 mL 锥形分液漏斗半分钟(其间放气 2 次),静置分层。用小玻璃棒把少许脱脂棉塞入分液漏斗颈管内贴近活塞处,放出氯仿萃取液到 25 mL 比色管中。再加 5 mL 氯仿,振摇半分钟(不用放气)。放出氯仿萃取液并入比色管,加氯仿(见 23.3.9)至标线,混匀;

f) 在 650 nm 波长处,用氯仿(见 23.3.9)参比调零,用 2 cm 测定池测定萃取液的吸光值 A_i,同时测定标准空白吸光值 A_0。将吸光值数据记入表 A.3 中;

g) 以($A_i - A_0$)为纵坐标,相应的浓度(mg/L)为横坐标,绘制工作曲线。

23.5.2 **样品的测定**

量取 100 mL 水样，置于 250 mL 锥形分液漏斗中，按 23.5.1.b)～23.5.1.f)步骤测定吸光值 A_w。

量取 100 mL 水样，置于 250 mL 锥形分液漏斗中，按 23.5.1.b)～23.5.1.f)步骤测定分析空白吸光值 A_b。

23.6 **记录与计算**

将测得数据记入表 A.4 中。据(A_w-A_0)值在工作曲线上查得水样中阴离子洗涤剂浓度(mg/L)，亦可用工作曲线的线性回归方程计算。

23.7 **精密度和准确度**

直链烷基苯磺酸钠含量为 0.125 mg/L 时，相对误差 2.4%；重复性(r) 0.01 mg/L；重复性相对标准偏差：2.7%；再现性(R) 0.016 mg/L；再现性相对标准偏差 4.7%。

23.8 **注意事项**

本方法执行中应注意如下事项：

——除非另作说明，本方法所用试剂均为分析纯，水为蒸馏水或等效纯水；

——玻璃仪器均经盐酸或硝酸溶液(1+3)浸泡，用自来水冲洗后再用蒸馏水洗净。分液漏斗活塞上的润滑脂用纸擦去，再用氯仿洗净；

——若萃取出现深蓝色絮状物，此絮状物不能放入盛洗涤液的分液漏中。漏斗颈内有水，要用脱脂棉先行吸去；

——水样应澄清，否则，应用离心分离或滤纸过滤；

——采样后，当天进行测定。

24 嗅和味——感官法

24.1 **适用范围和应用领域**

本法适用于海水嗅和味的测定。

24.2 **原水样的臭和味**

取 100 mL 水样，置于 250 mL 锥形瓶中，振荡后从瓶口嗅水的气味，用适当词句描述，并按六级记录其强度，见表 2。

与此同时，取少量水放入口中，不要咽下去，尝水的味道，加以描述 并按六级记录强度，见表 2。原水的水味检定只适用于对人体健康无害的水样。

24.3 **原水煮沸后的臭和味**

将上述锥形瓶内的水样加热至开始沸腾，立即取下锥形瓶，稍冷后嗅味和尝味。按上法用适当词句描述其性质，并按六级记录其强度，见表 2。

表 2 嗅和味的强度等级

等 级	强 度	说 明
0	无	无任何嗅和味
1	微弱	一般人甚难察觉，但嗅、味敏感者可以发觉
2	弱	一般人刚能察觉，嗅、味敏感者已能明显察觉
3	明显	能明显察觉
4	强	已有很明显的臭和味
5	很强	有强烈的恶臭或异味

25 水温

25.1 表层水温表法

本方法为仲裁方法。

表层水温表用于测量海洋、湖泊、河流、水库等的表层水温度，它由测量范围为－5℃～＋40℃，分度0.2℃的玻璃水银温度表和铜制外壳组成(见图6)。

25.1.1 测量方法

用表层水温表测量时应先将金属管上端的提环用绳子栓住，在离船舷0.5 m以外的地方放入0 m～1 m水层中，待与外部的水温达到热平衡之后，即感温3 min左右，迅速提出水面读数，然后将筒内的水倒掉，把该表重新放入水中，再测量一次，将两次测量的平均值按检定规程修订后，即为表层水温的实测值。

风浪较大时，可用水桶取水进行测量，测量时把表层水温表放入水桶内，感温1 min～2 min后，将水桶和表管中的水倒掉，重新取水，将该表再放入水桶中，感温3 min读数，然后过1 min再读数，当气温高于水温时，把两次读数偏低的一次读数，按检定规程修订后的值，即为表层水温的实测值。反之，把两次读数偏高的一次读数，按检定规程修度后的值，即为表层水温的实测值。

将测量的水温值记入表A.19中。

单位为毫米

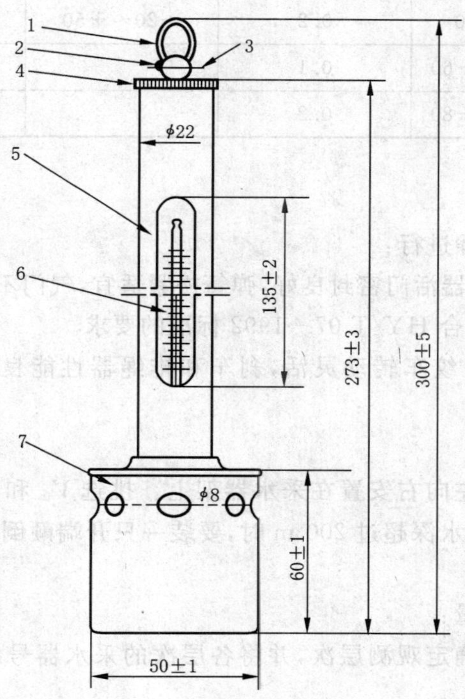

1——提环；
2——销钉；
3——开口销；
4——帽头；
5——表管；
6——温度表；
7——贮水筒。

图6 表层水温度表

25.1.2 注意事项

——测温时要避开船只排水的影响；

——读数时视线与表层水温表的毛细管顶端处在同一水平面，还要避免阳光的直接照射；

——冬季采的水不应带有冰块或雪球；

——水桶由不易传热的材料制成。其容量约为 5 L～10 L；

——表层温度表必须按检定规程进行定期检定。

25.2 颠倒温度表法

颠倒温度表用以测量表层以下水温。颠倒温度表分为测量海水温度的闭端颠倒温度表和测量海水深度及温度的开端颠倒温度表。主、副温度表的主要规格如表 3 所示。

表 3 主副温度的主要规格

型 式	主温度表/℃		副温度表/℃		最大使用深度/m
	示值范围	分度值	示值范围	分度值	
闭端颠倒温度表	－2～＋32	0.1	－20～＋50	0.5	3 500
	－2～＋15	0.05	－20～＋50	0.5	6 000
	0～＋6	0.02	－20～＋50	0.5	10 000
	“0”＋15～＋40	0.1	－20～＋50	0.5	2 500
开端颠倒温度表	－2～＋32	0.1			
	－2～＋60	0.2	－20～＋50	0.5	
	“0”＋30～＋60	0.1			
	“0”＋30～＋80	0.2			

25.2.1 测量方法

25.2.1.1 检查仪器设备

仪器设备的检查按以下步骤进行：

a） 颠倒采水器检查：采水器活门密封良好，弹簧松紧适宜，气门不漏气，固定夹和释放器无故障。

b） 颠倒温度表检查：要符合 HY/T 07—1992 标准的要求。

c） 绞车和钢丝绳的检查：绞车转动灵活，刹车和排绳器性能良好，钢丝绳不能有断股，扭折或细刺。

25.2.1.2 安装

颠倒采水器按编号顺序自左向右安置在采水器架上。挑选 V_0 和器差相近的两只闭端温度表，装在同一采水器的温度表管内，当水深超过 200 m 时，要装一只开端颠倒温度表。

25.2.1.3 操作步骤

按照以下操作步骤进行测量：

a） 根据调查和监测要求确定观测层次，并将各层次的采水器号、温度表号和 V_0 值记入表 A.20 或表 A.21 中；

b） 将预测底层的采水器挂在离重锤 1 m 的钢丝绳上，当钢丝绳端的重锤降至海面时，将计数器指针拨至 0；

c） 依各水层的间距 h 和计数器校正系数 A，查表 4 求得各水层的计数器示值，其式为：$L=h+a$。然后根据计数器示数将预定各层的采水器相继挂在钢丝绳上，并挂好使锤。每挂一个采水器，检查固定是否牢固，水龙头、气门是否关好；

d） 在水深小于 200 m 的海区，悬挂采水器的钢丝绳倾角小于 15°时，查《海洋水文常用表》中的表 1.2，得出底层采水器所在深度。在水深大于 200 m 的海区，应根据当时的钢丝绳倾斜情况，适当增加两个采水器之间的距离，使采水器所在的实际深度尽量接近标准层深度；

e） 温度表感温 7 min 后，测量钢丝绳倾角，投下“使锤”，并将倾角和打锤时间，记入表 A.20 中，打锤后应手触钢丝绳，默数振动次数，每个采水器振动两次，如果次数不够，用力摇动钢丝绳使“使锤”释放。当感觉不到振动时，可依“使锤”的滑行速度，估算底层采水器的颠倒时间；

f) 待采水器全部颠倒后，依次提取，并逐个核对计数器示数，然后将采水器由左至右置于采水器架上，立即读取水温，并记入表 A.20 或表 A.21 中Ⅰ栏内；

g) 取完水样后，进行第二次读数，并记入表 A.20 或表 A.21 中Ⅱ栏内。然后换人重读一次，若同一只颠倒温度表的主温两人读数相差大于 0.02℃，应重读；

h) 读数完毕，要检查记录，并与深度温度计记录或相邻测站的记录进行比较分析，如属可疑，应立即重测；

i) 观测结束，正置采水器，并关闭水龙头和气门。

表 4 计数器校正值(α)表(挂采水器用)

A	水深/m									
	5	10	15	20	25	30	35	40	45	50
0.97	+0.1	+0.3	+0.4	+0.6	+0.7	+0.9	+1.0	+1.2	+1.3	+1.4
0.98	+0.1	+0.2	+0.3	+0.4	+0.5	+0.6	+0.7	+0.8	+0.9	+1.0
0.99	0.0	+0.1	+0.1	+0.2	+0.2	+0.3	+0.3	+0.4	+0.4	+0.5
1.00	0.0	0.0	0.0	0.0	0.0	0.0	0.0	0.0	0.0	0.0
1.01	0.0	−0.1	−0.1	−0.2	−0.2	−0.3	−0.3	−0.4	−0.4	−0.5
1.02	−0.1	−0.2	−0.3	−0.4	−0.5	−0.6	−0.7	−0.8	−0.9	−1.0
1.03	−0.1	−0.3	−0.4	−0.6	−0.7	−0.9	−1.0	−1.2	−1.3	−1.4

25.2.2 测量记录整理

25.2.2.1 温度表的器差修正

根据主、副温度表的第二次读数，分别查主、副温度表的器差表，填入表 A.20 或表 A.21。

25.2.2.2 填倒温度表的还原修正

25.2.2.2.1 闭端颠倒温度表的还原修正值(k)按式(47)计算：

$$k=\frac{(T-t)(T+V_0)}{n}\left(1+\frac{T-V_0}{n}\right) \qquad \cdots\cdots(47)$$

式中：

T——主温度表经器差修订后的读数，单位为摄氏度(℃)；

t——副温度表经器差修订后的读数，单位为摄氏度(℃)；

V_0——主温度表从接受泡到0℃刻度处的水银容积，单位为摄氏度(℃)；

n——水银与玻璃的相对体膨胀系数。

25.2.2.2.2 开端颠倒温度表的还原修正值(k)按式(48)计算：

$$k=\frac{(T_w-t')(T'+V'_0)}{n}\left(1+\frac{T_w-t'}{2n}\right) \qquad \cdots\cdots(48)$$

式中：

T_w——闭端颠倒温度表经器差和还原修正后的主温度表的读数，单位为摄氏度(℃)；

t'——开端颠倒温度表的副温度表经器差修正后的读数，单位为摄氏度(℃)；

T'——开端颠倒温度表的主温度表经器差修正后的读数，单位为摄氏度(℃)；

V'_0——开端颠倒温度表中主温度表从接受泡到0℃处水银的容积，单位为摄氏度(℃)；

n——开端颠倒温度表的玻璃的相对体膨胀系数。

注：玻璃的相对体膨胀系数一般为 1/6 300，如果不为 1/6 300 的，查《海洋学水文常用表》时，要加 Δk 的修正值，其公式为(49)：

$$\Delta k = \frac{k(n-6\ 300)}{6\ 300} \quad \cdots\cdots (49)$$

式中：

k——海洋水文常用表中查得的颠倒表还原修正值，单位为摄氏度(℃)；

n——颠倒温度表玻璃的相对体膨胀系数的倒数。

25.2.3 观测层水温的确定

两只颠倒温度表的主温度表读数经器差和还原修正后，即为各自的实测水温，然后根据两温度表的实测值，确定观测层的水温。

当两只颠倒温度表的温差超过0.06℃时，要查看第一次读数，而确定其认为可靠的一只颠倒温度表值为观测层水温值。

当两只颠倒温度表的温差不超过0.06℃时，取其温度的平均值作为观测水温值。

25.2.4 采水器沉放深度的确定

25.2.4.1 小于200 m的水层，根据各层放出绳长 L 确定采水器的沉放深度。当钢丝绳倾角大于或等于15°时，可由放出绳长和倾角查《海洋水文常用表》中的表1.2，得到采水器的实际沉放深度。

25.2.4.2 大于200 m的水层，根据各层开端和闭端颠倒温度表的温差，先求得各采水器的计算深度再经深度修正，便得沉放深度。

沉放深度按式(50)计算：

$$H = \frac{10^6 (T_u - T_w)}{\bar{\rho} \cdot \beta \cdot g} \quad \cdots\cdots (50)$$

式中：

T_u——开端颠倒温度表的温度值，单位为摄氏度(℃)；

T_w——闭端填倒温度表的温度值，单位为摄氏度(℃)；

β——颠倒温度表的压力系数，单位为摄氏度每千帕(℃/kPa)；

$\bar{\rho}$——水柱的平均密度，单位为千克每立方米($kg \cdot m^{-3}$)；

g——当地重力加速度，可采用参考值9.8 $m \cdot s^{-2}$。

其中：$\bar{\rho} = \frac{\sum_{i=1}^{n} \rho_i h_i}{\sum_{i=1}^{n} h_i}$，也可以查表得到。

25.2.5 颠倒温度表的故障及排除

25.2.5.1 不回流故障的排除：温度表复正后，如果接受泡的水银部分或全部不回流，用手轻拍温度表或采水器，此后如果水银全部回流，温度表可继续使用，如水银未全部回流，按下述方法处理。

25.2.5.1.1 手握贮蓄泡一端复正温度表，以手腕用力作90°甩动，或用橡皮槌轻击接受泡一端，使水银下落。

25.2.5.1.2 如上述动作重复多次仍无效果，则把整只温度表浸在75℃的水中，10 min后取出，仍重复25.2.5.1.1方法使水银下降，也无效果时，就将温度表贮蓄泡浸在冰水里，对接受泡加热，当水银膨胀到最高和收缩到最低位置时，取出温度表，握住贮蓄泡一端，将其复正，并用手或橡皮槌轻击接受泡一端，然后将温度表分别在热水和冷水里颠倒几次，以防故障重现。

25.2.5.2 气体进入毛细管的排除。

25.2.5.2.1 将贮蓄泡一端浸在冰水里，找出气泡所在毛细管中的位置。

25.2.5.2.2 突然复正温度表，使被隔断的水银汇合，即气泡消除。否则，应重复25.2.5.2.1操作，直到气泡消除为止。

25.2.6 维护保养

25.2.6.1 测量完毕，应将采水器和温度表用淡水洗净，擦干。采水器的转动部分涂上黄油，然后分别装箱。

25.2.6.2 温度表贮存时，必须贮蓄泡朝下垂直放置。

25.2.6.3 温度表必须定期进行检定。

26 pH——pH计法

26.1 适用范围和应用领域

本法适用于大洋和近岸海水 pH 值的测定。水样采集后，应在 6 h 内测定。如果加入 1 滴氯化汞溶液(26.1.3.3)，盖好瓶盖，允许保存 2 d。水的色度、浑浊度、胶体微粒、游离氯、氧化剂、还原剂以及较高的含盐量等干扰都较小，当 pH 大于 9.5 时，大量的钠离子会引起很大误差，读数偏低。

本方法为仲裁方法。

26.2 方法原理

将玻璃-甘汞电极对插入水样中，组成电池，则水样的 pH 与该电池的电动势(E)有如下线性关系见式(51)：

$$pH_s = A + \frac{E_x}{2.302\,6RT/F} \qquad (51)$$

当玻璃-甘汞电极对插入标准缓冲溶液时，则得：

$$A = pH_s - \frac{E_s}{2.302\,6RT/F} \qquad (52)$$

在同一温度下，分别测定同一电极对在标准缓冲溶液和水样中的电动势，则水样的 pH 值为：

$$pH_x = pH_s + \frac{E_x \cdot E_s}{2.302\,6RT/F} \qquad (53)$$

式中：

pH_x——水样的 pH 值；

pH_s——标准缓冲溶液的 pH 值；

E_x——玻璃-甘汞电极对插入水样的电动势；

E_s——玻璃-甘汞电极对插入标准缓冲溶液中的电动势；

R——气体常数；

F——法拉第常数；

T——绝对温度 K。

26.3 试剂及其配制

26.3.1 标准缓冲溶液(均用 pH 标准缓冲物质配制)

26.3.1.1 苯二甲酸氢钾标准缓冲溶液：$c(KHC_8H_4O_4)$＝0.05 mol/L(25℃时，pH_s＝4.003)。

苯二甲酸氢钾的 pH 标准缓冲物质，有小塑料袋和瓶装两种，配制方法如下：

a) 袋装配制法：在 250 mL 或 500 mL 量瓶中(根据袋中标准缓冲物质量，选择量瓶大小)，按袋上的说明配制成所需的浓度。保存于聚乙烯瓶中。

b) 瓶装配制法：称取 5.10 g 苯二甲酸氢钾($KHC_8H_4O_4$ 预先在 115℃±5℃，烘 2 h～3 h，于干燥器中冷却)，溶于水并稀释至 500 mL，混匀。保存于聚乙烯瓶中。

26.3.1.2 0.025 mol/L 磷酸二氢钾(KH_2PO_4)和 0.025 mol/L 磷酸氢二钠(Na_2HPO_4)混合标准缓冲溶液(25℃时，pH_s＝6.864)：

磷酸二氢钾和磷酸氢二钠的 pH 标准缓冲物质，有小塑料袋装(混合磷酸盐)和瓶装(两种 pH 标准缓冲物质分别包装)两种。配制方法如下：

a) 袋装配制法：在量瓶(根据袋上说明确定量瓶大小)中按袋上说明配制成所需浓度后，保存于聚乙烯瓶中。

b) 瓶装配制法：迅速称取 3.40 g 磷酸二氢钾(KH_2PO_4)和 3.55 g 磷酸氢二钠(Na_2HPO_4)(均预

先在115℃±5℃烘2 h～3 h,于干燥器中冷却)溶于蒸馏水,转入1 000 mL量瓶中,加水至标线,混匀。

26.3.1.3　0.008 695 mol/L磷酸二氢钾(KH_2PO_4)和0.030 43 mol/L磷酸氢二钠(Na_2HPO_4)标准混合缓冲溶液(25℃时,pH值=7.413):

磷酸二氢钾和磷酸氢二钠两种pH标准缓冲物质分别用瓶包装,配制方法如下:

迅速称取1.18 g磷酸二氢钾和4.31 g磷酸氢二钠(均预先在115℃±5℃烘2 h～3 h,于干燥器中冷却),溶于水,全量移入1 000 mL量瓶中,加水至标线,混匀。保存于聚乙烯瓶中。

26.3.1.4　硼砂标准缓中溶液:$c(Na_2B_4O_7 \cdot 10H_2O)$=0.010 mol/L(25℃时,$pH_s$=9.182)。

硼砂的pH标准缓冲物质也有塑料袋装和瓶装两种,配制方法如下:

a)　袋装配制法:在500 mL量瓶中,按袋上说明配制成所需浓度后,分装于5个100 mL聚乙烯瓶中,瓶口用石蜡熔封。

b)　装配制法:称取1.91 g硼砂(预先在盛有蔗糖饱和溶液的干燥器中平衡两昼夜),溶于刚煮沸冷却的蒸馏水,全量转入500 mL量瓶中,加水至标线,混匀。分装于5个100 mL聚乙烯瓶中,瓶口用石蜡熔封,有效期为三个月,经常使用的缓冲溶液,每周更换一次。

各种标准缓冲溶液的pH值随温度的变化而变化。0℃～45℃的pH值列于表5中。

26.3.2　饱和氯化钾溶液:称取40 g氯化钾(KCl),加100 mL水,充分搅拌后盛于试剂瓶中(此溶液应与氯化钾固体共存)。

26.3.3　氯化汞溶液(25 g/L):称取2.5 g氯化汞($HgCl_2$),溶于水并稀释至100 mL,混匀。盛于棕色试剂瓶中。

注:氯化汞剧毒:小心操作。

26.4　仪器及设备

仪器和设备如下:

——pH计:精度为0.01,附玻璃电极和甘汞电极;

——聚乙烯洗瓶:容量500 mL;

——温度计:(0～60)℃;

——烧杯:容量150 mL;

——棕色滴瓶:容量60 mL;

——聚乙烯瓶:容量100 mL、500 mL、1 000 mL;

——广口瓶:容量50 mL;

——棕色试剂瓶:容量100 mL;

——量瓶:容量250 mL、50 mL、1 000 mL;

——一般实验室常备仪器和设备。

26.5　分析步骤

26.5.1　仪器通电预热20 min。将pH-mV选择开关置于"pH"位置。

26.5.2　装上烧杯架、电极夹等,将玻璃电极和甘汞电极分别固定在夹子上(甘汞电极的下端应比玻璃电极的下端略低一些)。电极分别接入相应的插孔和接线柱上。

26.5.3　用水淋洗电极(甘汞电极内要有结晶的氯化钾,并将下端橡胶塞拨除),经滤纸吸干后,电极移入定位的标准缓冲溶液中。

表 5　0℃～45℃标准缓冲物质的 pH 值

温度/℃	苯二甲酸氢钾 (26.1.3.1.1)	混合磷酸盐 (26.1.3.1.2)	磷酸盐 (26.1.3.1.3)	硼砂 (26.1.3.1.4)
0	4.006	6.981	7.534	9.458
5	3.999	6.949	7.500	9.391
10	3.996	6.921	7.472	9.330
20	3.998	6.879	7.429	9.226
25	4.003	6.864	7.413	9.182
30	4.010	6.852	7.400	9.142
35	4.019	6.844	7.389	9.105
40	4.029	6.838	7.380	9.072
45	4.042	6.834	7.373	9.042

26.5.4　定位

在测试样品前，要首先用标准缓冲溶液标定。选择 pH 值与待测溶液的 pH 值相近的标准缓冲溶液作为定位溶液，如果不知被测溶液的大概范围时，选用磷酸盐标准缓冲溶液（见 26.3.1.2）。定位步骤如下：

26.5.4.1　使仪器温度补偿器的刻度与溶液的温度一致。

26.5.4.2　仪器调零，使之显示于±0 之间。

26.5.4.3　按下“读数”开关，调节“定位器”，使显示读数为该温度下的 pH 值（由表 6 查得），注意定位时，必须使电极电位充分平衡稳定。

26.5.4.4　定位完毕，放开读数开关“定位”旋钮就不得随意旋动，否则需重新定位。

26.5.5　样品的测定

26.5.5.1　移上电极，用蒸馏水淋洗电极末端经滤纸吸干，插入待测溶液，不时旋动盛溶液的烧杯，使电极电位充分平衡。

26.5.5.2　使仪器“温度补偿器”的刻度与被测溶液的温度一致。

26.5.5.3　仪器调零，按下“读数开关”，读取被测样品的 pH 值，放开“读数开关”，将数据记入表 A.22。

26.5.5.4　如果仪器使用 2 h～3 h 后，或者温度变化超过 2℃时需重新定位。

26.5.5.5　测定结后，移出电极，用蒸馏水淋洗干净，将甘汞电极的橡皮塞套好，存放在电极盒内，玻璃电极浸放在蒸馏水中。

26.6　记录与计算

按分析记录表的要求将数据逐项填写并计算。

将实验室测得的数据换算成现场的 pH 值，按式（54）进行温度和压力校正。

$$pH_w = pH_m + \alpha(t_m - t_w) - \beta \cdot d \quad \cdots\cdots (54)$$

式中：

pH_w，pH_m——分别为现场和实验室测定 pH 值；

t_w 和 t_m——分别为现场和实验室测定的水温，单位为摄氏度（℃）；

d——水样的深度，单位为米（m）；

α——温度校正系数；

β——压力校正系数；

$\alpha(t_m - t_w)$ 和 β 值由表 6 和表 7 中查得。

如果水样深度在 500 m 以内，不作压力校正，则上式简化为：$pH_w = pH_m + \alpha(t_m - t_w)$

表 6　pH 测定的温度校正值 $\alpha(t_m-t_w)$ 表

(t_m-t_w)/℃	7.5	7.6	7.7	7.8	7.9	8.0	8.1	8.2	8.3	8.4	8.5	8.6
1	0.01	0.01	0.01	0.01	0.01	0.01	0.01	0.01	0.01	0.01	0.01	0.01
2	0.02	0.02	0.02	0.02	0.02	0.02	0.02	0.02	0.02	0.02	0.02	0.02
3	0.03	0.03	0.03	0.03	0.03	0.03	0.03	0.03	0.03	0.03	0.03	0.04
4	0.03	0.03	0.04	0.04	0.04	0.04	0.04	0.04	0.04	0.05	0.05	0.05
5	0.04	0.04	0.04	0.05	0.05	0.05	0.05	0.05	0.06	0.06	0.06	0.06
6	0.05	0.05	0.05	0.06	0.06	0.06	0.06	0.06	0.07	0.07	0.07	0.07
7	0.06	0.06	0.06	0.07	0.07	0.07	0.07	0.07	0.08	0.08	0.08	0.08
8	0.07	0.07	0.07	0.07	0.08	0.08	0.08	0.08	0.09	0.09	0.09	0.09
9	0.07	0.08	0.08	0.08	0.09	0.09	0.09	0.10	0.10	0.10	0.10	0.11
10	0.08	0.09	0.09	0.09	0.10	0.10	0.10	0.11	0.11	0.11	0.12	0.12
11	0.09	0.09	0.10	0.10	0.11	0.11	0.11	0.12	0.12	0.12	0.13	0.13
12	0.10	0.10	0.11	0.11	0.12	0.12	0.12	0.13	0.13	0.14	0.14	0.14
13	0.11	0.11	0.12	0.12	0.12	0.13	0.13	0.14	0.14	0.15	0.15	0.16
14	0.12	0.12	0.13	0.13	0.13	0.14	0.14	0.15	0.15	0.16	0.16	0.17
15	0.13	0.13	0.14	0.14	0.14	0.15	0.15	0.16	0.16	0.17	0.17	0.18
16	0.13	0.14	0.14	0.15	0.15	0.16	0.16	0.17	0.18	0.18	0.19	0.19
17	0.14	0.15	0.15	0.16	0.16	0.17	0.18	0.18	0.19	0.19	0.20	0.20
18	0.14	0.15	0.16	0.17	0.17	0.18	0.19	0.19	0.20	0.20	0.21	0.22
19	0.15	0.16	0.17	0.18	0.18	0.19	0.20	0.20	0.21	0.21	0.22	0.23
20	0.16	0.17	0.18	0.19	0.19	0.20	0.21	0.21	0.22	0.23	0.23	0.24
21	0.17	0.18	0.19	0.20	0.20	0.21	0.22	0.22	0.23	0.24	0.24	0.25
22	0.18	0.19	0.20	0.20	0.21	0.22	0.23	0.23	0.24	0.25	0.26	0.26
23	0.19	0.20	0.21	0.21	0.22	0.23	0.24	0.24	0.25	0.26	0.27	0.28
24	0.20	0.21	0.22	0.22	0.23	0.24	0.25	0.25	0.26	0.27	0.28	0.29
25	0.21	0.22	0.22	0.23	0.24	0.25	0.26	0.26	0.28	0.28	0.29	0.30

表 7　pH 测定的压力校正系数 β 表

pH_m	7.5	7.6	7.7	7.8	7.9	8.0	8.1	8.2	8.3	8.4
$\beta\times10^6$	35	31	28	25	23	22	21	20	20	20

表 8 pH～$\alpha_H{}^+$换算表

v	N	v	N	v	N	v	N
0.00	1.000	0.25	0.562	0.50	0.316	0.75	0.178
0.01	0.977	0.26	0.549	0.51	0.309	0.76	0.174
0.02	0.955	0.27	0.537	0.52	0.302	0.77	0.170
0.03	0.933	0.28	0.525	0.53	0.295	0.78	0.166
0.04	0.912	0.29	0.513	0.54	0.288	0.79	0.162
0.05	0.891	0.30	0.501	0.55	0.282	0.80	0.158
0.06	0.871	0.31	0.490	0.56	0.275	0.81	0.155
0.07	0.851	0.32	0.479	0.57	0.269	0.82	0.151
0.08	0.832	0.33	0.468	0.58	0.263	0.83	0.148
0.09	0.813	0.34	0.347	0.59	0.257	0.84	0.144
0.10	0.794	0.35	0.447	0.60	0.251	0.85	0.141
0.11	0.776	0.36	0.437	0.61	0.245	0.86	0.138
0.12	0.759	0.37	0.427	0.62	0.240	0.87	0.135
0.13	0.741	0.38	0.417	0.63	0.234	0.88	0.132
0.14	0.725	0.39	0.407	0.64	0.229	0.89	0.129
0.15	0.709	0.40	0.398	0.65	0.224	0.90	0.126
0.16	0.692	0.41	0.389	0.66	0.219	0.91	0.123
0.17	0.676	0.42	0.380	0.67	0.214	0.92	0.120
0.18	0.661	0.43	0.372	0.68	0.209	0.93	0.117
0.19	0.646	0.44	0.363	0.69	0.204	0.94	0.115
0.20	0.631	0.45	0.355	0.70	0.200	0.95	0.112
0.21	0.617	0.46	0.347	0.71	0.195	0.96	0.110
0.22	0.603	0.47	0.339	0.72	0.191	0.97	0.107
0.23	0.589	0.48	0.331	0.73	0.186	0.98	0.105
0.24	0.575	0.49	0.324	0.74	0.182	0.99	0.102

注：表中 v 为 pH 值的小数部分，Q 为 pH 的整数部分。由 v 值查表得相应的 N 值，代入：$\alpha_H{}^+ = N \times 10^{-Q}$ 即得氢离子活度。

示例：

现场水温 $t_w = 24.36$℃

测定时水温 $t_m = 22.45$℃

$t_m - t_w = 22.45℃ - 24.36℃ = -1.91℃$

测得 $pH_m = 8.14$

从表 6 中查得校正值为－0.02(因为 $t_m < t_w$)，故：$pH_w = 8.14 - 0.02 = 8.12$

26.7 注意事项

本方法执行中应注意如下事项：

——除非另作说明，本方法所用试剂均为分析纯，水为去离子水或等效纯水；

——仪器“读数”开关、玻璃电极插孔、甘汞电极、接线柱等必须保持干燥、洁净；

——出海前应检查仪器，方法如下：首先仪器用混合磷酸盐缓冲溶液（见 26.3.1.2）定位，再分别测定硼砂缓冲溶液（见 26.3.1.4）和苯二甲酸氢钾缓冲溶液（见 26.3.1.1）的 pH 值，如果测定值与标准值之差超过±0.03，应查明原因，加以纠正；

——常见的故障及排除方法：

a) 因缓冲溶液变质（出现絮凝体等）引起 pH 值改变，应更换缓冲溶液。为防止缓冲溶液变质，可预先在溶液中加几颗百里香酚小晶体。

b) 因玻璃电极钝化，使 pH 响应不好，可用 6 mol/L 盐酸或 20%氟化氢铵溶液（NH_4HF_2）浸洗。若仍无改善，则更换玻璃电极。

c) 因甘汞电极的氯化钾溶液中有气泡，导致断路或测定不稳定，应排出液柱中的气泡。并注满氯化钾饱和溶液。

d) 因电极接线接触不好，或者仪器受潮仪表针不稳定，应将接线重新接好或者对仪器进行干燥处理。

——测量时，电极必须浸入溶液，否则容易造成开路，损坏仪器；

——每批水样测定前，仪器须用磷酸盐缓冲溶液（见 26.3.1.2）定位一次，如测定值与标准值的偏差超过±0.01，必须重新定位；

——玻璃电极球部很薄，切勿与硬物相碰而破碎，使用时应使甘汞电极略低于玻璃电极；

——新玻璃电极在使用前应在水中浸泡 1 d～2 d；

——测定浑浊水样后，电极要立即冲洗干净；

——海上测定工作结束后，应将玻璃电极小心放入盒中，并将 pH 计的“+”、“−”极短路。

27 悬浮物——重量法

27.1 适用范围和应用领域

本方法适用于河口、港湾和大洋水体中悬浮物质的测定。

本方法为仲裁方法。

27.2 方法原理

一定体积的水样通过 0.45 μm 的滤膜，称量留在滤膜上的悬浮物质的重量，计算水中的悬浮物质浓度。

27.3 仪器及设备

仪器和设备如下：

——天平：感量 0.1 mg、0.01 mg；

——采水器；

——有机玻璃螺口过滤器：直径 60 mm，适用于河口或浅海的高浓度水体；

——玻璃钳式过滤器：直径 47 mm，适用于低浓度水体；

——真空泵：抽气量 30 L/min；

——量筒：容量 250 mL、500 mL、1 000 mL；

——滤膜：孔径 0.45 μm，直径 47 mm 或 60 mm；

——滤膜盒：直径 50 mm、63 mm；

——锥形烧瓶，洗瓶，橡皮管，水桶，气压表及样品箱等；

——不锈钢镊子；

——一般实验室常备仪器和设备。

27.4 分析步骤

27.4.1 操作流程：见图 7。

27.4.2 出航前准备

27.4.2.1 滤膜盒洗净、烘干、编号。

27.4.2.2 滤膜于 (40～50) ℃下烘干,恒温 6 h～8 h 后,放入硅胶干燥器,放置 6 h～8 h。

27.4.2.3 确定空白校正膜的数量(见 27.4.4.3)点上色点,以区别水样滤膜。

27.4.2.4 滤膜称量,并把称好的滤膜放入编号的滤膜盒内。

27.4.3 现场作业

27.4.3.1 安装过滤设备:见图 8。

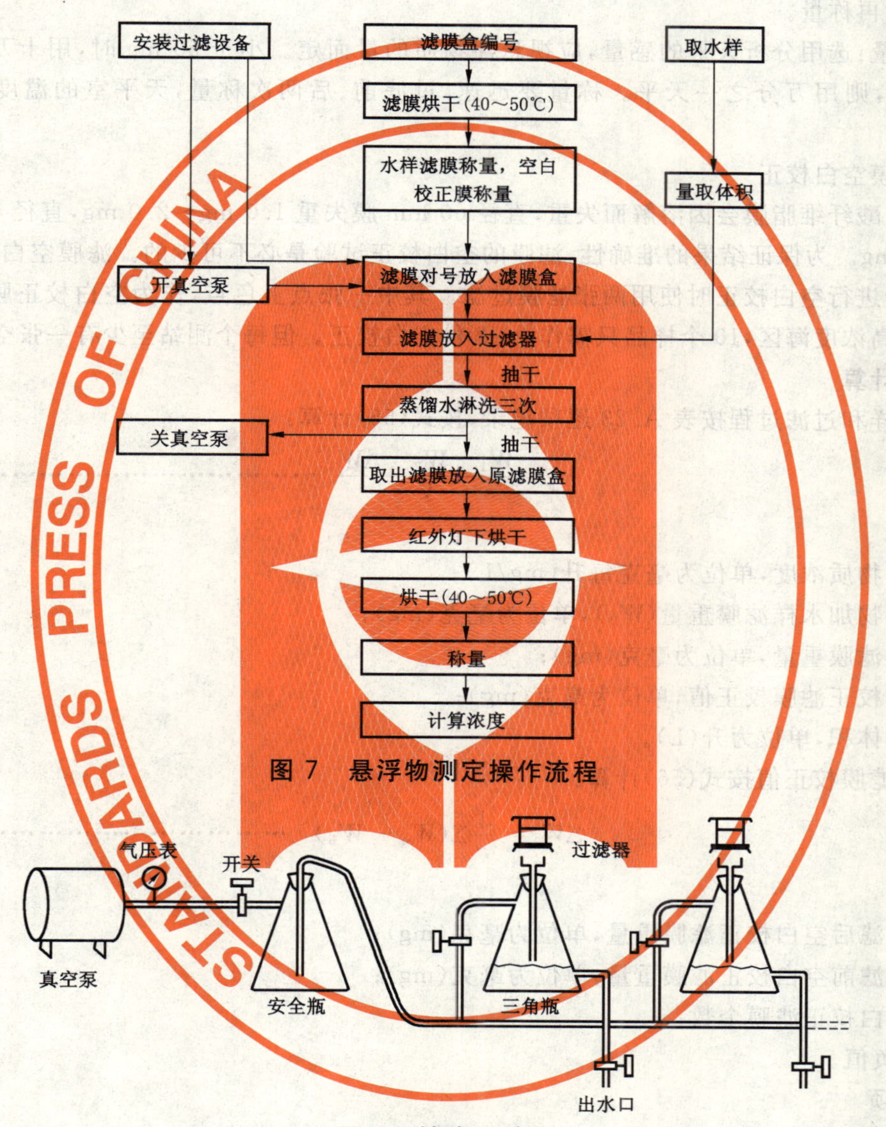

图 7　悬浮物测定操作流程

图 8　抽滤系统

按图 8 组装抽滤系统,过滤器装在抽滤瓶上,每个抽滤瓶由皮管连通到总管,并附各自独立的开关,可按需要联接若干个过滤器。在真空泵与过滤器之间装一个安全瓶,积聚倒吸的海水。

抽滤的适宜压力为(5×10^4～6×10^4)Pa,负压过大,悬浮物质颗粒嵌入滤膜微孔,妨碍过滤。为此,在真空系统中须有压力表。

27.4.3.2 用不锈钢镊子把预先称重为 W_2 的水样滤膜置于预先称得的 W_b 的空白校正膜的上面,放入过滤器中,装好。

27.4.3.3 将水样振摇均匀,倒入量筒,量取一定体积。(视悬浮物浓度而定,大于 1 000 mg/L 者取

50 mL～100 mL；小于 100 mg/L 时，量取 1 L～5 L)。

27.4.3.4 开启真空泵，接通开关，将水样倒入过滤器内，量筒用蒸馏水洗净，并倒入过滤器。为了洗掉盐份，待抽干后，再用蒸馏水淋洗滤膜三次，每次 50 mL，再抽干。

27.4.3.5 用不锈钢镊子取下滤膜放在原滤膜盒内，置于红外灯下低温(50℃)烘干，或自然环境下风干。盖好滤膜盒盖，按次序保存，带回实验室。

27.4.4 室内作业

27.4.4.1 烘干：将滤膜放入电热恒温干燥箱内(40～50) ℃，恒温脱水 6 h～8 h，取出放入硅胶干燥器，6 h～8 h 后再称量。

27.4.4.2 称量：选用分析天平的感量，应视悬浮物质的量而定。小于 50 mg 时，用十万分之一天平；大于 50 mg 时，则用万分之一天平。称量要迅速，过滤前、后两次称量，天平室的温度，湿度要基本一致。

27.4.4.3 滤膜空白校正

过滤时，醋酸纤维脂膜会因溶解而失重，直径 60 mm 膜失重 1.0 mg～2.0 mg，直径 47 mm 膜失重 0.2 mg～0.5 mg。为保证结果的准确性，滤膜的空白校正试验是必不可少的。滤膜空白校正与样品测定同时进行，当进行空白校正时使用两张滤膜过滤。其中一张点上色点，作为空白校正膜，放在水样滤膜的下面。在高浓度海区，10 个样品只需作 1～2 份空白校正。但每个测站至少有一张空白试验膜。

27.5 记录与计算

现场取水样和过滤过程按表 A.23 逐项记录，按式(55)计算：

$$\rho=\frac{W_1-W_2-\Delta W}{V} \qquad (55)$$

式中：

ρ——悬浮物质浓度，单位为毫克每升(mg/L)；

W_1——悬浮物加水样滤膜重量(W_2)，单位为毫克(mg)；

W_2——水样滤膜重量，单位为毫克(mg)；

ΔW——空白校正滤膜校正值，单位为毫克(mg)；

V——水样体积，单位为升(L)。

空白校正滤膜校正值按式(56)计算：

$$\Delta W=\frac{1}{n}\sum^{n}(W_n-W_b) \qquad (56)$$

式中：

W_n——过滤后空白校正滤膜重量，单位为毫克(mg)；

W_b——过滤前空白校正滤膜重量，单位为毫克(mg)；

n——空白校正滤膜个数；

ΔW 应是负值。

27.6 注意事项

本方法执行中应注意如下事项：

——水样要现场过滤、烘干、按顺序保存好。如果现场不能立即过滤，水样放在阴凉处，但 24 h 内应过滤完毕；

——各种器具应保持干净，过滤前应用清水洗涤干净；

——过滤时，为防止海水倒灌，损坏真空泵，应及时放掉废水；

——滤膜放入编好号的滤膜盒内，按站位顺序排列；

——用不锈钢镊子夹取滤膜，以免沾污；

——烘干样品时，应保持周围环境清洁。样品置于红外灯下烘干时，温度不超过 50℃，红外灯泡与样品的距离不应小于 30 cm，避免滤膜卷曲或燃烧。

28 氯化物——银量滴定法

28.1 适用范围和应用领域

适用于海水中氯化物的测定。应用本法测定时，溴化物、碘化物和氰化物亦表现为定比的氯化物浓度。硫化物、硫代硫酸盐产生干扰，可用过氧化氢予以消除。

本方法为仲裁方法。

测定范围为 0.28 mg/L～200 mg/L。

28.2 方法原理

在中性或弱碱性溶液中，氯化物与硝酸银反应生成难溶的氯化银沉淀，以铬酸钾指示终点。当氯全量生成氯化银时，过量的银生成红色的铬酸银。

28.3 试剂及配制

28.3.1 铬酸钾指示液（50 g/L）：称取 50 g 铬酸钾（K_2CrO_4）溶于少量水中，滴加硝酸银溶液（见 28.3.3）至生成明显的红色沉淀。静置 12 h 后，过滤，并用水稀释至 1 L。

28.3.2 氯化钠标准溶液[$c(NaCl)=0.014\ 1$ mol/L]：称取 824.0 mg 氯化钠（优级纯，经 140℃干燥）置于烧杯中，用少量水溶解后全量转入 1 000 mL 量瓶，加水至标线。此标准溶液 1.00 mL 含 500 μg氯。

28.3.3 硝酸银标准滴定液[$c(AgNO_3)=0.014\ 1$ mol/L]：称取 2.395 g 硝酸银溶于水中，并稀释至 1 000 mL。贮存于棕色试剂瓶中。

标定：移取 20.00 mL 氯化钠标准溶液（见 28.3.2）至 250 mL 锥形瓶中，加 80 mL 水和 1.0 mL 铬酸钾指示液（见 28.3.1）用硝酸银标准液（见 28.3.3）滴定至带粉红的黄色。辨别终点时要保持色调一致。再重复标定一次。

空白值测定：量取 100 mL 水，按上述步骤滴定。按式（57）计算硝酸银标准滴定液的浓度：

$$c(AgNO_3)=\frac{c(NaCl)\times 20.0}{\overline{A}-\overline{B}} \qquad (57)$$

式中：

$c(AgNO_3)$——硝酸银标准滴定液的浓度，单位为摩尔每升（mol/L）；

$c(NaCl)$——氯化钠标准溶液浓度，单位为摩尔每升（mol/L）；

$\overline{A}$——滴定氯化钠标准液用的滴定液体积（平均值），单位为毫升（mL）；

$\overline{B}$——空白用的滴定液体积（平均值），单位为毫升（mL）。

28.3.4 氢氧化铝悬浮液：称取 125 g 硫酸钾铝[$AlK(SO_4)_2\cdot 12H_2O$]或硫酸铵铝[$AlNH_4(SO_4)_2\cdot 12H_2O$]溶于 1 L 水中，加热至 60 ℃，然后边搅拌边缓缓加入 55 mL 浓氨水（$NH_3\cdot H_2O$）。放置约 1 h 后，转移至具塞大瓶中，加水振摇洗涤沉淀物，放置澄清，倾出上清液。如此反复洗涤沉淀物，直到不含氯离子为止。可得悬浮液约 1 L，贮于试剂瓶中。

28.3.5 氢氧化钠溶液：$c(NaOH)=1$ mol/L。

28.3.6 硫酸溶液：$c(H_2SO_4)=0.5$ mol/L。

28.3.7 过氧化氢（H_2O_2）：30%。

28.4 仪器及设备

仪器和设备如下：

——锥形瓶：容量 250 mL；

——棕色滴定管：容量 50 mL；

——移液吸管：容量 20 mL；

——电磁搅拌器：（350～400）r/min。

28.5 分析步骤

28.5.1 样品的处理:量取 100 mL 水样,或取适量水样稀释至 100 mL。如果水样的颜色很深,加入 3 mL氢氧化铝悬浮液(见 28.3.4)混匀,令其沉淀并过滤。如果水样中含有硫化物、亚硫酸盐或硫代硫酸盐,则加入 1 mL 过氧化氢(见 28.3.7),搅拌 1 min。

28.5.2 样品的滴定:pH7～10 范围内的水样可直接滴定。若水样的 pH 不在此范围内,用硫酸溶液(见 28.3.6)或氢氧化钠溶液(见 28.3.5)调至 pH7～10。加入 1.0 mL 铬酸钾指示液(见 28.3.1),用硝酸银标准滴定液(见 28.3.3)滴定至带粉红的黄色为终点。辨别终点时要保持色调为一致。

28.5.3 滴定 100 mL 的蒸馏水,确定试剂空白值。

28.6 记录与计算

按式(58)计算样品中氯化物的浓度,测定结果记入表 A.24 中。

$$\rho_{\mathrm{Cl}}=\frac{(A-B)\times c(\mathrm{AgNO_3})\times 35.45\times 1\,000}{V} \qquad (58)$$

式中:

ρ_{Cl}——水样中氯化物的浓度,单位为毫克每升(mg/L);

A——滴定水样消耗的硝酸银标准滴定液体积,单位为毫升(mL);

B——滴定空白消耗的硝酸银标准滴定液体积,单位为毫升(mL);

$c(\mathrm{AgNO_3})$——硝酸银滴定液浓度,单位为摩尔每升(mol/L);

V——量取水样的体积,单位为毫升(mL)。

28.7 注意事项

本方法执行中应注意如下事项:

——除非另作说明,本方法所用试剂均为分析纯,所用水为蒸馏水或等效纯水;

——硝酸银标准滴定液应每隔 48 h 标定一次。存放处应避免阳光直射。

29 盐度

29.1 盐度计法

29.1.1 适用范围和应用领域

适用于在陆地或船上实验室中测量海水样品的盐度。典型的仪器应用范围。

$$2\ll S\ll 42,\ -2℃\ll\theta\ll 35℃$$

本方法为仲裁方法。

29.1.2 基本原理

实验室用的盐度计分为感应式和电极式两种类型。

测量海水样品与标准海水在 101 325 Pa 下的电导率比 R_0,再查国际海洋常用表,得出海水样品的实用盐度。或按式(59)计算:

$$S=a_0+a_1R_\theta^{\frac{1}{2}}+a_3R_\theta^{\frac{3}{2}}+a_4R_\theta^{2}+a_5R_\theta^{\frac{5}{2}}$$
$$+\frac{\theta-15}{1+K(\theta-15)}(b_0+b_1R_\theta^{\frac{1}{2}}+b_2R_\theta+b_3R_\theta^{\frac{3}{2}}+b_4R_\theta^{2}+b_5R_\theta^{\frac{5}{2}}) \qquad (59)$$

式中:

$a_0=0.008\,0$　　$a_1=-0.169\,2$　　$a_2=25.385$

$a_3=14.094\,1$　　$a_4=7.026\,1$　　$a_5=2.708\,1$

$K=0.016\,2$　　$b_0=0.000\,5$　　$b_1=-0.005\,6$

$b_2=-0.006\,6$　　$b_3=-0.037\,5$　　$b_4=0.063\,6$

$b_5=-0.014\,4$

R_θ——被测海水与实用盐度为 35 的标准海水在温度为 θ 时的电导率的比值(均在 101 325 Pa 下)。

29.1.3 试剂及其配制

标准海水。

29.1.4 仪器与设备

盐度计型号不限，仅以感应式盐度计为例介绍测量方法。

主要技术指标：电导率比 0.07～1.2；测量准确度 0.01；测量精密度 0.003；盐度分辨率 0.001；测温电桥准确度 0.5℃。

29.1.5 分析步骤

29.1.5.1 准备：将被测样品放置至与标准海水温差在±2℃内，以备测量。

29.1.5.2 测温测盐检查

29.1.5.2.1 将温盐转换开关转到测温档，将读取的温度与室温比较，其偏差在±1℃范围内，则测温桥路正常。

29.1.5.2.2 将储水杯下面的放水旋钮拧紧。将已知盐度的海水置于电导池下面的进水管处，电导池旋塞置进水位置，打开气泵开关，用左手中指按紧储水杯上面的气孔，此时海水将缓缓注入电导池。当电导池出水口有少许海水溢入储水杯时，即将电导池进水旋塞置关闭位置，放开手指，关闭气泵，此时电导池内充满海水。根据实测水温，从仪器面板温度换算表上查出对应的 R_2 值，将 R_2 置于相应的位置。将温盐转换开关转到测盐档，R_0 旋钮置于已知海水电导率比的位置，调节 R_1 旋钮，指零表头指零，则测盐系统正常。

29.1.5.3 定标

29.1.5.3.1 将标准海水缓缓充入电导池内，清洗 1～2 次后，测量标准海水的温度，记入记录表内。

29.1.5.3.2 从仪器面板温度换算表上查出对应的 R_2 值，并将 R_2 旋钮旋至此值。

29.1.5.3.3 按标准海水盐度值查国际海洋学常用表 I_a 给出电导率比 R_{15}，根据所测温度 t 和电导率比 R_{15} 查海洋学常用表 II_a，给出盐度修正量 ΔS，按公式 $S=S_{未修正}+\Delta S$，求得 $S_{未修正}$，再从表 I_a 查出对应的电导比 R_t。此值即为所测温度 t(℃)下，标准海水电导率比的定标值。

示例：

标准海水盐度值 $S=34.544$

电导池温度 $\theta=21$℃

由 I_a 表查出 $R_{15}=0.988\ 35$

由 II_a 表查 $t=21$℃，$R_{15}=0.98\sim0.99$，得 $\Delta S=-0.001$

$S_{未修正}=S-\Delta S=34.545$

查 I_a 表 $R_{21}=0.988\ 38$

将标准海水的定标值 R_t 旋到电导率比的相应位置上。

29.1.5.3.4 将温盐转换开关转到测盐档，调节 R_1 旋钮，使指零表头指零，关闭搅拌，将水放掉。如此重复充灌调节，直到出现重复读数为止，即完成仪器定标。将 R_1 值记入记录表内。

29.1.5.4 样品测量

启动气泵，将样品水缓缓吸入电导池内，清洗 1～2 次。当样品水从电导池溢水口溢出时，立即关闭电导池进水旋塞，断开气泵电源，启动搅拌。温盐转换开关转到测湿档，测量海水样品的温度，记入记录表内。将温盐转换开关转到测盐档，调节 R_t 旋钮，使指零表头指零，关闭搅拌，放掉电导池的水样。若两次测量，电导比旋钮最后一位变动小于 6 时，则认为两次测量是重复的，将测得的海水样品的电导率比 R_t 数值记入表 A.25 中。

29.1.6 记录与计算

测定结果记入 A.25 中。计算实用盐度有以下两种方法：

29.1.6.1 计算机处理

运用公式编制程序计算，计算结果应表示至小数点后第三位。

29.1.6.2 **查国际海洋学常用表**

若在15℃下测得电导率比值R_{15}时,可由表Ⅰ$_a$内插表Ⅰ$_b$,直接得到实用盐度。

示例1:

在15℃时测得的电导率比为0.954 27。

查表Ⅰ$_a$ $R_{15}=0.954\ 20 \rightarrow S=33.214$

$R_{15}=0.954\ 30 \rightarrow S=33.217$

$\delta S=3\times10^{-3}$

查内插表Ⅰ$_b$($\delta S=3\times10^{-3}$)

$\delta R\times10^{5}=7\rightarrow \Delta S=2\times10^{-3}$

则$R_{15}=0.954\ 27$时,

实用盐度$S=33.214+2\times10^{-3}=33.216$

也可以查表Ⅰ$_a$,然后用内插法计算得实用盐度。

在温度θ下测得电导率比值R_θ,可查表Ⅰ$_a$和表Ⅰ$_b$确定未修正盐度$S_{未修正}$,据所测电导率比值R_θ和温度θ,查表Ⅱ$_a$和表Ⅱ$_b$确定修正量ΔS。实用盐度$S=S_{未修正}+\Delta S$。

示例2:

当温度为28.6℃时,测得电导率比为0.823 54。

查表Ⅰ$_a$和表Ⅰ$_b$,得$S_{未修正}=28.195$

查表Ⅱ$_a$,$t=28.0\rightarrow \Delta S\times10^{3}=-40$

$t=29.0\rightarrow \Delta S\times10^{3}=-43$

$\delta S\times10^{3}=-3$

$\delta t=28.6-28.0=6\times10^{-1}$

查表Ⅱ$_b$,$\left.\begin{matrix}\delta t\times10=6\\ \delta S\times10^{3}=3\end{matrix}\right\}\quad \Delta' S\times10^{3}=2$

修正量$\Delta S\times10^{3}=-40-2=-42$

实用盐度$S=S_{未修正}+\Delta S=28.195-0.042=28.153$

29.1.7 **注意事项**

本方法执行中应注意如下事项:

——250 mL样品瓶及瓶塞必须用同一水样严格清洗3次后,再装取测试水样。使用后的样品瓶应盛有部分海水,在下一次取样时放掉;

——向电导池内充灌海水样品时,应注意避免电导池内有气泡产生。若有气泡,测量读数一般会偏小,此时应重新充灌测量。产生气泡的原因较多,主要有以下几种:

a) 充灌速度太快,气泡来不及逸出而附着在电导池壁上。消除方法:调节储水杯上面的调速小螺丝,使充灌时间大于10 s。

b) 电导池被脏物或油垢污染,容易附着气泡。一般情况下,可用配制的30%洗洁净溶液充灌清洗,再用蒸馏水清洗。特别情况下,需拆下电导池壳清除油污或脏物时,应特别小心,不要损坏电导池内的热敏电阻加热器。

c) 热敏电阻的密封环节有漏气处,容易引进气泡。可适当拧紧螺丝,但不宜过紧,以免损坏热敏电阻。

d) 进水旋塞磨损,气泡和水会同时进入电导池。可将旋塞左边有机玻璃螺母拧紧。若还不行,可取出旋塞,将孔清洗干净,薄薄地涂上一层真空脂(不可涂得过多,以免污染电导池),装上旋塞。

——向电导池充灌水样时,应先把进水管内的残留水样放掉,擦干进水管,再按分析步骤中所述程序进行。否则,残留水会污染水样;

——连续测量时,应用标准海水或工作副标准海水定时检验仪器,并将检测的数值填入记录表内。间断测量时,按需要随时检验校准仪器,确保测量数据的准确可靠,并将校准的情况,记入记录表内,以备分析参考;

——加热器一般在仪器调节温度补偿时使用,测量时不用。电导池无水时,不应开加热器,以免烧坏加热器和探头;

——经常注意泄放储水杯内的残水,切不可使存水接近气孔。否则,开气泵时会把水吸入气泵,损坏气泵。

29.2 温盐深仪(CTD)法

等效采用 GB 12763.2。

30 浑浊度

30.1 浊度计法

30.1.1 适用范围和应用领域

本法适用于近海海域和大洋水浊度的测定。本法规定 1 L 纯水中含高岭土 1 mg 的浊度为 1°。水样中具有迅速下沉的碎屑及粗大沉淀物都可被测定为浊度。

本方法为仲裁方法。

30.1.2 方法原理

以一定光束照射水样,其透射光的强度与无浊纯水透射光的强度相比较而定值。

30.1.3 试剂及其配制

30.1.3.1 无浊纯水:取蒸馏水或去离子水,通过 0.2 μm 滤膜(见 30.1.3.2)抽滤,贮于聚乙烯桶中,用过滤水淋洗聚乙烯桶二次,弃去初滤水 200 mL。当天制备。

30.1.3.2 二氯化汞($HgCl_2$)溶液(50 g/L):二氯化汞溶液(50 g/L):称取 5.0 g 二氯化汞($HgCl_2$)溶于少量水中并稀释至 100 mL,贮于棕色试剂瓶中。

注:二氯化汞剧毒,小心操作!

30.1.4 仪器及设备

仪器和设备如下:

——光电式浑浊度计;

——具胶塞试剂瓶;

——一般实验室常备仪器和设备。

30.1.5 分析步骤

30.1.5.1 浊度计接通电源预热(15～30)min。

30.1.5.2 测定低浊度(0°～30°)水样,用长型测定池,步骤如下:

a) 调零:将无浊纯水倒入测定池内,并把测定池有号码的一面对着仪器测定槽右端,盖上盖子,缓慢地旋转微调,将表针调至表盘右端零标线处,即可取出测定池。

b) 水样测定:将被测水样倾入测定池的标线处,然后放回仪器的测定槽内,测定池有号码的一面对着测定槽的右端,盖上盖子,可直接读数。

30.1.5.3 测定高浊度(20°～100°)水样,用短型测定池,步骤如下:

a) 将无浊纯水注入高浊度测定池至标线处,然后把 20°基准板对着测定池有号码一端插入,将测定池有号码的一面对着仪器测定槽的一端,放入测定槽中间。

b) 盖上测定槽盖子,缓慢调节微调,将表针调至右端 20°刻度值上。

c) 取下 20°基准板,重新注入被测水样至测定池的标线,然后将水样测定池放入测定槽中间,盖上盖子,可直接读数。

d) 当水样浑浊度超过 100°时,可用无浊纯水进行稀释后,再进行测定。

30.1.6 记录与计算

将测得数据记入表 A.26 及表 A.27 中。若水样经稀释按式(60)计算其浓度：

$$Tu=\frac{F\times(A+C)}{C} \quad \cdots\cdots(60)$$

式中：

Tu——水样的浑浊度，单位为(°)；

F——查工作曲线所得到的浊度值，单位为度(°)；

A——无浊纯水体积，单位为毫升(mL)；

C——原水样体积，单位为毫升(mL)。

30.1.7 精密度和准确度

浊度为 4.5 mg/L,25 mg/L 的人工合成水样，重复性相对标准偏差为 1.1%，相对误差为 0.70%。

30.1.8 注意事项

本方法执行中应注意如下事项：

——除非另作说明，本方法所用试剂均为分析纯，水为无浊水或等效纯水；

——测定浊度时要迅速，从水样或标样充分振匀后倒入测定池中算起，须在 3 min 内测读完毕；

——水样应在取样当天测定，如果不可避免要保持更长时间，将水样保存暗处可达 24 h。如若在样品中加 0.5 g/L$HgCl_2$ 固定剂，可保存 22 d。

30.2 目视比浊法

30.2.1 适用范围和应用领域

本法适用于近海海域和大洋水浊度的测定。本法规定 1 L 纯水中含高岭土 1 mg 的浊度为 1°。水样中具有迅速下沉的碎屑及粗大沉淀物都可被测定为浊度。

30.2.2 方法原理

浊度与透视度成反比关系，水样与标准系列进行透视度比测，定值。

30.2.3 试剂及其配制

30.2.3.1 无浊纯水：取蒸馏水或去离子水，通过 0.2 μm 滤膜(见 30.2.3.2)抽滤，贮于聚乙烯桶中，用过滤水淋洗聚乙烯桶二次，弃去初滤水 200 mL。当天制备。

30.2.3.2 滤膜：0.2 μm

30.2.3.3 二氯化汞溶液(50 g/L)：称取 5.0 g 二氯化汞($HgCl_2$)溶于少量水中并稀释至 100 mL，贮于棕色试剂瓶中。

注：二氯化汞剧毒，小心操作！

30.2.3.4 焦磷酸钠溶液(50 g/L)：称取 5.0 g 焦磷酸钠($Na_4P_2O_7\cdot 10H_2O$)于 100 mL 量瓶中，加水溶解并稀释至标线。

30.2.3.5 高岭土(机选特号)

30.2.3.6 浊度标准贮备溶液：

浊度标准贮备溶液按以下步骤制备：

a) 将高岭土置于 105 ℃±1 ℃烘箱中烘干 2 h，移入盛有硅胶的干燥器中，冷却 30 min。

b) 称取 3 g～5 g 高岭土样品，置于玛瑙研钵中加少量水调成稀糊状，研磨约 50 min，全部转移入 1 000 mL 量筒中，补加纯水到 1 000 mL 标线处，充分搅拌均匀后，在 20 ℃ ± 0.5 ℃下静置 24 h。

c) 用虹吸法吸取上层 800 mL 悬浊液移入第二个 1 000 mL 量筒中，补加无浊纯水到 1 000 mL 标线处，充分搅匀后，再次置于 20 ℃±0.5 ℃下静放 24 h。

d) 用虹吸法吸除上层液 800 mL，留取底层 200 mL 悬浊液并加纯水到 1 000 mL 标线，然后盛于 1 000 mL 棕色试剂瓶中，塞严保存。此液为浊度标准贮备溶液。

e) 浊度标准贮备液的标定:量取 50.0 mL 浊度标准贮备溶液于恒重(W_1)的蒸发皿中,置于水浴锅上蒸干,移于 105 ℃干燥箱中,烘干 2 h。置于硅胶干燥器中冷却 30 min,称重(W_2)。重复烘干、冷却、称重步骤,直到两次重量差小于 0.2 mg,按式(61)计算贮备液浊度:

$$c_{贮}(\mathrm{mg/mL})=\frac{W_2(\mathrm{g})-W_1(\mathrm{g})}{50.0\ \mathrm{mL}}\times 1\,000 \qquad \cdots\cdots(61)$$

此标准贮备液浊度=浓度(mg/mL)×1 000。

30.2.3.7 浊度标准中间溶液:准确量取一定体积(V,mL)含有 250 mg 高岭土的标准贮备液(见 30.2.3.6)于 1 000 mL 量瓶中,加入 1.0 g 二氯化汞($HgCl_2$),溶解后,补加无浊纯水(见 30.2.3.1)至标线,充分混匀,转入具橡皮塞的棕色试剂瓶中。此标准中间液浓度为 0.25 mg/mL。浊度为 250°。

按式(62)计算取标准贮备溶液体积:

$$V=\frac{250\ \mathrm{mg}}{c_{贮}(\mathrm{mg/mL})} \qquad \cdots\cdots(62)$$

30.2.3.8 浊度标准使用溶液:移取 40.0 mL 浊度标准中间溶液(见 30.2.3.7)于 100 mL 量瓶中,加入 0.50 mL 焦磷酸钠溶液(见 30.2.3.4),加无浊纯水(见 30.2.3.1)至标线,混匀。此液浊度为 100°。

30.2.4 仪器及设备

仪器和设备如下:

——具塞比色管:容量 100 mL;

——具塞比色管架:2 台;

——移液吸管:容量 5 mL、10 mL、15 mL、20 mL、50 mL;

——量瓶:容量 100 mL、250 mL、500 mL、1 000 mL;

——量筒:容量 10 mL、50 mL、100 mL、500 mL、1 000 mL;

——抽滤瓶;

——干燥器;

——蒸发皿;

——玛瑙研钵;

——一般实验室常备仪器和设备。

30.2.5 分析步骤

30.2.5.1 制备标准系列:

取 12 支 100 mL 具塞比色管,分别加入 0 mL,0.50 mL,1.00 mL,2.00 mL,3.00 mL,4.00 mL,5.00 mL,6.00 mL,7.00 mL,8.00 mL,9.00 mL,10.0 mL 浊度标准使用溶液(见 30.2.3.8),加入 50.0 mL二氯化汞溶液(见 30.2.3.3),然后再加无浊纯水(见 30.2.3.1)至标线,混匀。

30.2.5.2 水样测定

将混匀的水样,倾入具塞比色管中至标线,立即同标准系列比较定量。0°~10°范围的测定,用黑色背景,垂直目视比较而定,10°以上用黄色方格坐标纸为背景,水平透视方格线条的清晰程度而定量。

30.2.6 记录与计算

将测定结果记入表 A.27 中。取两位有效读数。

若水样浊度超过 100°,则需用无浊纯水稀释水样至可测范围,将测定值乘以稀释倍数即为原水样浊度。

30.2.7 精密度和准确度

浊度为 7.0 mg/L;50.0 mg/L 时的人工合成水样,重复性相对标准偏差为 3.78%,相对误差为 4.10%。

30.2.8 注意事项

本方法执行中应注意如下事项:

——除非另作说明，本方法所用试剂均指分析纯，水指无浊纯水或等效纯水；

——水样在取样当天测定浊度，如果不可避免要保持更长时间，将水样保存暗处可达 24 h。如若在样品中加适量 $HgCl_2$ 固定剂，可保存 22 d；

——不洁净的玻璃器皿和空气泡，以及扰乱水样表面能见度的振动都能造成虚假结果；

——每次量取水样或标准液时，必须将水样瓶横放，上下强烈振荡 30 次后，立即取出水样；

——玻璃试剂瓶磨口与磨口塞之间，在启瓶对磨中，可增大所盛液体的浊度。因此所用水样瓶及试剂瓶，均应配换橡胶塞，并将胶塞置于盛纯水的烧杯中煮沸 2 h；

——样品贮存时，每 500 mL 水样可加 5 mL 二氯化汞溶液(见 30.2.3.3)即可。

30.3 分光光度法

30.3.1 适用范围和应用领域

本法适用于近海海域和大洋水浊度的测定。水样中具有迅速下沉的碎屑及粗大沉淀物可被测定为浊度。

30.3.2 方法原理

透射水样的光束，可被悬浊颗粒散射和吸收而消减，光的消减量与浊度成正相关。测定透过水样光量的消减值，与标准系列相比较而定值。

30.3.3 试剂及其配制

见 30.2.3.1～30.2.3.8。

30.3.4 仪器与设备

仪器和设备如下：

——船用分光光度计；

——具胶塞试剂瓶；

——一般实验室常备仪器和设备。

30.3.5 分析步骤

30.3.5.1 绘制工作曲线

按以下步骤绘制标准曲线：

a) 准确量取 200 mL 浊度标准中间液(见 30.2.3.7)，移入 500 mL 量瓶中，加入 0.5 mL 焦磷酸钠溶液(见 30.2.3.4)，然后加入无浊纯水(见 30.2.3.1)至标线，混匀。此液浊度为 100°；

b) 取 12 支 50 mL 具塞比管，分别加入 100°标准液(见 30.3.5.1.a)0 mL，0.50 mL，1.50 mL，2.50 mL，3.50 mL，4.50 mL，5.00 mL，15.0 mL，25.0 mL，35.0 mL，45.0 mL，50.0 mL，向各管补加无浊纯水(见 30.2.3.1)至标线，混匀；

c) 每次振荡混匀一管，立即倒入 5 cm 测定池，以无浊纯水(见 30.2.3.1)为参比液，于 450 nm 处测定吸光值；

d) 依次逐个测定，以所得吸光值为纵坐标，浊度为横坐标绘制工作曲线。

30.3.5.2 水样测定

a) 将水样振荡混匀，按 30.3.5.1.c)的步骤测定吸光值，查工作曲线或用线性回归方程计算得浊度值。

b) 若水样浊度超过 100°时，用无浊纯水(见 30.2.3.1)稀释到曲线范围内，再测定吸光值，查工作曲线得浊度(F)。

30.3.6 记录与计算

将测得数据记入表 A.26 及表 A.27 中。若水样经稀释按式(63)计算其浓度：

$$Tu = \frac{F \times (A + C)}{C} \qquad \cdots\cdots (63)$$

式中：

Tu——水样的浑浊度，单位为度(°)；

F——查工作曲线所得到的浊度值，单位为度(°)；

A——无浊纯水体积，单位为毫升(mL)；

C——原水样体积，单位为毫升(mL)。

30.3.7 精密度和准确度

浊度为 7.0 mg/L，50.0 mg/L 的人工合成水样，重复性相对标准偏差 6.7%，相对误差为 5.1%。

30.3.8 注意事项

本方法执行中应注意如下事项：

——不洁净的玻璃器皿和空气泡，以及扰乱水样表面能见度的振动，都能造成虚假结果；

——水样在取样当天测定浊度。如果不可避免要保持更长时间，将水样保存暗处可达 24 h，若在样品中加 0.5 g/L $HgCl_2$ 固定剂，可保存 22 d；

——水样中存在有色物质，会使测得浊度偏高，可改选适当波长或取水样上清液作参比，消除颜色的干扰；

——测定吸光值时要迅速，从水样或标准样充分振匀后入测定池中算起，应在 3 min 内测读完毕；

——其他注意事项，见 30.2.7。

31 溶解氧——碘量法

31.1 适用范围和应用领域

本法适用于大洋和近岸海水及河水、河口水溶解氧的测定。

本方法为仲裁方法。

31.2 方法原理

水样中溶解氧与氯化锰和氢氧化钠反应，生成高价锰棕色沉淀。加酸溶解后，在碘离子存在下即释出与溶解氧含量相当的游离碘，然后用硫代硫酸钠标准溶液滴定游离碘，换算溶解氧含量。

31.3 试剂及其配制

31.3.1 氯化锰溶液：称取 210 g 氯化锰($MnCl_2 \cdot 4H_2O$)，溶于水，并稀释至 500 mL。

31.3.2 碱性碘化钾溶液：称取 250 g 氢氧化钠(NaOH)，在搅拌下溶于 250 mL 水中，冷却后，加 75 g 碘化钾(见 31.3.6)，稀释至 500 mL，盛于具橡皮塞的棕色试剂瓶中。

31.3.3 硫酸溶液(1+1)：在搅拌下，将同体积浓硫酸(H_2SO_4，ρ=1.84 g/mL)小心地加到同体积的水中，混匀。盛于试剂瓶中。

31.3.4 硫代硫酸钠溶液[$c(Na_2S_2O_3 \cdot 5H_2O)$=0.01 mol/L]：配制及标定见 32.3.4。

31.3.5 淀粉溶液(5 g/L)：配制见 32.3.6。

31.3.6 碘化钾(KI)：化学纯。

31.3.7 碘酸钾标准溶液[$c(1/6KIO_3)$=0.010 0 mol/L]：称取 3.567 g 碘酸钾：(KIO_3，优级纯，预先在 120℃烘 2 h，置于硅胶干燥器中冷却)，溶于水中，全量移入 1 000 mL 量瓶中，加水至标线，混匀。置于冷暗处，有效期为一个月。使用时量取 10.00 mL 加水稀释至 100 mL。

31.4 仪器及设备

仪器和设备如下：

——水样瓶：容积 125 mL，棕色磨口玻璃瓶，瓶塞为锥形，磨口要严密，容积须经校正；

——玻璃管：直径 5 mm～6 mm，长 12 cm；

——乳胶管：直径同玻璃管，长 20 cm～30 cm；

——溶解氧滴定管：容量 25 mL，分刻度 0.05 mL；

——电磁搅拌器：转速可调至(150～400)r/min；

——玻璃磁转子：直径约 3 mn～5 mn，长 25 mm；

——锥形烧瓶：容量 250 mL；

——碘量瓶：容量 250 mL；

——量筒：容量 100 mL；

——烧杯：容量 500 mL，1 000 mL；

——双联打气球；

——棕色试剂瓶：容量 500 mL，2 500 mL；

——定量加液器：容量 5 mL；

——移液吸管：容量 20 mL；

——一般实验室常备仪器和设备。

31.5 分析步骤

31.5.1 水样的固定：打开水样瓶塞，立即用定量加液器(管尖插入液面)依序注入 1.0 mL 氯化锰溶液(见 31.3.1)和 1.0 mL 碱性碘化钾溶液(见 31.3.2)，塞紧瓶塞(瓶内不准有气泡)，按住瓶盖将瓶上下颠倒不少于 20 次。

31.5.2 测定步骤

样品测定按以下步骤进行：

a) 水样固定后约 1 h 或沉淀完全后，便可进行滴定；

b) 将水样瓶上层清液倒入 250 mL 锥形烧瓶中，立即向水样瓶加入 1.0 mL 硫酸溶液(见 31.3.3)，塞紧瓶塞，振荡水样瓶至沉淀全部溶解；

c) 将水样瓶内溶液全量倒入锥形烧瓶中，将其置于电磁搅拌器上，立即搅拌，用已标定的硫代硫酸钠溶液(见 31.3.4)滴定；

d) 待试液呈淡黄色时，加 1mL 淀粉溶液(见 31.3.5)，继续滴定至蓝色刚刚退去。用锥形烧瓶中的少量试液荡洗原水样瓶，再将其倒回锥形烧瓶中，继续滴定至无色。待 20 s 后，如试液不呈淡蓝色，即为终点。将滴定所消耗的硫代硫酸钠溶液体积记入表 A.28 中。

31.5.3 空白试验

取 100 mL 海水，加入 1.0 mL 硫酸溶液(见 31.3.3)、1.0 mL 碱性碘化钾溶液(见 31.3.2)和 1.0 mL氯化锰溶液(见 31.3.1)，混合均匀，放置 10 min，加 1 mL 淀粉容液(见 31.3.5)，混匀。此时，若溶液呈现淡蓝色，继续用硫代硫酸钠溶液(见 31.3.4)滴定。如硫代硫酸钠用量超出 0.1 mL，则应核查碘化钾和氯化锰试剂的可靠性并重新配制试剂。如果硫代硫酸钠用量小于或等于 0.1 mL，或加入淀粉溶液后溶液不呈现淡蓝色，且加入 1 滴碘酸钾标准溶液(见 31.3.7)后，溶液立即呈现蓝色，则试剂空白可以忽略不计。

每批新配制试剂应进行 1 次空白试验。

31.6 记录和计算

31.6.1 水样中溶解氧浓度按式(64)计算：

$$\rho_{O_2}=\frac{c\times V\times 8}{V_0}\times 1\,000 \quad \cdots\cdots (64)$$

式中：

ρ_{O_2}——水样中溶解氧浓度，单位为毫克每升(mg/L)；

c——硫代硫酸钠溶液的浓度，单位为摩尔每升(mol/L)；

V——滴定样品时用去硫代硫酸钠溶液体积，单位为毫升(mL)；

V_0——滴定用的实际水样体积(＝水样瓶的容积－固定水样的固定剂体积)，单位为毫升(mL)。

31.6.2 溶解氧饱和度按式(65)计算：

$$氧的饱和度(\%)=\rho_{O_2}/\rho_{O_2'}\times 100 \quad \cdots\cdots (65)$$

式中：

ρ_{O_2}——测得的含氧量，单位为毫克每升(mg/L)；

$\rho_{O_2'}$——在现场水温、盐度下，氧在海水中的饱和浓度，单位为毫克每升(mg/L)。

31.7 注意事项

本方法执行中应注意如下事项：

——除非另有说明，本方法所用试剂均为分析纯，水为蒸馏水或等效纯水；

——溶解氧样品瓶均应进行容积校正：将水样瓶装满蒸馏水，塞上瓶塞、擦干，称重。减去干燥的空瓶重量，除以该水温时蒸馏水的密度，测得水样瓶容积。将瓶号及相应的水样瓶容积测量结果记录，备查；

——滴定临近终点，速度不宜太慢，否则终点变色不敏锐。如终点前溶液显紫红色，表示淀粉溶液变质，应重新配制；

——水样中含有氧化性物质可以析出碘产生正干扰，含有还原性物质消耗碘产生负干扰。

32 化学需氧量——碱性高锰酸钾法

32.1 适用范围和应用领域

本法适用于大洋和近岸海水及河口水化学需氧量(COD)的测定。

本方法为仲裁方法。

32.2 方法原理

在碱性加热条件下，用已知量并且是过量的高锰酸钾，氧化海水中的需氧物质。然后在硫酸酸性条件下，用碘化钾还原过量的高锰酸钾和二氧化锰，所生成的游离碘用硫代硫酸钠标准溶液滴定。

32.3 试剂及其配制

32.3.1 氢氧化钠溶液：称取 250 g 氢氧化钠(NaOH)，溶于 1 000 mL 水中，盛于聚乙烯瓶中。

32.3.2 硫酸溶液(1+3)：在搅拌下将 1 体积浓硫酸(H_2SO_4，ρ=1.84 g/mL)慢慢加入 3 体积水中，趁热滴加高锰酸钾溶液(见 32.3.5)，至溶液略呈微红色不褪为止，盛于试剂瓶中。

32.3.3 碘酸钾标准溶液[$c(1/6KIO_3)$=0.010 0 mol/L]：称取 3.567 g 碘酸钾(KIO_3，优级纯，预先在 120℃烘 2 h，置于干燥器中冷却)溶于水中，全量移入 1 000 mL 棕色量瓶中，稀释至标线，混匀。置于阴暗处，有效期为 1 个月，此溶液为 0.100 mol/L。使用时稀释 10 倍，即得 0.010 0 mol/L 碘酸钾标准溶液。

32.3.4 硫代硫酸钠标准溶液[$c(Na_2S_2O_3 \cdot 5H_2O)$=0.01 mol/L]：称取 25 g 硫代硫酸钠($Na_2S_2O_3 \cdot 5H_2O$)，用刚煮沸冷却的水溶解，加入约 2 g 碳酸钠，移入棕色试剂瓶中，稀释至 10 L，混匀。置于阴凉处。

硫代硫酸钠标准溶液的标定：

移取 10.00 mL 碘酸钾标准溶液(见 32.3.3)，沿壁流入碘量瓶中，用少量水冲洗瓶壁，加入 0.5 g 碘化钾(见 32.3.7)，沿壁注入 1.0 mL 硫酸溶液(见 32.3.2)，塞好瓶塞，轻荡混匀，加少许水封口，在暗处放置 2 min。轻轻旋开瓶塞，沿壁加入 50 mL 水，在不断振摇下，用硫代硫酸钠溶液(见 32.3.4)滴定至溶液呈淡黄色，加入 1 mL 淀粉溶液(见 32.3.6)，继续滴定至溶液蓝色刚褪去为止。重复标定，至两次滴定读数差小于 0.05 mL 为止。按式(66)计算其浓度：

$$c=\frac{10.00\times 0.010\,0}{V} \qquad (66)$$

式中：

c——硫代硫酸钠标准溶液浓度，单位为摩尔每升(mol/L)；

V——硫代硫酸钠标准溶液体积，单位为毫升(mL)。

32.3.5 高锰酸钾溶液：[$c(1/5KMnO_4)$=0.01 mol/L]：称取 3.2 g 高锰酸钾($KMnO_4$)，溶于 200 mL 水中，加

热煮沸 10 min,冷却,移入棕色试剂瓶中,稀释至 10 L,混匀。放置 7 d 左右,用玻璃砂芯漏斗过滤。

32.3.6 淀粉溶液(5 g/L):称取 1 g 可溶性淀粉,用少量水搅成糊状,加入 100 mL 煮沸的水,混匀,继续煮至透明。冷却后加入 1 mL 乙酸,稀释至 200 mL,盛于试剂瓶中。

32.3.7 碘化钾(KI)。

32.4 仪器及设备

仪器和设备如下:

——溶解氧滴定管:容量 25 mL;

——定量加液器:容量 5 mL;

——移液管:容量 2 mL、10mL;

——碘量瓶:容量 250 mL;

——具塞三角烧瓶:容量 250 mL;

——试剂瓶:容量 500 mL、棕色瓶 2 500 mL、10 000 mL、聚乙烯瓶 1 000 mL;

——量筒:容量 100 mL、500 mL、1 000 mL;

——滴瓶:容量 125 mL;

——玻璃砂芯漏斗:G4;

——定时钟或秒表;

——电磁搅拌器:转速可调至(140～150)r/min;

——玻璃磁转子:直径约 3 mm～5 mm,长 25 mm;

——双联打气球;

——电热板:1 000 W;

——一般实验室常备仪器和设备。

32.5 分析步骤

样品测定按以下步骤进行:

a) 取 100 mL 水样于 250 mL 锥形瓶中(测平行双样,若有机物含量高,可少取水样,加蒸馏水稀释至 100 mL)。加入 1 mL 氢氧化钠溶液(见 32.3.1)混匀,加 10.00 mL 高锰钾溶液(见 32.3.5),混匀;

b) 于电热板上加热至沸,准确煮沸 10 min(从冒出第一个气泡时开始计时)。然后迅速冷却到室温;

c) 用定量加液器加 5 mL 硫酸溶液(见 32.3.2),加 0.5 g 碘化钾(见 32.3.7),混匀,在暗处放置 5 min。在不断振摇或电磁搅拌下,用已标定的硫代硫酸钠标准溶液(见 32.3.4)滴定至溶液呈淡黄色,加入 1 mL 淀粉溶液(见 32.3.6),继续滴至蓝色刚退去为止,记下滴定数 V_1。两平行样滴定读数相差不超过 0.10 mL;

d) 另取 100 mL 重蒸馏水代替水样,按步骤 32.1.5.a)～32.1.5.c)测定分析空白滴定值 V_2。

32.6 记录与计算

将滴定管读数(V_1、V_2)记入表 A.29 中。按式(67)计算化学需氧量。

$$COD=\frac{c(V_2-V_1)\times 8.0}{V}\times 1\,000 \quad \cdots\cdots (67)$$

式中:

COD——水样的化学需氧量,单位为毫克每升(mg/L);

c——硫代硫酸钠的浓度,单位为摩尔每升(mol/L);

V_2——分析空白值滴定消耗硫代硫酸钠溶液的体积,单位为毫升(mL);

V_1——滴定样品时硫代硫酸钠的体积,单位为毫升(mL);

V——取水样体积,单位为毫升(mL)。

32.7 注意事项

本方法执行中应注意如下事项：

——除非另作说明，本方法所用试剂均为分析纯，水为蒸馏水或等效纯水；

——水样加热完毕，应冷却至室温，再加入硫酸和碘化钾，否则游离碘挥发而造成误差；

——化学需氧量的测定是在一定反应条件下试验的结果，是一个相对值，所以测定时应严格控制条件，如试剂的用量、加入试剂的次序、加热时间及加热温度的高低，加热前溶液的总体积等都必须保持一致；

——用于制备碘酸钾标准溶液的纯水和玻璃器皿须经煮沸处理，否则碘酸钾溶液易分解。

33 生化需氧量

33.1 五日培养法（BOD_5）

33.1.1 适用范围和应用领域

本法适用于海水的生化需氧量的测定。

本方法为仲裁方法。

33.1.2 方法原理

水体中有机物在微生物降解的生物化学过程中，消耗水中溶解氧。用碘量法测定培养前和后两者溶解氧含量之差，即为生化需氧量，以氧的含量（mg/L）计。培养五天为五日生化需氧量（BOD_5）。水中有机质越多，生物降解需氧量也越多，一般水中溶解氧有限，因此，须用氧饱和的蒸馏水稀释。为提高测定的准确度，培养后减少的溶解氧要求占培养前溶解氧的 40%～70%为适宜。

33.1.3 试剂及其配制

33.1.3.1 氯化钙溶液（27.5 g/L）：溶解 27.5 g 氯化钙（$CaCl_2$）于水中，稀释至 1 L，盛于试剂瓶中。

33.1.3.2 三氯化铁溶液（0.25 g/L）：溶解 0.25 g 三氯化铁（$FeCl_3 \cdot 6H_2O$）于水中，稀释至 1 L。盛于试剂瓶中。

33.1.3.3 硫酸镁溶液（22.5 g/L）：溶解 22.5 g 硫酸镁（$MgSO_4 \cdot 7H_2O$）于水中，衡释至 1 L。盛于试剂瓶中。

33.1.3.4 磷酸盐缓冲溶液（pH≈7.2）：溶解 8.5 g 磷酸二氢钾（KH_2PO_4），21.75 g 磷酸氢二钾（K_2HPO_4），33.4 g 磷酸氢二钠（$Na_2HPO_4 \cdot 7H_2O$）和 1.7 g 氯化铵（NH_4Cl）于约 500 mL 水中，稀释至 1 L。此缓冲溶液 pH 为 7.2，不需再作调节。

33.1.3.5 测定溶解氧所需试剂及其配制，见 31.3.1～31.3.7。

33.1.4 仪器及设备

仪器和设备如下：

——自动调温培养箱：20℃±1℃，不透光，以防光合作用产生溶解氧；

——培养瓶：容量为 250 mL～300 mL 特制的具磨口塞和供水封用的喇叭口瓶或试剂瓶。所用培养瓶的容积均须校准；

——玻璃瓶：容量 20 L；

——量筒：容量 2 000 mL；

——其他仪器和设备：见 31.1.4；

——一般实验室常备仪器和设备。

33.1.5 分析步骤

33.1.5.1 稀释水的制备

在 20 L 玻璃瓶中加入一定体积的水，经过 8 h～12 h 曝气后，使溶解氧接近饱和，盖严静置，备用。使用前于每升水中各加 1 mL 磷酸盐缓冲溶液（见 33.1.3.4）、1 mL 硫酸镁溶液（见 33.1.3.3）、1 mL 氯化钙溶液（见 33.1.3.1）和 1mL 三氯化铁溶液（见 33.1.3.2），混匀。

33.1.5.2 水样采集和培养

水样采集和培养按以下步骤进行：

a) 水样采集后应在 6 h 内开始分析，若不能，则在 4℃或 4℃以下保存，而且不得超过 24 h，并将贮存时间和温度与分析结果一起报告；

b) 对未受污染海区的水样，可以直接取样。分装样品时，虹吸管的一头要插入培养瓶的底部，慢慢放水，以免带入气泡。直接测定当天水样和经过五天培养后水样中溶解氧的差值，即为五日生化需氧量；

c) 对于已受污染海区的水样，必须用稀释水稀释后再进行培养和测定。水样稀释的倍数是测定的重要关键。稀释倍数的选择可根据培养后溶解氧的减少量而定，剩余的溶解氧至少有 1 mg/L。一般采用 20%～75%的稀释量。在初次作时，可对每个水样同时作 2～3 个不同的稀释倍数。

33.1.5.3 稀释方法

稀释方法如下：

a) 量取一定体积的水样于 2 000 mL 量筒中，用虹吸管引入稀释水至 2 000 mL 刻度，用一插棒式混合棒（在玻璃棒的一端插入一块略小于所用量筒直径，约 2 mm 厚的橡皮板），小心上下搅动，不可露出水面，以免带入空气；

b) 用虹吸管将稀释后的水样装入四个培养瓶中，至完全充满后轻敲瓶壁使瓶中可能混有的小汽泡逸出，盖紧瓶塞，用水封口；

c) 另取四个编号的培养瓶，全部装入稀释水，盖紧后用水封口，作为空白；

d) 将各瓶的编号按操作顺序记录在表格中，每种样品各取一瓶立即测定溶解氧，其余放入 20℃±1℃的培养箱中；

e) 从开始培养的时间算起，经五昼夜后，取出样品，测定其溶解氧的剩余量。

33.1.5.4 溶解氧的测定及其浓度计算，见 31.5 和 31.6。

33.1.6 记录与计算

将每种水样测定结果及时记录在表 A.30 中。按式(68)计算五日生化需氧量。

$$BOD_5=\frac{(D_1-D_2)-(D_3-D_4)\times f_1}{f_2} \quad \cdots\cdots (68)$$

式中：

BOD_5——五日生化需氧量，单位为毫克每升(mg/L)；

D_1——样品在培养前的溶解氧，单位为毫克每升(mg/L)；

D_2——样品在培养后的溶解氧，单位为毫克每升(mg/L)；

D_3——稀释水在培养前的溶解氧，单位为毫克每升(mg/L)；

D_4——稀释水在培养后的溶解氧，单位为毫克每升(mg/L)；

f_1——稀释水(V_3)在样品(V_4)中所占的比例；

f_2——水样(V_4)在稀释水(V_3)中所占的比例。

其中：$f_1=\frac{V_3}{V_3+V_4}$；$f_2=\frac{V_4}{V_3+V_4}$

33.1.7 注意事项

本方法执行中应注意以下事项：

——除非另作说明，本方法所用试剂均为化学纯，水为蒸馏水或等效纯水；

——配制试剂和稀释水所用的蒸馏水不应含有机质、苛性碱和酸；

——稀释水也可以采用新鲜天然海水，稀释水应保持在 20℃左右，并且在 20℃培养五天后，溶解氧的减少量应在 0.5 mg/L 以下；

——水样在培养期间，培养水瓶封口处应始终保持有水，可用纸或塑料帽盖在喇叭口上减少培养期间封口水的蒸发。经常检查培养箱的温度是否保持在20℃±1℃。样品在培养期间不应见光，以防光合作用产生溶解氧；

——为使测定正确，尤其对初次操作者说来，可以用标准物质进行校验。常用的标准物质有葡萄糖和谷氨酸混合液。将葡萄糖和谷氨酸在103℃烘箱中干燥1 h，精确称取葡萄糖150 mg加谷氨酸150 mg溶解在1 000 mL蒸馏水中，其20℃BOD_5为200 mg/L±37 mg/L。

33.2 两日培养法（BOD_2）

除培养温度和培养时间不同外，其他均与五日生化需氧量相同。

培养温度：30℃±0.5 ℃

培养时间：2 d。

计算：$BOD_2^{30} \times K = BOD_5^{20}$

式中：

BOD_2^{30}——在30℃时，两日生化需养量；

BOD_5^{20}——在20℃时，5日生化需养量；

K——根据各海域具体情况由实验确定的系数，建议用数值1.17。

34 总有机碳

34.1 总有机碳仪器法

34.1.1 适用范围和应用领域

本法适用于海水中总有机碳（TOC）的测定。

本方法为仲裁方法。

34.1.2 方法原理

海水样品经进样器自动进入总碳（TC）燃烧管（装有白金触媒，温度680℃）中，通入高纯空气将样品中含碳有机物氧化为CO_2后，由非色散红外检测器定量。然后同一水样自动注入无机碳（IC）反应器（装有25%磷酸溶液）中，于常温下酸化无机碳酸盐所生成CO_2，由非色散红外检测器检定出IC含量，由TC减去IC即得TOC含量。

亦可用2 moL/L盐酸先酸化水样，然后通气鼓泡5 min～10 min，除去IC，由此测得的TC即为TOC。由于鼓泡过程会造成水样中挥发性有机物的损失而产生部分误差，其测定结果仅代表不可吹出有机碳含量。

34.1.3 试剂及其配制

34.1.3.1 过硫酸钾（$K_2S_2O_8$）。

34.1.3.2 磷酸（H_3PO_4）。

34.1.3.3 碳酸钠（Na_2CO_3）：基准试剂。

34.1.3.4 碳酸氢钠（$NaHCO_3$）：基准试剂。

34.1.3.5 盐酸（HCl）。

34.1.3.6 邻苯二甲酸氢钾。

34.1.3.7 无水硫酸钠。

34.1.3.8 无碳水：将蒸馏水盛于全玻璃回流装置中，每升水加入10 g过硫酸钾（见34.1.3.1）和2 mL磷酸（见34.1.3.2），投入少许沸石，加热回流4 h后，换上全玻璃磨口接收装置，收集中间馏分于具塞玻璃瓶中，待冷却至室温时立即使用。

34.1.3.9 碳酸钠：碳酸钠（见34.1.3.3）使用前在500℃下灼烧30 min，然后置于装有无水硫酸钠（见34.1.3.7）的干燥器中冷却备用。

34.1.3.10 盐酸溶液：2 mol/L。

34.1.3.11 磷酸溶液(25 %):取 25 mL 磷酸(见 34.1.3.2),用水稀释至 100 mL(IC 反应液)。

34.1.3.12 总碳(TC)标准储备溶液(1 000 mg/L):称取 2.125 0 g 邻苯二甲酸氢钾(见 34.1.3.6)(先在 115℃下干燥 2 h),用水溶解,转移至 1 000 mL 容量瓶中,稀至标线,混匀。

34.1.3.13 无机碳(IC)标准储备溶液(1 000 mg/L):称取 4.410 0 g 碳酸钠(见 34.1.3.3)和3.500 0 g 碳酸氢钠(见 34.1.3.4),用水溶解,转移至 1 000 mL 容量瓶中,稀至标线,混匀。

34.1.3.14 总碳(TC)标准使用溶液:分别移取 0.00 mL、5.00 mL 、10.00 mL 、15.00mL 总碳(TC)标准储备溶液(见 34.1.3.12)于 4 个 250 mL 容量瓶中,用无碳水稀至刻度,该标准使用溶液的浓度分别为 0.00 mg/L、20.00 mg/L、40.00 mg/L、60.00 mg/L,使用时现配。

34.1.3.15 无机碳(IC)标准使用溶液:分别移取 0.00 mL、5.00 mL、10.00 mL、15.00 mL 无机碳(IC)标准储备溶液(见 34.1.3.13)于 4 个 250 mL 容量瓶中,用无碳水稀至刻度,该标准使用溶液的浓度分别为 0.00 mg/L、20.00 mg/L、40.00 mg/L、60.00 mg/L,使用时现配。

34.1.4 仪器及设备

仪器和设备如下:

——总有机碳分析仪;

——高纯空气钢瓶;

——高纯空气:由高纯氮气和高纯氧气按比例混合(纯度 99.99%);

——进样器:容量 250 μL;

——常用白金触媒:铝球,配装在 TC 燃烧管中;

——全玻璃回流蒸馏装置;

——一般实验室常备仪器及设备。

34.1.5 分析步骤

34.1.5.1 绘制工作曲线

在仪器最佳技术参数下,依次注入浓度为 0 mg/L、20.00 mg/L、40.00 mg/L、60.00 mg/L 总碳(TC)标准使用溶液(见 34.1.3.14),仪器绘制出总碳(TC)工作曲线图。再注入浓度为 0 mg/L、20.00 mg/L、40.00 mg/L、60.00 mg/L 无机碳(IC)标准使用溶液(见 34.1.3.15),仪器绘制出无机碳(IC)工作曲线图。通常平行测定 2 次~3 次即可。然后用仪器的零点迁移功能将标准曲线迁移至原点,并加以保存。

34.1.5.2 样品测定

待仪器稳定后,开始测试,先测试样品的 TC 值,再测试样品的 IC 值。

34.1.6 记录与计算

测定结果记入表 A.31 中。

34.1.7 精密度和准确度

碳含量为 3.00 mg/L 时,重复性相对标准偏差为 2%;再现性相对标准偏差 2%;相对误差 1%。

34.1.8 注意事项

本标准执行中应注意如下事项:

——除非另作说明,本法所用试剂均为分析纯,水为无碳水或等效纯水;

——所用玻璃器皿使用前须用硫酸-重铬酸钾洗液浸泡 24 h~48 h,自来水冲洗后用无碳水洗净;

——无碳水应在临用前制备;

——样品采集后应在 24 h 内完成分析,如超过 24 h,应于每 20 mL 水样加入 3 粒~4 粒 $HgCl_2$ 固定水样,然后摇晃样品管至溶解为止(80 次左右);

——TOC 采样容器应采用带磨口 20 mL~25 mL 玻质比色管,用现场海水冲洗两遍后采样;

——若测定溶解有机碳(DOC),应用 Waterman GF/C 玻璃纤维滤膜过滤,上机测定;

——测定海水样品,仪器四通阀易腐蚀生锈,需在四通阀转动部位经常滴点硅油;

——TC管装填状况和盐、钙等固体物在管内积累可影响峰形,若出现拖尾可严重影响测定结果。测完含酸、碱、盐的样品后,必须用无碳水反复多次冲洗进样管。

34.2 过硫酸钾氧化法

34.2.1 适用范围和应用领域

本法适用于河口、近岸以及大海洋水中溶解有机碳的测定。

34.2.2 方法原理

海水样品经酸化通氮气除去无机碳后,用过硫酸钾将有机碳氧化生成二氧化碳气体,用非色散红外二氧化碳气体分析仪测定。

34.2.3 试剂及其配制

34.2.3.1 高氯酸镁[$Mg(ClO_4)_2$]。

34.2.3.2 磷酸(H_3PO_4):$\rho=1.69$ g/mL。

34.2.3.3 过硫酸钾溶液:称取4 g经重结晶处理的过硫酸钾($K_2S_2O_8$)溶于100 mL无碳水中,加几滴磷酸(34.2.3.2),通氮气(34.2.3.7)除二氧化碳。临用时配制。

34.2.3.4 活性碳:在氮气氛下,于700℃活化4 h。

34.2.3.5 分子筛:5 A。

34.2.3.6 碱石棉。

34.2.3.7 氮气:纯度99.999%。

34.2.3.8 盐酸溶液:$c(HCl)=0.5$ mol/L。

34.2.3.9 盐酸羟胺溶液:称取17.4 g盐酸羟胺($NH_2OH \cdot HCl$)溶于500 mL盐酸溶液(34.2.3.8)中。

34.2.3.10 邻苯二甲酸氢钾标准贮备溶液:称取106.3 mg邻苯二甲酸氢钾($KHC_8H_4O_4$,先于110℃下烘干2 h~3 h),溶于水后全量转入50 mL量瓶中,加水至标线,加少许氯化汞($HgCl_2$),混匀。置冰箱保存。此溶液1.00 mL含碳1.00 mg。

34.2.3.11 邻苯二甲酸氢钾标准使用溶液:移取1.00 mL标准贮备溶液(见34.2.3.10)于100 mL量瓶,加水至标线,混匀。此溶液1.00 mL含碳10.0 μg。有效期一周。

34.2.4 仪器及设备

仪器和设备如下:

——二氧化碳测定装置:见图9;

——非色散红外二氧化碳气体分析仪;

——流量计:量程(0~500)mL/min;

——聚四氟乙烯密封通气夹具;

——高温炉;

——全玻璃回流蒸馏装置;

——玻璃滤器;

——玻璃纤维滤膜:于450℃灼烧4 h;

——安瓿瓶:容量mL,于500℃灼烧4 h;

——量瓶:容量25 mL、50 mL、100 mL;

——刻度吸管:容量10 mL;

——移液吸管:容量1 mL;

——样品瓶:容量25 mL;

——酒精喷灯;

——水浴锅;

——一般实验室常备仪器及设备。

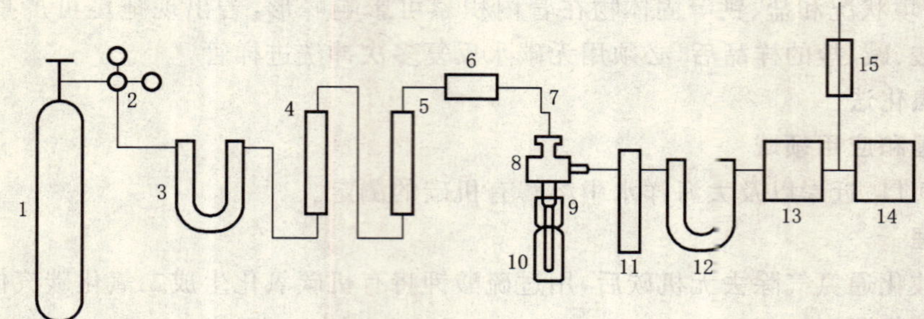

1——高纯氮气钢瓶；
2——压力调节阀；
3——活性碳 U 形管；
4——5 A 分子筛；
5——碱石棉管；
6——流量计；
7——不锈钢导管；
8——聚四氟乙烯夹具；
9——弹性胶管；
10——安瓿瓶；
11——盛盐酸羟胺溶液洗气瓶；
12——无水高氯酸镁；
13——二氧化碳分析仪；
14——记录仪；
15——尾气流量计。

图 9 二氧化碳测定装置

34.2.5 分析步骤

34.2.5.1 绘制工作曲线

按以下步骤绘制标准曲线：

a) 取 6 个 25 mL 量瓶，分别加入 0 mL，1.25 mL，2.50 mL，5.00 mL，7.50 mL，10.0mL 邻苯二甲酸氢钾标准使用溶液(见 34.2.3.11)，加水至标线，混匀，加 1 滴磷酸(见 34.2.3.2)，通氮气(见 34.2.3.7)5 min 除去二氧化碳；

b) 移取 4.00 mL 上述溶液于 10 mL 安瓿瓶中，加 1 mL 过硫酸钾溶液(见 34.2.3.3)，通氮气(200 mL/min)半分钟，立即于酒精喷灯焰上封口。于沸水浴中加热氧化 2 h 后取出，冷却至室温；

c) 将安瓿瓶与聚四氟乙烯密封夹具连接(见图 9)。待二氧化碳分析仪基线稳定后，用尖嘴钳夹破安瓿瓶口，立即将不锈钢导管插入瓶底，通入氮气(200 mL/min)把二氧化碳气体带入分析仪，测定相对读数 A_i。其中零浓度吸光值为标准空白 A_0；

d) 将测得读数 A 记录于表 A.3 中，以相对读数(A_i-A_0)为纵坐标，相应碳含量(mg/L)为横坐标，绘制工作曲线。

34.2.5.2 样品测定

按以下步骤测定样品：

a) 量取 20 mL 海水样品于 25 mL 样品瓶中，加几滴磷酸(见 34.2.3.2)使水样 pH 值小于或等于 2，通氮气(见 34.2.3.7)鼓泡 5 min，除去样品中的无机碳；

b) 按绘制工作曲线 34.2.5.1.b)～34.2.5.1.c)步骤测定相对读数 A_w，将测得数据记入表 A.4 中；

c) 量取 20 mL 水，按同上步骤测定分析空白 A_b。

34.2.6 记录与计算

据(A_W-A_b)值在工作曲线上查得水样中有机碳的浓度(mg/L)。或用线性回归方程计算。

34.2.7 注意事项

本方法执行中应注意如下事项：

——除非另作说明，本法所用试剂均为分析纯，水为无碳水或等效纯水；

——将蒸馏水盛于全玻璃回流装置中，并按每升水加 10 g 过硫酸钾($K_2S_2O_8$)和 2 mL 磷酸(34.2.3.2)，投入少许沸石，加热回流 4 h 后，换上全玻璃磨口蒸馏接收装置，蒸出无碳水，收集中间馏分于充满氮气的玻璃具塞瓶中。蒸馏装置需接一个内装活性碳和钠石灰的吸收管，以吸收外界进入的二氧化碳和有机气体；

——所用玻璃器皿使用前须用硫酸-重铬酸钾洗液浸泡 1 d～2 d，自来水冲洗后用蒸馏水洗涤，最后用无碳水洗净；

——无碳水应在临用时制备；

——工作曲线标准系列溶液配制和样品测定试样制备时，去除溶液无机碳的通氮管应插入液体底部；去除盛有待测溶液安瓿瓶顶部空间无机碳的通氮管口应稍高于液面；

——安瓿瓶封口时应将安瓿瓶口与一装有碱石棉的玻璃三通管连接，避免外部二氧化碳气体沾污；

——测定时要保持载气流量恒定。夹安瓿瓶和插入不锈钢导管的动作应迅速，以免影响测定精密度；

——每次测定前需更换盐酸羟胺溶液和高氯酸镁，以防水气和氯气进入分析仪干扰测定；

——样品采集后应立即用 Whatman GF/C 玻璃纤维滤膜过滤和分析。若不能立即分析，试样应添加少许氯化汞并置于冰箱保存。

35 无机氮

无机氮的化合物种类很多。本章所指无机氮仅包括氨氮、亚硝酸盐氮、硝酸盐氮的总和。测定方法分别参见 36，37，38 章。

36 氨

36.1 靛酚蓝分光光度法

36.1.1 适用范围和应用领域

本法适用于大洋和近岸海水及河口水。

本方法为仲裁方法。

36.1.2 方法原理

在弱碱性介质中，以亚硝酰铁氰化钠为催化剂，氨与苯酚和次氯酸盐反应生成靛酚蓝，在 640 nm 处测定吸光值。

36.1.3 试剂及其配制

36.1.3.1 铵标准贮备溶液(100.0 mg/L-N)：称取 0.471 6 g 硫酸铵[$(NH_4)_2SO_4$，预先在 110℃烘 1 h，置于干燥器中冷却]，溶于少量水中，全量转入 1 000 mL 量瓶中，加水至标线，混匀。加 1 mL 三氯甲烷($CHCl_3$)，振摇混合。贮于棕色试剂瓶中，冰箱内保存。有效期半年。

36.1.3.2 铵标准使用溶液(10.0 mg/L-N)：移取 10.0 mL 铵标准贮备液(见 36.1.3.1)置于 100 mL 量瓶中，加水至标线，混匀。临用时配制。

36.1.3.3 柠檬酸钠溶液(480 g/L)：称取 240 g 柠檬酸钠($Na_3C_6H_5O_7\cdot 2H_2O$)，溶于 500 mL 水中，加入 20 mL 氢氧化钠溶液(见 36.1.3.4)，加入数粒防爆沸石，煮沸除氨直至溶液体积小于 500 mL。冷却后用水稀释至 500 mL。盛于聚乙烯瓶中。此溶液长期稳定。

36.1.3.4 氢氧化钠溶液[$c(NaOH)=0.50$ mol/L]：称取 10.0 g 氢氧化钠(NaOH)，溶于 1 000 mL 水

中，加热蒸发至 500 mL。盛于聚乙烯瓶中。

36.1.3.5 苯酚溶液：称取 38 g 苯酚(C_6H_5OH)和 400 mg 亚硝酰铁氰化钠[$Na_2Fe(CN)_5NO \cdot 2H_2O$]，溶于少量水中，稀释至 1 000 mL，混匀。盛于棕色试剂瓶中，冰箱内保存。此溶液可稳定数月。

36.1.3.6 硫代硫酸钠溶液[$c(Na_2S_2O_3 \cdot 5H_2O)=0.10$ mol/L]：称取 25.0 g 硫代硫酸钠($Na_2S_2O_3 \cdot 5H_2O$)，溶于少量水中，稀释至 1 000 mL。加 1 g 碳酸钠(Na_2CO_3)，混匀。转入棕色试剂瓶中保存。

36.1.3.7 淀粉溶液(5 g/L)：称取 1 g 可溶性淀粉，加少量水搅成糊状，加入 100 mL 沸水，搅匀，电炉上煮至透明。取下冷却后加 1 mL 冰醋酸(CH_3COOH)，用水稀释至 200 mL。盛于试剂瓶中。

36.1.3.8 次氯酸钠溶液(市售品有效氯含量不少于 5.2%)：此溶液使用时按以下方法标定。

加 50 mL 硫酸溶液(见 36.1.3.10)至 100 mL 锥形瓶中，加入约 0.5 g 碘化钾(KI)，混匀。加 1.00 mL次氯酸钠溶液(见 36.1.3.8)，以硫代硫酸钠溶液(见 36.1.3.6)滴定至淡黄色，加入 1 mL 淀粉溶液(见 36.1.3.7)，继续滴定至蓝色消失。记下硫代硫酸钠溶液的体积，1.00 mL 相当于 3.54 mg 有效氯。

36.1.3.9 次氯酸钠使用溶液(1.50 mg/mL 有效氯)：用氢氧化钠溶液见(36.1.3.4)稀释一定量的次氯酸钠溶液(见 36.1.3.8)，使其 1.00 mL 中含 1.50 mg 有效氯。此溶液盛于聚乙烯瓶中置冰箱内保存，可稳定数周。

36.1.3.10 硫酸溶液[$c(H_2SO_4)=0.5$ mol/L]：移取 28 mL 硫酸(H_2SO_4，$\rho=1.84$ g/mL)缓慢地倾入水中，并稀释至 1 L，混匀。

36.1.3.11 无氨海水：采集氨氮低于 0.8 μg/L 的海水，用 0.45 μm 滤膜过滤后贮于聚乙烯桶中，每升海水加 1 mL 三氯甲烷，混合后即可作为无氨海水使用。

36.1.4 仪器及设备

仪器和设备如下：

——分光光度计：5 cm 测定池；

——具塞比色管：容量 50 mL；

——自动移液管：容量 1 mL；

——一般实验室常用仪器和设备。

36.1.5 分析步骤

36.1.5.1 绘制标准曲线

按以下步骤绘制标准曲线：

a) 取 6 个 100 mL 量瓶，分别加入 0 mL，0.30mL，0.60mL，0.90mL，1.20 mL，1.50 mL 铵标准使用溶液(见 36.1.3.2)，加无氨海水(见 36.1.3.11)至标线，混匀；

b) 移取 35.0 mL 上述各点溶液，分别置于 50 mL 具塞比色管中；

c) 各加入 1.0 mL 柠檬酸钠溶液(见 36.1.3.3)，混匀；

d) 各加入 1.0 mL 苯酚溶液(见 36.1.3.5)，混匀；

e) 各加入 1.0 mL 次氯酸钠使用溶液(36.1.3.9)，混匀。放置 6 h 以上(淡水样品放置 3 h 以上)；

f) 选 640 nm 波长，5 cm 测定池，以水作参比溶剂，测定吸光值 A_i，其中 0 浓度为 A_0；

g) 以吸光值(A_i-A_0)为纵坐标，氨-氮浓度(mg/L)为横坐标，绘制标准曲线。

36.1.5.2 水样测定

按以下步骤测定样品：

a) 移取 35.0 mL 已过滤水样，置于 50 mL 具塞比色管中；

b) 按照 36.1.5.1.c)～36.1.5.1.f)步骤测定水样的吸光度 A_w；

c) 同时取 35.0 mL 无氨海水(见 36.1.3.11)，置于 50 mL 具塞比色管中，按水样测定步骤测定分析空白吸光度 A_b；

作曲线或用线性回归方程计算水样中(NO_2-N)+(NH_3-N)的总浓度，按式(69)计算水样中氨氮的浓度：

$$\rho(NH_3\text{-}N)=N_{总}-\rho(NO_2\text{-}N) \qquad (69)$$

式中：

$\rho(NH_3\text{-}N)$——水样中氨氮的浓度，单位为毫克每升(mg/L)；

$N_{总}$——查工作曲线得氨氮(包括亚硝酸盐氮)的浓度，单位为毫克每升(mg/L)；

$\rho(NO_2\text{-}N)$——亚硝酸盐氮(见第37章)的浓度，单位为毫克每升(mg/L)。

36.2.7 精密度和准确度

相对标准偏差1%；相对误差0.4%。

36.2.8 注意事项

本标准执行中应注意如下事项：

——除非另作说明，本法所用试剂均为分析纯，水为无氨蒸馏水或等效纯水；

——水样经0.45 μm滤膜过滤后贮于聚乙烯瓶中。分析工作不应延迟3 h以上，若样品采集后不能立即分析，则应快速冷冻至-20℃保存，样品熔化后立即分析；

——测定中应严防空气中的氨对水样、试剂和器皿的沾污；

——当水温高于10℃时，氧化30 min即可，若低于10℃时，氧化时间应适当延长；

——在条件许可下，最好用无氮海水绘制工作曲线；

——加盐酸萘乙二胺试剂后，应在2 h内测定完毕，并避免阳光照射；

——该法氧化率较高，快速，简便，灵敏，但部分氨基酸也被测定。

37 亚硝酸盐——萘乙二胺分光光度法

37.1 适用范围和应用领域

本法适用于海水及河口水中亚硝酸盐氮的测定。

本方法为仲裁方法。

37.2 方法原理

在酸性介质中亚硝酸盐与磺胺进行重氮化反应，其产物再与盐酸萘乙二胺偶合生成红色偶氮染料，于543 nm波长测定吸光值。

37.3 试剂及其配制

37.3.1 磺胺溶液(10 g/L)：称取5 g磺胺($NH_2SO_2C_6H_4NH_2$)，溶于350 mL盐酸溶液(1+6)，用水稀释至500 mL，盛于棕色试剂瓶中，有效期为2个月。

37.3.2 盐酸萘乙二胺溶液(1 g/L)：称取0.5 g盐酸萘乙二胺($C_{10}H_7NHCH_2CH_2NH_2 \cdot 2HCl$)，溶于500 mL水中，盛于棕色试剂瓶中于冰箱内保存，有效期为1个月。

37.3.3 亚硝酸盐标准贮备溶液(100 μg/mL-N)：称取0.492 6 g亚硝酸钠($NaNO_2$)经110℃下烘干，溶于少量水中后全量转移入1 000 mL量瓶中，加水至标线，混匀。加1 mL三氯甲烷($CHCl_3$)，混匀。贮于棕色试剂瓶中于冰箱内保存，有效期为两个月。

37.3.4 亚硝酸盐标准使用溶液(5.0 μg/mL-N)：移取5.00 mL亚硝酸盐标准贮备溶液(见37.3.3)于100 mL量瓶中，加水至标线，混匀。临用前配制。

37.4 仪器及设备

仪器和设备如下：

——分光光度计；

——量瓶：容量100 mL、1 000 mL；

——量筒：容量50 mL、500 mL；

——带刻度具塞比色管：容量50 mL；

——烧杯:容量 100 mL、500 mL;

——棕色试剂瓶:容量 500 mL、1 000 mL;

——聚乙烯洗瓶:容量 500 mL;

——自动移液管:容量 1 mL;

——刻度吸管:容量 1 mL、5 mL;

——吸气球;

——玻璃棒:直径 5 mm,长 15 cm;

——一般实验室常备仪器和设备。

37.5 分析步骤

37.5.1 绘制标准曲线

按以下步骤绘制标准曲线:

a) 取 6 个 50 mL 具塞比色管,分别移入 0 mL,0.10 mL,0.20 mL,0.30 mL,0.40 mL,0.50 mL 亚硝酸盐标准使用溶液(见 37.3.4)加水至标线,混匀;

b) 各加入 1.0 mL 磺胺溶液(见 37.3.1),混匀。放置 5 min;

c) 各加入 1.0 mL 盐酸萘乙二胺溶液(见 37.3.2)混匀。放置 15 min;

d) 选 543 nm 波长,5 cm 测定池,以水作参比,测其吸光值 A_i。其零浓度为标准空白吸光值 A_0;

e) 以吸光值(A_i-A_0)为纵坐标,浓度(mg/L)为横坐标绘制标准曲线。

37.5.2 水样的测定

按以下步骤测定水样:

a) 移取 50.0 mL 已过滤的水样于具塞比色管中;

b) 按照 37.5.1.b)~37.5.1.d)步骤测量水样的吸光值 A_w;

c) 量取 50.0 mL 二次去离子水,于具塞比色管中,按照 37.5.1.b)~37.5.1.d)步骤测量分析空白吸光值 A_b。

37.6 记录与计算

将测得数据记录于分析记录表 A.3 及表 A.4 中,按式(70)计算 A_n。

$$A_n=A_w-A_b \qquad \cdots\cdots(70)$$

由 A_n 值查工作曲线或按式(71)计算水样中亚硝酸盐氮的浓度。

$$\rho(NO_2\text{-}N)=\frac{A_n-a}{b} \qquad \cdots\cdots(71)$$

式中:

$\rho(NO_2\text{-}N)$——水样中亚硝酸盐氮的浓度,单位为毫克每升(mg/L);

A_n——水样中亚硝酸盐氮的吸光值;

a——标准曲线中的截距;

b——标准曲线中的斜率。

37.7 注意事项

本方法执行中应注意如下事项:

——除非另作说明,本方法所用试剂均为分析纯,水为无亚硝酸盐的二次蒸馏水或等效纯水;

——水样可用有机玻璃或塑料采水器采集,经 0.45 μm 滤膜过滤后贮于聚乙烯瓶中,应从速分析,不能延迟 3 h 以上,否则应快速冷冻至-20℃保存。样品熔化后应立即分析;

——大量的硫化氢干扰测定,可在加入磺胺后用氮气驱除硫化氢;

——水样加盐酸萘乙二胺溶液后,应在 2 h 内测量完毕,并避免阳光照射;

——温度对测定的影响不显著,但以 10℃~25℃内测定为宜;

——标准曲线每隔一周应重制一次,当测定样品的实验条件与制定工作曲线的条件相差较大时,如更换光源或光电管、温度变化较大时，应及时重制标准曲线。

38 硝酸盐

38.1 镉柱还原法

38.1.1 适用范围和应用领域

本法适用于大洋和近岸海水、河口水中硝酸盐氮的测定。

本方法为仲裁方法。

38.1.2 方法原理

水样通过镉还原柱，将硝酸盐定量地还原为亚硝酸盐，然后按重氮-偶氮光度法测定亚硝酸盐氮的总量，扣除原有亚硝酸盐氮，得硝酸盐氮的含量。

38.1.3 试剂及其配制

38.1.3.1 镉屑：直径为 1 mm 的镉屑、镉粒或海绵镉。

38.1.3.2 盐酸溶液(2 mol/L)：量取 83.5 mL 直酸(HCl，ρ=1.19 g/mL)加水稀释至 500 mL。

38.1.3.3 硫酸铜溶液(10 g/L)：称取 10 g 硫酸铜($CuSO_4 \cdot 5H_2O$)溶于水并稀释至 1 000 mL，混匀。盛于试剂瓶中。

38.1.3.4 硝酸盐标准贮备溶液(100 μg/ mL)：称取 0.721 8 g 硝酸钾(KNO_3，预先在 110℃下烘 1 h，置于干燥器中冷却)溶于少量水中，用水稀释至 1 000 mL，混匀。加 1 mL 三氯甲烷($CHCl_3$)，混合。贮于 1 000 mL 棕色试剂瓶中，于冰箱内保存。有效期为半年。

38.1.3.5 硝酸盐标准使用溶液(10 μg/mL)：量取 10.0 mL 硝酸盐标准贮备溶液(见 38.1.3.4)，于 100 mL 量瓶中，加水稀释至标线，混匀。临用前配制。

38.1.3.6 氯化铵缓冲溶液：称取 10 g 氯化铵(NH_4Cl，优级纯)溶于 1 000 mL 水中，用约 1.5 mL 氨水($NH_3 \cdot H_2O$，ρ=0.90 g/mL)调节 pH 至 8.5(用精密 pH 试纸检验)。此溶液用量较大，可一次配制 5 L。

38.1.3.7 磺胺溶液：称取 5.0 g 磺胺($NH_2SO_2C_6H_4NH_2$)，溶于 350 mL 盐酸溶液(1+6)，用水稀释至 500 mL，混匀。盛于棕色试剂瓶中，有效期为 2 个月。

38.1.3.8 盐酸萘乙二胺溶液：称取 0.50 g 盐酸萘乙二胺($C_{10}H_7NHCH_2NH_2 \cdot 2HCl$)，溶于 500 mL 水中，混匀。盛于棕色试剂瓶中，于冰箱内保存，有效期为 1 个月。

38.1.3.9 活化溶液：量取 14 mL 硝酸盐标准贮备溶液(见 38.1.3.4)于 1 000 mL 量瓶中，加氯化铵缓冲溶液(见 38.1.3.6)至标线，混匀，贮于试剂瓶中。

38.1.4 仪器及设备

仪器和设备如下：

——分光光度计；

——镉柱；

——蝴蝶夹；

——自由夹；

——秒表；

——量瓶：容量 100 mL、1 000 mL；

——量筒：容量 50 mL、1 000 mL；

——锥形分液漏斗：容量 150 mL；

——具塞锥形烧瓶：容量 125 mL；

——带刻度具塞比色管：容量 50 mL；

——烧杯：容量 100 mL、500 mL、1 000 mL；

——棕色试剂瓶：容量 500 mL、1 000 mL；

——聚乙烯洗瓶：容量 500 mL；
——滴瓶：容量 50 mL；
——自动移液管：容量 1 mL；
——刻度吸管：容量 2 mL、10 mL；
——吸气球；
——玻璃棒：直径 5 mm，长 150 mm；
——一般实验室常备仪器和设备。

38.1.5 分析步骤

38.1.5.1 镉柱的制备

按以下步骤制备镉柱：

a) 镉屑镀铜：称取 40 g 镉屑（或镉粒）于 150 mL 锥形分液漏斗中，用盐酸溶液（见 38.1.3.2）洗涤，除去表面氧化层，弃去酸液，用水洗至中性，加入 100 mL 硫酸铜溶液（见 38.1.3.3）振摇约 3 min，弃去废液，用水洗至不含有胶体铜时为止；

b) 装柱：将少许玻璃纤维塞入还原柱底部并注满水，然后将镀铜的镉屑（见 38.1.5.1.a）装入还原柱中，在还原柱的上部塞入少许玻璃纤维，已镀铜的镉屑要保持在水面之下以防接触空气，为此，柱中溶液即液面，在任何操作步骤中不得低于镉屑；

c) 还原柱的活化：用 250 mL 活化溶液（见 38.1.3.9），以每分钟（7～10）mL 的流速通过还原柱使之活化，然后再用氯化铵缓冲溶液（见 38.1.3.6）过柱洗涤 3 次，还原柱即可使用；

d) 还原柱的保存：还原柱每次用完后，需用氯化铵缓冲溶液（见 38.1.3.6）洗涤 2 次，尔后注入氯化铵溶液（见 38.1.3.6）保存。如长期不用，可注满氯化铵溶液（见 38.1.3.6）后密封保存；

e) 镉柱还原率的测定：分别按照 37.1.3.3 和 38.1.3.4 步骤配制浓度为 100 μg/L 的亚硝酸盐氮和硝酸盐氮溶液。按照 38.1.5.2.b）～38.1.5.2.f）步骤测量硝酸盐氮吸光值，其双份平均吸光值记为 $A(NO_3^-)$。同时测量分析空白，其双份平均吸光值记为 $A_b(NO_3^-)$。亚硝酸盐氮的测定除了不通过还原柱外，其余各步骤均按硝酸盐氮的测定步骤进行，其双份平均吸光值记为 $A(NO_2^-)$。同时测定空白吸光值，其双份平均值记为 $A_b(NO_2^-)$。按式（72）计算硝酸盐还原率 R（%）：

$$R=\frac{A(NO_3^-)-A_b(NO_3^-)}{A(NO_2^-)-A_b(NO_2^-)}\times 100 \quad \cdots\cdots\cdots\cdots\cdots\cdots\cdots\cdots \quad (72)$$

当 $R<95\%$ 时，还原柱须按上述 38.1.5.1.b）～38.1.5.1.c）步骤重新进行活化或重新装柱。

38.1.5.2 绘制工作曲线

按以下步骤绘制标准曲线：

a) 取 6 个 100 mL 量瓶，分别加入 0 mL，0.25 mL，0.50 mL，1.00 mL，1.50 mL，2.00 mL 硝酸盐标准使用溶液（见 38.1.3.5），加水至标线，混匀；

b) 分别量取 50.0 mL 上述各浓度溶液（见 38.1.5.2.a），于相应的 125 mL 具塞锥形瓶中，再各加 50.0 mL 氯化铵缓冲溶液（见 38.1.3.6），混匀；

c) 将混合后的溶液（见 38.1.5.2.b）逐个倒入还原柱中约 30 mL，以每分钟 6 mL～8 mL 的流速通过还原柱直至溶液接近镉屑上部界面，弃去流出液。然后重复上述操作，接取 25.0 mL 流出液于 50 mL 带刻度的具塞比色管中，用水稀释至 50.0 mL，混匀；

d) 各加入 1.0 mL 磺胺溶液（见 38.1.3.7），混匀，放置 2 min；

e) 各加入 1.0 mL 盐酸萘乙二胺溶液（见 38.1.3.8），混匀，放置 20 min；

f) 于 543 nm 波长下（在光电比色计上，使用绿色滤波片），用 5 cm 测定池，以二次去离子水作参比，测其吸光值 A_i 和 A_0（标准空白）；

g) 以吸光值（A_i-A_0）为纵坐标，浓度（mg/L）为横坐标，绘制工作曲线。

38.1.5.3 水样测定

按以下步骤测定水样：

a) 量取 50.0 mL 已过滤的水样，于 125 mL 具塞锥形瓶中，加入 50.0 mL 氯化铵缓冲溶液（见 38.1.3.6），混匀；

b) 照上述 38.1.5.2.c)～38.1.5.2.f)步骤测量水样的吸光值 A_w；

c) 量取 50.0 mL 二次去离子水，于 125 mL 的具塞锥形瓶中，加入 50.0 mL 氯化铵缓冲溶液（见 38.1.3.6），混匀。参照上述 38.1.5.2.c)～38.1.5.2.f)步骤测量分析空白吸光值 A_b。由 A_w-A_b，查工作同线或用线性回归方程计算得硝酸盐氮和亚硝酸盐氮浓度 $c_{总}$(mg/L)。

38.1.6 记录与计算

将测得数据 $c_{总}$ 和水样中原有亚硝酸盐氮浓度 $c(NO_2\text{-}N)$(mg/L)，记入表 A.3 及表 A.4 中。按式(73)计算水样中硝酸盐氮浓度：

$$c(NO_3^-\text{-}N)=c_{总}-c(NO_2\text{-}N) \quad \cdots\cdots(73)$$

38.1.7 精密度和准确度

硝酸盐氮浓度为 25 μg/L，100 μg/L，200 μg/L 的人工合成水样，重复性相对标准偏差为 1.1%；硝酸盐氮浓度为 210 μg/L 的人工合成水样，再现性相对标准偏差为 2.4%；相对误差为 1.4%。

38.1.8 注意事项

本方法执行中应注意如下事项：

——除非另作说明，本方法所用试剂均为分析纯，水为二次去离子水或等效纯水；

——水样可用有机玻璃或塑料采水器采集，用 0.45 μm 滤膜过滤，贮于聚乙烯瓶中。分析工作不能延迟 3 h 以上，如果样品采集后不能立即分析，应快速冷冻至－20℃。样品熔化后应立即分析；

——还原柱可用蝴蝶夹固定在滴定台上，并配备可插比色管的塑料底座。在船上工作时可用自由夹固定比色管；

——水样通过还原柱时，液面不能低于镉屑，否则会引进气泡，影响水样流速，如流速达不到要求，可在还原柱的流出处用乳胶管连接一段细玻璃管，即可加快流速；

——水样加盐酸萘乙二胺溶液后，应在 2 h 内测量完毕，并避免阳光照射；

——工作曲线每隔一周须重制一次，但应每天测定一份标准溶液以校对曲线。当测定样品的实验条件与制定工作曲线的条件相差较大时（如更换光源或光电管、温度变化较大时），应及时重制工作曲线；

——水样中的悬浮物会影响水样的流速，如吸附在镉屑上能降低硝酸盐的还原率，水样要预先通过 0.45 μm 滤膜过滤；

——铁、铜或其他金属浓度过高时会降低还原效率，向水样中加入 EDTA 即可消除此干扰。油和脂会覆盖镉屑的表面，用有机溶剂预先萃取水样可排除此干扰；

——分光光度计的测定池与参比池两者之间的吸光值(A_c)可能有显著差异，应在 A_w 及 A_i 中扣除。

38.2 锌-镉还原法

等效采用 GB 12763.4。

39 无机磷

39.1 磷钼蓝分光光度法

39.1.1 适用范围和应用领域

本法适用于海水中活性磷酸盐的测定。

本方法为仲裁方法。

39.1.2 方法原理

在酸性介质中，活性磷酸盐与钼酸铵反应生成磷钼黄，用抗坏血酸还原为磷钼蓝后，于 882 nm 波长测定吸光值。

39.1.3 试剂及其配制

39.1.3.1 硫酸溶液[$c(H_2SO_4)=6.0$ mol/L]：在搅拌下将 300 mL 硫酸(H_2SO_4，$\rho=1.84$ g/mL)缓缓加到 600 mL 水中。

39.1.3.2 钼酸铵溶液：溶解 28 g 钼酸铵[$(NH_4)_6Mo_7O_{24}\cdot 4H_2O$]于 200 mL 水中。溶液变混浊时，应重配。

39.1.3.3 酒石酸锑钾溶液：溶解 6 g 酒石酸锑钾($C_4H_4KO_7Sb\cdot 1/2H_2O$)于 200 mL 水中，贮于聚乙烯瓶中。溶液变混浊时，应重配。

39.1.3.4 混合溶液：搅拌下将 45 mL 钼酸铵溶液(见 39.1.3.2)加到 200 mL 硫酸溶液(见 39.1.3.1)中，加入 5 mL 酒石酸锑钾溶液(见 39.1.3.3)，混匀。贮于棕色玻璃瓶中。溶液变混浊时，应重配。

39.1.3.5 抗坏血酸溶液：溶解 20 g 抗坏血酸($C_6H_8O_6$)于 200 mL 水中，盛于棕色试剂瓶或聚乙烯瓶。在 4℃避光保存，可稳定 1 个月。

39.1.3.6 磷酸盐标准贮备溶液(0.300 mg/mL-P)：称取 1.318 g 磷酸二氢钾(KH_2PO_4，优级纯，在 110℃～115℃烘 1 h～2 h)溶于 10 mL 硫酸溶液(见 39.1.3.1)及少量水中，全量转入 1 000 mL 量瓶，加水至标线，混匀，加 1 mL 三氯甲烷($CHCl_3$)。置于阴凉处，可以稳定半年。

39.1.3.7 磷酸盐标准使用溶液(3.00 μg/mL-P)：量取 1.00 mL 磷酸盐标准贮备溶液(见 39.1.3.6)至 100 mL 量瓶中，加水至标线，混匀，加两滴三氯甲烷($CHCl_3$)。有效期为一周。

39.1.4 仪器及设备

仪器和设备如下：

——分光光度计：配 5 cm 测定池；

——量筒：容量 10 mL、50 mL、100 mL、250 mL、500 mL；

——量瓶：容量 100 mL、1 000 mL；

——带刻度具塞比色管：容量 50 mL；

——刻度吸管：容量 1 mL、5 mL、10 mL；

——自动加液器：容量 1 mL；

——一般实验室常备仪器和设备。

39.1.5 分析步骤

39.1.5.1 绘制标准曲线

按以下步骤绘制标准曲线：

a) 量取 0 mL，0.50 mL，1.00 mL，2.00 mL，3.00 mL，4.00 mL 磷酸盐标准使用溶液(见 39.1.3.7)于 50 mL 带刻度具塞比色管中，加水至 50 mL 标线，混匀；

b) 各加 1.0 mL 混合溶液(见 39.1.3.4)，1.0 mL 抗坏血酸溶液(见 39.1.3.5)，混匀。显色5 min 后，注入 5 cm 测定池中，以蒸馏水作参比，于 882 nm 波长处测定其吸光值 A_i。其中零浓度为标准空白吸光值 A_0；

c) 以吸光值(A_i-A_0)为纵坐标，相应的磷酸盐浓度(mg/L)为横坐标，绘制标准曲线。

39.1.5.2 水样测定

按以下步骤测定样品：

a) 量取 50 mL 经 0.45 μm 微孔滤膜过滤的水样至带刻度具塞比色管中，按 39.1.5.1.b)步骤测定吸光值 A_w；

b) 同时量取 50 mL 水按相同步骤测定分析空白吸光值 A_b。

39.1.6 记录与计算

据(A_w-A_b)值在标准曲线上查得水样的磷酸盐浓度(mg/L),或用标准曲线线性回归方程计算。将所得数据记入表 A.3 及表 A.16 中。

39.1.7 注意事项

本方法执行中应注意如下事项:

——除非另作说明,本方法所用试剂均为分析纯,水为二次水或等效纯水;

——水样采集后应马上过滤,立即测定。若不能立即测定,应置于冰箱中保存,但也应在 48 h 内测定完毕;

——过滤水样的微孔滤膜,需用 0.5 mol/L 盐酸浸泡,临用时用水洗净;

——硫化物含量高于 2 mg/L-S 时干扰测定。此时,水样用硫酸酸化,通氮气 15 min,将硫化氢除去,可消除干扰;

——磷钼蓝颜色在 4 h 内稳定。

39.2 磷钼蓝萃取分光光度法

39.2.1 适用范围和应用领域

适用于测定海水中的活性磷酸盐。

39.2.2 方法原理

在酸性介质中,活性磷酸盐与钼酸铵反应生成磷钼黄,用抗坏血酸还原为磷钼蓝,用醇类有机溶剂萃取,于 700 nm 波长处测定吸光值。

39.2.3 试剂及其配制

39.2.3.1 硫酸溶液(1+2):在搅拌下将 300 mL 硫酸(H_2SO_4,ρ=1.84 g/mL)缓缓加到 600 mL 水中。

39.2.3.2 钼酸铵溶液:溶解 28 g 钼酸铵〔$(NH_4)_6Mo_7O_{24}\cdot 4H_2O$〕于 200 mL 水中。溶液变混浊时,应重配。

39.2.3.3 酒石酸锑钾溶液:溶解 6 g 酒石酸锑钾($C_4H_4KO_7Sb\cdot 1/2H_2O$)于 200 mL 水中,贮存于聚乙烯瓶。溶液变混浊时,应重配。

39.2.3.4 混合溶液:搅拌下将 45 mL 钼酸铵溶液(见 39.2.3.2)加到 200 mL 硫酸溶液(见 39.2.3.1)中,加入 5 mL 酒石酸锑钾溶液(见 39.2.3.3),贮存于棕色玻璃瓶中。溶液变混浊时,应重配。

39.2.3.5 抗坏血酸溶液:溶解 20 g 抗坏血酸($C_6H_8O_6$)于 200 mL 水中,贮于棕色试剂瓶或聚乙烯瓶。在 4℃避光保存,可稳定一个月。

39.2.3.6 磷酸盐标准贮备溶液(0.300 mg/mL-P):称取 1.318 g 磷酸二氢钾(KH_2PO_4,优级纯,在 110℃~115℃烘 1 h~2 h)溶于 10 mL 硫酸溶液(见 39.2.3.1)中,全量转入 1 000 mL 量瓶,加水至标线,混匀,加 1 mL 三氯甲烷($CHCl_3$)。

39.2.3.7 磷酸盐标准使用溶液(3.00 μg/ mL-P):移取 1.00 mL 磷酸盐标准贮备溶液(见 39.2.3.6)于 100 mL 量瓶中,加水至标线,混匀,加两滴三氯甲烷($CHCl_3$)。有效期为一周。

39.2.3.8 正己醇[$CH_3(CH_2)_5OH$]

39.2.3.9 无水乙醇(C_2H_5OH)

39.2.4 仪器及设备

仪器和设备如下:

——分光光度计,5 cm 测定池;

——量筒:容量 10 mL、50 mL、100 mL、250 mL;

——量瓶:容量 100 mL、1 000 mL;

——带刻度具塞比色管:容量 25 mL;

——刻度吸管:容量 1 mL、5 mL、10 mL;

——自动加液器:容量 5 mL;

——锥形分液漏斗：容量 500 mL；

——一般实验室常备仪器和设备。

39.2.5 分析步骤

39.2.5.1 绘制工作曲线

按以下步骤绘制标准曲线：

a) 取 5 个 500 mL 锥形分液漏斗，加入 250 mL 水，分别移入 0 mL，0.25 mL，0.50 mL，1.00 mL，2.00 mL 磷酸盐标准使用溶液(见 39.2.3.7)，混匀；

b) 加 5 mL 混合溶液(见 39.2.3.4)，5 mL 抗坏血酸溶液(见 39.2.3.5)混匀，放置 10 min。加 25.0 mL 正己醇(见 39.2.3.8)，振荡 2 min，静置 10 min，弃去水相，把有机相放入 25 mL 带刻度具塞比色管中，加 1.0 mL 无水乙醇(见 39.2.3.9)，混匀，放置 5 min。将萃取液注入 5 cm测定池中，以正己醇(见 39.2.3.8)作参比，于 700 nm 波长处测定吸光值 A_i。其中 A_0 为零浓度的标准空白吸光值；

c) 以吸光值(A_i-A_0)为纵坐标，相应的磷酸盐浓度(μg/L)为横坐标，绘制工作曲线。

39.2.5.2 水样测定

按以下步骤测定样品：

a) 量取 250 mL 过滤的水样，于 500 mL 锥形分液漏斗中，按 39.2.5.1.b)步骤测定水样吸光值 A_w；

b) 同时量取 250 mL 水于 500 mL 锥形分液漏斗中，按 39.2.5.1.b)步骤测定分析空白吸光值 A_b。

39.2.6 记录与计算

将测定数据记入表 A.3 及表 A.16 中。据(A_w-A_b)值在工作曲线上查得水样中活性磷酸盐浓度(μg/L-P)。亦可用工作曲线的线性回归方程计算。

39.2.7 精密度和准确度

相对误差 1.8%；重复性(r)0.015 μg/L；重复性相对标准偏差 2.1%；再现性(R)0.13 μg/L；再现性相对标准偏差 2.4%。

39.2.8 注意事项

本方法执行中应注意如下事项：

——除非另作说明，本方法所用试剂均为分析纯，水为二次蒸馏水或等效纯水；

——硫化物含量大于 1 mg/L-S 时，对本方法有明显的影响。此时，水样酸化后，通氮气 10 min，可有效除去硫化物干扰；

——砷酸盐含量大于 0.5 mg/L-As 时，对本方法有明显的影响。通常海水中砷含量约 0.003 mg/L-As，其影响可忽略不计；

——硅酸盐含量大于 1.4 mg/L-Si 时，对本方法有影响。河口水和大洋深层水中硅酸盐含量常大于 1.4 mg/L-Si，应进行校正。由式(74)求出硅酸盐增加的吸光值 A_{Si}。

$$A_{Si}=F_{Si}\times\rho_{Si} \qquad (74)$$

式中：

F_{Si}——用本方法测定硅酸盐工作曲线的斜率；

ρ_{Si}——水样中硅酸盐浓度，mg/L-Si。据($A_w-A_b-A_{Si}$)值在测定活性磷酸盐的工作曲线上查得其浓度。

40 总磷——过硫酸钾氧化法

总磷——过硫酸钾氧化法等效采用 GB 12763.4。

41 总氮——过硫酸钾氧化法

总氮——过硫酸钾氧化法等效采用GB 12763.4。

42 镍——无火焰原子吸收分光光度法

42.1 适用范围和应用领域

本方法适用于海水中痕量镍的测定。

本方法为仲裁方法。

42.2 方法原理

在pH为4～6介质中，镍与吡咯烷二硫代甲酸铵(APDC)和二乙氨基二硫代甲酸钠(DDTC)混合液形成螯合物，经甲基异丁酮(MIBK)-环己烷萃取分离，再以硝酸溶液反萃取，于232.0 nm波长测定镍的原子吸光值。

42.3 试剂及其配置

42.3.1 硝酸(HNO_3)：ρ=1.42g/L，优级纯。

42.3.2 硝酸溶液(1+1)：1体积的水和1体积的硝酸混合。

42.3.3 硝酸溶液(1+99)：99体积的水和1体积的硝酸混合。

42.3.4 氨水($NH_3 \cdot H_2O$)：用等温扩散法提纯。

42.3.5 盐酸(HCl)：用等温扩散法提纯。

42.3.6 醋酸(CH_3COOH)：ρ=1.05g/L，优级纯。

42.3.7 镍标准贮备溶液(1.000 g/L)：称取0.500 0 g镍(纯度为99.99%)，用5 mL硝酸溶液(见42.1.3.2)加热溶解，冷却后全量转入500 mL量瓶中，加硝酸溶液(见42.1.3.3)稀释至标线，混匀。

42.3.8 镍标准中间溶液(1.000 mg/L)：移取5.00 mL镍标准贮备溶液(见42.1.3.7)于100 mL量瓶中，加硝酸溶液(见42.1.3.3)稀释至标线，混匀。此溶液为1.00 mL含50.0 μg镍。移取2.0 mL此溶液，置于100 mL量瓶中，加硝酸溶液(见42.1.3.3)稀释至标线，混匀。

42.3.9 镍标准使用溶液(20.0 μg/L)：移取2.00 mL镍标准中间液(见42.1.3.8)，置于100 mL量瓶中，加硝酸溶液(见42.1.3.3)稀释至标线，混匀。

42.3.10 甲基异丁酮(MIBK)-环己烷混合液：将240 mL MIBK($C_6H_{12}O$)和60 mL环己烷(C_6H_{12})在锥形分液漏斗中混合，加3 mL硝酸(42.1.3.1)，振荡0.5 min，用水洗涤有机相二次，弃去水相。按此步骤重复处理3次，最后用水洗涤至水相pH 6～7，收集有机相。

42.3.11 吡咯烷二硫代甲酸铵(APDC)-二乙基二硫代甲酸钠(DDTC)溶液：分别称取APDC($C_5H_{12}N_2S_2$)和DDTC($C_5H_{10}NS_2Na$)各1.0 g，溶于水中，经滤纸过滤后稀释至100 mL，用MIBK-环己烷混合溶液(见42.1.3.10)萃取提纯3次，每次10 mL，收集的水溶液保存于冰箱中，7 d内使用有效。

42.3.12 醋酸铵溶液：量取100 mL醋酸(见42.1.3.6)于锥形分液漏斗中，用氨水(见42.1.3.4)中和至pH 5。加2 mL APDC-DDTC溶液(见42.1.3.11)，10 mL MIBK-环己烷混合液(见42.1.3.10)，振荡1 min，弃去有机相。重复萃取提纯3次，存放于试剂瓶中。

42.3.13 溴甲酚绿指示液：称取0.1 g溴甲酚绿，溶于100 mL 20%乙醇中。

42.4 仪器及设备

仪器和设备如下：

——无火焰原子吸收分光光度计；

——移液管：容量1 mL、2 mL、10 mL；

——分液漏斗：容量250 mL 、500 mL；

——具塞锥形瓶；

——量瓶:容量 50 mL、100 mL、1 000 mL;

——石英亚沸蒸馏器;

——聚乙烯瓶:容量 10 mL;

——一般实验室常备仪器和设备。

42.5 分析步骤

42.5.1 绘制工作曲线

按以下步骤绘制标准曲线:

a) 取 6 支 250 mL 具塞分液漏斗,分别加入 0 mL、2.00 mL、4.00 mL、6.00 mL、8.00 mL、10.00 mL镍标准使用溶液(见 42.1.3.9),用水稀释至 20 mL;

b) 向分液漏斗中加 1 滴溴甲酚绿溶液,用氨水(见 42.1.3.4)和盐酸(见 42.1.3.5)调至溶液呈蓝色 pH 为 5;

c) 加 1.0 mL 醋酸铵溶液(见 42.1.3.12),3.0 mL APDC-DDTC 溶液(见 42.1.3.11),10.0 mL MIBK-环己烷混合液(见 42.1.3.10),振荡 2 min,静置分层。仔细弃尽水相;

d) 加 0.20 mL 硝酸(见 42.1.3.1)于有机相中,振荡 1 min,加 4.80 mL 水,再振荡 1 min,静置分层,将硝酸萃取溶液集于 10 mL 聚乙烯瓶中。取硝酸萃取液按选定的仪器工作条件,测定镉吸光值 A_i;

e) 将测得的吸光值 A_i 记入表 A.5 中,以吸光值 $A_i - A_0$(标准空白)为纵坐标,相应的镍浓度(μg/mL)为横坐标绘制标准曲线。

42.5.2 水样的测定

量取 20 mL 经 0.45 μm 滤膜过滤并加酸酸化的水样于分液漏斗中,按分析步骤 42.1.5.1.b)～42.1.5.1.d)测定吸光值 A_w。同时取 20 mL 水测定分析空白吸光值 A_b。

42.6 记录与计算

将测定数据记入表 A.6 中,由 $A_w - A_b$ 查工作曲线或线性回归方程计算得水样中镍浓度(μg/mL)。

42.7 精密度和准确度

相对误差 0.87%;重复性相对标准偏差 1.0%;再现性相对标准偏差 2.3%。

42.8 注意事项

本方法执行中应注意如下事项:

——除非另作说明,本方法所用试剂均为分析纯,水为去离子水或等效纯水;

——所用器皿均用硝酸溶液(1+3)浸泡一星期以上,使用前用水清洗。再用 APDC-DDTC 溶液荡洗,最后再用水洗净;

——萃取与反萃取过程中,放出溶液前须用水洗净分液漏斗出口下端的内外管壁,避免沾污。

附 录 A
（规范性附录）
记 录 表

表 A.1～表 A.33 给出了通用的记录格式，海水分析记录应满足这些要求。

表 A.1 水质样品________分析标准(工作)曲线数据记录

(原子荧光法)

仪器型号____________分析日期：______年____月____日　　　　共____页第____页

序号	加标准使用液/mL	标准加入量/ng	浓度/(μg/L)	荧光强度 I_s			$\bar{I}_s-\bar{I}_b$	残差 dI
				1	2	平均		
1								
2								
3								
4								
5								
6								
7								
8								
9								
10								
11								
备注	标准使用液浓度：　　μg/L 定容体积：　　mL 室温：　℃　湿度：　%			线性回归拟合标准(工作)曲线方程： $I=a+bx$ $a=$　　$b=$　　$r=$ $dI=I-(\bar{I}_s-\bar{I}_b)$ I 由标准(工作)曲线方程算出 测定波长：　nm　测定池光程：　cm				

分析者________校对者________审核者________

表 A.2 水质样品________分析记录

（原子荧光法）

海区________监测船________采样日期：________年____月____日

仪器型号________________分析日期：________年____月____日　　　　共____页第____页

序号	站　号	层次/m	瓶　号	取样量/mL	荧光强度 I_s			$\bar{I}_s-\bar{I}_b$	样品浓度/(μg/L)
					1	2	平均		
1									
2									
3									
4									
5									
6									
7									
8									
9									
10									
11									
12									
13									
14									
15									
16									
17									
18									
19									
20									
备注				空白 I_b				定容体积：　mL	

分析者________校对者________审核者________

表 A.3　水质样品______分析标准(工作)曲线数据记录

(分光光度法)

仪器型号________分析日期：____年___月___日　　　　共___页第___页

序号	加标准使用液/mL	标准加入量/μg	浓度/(μg/mL)	吸光值 A_i			$\overline{A}_i-\overline{A}_0$	残差 d_i
				1	2	平均		
1								
2								
3								
4								
5								
6								
7								
8								
9								
10								
11								
12								
13								
14								
15								
16								
备注	标准使用液浓度：　μg/mL　mol/L 定容体积：　mL 室温：　℃　湿度：　%			线性回归拟合标准(工作)曲线方程： $A=a+bx$ $a=$　$b=$　$r=$ $d_i=A-(\overline{A}_i-\overline{A}_0)$ A 由标准(工作)曲线方程算出 测定波长：　nm　测定池光程：　cm				

分析者______校对者______审核者______

表 A.4 水质样品________分析记录

(分光光度法)

海区________监测船__________采样日期：__________年____月____日

仪器型号________________________分析日期：__________年____月____日　　　　共____页第____页

序号	站　号	层次/m	瓶　号	取样量/mL	吸光值 A_w 或 A_s			$\overline{A}_w-\overline{A}_b$	样品浓度/(μg/L)
					1	2	平均		
1									
2									
3									
4									
5									
6									
7									
8									
9									
10									
11									
12									
13									
14									
15									
16									
17									
18									
备注				空白 A_b				定容体积：　　mL	

分析者________校对者________审核者__________

表 A.5　水质样品______分析标准(工作)曲线数据记录

(无火焰原子吸收分光光度法)

仪器型号__________测定日期：____年___月___日　　　　　　　　　　共___页第___页

序号	加标准使用液/mL	标准加入量/μg	浓度/(μg/mL)	吸光值 A_i			$\overline{A}_i-\overline{A}_0$	残差 d_i
				1	2	平均		
1								
2								
3								
4								
5								
6								
7								
8								
9								
10								
11								
12								
13								
14								
15								
备注	标准使用液浓度：　μg/mL 定容体积：　mL 进样体积：　μL 室温：　℃　湿度：　%			线性回归拟合标准(工作)曲线方程： $A=a+bx$ $a=$　$b=$　$r=$ $d_i=A-(\overline{A}_i-\overline{A}_0)$ A 由标准(工作)曲线方程算出 背景扣除方式：　氘灯　塞曼　交流塞曼 温度程序：				

分析者______校对者______审核者______

表 A.6 水质样品________分析记录
（无火焰原子吸收分光光度法）

海区________监测船__________采样日期：__________年____月____日

仪器型号____________________分析日期：__________年____月____日　　　　　　　　共____页第____页

序号	站　号	层次/m	瓶　号	取样/mL	吸光值 A_w 或 A_s			$\overline{A}_w-\overline{A}_b$	样品浓度/(μg/L)
					1	2	平均		
1									
2									
3									
4									
5									
6									
7									
8									
9									
10									
11									
12									
13									
14									
15									
16									
17									
18									
备注				A_b				定容体积	mL
					进样体积：　μL			检出限	

分析者________校对者________审核者________

表 A.7 水质样品______分析记录
（阳极溶出伏安法）

海区______监测船______采样日期：______年___月___日
仪器型号______分析日期：______年___月___日　　共___页第___页

序号	站号	层次/m	瓶号	取样量/mL	峰电流 i_p 格		加标后 I_p 格		样品浓度/(μg/L)		
					1	2	1	2	1	2	平均
1											
2											
3											
4											
5											
6											
7											
8											
9											
10											
11											
12											
13											
14											
15											
16											
17											
18											
备注	添加标准溶液体积 $V_{标}$ = mL　　检出限： 添加标准溶液浓度 $\rho_{标}$ = μg/mL　　定　容：　mL										

分析者______校对者______审核者______

表 A.8　水质样品________分析标准(工作)曲线数据记录

(火焰原子吸收分光光度法)

仪器型号____________测定日期:______年____月____日　　　　　　　　　　　　　　共____页第____页

序号	加标准使用液/mL	标准加入量/μg	浓度/(μg/mL)	吸光值 A_i			$\overline{A}_i-\overline{A}_0$	残差 d_i
				1	2	平均		
1								
2								
3								
4								
5								
6								
7								
8								
9								
10								
11								
12								
13								
14								
备注	标准使用液浓度:　　　μg/mL 定容体积:　　　mL 室温:　　℃　　湿度:　　%			线性回归拟合标准(工作)曲线方程: $A=a+bx$ $a=$　　　$b=$　　　$r=$ $d_i=A-(\overline{A}_i-\overline{A}_0)$ A 由标准(工作)曲线方程算出 测定谱线:　　nm　狭缝: 灯电流:　　mA　工作方式:单/双光束 空气流速:　　L/min　乙炔流速:　　L/min 试液提升:　　mL				

分析者________校对者________审核者________

表 A.9 水质样品______标准(工作)曲线数据记录

(催化极谱法)

仪器型号__________分析日期:________年_____月_____日　　　　　　　　　　共____页第____页

序号	被测物用量		峰高		电流倍率	峰电流值 I_p
	μg		mm			峰高×电流倍率
1						
2						
3						
4						
5						
6						
7						
8						
9						
10						
11						
12						
备注	室温:　　℃ 湿度:　　%				线性回归方程:$y=a+bx$ a:　　b:　　r: 标准使用溶液浓度:　　μg/mL 标准系列定容体积:　　mL 起始电压:—　　V	

分析者________校对者________审核者

表 A.10 水质样品________分析记录
（催化极谱法）

海区______监测船______采样日期：______年____月____日

仪器型号______________分析日期：______年____月____日　　　　共____页第____页

序号	站号	层次/m	瓶号	取样量/mL	峰高/mm	电流倍率	峰电流值(I_p) 峰高×电流倍率	相当于被测物的量/μg	结果/(μg/L)
1									
2									
3									
4									
5									
6									
7									
8									
9									
10									
11									
12									
13									
14									
15									
16									
样品消化液定容体积：　mL									

分析者______校对者______审核者______

表 A.11 水质样品________分析标准(工作)曲线数据记录

(荧光分光光度法)

仪器型号____________测定日期:______年____月____日 共____页第____页

序号	加标准使用液/mL	标准加入量/μg	浓度/(μg/mL)	荧光强度 I_i			$\bar{I}_i-\bar{I}_0$	残差 d_i
				1	2	平均		
1								
2								
3								
4								
5								
6								
7								
8								
9								
10								
11								
12								
13								
14								
备注	标准使用液浓度: μg/mL 定容体积: mL 室温: ℃ 湿度: %			线性回归拟合标准(工作)曲线方程: $A=a+bx$ $a=$ $b=$ $r=$ $dI_i=I-(\bar{I}_i-\bar{I}_0)$ I 由标准(工作)曲线方程算出 激发波长: nm 发射波长: nm 测 定 池: cm				

分析者________校对者________审核者________

表 A.12 水质样品________分析记录
（荧光分光光度法）

海区______监测船__________采样日期：__________年____月____日

仪器型号______________________分析日期：__________年____月____日　　　　　　　　　　共____页第____页

序　号	站　号	层次/m	瓶　号	取样量/mL	吸光值 I_w 或 I_s			$\bar{I}_w-\bar{I}_b$	样品含量/(μg/L)
					1	2	平均		
1									
2									
3									
4									
5									
6									
7									
8									
9									
10									
11									
12									
13									
14									
15									
16									
17									
18									
备注				I_b				定容体积	mL
								检出限	

分析者________校对者________审核者________

表 A.13 水质样品油类分析记录
（重 量 法）

海区________监测船________采样日期：________年____月____日

仪器型号________________分析日期：________年____月____日　　　　共____页第____页

序号	站号	层次/m	瓶号	取样量/mL	器皿＋测定组分/g	器皿/g	测定组分/mg	样品含量/(mg/L)
1								
2								
3								
4								
5								
6								
7								
8								
9								
10								
11								
12								
13								
14								
15								
16								
17								
18								
19								
20								
备注								

分析者________校对者________审核者________

表 A.14 水质样品 666、DDT、狄氏剂分析记录

（气相色谱法）

采样日期：______年___月___日至___月___日

海区______监测船______分析日期：_____年___月___日至___月___日　　共___页第___页

序号	站号	层次/m	瓶号	取样量/mL	浓缩液/mL		注样/μL		峰高/mm									样品浓度或含量/(μg/L)										
					佛罗里土净化液	活性碳分离液	佛罗里土净化液	活性碳分离液	α-666	γ-666	β-666	σ-666	p,p'-DDE	o,p'-DDT	p,p'-DDD	p,p'-DDT	狄氏剂	α-666	γ-666	β-666	σ-666	666总量	p,p'-DDE	o,p'-DDT	p,p'-DDD	p,p'-DDT	DDT总量	狄氏剂
1																												
2																												
3																												
4																												
5																												
6																												
7																												
8																												
9																												
10																												
备注	检 出 限： 进样体积：　μL						标准液																					
	仪器型号：　　柱　温：　℃，　气化室温度：　℃ 检测室温度：　℃，　柱 前 压 力： 氮气流速：　mL/min，　衰　减：																											

分析者________校对者________审核者________

表 A.15 水质样品 PCB 分析记录
（气相色谱法）

采样日期：________年____月____日至____月____日

海区________监测船__________分析日期：______年____月____日至____月____日

共____页第____页

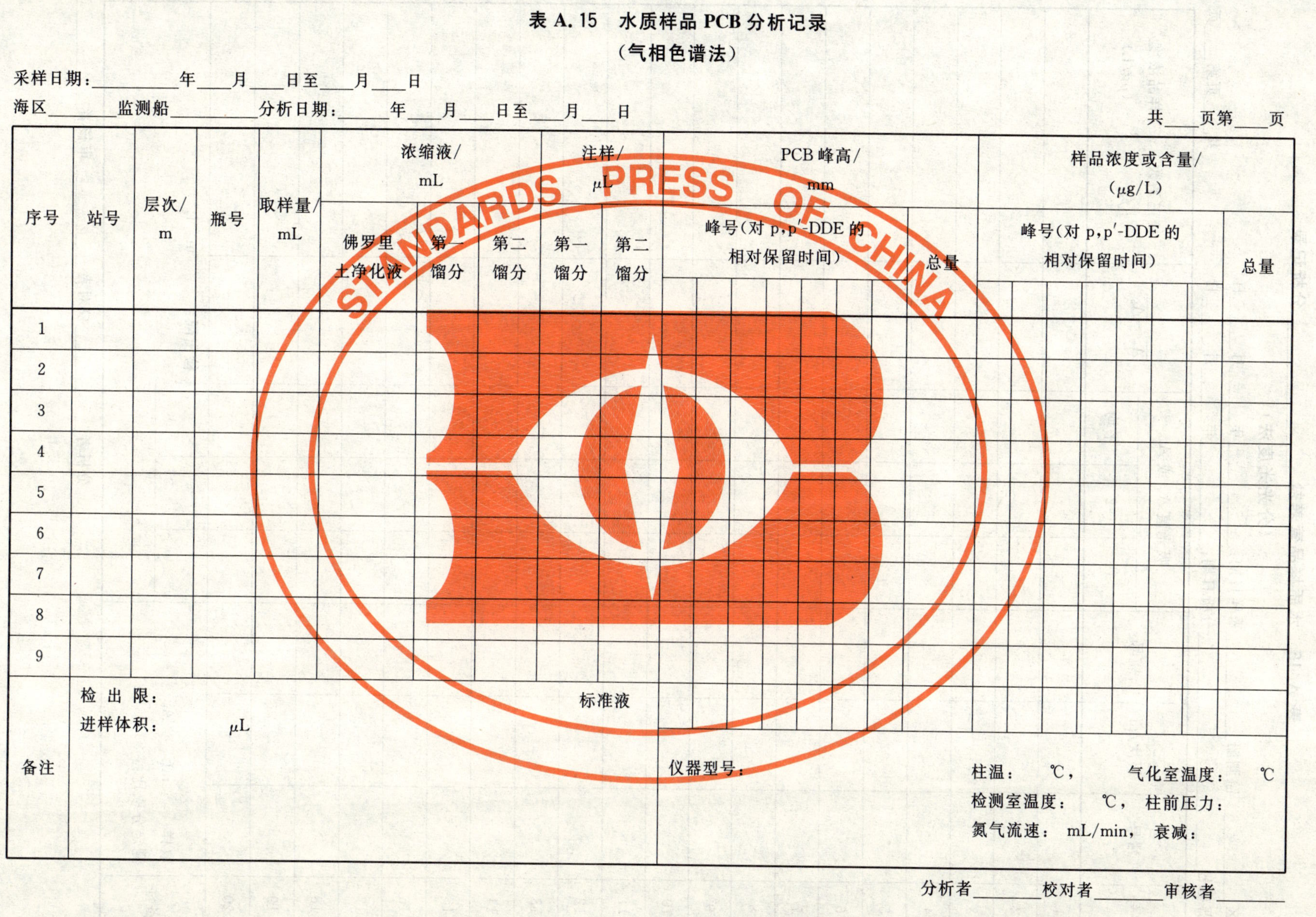

序号	站号	层次/m	瓶号	取样量/mL	浓缩液/mL			注样/μL		PCB 峰高/mm								样品浓度或含量/(μg/L)							
					佛罗里土净化液	第一馏分	第二馏分	第一馏分	第二馏分	峰号(对 p,p′-DDE 的相对保留时间)							总量	峰号(对 p,p′-DDE 的相对保留时间)							总量
1																									
2																									
3																									
4																									
5																									
6																									
7																									
8																									
9																									
备注	检 出 限： 进样体积：　μL									标准液															
										仪器型号：								柱温：　℃，　气化室温度：　℃ 检测室温度：　℃，　柱前压力： 氮气流速：　mL/min，　衰减：							

分析者________校对者________审核者________

表 A.16　水质样品营养盐＿＿＿＿＿＿分析记录

（分光光度法）

海区＿＿＿＿＿＿监测船＿＿＿＿＿＿采样日期：＿＿＿＿＿＿年＿＿＿月＿＿＿日

仪器型号＿＿＿＿＿＿＿＿＿＿＿＿＿＿分析日期：＿＿＿＿＿＿年＿＿＿月＿＿＿日　　　　共＿＿页第＿＿页

序号	站号	层次/m	瓶号	吸光值 A_w 或 A_s			$\overline{A_w}-\overline{A_b}$	校正系数 f_s	样品浓度/(μg/L)
				1	2	平均			
1									
2									
3									
4									
5									
6									
7									
8									
9									
10									
11									
12									
13									
14									
15									
16									
17									
18									
19									
20									
备注	取样：　mL　A_b 测定分取比：			检出限：　mg/L					

分析者＿＿＿＿＿＿校对者＿＿＿＿＿＿审核者＿＿＿＿＿＿

表 A.17　水质样品硫化物分析标准(工作)曲线数据记录
(硫离子选择电极法)

仪器型号＿＿＿＿＿＿＿＿测定日期：＿＿＿年＿＿月＿＿日　　共＿＿页第＿＿页

序号	加硫化物标准溶液		标准系列溶液			测定值 E/mV		
	质量浓度 c_s	体积/mL	质量浓度 c_i	$\lg c_i$	$\lg\rho$	1	2	平均
1								
2								
3								
4								
5								
6								
7								
8								
9								
10								
11								
12								
13								
14								
15								
备注	Na_2S标准液标定：				线性回归拟合标准(工作)曲线方程： $A=a+bx$ $a=$　　$b=$　　$r=$ ρ：换算样品测定结果(以硫计算)。 单位：　mg/L 标准系列定容：　mL			

分析者＿＿＿＿＿校对者＿＿＿＿＿审核者＿＿＿＿＿

表 A.18 水质样品硫化物分析记录

（硫离子选择电极法）

海区______ 监测船______ 采样日期：______年____月____日

仪器型号______ 分析日期：______年____月____日 共___页第___页

序号	站号	层次/m	瓶号	取样量/mL	测定分取比	测定值 E			$\lg c_{S^{2-}}$	样品浓度/(μg/L)
						1	2	平均		
1										
2										
3										
4										
5										
6										
7										
8										
9										
10										
11										
12										
13										
14										
15										
16										
17										
18										
19										
20										
备注									定容	mL
									检出限	

分析者______ 校对者______ 审核者______

表 A.19 表层温度计观测记录表

海区________ 监测船________ 采样日期：________年____月____日

仪器型号________________ 观测日期：________年____月____日 共___页第___页

序号	站号	站位		观测时间/s	指示温度/℃	器差	水温/℃
		纬度/(° ′ ″)	经度/(° ′ ″)				
1							
2							
3							
4							
5							
6							
7							
8							
9							
10							
11							
12							
13							
14							
15							
16							
17							
18							
19							
备注							

分析者________ 校对者________ 审核者________

表 A.20　水温观测记录表

站号______站位:纬度______　经度______颠倒时间______时

海区______监测船______观测日期:______年___月___日至___月___日　　　　　　共___页第___页

预定深度/m	绳长 L/m	采水器号	温度表号	V_0/℃	读数Ⅰ/℃		读数Ⅱ/℃										水温 T_w/℃	深度订正 d/℃	实际深度/m	计数器高度__m 倾角__° 放出绳长___m 水　深___m 透明度___米;水色___号
					辅温	主温	辅温	器差	t	主温	器差	T	$T+V_0$	$T-t$	K	$T+K$				
																				备注

观测者______校对者______审核者

表 A.21 水温观测记录表

站号______站位:纬度______ 经度______颠倒时间______时

海区______监测船______观测日期:______年____月____日至____月____日 共____页第____页

预定深度/m	绳长 L/m	采水器号	温度表号	V_0/℃	读数 Ⅰ/℃					读数 Ⅱ/℃							T_w (T_n)/℃	T_n-T_w 平均密度 ρ 压缩系数 β	计算深度 H 实际 $L-H$ 深度 d/m	备注
					辅温	主温	辅温	器差	t 或 t'	主温	器差	T 或 T'	$T+V_0$ 或 $T'+V_0'$	$(T-t)$ 或 T_w	K 或 K'	$(T+K)$ 或 $(T+K)$/℃				

观测者______校对者______审核者

表 A.22 pH 测定记录

（ 法）

海区＿＿＿＿监测船＿＿＿＿采水日期：＿＿＿＿年＿＿月＿＿日

仪器型号＿＿＿＿＿＿＿＿测定日期：＿＿＿＿年＿＿月＿＿日 共＿＿页第＿＿页

序号	站号	层次/m	采样	测定	测定时水温 t_m/℃	测值 pH_m				现场水温 t_w/℃	校正项				现场 pH_w
			时间	日，时，分		1	2	3	平均		$t_m - t_w$	$\alpha(t_m - t_w)$	β	β_d	
1															
2															
3															
4															
5															
6															
7															
8															
9															
10															
11															
12															
13															
14															
15															
16															
17															
18															
19															
20															
备注	标准缓冲液定位点 pH：														

分析者＿＿＿＿校对者＿＿＿＿审核者＿＿＿＿

表 A.23　海水悬浮物分析记录

（重　量　法）

海区＿＿＿＿＿＿调查船＿＿＿＿＿＿采样日期：＿＿＿＿＿＿年＿＿＿月＿＿＿日

仪器型号＿＿＿＿＿＿＿＿＿＿＿＿＿＿分析日期：＿＿＿＿＿＿年＿＿＿月＿＿＿日　　　　共＿＿页第＿＿页

序号	站　号	层次/m	瓶　号	水样体积/mL	过滤前滤膜重量/mg	过滤后滤膜重量/mg	实重/mg	空白滤膜校正值/mg	悬浮物含量/(mg/L)
1									
2									
3									
4									
5									
6									
7									
8									
9									
10									
11									
12									
13									
14									
15									
16									
17									
18									
19									
20									
备注									

分析者＿＿＿＿＿＿校对者＿＿＿＿＿＿审核者＿＿＿＿＿＿

表 A.24 水质样品氯化物分析记录
（银量滴定法）

海区＿＿＿＿＿监测船＿＿＿＿＿采样日期：＿＿＿＿年＿＿＿月＿＿＿日

分析日期＿＿＿＿＿年＿＿＿月＿＿＿日　　　　　　　　　　　　　　　　　　　共＿＿页第＿＿页

序号	站号	层次/m	瓶号	$AgNO_3$ 标准液，A/mL			$\bar{A}-\bar{B}$	含氯量/(mg/L)
				1	2	平均		
1								
2								
3								
4								
5								
6								
7								
8								
9								
10								
11								
12								
13								
14								
15								
16								
17								
18								
19								
20								
备注	$c(AgNO_3)$＝　mol/L　空白 B						检出限：　mg/L	

分析者＿＿＿＿＿校对者＿＿＿＿＿审核者＿＿＿＿＿

表 A.25　水质样品盐度测定记录
（盐度计法）

海区＿＿＿＿　监测船＿＿＿＿　采样日期＿＿＿＿年＿＿月＿＿日

仪器型号＿＿＿＿＿＿＿＿　测定日期＿＿＿＿年＿＿月＿＿日　　　共＿＿页第＿＿页

序号	站号	层次/m	瓶号	测定时水温/℃	电导率比 R_t	$S_{未修正}$	ΔS	实用盐度 S
1								
2								
3								
4								
5								
6								
7								
8								
9								
10								
11								
12								
13								
14								
15								
16								
17								
18								
19								
20								
备注						查国际海洋学常用表Ⅰ$_a$、Ⅰ$_b$	查国际海洋学常用表Ⅱ$_a$、Ⅱ$_b$	$S_{未修正}+\Delta S$

分析者＿＿＿＿＿＿　校对者＿＿＿＿＿＿　审核者＿＿＿＿＿＿

表 A.26　水质样品浊度分析标准曲线数据记录

（　　　法）

仪器型号＿＿＿＿＿＿＿＿测定日期：＿＿＿＿年＿＿＿月＿＿＿日　　　　　　共＿＿页第＿＿页

序号	加标准使用液/mL	浊度/度	吸光值 A_w 或读数			$\overline{A_i}-\overline{A_0}$	残差 d_i
			1	2	平均		
1							
2							
3							
4							
5							
6							
7							
8							
9							
10							
11							
12							
13							
14							
15							
备注	标准使用液浊度：　　度　　定容：mL				线性回归拟标准曲线方程： $A=a+bx$ ($a=$　　$b=$　　$r=$　　)		
					$d_i=A-(\overline{A_i}-\overline{A_0})$ A 由标准曲线方程算出		
					测定波长：　　nm 测定池光程：　　cm		

分析者＿＿＿＿＿＿校对者＿＿＿＿＿＿审核者＿＿＿＿＿＿

表 A.27 水质样品浊度测定记录

（　　法）

海区____________监测船____________采样日期____________年______月______日

仪器型号________________________测定日期____________年______月______日　　　　　　　　共____页第____页

序号	站号	层次/m	瓶号	时间/(时,分)		吸光值 A_w 或浊度(度)			$\overline{A_w}-\overline{A_b}$	水样浊度/度
				采样	测定	1	2	平均		
1										
2										
3										
4										
5										
6										
7										
8										
9										
10										
11										
12										
13										
14										
15										
16										
17										
18										
19										
20										
备注					A_b					

分析者____________校对者____________审核者____________

表 A.28 水质样品溶解氧分析记录

（碘 量 法）

海区__________监测船__________

采样日期______年______月______日 分析日期______年______月______日 共____页第____页

序号	站号	层次/m	瓶号	容积/mL	时间/(时,分)		$Na_2S_2O_3$ 液 V/mL			溶解氧含量/(mg/L)
					采样	分析	1	2	平均	
1										
2										
3										
4										
5										
6										
7										
8										
9										
10										
11										
12										
13										
14										
15										
16										
17										
18										
19										
20										
备注				标定						f=
										f=

分析者__________校对者__________审核者__________

表 A.29　水样品化学需氧量分析记录
（碱性高锰酸钾法）

海区＿＿＿＿＿＿监测船＿＿＿＿＿＿

采样日期＿＿＿＿年＿＿＿月＿＿＿日　分析日期＿＿＿＿年＿＿＿月＿＿＿日　　　　　　　　共＿＿页第＿＿页

序号	站号	层次/m	瓶号	时间/(时,分)		$Na_2S_2O_3$ 液 V/mL			$\overline{V_b}-\overline{V}$	化学需氧量/(mg/L)
				采样	分析	1	2	平均		
1										
2										
3										
4										
5										
6										
7										
8										
9										
10										
11										
12										
13										
14										
15										
16										
17										
18										
19										
20										
备注	取样:100 mL 检出限:		空白 V_b 测定						标定	$f=$ $f=$

分析者＿＿＿＿＿＿校对者＿＿＿＿＿＿审核者＿＿＿＿＿＿

表 A.30 5日生化需氧量分析记录

(5日20℃培养法)

海区＿＿＿＿监测船＿＿＿＿采样日期＿＿＿＿年＿＿月＿＿日 分析日期＿＿＿＿年＿＿月＿＿日 共＿＿页第＿＿页

序号	站号	层次/m	培养时间/(d,h)	稀释倍数		培养前溶解氧								培养后溶解氧										D_1-D_2	D_3-D_4	5日生化需氧量/(mg/L)
				f_1	f_2	水样				稀释水				水样					稀释水							
						滴定读数/mL			D_1/(mg/L)	滴定读数/mL			D_3/(mg/L)	瓶号	滴定读数/mL			D_2/(mg/L)	瓶号	滴定读数/mL			D_4/(mg/L)			
						1	2	平均		1	2	平均			1	2	平均			1	2	平均				
1																										
2																										
3																										
4																										
5																										
6																										
7																										
8																										
9																										
备注	检出限：													准化记录	$c(1/6KIO_3)=0.01000$ mol/L 耗 $Na_2S_2O_3$ 溶液 $V_1=$ mL $V=20.00$ mL $f=\frac{20.00}{V_1}$											

分析者＿＿＿＿校对者＿＿＿＿审核者

表 A.31 海水中总有机碳分析记录

（仪器法）

海区__________监测船__________采样日期__________年____月____日

仪器型号________________测定日期__________年____月____日　共___页第___页

序号	站号	瓶号	编号	*TC*	*CV*/%	*IC*	*CV*/%	*TOC*/(mg/L)
1								
2								
3								
4								
5								
6								
7								
8								
9								
10								
11								
12								
13								
14								
15								
16								
17								
18								
19								
20								

分析者__________校对者__________审核者__________

表 A.32 海洋环境监测水质报表

监测日期＿＿＿＿年＿＿月＿＿日至＿＿月＿＿日

海　区＿＿＿＿监测船＿＿＿＿监测部门　分析日期＿＿＿年＿＿月＿＿日至＿＿月＿＿日　共＿＿页第＿＿页

序号	站号	层次/m	采样时间/(时、分)	水温/℃	盐度 S	浊度/度	溶解氧/(mg/L)	pH	无机磷 P/(μg/L)	亚硝酸盐 N/(μg/L)	硝酸盐 N/(μg/L)	铵盐 N/(μg/L)	化学需氧量/(mg/L)	油类/(mg/L)	总汞/(mg/L)	铜/(μg/L)	铅/(μg/L)	镉/(μg/L)	666/(μg/L)	DDT/(μg/L)	水色	透明度/m
1																						
2																						
3																						
4																						
5																						
6																						
7																						
8																						
9																						
10																						
备注																						

制表人＿＿＿＿校对人＿＿＿＿审核人＿＿＿＿负责人＿＿＿＿制表日期：＿＿＿＿年＿＿月＿＿日

表 A.33 水样采样记录

海区______监测船______采样日期______年____月____日　　　　共____页第____页

序号	站号	水深/m	层次/m	采样时间/（时、分）	样品项目及瓶号											
					溶解氧		盐度	pH	COD	悬浮物	砷	油类	营养盐	汞	金属	
					Ⅰ	Ⅱ										
1																
2																
3																
4																
5																
6																
7																
8																
9																
10																
备注	采样器型号： 表层　　底层			加固定剂												

取样者______记录者______核对者______

附　录　B
（规范性附录）
水样采集、贮存和运输

海水样品采样站位的确定及时空频率的选择、采样设施、采样瓶的洗涤与保存、现场采样操作、样品的贮存与运输等要求执行 GB 17378.3 的规定。各测项及其分析方法所需水样体积和保存方法见表 B.1。

表 B.1　水样采样体积和保存

编号	测项及方法	所用采样器材质	水样现场预处理	水样用量/mL	贮存用容器		保存温度/℃	保存时间	备　　注
					P	G			
5	汞	玻璃				+		13 d	过滤：指用 0.45 μm 纤维滤膜过滤 P：聚乙烯塑料瓶。 G：硬质玻璃瓶。 水样用量指一次分析所用样品体积；采样量应乘以重复测定的次数，下同
5.1	原子荧光法			100					
5.2	冷原子吸收分光光度法		加 H_2SO_4 至 pH＜2	100					
5.3	金捕集冷原子吸收光度法			200					
6	铜	玻璃或塑料			+	+		90 d	
6.1	无火焰原子吸收分光光度法			200					
6.2	阳极溶出伏安法		过滤加 NHO_3 至 pH＜2	100					
6.3	火焰原子吸收分光光度法			100					
7	铅	玻璃或塑料			+	+		90 d	
7.1	无火焰原子吸收分光光度法			200					
7.2	阳极溶出伏安法		过滤加 HNO_3 至 pH＜2	100					
7.3	火焰原子吸收分光光度法			400					
8	镉	玻璃或塑料			+	+		90 d	
8.1	无火焰原子吸收分光光度法			200					
8.2	阳极溶出伏安法		过滤加 NHO_3 至 pH＜2	100					
8.3	火焰原子吸收分光光度法			400					
9	锌	玻璃或塑料			+	+		90 d	
9.1	火焰原子吸收分光光度法		过滤加 HNO_3 至 pH＜2	100					
9.2	阳极溶出伏安法			100					

表 B.1(续)

编号	测项及方法	所用采样器材质	水样现场预处理	水样用量/mL	贮存用容器		保存温度/℃	保存时间	备注
					P	G			
10	总铬	玻璃或塑料			+	+			
10.1	无火焰原子吸收分光光度法		过滤加 H_2SO_4 至 pH<2	100					
10.2	二苯碳酰二肼分光光度法			1 000			4	20 d	
11	砷	玻璃或塑料			+	+		90 d	
11.1	原子荧光法			200					
11.2	砷化氢-硝酸银分光光度法		过滤加 H_2SO_4 至 pH<2	200					
11.3	氢化物发生原子吸收分光光度法			100					
11.4	催化极谱法			100					
12	硒	玻璃或塑料			+	+		90 d	
12.1	荧光分光光度法			100					
12.2	二氨基联苯胺分光光度法		过滤加 HNO_3 至 pH<2	500					
12.3	催化极谱法			100					
13	油类	玻璃	现场萃取			+	4	10 d	
13.1	荧光分光光度法			500					
13.2	紫外分光光度法			500					
13.3	重量法			500					
14	666,DDT——气相色谱法	玻璃	现场萃取	500		+	4	10 d	
15	多氯联苯——气相色谱法	玻璃	现场萃取	2 000		+	4	10 d	
16	狄氏剂——气相色谱法	玻璃	现场萃取	2 000		+	4	10 d	
17	活性硅酸盐	塑料	过滤			+	4	3 d	
17.1	硅钼黄法			100					
17.2	硅钼蓝法			100					
18	硫化物	玻璃	每升水样加 1 mL 乙酸锌溶液(50 g/L)			+		24 h	
18.1	亚甲基蓝分光光度法			2 000					
18.2	离子选择电极法			200					

表 B.1(续)

编号	测项及方法	所用采样器材质	水样现场预处理	水样用量/mL	贮存用容器		保存温度/℃	保存时间	备注
					P	G			
19 19.1	挥发性酚 4-氨基安替比林分光光度法	玻璃	加 H_2PO_4 至 pH<4,每升水样加 2 g 硫酸铜	200		+	4	24 h	
20 20.1 20.2	氰化物 异烟酸-吡唑啉酮法 吡啶-巴比土酸分光光度法	玻璃	加 NaOH 至 pH=12~13	 500 500		+	4	 24 h	
23	阴离子洗涤剂——亚甲基蓝分光光度法	玻璃		100		+		24 h	
24	嗅和味——感官法	玻璃				+		现场立即测定	
26	pH——pH 计法	玻璃或塑料		50	+	+		现场立即测定	
27	悬浮物——重量法	玻璃或塑料	现场过滤	50~5 000	+	+			
28	氯化物——银量滴定法	玻璃或塑料		100	+	+		30 d	
29 29.1 29.2	盐度 盐度计法 温盐深仪(CTD)法	玻璃或塑料		 250	+	+		 90 d 现场测定	
30 30.1 30.2 30.3	浑浊度 浊度计法 目视比浊法 分光光度法	玻璃或塑料		 100 100 100	+	+		24 h	若加 0.5% $HgCl_2$ 可保存 22 d
31	溶解氧——碘量法	玻璃	加 1mL $MnCl_2$ 和 1 mL 碱性碘化钾	50~250		+		现场测定	
32	化学需氧量——碱性高锰酸钾法	玻璃或塑料		100	+	+		现场测定	
33 33.1 33.2	生化需氧量 五日培养法(BOD_5) 两日培养法(BOD_2)	玻璃		 300 300		+	4	6 h	冷冻可保存 48 h

表 B.1(续)

编号	测项及方法	所用采样器材质	水样现场预处理	水样用量/mL	贮存用容器		保存温度/℃	保存时间	备注
					P	G			
34	总有机碳	有机玻璃				+		立即测定	
34.1	总有机碳仪器法			50					
34.2	过硫酸钾氧化法			50					
35	无机氮								
36	氨	玻璃或塑料	过滤		+	+		3 h	如－20℃冷冻可保存 7 d
36.1	靛酚蓝分光光度法			100					
36.2	次溴酸盐氧化法			100					
37	亚硝酸盐 萘乙二胺分光光度法	玻璃或塑料	过滤	100	+	+		3 h	
38	硝酸盐								
38.1	镉柱还原法	玻璃或塑料	过滤	100	+	+		3 h	
38.2	锌镉还原法								
39	无机磷	玻璃或塑料	过滤		+	+		立即测定	若不能立即测定，应置于冰箱中保存，但不能超过 48 h
39.1	磷钼蓝分光光度法			100					
39.2	磷钼蓝-萃取分光光度法			250					
40	总磷 过硫酸钾氧化法	玻璃或塑料	过滤	100	+	+		3 h	
41	总氮 过硫酸钾氧化法	玻璃或塑料	过滤	100	+	+		3 h	
42	镍 无火焰原子吸收分光光度法	玻璃或塑料	过滤加 HNO_3 至 pH<2	100	+	+		90 d	

附 录 C
（资料性附录）
方法检出限

本附录表C.1给出了各测项及测定方法的检出限

表C.1 测定方法检出限

章条编号	测项及分析方法	检出限(XN)/(μg/L)	章条编号	测项及分析方法	检出限(XN)/(μg/L)
5	汞		10.1	无火焰原子吸收分光光度法	0.4
5.1	原子荧光法	0.007	10.2	二苯碳酰二肼分光光度法	0.3
5.2	冷原子吸收分光光度法	0.001	11	砷	
5.3	金捕集冷原子吸收光度法	0.0027	11.1	原子荧光法	0.5
6	铜		11.2	砷化氢-硝酸银分光光工法	0.4
6.1	无火焰原子吸收分光光度法	0.2	11.3	氢化物发生原子吸收分光光度法	0.06
6.2	阳极溶出伏安法	0.6	11.4	催化极谱法	1.1
6.3	火焰原子吸收分光光度法	1.1	12	硒	
7	铅		12.1	荧光分光光度法	0.2
7.1	无火焰原子吸收分光光度法	0.03	12.2	二氨基联苯胺分光光度法	0.4
7.2	阳极溶出伏安法	0.3	12.3	催化极谱法	0.1
7.3	火焰原子吸收分光光度法	1.8	13	油类	
8	镉		13.1	荧光分光光度法	1.0
8.1	无火焰原子吸收分光光度法	0.01	13.2	紫外分光光度法	3.5
8.2	阳极溶出伏安法	0.09	13.3	重量法	200
8.3	火焰原子吸收分光光度法	0.3	14	666,DDT——气相色谱法	666:0.001; DDT:0.003 8
9	锌		15	多氯联苯——气相色谱法	
9.1	火焰原子吸收分光光度法	3.1	16	狄氏剂——气相色谱法	
9.2	阳极溶出伏安法	1.2	17	活性硅酸盐	
10	总铬		17.1	硅钼黄法	

表 C.1(续)

章条编号	测项及分析方法	检出限(XN)/(μg/L)	章条编号	测项及分析方法	检出限(XN)/(μg/L)
17.2	硅钼蓝法		30.3	浊度计法	
18	硫化物[a]		31	溶解氧——碘量法	
18.1	亚甲基蓝分光光度法	0.2	32	化学需氧量——碱性高锰酸钾法	
18.2	离子选择电极法	3.3	33	生化需氧量	
19	挥发性酚——亚甲基蓝分光光度法	1.1	33.1	五日培养法(BOD_5)	
20	氰化物[b]		33.2	两日培养法(BOD_2)	
20.1	异烟酸-吡唑啉酮法	0.5	34	总有机碳	
20.2	吡啶-巴比土酸分光光度法	0.3	34.1	总有机碳仪器法	30.0
21	水色		34.2	过硫酸钾氧化法	
22	透明度		35	无机氮	
23	阴离子洗涤剂——亚甲基蓝分光光度法	10.0	36	氨	
24	嗅和味——感官法		36.1	靛酚蓝分光光度法	
25	水温		36.2	次溴酸盐氧化法	
25.1	表层水温表法		37	亚硝酸盐——萘乙二胺分光光度法	
25.2	颠倒温度表法		38	硝酸盐	
26	pH		38.1	镉柱还原法	
26.1	pH 计法		38.2	锌-镉还原法	
26.2	pH 比色法		39	无机磷	
27	悬浮物——重量法		39.1	磷钼蓝分光光度法	
28	氯化物——银量滴定法		39.2	磷钼蓝萃取分光光度法	0.2
29	盐度——盐度计法		40	总磷——过硫酸钾氧化法	
30	浑浊度		41	总氮——过硫酸钾氧化法	
30.1	目视比浊法		42	镍——无火焰原子吸收分光光度法	0.5
30.2	分光光度法				

a 硫化物以 S^{2-} 表示；

b 氰化物以 CN^- 表示。

附 录 D
（资料性附录）
工作副标准海水的制备

D.1 制备步骤

工作副标准海水是一种盐度值接近 35，且其值已准确标定过的清洁自然海水。可作为低精度测量的定标标准。测量过程中用来检查盐度计工作是否正常、测定数据是否可靠。按以下步骤制备：

D.1.1 采样

用塑料桶采取远离岸边、盐度接近 35 的清洁海水。

D.1.2 装瓶

用洗洁净将 20 000mL 或 10 000 mL 细口无色玻璃瓶洗刷干净，然后装入海水，用干净的塑料棒搅拌 20 min～30 min，使之均匀一致。

D.1.3 封装

海水样品表面覆盖 0.5 cm～1 cm 液体石蜡油，以防蒸发。瓶口用橡皮塞盖紧，并用玻璃管和连接的乳胶管将海水引出，放掉管内含液体石蜡的部分海水，用弹簧夹夹住。

D.2 补充

工作副标准海水快用完时，可以将新的海水补充进去，搅拌均匀后，放置 2 h，待液体石蜡回到表面，即可使用。

D.3 更换

工作副标准海水变得混浊不清或瓶内有灰尘或生物残骸沉淀时，要弃去，用洗洁净将瓶子洗刷干净，再重新灌满封装。

D.4 标定

工作副标准海水封装结束后，待液体石蜡浮在表面，即可用标准海水标定其实用盐度值和电导率比值 R_{15}，填入标签并贴在工作副标准海水瓶上。在正式使用前或连续使用时，每 3 d 应重新标定一次，以确保工作副标准海水的准确可靠。

ICS 07.060
A 45

中华人民共和国国家标准

GB 17378.5—2007
代替 GB 17378.5—1998

海洋监测规范 第5部分:沉积物分析

The specification for marine monitoring—
Part 5:Sediment analysis

2007-10-18 发布　　2008-05-01 实施

中华人民共和国国家质量监督检验检疫总局
中国国家标准化管理委员会　发布

前言

本部分的全部技术内容为强制性。

GB 17378《海洋监测规范》分为七个部分：

——第1部分：总则；

——第2部分：数据处理与分析质量控制；

——第3部分：样品采集、贮存与运输；

——第4部分：海水分析；

——第5部分：沉积物分析；

——第6部分：生物体分析；

——第7部分：近海污染生态调查和生物监测。

本部分为 GB 17378 的第5部分，代替 GB 17378.5—1998《海洋监测规范 第5部分：沉积物分析》。

本部分与 GB 17378.5—1998 相比主要变化如下：

——测定"项目、方法及检出限"调整为"资料性附录"(1998年版的第5章；本版的附录B)；

——增加了总汞的"原子荧光法"(见5.1)；

——取消了总汞的"双硫腙分光光度法"(1998年版的6.2)；

——增加了砷的"原子荧光测定法"(见11.1)；

——修改了铜、铅和镉的无火焰原子吸收分光光度测定法，调整为"铜、铅和镉的连续测定法"(1998年版的7.1、8.1、9.1；本版的6.1、7.1、8.1)；

——修改了铜、铅和镉的火焰原子吸收分光光度测定法，调整为"铜、铅和镉的连续测定法"(1998年版的7.2、8.2、9.2；本版的6.2、7.2、8.2)；

——取消了铜的"二乙基二硫代氨基甲酸钠分光光度法"(1998年版的7.3)；

——取消了铅的"双硫腙分光光度法"(1998年版的8.3)；

——取消了镉的"双硫腙分光光度法"(1998年版的9.3)；

——取消了锌的"双硫腙分光光度法"(1998年版的10.2)；

——修改了油类的"荧光分光光度法"(1998年版的14.1；本版的13.1)；

——修改完善了各测试方法的记录表格并作为"规范性附录"(见附录A)；

——佛罗里土吸附容量的测定方法及用量调整为"资料性附录"(1998年版的附录A；本版的附录G)；

——增加了"总磷的测定法"(见附录C)；

——增加了"总氮的测定法"(见附录D)；

——增加了有机氯农药的"毛细管气相色谱测定法"(见附录E)；

——增加了多氯联苯的"毛细管气相色谱测定方法"(见附录F)。

本部分的附录A为规范性附录，附录B、附录C、附录D、附录E、附录F和附录G为资料性附录。

本部分由国家海洋局提出。

本部分由全国海洋标准化技术委员会(SAC/TC 283)归口。

本部分起草单位：国家海洋环境监测中心。

本部分主要起草人：马永安、徐恒振、于涛、贺广凯、赵云英、傅宇众、韩庚辰、关道明、王健国、陈维岳、张春明、许昆灿、陈邦龙、顾国良。

本部分所代替标准的历次版本发布情况为：

——GB 17378.5—1998。

海洋监测规范
第5部分:沉积物分析

1 范围

GB 17378 的本部分规定了海洋沉积物监测项目的分析方法,对样品采集、贮存、运输、预处理、测定结果和计算等提出技术要求。

本部分适用于大洋、近海、河口、港湾的沉积物调查和监测,也适用于近海、港湾、河口疏浚物和倾倒物的调查与监测。

2 规范性引用文件

下列文件中的条款通过 GB 17378 的本部分的引用而成为本部分的条款。凡是注日期的引用文件,其随后所有的修改单(不包括勘误的内容)或修订版均不适用于本部分,然而,鼓励根据本部分达成协议的各方研究是否可使用这些文件的最新版本。凡是不注日期的引用文件,其最新版本适用于本部分。

GB/T 12763.8 海洋调查规范 海洋地质地球物理调查

GB 17378.2 海洋监测规范 第2部分:数据处理与分析质量控制

GB 17378.3 海洋监测规范 第3部分:样品采集、贮存与运输

3 术语和定义

下列术语和定义适用于 GB 17378 的本部分。

3.1

标线 standard line

计量容器体积的刻度线。

3.2

蒸至白烟冒尽 evaporating to fumeless

溶剂蒸发后的容器,置于室温处时无白烟冒出。

4 一般规定

4.1 样品的采集、预处理、制备及保存

样品的采集、预处理、制备及保存见 GB 17378.3,具体内容和方法按以下要求执行。

4.1.1 样品的采集

4.1.1.1 设备和工具

采样使用的设备和工具如下:

——接样盘或接样板:用硬木或聚乙烯板制成;

——样品箱,样品瓶(125 mL,500 mL 磨口广口瓶)和聚乙烯袋;

——塑料刀,勺;

——烧杯:50 mL,100 mL;

——其他:记录表格、塑料标签卡、铅笔、记号笔、钢卷尺、橡皮筋、工作日记等。

4.1.1.2 **分析样品的采取**

4.1.1.2.1 **表层沉积物样品的采取**

表层沉积物样品的采取按以下步骤进行：

——用塑料刀或勺从采泥器耳盖中仔细取上部 0 cm～1 cm 和 1 cm～2 cm 的沉积物，分别代表表层和亚表层。如遇砂砾层，可在 0 cm～3 cm 层内混合取样；

——通常情况下，每层各取 3 份～4 份分析样品，取样量视分析项目而定。如一次采样量不足，应再采一次；

——取刚采集的沉积物样品，迅速装入 100 mL 烧杯中（约半杯，力求保持样品原状，避免空气进入）供现场测定氧化还原电位用（也可在采泥器中直接测定）；

——取约 5 g 新鲜湿样，盛于 50 mL 烧杯中，供现场测定硫化物（离子选择电极法）用。若用比色法或碘量法测定硫化物，则取 20 g～30 g 新鲜湿样，盛于 125 mL 磨口广口瓶中，充氮气后塞紧磨口塞；

——取 500 g～600 g 湿样，放入已洗净的聚乙烯袋中，扎紧袋口。供测定铜、铅、镉、锌、铬、砷及硒用；

——取 500 g～600 g 湿样，盛入 500 mL 磨口广口瓶中，密封瓶口。供测定含水率、粒度、总汞、油类、有机碳、有机氯农药及多氯联苯用。

4.1.1.2.2 **柱状沉积物样品的采取**

柱状沉积物样品采取步骤如下：

——样柱上部 30 cm 内按 5 cm 间隔，下部按 10 cm 间隔（超过 1 m 时酌定）用塑料刀切成小段，小心地将样柱表面刮去，沿纵向剖开三份（三份比例为 1∶1∶2）；

——两份量少的分别盛入 50 mL 烧杯（离子选择电极法测定硫化物，如用比色法或碘量法测定硫化物时，则盛于 125 mL 磨口广口瓶中，充氮气后，密封保存）和聚乙烯袋中；

——另一份装入 125 mL 磨口广口瓶中。

4.1.2 **样品的登记、保存与运输**

样品登记、保存与运输步骤如下：

——样品瓶及聚乙烯袋预先用硝酸溶液（1+3）浸泡 2 d～3 d，用去离子水淋洗干净，晾干装瓶，贴上样品标签，用记号笔把海区、站号，层次及采样日期写在标签上；

——样品装入聚乙烯袋，并将填写好站号及层次的标签放入外袋中，用橡皮筋扎紧袋口。装箱保存在阴凉处；

——所有的样品均应将采样海区、站号、层次、数量、现场描述情况填入表 A.1 中；

——需携带回陆地实验室的样品，均应保存在阴冷处，最好放在冰箱或冷库中，于 4℃左右保存；

——样品应及时送往陆地实验室，送样时，按照表 A.2 要求填写送样单一式三份。一份留底，两份随样品送交收样单位。

4.1.3 **分析样品的制备**

4.1.3.1 供测定重金属（铜、铅、镉、锌、铬、砷及硒）的分析样品的制备

样品的制备步骤如下：

——将聚乙烯袋中的湿样转到洗净并编号的瓷蒸发皿中，置于 80℃～100℃烘箱内，烘干过程中用玻璃棒经常翻动样品并把大块压碎，以加速干燥；

——将烘干的样品摊放在干净的聚乙烯板上，剔除砾石和颗粒较大的动植物残骸。将样品装入玛瑙钵中，每 500 mL 玛瑙钵中装入约 100 g 干样；

——放入玛瑙球，在球磨机上研磨至全部通过 160 目（96 μm）（事先经试验确定大小玛瑙球的个数及研磨时间等条件，研磨后不再过筛）。也可用玛瑙研钵手工粉碎，用 160 目尼龙筛，盖上塑料盖过筛，严防样品逸出。将研磨后的样品充分混匀；

——四分法缩分分取 10 g～20 g 制备好的样品，放入样品袋（已填写样品的站号，层次等），送各实

验室进行分析测定。其余的样品盛入玻璃磨口广口瓶或有密封内盖的塑料广口瓶中，盖紧瓶盖，留作副样保存；

——操作人员应带口罩并在通风良好的条件下进行操作。碎样及取样等工具及器皿均要先净化处理，以避免样品被沾污。

4.1.3.2　供测定测油类，有机碳，有机氯农药及多氯联苯的分析样品的制备

样品的制备按以下步骤进行：

——将已测定过含水率，粒度及总汞后的样品摊放在已洗净并编号的搪瓷盘内，置于室内阴凉通风处，不时地翻动样品并把大块压碎，以加速干燥，制成风干样品；

——将已风干的样品摊放在聚乙烯板上，剔除砾石和颗粒较大的动植物残骸；

——在球磨机上粉碎至全部通过 80 目(180 μm)(事先经条件试验，粉碎后不再过筛)，也可用瓷研钵手工粉碎，用 80 目(180 μm)金属筛盖上金属盖过筛。严防样品逸出。将研磨后的样品充分混匀；

——四分法缩分分取 40 g～50 g 制备好的样品，放入样品袋(已填写样品的站号、层次等)，送各实验室进行分析测定。

4.1.4　分析副样的保存

为确保历次监测航次测试结果的质量及数据的可比性，为海洋环境保护科学的发展积累资料，应妥善地保存好分析副样，以备分析质量检查及其他用途。

4.2　规定和要求

4.2.1　分析样品的烘干：未注明干燥温度及时间时，均指(105±1)℃，干燥 2 h。

4.2.2　标准溶液配制中，所用的量瓶和移液管均应事先进行容量校正或检定。

4.2.3　数据处理按 GB 17378.2 要求执行。

4.2.4　文内 pH 值除注明测量方法以外，均可用精密或广泛 pH 试纸测量。

4.2.5　沉积物中硫化物的测定不做双样检查。

4.3　分析结果质量检查

分析结果质量检查步骤如下：

——分析结果质量检查按表 1 任意抽取检查样，分别装袋并另编样号，将基本样与检查样交分析测试人员进行测定；

表 1　从分析样中抽取检查样的比例

分析样个数	<10	10～30	>30
检查样抽取比例/%	50	40	30

——检查样的测项与基本样相同；

——当样品数量较多时，基本样与检查样不应安排在同批内进行测试；

——测试所得结果按表 2 所列双样相对偏差容许限控制分析质量，当某测项双样检查结果超差率大于 30%时，此批基本样中该测项应全部重新测定。若仍出现上述超差情况，分析测试人员应认真检查分析原因(如标准溶液的配制，环境质量，所用仪器设备有无不正常情况等)后，再进行这批样品(基本样与检查样)的测定；

——当某测项双样检验结果超差率小于 30%时，超差的样品应重新称样进行测定，直至所测结果合格为止。报数据时，按平行双样结果的均值计算；

——每批分析的样品(20 个左右)插入 2 个～3 个海洋沉积物成分分析标准物质(分别装袋及另编样号)，以检验有无系统误差。

表 2　平行双样相对偏差表

分析结果所在数量级	10^{-4}	10^{-5}	10^{-6}	10^{-7}	10^{-8}	10^{-9}
相对偏差容许限/%	4	8	15	20	30	40

4.4 说明

4.4.1 各种酸碱的密度(ρ),是指20℃时的每毫升克数。

4.4.2 除船上现场测定的项目列出所用的仪器设备以外,陆地实验室内测定的项目,只列出主要的仪器和特殊设备及器皿等。

4.4.3 干燥剂在不指明具体名称时,均指变色硅胶。

4.4.4 所配制的元素的标准溶液的浓度均指该元素的浓度。

4.4.5 没有指明溶剂的溶液都是水溶液。

4.4.6 除电化学分析法以外,也可用校准曲线的线性回归方程求出被测物的质量或浓度,再按计算公式计算样品中被测物的含量。当校准曲线中段的某点出现异常较大的情况时,用线性回归方程计算含量会造成较大的误差,此时应舍弃该点,用作图法求结果。如异常点出现在校准曲线两端时,则校准曲线的范围就相应地变小,该时就应重新绘制校准曲线。

4.4.7 沉积物中粒度的测定按 GB/T 12763.8 执行。

5 总汞

5.1 原子荧光法

5.1.1 适用范围和应用领域

本方法适用于淡水和海水水系沉积物中总汞的测定。

本方法为仲裁方法。

5.1.2 方法原理

样品在硝酸-盐酸体系中,置于沸水浴中消化,汞以离子态全量进入溶液。以硼氢化钾为还原剂,将溶液中离子态汞转变为汞蒸汽。以氩气为载气使原子汞蒸汽进入原子荧光光度计的原子化器中,以特种汞空心阴极灯为激发光源,测定汞原子荧光强度。

5.1.3 试剂及其配制

5.1.3.1 硝酸(HNO_3):$\rho=1.42$ g/mL,优级纯。

5.1.3.2 盐酸(HCl):$\rho=1.19$ g/mL,优级纯。

5.1.3.3 硼氢化钾(KBH_4)。

5.1.3.4 氢氧化钾(KOH):优级纯。

5.1.3.5 草酸($H_2C_2O_4\cdot 2H_2O$)。

5.1.3.6 高锰酸钾($KMnO_4$)。

5.1.3.7 氢氧化钾溶液(0.05 g/L):称取1 g氢氧化钾(见5.1.3.4)溶于200 mL去离子水中,加入0.5 g硼氢化钾(见5.1.3.3)溶解后移取20 mL于1 000 mL容量瓶中,用去离子水稀释至标线。使用前配制。

5.1.3.8 高锰酸钾溶液(1%):称取5 g高锰酸钾(见5.1.3.6)溶解于500 mL去离子水中,置于棕色试剂瓶中保存。

5.1.3.9 草酸溶液(1%):称取10 g草酸(见5.1.3.5)溶解于1 000 mL去离子水中,置于棕色试剂瓶中保存。

5.1.3.10 硝酸溶液(1+19):将1份硝酸(见5.1.3.1)与19份水混合。

5.1.3.11 汞标准贮备溶液(1.00 g/L):准确称取0.135 3 g氯化汞($HgCl_2$,基准试剂或优级纯,预先在硫酸干燥器中放置24 h以上)于50 mL烧杯中,用少量硝酸溶液(见5.1.3.10)溶解后,全量转入100 mL容量瓶中,以硝酸溶液(见5.1.3.10)定容至标线,混匀。

5.1.3.12 汞标准中间溶液A(10.0 mg/L):移取1.00 mL汞标准贮备溶液(见5.1.3.11)置于100 mL容量瓶中,加硝酸溶液(见5.1.3.10)定容至标线,混匀。

5.1.3.13 汞标准中间溶液B(0.100 mg/L):移取1.00 mL汞标准中间溶液A(见5.1.3.12)置于

100 mL容量瓶中，加硝酸溶液（见 5.1.3.10）定容至标线，混匀。

5.1.3.14 汞标准使用液（10.0 μg/L）：移取 10.00 mL 汞标准中间溶液 B（见 5.1.3.13）置于 100 mL 容量瓶中，加硝酸溶液（见 5.1.3.10）定容至标线，混匀。使用时配制。

5.1.4 仪器及设备

仪器和设备如下：

—— 原子荧光光度计；

—— 容量瓶：容量 50 mL、100 mL、1 000 mL；

—— 移液管：容量 1 mL、2 mL、5 mL、10 mL；

—— 烧杯：容量 50 mL、100 mL；

—— 水浴锅；

—— 氩气；

—— 实验室常用仪器与设备。

5.1.5 分析步骤

5.1.5.1 绘制标准曲线

5.1.5.1.1 于 7 个 100 mL 容量瓶中分别加入 50 mL 去离子水，后加入 10 mL 硝酸（见 5.1.3.1）和 10 mL浓盐酸（见 5.1.3.2），再分别加入汞标准使用液（见 5.1.3.14）0 mL，0.25 mL，0.50 mL，1.00 mL，2.00 mL，4.00 mL，8.00 mL，用水定容至标线，混匀。

5.1.5.1.2 分别取上述汞标准系列溶液各 2 mL，测定标准空白荧光强度读数（I_0）和标准样品荧光强度读数（I_i）。

5.1.5.1.3 将数据记入表 A.3 中，以荧光强度（I_i-I_0）为纵坐标，汞的量（ng）为横坐标，绘制标准曲线（给出线性回归方程）并计算线性回归系数。

5.1.5.2 样品测定

5.1.5.2.1 准确称取 0.1 g～0.5 g 沉积物干样或 1 g～5 g 沉积物湿样（精确至 0.000 1 g），置于 50 mL具塞比色管中，加 2 mL 硝酸（见 5.1.3.1）、6 mL 盐酸（见 5.1.3.2）。用约 10 mL 去离子水淋洗比色管内壁后混合充分，置于沸水浴中加热 1 h（其间取出充分摇动一次）。取下冷却至室温，加入 1 mL 高锰酸钾溶液（见 5.1.3.8），摇均后放置 20 min，再用草酸溶液（见 5.1.3.9）稀释至标线，摇匀后放置澄清 30 min。同时制作分析空白。

5.1.5.2.2 除不加沉积物样品外，其余步骤完全等同于样品消化（见 5.1.5.2.1）。由此制备的溶液作为分析空白液。

5.1.5.2.3 分别取 2.0 mL 分析空白（见 5.1.5.2.2）和样品消化液（见 5.1.5.2.1），测定分析空白荧光强度（I_b）和样品消化液的荧光强度（I_s）。以（I_s-I_b）值从标准曲线上查出相应的汞的纳克数或用线性回归方程计算得出汞的纳克数。

5.1.6 记录和计算

将样品测定数据记入表 A.4 中，按式（1）计算沉积物干样中汞的含量：

$$w_{Hg}=\frac{m\cdot V_1}{V_2\cdot M(1-w_{H_2O})} \quad \cdots\cdots (1)$$

式中：

w_{Hg}——沉积物干样中总汞的含量（质量分数，10^{-9}）；

m——从标准曲线上查得的汞量，单位为纳克（ng）；

V_1——样品消化液的体积，单位为毫升（mL）；

V_2——样品测定分样的体积，单位为毫升（mL）；

M——样品的称取量，单位为克（g）；

w_{H_2O}——湿样的含水率（质量分数，%）。

5.1.7 精密度和准确度

汞含量为 0.048×10^{-6} 时，重复性相对标准偏差为 4%；再现性相对标准偏差：24%；相对误差：±5%。

5.1.8 注意事项

本方法执行中应注意如下事项：

——除非另作说明，本方法所用试剂均为分析纯，水为去离子水或等效无汞水；

——试验用器皿用硝酸溶液(1+3)浸泡 24 h 以上，洗净，并检查空白是否合格；

——沉积物湿样先在 40℃～60℃条件下烘干研磨后，再进行消化测定；

——所用的试剂，特别是硝酸和盐酸，在使用前应作空白试验。空白高的酸将严重影响方法灵敏度和准确度；

——汞元素的气体发生条件与所在基体溶液的化学组成有一定关系，制作标准曲线用的基体溶液组成应与试样消化液组成相近；

——试样和分析空白的消化条件要一致，所配试剂的使用时间不应过长；

——为保证分析结果准确，可适当地调节样品的称取量，使得测定值在标准曲线范围内。

5.2 冷原子吸收光度法

5.2.1 适用范围和应用领域

本法适用于河口、近岸、大洋沉积物中总汞的测定。

5.2.2 方法原理

试样用硝酸-过氧化氢加热消化，离子态汞经氧化亚锡还原，转变为汞蒸气，随载气进入吸收池。在 253.7 nm 波长处的特征吸收值与汞的含量成正比。

5.2.3 试剂及其配制

5.2.3.1 汞标准溶液

5.2.3.1.1 汞标准贮备溶液(1.000 mg/mL)：称取 0.135 3 g 氯化汞($HgCl_2$，优级纯，预先在硫酸干燥器中放置 24 h 以上)于 50 mL 烧杯中，用硝酸溶液(见 5.2.3.7)溶解后，全量转入 100 mL 量瓶中，加硝酸溶液(见 5.2.3.7)至标线，混匀。

5.2.3.1.2 汞标准中间溶液(10.0 μg/mL)：量取 1.00 mL 汞标准贮备溶液(见 5.2.3.1.1)于 100 mL 量瓶中，加硝酸溶液(见 5.2.3.7)至标线，混匀。

5.2.3.1.3 汞标准使用溶液(1.00 μg/mL)：量取 5.00 mL 汞标准中间溶液(见 5.2.3.1.2)于 50 mL 量瓶中，加硫酸溶液(见 5.2.3.10)至标线，混匀。临用前配制。

5.2.3.2 氯化亚锡溶液(100 g/L)：称取 20 g 氯化亚锡($SnCl_2 \cdot 2H_2O$)于 250 mL 烧杯中，加 100 mL 盐酸溶液(见 5.2.3.9)和 80 mL 水，加热至氯化亚锡全溶，加水至 200 mL，混匀，转盛于 250 mL 试剂瓶中。

5.2.3.3 盐酸羟胺溶液(100 g/L)：称取 25 g 盐酸羟胺($NH_2OH \cdot HCl$)溶于水中并稀释至 250 mL，转盛于 500 mL 试剂瓶中。

5.2.3.4 高锰酸钾溶液(50 g/L)：称取 10 g 高锰酸钾($KMnO_4$)于 250 mL 烧杯中，加 200 mL 水，加热溶解，冷却后转盛于棕色试剂瓶中。

5.2.3.5 过氧化氢溶液(30%)：优级纯。

5.2.3.6 硝酸(HNO_3)：ρ=1.42 g/mL，优级纯。

5.2.3.7 硝酸溶液(1+19)：将 1 体积的硝酸(见 5.2.3.6)与 19 体积的水混合。

5.2.3.8 盐酸(HCl)：ρ=1.19 g/mL，优级纯。

5.2.3.9 盐酸溶液(1+1)：将等体积的盐酸(见 5.2.3.8)和水混合。

5.2.3.10 硫酸溶液(0.5 mol/L)：将 28 mL 浓硫酸慢慢地加到 972 mL 水中，混匀。

5.2.4 仪器及设备

仪器和设备如下：

——测汞装置：见图1；

——真空泵；

——稳压器；

——记录仪；

——水浴锅；

——转子流量计；

——微量移液吸管：容量 10 μL、20 μL、50 μL、100 μL；

——带磨口反应瓶：容量 250 mL；

——一般实验室常备仪器及设备。

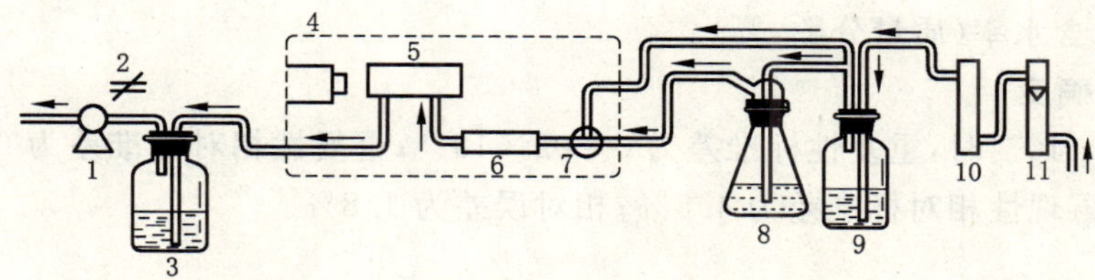

1——真空泵；

2——空气流量调节阀；

3——含汞废气吸收器；

4——测汞仪；

5——光吸收池；

6——干燥管；

7——三通阀；

8——汞蒸气发生瓶；

9——空气净化装置；

10——活性炭吸收器；

11——气体流量计。

图1 冷原子吸收测汞装置

5.2.5 分析步骤

5.2.5.1 绘制标准曲线

在 250 mL 磨口反应瓶中加 50 mL 水，分别加入 0 μL，20 μL，40 μL，60 μL，80 μL，100 μL 汞标准使用溶液(见 5.2.3.1.3)，依次加入 2 mL 氯化亚锡溶液(见 5.2.3.2)，迅速盖紧瓶塞，按图1切断气路，摇晃 2 min，接通气路测定吸光值(A_i)。用同样方法测得标准空白吸光值(A_0)。将数据记入表 A.5 中。以(A_i-A_0)为纵坐标，汞的量(ng)为横坐标绘制汞的标准曲线。

5.2.5.2 样品的消化

5.2.5.2.1 称取约 1 g 沉积物湿样(±0.000 1 g)，盛于 50 mL 烧杯中，加 5 mL 硝酸(见 5.2.3.6)，于(90±5)℃水浴中消解 30 min。同时做分析空白。

5.2.5.2.2 取出、冷却、滴加 1 mL 过氧化氢溶液(见 5.2.3.5)，在水浴中继续消解 30 min，冷却后全量转入 100 mL 量瓶中。

5.2.5.2.3 滴加高锰酸钾溶液(见 5.2.3.4)，至红色不褪为止。

5.2.5.2.4 加 2 mL 盐酸羟胺溶液(见 5.2.3.3)，使红色褪尽并加水至标准，混匀待测。

5.2.5.3 样品的测定

移取一定体积的样品消化液于反应瓶中，加水补足至 50 mL，加 2 mL 氯化亚锡溶液(见 5.2.3.2)，迅速盖紧瓶塞,切断气路,摇晃 2 min。接通气路并测定吸光值(A_s)及分析空白吸光值(A_b)。以(A_s-A_b)值从标准曲线上查出相应的汞的量(ng)。

5.2.6 记录与计算

将测得的吸光值记入表 A.6 中,按式(2)计算沉积物干样中总汞的含量。

$$w_{Hg}=\frac{m\cdot V_1}{V_2\cdot M(1-w_{H_2O})} \qquad (2)$$

式中:

w_{Hg}——沉积物干样中总汞的含量(质量分数,10^{-9});

m——从标准曲线上查得的汞量,单位为纳克(ng);

V_1——样品消化液的体积,单位为毫升(mL);

V_2——样品测定分样的体积,单位为毫升(mL);

M——样品的称取量,单位为克(g);

w_{H_2O}——湿样的含水率(质量分数,%)。

5.2.7 精密度和准确度

汞含量为 0.22×10^{-6}时,重复性标准差为 0.002×10^{-6};重复性相对标准差为 0.91%;再现性标准差为 0.010×10^{-6},再现性相对标准差为 4.5%;相对误差为 1.8%。

5.2.8 注意事项

本方法执行中应注意如下事项:

——除非另作说明,本方法所用试剂为分析纯,水为无汞蒸馏水或等效纯水;

——必须确保所用器皿清洁,新器皿要经硝酸溶液(1+1)浸泡一天以上,用过的器皿要认真清洗后使用;

——由于汞蒸气压大,实验过程中既要防止汞的逸失,又要防止空气中汞对试样及试剂的沾污。试样与空白的消解时间尽量地相同,以防止试剂与空气的接触。所配试剂的使用时间不宜太长;

——为保证分析结果准确,可适当地调整试样称取量和改变所量取的样品消化液的体积,使测得值在标准曲线范围内;

——由于反应瓶中溶液体积对测定有影响,加适量的水使溶液体积控制到 50 mL 左右;

——在标准曲线制定时,用同一个反应瓶,操作方便并可减少随机误差的产生,此时先在反应瓶中加入 2 mL 氯化亚锡溶液,分别加入 0.0 μL,20 μL,40 μL,60 μL,80 μL,100 μL 汞标准使用溶液(见 5.2.3.1.3)迅速盖紧瓶塞,以下按标准曲线绘制的步骤进行。

6 铜

6.1 无火焰原子吸收分光光度法(连续测定铜、铅和镉)

6.1.1 适用范围和应用领域

本法适用于海洋沉积物中铜、铅和镉的连续测定。

本方法为仲裁方法。

6.1.2 方法原理

沉积物样品用硝酸-高氯酸消化后,在稀硝酸介质中,铜在 324.7 nm 波长,铅在 283.3 nm 波长,镉在 228.8 nm 波长处进行无火焰原子吸收测定。

6.1.3 试剂及其配制

6.1.3.1 铜、铅和镉标准贮备溶液(1.000 mg/mL):分别称取 0.100 0 g 金属铜、铅和镉(纯度 99.99%)于 3 只 50 mL 烧杯中,用水润湿,加硝酸溶液(见 6.1.3.5)溶解,必要时加热直至溶解完全。分别转入 3 只 100 mL 容量瓶中,加硝酸溶液(见 6.1.3.6)至标线,混匀。此溶液,铜、铅和镉均为1.000 mg/mL。

6.1.3.2　铜、铅和镉标准中间溶液：分别移取10.0 mL铜标准贮备液(见6.1.3.1)，5.0 mL铅标准贮备液(见6.1.3.1)和0.25 mL镉标准贮备液(见6.1.3.1)于同一100 mL容量瓶中，用硝酸溶液(见6.1.3.6)稀释至标线，混匀。此溶液铜为100 μg/mL，铅为50.0 μg/mL，镉为2.50 μg/mL。

6.1.3.3　铜、铅和镉标准使用溶液：各量取1.00 mL铜、铅和镉标准中间溶液(见6.1.3.2)于100 mL容量瓶中，用硝酸溶液(见6.1.3.6)稀释至标线，混匀。此溶液铜为1.00 μg/mL，铅为0.50 μg/mL，镉为0.025 μg/mL。

6.1.3.4　硝酸(HNO_3)：ρ=1.42 g/mL，优级纯。

6.1.3.5　硝酸溶液(1+1)：1体积的硝酸(见6.1.3.4)和1体积的水混合。

6.1.3.6　硝酸溶液(1+99)：1体积的硝酸(见6.1.3.4)和99体积的水混合。

6.1.3.7　高氯酸($HClO_4$)：ρ=1.67 g/mL，优级纯。

6.1.3.8　盐酸(HCl)：ρ=1.19 g/mL，优级纯。

6.1.3.9　盐酸溶液(1+2)：1体积的盐酸(见6.1.3.8)和2体积的水混合。

6.1.4　仪器及设备

仪器和设备如下：

——无火焰原子吸收分光光度计；

——铜、铅和镉空心阴极灯；

——自动进样器：配20 μL进样泵或20 μL精密微量移液管；

——钢瓶氩气：纯度99.99%；

——聚四氟乙烯或聚丙烯杯：容量30 mL；

——一般实验室常备仪器及设备。

6.1.5　分析步骤

6.1.5.1　绘制标准曲线

按以下步骤绘制标准曲线：

a)　取6支10 mL具塞比色管，分别加入0 mL、0.20 mL、0.40 mL、0.60 mL、0.80 mL、1.00 mL铜、铅和镉标准使用溶液(见6.1.3.3)，加硝酸溶液(见6.1.3.6)稀释至标线，混匀；

b)　按选定的仪器工作条件，测定标准溶液的吸光值A_i。将测定数据填于表A.7中；

c)　以测得的吸光值(A_i)减去标准空白吸光值(A_0)为纵坐标，以相应的金属元素浓度为横坐标，绘制标准曲线。

6.1.5.2　样品的消化

称取0.1 g(±0.000 1 g)经烘干的沉积物样品于30 mL聚四氟乙烯杯中，用少许水润湿样品，加入5 mL硝酸(6.1.3.4)，置于电热板上由低温升至180℃～200℃，蒸至近干，加入1 mL硝酸(见6.1.3.4)，2 mL高氯酸(见6.1.3.7)，蒸干，用少许水仔细地淋洗聚四氟乙烯杯壁并蒸至白烟冒尽，取下稍冷，加1.0 mL盐酸溶液(见6.1.3.9)，微热浸提，将溶液及残渣全量转入25 mL具塞比色管中，用水稀释至标线，混匀，澄清，上清液待测。同时做分析空白。

6.1.5.3　样品的测定

量取样品消化液100 μL，加500 μL硝酸溶液(见6.1.3.6)，混匀。按选定的仪器参数测定金属元素的吸光值(A_s)及分析空白吸光值(A_b)。以(A_s-A_b)值从标准曲线上查出相应的金属元素的浓度(μg/mL)。

6.1.6　记录与计算

将测得的数据记入表A.8中，按式(3)计算沉积物干样中铜、铅和镉的含量。

$$w_{Me}=\frac{\rho \cdot V \cdot D}{M} \qquad (3)$$

式中：

w_{Me}——沉积物干样中铜、铅和镉的含量(质量分数，10^{-6})；

ρ——从标准曲线上查得的铜、铅和镉的浓度，单位为微克每毫升(μg/mL)；

V——样品消化液的体积，单位为毫升(mL)；

D——测定时样品消化液的稀释倍数＝(稀释后的总体积)/(量取样品消化液体积)；

M——样品的称取量，单位为克(g)。

6.1.7 精密度和准确度

铜含量为 62.1×10^{-6} 时，重复性标准差为 0.03×10^{-6}，重复性相对标准偏差为 0.1%；含量为 31.6×10^{-6} 时，再现性标准差为 2.0×10^{-6}，再现性相对标准偏差为 6.3%；相对误差为 4.5%。

铅含量分别为 20.6×10^{-6}，85.1×10^{-6} 和 82.2×10^{-6} 时，重复性相对标准偏差分别为 6.3%，6.7% 和 4.8%，6.3%；含量为 31.6×10^{-6} 时，再现性标准差为 1.8×10^{-6}，再现性相对标准偏差为 6.2%；相对误差为 8.4%。

镉含量分别为 0.27×10^{-6}、2.43×10^{-6}、0.243×10^{-6} 和 2.39×10^{-6} 时，相对标准偏差分别为 12%、6.6%、2.9% 和 0.4%；含量为 0.25×10^{-6} 时，再现性标准差为 0.02×10^{-6}，再现性相对标准偏差为 8.0%；相对误差为 6.0%。

6.1.8 注意事项

本方法执行中应注意如下事项：

——除非另有说明，本方法所用试剂为分析纯，水为二次去离子水或等效纯水；

——所有器皿应经硝酸溶液(1+3)浸泡 12 h 以上，用二次去离子水洗净；

——样品中铜的含量超出标准曲线范围时，可通过增加内气流的办法来测定，这时标准曲线制定中，所用的内气流值也要相应地变动。

6.2 火焰原子吸收分光光度法(连续测定铜、铅和镉)

6.2.1 适用范围和应用领域

本法适用于海洋沉积物中铜、铅和镉的连续测定。

6.2.2 方法原理

沉积物样品用硝酸-高氯酸消化后，铜在 324.7 nm 波长，铅在 283.3 nm 波长，镉在 228.8 nm 波长处直接进行火焰原子吸收测定。

6.2.3 试剂及其配制

6.2.3.1 铜、铅和镉标准贮备溶液(1.000 mg/mL)：分别称取 0.100 0 g 金属铜、铅和镉(纯度 99.99%)于 3 只 50 mL 烧杯中，用水润湿，加硝酸(见 6.2.3.4)溶解，必要时加热直至溶解完全。分别转入 3 只 100 mL 量瓶中，加硝酸溶液(见 6.2.3.7)至标线，混匀。此溶液，铜、铅和镉均为 1.000 mg/mL。

6.2.3.2 铜、铅和镉标准中间溶液：分别移取 10.0 mL 铜标准贮备液(见 6.2.3.1)、2.0 mL 铅标准贮备液(见 6.2.3.1)和 0.20 mL 镉标准贮备液(见 6.2.3.1)于同一 100 mL 容量瓶中，用硝酸溶液(见 6.2.3.7)稀释至标线，混匀。此溶液铜为 100 μg/mL，铅为 20.0 μg/mL，镉为 2.00 μg/mL。

6.2.3.3 铜、铅和镉标准使用溶液：各量取 10.0 mL 铜、铅和镉标准中间溶液(见 6.2.3.2)于 100 mL 量瓶中，用硝酸溶液(见 6.2.3.7)稀释至标线，混匀。此溶液铜为 10.0 μg/mL，铅为 2.0 μg/mL，镉为 0.20 μg/mL。

6.2.3.4 硝酸(NHO_3)：ρ=1.42 g/mL，优级纯。

6.2.3.5 盐酸溶液(1+2)：1 体积的盐酸(见 6.1.3.9)和 2 体积水混合。

6.2.3.6 盐酸溶液(1+59)：1 体积的盐酸(见 6.1.3.9)和 59 体积的水混合。

6.2.3.7 硝酸溶液(1+99)：1 体积的硝酸(见 6.1.3.4)和 99 体积的水混合。

6.2.3.8 高氯酸($HClO_4$)：ρ=1.67 g/mL，优级纯。

6.2.3.9 盐酸(HCl)：ρ=1.19 g/mL，优级纯。

6.2.4 仪器及设备

仪器和设备如下：

——火焰原子吸收分光光度计；

——铜、铅和镉空心阴极灯；

——空气压缩机；

——乙炔钢瓶；

——一般实验室常备仪器及设备。

6.2.5 分析步骤

6.2.5.1 绘制标准曲线

按以下步骤绘制标准曲线：

a) 取6支10 mL容量瓶，分别加入0 mL、0.50 mL、1.00 mL、1.50 mL、2.00 mL、2.50 mL铜、铅和镉标准使用溶液(见6.2.3.3)，加盐酸溶液(见6.2.3.6)稀释至标线，混匀；

b) 按选定的仪器工作条件，分别测定混合标准系列溶液的吸光值A_i。将测定数据填于表A.9中；

c) 以测得的吸光值(A_i)减去标准空白吸光值(A_0)为纵坐标，以相应的金属元素浓度为横坐标绘制标准曲线。

6.2.5.2 样品的消化及测定

称取0.1 g(±0.000 1 g)经烘干的沉积物样品于30 mL聚四氟乙烯坩埚中，加少许水湿润样品，加入5 mL硝酸(见6.2.3.4)，将坩埚置于电热板上，由低温升至180℃～200℃，蒸至近干，加1 mL硝酸(见6.2.3.4)，2 mL高氯酸(见6.2.3.8)，于180℃～200℃蒸干，用少许水仔细地淋洗坩埚壁并蒸至白烟冒尽，取下稍冷却后，加0.5 mL盐酸溶液(见6.2.3.5)，微热，将溶液及残渣全量转入10 mL容量瓶中，加水至标线，混匀，澄清，上清液待测(同时做分析空白)。按选定的仪器参数，测定样品中金属元素的吸光值(A_s)及分析空白吸光值(A_b)。以(A_s-A_b)值从标准曲线上查出相应金属元素的浓度(μg/mL)。

6.2.6 记录与计算

将测得的数据记入表A.8中，按式(4)计算沉积物干样中铜、铅和镉的含量。

$$w_{Me}=\frac{\rho \cdot V}{M} \qquad (4)$$

式中：

w_{Me}——沉积物干样中铜、铅和镉的含量(质量分数，10^{-6})；

ρ——从标准曲线上查得的铜、铅和镉的浓度，单位为微克每毫升(μg/mL)；

V——样品消化液定容体积，单位为毫升(mL)；

M——样品的称取量，单位为克(g)。

6.2.7 精密度和准确度

铜含量为31.6×10^{-6}时，重复性标准差为0.47×10^{-6}，重复性相对标准偏差为1.5%；再现性标准差为2.2×10^{-6}，再现性相对标准偏差为7.0%；相对误差为7.3%。

铅含量分别为19.6×10^{-6}和82.3×10^{-6}时，重复性相对标准偏差分别为4.1%和5.3%；含量为29.2×10^{-6}时，再现性相对标准偏差为6.8%；相对误差为6.1%。

镉含量分别为0.25×10^{-6}和1.99×10^{-6}时，重复性相对标准偏差分别为4.0%和1.0%；含量为0.25×10^{-6}时，再现性标准差为0.04×10^{-6}，再现性相对标准偏差为16.0%；相对误差为3.3%。

6.2.8 注意事项

本方法执行中应注意如下事项：

——除非另有说明，本方法所用试剂为分析纯，水为二次去离子水或等效纯水；

——所有器皿应经硝酸溶液(1+3)浸泡12 h以上，用水洗净。

7 铅

7.1 无火焰原子吸收分光光度法

无火焰原子吸收分光光度法见6.1。

7.2 火焰原子吸收分光光度法

火焰原子吸收分光光度法见6.2。

8 镉

8.1 无火焰原子吸收分光光度法

无火焰原子吸收分光光度法见6.1。

8.2 火焰原子吸收分光光度法

火焰原子吸收分光光度法见6.2。

9 锌——火焰原子吸收分光光度法

9.1 适用范围和应用领域

本法适用于海洋沉积物中锌的测定。

本方法为仲裁方法。

9.2 方法原理

沉积物样品经硝酸-高氯酸消化后，在213.8 nm波长处，直接进行火焰原子吸收测定。

9.3 试剂及其配制

9.3.1 锌标准贮备溶液(1.000 mg/mL)：称取0.200 g金属锌(纯度99.99%以上)于50 mL烧杯中，加入5 mL盐酸溶液(见9.3.7)，加热溶解后全量转入200 mL量瓶中，加水至标线，混匀。

9.3.2 锌标准中间溶液(100 μg/mL)：量取10.0 mL锌标准贮备溶液(见9.3.1)于100 mL量瓶中，加盐酸溶液(见9.3.8)至标线，混匀。

9.3.3 锌标准使用溶液(10.0 μg/mL)：量取10.0 mL锌标准中间溶液(见9.3.2)于100 mL量瓶中，加盐酸溶液(见9.3.8)至标线，混匀。

9.3.4 硝酸(HNO_3)：ρ=1.42 g/mL，优级纯。

9.3.5 高氯酸($HClO_4$)：ρ=1.67 g/mL，优级纯。

9.3.6 盐酸(HCl)：ρ=1.19 g/mL，优级纯。

9.3.7 盐酸溶液(1+1)：1体积盐酸(见9.1.3.6)和1体积水混合。

9.3.8 盐酸溶液(1+99)：1体积的盐酸(见9.1.3.6)和99体积的水混合。

9.4 仪器及设备

仪器和设备如下：

——火焰原子吸收分光光度计；

——锌空心阴极灯；

——空心压缩机；

——钢瓶乙炔；

——洁净工作台；

——一般实验室常备仪器和设备。

9.5 分析步骤

9.5.1 绘制标准曲线

分别将0 mL、0.50 mL、1.00 mL、1.50 mL、2.00 mL、3.00 mL锌标准使用液(见9.1.3.3)移入6支10.0 mL容量中，加水至标线，混匀。按选定的仪器参数，以水调零，测定吸光值(A_i-A_0)，将测得数据填入表 A.9 中。以吸光值(A_i-A_0)为纵坐标,相应的锌的浓度 (μg/mL) 为横坐标,绘制标准曲线。

9.5.2 样品的消化

称取 0.1g(±0.000 1 g)经烘干的沉积物样品于 25 mL 聚四氟乙烯坩埚中,用几滴水润湿样品,加入 5 mL 硝酸(见 9.3.4),将坩埚置于电热板上由低温升至 180℃～200℃,蒸至近干,加入 1 mL 硝酸(见 9.3.4),2 mL 高氯酸(见 9.3.5),蒸干,用少许水仔细地淋洗坩埚壁并蒸至白烟冒尽,残渣应呈灰白色。取下冷至室温,加入 1.5 mL 盐酸溶液(见 9.3.7),在电热板上微热浸提,将溶液及残渣全量转入 25 mL 具塞试管中,加水至标线,混匀。放置澄清,上层清液待测。同时做分析空白。

9.5.3 样品的测定

按选定的仪器参数,用水调零,测定样品消化液(见 9.5.2),测定吸光值(A_s)和分析空白吸光值(A_b)。以(A_s-A_b)的值从标准曲线上查出相应的锌的浓度(μg/mL)。

9.6 记录与计算

将测得数据记入表 A.6 中,按式(5)计算沉积物干样中锌的含量。

$$w_{Zn}=\frac{\rho \cdot V}{M} \qquad \cdots\cdots (5)$$

式中:

w_{Zn}——沉积物干样中锌的含量(质量分数,10^{-6});

ρ——从标准曲线上查得的锌的浓度,单位为微克每毫升(μg/mL);

V——样品消化液的体积,单位为毫升(mL);

M——样品的称取量,单位为克(g)。

9.7 精密度和准确度

锌含量为 472.5×10^{-6} 时,重复性标准差为 11.0×10^{-6},重复性相对标准偏差为 2.3%;含量为 75.3×10^{-6}时,再现性标准差为 9.5×10^{-6},再现性相对标准偏差为 12.6%;相对误差为 7.1%。

9.8 注意事项

本方法执行中应注意如下事项:

——除非另有说明,本方法所用试剂为分析纯,水为二次去离子水或等效纯水;

——所用的器皿应用硝酸溶液(1+3)浸泡 2 d～3 d,用水洗净后才能使用;

——高氯酸应分解驱尽,以免 $KClO_4$ 沉淀包裹被测元素,致使结果偏低;

——不同型号的原子吸收分光光度计,自行选定仪器最佳操作参数。

10 铬

10.1 无火焰原子吸收分光光度法

10.1.1 适用范围和应用领域

本法适用于海洋沉积物中铬的测定。

本方法为仲裁方法。

10.1.2 方法原理

沉积物样品经硝酸和高氯酸消化后,铬转化为离子态,用硝酸镁作基体改进剂,在 357.9 nm 波长处,进行无火焰原子吸收测定。

10.1.3 试剂及其配制

10.1.3.1 铬标准贮备溶液(100 μg/mL):称取 0.282 9 g 重铬酸钾($K_2Cr_2O_7$,优级纯,预先于 105℃～110℃烘干 2 h),溶于少量水中,全量转入 1 000 mL 量瓶,加水至标线,混匀。

10.1.3.2 铬标准使用溶液(1.00 μg/mL):量取 1.0 mL 铬标准贮备溶液(见 10.1.3.1)于 100 mL 量瓶中,用硝酸溶液(见 10.1.3.4)稀释至标线,混匀。

10.1.3.3 硝酸(HNO_3):ρ=1.42 g/mL,优级纯。

10.1.3.4 硝酸溶液(1+99):1体积的硝酸(见10.1.3.3)和99体积的水混合。

10.1.3.5 高氯酸($HClO_4$):ρ=1.67 g/mL,优级纯。

10.1.3.6 盐酸(HCl):ρ=1.19 g/mL,优级纯。

10.1.3.7 硝酸镁溶液(5 g/L):称取0.5 g硝酸镁[$Mg(NO_3)_2 \cdot 6H_2O$]溶于100 mL水中。

10.1.4 仪器及设备

仪器和设备如下:

——无火焰原子吸收分光光度计;

——铬空心阴极灯;

——自动进样器:配20 μL进样泵或20 μL精密微量移液管;

——钢瓶氩气:含Ar 99.99%;

——聚四氟乙烯或聚丙烯杯;

——一般实验室常备仪器及设备。

10.1.5 分析步骤

10.1.5.1 绘制标准曲线

按以下步骤绘制标准曲线:

a) 取6支10 mL容量瓶,分别量入0 mL、0.20 mL、0.40 mL、0.60 mL、0.80 mL、1.00 mL铬标准使用溶液(见10.1.3.2),加水至标线,混匀;

b) 按选定的仪器操作参数,测定铬的标准溶液系列,将测得数据记入表A.7中;

c) 以吸光值(A_i)减去标准空白吸光值(A_b)为纵坐标,相应铬的浓度为横坐标,绘制标准曲线。

10.1.5.2 样品的消化

称取0.1 g(±0.000 1 g)经烘干的沉积物样品于30 mL聚四氟乙烯坩埚中,用少许水润湿,加入5 mL硝酸(见10.1.3.3),置于电热板上加热至近干,加1 mL硝酸(见10.1.3.3),2 mL高氯酸(见10.1.3.5)蒸至干,用水仔细地淋洗坩埚壁,再蒸至白烟冒尽,每次蒸发时温度均勿高于180℃。取下稍冷后,加1.0 mL盐酸溶液(1+2),微热,将溶液及残渣全量转入25 mL具塞比色管中,加水至标线,混匀,待测。同时做分析空白。

10.1.5.3 样品的测定

量取样品消化液100 μL于干燥的聚四氟乙烯小杯内,加1.00 mL硝酸镁溶液(见10.1.3.7),混匀后和标准曲线同样条件测定样品中铬的吸光值(A_s)及分析空白的吸光值(A_b)。以(A_s-A_b)的值从标准曲线上查出相应的铬的浓度(μg/mL)。

10.1.6 记录与计算

将测得数据记入表A.8中,按式(6)计算沉积物干样中铬的含量。

$$w_{Cr}=\frac{\rho \cdot V \cdot D}{M} \quad \cdots\cdots (6)$$

式中:

w_{Cr}——沉积物干样中铬的含量(质量分数,10^{-6});

ρ——从标准曲线上查得的铬的浓度,单位为微克每毫升(μg/mL);

V——样品消化液的体积,单位为毫升(mL);

D——测定时样品消化液的稀释倍数=(稀释后的总体积/量取样品消化液的体积);

M——试样的称取量,单位为克(g)。

10.1.7 精密度和准确

铬含量为41.8×10^{-6}时,重复性标准偏差为1.2×10^{-6},重复性相对标准偏差为2.9%,再现性标准偏差为1.2×10^{-6},再现性相对标准偏差为2.9%;相对误差为0.6%。

10.1.8 注意事项

本方法执行中应注意如下事项：

——除非另作说明，本方法所用试剂为分析纯，水为二次去离子水；

——所有器皿均应用硝酸溶液(1+3)浸泡 12 h 以上，用水洗净后才能使用。不应使用重铬酸钾洗液，以免沾污；

——样品消化时，温度不应超过 180℃；

——样品中含铬太低或太高时，可通过增减内气流(在绘制标准曲线时内气流也相应地改变)或增减测定时样品的稀释倍数以适应曲线动态范围。

10.2 二苯碳酰二肼分光光度法

10.2.1 适用范围和应用领域

本法适用于海洋沉积物中铬的测定。

10.2.2 方法原理

沉积物样品经硝酸和高氯酸消化，滤去残渣后，用高锰酸钾将三价铬氧化成六价，在尿素存在下，用亚硝酸钠还原过剩的高锰酸钾，在酸性介质中，六价铬离子与二苯碳酰二肼生成紫红色络合物，于540 nm波长处测定吸光值。

10.2.3 试剂及其配制

10.2.3.1 铬标准贮备溶液(100 μg/ mL)：称取 0.282 9 g 重铬酸钾($K_2Cr_2O_7$，优级纯，预先于105 ℃～110 ℃烘干 2 h)，溶于少量水中，全量转入 1 000 mL 量瓶，加水至标线，混匀。

10.2.3.2 铬标准使用溶液(2.00 μg/mL)：量取 5.00 mL 铬标准贮备溶液(见 10.2.3.1)于 250 mL 量瓶中，加水至标线，混匀。

10.2.3.3 高氯酸($HClO_4$)：ρ=1.67 g/mL，优级纯。

10.2.3.4 硝酸(HNO_3)：ρ=1.42 g/mL，优级纯。

10.2.3.5 磷酸溶液(1+1)：1 体积磷酸(ρ=1.69 g/mL)在搅拌下加入到 1 体积水中。

10.2.3.6 硫酸溶液(2+7)：2 体积硫酸(HSO_4，ρ=1.84 g/mL，优级纯)在搅拌下慢慢地加到 7 体积水中。

10.2.3.7 高锰酸钾溶液(5 g/L)：称取 0.5 g 高锰酸钾($KMnO_4$)，溶于 100 mL 沸水。冷却后贮存于棕色试剂瓶中。

10.2.3.8 亚硝酸钠溶液(100 g/L)：称取 10 g 亚硝酸钠($NaNO_2$)，溶于水并稀释至 100 mL。

10.2.3.9 尿素溶液(200 g/L)：称取 20 g 尿素(COH_4N_2)，溶于水并稀释至 100 mL。

10.2.3.10 二苯碳酰二肼溶液(2.5 g/L)：称取 0.25 g 二苯碳酰二肼($C_6H_5NHNHCONHNHC_6H_5$)，用少量丙酮溶解，然后用丙酮溶液(见 10.2.3.11)稀释至 100 mL，移入棕色瓶中，置于冰箱中保存。

10.2.3.11 丙酮溶液(1+1)：丙酮与水等体积混合。

10.2.4 仪器及设备

仪器和设备如下：

——分光光度计；

——测定池：3 cm；

——一般实验室常备仪器及设备。

10.2.5 分析步骤

10.2.5.1 绘制标准曲线

按以下步骤绘制标准曲线：

a) 分别量取 0 mL、0.50 mL、1.00 mL、2.00 mL、3.00 mL、4.00 mL 铬标准使用溶液(见 10.2.3.2)于 25 mL 容量瓶中；

b) 加 1.5 mL 硫酸溶液(见 10.2.3.6)、1 mL 磷酸溶液(见 10.2.3.5)、1 mL 二苯碳酰二肼溶液

（见 10.2.3.10），立即加水至标线，混匀。放置显色 10 min；

c） 用 3 cm 测定池，以水为参比，于 540 nm 波长处测定吸光值（A_i）及标准空白吸光值（A_0）；

d） 将测得数据记入表 A.5 中，以吸光值（A_i-A_0）为坐标，相应的铬的量（μg）为横坐标绘制标准曲线。

10.2.5.2 样品的消化

按以下步骤消化样品：

a） 称取 0.5 g（±0.000 1 g）经烘干的沉积物样品，放入 30 mL 聚四氟乙烯坩埚中，用少量水润湿样品；

b） 加入 10 mL 硝酸（见 10.2.3.4），在电热板上加热蒸至近干，加 2 mL 硝酸（见 10.2.3.4）和 2 mL高氯酸（见 10.2.3.3）蒸至干，用水仔细地淋洗坩埚壁，再蒸至白烟冒尽，每次蒸发时温度均勿高于 180℃。若残渣未呈灰白色，可滴加 2 滴～3 滴硝酸（见 10.2.3.4），再蒸至冒白烟，直至残渣呈灰白色为止。加 1 mL 硫酸溶液（见 10.2.3.6）及少许水，微热浸提残渣；

c） 用中速定量滤纸过滤，滤液收集于 100 mL 量瓶中，用热水洗涤坩埚及残渣，洗涤液滤入量瓶中，冷却后，加水至标线，混匀。同时做分析空白。

10.2.5.3 样品的测定

样品的测定按以下步骤进行：

a） 量取 10.0 mL 样品消化液于 50 mL 烧杯中，加入 0.3 mL 磷酸溶液（见 10.2.3.5），在电炉上煮沸（1～2）min，滴加 2 滴～4 滴高锰酸钾溶液（见 10.2.3.7），继续煮沸（5～10）min，加热过程中，若紫红色消褪，应补加高锰酸钾溶液使溶液保持紫红色；

b） 冷却后，加 5 mL 尿素溶液（见 10.2.3.9），然后边搅拌边滴加亚硝酸钠溶液（见 10.2.3.8）直至紫红色刚好消失；

c） 将溶液全量转入 25 mL 容量瓶中，以下按给制标准曲线 10.2.5.1.b）～10.2.5.1.c）步骤测定吸光值（A_s）。同时按 10.2.5.2 和 10.2.5.3 步骤测定分析空白吸光值（A_b）。以（A_s-A_b）的值从标准曲线上查出相应铬的量（μg）。

10.2.6 记录与计算

将测得数据记入表 A.6 中，按式（7）计算沉积物干样中铬的含量。

$$w_{Cr}=\frac{m \cdot V_1}{V_2 \cdot M} \qquad (7)$$

式中：

w_{Cr}——沉积物干样中铬的含量（质量分数，10^{-6}）；

m——从标准曲线上查得的铬的量，单位为微克（μg）；

V_1——样品消化液的体积，单位为毫升（mL）；

V_2——样品测定分样的体积，单位为毫升（mL）；

M——样品的称取量，单位为克（g）。

10.2.7 精密度和准确度

铬含量分别为 57.3×10^{-6} 和 48.0×10^{-6} 时，相对标准偏差为 2.2% 和 5.0%；含量为 59.0×10^{-6} 时间，再现性标准差为 2.3×10^{-6}，再现性相对标准偏差为 3.9%；相对误差为 0.1%。

10.2.8 注意事项

本方法执行中应注意如下事项：

——除非另作说明，本方法所用试剂为分析纯，水为去离子水或等效纯水；

——三价铁离子对本法有干扰，少量铁可用磷酸或焦磷酸钠掩蔽，大量铁共存时，用 5% 亚硝基本胺铵-三氯甲烷萃取加以分离；

——所用的器皿均用硝酸溶液（1＋3）浸泡 12 h 以上，水洗净后才能使用。不应使用重铬酸钾洗液，以免沾污；

——样品消化时，温度不应超过 180 ℃；

——铬合物颜色的稳定性随温度的升高而下降，一般应在 2 h 内测定完毕，室温高于 30 ℃时，应在半小时内完成测定；

——二苯碳酰二肼的丙酮溶液若变黄或浑浊时，应重新配制。

11 砷

11.1 原子荧光法

11.1.1 适用范围和应用领域

本方法适用于海洋沉积物中砷的测定。

本方法为仲裁方法。

11.1.2 方法原理

沉积物样品在酸性介质中消化，用硼氢化钾将溶液中的砷(Ⅲ)转化成砷化氢气体，由氩气载入石英原子化器，在特制砷空心阴极灯下进行原子荧光测定。

11.1.3 试剂及其配制

11.1.3.1 盐酸(HCl)：优级纯，ρ=1.19 g/mL。

11.1.3.2 硝酸 (HNO_3)：优级纯，ρ=1.42 g /mL。

11.1.3.3 氢氧化钠(NaOH)：优级纯。

11.1.3.4 硫脲(CH_4N_2S)：优级纯。

11.1.3.5 抗坏血酸($C_6H_8O_6$)。

11.1.3.6 硼氢化钾(KBH_4)。

11.1.3.7 氢氧化钾(KOH)：优级纯。

11.1.3.8 王水：1 体积硝酸(见 11.1.3.2)与 3 体积盐酸(见 11.1.3.1)混和而成。

11.1.3.9 王水溶液(1+1)：1 体积的王水(见 11.1.3.8)和 1 体积的水混合。

11.1.3.10 盐酸溶液(1+1)：1 体积的盐酸(见 11.1.3.1)和 1 体积的水混合。

11.1.3.11 氢氧化钠溶液(40 g / L)：称取 4.0 g 氢氧化钠(见 11.1.3.3)加水溶解并稀释至 100 mL。

11.1.3.12 混合还原剂溶液(5%)：称取 5.0 g 硫脲(见 11.1.3.4)和 5.0 抗坏血酸(见 11.1.3.5)，加水溶解并稀释至 100 mL，混匀。当天配制。

11.1.3.13 硼氢化钾溶液(0.7%)：称取 2.00 g 氢氧化钾(见 11.1.3.7)溶于 1 000 mL 水中，溶解后加入 7.00 g 硼氢化钾(见 11.1.3.6)。此溶液现用现配。

11.1.3.14 砷标准贮备溶液(0.100 0 mg/mL)：称取 0.132 0 g 三氧化二砷(As_2O_3，优级纯，预先在 105℃烘干 2 h，置于干燥器中保存)置于 50 mL 烧杯中，加入 10 mL 氢氧化钠溶液(见 11.1.3.11)，使之溶解后，加 10 mL 盐酸溶液(见 11.1.3.10)，转入 1 000 mL 容量瓶中，用水定容至标线，混匀。

11.1.3.15 砷标准中间溶液(1.00 μg/mL)：移取 1.00 mL 砷标准贮备溶液(见 11.1.3.14)于 100 mL 容量瓶中，用盐酸溶液(见 11.1.3.10)稀释至标线，混匀。

11.1.3.16 砷标准使用溶液(0.10 μg/mL)：移取 10.00 mL 砷标准中间溶液(见 11.1.3.15)于100 mL 容量瓶中，用盐酸溶液(见 11.1.3.10)稀释至标线，混匀。

11.1.4 仪器及设备

仪器和设备如下：

——原子荧光光度计；

——砷空心阴极灯；

——氩气：氩气纯度 99.99%；

——恒温水浴：100℃；

——玻璃器皿：容量瓶、比色管、吸液管；

——实验常用仪器与设备。

11.1.5 **分析步骤**

11.1.5.1 **制作标准曲线**

按以下步骤绘制标准曲线：

a) 取 6 个 100 mL 容量瓶，分别量入 0 mL、0.50 mL、1.00 mL、2.00 mL、4.00 mL、8.00 mL、10.00 mL砷标准使用溶液(见 11.1.3.16)，分别加入 10 mL 浓盐酸(见 11.1.3.1)和 5 mL 混合还原剂溶液(11.1.3.12)，用水定容至标线；

b) 按选定的仪器操作条件，分别取 2 mL 标准溶液系列，测定砷的荧光强度(I_i)及标准空白荧光强度(I_0)。将测得的数据记入表 A.3 中；

c) 以荧光强度(I_i-I_0)为纵坐标，相应的砷的浓度(μg/L)为横坐标，绘制标准曲线(给出线性回归方程)并计算线性回归系数。

11.1.5.2 **样品消化**

样品的消化按以下步骤进行：

a) 称取 0.1 g～0.2 g(±0.000 1 g)沉积物干样于 25 mL 比色管中，加几滴水润湿样品，加入 10 mL王水溶液(见 11.1.3.9)，摇动比色管混合均匀，在水浴中加热 1 h，期间摇动数次。取下冷却，加水溶解并稀释至标线，放置澄清 20 min。此为样品消化液；

b) 量取 2 mL 样品消化液上层清液于 100 mL 容量瓶中，加入 10 mL 盐酸溶液(见 11.1.3.10)及 5 mL 混合还原剂溶液(见 11.1.3.12)，用水稀释到 100 mL，摇匀；

c) 不加沉积物样品，其余步骤按照 11.1.5.2.a)～11.1.5.2.b)制备分析空白样。

11.1.5.3 **样品测定**

分别取 2.0 mL 稀释后的样品消化液[见 11.1.5.2.b)]和 2.0 mL 分析空白样[见 11.1.5.2.c)]于氢化物发生器中，读取样品荧光强度(I_s)和分析空白荧光强度(I_b)。以(I_s-I_b)由标准曲线查得砷的浓度，或用线性回归方程计算得出砷的浓度。

11.1.6 **记录与计算**

将测得数据记入表 A.4 中，按式(8)计算沉积物干样中砷的含量。

$$w_{As}=\frac{\rho \cdot V \cdot D}{M} \qquad \cdots\cdots (8)$$

式中：

w_{As}——沉积物干样中砷的含量(质量分数，10^{-6})；

ρ——从标准曲线上查得的砷的浓度，单位为微克每毫升(μg/mL)；

V——样品消化液的体积，单位为毫升(mL)；

D——测定时样品消化液的稀释倍数为稀释后的总体积/量取样品消化液的体积；

M——试样的称取量，单位为克(g)。

11.1.7 **精密度和准确度**

砷含量为 10.3×10^{-6} 时，再现性相对标准偏差为 5%，相对误差为±4%；重复性相对标准偏差为 3%。

11.1.8 **注意事项**

本方法执行中应注意如下事项：

——除非另作说明，本方法所用试剂为分析纯，水为去离子水或等效纯水；

——所用的器皿应用 15%硝酸溶液浸泡 24 h，用水淋洗干净后使用；

——所用的试剂，在使用前应作空白试验；

——空白高的试剂，特别是盐酸将严重影响方法的测定下限和准确度。

11.2 砷钼酸-结晶紫分光光度法

11.2.1 适用范围和应用领域

本法适用于大洋、近岸、河口沉积物中砷的测定。

11.2.2 方法原理

沉积物样品用硝酸，高氯酸和硫酸消化，于硫酸介质中，在碘化钾、氯化亚锡和初生态氢存在下，将砷还原成砷化氢气体。三价砷被高锰酸钾-硝酸银-硫酸溶液氧化吸收，五价砷与钼酸形成砷钼杂多酸并与结晶紫结合成蓝色络合物，于545 nm波长处进行光度测定。

11.2.3 试剂及其配制

11.2.3.1 砷标准贮备溶液(0.500 0 mg/ mL)：称取0.330 1 g三氧化二砷（As_2O_3，预先在105℃烘干2 h，置于干燥器中保存)，置于50 mL烧杯中，加入20 mL氢氧化钠溶液(见11.2.3.11)，加热溶解，用20 mL硫酸溶液(见11.2.3.5)酸化至弱酸性，全量转入500 mL容量瓶中，加水至标线，混匀。

11.2.3.2 砷标准中间溶液(10.0 μg/mL)：量取1.00 mL砷标准贮备溶液(见11.2.3.1)，于50 mL容量瓶中，加5 mL硫酸溶液(见11.2.3.5)，用水稀至标线，混匀。

11.2.3.3 砷标准使用溶液(1.00 μg/mL)：量取1.00 mL砷标准中间溶液(见11.2.3.2)，于100 mL容量瓶中，加硫酸溶液(见11.2.3.5)至标线，混匀。

11.2.3.4 硫酸(H_2SO_4)：ρ=1.84 g/mL，优级纯。

11.2.3.5 硫酸溶液(5+95)：5体积的硫酸(见11.2.3.4)和95体积的水混合。

11.2.3.6 硫酸溶液(1+17)：1体积的硫酸(见11.2.3.4)和17体积的水混合。

11.2.3.7 硫酸溶液(1+1)：1体积的硫酸(见11.2.3.4)和1体积的水混合。

11.2.3.8 硝酸(HNO_3)：ρ=1.42 g/mL，优级纯。

11.2.3.9 高氯酸($HClO_4$)：ρ=1.67 g/mL，优级纯。

11.2.3.10 盐酸(HCl)：ρ=1.19 g/mL，优级纯。

11.2.3.11 氢氧化钠溶液(10 g/L)：称取1 g氢氧化钠(NaOH，优级纯)溶于100 mL水中。贮于聚乙烯瓶中。

11.2.3.12 无砷锌粒：10目～20目(1 700 μm～830 μm)。

11.2.3.13 碘化钾溶液(150 g/L)：称取15 g碘化钾(KI，优级纯)溶于水中并稀释至100 mL，贮于棕色试剂瓶中(若溶液变黄，应重新配制)。

11.2.3.14 氯化亚锡溶液(400 g/L)：称取40 g氯化亚锡($SnCl_2 \cdot 2H_2O$)溶于50 mL盐酸(11.2.3.10)中，加水至100 mL，贮于棕色试剂瓶中。

11.2.3.15 高锰酸钾溶液(30 g/L)：称取3 g高锰酸钾($KMnO_4$，优级纯)溶于水中并稀释至100 mL，混匀。

11.2.3.16 硝酸银溶液(5 g/L)：取0.5 g硝酸银($AgNO_3$)溶于100 mL水中，加数滴硝酸(11.2.3.8)酸化。贮于棕色瓶中。

11.2.3.17 乙酸铅棉花：称取10 g乙酸铅[$Pb(CH_3COO)_2 \cdot 3H_2O$]，加几滴乙酸，用水溶解，加水至100 mL。将脱脂棉花在上述溶液中浸泡1 h，取出晾干(也可在低于60℃处烘干)，贮于广口试剂瓶中。

11.2.3.18 过氧化氢溶液(1+99)：量取1 mL过氧化氢(H_2O_2，30%)与99 mL水混匀，当日配制。

11.2.3.19 钼酸铵溶液(4 g/L)：称取1.0 g钼酸铵[$(NH_4)_6Mo_7O_{24} \cdot 4H_2O$]，溶于250 mL水中。冷却后，盛于试剂瓶并贮于冰箱中。

11.2.3.20 聚乙烯醇溶液(5 g/L)：称取0.5 g聚乙烯醇[$(C_2H_4O)_{124}$，PV-124]溶于100 mL沸水中，搅拌至溶液清亮。临用时配制。

11.2.3.21 结晶紫溶液(0.5 mg/mL)：称取50 mg结晶紫($C_{25}H_{30}CN_3 \cdot 9H_2O$)溶于100 mL水中，用脱脂棉过滤后使用。

11.2.4 仪器及设备

仪器和设备如下：

——分光光度计；

——砷化氢发生吸收装置：见图 2；

——一般实验室常备仪器及设备。

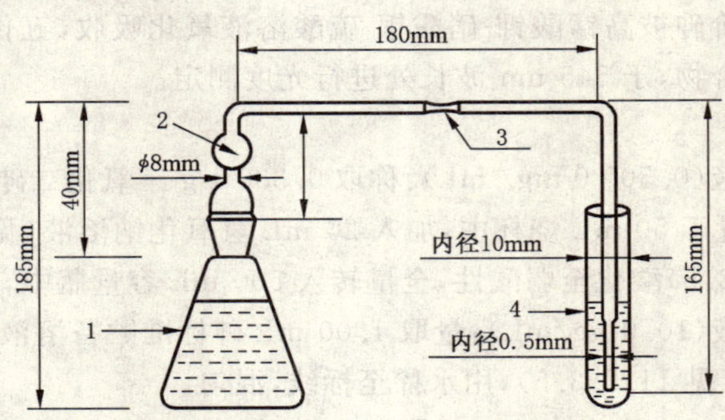

1——150 mL 磨口氢化发生瓶；

2——Pb(Ac)$_2$ 棉花；

3——乳胶连接管；

4——10 mL 吸收管。

图 2 砷化氢发生-吸收装置

11.2.5 分析步骤

11.2.5.1 绘制标准曲线

按以下步骤绘制标准曲线：

a) 取 6 个氢化发生瓶，分别加入 0 mL、1.00 mL、2.00 mL、3.00 mL、4.00 mL、5.00 mL 砷标准使用溶液(见 11.2.3.3)；

b) 加 50 mL 水，5 mL 硫酸溶液(见 11.2.3.7)，5 mL 碘化钾溶液(见 11.2.3.13)，3 mL 氯化亚锡溶液(见 11.2.3.14)，混匀，放置 15 min；

c) 量取 0.2 mL 高锰酸钾溶液(见 11.2.3.15)，2 mL 硝酸银溶液(见 11.2.3.16)，3.75 mL 硫酸溶液(见 11.2.3.6)，至吸收管中；

d) 将乙酸铅棉花填满导气管一端(见图 2)。在发生瓶中加入 4 g 无砷锌粒(见 11.2.3.12)，立即将导气管一端接上氢化发生瓶并塞紧，一端插入吸收液中，吸收 50 min，脱开发生瓶，移去导气管；

e) 把吸收液全量转入 25 mL 具塞比色管中，在室温放置 30 min。滴加过氧化氢溶液(见 11.2.3.18)使红色恰褪去，加入 4 mL 钼酸铵溶液(见 11.2.3.19)，放置 15 min。加 4 mL 聚乙烯醇溶液(见 11.2.3.20)，混匀。加 4 mL 结晶紫溶液(见 11.2.3.21)，立即混匀，加水至标线，混匀，放置(30～40)min。于 545 nm 波长处，以标准空白作参比，用 1 cm 测定池测定吸光值(A_i)。将数据记入表 A.5 中；

f) 以吸光值 A_i 为比纵坐标，相应的砷的微克数为横坐标，绘制标准曲线。

11.2.5.2 样品的消化及测定

称取 0.1 g～1 g(±0.000 1 g)经烘干的沉积物样品，放入氢化发生瓶中，加少量水润湿，加 10 mL 硝酸(见 11.2.3.8)，在电热板上于 140℃左右加热消化，待反应平缓后，加入 0.5 mL 高氯酸(见 11.2.3.9)，升温至 200℃左右，蒸至约剩 3 mL，冷却后，加 2 mL 硫酸溶液(见 11.2.3.5)，继续加热蒸至约剩 1 mL。取下冷却。同时做分析空白。以下按 11.2.5.1.b)～11.2.5.1.e)步骤测定样品的吸光值(A_s)及分析空白吸光值(A_b)。以($A_s - A_b$)的值在标准曲线上查出相应的砷的量(μg)。

11.2.6 记录与计算

将测得的数据记入表 A.6 中，按式(9)计算沉积物干样中砷的含量。

$$w_{As}=\frac{m}{M} \qquad (9)$$

式中：

w_{As}——沉积物于干样中砷的含量(质量分数，10^{-6})；

m——从标准曲线上查得的砷的量，单位为微克(μg)；

M——样品的称取量，单位为克(g)。

11.2.7 精密度和准确度

砷含量为 19.4×10^{-6} 时，重复性标准差为 0.07×10^{-6}，重复性相对标准偏差为 0.4%，再现性标准有效期为 0.9×10^{-6}，再现性相对标准偏差为 4.6%，相对误差为 3.6%。

11.2.8 注意事项

本方法执行中应注意如下事项：

——除非另作说明，本方法所用试剂为分析纯，水为去离子水；

——砷化氢气体剧毒，氢化-吸收装置应安放在通风橱中；

显色应在 20℃～30℃条件下进行；

——吸收液的硫酸用量应准确，否则测定的结果不稳定；

——加入结晶紫溶液后应立即混匀，否则分析结果的重现性不佳。结晶紫的纯度应预先检验，试剂空白的吸光值(水作参比)以小于 0.2 为宜；

——玻管球部中装填的乙酸铅棉花要松散均匀，使气体遇到的阻力基本一致；

——吸收液的液柱高度应在 8 cm 以上；

——所用的器皿均应用硝酸溶液(1+3)浸泡 12 h 以上，水洗净后才能使用。

11.3 氢化物-原子吸收分光光度法

11.3.1 适用范围和应用领域

本法适用于海洋和河流沉积物中砷的测定。采用本法时，当硒的含量高出砷两倍及锑、铋、锡及汞的含量高出砷 10 倍时，对测定产生明显干扰。

11.3.2 方法原理

在酸性介质中，用硼氢化钾把溶液中的砷(Ⅲ)转化成砷化氢气体，由载气导入原子化器，生成原子态砷，于 193.7 nm 处进行原子吸收测定。

11.3.3 试剂及其配制

11.3.3.1 砷标准贮备溶液(0.500 0 mg/ mL)：见 11.2.3.1。

11.3.3.2 砷标准中间溶液(10.0 μg/mL)：见 11.2.3.2。

11.3.3.3 砷标准使用溶液(0.100 μg/mL)：量取 1.00 mL 砷标准中间溶液(见 11.3.3.2)于 100 mL 量瓶中，加 10 mL 硫酸溶液(见 11.3.3.7)，加水至标线，混匀。

11.3.3.4 混合还原剂溶液：称取 5.0 g 硫脲(CH_4H_2S 优级纯)和 3.0 g 抗坏血酸($C_6H_8O_6$)，加水溶解并稀至 10 mL，混匀(当天配制)。

11.3.3.5 硼氢化钾溶液(15 g/L)：称取 15 g 硼氢化钾(KBH_4)，加 100 mL 氢氧化钠溶液(NaOH，优级纯，10 g/L)溶解，加水至 1 L，混匀。经双层定性过滤，放入冰箱中可保存一周(使用时要与室温一致)。

11.3.3.6 去砷盐酸溶液：量取 100 mL 盐酸(HCl，ρ=1.19 g/mL) 及 900 mL 水放入 2 000 mL 广口聚乙烯瓶中，通过刻度吸管从溶液底部滴入 100 mL 硼氢化钾溶液(见 11.3.3.5)。以 1.5 L/min 的流量通氮气 3 min，驱除残余的砷化氢，再重复去砷操作一次。临用前，在 1 000 mL 此溶液中加入 3.0 g 抗坏血酸及 5.0 g 硫脲，使其溶解并混匀。

11.3.3.7　硫酸溶液(5+95):5体积硫酸(H_2SO_4,ρ=1.84 g/mL,工艺超纯,含砷很低)在不断搅拌下,缓缓地注入95体积水中。

11.3.3.8　硝酸(HNO_3):ρ=1.42 g/mL。

11.3.3.9　高氯酸($HClO_4$):ρ=1.67 g/mL。

11.3.4　仪器及设备

仪器和设备如下:

——原子吸收分光光度计:带氢化物发生装置;

——砷空心阴极灯;

——一般实验室常备仪器及设备。

11.3.5　分析步骤

11.3.5.1　清洗管路

管路清洗按以下步骤进行:

a)　将原子化器预热半小时;

b)　调好氮气流速;

c)　加10 mL去砷盐酸溶液(见11.3.3.6)于反应瓶中;

d)　接通记录仪,松开弹簧夹,以24 mL/min流速滴加硼氢化钾溶液(见11.3.3.5)。当吸收峰顶刚过,夹紧弹簧夹,关闭记录仪,放掉废液;

e)　反复操作11.3.5.1.c)及11.3.5.1.d)两步骤,直至空白值稳定(以稳定后的空白值作为标准空白吸收值A_0)。

11.3.5.2　绘制标准曲线

按以下步骤绘制标准曲线:

a)　依次量取0 mL、0.100 mL、0.200 mL、0.300 mL、0.400 mL、0.500 mL砷标准使用溶液(见11.3.3.3)于反应瓶中,各加入10 mL去砷盐酸溶液(见11.3.3.6);

b)　按11.3.5.1.d)步骤测定吸收峰值(A_i)及标准空白吸收峰值(A_0),将数据记入表A.9中;

c)　以测得的净吸收峰值(A_i-A_0)为纵坐标,相应的砷的量(μg)为横坐标,绘制标准曲线。

11.3.5.3　样品的消化

样品消化按以下步骤进行:

a)　称取0.1 g～0.2 g(±0.000 1 g)经烘干的沉积物样品于30 mL聚四氟乙烯坩埚内,用几滴水湿润样品,加入10 mL硝酸(见11.3.3.8),在电热板上于约140℃加热消化,待反应平缓后,稍冷,加入0.5 mL高氯酸(见11.3.3.9),升高温度至200℃左右,蒸至冒烟,稍冷后加入2 mL硫酸溶液(见11.3.3.7),继续加热,蒸至体积不足1 mL(勿蒸干),取下冷却;

b)　将消化液全量转入25 mL量瓶中,加水至标线,混匀,静置澄清,此为样品消化液"D";

c)　量取上述清液1.00 mL(如砷含量低,可适当增加体积)于100 mL量瓶中,加6 mL混合还原剂溶液(见11.3.3.4),加去砷盐酸溶液(见11.3.3.6)至标线,混匀。放置15 min后待测。此为样品分析溶液"D_1"。

11.3.5.4　样品的测定

量取10.0 mL样品分析溶液"D_1"于反应瓶中,按11.3.5.1.d)步骤测定吸收峰值(A_s)及分析空白吸收峰值(A_b)。以(A_s-A_b)的值从标准曲线上查出相应的砷的量(μg)。

11.3.6　记录与计算

将测得的数据记入表A.6中,按式(10)计算沉积物干样中砷的含量。

$$w_{As}=\frac{m\cdot V\cdot V_1}{V_2\cdot V_3\cdot M} \qquad \cdots\cdots(10)$$

式中：

w_{As}——沉积物干样中砷的含量(质量分数，10^{-6})；

m——从标准曲线上查得的砷的量，单位为微克(μg)；

V——样品消化液"D"的体积，单位为毫升(mL)；

V_1——样品分析溶液"D_1"的体积，单位为毫升(mL)；

V_2——制备分析溶液"D_1"时量取样品消化溶液的体积，单位为毫升(mL)；

V_3——测定时量取样品分析溶液"D_1"的体积，单位为毫升(mL)；

M——样品的称取量，单位为克(g)。

11.3.7 精密度和准确度

砷含量为 19.4×10^{-6} 时，重复性标准差为 0.46×10^{-6}，重复性相对标准偏差为 2.4%，再现性标准差为 0.49×10^{-6}，再现相对标准偏差为 2.5%；相对误差为 12.5%。

11.3.8 注意事项

本方法执行中应注意如下事项：

——除非另作说明，所用试剂为分析纯，水为二次去离子水或等效纯水；

——原子化器要预热，使散热和加热速率平衡后，才能正式工作；

——加热电压要稳定；

——每份样品分析间隔时间应尽量保持一致；

——分析进行中间重做一条标准曲线，检查曲线是否不变化；

——硼氢化钾流速，深度及反应液的温度、载气流速对结果均有影响，应保持一致；

——所用的器皿均应用硝酸溶液(1+3)浸泡 12 h 以上，用水淋洗干净后才能使用。

11.4 催化极谱法

11.4.1 适用范围和应用领域

本法适用于海洋与陆地水系沉积物中砷的测定。

11.4.2 方法原理

样品经硝酸-高氯酸消化，在硫酸介质中，用过氧化氢将砷(Ⅴ)还原成砷(Ⅲ)，用硫酸钡共沉淀铅以排除它的干扰。砷(Ⅲ)在碲-硫酸-碘化铵介质中能得到灵敏的催化波，其催化电流随砷的浓度增加而增加，以此进行砷的定量测定。

11.4.3 试剂及其配制

11.4.3.1 砷标准贮备溶液(100.0 μg/mL)：称取 0.132 0 g 三氧化二砷(As_2O_3，经 105℃ 烘干2 h)于 50 mL 聚四氟乙烯烧杯中，加入 8 mL 氢氧化钠溶液(见 11.4.3.12)和 2 mL 过氧化氢(见11.4.3.10)在沸水浴上加热溶解并蒸干。加入 3 mL 氨水(见 11.4.3.13)，蒸干，重复一次。加入 3 mL 氨水(见 11.4.3.13)和少量水，温热溶解。加入 6 mL 硫酸溶液(见 11.4.3.9)，全量转入 1 000 mL 容量瓶中，加水至标线，混匀。

11.4.3.2 砷标准中间溶液(10.0 μg/mL)：量取 10.0 mL 砷标准贮备溶液(见 11.4.3.1)放入 100 mL 量瓶中，加 0.25 mL 硫酸溶液(11.4.3.9)，加水至标线，混匀。

11.4.3.3 砷标准使用溶液(0.20 μg/mL)：量取 2.00 mL 砷标准中间溶液(见 11.4.3.2)放于 100 mL 容量瓶中，加 0.25 mL 硫酸溶液(见 11.4.3.9)，加水至标线，混匀。

11.4.3.4 碲溶液(50 μg/mL)：称取 0.010 g 碲粉(纯度 99.99%以上)于 50 mL 烧杯中，加入 1 mL 硝酸(见 11.4.3.8)，于电热板上加热溶解，加入 5 mL 硫酸溶液(见 11.4.3.9)，加热至刚冒白烟，取下冷却，转入 200 mL 容量瓶中，加水稀至标线，混匀。

11.4.3.5 动物胶溶液(1 g/L)：称取 0.1 g 动物胶溶于 100 mL 热水中。

11.4.3.6 碘化铵溶液[$c(NH_4I)=2$ mol/L]：称取 14.5 g 碘化铵(NH_4I)于 50 mL 量瓶中，加水溶解并稀至标线，混匀。

11.4.3.7 氯化钡溶液(7 g/L):称取 0.7 g 氯化钡($BaCl_2 \cdot 2H_2O$)溶于水中并稀至 100 mL,混匀。

11.4.3.8 硝酸(HNO_3):$\rho=1.42$ g/mL 优级纯。

11.4.3.9 硫酸溶液(1+1):将 1 体积硫酸(H_2SO_4,$\rho=1.84$ g/mL,优级纯)在不断搅拌下,慢慢加入 1 体积水中。

11.4.3.10 过氧化氢(H_2O_2):30%。

11.4.3.11 高氯酸($HClO_4$):$\rho=1.67$ g/mL,优级纯。

11.4.3.12 氢氧化钠溶液(20 g/L):称取 2 g 氢氧化钠(NaOH,优级纯)溶于 100 mL 水中,混匀。

11.4.3.13 氨水(NH_4OH):$\rho=0.90$ g/mL。

11.4.4 仪器及设备

仪器和设备如下:

——极谱仪:具有二次导数性能的示波极谱仪;

——三电极系统:滴汞电极,甘汞电极,铂电极;

——离心机:3 000 r/min;

——精密微量移液管:容量 100 μL、500 μL、1 000 μL;

——一般实验室常备仪器和设备。

11.4.5 分析步骤

11.4.5.1 绘制工作曲线

分别量取 0 mL、0.50 mL、1.00 mL、2.00 mL、3.00 mL、4.00 mL 砷标准使用溶液(见 11.4.3.3)放入 10 mL 具塞比色管中,加 3.0mL 分析空白溶液(见 11.4.5.2),1.5 mL 硫酸溶液(见 11.4.3.9),0.40 mL碲溶液(见 11.4.3.4),用水稀至标线,混匀。加 1.0 mL 碘化铵溶液(见 11.4.3.6)及 0.1 mL 动物胶溶液(见 11.4.3.5),混匀放置半小时,于起始电压−0.44 V 处,用二次导数极谱测定砷催化波的峰电流值 I_{pi}及标准空白峰电流值(I_{p0})(波高×电流倍率),将数据记入表 A.10 中。用峰电流值($I_{pi}-I_{p0}$)作纵坐标,用相应的砷的量(μg)作横坐标,绘制工作曲线。

11.4.5.2 样品的消化

称取 0.1 g(±0.000 1 g)经烘干的沉积物样品放入 50 mL 烧杯中,加入 5 mL 硝酸(见 11.4.3.8)于 140℃ 左右电热板上加热至近干,取下稍冷,加 2 mL 高氯酸(见 11.4.3.11),升高温度至 180℃~200℃,蒸干。用水仔细地淋洗杯壁,继续蒸至白烟冒尽。加入 0.5 mL 硫酸溶液(见 11.4.3.9),继续加热至刚冒白烟,取下冷却后加入 2 mL~3 mL 水,微热浸取残渣,加入 0.5 mL 过氧化氢(见 11.4.3.10),低温加热至刚冒白烟,用少许水微热浸取残渣并全量转入 25 mL 具塞比色管中,加入1 mL 氯化钡溶液(见 11.4.3.7),加水至标线,塞紧塞子。剧烈振荡 2 min,放置澄清,待用。同时做分析空白。

11.4.5.3 样品的测定

量取 3.0 mL 上层清液(见 11.4.5.2)于 10 mL 具塞比色管中,按照 11.4.5.1 步骤测定样品制备液的峰电流值(I_{ps})和分析空白液的峰电流值(I_{pb}),以 $I_{ps}-I_{pb}$的值从工作曲线上查出相应砷的量(μg)。

11.4.6 记录与计算

将测得的数据记入表 A.11 中,按式(11)计算沉积物干样中的砷的含量:

$$w_{As}=\frac{m \cdot V_1}{V_2 \cdot M} \quad \cdots\cdots (11)$$

式中:

w_{As}——沉积物干样中砷的含量(质量分数,10^{-6});

m——从工作曲线上查得的砷的量,单位为微克(μg);

V_1——样品消化液的体积,单位为毫升(mL);

V_2——样品测定分样的体积,单位为毫升(mL);

M——样品的称取量,单位为克(g)。

11.4.7 **精密度和准确度**

砷含量为 33.7×10^{-6} 时,重复性标准偏差为 0.4×10^{-6},重复性相对标准偏差为 1.2%;含量为 19.4×10^{-6} 时,再现性标准偏差为 1.4×10^{-6},再现性相对标准偏差为 7.2%;含量为 56.2×10^{-6} 时,相对误差为 1.4%。

11.4.8 **注意事项**

本方法执行中应注意如下事项:

——除非另有说明,本方法所用试剂为分析纯,水为二次去离子水或等效纯水;

——样品消化中,有机物务必彻底除尽,消化开始温度不应太高,待反应基本结束后,升高温度蒸干至白烟冒尽,残渣不呈灰褐色,即表明有机物已破坏殆尽;

——硝酸及高氯酸要除尽,否则加入过氧化氢后不能将砷(Ⅴ)还原成砷(Ⅲ)。样品消化中,用水淋洗杯壁及蒸干,然后加入硫酸蒸至刚冒烟,就是为了驱尽硝酸及高氯酸;

——测定时溶液中的铁量如超过 1 mg,峰电流值将会下降。本法测定时溶液中相当有 12 mg 样品,在样品中铁含量为 8.3%时,不影响测定;

——配制好的极谱底液应放置半小时后测定,否则极谱波不稳定,无法测得准确的峰电流;

——起始电压应固定,因为峰电流值随起始电压改变而改变;

——测试时,室温应高于 14℃,低于此温度波形不好,甚至得不到极谱波,温度最好控制在 20℃~28℃之间。温度过高时,易析出 I_2。因之,极谱室应有空调装置;

——若样品中砷的含量质量比低于 5×10^{-6} 时,应在测定液中加入 0.100 μg As,从测得值中减去 0.100 μg。这是因为标准曲线在砷的浓度低于 5 ng/mL 时,曲线向下弯曲;

——所用的器皿均应用(1+3)硝酸溶液浸泡 12 h 以上,水洗净后才能使用。

12 硒

12.1 荧光分光光度法

12.1.1 **适用范围和应用领域**

本法适用于河流及海洋沉积物中硒的测定。

本方法为仲裁方法。

12.1.2 **方法原理**

样品经硝酸-高氯酸消化,用盐酸将硒(Ⅵ)还原为硒(Ⅳ),在酸性条件下,硒(Ⅳ)与 2,3-二氨基萘反应生成有绿色荧光的 4,5-苯并苤硒脑。用环已烷萃取,在激发波长 376 nm 及发射波长 520 nm 下进行荧光分光光度测定。其荧光强度和硒(Ⅳ)的含量成正比。

12.1.3 **试剂及其配制**

12.1.3.1 硒标准贮备溶液(0.200 mg/mL):称取 0.014 05 g 二氧化硒(SeO_2,纯度 99%)盛入 50 mL 烧杯,溶于少量水,全量转入 500 mL 容量瓶中加 4 mL 盐酸(见 12.1.3.5),加水至标线,混匀。

12.1.3.2 硒标准中间溶液(10.00 μg/mL):量取 5.00 mL 硒标准贮备溶液(见 12.1.3.1)于 100 mL 容量瓶中,加 2 mL 盐酸(见 12.1.3.5),加水至标线,混匀。

12.1.3.3 硒标准使用溶液(0.100 μg/mL):量取 1.00 mL 硒标准中间溶液(见 12.1.3.2)于 100 mL 容量瓶中,加 5 mL 盐酸溶液(见 12.1.3.7),加水至标线,混匀。临用前配制。

12.1.3.4 硝酸(HNO_3):ρ=1.42 g/mL。

12.1.3.5 盐酸(HCl):ρ=1.19 g/ mL。

12.1.3.6 高氯酸($HClO_4$):ρ=1.67 g/ mL。

12.1.3.7 盐酸溶液(1+2):1 体积盐酸(见 12.1.3.5)与 2 体积水混合。

12.1.3.8 乙二胺四乙酸二钠溶液(0.2 mol/L):称取 37 g 乙二胺四乙酸二钠(EDTA-2Na · $2H_2O$)于

250 mL 烧杯中，加适量水，加热溶解，冷却后，加水至 500 mL，混匀；

12.1.3.9　盐酸羟胺溶液(100 g/L)：称取 10 g 盐酸羟胺($NH_2OH \cdot HCl$)于 100 mL 烧杯中，加水溶解后稀至 100 mL，混匀。

12.1.3.10　乙二胺四乙酸二钠-盐酸羟胺混合溶液：量取 100 mL EDTA-2Na 溶液(见 12.1.3.8)与 10 mL盐酸羟胺溶液(见 12.1.3.9)混合，加水至 1 L，混匀。

12.1.3.11　甲酚红指示剂溶液(0.4 mg/ mL)：称取 20 mg 甲酚红于 50 mL 量瓶中，加少许水及 2 滴氨水溶液(见 12.1.3.12)溶解，加水至标线，混匀。

12.1.3.12　氨水溶液(1+2)：1 体积氨水(NH_4OH，$\rho=0.90$ g/mL)与 2 体积水混匀。

12.1.3.13　3，2-二氨基萘溶液(1.0 mg/mL)：称取 400 mg　3，2-二氨基萘($C_{10}H_{10}N_2$，简称 DAN)倒入 1 L 锥形分液漏斗中(漏斗颈部塞有脱脂棉)，加入 10 mL 盐酸溶液(见 12.1.3.7)及 390 mL 水，在振荡器上振荡 15 min，使其全部溶解，加入 80 mL 环己烷，振荡 5 min，静置分层，收集水相，弃去有机相，水相再用环己烷萃取，检查有机相的荧光强度，至有机相的荧光强度与纯环己烷的荧光强度相近，即停止萃取。将纯化后的 DAN 溶液贮于棕色试剂瓶中，并覆盖 1 cm 厚液层的环己烷，于冰箱中保存，可使用一个月。

12.1.3.14　环己烷(C_6H_{12})：若有荧光杂质时，应蒸馏提纯。用过的环己烷经蒸馏提纯后可再使用。

12.1.4　仪器及设备

仪器和设备如下：

——荧光分光光度计；

——电动振荡机；

——离心机：配有 60 mL 离心管；

——电热板；

——一般实验室常备仪器及设备。

12.1.5　分析步骤

12.1.5.1　绘制工作曲线

按以下步骤绘制标准曲线：

a)　取 6 个 250 mL 锥形瓶，分别加入 0 mL、0.25 mL、0.50 mL、1.00 mL、2.00 mL、3.00 mL 硒标准使用溶液(见 12.1.3.3)，加水 10 mL；

b)　加入 5 mL 硝酸(见 12.1.3.4)，2 mL 高氯酸(见 12.1.3.6)混匀。在瓶口上放一个小漏斗，放在电热板沙浴上。沙浴温度为 150 ℃～180 ℃，至刚冒白烟，持续 10 min(不能蒸干)，取下冷却，缓慢地加入 10 mL 盐酸溶液(见 12.1.3.7)，在沙浴表面加热微沸还原 10 min，取下冷却，加水约为 40 mL；

c)　加入 10 mL EDTA-2Na-盐酸羟胺混合溶液(见 12.1.3.10)及 4 滴～5 滴甲红指示剂溶液(见 12.1.3.11)，用氨水溶液(见 12.1.3.12)及盐酸溶液(见 12.1.3.7)调节至溶液刚呈粉登色，加 3 mL DAN 溶液(见 12.1.3.13)，混匀。在沸水浴中加热 5 min，取下用冷水流冷却溶液到室温，将溶液转入 125 mL 锥形分液漏斗中，加 3.0 mL 环己烷(见 12.1.3.14)，振荡 4 min，分层后弃去水相；

d)　将环己烷层从分液漏斗口倒入 1 cm 测定池中，在荧光分光光度计上，以 376 nm 为激发波长，520 nm 为发射波长，环己烷(见 12.1.3.14)为参比溶液，测定硒的荧光强度(I_i)及标准空白的荧光(I_0)。将测定结果记入表 A.12 中；

e)　以(I_i-I_0)为纵坐标，相应的硒量(μg)为横坐标，绘制工作曲线。

12.1.5.2　样品的消化与测定

样品的消化与测定按以下步骤进行：

a)　称取 0.2 g(±0.000 1 g)烘干的沉积物样品，放于 250 mL 锥形瓶中，同时做分析空白。加几滴水润湿，加入 5 mL 硝酸（见 12.1.3.4），在瓶口上放一个小漏斗，于电热板沙浴上加热，待反应缓和后，取下稍冷，加入 2 mL 高氯酸（见 12.1.3.6），于 150℃～180℃加热蒸至刚冒白烟，持续 10 min 后，取下冷却；

b) 加入 10 mL 盐酸溶液（见 12.1.3.7），置于电热板加热微沸还原 10 min，取下放冷，加少量水，将溶液及残渣全量转入离心管中，控制体积约 40 mL；

c) 离心 15 min，将清液倒入原锥形瓶中，以下按 12.1.5.1.c)～13.1.5.1.d)步骤测定样品的荧光强度（I_s）及分析空白荧光强度（I_b）。以（(I_s-I_b）的值从工作曲线上查出相应的硒的量（μg）。

12.1.6 记录与计算

将测得的数据记入表 A.13 中，按式(12)计算沉积物干样中硒的含量。

$$w_{Se}=\frac{m}{M} \qquad (12)$$

式中：

w_{Se}——沉积物干样中硒的含量（质量分数，10^{-6}）；

m——从工作曲线上查得的硒的量，单位为微克（μg）；

M——样品的称取量，单位为克（g）。

12.1.7 精密度和准确度

硒含量为 0.15×10^{-6} 时，重复性标准差为 0.003×10^{-6}，重复性相对标准偏差为 2.0%；含量为 0.38×10^{-6} 时，再现性标准差为 0.03×10^{-6}，再现性相对标准偏差为 20%；相对误差分别为 14.7%及 8.3%。

12.1.8 注意事项

本方法执行中应注意如下事项：

——除非另作说明，本方法所用试剂为分析纯，水为去离子水或等效纯水；

——所用的器皿均应用(1+3)硝酸浸泡 12 h 以上，水淋洗干净后才能使用；

——DAN 溶液的配制应在光线较暗的地方进行，避免阳光照射；

——样品消化时，为防止硒的挥发损失，切忌长时间高温加热，若由此造成残渣干涸，应重新称样消化；

——溶液在沸水浴上加热 5 min 后，溶液冷却至室温的时间应少于 10 min，否则分析结果易偏低。

12.2 二氨基联苯胺四盐酸盐分光光度法

12.2.1 适用范围和应用领域

本法适用于河流及海洋沉积物中硒的测定。

12.2.2 方法原理

样品经硝酸-高氯酸消化，用盐酸将硒（Ⅵ）还原为硒（Ⅳ）。在酸性质中，硒（Ⅳ）与 3,3′-二氨基联苯胺四盐酸盐形成黄色络合物，在 pH 为 6～8 条件下用甲苯萃取，于 420 nm 处进行分光光度测定。

12.2.3 试剂及其配制

12.2.3.1 硒标准贮备溶液（0.200 mg/mL）：见 12.1.3.1。

12.2.3.2 硒标准中间溶液（100 μg/mL）：量取 50.0 mL 硒标准贮备溶液（见 12.2.3.1）于 100 mL 量瓶中，加盐酸溶液（见 12.2.3.15）至标线，混匀。

12.2.3.3 硒标准使用溶液（1.00 μg/mL）：量取 1.00 mL 硒标准中间溶液（见 13.2.3.2）于 100 mL 量瓶中，加盐酸溶液（见 12.2.3.15）至标线，混匀。

12.2.3.4 阳离子交换树脂：用盐酸溶液（见 12.2.3.15）浸泡 24 h，水洗至中性，装柱。

12.2.3.5 甲苯：经活性碳（见 12.2.3.7）处理，滤纸过滤后使用。

12.2.3.6 无水硫酸钠：500℃灼烧 4 h。

12.2.3.7 活性碳:20 目～40 目(830 μm～380 μm),于 300℃ 下活化 4 h。

12.2.3.8 乙二胺四乙酸二钠溶液(0.2 mol/L):称取 74 g 乙二胺四乙酸二钠(EDTA-2Na·$2H_2O$)溶于 1 L 水中,混匀。

12.2.3.9 盐酸羟胺溶液(200 g/L):称取 20 g 盐酸羟胺(NH_2OH·HCl),溶于水中并稀释至100 mL,混匀。

12.2.3.10 3.3′-二氨基联苯胺四盐酸盐溶液(5 mg/mL):称取 0.5 g 3.3′-二氨基联苯胺四盐酸盐($C_{12}H_{18}N_4C_{14}$·$2H_2O$,简称 DAB)加水溶解,如有残渣需过滤除去。用水稀至 100 mL。使用时配制。

12.2.3.11 硝酸(HNO_3):ρ=1.42 g/mL,优级纯。

12.2.3.12 高氯酸($HClO_4$):ρ=1.67 g/mL,优级纯。

12.2.3.13 盐酸(HCl):ρ=1.19 g/mL,级纯。

12.2.3.14 盐酸溶液(1+1):将 1 体积盐酸(见 12.2.3.13)与 1 体积水混合。

12.2.3.15 盐酸溶液(1+119):将 1 体积盐酸(见 12.2.3.13)与 119 体积水混合。

12.2.3.16 氨水(NH_3·H_2O):ρ=0.90 g/mL。

12.2.4 仪器及设备

仪器和设备如下:

——分光光度计;

——酸度计;

——离心机:配 10 mL 离心管;

——电热板;

——水浴锅;

——离子交换柱;

——一般实验室常用仪器及设备。

12.2.5 分析步骤

12.2.5.1 绘制工作曲线

按以下步骤绘制标准曲线:

a) 取 6 个锥形瓶,分别加入 0 mL、0.50 mL、1.00 mL、2.00 mL、3.00 mL、5.00 mL 硒标准使用液(见 12.2.3.3),加水 10 mL;

b) 各加 8 mL 硝酸(见 12.2.3.11),瓶口放一个小玻璃漏斗,于 150 ℃～180 ℃ 电热板上加热 30 min,取下冷却,加 2 mL 高氯酸(见 12.2.3.12)升高温度至 200℃左右,继续加热蒸至刚冒白烟,持续 10 min,不能蒸干,取下冷却;

c) 加 4 mL 盐酸溶液(见 12.2.3.14),在电热板上加热微沸还原 10 min。取下冷却后用约 10 mL 水淋洗漏斗和器壁。用中速定量滤纸过滤,用少量水洗涤滤纸,滤液收集于锥形瓶中;

d) 用氨水(见 12.2.3.16)调节滤液至 pH 值=1,以 2 mL/min 流速通过阳离子交换树脂柱,弃去最初 8 mL～10 mL 流出液,随后收集流出液于 100 mL 烧杯中。至溶液流完后,用 60 mL 水分 3 次淋洗树脂柱,共收集流出液约 80 mL;

e) 加 2 mL 盐酸羟胺溶液(见 12.2.3.9),2 mLEDTA-2Na 溶液(见 12.2.3.8),调节溶液酸度为 pH 为 1～2,加 2 mLDAB 溶液(见 12.2.3.10),于室温放置 1 h,用氨水(见 12.2.3.16)调节使溶液酸度至 pH 为 6～8;

f) 用少量水将溶液全量转入 125 mL 分液漏斗中,加 5.00 mL 甲苯(见 12.2.3.5),振荡 1 min,静置分层,弃去水相,有机相经离心分离,或通过无水硫酸钠(见 12.2.3.6)脱水,收集于 3 cm 测定池中,以甲苯调零,于 420 nm 处测定吸光值(A_i 及 A_0);

g) 将测得的数据记录于表 A.5 中,以吸光值 A_i-A_0 中为纵坐标,相应的硒量(μg)为横坐标,绘制工作曲线。

12.2.5.2 **样品消化与测定**

样品消化与测定按以下步骤进行：

a) 称取0.5～1 g(±0.000 1 g)经烘干的沉积物样品，于150 mL锥形瓶中，加1 mL水润湿，同时做分析空白；

b) 加8 mL硝酸(见12.2.3.11)，瓶口放一个小玻璃漏斗，于150℃～180℃沙浴上消化。待反应缓和后取下冷却，加2 mL高氯酸(见12.2.3.12)，升高温度至200℃左右，继续消化至刚冒白烟，持续10 min，不能蒸干。取下冷却。以下操作按12.2.5.1.c)～12.2.5.1.e)步骤操作，测定样品的吸光值(A_s)及分析空白吸光值(A_b)。以(A_s-A_b)的值从工作曲线上查出相应的硒的量(μg)。

12.2.6 **记录与计算**

将测得的数据记入表A.6中，按式(13)计算沉积物干样中的硒的含量：

$$w_{Se}=\frac{m}{M} \qquad (13)$$

式中：

w_{Se}——沉积物干样中的硒的含量(质量分数，10^{-6})；

m——从工作曲线上查得的硒的量，单位为微克(μg)；

M——样品的称取量，单位为克(g)。

12.2.7 **精密度和准确度**

平行6次测定3个海洋沉积物样品，其结果分别为0.75×10^{-6}、2.15×10^{-6}和4.81×10^{-6}，重复性相对标准偏差分别为8.6%，7.4%和3.3%。

硒含量为0.38×10^{-6}时，再现性标准差为0.06×10^{-6}，再现性相对标准偏差为15.8%，相对误差为0.5%。

12.2.8 **注意事项**

本方法执行中应注意如下事项：

——除非另作说明，所用试剂为分析纯，水为去离子水或等效纯水；

——所用的器皿均应用硝酸溶液(1+3)浸泡12 h以上，用水洗净后才能使用；

——DAB在空气中和阳光下易分解，需避光密封保存；

——消化样品时，为防止硒的挥发损失，切忌长时间高温加热，若由此造成残渣干涸，应重新称样分析。

12.3 **催化极谱法**

12.3.1 **适用范围和应用领域**

本法适用于海洋及陆地水系沉积物中硒的测定。

12.3.2 **方法原理**

样品经硝酸-高氯酸消化，制备成盐酸溶液。用柠檬酸三铵及EDTA作掩蔽剂，Se(Ⅳ)被亚硫酸还原成单质，在氟化铵-氢氧化铵缓冲溶液中(pH值=10)Se与亚硫酸根生成$SeSO_3^{2-}$，在IO_3^-存在下，$SeSO_3^{2-}$产生一个很灵敏的极谱催化波。其峰电流值随硒浓度增加而增加，以此进行硒的定量测定。

12.3.3 **试剂其配制**

12.3.3.1 硒标准贮备溶液(0.200 mg/ mL)：见12.1.3.1。

12.3.3.2 硒标准中间溶液(100 ng/mL)：见12.1.3.2和12.1.3.3。

12.3.3.3 硒标准使用溶液(5.00 ng/mL)：量取4.00 mL硒标准中间溶液(见12.3.3.2)于100 mL容量瓶中，加2 mL盐酸溶液(见12.3.3.9)加水至标线，混匀。临用前配制。

12.3.3.4 亚硫酸钠溶液(50 g/L)：称取5 g亚硫酸钠($Na_2SO_3\cdot7H_2O$)于50 mL烧杯中，加水溶解，转入100 mL容量瓶，加水至标线，混匀。

12.3.3.5 柠檬酸三铵-EDTA-2Na 混合溶液：称取 5 g 柠檬酸三铵[$(NH_4)_3(C_6H_5O_7)$]和 2 g 乙二胺四乙酸二钠（EDTA-2Na・$2H_2O$，优级纯）于 100 mL 烧杯中，加水溶解并稀释至 100 mL，混匀。

12.3.3.6 碘酸钾溶液（12 g/L）：称取 1.2 g 碘酸钾（KIO_3，优级纯）加水溶解并稀释至 100 mL，混匀。

12.3.3.7 氟化铵-氢氧化铵缓冲溶液（pH 值＝10）：称取 20 g 氟化铵（NH_4F）于 100 mL 烧杯中，加水溶解后转入 200 mL 容量瓶中，加入 60 mL 氢氧化铵（NH_4OH，$\rho=0.90$ g/mL，优级纯），加水至标线，混匀后转存于聚乙烯塑料瓶中。

12.3.3.8 盐酸（HCl）：$\rho=1.19$ g/mL，优级纯。

12.3.3.9 盐酸溶液（1＋2）：1 体积盐酸（12.3.3.8）与 2 体积水混合。

12.3.3.10 硝酸（HNO_3）：$\rho=1.42$ g/mL，优级纯。

12.3.3.11 高氯酸溶液（1＋1）：1 体积高氯酸（$HClO_4$，$\rho=1.67$ g/mL，优级纯）缓缓加入等体积水中，混匀。

12.3.4 仪器及设备

仪器和设备如下：

——极谱仪：具有二次导数性能的示波谱仪；

——三电级系统：滴汞电极、甘汞电极，铂电极；

——电热板；

——一般实验室常备含仪器和设备。

12.3.5 分析步骤

12.3.5.1 绘制标准曲线

按以下步骤绘制标准曲线：

a) 分别量取 0 mL、0.20 mL、0.40 mL、0.60 mL、0.80 mL、1.20 mL 硒标准使用溶液（见 12.3.3.3）于 5 mL 烧杯中，加入 0.3 mL 高氯酸溶液（见 12.3.3.11），于 200℃沙浴上加热至刚冒浓白烟，取下冷却；

b) 加入 0.5 mL 柠檬酸三铵-EDTA-2Na 盐混合溶液（见 12.3.3.5），0.5 mL 亚硫酸钠溶液（见 12.3.3.4），混匀。放 10 min；

c) 加入 1.0 mL 氟化铵-氢氧化铵缓冲溶液（见 12.3.3.7），混匀。加入 0.5 mL 碘酸钾溶液（见 12.3.3.6），混匀后加盖放置 10 min；

d) 于起始电压－0.60V 处，用导数部分记录硒的催化波的峰电流值（I_{pi}）及标准空白的峰电流值（I_{po}）。峰电位为－0.86 V。将测得的数据记入表 A.10 中；

e) 用峰电流值（$I_{pi}-I_{po}$）为纵坐标，相应的硒量（ng）为横坐标，绘制标准曲线。

12.3.5.2 样品的消化

称取 0.1 g（±0.000 1 g）烘干的沉积物样品于 50 mL 石英烧杯中，用几滴水润湿，加入 2 mL 硝酸（见 12.3.3.10）盖上表面皿，于 150 ℃～180 ℃沙浴上加热 20 min 左右，取下稍冷，加入 1.5 mL 高氯酸溶液（见 12.3.3.11），于 200 ℃沙浴上蒸至刚冒浓白烟，取下稍冷，补加 2 mL 硝酸（见 12.3.3.10），继续加热冒烟至溶液剩下约 0.5 mL（不能蒸干），用少量水淋洗杯壁及表面皿，再蒸至刚冒浓白烟。取下冷却后，加入 2.0 mL 盐酸溶液（见 12.3.3.9），加盖于 100 ℃的电热板上微热 5 min，浸提残渣。用水洗去表面皿，全量转入 25 mL 容量瓶，加水至标线，混匀，放置澄清。

12.3.5.3 样品的测定

量取样品消化澄清溶液 1 mL～5 mL，于 5 mL 烧杯中，加入 0.2 mL 高氧酸溶液（见 12.3.3.11），于 200℃沙浴上蒸至刚冒浓白烟，取下冷却后，以下同 12.3.5.1.b)～12.3.5.1.d)步骤，记录样品溶液的峰电流值（I_{ps}）及分析空白峰电流值（I_{pb}）。用（$I_{ps}-I_{pb}$）的值从标准曲线中查出相应的硒量（ng）。

12.3.6 记录与计算

将测得的数据记入表 A.11 中，按式（14）计算沉积物干样中硒的含量。

$$w_{Se}=\frac{m\cdot V_1}{M\cdot V_2}\times 10^{-3} \cdots\cdots\cdots\cdots\cdots\cdots\cdots\cdots\cdots\cdots\cdots\cdots\cdots\cdots (14)$$

式中：

w_{Se}——沉积物干样中硒的含量(质量分数，10^{-6})；

m——标准曲线上查得的硒量，单位为纳克(ng)；

V_1——样品消化溶液的体积，单位为毫升(mL)；

M——样品的称取量，单位为克(g)；

V_2——样品测定分析的体积，单位为毫升(mL)。

12.3.7 精密度和准确度

硒含量 0.38×10^{-6}时，重复性标准偏差为 0.04×10^{-6}，重复性相对标准偏差为 10.5%；再现性标准偏差为 0.014×10^{-6}，再现性相对标准偏差为 3.7%；相对误差为 3.3%。

12.3.8 注意事项

本方法执行中应注意如下事项：

——除非另作说明，本方法所用试剂为分析纯，水为二次去离子水再经石英亚沸蒸馏或等效纯水；

——在样品消化中，加高氯酸于电热板上加热冒白烟时不能蒸干，否则结果会偏低。样品消化液加高氯酸加热这一步，其蒸发后剩下的高氯酸体积应与标准溶液加高氯酸蒸至刚冒浓白烟取下的体积相同；

——样品消化时，有机质应除尽。加入盐酸前的溶液应呈无色，含铁量较高时应呈淡黄色；

——样品消化溶液中硒的浓度若超过 6 ng/mL 时，应经过适当稀释后测定；

——测定时的适宜室温为 15℃～25℃，若室温高于 25℃，加入缓冲溶液及碘酸钾溶液后，需在冷水溶中放置 10 min，再进行测定，否则测定的结果不稳；

——为了使测试结果稳定，样品消化液在加入碘酸钾溶液后应在半小时内测定完毕。若样品数目多，应分小批量加入极谱底液。但标准曲线制定时不受影响。

13 油类

13.1 荧光分光光度法

13.1.1 适用范围和应用领域

本法适用于沉积物中油类的测定。

本方法为仲裁方法。

13.1.2 方法原理

沉积物风干样中的油类经石油醚萃取，用激发波长 310 nm 照射，于 360 nm 波长处测定相对荧光强度，其相对荧光强度与石油醚中芳烃的浓度成正比。

13.1.3 试剂及其配制

13.1.3.1 活性炭：60 目(250 μm)层析用粒状活性炭。

13.1.3.2 石油醚：沸点范围 60℃～90℃。

13.1.3.3 盐酸(HCl)：ρ=1.19 g/ mL。

13.1.3.4 氢氧化钠(NaOH)。

13.1.3.5 盐酸溶液(2 mol/L)：在搅拌下将 168 mL 盐酸(见 13.1.3.3)与 1 000 mL 蒸馏水混合。

13.1.3.6 氢氧化钠溶液(2 mol/L)：称取 80 g 氢氧化钠(见 13.1.3.4)溶于水中，加水至 1 000 mL。

13.1.3.7 活性炭的处理：取 1 000 g 活性炭(见 13.1.3.1)于烧杯中，用盐酸溶液(见 13.1.3.5)浸泡 2 小时，依次用自来水、蒸馏水冲洗至中性。倾出水分后，用氢氧化钠溶液(见 13.1.3.4)浸泡 2 小时，依次用自来水、蒸馏水冲洗至中性，于 100℃烘干。将烘干的活性碳放入瓷坩埚中，盖好盖子，于 500℃高温炉内活化 2 小时。炉温降至 50 度左右时，取出放入干燥器中，待用。

将测得的吸光值 A_i 记入表 A.5 中，以吸光值 A_i 为纵坐标，相应的油浓度（μg/mL）为横坐标，绘制标准曲线。

13.2.5.2 **样品的测定**

样品的测定按以下步骤进行：

a) 称取 2 g(±0.000 1 g)风干的沉积物样品，于 50 mL 具塞比色管中，加 15.0 mL 正己烷（见 13.2.3.2），加盖振荡 2 min，待分层后，用玻璃注射器吸出正己烷萃取液，注入盛有 20 mL 硫酸钠溶液（见 13.2.3.6）的 60 mL 锥形分液漏斗中，用 10.0 mL 正己烷（见 13.2.3.2）重复萃取一次，静置分层，将萃取液吸出并入分液漏斗中；

b) 于原比色管中加入 10 mL 硫酸钠溶液（见 13.2.3.6），将析出的正己烷吸出合并于上述分液漏斗中。振荡分液漏斗 2 min，静置分层后，弃去水相（下层）。再用 20 mL 硫酸钠液（见 13.2.3.6）重复洗涤 2 次，弃去水相，用滤纸卷吸干锥形分液漏斗下端管颈内的水分，将萃取液放入 25 mL 具塞比色管中；

c) 按 13.2.5.1.b）步骤测定萃取的吸光值（A_s）。同时测定分析空白吸光值（A_b）。

13.2.5.3 **萃取效率系数的测定**

分别称取 2 g 已风干未受油沾污的沉积物样品于 9 支 50 mL 具塞比色管中，其中 6 支各加入 1.00 mL 油标准使用溶液（见 13.2.3.8）以下按 13.2.5.2.a）步骤进行萃取，按 13.2.5.1.b）步骤测定吸光值，从标准曲线上查出相应的油的浓度及计算出回收量并按式（16）计算萃取效率系数。

$$K=(\overline{m}_1-\overline{m}_2)/m_0 \quad \cdots\cdots\cdots\cdots (16)$$

式中：

K——萃取效率系数；

$\overline{m}_1$——沉积物本底加油标准的回收量平均值，单位为微克（μg）；

$\overline{m}_2$——沉积物本底加分析空白的平均值，单位为微克（μg）；

m_0——油标准的加入量，单位为微克（μg）。

13.2.6 **记录与计算**

将测得的数据记入表 A.6 中，按式（17）计算沉积物干样中油的含量：

$$w_{oil}=\frac{\rho \cdot V}{K \cdot M(1-w_{H_2O})} \quad \cdots\cdots\cdots\cdots (17)$$

式中：

w_{oil}——沉积物干样中油类的含量（质量分数，10^{-6}）；

ρ——从标准曲线上查出油的浓度，单位为微克每毫升（μg/mL）；

V——正己烷萃取液体积，单位为毫升（mL）；

K——萃取效率系数；

M——样品的称取量，单位为克（g）；

w_{H_2O}——风干样的含水率（质量分数，%）。

13.2.7 **精密度和准确度**

油含量分别为 80.1×10^{-6} 和 300×10^{-6} 时，相对标准偏差分别为 1.7% 和 2.8%；回收率为 96%。

13.2.8 **注意事项**

本方法执行中应注意如下事项：

——除非另作说明，本方法所用试剂均为分析纯；

——所用玻璃器皿用去污粉和重铬酸钾洗液洗净，依次用自来水，蒸馏水淋洗，在 150℃ 烘箱中烘干。量瓶、吸管自然晾干，使用前用脱芳正己烷洗涤 2 次；

——测定池易被沾污，应注意保持洁净，使用前应校正测定池的误差；

——用过的活性炭和正己烷经处理后可重复使用；

——塑料、橡胶材料对测定有干扰，应避免接触；

——若用本法测定沉积物中石油的含量，则在称样后加 20 mL 氢氧化钾-乙醇溶液(13.3.3.7)，混匀后加盖，在室温下皂化 15 h，最初 2 h 内，每隔半小时振摆试管一次后再用正己烷萃取测定。萃取效率系数的测定中也相应地增加此皂化步骤。该时，氢氧化钾-乙醇溶液的用量为 1.00 mL。95%乙醇的试剂空白吸光值大于 0.01 时，应该用蒸馏法提纯。

13.3 重量法

13.3.1 适用范围和应用领域

本法适用于油污较重海区沉积物中油类含量的测定。

13.3.2 方法原理

沉积物样品中的油类用正己烷萃取，蒸发除去正己烷，称重，计算沉积物中油类的含量。

13.3.3 试剂及其配制

13.3.3.1 水：用加有高锰酸钾的自来水蒸馏后制得。

13.3.3.2 正己烷：处理与纯化分别见 13.2.3.2 和 13.2.3.3。

13.3.3.3 层析活性炭：300℃活化 7 h。

13.3.3.4 硫酸(H_2SO_4)：ρ=1.84 g/mL。

13.3.3.5 无水硫酸钠：于 500℃灼烧 4 h，贮于小口试剂瓶中。

13.3.3.6 硫酸钠溶液(30 g/L)：称取 30 g 硫酸钠($Na_2SO_4 \cdot 9H_2O$)溶于水中，加水至 1 L，混匀。

13.3.3.7 氢氧化钾-乙醇溶液(0.5 mol/L)：称取 28 g 氢氧化钾溶于少量水(见 13.3.3.1)中，加 95%乙醇至 1 L，混匀后贮于聚乙稀瓶中。

13.3.3.8 油标准溶液(5.00 mg/mL)：称取 0.500 g 标准油于称量瓶中，加入少量正己烷(见 13.3.3.2)溶解，用定量滤纸滤入 100 mL 量瓶中，用正己烷(见 13.3.3.2)洗涤烧杯数次，滤液并入量瓶中，用正己烷(见 13.3.3.2)稀释至标线，混匀。置于冰箱中可保存 3 个月。

13.3.4 仪器及设备

仪器和设备如下：

——分析天平：感量 0.01 mg；

——康氏振荡器；

——恒温水浴锅；

——K·D 浓缩器；

——玻璃注射器：容量 10 mL；

——铝箔槽：用铝箔自制，体积约 2 mL。使用前于 70℃烘至恒重(两次称重的重量差小于 0.2 mg)；

——一般实验室常备仪器及设备。

13.3.5 分析步骤

13.3.5.1 校正系数的测定

校正系数的测定按以下步骤进行：

a) 分别称取 5.000 g 未受油沾污的已风干的沉积物样品，放入 9 个 50 mL 具塞比色管中，其中 6 支各加 0.50 mL 油标准溶液(见 13.3.3.8)，另三支用来测试沉积物本底加分析空白的残渣重；

b) 加 15 mL 正己烷(见 13.3.3.2)，加盖振荡 2 min，静置分层，用玻璃注射器吸出正己烷萃取液，注入盛有 20 mL 硫酸钠溶液(见 13.3.3.6)的 60 mL 锥形分液漏斗中。再用 10 mL 正己烷(见 13.3.3.2)萃取 1 次，静置分层，吸出萃取液，合并于锥形分液漏斗中；

c) 于原比色管中加入 10 mL 硫酸钠溶液(见 13.3.3.6)，将正己烷相吸出合并于上述锥形分液漏斗中；

d) 振荡锥形分液漏斗 2 min,静置分层后,弃去下层水相。再用 20 mL 硫酸钠溶液(见 13.3.3.6)重复洗涤 2 次,弃去水相。用滤纸卷吸干锥形分液漏斗下端管颈内水分。将萃取液放入 25 mL具塞比色管中;

e) 加 2 g 无水硫酸钠(见 13.3.3.5),振荡后放置 30 min;

f) 将脱水的萃取液倾入 K·D浓缩器中,并用少量正已烷(见 13.3.3.2)洗涤含脱水剂的具塞比色管 2 次,合并于 K·D浓缩器中。在 70 ℃～78 ℃水浴上浓缩至 0.5 mL～1 mL;

g) 取下 K·D浓缩器,将其中的浓缩液转入铝箔槽中,置于 70℃水浴铝盖板上蒸干,继用 1 mL 正已烷(见 13.3.3.2)洗涤 K·D浓缩器。并转入铝箔槽中继续蒸干,重复 2 次～3 次;

h) 将铝箔槽置于干燥器内,1 h 后称重;

i) 校正系数计算公式:

$$K=(\overline{m}_1-\overline{m}_2)/m_0$$

式中:

K——校正系数;

$\overline{m}_1$——沉积物本底加油标准的回收量平均值,单位为毫克(mg);

$\overline{m}_2$——沉积本底加分析空白的残渣重的平均值,单位为毫克(mg);

m_0——油标准的加入量,单位为毫克(mg)。

13.3.5.2 样品的测定

称取 5 g 已风干的样品(±0.000 1 g),于 50 mL 具塞比色管中,按 13.3.5.1.b)～13.3.5.1.h)步骤测定样品中油类的重量(m_s)和分析空白残渣重(m_b)。

13.3.6 记录与计算

将测定结果记入表 A.14 中,按式(18)计算沉积物干样中油类的含量:

$$w_{oil}=\frac{m_s\cdot m_b}{K\cdot M(1-w_{H_2O})}\times 1\,000 \qquad (18)$$

式中:

w_{oil}——沉积物干样中油类的含量(质量分数,10^{-6});

m_s——样品萃取液中的油类重,单位为毫克(mg);

m_b——分析空白萃取液中的残渣重,单位为毫克(mg);

K——校正系数;

M——样品的称取量,单位为克(g);

w_{H_2O}——风干样的含水率(质量分数,%)。

13.3.7 精密度和准确度

油类含量分别为 720×10^{-6} 和 $5\,660\times10^{-6}$ 时,测试结果的相对标准偏差分别为 6.1% 和 5.1%;回收率为 85%。

13.3.8 注意事项

本方法执行中应注意如下事项:

——除非另作说明,所用试剂均为分析纯;

——所用玻璃器皿用去污粉和重铬酸钾洗液洗净,依次用自来水,蒸馏水漂洗,在 150℃烘箱中烘干。量瓶、吸液管自然晾干,使用前用正已烷洗涤 2 次;

——用过的活性碳和正已烷经处理后可重复使用;

——铝箔槽的铝箔自重应尽量轻些,以提高测定准确度。制作时,边缘应避免有折痕,以防止石油由折线处爬出损失;

——若用重量法测定沉积物干样中石油的含量,则在称样后加入 30 mL 氢氧化钾-乙醇溶液(见 13.3.3.7)混匀后加盖,在室温下皂化 15 h,最初 2 h 内,每 0.5 h 振摆试管一次。以下按

13.3.5.1.a)～13.235.1.g)步骤进行。校正系数的测定中也相应地增加此皂化步骤。

14 666、DDT——气相色谱法

14.1 适用范围和应用领域

本方法适用于沉积物样品中666、DDT和狄氏剂的测定。

本方法为仲裁方法。

14.2 方法原理

沉积物中666、DDT和狄氏剂用正己烷-丙酮混合溶剂作为提取剂，用索氏提取器回流提取，将提取液浓缩，柱分离，再浓缩后注入色谱柱被分离为具有不同保留时间的单一组分。用电子捕获检测器检测，各组分的响应值与含量成正比。将被测物色谱图与标准色谱图相比较，计算出各组分的含量。

14.3 试剂及其配制

14.3.1 正己烷($H_3C(CH_2)_4CH_3$)：用全玻璃蒸馏器蒸馏提纯，在常压下收集馏分，取100 mL浓缩至1 mL，分别注入色谱柱，应无明显的杂质峰。

14.3.2 丙酮(CH_3COCH_3)：提纯方法同14.3.1。

14.3.3 苯(C_6H_6)：提纯方法同14.3.1。

14.3.4 二氯甲烷(CH_2Cl_2)：提纯方法同14.3.1。

14.3.5 无水硫酸钠：取适量无水硫酸钠(Na_2SO_4)在高温炉中于300℃处理2 h，冷至室温，用正己烷(见14.1.3.1)在索氏抽提器中提取2 h，冷却，待溶剂挥发后，于130℃干燥。

14.3.6 佛罗里土(即硅镁吸附剂)：取适量100目～200目(150 μm～75 μm)佛罗里土在650℃高温炉中处理2 h，使用前在恒温箱内于130℃活化4 h，冷至室温，每100 g佛罗里土加3 mL～5 mL水去活性。置于具塞瓶中备用，7天内有效。逾期须重新进行活化-去活性处理。

14.3.7 活性碳：(40目～180目)：将20目～35目(830 μm～426 μm)色谱用活性碳研细，筛取40目～180目(380 μm～80 μm)部分，置于滤纸筒内，放入索氏抽提器中，用丙酮(见14.3.2)提取4 h，冷却后，用烧结玻璃漏斗或布氏漏斗抽滤，滤饼用丙酮(见14.3.2)洗两次，抽干。待丙酮挥发干尽后于130℃恒温箱内活化2 h，冷却，保存在具塞玻璃瓶中备用。

14.3.8 铜粉[200目(75 μm)，纯度99.8%]：用(1+1)盐酸溶液浸洗半分钟，倾去酸，用水洗至中性，再用丙酮(见14.3.2)洗数次，通氮气吹干，保存在充有氮气的具塞玻璃瓶中备用。

14.3.9 玻璃棉：先用正己烷(见14.3.1)后用丙酮(见14.3.2)浸泡，洗涤，待溶剂挥发干尽后，于200℃恒温箱内加热处理2 h，冷却，保存在具塞玻璃瓶中。

14.3.10 气相色谱材料：固定液OV-17，OV-210，担体80目～100目(180μm～150μm)，Chromosorb W·AW·DMCS，硅烷化玻璃棉。

14.3.11 月桂酸(十二碳酸，$CH_3(CH_2)_{10}COOH$)。

14.3.12 氢氧化钠：粒状。

14.3.13 有机氯农药标准物(纯度均为99.0%)：α-666、γ-666、β-666、δ-666、pp′-DDE、op′-DDT、pp′-DDD、pp′-DDT和狄氏剂。

14.3.14 有机氯农药标准贮备溶液(1.00 mg/mL)：分别称取α-666、γ-666、β-666、δ-666、pp′-DDE、op′-DDT、pp′-DDD、pp′-DDT和狄氏剂(见14.3.13)各25.0 mg于9个25 mL量瓶中，用正己烷溶解(见14.3.1)(β-666先用少量苯(见14.3.3)溶解)，稀释至标线，混匀。各组分浓度见表3。

14.3.15 有机氯农药混合标准中间溶液：分别量取1.00 mL α-666、γ-666、δ-666；5.00 mL β-666、pp′-DDE、op′-DDT；10.0 mL pp′-DDD、pp′-DDT及2.00 mL狄氏剂有机氯农药标准贮备溶液(见14.3.14)于100 mL量瓶中，加正己烷(见14.3.1)至标线，混匀。各组分浓度见表3。

14.3.16 有机氯农药混合标准使用溶液A：量取1.00 mL有机氯农药混合标准中间溶液(见14.3.15)于100 mL量瓶中，加正己烷(见14.3.1)至标线，混匀。各组分浓度见表3。

14.3.17 有机氯农药混合标准使用溶液B：移取1.00 mL有机氯农药混合标准使用溶液A（见14.3.16）于10 mL量瓶中，加正己烷（见14.3.1）至标线，混匀。

有机氯农药标准溶液各组分浓度见表3。

表3 有机氯农药标准溶液各组分浓度一览表

名 称	贮备溶液/(mg/mL)	中间溶液/(μg/mL)	使用溶液A/(μg/mL)	使用溶液B/(μg/mL)
α-666	1.00	10.0	0.10	0.010
γ-666	1.00	10.0	0.10	0.010
β-666	1.00	50.0	0.50	0.050
δ-666	1.00	10.0	0.10	0.010
pp′-DDE	1.00	50.0	0.50	0.050
op′-DDT	1.00	50.0	0.50	0.050
pp′-DDD	1.00	100	1.00	0.100
pp′-DDT	1.00	100	1.00	0.100
狄氏剂	1.00	20.0	0.20	0.020

14.4 仪器及设备

仪器和设备如下：

——气相色谱仪：配有Ni^{63}电子捕获检测器；

——索氏抽提器；

——K-D浓缩器：带有1 mL、5 mL、10 mL刻度浓缩管；

——高温炉；

——电热恒温水浴锅；

——电热恒温烘箱；

——真空泵；

——活性碳玻璃层析柱：见图3 A；

——佛罗里土玻璃层析柱：见图3 B；

——一般实验室常备仪器和设备。

14.5 分析步骤

14.5.1 色谱柱的制备

14.5.1.1 色谱柱：长2 m，内径3 mmU形硬质玻璃管，填充2%OV-17和4%OV-210[担体为80目～100目(180 μm～150 μm)，Chromosorb W·AW·DMCS固定相(见14.3.10)]。

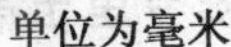

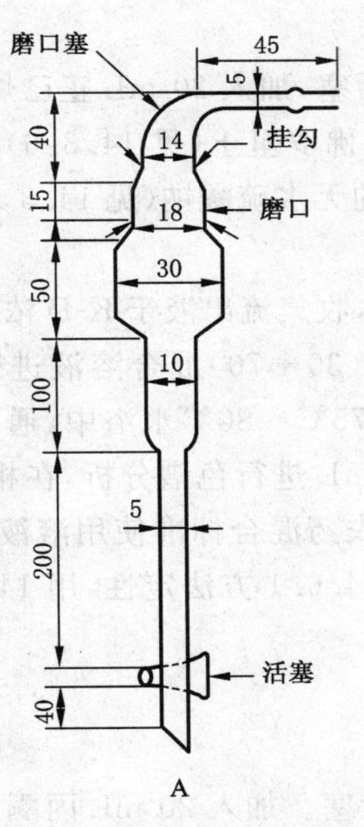

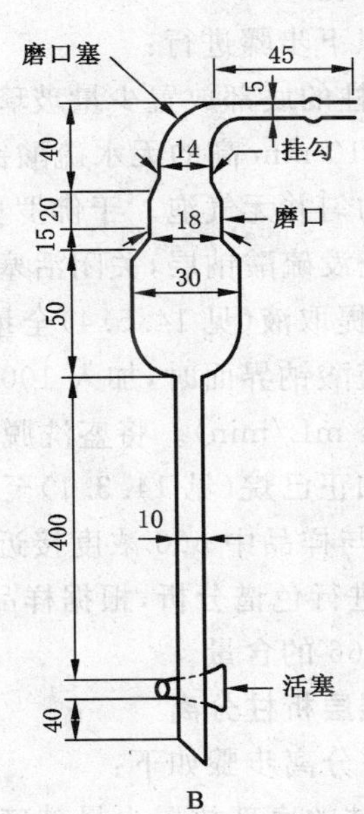

A——活性碳玻璃层析柱；

B——佛罗里土玻璃层析柱。

图 3 层析柱

14.5.1.2 色谱柱的制备和老化

色谱柱的制备和老化按以下步骤进行：

a) 涂渍固定相：称取 0.20 g OV-17 和 0.40 g OV-210(见 14.3.10)于烧杯中，加适量丙酮(见 14.3.2)溶解，将 10 g Chromosorb W · AW · DMCS 担体(见 14.3.10)倒入，搅匀并使液面高于担体层，轻轻搅拌。待溶剂自然挥发近干后，于 50℃干燥；

b) 装柱：将 U 形玻璃管一端塞上玻璃棉(见 14.3.9)，外包纱布，接在真空泵上，另一端接一小漏斗，将涂渍好固定相的担体(见 14.5.1.2.a)装入柱中，边装边抽气，轻轻敲打使玻璃柱填实，取下小漏斗及玻璃棉。塞入硅烷化玻璃棉(见 14.3.10)；

c) 老化：将色谱柱与色谱仪柱炉连接，一端与进样口连接，另一端暂不接检测器，通入流速为 30 mL/min的高纯氮气，炉温升至 110℃老化 1 h 后再升至 200℃老化 2 h，最后于 240℃老化 16 h，冷至室温，将色谱柱一端与检测器连接，将炉温升至操作温度，将载气流速调至 60 mL/min老化 8 h，直至基线漂移不大于规定值。稳定后，可用于分析。

14.5.2 色谱柱分离性能的判定

按色谱仪技术参数注射有机氯农药混合标准使用溶液 B(见 14.3.17)进行测定。若 666 四个异构体的谱峰能分开，pp′-DDE 与狄氏剂两相邻峰在峰高一半处能分开，说明色谱柱分离性能良好，可用于分析。若在半峰高三分之一处分开，说明分离性能差，应重新制备色谱柱，直至达到上述分离要求。

14.5.3 样品提取

称取 20.0 g 风干的沉积物样品于 100 mL 烧杯中，加入 4 g 无水硫酸钠(见 14.3.5)，混匀。装入预先用正已烷(见 14.3.1)处理过的圆形滤纸筒内，放入索氏提取器中，加 150 mL 正已烷-丙酮(1+1)溶剂，于 60℃水浴中回流提取 8 h，冷至室温。

加入 1.0 g 铜粉(见 14.3.8)不定时地摇动半小时，静置后，提取液通过装有 5.0 g 无水硫酸钠(见 14.3.5)的层析玻璃柱 (400 mm×10 mm 内径) 滤去铜粉，收集于 K-D 浓缩器中，置于约 60℃水浴中，通入氮气，浓缩至 1.0 mL，待净化。

14.5.4 净化和分离

14.5.4.1 佛罗里土净化

佛罗里土净化按以下步骤进行：

a) 装柱：在层析柱的底部放置少量玻璃棉(见 14.3.9)，关闭活塞，加入 20 mL 正己烷(见14.3.1)后，依次加入 10 mm 高的无水硫酸钠(见 14.3.5)和 5.0 g 佛罗里土(见 14.3.6)，轻轻敲击柱子使之填充均匀并无气泡。于佛罗里土上部加 10 mm 高的无水硫酸钠(见 14.3.5)，排出过量正己烷至刚淹没硫酸钠层，关闭活塞；

b) 净化：将样品提取液(见 14.5.4)全量移入柱内。打开活塞，收集流出液于 K-D 浓缩器中，当液面降至无水硫酸钠界面时，加入 100 mL 二氯甲烷-正己烷(30＋70)混合溶液进行淋洗(流速 2 mL/min～4 mL/min)。将盛洗脱液的 K-D 浓缩器置于 75℃～80℃水浴中，通入氮气，浓缩至 0.5 mL，加正己烷(见 14.3.1)至 1.0 mL。取 1 μL～5 μL 进行色谱分析，在相同色谱技术参数下，注入与样品中 666 浓度接近和体积相同的有机氯农药混合标准使用溶液(见 14.3.16 或 14.3.17)进行色谱分析，根据样品谱图和标准谱图，用 14.6.1 方法定性，用 14.6.2 方法计算沉积物中 666 的含量。

14.5.4.2 微型活性碳层析柱分离

微型活性碳层析柱分离步骤如下：

a) 装柱：在层析柱的底部放置少量玻璃棉(见 14.3.9)，关闭活塞。加入 20 mL 丙酮(见14.3.2)，随后边轻敲柱子边依次装入 10 mm 高的无水硫酸钠(见 14.3.5)和 1.0 g 活性碳(见 14.3.7)。为了使填充均匀、紧密及无气泡，可在柱顶空气导管处接上双联橡皮球并压入空气，同时打开活塞排出丙酮。观察柱内填充物中有无气泡，如仍有气泡，再加入 10 mL～20 mL 丙酮，压入空气，同时打开活塞，将丙酮连同气泡排出。最后在活性碳上部加入 10 mm 高的无水硫酸钠(见 14.3.5)，排出过量丙酮至刚淹没硫酸钠层，关闭活塞；

b) 分离：将 1.0 mL 净化液[见 14.5.4.1.b)]全量移入微型活性碳层析柱内，打开活塞，流出液收集于 K-D 浓缩器中。当液面下降至无水硫酸钠界面时，加入 100 mL 丙酮(见 14.3.2)淋洗(流速 2 mL/min～4 mL/min)，收集的洗脱液含有 DDT 和狄氏剂，而多氯联苯被吸附在柱中不被洗脱。将盛洗脱液的 K-D 浓缩器置于 70℃水浴中，通入氮气，浓缩至 0.5 mL，加正己烷至 1.0 mL。取 1 μL～5 μL 进行色谱分析。在相同色谱条件下，注射与样品中 DDT，狄氏剂浓度接近和体积相同的有机氯农药混合标准使用溶液(见 14.3.16 或 14.3.17)进行色谱分析。根据样品谱图和 DDT，狄氏剂标准谱图计算样品 DDT 和狄氏剂含量。

14.6 记录与计算

将测得的数据记入表 A.15 中。

14.6.1 定性分析

比较样品谱图和标准谱图中各相应组分的保留时间或相对于 pp′-DDE 的保留时间(pp′-DDE＝100)，按式(19)进行定性。

$$RRT=\frac{100\,RT}{RT_{\mathrm{pp'\text{-}DDE}}} \qquad (19)$$

式中：

RRT——相对保留时间；

RT——农药的保留时间，单位为分(min)；

$RT_{\mathrm{pp'\text{-}DDE}}$——pp′-DDE 的保留时间，单位为分(min)。

14.6.2 定量分析

各组分的出峰顺序为 α-666，γ-666，β-666，δ-666，pp′-DDE，狄氏剂，op′-DDT，pp′-DDD，pp′-DDT。用外标法以峰高或峰面积按式(20)计算沉积物干样中有机氯农药的含量：

666,DDT(ng/g)等于各异构体残留量(w_i)之和。

$$w_i = \frac{k \cdot h \cdot V_1}{V_2 \cdot M(1 - w_{H_2O})} \times 1\,000 \quad \cdots\cdots (20)$$

式中:

w_i——沉积物干样中农药各异构体的残留量(质量分数,%10⁻⁹);

k——农药各异构体的仪器响应系数,即标准使用溶液中农药异构体的量与其峰高或峰面积之比;

h——注入待测样品中农药异构体的峰高或峰面积,单位为毫米(mm)或平方毫米(mm^2);

V_1——净化浓缩液(见 15.5.5.1)或分离浓缩液(见 15.5.5.2)的体积,单位为毫升(mL);

V_2——注入色谱柱的待测液的体积,单位为微升(μL);

M——样品的称取量,单位为克(g);

w_{H_2O}——风干样的含水率(质量分数,%)。

14.7 精密度和准确度

重复性标准差 Σ666 为 3.3%~4.0%,ΣDDT 为 3.6%~4.7%;平均回收率 Σ666 为 85.3%~97.1%,ΣDDT 为 90.9%~99.3%。

14.8 注意事项

本方法执行中应注意如下事项:

——除非另有说明,本方法所有试剂为分析纯,水为纯水;

——与农药共萃取的硫化物,脂肪,类脂物及色素是样品测定的主要干扰物。分别用铜粉和佛罗里土除去;

——多氯联苯与 666、DDT,狄氏剂的色谱峰互相重叠而干扰测定,用微型活性碳柱使之相互分离;

——每批佛罗里土的吸附容量不完全相同,佛罗里土的用量可用佛罗里土的吸附容量来确定,具体方法见附录 G;

——应经常测定标准样品检查电子捕获检测器被污染的情况,及由此而产生的响应值和线性范围的变化;

——标准使用溶液和待测样品的注入体积应相同;

——注意同一标准使用溶液在实验开始和终了时的峰高的变化,相对值应不应超过 5%。在一般情况下,注入待测样品净化液后,应接着注入标准使用溶液,两者不能相隔太久;

——对于脂肪、类脂物及色素含量较高的样品,需用第二支佛罗里土柱净化;

——所有的器皿应用纯水反复地洗净;

——几种有机氯农药在色谱柱(2% OV-17 + 4% OV-210/80~100 目(180 μm~150 μm) Chromosorb W·AW·DMCS)上相对于 pp′-DDE 的相对保留时间(RRT)(pp′-DDE=100)列于表 4 供参考。

表 4 有机氯农药的相对保留时间

农药	α-666	γ-666	β-666	δ-666	pp′-DDE	狄氏剂	op′-DDT	pp′-DDD	pp′-DDT
RRT	24	30	36	42	100	110	140	158	188

15 多氯联苯(PCB_s)——气相色谱法

15.1 适用范围和应用领域

本法适用于海洋、河流、湖泊沉积物中 PCB_s 的测定。

本方法为仲裁方法。

15.2 方法原理

沉积物中的 PCB_s,用索氏提取法提取于正己烷-丙酮溶剂中。与 PCB_s 一起共提取的类脂物、色素、有机氯农药、硫和硫化物等干扰物，按本方法给定的程序被全部除去。将含有 PCB_s 的样品提取液注入色谱柱，用电子捕获检测器检测，其响应值的大小与 PCB_s 含量成正比。

15.3 试剂及其配制

15.3.1 PCB_s 标准贮备溶液(500.0 μg/mL)：分别称取 12.50 mg 的 PCB_3 和 PCB_5 标准物质，置于 2 个 25 mL量瓶中，用正己烷(见 15.3.5)溶解并稀释至标线，混匀。

15.3.2 PCB_s 标准中间溶液(10.0 μg/mL)：分别量取 1.00 mL 标准贮备溶液(见 15.3.1)于 2 个 50 mL量瓶中，加正己烷(见 15.3.5)至标线，混匀。

15.3.3 PCB_s 标准使用溶液(1.00 μg/mL)：分别量取 5.00 mL 标准中间溶液(见 15.3.2)于 2 个 50 mL量瓶中，加正己烷(见 15.3.5)至标线，混匀，并分装于已净化的安瓿瓶中，每支约 0.5 mL。熔封后贴上标签，置于 4℃冰箱中，可长期保存，临用时打开。

15.3.4 PCB_s 混合标准使用溶液(0.5 μg/mL)：分别量取等体积的 PCB_3 与 PCB_5 标准使用溶液(见 15.3.3)置于同一个具塞玻璃容器中，混匀。

15.3.5 其他试剂及配制见 14.3 相应条。

15.4 仪器及设备

见 14.4。

15.5 分析步骤

15.5.1 色谱柱的制备

见 14.5.1。

15.5.2 色谱柱分离性能的检查

见 14.5.3。

15.5.3 样品提取

见 14.5.4。

15.5.4 净化和分离

15.5.4.1 佛罗里土净化

见 14.5.5.1。

15.5.4.2 微型活性碳层析柱分离

将 1.0 mL 净化液(15.5.4.1)全量移入微型活性碳层析柱内，用 1 mL～2 mL 正己烷(15.3.5)洗涤浓缩管，洗涤液也合并到柱内。打开活塞，流出液收集于 K-D 浓缩器中。当液面下降至硫酸钠界面时，加入 100 mL 丙酮(15.3.5)淋洗，流速(2～4) mL/min，收集的洗脱液为第一馏分(该馏分除含有机氯农药外，尚含少量 PCB_s)。接着改用 100 mL 苯(15.3.5)淋洗，流速为(2～4) mL/min，洗脱液收集于另一个 K-D 浓缩器中，为第二馏分(含 PCB_s)。将第一馏分在 70℃水浴，第二馏分在 85 ℃～90℃水浴，通入氮气，分别浓缩至 0.5 mL，加正己烷(15.3.5)定容至 1.0 mL，各取 1 μL～5 μL 进行色谱分析。相同色谱条件下注入与样品中 PCB 浓度接近但体积相同的 PCB_s 混合标准使用溶液(15.3.4)进行分析。根据样品谱图和 PCB_s 标样谱图，定量出第一馏分和第二馏分中 PCB_s 的含量。第一馏分和第二馏分中的 PCB_s 含量之和，为欲测沉积物样中的 PCB_s 残留量。

15.6 记录与计算

将测得的数据记入表 A.16 中。

15.6.1 定性分析

比较样品谱图和标准谱图中各相应 PCB_s 组分峰的保留时间或相对于 pp′-DDE 的保留时间(pp′-DDE＝100)进行定性。PCB_s 各组分在色谱柱 2％OV-17＋4％OV-210/80～100 目(180 μm～150 μm) Chromosorb W・AW・DMCS 上相对于 pp′-DDE 的相对保留时间(RRT)列于表 5 中供参考(pp′-DDE＝100)。

表 5 PCB_s 各峰的相对保留时间

PCB 峰号	1	2	3	4	5	6	7	8	9	10	11
RRT^a	46	56	60	72	82	104	112	129	145	165	187

$$RRT=\frac{100\ RT}{RT_{pp'\text{-}DDE}}$$

式中：

RRT——相对保留时间；

RT——PCB 各峰的保留时间，min；

$RT_{pp'\text{-}DDE}$——pp′-DDE 的保留时间，min。

15.6.2 定量分析

采用峰高外标法或峰面积外标法定量，结果按式(21)计算。

$$w_{PCBi}=\frac{k\cdot h\cdot V_1}{V_2\cdot M(1-w_{H_2O})}\times 1\,000 \qquad (21)$$

式中：

w_{PCBi}——沉积物干样中 PCB_i 的含量(质量分数，10^{-9})；

k——PCB 的仪器响应系数，即标准使用溶液中 PCB_s 的量与其峰高或峰面积之比；

h——样品测试中 PCB_i 的峰高或峰面积，单位为毫米(mm)或平方毫米(mm^2)；

V_1——第一馏分(或第二馏分)浓缩液的体积，单位为毫升(mL)；

V_2——注入色谱柱的待测液的体积，单位为微升(μL)；

M——样品的称取量，单位为克(g)；

w_{H_2O}——风干样的含水率(质量分数，%)。

15.7 精密度和准确度

PCB_s 含量分别为 1.044 μg、2.088 μg 和 4.176 μg 时，重复性相对标准偏差分别为 3.4%、3.9%和 4.0%；平均回收率分别为 81.99%、93.39%和 95.62%。

15.8 注意事项

注意事项见 14.8。

16 狄氏剂——气相色谱法

狄氏剂——气相色谱法见 14 章。

17 硫化物

17.1 亚甲基蓝分光光度法

17.1.1 适用范围和应用领域

本法适用于海洋、河流沉积物中硫化物的测定。

本方法为仲裁方法。

17.1.2 方法原理

沉积物样品中的硫化物与盐酸反应生成硫化氢，随水蒸气一起蒸馏出来，被乙酸锌溶液吸收，反应生成硫化锌。在酸性介质中当三价铁离子存在时，硫离子与对氨基二甲基苯胺反应生成亚甲基蓝，在 650 nm 波长处进行光度测定。

17.1.3 试剂及其配制

17.1.3.1 乙酸锌溶液(100 g/L)：称取 50 g 乙酸锌[$Zn(CH_3COO)_2\cdot 2H_2O$]加水溶解并稀释至 500 mL，混匀。

17.1.3.2 碘酸钾标准溶液(0.010 0 mol/L)：称取 3.567 g 碘酸钾(KIO_3，预先在 120℃干燥 2 h，于干

燥器中冷却至室温)溶于水中,全量转入 1 000 mL 容量瓶中并加水至标线,混匀。此溶液浓度为 0.100 0 mol/L,置于阴暗处可保存一个月。使用前用水稀释至 0.010 0 mol/L。

17.1.3.3　无水碳酸钠(Na_2CO_3)。

17.1.3.4　碘化钾(KI)。

17.1.3.5　盐酸溶液(1+2):1 体积盐酸(HCl,ρ=1.19 g/mL)与 2 体积水混合。

17.1.3.6　盐酸溶液(1+9):1 体积盐酸(HCl,ρ=1.19 g/mL)与 9 体积水混合。

17.1.3.7　硫酸溶液(3 mol/L):量取 167 mL 硫酸(H_2SO_4,ρ=1.84 g/mL)在搅拌下慢慢加入水中,冷却后用水稀释至 1 000 mL。

17.1.3.8　冰乙酸(CH_3COOH):ρ=1.05 g/mL。

17.1.3.9　淀粉溶液(5 g/L):称取 1 g 可溶性淀粉,用少量水调成糊状,加入 100 mL 沸水,调匀,继续加热至溶液透明。冷却后加 1 mL 冰乙酸(见 17.1.3.8)用水稀释至 200 mL。

17.1.3.10　硫代硫酸钠标准溶液的配制及标定:$c(Na_2S_2O_3 \cdot 5H_2O)$=0.01 mol/L

配制:称取 25 g 硫代硫酸钠,用新煮沸并冷却的水溶解,加入 2 g 无水碳酸钠(见 17.1.3.3),溶解后转入棕色试剂瓶中,加水至 10 L,混匀。置于阴凉处,8 d~10 d 后标定其浓度。

标定:量取 15.00 mL 碘酸钾标准溶液(见 17.1.3.2),沿壁注入 100 mL 碘量瓶中,用少许水淋洗瓶壁,加入 0.5 g 碘化钾(见 17.1.3.4),用刻度吸管沿瓶壁注入 1 mL(1+3)硫酸溶液,塞好瓶塞,轻摇混匀,用少许水封口,在暗处放置 2 min,半开瓶塞,沿瓶壁加 50 mL 水,在不断摇动下,用待标定的硫代硫酸钠标准溶液(见 17.1.3.10)滴定至溶液呈浅黄色,加入 1 mL 淀粉溶液(见 17.1.3.9),继续滴定至蓝色刚刚消失为止,记录滴定管读数,按式(22)计算硫代硫酸钠溶液的浓度:

$$c=\frac{0.010\,0\times 15.00}{\overline{V}_S} \qquad \cdots\cdots (22)$$

式中:

c——硫代硫酸钠的浓度,单位为摩尔每升(mol/L);

$\overline{V}_S$——硫代硫酸钠滴定液体积的平均值,单位为毫升(mL)。

17.1.3.11　碘片(I_2)。

17.1.3.12　碘溶液(0.010 0 mol/L):称取 10 g 碘化钾(见 17.1.3.4)溶于 50 mL 水中,加入 1.27 g 碘片(见 17.1.3.11),溶解后,全量转入 1 000 mL 量瓶中,加水至标线,混匀。贮存于棕色磨口试剂瓶中,于阴凉处保存。

17.1.3.13　硫化物标准贮备溶液的制备及标定

制备:在通风柜中,使用硫化氢发生吸收装(见图 4),向 200 mL 硫化钠溶液($Na_2S \cdot 9H_2O$,10 g/L)中缓缓地滴加 5.0 mL 盐酸溶液(见 17.1.3.5),产生的硫化氢气体被氮气带出,用 500 mL 乙酸锌溶液[$Zn(CH_3COO)_2 \cdot 2H_2O$,1 g/L]吸收生成硫化锌。将吸收液用中速定量滤纸过滤,混匀。

标定:量取 20.00 mL 硫化物标准贮备溶液于 3 个 250 mL 碘量瓶中,依次加 40 mL 水,20.00 mL 碘溶液(见 17.1.3.12),10 mL 盐酸溶液(见 17.1.3.6),混匀。于暗处放置 5 min,用硫代硫酸钠标准溶液(见 17.1.3.10)滴定至溶液呈浅黄色。加入 1 mL 淀粉溶液(见 17.1.3.9),继续滴定至蓝色刚刚消失,记录滴定液耗去的体积(mL)。

同时量取 20.00 mL 水 3 份,按上法进行空白滴定。按式(23)计算硫化物标准贮备溶液的浓度:

$$\rho_{S^{2-}}=\frac{(\overline{V}_2-\overline{V}_1)c_s\times 16.04\times 1\,000}{V} \qquad \cdots\cdots (23)$$

式中:

$\rho_{S^{2-}}$——硫的浓度,单位为微克每毫升(μg/mL);

$\overline{V}_2$——空白滴定时耗用的硫代硫酸钠标准溶液的平均体积,单位为毫升(mL);

$\overline{V}_1$——滴定硫化物标准溶液时耗用的硫代硫酸钠标准溶液的平均体积,单位为毫升(mL);

c_s——硫代硫酸钠标准溶液的浓度，单位为摩尔每升(mol/L)；

V——硫化物标准贮备溶液的体积，单位为毫升(mL)。

17.1.3.14　硫化物标准使用溶液(10 μg/mL)：量取一定体积的硫化物标准贮备溶液(见17.1.3.13)，按式(24)计算，将其质量浓度调整为10 μg/mL。

$$V_4=\frac{\rho_3 \cdot V_3}{\rho_4} \qquad (24)$$

式中：

V_4——应量取的硫化物标准贮备溶液(见17.1.3.13)的体积，单位为毫升(mL)；

V_3——欲配制的硫化物标准使用溶液的体积，单位为毫升(mL)；

ρ_3——硫化物标准使用的溶液的浓度，单位为微克每毫升(μg/mL)；

ρ_4——硫化物标准贮备溶液的浓度，单位为微克每毫升(μg/mL)。

17.1.3.15　硫酸铁铵溶液(125 g/L)：称取25 g硫酸铁铵[$Fe(NH_4)(SO_4)_2 \cdot 12H_2O$]于250 mL烧杯中，加水100 mL，加5 mL硫酸(H_2SO_4，ρ=1.84 g/mL)，稍加热溶解，加水至200 mL，混匀。如浑浊则应过滤。

17.1.3.16　对氨基二甲基苯胺二盐酸盐溶液(1 g/L)：称取1 g对氨基二甲基苯胺二盐酸[$NH_2C_6H_4N(CH_3)_2 \cdot 2HCl$，化学纯]溶于700 mL水中，在不断搅拌下，缓缓地加入200 mL硫酸(H_2SO_4，ρ=1.84 g/mL)，冷却后，加水至1 L，混匀，盛于棕色试剂瓶中，置于冰箱中保存。

17.1.4　仪器及设备

仪器和设备如下：

——分光光度计；

——硫化氢发生-吸收装置(图4)；

——半微量定氮蒸馏器(图5)，冷凝器下端附有可以取下的连接管；

——一般实验室常备仪器和设备。

1——转子流量计(0.5 L/min～3 L/min)；

2——分液漏斗(50 mL)；

3——250 mL斜形三口烧瓶；

4——500 mL洗气瓶。

图4　硫化氢发生-吸收装置

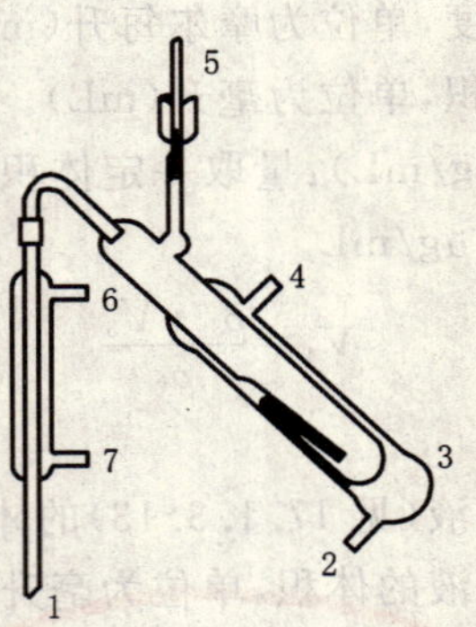

1——冷凝管；

2——残液泄放口；

3——蒸馏管；

4——水蒸气进口；

5——样品进口；

6——冷凝水出口；

7——冷凝水进口。

图5　半微量定氮蒸馏器(凯氏)

17.1.5　分析步骤

17.1.5.1　绘制标准曲线

标准曲线按以下步骤绘制：

a) 取6个100 mL量瓶，分别加10 mL乙酸锌溶液(见17.1.3.1)依次加入0 mL、0.50 mL、1.00 mL、1.50 mL、2.00 mL、2.50 mL硫化物标准使用溶液(见17.1.3.14)，混匀。

b) 各加入5 mL对氨基二甲基苯胺二盐酸盐溶液(见17.1.3.16)，1 mL硫酸铁铵溶液(见17.1.3.15)，加水至标线，充分混匀。标准系列的浓度(以S^{2-}计)分别为0.0 μg/mL、0.05 μg/mL、0.10 μg/mL、0.15 μg/mL、0.20 μg/mL、0.25 μg/mL。

c) 静置10 min，将标准系列溶液移入1 cm测定池中，用水参比调零，于650 nm波长处测定吸光值(A_i)及标准空白吸光值(A_0)。

d) 将数据记入表A.5中，以吸光值(A_i-A_0)为纵坐标，相应的硫的浓度(μg/mL)为横坐标，绘制标准曲线。

17.1.5.2　样品的测定

样品的测定按以下步骤进行：

a) 称取3 g(±0.000 1g)混匀的湿样，于50 mL烧杯中，加5 mL水，2 mL～3 mL乙酸锌溶液(见17.1.3.1)，调成糊状，用少许水全量转入定氮装置中；

b) 量取10 mL乙酸锌溶液(见17.1.3.1)于100 mL刻度试管中，将冷凝器下端的玻璃连接管插入刻度试管至接近其底部，通水蒸气蒸馏(见图5)；

c) 打开冷凝器的冷却水，当定氮装置中的样品被蒸气充分搅动并加热近沸时，迅速加入15 mL盐酸溶液(见17.1.3.5)并立即盖紧盖子，继续通水蒸气；

d) 当刻度试管中的吸收液达到50 mL～60 mL时，将连接管和刻度试管一并取下，停止通水蒸汽，用少量水冲洗连接管，冲洗液并入吸收管中；

e) 加入5 mL对氨基二甲基苯胺二盐酸盐溶液(见17.1.3.16)，1 mL硫酸铁铵溶液(见17.1.3.15)，加水至标线，混匀；

f) 静置10 min，将溶液移入1 cm测定池中，用水调零，于650 nm波长处测定吸光值(A_s)及分析空白吸光值(A_b)。以(A_s-A_b)的值从标准曲线上查出相应的硫的浓度(μg/mL)。

17.1.6 记录与计算

将测得的数据记入表 A.6 中，按式(25)计算沉积物干样中硫的含量。

$$w_{S^{2-}}=\frac{\rho\cdot V}{M(1-w_{H_2O})} \qquad \cdots\cdots(25)$$

式中：

$w_{S^{2-}}$——沉积物干样中硫化物的含量(质量分数，10^{-6})；

ρ——从标准曲线上查得的硫的浓度，单位为微克每毫升(μg/mL)；

V——吸收液定容的体积，单位为毫升(mL)；

M——样品的称取量，单位为克(g)；

w_{H_2O}——湿样的含水率(质量分数，%)。

17.1.7 精密度和准确度

硫化物(S^{2-})含量为 3.97×10^{-6}时，重复性相对标准偏差为 5.5%。

17.1.8 注意事项

本方法执行中应注意如下事项：

——除非另作说明，本方法所用试剂为分析纯，水为去离子水或等效纯水；

——硫化物标准使用溶液应在使用前临时配制；

——氮气中如有微量氧，可安装洗气瓶(内装亚硫酸钠饱和溶液)予以除去；

——硫代硫酸钠及硫化物标准贮备溶液标定中，各进行六份测定，滴定液体积的平均值是以极差为 0.05 mL 以内诸数据进行平均而求得。

17.2 离子选择电极法

17.2.1 适用范围和应用领域

本法适用于海洋沉积物中硫化物的测定。可用于船上现场测定。

17.2.2 方法原理

固态硫化银膜电极对银离子和硫离子均有响应，当该电极同溶液接触时，所产生的电极电位与银离子活度呈正相关，而电极对硫离子的响应是通过 Ag_2S 的溶度积间接实现的，因此硫离子选择电极在溶液中所产生的电极电位与硫离子的活度的负对数呈线性关系。当标准系列与被测液的离子强度相近时，若两者硫离子的活度相等其浓度也相等。

海洋沉积物中的硫化物以多种形态存在，对于某些难溶硫化物，当加入 EDTA 络合剂后，有利于硫离子释出。用来浸提沉积物的浸提液中常含溶解氧，会氧化硫离子。硫含量越低，这种氧化作用越显著。为此，在测试液中加入一定量的抗坏血酸，以防止 S^{2-} 被氧化，并可提高方法的灵敏度。

17.2.3 试剂及其配制

17.2.3.1 抗氧化络合剂贮备溶液：分别称取 40 g 氢氧化钠(NaOH)，40 g 乙二胺四乙酸二钠(EDTA-2Na·$2H_2O$)，于聚乙烯烧杯中，各加入 60 mL 水(新煮沸后冷却或通氮气除氧)，溶解后全量转入 200 mL量瓶中，加水至标线，混匀后转入聚乙烯试剂瓶中，于阴凉处保存备用。

17.2.3.2 抗氧化络合剂使用溶液：量取 100 mL 抗氧化络合剂贮备溶液(见 17.2.3.1)，加 5 g 抗坏血酸($C_6H_8O_6$)，加水至 500 mL，混匀，临用时现配。

17.2.3.3 硫代硫酸钠标准溶液的配制与标定：参照 17.1.3.10 条。硫代硫酸钠溶液配制成约 0.1 mol/mL，用 0.100 mol/L 碘酸钾标准溶液标定。滴定时加碘化钾 4 g。

17.2.3.4 淀粉溶液(5 g/L)：见 17.1.3.9。

17.2.3.5 碘溶液(0.100 mol/L)：称取 10 g 碘化钾 (KI)，溶于 250 mL 水中，加入 6.35 g 碘片 (I_2)，溶解后，全量转入 500 mL 量瓶中，加水至标线，混匀。转入棕色磨口试剂瓶中，于阴凉处保存。

17.2.3.6 硫化物标准贮备溶液的配制与标定：称取 5.0 g 硫化钠(Na_2S·$9H_2O$)溶于新煮沸并冷却的水中，加入 1 g 氢氧化钠，搅拌使溶解，全量转入 200 mL 量瓶中，加水至标线，混匀。各量取 2.00 mL

该溶液于6个250 mL碘量瓶中，各加入50 mL水，20.00 mL碘溶液(见17.2.3.5)，2 mL盐酸溶液(见17.2.3.10)，混匀后用硫代硫酸钠标准溶液(见17.2.3.3)滴定到溶液呈淡黄色，加入1 mL淀粉溶液(见17.2.3.4)，继续滴定至蓝色刚刚消失。

另量取6份50 mL水，20.00 mL碘溶液(见17.2.3.5)，2 mL盐酸溶液(见17.2.3.10)混匀后如上法滴定，按式(26)计算硫化物标准贮备溶液的浓度：

$$\rho_{s^{2-}}=\frac{(\overline{V}_2-\overline{V}_1)c_s\times 16.04\times 1\,000}{V} \quad\cdots\cdots(26)$$

式中：

$\rho_{s^{2-}}$——硫的浓度，单位为微克每毫升(μg/mL)；

$\overline{V}_2$——空白滴定所耗用的硫代硫酸钠标准溶液的平均体积，单位为毫升(mL)；

$\overline{V}_1$——滴定硫化物标准贮备液时所耗用的硫代硫酸钠标准溶液的平均体积，单位为毫升(mL)；

c_s——硫代硫酸钠标准溶液的浓度，单位为摩尔每升(mol/L)；

V——硫化物标准贮备溶液的体积，单位为毫升(mL)。

17.2.3.7 硫化物标准使用溶液(200 μg/mL)：按照17.1.3.14步骤，量取硫化物标准贮备溶液的体积(V_4)，最终以抗氧化络合剂使用溶液(见17.2.3.2)稀释至标线。

17.2.3.8 氯化钾饱和溶液。

17.2.3.9 硝酸钾溶液(0.1 mol/L)：称取10.1 g硝酸钾(KNO_3)溶于水，加水至1 L，混匀。

17.2.3.10 盐酸溶液(1+1)：1体积盐酸(HCl，ρ=1.19 g/mL)与等体积水混合。

17.2.4 仪器及设备

仪器和设备如下：

——离子计或精密pH计；

——硫离子选择电极以及活化方法：将电极在0.03 mg/mL硫离子标准溶液中浸泡2 h以上，用水洗至电势值为160 mV；

——双盐桥饱和甘汞电极，外套管充有硝酸钾溶液(见17.2.3.9)；

——一般实验室常用仪器和设备。

17.2.5 分析步骤

17.2.5.1 绘制标准曲线

标准曲线按以下步骤绘制：

a) 取5个100 mL量瓶，分别量入0.10 mL、1.00 mL、2.00 mL、10.00 mL和20.00 mL硫化物标准使用溶液(见17.2.3.7)，加抗氧化络合剂使用溶液(见17.2.3.2)至标线，混匀；

b) 依次将上述溶液各25 mL分别移入50 mL烧杯中，放入一个铁磁芯转子，插入硫离子选择电极和双盐桥饱和甘汞电极；

c) 开启离子计，将仪器选择开关调至“mV”档；

d) 开启磁力搅拌器，调节至适当速度；

e) 按下读数开关，待电位值(E)稳定后，将读数E_i记入表A.17中。每次测定后均需用水洗涤电极并用滤纸吸干；

f) 以E_i为纵坐标，相应的硫离子浓度为对数坐标，绘制$E_i$lg$c$标准曲线。

17.2.5.2 样品的测定

样品的测定按以下步骤进行：

a) 称取5 g(±0.000 1 g)混匀的湿样于100 mL烧杯中，加入20 mL抗氧化络合剂使用溶液(见17.2.3.2)，在磁力搅拌器上充分搅拌约5 min，静置，待沉积物完全沉淀后，用倾斜法将上清液倒入50 mL量瓶中；

b) 每次用15 mL抗氧化合剂使用溶液(见17.2.3.2)按17.2.5.2.a)步骤浸取残留的沉积物，重复两次，将上清液并入上述量瓶中，加抗氧化络合剂使用溶液(见17.2.3.2)至标线，混匀；

c) 按17.2.5.1.b)～17.2.5.1.e)步骤测定电位差值 E_s；

d) 从标准曲线上查得相应的硫的浓度。

17.2.6 记录与计算

将测得的数据记入表A.18中，按式(27)计算沉积物干样中硫的含量。

$$w_{s^{2-}}=\frac{\rho\cdot V}{M(1-w_{H_2O})} \qquad (27)$$

式中：

$w_{s^{2-}}$——沉积物干样中硫化物的含量(质量分数，10^{-6})；

ρ——从标准曲线上查得的样品浸提液中硫的浓度，单位为微克每毫升(μg/mL)；

V——样品浸提液的体积，单位为毫升(mL)；

M——样品的称取量，单位为克(g)；

w_{H_2O}——湿样的含水率(质量分数，%)。

17.2.7 精密度和准确度

硫含量为1 041.5×10^{-6}时，重复性相对标准偏差为8.4%。

17.2.8 注意事项

本方法执行中应注意如下事项：

——除非另作说明，本方法所有试剂为分析纯，水为去离子水或等效纯水；

——现场(船上)采样后应立即进行测定；

——电极性能的好坏是决定测试准确性的关键，为此，电极要注意保护，使用后要用去离子水反复地清洗，用滤纸擦干并避光保存；

——溶液中 CN^- 的存在使电极中毒，干扰测定，可加入适量甲醛溶液(1+1)进行掩蔽；

——电极在硫离子的稀溶液中的响应速度较慢，应迅速搅拌，读取稳定的电位差值；

——此法测定结果中不包括PbS、CuS和HgS；

——硫代硫酸钠及硫化物标准贮备溶液标定中，各进行六份测定，滴定液体积的平均值是以极差为0.05 mL以内诸数据进行平均而求得。

17.3 碘量法

17.3.1 适用范围和应用领域

本法适用于近海、河口、港湾污染较重的沉积物中硫化物的测定。

17.3.2 方法原理

沉积物样品中硫化物(S^{2-})在酸性介质中产生硫化氢，同水蒸汽一起蒸出，被乙酸锌溶液吸收，生成硫化锌沉淀。此沉淀与盐酸反应，生成的硫化氢被碘氧化，过剩的碘用硫代硫酸钠标准溶液滴定。

17.3.3 试剂及其配制

17.3.3.1 乙酸锌溶液(100 g/L)：见17.1.3.1。

17.3.3.2 硫代硫酸钠标准溶液的配制及标定(0.01 mol/L)：见17.1.3.10。

17.3.3.3 碘溶液(0.010 mol/L)：见17.1.3.12。

17.3.3.4 碘酸钾标准溶液(0.100 mol/L)：见17.1.3.2。

17.3.3.5 盐酸溶液(1+1)：1体积盐酸(HCl，ρ=1.19 g/mL)与1体积水混合。

17.3.3.6 淀粉溶液(5 g/L)：见17.1.3.9。

17.3.4 仪器及设备

仪器和设备如下：

——半微量凯氏定氮装置：250 mL，冷凝器下端附有可以取下的连接管；

——溶解氧滴定管：25 mL；

——一般实验室常备仪器和设备。

17.3.5 分析步骤

17.3.5.1 称取混匀的湿样 2 g～5 g(±0.000 1 g)于 50 mL 烧杯中,加入 3 mL 乙酸锌溶液(见 17.3.3.1)及 5 mL 水,用玻璃棒搅至稀糊状,转入定氮装置中,用 30 mL 水分 4 次洗净烧杯,洗液并入定氮装置中,接上冷凝器并接通冷凝水。

17.3.5.2 量取 10 mL 乙酸锌溶液(见 17.3.3.1)放入 150 mL 锥形瓶(接受瓶),套入连接管,使连接管下端插入液面并接近瓶底。

17.3.5.3 向定氮装置中开通水蒸汽,当定氮装置中的样品被搅动并加热近沸时,迅速加入 15 mL 盐酸溶液(见 17.3.3.5),迅速加盖,通水蒸汽蒸馏至馏出液为 50 mL～60 mL 时,取下锥形瓶及连接管。

17.3.5.4 在锥形瓶中加入 5.00 mL 碘溶液(见 17.3.3.3)及 2 mL 盐酸溶液(见 17.3.3.5),混匀,待白色片状沉淀溶解后,取出连接管,用硫代硫酸钠标准溶液(见 17.3.3.2)滴定至淡黄色,加入 1 mL 淀粉溶液(见 17.3.3.6)继续滴定至蓝色刚褪尽。

17.3.5.5 另取 10 mL 乙酸锌溶液(见 17.3.3.1),于 150 mL 锥形瓶中,加入 50mL 水,5.00 mL 碘溶液(见 17.3.3.3)及 2 mL 盐酸溶液(见 17.3.3.5)混匀。按 17.3.5.4 步骤滴定分析空白。

17.3.6 记录与计算

将测得的数据记入表 A.19,按式(28)计算沉积物干样中硫化物的含量。

$$w_{s^{2-}}=\frac{(V_1-V_2)c_s\times 16.04}{M(1-w_{H_2O})}\times 1\ 000 \quad \cdots\cdots (28)$$

式中:

$w_{s^{2-}}$——沉积物干样中硫化物的含量(质量分数,10^{-6});

V_1——滴定分析空白时耗用的硫代硫酸钠标准溶液的体积,单位为毫升(mL);

V_2——测定样品时耗用的硫代硫酸钠标准溶液的体积,单位为毫升(mL);

c_s——硫代硫酸钠标准溶液的浓度,单位为摩尔每升(mol/L);

M——样品的称取量,单位为克(g);

w_{H_2O}——湿样的含水率(质量分数,%)。

17.3.7 精密度和准确度

硫含量为 100.7×10^{-6}时,重复性相对标准偏差为 3.0%。

17.3.8 注意事项

本方法执行中应注意如下事项:

——除非另作说明,本方法所有的试剂为分析纯,水为去离子水或等效纯水;

——欲测游离硫化物[硫化氢(H_2S)及在该条件下能够水解产生硫化氢(H_2S)的物质],只要不向蒸馏装置中加盐酸即可,其他过程均同上。

18 有机碳

18.1 重铬酸钾氧化-还原容量法

18.1.1 适用范围和应用领域

本法适用于沉积物中有机碳含量(质量分数)低于 15%的样品的测定。

本方法为仲裁方法。

18.1.2 方法原理

在浓硫酸介质中,加入一定量的标准重铬酸钾,在加热条件下将样品中有机碳氧化成二氧化碳。剩余的重铬酸钾用硫酸亚铁标准溶液回滴,按重铬酸钾的消耗量,计算样品中有机碳的含量。

18.1.3 试剂及其配制

18.1.3.1 重铬酸钾-硫酸标准溶淮(0.400 mol/L):称取 19.615 g 重铬酸钾($K_2Cr_2O_7$,优级纯,研细并

在120℃烘干4 h,保存于干燥器中)于1 L烧杯中,加入250 mL水,微热溶解,冷后,在不断搅拌和冷却下,沿杯壁缓缓地注入500 mL硫酸(H_2SO_4,ρ=1.84 g/mL,优级纯),冷却后全量转入1 000 mL量瓶中,加水至标线,混匀。

18.1.3.2 硫酸亚铁标准溶液(0.2 mol/L):称取56 g硫酸亚铁($FeSO_4 \cdot 7H_2O$)或80 g硫酸亚铁铵[$(NH_4)_2SO_4 \cdot FeSO_4 \cdot 6H_2O$],溶于500 mL水中,在不断搅拌下,沿杯壁缓缓地注入20 mL硫酸(H_2SO_4,ρ=1.84 g/mL),冷却后,用水稀至1 L,转入棕色试剂瓶中,待标定。

标定:各量取10.00 mL重铬酸钾-硫酸标准溶液(见18.1.3.1)于6个250 mL锥形瓶中,加水70 mL,加入5 mL磷酸溶液(见18.1.3.5),用硫酸亚铁标准溶液(见18.1.3.2)滴定至黄色大部分褪去,加入2~3滴苯基代邻氨基苯甲酸指示剂溶液(见18.1.3.3),继续滴至溶液由紫色突变到绿色即为终点。

按式(29)计算硫酸亚铁标准溶液的浓度。

$$c(FeSO_4) = \frac{c_1 V_1}{\overline{V}} \qquad (29)$$

式中:

$c(FeSO_4)$——硫酸亚铁标准溶液的浓度,单位为摩尔每升(mol/L);

c_1——重铬酸钾-硫酸标准溶液的浓度,单位为摩尔每升(mol/L);

V_1——重铬酸钾-硫酸标准溶液的体积,单位为毫升(mL);

$\overline{V}$——硫酸亚铁标准溶液的平均体积,单位为毫升(mL)。

18.1.3.3 苯基代邻氨基苯甲酸指示剂溶液(10 g/L):称取0.5 g苯基代邻氨基苯甲酸($C_6H_5NHC_6H_4COOH$)溶于50 mL碳酸钠溶液中(Na_2CO_3,2 g/L)。

18.1.3.4 硫酸银(Ag_2SO_4)。

18.1.3.5 磷酸溶液(1+1):1体积磷酸(H_3PO_4,ρ=1.69 g/L)缓慢倒入1体积的水中,混匀。

18.1.4 仪器及设备

仪器和设备如下:

——硬质玻璃试管:18 mm×160 mm;

——油浴锅:内盛液体石蜡或植物油;

——铁丝笼:插试管用,能浸入油浴锅中;

——一般实验室常备仪器和设备。

18.1.5 分析步骤

18.1.5.1 称取0.1 g~0.5 g(±0.000 1 g)风干的样品于试管中,加0.1 g硫酸银(见18.1.3.4),10.00 mL重铬酸钾-硫酸标准溶液(见18.1.3.1),在加入1 mL~3 mL上述溶液时,应将样品摇散,勿使结块。在试管口放一小漏斗,以防止加热时溶液溅出。

18.1.5.2 将一批试管插入铁丝笼中(内有空白样二个经500℃左右焙烧2 h后,磨细至80目的沉积物样品),将铁丝笼置于185℃~190℃油浴锅中,于(175±5)℃加热,待试管内溶物沸腾5 min后,取出铁丝笼,将试管外壁的油液擦净。

18.1.5.3 将试管内的溶液及残渣倒入250 mL烧杯中,将冲洗小漏斗及试管的水洗液并入烧杯中(控制总体积为60 mL~70 mL)。加入5 mL磷酸溶液(见18.1.3.5)用硫酸亚铁标准溶液(见18.1.3.2)滴定至黄色大部分褪去,加入2~3滴苯基代邻氨基苯甲酸指示剂溶液(见18.1.3.3),继续滴至溶液由紫色突变到绿色即为终点。

18.1.6 记录与计算

将滴定的体积(mL)记入表A.20,按式(30)计算沉积物样中有机碳的含量。

$$w_{OC} = \frac{c(V_1 - V_2) \times 0.003\,0}{M(1 - w_{H_2O})} \times 100 \qquad (30)$$

式中：

w_{OC}——沉积物干样中有机碳的含量(质量分数,%)；

c——硫酸亚铁标准溶液的浓度,单位为摩尔每升(mol/L)；

V_1——滴定空白样时,硫酸亚铁标准溶液的用量,单位为毫升(mL)；

V_2——滴定样品时,硫酸亚铁标准溶液的用量,单位为毫升(mL)；

M——样品的称取量,单位为克(g)；

w_{H_2O}——风干样品的含水率(质量分数,%)。

18.1.7 注意事项

本方法执行中应注意如下事项：

——除另作说明,本方法所有试剂为化学纯,水为普通蒸馏水；

——称样量视有机碳含量而定,含量(质量分数)在5%～15%时,称取0.1 g,含量在1%～5%时,称取0.3 g,含量小于1%时,称取0.5 g；

——应注意勿将样品沾在试管壁上,否则,测定的结果易偏低；

——消化后的溶液应为黄色,黄褐色或黄绿色,如以绿色为主,则说明氧化不完全。就减少称样重量,重新测定；

——滴定时,如消耗的硫酸亚铁标准溶液的体积小于空白样用量1/3时,有氧化反应不完全的可能,应减少称样量,重新测定；

——样品消化温度及时间应保持一致；

——用含铁量低的沉积物经焙烧及磨细后制成空白样。否则,由于焙烧后样品呈红色,使滴定终点难辨；

——硫酸亚铁溶液浓度易变化,每次使用前均应标定；

——试管外壁的油液应擦净,不能混入试液中,否则结果会偏高；

——也可用二苯胺磺酸钠($C_6H_5NHC_6H_4SO_3Na$)做指示剂(1 mg/mL,1+35硫酸溶液),该时溶液颜色由蓝紫色突变为亮绿色为终点；

——如样品中存在其他还原性物质(如Fe^{2+}及S^{2-}等)较多时,测定的结果会明显偏高。该时应将待测样摊成薄层,风干,使这些无机还原物质充分地被氧化后再行测定；

——硫酸亚铁标准溶液的浓度标定时,滴定液平均体积是以极差为0.05 mL以内诸数据进行平均而求得。

18.2 热导法

18.2.1 适用范围和应用领域

本法适用于河口排污口、港湾、近岸及大洋沉积物和悬浮颗粒中有机碳的测定。本法取样量小,精密度高;但当测定钙质沉积物时,因碳酸盐含量高,会产生正误差。通常,样品中碳酸盐($CaCO_3$)的含量(质量分数)超过10%时,正误差较为显著,尚需经过校正计算,使其结果更正确。此外,冶金、机械、原子工业及涂料、染料、铅笔等工厂排放的沉积物中,因其含有碳(如活性碳、碳粉及石墨等),会使测定结果偏高。所以在测定上述排污口沉积物中有机碳时,应考虑其影响。可选用氧化-还原容量法(见18.1)进行测定。

18.2.2 方法原理

样品经稀盐酸处理后,在纯氧环境中,于静态条件下燃烧(960℃～970℃),样品中的有机碳被氧化生成二氧化碳。以氦气为载气,通过仪器的热导检测器进行测定,并由测得的信号值计算有机碳含量。

18.2.3 试剂及其配制

18.2.3.1 盐酸溶液(0.1 mol/L):量取8 mL盐酸(HCl,ρ=1.19 g/mL),用水稀释至1 L。

18.2.3.2 涂有钨酸银的氧化镁。

18.2.3.3 涂有氧化银和钨酸银的硅藻土色谱载体P。

18.2.3.4　钒酸银。

18.2.3.5　高氯酸镁[$Mg(ClO_4)_2$]。

18.2.3.6　色碳。

18.2.3.7　还原铜。

18.2.4　仪器及设备

仪器和设备如下：

——锥形烧瓶：容量 100 mL；

——离心机：最高转速 4 000 r/min，附 50 mL 离心管；

——元素分析仪；

——一般实验室常备仪器和设备。

18.2.5　分析步骤

18.2.5.1　样品的制备

样品制备按以下步骤进行：

a)　取 100 mg 风干的样品于 100 mL 锥形烧瓶中，用几滴水润湿，加 10 mL 盐酸溶液（见 18.2.3.1），混匀；

b)　盖上带玻璃管的橡皮塞，在电炉上加热，微沸 3 min～5 min，并不时地摇匀；

c)　移至 80℃水浴上，加热 15 min～20 min，取下冷却，用水冲洗玻璃管及瓶壁并转入 50 mL 离心管；

d)　用离心机离心，倾去上清液，加 50 mL 水，重复操作二次，残渣在 80℃烘干并压碎至粉状，装入磨口玻璃小瓶内，于干燥器中保存，待用。

18.2.5.2　仪器校正与样品的测定

待燃烧炉（960℃～970℃）、还原炉（670℃）、恒温炉（75±0.1）℃达到设定温度后，为了稳定仪器条件，首先进行一次未称重样品的运行，不记数据，然后进行空白运行，以标准物（1 mg～3 mg，准确至 0.005 mg）校准检测器，以获得灵敏度系数（K_c），并重复测定标样及空白值。待空白稳定，K_c 值的最大偏差在允许范围内（当标准物中有机碳含量低于 1%时，测得结果的绝对误差要控制在 0.2%以内），才开始测定样品。

称取 5 mg～10 mg（±0.005 mg）经酸处理后的样品于已知重量的铂小舟内，然后按仪器操作程序进行测定。

18.2.6　记录与计算

将测定的数据记入表 A.21 中。根据空白值，检测器灵敏度系数（K_c），检测信号值以及样品重量，按式（31）计算计算沉积物干样中有机碳含量。

$$w_{OC}=\frac{S}{K_c\cdot W_1(1-w_{H_2O})/(1-C)}\times 100 \qquad (31)$$

式中：

w_{OC}——沉积物干样中有机碳的含量（质量分数，%）；

S——总信号值（读数值-空白值-零读数值），单位为毫伏（mV）；

K_c——每毫克标准物中的有机碳检测器所响应的信号值，单位为毫伏每毫克（mV/mg）；

W_1——酸处理过的样品的称取量，单位为毫克（mg）；

C——样品中碳酸盐的含量（质量分数，%）；

w_{H_2O}——风干样的含水率（质量分数，%）。

18.2.7　精密度和准确度

有机碳含量为 2.64%时，重复性相对标准偏差为 9.5%；有机碳含量为 3.19%时，再现性相对标准偏差为 0.63%，相对误差为 0.42%。

18.2.8 注意事项

本方法执行中应注意如下事项：

——除非另作说明，本方法所用试剂为分析纯，水为蒸馏水或等效纯水；

——实验室保持清洁、干燥、周围无污染源(碳酸气和氨气)、电压要稳定；

——称量前，将小舟内样品轻压一下，避免烧样时残渣溅在燃烧管内；

——碳酸盐含量低于10%的样品，在计算结果时可将 C 值忽略不计。

19 含水率——重量法

19.1 适用范围和应用领域

本法适用于潮间带、河口及海洋沉积物中含水率的测定。

本方法为仲裁方法。

19.2 方法原理

将已知重量的沉积物湿样(或风干样)，于105℃±1℃烘至恒重。用两次重量的差值计算样品的含水率。

19.3 仪器与设备

仪器和设备如下：

——带盖聚四氟乙烯盒：直径4 cm，高2 cm；

——有机玻璃分样刀；

——分析天平：感量0.001 g；

——恒温烘箱：有排气功能。

19.4 分析步骤

19.4.1 将聚四氟乙烯盒放在105℃±1℃烘箱内，干燥40 min。取出冷至40 ℃～50℃，在盛有变色硅胶的干燥器中放置30 min，称重。按以上步骤操作，称至恒重。

19.4.2 将放沉积物湿样的磨口瓶塞打开，快速地用有机玻璃分样刀取出约20 g湿样。放入100 mL干燥的烧杯中，搅匀。立即小心地分装于两个聚四氟乙烯盒内，(如为风干样则按以下步骤操作)每盒装入约5 g样品(注意勿将样品沾在盒口处)。盖上盒盖，分别称重。

19.4.3 半开盒盖，放在(105℃±1)℃烘箱内干燥6 h～8 h(每干燥2 h后开启排气扇20 min，排除掉烘箱内的水分，风干样只需烘干2 h)。取出后冷至40 ℃～50 ℃，盖好盒盖，在盛有变色硅胶的干燥器中放置30 min，称重。半开盒盖放入烘箱中，于105℃±1℃干燥2 h，(风干样干燥半小时)，取出后冷至40℃～50℃，盖好盒盖，在上述干燥器中放置30 min，称重，直至恒重为止。

19.5 记录与计算

将称重的数据记入表A.14中，按式(32)计算海洋沉积物的含水率。

$$w_{H_2O} = \frac{m_2 - m_3}{m_2 - m_1} \times 100 \quad \cdots\cdots (32)$$

式中：

w_{H_2O}——海洋沉积物的含水率(质量分数，%)；

m_1——盒重，单位为克(g)；

m_2——盒与湿样或风干样的重量，单位为克(g)；

m_3——盒与干样的重量，单位为克(g)。

19.6 注意事项

本方法执行中应注意如下事项：

——考虑到船上现场称量的准确度难以保证，因之，将现场采集的沉积物湿样密封冷冻保存，送回实验室后再行测定含水率；

——风干样与湿样的含水率的测定步骤相同。此含水率在指定称取风干样或湿样的各测项换算成干样重量时使用；

——每个样品做两次测定，含水率的差值不得大于1%；

——取样时，应注意代表性，明显的生物残骸及砾石等不能混入；

——每次称量准确至0.001 g。所谓恒重，是指两次干燥后重量的差值小于0.005 g。

20　氧化还原电位——电位计法

20.1　适用范围和应用领域

本法适用于现场测定沉积物氧化还原电位。

本方法为仲裁方法。

20.2　方法原理

氧化还原电位反应可用通式表示：氧化剂$^{m+}$ $+ne \rightleftharpoons$ 还原剂$^{m-n}$

氧化还原电位（E_h）值与沉积物中氧化剂和还原剂相对含量之间的关系依赖于萘斯特公式：$E=E^0+59\lg$(氧化剂/还原剂)。因此，氧化还原电位（E）的数值越大，说明沉积物中氧化剂所占的比例越大，氧化能力越强。

20.3　试剂及其配制

缓冲溶液：称取1.012 g邻苯二甲酸氢钾（$C_8H_5KO_4$，在115 ℃±5 ℃干燥2 h～3 h，于干燥器中冷却至室温），置于100 mL烧杯中，加水溶解。全量转入100 mL量瓶中，加水至标线。加入少量醌氢醌（$C_{12}H_{10}O_4$），使其饱和。贮存于聚乙烯瓶中，此溶液pH为4.01(25℃)。

20.4　仪器及设备

仪器和设备如下：

——电位仪；

——铂丝电极；

——饱和甘汞电极；

——烧杯：容量100 mL、250 mL；

——量瓶：容量100 mL。

20.5　分析步骤

20.5.1　电极的检查及校正，以铂电极为指示电极，连接仪器的(+)极，以饱和甘汞电极为参比电极，连接仪器的(-)极。接好线路，将两极浸入pH值为4.01用醌氢醌饱和的缓冲溶液中，开启电源，测定E值，看是否与理论值(25℃时为221 mV)相符。当测定值与理论值之差超过5 mV，应处理或更换铂电极。

20.5.2　样品测定

样品测定按以下步骤进行：

a)　取刚采集的沉积物样品迅速装入100 mL烧杯中(约半杯)，样品力求保持原状，避免空气进入；

b)　将已固定好的铂电极和饱和甘汞电极插入样品，深度约3 cm，电极间距3 cm～5 cm；

c)　开启电源，按下读数开关，待电位平衡后读数(一般约数分钟)；

d)　改变电极位置，重复测定三次，取平均值；

e)　也可在采泥器中直接测定：打开采泥器耳盖，按20.1.5.2.a)～20.1.5.2.d)步骤操作。

20.6　记录与计算

将测得的数据记入表A.22中，由于仪器上测得的电位值是E值与饱和甘汞电极的电位差，需按式(33)换算得沉积物的E值：

$$E=E_a+E_b \qquad (33)$$

式中：

E_a——饱和甘汞电极的电位，单位为毫伏(mV)；

E_b——仪器上测得的电位，单位为毫伏(mV)。

25℃时，$E_a = 243$ mV，温度每增加10℃，E_a 约降低6 mV～7 mV，由于 E 的最小读数误差为5 mV，故温度变化不显著时，可不作校正。

20.7 注意事项

本方法执行中应注意如下事项：

——所用试剂为分析纯，水为蒸馏水或等效纯水；

——沉积物的 E 值受空气及微生物活动影响而极不稳定，采样后应立即测定；

——铂丝电极处理：先将铂丝洗净，然后浸入三氯甲烷或乙醚中搅动约1 min，用水冲洗后，再浸入50 mg/mL 重铬酸钾或5%～10%过氧化氢溶液中搅动约1 min，用水洗净后备用；

——检查饱和甘汞电极中氯化钾溶液是否过饱和，若发现电极内无氯化钾结晶时，从电极侧面小口加入固体氯化钾至过饱和；

——当温度不是25℃，可由下式来计算缓冲液pH值：

$$pH = [455 - 0.09(t-25) - E]/[59.1 + 0.2(t-25)]$$

式中：

E——测得值，单位为毫伏(mV)；

t——测定时溶液温度，单位为摄氏度(℃)。

附 录 A
（规范性附录）
记 录 表

表 A.1～表 A.23 给出了通用的记录格式，沉积物分析记录应满足这些要求。

表 A.1 沉积物采样记录

海区______调查船______采样日期：______年______月______日　　　　共____页第____页

序号	站号	水深/m	层次/m	瓶号	沉积物类型	厚度/cm	颜色	嗅	生物现象	其他特征	处理方法	分析项目
1												
2												
3												
4												
5												
6												
7												
8												
9												
10												
11												
12												
13												
14												
15												
16												
17												
18												
19												
20												
21												
22												
23												
24												
25												
备注											采样器型号	

取样者________记录者________核对者________

表 A.2 沉积物样品送样单

送样单位(人)______ 收样单位(人)______ ______年______月______日

序号	站号	层次/m	采样日期	分析项目	序号	站号	层次/m	采样日期	分析项目
1					31				
2					32				
3					33				
4					34				
5					35				
6					36				
7					37				
8					38				
9					39				
10					40				
11					41				
12					42				
13					43				
14					44				
15					45				
16					46				
17					47				
18					48				
19					49				
20					50				
21					51				
22					52				
23					53				
24					54				
25					55				
26					56				
27					57				
28					58				
29					59				
30					60				
备注	______号至______号为______海区,调查船______								

表 A.3　沉积物样品________分析标准(工作)曲线数据记录

(原子荧光法)

仪器型号________________分析日期:________年____月____日　　　　　　　　　　共____页第____页

序号	加标准使用液/mL	标准加入量/ng	浓度/(μg/L)	荧光强度 I_s			$\bar{I}_s-\bar{I}_b$	残差 d_i
				1	2	平均		
1								
2								
3								
4								
5								
6								
7								
8								
9								
10								
11								
12								
13								
14								
15								
备注	标准使用液浓度:　　μg/L 定容体积:　　mL 室温:　℃　湿度:　%			线性回归拟合标准(工作)曲线方程: $I=a+bx$ $a=$　　$b=$　　$r=$ $d_i=I-(\bar{I}_s-\bar{I}_b)$ I 由标准(工作)曲线方程算出 测定波长:　　nm　测定池光程:　　cm				

分析者__________校对者__________审核者__________

表 A.4 沉积物样品________分析记录

（原子荧光法）

海区________监测船________采样日期：________年____月____日

仪器型号________分析日期：________年____月____日　　　　共____页第____页

序号	站号	瓶号	样品称量/g	荧光强度 I_s			$\overline{I}_s-\overline{I}_b$	样品含量 w/10^{-6}
				1	2	平均		
1								
2								
3								
4								
5								
6								
7								
8								
9								
10								
11								
12								
13								
14								
15								
16								
17								
18								
19								
20								
备注			空白 I_b				定容体积： mL	

分析者________校对者________审核者________

表 A.5 沉积物样品________分析标准(工作)曲线数据记录

(分光光度法)

仪器型号________________分析日期:________年____月____日　　　　　　　　　共____页第____页

序号	加标准使用液/mL	标准加入量/μg	浓度/(μg/mL)	吸光值 A_i			$\overline{A}_i-\overline{A}_0$	残 差 d_i
				1	2	平均		
1								
2								
3								
4								
5								
6								
7								
8								
9								
10								
11								
12								
13								
14								
15								
16								
备注	标准使用液浓度: μg/mL mol/L 定容体积: mL 室温: ℃ 湿度: %			线性回归拟合标准(工作)曲线方程: $A=a+bx$ $a=$ $b=$ $r=$ $d_i=A-(\overline{A}_i-\overline{A}_0)$ A 由标准(工作)曲线方程算出 测定波长: nm 测定池光程: cm				

分析者__________校对者__________审核者__________

表 A.6　沉积物样品________分析记录

（分光光度法）

海区________监测船__________采样日期：________年____月____日

仪器型号______________________分析日期：________年____月____日　　　　共____页第____页

序号	站号	层次/m	瓶号	取样量/g	吸光值 A_w 或 A_s			$\overline{A}_w-\overline{A}_b$	样品含量 $w/10^{-6}$
					1	2	平均		
1									
2									
3									
4									
5									
6									
7									
8									
9									
10									
11									
12									
13									
14									
15									
16									
17									
18									
备注				空白 A_b				定容体积：　mL	

分析者__________校对者__________审核者__________

表 A.7　沉积物样品＿＿＿分析标准(工作)曲线数据记录

(无火焰原子吸收分光光度法)

仪器型号＿＿＿＿＿测定日期：＿＿＿年＿＿月＿＿日　　　　　　　　　　　　　　　　　　　　共＿＿页第＿＿页

序号	加标准使用液/mL	标准加入量/μg	浓度/(μg/mL)	吸光值 A_i			$\overline{A}_i - \overline{A}_0$	残差 d_i
				1	2	平均		
1								
2								
3								
4								
5								
6								
7								
8								
9								
10								
11								
12								
13								
14								
15								
备注	标准使用液浓度：　μg/mL 定容体积：　mL 进样体积：　μL 室温：　℃　湿度：　%			线性回归拟合标准(工作)曲线方程： $A = a + bx$ $a=$　　$b=$　　$r=$ $d_i = A - (\overline{A}_i - \overline{A}_0)$ A 由标准(工作)曲线方程算出 背景扣除方式：氘灯　塞曼　交流塞曼 温 度 程 序：				

分析者＿＿＿＿＿校对者＿＿＿＿＿审核者＿＿＿＿＿

表 A.8 沉积物样品______分析记录
(无火焰原子吸收分光光度法)

海区______监测船______采样日期:______年____月____日

仪器型号______________分析日期:______年____月____日　　　共____页第____页

序号	站号	层次/m	瓶号	取样量/g	吸光值 A_w 或 A_s			$\overline{A}_w-\overline{A}_b$	样品含量 w/10^{-6}
					1	2	平均		
1									
2									
3									
4									
5									
6									
7									
8									
9									
10									
11									
12									
13									
14									
15									
16									
17									
18									
备注			A_b				定容体积		mL
					进样体积:	μL	检出限		

分析者______校对者______审核者______

表 A.9 沉积物样品______分析标准(工作)曲线数据记录
(火焰原子吸收分光光度法)

仪器型号______________测定日期:________年____月____日　　　　　　　　　　　　　　　　　　共____页第____页

序号	加标准使用液/mL	标准加入量/μg	浓度/(μg/mL)	吸光值 A_i			$\bar{A}_i-\bar{A}_0$	残差 d_i
				1	2	平均		
1								
2								
3								
4								
5								
6								
7								
8								
9								
10								
11								
12								
13								
14								
备注	标准使用液浓度:　　μg/mL 定容体积:　　mL 室温:　　℃　湿度:　　%			线性回归拟合标准(工作)曲线方程: $A=a+bx$ $a=$　　$b=$　　$r=$ $d_i=A-(\bar{A}_i-\bar{A}_0)$ A 由标准(工作)曲线方程算出 测定谱线:　　nm　狭缝: 灯电流:　　mA　工作方式:单/双光束 空气流速:　　L/min　乙炔流速:　　L/min 试液提升:　　mL				

分析者__________校对者__________审核者__________

表 A.10 沉积物样品______标准(工作)曲线数据记录

(催化极谱法)

仪器型号________分析日期：____年___月___日　　　　共___页第___页

<table>
<tr><td rowspan="2">序号</td><td>被测物用量</td><td>峰　高</td><td rowspan="2">电流倍率</td><td>峰电流值 I_P</td></tr>
<tr><td>μg</td><td>mm</td><td>峰高×电流倍率</td></tr>
<tr><td>1</td><td></td><td></td><td></td><td></td></tr>
<tr><td>2</td><td></td><td></td><td></td><td></td></tr>
<tr><td>3</td><td></td><td></td><td></td><td></td></tr>
<tr><td>4</td><td></td><td></td><td></td><td></td></tr>
<tr><td>5</td><td></td><td></td><td></td><td></td></tr>
<tr><td>6</td><td></td><td></td><td></td><td></td></tr>
<tr><td>7</td><td></td><td></td><td></td><td></td></tr>
<tr><td>8</td><td></td><td></td><td></td><td></td></tr>
<tr><td>9</td><td></td><td></td><td></td><td></td></tr>
<tr><td>10</td><td></td><td></td><td></td><td></td></tr>
<tr><td>11</td><td></td><td></td><td></td><td></td></tr>
<tr><td>12</td><td></td><td></td><td></td><td></td></tr>
<tr><td rowspan="4">备注</td><td rowspan="4" colspan="2">室温：　　℃
湿度：　　%</td><td colspan="2">线性回归方程：$y=a+bx$
a：　　b：　　r：</td></tr>
<tr><td colspan="2">标准使用溶液浓度：　　μg/mL</td></tr>
<tr><td colspan="2">标准系列定容体积：　　mL</td></tr>
<tr><td colspan="2">起始电压：—　　V</td></tr>
</table>

分析者________校对者________审核者________

表 A.11 沉积物样品________分析记录

（催化极谱法）

海区______监测船________采样日期：____年___月___日

仪器型号______________分析日期：____年___月___日　　　　共___页第___页

序号	站号	层次/m	瓶号	取样量/g	峰高/mm	电流倍率	峰电流值(I_p) 峰高×电流倍率	相当于被测物的量/μg	样品含量 $w/10^{-6}$
1									
2									
3									
4									
5									
6									
7									
8									
9									
10									
11									
12									
13									
14									
15									
16									
样品消化液定容体积：　　mL									

分析者________校对者________审核者________

表 A.12 沉积物样品＿＿＿＿＿＿分析标准(工作)曲线数据记录
(荧光分光光度法)

仪器型号＿＿＿＿＿＿测定日期：＿＿＿＿年＿＿＿月＿＿＿日　　　　　　　　　　　　　　　　　　　　共＿＿＿页第＿＿＿页

序号	加标准使用液/mL	标准加入量/μg	浓度/(μg/mL)	荧兴强度 I_i			$\overline{I_i}-\overline{I_0}$	残差 d_i
				1	2	平均		
1								
2								
3								
4								
5								
6								
7								
8								
9								
10								
11								
12								
13								
14								
备注	标准使用液浓度：　　μg/mL 定容体积：　　mL 室温：　　℃ 湿度：　　%			线性回归拟合标准(工作)曲线方程： $A=a+bx$ $a=$　　$b=$　　$r=$ $d_i=I-(\overline{I_i}-\overline{I_0})$ I 由标准(工作)曲线方程算出 激发波长：　　nm　发射波长：　　nm 测 定 池：　　cm				

分析者＿＿＿＿＿＿校对者＿＿＿＿＿＿审核者＿＿＿＿＿＿

表 A.13 沉积物样品________分析记录
(荧光分光光度法)

海区____________监测船____________采样日期:_____年____月____日

仪器型号__________________________分析日期:_____年____月____日　　　　　　　　　　　　共____页第____页

序号	站号	层次/m	瓶号	取样量/g	吸光值 I_w 或 I_s			$\overline{I_w}-\overline{I_b}$	样品含量 $w/10^{-6}$
					1	2	平均		
1									
2									
3									
4									
5									
6									
7									
8									
9									
10									
11									
12									
13									
14									
15									
16									
17									
18									
备注				I_b				定容体积	mL
								检出限	

分析者____________校对者____________审核者____________

表 A.14 沉积物样品______分析记录

（重 量 法）

海区__________监测船__________采样日期：____年____月____日

仪器型号____________________分析日期：____年____月____日　　　　共____页第____页

序号	站号	层次/m	瓶号	取样量/g	器皿＋测定组分/g	器皿/g	测定组分/mg	样品含量 w/10^{-6}
1								
2								
3								
4								
5								
6								
7								
8								
9								
10								
11								
12								
13								
14								
15								
16								
17								
18								
19								
20								
备注								

分析者__________校对者__________审核者__________

表 A.15 沉积物样品666、DDT、狄氏剂分析记录
（气相色谱法）

采样日期：＿＿年＿＿月＿＿日至＿＿月＿＿日

海区＿＿监测船＿＿分析日期：＿＿年＿＿月＿＿日至＿＿月＿＿日　　共＿＿页第＿＿页

序号	站号	层次/m	瓶号	取样量/mL	浓缩液/mL		注样/μL		峰高/mm									样品含量 $w/10^{-6}$										
					佛罗里土净化液	活性碳分离液	佛罗里土净化液	活性碳分离液	α-666	γ-666	β-666	σ-666	p,p′-DDE	o,p′-DDT	p,p′-DDD	p,p′-DDT	狄氏剂	α-666	γ-666	β-666	σ-666	666总量	p,p′-DDE	o,p′-DDT	p,p′-DDD	p,p′-DDT	DDT总量	狄氏剂
1																												
2																												
3																												
4																												
5																												
6																												
7																												
8																												
9																												
10																												
备注	检出限： 进样体积：　μL							标准液																				

备注：仪器型号：　　柱温：　℃，　气化室温度：　℃

检测室温度：　℃，　柱前压力：

氮气流速：　mL/min，　衰减：

分析者＿＿＿校对者＿＿＿审核者＿＿＿

表 A.16 沉积物样品 PCB 分析记录
（气相色谱法）

采样日期：＿＿年＿＿月＿＿日至＿＿月＿＿日

海区＿＿监测船＿＿分析日期：＿＿年＿＿月＿＿日至＿＿月＿＿日　　共＿＿页第＿＿页

序号	站号	层次/m	瓶号	取样量/mL	浓缩液/mL			注样/μL		PCB 峰高/mm								样品含量 $w/10^{-6}$							
					佛罗里土净化液	第一馏分	第二馏分	第一馏分	第二馏分	峰号（对 p,p′-DDE 的相对保留时间）							总量	峰号（对 p,p′-DDE 的相对保留时间）							总量
1																									
2																									
3																									
4																									
5																									
6																									
7																									
8																									
9																									

备注：

检出限：　　标准液

进样体积：　μL

仪器型号：　柱温：　℃，　气化室温度：　℃

检测室温度：　℃，　柱前压力：

氮气流速：　mL/min，衰减：

分析者＿＿＿校对者＿＿＿审核者＿＿＿

表 A.17 沉积物样品硫化物分析标准(工作)曲线数据记录

(硫离子选择电极法)

仪器型号____________测定日期:____年____月____日　　　　共____页第____页

序号	加硫化物标准溶液		标准系列溶液			测定值 E/mV		
	质量浓度 c_s	体积 mL	质量浓度 c_i	$\lg c_i$	$\lg\rho$	1	2	平均
1								
2								
3								
4								
5								
6								
7								
8								
9								
10								
11								
12								
13								
14								
15								

备注		
	Na_2S 标准液标定:	线性回归拟合标准(工作)曲线方程: $A=a+bx$ $a=$　　$b=$　　$r=$
		ρ:换算样品测定结果(以硫计算)。 单位:　mg/L
		标准系列定容:　mL

分析者________校对者________审核者________

表 A.18 沉积物样品硫化物分析记录
（硫离子选择电极法）

海区________监测船________采样日期：____年____月____日

仪器型号________分析日期：____年____月____日　　　　共____页第____页

序号	站号	层次/m	瓶号	取样量/g	测定分取比	测定值 E			$\lg c_{S^{2-}}$	样品含量 $w/10^{-6}$
						1	2	平均		
1										
2										
3										
4										
5										
6										
7										
8										
9										
10										
11										
12										
13										
14										
15										
16										
17										
18										
19										
20										
备注									定容	mL
									检出限	

分析者________校对者________审核者________

表 A.19 沉积物样品硫化物分析记录

（碘量法）

海区__________监测船__________

采样日期____年___月___日 分析日期____年___月___日 共___页第___页

序号	站号	层次/m	瓶号	称样重 M/g	水分/%	样品滴定耗量 B/mL	$A-B$/mL	样品含量 w/10^{-6}
1								
2								
3								
4								
5								
6								
7								
8								
9								
10								
11								
12								
13								
14								
15								
16								
17								
18								
19								
20								
备注				空白滴定耗量 A/mL				

分析者__________校对者__________审核者__________

表 A.20 沉积物样品有机碳分析记录
(氧化还原滴定法)

海区＿＿＿＿＿＿监测船＿＿＿＿＿＿

采样日期＿＿＿年＿＿月＿＿日 分析日期＿＿＿年＿＿月＿＿日 共＿＿页第＿＿页

序号	站号	层次/m	试管号	烧杯号	取样量/g	硫酸亚铁溶液体积 V/mL	$\overline{V_0}-V$/mL	有机碳含量/%	有机质含量/%
1									
2									
3									
4									
5									
6									
7									
8									
9									
10									
11									
12									
13									
14									
15									
16									
17									
18									
19									
20									

备注 $c(FeSO_4)$(mol/L)： 空白滴定体积(V_0)： mL 有机质(%)＝有机碳(%)×1.724 1

平均值($\overline{V_0}$)： mL

分析者＿＿＿＿＿＿校对者＿＿＿＿＿＿审核者＿＿＿＿＿＿

表 A.21 沉积物样品有机碳分析记录

（热导法）

海区__________监测船__________采样日期：____年___月___日

仪器型号____________________分析日期：____年___月___日　　　　共___页第___页

序号	站号	层次/m	瓶号	原样重/mg	空瓶重/g		处理后空瓶＋残渣重/g	残渣重/mg	测定时样重/mg	总信号值 S/mV	有机碳含量/%	有机质含量/%
					第 1 次	第 2 次						
1												
2												
3												
4												
5												
6												
7												
8												
9												
10												
11												
12												
13												
14												
15												
16												
17												
18												
19												
20												
备注	灵敏度系数 K_c：　　　　mV/mg　　　　有机质(%)＝有机碳(%)×1.724 1											

分析者__________校对者__________审核者__________

表 A.22　沉积物样品氧化-还原电位测定记录
（电位计法）

海区＿＿＿＿＿监测船＿＿＿＿＿采样日期：＿＿＿年＿＿月＿＿日

仪器型号＿＿＿＿＿＿＿＿＿＿分析日期：＿＿＿年＿＿月＿＿日　　　　　共＿＿页第＿＿页

序号	站号	水深/m	时间 日、时		沉积物温度/℃	$E_{测定值}$				E
			采样	测定		1	2	3	平均	
1										
2										
3										
4										
5										
6										
7										
8										
9										
10										
11										
12										
13										
14										
15										
16										
17										
18										
19										
20										
备注										$E_{测定值}+E_{饱和甘汞电极}$

分析者＿＿＿＿＿校对者＿＿＿＿＿审核者＿＿＿＿＿

表 A.23 海洋监测沉积物分析结果报表

监测部门______监测日期：______年____月____日至____月____日

海区______监测船______分析日期：____年____月____日至____月____日　　　　共____页第____页

序号	站号	样品层次/cm	采样时间/（日、时）	采样工具	沉积物类　型	颜色	嗅	粒度	总汞 w/10^{-9}	铜 w/10^{-6}	铅 w/10^{-6}	镉 w/10^{-6}	油类 w/10^{-6}	666 w/10^{-9}	DDT w/10^{-9}	有机质/%	硫化物 w/10^{-6}
1																	
2																	
3																	
4																	
5																	
6																	
7																	
8																	
9																	
10																	
11																	
12																	
备注																	

制表者______校对者______复校者______负责人______　　　　制表日期：____年____月____日

附 录 B
（资料性附录）
测定项目、方法及检出限

表B.1给出了各测项的分析方法和检出限。

表B.1 测定项目、方法及检出限

章条编号	项目及分析方法	检出限 $w/10^{-6}$	章条编号	项目及分析方法	检出限 $w/10^{-6}$
5	汞		14	666,DDT——气相色谱法	α-666:3Pg γ-666:4pg β-666:3pg δ-666:5pg pp′-DDE:4pg op′-DDT:11pg pp′-DDD:6pg pp′-DDT:18pg
5.1	原子荧光法	0.002			
5.2	冷原子吸收光度法	0.005			
6	铜				
6.1	无火焰原子吸收分光光度法	0.5			
6.2	火焰原子吸收分光光度法	2.0			
7	铅				
7.1	无火焰原子吸收分光光度法	1.0	15	多氯联苯——气相色谱法	59
7.2	火焰原子吸收分光光度法	3.0	16	狄氏剂——气相色谱法	2
8	镉		17	硫化物	
8.1	无火焰原子吸收分光光度法	0.04	17.1	亚甲基蓝分光光度法	0.3
8.2	火焰原子吸收分光光度法	0.05	17.2	离子选择电极法	0.2
9	锌—火焰原子吸收分光光度法	6.0	17.3	碘量法	4.0
10	铬		18	有机碳	
10.1	无火焰原子吸收分光光度法	2.0	18.1	重铬酸钾氧化-还原容量法	
10.2	二苯碳酰二肼分光光度法	2.0			
11	砷		18.2	热导法	3
11.1	原子荧光法	0.06	19	含水率——重量法	
11.2	砷钼酸-结晶紫分光光度法	1.0	20	氧化还原电位——电位计法	
11.3	氢化物-原子吸收分光光度法	3.0			
11.4	催化极谱法	2.0			
12	硒				
12.1	荧光分光光度法	0.1			
12.2	二氨基联苯胺四盐酸盐分光光度法	0.5			
12.3	催化极谱法	0.03			
13	油类				
13.1	荧光分光光度法	1.0			
13.2	紫外分光光度法	3.0			
13.3	重量法	20			

注：666、DDT各组分，多氯联苯和狄氏剂的检出限单位为pg；有机碳热导法的检出限数值以%表示。

附　录　C
（资料性附录）
总磷——分光光度法

C.1　适用范围和应用领域

本方法适用于海洋沉积物中总磷的测定。

C.2　方法原理

样品在催化剂的作用下，用浓硫酸破坏沉积物中的有机物，使样品中的有机磷和无机磷均以 PO_4^{3-} 的形式存在，在酸性溶液中，用钒钼酸铵处理，生成黄色的 $(NH_4)_3PO_4NH_4VO_3 \cdot 16MoO_3$，在波长 420 nm 下比色测定。

C.3　试剂及其配制

C.3.1　硫酸（H_2SO_4，ρ＝1.84 g/mL）：化学纯。
C.3.2　混合催化剂：0.1 g 硒粉（Se），3 g 硫酸钾（K_2SO_4），化学纯，磨碎混匀。
C.3.3　双氧水（H_2O_2）。
C.3.4　钒钼酸铵显色剂：称取偏钒钼酸铵 1.25 g，加硝酸 250 mL；另称取钼酸铵 25 g，加水 400 mL 溶解，在冷却的条件下，将两种溶液混合，用水定容 1 000 mL。避光保存，若形成混浊，不能继续使用。
C.3.5　磷标准溶液（50 μg/mL）：称取 0.219 5 g 磷酸二氢钾（基准试剂，KH_2PO_4，预先在 110 ℃～115℃烘干 2 h，置于干燥器中冷却）溶解于水，定量转至 1 000 mL 容量瓶中，加硝酸 3 mL，用水稀释至刻度，摇匀。

C.4　仪器与设备

仪器和设备如下：
——实验室用样品研钵；
——凯氏烧瓶：容量 50 mL；
——可调定量加液器；
——分光光度计；
——刻度比色管：容量 25 mL；
——一般实验室常用设备。

C.5　分析步骤

C.5.1　样品的消化

称取试样约 2.5 g 干样（准确至±0.000 2 g，烘干除去样品中水分），放入凯氏烧瓶中，加入 3.1 g 混合催化剂（C.3.2），与试样混合均匀，再加入 12 mL 浓硫酸（C.3.1）和 2 粒玻璃珠，将凯氏烧瓶置于电炉上以适当温度加热，待样品呈焦化状，泡沫消失后，逐渐升高消煮温度进行消煮，其间间断停火，滴加 H_2O_2（滴加量约为 1.0 mL）再强消煮直至消化液呈灰白色混浊状，然后再继续加热，至少 1 h。

将消化液（C.5.1）冷却，边冷却边缓慢加入蒸馏水，并转入 100 mL 容量瓶中，冷却后用水稀释至刻度，摇匀，作为试样分解液。

C.5.2　绘制标准曲线

取 0.0 mL、1.0 mL、2.0 mL、5.0 mL、10.0 mL 磷标准溶液（C.3.5）于 25 mL 刻度比色管中，各加

入钒钼酸铵显色剂(C.3.4)5.0 mL,用水稀释至刻度,摇匀,常温下放置10 min以上,以0.0 mL溶液为参比,用10 mm比色池,在420 nm波长下测定各溶液的吸光度。以磷含量为横坐标,吸光度为纵坐标绘制标准工作曲线。

C.5.3 试样测定

准确移取试样分解液(1～5.0)mL于25.0 mL刻度比色瓶中,加入钒钼酸铵显色剂(C.3.4)5.0 mL,按C.5.2.的方法显色和比色测定,测得试样分解液的吸光值,用标准曲线算得试样分解液的含磷量。

C.6 记录与计算

分析结果记录于表C.1和表C.2中,按式(C.1)计算样品中总磷含量:

$$p=\frac{c\times V}{m\times 1\ 000} \quad \cdots\cdots\cdots\cdots (C.1)$$

式中:

p——样品中总磷的含量,单位为毫克每克(mg/g);

c——消煮液定容后的浓度,通过磷标准工作曲线计算可得,单位为微克每毫升(μg/mL);

V——消煮液定容体积,单位为毫升(mL);

m——称取试样(干样)的质量,单位为克(g)。

C.7 注意事项

本法所用试剂均为分析纯。实验室用水均为蒸馏水或同等纯度的水。

表C.1 沉积物总磷标准曲线数据记录

仪器型号______ 分析日期:____年____月____日 共 页第 页

<table>
<tr><td rowspan="2">序号</td><td rowspan="2">标准使用溶液体积/mL</td><td rowspan="2">标准系列磷含量/μg</td><td colspan="3">吸光值 A_s</td><td rowspan="2">$A_n=\bar{A}_s-A_b$</td></tr>
<tr><td>1</td><td>2</td><td>$\bar{A}_s$</td></tr>
<tr><td>1</td><td></td><td></td><td></td><td></td><td></td><td></td></tr>
<tr><td>2</td><td></td><td></td><td></td><td></td><td></td><td></td></tr>
<tr><td>3</td><td></td><td></td><td></td><td></td><td></td><td></td></tr>
<tr><td>4</td><td></td><td></td><td></td><td></td><td></td><td></td></tr>
<tr><td>5</td><td></td><td></td><td></td><td></td><td></td><td></td></tr>
<tr><td>6</td><td></td><td></td><td></td><td></td><td></td><td></td></tr>
<tr><td>备注</td><td colspan="2">标准使用溶液浓度: μg/mL
mol/L
定容体积: mL
室温: ℃ 湿度: %</td><td colspan="4">线性回归拟合标准(工作)曲线方程:
$A=a+bx$
$a=$ $b=$ $r=$
$d_i=A-(\bar{A}_i-\bar{A}_0)$
A 由标准(工作)曲线方程算出
测定波长: nm 测定池光程: cm</td></tr>
</table>

分析者______ 校对者______ 审核者______

表 C.2　沉积物总磷分析记录

海区________监测船________采样日期：______年____月____日

仪器型号________________分析日期：______年____月____日　　　　　　　　　　共____页第____页

序号	站　号	层次/m	瓶号	取样量/g	吸光值/A_w			$c(PO_4^{3-}-P)$	消化液定容体积/mL	总磷含量/(mg/g)
					1	2	$\overline{A}_w$			
1										
2										
3										
4										
5										
6										
7										
8										
9										
10										
11										
12										
13										
14										
15										
16										
备注	1. 标准曲线数据记录表　　编号：　　　　斜率 b：　　　　截距 a： 2. 试剂空白检验　　A_b： 3. 标准曲线校正　　标准样浓度 c_s：　　　　标准样吸光值 A_s： 4. A_w 及 $\overline{A}_w$ 分别为双样测定吸光值及其平均值。									

分析者________校对者________审核者________

附 录 D
（资料性附录）
总氮——凯式滴定法

D.1 适用范围和应用领域

本方法适用于海洋沉积物中总氮的测定。

D.2 方法原理

样品在催化剂的作用下，用浓硫酸破坏沉积物中的有机物，使含氮有机物转化为硫酸铵。加入强碱进行蒸馏使氨逸出，用硼酸吸收后，再用酸滴定，测出氮含量，计算出总氮含量。

D.3 试剂及其配制

D.3.1 硫酸（H_2SO_4，$\rho = 1.84$ g/mL）：化学纯。

D.3.2 混合催化剂：0.1 g 硒粉（Se），3 g 硫酸钾（K_2SO_4，化学纯），磨碎混匀。

D.3.3 氢氧化钠（NaOH，化学纯）：40％水溶液。

D.3.4 硼酸：化学纯，2％水溶液。

D.3.5 甲基红溶液（0.1％）：称取 0.1 g 甲基红溶于 100 mL 95％的乙醇溶液中。

D.3.6 溴甲酚绿溶液（0.5％）：称取 0.5 g 溴甲酚绿于 100 mL 95％的乙醇溶液中。

D.3.7 混合指示剂：取等体积甲基红溶液（D.3.5）和溴甲酚绿溶液（D.3.6）混合，在阴凉处保存，有效期为 3 个月。

D.3.8 盐酸标准溶液（0.10 mol/L）：8.3 mL 盐酸（HCl，$\rho = 1.19$ g/mL，分析纯），用水稀释至 1 L。

D.3.9 盐酸标准使用溶液（0.005 mol/L）：称取 50.0 mL 盐酸标准溶液（D.3.8），用水稀释至 1 L。

D.3.10 氢氧化钠标准溶液（0.10 mol/L）：称取 4.0 g NaOH，溶于蒸馏水中，移入 1 000 mL 量瓶中，加水至标线，摇匀。

D.3.11 氢氧化钠标准溶液（D.3.10）的标定：准确称取 3 份分析纯的邻苯二甲酸氢钾（$C_8H_5KO_4$，在 115±5℃干燥 2 h ～ 3 h，于干燥器中冷却至室温），每份 0.5 g ～ 0.7 g。放入 250 mL 锥形瓶或烧杯中，用 50 mL 煮沸后刚刚冷却的水使之溶解（如没有完全溶解，可稍微加热）。冷却后加入 2 滴酚酞指示剂，用氢氧化钠标准溶液（D.3.10）滴至微红色半分钟内不退，即为终点，3 份测定的相对平均偏差应小于0.2％，否则重新测定。然后计算出 NaOH 标准溶液的浓度。

D.3.12 盐酸标准溶液（D.3.8）的标定：准确移取 3 份 50 mL 氢氧化钠标准溶液（D.3.10）于 250 mL 锥形瓶中，加入两滴酚酞指示剂，用盐酸标准溶液（D.3.8）滴定至溶液中红色刚褪去，即为终点，3 份测定的相对平均偏差应小于 0.2％，否则重新测定。然后计算出 HCl 标准溶液的浓度。

D.3.13 硫酸铵：分析纯，干燥。

D.3.14 双氧水（H_2O_2）。

D.4 仪器与设备

仪器和设备如下：

——实验室用样品研钵；

——凯氏烧瓶：容量 50 mL；

——酸式滴定管；

——半微量凯氏蒸馏装置；

——一般实验室常用设备。

D.5 分析步骤

D.5.1 样品的消化

称取试样约 2.5 g 干样(准确至±0.000 2 g,烘干),放入凯式烧瓶中,加入 3.1 g 混合催化剂(D.3.2),与试样混合均匀,再加入 12 mL 浓硫酸和 2 粒玻璃珠,将凯氏烧瓶置于电炉上一适当温度加热,待样品呈焦化状,泡沫消失后,逐渐升高消煮,其间间断停火,滴加 H_2O_2(滴加量约为 1.0 mL)再高温消化直至消化液呈灰白色混浊状,然后再继续加热,至少 1 h。

D.5.2 半微量蒸馏法

将消化液冷却,边冷却边缓慢加入蒸馏水,并转入 100 mL 容量瓶中,冷却后用水稀释至刻度,摇匀,作为试样分解液。将半微量蒸馏装置的冷凝管末端浸入装有 20 mL 硼酸吸收液(D.3.4)和 2 滴混合指示剂(D.3.7)的锥形瓶中。蒸汽发生器的蒸馏水中应加入甲基红指示剂数滴,硫酸数滴,在蒸馏过程中应保持此液为橙红色,否则需补加硫酸。准确移取试样分解液(10~20)mL 注入蒸馏装置的反应室中,用少量蒸馏水冲洗进样口,再加 10 mL 氢氧化钠标准溶液(D.3.10),将玻璃塞塞好,且加水密封,防止漏气。接通蒸汽,蒸馏 5 min 后,降下锥形瓶使冷凝管末端离开吸收液面,再蒸馏 1 min,用蒸馏水冲洗冷凝管末端,洗液均流入锥形瓶内,然后停止蒸馏。

D.5.3 蒸馏步骤的检验

精确称取 0.100 0 g 硫酸铵(D.3.13),代替试样,按 D.5.2 和 D.5.4 步骤进行操作,测得硫酸铵含氮量为 21.19%±0.2%,否则应检查加碱、蒸馏和滴定各步骤是否正确。

D.5.4 滴定

立即用盐酸标准使用溶液(D.3.9)滴定蒸馏后的吸收液(D.5.2),溶液变为灰红色为终点。

D.5.5 空白的测定

移取 12 mL 浓硫酸,不加样品进行消煮和滴定,消耗盐酸标准使用溶液(D.3.9)体积不得超过 0.3 mL。

D.6 记录和计算

分析结果记录于表 D.1 中,按式(D.1)计算样品中总氮含量:

$$TN=\frac{(V-V_0)\times C_{HCl}\times 14.0}{\frac{mV'}{V''}} \qquad \text{(D.1)}$$

式中:

TN——样品中总氮含量,单位为毫克每克(mg/g);

V——滴定样品时消耗盐酸的用量,单位为毫升(mL);

V_0——滴定空白时消耗盐酸的用量,单位为毫升(mL);

C_{HCl}——滴定样品所有盐酸的浓度,单位为摩尔每升(mol/L);

m——称取样品干样的质量,单位为克(g);

V'——用于蒸馏的消化液的体积,单位为毫升(mL);

V''——消化液定容之后的体积,单位为毫升(mL)。

D.7 注意事项

本法所用试剂均为分析纯。实验室用水均为蒸馏水或同等纯度的水。

表 D.1 沉积物样品总氮分析记录

海区＿＿＿＿＿＿监测船＿＿＿＿＿＿

采样日期＿＿＿＿年＿＿月＿＿日 分析日期＿＿＿＿年＿＿月＿＿日 共＿＿页第＿＿页

序号	站号	烧瓶号	取样量/g	锥形瓶号	滴定蒸馏吸收液消耗HCl标准溶液体积(V)/mL	$V-V_0$	用于蒸馏的试样分解液体积V'	总氮含量/(mg/g)
1								
2								
3								
4								
5								
6								
7								
8								
9								
10								
11								
12								
13								
14								
15								

备注	邻苯二甲酸氢钾 m	邻苯二甲酸氢钾 c	消耗标准氢氧化钠溶液的体积 V				c_{NaOH}/mol/L	消耗HCl标准溶液体积 V_{HCl}				c_{HCl}/(mol/L)	滴定蒸馏吸收液消耗HCl标准溶液浓度/(mol/L)
			V_1	V_2	V_3	$V_{平均}$		V_1	V_2	V_3	$V_{平均}$		

1. 滴定蒸馏吸收液空白消耗 HCl 标准溶液的体积 V_0；
2. 经消化所得消化液均为 100 mL。

分析者＿＿＿＿校对者＿＿＿＿审核者＿＿＿＿

附 录 E
（资料性附录）
有机氯农药——毛细管气相色谱测定法

E.1 适用范围和应用领域

本方法适用于海洋沉积物中 α-666、β-666、γ-666、δ-666、七氯、艾氏剂、环氧七氯、硫丹-Ⅰ、pp′-DDE、狄氏剂、异狄氏剂、硫丹-Ⅱ、pp′-DDD、异狄氏剂乙醛、硫丹硫酸盐、pp′-DDT 等有机氯农药（OCPs）的测定。

检出限（ng/g）：α-666　0.027；β-666　0.052；γ-666　0.026；δ-666　0.024；七氯　0.028；艾氏剂 0.025；环氧七氯　0.026；硫丹-Ⅰ 0.028；pp′-DDE　0.028；狄氏剂 0.029；异狄氏剂　0.038；硫丹-Ⅱ 0.036；pp′-DDD　0.041；异狄氏剂乙醛　0.038；硫丹硫酸盐　0.043；pp′-DDT　0.041。

E.2 方法原理

海洋沉积物样品中的 OCPs 用超声法提取或索氏法提取于正己烷中。提取液经净化浓缩后，用毛细管气相色谱测定，与标准样品比较定量。

E.3 试剂及其配制

E.3.1 正己烷：用全玻璃蒸馏器重新蒸馏，收集 68 ℃～69 ℃馏分。

E.3.2 丙酮：用全玻璃蒸馏器重新蒸馏，收集 58℃～59 ℃馏分。

E.3.3 浓硫酸：优级纯。

E.3.4 无水硫酸钠：500 ℃烘 6 h，冷却后置干燥器中保存。

E.3.5 无水硫酸钠水溶液（2 %）：20 g 无水硫酸钠溶于水中，稀释至 1 000 mL。

E.3.6 中性氧化铝：100 目～200 目（150 μm～75 μm），400℃烘 4 h，冷却后加 3%～4%水去活化，置干燥器中保存。

E.3.7 佛罗里土：100 目～200 目（150 μm～75 μm），140℃烘 4 h，冷却后置干燥器中保存。

E.3.8 铜粉：优级纯，纯度 99.8%。

E.3.9 有机氯农药混合标准贮备溶液：用异辛烷配制 16 种有机氯农药标准溶液，其中含有 α-666、β-666、γ-666、δ-666、七氯、艾氏剂、环氧七氯、硫丹-Ⅰ、pp′-DDE、狄氏剂、异狄氏剂、硫丹-Ⅱ、pp′-DDD、异狄氏剂乙醛、硫丹硫酸盐、pp′-DDT 等有机氯农药，浓度分别为 1 mg/mL。

E.3.10 有机氯农药混合标准使用溶液：用正己烷稀释有机氯农药混合标准贮备溶液（E.3.9）而成，各组分含量为 0.05 μg/mL。

E.4 仪器与设备

仪器与设备如下：

——气相色谱仪：配 Ni^{63} 电子捕获鉴定器；

——旋转蒸发器；

——超声波清洗器；

——毛细管色谱柱：石英 SE-54 交联柱，内径 0.22 mm，长 25 m，膜厚度 0.25 μm；

——全玻璃蒸馏器；

——索氏提取器；

——梨型分液漏斗：容量 500 mL；

——具塞比色管：容量 100 mL；

——多孔水浴；

——微量注射器：容量 5 μL 、10 μL。

—— 实验室常用仪器与设备。

E.5 分析步骤

E.5.1 样品制备

将采集的沉积物样品避光自然风干或 40 ℃低温烘干后，用玛瑙钵粉碎研磨过 80 目～100 目(180 μm～150 μm)筛，置于玻璃瓶中低温保存，备用。

E.5.2 样品提取

E.5.2.1 超声提取法

准确称取 5.0 g ～10.0 g(精确至±0.000 1 g)干样与 10 g 无水硫酸钠混匀，呈松散状，置于预先用正己烷处理过的圆形滤纸筒内，放入 100 mL 具塞比色管内，加 60 mL 正己烷-丙酮(1+1)浸泡 12 h 后，超声提取 20 min。静置，将上清液转移至预先加入 250 mL 无水硫酸钠溶液(E.3.5)的梨型分液漏斗内，再分别加入 30 mL 丙酮重复超声提取 3 次，合并于分液漏斗中，振摇 1 min，静止分层，除去水相，收集正己烷相，做为样品提取液待净化。

E.5.2.2 索氏提取法

准确称取 5.0 g～10.0 g(精确至±0.000 1 g)干样与 10 g 无水硫酸钠混匀，呈松散状，置于预先用正己烷处理过的圆形滤纸筒内，放入索氏提取器中加 100 正己烷-丙酮(1+1)浸泡 12 h。在 75 ℃～80 ℃水浴中回流提取 16 h。冷至室温后，将提取液转移到已加入 250 mL 无水硫酸钠溶液(E.3.5)的梨型分液漏斗中，用 20 mL 丙酮冲洗索氏提取器 3 次，合并于分液漏斗中，振摇 1 min，静止分层，弃去水相，收集正己烷相，做为样品提取液待净化。

E.5.3 样品净化

将提取液移入梨型分液漏斗，加 30 mL 浓硫酸，振摇 1 min，静止分层，除去硫酸相。若浓硫酸净化后的正己烷相有颜色，应重复用浓硫酸净化，直至无色透明。再加入 250 mL 无水硫酸钠溶液(E.3.5)于分液漏斗中，振摇 1 min，静止分层，除去水相，重复洗涤 3 次，直至正己烷相呈中性。收集正己烷相于旋转蒸发器浓缩瓶中，浓缩至近干，用正己烷定容至 1.0 mL，加 1.0 g 高纯铜粉，超声提取 5 min，做为样品净化液，待测定。

E.5.4 分析空白

除不加沉积物样品外，其余与样品提取(E.5.2)和样品净化(E.5.3)步骤相同，做为分析空白液，待测定。

E.5.5 加标回收样

不加沉积物样品，加入 20.0 g 无水硫酸钠(E.3.4)和 1.0 mL 有机氯农药混合标准使用溶液(E.3.10)，其余与样品提取(E.5.2)和样品净化(E.5.3)步骤相同，做为加标回收样，待测定。

E.5.6 样品测定

E.5.6.1 色谱仪的校准

在选定分析条件下，色谱仪基线噪音≤0.2 mV，基线漂移≤0.5 mV/30 min 时，注射 1.0 μL 有机氯农药混合标准使用溶液(E.3.10)，应有很好的分离。输出信号进行适当衰减使记录仪上最高峰≤95%。

E.5.6.2 测定

在上述相同色谱条件下，分别注入相同体积的分析空白液(E.5.4)、样品净化液(E.5.3)、有机氯农药混合标准使用溶液(E.3.10)以及加标回收样(E.5.5)，测得各组分的保留时间、峰高或峰面积，进行定性分析与定量分析。

E.6 记录与计算

将测定结果记入表E.1中，按式(E.1)计算沉积物样品中OCPs含量：

$$w_i=\frac{(A_i-A_k)\times c_i\times V_b\times V_i\times 1\,000}{A_b\times V_j\times W\times(1-R)} \quad \cdots\cdots (E.1)$$

式中：

w_i——样品中OCPs的含量，单位为纳克每克(ng/g)；

A_i——样品 i 组分的峰面积或峰高值；

A_k——分析空白 i 组分的峰面积或峰高值；

A_b——标准样 i 组分的峰面积或峰高值；

V_i——样品提取液体积，单位为毫升(mL)；

V_b——标准样进样体积，单位为微升(μL)；

V_j——样品样进样体积，单位为微升(μL)；

c_i——标准样 i 组分的浓度，单位为微克每毫升(μg/mL)；

W——样品重量，单位为克(g)；

R——样品的水分含量(质量分数，%)。

OCPs的总量等于各组分含量之和。

E.7 注意事项

本方法执行中应注意如下事项：

——除非另有说明，本方法所用试剂均为分析纯，水为去离子水或等效纯水；

——为避免有机物质的沾污，应将生物样品盛装在全玻璃广口瓶或金属容器内；

——所用器皿，使用前用正己烷冲洗；

——所用试剂，使用前做空白检验；

——样品中存在共提取色素物质对本法有干扰，用氧化铝层析法消除色素；

——样品中若存在含硫物质对本法有干扰，用铜粉消除。

表 E.1 海洋沉积物中有机氯农药分析记录表

采样日期：________年____月____日

海区________ 监测船________分析日期： 年 月 日 共____页第____页

序号		1	2	3	4	5	6	7	8	9	10
站号											
瓶号											
浓缩体积/mL											
进样体积/μL											
峰面积 μvs 或峰高 μv	α-666										
	β-666										
	γ-666										
	δ-666										
	七氯										
	艾氏剂										
	环氧七氯										
	硫丹-Ⅰ										
	pp′-DDE										
	狄氏剂										
	异狄氏剂										
	硫丹-Ⅱ										
	pp′-DDD										
	异狄氏剂乙醛										
	硫丹硫酸盐										
	pp′-DDT										
样品含量/(ng/g)	α-666										
	β-666										
	γ-666										
	δ-666										
	七氯										
	艾氏剂										
	环氧七氯										
	硫丹-Ⅰ										
	pp′-DDE										
	狄氏剂										
	异狄氏剂										
	硫丹-Ⅱ										
	pp′-DDD										
	异狄氏剂乙醛										
	硫丹硫酸盐										
	pp′-DDT										

分析者________校对者________审核者________

附 录 F
（资料性附录）
多氯联苯——毛细管气相色谱测定法

F.1 适用范围和应用领域

本方法适用于海洋沉积物中多氯联苯(PCBs)的测定。

检出限(ng/g)：CB28 0.05；CB 52 0.068；CB155 0.054；CB101 0.05；CB112 0.038；CB118 0.052；CB153 0.049；CB138 0.038；CB180 0.029；CB198 0.033。

F.2 方法原理

海洋沉积物样品中的 PCBs 用超声或索氏法提取于正己烷中。提取液经净化浓缩后，用毛细管气相色谱测定，与标准样品比较定量。

F.3 试剂及其配制

F.3.1 正己烷：用全玻璃蒸馏器重新蒸馏，收集 68 ℃～69 ℃馏分。

F.3.2 丙酮：用全玻璃蒸馏器重新蒸馏，收集 58 ℃～59 ℃馏分。

F.3.3 浓硫酸：优级纯。

F.3.4 无水硫酸钠：500℃烘 6 h，冷却后置干燥器中保存。

F.3.5 无水硫酸钠水溶液(2%)：20 g 无水硫酸钠溶于水中，稀释至 1 000 mL。

F.3.6 铜粉：优级纯，纯度 99.8%。

F.3.7 多氯联苯混合标准贮备溶液：用异辛烷配制 10 组分 PCBs 标准溶液，其中含有 CB28、CB52、CB101、CB112、CB118、CB138、CB153、CB155、CB180、CB198 等单组分 PCB，含量分别为 10 μg/ mL。

F.3.8 多氯联苯混合标准使用溶液：用正己烷稀释多氯联苯标准贮存溶液(F.3.7)而成，各组分含量为 0.1 μg/mL。

F.4 仪器与设备

仪器与设备如下：

——气相色谱仪：配 Ni^{63} 电子捕获鉴定器；

——旋转蒸发器；

——超声波清洗器；

——毛细管色谱柱：石英 SE-54 交联柱子，内径 0.22 mm，长 25 m，固定相液膜厚度 0.25 μm；

——全玻璃蒸馏器；

——索氏提取器；

——梨型分液漏斗：容量 500 mL；

——具塞比色管：容量 100 mL；

——多孔水浴；

——微量注射器：容量 5 μL、10 μL。

——实验室常用仪器与设备。

F.5 分析步骤

F.5.1 样品制备

采集的海洋沉积物，弃去杂物，于自然条件或 40℃低温风干后，研磨通过 80 目～100 目(180 μm～

150 μm)筛子，收集备用。

F.5.2 样品提取

F.5.2.1 超声提取法

准确称取 5.0 g～10.0 g(精确至±0.000 1 g)干样品与 10 g 无水硫酸钠(F.3.4)混匀，置于预先用正己烷处理过的圆形滤纸筒内，放入 100 mL 具塞比色管内，加 60 mL 正己烷-丙酮(1+1)浸泡 12 h 后，超声提取 20 min，静置，将上清液转移至预先加入 250 mL 无水硫酸钠溶液(F.3.5)的梨型分液漏斗内，再加入 20 mL 丙酮重复超声提取 3 次，合并于分液漏斗中，振摇 1 min，静止分层，弃去水相，收集正己烷相，做为样品提取液待净化。

F.5.2.2 索氏提取法

准确称取 5.0 g～10.0 g(精确至±0.000 1 g)干样品与 10 g 无水硫酸钠(F.3.4)混匀，置于预先用正己烷处理过的圆形滤纸筒内，放入索氏提取器中，加 100 正己烷-丙酮(1+1)浸泡 12 h。在 75 ℃～80 ℃水浴中回流提取 16 h；冷至室温后，将提取液转移到已加入 250 mL 无水硫酸钠水溶液(F.3.5)的梨型分液漏斗中，用 20 mL 丙酮冲洗索氏提取器 3 次，合并于分液漏斗中，振摇 1 min，静止分层，弃去水相，收集正己烷相，做为样品提取液待净化。

F.5.3 样品净化

将提取液移入梨型分液漏斗，加 30 mL 浓硫酸，振摇 1 min，静止分层，除去硫酸相。若浓硫酸净化后的正己烷相有颜色，应重复用浓硫酸净化，直至无色透明。再加入 250 mL 无水硫酸钠溶液(F.3.5)于分液漏斗中，振摇 1 min，静止分层，除去水相，重复洗涤 3 次，直至正己烷相呈中性。收集正己烷相于旋转蒸发器浓缩瓶中，浓缩至近干，用正己烷定容至 1 mL，加 1.0 g 高纯铜粉，超声提取 5 min，待测定。

F.5.4 分析空白

除不加沉积物样外，其余步骤与样品提取(F.5.2)和样品净化(F.5.3)相同，定容至 1 mL，待测定。

F.5.5 加标回收样

除不加沉积物样外，加入 20.0 g 无水硫酸钠(F.3.4)和 1 mL 多氯联苯混合标准使用溶液(F.3.8)，以下步骤与样品提取(F.5.2)和样品净化(F.5.3)相同，定容至 1 mL，待测定。

F.5.6 样品测定

F.5.6.1 色谱仪的校准

色谱仪在分析条件下基线噪音≤0.2 mV，基线漂移≤0.5 mV/30 min 时，注射 1 μL 多氯联苯混合标准使用(F.3.8)溶液，应有很好的分离。输出信号进行适当衰减使记录仪上最高峰≤95%。

F.5.6.2 测定

在上述相同色谱条件下，分别注入相同体积的分析空白液(F.5.4)、样品净化液(F.5.3)、多氯联苯混合标准使用溶液(F.3.8)以及加标回收样(F.5.5)，测得各组分的保留时间和峰高或峰面积，进行定性分析与定量分析。

F.6 记录与计算

将测定结果记入表 F.1 中，按式(F.1)计算沉积物样品中 PCBs 含量：

$$w_i=\frac{(A_i-A_k)\times c_i\times V_b\times V_i\times 1\,000}{A_b\times V_j\times W\times(1-R)} \qquad \text{(F.1)}$$

式中：

w_i——样品中 PCBs 的含量，单位为纳克每克(ng/g)；

A_i——样品 i 组分的峰面积或峰高值；

A_k——分析空白 i 组分的峰面积或峰高值；

A_b——标准样 i 组分的峰面积或峰高值；

V_i——样品提取液体积，单位为毫升(mL)；

V_b——标准样进样体积，单位为微升(μL)；

V_j——样品样进样体积，单位为微升(μL)；

c_i——标准样 i 组分的浓度，单位为微克每毫升(μg/mL)；

W——样品重量，单位为克(g)；

R——样品的水分含量(质量分数，%)。

PCBs 的总量等于各组分含量之和。

F.7 注意事项

本方法执行中应注意以下事项：

——沉积物样品应盛装在全玻璃广口瓶或金属容器中，以避免有机物质沾污；

——所用器皿，使用前用正己烷冲洗；

——所用试剂，使用前做空白检验；

——样品中存在共提取色素物质对本法有干扰，用氧化铝层析法消除色素；

——样品中若存在含硫物质对本法有干扰，用铜粉消除。

表 F.1 海洋沉积物中多氯联苯分析记录表

采样日期：________年____月____日

海区________ 监测船________分析日期： 年 月 日 共____页第____页

序 号		1	2	3	4	5	6	7	8	9	10
站 号											
瓶 号											
浓缩体积/mL											
进样体积/μL											
峰面积 μvs 或峰高 μv	CB28										
	CB52										
	CB155										
	CB101										
	CB112										
	CB118										
	CB153										
	CB138										
	CB180										
	CB198										
样品的含量/(ng/g)	CB28										
	CB52										
	CB155										
	CB101										
	CB112										
	CB118										
	CB153										
	CB138										
	CB180										
	CB198										

分析者________校对者________审核者________

附 录 G
（资料性附录）
佛罗里土吸附容量的测定方法及用量的调整

快速法测定佛罗里土的吸附容量是根据它在正己烷溶液中对月桂酸的吸附值来计算的。加入过量的月桂酸，未被吸附的月桂酸用碱量法测定。

G.1 试剂及其配制

G.1.1 正己烷：$H_3C(CH_2)_4CH_3$，用全玻璃蒸馏器蒸馏，收集67.5℃～68℃馏分。

G.1.2 中性乙醇：用酚酞做指示剂，将无水乙醇中和至刚呈无色。

G.1.3 月桂酸标准溶液（20.00 mg/mL）：称取10.000 g月桂酸，放入500 mL量瓶中，加正己烷（见G.1.1）溶解并稀释至标线，混匀。

G.1.4 酚酞指示剂溶液（10 g/L）：称取1 g酚酞溶于乙醇并稀至100 mL，混匀。

G.1.5 氢氧化钠溶液（0.05 mol/L）：称取1 g氢氧化钠，溶于水并稀至500 mL，混匀。

量取10.0 mL月桂酸标准溶液（见G.1.3），放入125 mL锥形瓶中，加25 mL中性乙醇（见G.1.2）及3滴酚酞指示剂溶液（见G.1.4）用氢氧化钠溶液滴定于稳定的红色为终点。计算氢氧化钠溶液对月桂酸的滴定度（T，mg/mL）。

G.2 测定步骤

称取2.00 g去活性的佛罗里土于125 mL具塞锥形瓶中，加20 mL月桂酸标准溶液（见G.1.3），加塞，不时地摇动15 min后静置澄清。量取10.0 mL上清液，放入125 mL锥形瓶中，加50 mL中性乙醇（见G.1.2）及3滴酚酞指示剂溶液（见G.1.4），用氢氧化钠溶液（见G.1.5）滴定至稳定的红色为终点。

G.3 月桂酸值及佛罗里土用量的调整

月桂酸值用式（G.1）计算：

$$w=\frac{M_1-(V_1VT/V_2)}{M_2} \qquad \text{(G.1)}$$

式中：

w——月桂酸值（每克佛里土可吸附的月桂酸的量，质量分数，10^{-3}）；

M_1——测定中加入的月桂酸的量，单位为毫克（mg）；

V_1——测定中加入的月桂酸标准溶液的体积，单位为毫升（mL）；

V——氢氧化钠溶液消耗的体积，单位为毫升（mL）；

T——氢氧化钠溶液对月桂酸的滴定度，单位为克每升（g/L）；

V_2——滴定时量取的月桂酸溶液的体积，单位为毫升（mL）；

M_2——佛罗里土的用量，单位为克（g）。

根据测得的月桂酸值来计算处理20 g沉积物风干样时所需填装入层析柱的佛罗里土的用量。通常，月桂酸值为117×10^{-3}的5 g佛罗里土，可处理20 g沉积物干样。

ICS 07.060
A 45

中华人民共和国国家标准

GB 17378.6—2007
代替 GB 17378.6—1998

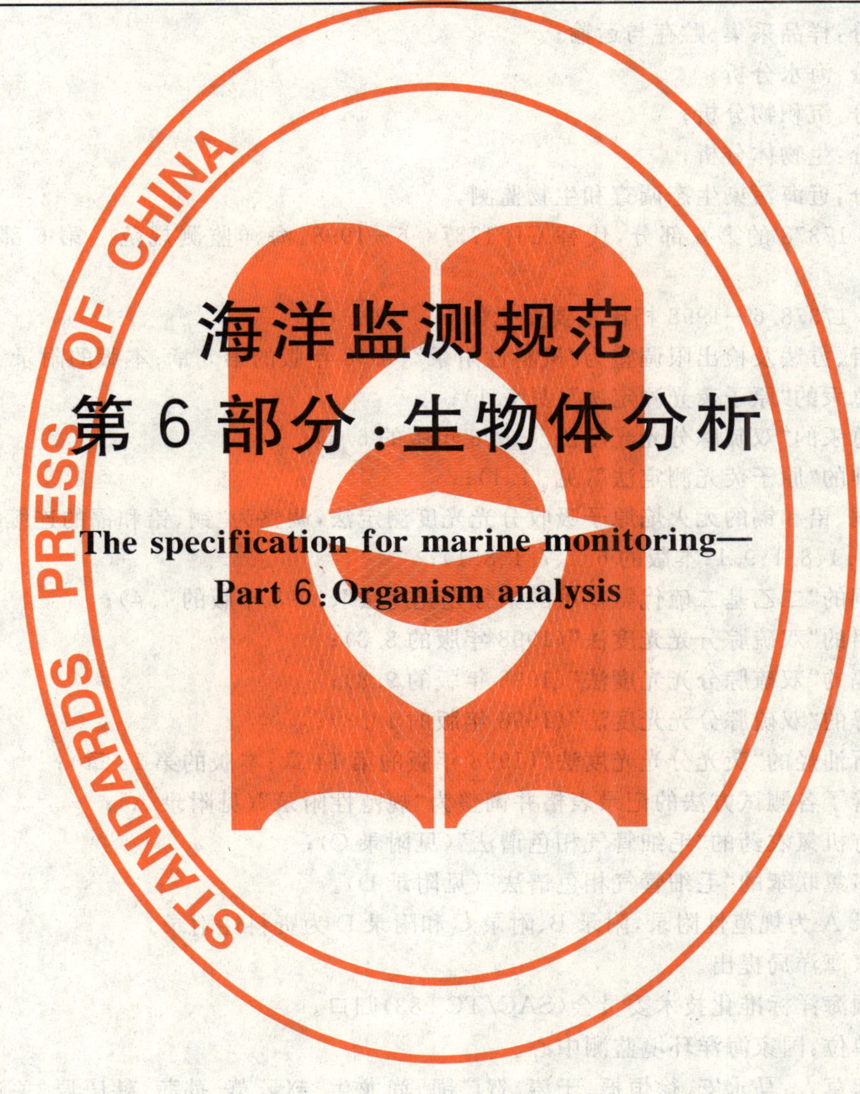

海洋监测规范 第6部分：生物体分析

The specification for marine monitoring—Part 6: Organism analysis

2007-10-18 发布 　　2008-05-01 实施

中华人民共和国国家质量监督检验检疫总局
中国国家标准化管理委员会 发布

前言

本部分的全部技术内容为强制性。

GB 17378《海洋监测规范》分为七个部分:

——第1部分:总则;

——第2部分:数据处理与分析质量控制;

——第3部分:样品采集、贮存与运输;

——第4部分:海水分析;

——第5部分:沉积物分析;

——第6部分:生物体分析;

——第7部分:近海污染生态调查和生物监测。

本部分为GB 17378的第6部分,代替GB 17378.6—1998《海洋监测规范　第6部分:生物体分析》。

本部分与GB 17378.6—1998相比主要变化如下:

——测定项目、方法及检出限调整为"资料性附录"(1998年版的第5章;本版的附录B);

——增加了总汞的"原子荧光测定法"(见5.1);

——取消了总汞的"双硫腙分光光度法"(1998年版的6.2);

——增加了砷的"原子荧光测定法"(见11.1);

——修改了铜、铅和镉的无火焰原子吸收分光光度测定法,调整为"铜、铅和镉的连续测定法"(1998年版的7.1、8.1、9.1;本版的6.1、7.1、8.1);

——取消了铜的"二乙基二硫代氨基甲酸钠分光光度法"(1998年版的7.4);

——取消了铅的"双硫腙分光光度法"(1998年版的8.3);

——取消了镉的"双硫腙分光光度法"(1998年版的9.3);

——取消了锌的"双硫腙分光光度法"(1998年版的10.3);

——修改了石油烃的"荧光分光光度法"(1998年版的第14章;本版的第13章);

——修改完善了各测试方法的记录表格并调整为"规范性附录"(见附录A);

——增加了有机氯农药的"毛细管气相色谱法"(见附录C);

——增加了多氯联苯的"毛细管气相色谱法"(见附录D)。

本部分的附录A为规范性附录,附录B、附录C和附录D为资料性附录。

本部分由国家海洋局提出。

本部分由全国海洋标准化技术委员会(SAC/TC 283)归口。

本部分起草单位:国家海洋环境监测中心。

本部分主要起草人:马永安、徐恒振、于涛、贺广凯、尚龙生、赵云英、孙茜、韩庚辰、关道明、王健国、许昆灿、张春明、陈维岳、洪君超、陈邦龙。

本部分所代替标准的历次版本发布情况为:

——GB 17378.6—1998。

海洋监测规范　第6部分：生物体分析

1　范围

GB 17378 的本部分规定了贻贝、虾及鱼等海洋生物体中有害物质残留量的测定方法，并对样品采集、运输、贮存、预处理和测定结果的计算等提出技术要求。

本部分适用于大洋、近海和沿海水域的海洋生物污染调查与监测。

2　规范性引用文件

下列文件中的条款通过 GB 17378 的本部分的引用而成为本部分的条款。凡是注日期的引用文件，其随后所有的修改单（不包括勘误的内容）或修订版均不适用于本部分，然而，鼓励根据本部分达成协议的各方研究是否可使用这些文件的最新版本。凡是不注日期的引用文件，其最新版本适用于本部分。

GB 17378.3　海洋监测规范　第3部分：样品采集、贮存与运输

GB 17378.4　海洋监测规范　第4部分：海水分析

GB 17378.5　海洋监测规范　第5部分：沉积物分析

3　术语和定义

下列术语和定义适用于 GB 17378 的本部分。

3.1

蒸至近干　evaporation to dryness

溶剂蒸发至小体积（0.2 mL～0.3 mL），留有残渣呈湿润状。

3.2

标线　standard line

计量容器体积的刻度线。

［GB 17378.5—2007，定义 3.1］

4　一般规定

4.1　样品的采集与制备

4.1.1　采样种类

贝类、虾和鱼类。贝类一般采集菲律宾蛤仔、文蛤、四角蛤蜊、紫贻贝、翡翠贻贝、毛蚶、缢蛏、僧帽牡蛎等。

4.1.2　试剂

4.1.2.1　去离子水或等效蒸馏水，其痕量金属含量应低于分析方法的检出限，或用未受沾污的海水。

4.1.2.2　合成洗涤剂。

4.1.3　仪器和设备

仪器和设备如下：

——塑料冷冻箱：配有冰袋。用于贻贝贮存和运输时，底部应具有栅板，以免样品浸入水中；

——冰箱；

——低温冰箱；

——塑料板和尺子：用于长度测量；

——塑料刀；

——玻璃或陶瓷碟：制备样品用；

——镊子：塑料制品或其他合适材料的制品；

——高密度聚乙烯袋和塑料容器：供速冻保存样品用，装样前，应用合成洗涤剂清洗，并用蒸馏水洗净；

——分析天平：感量 0.1 mg；

——塑料洗瓶；

——刮刀：供采集样品用；

——塑料桶：容量 20 L～50 L；

——大号金属刀：无锈斑，供切取鱼组织用；

——匀浆器：不锈钢或其他适宜材料的制品；

——称量瓶：容量 50 mL；

——电热烘箱；

——干燥箱；

——冷冻干燥设备。

4.1.4 采样与运输

4.1.4.1 准备工作

用合成洗涤剂(见 4.1.2.2)清洗冷冻箱、高密度聚乙烯袋、塑料板及尺、大号金属刀、刮刀，再用蒸馏水或海水(见 4.1.2.1)漂洗干净。

4.1.4.2 贻贝样品的采集

用清洁刮刀从其附着物上采集贻贝样。

选取足够数量的完好贻贝存于冷冻箱中。若需长途运输(炎热天超过 2 h)，应把贻贝样品盛于塑料桶中，将现场采集的清洁海水淋洒在贻贝上，样品保持润湿状但不能浸入水中。

若样品处理须在采样 24 h 后进行，可将贻贝样存于高密度塑料袋中，压出袋内空气，将袋口打结或热封，将此袋和样品标签一起放入聚乙烯袋中并封口，存于低温冰箱中。

4.1.4.3 虾与中小型鱼样采集

按要求选取足够数量的完好的生物样，放入干净的聚乙烯袋中，应防止刺破袋子。挤出袋内空气，将袋口打结或热封，将此袋和样品标签一起放入另一聚乙烯袋中，并封口，低温冷藏。若贮存期不太长时(热天不超过 48 h)，可用冰箱或冷冻箱存放样品。

4.1.4.4 大型鱼样采集

测量并记下鱼样的叉长、体重和性别。

用清洁的金属刀切下至少 100 g 肌肉组织，厚度至少 5 cm，样品处理时，切除沾污或内脏部分。存于清洁的聚乙烯袋中，挤出空气并封口，将此袋与样品标签一起放入另一聚乙烯袋中，封口，于低温冰箱中贮存。若保存时间不太长(热天不超过 48 h)，可用冰箱或冷冻箱贮放样品。

4.1.4.5 样品的运输

样品采集后，若长途运输，应把样品放入样品箱(或塑料桶)中，对不需封装的样品应将现场清洁海水淋洒在样品上，保持样品润湿状(不得浸入水中)；若样品处理，应在采样 24 h 后进行，可将样品放在聚乙烯袋中，压出袋内空气，将袋口打结。将此袋和样品标签一起放入另一聚乙烯袋(或洁净的广口玻璃瓶)中，封口、冷冻保存。其他按照 GB 17378.3 规定执行。

4.1.5 样品预处理

4.1.5.1 准备工作

必要时将冷冻样品在冰箱(－2℃～4℃)中放置过夜，使部分解冻以便切片。

用合成洗涤剂(见 4.1.2.2)清洗塑料刀、碟、镊子、塑料板及尺和称重塑料膜，用蒸馏水或清洁海水

(见 4.1.2.1)漂洗干净。工作台用洗净的塑料膜罩上。用合成洗涤剂(见 4.1.2.2)仔细地洗手,后用蒸馏水或清洁海水(见 4.1.2.1)漂洗干净。

4.1.5.2 **贝类样的制备**

用塑料刀或塑料刷除去贝壳外部所有的附着物。

用蒸馏水或清洁海水(见 4.1.2.1)漂洗每一个样品个体,让其自然流干,拉出足丝。用天平称个体全重,并记下重量。

用另一把塑料刀插入足丝伸出口,切断闭合肌,打开贝壳。

用蒸馏水或清洁海水(见 4.1.2.1)洗贝壳内的软组织,用塑料刀和镊子取出软组织,让水流尽。

单个体样品:将软组织放入已称重的塑料容器内,再称重,记下鲜重。盖紧,贴上标签。用尺子测量并记录贝壳长度。

多个体样品:按上述步骤将至少 10 个个体的软组织放入已知重量的塑料容器中,称重,记下鲜重。于匀浆器中匀化样品,将匀浆样放回原塑料容器,再称重,并记录总重量,计算匀浆样重。贴上样品标签。

各生物个体大小应相近,并在取出生物组织前分别测量其个体长度和总重量。

4.1.5.3 **虾样制备**

4.1.5.3.1 **单个体样品**

用尺子量虾体长,将虾放在聚乙烯称样膜上,称重,记下长度和鲜重。

用塑料刀将腹部与头胸部及尾部分开,小心将其内脏从腹部取出。腿全部切除。将腹部翻下,用塑料刀沿腹部外甲边缘切开,用塑料镊子取下内侧外甲并弃去。

用另一把塑料刀松动腹部肌肉,并用镊子取出肌肉。

检查性腺,记录所鉴别的性别。

用镊子将肌肉移入塑料容器中,称重并记录鲜重。盖紧容器,标上号码。将几个容器一起放入同一塑料袋中,并附样品登记清单,结紧袋口,低温冰箱中保存。

4.1.5.3.2 **多个体样品**

按上述方法制备样品,仔细地记录各个体长度、鲜重、腹部肌肉重和性别。每个样品须包括 6 个以上性别相同、大小相近的个体肌肉。将样品放入匀浆器中匀化腹部肌肉,转入已知重量的塑料容器中盖紧,标上号码,称重,记下鲜重和其他数据。

将几个塑料容器放在同一塑料袋中,并附上样品登记清单,结紧袋口,在低温冰箱中保存。

4.1.5.4 **中小型鱼样制备**

4.1.5.4.1 **单个体样品**

测量鱼的叉长,并于聚乙烯称样膜上称重。鉴定性腺性别,记下叉长和体重。

用蒸馏水或清洁海水(见 4.1.2.1)洗涤鱼样,将它放在工作台上,用塑料刀切除胸鳍并切开背鳍附近自头至尾部的鱼皮。

在鳃附近和尾部,横过鱼体各切一刀;在腹部,鳃和尾部两侧各切一刀。四刀只切在鱼体一侧,且不得切太深,以免切开内脏,沾污肉片。

用镊子将鱼皮与肉片分离,谨防外表皮沾污肉片。

用另一把塑料刀将肌肉与脊椎分离,并用镊子取下肌肉。将组织盛于塑料容器中,称重并记录重量。

若一侧的肌肉量不能满足分析用量,取另一侧肌肉补充。

盖紧容器,贴上标签或记号,做好记录,于低温冰箱中保存。

4.1.5.4.2 **多个体样品**

仔细记下各个体体长、鲜重、肌肉重。鉴定性别。个体数不应少于 6 个,且性别应相同,大小相近。

用匀浆器匀化鱼组织,将匀浆样转入已知重量的塑料容器中,盖紧,贴上标签并称重,记下匀浆样重和其他数据。置于低温冰箱中存放。

4.1.5.5 **大型鱼样制备**

若必要，将现场采集的样品放在－2℃～4℃冰箱中过夜，使部分解冻以便于切片。

用蒸馏水或清洁海水(见4.1.2.1)洗涤鱼样。将鱼样置于清洁的工作台上，剔除残存的皮和骨，用塑料刀切去表层，再用另一把塑料刀重复操作一次，留下不受污染的肌肉组织。将肌肉组织放入塑料容器中，盖紧，贴上标签，称重，将数据记入记录表，样品存于低温冰箱中。

4.1.5.6 **干样制备**

将部分新鲜试样按4.1.6.1或4.1.6.2步骤烘干，计算干湿比，以校正水分含量。干燥后的样品用玛瑙研钵磨碎，全部过80目～100目(180 μm～154 μm)尼龙筛，供痕量元素分析用。

4.1.6 **干重测定**

4.1.6.1 **烘干**

将称量瓶放入105℃烘箱，2 h后，取出称量瓶，置于干燥器中冷却30 min。

盖好瓶盖，用分析天平称重，记下重量。取5 g～10 g上述生物制备样于称量瓶中，盖好瓶盖，再称重(±0.5 mg)并记下重量。

将盛样品的称量瓶半开盖放入105℃烘箱中，24 h后取出，置于干燥器中冷却30 min。盖好瓶盖后称重并记录所称重量。

重复烘干操作，至前后两次烘干后的重量差小于总重量的0.5%。计算干重和干湿比。

4.1.6.2 **冷冻干燥**

对类脂物含量高的生物样品，不能烘干至恒重，则应用冷冻干燥。准确称取1 g～2 g上述生物制备样于干净的冷冻干燥的样品容器中，冷冻干燥24 h后称重一次。再次冷冻干燥24 h，再称重。两次称重的重量差应小于总重量的0.5%。否则，应继续干燥至符合要求。计算干重和干湿比。

4.1.7 **注意事项**

本规定执行中应注意如下事项：

——在实验室附近采集贻贝，不存在特殊的运输和贮藏问题。运往实验室时，应使贻贝样通风并用海水保持润湿。采自潮间带的贻贝，在空气中可生存24 h。运输时不应将贻贝放在水中；

——手洗净之后，不应接触解剖组织，应带上手套；若条件许可，准备工作和样品制备均应在洁净条件下进行；

——制备多个体样品时，应取性别相同、个体大小相近的生物。取出软组织之前，应分别测量各个体的体长和重量；

——样品消化前，将盛有样品的容器总重量与贮存时之重量进行比较，可发现贮存期间样品是否失重；

——不同部位肌肉的痕量金属含量可能存在差别，故实际样品的有关资料应尽可能记录详细；

——用于有机氯农药和石油烃测定的生物样品，样品采集和预处理的设备和试剂作适当的相应改变，应避免采用塑料器皿和含有卤代烃试剂；

——生物体中总汞及有害有机物的测定，不应用干燥样品，应用湿样测定，结果仍以干样中被测物的含量来表示。

4.2 **规定和要求**

4.2.1 分析样品的烘干：未注明干燥温度及时间时，均指105℃±1℃，干燥2 h。

4.2.2 标准溶液配制中，所有的移液管和容量瓶均应进行检定或容量校正。

4.2.3 除另有注明外，所用容器的净化均先用硝酸溶液(1+3)浸泡2 d～3 d后，再用去离子水仔细淋洗干净，晾干后备用。

4.2.4 pH值除注明测量方法外，均可用精密或广泛pH试纸测量。

4.2.5 为检查分析结果的质量，应从一批分析样中按表1任意抽取检查样，分别装袋并另编样号，将基本样与检查样交分析测试人员，按以下要求进行测定：

——抽查样的测项与基本样相同；

——当分析样数量较多时，基本样与检查样可不应安排在同批内进行测试；

——测试所得结果按表 2 所列双样相对偏差值控制分析质量。当某测项双样检查结果超差率大于 30％时，此批基本样中该测项应全部重新称样测定；

——若仍出现上述超差情况，分析测试人员应认真检查分析原因（如标准溶液的配制，环境质量，所用仪器设备有无不正常情况等）后，再进行这批样品（基本样与检查样）的测定；

——当某测项双样检查结果超差率小于 30％时，超差的样品应重新称样进行测定，直至新测定结果合格为止。按平行双样的均值报出结果；

——每批分析的样品（20 个左右）应插入 2 个～3 个有证标准物质样品（另行编号），以检验有无系统误差。

表 1　从分析样中抽取检查样的比例

分析样个数/个	＜10	10～30	＞30
检查样抽取比例/％	50	40	30

表 2　平行双样相对偏差表

分析结果所在数量级	10^{-4}	10^{-5}	10^{-6}	10^{-7}	10^{-8}	10^{-9}	
相对偏差容许限/％	4	8	15	20	30	40	计算：$\frac{\|A-B\|}{A+B}\times 100$

4.3　说明

4.3.1　各种酸碱的密度（ρ）是指 20℃时的质量除以体积，单位为 g/mL。

4.3.2　干燥剂在不指明具体名称时，均指变色硅胶。

4.3.3　所配制的元素的标准溶液的浓度均指该元素的浓度。

4.3.4　没有指明溶剂的溶液都是水溶液。

5　总汞

5.1　原子荧光法

5.1.1　适用范围和应用领域

本方法适用于海洋生物体中总汞的测定。

本方法为仲裁方法。

5.1.2　方法原理

在硝酸-高氯酸消化体系中，生物体中的汞全量转化为汞离子进入溶液。用硼氢化钾作为还原剂将溶液中的汞离子还原成汞蒸汽。以氩气为载气使原子汞蒸汽进入原子荧光光度计的原子化器中，用特种汞空心阴极灯为激发光源，测定汞原子荧光强度。

5.1.3　试剂及其配制

5.1.3.1　硝酸（HNO_3）：ρ＝1.42 g/mL，优级纯。

5.1.3.2　高氯酸（$HClO_4$）：优级纯。

5.1.3.3　盐酸（HCl）：ρ＝1.19 g/mL，优级纯。

5.1.3.4　草酸（$H_2C_2O_4\cdot 2H_2O$）。

5.1.3.5　硼氢化钾（KBH_4）。

5.1.3.6　氢氧化钾（KOH）：优级纯。

5.1.3.7　硝酸溶液（1＋19）：将 1 体积硝酸（见 5.1.3.1）与 19 体积水混合。

5.1.3.8　草酸溶液(1%):称取 10 g 草酸(见 5.1.3.4)溶解于 1 000 mL 去离子水中,置于棕色试剂瓶中保存。

5.1.3.9　硼氢化钾溶液(0.05 g/L):称取 1 g 氢氧化钾(见 5.1.3.6)溶于 200 mL 去离子水中,加入 0.5 g硼氢化钾(见 5.1.3.5)溶解后移取 20 mL 于 1 000 mL 容量瓶中,用去离子水稀释至标线。使用前配制。

5.1.3.10　汞标准贮备溶液(1.00 g/L):准确称取 0.135 4 g 氯化汞($HgCl_2$,优级纯,预先在硫酸干燥器中放置 24 h 以上)于 50 mL 干净的烧杯中,用少量硝酸溶液(见 5.1.3.7)溶解后,全量转入 100 mL 容量瓶中,加硝酸溶液(见 5.1.3.7)至标线,混匀。

5.1.3.11　汞标准中间溶液 A(10.0 mg/L):移取 1.00 mL 汞标准贮备溶液(见 5.1.3.10)置于 100 mL 容量瓶中,加硝酸溶液(见 5.1.3.7)至标线,混匀。

5.1.3.12　汞标准中间溶液 B(0.100 mg/L):移取 1.00 mL 汞标准中间溶液 A(见 5.1.3.11)置于 100 mL容量瓶中,加硝酸溶液(见 5.1.3.7)至标线,混匀。

5.1.3.13　汞标准使用溶液(10.0 μg/L):移取 10.00 mL 汞标准中间溶液 B(见 5.1.3.12)置于100 mL 容量瓶中,加硝酸溶液(见 5.1.3.7)至标线,混匀。

5.1.4　仪器及设备

仪器和设备如下:

—— 原子荧光光度计;

—— 容量瓶:容量 50 mL、100 mL、1 000 mL;

—— 移液管:容量 1 mL、2 mL、5 mL、10 mL;

—— 烧杯:容量 50 mL、100 mL、1 000 mL;

—— 电加热板;

—— 氩气;

—— 实验室常用仪器与设备。

5.1.5　分析步骤

5.1.5.1　绘制标准曲线

5.1.5.1.1　于 7 个 100 mL 容量瓶中分别加入 50 mL 去离子水、10 mL 硝酸(见 5.1.3.1)和 10 mL 盐酸(见 5.1.3.3),再分别加入 0 mL、0.25 mL、0.50 mL、1.00 mL、2.00 mL、4.00 mL、8.00 mL 汞标准使用溶液(见 5.1.3.13),用去离子水定容至标线,混匀。

5.1.5.1.2　向原子荧光光度计的氢化物发生器中依次加入汞标准系列溶液各 2 mL,分别测定标准空白荧光强度(I_0)和标准样品荧光强度(I_i)。

5.1.5.1.3　将数据记入表 A.1 中,以荧光强度(I_i-I_0)为纵坐标,以汞的质量(ng)为横坐标,绘制标准曲线(给出线性回归方程)并计算线性回归系数。

5.1.5.2　样品测定

5.1.5.2.1　准确称取 0.1 g～0.5 g 生物干样或 1 g～5 g 生物湿样(±0.000 1g),放入 50 mL 烧杯中,加入 10 mL 硝酸(见 5.1.3.1),1 mL 高氯酸(见 5.1.3.2),盖上表面皿,放置过夜。次日将样品置于 140℃～160℃电热板上加热,消化至黄棕色烟雾散尽,消化液清亮透明,近无色或浅黄色为止。取下冷却至室温,加入 5 mL 盐酸(见 5.1.3.3),全量转移到 50 mL 容量瓶中,用 1%草酸溶液(见 5.1.3.8)定容至标线,混匀,静置 20 min 后测试。

5.1.5.2.2　除不加生物样品外,其余步骤完全等同于样品消化(见 5.1.5.3.1)。由此制备的溶液作为分析空白液。

5.1.5.2.3　分别取 2.0 mL 分析空白(见 5.1.5.3.2)和样品消化液(见 5.1.5.3.1)加入到原子荧光光度计的氢化物发生器中,分别测定分析空白荧光强度(I_b)和样品消化液的荧光强度(I_s)。以(I_s-I_b)值从标准曲线上查出相应的汞的质量(ng),或用线性回归方程计算得出汞的质量(ng)。

5.1.6 记录和计算

将测定结果记入表 A.2 中，按式(1)计算生物体中汞的含量：

$$w_{Hg}=\frac{m \cdot V_1}{V_2 \cdot M(1-w_{H_2O})} \quad \cdots\cdots(1)$$

式中：

w_{Hg}——生物干样中总汞的含量(质量分数，10^{-9})；

m——从标准曲线上查得的汞量，单位为纳克(ng)；

V_1——样品消化液的体积，单位为毫升(mL)；

V_2——样品测定分样的体积，单位为毫升(mL)；

M——样品的称取量，单位为克(g)；

w_{H_2O}——湿样的含水率(质量分数，%)。

5.1.7 精密度和准确度

汞含量为 0.052×10^{-6} 时，再现性相对标准偏差为 8%；平均相对误差为 1%；重复性相对标准偏差为 5%。

5.1.8 注意事项

本方法执行中应注意如下事项：

——除非另作说明，本方法所用试剂均为分析纯，水为去离子水或等效无汞水；

——对含碘量高的生物样品，应加入适量的硝酸银消除碘对测定的干扰；

——试验用器皿用硝酸溶液(1+3)浸泡 24 h 以上，洗净，并检查空白是否合格；

——生物样品取样量较大时，可适当增加硝酸用量；

——每批生物样品测定完成后，用酸性高锰酸钾溶液清洗荧光光度计的氢化物发生器，并用水洗净；

——标准系列溶液的介质组成应尽可能与试样消化液组成相近；

——所用的试剂，特别是硝酸和盐酸，在使用前应作空白试验；

——适当地调节样品的称取量，确保测得值在标准曲线范围内。

5.2 冷原子吸收光度法

5.2.1 适用范围和应用领域

本方法适用于海洋生物体中总汞的测定。对含碘量高的生物样品，应添加适量硝酸银消除碘对测定的干扰。

5.2.2 方法原理

以五氧化二钒作催化剂，用硝酸-硫酸消化生物样品，将有机汞全部转化为无机汞，再用氯化亚锡将汞离子还原成金属汞，用气-液平衡开路吸气冷原子吸收测定系统于 253.7 nm 波长测定总汞含量。

5.2.3 试剂及其配制

5.2.3.1 五氧化二钒(V_2O_5)。

5.2.3.2 无水氯化钙($CaCl_2$)，用于装填干燥管。

5.2.3.3 硝酸(HNO_3)：ρ=1.42 g/mL。

5.2.3.4 硫酸(H_2SO_4)：ρ=1.84 g/mL，优级纯。

5.2.3.5 盐酸(HCl)：ρ=1.19 g/mL。

5.2.3.6 硫酸溶液(0.5 mol/L)：在不断搅拌下，将 28 mL 硫酸(见 5.2.3.4)缓慢加入 972 mL 水中。

5.2.3.7 盐酸溶液(1+1)：将盐酸(见 5.2.3.5)与等体积水混合。

5.2.3.8 硝酸溶液(1+19)：1 份硝酸(见 5.2.3.3)与 19 份水混合。

5.2.3.9 氯化亚锡溶液(100 g/L)：称取 10 g 氯化亚锡于烧杯中，加入 100 mL 盐酸溶液(见5.2.3.7)，加热至溶解，冷却后装于棕色瓶内，使用时用等体积水稀释。若汞含量高，可用鼓泡法去除，直至溶液中汞含量不能检出。

5.2.3.10　低汞海水：表层海水经滤纸过滤，每升海水缓慢加入 28 mL 硫酸(见 5.2.3.4)酸化，海水汞含量应低于 0.005 μg/L。

5.2.3.11　汞标准贮备溶液(1.00 mg/mL)：称取 0.135 4 g 氯化汞($HgCl_2$，预先在硫酸干燥器中干燥)于 10 mL 烧杯中，用硝酸溶液(见 5.2.3.8)溶解。全量转入 100 mL 量瓶中，用硝酸溶液(见 5.2.3.8)稀释至标线，混匀。保存期一年。

5.2.3.12　汞标准中间溶液(10.0 μg/mL)：量取 1.00 mL 汞标准贮备溶液(见 5.2.3.11)于 100 mL 量瓶中，用硝酸溶液(见 5.2.3.8)稀释至标线，混匀。保存期 7 d。

5.2.3.13　汞标准使用溶液(0.100 μg/mL)：量取 1.00 mL 汞标准中间溶液(见 5.2.3.12)于 100 mL 量瓶中，用硫酸溶液(见 5.2.3.6)稀释至标线，混匀。当天配制。

5.2.4　仪器及设备

仪器和设备如下：

——测汞装置(见图 1)；

——汞蒸气发生瓶：250 mL 锥形洗瓶改制，将洗瓶通气管下端截断，使管端刚离开待测溶液液面；

——电热板；

——容量瓶：容量 50 mL、100 mL；

——移液管：容量 1 mL、2 mL、5 mL、10 mL；

——烧杯：容量 50 mL、100 mL、1 000 mL；

——实验室常备仪器及设备。

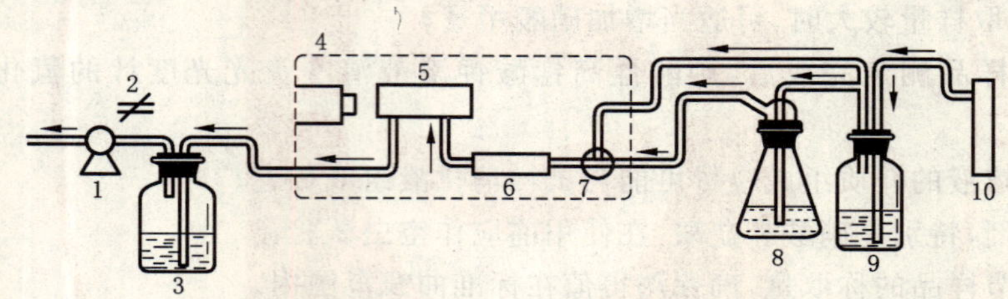

1——抽气泵；
2——空气流量调节阀；
3——含汞废气吸收器；
4——测汞仪；
5——光吸收池；
6——干燥管；
7——三通阀；
8——汞蒸气发生瓶；
9——空气净化装置；
10——气体流量计。

图 1　冷原子吸收测汞装置

5.2.5　分析步骤

5.2.5.1　绘制标准曲线

按以下步骤绘制标准曲线：

a)　取 6 个 250 mL 汞蒸气发生瓶，加 100 mL 低汞海水(见 5.2.3.10)，然后分别加入 0 mL、0.10 mL、0.20 mL、0.30 mL、0.40 mL、0.50 mL 汞标准使用溶液(见 5.2.3.13)，混匀；

b)　将测汞仪上的三通开关转至调零档，以 1 L/min～1.5 L/min 流量的空气流通过光吸收池；

c)　将汞蒸气发生瓶依次连接于测汞仪上，加入 2 mL 氯化亚锡溶液(见 5.2.3.9)，迅速塞紧汞蒸气发生瓶的塞子，振摇 1 min；

d) 调节测汞仪零点，将三通开关转到测定档，测定吸光值(A_i)及标准空白吸光值(A_0)；

e) 将数据填入表 A.3 中。以吸光值 $A_i - A_0$ 为纵坐标，相应的汞含量(μg)为横坐标，绘制标准曲线。

5.2.5.2 样品消化

准确称取 2.5 g(±0.000 1 g)湿样，放入 100 mL 烧杯中，加入 40 mg 五氧化二钒(见 5.2.3.1)，8 mL硝酸(见 5.2.3.3)，盖上表面皿，置于 140℃～160℃电热板上加热 10 min。取下，稍冷后加入 15 mL硫酸(见 5.2.3.4)，继续加热 20 min。取下，稍冷后加 10 mL 水，再加热 30 min，取下，冷却后全量转入 100 mL 量瓶中，加水稀释至标线，混匀。此液为样品消化液。同时制备分析空白试液。

5.2.5.3 样品测定

量取适量样品消化液(见 5.2.5.2)于汞蒸气发生瓶中，加水至 100 mL。其余按 5.2.5.1.b)～5.2.5.1.d)步骤测定吸光值(A_s)及分析空白吸光值(A_b)。以($A_s - A_b$)的值从标准曲线上查出相应的汞的量(μg)。

5.2.6 记录与计算

将测定数据填入表 A.4 中，按式(2)计算样品干样中汞的含量：

$$w_{Hg} = \frac{mV_1}{V_2MF} \qquad \cdots\cdots (2)$$

式中：

w_{Hg}——生物干样中总汞的含量(质量分数，10^{-6})；

m——从标准曲线上查得的汞的量，单位为微克(μg)；

V_1——样品消化液的体积，单位为毫升(mL)；

V_2——测定分样体积，单位为毫升(mL)；

M——样品的称取量，单位为克(g)；

F——样品的干湿比。

5.2.7 精密度和准确度

汞含量为 0.25×10^{-6}时，相对标准偏差为 4%；4 个实验室测定同一牡蛎互校样，相对标准偏差为 9.1%。

5.2.8 注意事项

本方法执行中应注意如下事项：

——除非另作说明，本方法所用试剂均为分析纯，水为去离子水或等效纯水；

——试验用器皿用硝酸溶液(1+3)浸泡 24 h 以上，洗净，并检查空白是否合格；

——用过的汞蒸气发生瓶，应用酸性高锰酸钾溶液漂洗，用水洗净；

——绘制汞标准曲线时，也可用氯化钠溶液代替低汞海水。

6 铜

6.1 无火焰原子吸收分光光度法(连续测定铜、铅和镉)

6.1.1 适用范围和应用领域

本法适用于海洋生物体中铜、铅和镉的连续测定。

本方法为仲裁方法。

6.1.2 方法原理

生物样品经硝酸-过氧化氢消化，铜在 324.7 nm 波长，铅在 283.3 nm 波长，镉在 228.8 nm 波长处进行无火焰原子吸收测定。

6.1.3 试剂及其配制

6.1.3.1 硝酸(HNO_3)：ρ=1.42 g/mL，优级纯，经石英亚沸蒸馏器蒸馏。

6.1.3.2　过氧化氢(H_2O_2):30%。

6.1.3.3　硝酸溶液(1+2):1体积的硝酸(见6.1.3.1)和2体积的水混合。

6.1.3.4　硝酸溶液(1+99)1体积的硝酸(见6.1.3.1)和99体积的水混合。

6.1.3.5　铜、铅和镉标准贮备溶液(1.000 mg/mL):分别称取0.100 0 g金属铜、铅和镉(纯度99.99%)于3只50 mL烧杯中,用水润湿,加硝酸溶液(见6.1.3.3)溶解,必要时加热直至溶解完全。分别全量转入3只100 mL量瓶中,加硝酸溶液(见6.1.3.3)至标线,混匀。

6.1.3.6　铜、铅和镉标准中间溶液:分别移取2.0 mL铜标准贮备液(见6.1.3.5),1.0 mL铅标准贮备液(见6.1.3.5)和0.20 mL镉标准贮备液(见6.1.3.5)于同一100mL量瓶中,用硝酸溶液(见6.1.3.4)稀释至标线,混匀。此溶液铜为20.0 μg/mL,铅为10.0 μg/mL,镉为2.0 μg/mL。

6.1.3.7　铜、铅和镉标准使用溶液:量取1.00 mL铜、铅和镉标准中间溶液(见6.1.3.6)于100 mL量瓶中,用硝酸溶液(见6.1.3.4)稀释至标线,混匀。此溶液铜为0.20 μg/mL,铅为0.10 μg/mL,镉为0.02 μg/mL。

6.1.4　仪器及设备

仪器和设备如下:

——无火焰原子吸收分光光度计;

——空心阴极灯;

——氩气钢瓶:纯度99.99%;

——洁净工作台(洁净100级);

——电热板。

6.1.5　分析步骤

6.1.5.1　绘制标准曲线

按以下步骤绘制标准曲线:

a)　取6支10 mL具塞比色管,分别移入0 mL、0.50 mL、1.00 mL、1.50 mL、2.00 mL、2.50 mL铜、铅和镉标准使用溶液(见6.1.3.7),加硝酸溶液(见6.1.3.4)稀释至标线,混匀。

b)　移取20 μL试液,按选定的仪器工作条件,测定标准系列溶液的吸光值(A_i)和标准空白值(A_0);

c)　将数值记入表A.5中,以吸光值(A_i-A_0)为纵坐标,相应金属元素的浓度(μg/mL)为横坐标,绘制标准曲线。

6.1.5.2　样品消化

6.1.5.2.1　准确称取0.1 g(±0.000 1 g)干样于50 mL烧杯中,用几滴水湿润样品,加入2 mL硝酸(见6.1.3.1),盖上表面皿,置于电热板上,低温加热至泡沫基本消失。

6.1.5.2.2　取下烧杯,缓慢地加入0.5 mL过氧化氢(见6.1.3.2),盖上表面皿,于电热板160℃~200℃加热约20 min,补加1 mL过氧化氢(见6.1.3.2),继续加热并蒸至约剩1 mL。

6.1.5.2.3　再加1 mL硝酸(见6.1.3.1),1.5 mL过氧化氢(见6.1.3.2),盖上表面皿,于电热板160℃~200℃加热,并蒸至约0.5 mL,全量转入10 mL具塞比色管中,加水至标线,混匀。同时制备分析空白样品。

6.1.5.3　样品测定

量取20 μL样品消化液,按选定的仪器技术参数测定相应金属元素的吸光值(A_s);同时,测定分析空白样品吸光值(A_b)。以(A_s-A_b)的值从标准曲线上查出相应金属元素的浓度(μg/mL)。

6.1.6　记录与计算

将测得数据记入表A.6中,按式(3)计算生物体干样中铜、铅和镉的含量。

$$w_{Me}=\frac{\rho_{Me}V}{M} \quad \cdots\cdots (3)$$

式中：

w_{Me}——生物体干样中铜、铅和镉的含量(质量分数，10^{-6})；

ρ_{Me}——从标准曲线上查得的铜、铅和镉的浓度，单位为微克每毫升(μg/mL)；

V——样品消化液的体积，单位为毫升(mL)；

M——干样品称取量，单位为克(g)。

6.1.7 精密度和准确度

铜：六个实验室测定同一互校生物样，测定结果的再现性相对标准偏差为1.6%。

铅：平行6次测定三种生物样品，相对标准偏差分别为7.5%，6.4%和2.7%；五个实验室测定生物样品(牡蛎)，平均值为1.68×10^{-6}，再现性标准偏差为1.1%；六个实验室测定铅含量为0.54×10^{-6}的标准物质，相对误差平均为3.7%。

镉：平行6次测定三种生物样品，相对标准偏差分别为13%、2.8%和3.6%；五个实验室测定镉含量为0.067×10^{-6}的标准物质，误差平均为7.2%；五个实验室分析同一生物样品(牡蛎)，再现性相对标准偏差为8.2%。

6.1.8 注意事项

本方法执行中应注意如下事项：

——除非另作说明，本方法所用试剂均为分析纯，水为二次去离子水或等效纯水；

——试验用器皿用硝酸溶液(1+3)浸泡24 h以上，洗净，使用前用二次去离子水淋洗干净，并检查空白是否合格；

——样品消化时，应始终盖上表面皿；

——不同型号的无火焰原子吸收分光光度计，自行选定仪器最佳技术参数。

6.2 阳极溶出伏安法

6.2.1 适用范围和应用领域

本法适用于海洋生物体中铜的测定。

6.2.2 方法原理

生物样经硝酸-过氧化氢消化，用柠檬酸三铵掩蔽干扰离子。在pH值为8.2±0.2的乙二胺介质中，当在工作电极上施加一定电压进行电解时，铜被还原并沉积在悬滴汞电极上形成铜-汞齐，然后进行反向电压扫描，汞中的金属铜被氧化溶出，所产生的氧化电流与溶液中铜的浓度呈正比关系，借以进行定量测定。

6.2.3 试剂及其配制

6.2.3.1 硝酸(HNO_3)：ρ=1.42 g/mL，超纯。

6.2.3.2 过氧化氢(H_2O_2)：30%。

6.2.3.3 盐酸(HCl)：ρ=1.19 g/mL，超纯。

6.2.3.4 柠檬酸三铵溶液(50 g/L)：称取5 g柠檬酸三铵($C_6H_{17}N_3O_7$)于150 mL烧杯中，加水溶解后，转入100 mL量瓶，加水至标线，混匀。

6.2.3.5 乙二胺($NH_2CH_2CH_2NH_2$)：经等温扩散法提纯。

6.2.3.6 精密pH试纸：pH为7.6～8.5。

6.2.3.7 铜标准贮备溶液(1.000 mg/mL)：见6.1.3.5。

6.2.3.8 铜标准中间溶液(10.0 μg/mL)：量取1.00 mL铜标准贮备溶液(见6.2.3.7)于100 mL量瓶中，加入1.0 mL盐酸(见6.2.3.3)，加水至标线，混匀。

6.2.3.9 铜标准使用溶液(2.00 μg/mL)：量取20.0 mL铜标准中间溶液(见6.2.3.8)于100 mL量瓶中，加水至近100 mL，用乙二胺溶液(见6.2.3.5)调节pH值为3～4，加水至标线，混匀。使用时配制。

6.2.4 仪器及设备

仪器和设备如下：

——极谱仪:具有向正电压方向扫描的功能。若用脉冲阳极溶出伏安法,需用脉冲极谱仪;

——记录仪:配用仪器自带的图形记录仪或 X-Y 函数记录仪;

——电极;

a) 工作电极:悬滴汞电极;

b) 参比电极:Ag/AgCl 电极;

c) 辅助电极:铂金电极;

——电解池:规格及形状须一致;

——恒速电磁搅拌器;

——电热板:温度可调,铺有薄型石棉板或 3 cm 厚细砂;

——电炉:铺有石棉网;

——精密微量移液管:容量 100 μL,400 μL,1 000 μL;

——实验室常备仪器及设备。

6.2.5 分析步骤

6.2.5.1 样品消化

准确称取 0.25 g(±0.000 1 g)干样于 50 mL 烧杯中,加几滴水湿润,加入 2 mL 硝酸(见6.2.3.1),盖上表面皿,于电热板上低温加热,待泡沫基本消失后,缓慢地加入 1 mL 过氧化氢(见 6.2.3.2),于160℃~200℃蒸至近干,分别补加 0.5 mL 硝酸和过氧化氢,蒸至近干,再重复一次。用水洗净表面皿,洗涤液并入消化液中,移去表面皿。继续蒸干后移到电炉上,约 450℃加热至不溶物呈白色(除尽有机物质),加入 2 mL 盐酸(见 6.2.3.3),于高温电热板上蒸干。取下冷却,加入 1 mL 盐酸溶液(1+1),于电热板上微热浸取不溶物,全量转入 50 mL 量瓶中,加水至标线,混匀,制成样品消化溶液,同时制备分析空白样品。

6.2.5.2 样品的测定

样品的测定按以下步骤进行:

a) 量取 10.0 mL 样品消化液(见 6.2.5.1)于电解池中,加入 100 μL 柠檬酸三铵溶液(见 6.2.3.4),混匀。用乙二胺(见 6.2.3.5)调节 pH 值为 8.2±0.2 用精密 pH 试纸(见 6.2.3.6)检验;

b) 接通仪器(测定前开机预热 20 min)。将三个电极插入电解池中,输入选定的仪器参数;

c) 启动运转旋钮,待运转结束,记下峰电流值 I_{s1};

d) 加入 100 μL 铜标准使用溶液(见 6.2.3.9),下同 6.2.5.2.c)操作,记下峰电流值 I_{s2}。

6.2.5.3 空白的测定

按 6.2.5.2 步骤测定分析空白样品,并记下空白峰电流值 I_{b1} 和添加铜标准溶液后的峰电流值 I_{b2}。

6.2.6 记录与计算

将所测得的峰电流值记入表 A.7 中,按式(4)计算样品中铜的含量:

$$w_{Cu}=\left(\frac{I_{s1}}{I_{s2}-I_{s1}}-\frac{I_{b1}}{I_{b2}-I_{b1}}\right)\frac{V_2\rho_{Cu}V_0}{V_1M} \quad \cdots\cdots\cdots\cdots\cdots\cdots\cdots\cdots (4)$$

式中:

w_{Cu}——生物体干样中铜的含量(质量分数,10^{-6});

I_{s1}——样品消化液的峰电流值,单位为纳安(nA)、毫米(mm)或格;

I_{s2}——样品消化液加入铜标准使用溶液后所得的峰电流值,单位为纳安(nA)、毫米(mm)或格;

I_{b1}——分析空白的峰电流值,单位为纳安(nA)、毫米(mm)或格;

I_{b2}——分析空白液添加铜标准使用液后的峰电流值,单位为纳安(nA)、毫米(mm)或格;

V_0——样品消化液的体积,单位为毫升(mL);

V_1——测定时量取样品消化液的体积,单位为毫升(mL);

V_2——加入铜标准使用溶液的体积,单位为毫升(mL);

ρ_{Cu}——铜标准使用溶液的浓度,单位为微克每毫升(μg/mL);

M——样品的称样重量,单位为克(g)。

6.2.7 精密度和准确度

4个实验室测定同一生物样品(牡蛎),平均值为65.3×10^{-6},再现性相对标准偏差为11%;测定铜含量为17.2×10^{-6}的标准物质时,相对误差平均为3.0%。

6.2.8 注意事项

本方法执行中应注意如下事项:

——除非另作说明,本方法所用试剂均为分析纯,水为二次去离子水或等效纯水;

——消化液中有机物质应除尽,否则会导致铜的测定结果偏低,甚至出现不正常溶出峰;

——悬汞滴体积须一致;

——电解池的容积、几何形状及电极的位置应保持一致;

——悬汞滴表面或毛细管口上部不应有气泡;

——搅拌速率应恒定;

——电解时间、扫描速率、脉冲高度等均影响峰电流应严加控制,力求一致;

——毛细管沾污常会引起电流峰不重现,溶出曲线混乱或毛细管内汞线断开。毛细管不使用时,应在空气中干燥贮存。毛细管在浸入新的溶液之前应先挤出一滴汞;

——所用玻璃器皿应用硝酸浸泡1d以上,用二次去离子水反复洗净,再用无铜蒸馏水淋洗一遍。精密微量移液管的吸头用同法浸泡及洗净后,于低温(低于60℃)烘干,可反复使用;

——使用不同型号的极谱仪,应选择最佳仪器工作条件。

6.3 火焰原子吸收分光光度法

6.3.1 适用范围和应用领域

本法适用于海洋生物中铜的测定。

6.3.2 方法原理

生物干样经硝酸-过氧化氢消化,于324.7 nm波长处直接进行火焰原子吸收分光光度测定。

6.3.3 试剂及其配制

6.3.3.1 过氧化氢(H_2O_2):30%。

6.3.3.2 硝酸(HNO_3):$\rho=1.42$ g/mL,优级纯。

6.3.3.3 硝酸溶液(1+99):1体积硝酸(见6.3.3.2)与99体积水混合。

6.3.3.4 铜标准贮备溶液(1.000 mg/mL):见6.1.3.5。

6.3.3.5 铜标准中间溶液(100 μg/mL):量取10.0 mL铜标准贮备溶液(见6.3.3.4)于100 mL量瓶中,加硝酸溶液(见6.3.3.3)至标线,混匀。

6.3.3.6 铜标准使用溶液(10.0 μg/mL):量取10.0 mL铜标准中间溶液(见6.3.3.5)于100 mL量瓶中,加硝酸溶液(见6.3.3.3)至标线,混匀。

6.3.4 仪器及设备

仪器和设备如下:

——火焰原子吸收分光光度计;

——铜空心阴极灯;

——空气压缩机;

——乙炔钢瓶;

——洁净工作台;

——实验室常备仪器及设备。

6.3.5 分析步骤

6.3.5.1 绘制标准曲线

6.3.5.1.1 移取 0 mL、0.40 mL、0.80 mL、1.20 mL、1.60 mL、2.00 mL 铜标准使用溶液(见 6.3.3.6)于 10 mL 具塞比色管中,加水至标线,混匀。按选定的仪器技术参数,用水调零,测定吸光值(A_i)。

6.3.5.1.2 将数据记入表 A.8 中,以吸光值($A_i - A_0$)为纵坐标,相应的铜的浓度(μg/mL)为横坐标,绘制标准曲线。

6.3.5.2 样品的消化

6.3.5.2.1 准确称取 0.2 g(±0.000 1 g)干样于 50 mL 烧杯中,用几滴水湿润样品,加入 2 mL 硝酸(见 6.3.3.2),盖上表面皿,于电热板上低温加热至泡沫基本消失。

6.3.5.2.2 取下烧杯,缓慢地加入 0.5 mL 过氧化氢(见 6.3.3.1),盖上表面皿,于电热板 160℃～200℃加热 2 min 左右。补加 1 mL 过氧化氢(见 6.3.3.1),继续加热并蒸至约 1 mL。

6.2.5.2.3 再加 1 mL 硝酸(见 6.3.3.2),1.5 mL 过氧化氢(见 6.3.3.1),盖上表面皿,于电热板 160℃～200℃加热,并蒸发至约 0.5 mL。冷却后,全量转入 10 mL 具塞比色管中,加水至标线,混匀,制得样品消化液,同时,制备分析空白样品。

6.3.5.3 样品测定

按选定的仪器测定参数,用水调零,测定样品制备液的吸光值(A_s)和分析空白样品吸光值(A_b)。以($A_s - A_b$)值从标准曲线上查出相应的铜浓度(μg/mL)。

6.3.6 记录与计算

将测得的数据记入表 A.9 中,按式(5)计算生物样品的铜含量:

$$w_{Cu} = \rho_{Cu} V / M \quad \cdots\cdots (5)$$

式中:

w_{Cu}——生物体干样中铜的含量(质量分数,10^{-6});

ρ_{Cu}——从标准曲线上查得的铜的浓度,单位为微克每毫升(μg/mL);

V——样品制备液的体积,单位为毫升(mL);

M——样品称取量,单位为克(g)。

6.3.7 精密度和准确度

6 个实验室测定同一生物样(牡蛎),再现性相对标准偏差为 2.7%。

6.3.8 注意事项

本方法执行中应注意如下事项:

——除非另有说明,本方法所用试剂均为分析纯,水为二次去离子水或等效纯水;

——试验用器皿用硝酸溶液(1+3)浸泡 24 h 以上,洗净,使用前用二次去离子水淋洗干净,并检查空白是否合格;

——样品消化时,须始终盖上表面皿;

——不同型号的原子吸收分光光度计,须选定仪器最佳技术参数。

7 铅

7.1 无火焰原子吸收分光光度法

无火焰原子吸收分光光度法见 6.1。

7.2 阳极溶出伏安法

7.2.1 适用范围和应用领域

本方法适用于海洋生物体中铅的测定。

7.2.2 方法原理

生物干样经硝酸-过氧化氢消化,在 pH 值为 2.0～2.5 的介质中,当对工作电极施加一定电压进行电解时，铅被还原并沉积在悬滴汞电极上形成铅-汞齐。然后进行反向电压扫描，汞齐中的金属铅被氧化溶出，其氧化电流与溶液中铅的浓度呈正比关系，以此进行定量测定。

7.2.3 试剂及其配制

7.2.3.1 硝酸(HNO_3)：$\rho=1.42$ g/mL，超纯。

7.2.3.2 过氧化氢(H_2O_2)：30%。

7.2.3.3 盐酸(HCl)：$\rho=1.18$ g/mL，超纯。

7.2.3.4 氨水(NH_4OH)：用 $\rho=0.90$ g/mL 的氨水经等温扩散法提纯。

7.2.3.5 精密 pH 试纸：pH0.5～5.0。

7.2.3.6 铅标准贮备溶液(1.000 mg/mL)：见 6.1.3.5。

7.2.3.7 铅标准中间溶液(10.0 μg/mL)：量取 1.00 mL 铅标准贮备溶液(见 7.2.3.6)于 100 mL 容量瓶中，加入 1 mL 盐酸(见 7.2.3.3)，加水至标线，混匀。

7.2.3.8 铅标准使用溶液(1.00 μg/mL)：量取 10.0 mL 铅标准中间溶液(见 7.2.3.7)于 100 mL 容量瓶中，加水至近 100 mL，用氨水(见 7.2.3.4)调节 pH 值为 2.0～2.5，加水至标线，混匀。

7.2.4 仪器及设备

仪器及设备见 6.2.4。

7.2.5 分析步骤

7.2.5.1 样品消化

样品消化见 6.2.5.1。

7.2.5.2 样品的测定

7.2.5.2.1 量取 10.0 mL 样品消化液于电解池中，用氨水(见 7.2.3.4)调节 pH 值为 2.0～2.5，并用精密 pH 试纸(见 7.2.3.5)检验。

7.2.5.2.2 接通仪器(测定前开机预热 20 min)。将三个电极插入电解池中，输入选定的仪器技术参数。

7.2.5.2.3 启动仪器的运转旋钮，待运转结束后，记下峰电流值 I_{s1}。

7.2.5.2.4 在原溶液中加 100 μL 铅标准使用溶液(见 7.2.3.8)，以下操作同 7.2.5.2.3，记下峰电流值 I_{s2}。

7.2.5.3 空白的测定

按 7.2.5.2 步骤测定分析空白制备液的峰电流值 I_{b1} 和添加铅标准后的峰电流值 I_{b2}。

7.2.6 记录与计算

将所测得的峰电流值记入表 A.7 中，按式(6)计算样品中铅的含量：

$$w_{Pb}=\left(\frac{I_{s1}}{I_{s2}-I_{s1}}-\frac{I_{b1}}{I_{b2}-I_{b1}}\right)\frac{V_2\rho_{Pb}V_0}{V_1M} \quad \cdots\cdots (6)$$

式中：

w_{Pb}——生物体干样中铅的含量(质量分数，10^{-6})；

I_{s1}——样品消化液的峰电流值，单位为纳安(nA)、毫米(mm)或格；

I_{s2}——样品消化液加入铅标准使用溶液后所得峰电流值，单位为纳安(nA)、毫米(mm)或格；

I_{b1}——分析空白试液的峰电流值，单位为纳安(nA)、毫米(mm)或格；

I_{b2}——分析空白试液加入铅标准使用溶液后所得峰电流值，单位为纳安(nA)、毫米(mm)或格；

V_0——样品消化液的体积，单位为毫升(mL)；

V_1——测定时量取样品消化液的体积，单位为毫升(mL)；

V_2——加入铅标准使用溶液的体积，单位为毫升(mL)；

ρ_{Pb}——铅标准使用溶液的浓度，单位为微克每毫升(μg/mL)；

M——样品称取量，单位为微克(g)。

7.2.7 精密度和准确度

铅含量为 1.98×10^{-6} 时，测定结果的平均值为 1.94×10^{-6}，再现性相对标准偏差为 5.2%；含量为 0.54×10^{-6} 时，测定结果的相对误差为 5.8%。

7.2.8 注意事项

本方法执行中应注意如下事项：

——除非另作说明，本方法所用试剂均为分析纯，水为去离子水或等效纯水；

——使用不同型号的极谱仪，应选择最佳仪器工作条件；

——其他见 6.2.7。

7.3 火焰原子吸收分光光度法

7.3.1 适用范围和应用领域

本方法适用于海洋生物样品中铅的测定。

7.3.2 方法原理

生物干样经硝酸-高氯酸消化，在酸性介质中，铅与碘化钾形成络合物，用甲基异丁酮萃取后于波长 217.0 nm 处进行铅的火焰原子吸收测定。

7.3.3 试剂及其配制

7.3.3.1 硝酸（HNO_3）：$\rho=1.42$ g/mL，优级纯。

7.3.3.2 硝酸溶液（1+3）：用 1 体积硝酸（见 7.3.3.1）与 3 体积的水混匀。

7.3.3.3 硝酸溶液（1+99）：用 1 体积硝酸（见 7.3.3.1）与 99 体积的水混匀。

7.3.3.4 高氯酸（$HClO_4$）：$\rho=1.67$ g/mL，优级纯。

7.3.3.5 盐酸（HCl）：$\rho=1.19$ g/mL，优级纯。

7.3.3.6 盐酸溶液（1 mol/L）：将 84 mL 盐酸（见 7.3.3.5）用水稀释至 1 L。

7.3.3.7 抗坏血酸（$C_6H_8O_6$）。

7.3.3.8 甲基异丁酮（$C_6H_{12}O$）：简称 MIBK。

7.3.3.9 碘化钾溶液（4 mol/L）：溶解 166 g 碘化钾（KI）于水中，加水至 250 mL，贮于棕色试剂瓶中，暗处保存。

7.3.3.10 铅标准贮备溶液（1.000 mg/mL）：见 6.1.3.5。

7.3.3.11 铅标准使用溶液（10.0 μg/mL）：量取 1.00 mL 铅标准贮备溶液（见 7.3.3.10）于 100 mL 容量瓶中，加硝酸溶液（见 7.3.3.3）至标线，混匀。

7.3.4 仪器及设备

仪器和设备如下：

——火焰原子吸收分光光度计；

——铅空心阴极灯；

——空气压缩机；

——乙炔钢瓶；

——精密可调微量移液管：100 μL；

——实验室常备仪器及设备。

7.3.5 分析步骤

7.3.5.1 绘制标准曲线：

按以下步骤绘制标准曲线：

a) 取 6 个 25 mL 量瓶，分别加入 0 μL、60 μL、120 μL、180 μL、240 μL、300 μL 铅标准使用溶液（见 7.3.3.11），分别加入 15.0 mL 同种类生物样品消化液；

b) 加入 2 mL 盐酸（见 7.3.3.5），2 mL 碘化钾溶液（见 7.3.3.9）和 0.2 g 抗坏血酸（见 7.3.3.7）混匀，加入 3.00 mL MIBK（见 7.3.3.8），振荡 2 min，待分层后，插一塑料管至瓶底，通过塑料

管加水,使有机相上升至量瓶颈部。按选定的仪器技术参数,以 MIBK(用水饱和过)调零,测定有机相的吸光值(A_i)和(A_b);

c) 将数据记入表 A.8 中。以吸光值(A_i-A_b)为纵坐标,相应铅的量(μg)为横坐标,绘制工作曲线。

7.3.5.2 样品消化:

准确称取 2 g(±0.000 1 g)干样于 100 mL 烧杯中,加入 4 mL 硝酸(见 7.3.3.1),盖上表面皿,低温加热至无气泡产生,稍冷后加入 2 mL 硝酸(见 7.3.3.1)和 4 mL 高氯酸(见 7.3.3.4),在电炉上加热至溶液呈透明的淡黄色,移开表面皿,蒸发至白烟冒尽,残留物用 10 mL 盐酸(见 7.3.3.5)加热溶解,冷却后全量转入 50 mL 量瓶中,加水至标线,混匀,制得样品消化液。同时制备分析空白样品。

7.3.5.3 样品测定:

量取 15 mL 样品消化液于 25 mL 量瓶中,其余按绘制标准曲线 7.3.5.1.b) 步骤测定吸光值 A_s。同时按上述步骤测定分析空白样品的吸光值 A_b。以(A_s-A_b)的值从工作曲线上查出相应的铅的量(μg)。

7.3.6 记录与计算

将测得的数据记入表 A.9 中,按式(7)计算生物体中铅的含量:

$$w_{Pb}=\frac{mV_1}{V_2M} \qquad (7)$$

式中:

w_{Pb}——生物体干样中铅的含量(质量分数,10^{-6});

m——从工作曲线上查得的相应的铅的量,单位为微克(μg);

V_1——样品制备液的体积,单位为毫升(mL);

V_2——用于测定的样品消化液的体积,单位为毫升(mL);

M——样品的称取量,单位为克(g)。

7.3.7 精密度和准确度

铅含量为 2.20×10^{-6} 时,相对标准偏差为 10.5%;再现性相对标准偏差为 13.9%。

7.3.8 注意事项

本方法执行中应注意如下事项:

——除非另作说明,本方法所用试剂均为分析纯。水为蒸馏水经石英蒸馏器蒸馏或等效纯水;

——所有玻璃器皿应经(1+3)硝酸溶液浸泡 3 d 以上,然后用水洗净;

——生物样品消化时,初次加入浓硝酸后应静置至其大部分生物组织消解后再加热;

——MIBK 萃取液应在 2 h 内测定完毕;

——根据原子吸收分光光度计的型号,选定最佳仪器技术参数。

8 镉

8.1 无火焰原子吸收分光光度法

无火焰原子吸收分光光度法见 6.1。

8.2 阳极溶出伏安法

8.2.1 适用范围和应用领域

本方法适用于海洋生物体中镉的测定。

8.2.2 方法原理

生物干样经硝酸-过氧化氢消化,在 pH 值为 2.0～2.5 介质中,当在工作电极上施加一定电压进行电解时,镉被还原并沉积在悬滴汞电极上形成镉-汞齐。然后进行反向电压扫描,汞齐中的金属镉被氧化溶出,其氧化电流与溶液中镉的浓度呈正比关系,借以进行定量测定。

8.2.3 试剂及其配制

8.2.3.1 硝酸(HNO_3)ρ=1.42 g/mL,优级纯。

8.2.3.2 过氧化氢(H_2O_2):30%。

8.2.3.3 盐酸(HCl):ρ=1.19 g/mL,优级纯。

8.2.3.4 氨水(NH_4OH):经等温扩散法提纯。

8.2.3.5 精密 pH 试纸:pH 值 0.5～5.0。

8.2.3.6 镉标准贮备溶液(1.00 mg/mL):见 6.1.3.5。

8.2.3.7 镉标准中间溶液(10.0 μg/mL):量取 1.00 mL 镉标准贮备溶液(见 8.2.3.6)于 100 mL 量瓶中,加 1 mL 盐酸(见 8.2.3.3),加水至标线,混匀。

8.2.3.8 镉标准使用溶液(1.00 μg/mL):量取 10.0 mL 镉标准中间溶液(见 8.2.3.7)于 100 mL 量瓶中,加水至近 100 mL,用氨水(见 8.2.3.4)调节 pH 值为 2.0～2.5,加水至标线,混匀。

8.2.4 仪器及设备

仪器及设备见 6.2.4。

8.2.5 分析步骤

8.2.5.1 样品消化

样品消化见 6.2.5.1。

8.2.5.2 样品的测定

8.2.5.2.1 量取 10.0 mL 样品试液于电解池中,用氨水(见 8.2.3.4)调节 pH 值为 2.0～2.5,并用精密 pH 试纸(见 8.2.3.5)检验。

8.2.5.2.2 接通仪器(测定前开机预热 20 min)。将三种电极插入电解池中,输入选定的仪器技术参数。

8.2.5.2.3 启动仪器的运转旋钮。待运转结束后,记下峰电流值 I_{s1}。

8.2.5.2.4 在原溶液中加入 100 μL 镉标准使用溶液(见 8.2.3.8),下同 8.2.5.2.3 操作,记下峰电流值 I_{s2}。

8.2.5.3 空白的测定

按 8.2.5.2 步骤测定分析空白消化液的峰电流值(I_{b1})和添加镉标准后的峰电流值(I_{b2})。

8.2.6 记录与计算

将测得的峰电流值记入表 A.7 中,按式(8)计算样品镉的含量:

$$w_{Cd}=\left(\frac{I_{s1}}{I_{s2}-I_{s1}}-\frac{I_{b1}}{I_{b2}-I_{b1}}\right)\frac{\rho_{Cd}V_2V_0}{V_1M} \quad \cdots\cdots\cdots (8)$$

式中:

w_{Cd}——生物体干样中镉的含量(质量分数,10^{-6});

I_{s1}——样品消化液的峰电流值,单位为纳安(nA)、毫米(mm)或格;

I_{s2}——样品消化液中加入镉标准使用溶液后所得峰电流值,单位为纳安(nA)、毫米(mm)或格;

I_{b1}——分析空白消化液的峰电流值,单位为纳安(nA)、毫米(mm)或格;

I_{b2}——分析空白消化液中加入镉标准使用溶液后峰电流值,单位为纳安(nA)、毫米(mm)或格;

V_0——样品消化液的体积,单位为毫升(mL);

V_1——测定时量取样品消化液的体积,单位为毫升(mL);

V_2——加入镉标准使用溶液的体积,单位为毫升(mL);

ρ_{Cd}——镉标准使用溶液的浓度,单位为微克每毫升(μg/mL);

M——样品的称取量,单位为克(g)。

8.2.7 精密度和准确度

五个实验室测定同一生物样品(牡蛎),测定结果的再现性相对标准偏差为 8.4%。

8.2.8 注意事项

本方法执行中应注意如下事项：

——除非另有说明，本方法所用试剂均为分析纯，水为去离子水或等效纯水；

——使用不同型号的极谱仪，应选择最佳仪器操作条件；

——其他注意事项见 6.2.7。

8.3 火焰原子吸收分光光度法

8.3.1 适用范围和应用领域

本方法适用于海洋生物样品中镉的测定。

8.3.2 方法原理

生物干样经硝酸-高氯酸湿法消化，于波长 228.8 nm 处进行镉的火焰原子吸收测定。

8.3.3 试剂及其配制

8.3.3.1 硝酸(HNO_3)：ρ=1.42 g/mL，优级纯。

8.3.3.2 硝酸溶液(1+1)：硝酸(见 8.3.3.1)与等体积水混合。

8.3.3.3 硝酸溶液(1+99)：1 体积硝酸(见 8.3.3.1)与 99 体积水混合。

8.3.3.4 高氯酸($HClO_4$)：ρ=1.67 g/mL，优级纯。

8.3.3.5 盐酸(HCl)：ρ=1.19 g/mL，优级纯。

8.3.3.6 盐酸溶液(1+1)：盐酸(见 8.3.3.5)与等体积水混合。

8.3.3.7 镉标准贮备溶液(1.000 mg/mL)：见 6.1.3.5。

8.3.3.8 镉标准使用溶液(10.0 μg/mL)：量取 1.00 mL 镉标准贮备溶液(见 8.3.3.7)于 100 mL 量瓶中，加 1 mL 盐酸(见 8.3.3.5)，加水至标线，混匀。

8.3.4 仪器及设备

仪器和设备如下：

——火焰原子吸收分光光度计；

——镉空心阴极灯；

——空气压缩机；

——乙炔钢瓶；

——电热板；

——调压变压器：1 kVA；

——实验室常备仪器及设备。

8.3.5 分析步骤

8.3.5.1 绘制标准曲线

按以下步骤绘制标准曲线：

a) 分别量取 0 mL、0.25 mL、0.50 mL、1.00 mL、1.50 mL、2.00 mL、2.50 mL 镉标准使用溶液(见 8.3.3.8)于 7 个 50 mL 量瓶中，用水稀释至标线，混匀；

b) 按选定的仪器技术参数，用水调零测定吸光值(A_i)及标准空白吸光值(A_0)；

c) 将测得吸光值记入表 A.8 中。以吸光值(A_i-A_0)为纵坐标，相应的镉的浓度(μg/mL)为横坐标绘制标准曲线。

8.3.5.2 样品消化

称取 2g(±0.000 1 g)干样于 100 mL 烧杯中，加入 4 mL 硝酸(见 8.3.3.1)，盖上表面皿，在电热板上低温加热至无气泡产生，冷却后，加入 2 mL 硝酸(见 8.3.3.1)和 4 mL 高氯酸(见 8.3.3.4)，再加热至溶液呈透明的淡黄色。移开表面皿蒸发至白烟冒尽，残留物用 10 mL 盐酸溶液(见 8.3.3.6)加热溶解，冷却后，全量转入 25 mL 量瓶中，用水稀释至标线。制得样品消化液，同时制备分析空白样品。

8.3.5.3 **样品测定**

按选定的仪器技术参数，用水调零，直接测定样品制备液的吸光值 A_s，同时测定分析空白样品的吸光值 A_b。以 A_s-A_b 的值从标准曲线上查出相应的隔的浓度。

8.3.6 **记录与计算**

将测得的数据记入表 A.9 中，按式(9)计算生物体样品的镉含量：

$$w_{Cd}=\frac{\rho_{Cd}V}{M} \quad \cdots\cdots (9)$$

式中：

w_{Cd}——生物体干样中镉的含量(质量分数，10^{-6})；

ρ_{Cd}——从标准曲线上查得的镉的浓度，单位为微克每毫升(μg/mL)；

V——样品消化液的体积，单位为毫升(mL)；

M——样品的称取量，单位为克(g)。

8.3.7 **精密度和准确度**

镉含量为 1.93×10^{-6} 时，测定结果的相对标准偏差为 1.1%；再现性相对标准偏差为 8.7%。

8.3.8 **注意事项**

本方法执行中应注意如下事项：

——除非另作说明，本方法所用试剂均为分析纯，水用市售蒸馏水经石英蒸馏器蒸馏或等效纯水；

——所有玻璃器皿经硝酸溶液(1+3)浸泡 2 d 以上，然后用水洗净；

——生物样消化时初次加入浓硝酸后宜放置至其大部分生物组织消解后再加热；

——根据原子吸收分光光度计型号，选定最佳仪器技术参数。

9 锌

9.1 火焰原子吸收分光光度法

9.1.1 **适用范围和应用领域**

本方法适用于海洋生物中锌的测定。

本方法为仲裁方法。

9.1.2 **方法原理**

生物样品经硝酸-过氧化氢消化后，于 213.8 nm 波长处直接进行锌的火焰原子吸收分光光度测定。

9.1.3 **试剂及其配制**

9.1.3.1 硝酸(HNO_3)：ρ=1.42 g/mL，优级纯。

9.1.3.2 盐酸(HCl)：ρ=1.19 g/mL，优级纯。

9.1.3.3 盐酸溶液(1+99)：1 体积盐酸(9.1.3.2)与 99 体积水混匀。

9.1.3.4 过氧化氢(H_2O_2)：30%。

9.1.3.5 锌标准贮备溶液(1.000 g/L)：称取 0.200 0 g 金属锌(纯度 99.99%以上)于 50 mL 烧杯中，加入 5 mL 硝酸溶液(1+1)，盖上表面皿，加热溶解，冷却后，全量移入 200 mL 量瓶中，加水至标线，混匀。

9.1.3.6 锌标准使用溶液(20.0 μg/mL)：量取 2.00 mL 锌标准贮备溶液(见 9.1.3.5)于 100 mL 量瓶中，加盐酸溶液(见 9.1.3.3)至标线，混匀。

9.1.4 **仪器及设备**

仪器和设备如下：

——火焰原子吸收分光光度计；

——锌空心阴极灯；

——空气压缩机；

——乙炔钢瓶；
——洁净工作台；
——电热板；
——实验室常备仪器及设备。

9.1.5　分析步骤

9.1.5.1　绘制标准曲线

9.1.5.1.1　分别移取 0 mL、0.40 mL、0.80 mL、1.20 mL、1.60 mL、2.00 mL 锌标准使用溶液（见 9.1.3.6）于 6 个 10 mL 具塞比色管中，加水至标线，混匀。按选定的仪器技术参数，用水调零，测定标准系列溶液的吸光值 A_i 及标准空白吸光值 A_0。

9.1.5.1.2　将测得数据记入表 A.8 中，以吸光值 A_i-A_0 为纵坐标，相应的锌的浓度（μg/mL）为横坐标，绘制标准曲线。

9.1.5.2　样品消化

样品消化见 6.1.5.2。

9.1.5.3　样品的测定

按选定的仪器技术参数，用水调零，测定样品消化液的吸光值 A_s 和分析空白样品的吸光值 A_b。以 (A_s-A_b) 的值从标准曲线上查出相应的锌的浓度。

9.1.6　记录与计算

将测得数据记入表 A.9 中，按式(10)计算样品中锌含量：

$$w_{Zn}=\frac{\rho_{Zn}V}{M} \quad \cdots\cdots\cdots\cdots (10)$$

式中：

w_{Zn}——生物体干样中锌含量（质量分数，10^{-6}）；

ρ_{Zn}——从标准曲线上查得的锌的浓度，单位为微克每毫升（μg/mL）；

V——样品制备液的体积，单位为毫升（mL）；

M——样品的称取量，单位为克（g）。

9.1.7　精密度和准确度

六个实验室测定同一生物样品（牡蛎），测定结果的再现性相对标准偏差为 4.9％。

9.1.8　注意事项

本方法执行中应注意如下事项：

——除非另有说明，本方法所有试剂均为分析纯，水为二次去离子水或等效纯水；
——本方法中所用器皿均先用硝酸溶液（1＋3）浸泡 1 d 以上，使用前用水淋洗干净；
——样品消化时，应始终盖上表面皿；
——不同型号的原子吸收分光光度计，自行选定仪器最佳技术参数。

9.2　阳极溶出伏安法

9.2.1　适用范围和应用领域

本方法适用于海洋生物体中锌的测定。

9.2.2　方法原理

样品经硝酸-过氧化氢消化。在镓存在下，用氨水调节溶液 pH 值为 2.2～2.8，当对工作电极上施加一定电压进行电解时，锌被还原并沉积在悬滴汞电极上形成锌-汞齐。然后进行反向电压扫描，汞齐中的金属锌被氧化溶出，所产生的氧化电流与溶液中锌的浓度是正比关系，以此进行定量测定。

9.2.3　试剂及其配制

9.2.3.1　硝酸（HNO_3）：ρ＝1.42 g/mL，优级纯。

9.2.3.2　盐酸（HCl）：ρ＝1.19 g/mL，优级纯。

9.2.3.3　过氧化氢(H_2O_2)：30%。

9.2.3.4　氨水(NH_4OH)：经等温扩散法提纯。

9.2.3.5　精密 pH 试纸：pH 值为 0.5～5.0。

9.2.3.6　镓贮备溶液(100 μg/mL)：称取 0.013 5 g 氧化镓于烧杯中，用 2 mL 盐酸溶液(1+1)微热溶解，转入 100 mL 量瓶中，加水至标线，混匀。

9.2.3.7　镓使用溶液(5.0 μg/mL)：量取 5.0 mL 镓贮备溶液(见 9.2.3.6)于 100 mL 量瓶中，加水近 100 mL，用氨水(见 9.2.3.4)调节 pH 值为 2.2～2.8，然后加水至标线，混匀。

9.2.3.8　锌标准贮备溶液(1.00 mg/mL)：见 9.1.3.5。

9.2.3.9　锌标准中间溶液(100 μg/mL)：量取 10.0 mL 锌标准贮备溶液(见 9.2.3.8)于 100 mL 量瓶中，加入 1 mL 盐酸(见 9.2.3.2)，加水至标线，混匀。

9.2.3.10　锌标准使用溶液(3.00 μg/mL)：量取 3.00 mL 锌标准中间溶液(见 9.2.3.9)于 100 mL 量瓶中，加水近 100 mL，用氨水(见 9.2.3.4)调节 pH 值为 2.2～2.8，加水至标线，混匀。

9.2.4　仪器及设备

仪器及设备见 6.2.4。

9.2.5　分析步骤

9.2.5.1　样品消化

准确称取 0.25 g(±0.000 1 g)干样于 50 mL 烧杯中，用几滴水润湿，加入 2 mL 硝酸(见9.2.3.1)，盖上表面皿，于电热板上低温加热，待泡沫消失后，加入 1 mL 过氧化氢(见 9.2.3.3)，低温蒸至近干，补加 0.5 mL 硝酸(见 9.2.3.1)和 0.5 mL 过氧化氢 (见 9.2.3.3)，蒸干，再重复两次。用水洗净表面皿，洗涤液并入消化液中，移去表面皿，继续蒸干，然后移到电炉上约 450℃，加热至不溶物呈白色(除尽有机物)，加入 2 mL 盐酸(见 9.2.3.2)，于高温电热板上蒸干，取下冷却，加入 1 mL 盐酸溶液(1+1)，于电热板上微热浸取不溶物。冷却后全量移入 50 mL 量瓶中，加水到标线，混匀，得样品消化液。

同时，制备分析空白样品。

9.2.5.2　样品的测定

样品的测定按以下步骤进行：

a)　量取 2.00 mL～5.00 mL 样品消化液于电解池中，加入 100 μL 镓使用溶液(见 9.2.3.7)，加水至约 10 mL，用氨水(见 9.2.3.4)调节 pH 值为 2.2～2.8，并用精密 pH 试纸(见 9.2.3.5)测试；

b)　接通仪器(测定前开机预热 20 min)。将三种电极插入电解池中，输入选定的仪器技术参数；

c)　启动仪器运转旋钮，待运转结束后，记下峰电流值 I_{s1}；

d)　在原溶液中加入 100 μL 锌标准使用溶液(见 9.2.3.10)，以下同 9.2.5.2.b)～9.2.5.2.c)操作。记下峰电流值 I_{s2}。

9.2.5.3　空白测定

按 9.2.5.2 步骤测定分析空白样品的峰电流值 I_{b1} 和添加锌标准后的峰电流值 I_{b2}。

9.2.6　记录与计算

将测得的峰电流值记入表 A.7 中，按式(11)计算样品中锌的含量：

$$w_{Zn}=\left(\frac{I_{s1}}{I_{s2}-I_{s1}}-\frac{I_{b1}}{I_{b2}-I_{b1}}\right)\frac{\rho_{Zn}V_2V_0}{V_1M} \quad \cdots\cdots (11)$$

式中：

w_{Zn}——生物体干样中锌的含量(质量分数，10^{-6})；

I_{s1}——样品消化液的峰电流值，单位为纳安(nA)、毫米(mm)或格；

I_{s2}——样品消化液加入锌标准使用溶液后的峰电流值，单位为纳安(nA)、毫米(mm)或格；

I_{b1}——分析空白消化液的峰电流值，单位为纳安(nA)、毫米(mm)或格；

I_{b2}——分析空白制备液加入锌标准使用溶液后的峰电流值，单位为纳安(nA)、毫米(mm)或格；

V_0——样品消化液的体积，单位为毫升(mL)；

V_1——测定时量取样品消化液的体积，单位为毫升(mL)；

V_2——加入锌标准使用溶液的体积，单位为毫升(mL)；

ρ_{Zn}——锌标准使用溶液的浓度，单位为微克每毫升(μg/mL)；

M——样品的称取量，单位为克(g)。

9.2.7 精密度和准确度

4个实验室测定同一生物样(牡蛎)，测定结果的平均值为 305×10^{-6}，再现性相对标准偏差为5.0%；测定含量为 172×10^{-6} 的标准物质时，测定结果的相对误差平均为0.2%。

9.2.8 注意事项

注意事项见6.2.7。

10 铬

10.1 无火焰原子吸收分光光度法

10.1.1 适用范围和应用领域

本方法适用于海洋生物中铬的测定。

本方法为仲裁方法。

10.1.2 方法原理

生物干样经硝酸-过氧化氢消化后，在357.9 nm波长处，直接进行铬的无火焰原子吸收分光光度测定。

10.1.3 试剂及其配制

10.1.3.1 硝酸(HNO_3)：ρ=1.42 g/mL，优级纯，用石英亚沸蒸馏器蒸馏提纯。

10.1.3.2 硝酸溶液(1+99)：1体积硝酸(见10.1.3.1)与99体积水混合。

10.1.3.3 过氧化氢(H_2O_2)：30%。

10.1.3.4 抗坏血酸($C_6H_8O_6$)溶液：100 g/L。

10.1.3.5 铬标准贮备溶液(100.0 μg/ mL)：铬标准贮备溶液(100 μg/mL)：称取0.282 9 g重铬酸钾($K_2Cr_2O_7$，优级纯，预先于105℃～110℃烘干2 h)，溶于水中，全量转入1 000 mL量瓶中，加水至标线，混匀。

10.1.3.6 铬标准使用溶液(1.00 μg/mL)：量取1.00 mL铬标准贮备溶液(见10.1.3.5)于100 mL量瓶中，加硝酸溶液(见10.1.3.2)至标线，混匀。

10.1.4 仪器及设备

仪器和设备如下：

——无火焰原子吸收分光光度计；

——氩气钢瓶；

——铬空心阴极灯；

——洁净工作台；

——实验室常备仪器及设备。

10.1.5 分析步骤

10.1.5.1 绘制标准曲线

按以下步骤绘制标准曲线：

a) 分别移取0 mL、0.50 mL、1.00 mL、1.50 mL、2.00 mL、2.50 mL铬标准使用溶液(见10.1.3.6)于6只10 mL具塞比色管中，加1 mL抗坏血酸溶液(见10.1.3.4)，加水至标线，混匀；

b) 量取10 μL溶液加入石墨管中，按选定的仪器技术参数测定标准系列溶液的吸光值(A_i)及标准空白吸光值(A_0)；

c) 将测得数据记入表 A.5 中，以吸光值(A_i-A_0)为纵坐标，相应的铬的浓度(μg/mL)为横坐标，绘制标准曲线。

10.1.5.2 样品的消化

样品的消化按以下步骤进行：

a) 准确称取 0.2 g(±0.000 1 g)干样于 50 mL 烧杯中，用几滴水湿润样品，加入 2 mL 硝酸(见 10.1.3.1)，盖上表面皿，置于电热板，低温加热至泡沫基本消失；

b) 取下烧杯冷却，慢慢地加入 0.5 mL 过氧化氢(见 10.1.3.3)，盖上表面皿，在电热板上于 160℃～200℃加热约 20 min，补加 1.5 mL 过氧化氢(见 10.1.3.3)，继续加热并蒸发至约 1 mL；

c) 加 1 mL 硝酸(见 10.1.3.1)，1.5 mL 过氧化氢(见 10.1.3.3)，盖上表面皿，在电热板上于 160℃～200℃加热，并蒸发至约 0.5 mL，全量转入 10 mL 具塞比色管中，加 1 mL 抗坏血酸溶液(见 10.1.3.4)，加水至标线，混匀。制成样品消化液。同时，制备分析空白样品；

10.1.5.3 样品的测定

量取 20 μL 样品消化液，按选定的仪器技术参数测定吸光值(A_s)和分析空白样品的吸光值(A_b)。以(A_s-A_b)的值从标准曲线上查出相应的铬的浓度(μg/mL)。

10.1.6 记录与计算

将测定结果记入表 A.6 中，按式(12)计算生物样品铬含量：

$$w_{Cr}=\frac{\rho_{Cr}V}{M} \quad \cdots\cdots (12)$$

式中：

w_{Cr}——生物体干样品中铬的含量(质量分数，10^{-6})；

ρ_{Cr}——从标准曲线上查出的铬的浓度，单位为微克每毫升(μg/mL)；

V——样品消化液的体积，单位为毫升(mL)；

M——样品重量，单位为克(g)。

10.1.7 精密度和准确度

六个实验室测定同一生物样(牡蛎)，测定结果的再现性相对标准偏差为 10%。

10.1.8 注意事项

本方法执行中应注意如下事项：

——除非另作说明，本方法所有试剂为分析纯，水为二次去离子水或等效纯水；

——所用器皿均先用硝酸溶液(1+1)浸泡 1 d 以上，使用前用二次去离子水淋洗干净；

——样品消化时应始终盖上表面皿；

——若样品制备液铬的浓度超过标准曲线范围时，应作适当稀释并补加适量抗坏血酸，使其试液中铬的浓度在标准曲线浓度范围内。此时，分析空白制备液也应作相应处理。结果计算中应乘以稀释因数；

——不同型号的无火焰原子吸收分光光度计，自行选定仪器最佳技术参数。

10.2 二苯碳酰二肼分光光度法

10.2.1 适用范围和应用领域

本方法适用于生物体中铬的测定。

10.2.2 方法原理

生物干样经硝酸-硫酸-高氯酸消化后，在一定酸度下，用高锰酸钾将三价铬氧化为六价铬，六价铬离子与二苯碳酰二肼生成紫红色络合物，于 540 nm 波长处进行分光光度法测定。

10.2.3 试剂及其配制

10.2.3.1 硫酸(H_2SO_4)：ρ=1.84 g/ mL，优级纯。

10.2.3.2 硝酸(HNO_3)：ρ=1.42 g/ mL，优级纯。

10.2.3.3 高氯酸($HClO_4$):ρ=1.67 g/mL,优级纯。

10.2.3.4 磷酸溶液(1+1):将磷酸(ρ=1.69 g/mL)与等体积水混合。

10.2.3.5 硫酸溶液(1+1):将1体积硫酸(见10.2.3.1)慢慢加入等体积水中,混匀。

10.2.3.6 硫酸溶液(1+8):将1体积硫酸(见10.2.3.1)慢慢加入8体积水中,混匀。

10.2.3.7 氢氧化铵(NH_4OH):ρ=0.9 g/mL。

10.2.3.8 高锰酸钾溶液(5 g/L):称取0.5 g高锰酸钾($KMnO_4$),溶于100 mL沸水中,冷却后,贮存于棕色瓶中。

10.2.3.9 亚硝酸钠溶液(100 g/L):称取10 g亚硝酸钠($NaNO_2$),溶于水并稀释至100 mL。

10.2.3.10 尿素溶液(200 g/L):称取20 g尿素(CH_4N_2O),溶于水并稀释至100 mL,盛于棕色瓶。放置时间不宜太长。

10.2.3.11 二苯碳酰二肼丙酮溶液(2.5 g/L):称取0.25 g二苯碳酰二肼($C_{13}H_{14}N_4O$)用少量丙酮(C_3H_6O)溶解,然后用丙酮溶液(见10.2.3.15)稀释至100 mL,盛于棕色瓶中,置冰箱中保存。

10.2.3.12 酚酞指示剂(1 g/L):称取0.1 g酚酞,溶于100 mL乙醇中。

10.2.3.13 铬标准贮备溶液(100 μg/mL):称取0.282 9 g重铬酸钾($K_2Cr_2O_7$,优级纯,预先于105℃~110℃烘干2 h),溶于水中,全量转入1 000 mL量瓶中,加水至标线,混匀。

10.2.3.14 铬标准使用溶液(5.00 μg/mL):量取5.00 mL铬标准贮备溶液(见10.2.3.13)于100 mL量瓶中,加水至标线,混匀。

10.2.3.15 丙酮溶液(1+1):将丙酮与等体积水混合。

10.2.4 仪器及设备

仪器和设备如下:

——分光光度计;

——电热板;

——实验室常备仪器及设备。

10.2.5 分析步骤

10.2.5.1 绘制工作曲线

按以下步骤绘制标准曲线:

a) 取6个150 mL锥形瓶,加5 mL水,分别加入0 mL、0.50 mL、1.00 mL、2.00 mL、3.00 mL、4.00 mL铬标准使用溶液(见10.2.3.14);

b) 加入10 mL硝酸(见10.2.3.2)并慢慢加入4 mL硫酸(见10.2.3.1)和2 mL高氯酸(见10.2.3.3),放入数粒玻璃珠,瓶口放一小玻璃漏斗,置于电热板上,不超过180℃加热至白烟冒尽;

c) 冷却后,全量转入50 mL量瓶中,用水稀释至标准,混匀;

d) 量取10 mL上述消化液于50 mL高型烧杯中,加数滴酚酞指示剂(见10.2.3.12),用氢氧化铵(见10.2.3.7)中和至溶液呈淡粉红色,加数粒玻璃珠,加热微沸至无氨味或用广泛pH试纸于瓶口不变色为止;

e) 稍冷后,加入0.5 mL硫酸溶液(见10.2.3.5),0.5 mL高锰酸钾溶液(见10.2.3.8),在电热板沙浴上(100℃左右)加热氧化15 min。加热过程中,若紫红色消失,应补加高锰酸钾溶液使保持红色;

f) 冷却后,加5 mL尿素溶液(见10.2.3.10)摇匀,然后边摇边滴加亚硝酸钠溶液(见10.2.3.9)至紫红色刚刚消失。加2 mL磷酸溶液(见10.2.3.4),混匀;

g) 将溶液全量转入25 mL量瓶或具塞比色管中,加1 mL二苯碳酰二肼丙酮溶液(见10.2.3.11)立即加水至标线并混匀。10 min后,用3 cm测定池,以水为参比,于540 nm波长测定标准系列吸光值 A_i 及标准空白的吸光值 A_0;

h) 将测定数据记入表 A.3 中。以吸光值(A_i-A_0)为纵坐标,相应的铬的含量(μg)为横坐标绘制工作曲线。

10.2.5.2 **样品的消化**

样品的消化按以下步骤进行:

a) 准确称取 2 g(±0.000 1 g)干样于 150 mL 锥形瓶中,加 10 mL 硝酸(见 10.2.3.2),再慢慢地加入 4 mL 硫酸(见 10.2.3.1),摇匀,放置过夜;

b) 加 2 mL 高氯酸(见 10.2.3.3),瓶口放一小玻璃漏斗,置于电热板上,不超过 180℃,加热消化至白烟冒尽,溶液呈透明无色或淡黄色。在加热过程中,若出现样品碳化,颜色变深,需取下稍冷,补加 1 mL~2 mL 硝酸(见 10.2.3.2),再继续加热消化;

c) 加 10 mL 水稀释,用中速定量滤纸滤去残渣,并用热水洗涤残渣,滤液和洗涤液收集于 50 mL 量瓶中,用水稀释至标线,混匀。制得样品消化液。同时,制备分析空白样品。

10.2.5.3 **样品测定**

量取 10 mL 样品消化液于 50 mL 高型烧杯中,按绘制工作曲线 10.2.5.1.d)~10.2.5.1.g)步骤测定样品制备液的吸光值(A_s)及分析空白样品吸光值(A_b),以(A_s-A_b)的值从工作曲线上查出相应的铬含量。

10.2.6 **记录与计算**

将测定数据记入表 A.4 中,按式(13)计算生物样品中铬的含量:

$$w_{Cr}=\frac{mV_0}{V_1M} \qquad (13)$$

式中:

w_{Cr}——生物体干样的总铬的含量(质量分数,10^{-6});

m——从工作曲线上查得的铬的量,单位为微克(μg);

V_0——样品消化液的体积,单位为毫升(mL);

V_1——测定时量取样品消化液的体积,单位为毫升(mL);

M——样品重量,单位为克(g)。

10.2.7 **精密度和准确度**

铬含量分别为 0.85×10^{-6} 和 2.88×10^{-6} 时,相对标准偏差分别为 7.1% 和 6.1%;再现性相对标准偏差为 18%。

10.2.8 **注意事项**

本方法执行中应注意如下事项:

——除非另作说明,本方法所用试剂均为分析纯,水为二次蒸馏水或等效纯水;

——三阶铁离子对本方法有干扰,可用磷酸或焦磷酸钠消除;

——所用玻璃器皿用稀王水洗涤,不得用重铬酸钾洗液,以免沾污;

——滴加还原剂时,应充分摇匀,细心控制用量,防止六价铬被还原;

——络合物颜色稳定性随温度升高而下降,一般应在 2 h 内测定完毕;当室温高于 30 ℃时,应在半小时内测定完毕;

——二苯碳酰二肼丙酮溶液若变黄或浑浊时,应重配。

11 砷

11.1 原子荧光法

11.1.1 **适用范围和应用领域**

本方法适用于海洋生物体中砷的测定。

本方法为仲裁方法。

11.1.2　**方法原理**

生物样品经硝酸-高氯酸消解后，以硼氢化钾作还原剂将砷还原成挥发性氢化物，以氩气为载气使挥发性氢化物进入原子荧光光度计的原子化器中，进行原子荧光测定。

11.1.3　**试剂及其配制**

11.1.3.1　硝酸(HNO_3)：ρ=1.42 g/mL，优级纯。

11.1.3.2　硫酸(H_2SO_4)：ρ=1.84 g/mL，优级纯。

11.1.3.3　高氯酸($HClO_4$)：优级纯。

11.1.3.4　氢氧化钠(NaOH)。

11.1.3.5　硼氢化钾(KBH_4)。

11.1.3.6　氢氧化钾(KOH)：优级纯。

11.1.3.7　硫脲(CH_4N_2S)。

11.1.3.8　抗坏血酸($C_6H_8O_6$)。

11.1.3.9　硫酸溶液(1+9)：将1份硫酸(见11.1.3.2)与9份水混合。

11.1.3.10　硼氢化钾溶液(7g/L)：称取7g硼氢化钾(见11.1.3.5)于预先加有2g氢氧化钾(见11.1.3.6)的水中，溶解后稀释至1 000 mL。使用时配制。

11.1.3.11　氢氧化钠溶液(10%)：称取10g氢氧化钠(见11.1.3.4)，加水溶解后稀释至100 mL；

11.1.3.12　硫脲+抗坏血酸还原剂：称取12.5g硫脲(见11.1.3.7)和7.5g抗坏血酸(见11.1.3.8)溶于250 mL水中。使用前配制。

11.1.3.13　砷标准贮备溶液(100.0 μg/mL)：准确称取0.132 0 g三氧化二砷(As_2O_3，优级纯，预先在105℃烘2 h，保存于干燥器中)，置于100 mL烧杯中，加入10 mL氢氧化钠溶液(见11.1.3.11)，搅拌使其溶解，全量转入1 000 mL容量瓶中，加25 mL硫酸溶液(见11.1.3.9)，加水定容至标线，混匀；

11.1.3.14　砷标准中间溶液(5.00 μg/mL)：移取5.00 mL砷标准贮备溶液(见11.1.3.13)于100 mL容量瓶中，加10 mL硫酸溶液(见11.1.3.9)，加水定容至标线，混匀。

11.1.3.15　砷标准使用溶液(0.50 μg/mL)：准确移取10.0 mL砷标准中间溶液(见11.1.3.14)于100 mL容量瓶中，加10 mL硫酸溶液(见11.1.3.9)，加水定容至标线，混匀(使用时配制)。

11.1.4　**仪器及设备**

仪器和设备如下：

——原子荧光光度计；

——容量瓶：容量50 mL、100 mL、250 mL、500 mL、1 000 mL；

——移液管：容量10 mL；

——烧杯：容量50 mL、1 000 mL；

——电加热板；

——氩气；

——实验室常用仪器与设备。

11.1.5　**分析步骤**

11.1.5.1　**绘制标准曲线**

按以下步骤绘制标准曲线：

a)　于7个50 mL容量瓶中分别移取0 mL、0.50 mL、1.00 mL、2.00 mL、3.00 mL、4.00 mL砷标准使用溶液(见11.1.3.15)，25 mL硫酸溶液(见11.1.3.9)和5 mL硫脲+抗坏血酸还原剂(见11.1.3.12)，用水稀释至标线，混匀，放置15 min；

b)　按选定的仪器工作条件，依次加入砷标准系列溶液各2 mL，分别测定标准空白荧光强度(I_0)和标准样品荧光强度(I_i)；

c)　将数据记入表A.1中，以荧光强度(I_i-I_0)为纵坐标，相应的砷浓度(μg/L)为横坐标，绘制标准曲线(给出线性回归方程)并计算线性回归系数。

11.1.5.2 样品测定

样品测定按以下步骤进行:

a) 准确称取 0.2 g～0.5 g 生物干样或 2 g～10 g 生物湿样(精确至±0.000 1 g)于 50 mL 烧杯中,加入 10 mL 硝酸(见 11.1.3.1),盖上表面皿,摇匀后放置过夜。次日将样品置于电热板,在 160℃下加热消化至溶液无色。若溶液仍有未分解物质或色泽较深,补加 5 mL 硝酸(见 11.1.3.1),继续消化至溶液无色,消化时不能蒸干。再加入 1 mL 高氯酸(见 11.1.3.3),加热消化至剩少许溶液,取下烧杯,冷却,用水定量转入 50 mL 容量瓶中,加 25.0 mL 硫酸溶液(11.1.3.9)和 5 mL 硫脲+抗坏血酸还原剂(见 11.1.3.12),用水稀释至刻度,充分混匀,放置 30 min 后测试;

b) 除不加生物样品外,其余步骤完全等同于样品消化[见 11.1.5.3.a)]。由此制备的溶液作为分析空白样品;

c) 取 2 mL 分析空白样品[见 11.1.5.2.b)]和 2 mL 样品消化液[见 11.1.5.3.a)],分别测定分析空白荧光强度(I_b)和样品消化液的荧光强度(I_s)。以(I_s-I_b)值从标准曲线上查出相应的砷的浓度,或用线性回归方程计算得出砷的浓度。

11.1.6 记录和计算

将测定结果记入表 A.2 中,按式(14)计算生物体中砷的含量:

$$w_{AS}=\frac{CV}{M} \qquad (14)$$

式中:

w_{AS}——样品中砷含量(质量分数,10^{-6});

C——标准曲线上查得砷含量,单位为微克每升(μg/L);

M——生物样称取量,单位为克(g);

V——生物样消化液的体积,单位为升(L)。

11.1.7 精密度和准确度

砷含量为 6.67×10^{-6}时,测定结果的再现性相对标准偏差为 7%,相对误差为 1%;重复性相对标准偏差为 1.5%。

11.1.8 注意事项

本方法执行中应注意如下事项:

——除非另作说明,本方法所用试剂均为分析纯,水为去离子水或等效无砷水;

——所用器皿需用硝酸溶液(1+6)浸泡 2d 以上,使用前用纯水冲洗;

——生物样品取样量较大时,可适当增加硝酸用量;

——所用的试剂,在使用前应作空白试验;

——空白高的试剂,特别是酸,将会严重影响方法的准确度。

11.2 砷钼酸-结晶紫分光光度法

11.2.1 适用范围和应用领域

本方法适用于海洋生物体中砷的测定。

11.2.2 方法原理

生物样品经硝酸-高氯酸-硫酸消化,在酸性介质中,用碘化钾、氯化亚锡和金属锌将砷还原为砷化氢,并被高锰酸钾-硝酸银溶液吸收。砷与钼杂多酸-结晶紫形成络合物,于波长 545 nm 处进行分光光度测定。

11.2.3 试剂及其配制

11.2.3.1 无砷锌粒:10 目～20 目(1 700 μm～830 μm)。

11.2.3.2 硝酸(HNO_3):ρ=1.42 g/mL,优级纯。

11.2.3.3 高氯酸($HClO_4$):ρ=1.67 g/mL,优级纯。

11.2.3.4 硫酸(H_2SO_4):ρ=1.84 g/mL,优级纯。

11.2.3.5 硫酸溶液(1+1):在搅拌下,将1体积硫酸(见11.2.3.4)缓慢地加到1体积水中,混匀。

11.2.3.6 硫酸溶液(1+17):在搅拌下,将1体积硫酸(见11.2.3.4)缓慢地加到17体积水中,混匀。

11.2.3.7 氢氧化钠溶液(200 g/L):将10 g氢氧化钠(NaOH)溶于水中,加水至50 mL,混匀。贮于聚乙烯瓶中。

11.2.3.8 过氧化氢溶液(1+99):量取1 mL过氧化氢(H_2O_2,30%)与99 mL水混合。当日配制。

11.2.3.9 氯化亚锡溶液(400 g/L):称取40 g氯化亚锡($SnCl_2 \cdot 2H_2O$)溶于50 mL盐酸(HCl,ρ=1.19 g/mL,优级纯)中,加水至100 mL,混匀。

11.2.3.10 碘化钾溶液(150 g/L):称取15 g碘化钾(KI,优级纯)溶于水中,加水至100 mL,混匀。临用时配制。

11.2.3.11 硝酸银溶液(5 g/L):称取0.5 g硝酸银($AgNO_3$)溶于100 mL水中,加数滴硝酸(见11.2.3.2)酸化,混匀。盛于棕色试剂瓶中。

11.2.3.12 钼酸铵溶液(4.0 g/L):称取0.4 g钼酸铵〔$(NH_4)_6Mo_7O_{24} \cdot 4H_2O$〕于100 mL水中,加热溶液,冷却后盛于试剂瓶中。

11.2.3.13 聚乙烯醇溶液(5 g/L):称取0.5 g聚乙烯醇〔$(C_2H_4O)_{124}$,PV-124〕于200 mL烧杯中,加100 mL沸水,搅拌溶解至清亮,临用时配制。

11.2.3.14 结晶紫溶液(0.5 g/L):称取500 mg结晶紫($C_{25}H_{30}CN_3 \cdot 9H_2O$)于250 mL烧杯中,加入100 mL水,搅拌溶解,用脱脂棉过滤后使用。

11.2.3.15 砷标准贮备溶液(500.0 μg/mL):称取0.330 1 g三氧化二砷(As_2O_3,优级纯,预先在105℃烘干2 h,置于硅胶干燥器中保存)于50 mL烧杯中,用10 mL氢氧化钠溶液(见11.2.3.7)溶解后,用硫酸溶液(见11.2.3.5)酸化至弱酸性,全量移入500 mL量瓶中,加水至标线,混匀。

11.2.3.16 砷标准中间溶液(10.0 μg/mL):量取1.00 mL砷标准贮备溶液(见11.2.3.15)于50 mL量瓶中,加水至标线,混匀。

11.2.3.17 砷标准使用溶液(1.00 μg/mL):量取10.0 mL砷标准中间溶液(见11.2.3.16)于100 mL量瓶中,加水至标线,混匀。

11.2.3.18 乙酸铅棉花:称取10 g乙酸铅〔$(CH_3COO)_2Pb \cdot 3H_2O$〕,加几滴乙酸,用水溶解后,加水至100 mL,混匀。将脱脂棉浸于此溶液中,1 h后取出,自然晾干或低于60℃处烘干。贮于广口试剂瓶中。

11.2.3.19 高锰酸钾溶液(30 g/L):称取3 g高锰酸钾($KMnO_4$,优级纯)溶于100 mL水中,混匀。

11.2.4 仪器及设备

仪器和设备如下:

——分光光度;

——砷化氢发生吸收装置:见GB 17378.5;

——实验室常备仪器及设备。

11.2.5 分析步骤

11.2.5.1 绘制标准曲线

按以下步骤绘制标准曲线:

a) 分别量取0 mL、1.00 mL、2.00 mL、3.00 mL、4.00 mL、5.00 mL砷标准使用溶液(见11.2.3.17)于砷化氢发生瓶中,加水至50 mL;

b) 加入5 mL硫酸溶液(见11.2.3.5),5 mL碘化钾溶液(见11.2.3.10)和3 mL氯化亚锡溶液(见11.2.3.9),混匀,放置15 min;

c) 加2 mL硝酸银溶液(见11.2.3.11),3.75 mL硫酸溶液(见11.2.3.6),0.2 mL高锰酸钾溶液

(见 11.2.3.19)于吸收管中,将一端塞有乙酸铅棉花(见 11.2.3.18)的导气管插入吸收管中。加 3 g 无砷锌粒(见 11.2.3.1)于砷化氢发生瓶中,立即按图 6 连接好砷化氢-吸收装置,吸收 40 min;

d) 取出吸收管,将吸收液全量转入 25 mL 具塞比色管中,滴加过氧化氢溶液(见 11.2.3.8)使红色恰好消褪,加入 4 mL 钼酸铵溶液(见 11.2.3.12),混匀,放置 15 min,加入 4 mL 聚乙烯醇溶液(见 11.2.3.13),混匀,加入 4 mL 结晶紫溶液(见 11.2.3.14),立即混匀,加水至 25 mL,混匀,放置 30 min～40 min。于 545 nm 波长处,用 1 cm 测定池测定标准系列吸光值 A_i 及标准空白的吸光值 A_0;

e) 将测定结果记入表 A.3 中。以吸光值(A_i-A_0)为纵坐标,相应的砷的量(μg)为横坐标绘制标准曲线。

11.2.5.2 样品消化

样品的消化按以下步骤进行:

a) 称取 0.2 g～1g(±0.000 1 g)生物干样放入砷化氢发生瓶中,加几滴水润湿,加入 10 mL 硝酸(见 11.2.3.2);

b) 将发生瓶置于电热板上,于 140 ℃左右加热至反应平缓后,然后逐渐升温,在 160℃～180℃下加热,并蒸发剩约 1 mL,取下冷却;

c) 加入 3 mL 硝酸(见 11.2.3.2),1 mL 高氯酸(见 11.2.3.3)和 2 mL 硫酸(见 11.2.3.4),置于电热板上,加热蒸至冒大量白烟,取下冷却。用水中洗瓶壁,继续加热并蒸发至冒大量白烟,此时消化液应透明清亮,取下冷却。加入 30 mL 水,加热溶解,冷却,制得样品消化液。同时制备分析空白样品。

11.2.5.3 样品的测定

按 11.2.5.1.b)～11.2.5.1.d)步骤测定样品消化液的吸光值(A_s)和分析空白样品的吸光值(A_b)。以(A_s-A_b)的值从标准曲线上查出相应的砷的量。

11.2.6 记录与计算

将测得数据记入表 A.4 中,按式(15)计算生物体中砷含量:

$$w_{As}=\frac{m}{M} \qquad (15)$$

式中:

w_{As}——生物体干样中砷的含量(质量分数,10^{-6});

m——从标准曲线上查得的砷的量,单位为微克(μg);

M——样品的称取量,单位为克(g)。

11.2.7 精密度和准确度

5 个实验室测定同一生物样品(牡蛎),测定结果的再现性相对标准偏差为 14.4%。

11.2.8 注意事项

本方法执行中应注意如下事项:

——除非另作说明,本方法所用试剂均为分析纯,水为二次去离子或等效纯水;

——玻璃器皿应用硝酸溶液(1+3)浸泡过夜,再用二次去离子水洗净;

——加入结晶紫溶液后应立即混匀,否则结果的重现性不佳。结晶紫的纯度应预先检验,试剂空白的吸光值(以水作参比)一般应小于 0.2 为宜;

——加入的试剂量应一致,以获得良好的精密度;

——对砷含量较低的生物样品,可适当增加称样量,并适当增加消化的酸用量;

——玻璃导气管球部装填的乙酸铅棉花应松散均匀,使气体遇到的阻力基本一致;

——砷化氢发生装置应十分严密,防止漏气。吸收液的液柱高度要求在 8 cm 以上。

11.3 氢化物原子吸收分光光度法

11.3.1 适用范围和应用领域

本方法适用于海洋生物中砷的测定。

11.3.2 方法原理

样品经硝酸-硫酸消化。在酸性介质中，用抗坏血酸将五价砷还原成三价砷，用硼氢化钾将三价砷转化成砷化氢，由载气将砷化氢导入原子化器，于 193.7 nm 波长处进行原子吸收分光光度测定。

11.3.3 试剂及其配制

11.3.3.1 硝酸(HNO_3)：ρ=1.42 g/mL，优级纯。

11.3.3.2 硫酸(H_2SO_4)：ρ=1.84 g/mL，工艺超纯。

11.3.3.3 硫酸溶液(1+19)：1 份硫酸(11.3.3.2)缓慢地加入 19 份水中，混匀。

11.3.3.4 盐酸(HCl)：ρ=1.19 g/mL。

11.3.3.5 无砷盐酸溶液：将 900 mL 水和 100 mL 盐酸(见 11.3.3.4)加入 2 000 mL 广口聚乙烯瓶中，用刻度吸管将 100 mL 硼氢化钾溶液(见 11.3.3.7)由瓶底滴入瓶内，用氮气流(1.5 L/min)鼓泡 3 min 驱除砷化氢。重复加硼氢化钾溶液(见 11.3.3.7)再鼓泡 1 次。临用前，加 3 g 抗坏血酸(见 11.3.3.8)和 5 g 硫脲(见 11.3.3.9)。

11.3.3.6 氢氧化钠溶液(10 g/L)：称取 10 g 氢氧化钠(NaOH，优级纯)溶于 1 L 水中，存于聚乙烯瓶中。

11.3.3.7 硼氢化钾溶液(15 g/L)：称取 15 g 硼氢化钾(KBH_4)溶于 100 mL 氢氧化钠溶液(见 11.3.3.6)中，加水至 1 L，经双层滤纸过滤混匀，冰箱内保存，一周有效。使用时，液温需与室温一致。

11.3.3.8 抗坏血酸($H_6H_8O_6$)。

11.3.3.9 硫脲(N_2H_4CS)：优级纯。

11.3.3.10 混合还原剂：称取 5 g 硫脲(见 11.3.3.9)和 3 g 抗坏血酸(见 11.3.3.8)，溶于 100 mL 水中。

11.3.3.11 砷标准贮备溶液(500.0 mg/mL)：见 11.2.3.15。

11.3.3.12 砷标准中间溶液(10.0 μg/mL)：见 11.2.3.16。

11.3.3.13 砷标准使用溶液(0.100 μg/mL)：移取 1.00 mL 砷标准中间溶液(见 11.3.3.12)于100 mL 量瓶中，加水到标线，混匀。

11.3.4 仪器与设备

仪器和设备如下：

——原子吸收分光光度计，配有氢化物原子化装置；

——氢化物发生装置；

——砷空心阴极灯；

——高压罐：容积 30 mL。

11.3.5 分析步骤

11.3.5.1 绘制标准曲线

按以下步骤绘制标准曲线：

a) 依次量取 0 mL、0.10 mL、0.20 mL、0.30 mL、0.40 mL、0.50 mL 砷标准使用溶液(见 11.3.3.13)于反应瓶中，加入 10 mL 无砷盐酸溶液(见 11.3.3.5)；

b) 按 11.3.5.3～11.3.5.4 步骤测定吸收峰值(A_i)，将此值连同空白值(A_0)记入表 A.8 中；

c) 以吸光值(A_i-A_0)为纵坐标，相应的砷量(μg)为横坐标，绘制标准曲线。

11.3.5.2 样品的消化

样品的消化按以下步骤进行：

a) 准确称取 0.3 g(±0.000 1 g)生物干样，于高压罐中，加入 4 mL 硝酸(见 11.3.3.1)，放置 4 h，

再加入 1 mL 硫酸(见 11.3.3.2),拧紧高压罐盖。于 130℃恒温干燥箱中加热 1 h,再在 180℃下加热 2 h,取出冷却;

b) 将高压罐的聚四氟乙烯容器置于 180℃～200℃电热板上加热蒸发,至消化液体积约为 1 mL,取下冷却;

c) 将消化液全量转入 25 mL 量瓶中,加无砷盐酸溶液(见 11.3.3.5)至标线,混匀,此为样品消化液 D;

d) 量取 5 mL～10 mL 样品消化液 D(视砷含量高低可适当增减)于 100 mL 量瓶中,加 10 mL 混合还原剂(见 11.3.3.10),加无砷盐酸溶液(见 11.3.3.5)至标线,混匀。放置 15 min 后待测。此为样品分析试液 D_1;

e) 按同样步骤制备样品分析空白样品。

11.3.5.3 冲洗管路

按以下步骤冲洗管路:

a) 接通仪器电源,将原子化器预热半小时;

b) 调好载气流速;

c) 加 10 mL 无砷盐酸溶液(见 11.3.3.5)于反应瓶中;

d) 接通记录仪,松开弹簧夹,以 24 mL/min 流速滴加硼氢化钾溶液(见 11.3.3.7),当吸收峰顶刚过,夹紧弹簧夹,关闭记录仪,放掉废液。按 11.3.5.2.c)～11.3.5.2.d)两步反复操作,直至空白值稳定(以稳定后的空白值为标准空白吸收峰值 A_0)。

11.3.5.4 样品测定

量取 10.0 mL 样品分析试液于反应瓶中,其余按绘制标准曲线 11.3.5.1 步骤测定样品分析试液的吸光值(A_s)及分析空白样品吸光值(A_b),以(A_s-A_b)值从标准曲线上查出相应的砷量 (μg)。

11.3.6 记录与计算

将测定数据记入表 A.9 中,按式(16)计算生物样品中砷含量:

$$w_{As}=\frac{mV_0V_1}{V_2V_3M} \qquad \cdots\cdots (16)$$

式中:

w_{As}——生物体干样中砷的含量(质量分数,10^{-6});

m——从标准曲线上查的砷的量,单位为微克(μg);

V_0——样品消化液“D”的体积,单位为毫升(mL);

V_1——样品分析试液制备体积,单位为毫升(mL);

V_2——配制样品分析试液“D”时,量取样品消化液“D”的体积,单位为毫升(mL);

V_3——测定时,量取样品分析试液“D_1”的体积,单位为毫升(mL);

M——样品的称取量,单位为克(g)。

11.3.7 精密度和准确度

测定砷含量为 0.044×10^{-6} 的标准物质时,再现性相对标准偏差为 8.8%,相对误差平均为 5.7%。

11.3.8 注意事项

本方法执行中应注意如下事项:

——除非另作说明,本方法所用试剂均为分析纯,水为二次去离子水或等效纯水;

——称样较多时,可适当增加硝酸用量;

——仪器应预热,温度达平衡后再正式工作。加热电压要稳定。每份样品分析间隔时间应尽量一致;

——工作进行中,重做一条标准曲线与前曲线相比较,检查灵敏度是否一致;

——硼氢化钾流速、浓度及反应液的温度,载气流速对结果都有影响,应保持条件一致;

——增加样品称取量或减少消化溶液的定容体积，可提高测定灵敏度，降低检出限；

——所用器皿均应用硝酸溶液(1+6)浸泡2 d以上，并用纯水冲洗5次，方可使用。

11.4 催化极谱法

11.4.1 适用范围和应用领域

本方法适用于海洋生物体中砷的测定。

11.4.2 方法原理

样品经硝酸-高氯酸分解，在硫酸介质中，用过氧化氢将五价砷还原成三价砷，用硫酸钡共沉淀铅排除干扰。三价砷在碲-硫酸-碘化铵介质中能得到灵敏的催化波，其催化电流随砷浓度的增加而增加，以此进行砷的定量测定。

11.4.3 试剂及其配制

11.4.3.1 硝酸(HNO_3)：ρ=1.42 g/mL。

11.4.3.2 高氯酸($HClO_4$)：ρ=1.67 g/mL，优级纯。

11.4.3.3 硫酸溶液(1+1)：1体积硫酸(H_2SO_4，ρ=1.84 g/mL，优级纯)慢慢加入1体积水中，混匀。

11.4.3.4 过氧化氢(H_2O_2)：30%。

11.4.3.5 碲溶液(50 μg/mL)：称取0.010 g碲粉(纯度99.99%)于50 mL烧杯中，加入1 mL硝酸(11.4.3.1)，于电热板上加热溶解，加入5 mL硫酸溶液(见11.4.3.3)，加热至刚冒白烟，取下冷却，转入200 mL量瓶中，加水至标线，混匀。

11.4.3.6 氯化钡溶液(7 mg/mL)：称取0.7 g氯化钡($BaCl_2 \cdot 2H_2O$)溶于水中，加水至100 mL，混匀。

11.4.3.7 碘化铵溶液(2.0 mol/L)：称取14.5 g碘化铵(NH_4I)于50 mL量瓶中，加水溶解并稀释至标线，混匀。

11.4.3.8 动物胶溶液(1 g/L)：称取0.1 g动物胶溶于100 mL热水中。

11.4.3.9 砷标准贮备溶液(100.0 μg/mL)：称取0.1320 g三氧化二砷(As_2O_3，经105℃烘干2 h)于50 mL聚四氟乙烯烧杯中，加入8 mL氢氧化钠溶液(20 g/L，用优级纯NaOH配制)和2 mL过氧化氢(11.4.3.4)，在沸水浴上加热溶解并蒸干。加入3 mL氨水(NH_4OH，ρ=0.90 g/mL)，蒸干，重复一次。加入3 mL氨水和少量水，温热溶解盐类。加入6 mL硫酸溶液(见11.4.3.3)，全量转入1 000 mL量瓶中，加水至标线，混匀。

11.4.3.10 砷标准中间溶液(10.0 μg/mL)：量取10.0 mL砷标准贮备溶液(见11.4.3.9)，放入100 mL量瓶中，加0.25 mL硫酸溶液(见11.4.3.3)，加水至标线，混匀。

11.4.3.11 砷标准使用溶液(0.20 μg/mL)：量取2.00 mL砷标准中间溶液(见11.4.3.10)放入100 mL量瓶中，加入0.25 mL硫酸溶液(见11.4.3.3)，加水至标线，混匀。

11.4.4 仪器及设备

仪器和设备如下：

——极谱仪：具有二次导数功能的示波极谱仪；

——三电极系统：滴汞电极、甘汞电极、铂电极；

——离心机：3 000 r/min，可调速；

——精密微量移液管：容量100 μL，500 μL，1 000 μL；

——实验室常备仪器和设备。

11.4.5 分析步骤

11.4.5.1 绘制工作曲线

按以下步骤绘制标准曲线：

a) 取6支10 mL具塞比色管，各加入3.0 mL分析空白制备液，分别加入0 mL、0.50 mL、1.00 mL、2.00 mL、3.00 mL、4.00 mL砷标准使用溶液(见11.4.3.11)；

b) 加 1.5 mL 硫酸溶液(见 11.4.3.3),0.40 mL 碲溶液(见 11.4.3.5),加水至标线,混匀。加 1.0 mL碘化铵溶液(见 11.4.3.7)和 0.1 mL 动物胶溶液(见 11.4.3.8),混匀,放置半小时;

c) 于起始电压－0.44 V 处,用二次导数极谱记录砷催化波的峰电流值(I_{pi})及标准空白峰电流值(I_{p0})(波高×电流倍率);

d) 将测得数据记入表 A.10 中,以峰电流值($I_{pi}-I_{p0}$)为纵坐标,相应砷的量(μg)为横坐标,绘制工作曲线。

11.4.5.2 样品的消化

准确称取 0.1 g(±0.000 1 g)干样于 50 mL 烧杯中,加入 5 mL 硝酸(见 11.4.3.1)盖上表面皿,于电热板 140℃左右,加热消化至近干,取下稍冷,加 2 mL 硝酸(见 11.4.3.1)及 2 mL 高氯酸(见 11.4.3.2),升高温度至 180℃～200℃,蒸干,用水淋洗表面皿,并移去,加热蒸干。用水仔细地淋洗杯壁,蒸至白烟冒尽。加 0.5 mL 硫酸溶液(见 11.4.3.3),继续加热至刚冒白烟,取下冷却,加入 2 mL～3 mL水微热浸取残渣并全量转入 25 mL 具塞比色管中,加 1 mL 氯化钡溶液(见 11.4.3.6),加水至标线,塞紧塞子,剧烈振荡 2 min,放置澄清,制得样品消化液。

同时按上述步骤制备分析空白样品。

11.4.5.3 样品的测定

量取 3.0 mL 样品消化液的上层清液于 10 mL 具塞比色管中,其余按 11.4.5.1.b)～11.4.5.1.d)步骤测定样品制备液的峰电流值(I_{Ps})和分析空白样品的峰电流值(I_{pb}),以($I_{Ps}-I_{pb}$)的值从工作曲线上查出相应的砷的量。

11.4.6 记录与计算

将测得的数据记入表 A.11 中,按式(17)计算生物体中砷含量。

$$w_{As}=\frac{mV_0}{V_1M} \qquad (17)$$

式中:

w_{As}——生物体干样中砷的含量(质量分数,10^{-6});

m——从工作曲线上查得的砷的量,单位为微克(μg);

V_0——样品消化液的体积,单位为毫升(mL);

V_1——用于测定的样品消化的体积,单位为毫升(mL);

M——样品的称取量,单位为克(g)。

11.4.7 精密度和准确度

6 个实验室分析同一生物样品(牡蛎),测定结果的再现性相对标准偏差为 4.9%。

11.4.8 注意事项

本方法执行中应注意如下事项:

——除非另作说明,本方法所用试剂为分析纯,水为二次去离子水或等效纯水;

——消化结束后,残渣不呈灰褐色,表明有机物已被破坏殆尽;

——硝酸及高氯酸应除尽,否则加入过氧化氢后不能将五价砷还原成三价砷。样品消化时,用水淋洗杯壁,然后蒸干,再加入硫酸蒸至刚冒白烟;

——测定时溶液中铁量如超过 1 mg 时,峰电流值会下降。本方法对含有 12 mg 砷的试液,当其铁含量高达 8.3%时,不影响测定;

——配制好的极谱底液应放置半小时后测定,否则极谱不稳定,无法测得准确的峰电流值;

——起始电压应固定;

——测试时,室温应高于 14℃,低于此温度时,波形不好,甚至得不到极谱波,温度最好控制在 20℃～28℃之间。温度过高时,易析出 I_2,因此,极谱室应有空调设备;

——若样品中砷的含量低于 5×10^{-6}时,可在测定液中加入 0.100 μg 砷,测定后,再扣去其添加的

0.100 μg 砷。

12 硒

12.1 荧光分光光度法

12.1.1 适用范围和应用领域

本方法适用于生物样品中硒的测定。

本方法为仲裁方法。

12.1.2 方法原理

生物样品经硫酸-高氯酸-钼酸钠消解，在酸性介质中，四价硒与 2,3-二氨基萘反应生成有绿色荧光的 4,5-苯并苤硒脑，用环已烷萃取，在激发波长 376 nm，发射波长 520 nm 下，进行荧光分光光度测定。

12.1.3 试剂及其配制

12.1.3.1 盐酸(HCl)：ρ=1.19 g/mL。

12.1.3.2 盐酸溶液(1+99)：将 1 份盐酸(12.1.3.1)与 99 份水混合。

12.1.3.3 硫酸(H_2SO_4)：ρ=1.84 g/mL。

12.1.3.4 高氯酸($HClO_4$)：ρ=1.67 g/mL。

12.1.3.5 高氯酸-硫酸-钼酸钠混合溶液：称取 7.5 g 钼酸钠($Na_2MoO_4 \cdot 7H_2O$)溶于水中，加入 200 mL高氯酸(见 12.1.3.4)和 150 mL 硫酸(见 12.1.3.3)混匀，贮于 500 mL 试剂瓶中。

12.1.3.6 硫酸-氢溴酸混合溶液：量取 200 mL 硫酸(见 12.1.3.3)在搅拌条件下，缓慢地加入 200 mL 水中，加 30 mL 氢溴酸(HBr，ρ=1.38 g/mL)，混匀。置砂浴上加热至冒白烟。

12.1.3.7 氨水溶液(1+1)：等体积水和氨水混匀。

12.1.3.8 乙二胺四乙酸二钠(EDTA-2Na)溶液(74 g/L)：称取 37 g 乙二胺四乙酸二钠($C_{10}H_{14}N_2Na_2O_8 \cdot 2H_2O$)于 250 mL 烧杯中，加适量水加热溶解，移入 500 mL 量瓶中，冷却后加水至标线，混匀。

12.1.3.9 盐酸羟胺溶液(100 g/L)：称取 10 g 盐酸羟胺($NH_2OH \cdot HCl$)于 100 mL 烧杯中，用水溶解后加水至 100 mL，混匀。

12.1.3.10 乙二胺四乙酸二钠-盐酸羟胺混合溶液：量取 100 mL 乙二胺四乙酸二钠溶液(见 12.1.3.8)和 10 mL 盐酸羟胺溶液(见 12.1.3.9)于 1 000 mL 量瓶中，加水至标线，混匀。

12.1.3.11 2,3-二氨基萘(DAN)溶液(1.0 g/L)：称取 400 mg DAN($C_{10}H_{10}N_2$)于 500 mL 烧杯中，加 400 mL 盐酸溶液(见 12.1.3.2)溶解，转入 1 000 mL 锥形分液漏斗中(漏斗颈部塞有脱脂棉)，在振荡器上振荡 15 min 使其全部溶解。加入 80 mL 环已烷(见 12.1.3.12)再振荡 5 min，静置分层后，收集水相，弃去有机相。再用环已烷(见 12.1.3.12)纯化水相数次。检查最后有机相的荧光强度，至其荧光值降到接近纯环已烷的荧光强度为止，将纯化后的 DAN 溶液贮于棕色瓶中，加入环已烷(见 12.1.3.12)使其覆盖液面约 1 cm 厚，置于冰箱中保存。有效期一个月。

12.1.3.12 环已烷(C_6H_{12})：若含有荧光杂质，用重蒸馏提纯，用过的环已烷蒸馏后可再使用。

12.1.3.13 硒标准贮备液(400.0 μg/mL)：称取 0.140 5 g 二氧化硒(SeO_2，纯度 99.99%)于 50 mL 烧杯中，用适量水溶解后，全量转入 250 mL 容量瓶中，加盐酸溶液(见 12.1.3.2)至标线，混匀。

12.1.3.14 硒标准中间溶液(4.00 μg/mL)：量取 2.50 mL 硒标准贮备溶液(见 12.1.3.13)于 250 mL 容量瓶中，加盐酸溶液(见 12.1.3.2)至标线，混匀。

12.1.3.15 硒标准使用溶液(0.100 μg/mL)：量取 2.50 mL 硒标准中间溶液(见 12.1.3.14)于 100 mL容量瓶中，加盐酸溶液(见 12.1.3.2)至标线，混匀。

12.1.3.16 甲酚红指示剂溶液(0.4 g/L)：称取 40 mg 甲酚红($C_{21}H_{18}O_5S$)于 100 mL 烧杯中，加少量水及 2 滴氨水溶液(见 12.1.3.7)溶解，加水至 100 mL，混匀。

12.1.4 仪器及设备

仪器和设备如下：

——荧光分光光度计；

——电动振荡机；

——锥形分液漏斗：容量 60 mL,100 mL；

——实验室常备仪器及设备。

12.1.5 分析步骤

12.1.5.1 绘制工作曲线

按以下步骤绘制标准曲线：

a) 取 6 个 250 mL 锥形瓶，分别加入 0 mL、1.00 mL、2.00 mL、3.00 mL、4.00 mL、5.00 mL 硒标准使用溶液(见 12.1.3.15)加水约 10 mL，混匀；

b) 加 5 mL 高氯酸-硫酸-钼酸钠混合溶液(见 12.1.3.5)，混匀。在电炉上低温加热至冒浓白烟(烟不逸出瓶口)，溶液转为淡绿色。然后升高温度，继续冒白烟 1 min，取下冷却；

c) 加 10 mL 乙二胺四乙酸二钠-盐酸羟胺混合溶液(见 12.1.3.10)，加 4 滴～5 滴甲酚红指示剂溶液(见 12.1.3.16)，用氨水溶液(见 12.1.3.7)或盐酸溶液(见 12.1.3.2)调节 pH，使溶液呈粉橙色(pH 值为 1.5～2.0)，加 3 mL DAN 溶液(见 12.1.3.11)，摇匀。置沸水浴中加热 5 min，取下冷却至室温；

d) 将溶液全量转入 60 mL 分液漏斗中，加入 3 mL 环己烷(见 12.1.3.12)，振摇 2 min，分层后弃去水相；

e) 将环己烷层从分液漏斗中倒入 1 cm 测定池中，以 376 nm 激发波长，520nm 发射波长，环己烷(见 12.1.3.12)作参比，测定硒的荧光强度(I_i)及分析空白的荧光强度(I_0)；

f) 将数据记入表 A.12 中，以荧光强度(I_i-I_0)为纵坐标，相应硒的量(μg)为横坐标绘制工作曲线。

12.1.5.2 样品的消化

准确称取 0.05～0.20 g(±0.000 1 g)生物干样，放入 250 mL 锥形瓶中，加少量水湿润。加入 5 mL高氯酸-硫酸-钼酸钠混合溶液(见 12.1.3.5)，混匀。在电炉上低温加热至冒浓白烟(烟不逸出瓶口)，溶液转为淡绿色。然后升高温度，继续冒白烟 1 min，取下冷却，制得样品制备液。

同时制备分析空白样品。

12.1.5.3 样品测定

按照绘制工作曲线 12.1.5.1.c)～13.1.5.1.e) 步骤测定样品消化液荧光强度(I_s)和分析空白样品的荧光强度(I_b)。以(I_s-I_b)的值从工作曲线上查出相应的硒的量。

12.1.6 记录和计算

将测得数据记入表 A.13 中，按式(18)计算生物样品中硒含量：

$$w_{Se}=\frac{m}{M} \qquad (18)$$

式中：

w_{Se}——生物体干样中硒的含量(质量分数，10^{-6})；

m——从工作贡线上查得的硒的量，单位为微克(μg)；

M——样品的称取量，单位为克(g)。

12.1.7 精密度和准确度

硒含量分别为 1.03×10^{-6} 和 3.85×10^{-6} 时，测试结果的相对标准偏差分别为 5.3% 和 8.8%；再现性相对标准偏差为 15%。

12.1.8 注意事项

本方法执行中应注意如下事项：

——除非另作说明，本方法中所用试剂为分析纯，水为去离子水或等效纯水；

——消化过程中粘附在锥形瓶壁的棕色物用较高温度的酸回流时可以消除；

——生物样消解后无需用盐酸将六价硒还原，在此消解条件下，各种形态硒都可以转化为四价；

——配制 DAN 时应在暗处进行。在沸水浴上加热 5 min 后，用冷水冷却，时间应控制在10 min 内；

——甲酚红指示剂有两个变色范围，当 pH 值为 2～3 时，由红变黄；pH 值为 7.2～8.8 时，由黄变红。本方法中，当调节溶液 pH 值使溶液呈粉橙色时，其 pH 值为 1.5～2.0；当 pH 值<1.5 时，为桃红色，因此调节溶液 pH 时，要注意颜色变化，必要时可用精密 pH 试纸确证；

——玻璃器皿均应用硝酸溶液(1+3)浸泡 1 d 以上，洗净后使用。

12.2 二氨基联苯胺四盐酸盐分光光度法

12.2.1 适用范围和应用领域

本方法适用于生物样品中硒的测定。

12.2.2 方法原理

生物样品经硝酸-高氯酸消化，六价硒用盐酸还原为四价硒。在酸性介质中，四价硒与 3,3′-二氨基联苯胺四盐酸盐形成黄色络合物，在 pH 值为 6～8 条件下用甲基苯萃取，于波长 420 nm 处进行分光光度测定。

12.2.3 试剂及其配制

12.2.3.1 硝酸(HNO_3)：ρ=1.42 g/mL，优级纯

12.2.3.2 高氯酸($HClO_4$)：ρ=1.67 g/mL，优级纯。

12.2.3.3 盐酸(HCl)：ρ=1.19 g/mL，优级纯。

12.2.3.4 盐酸溶液(1+1)：等体积水与盐酸(见 12.2.3.3)混合

12.2.3.5 盐酸溶液(1+100)：1 体积盐酸(见 12.2.3.3)与 100 体积水混合。

12.2.3.6 氨水($NH_3 \cdot H_2O$)：ρ=0.90 g/mL

12.2.3.7 甲苯(C_7H_8)：用活性碳吸附，滤纸过滤。

12.2.3.8 无水硫酸钠(Na_2SO_4)：500℃灼烧 4 h。

12.2.3.9 活性碳：20 目～40 目(830 μm～380 μm)，于 300℃高温炉中活化 4 h。

12.2.3.10 乙二胺四乙酸二钠(EDTA-2Na)溶液(74 g/L)：称取 74 g 乙二胺四乙酸二钠($C_{10}H_{14}NaO_8Na_2 \cdot 2H_2O$)，加适量水加热溶解，冷却后加水至 1 000 mL，混匀。

12.2.3.11 盐酸羟胺溶液(200 g/L)：称取 20 g 盐酸羟胺($NH_2OH \cdot HCl$)，溶于 100 mL 水中，混匀。

12.2.3.12 3,3′-氨基联苯胺四盐酸盐(DAB)溶液(5 g/L)：称取 0.5g DAB($C_{12}H_{18}C_{14}N_4 \cdot 2H_2O$)加水溶解，若有残渣时，需过滤除去不溶物。最后用水稀释至 100 mL，使用时配制。

12.2.3.13 硒标准贮备溶液(1 mg/mL)：称取 0.140 5 g 二氧化硒(SeO_2)，溶于少量水中，全量移入 100 mL 量瓶中，用盐酸溶液(见 12.2.3.5)稀释至标线，混匀。

12.2.3.14 硒标准中间溶液(100 μg/mL)：量取 10.0 mL 硒标准贮备溶液(见 12.2.3.13)于 100 mL 量瓶中，用盐酸溶液(见 12.2.3.5)稀释于标线，混匀。

12.2.3.15 硒标准使用溶液(1.00 μg/mL)：移取 1.00 mL 硒标准中间溶液(见 12.2.3.14)于 100 mL 量瓶中，用盐酸溶液(见 12.2.3.5)稀释至标线，混匀。

12.2.4 仪器及设备

仪器和设备如下：

——分光光度计；

——酸度计；

——离心机，附离心管 10 mL；

——控温仪；

——电热板；

——实验室常备仪器及设备。

12.2.5 分析步骤

12.2.5.1 绘制工作曲线

按以下步骤绘制标准曲线：

a) 于5支50 mL试管内，分别加入0 mL、0.50 mL、1.00 mL、3.00 mL、5.00 mL硒标准使用液(见12.2.3.15)。加10 mL水和8 mL硝酸(见12.2.3.1)后，置于加热板上，在低于100℃下加热消化，至红棕色氧化氮烟雾冒尽时，取下稍冷。加2 mL高氯酸(见12.2.3.2)，缓慢升温至150℃～180℃，试管内冒出浓密白烟后，再继续加热20 min，取下冷却；

b) 加1 mL盐酸溶液(见12.2.3.4)，置于100℃加热10 min(将六价硒转化为四价硒)，取下冷却；

c) 加1 mL水，0.5 mL氨水(见12.2.3.6)，2 mL盐酸羟胺溶液(见12.2.3.11)，2 mL EDTA-2Na溶液(见12.2.3.10)混匀。用氨水(见12.2.3.6)和盐酸溶液(见12.2.3.4)调节酸度至pH为1～2。加2 mLDAB溶液(见12.2.3.12)混匀。室温下放置1 h，再用氨水(见12.2.3.6)调节溶液酸度至pH为6～8；

d) 将溶液全量转入125 mL分液漏斗中，加入5 mL甲苯(见12.2.3.7)，振荡2 min，分层后弃去下层水相，有机相置于离心管内离心分离或用适量无水硫酸钠脱水。用3 cm测定池，用甲苯(见12.2.3.7)调零，于420 nm处测定吸光值(A_i)及分析空白吸光值(A_b)；

e) 将测定数据记入表A.3中，以吸光值(A_i-A_b)为纵坐标，相应硒的量(μg)为横坐标绘制工作曲线。

12.2.5.2 样品消化

准确称取0.5 g～2 g(±0.000 1 g)生物干样，置于50 mL试管内。加8 mL硝酸(见12.2.3.1)后，置于加热板上，在低于100℃下加热消化。至红棕色氧化氮烟雾冒尽时，取下稍冷。加2 mL高氯酸(见12.2.3.2)，再缓慢升温至150℃～180℃。试管内冒出浓密白烟后，继续消化20 min。此时消化液应透明无色。若呈黑褐色，需补加适量硝酸(见12.2.3.1)，继续消化至呈无色。取下冷却，制得样品消化液。同时，制备分析空白样品。

12.2.5.3 样品的测定

按绘制工作曲线的步骤12.2.5.1.b)～12.2.5.1.d)测定样品消化液的吸光值(A_s)和分析空白样品吸光值(A_b)。以(A_s-A_b)值从工作曲线上查出相应硒的量(μg)。

12.2.6 记录与计算

将测定数据记入表A.4中，按式(19)计算生物样品中硒含量：

$$w_{Se}=\frac{m}{M} \qquad (19)$$

式中：

w_{Se}——生物体干样中硒含量(质量分数，10^{-6})；

m——从工作曲线上查得的硒的量，单位为微克(μg)；

M——样品的称取量，单位为克(g)。

12.2.7 精密度和准确度

硒含量分别为1.5×10^{-6}，2.54×10^{-6}和5.38×10^{-6}时，测试结果的相对标准偏差分别为12.2%、3.9%和3.5%；含量为0.94×10^{-6}时，测定结果的平均相对误差为23%；5个试验室测试同一生物样品(牡蛎)，结果的平均值为3.15×10^{-6}，再现性相对标准偏差27%。

12.2.8 注意事项

本方法执行中应注意如下事项：

——除非另作说明，本方法所用试剂为分析纯。水为去离子水或等效纯水；

——玻璃器皿均须经硝酸溶液(1+3)浸泡 1 d 以上，洗净后使用；

——3,3′-二氨基联苯胺四盐酸盐应避光密封保存；

——硒及其卤化物为易挥发物质，消化温度应控制低于 180℃。长时间高温消化或消化液干涸均会造成挥发损失。

12.3 催化极谱法

12.3.1 适用范围和应用领域

本方法适用于海洋生物体中硒的测定。

12.3.2 方法原理

生物样品经硝酸-高氯酸分解，制备成盐酸溶液。然后于高氯酸中，以柠檬酸三铵、EDTA 为掩蔽剂，四价硒被亚硫酸还原成单质硒。在氟化铵-氢氧化铵缓冲溶液中(pH 值=10)，Se 与 SO_3^{2-} 生成 $SeSO_3^{2-}$。在碘酸钾存在下，$SeSO_3^{2-}$ 产生一个很灵敏的硒极谱催化波。其峰电流值随硒浓度增加而增加，以此定量测定硒。

12.3.3 试剂及其配制

12.3.3.1 硒标准贮备溶液(0.200 mg/mL)：称取 0.014 05 g 二氧化硒(SeO_2，纯度 99%)于 50 mL 烧杯中，溶于少量水中，全量转入 500 mL 量瓶中，加 4 mL 盐酸(见 12.3.3.9)，加水至标线，混匀。

12.3.3.2 硒标准中间溶液 A(4.00 μg/mL)：量取 5.00 mL 硒标准贮备溶液(见 12.3.3.1)于 250 mL 容量瓶中，加 2 mL 盐酸(HCl，ρ=1.19 g/mL)，加水至标线，混匀。

12.3.3.3 硒标准中间溶液 B(0.100 μg/mL)：量取 5.00 mL 硒标准中间溶液 A(见 12.3.3.2)于 20 mL 容量瓶中，加 5 mL 盐酸溶液(见 12.3.3.10)，加水至标线，混匀。临用前配制。

12.3.3.4 硒标准使用溶液(5.00 ng/mL)：量取 5.00 mL 硒标准中间溶液 B(见 12.3.3.3)于 100 mL 容量瓶中，加 2 mL 盐酸溶液(见 12.3.3.10)，加水至标线，混匀。临用前配制。

12.3.3.5 亚硫酸钠溶液(50 g/L)：称取 5 g 亚硫酸钠($Na_2SO_3 \cdot 7H_2O$)于 500 mL 烧杯中，加水溶解并稀释至 100 mL，混匀。

12.3.3.6 柠檬酸三铵-乙二胺四乙酸二钠混合溶液：称取 5 g 柠檬酸三铵[$(NH_4)_3 \cdot C_6H_5O_7$]和 2 g 乙二胺四乙酸二钠(EDTA-2Na，优级纯)于 100 mL 烧杯中，加水溶解稀释至 100 mL，混匀。

12.3.3.7 碘酸钾溶液(12 g/L)：称取 1.2 g 碘酸钾(KIO_3，优级纯)加水溶解，并稀释至 100 mL，混匀。

12.3.3.8 氟化铵-氢氧化铵缓冲溶液(pH 值=10)：称取 20 g 氟化铵(NH_4F)于 100 mL 烧杯中，加水溶解后转入 200 mL 量瓶中，加入 60 mL 氢氧化铵(NH_4OH，ρ=0.90 g/mL，优级纯)，加水至标线，混匀后转存于聚乙烯塑料瓶中。

12.3.3.9 盐酸(HCl)：ρ=1.19 g/mL，优级纯。

12.3.3.10 盐酸溶液(1+2)：1 体积盐酸(见 12.3.3.9)与 2 体积水混合。

12.3.3.11 硝酸(HNO_3)：ρ=1.42 g/mL，优级纯。

12.3.3.12 高氯酸($HClO_4$)：ρ=1.67 g/mL，优级纯。

12.3.3.13 高氯酸溶液(1+1)：1 体积高氯酸(见 12.3.3.12)缓缓地加入等体积水中，混匀。

12.3.4 仪器及设备

仪器和设备如下：

——示波级谱仪；

——三电极系统：滴汞电极、甘汞电极、铂电极；

——电热板；

——实验室常备仪器及设备。

12.3.5 分析步骤

12.3.5.1 绘制标准曲线

按以下步骤绘制标准曲线：

a) 分别量取 0 mL、0.20 mL、0.40 mL、0.60 mL、0.80 mL、1.20 mL 硒标准使用溶液（见 12.3.3.4）于 5 mL 烧杯中，加入 0.3 mL 高氯酸溶液（见 12.3.3.13），于电热板上加热至刚冒浓白烟，取下冷却；

b) 加入 0.5 mL 柠檬酸三铵-乙二胺四乙酸二钠混合溶液（见 12.3.3.6），0.5 mL 亚硫酸钠溶液（见 12.3.3.5），混匀，放置 20 min；

c) 加入 1.0 mL 氟化铵-氢氧化铵缓冲溶液（见 12.3.3.8），混匀。加入 0.5 mL 碘酸钾溶液（见 12.3.3.7），混匀后加盖放置 10 min；

d) 于起始电压－0.6V 处，用导数部分记录硒的催化波的峰电流值（I_{pi}）及标准空白峰电流值（I_{p0}）峰电位为－0.86 V；

e) 将测得数据记入表 A.10 中。以峰电流值 $I_{pi}-I_{p0}$ 为纵坐标，相应的硒量(ng)为横坐标，绘制标准曲线。

12.3.5.2 样品消化

准确称取 0.1 g(±0.000 1 g)干样于 50 mL 烧杯中，用几滴水润湿，加入 2 mL 硝酸（见 12.3.3.11），盖上表面皿，于电热板 140℃左右加热 20 min，冒烟时加入 1.5 mL 高氯酸（见 12.3.3.12），于 150℃～180℃加热至刚冒浓白烟，取下稍冷，补加 2 mL 硝酸（见 12.3.3.11），继续加热至溶液剩下约 0.5 mL（不能蒸干），用少许水淋洗杯壁及表面皿，再蒸至刚冒浓白烟，取下冷却后，加入 20 mL 盐酸溶液（见 12.3.3.10），盖上表面皿，于 100℃的电热板上微热 5 min，溶解残渣。用水洗表面皿，全量转入 25 mL 量瓶中，加水至标线，混匀，放置澄清，制得样品消化液。同时，制备分析空白样品。

12.3.5.3 样品测定

量取 1 mL～5 mL 样品消化清液于 5 mL 烧杯中，加入 0.2 mL 高氯酸溶液（见 12.3.3.13），于电热板上蒸至刚冒浓白烟，取下冷却后，其余按绘制标准曲线的步骤 12.3.5.1.b)～12.3.5.1.d)，测定峰电流 I_{Ps}，并测定分析空白样品的峰电流 I_{pb}，以（$I_{Ps}-I_{pb}$）值，在标准曲线上查出相应硒的量(ng)。

12.3.6 记录与计算

将测得数据记入附录 A 表 A.11 中，按式(20)计算生物样品中硒的含量：

$$w_{Se}=\frac{mV_0}{V_1M} \quad \cdots\cdots (20)$$

式中：

w_{Se}——生物体干样中硒的含量（质量分数，10^{-9}）；

V_0——样品消化液的体积，单位为毫升(mL)；

V_1——用于测定的样品消化液的体积，单位为毫升(mL)；

M——样品的称取量，单位为克(g)；

m——由标准曲线查得的硒的量，单位为纳克(ng)。

12.3.7 精密度和准确度

6 个实验室测定硒含量为 W0.94×10^{-6}的标准物质样品，测定结果的相对误差平均为 5.3%；6 个实验室测定同一生物（牡蛎）样品，测定结果的平均值为 3.44，再现性相对标准偏差为 4.7%。

12.3.8 注意事项

本方法执行中应注意如下事项：

——除非另作说明，本方法所用试剂为分析纯。水为去离子水或等效纯水；

——在样品消化中，加高氯酸于电热板上加热冒白烟时不应蒸干。样品消化液加高氧酸加热这一步，其蒸发后剩下的高氯酸体积应与标准溶液加高氯酸蒸至刚冒浓白烟取下的体积相同；

——样品消化时，有机质应除尽。加入盐酸溶液(1＋2)前的溶液应呈无色，含铁量较高时应呈淡黄色；

——样品消化溶液中硒的浓度若超过 6 ng/mL 时，应经过适当稀释后测定；

——测定时的适宜室温为 15℃～25℃，若室温高于 25℃，加入缓冲溶液及碘酸钾溶液后，需在冷水溶中放置 10 min 再进行测定，否则测定的结果不稳；

——样品消化液在加入碘酸钾溶液后应在半小时内测定完毕。若样品数目多，应分小批量加入极谱底液。

13 石油烃——荧光分光光度法

13.1 适用范围和应用领域

本方法适用于海洋生物体中石油烃的测定。

本方法为仲裁方法。

13.2 方法原理

生物样品经氢氧化钠皂化，用二氯甲烷萃取。将萃取液中的二氯甲烷蒸发后，残留物用石油醚溶解，于激发波长 310 nm，发射波长 360 nm 处进行荧光分光光度测定。

13.3 试剂及其配制

13.3.1 活性炭：60 目(250 μm)层析用粒状活性炭。

13.3.2 石油醚：沸点范围 60℃～90℃。

13.3.3 氯化钠溶液($NaCl$)：饱和溶液。

13.3.4 无水乙醇(C_2H_5OH)：重蒸馏后使用。

13.3.5 氢氧化钠($NaOH$，优级纯)

13.3.6 盐酸(HCl)：ρ＝1.19 g/mL。

13.3.7 二氯甲烷(CH_2Cl_2)：重蒸馏后使用。

13.3.8 盐酸溶液(2 mol/L)：在搅拌下将 168 mL 盐酸(见 13.3.6)与 1 000 mL 蒸馏水混合。

13.3.9 氢氧化钠溶液(2 mol/L)：称取 80 g 氢氧化钠(见 13.3.5)溶于水中，加水至 1 000 mL。

13.3.10 氢氧化钠溶液(6 mol/L)：称取 240 g 氢氧化钠(见 13.3.5)溶于水中，加水至 1 000 mL。

13.3.11 活性炭的处理：取 1 000 g 活性炭(见 13.3.1)于烧杯中，用盐酸溶液(见 13.3.8)浸泡 2 h，依次用自来水、蒸馏水冲洗至中性。倾出水分后，用氢氧化钠溶液(见 13.3.9)浸泡 2 h，依次用自来水、蒸馏水冲洗至中性，于 100℃烘干。将烘干的活性碳放入瓷坩埚中，盖好盖子，于 500℃高温炉活化 2 h。炉温降至 50℃左右时，取出放入干燥器中，待用。

13.3.12 活性炭层析柱的制备：将玻璃层析柱清洗干净后，自然干燥，柱头先装入少许玻璃毛或脱脂棉。将处理的活性碳(见 13.3.11)放入烧杯中，用石油醚(见 13.3.2)充分浸泡，排尽活性碳中的空气，边搅拌边倒入玻璃层析柱中，装柱时要注意避免出现气泡。

13.3.13 脱芳石油醚：将石油醚(见 13.3.2)倾入层析柱中，初始流出的石油醚质量较差，注意检查流出石油醚的相对荧光强度，当其小于标准油品(0.1 mg/mL)相对荧光强度的 1%时，以每分钟 60 滴～100 滴的流速收集石油醚于清洁玻璃容器中，混匀后分装于试剂瓶中，待用。

13.3.14 油标准贮备溶液(1.00 mg/mL)：准确称取 0.100 g 标准油于称量瓶中，用脱芳石油醚(见 13.3.13)溶解，全量移入 100 mL 容量瓶中，用脱芳石油醚(见 13.3.13)稀释至标线，混匀。

13.3.15 油标准使用溶液(100 μg/mL)：移取 5.00 mL 油标准贮备溶液(见 13.3.14)于 50 mL 容量瓶中，用脱芳石油醚(见 13.3.13)稀释至标线，混匀。

13.4 仪器及设备

仪器和设备如下：

——荧光分光光度计；

——容量瓶：容量 10 mL 、50 mL、1 000 mL；

——移液管：容量 10 mL、20 mL；

——烧杯：容量 50 mL、1 000 mL；

——具塞比色管：容量 20 mL；

——玻璃层析柱：直径 25 mm，长度 900 mm；

——旋转蒸发器；

——皂化瓶：碘量瓶或具塞圆底瓶，容量 100 mL；

——锥形分液漏斗：容量 500 mL；

——实验室常备仪器与设备。

13.5 分析步骤

13.5.1 绘制工作曲线

按以下步骤绘制标准曲线：

a) 分别量取 0 mL、0.10 mL、0.30 mL、0.50 mL、0.70 mL、0.90 mL 油标准使用溶液（见 13.3.15）于 100 mL 皂化瓶中，加入 20 mL 氢氧化钠溶液（见 13.3.10），在室温下避光皂化 8 h～12 h，加入 20 mL 无水乙醇溶液（见 13.3.4），充分摇匀，4 小时后进行下一步操作；

b) 将皂化液转入 500 mL 分液漏斗中，用 10 mL 二氯甲烷（见 13.3.7）洗涤皂化瓶，洗涤液转入分液漏斗中，加 30 mL 氯化钠溶液（见 13.3.3）和 100 mL 水，振荡 3 min（注意放气），静置分层（若分层不好，应延长静置时间）；

c) 将有机相收集于旋转蒸发瓶中。用 10 mL 二氯甲烷（见 13.3.7）再萃取一次，将有机相合并收集于旋转蒸发瓶中；

d) 将旋转蒸发瓶与旋转蒸发器连接，在 50℃水浴中将二氯甲烷萃取液蒸发至 0.5 mL，取下旋转蒸发瓶，用氮气将残留二氯甲烷萃取液吹干，准确加入 10.0 mL 脱芳石油醚（见 13.3.13）溶解残留物；

e) 将石油醚溶液移入 1cm 石英池内，按选定的仪器参数测定相对荧光强度（I_i）及分析空白相对荧光强度（I_b）；

f) 将测定数据记入表 A.12 中，以相对荧光强度（I_i-I_b）为纵坐标，相应的石油烃的含量（μg/mL）为横坐标，绘制工作曲线或计算回归曲线。

13.5.2 样品皂化

准确称取 2 g～5 g（±0.000 1 g）生物样于 100 mL 皂化瓶中，加入 20 mL 氢氧化钠溶液（见 13.3.10），在室温下避光皂化 8 h～12 h，期间每隔 1 h 摇动皂化瓶数次，加入 20 mL 无水乙醇溶液（见 13.3.4），充分摇匀，4 h 后进行萃取，制得样品消化液。同时，制备分析空白样品。

13.5.3 样品测定

按绘制工作曲线 13.5.1.b)～13.5.1.e) 步骤，测定样品制备液的相对荧光强度（I_s）和分析空白样品的相对荧光强度（I_b）。以（I_s-I_b）值从工作曲线上查出相应的石油烃的量。

13.6 记录与计算

将测得数据记入表 A.13 中，按式(21)计算生物样品中石油烃含量。

$$w_{oil}=(m\cdot V)/(F\cdot M) \qquad (21)$$

式中：

w_{oil}——生物体样品中石油烃的含量（质量分数，10^{-6}）；

m——从工作曲线上查得的石油烃的含量，单位为微克每毫升（μg/mL）；

V——萃取剂的体积，单位为毫升（mL）；

F——样品的干/湿比；

M——样品的称取量，单位为克（g）。

13.7 精密度和准确度

6个实验室测试同一生物(贻贝)样品,测定结果的重复性相对标准偏差为5.1%;再现性相对标准偏差为11.6%;相对误差为0.5%。

13.8 注意事项

本方法执行中应注意如下事项:

——除非另作说明,本方法所用试剂为分析纯,水为去离子水或等效纯水;

——皂化萃取过程中,试剂加入的顺序,加入纯水的质量和数量对萃取分层有明显影响;

——全部操作应仔细认真,称量生物样品时,不可沾于瓶口或瓶壁。以免与氢氧化钠溶液接触不充分,影响皂化效果。

14 666、DDT——气相色谱法

14.1 适用范围和应用领域

本方法适用于生物体中666、DDT和狄氏剂的测定。

14.2 方法原理

生物样品中的666、DDT和狄氏剂用索氏提取器提取于正己烷中,用佛罗里土吸附柱去除提取液中的脂肪和色素,二氯甲烷-正己烷淋洗液供666气相色谱测定,此淋洗液再经活性炭吸附柱去除PCB_5,丙酮淋洗液供DDT和狄氏剂气相色谱测定。

14.3 试剂及其配制

14.3.1 氢氧化钠(NaOH):粒状。

14.3.2 无水硫酸钠(Na_2SO_4):粒状,于300℃处理2 h,冷至室温。用正己烷(见14.3.4)于索氏提取器中提取2 h,冷却,待溶剂挥发后于130℃干燥。

14.3.3 月桂酸(十二碳酸$CH_3(CH_2)_{10}CO_2H$)。

14.3.4 正己烷($H_3C(CH_2)_4CH_3$):用全玻璃蒸馏器蒸馏,收集69℃馏分。用气相色谱检测无杂质峰出现。蒸馏时可加入几粒氢氧化钾去除氯化物。

14.3.5 二氯甲烷(CH_2Cl_2):用全玻璃蒸馏器蒸馏,收集38℃~39℃馏分,用气相色谱检测至无杂质峰出现。

14.3.6 苯(C_6H_6):用全玻璃蒸馏器蒸馏,收集80℃馏分。用气相色谱检测无杂质峰出现,蒸馏时可加几粒氢氧化钾去除氯化物。

14.3.7 丙酮(CH_3COCH_3):用全玻璃蒸馏器蒸馏,收集56℃馏分,用气相色谱检测无杂质峰出现。

14.3.8 佛罗里土(硅镁吸附剂):100目~200目(150μm~75μm)。650℃处理2 h。使用前再在130℃恒温箱内活化4 h,冷至室温,每100 g吸附剂加3 mL~5 mL水去活性。于具塞瓶中贮存,有效期7 d。

14.3.9 活性碳:色谱用活性碳经研细后,筛取40目~180目(380 μm~80 μm)粒分,置于滤纸筒内,于索氏抽提器中用丙酮(见14.3.7)提取4 h。冷却后,用烧结玻璃漏斗或布氏漏斗抽滤。残留物用冷丙酮洗两次,抽干。待丙酮挥发后,于130℃恒温箱内活化2 h,冷却。保存在具塞瓶中备用。

14.3.10 有机氯农药标准贮备溶液(1.00 mg/mL):分别称取α-666,γ-666,δ-666,β-666,pp′-DDE,op′-DDT,pp′-DDD,pp′-DDT,狄氏剂(纯度均为99%)各25.0 mg于25 mL容量瓶中,用正己烷(见14.3.4)溶解,β-666先用少量苯溶解。用正己烷(见14.3.4)稀释至标线,混匀。

14.3.11 有机氯农药混合标准中间溶液:各量取1.00 mL α-666、γ-666、δ-666;5.00 mL β-666、pp′-DDE、op′-DDT;10.0 mL pp′-DDD、pp′-DDT;2.00 mL狄氏剂有机氯农药标准贮备溶液(见14.3.10),合并于100 mL容量瓶中,用正己烷(见14.3.4)稀释至标线,混匀。此溶液各组分含量见表3。

14.3.12 有机氯农药混合标准使用溶液A:量取1.00 mL有机氯农药混合标准中间溶液(见14.3.11)于100 mL容量瓶中,用正己烷(见14.3.4)稀释至标线,混匀。此溶液各组分含量见表3。

14.3.13 有机氯农药混合标准使用溶液B:量取1.00 mL有机氯农药混合标准使用溶液A

(见 14.3.12)于 10 mL 容量瓶中,用正己烷(14.3.4)稀释至标线,混匀。此溶液各组分含量见表 3。

表 3 有机氯农药标准溶液各组分含量一览表

有机氯农药名称	有机氯农药标准贮备溶液/(mg/mL)	有机氯农药混合标准中间溶液/(μg/mL)	有机氯农药混合标准使用溶液 A/(μg/mL)	有机氯农药混合标准使用溶液 B/(μg/mL)
α-666	1.00	10.0	0.10	0.010
γ-666	1.00	10.0	0.10	0.010
β-666	1.00	50.0	0.50	0.050
δ-666	1.00	10.0	0.10	0.010
pp′-DDE	1.00	50.0	0.50	0.050
op′-DDT	1.00	50.0	0.50	0.050
pp′-DDD	1.00	100	1.00	0.100
pp′-DDT	1.00	100	1.00	0.100
狄氏剂	1.00	20.0	0.20	0.020

14.3.14 气相色谱材料:固定液 OV-17,OV-210,担体 80 目～100 目(180μm～150μm) Chromosorb W·AW·DMCS。

14.3.15 玻璃棉:先用正己烷(见 14.3.4)后用丙酮(见 14.3.7)浸泡,洗涤,待溶剂挥发干尽后,于 200℃ 恒温箱内加热处理 2 h,冷却,保存在具塞玻璃瓶中。

14.4 仪器及设备

仪器和设备如下:

——气相色谱仪:具备 Ni^{63} 电子捕获检测器;

——索氏抽提器:300 mL 平底烧瓶;

——K-D 浓综器:300 mL 烧瓶及下部有 1.0 mL、5.0 mL 或 10.0 mL 刻度磨口试管;

——活性碳玻璃层析柱:见图 2A;

——佛罗里土玻璃层析柱:见图 2B;

——高温炉:最高温度 1 000℃。

——全玻璃蒸馏器。

14.5 分析步骤

14.5.1 色谱柱的制备

14.5.1.1 色谱柱:长 2 m,内径 3 mm U 形硬质玻璃管,填充 2%OV-17+4%OV-210/80 目～100 目(180 μm～150 μm),Chromosorb W·AW·DMCS 固定相(见 14.3.14)。

14.5.1.2 色谱柱的制备和老化

色谱柱的制备和老化按以下步骤进行:

a) 涂渍固定相:称取 0.020 g OV-17 和 0.040 g OV-210 于烧杯中加丙酮(见 14.3.7)溶解,再加适量丙酮(见 14.3.7)搅匀,加入 10 g 80 目～100 目(180μm～150μm) Chromosorb W·AW·DMCS 担体(见 14.3.14),并使丙酮液面高于担体,轻轻搅拌。待溶剂自然挥发近干后,于 50℃干燥。

b) 装柱:将 2 m×3 mm(内径)U 形玻璃管一端塞上玻璃棉(见 14.3.15),外包纱布,接在真空泵上,另一端接一小漏斗,将涂渍好固定相的担体(见 14.5.1.2.a))装入柱中,边装边抽气,轻轻敲打使玻璃柱填实,取下小漏斗及玻璃柱。塞入玻璃棉(见 14.3.15)。

c) 老化:将色谱柱接于色谱仪柱箱中,一端与进样口连接,另一端暂不接检测器。通入流速为 30 mL/min的高纯氮气,柱箱温升至 110℃老化 1 h 后再升至 200℃老化 2 h,最后升至 240℃老化 16 h,冷至室温,将色谱柱另一端与检测器连接,柱箱温升至操作温度,载气流速调至

60 mL/min冲洗 8 h，直至基线漂稳定后，可用于分析。

单位为毫米

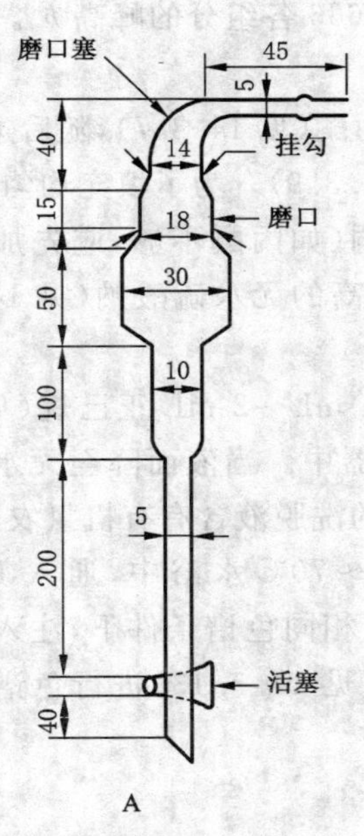

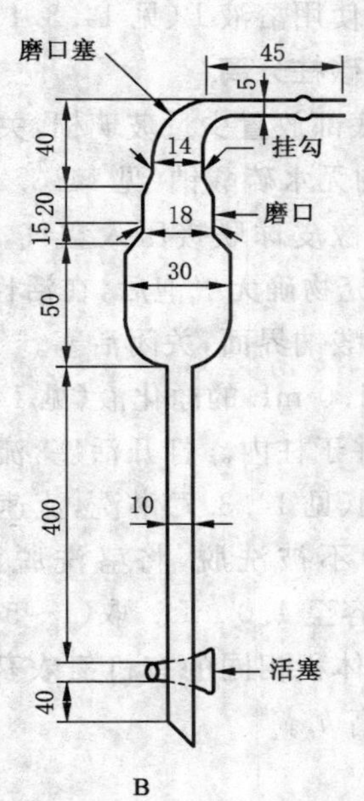

A——活性碳玻璃层析柱；

B——佛罗里土玻璃层析柱。

图 2 层析柱

14.5.1.3 色谱柱分离性能考查

按选定的色谱条件，注射有机氯农药混合标准使用溶液 B(见 14.3.13)绘制色谱图。若 666 四个异构体的谱峰能分开，pp′-DDE 与狄氏剂两个相邻的峰在峰高一半处能分开，说明色谱柱分离性能良好，可用于分析。若两个相邻峰在峰高三分之一处分开，说明分离性能差，则应重新制备色谱柱，直至达到上述要求。

14.5.2 样品提取

准确称取 10 g～20 g(±0.1 g)新鲜生物匀浆样品于烧杯内，加 4～5 倍重量的无水硫酸钠(见 14.3.2)，混匀，呈松散状态。装入预先用正己烷处理过的圆形滤纸筒内，放入索氏提取器中，加 150 mL正己烷(见 14.3.4)，于 75℃～80℃水浴中回流萃取 8 h。冷至室温，制得样品提取液。

取同样重量的无水硫酸钠(14.3.2)，按同样方法进行空白提取，提取液用 K-D 浓缩器浓缩，定容至 1.0 mL，随后按 14.5.3 步骤净化和分离后用气相色谱法测定分析空白液中有机氯农药残留组分的峰高 h_b。

14.5.3 净化和分离

将样品提取液(见 14.5.2)通过装有 5.0 g 无水硫酸钠(见 14.3.2)的层析柱(400 mm×10 mm 玻璃柱)，收集于连接 1 mL 刻度接收管的 K-D 浓缩器中。置于 75℃水浴中，通入氮气流，浓缩至0.5 mL，加入正己烷(见 14.3.4)定容至 1.0 mL。

14.5.3.1 佛罗里土柱净化

装柱：在柱的底部放置少量玻璃棉，关闭活塞，加入 20 mL 正己烷(见 14.3.4)，依次加入 10 mm 高的无水硫酸钠(14.3.2)和 5.0 g 佛罗里土(14.3.8)。轻敲柱子使之填充均匀无气泡。于佛罗里土上部再加 10 mm 高的无水硫酸钠(14.3.2)。排出过量正己烷至刚淹没无水硫酸钠，关闭活塞。

净化：将浓缩至 1.0 mL 的正己烷提取液加入柱内，并用少量正己烷(14.3.4)洗涤 K-D 浓缩器，洗涤液一并加入柱内。打开活塞，流出液收集于 K-D 浓缩器中。当液面降至刚淹没无水硫酸钠界面时，加入 100 mL 二氯甲烷-正己烷(30+70)混合溶剂进行淋洗，流速(2～4) mL/min。淋洗液收集于 K-D

浓缩器接收瓶中，并置于75℃～80℃水浴中，通入氮气，浓缩至约0.5 mL，加正己烷(见14.3.4)定容至1.0 mL。取1μL～5μL进行色谱测定。在相同色谱条件下，注入与样品中666浓度接近，体积相同的有机氯农药混合标准使用溶液B(见14.3.13)进行色谱分析。测定666各组分的峰高h_s。

14.5.3.2 微型活性碳柱分离

装柱：先于柱的底部放置少量玻璃棉，关闭活塞。加入20 mL丙酮(见14.3.7)，随后边轻敲柱子边依次装入10 mm高的无水硫酸钠(见14.3.2)和1.0 g活性碳(见14.3.9)。为了填充均匀紧密无气泡，柱顶空气导管与双联橡皮球联接压入空气，同进打开活塞排出丙酮(如丙酮不够，应先加入10 mL～20 mL)。观察柱内填充物确无气泡后，在活性碳上部再加入10 mm高的无水硫酸钠(见14.3.2)，排出过量丙酮至刚淹没硫酸钠界面，关闭活塞。

分离：将定容至1.0 mL的净化液(见14.5.3.1)加入柱内，用1 mL～2 mL正己烷(见14.3.4)洗涤浓缩管，洗涤液合并于柱内。打开活塞，流出液收集于K-D浓缩器中。当液面降至无水硫酸钠界面时，加入100 mL丙酮(见14.3.7)淋洗，流速(2～4) mL/min，收集的洗脱液含有有机氯农药，而大部分多氯联苯吸附于柱中不被洗脱，将盛洗脱液的浓缩器置于65℃～70℃水浴中，通入氮气，浓缩至0.5 mL，加正己烷定容至1.0 mL。取(1～5)μL进行色谱分析。在相同色谱条件下，注入与样品中有机氯农药浓度接近但体积相同的有机氯农药混合标准使用溶液B(见14.3.13)进行色谱分析。测量DDT、狄氏剂色谱峰高h_s。

14.6 记录与计算

14.6.1 定性

将666、DDT、狄氏剂测得数据记入表A.14中，并按下述步骤定性和定量。

对比样品和标样色谱图中各相应组分的保留时间，或按式(22)计算相对于pp′-DDE的保留时间(pp′-DDE=100)进行定性。

$$RRT=\frac{RT\times 100}{RT_{pp'\text{-}DDE}} \qquad (22)$$

式中：

RRT——相对保留时间；

RT——农药的保留时间，单位为分(min)；

$RT_{pp'\text{-}DDE}$——pp′-DDE的保留时间，单位为分(min)。

14.6.2 定量

采用外标法，根据峰高(h)按式(23)计算有机氯农药各组分的含量。666，DDT的含量等于各组分含量之和。

$$w_i=\frac{(h_s-h_b)K\cdot V_1}{F\cdot V_2\cdot M}\times 1\,000 \qquad (23)$$

式中：

w_i——生物体干样中有机氯农药各组分的含量(质量分数，10^{-9})；

K——农药的仪器响应系数，即注入标准的农药组分的量与其峰高或峰面积之比；

h_s——样品提取浓缩液或分离浓缩液中待测物的峰高，单位为毫米(mm)；

h_b——分析空白浓缩液中待测物的峰高，单位为毫米(mm)；

V_1——净化浓缩液或分离浓缩液的定容体积，单位为毫升(mL)；

F——生物样的干湿比；

V_2——注入待测溶液的体积，单位为微升(μL)；

M——样品的称取量，单位为克(g)。

14.7 精密度和准确度

666、DDT：相对误差Σ666为5.71%～12.5%、ΣDDT为3.05%～11.12%；相对标准差Σ666为

4.19%~7.06%、ΣDDT 为 6.05%~8.25%；重复性相对标准差 Σ666 为 2.31%~3.85%、ΣDDT 为 3.28%~5.14%。

狄氏剂：相对误差 5.14%~21.45%；相对标准差 5.16%~9.63%；重复性相对标准差 2.89%~5.34%。

14.8 注意事项

本方法执行中应注意如下事项：

——除非另有说明，本方法所用试剂为分析纯，水为去离子水或等效纯水；

——色谱仪在长时间使用时，应经常注射标准样品，以检查电子捕获检测器污染情况，及由此而产生的响应和线性范围的变化；

——标准样品和待测样品的注入体积应相同；

——同一标准样品在实验开始和终了时峰高的变化应不越超过 5%。一般情况下注入待测样品净化液后，应接着注入标准样品，两者不能相隔太久；

——应根据具体仪器型号选择气相色谱的最佳仪器操作参数；

——本方法系以贻贝和牡蛎为分析对象建立的，对其他海洋生物体中 666、DDT 和狄氏剂测定，前处理应作适当修改。用佛罗里土层析柱净化萃取液时，应先试验二氯甲烷和正己烷淋洗剂(30+70，V/V)的用量和佛罗里土用量，确认脂肪，色素被完全除去后，才能用活性碳柱分离去除 PCBs；

——溶剂应经全玻璃蒸馏器蒸馏，玻璃器皿应洗净。

15 多氯联苯——气相色谱法

15.1 适用范围和应用领域

本方法适用于生物体样品中 PCBs 的测定。

15.2 方法原理

生物样品中的多氯联苯，用索氏提取法萃取于正已烷中，用佛罗里硅土和活性碳柱分离萃取液中的脂肪、色素、有机氯农药等干扰物后，进行多氯联苯的气相色谱测定。

15.3 试剂及其配制

15.3.1 PCBs 标准贮备溶液(500.0 μg/mL)：分别称取 12.50 mg 的 PCB_3 和 PCB_5 标准物，置于 2 个 25 mL 量瓶中，用正已烷溶解并稀释至标线，混匀。

15.3.2 PCBs 标准中间溶液(10.0 μg/mL)：分别量取 1.00 mL 标准贮备溶液(见 15.3.1)于 2 个 50 mL量瓶中，加正已烷至标线，混匀。

15.3.3 PCBs 标准使用溶液(1.00 μg/mL)：分别量取 5.00 mL 标准中间溶液(见 15.3.2)于 2 个 50 mL量瓶中，加正已烷至标线，混匀。标准使用溶液分装于已净化的安瓿瓶中。每支约 0.5 mL。熔封后贴上标签，置于 4℃ 冰箱中，可长期保存，临用时打开。

15.3.4 PCB_3 和 PCB_5 混合标准使用溶液(1.00 μg/mL)：分别量取 0.5 mL PCB_3 和 PCB_5 标准使用溶液(见 15.3.3)置于同一具塞玻璃容器中，混匀。

其他试剂见 14.3 。

15.4 仪器及设备

仪器及设备见 14.4。

15.5 分析步骤

15.5.1 色谱柱的制备

色谱柱的制备见 14.5.1。

15.5.2 样品提取

准确称取约 10 g~20 g(±0.1 g)新鲜生物匀浆样品于烧杯内，加 4 倍~5 倍重量的无水硫酸钠，混匀，呈松散状态。装入先用正己烷处理过的圆形滤纸筒内，放入索氏抽提器中，加 150 mL 正己烷，于 75℃～80℃水浴中回流萃取 8 h。冷至室温，制得样品提取液。

取同样重量的无水硫酸钠，按同样方法进行空白提取。提取液用 K-D 深缩器浓缩，定容至 1.0 mL，随后按 15.5.3 步骤净化分离，测定分析空白试液中 PCBs 组分的峰高 h_b。

15.5.3 净化和分离

15.5.3.1 佛罗里土柱净化

将样品提取液，通过装有 5.0 g 无水硫酸钠的层析柱(400 mm×10 mm 玻璃柱)，收集于连接 1 mL 刻度接收管的 K-D 浓缩器中。置于 75℃ 水浴中，通过氮气流，浓缩至 0.5 mL，加入正己烷定容至1.0 mL。

装柱：在柱的底部放置少量玻璃棉，关闭活塞，加入 20 mL 正己烷后，依次加入 10 mm 高的无水硫酸钠和 5.0 g 佛罗里土轻敲柱子使之填充均匀无气泡。于佛罗里土上部再加 10 mm 高的无水硫酸钠。排出过量正己烷至刚淹没硫酸钠界面，关闭活塞。

净化：将浓缩至 1.0 mL 的正己烷浓缩提取液加入柱内，并用少量正己烷洗涤 K-D 浓缩器，洗涤液也加入柱内，打开活塞，流出液收集于 K-D 浓缩器中，当液面降至刚淹没硫酸钠界面时，加入 100 mL 二氯甲烷-正己烷(30＋70)混合溶剂进行淋洗，流速(2～4) mL/min。将盛洗脱液的 K-D 浓缩器置于 75℃～80℃水浴中，通入氮气，浓缩至约 0.5 mL，加正己烷定容至 1.0 mL。此淋洗液的浓缩液中含有 666 各组分。

15.5.3.2 微型活性碳柱分离

装柱：先于柱的底部放置少量玻璃棉，关闭活塞。加入 20 mL 丙酮，随后边轻敲柱子边依次装入 10 mm高的无水硫酸钠和 1.0 g 活性碳。为了填充均匀无气泡，柱顶空气导管与双联橡皮球联接压入空气，同时打开活塞排出丙酮(如丙酮不够，应先加入 10 mL～20 mL)。观察柱内填充物确无气泡后，在活性碳上部再加入 10 mm 高的无水硫酸钠，排出过量丙酮至刚淹没硫酸钠界面，关闭活塞。

分离：将 1.0 mL 净化液(见 15.5.3.1)加入上述柱内，用 1 mL～2 mL 正己烷洗涤浓缩管，洗涤液合并于柱内。打开活塞，流出液收集于 K-D 浓缩器中。当液面下降至硫酸钠界面时，加入 100 mL 丙酮淋洗，流速(2～4) mL/min，收集的洗脱液为第一馏分(含有机氯农药)；接着用 100 mL 苯按相同的流速淋洗柱子。淋洗液收集于另一个 K-D 浓缩器中，为第二馏分(含 PCB)。将第一馏分置于 65℃～70℃水浴中，第二馏分置于 85℃～90℃ 水浴中，分别通入氮气浓缩至 0.5 mL，加正己烷定容至 1.0 mL。分别各取(1～5)μL 第一馏分和第二馏分的定容溶液作色谱分析。在相同色谱条件下注入与第二馏分样品浓度接近、体积相同的 PCBs 混合标准使用溶液(见 15.3.4)和 pp′-DDE 标准溶液进行色谱分析。根据样品谱图和 PCBs 标准样谱图，定量测定第一馏分和第二馏分 PCB 的含量。第一馏分和第二馏分中 PCB 含量之和，即为生物体中 PCB 的残留量。

15.6 记录与计算

15.6.1 定性

将测得数据记入表 A.15 中，并按下述步骤定性和定量。

对比样品和标样色谱图中各相应组分的保留时间，或按照式(24)计算相对于 pp′-DDE 的保留时间(pp′-DDE＝100)进行定性。

$$RRT=\frac{RT\times100}{RT_{\mathrm{pp'-DDE}}} \qquad (24)$$

式中：

RRT——相对保留时间；

RT——样品 PCB 谱峰的保留时间，单位为分(min)；

$RT_{\mathrm{pp'-DDE}}$——pp′-DDE 的保留时间，单位为分(min)。

15.6.2 定量

采用外标法，根据峰高(h)按式(25)计算样品中 PCBs 含量：

$$w_{PCB}=\frac{(h_s-h_b)K\cdot V_1}{F\cdot V_2\cdot M}\times 1\ 000 \quad \cdots\cdots\cdots\cdots (25)$$

式中：

w_{PCB}——生物体干样中 PCB 的残留量(质量分数，10^{-9})；

K——PCB 的仪器响应系数，即标准 PCBs 的量与其峰高或峰面积之比；

h_s——样品提取浓缩液中 PCBs 的峰高，单位为毫米(mm)；

h_b——试剂空白浓缩液中 PCBs 的峰高，单位为毫米(mm)；

V_1——净化浓缩液或分离浓缩液的定容体积，单位为毫升(mL)；

F——生物样的干/湿比；

V_2——注入待测溶液的体积，单位为微升(μL)；

M——样品的称取量，单位为克(g)。

15.7 精密度和准确度

相对误差 17%～28%；相对标准差 4.8%～9.0%；重复性相对标准差 2.9%～4.6%。

15.8 注意事项

本方法执行中应注意如下事项：

——除非另有说明，本方法所用试剂为分析纯，水为去离子水或等效纯水。

——本方法系以贻贝和牡蛎为分析对象建立的，对其他海洋生物 PCB 的分析，前处理应作适当的修改。用佛罗里土柱净化萃取液时，应先试验二氯甲烷和正己烷淋洗剂(30+70，体积比)的用量和佛罗里土用量，确认脂肪、色素被完全除去后，才能用活性碳柱分离出 PCB。

——其他见 14.8。

16 狄氏剂——气相色谱法

狄氏剂——气相色谱法见 14.1。

附　录　A
（规范性附录）
记　录　表

表 A.1～表 A.16 给出了通用的记录格式，生物样品分析记录应满足这些记录要求。

表 A.1 生物样品____分析标准（工作）曲线数据记录

（原子荧光法）

仪器型号________分析日期：____年____月____日　　　　共____页第____页

序号	加标准使用液/mL	标准加入量/ng	浓度/(μg/L)	荧光强度 I_s			$\bar{I}_s-\bar{I}_b$	残差 d_i
				1	2	平均		
1								
2								
3								
4								
5								
6								
7								
8								
9								
10								
11								
12								
备注	标准使用液浓度/(μg/L)： 定容体积/mL： 室温：　℃　　湿度：　%			线性回归拟合标准（工作）曲线方程： $I=a+bx$ $a=$　　$b=$　　$r=$ $d_i=I-(\bar{I}_s-\bar{I}_b)$ I 由标准（工作）曲线方程算出 测定波长：　nm　测定池光程：　cm				

分析者________校对者________审核者________

表 A.2 生物样品________分析记录

（原子荧光法）

海区________监测船____________采样日期：____年__月__日

仪器型号____________________分析日期：____年__月__日　　　　　　　　　　　　　　　　　　　　共____页第____页

序号	站　号	样品名称	样品称量/g	荧光强度 I_s			$\bar{I}_s-\bar{I}_b$	样品含量 w/10^{-6}
				1	2	平均		
1								
2								
3								
4								
5								
6								
7								
8								
9								
10								
11								
12								
13								
14								
15								
16								
17								
18								
19								
20								
备注	空白 I_b					定容体积：　　mL		

分析者______校对者______审核者______

表 A.3 生物样品__________分析标准(工作)曲线数据记录

(　　　　分光光度法)

仪器型号__________分析日期：______年___月___日　　　　共___页第___页

序号	加标准使用液/mL	标准加入量/μg	浓度/(μg/mL)	吸光值 A_i			$\overline{A_i}-\overline{A_0}$	残差 d_i
				1	2	平均		
1								
2								
3								
4								
5								
6								
7								
8								
9								
10								
11								
12								
13								
14								
15								
16								
备注	标准使用液浓度：　μg/mL　mol/L 定容体积：　mL 室温：　℃　湿度：　%			线性回归拟合标准(工作)曲线方程： $A=a+bx$ $a=$　　$b=$　　$r=$ $d_i=A-(\overline{A_i}-\overline{A_0})$ A 由标准(工作)曲线方程算出 测定波长：　nm　测定池光程：　cm				

分析者________校对者________审核者________

表 A.4 生物样品______分析记录
（分光光度法）

海区______监测船____________采样日期：________年____月____日

仪器型号____________________分析日期：________年____月____日　　　　共____页第____页

序号	站　号	样品名称	取样量/g	吸光值 A_s			$\overline{A_s}-\overline{A_b}$	样品含量 w/10^{-6}
				1	2	平均		
1								
2								
3								
4								
5								
6								
7								
8								
9								
10								
11								
12								
13								
14								
15								
16								
17								
18								
备注			空白 A_b				定容体积：　mL	

分析者________校对者________审核者________

表 A.5 生物样品________分析标准(工作)曲线数据记录

(无火焰原子吸收分光光度法)

仪器型号__________测定日期：________年____月____日　　　　　共____页第____页

序号	加标准使用液/mL	标准加入量/μg	浓度/(μg/mL)	吸光值 A_i			$\overline{A_i}-\overline{A_0}$	残差 d_i
				1	2	平均		
1								
2								
3								
4								
5								
6								
7								
8								
9								
10								
11								
12								
13								
14								
15								
备注	标准使用液浓度：　μg/mL 定容体积：　mL 进样体积：　μL 室温：　℃　湿度：　%			线性回归拟合标准(工作)曲线方程： $A=a+bx$ $a=$　　$b=$　　$r=$ $d_i=A-(\overline{A_i}-\overline{A_0})$ A 由标准(工作)曲线方程算出 背景扣除方式：氘灯　塞曼　交流塞曼 温度程序：				

分析者________校对者________审核者________

表 A.6 生物样品＿＿＿＿分析记录
（无火焰原子吸收分光光度法）

海区＿＿＿＿＿监测船＿＿＿＿＿＿采样日期：＿＿＿年＿＿月＿＿日

仪器型号＿＿＿＿＿＿＿＿＿分析日期：＿＿＿年＿＿月＿＿日　　　　　　　　　　共＿＿页第＿＿页

序号	站号	样品名称	取样量/g	吸光值 A_s			$\overline{A_s}-\overline{A_b}$	吸光值 A_s
				1	2	平均		
1								
2								
3								
4								
5								
6								
7								
8								
9								
10								
11								
12								
13								
14								
15								
16								
17								
18								
备注			A_b				定容体积	mL
				进样体积：	μL		检出限	

分析者＿＿＿＿＿校对者＿＿＿＿＿审核者＿＿＿＿＿

表 A.7　生物样品________分析记录

（阳极溶出伏安法）

海区________监测船__________采样日期：________年____月____日

仪器型号______________________分析日期：________年____月____日　　　　共____页第____页

序号	站号	样品名称	取样量/g	取样量/mL	峰电流 i_p/格		加标后 I_p/格		样品浓度/(μg/L)		
					1	2	1	2	1	2	平均
1											
2											
3											
4											
5											
6											
7											
8											
9											
10											
11											
12											
13											
14											
15											
16											
17											
18											
备注	添加标准溶液体积 $V_{标}$ =　　　　mL　　　检出限： 添加标准溶液浓度 $\rho_{标}$ =　　　　μg/mL　　　定　容：　　mL										

分析者________校对者________审核者________

表 A.8　生物样品________分析标准(工作)曲线数据记录

(火焰原子吸收分光光度法)

仪器型号__________　测定日期：_______年____月____日　　　　　　共____页第____页

序号	加标准使用液/mL	标准加入量/μg	浓度/(μg/mL)	吸光值 A_i			$\overline{A_i}-\overline{A_0}$	残　差 d_i
				1	2	平均		
1								
2								
3								
4								
5								
6								
7								
8								
9								
10								
11								
12								
13								
14								
备注	标准使用液浓度：　μg/mL 定容体积：　mL 室温：　℃　　湿度：　%			线性回归拟合标准(工作)曲线方程： $A=a+bx$ $a=$　　$b=$　　$r=$				
				$d_i=A-(\overline{A_i}-\overline{A_0})$ A 由标准(工作)曲线方程算出				
				测定谱线：　nm　狭缝： 灯电流：　mA　工作方式：单/双光束				
				空气流速：　L/min　乙炔流速：　L/min 试液提升：　mL				

分析者________校对者________审核者________

表 A.9 生物样品＿＿＿＿分析记录

（火焰原子吸收分光光度法）

海区＿＿＿＿监测船＿＿＿＿采样日期：＿＿＿＿年＿＿月＿＿日

仪器型号＿＿＿＿＿＿＿＿分析日期：＿＿＿＿年＿＿月＿＿日　　　　共＿＿页第＿＿页

序号	站号	样品名称	取样量/g	吸光值 A_s			$\overline{A_s}-\overline{A_b}$	吸光值 A_s
				1	2	平均		
1								
2								
3								
4								
5								
6								
7								
8								
9								
10								
11								
12								
13								
14								
15								
16								
17								
18								
备注	A_b						定容体积	mL
			进样体积：　μL				检出限	

分析者＿＿＿＿校对者＿＿＿＿审核者＿＿＿＿

表 A.10 生物样品________标准(工作)曲线数据记录

(催化极谱法)

仪器型号__________ 分析日期:________年____月____日 共____页第____页

序 号	被测物用量/μg	峰 高/mm	电流倍率	峰电流值 I_p
				峰高×电流倍率
1				
2				
3				
4				
5				
6				
7				
8				
9				
10				
11				
12				

备 注	室温: ℃ 湿度: %	线性回归方程:$y=a+bx$ a: b: r:
		标准使用溶液浓度: μg/mL
		标准系列定容体积: mL
		起始电压:— V

分析者________ 校对者________ 审核者________

表 A.11 生物样品______分析记录

(催化极谱法)

海区______监测船________采样日期:________年____月____日

仪器型号____________分析日期:________年____月____日　　　　共____页第____页

序号	站号	样品名称	取样量/g	峰高/mm	电流倍率	峰电流值(I_p)峰高×电流倍率	相当于被测物的量/μg	样品含量 w/10^{-6}
1								
2								
3								
4								
5								
6								
7								
8								
9								
10								
11								
12								
13								
14								
15								
16								
样品消化液定容体积:　mL								

分析者________校对者________审核者________

表 A.12　生物样品＿＿＿＿分析标准(工作)曲线数据记录

(荧光分光光度法)

仪器型号＿＿＿＿＿＿测定日期：＿＿＿＿＿年＿＿月＿＿日　　　　　　　　　　共＿＿页第＿＿页

序号	加标准使用液/mL	标准加入量/μg	浓度/(μg/mL)	荧光强度 I_i			$\overline{I_i}-\overline{I_0}$	残差 d_i
				1	2	平均		
1								
2								
3								
4								
5								
6								
7								
8								
9								
10								
11								
12								
13								
14								
备注	标准使用液浓度：　　μg/mL 定容体积：　　mL 室温：　　℃ 湿度：　　%			线性回归拟合标准(工作)曲线方程： $A=a+bx$ $a=$　　$b=$　　$r=$ $d_i=I-(\overline{I_i}-\overline{I_0})$ I 由标准(工作)曲线方程算出 激发波长：　　nm　发射波长：　　nm 测定池：　　cm				

分析者＿＿＿＿校对者＿＿＿＿审核者＿＿＿＿

表 A.13　生物样品________分析记录

（荧光分光光度法）

海区________监测船________采样日期：________年____月____日

仪器型号____________　　分析日期：________年____月____日　　　　共____页第____页

序号	站号	样品名称	取样量/g	荧光强度 I_s			I_s-I_b	样品含量 $w/10^{-6}$
				1	2	平均		
1								
2								
3								
4								
5								
6								
7								
8								
9								
10								
11								
12								
13								
14								
15								
16								
17								
18								
备注			I_b				定容体积	mL
							检出限	

分析者________校对者________审核者________

表 A.14　生物样品 666、DDT、狄氏剂分析记录

（气相色谱法）

采样日期：______年____月____日至______月______日

海区______监测船______分析日期：______年____月____日至____月____日　　　　共____页第____页

序号	站号	样品名称	取样量/g	浓缩液/mL		进样体积/μL		峰高/mm									样品含量 w/10^{-6}										
				佛罗里土净化液	活性碳分离液	佛罗里土净化液	活性碳分离液	α-666	γ-666	β-666	σ-666	p,p′-DDE	o,p′-DDT	p,p′-DDD	p,p′-DDT	狄氏剂	α-666	γ-666	β-666	σ-666	666总量	p,p′-DDE	o,p′-DDT	p,p′-DDD	p,p′-DDT	DDT总量	狄氏剂
1																											
2																											
3																											
4																											
5																											
6																											
7																											
8																											
9																											
10																											

备注

检 出 限：

标 准 液：　　μL

进样体积：　　μL

仪器型号：　　柱　　温：　　℃，　　气化室温度：　　℃

检测室温度：　　℃，　　柱 前 压力：

氮气流速：　　mL/min，衰　　减：

分析者______校对者______审核者______

表 A.15 生物样品 PCB 分析记录
（气相色谱法）

采样日期：______年____月____日至________月________日

海区______监测船____分析日期：__________年____月____日至________月________日　　　　共____页第____页

序号	站号	样品名称	取样量/g	浓缩液/mL			进样体积/μL		PCB 峰高/mm								样品含量 $w/10^{-6}$							
				佛罗里土净化液	第一馏分	第二馏分	第一馏分	第二馏分	峰号（对 p,p′-DDE 的相对保留时间）							总量	峰号（对 p,p′-DDE 的相对保留时间）							总量
1																								
2																								
3																								
4																								
5																								
6																								
7																								
8																								

备注：

检出限：

标准液：　μL

进样体积：　μL

仪器型号：

柱温：　℃，　气化室温度：　℃

检测室温度：　℃，柱前压力：

氮气流速：　mL/min，衰减：

分析者________校对者________审核者________

表 A.16 海洋监测生物体分析结果报表

监测部门_________监测日期：_____年_____月_____日至_____月_____日 第_____页

海区____监测船____分析日期：_____年_____月_____日至_____月_____日 共____页　　　　共　　页第　　页

序号	站号	采样时间日、时	生物种学名拉丁文	俗名中文	年龄	平均体长	平均体湿重/g	分析部位	总汞/10^{-6}	铜/10^{-6}	铅/10^{-6}	镉/10^{-6}	砷/10^{-6}	硒/10^{-6}	666/10^{-9}	DDT/10^{-9}
1																
2																
3																
4																
5																
6																
7																
8																
9																
10																
备注																

制表者　　　校对者　　　复校者　　　负责人　　　制表日期：　　　年　　　月

附 录 B
（资料性附录）
方法检出限

各测项及分析方法的检出限如表 B.1 所示。

表 B.1 测定方法检出限

章条编号	测项及分析方法	检出限 $w/10^{-6}$
5	汞	
5.1	原子荧光法	0.002
5.2	冷原子吸收光度法	0.01
6	铜	
6.1	无火焰原子吸收分光光度法	0.4
6.2	阳极溶出伏安法	1.0
6.3	火焰原子吸收分光光度法	2.0
7	铅	
7.1	无火焰原子吸收分光光度法	0.04
7.2	阳极溶出伏安法	0.3
7.3	火焰原子吸收分光光度法	0.6
8	镉	
8.1	无火焰原子吸收分光光度法	0.005
8.2	阳极溶出伏安法	0.4
8.3	火焰原子吸收分光光度法	0.08
9	锌	
9.1	火焰原子吸收分光光度法	0.4
9.2	阳极溶出伏安法	2.0
10	铬	
10.1	二苯碳酰二肼分光光度法	0.40
10.2	无火焰原子吸收分光光度法	0.04
11	砷	
11.1	原子荧光法	0.2
11.2	砷钼酸-结晶紫分光光度法	2.0
11.3	氢化物-原子吸收分光光度法	0.4
11.4	催化极谱法	2.0
12	硒	
12.1	荧光分光光度法	0.2
12.2	二氨基联苯胺四盐酸盐分光光度法	0.5
12.3	催化极谱法	0.03
13	石油烃——荧光分光光度法	0.2
14	666,DDT——气相色谱法	α-666:5 γ-666:7 β-666,:3 δ-666:9 pp′-DDE:5 op′-DDT:17 pp′-DDD:8 pp′-DDT:40
15	多氯联苯——气相色谱法	43.1
16	狄氏剂——气相色谱法	3

注：666、DDT 各组分，多氯联苯和狄氏剂的检出限单位为 pg。

附 录 C
（资料性附录）
有机氯农药——毛细管气相色谱测定法

C.1 适用范围和应用领域

本方法适用于海洋生物体中 α-666、β-666、γ-666、δ-666、七氯、艾氏剂、环氧七氯、硫丹-Ⅰ、pp′-DDE、狄氏剂、异狄氏剂、硫丹-Ⅱ、pp′-DDD、异狄氏剂乙醛、硫丹硫酸盐、pp′-DDT 等有机氯农药（OCPs）的测定。

检出限(ng/g)：α-666 0.027；β-666 0.052；γ-666 0.026；δ-666 0.024；七氯 0.028；艾氏剂 0.025；环氧七氯 0.026；硫丹-Ⅰ 0.028；pp′-DDE 0.028；狄氏剂 0.029；异狄氏剂 0.038；硫丹-Ⅱ 0.036；pp′-DDD 0.041；异狄氏剂乙醛 0.038；硫丹硫酸盐 0.043；pp′-DDT 0.041。

C.2 方法原理

海洋生物样品中的 OCPs 用超声法提取或索氏法提取于正己烷中。提取液经净化浓缩后，用毛细管气相色谱测定，与标准样品比较定量。

C.3 试剂及其配制

C.3.1 正己烷：用全玻璃蒸馏器重新蒸馏，收集 68 ℃～69 ℃馏分。

C.3.2 丙酮：用全玻璃蒸馏器重新蒸馏，收集 58℃～59℃馏分。

C.3.3 浓硫酸：优级纯。

C.3.4 无水硫酸钠：500℃烘 6 h，冷却后置干燥器中保存。

C.3.5 无水硫酸钠水溶液(2 %)：20 g 无水硫酸钠溶于水中，稀释至 1 000 mL。

C.3.6 中性氧化铝：100 目～200 目(150 μm～75 μm)，400℃烘 4 h，冷却后加 3%～4%水去活化，置干燥器中保存。

C.3.7 佛罗里土：100 目～200 目(150 μm～75 μm)，140℃烘 4 h，冷却后置干燥器中保存。

C.3.8 铜粉：优级纯，纯度 99.8%。

C.3.9 有机氯农药混合标准贮备溶液：用异辛烷配制 16 种有机氯农药标准溶液，其中含有 α-666、β-666、γ-666、δ-666、七氯、艾氏剂、环氧七氯、硫丹-Ⅰ、pp′-DDE、狄氏剂、异狄氏剂、硫丹-Ⅱ、pp′-DDD、异狄氏剂乙醛、硫丹硫酸盐、pp′-DDT 等有机氯农药，浓度分别为 1 mg/mL。

C.3.10 有机氯农药混合标准使用溶液：用正己烷稀释有机氯农药混合标准贮备溶液(E.3.9)而成，各组分含量为 0.05 μg/mL。

C.4 仪器与设备

仪器与设备如下：

—— 气相色谱仪：配 Ni^{63} 电子捕获鉴定器；

—— 旋转蒸发器；

—— 超声波清洗器；

—— 毛细管色谱柱：石英 SE-54 交联柱，内径 0.22 mm，长 25 m，膜厚度 0.25 μm；

—— 全玻璃蒸馏器；

—— 索氏提取器；

—— 梨型分液漏斗：容量 500 mL；

—— 具塞比色管：容量 100 mL；
—— 多孔水浴；
—— 微量注射器：容量 5 μL 、10 μL；
—— 实验室常用仪器与设备。

C.5 分析步骤

C.5.1 样品制备

将采集的海洋生物样品用海水洗涤，除去杂物和壳等，取其组织，匀浆处理，收集备用。

C.5.2 样品提取

C.5.2.1 超声提取法

准确称取 3.0 g(精确至±0.000 1 g)生物干样与 10 g 无水硫酸钠(C.3.4)混匀(或 30 g ±0.000 1 g生物湿样与 30 g 无水无水硫酸钠混匀)，呈松散状，置于预先用正己烷处理过的圆形滤纸筒内，放入 100 mL 具塞比色管内，加 60 mL 正己烷-丙酮(1+1)浸泡 12 h 后，超声提取 20 min。静置，将上清液转移至预先加入 250 mL 无水硫酸钠溶液(C.3.5)的梨型分液漏斗内，再分别加入 30 mL 丙酮重复超声提取 3 次，合并于分液漏斗中，振摇 1 min，静止分层，除去水相，收集正己烷相，做为样品提取液待净化。

C.5.2.2 索氏提取法

准确称取 3.0 g(精确至±0.000 1 g)生物干样与 10 g 无水硫酸钠(C.3.4)混匀(或 30 g ±0.000 1 g生物湿样与 30 g 无水无水硫酸钠混匀)，呈松散状，置于预先用正己烷处理过的圆形滤纸筒内，放入索氏提取器中，加 100 mL 正己烷-丙酮(1+1)浸泡 12 h。在 75℃～80℃水浴中回流提取 16 h。冷至室温后，将提取液转移到已加入 250 mL 无水硫酸钠水溶液(C.3.5)的梨型分液漏斗中，分别用 30 mL丙酮冲洗索氏提取器 3 次，合并于分液漏斗中，振摇 1 min，静止分层，除去水相，收集正己烷相，做为样品提取液待净化。

C.5.3 样品净化

将提取液移入梨型分液漏斗，加 30 mL 浓硫酸，振摇 1 min，静止分层，除去硫酸相。若浓硫酸净化后的正己烷相有颜色，应重复用浓硫酸净化，直至无色透明。再加入 250 mL 无水硫酸钠溶液(C.3.5)于分液漏斗中，振摇 1 min，静止分层，除去水相，重复洗涤 3 次，直至正己烷相呈中性。收集正己烷相于旋转蒸发器浓缩瓶中，浓缩至近干，用正己烷定容至 1.0 mL，做为样品净化液，待测定。

C.5.4 分析空白

除不加生物样外，其他与样品提取(C.5.2)和样品净化(C.5.3)步骤相同，做为分析空白液，待测定。

C.5.5 加标回收样

不加生物样，加入 20.0 g 无水硫酸钠(C.3.4)和 1.0 mL 有机氯农药混合标准使用溶液(C.3.10)，其他与样品提取(C.5.2)和样品净化(C.5.3)步骤相同，做为加标回收样，待测定。

C.5.6 样品测定

C.5.6.1 色谱仪的校准

在选定分析条件下，色谱仪基线噪音≤0.2 mV，基线漂移≤0.5 mV/30 min 时，注射 1.0 μL 有机氯农药混合标准使用溶液(C.3.10)，应有很好的分离。输出信号进行适当衰减使记录仪上最高峰≤95%。

C.5.6.2 测定

在上述相同色谱条件下，分别注入相同体积的分析空白液(C.5.4)、样品净化液(C.5.3)、有机氯农药混合标准使用溶液(C.3.10)以及加标回收样(C.5.5)，测得各组分的保留时间、峰高或峰面积，进行定性分析与定量分析。

C.6 记录与计算

将测定结果记入表 C.1 中，按式(C.1)计算生物样品中 OCPs 含量：

$$w_i = \frac{(A_i - A_k) \times C_i \times V_b \times V_i \times 1\ 000}{A_b \times V_j \times W \times (1-R)} \quad \cdots\cdots\cdots\cdots (C.1)$$

式中：

w_i——样品中 OCPs 的含量，单位为纳克每克(ng/g)；

A_i——样品 i 组分的峰面积或峰高值；

A_k——分析空白 i 组分的峰面积或峰高值；

A_b——标准样 i 组分的峰面积或峰高值；

V_i——样品提取液体积，单位为毫升(mL)；

V_b——标准样进样体积，单位为微升(μL)；

V_j——样品样进样体积，单位为微升(μL)；

C_i——标准样 i 组分的浓度，单位为微克每毫升(μg/mL)；

W——样品重量，单位为克(g)；

R——样品的水分含量(质量分数，%)。

OCPs 的总量等于各组分含量之和。

C.7 注意事项

本方法执行中应注意如下事项：

——除非另有说明，本方法所用试剂均为分析纯，水为去离子水或等效纯水；

——为避免有机物质的沾污，应将生物样品盛装在全玻璃广口瓶或金属容器内；

——所用器皿，使用前用正己烷冲洗；

——所用试剂，使用前做空白检验；

——样品中存在共提取色素物质对本法有干扰，用氧化铝层析法消除色素；

——样品中若存在含硫物质对本法有干扰，用铜粉消除。

表 C.1　海洋生物样品中有机氯农药分析记录表

采样日期：____年____月____日

海区__________监测船__________　分析日期：　年　月　日　　　　　共____页第____页

	序　号	1	2	3	4	5	6	7	8	9	10
	站　号										
	瓶　号										
	浓缩体积/mL										
	进样体积/μL										
峰面积 μvs 或峰高 μv	α-666										
	β-666										
	γ-666										
	δ-666										
	七氯										
	艾氏剂										
	环氧七氯										
	硫丹-Ⅰ										
	pp′-DDE										
	狄氏剂										
	异狄氏剂										
	硫丹-Ⅱ										
	pp′-DDD										
	异狄氏剂乙醛										
	硫丹硫酸盐										
	pp′-DDT										
样品含量/(ng/g)	α-666										
	β-666										
	γ-666										
	δ-666										
	七氯										
	艾氏剂										
	环氧七氯										
	硫丹-Ⅰ										
	pp′-DDE										
	狄氏剂										
	异狄氏剂										
	硫丹-Ⅱ										
	pp′-DDD										
	异狄氏剂乙醛										
	硫丹硫酸盐										
	pp′-DDT										

分析者________校对者________审核者________

附　录　D
（资料性附录）
多氯联苯——毛细管气相色谱测定法

D.1　适用范围和应用领域

本方法适用于海洋生物体中多氯联苯(PCBs)的测定。

检出限(ng/g)：CB28　0.05；CB 52　0.068；CB155　0.054；CB101　0.05；CB112　0.038；CB118　0.052；CB153　0.049；CB138　0.038；CB180　0.029；CB198　0.033。

D.2　方法原理

海洋生物样品中的 PCBs 用超声或索氏法提取于正己烷中。提取液经净化浓缩后，用毛细管气相色谱测定，与标准样品比较定量。

D.3　试剂及其配制

D.3.1　正己烷：用全玻璃蒸馏器重新蒸馏，收集 68℃～69℃馏分。

D.3.2　丙酮：用全玻璃蒸馏器重新蒸馏，收集 58℃～59℃馏分。

D.3.3　浓硫酸：优级纯。

D.3.4　无水硫酸钠：500 ℃烘 6 h，冷却后置干燥器中保存。

D.3.5　无水硫酸钠水溶液(2%)：20 g 无水硫酸钠溶于水中，稀释至 1 000 mL。

D.3.6　铜粉：优级纯，纯度 99.8%。

D.3.7　多氯联苯混合标准贮备溶液：用异辛烷配制 10 组分 PCBs 标准溶液，其中含有 CB28、CB52、CB101、CB112、CB118、CB138、CB153、CB155、CB180、CB198 等单组分 PCB，含量分别为 10 μg/ mL。

D.3.8　多氯联苯混合标准使用溶液：用正己烷稀释多氯联苯标准贮存溶液(D.3.7)而成，各组分含量为 0.1 μg/mL。

D.4　仪器与设备

仪器与设备如下：

——气相色谱仪：配 Ni^{63} 电子捕获鉴定器；

——旋转蒸发器；

——超声波清洗器；

——毛细管色谱柱：石英 SE-54 交联柱子，内径 0.22 mm，长 25 m，固定相液膜厚度 0.25 μm；

——全玻璃蒸馏器；

——索氏提取器；

——梨型分液漏斗：容量 500 mL；

——具塞比色管：容量 100 mL；

——多孔水浴；

——微量注射器：容量 5 μL、10 μL。

——实验室常用仪器与设备。

D.5　分析步骤

D.5.1　样品制备

将采集的海洋生物样品用海水洗涤，除去杂物和壳等，取其组织，匀浆处理，收集备用。

D.5.2 样品提取

D.5.2.1 超声提取法

准确称取 3.0 g(精确至±0.000 1 g)生物干样与 10 g 无水硫酸钠(D.3.4)混匀(或 30 g±0.000 1 g生物湿样与 30 g 无水无水硫酸钠混匀),呈松散状,置于预先用正己烷处理过的圆形滤纸筒内,放入 100 mL 具塞比色管内,加 60 mL 正己烷-丙酮(1+1)浸泡 12 h 后,超声提取 20 min。静置,将上清液转移至预先加入 250 mL 无水硫酸钠溶液(D.3.5)的梨型分液漏斗内,再分别加入 30 mL 丙酮重复超声提取 3 次,合并于分液漏斗中,振摇 1 min,静止分层,除去水相,收集正己烷相,做为样品提取液待净化。

D.5.2.2 索氏提取法

准确称取 3.0 g(精确至±0.000 1 g)生物干样与 10 g 无水硫酸钠(D.3.4)混匀(或 30 g±0.000 1 g生物湿样与 30 g 无水无水硫酸钠混匀),呈松散状,置于预先用正己烷处理过的圆形滤纸筒内,放入索氏提取器中,加 100 mL 正己烷-丙酮(1+1)浸泡 12 h。在 75℃～80℃水浴中回流提取 16 h。冷至室温后,将提取液转移到已加入 250 mL 无水硫酸钠水溶液(D.3.5)的梨型分液漏斗中,分别用 30 mL丙酮冲洗索氏提取器 3 次,合并于分液漏斗中,振摇 1 min,静止分层,除去水相,收集正己烷相,做为样品提取液待净化。

D.5.3 样品净化

将提取液移入梨型分液漏斗,加 30 mL 浓硫酸,振摇 1 min,静止分层,除去硫酸相。若浓硫酸净化后的正己烷相有颜色,应重复用浓硫酸净化,直至无色透明。再加入 250 mL 无水硫酸钠溶液(D.3.5)于分液漏斗中,振摇 1 min,静止分层,除去水相,重复洗涤 3 次,直至正己烷相呈中性。收集正己烷相于旋转蒸发器浓缩瓶中,浓缩至近干,用正己烷定容至 1.0 mL,做为样品净化液,待测定。

D.5.4 分析空白

除不加生物样外,其他与样品提取(D.5.2)和样品净化(D.5.3)步骤相同,做为分析空白液,待测定。

D.5.5 加标回收样

不加生物样,加入 20.0 g 无水硫酸钠(D.3.4)和 1.0 mL 有机氯农药混合标准使用溶液(D.3.8),其他与样品提取(D.5.2)和样品净化(D.5.3)步骤相同,做为加标回收样,待测定。

D.5.6 样品测定

D.5.6.1 色谱仪的校准

在选定分析条件下,色谱仪基线噪音≤0.2 mV,基线漂移≤0.5 mV/30 min 时,注射 1.0 μL 有机氯农药混合标准使用溶液(D.3.8)应有很好的分离。输出信号进行适当衰减使记录仪上最高峰≤95%。

D.5.6.2 测定

在上述相同色谱条件下,分别注入相同体积的分析空白液(D.5.4)、样品净化液(D.5.3)、有机氯农药混合标准使用溶液(D.3.10)以及加标回收样(D.5.5),测得各组分的保留时间、峰高或峰面积,进行定性分析与定量分析。

D.6 记录与计算

将测定结果记入表 D.1 中,按式(D.1)计算生物样品中 PCBs 含量:

$$w_i = \frac{(A_i - A_k) \times C_i \times V_b \times V_i \times 1\,000}{A_b \times V_j \times W \times (1-R)} \qquad \text{(D.1)}$$

式中:

w_i——样品中 PCBs 的含量,单位为纳克每克(ng/g);

A_i——样品 i 组分的峰面积或峰高值;

A_k——分析空白 i 组分的峰面积或峰高值；
A_b——标准样 i 组分的峰面积或峰高值；
V_i——样品提取液体积，单位为毫升（mL）；
V_b——标准样进样体积，单位为微升（μL）；
V_j——样品样进样体积，单位为微升（μL）；
C_i——标准样 i 组分的浓度，单位为微克每毫升（μg/mL）；
W——样品重量，单位为克（g）；
R——样品的水分含量（质量分数，%）。

PCBs 的总量等于各组分含量之和。

D.7 注意事项

本方法执行中应注意以下事项：

——沉积物样品应盛装在全玻璃广口瓶或金属容器中，以避免有机物质沾污；
——所用器皿，使用前用正己烷冲洗；
——所用试剂，使用前做空白检验；
——样品中存在共提取色素物质对本法有干扰，用氧化铝层析法消除色素；
——样品中若存在含硫物质对本法有干扰，用铜粉消除。

表 D.1　海洋生物样品中多氯联苯分析记录表

采样日期：____年____月____日

海区____________监测船____________分析日期：　年　月　日　　　　　　　　共____页第____页

序　号		1	2	3	4	5	6	7	8	9	10
站　号											
瓶　号											
浓缩体积/mL											
进样体积/μL											
峰面积 μvs 或峰高 μv	CB28										
	CB52										
	CB155										
	CB101										
	CB112										
	CB118										
	CB153										
	CB138										
	CB180										
	CB198										
样品的含量/(ng/g)	CB28										
	CB52										
	CB155										
	CB101										
	CB112										
	CB118										
	CB153										
	CB138										
	CB180										
	CB198										

分析者________校对者________审核者________

ICS 07.060
A 45

中华人民共和国国家标准

GB 17378.7—2007
代替 GB 17378.7—1998

海洋监测规范 第7部分:近海污染生态调查和生物监测

The specification for marine monitoring—Part 7:Ecological survey for offshore pollution and biological monitoring

2007-10-18 发布　　　　2008-05-01 实施

中华人民共和国国家质量监督检验检疫总局
中国国家标准化管理委员会　发布

前言

本部分的全部技术内容为强制性。

GB 17378《海洋监测规范》分为七个部分：

——第1部分：总则；

——第2部分：数据处理与分析质量控制；

——第3部分：样品采集、贮存与运输；

——第4部分：海水分析；

——第5部分：沉积物分析；

——第6部分：生物体分析；

——第7部分：近海污染生态调查和生物监测。

本部分为GB 17378的第7部分，代替GB 17378.7—1998《海洋监测规范　第7部分：近海污染生态调查和生物监测》。

本部分与GB 17378.7—1998相比主要变化如下：

——增加了"海水增养殖区监测"(见第15章)；

——增加了记录表(见附录A)；

——将"污染生态调查资料常用评述方法"调整为资料性附录(1998年版的附录A；本版的附录B)；

——将受"试动物的亲体产卵和幼虫阶段的培养条件"调整为资料性附录(1998年版的附录B；本版的附录C)；

——增加了"弧菌数量检测——平板计数法"(见附录D)；

——增加了"沉积物粪大肠菌群数——发酵法"(见附录E)；

——增加了"沉积物异养细菌总数——平板计数法"(见附录F)；

——增加了"异养细菌总数评价等级"(见附录G)；

——增加了"水质、沉积物质量评价资料汇总"(见附录H)；

——增加了"海水增养殖区监测报告内容与格式"(见附录I)。

本部分的附录A、附录D、附录E、附录F、附录H和附录I为规范性附录，附录B、附录C和附录G为资料性附录。

本部分由国家海洋局提出。

本部分由全国海洋标准化技术委员会(SAC/TC 283)归口。

本部分起草单位：国家海洋环境监测中心。

本部分主要起草人：马永安、王立俊、梁玉波、徐恒振、于涛、韩庚辰、关道明、王健国、张水浸、洪君超、张春明、许昆灿、陈维岳、金涛。

本部分所代替标准的历次版本发布情况为：

——GB 17378.7—1998。

海洋监测规范
第7部分:近海污染生态调查
和生物监测

1 范围

GB 17378 的本部分规定了近海污染生态调查和生物监测的样品采集、实验、分析、资料整理等方法的技术要求。

本部分适用于近海环境污染的生物学调查、监测和评价。

2 规范性引用文件

下列文件中的条款通过 GB 17378 的本部分的引用而成为本部分的条款。凡是注日期的引用文件,其随后所有的修改单(不包括勘误的内容)或修订版均不适用于本部分,然而,鼓励根据本部分达成协议的各方研究是否可使用这些文件的最新版本。凡是不注日期的引用文件,其最新版本适用于本部分。

GB 3097—1997 海水水质标准

GB/T 12763.4 海洋调查规范

GB 17378.1 海洋监测规范 第1部分:总则

GB 17378.2 海洋监测规范 第2部分:数据处理与分析质量控制

GB 17378.3 海洋监测规范 第3部分:样品采集、贮存与运输

GB 17378.4 海洋监测规范 第4部分:海水分析

GB 17378.5 海洋监测规范 第5部分:沉积物分析

GB 17378.6 海洋监测规范 第6部分:生物体分析

GB 18668—2002 海洋沉积物质量

3 术语和定义

下列术语和定义适用于 GB 17378 的本部分。

3.1

浮游生物 plankton

体型细小悬浮于水层中,无或仅有微弱游泳能力随水流移动的水生生物。

3.2

大型底栖生物 macrobenhthos

底栖生物的一类,不能通过 0.5 mm 孔径网筛的底栖生物。

3.3

大型浮游生物 macroplankton

个体在(5~10)mm 之间的浮游生物。水母、大型桡足类、磷虾类、樱虾类、被囊类、毛颚动物、翼足类软体动物和异足类软体动物等的统称。

3.4

指标生物 index organism

对某种污染物质有很强的忍受能力或对某种污染物敏感的生物种类。

3.5

毒性试验 toxicity test

将生物体置于试验条件下,施加污染物的影响,然后观察、测定生物异常或死亡效应,包括急性、亚急性、慢性毒性试验。

3.6

试液 test solution

用作毒性试验的毒物溶液或排污口水样的不同浓度的稀释液。

3.7

稀释度 dilution

试液被稀释的程度(倍数)。

3.8

受试生物 test organism

用作毒性试验的生物。

3.9

受试验时间 testing time

受试生物直接接触试液的起止时间范围。

3.10

半数致死浓度 half lethal concentration

在一定观察期内,造成50%的受试生物死亡的毒物浓度。

3.11

半数效应浓度 half effect concentration

在一定观察期内,导致50%的受试生物出现某种异常反应(如回避、摄食率和呼吸率改变、平衡丧失等)的毒物浓度。

4 一般规定

4.1 近岸污染生态调查

近岸污染生态调查内容如下:

——浮游生物生态调查;

——大型底栖生物生态调查;

——潮间带生物生态调查。

4.2 生物监测

生物监测内容如下:

——叶绿素 a;

——粪大肠菌群;

——细菌总数;

——生物毒性试验;

——鱼类回避反应实验;

——滤食率测定;

——赤潮毒素——麻痹性贝毒的检测。

4.3 调查和监测项目的选择

近岸污染生态调查和监测项目选择应遵循以下原则:

——在调查和监测中,应依据目的、任务和性质考虑生物调查和监测的内容。通常,在基线(背景)调查和环境质量综合评价中,浮游生物生态调查、大型底栖生物生态调查、潮间带生物生态调

查、叶绿素 a、粪大肠菌群和细菌总数等是应测项目;

——在危害调查和排污口、倾废区、海上石油开发区等的监视监测中,应选测生物毒性试验、鱼类回避反应实验和滤食率测定等项目;

——赤潮毒素(麻痹性贝毒)的检测,应在赤潮发生区和赤潮多发季节定期监测,或发现可疑的麻痹性贝毒(PSP)中毒事件时应用;

——运用污染生态调查资料常用评述方法(参见附录 B)时应慎重,应比较几种方法所得的结果,并与传统的生态描述方法结合,进行综合分析;

——几种受试动物的亲体产卵和幼虫阶段培养条件(参见附录 C),因生物地区性很强,各地用其进行毒性试验时,应进行必要的试养;

——在生物监测中,对生物体内污染物质累积量的测定,也是主要内容之一。其分析测定方法见 GB 17378.6。

5 浮游生物生态调查

5.1 调查内容和方法

5.1.1 调查内容

5.1.1.1 生物调查

调查浮游植物的种类组成和数量分布;浮游动物的生物量、种类组成和数量分布。

5.1.1.2 环境调查

根据污染调查的目的、类型及污染源的性质,确定调查和监测项目。赤潮的环境调查和监测,特别应考虑营养盐、溶解氧、化学耗氧量、pH、水色、微量重金属、铁、锰、叶绿素 a 等的测定。

5.1.2 调查类型

5.1.2.1 现状调查(或称基础调查)

掌握调查海域浮游生物的种类组成、数量分布、季节变化等生态学现状,为调查海域的污染生态监测和评价,提供背景资料。

调查站位的布设应与环境监测设站相一致。若站位较密,工作量太大,浮游生物可考虑间隔站取样。调查时间每月一次,根据需要于大潮期和小潮期间进行。

5.1.2.2 监测性调查

掌握污染海域,尤其是赤潮频发区的浮游生物(特别是赤潮生物种)的动态及其与环境的关系。通过长期资料积累,为环境和赤潮的预测、预报做好必要的准备工作。

此类调查,站位布设不宜过多,可在现状调查的基础上,选择若干"热点"设站定期取样分析。一旦发现异常,应密切注意其动向,适当增加调查次数,并按现状调查的站位,进行一次较全面的调查。每月大潮期间进行一次,在赤潮常发期(4 月~10 月),5d 调查监测一次,并设置对照测站。

5.1.2.3 应急跟踪调查

应急跟踪调查是在发生突发性污染事故(如溢油)或发生赤潮时所采取的应急性行动。调查、监测应尽快赶赴现场取样,并持续到直观迹象消失。每天或隔天采样一次。站位布设应根据污染或赤潮发生范围,按梯度变化酌情而定。同时应在事故范围之外,选取 1 个~2 个站作为对照。

5.1.3 调查方法

5.1.3.1 采样

浮游植物调查,一般只需采水样。测站水深在 15 m 以内的浅海,采表、底两层;水深大于 15 m 的采表、中、底三层。若需要详细了解其垂直分布,可按 0 m、3 m、5 m、10 m、15 m 和底层等层次采样。当有必要进行昼夜连续观测时,可每间隔 2 h 或 3 h 按上述层次采样一次。

5.1.3.2 拖网

通常用于浮游动物采样。浮游植物拖网采样,可考虑在需要详细分析种类组成时采用。一般使用规定的网具自海底至水面作垂直拖网采样。若需了解其垂直分布,可按 5 m～0 m、10 m～5 m、底至 10 m等层次作垂直分层拖网。若需进行昼夜连续观测,应与浮游植物采水样的时间间隔一致。

5.2 海上调查

5.2.1 采样工具和设备

5.2.1.1 浮游植物样品采水器。

以下为浮游植物样品常用采水器:

——颠倒采水器;

——卡盖式采水器。

5.2.1.2 网具

使用以下类型的网具:

——浅水Ⅰ型浮游生物网:用于采集大型浮游动物及鱼卵、仔稚鱼等。规格见表 1;

——浅水Ⅱ型浮游生物网:用于采集中、小型浮游动物。规格见表 2;

——浅水Ⅲ型浮游生物网:用于采集浮游植物样品,供分析种类组成时采用。规格见表 3。

表 1 浅水Ⅰ型浮游生物网规格

部位		尺寸和材料
网口部		内径 50 cm,网口面积 0.20 m^2,网圈用直径 10 mm 的圆钢条
过滤部	1	长 5 cm,细帆布
	2	长 135 cm,CQ14 或 JP_{12} 筛绢
网底部	3	直径 9 cm,长 5 cm,细帆布
全长		145 cm

表 2 浅水Ⅱ型浮游生物网规格

部位		尺寸和材料
网口部		内径 31.6 cm,网口面积 0.08 m^2,网圈用直径 10 mm 的圆钢条
头锥部	1	长 35cm,细帆布,中圈直径 50 cm,网圈用直径 10 mm 的圆钢条
过滤部	2	长 100 cm,CB36 或 JP_{36} 筛绢
网底部	3	直径 9 cm,长 5 cm,细帆布
全长		140 cm

表 3 浅水Ⅲ型浮游生物网规格

部位		尺寸和材料
网口部		内径 37 cm,网口面积 0.1 m^2,网圈用直径 10 mm 的圆钢条
过滤部	1	长 5 cm,细帆布
	2	长 130 cm,JF_{62} 或 JP_{80} 筛绢
网底部	3	直径 9 cm,长 5 cm,细帆布
全长		140 cm

5.2.1.3 网底管

浮游生物网末端收集标本的装置。其外径为 9 cm,所用筛绢套与浮游生物网网衣的筛绢规格一致。

5.2.1.4 闭锁器

分层采集时控制浮游生物网网口关闭的装置。

5.2.1.5 流量计

测量浮游生物网滤水量装置，使用时安装于网口半径的中点，通过水流驱动其叶轮转动，记录器记录转数，经必要的换算，可求出流经网具的实际水量。

未经检定的流量计，使用前应检定或在平静海区经现场标定后方可使用。标定方法是将流量计按实际使用时的位置，安装在不带网衣的网圈上，并按实际采样时的拖网速度从一定深度(10 m或30 m)垂直拖至表层，记录其转数。如此反复5次～10次，取得平均值，再计算每转的流量，则为流量计标定值。此值至少需保留三位有效数字。

5.2.1.6 船上设备

以下设备为船上常备设备：

——绞车、吊杆及钢丝绳：绞车应配有变速(0.3 m/s ～1.5 m/s)排缆装置和计数器的电动绞车。若缺乏该设备，可用建筑用的升降机或手摇绞车代替。钢线绳直径一般为4.8 mm左右。吊杆安装需高出船舷3 m，跨舷距约1 m；

——冲水设备：水泵、水管、水桶和吸水球(大的洗耳球)；

——照明设备。

5.2.2 **样品采集**

5.2.2.1 **出海前的准备**

5.2.2.1.1 按调查项目、站数、层次，准备足够的采样工具及已编号的各种标本瓶、固定剂、记录表等，装箱上船并放于适当位置，避免撞击和丢失；

5.2.2.1.2 认真检查船上设备是否运转正常，若遇故障，应及时排除或更换；

5.2.2.1.3 配制固定制

浮游植物用碘液固定。其配制方法是将碘片(I_2)溶于5%的碘化钾(KI)溶液中，使成饱和溶液。需要量按每升水样加该碘液6 mL～8 mL准备。

浮游动物用5%甲醛固定。不必事先配制，只须按标本瓶容量的5%左右加入甲醛溶液即可。

5.2.2.2 **到站前的准备**

5.2.2.2.1 采集人员应提前到达工作岗位，再次检查网具及其附件、记录表及其他有关配备是否完善，发现问题及时处理；

5.2.2.2.2 船只到站时，应先核对站位，待船停稳后，测其实际水深，确定采样层次及钢丝绳应放长度。

5.2.2.3 **采样**

5.2.2.3.1 **浮游植物水样采集**

浮游植物水样采集应按以下要求进行：

——用颠倒采水器或卡盖式采水器，其使用方法及操作步骤与水质项目采样相同；

——采样层次视调查需要、计划规定和海区各站实际水深而定；

——水样采集务必与叶绿素a和水质项目的采水同步进行；

——所需水样量一般为500 mL；

——采样后，应及时按每升水样加6 mL～8mL碘液固定。

5.2.2.3.2 **垂直拖网采样**

分别用浅水Ⅰ、Ⅱ型浮游生物网自底至表垂直拖曳采集浮游动物。若需网采浮游植物，则用浅水Ⅲ型网。其操作步骤如下：

——每次下网前应检查网具有否破损，发现破损应及时修补或更换网衣；检查网底管和流量计是否处于正常状态，并把流量计指针拨至指零；放网入水，当网口贴近水面时，需调整计数器指针于零的位置；网口入水后，下网速度一般不能超过1 m/s，以钢丝绳保持紧直为准；当网具接近海底时，绞车应减速，当沉锤着底，钢丝绳出现松弛时，应立即停车，记下绳长；

——网具到达海底后可立即起网，速度保持在0.5 m/s左右；网口未露出水面前不可停车；网口离开水面时应减速并及时停车，谨防网具碰刮船底或卡环碰撞滑轮，使钢丝绳绞断，网具失落；

——把网升至适当高度，用冲水设备自上而下反复冲洗网衣外表面(切勿使冲洗的海水进入网口)，使粘附于网上的标本集中于网底管内；将网收入甲板，开启网底管活门，把标本装入标本瓶，再关闭网底管活门，用洗耳球吸水冲洗筛绢套，如此反复多次，直至残留标本全部收入标本瓶中；

——按样品体积的5%，加入甲醛溶液进行固定。

5.2.2.3.3 分层拖网采样

分层采集，应在网具上装置闭锁器，按规定层次逐一采样。操作步骤为：

——下网前应使网具、闭锁器、钢丝绳、拦腰绳等处于正常采样状态，下网时按垂直拖网方法；

——网具降至预定采样水层下界时应立即起网，速度如垂直拖网；当网将达采样水层上界时，应减慢速度(避免停车，以防样品的外溢)，提前打下使锤(提前量每10 m水深约1 m)；当钢丝绳出现瞬间松弛或振动时，说明网已关闭(记录此时的绳长)，可适当加快起网速度直至网具露出水面；之后，将闭锁状态的网具恢复成采样状态，并按垂直拖网法冲网和收集、固定标本；

——各项样品采样完毕，应及时将采样记录详细记入表A.1或表A.2。

5.2.2.3.4 采样结束后的工作

采样后应进行以下工作：

——所有样品应装入牢固的标本箱内搬运；

——用过的网具、闭锁器和流量计等需用淡水冲洗，晾干后收藏；

——绞车、钢丝绳、计数器等需经擦试，上油保养。

5.2.2.3.5 注意事项

采样时应注意以下事项：

——遇倾角超过45°时，应加重沉锤重新采样；

——遇网口刮船底或海底，应重新采样。

5.3 样品整理与分析

5.3.1 样品的整理

5.3.1.1 核对

根据采样记录表，认真核对采取的全部样品，若发现不符应及时查找原因，不得任意更改原始记录。

5.3.1.2 编号

依据海上采样记录，按序对各类样品进行总编号，并记入表A.3中。总编号力求简明，由能表示样品的采样海区、采集方式、采集网具、采集年份及标本序号的字母或代号表示，其规定如下：

——采集海区：用调查海区汉语拼音第一个字母表示；

——Ⅰ表示浅水Ⅰ型浮游生物网垂直拖网样品；

——Ⅱ表示浅水Ⅱ型浮游生物网垂直拖网样品；

——Ⅲ表示浅水Ⅲ型浮游生物网垂直拖网样品；

——L表示昼夜连续观测样品；

——ch表示垂直分层采集样品；

——S表示浮游植物采水样品；

——年份用阿拉伯数字表示。

5.3.1.3 标签

按以下要求对采集的样品贴标签：

——外标签：按总编号顺序编写，贴于各号标本瓶外，并涂腊或树脂保护；

——内标签：按表4的式样(规格：4 cm×2.5 cm)填写，放入各标本瓶中。

表 4 内标签式样

总 编 号 ______________________________
年　月　日
站　　号 ______________________________
海上编号 ______________________________

5.3.2　浮游植物样品的处理与分析

浮游植物水样的种类鉴定与计数，一般需按采样层次逐一分析。若时间不允许，在不影响计划要求前提下，可采用混合样计数，即各层取等量(50 mL 或 100mL)混合，再按下述方法处理和分析。

5.3.2.1　沉降计数法

5.3.2.1.1　主要仪器和设备

使用的主要仪器和设备如下：

——倒置显微镜；

——沉降器：沉降器包括底板、沉降管、排水孔及盖玻片等。规格有 5 mL、10 mL、20 mL、50 mL、100 mL 等不同容量。若无上述沉降器，可自己制作简易沉降器，只需取内径为 25 mm(外径约 32 mm)、高度为 20.4 mm 的有机玻璃管粘于 43 mm×40 mm 的载玻片上即可(其容积为 10 mL)，可制作其他规格的简易沉降器，但使用前需对其容积和底面积进行准确标定，并逐一编号；

——盖玻片；

——计数器。

5.3.2.1.2　计数

每个水样取三个分样计数，取平均值。计数操作过程如下：

——取三个等容量的沉降器，分别注满经摇匀的水样，盖上盖玻片使不留气泡，静置 24 h 以上。分样体积大小需视水样浑浊度和浮游植物的丰度而定；可一次性准备几个待计数的样品；

——轻移上述沉降器于倒置显微镜下鉴定、计数。浮游植物数量较少时，应计全数；

——若数量较大或计数微型藻类时，可于高倍镜下计算一定面积上的细胞数，再依所计面积，换算为整个底面积上的总细胞数；

——鉴定、计数结果记入表 A.4。

5.3.2.2　直接计数法

5.3.2.2.1　主要仪器和设备

仪器和设备如下：

——显微镜；

——计数框：取 0.25 mm 厚的盖玻片，切割成细条状(宽约 2.5 mm)，粘贴于普通载玻片上，务使框内边长分别为 50.0 mm 和 20.0 mm，亦即框内面积为 1 000 mm^2，容积为 0.25 mL。框内载玻片上应刻划出 1 mm 或 0.5 mm 等距离垂线；

——取样管：可直接采用 0.25 mL 的微型注射针筒，或取 2 mL 分析用的移液管，截去上端，磨平，并装上小橡皮球即成；

——盖玻片。

5.3.2.2.2　计数

每份水样计数三个分样，取平均值。按以下步骤操作：

——将待计数水样摇匀，准确吸取 0.25 mL 置于计数框内，盖上盖玻片使不留气泡；

——移计数框于显微镜下鉴定计数。通常应按序计全数，若数量大，可考虑间行计数(若水样为未加固定剂的新鲜海水，计数前应向框内喷射少许醋酸蒸汽)；

——本法适于赤潮发生期间或浮游植物细胞数量达每升 10^5 个以上时的计数；

——将计数结果记入表 A.4 中。

5.3.2.3 **浓缩计数法**

5.3.2.3.1 仪器设备：与直接计数法相同。

5.3.2.3.2 计数

按以下步骤操作：

——将静置 24 h 以上的水样，用包扎有 JF_{62} 或 JP_{80} 号筛绢的吸管，轻轻吸去上清液，使水样浓缩至 10 mL。浓缩时切勿搅动沉淀样品，否则需重新静置 24 h 后再浓缩。通常一次不可能浓缩成 10 mL，需把浓缩到一定体积的水样移至 50 mL 左右的指形管中，经 24 h 以上静置后再浓缩；

——将浓缩后的样品全部移入已经标记 10 mL 容积的指形管中，静置 24 h 后，用吸管轻吸多余的清液，使液面凹处恰在标记上；

——计数取样时，水样务必充分摇匀，用取样管迅速吸取 0.25 mL 于计数框内，加盖盖玻片使不留气泡。之后的计数方法与直接计数法相同。计数结果记入表 A.4 中；

——网采样品，可适当浓缩（或稀释），按本法计数。

5.3.2.4 **计数注意事项**

计数过程中应注意以下事项：

——计数时一般以种为单位分别计数。优势种、常见种、赤潮生物种应力求鉴定到种；

——凡失去色素或不足一半的残体，不在计数之列；

——胶质团大群体和浮游兰藻类等不易计数的种类，可用数量等级符号（＋＋＋、＋＋、＋）表示；

——对进入浮游生物中的底栖种类，均按细胞记数，并将它们作为单项列入浮游植物总量中；

——填表时，应特别注意不同计数方法的水样量、沉降量、浓缩量（或稀释量）、计数面积或计数量，并进行必要的换算。

5.3.3 **浮游动物样品的处理与分析**

浮游动物样品静置沉淀后进行必要浓缩，按序分别移入已备好内外标签的标本瓶中，测定其生物量及计数。

5.3.3.1 **湿重生物量测定**

5.3.3.1.1 **主要仪器及设备**

仪器及设备如下：

——扭力天平：感量 0.01 g；

——真空泵：10 L；

——布氏漏斗；

——抽滤瓶；

——筛绢：JF_{62} 或 JP_{80}；

——吸水纸；

——吸管；

——镊子。

5.3.3.1.2 **测定**

测定步骤如下：

——筛绢标定：将上述筛绢剪成与漏斗内径等大，浸湿后铺于漏斗中，用真空泵抽去筛绢上多余水分，称取筛绢湿重并记录于表 A.5 中。该标定后的筛绢可反复使用；

——样品测定：把标定过的筛绢铺于漏斗中，开动真空泵，倒入已剔除杂质的欲测样品；待水分滤干后关闭真空泵；小心取出带样品的筛绢放在吸水纸上，吸去多余水分；将样品（连同筛绢）置于扭力天平称重，并将结果填于表 A.6 中的相应栏目中。

5.3.3.2　**体积生物量测定**

5.3.3.2.1　**仪器及设备**

仪器及设备如下：

——浮游生物体积测量器；

——滴定管：容量 50 mL；

——真空泵：10 L；

——抽滤瓶；

——吸管；

——镊子。

5.3.3.2.2　**测定**

测定操作过程如下：

——测量器体积标定：将一定体积的水（如 50.0 mL）注入测量器中，排除底盖与筛绢之间的气泡；旋转测量器顶端指针使针尖恰好接触液面，用固定螺丝固定好指针位置。打开底盖，倒出注入的水。

——样品测定：将经除去杂质的样品倒入打开底盖的体积测量器中，用真空泵抽去样品中的水分；然后扭紧底盖，用滴定管（装有 50.0 mL5％甲醛海水固定液）从测量器加水孔注入该固定液，排除底盖与筛绢之间的气泡（用小吸管吸取）使液面恰好与指针针尖接触为止。此时滴定管中剩余的固定液量即为被测样品的体积。测定结果记录于表 A.5 中。

5.3.3.3　**个体计数**

浅水Ⅰ、Ⅱ型浮游生物网采集的样品分别用于大型和中、小型浮游动物（包括夜光藻）的种类鉴定和计数。

5.3.3.3.1　**仪器及设备**

仪器及设备如下：

——体视显微镜；

——普通显微镜；

——计数器；

——镊子；

——解剖针；

——计数框：取直径为 8 cm 左右的培养皿，于其内粘上若干玻璃条即可。玻璃条间距根据体视显微镜视野而定；

——取样管：将内径 2.2 cm 的指形管底部截去、磨平，使成长约 8 cm 的管子；剪取二块厚度约 0.7 cm橡皮塞，做成直径与管子内径相等的隔板；分别于两隔板的圆心和两侧打二个小孔，于圆心处套入一根内径 2.5 mm 的玻璃管；将隔板装入上述管子中，使下隔板与管子下端的体积恰为 10 mL 或 5 mL；另取一细铜棒（直径约 2 mm）做提柄，于下端连接一块略大于管子直径的圆铜板，板上粘上与铜板等大的橡皮垫；将此提柄插入管内，即构成取样管。取样时，将取样管插入已知体积的标本容器中，通过提柄的上下运动使样品混匀，然后迅速使橡皮垫封闭管子的下端再移出取样管，将取出的样品全部置于浮游动物计数框即可。

5.3.3.3.2　**计数**

按以下步骤操作：

——标本数量较少的应全部计数；

——若数量较大，应先将个体大的标本（如水母、虾类、箭虫等）全部拣出分别计数；

——其余样品稀释成适当体积，再用浮游动物取样管取样计数；

——计数结果记入表 A.6 和表 A.7 中。

5.3.3.4　注意事项

计数时应注意以下事项：

——计数时一般以种为单位分别计数；优势种、常见种应力求鉴定到种；

——生物量测定时，遇有含水量多的、较大型的浮游动物（如：水母、海樽等），应在所填表格相应的备注栏里注明，以备查用；

——所有浮游动物的残损个体，按有头部的计数；

——填表或计算时，应注意样品体积、取样计数量、样品稀释倍数及滤水量等的换算。

5.3.4　样品的保存

经鉴定、计数后的所有样品，需收集装回原标本瓶中妥善保存，以备复查或进一步深入研究。长期保存样品的标本瓶密封性能应好，必要时可封腊保存。样品的内外标签应完整。

用碘液固定的浮游植物样品，保存时需按水样量加入一定量的甲醛溶液，使成为5%的甲醛固定液。

定期检查保存的样品，以防固定液干涸或标本霉变。

5.4　资料整理

5.4.1　浮游植物细胞数的统计

5.4.1.1　沉降计数法和直接计数法的统计按式(1)计算：

$$N=\frac{n}{V}\times 1\,000 \qquad (1)$$

式中：

N——每升水样的藻类细胞数，单位为个每升（个／L）；

n——三个分样的总细胞数或其平均值，单位为个；

V——三个分样的总体积或其平均值，单位为毫升（mL）。

5.4.1.2　浓缩计数法的统计按式(2)计算：

$$N=\frac{nV'}{VV''} \qquad (2)$$

式中：

N——每升水样的藻类细胞数，单位为个每升（个／L）；

n——取样计数所得的细胞数，单位为个；

V'——水样浓缩的体积，单位为毫升（mL）；

V——采水量，单位为升（L）；

V''——取样计数的体积，单位为毫升（mL）。

5.4.1.3　网采浮游植物数量计算：见5.4.2.1和5.4.2.3。

5.4.2　浮游动物生物量和个数的统计

5.4.2.1　滤水量计算

根据流量计的转数(r)按式(3)计算滤水量：

$$V=nV_0 \text{ 或 } V=n\frac{SD}{n_0} \qquad (3)$$

式中：

V——滤水量，单位为立方米（m^3）；

n——实际采样时流量计的转数，单位为转（r）；

V_0——流量计的标定值，单位为立方米每转（m^3/r）；

S——浮游生物网网口面积，单位为平方米（m^2）；

D——流量计标定时的平均拖曳距离，单位为米（m）；

n_0——流量计标定时的平均转数，单位为转（r）。

5.4.2.2 根据绳长计算滤水量:若无流量计,按式(4)计算滤水量:

$$V=SL \quad \cdots\cdots (4)$$

式中:

V——滤水量,单位为立方米(m^3);

S——浮游生物网网口面积,单位为平方米(m^2);

L——采样时放出的绳长,单位为米(m)。

5.4.2.3 湿重生物量和体积生物量计算

湿重生物量以 mg/m^3 表示,体积生物量以 mL/m^3 表示,按式(5)计算:

$$B=\frac{S}{V} \quad \cdots\cdots (5)$$

式中:

B——湿重生物量,单位为毫克每立方米(mg/m^3)或体积生物量,单位为毫升每立方米(mL/m^3);

S——样品湿重,单位为毫克(mg)或样品体积,单位为毫升(mL);

V——滤水量,单位为立方米(m^3)。

5.4.2.4 个体数的计算

浮游动物个体数以个/m^3 表示,按式(6)计算:

$$N=\frac{n\cdot a}{V} \quad \cdots\cdots (6)$$

式中:

N——每立方米水体中的个体数,单位为个每立方米(个/m^3);

n——取样计数所得的个体数,单位为个;

a——取样体积与样品总体数之比;

V——滤水量,单位为立方米(m^3)。

5.4.3 图表绘制

5.4.3.1 填写统计表

将上述各种统计数据分别填入表 A.3~表 A.7。

按分类系统,将上述各表数据分别汇总于表 A.8 和表 A.9 中。

5.4.3.2 绘制数量分布图

5.4.3.2.1 浮游植物

根据表 A.8 和表 A.9 统计数据,按以下标准绘制浮游生物平面分布图:

a) 总量:小于 5×10^2 个/L、5×10^2 个/L、1×10^3 个/L、5×10^3 个/L、1×10^4 个/L、5×10^4 个/L、1×10^5 个/L、5×10^5 个/L、1×10^6 个/L、5×10^6 个/L、1×10^7 个/L 和大于 10^7 个/L。

b) 主要种(包括夜光藻或其他赤潮生物):小于 10^2 个/L、1×10^2 个/L、5×10^2 个/L、1×10^3 个/L、5×10^3 个/L、1×10^4 个/L、5×10^4 个/L、1×10^5 个/L、5×10^5 个/L、1×10^6 个/L、5×10^6 个/L、1×10^7 个/L 和大于 10^7 个/L。

5.4.3.2.2 浮游动物

根据表 A.8 和表 A.9 统计数据,按以下标准绘制浮游生物平面分布图:

a) 湿重生物量:小于 25 mg/m^3、25 mg/m^3、50 mg/m^3、100 mg/m^3、250 mg/m^3、500 mg/m^3、10^3 mg/m^3、大于 10^3 mg/m^3。

b) 体积生物量:小于 0.1 mL/m^3、0.1 mL/m^3、0.2 mL/m^3、0.5 mL/m^3、1.0 mL/m^3、2.5 mL/m^3、5.0 mL/m^3、10.0 mL/m^3 和大于 10.0 mL/m^3。

c) 主要种或主要类别的个体数量:小于 1 个/m^3、1 个/m^3、5 个/m^3、10 个/m^3、25 个/m^3、50 个/m^3、100 个/m^3、250 个/m^3、500 个/m^3、10^3 个/m^3、大于 10^3 个/m^3。

5.4.3.3 注意事项

图表绘制应注意以下事项：

——参与资料整理，校对人员，均应在图表上签名；

——所有化学调查项目的分析方法和资料整理，均按 GB 17378.1～GB 17378.6 的规定进行；

——报告编写完毕，应及时把所有资料整理报出、归档。

6 大型底栖生物生态调查

6.1 调查内容和方法

6.1.1 调查内容

6.1.1.1 生物调查

生物调查内容如下：

——鉴定生物种类，测定栖息密度和生物量，分析其相对丰度和群落多样性；

——确定群落中的主要种，并尽可能测量其个体大小，年龄结构、性别比例等。有条件的可做干湿比和灰重、生长率、生殖率；

——主要种类体内污染物质测定。

6.1.1.2 环境调查

环境调查内容如下：

——环境特点调查，包括海区的地理环境、形态和沉积物、状况、污染源的位置等；

——水文气象调查 天气状况、水温、水深、水色、透明度等；

——沉积物粒度、有机质、氧化还原电位、氧化物、底温等；

——污染物的测定项目应根据污染源的性质选定，分析方法按 GB 17378.4 和 GB 17378.5 的规定执行。

6.1.2 调查方法

6.1.2.1 准备工作

调查之前，应对调查水域的基本状况有所了解，包括陆上和海上污染源的位置分布、海区的沉积物类型、海流、泥沙运动和底栖生物的基本特点等。并应进行必要的社会调查，特别应注意沿海工业和海上工程建设对海区环境的影响，为制定调查方案提供依据。

6.1.2.2 站位布设

站位的布设应根据污染源的位置和分布，结合海区的水文、水质、沉积物等环境资料综合考虑。特别应注意水深、沉积类型和底栖动物区系异同。调查站位与沉积物污染调查一致。同时还应选择生态类型相同的非污染点或断面作为参照，以便进行资料对比和评价。

6.1.2.2.1 与污染源有关的调查

城市工业排污、海上石油平台及海上倾废区等点源污染的调查，应按点源污染的浓度梯度布设直线型或辐射型的站位，站位多少可根据实际需要酌定。一般在封闭和半封闭的海湾、河口或在复杂沉积类型的水域应密些，在浅海或沉积类型均匀的水域可适当疏些。

6.1.2.2.2 一般性的普查

作为一般性的污染普查，应按方格式布设站位，断面的布设主要考虑水深和盐度梯度的变化。

6.1.2.3 调查类型和次数

6.1.2.3.1 基线（背景）调查：按生物季节（春季 3 月～5 月、夏季 6 月～8 月、秋季 9 月～11 月、冬季 12 月～2 月）一年调查 4 次或根据需要适当增减调查次数。

6.1.2.3.2 监测性调查：根据各地实情和需要，选择若干固定月分和若干站点定期取样分析。所选时间和站位应与基线调查时的时间和站位相应。

6.1.2.3.3 应急调查：若遇突发污染事故，倾废、赤潮等，应跟踪监测，并于事故后进行若干次危害评价调查。

6.1.2.4 取样面积、次数和手段

6.1.2.4.1 沉积物采样：一般使用0.1 m² 采泥器，每次取3次；在港湾中或无动力设备的小船上，可用0.05 m² 采泥器，每站取3次。特殊情况下，不少于2次。

6.1.2.4.2 拖网取样：应在调查船低速（2 kn左右）时进行。如船只无1 kn～3 kn的低速档，可采用低速间歇开车进行拖网。每站拖网时间一般为15 min；半定量取样，拖网时间10 min（以网具着底始算起至起网止）。深水拖网，可适当延长时间。

6.2 样品采集

6.2.1 采样工具

6.2.1.1 采泥器

以下为常用的采泥器类型：

a) 抓斗式采泥器：由两个可活动的颚瓣构成，两瓣的张口面积为0.1 m²。两颚瓣顶部由一条铁链连接，当铁链被挂到钢丝绳末端的挂钩上时，两颚瓣呈开放状态。采泥器一经触及海底，挂钩锤即下垂与铁链脱钩。当采泥器上提时，通过挂钩对横梁的拉力，连接两颚瓣的钢丝绳拉紧，使两颚瓣闭合，将沉积物取入。深水（500 m以上）采泥，应换上带重锤的挂钩，并在两颚瓣的外面附加配重，以增加采泥器的重量。

b) 弹簧采泥器：该采泥器主要靠弹簧作用使左右颚插入沉积物内取样。两瓣的张口面积为0.1 m²。操作时，把采泥器放在木制框架（规格65 cm×55 cm×30 cm）上，将负载板插入导管中，在负载板的下孔中插入一铁销，上孔中插入一长铁杆，另在铁杆下方基架台上放一块三角铁。然后，用铁杆将负载板撬起，左右挂分别钩住两颚瓣限动臂上的眼环，使弹簧被压缩受力。这时再把左右颚瓣臂向上推，使之与释放杆上的制动栓卡在一起，两颚瓣即成开放状态。

当采泥器平稳地降至海底时，由两个启动板的触底带动释放杆将导管周围的环托起，挂钩即脱落，在弹簧的作用于下颚瓣插入底质内。此时，制动栓也互相脱离。当钢丝绳上提时，两瓣闭合将沉积物取入。在风浪较大和遇到砂底的情况下，均宜使用弹簧采泥器，并加配重。

c) “大洋-50”型采泥器：结构基本与抓斗式采泥器相同，取样面积为0.05 m²。适于无动力设备的小船在内湾取样。

6.2.1.2 拖网

以下为几种常用的拖网类型：

a) 阿拖网：网架用钢板或钢管制成，网口呈长方形，两边皆可在着底时进行工作。口缘的网架上绕有钢丝绳（ϕ4 mm～ϕ6 mm）。网袋长度为网口宽度的2.5倍～3倍。进口处网目较大（2 cm），尾部较小（0.7 cm）。为使柔软的小动物免受损坏，可在网内近尾部附加一个大网目的套网以使之与大动物隔开。

该网网口宽度可根据调查船吨位及调查海区酌定。一般调查船上用1.5 m宽的即可。船上起重设备差，或在内湾调查，也可用0.7 m～1 m宽的小型网。深水调查，一般多用宽度为3 m的大型网，其网架也要相应加重。

拖网时，应用两根粗绳分别扣结在网架两侧边上，并将其另一端绕结在网袋末端，避免网内泥砂多时网衣破裂。

b) 三角形拖网：网架为钢质材料，呈三角形，架的四周横接三根圆钢，起加固作用。网口宽度，大小及网衣结构与阿拖网相同。三角形拖网适于沿岸浅水和底质较复杂的海区。

c) 双刃拖网：网架长方形，以刀刃形铁板作网口的上下缘，连接网口的网叉分为两段，其中有一段用线绳或麻绳连接，以防网口卡于底上岩石，荷重过大时，导致网具丢失或发生危险。网口宽度有60 cm和80 cm两种，网袋的长度为宽度的2倍。该网具适于硬底、碎石或砂砾沉积物区域工作。

6.2.1.3 淘洗设备

主要用漩涡分选装置。主要由筒体、漩涡发生器、分流器(进水口、进水阀、分流阀)、生物收集器(套筛)、排渣阀、支架等组成。筒体直径 50 cm,高 75 cm(其中漏斗状部分 25 cm),上方有一出水口;漩涡发生器安于漏斗部底侧,由一切成锲形的水管焊贴于近筒边(距离 1 cm 左右),当进入的水流经此处,即受筒边阻挡而改变方向,并形成漩涡;分流器系控制水流强弱的装置,具双向流水控制阀门;生物收集器为一复合套筛和木架组成,套筛分三层,上层网目为 2 mm,中层为 1 mm,底层 0.5 mm,用时与漩涡分选装置配套使用;分选样品时,排渣阀封闭筒底洞口,样品分选完毕,排渣阀开启,将余渣排出。

6.2.1.4 其他常用工具和器材

6.2.2 甲板设备

6.2.2.1 绞车和吊杆:拖网要能负荷 2 000 kg。绞车应能变速(快、中、慢三档),并配有自动排绳设备及绳索计数器,最好能配张力表、电子秤,以便从钢丝绳的张力及时了解网具是否到达海底和拖网状况,确保安全。吊杆一般装在主甲板后部,高出船舷 5 m 左右,舷间距约 1 m,可作回转运动。

用于采泥器取样的绞车及吊杆应能负荷 500 kg,使用弹簧采样器的负荷应为 2 000 kg。吊杆高出船舷的程度尽量减小,以能使用为度。

6.2.2.2 钢丝绳:拖网应用直径 8 mm～10 mm 的软质钢丝绳。其长度按调查海区的水深确定,备有足够用量。在专供采泥用的绞车上,一般用直径 4 mm～6 mm 的软质钢丝绳。

在钢丝绳与网具或采泥器相连接处应装有转环,以防操作过程钢丝绳扭曲或打结。拖网时,应附加保险绳,以便网具在海底碰到障碍物时,保险绳断开,不致丢失网具。

6.2.2.3 冲水设备:船上应装有水龙头及橡胶水管,供采泥和拖网后冲洗沉积物样品和工具。无供水设备时,应另备小型抽水泵。

6.2.3 样品采集和处理

6.2.3.1 沉积物样品采集

6.2.3.1.1 抓斗式采泥器的操作

抓斗式采泥器按以下方法操作:

a) 投放:将采泥器活门上的铁链挂在挂钩上,慢慢开动绞车,提升采泥器。随着钢丝绳拉紧,两颚瓣自动张开。采泥器上升到略超过船舷时,即转动吊杆将其送出舷外,待稳定后慢速下降,入水后再快速下降。放出的钢丝绳可稍长于水深。在浅海采样时,当放出的钢丝绳松弛时,即采泥器已着底,应立即停车。在深水采样时,可根据钢丝绳倾角的大小,加适当的余量。
b) 提升:开始用慢速,离底后改用快中速,接近水面时,再用慢速。当采泥器超过船舷时,应立即停车,转动吊杆使之移近船舷或用铁钩将其钩入舷内,再慢慢下降,将采泥器放在一预先准备好的白铁盘中。先打开采泥器两颚瓣上方的活门,从活门处观察沉积物的颜色、厚度和生物栖息情况等,并作好记录。然后将活门上的铁链重新挂于挂钩上,慢慢开动绞车,使采泥器上升离开铁盘,颚瓣即自动打开,使泥样落盘中。

6.2.3.1.2 弹簧采泥器的操作

弹簧采泥器按以下方法操作:

a) 投放:首先,在挂钩钩住眼环使颚瓣张开后,取下负载板,用卡环连接采泥器上的钢丝绳与绞车上的钢丝绳,然后慢慢开动绞车将提升起来的采泥器送出舷外,并投放。采泥器接近海底时改用慢速下降。
b) 提升:操作方法基本与抓斗式采泥器相同,只是在采泥器提升上来后,须停放在一个预先准备好的框架上,再打开两个颚瓣,使泥样落在框架下面的白铁盘中

6.2.3.1.3 "大洋-50"采泥器操作:操作方法与抓斗式采泥器相同。

6.2.3.1.4 淘洗及分离标本

将采到的沉积物样品移入漩涡分选器筒体中,打开分流器的阀门进水,利用水流通过漩涡发生器搅

动样品，浮选出比重轻的生物，比重大的生物连同余渣沉底。分流器的进水不宜太大，以免较大颗粒的沉积物搅起溢出筒体上方出水口。从出水口溢出的水体和生物流到套筛，将截留在筛网内的动物按体形大小及软硬程度分别拣入盛有海水的器皿中，然后按类别或软硬分别装瓶，并注意勿使小动物遗漏。应仔细拣出余渣中比重较大的动物。难挑拣的生物连同余渣带回实验室，在解剖镜下挑拣。采泥标本一律用5%甲醛溶液固定保存。

6.2.3.2 拖网取样

6.2.3.2.1 网具的选择：根据调查海区各站深度与沉积物状况选择适宜网具。较硬的沉积物用阿拖网或三角形拖网；岩石或砾石较多以及海藻丛生的区域，使用双刃拖网。深海作业，一般使用大型阿拖网，在港湾中可使用小型拖网(网口宽 0.7 m～1 m)。

6.2.3.2.2 投网：拖网应在每一测站各调查项目完成后进行。调查船以低速离站开航，航向稳定后投网。开动绞车将网具吊于舷外，理顺网衣和网架，然后慢速下降。放出绳长一般为水深的三倍左右，近岸浅海可更长些。在 100 m 水深工作时，因钢丝绳重量大，绳长不宜超过水深的 2 倍。拖网的航速控制在 2 kn 左右，船速大于 4 kn 时，可采取间歇开车，利用船体的滑行速度拖网。

拖网过程中，应有专人监视网具工作情况，并根据钢丝绳的倾角和弛张程度或张力表来判断网具是否着底并正常运行。遇有异常，应立即停车、放绳或起网。拖网时间是从放绳完毕，网着底始至起网止。

6.2.3.2.3 起网：应先降低船速，然后起网。当网升至近水面时，应以慢速使网具离开水面，网尾部接近船舷时停车。转动吊杆方向(吊杆不能转动时用铁钩等将网具拉入舷内)，慢慢将网放下，使网袋后部落在备好的铁盘内。解开网袋，将捕获物倾入盘中。网袋内如有泥砂，则移入 2 mm 套筛冲洗，并将挂夹在网目上的生物挑拣干净。

6.2.3.3 标本的处理和保存

6.2.3.3.1 处理：自网中取出标本后，按类群或大小、软硬分别装瓶，避免损坏。标本量大时，可取其中部分称重，并计算各类群或各种类个体，换算成标本总数量。保留一定数量个体数(大、中、小个体)，作为生物学等测定，余者经称重后处理掉。称重和计数结果记入表 A.10 中。

发现具典型生态意义的标本，应及时拍照并进行有关生物学的观察及测量。需培养和麻醉的生物，用海水冲洗干净，并尽量减少刺激、损伤。标本按类群分离完毕，按个体大小分装于不同规格的标本瓶或铁皮箱。放入铁皮箱中的标本，用纱布包好附上竹签。装入容器的标本量不得超过体积的 2/3。

6.2.3.3.2 固定和保存：标本在野外固定时，除海绵动物用 85%酒精外，其余各类均可先用 5%甲醛溶液(加适量硼砂或六胺)。较大鱼类应用针筒将固定液注入体腔，海胆等大型棘皮动物，应在其围口膜处刺一小孔，使固定液渗入。

标本带回实验室应及时分离，并按需要更换固定液。一般而言，藻类、海草、鱼类仍用 5%甲醛溶液固定保存，其余各类改换 70%酒精(加入 5%甘油)固定、保存。若标本不能及时分离，亦应更换一次固定液。

6.2.3.4 污染物测定的生物样品

按照 GB 17378.6 的规定尽快送检。

6.2.3.5 采样记录和登记

6.2.3.5.1 填写采样记录表：每站取样时，按表 A.10 的各项填写。表中采泥和拖网标本数是指每站所取得的各类群生物的装瓶数和包数。记事栏记录该站工作的情况。

6.2.3.5.2 标签：每号标本瓶中须放标签(见表 5 和表 6 式样)。标签在填写采样记录表时一并写好。放在铁皮箱中的大个体生物，应另加一个竹签。竹签上应有站号、标本编号和日期等。标签、记录表和标本三者应相符，切勿混淆。

6.2.3.5.3 标本编号

标本编号应遵循以下规定：

a) 采泥标本编号：$MjAK$。

M——调查船代号；

j——取样站位序号(j=1,2,3……);

A——采泥标本符号;

K——采泥标本序号(K=1,2,3……)。

b) 拖网标本编号:MjBi。

M——调查船代号;

j——取样站位序号(j=1,2,3……);

B——拖网标本;

i——拖网标本序号(i=1,2,3……)。

表5 采泥标签

站 号		海 区	
标本号		深 度	m
底 质		采泥器	m^2
日 期	年	月	日
种 名			

表6 拖网标签

站 号		海区	
标本号		深度	m
底 质		网型	m^2
日 期	年	月	日
种 名			

6.2.4 标本归类和采集工具保养

6.2.4.1 标本归类:标本处理、分离、投放标签及固定完毕后,按各大类群分别装箱。海上难分离的样品应带回实验室处理。

6.2.4.2 工具保养:每航次工作结束后,对所用工具进行清理和保养。网具、采泥器、漩涡分选器及其他用具(套筛、铁盘、搪瓷盘、剪刀、镊子等)均用淡水冲选,晾干,关键部位用纱布揩干涂上黄油。

6.3 室内标本处理

6.3.1 标本核对

检查全部标本编号、数量等与海上记录表的内容是否相符,遇有不符,应及时查找。

6.3.2 标本鉴定

无论按标本编号或站号顺序鉴定标本,对主要种应尽可能鉴定到种,并按表A.12各项生物学数据计算、测定和填写。

6.3.3 标本编号

鉴定的种类按顺序在采泥或拖网标本序号(k或i)后另起一个新序号(如k-1,k-2…),有多少种类就编多少号,同时将种名写在新标签上。

6.3.4 标本分析

6.3.4.1 称重

将标本放于吸水纸上吸去表面水分,去除底栖动物的管子、寄居蟹的寄居外壳、体表伪装物和其他附着物,用感量0.01 g扭力天平称取湿重。若要称量干重,应将标本用淡水或蒸馏水冲洗,吸去表面水分,置70℃~100℃烘箱中至恒重(用感量0.000 1 g的天平称量)。必要时,可分壳肉称量和称取灰份重。称重结果记入表A.11中。群体生物(如:苔藓苔、珊瑚等)和定性标本不称重。

6.3.4.2 计数

对易断的纽虫,环节动物只计头部。软体动物死壳不计数。标本量大时,可取部分称重计数换算,数据记入表 A.12 或表 A.13 中。

6.3.4.3 测量

主要种体长、体宽和体高的测量，按各类群规定的测量法进行。对典型意义的指示种，有条件时可用电镜扫描测量生长线、计算生长率。

6.4 资料整理与保存

6.4.1 数据计算和表示

6.4.1.1 数据计算

数据计算按以下方法计算：

a) 生物密度和生物量的换算：将所有站位的实测生物个体数和生物量数据按其采样面积换算成个/m^2 和 g/m^2，分别表示生物密度和生物量；

b) 生物密度和生物量统计：将各站位各类群生物密度记入表 A.14 中，并对各栏数据进行累加，求得整个海区的平均值。将各站位各类群生物量记入表 A.15 中，并对各栏数据进行累加，求得整个海区的平均值；

c) 各生物类群的组成百分比：根据表 A.14 和表 A.15 汇总的数据，计算各类群的生物密度和生物量在各站位和整个海区的组成百分比。

6.4.1.2 数据表示法

数据按以下方法进行表示：

a) 生物密度分布图根据表 A.14 数据，按不同的量级（小于 5 个/m^2、10 个/m^2、25 个/m^2、50 个/m^2、100 个/m^2、250 个/m^2、大于 500 个/m^2）分别填入海图上的相应站位，然后以内插法绘出等值线图，或用不同大小的圆圈表示不同量级的密度分布。

b) 生物量分布图将表 A.15 中的数据（按总生物量或各类群）分别填在海图上相应的站位，用内插法绘制等值线。一般按小于 1 g、5 g、10 g、25 g、50 g、100 g、250 g、500 g、1 000 g 等量级取线。

c) 各类群生物密度和生物量组成百分比图：按各类群生物所占密度或生物量百分数比例绘制成圆形图，不同类群可以不同线条或图案装饰，使之更直观。也可用直方图或其他表示法。

d) 种类分布图：取主要种的有关数据绘制分布图。这些种类可分别以不同符号表示，每张图可画一至数个种。

e) 根据表 A.12 和表 A.13 的数据，按种归类整理并填写附表 A.16 和表 A.17。

6.4.2 资料保存

除按传统的资料归档方法保存资料外，电子文档输入计算机，用磁盘贮存。

7 潮间带生物生态调查

7.1 调查内容和方法

7.1.1 调查内容

7.1.1.1 生物调查

生物调查内容如下：

——不同生境动、植物的种类、数量（栖息密度、生物量或现存量）及其水平和垂直分布的调查；

——污染生态效应调查，例如：污染指示生物的出现或消失；主要种类的增减、异常、死亡；种群动态；丰度、多样性、生长率、生殖力的改变；各生物类群比例关系的变化以及群落结构的演替等；

——主要种类体内污染物质的测定。

7.1.1.2 环境调查

环境调查内容如下：

——环境基本特征：包括港湾形态、潮汐类型、滩涂阔狭、沉积物类型、污染源分布及位置等；

——水文气象要素：天气（晴、阴、雨）、气温、水温、水色、底温、风向、风速等；

——化学要素:盐度、溶解氧(DO)、化学需氧量(COD)、pH值等,并依调查区污染源性质和调查目的,选测其他有关项目;

——沉积物要素:粒度、有机质、硫化物、氧化还原电位等,并依调查区污染性质和调查目的,选测其他有关项目。

7.1.2 调查方法

7.1.2.1 调查地点的选择

调查地点的选择应遵循以下原则:

a) 了解有关地点的历史、现状和未来若干时期的可能变化(如:建厂、围垦和其他海岸工程建设);

b) 根据调查目的,结合污染源分布状况,考虑污染可能影响的范围;

c) 调查区内可能有岩岸、沙滩、泥沙滩、泥滩等多种海岸类型,选点应包括有不同类型,若有困难,为保证资料的可比性,所选点的沉积物类型应力求一致;

d) 应在远离污染源的地方,选一生态特征大体相似的清洁区(非污染区)作为对照点。

7.1.2.2 潮间带的划分

7.1.2.2.1 潮汐参数划分法

调查地点选定后,应依据当地的潮夕水位参数或岸滩生物的垂直分布,将潮间带划分为若干区(带)、层(亚带),划分方法如下:

a) 半日潮类型按以下方法划分:

——高潮区(带):最高高潮线至小潮高潮线之间的地带;

——中潮区(带):小潮高潮线至小潮低潮线之间的地带;

——低潮区(带):小潮低潮线至最低低潮线之间的地带。

b) 日潮类型按以下方法划分:

——高潮区(带):回归潮高潮线至分点潮高潮线之间的地带;

——中潮区(带):分点潮高潮线至分点潮低潮线之间的地带;

——低潮区(带):分点潮低潮线至回归潮低潮线之间的地带。

c) 混合潮类型按以下方法划分:

——高潮区(带):高高潮线至低高潮线之间的地带;

——中潮区(带):低高潮线至高低潮线之间的地带;

——低潮区(带):高低潮线至低低潮线之间的地带。

7.1.2.2.2 生物垂直分布带划分法

根据生物群落在潮间带的垂直分布来划分,由于生物群落可随纬度高低、沉积物类型、外海内湾、盐度梯度、向浪背浪、背阴向阳等复杂环境因素的不同而改变,因此,要提供一个统一模式是困难的。一般而言,岩石岸大体分为:滨螺带;藤壶-牡蛎带;藻类带。泥沙滩可有:绿螂-沙蚕-招潮蟹滩(或南方的盐碱植物带);蟹类-螺类滩;蛤类滩。各地在调查时可根据各区、层的群落优势种给于更确切的命名。

7.1.2.3 断面和取样站布设

7.1.2.3.1 断面布设

断面布设应遵循以下原则:

a) 调查地点选定后,对该地生境要有宏观概念,选取不被或少被人为破坏、具代表性的地段布设调查断面;

b) 每一调查地点,通常要设主、辅两条断面,若生境无大差异,可只设一条主断面;

c) 断面位置应有陆上标志,走向应与海岸垂直。

7.1.2.3.2 取样站布设

取样站布设应遵循以下原则:

a) 依据潮带划分，各潮区(带)均应布有取样站位，通常高潮区(带)布设2站、中潮区(带)布设3站、低潮区(带)布设1站～2站；

b) 岩石岸布站应密切结合生物带的垂直分布；软相滩涂除考虑生物的垂直分布外，应特别注意潮区(带)的交替、沉积物类型的变化和镶嵌；

c) 各站间距离视岩岸坡度、滩涂阔狭酌定。确定站位后，应设有固定标志，以便今后调查找到原位。为防标志物遗失，需按站序测量、记录各站间距离；

d) 岩沼和滩涂水洼地是一种特殊生境，在污染调查中具有重要意义，应另布站取样。

7.1.2.4 调查时间

调查时间的确定应遵循以下原则：

a) 潮间带采样受潮汐限制，为获得低潮区(带)样品，须在大潮期间进行。若断面或站数较多而工作量较大时，可安排大潮期间调查各断面的低潮区(带)，小潮期间再进行高、中潮区(带)的调查；

b) 基础(背景)调查，应按生物季节(春季3月～5月、夏季6月～8月、秋季9月～11月、冬季12月～2月)，一年最少调查4次；

c) 监测性调查，可根据各地实情选择若干月份定期进行(如枯水期、丰水期等)。但为了资料比较，所选月份应与基础调查月份一致，并应注意避开当地主要生物种类的繁殖期；

d) 急调查(偶发污染事故、赤潮等)，应进行跟踪观测，并对事故后所造成的影响作若干次必要的调查。

7.2 样品采集

7.2.1 采样工具和设备

主要采样工具和设备如下：

——采样器：泥、沙等软相沉积物的生物取样，用滩涂定量采样器。其结构包括框架和挡板两部分，均用1.5 mm～2.0 mm厚的不锈钢板弯制而成。规格25 cm×25 cm×30 cm。配套工具是平头铁锹；

——定量框：岩岸生物取样用25 cm×25 cm定量框。若在高生物量区取样，可用10 cm×10 cm定量框。计算覆盖面积，则用相应的计数框。其框架可用镀锌铁皮或3 mm厚的塑料板制成。配套工具有小铁铲(或木工凿子)、刮刀和捞网；

——漩涡分选装置：用于潮间带滩涂调查的生物样品淘洗时，应配备有3 kW～5 kW的简易汽油抽水泵作动力；

——过筛器；

——其他外业调查常用设备。

7.2.2 生物样品采集

7.2.2.1 定量取样

定量取样按以下方法进行：

a) 滩涂取样用定量采样品，样方数每站通常取8个(合计0.5 m²)。若滩面沉积物、类型较一致、生物分布较均匀，可考虑取4个样方。样方位置的确定切忌人为，可用标志绳索(每隔5或10 m有一标志)于站位两侧水平拉直，各样方位置要求严格取在标志绳索所标位置，无论该位置上生物多寡，均不要移位。取样时，先将取样器挡板插入框架凹槽，用臂力或脚力将其插入滩涂内；继而观察记录框内表面可见的生物及数量；然后，用铁锹清除挡板外侧的泥沙再拔去挡板，以便铲取框内样品。铲取样品时，若发现底层仍有生物存在，应将取样器再往下压，直至采不到生物为止。若需分层取样，可视沉积物分层情况确定；

b) 岩石岸取样一般用25 cm×25 cm的定量框，每站取2个样方。若生物栖息密度很高，且分布较均匀，可采用10 cm×10 cm的定量框。确定样方位置应在宏观观察基础上选取能代表该水平高度上生物分布特点的位置。取样时，应先将框内的易碎生物(如：牡蛎、藤壶等)加以计数，并观察记录优势种的覆盖面积。然后再用小铁铲、凿子或刮刀将框内所有生物刮取干净；

c) 对某些栖息密度很低的底栖生物(如:海星、海胆、海仙人掌等)或营穴居、跑动快的种类(沙蟹、招潮蟹、弹涂鱼等),可采用 25 m^2、30 m^2 或 100 m^2 的大面积计数(个数或洞穴数),并采集其中的部分个体,求平均个体重,再换算成单位面积(m^2)的数和量。

7.2.2.2 定性采集

每站定量取样的同时,应尽可能将该站附近出现的动植物种类收集齐全,以作分析时参考,但定性样品务必与定量样品分装,切勿混淆。

7.2.2.3 供分析体内污染物质的生物样品的采集

采集供分析生物体内污染物质累积情况的生物种类,应按以下基本原则选择:

——固定生活在一定区域、个体大小和数量适于分析测定的经济种和优势种;

——力求在各断面、全年均能采到的种类;

——对污染物质有较强忍受能力和较高富集能力的种类;

——为保护水产养殖业和人体健康,对附近养殖品种也采样分析。

7.2.3 水质和沉积物样品采集

7.2.3.1 水样采集

应在各断面调查的同时,于高平潮和低停潮时各采一次水样。河口区可考虑在两次采水期间内增加一次。岩沼和滩涂水洼内积水应另行采样。必要时,酌情对生物定量取样站穴内积水或沉积物间隙水采样分析。

7.2.3.2 沉积物采集

应与生物定量取样同步进行,取样站数依滩涂沉积物变化酌情而定。遇表、底层沉积类型有明显差异时,最好应分层取样,并记录其层、色、嗅味。其样品编号必须与该站生物定量样品编号一致。

7.2.3.3 采样工具及注意事项

水质和沉积物的采样工具、容器、采样量、处理、贮运,应严格按 GB 17378.3~17378.5 的具体要求执行。

7.2.4 生物样品的淘洗与预处理

7.2.4.1 生物样品的淘洗

7.2.4.1.1 漩涡分选装置淘洗法

本法应在小船上,随着潮水上涨或退落进行操作。若无船只而考虑直接在滩涂上进行淘洗,分选装置和抽水泵应附设防沉底板,并应虑水源的充分供给。分选操作步骤如下:

——将该装置牢靠固定在小船(或滩涂)上,用消防水管连结装置和抽水泵;

——启动抽水泵,待装置的筒体内注有约 1/2 海水时,调节分流器水压使涡流适中,并及时倒入待淘洗样品;

——约经 10 min 涡动,大多数体轻、柔软的生物则可以从出水口分选流出,截留于套筛(收集器)上。此时,可先取出套筛并换上另一套筛,同时调节分流器加大水压,经 3 min~5 min,一些个体较重的生物也可分选出来;

——当进出筒体的水色一致时,即可打开装置的分流阀,关闭进水阀,并取一网筛或搪瓷盘置于筒体下,打开排渣阀排出余渣;

——仔细将各套筛截留的和余渣中存留的生物挑拣干净;

——按上述步骤分选其他样品。

7.2.4.1.2 过筛器淘洗法

本法需用人力操作,费力费时,但当不具备用漩涡分选装置时,仍是可靠方法。为了方便淘洗和减少样品搬运,断面应力求布设于近水源处。

7.2.4.2 生物样品的预处理

按以下方法进行生物样品的预处理:

a) 采得的所有定量和定性标本，应洗净，按种分开装瓶(或用封口塑料袋装)。若容器不足，应按食性及个体软硬分装，以防标本损坏；

b) 滩涂定量调查，若因时间关系，不能将余渣中的标本拣取干净，应只拣出特殊标本后把余渣另行装瓶(袋)，回实验室在双筒解剖镜下仔细挑拣；

c) 谨防不同站或同一站的定量和定性标本混杂，应按站在定量或定性标本装瓶(袋)后，立即用铅笔写好相应标签，分别投入各瓶(袋)中，标签式样见表7和表8；

d) 按序加入5%中性甲醛固定液(见6.2.3.3.2)。余渣固定时可依固定液水样量，按1 000 mL加入1 g虎红($C_{20}H_6Cl_2I_4O_5$)的量染色，便于室内标本挑拣；

e) 为方便标本鉴定，对一些受刺激易引起收缩或自切的种类(如：腔肠动物、纽形动物)，宜先用水合氯醛或乌来糖少许进行麻醉后再行固定；某此多毛类(如沙蚕科、吻沙蚕科)，可先用淡水麻醉，然后用镊子轻夹头部使吻伸出，再加固定液；藻类标本除用5%中性甲醛溶液固定外，最好能带回一些完整的新鲜藻体，制作腊叶标本，以保持原色和长久保存。制作方法见《中国经济海藻志》附录；

f) 供分析测定体内污染物质的生物样品，切勿用甲醛溶液固定。而应洗净冰冻保鲜。每份样品用纱布或封口塑料袋包装，放入写明采集地点、时间、断面、潮区(带)的竹制或塑料标签。送回实验室及时测定。

7.2.5 外业记录

外业记录要有专人负责，认真填写表A.18；绘制站位分布图；记录环境基本特征、生物分布、生物异常等现象；填写标签。

各断面的生物带以及出现的污染迹象、生物异常、死亡、群落演替等现象，应用录相机或照像机拍录下来。

外业记录应用铅笔填记，字迹须清晰，禁止涂改，记后应妥善保管，严防受潮或丢失。

表7 定量标签

项目编号＿＿＿＿＿＿＿＿		地点＿＿＿＿＿＿＿＿	
断　面＿＿＿＿＿＿	潮区＿＿＿＿＿＿	站号＿＿＿＿＿＿	
样方号＿＿＿＿＿＿＿＿		标本号＿＿＿＿＿＿＿＿	
沉积物＿＿＿＿＿＿＿＿		取样面积＿＿＿＿＿＿＿＿ m^2	
日　期＿＿＿＿＿＿	年＿＿＿＿＿＿	月＿＿＿＿＿＿	日
种　名			

表8 定性标签

项目编号＿＿＿＿＿＿＿＿		地点＿＿＿＿＿＿＿＿	
断　面＿＿＿＿＿＿	潮区＿＿＿＿＿＿	站号＿＿＿＿＿＿	
标本号＿＿＿＿＿＿＿＿		沉积物＿＿＿＿＿＿＿＿	
日　期＿＿＿＿＿＿	年＿＿＿＿＿＿	月＿＿＿＿＿＿	日
种　名			

7.3 室内标本整理、鉴定和保存

7.3.1 标本整理

7.3.1.1 核对

按调查地点、断面、站序，将定量和定性标本分开。依野外记录，核对各站取得的标本瓶(袋)数，发现不符，应及时查找。

7.3.1.2 分离与登记

标准的分离与登记应按以下步骤进行：

a) 标本分离须按站进行，必要时可按样方分离，以免不同站(或不同样方)的标本混入。若有余渣带回，切勿遗忘将其中标本拣出归入；

b) 分离的标本经初步鉴定，以种为单位分装，并及时加入固定液。除海绵、苔藓虫等含钙质动物用5%中性甲醛溶液固定外，其余仍用75%酒精保存；

c) 按分类系统依次排列、编号，用绘图墨水写好标签，分投各标本瓶中。标签上填写的除标本号和种名因分离可能改变外，其余各项均应与野外投放的标签一致；

d) 按新编序号分别将定量和定性标本登记于表A.19和表A.20中。

7.3.1.3 称重和计算

称重和计算按照以下方法进行：

a) 定量标本应固定3 d以上方可称重，若标本分离时已有3 d以上的固定时间，称重可与标本分离、登记同时进行；

b) 称重时，标本应先置吸水纸上吸干体表固定液。称重软体和甲壳动物保留其外壳（必要时，对某些经济种或优势种可分别称其壳和肉重）。大型管栖多毛类的栖息管子、寄居蟹的栖息外壳以及其他生物体上的伪装物、附着物，称重时应予剔除；

c) 称重采用感量为0.01 g的天平。称重前或后还需计算各种生物的个体数（岩岸采集的易碎生物个体数由野外记录查得。群体仅用重量表示）；

d) 将称重、计数结果填入表A.19各相应栏目，并注明是湿重（甲醛湿重或酒精湿重）、干重（烘或晒）。必要时可考虑称取灰分重；

e) 依据取样面积，将表A.19中各种数据换算为单位面积的栖息密度（个/m^2）和生物量（g/m^2）。

7.3.2 标本鉴定

标本鉴定应遵循以下原则：

a) 优势种和主要类群的种类应力求鉴定到种，疑难者可请有关专家鉴定或先进行必要的特征描述，暂以SP_1、SP_2、SP_3……表示，然后再行分析、鉴定；

b) 鉴定时若再发现一瓶中有两种以上生物，应将其分出另编新号，注明标本原出处，并及时更改标签和表格中有关数据；

c) 种类鉴定结果若与原标签初定种名不符，亦应立即更换标签和更改表中有误种名。

7.3.3 标本保存

经鉴定、登记后的标本，应按调查项目编号归类，妥善保存，以备检查和进一步研究。且应定期检查、添加或更换固定液，以防标本干涸和霉变。

7.4 资料整理

7.4.1 种类名录

根据表A.19和表A.20记录，将每次采得的所有种类按分类系统依次列出，各种名后标明种名（或俗名）、采集时间、地点、断面、站号及分布潮区（带）。

7.4.2 种类组成表

根据各种名录，以断面或取样站为统计单位，计算各生物类群的种数和比率，填入表A.21中，表内类群名称可依各地实情增减。岩石岸的统计，藻类按蓝藻、红藻、褐藻、绿藻等门类单独列表。

7.4.3 种类定量分布表

为便于分析各种类时空分布特点，应依表A.19记录，以种为单位，将其在各断面、各站位、各不同季节的栖息密度和生物量汇总登记于表A.22中。

7.4.4 几点说明

资料整理时应注意以下事项：

a) 资料整理方法繁多，可根据需要，依上述表格提供的基本素材作进一步加工；

b) 若调查研究包括生长率、生殖力、性比例、干湿比、灰分重等指标时，所需表格请自行设计；

c) 水质、沉积物、生物体内污染物质分析测定的资料整理，分别见GB 17378.4和GB 17378.5；

d) 资料评述方法，参见附录B污染生态调查资料常用评述方法。

8 叶绿素-a 的测定

8.1 荧光分光光度法

8.1.1 方法原理

用丙酮溶液提取浮游植物色素进行荧光测定，根据提取液酸化前后的荧光值，可分别计算叶绿素 a 及脱镁色素的含量。

8.1.2 试剂及其配制

8.1.2.1 丙酮溶液(9+1)：量取 900 mL 丙酮(CH_3COCH_3)与 100 mL 水混合，保存在棕色试剂瓶中。

8.1.2.2 碳酸镁悬浮液(10 g/L)：称取 1 g 碳酸镁($MgCO_3$)，加水至 100 mL，搅匀，盛试剂瓶中待用，用时需再摇匀。

8.1.2.3 盐酸(HCl)：ρ=1.18 g/mL。

8.1.2.4 盐酸溶液(5+95)：在搅拌下，将 5 mL 盐酸(见 8.1.2.3)缓慢地加到 95 mL 水中，混匀，保存于滴瓶中。

8.1.2.5 硅胶。

注：除非另作说明，所用试剂均为分析纯，水为蒸馏水或等效纯水。

8.1.3 仪器及设备

仪器和设备如下：

——荧光计；

——冰箱；

——离心机：4 000 r/min；

——电动吸引器；

——过滤装置；

——玻璃纤维滤膜：直径为 25 mm 的 Whatman GF/C 或孔径为 0.45 μm 的纤维素酯微孔滤膜；

——具塞离心管：容量 10 mL；

——干燥器；

——棕色试剂瓶：容量 100 mL、1 000 mL；

——量筒：容量 100 mL、200 mL、1 000 mL；

——定量加液器：容量 10 mL；

——滴瓶：容量 100 mL；

——镊子；

——一般实验室常用设备。

8.1.4 分析步骤

8.1.4.1 样品制备

量取一定体积海水(通常大洋水 250 mL～500 mL，近岩或港湾水 50 mL～250 mL)，加 2 mL 碳酸镁悬浮液(见 8.1.2.2)，混匀，用玻璃纤维滤膜(Whatman GF/C，ϕ25 mm)或孔径为 0.45 μm 的纤维素酯微孔滤膜过滤，过滤负压不得超过 50 kPa。

8.1.4.2 样品提取

将过滤了样品的滤膜放入具塞离心管，加入 10 mL 丙酮溶液(见 8.1.2.1)，摇荡，放置冰箱冷藏室中 14 h～24 h，提取叶绿素-a。若滤得的样品不能及时提取，应将该滤膜抽干、对折，再套上一张滤纸，置于含硅胶的干燥器内，贮存在低于 1℃ 的冰箱中。

8.1.4.3 样品离心

离心速度：(3 000～4 000) r/min。

离心时间：10 min。

8.1.4.4 样品测定

荧光计激发波长为 436 nm，发射波长 670 nm。

零点调节：用丙酮溶液（见 8.1.2.1）调节，使荧光计指针指零。

将提取的上层提取液注入测定池。

选择相应量程，测定样品的荧光值 R_b。

加 2 滴盐酸溶液（见 8.1.2.3）至测定池，摇匀，经 30 s 后再测其荧光值 R_a。

8.1.4.5 仪器校正

8.1.4.5.1 用标准叶绿素-a 校正。

8.1.4.5.2 用分光光度计校正：取一定体积正处于指数生长期的单细胞藻类培养液，依上述方法提取其叶绿素-a，用分光光度法测定（见 8.2），计算该提取液的叶绿素-a 浓度。将它稀释至荧光计可测范围的浓度（$\rho_{chl\text{-}a}$），用荧光计最低灵敏度量程测定此稀释液酸化前后的荧光值，按式(7)和式(8)计算该量程的换算因子和酸化因子：

$$F_D = \frac{\rho_{chl\text{-}a}}{R_b} \quad \cdots\cdots (7)$$

$$R = \frac{R_a}{R_b} \quad \cdots\cdots (8)$$

式中：

F_D——测定量程的换算因子；

$\rho_{chl\text{-}a}$——叶绿素-a 稀释液的浓度，单位为微克每毫升（$\mu g/mL$）；

R——酸化因子；

R_b——酸化前测定的荧光值；

R_a——酸化后测定的荧光值。

按此法依次稀释原提取液，在荧光计其他量程上分别测定，即可得到各量程换算因子（F_D）。仪器校正应定期进行。

8.1.5 记录与计算

将测得数据记入表 A.23 中，按式(9)分别计算叶绿素-a 和脱镁色素的浓度：

$$\rho_1 = F_D \frac{R}{R-1}(R_b - R_a)\frac{v}{V} \text{和}$$
$$\rho_2 = F_D \frac{R}{R-1}(R \cdot R_a - R_b)\frac{v}{V} \quad \cdots\cdots (9)$$

式中：

ρ_1——样品中叶绿素-a 的浓度，单位为微克每升（$\mu g/L$）；

ρ_2——样品中脱镁色素浓度，单位为微克每升（$\mu g/L$）；

F_D——测定时所用量程的换算因子；

R——纯叶绿素-a 的酸化因子；

R_b——样品酸化前的荧光值；

R_a——样品酸化后的荧光值；

v——丙酮提取液的体积，单位为毫升（mL）；

V——海水样品的实用体积，单位为升（L）。

8.2 分光光度法

8.2.1 方法原理

以丙酮溶液提取浮游植物色素，依次在 664 nm、647 nm、630 nm 波长下测定吸光度，分别测定叶绿素 a、b、c 的含量。

8.2.2 **试剂配制**

8.2.2.1 丙酮溶液(9+1):量取 900 mL 丙酮(CH_3COCH_3)与 100 mL 水混合,保存在棕色试剂瓶中。

8.2.2.2 碳酸镁悬浮液(10 g/L):配制方法见 8.1.2.2。

8.2.2.3 硅胶。

8.2.3 **仪器设备**

仪器和设备如下:

——分光光度计:波带宽度应小于 3 nm,吸光值可读到 0.001 单位。附 3 cm~10 cm 测定池。

——玻璃纤维滤膜:直径为 47 mm 的 Whatman GF/C 或孔径为 0.45 μm 的纤维素酯微孔滤膜。

——离心管:具塞,10 mL 或 15 mL,若干。

——其他设备同荧光光度法。

8.2.4 **测定步骤**

8.2.4.1 **样品制备**

最取 2 L~5 L 海水样品,加入 3 mL 碳酸镁悬浮液(见 8.2.2.2),混匀,用玻璃纤维滤膜(Whatman GF/C,ϕ47 mm)或 0.45 μm 的纤维素酯微孔滤膜过滤,过滤负压不应超过 50 kPa。

8.2.4.2 **样品的提取**

将过滤了样品的滤膜放入具塞离心管,加 10 mL 丙酮溶液(见 8.2.2.1),摇荡,放置冰箱贮存室中 14 h ~24 h,提取叶绿素-a。若滤得样品不能及时提取,应将该滤膜抽干、对折,再套上一张滤张,置于装有硅胶的干燥器内,贮存在低于 1℃的冰箱中。

8.2.4.3 **样品离心**

离心速度:(3 000~4 000)r/min;离心时间:10 min。

8.2.4.4 **样品测定**

小心将离心的上清液注入测定池。用丙酮溶液(见 8.2.2.1)作参比,分别在 750 nm、664 nm、647 nm、630 nm 波长处测定吸光值。其中,750 nm 处的测定,用以校正提取液的浊度,当 1 cm 测定池光程的吸光值超过 0.005 时,提取液应重新离心。

8.2.5 **记录与计算**

将测得数据记入表 A.24 中,分别把在波长 664 nm、647 nm、630 nm 上测得的吸光值减去 750 nm 下的吸光值,得到校正后吸光值 E_{664}、E_{647}、E_{630}。再按式(10)、式(11)、式(12)计算叶绿素 a、b、c 含量。

$$\rho_{\mathrm{chl\text{-}a}}=(11.85E_{664}-1.54E_{647}-0.08E_{630})\times\frac{v}{V\cdot L} \quad\cdots\cdots(10)$$

$$\rho_{\mathrm{chl\text{-}b}}=(21.03E_{647}-5.43E_{664}-2.66E_{630})\times\frac{v}{V\cdot L} \quad\cdots\cdots(11)$$

$$\rho_{\mathrm{chl\text{-}c}}=(24.52E_{630}-1.67E_{664}-7.60E_{647})\times\frac{v}{V\cdot L} \quad\cdots\cdots(12)$$

式中:

$\rho_{\mathrm{chl\text{-}a}}$——样品中叶绿素 a 含量,单位为微克每升(μg/L);

$\rho_{\mathrm{chl\text{-}b}}$——样品中叶绿素 b 含量,单位为微克每升(μg/L);

$\rho_{\mathrm{chl\text{-}c}}$——样品中叶绿素 c 含量,单位为微克每升(μg/L);

v——样品提取液体积,单位为毫升(mL);

V——海水样品实际用量,单位为升(L);

L——测定池光程,单位为厘米(cm)。

9 粪大肠菌群检测

9.1 发酵法

9.1.1 **方法原理**

大肠菌群系一群在 37℃或 44℃生长时能使乳糖发酵,在 24h 内产酸产气的需氧及兼性厌氧的革兰氏阴性无芽孢杆菌。大肠菌群数系指每升水样中所含有的“大肠菌群”的数目。一般在37℃培养生长的称为“总大肠菌群”，在44℃培养生长的称为“粪大肠菌群”。海水检验采用44℃培养法，以检测粪大肠菌群。

发酵法系通过初发酵及复发酵两个步骤，以证实海水水样中是否存在粪大肠菌群并测定其数目。

9.1.2 试剂及培养基配制

9.1.2.1 试剂配制

a) 溴甲酚紫乙醇溶液：称取1.6 g的溴甲酚紫〔$C_6H_4SO_2OC(C_6H_2CH_3OHBr)_2$〕溶于2 mL～3 mL乙醇($C_2H_5OH$)中，然后用蒸馏水定容到100 mL。

b) 碳酸钠溶液：称取10.6 g碳酸钠(Na_2CO_3)溶于蒸馏水，并定容到100 mL。

9.1.2.2 培养基的配制

9.1.2.2.1 乳糖蛋白胨培养液：

a) 成分：蛋白胨10.0 g；牛肉膏3.0 g；乳糖5.0 g；氯化钠5.0 g；溴甲酚紫乙醇溶液[见9.1.2.1.a)] 1 mL；蒸馏水1 000 mL。

b) 制法：将规定量的蛋白胨、牛肉膏、乳糖及氯化钠(NaCl)加热溶解于1 000 mL蒸馏水中，用碳酸钠溶液[见9.1.2.1.b)]调节pH为7.2～7.4。加入1 mL溴甲酚紫乙醇溶液[见9.1.2.1.a)]，混匀，分装于置有倒管的试管内(10 mL左右)。置高压蒸气灭菌器中，于115℃(68.95kPa)灭菌20 min。

根据需要，亦按上述配方将蒸馏水由1 000 mL减为333 mL，配制成浓缩三倍的乳糖蛋白胨培养液备用。

9.1.2.2.2 EC培养基

a) 成分：胰蛋白胨或脲胨20.0 g；乳糖5.0 g；胆盐混合物或3号胆盐1.5 g；磷酸氢二钾($K_2HPO_4 \cdot 3H_2O$) 4.0 g；磷酸二氢钾(KH_2PO_4) 1.5 g；氯化钠(NaCl) 5.0 g；蒸馏水1 000 mL。

b) 制法：将上述成分加热溶解，分装于内装倒管的试管中。灭菌后pH值应为6.9。此培养基用前不宜置冰箱，以防检测时出现假阳性。

9.1.3 仪器设备

仪器和设备如下：

——恒温培养箱：37℃±1℃及44℃±0.5℃；

——干热灭菌箱；

——高压蒸气灭菌器；

——接种环；

——吸量管：容量1 mL、10 mL；

——试管：15 mm×150 mm，18 mm×180 mm；

——发酵倒管：5 mm×30 mm；

——纱布及棉花：塞试管用；

——脱脂棉或白绒布：过滤培养基用；

——锥形瓶：容量500 mL；

——广口采水样瓶：容量500 mL；

——接种箱：折叠式。

9.1.4 样品采集

9.1.4.1 采样瓶

用于细菌检查的采样瓶，应用可耐灭菌处理的广口玻璃瓶或无毒的塑料瓶。灭菌前，把具有玻璃瓶塞的采样瓶用铝箔或厚的牛皮纸包裹，瓶顶和瓶颈都要裹好，瓶颈系一长绳，在121℃经15 min高压灭菌。有的塑料瓶用蒸气灭菌会扭曲变形，可用低温的氯化乙烯气体灭菌。

9.1.4.2 水样采集

开瓶塞时，要连同铝箔或牛皮纸一起拿开，以免沾污。手执长绳的末端，将采样瓶投入选定点的海水内，采集水下约 10 cm 处水样(若需分层采样则采用击开式或颠倒式采水器)。采好的水样需盖紧瓶塞、编好瓶号，按表 A.25 所列项目记录。水样在瓶内要留下足够的空间(至少 2.5cm 高)以备在检验前摇荡混匀。该法适用于沿岸水域的采集。

当使用调查船进行采样时，则需用采水器(击开式、复背式或 Niskin 采水器)采样，步骤如下：

——按预先选定的采样水层，挂好选定的采水器，以 1 m/s 的速度下放采水器。测量钢丝绳的倾斜角，以便校正采水深度。采水器开启后，应停留一定时间，使水样注满容器；

——采到样品后，迅速把水样转移至无菌瓶中，水样量必须满足进行两个平行测定之用，发酵法的水样不少于 100 mL。滤膜法的水样不少于 300 mL。

9.1.4.3 泥样采集

用小型底栖生物柱状采泥器或弹簧采泥器采集泥样，采泥器出水后，在预先选定的泥层中用无菌刮板取一定量的样品置于灭菌容器中。

9.1.4.4 样品保存和储藏

采集的水样和泥样应立即送检，时间不超过 2 h，否则，应将样品置于冰瓶或冰箱中，但不得超过 24 h，否则影响检验结果。

9.1.5 检验步骤

9.1.5.1 初发酵试验

初发酵试验按以下步骤进行：

a) 以无菌操作方法，等量吸取 10 mL 经充分摇匀的水样，分别加入 5 支各盛有 5 mL 已灭菌的三倍浓缩乳糖蛋白胨培养液的试管中(内有倒管)；

b) 等量吸取 1 mL 水样，分别加入 5 支盛有约 10 mL 已灭菌的普通浓度乳糖蛋白胨培养液的试管中(内有倒管)；

c) 吸取 1 mL 水样注入盛有 9 mL 已灭菌清洁海水的试管中，摇匀。另换一吸量管等量吸取此种稀释水样 1 mL，分别加入 5 支盛有 10 mL 已灭菌的普通浓度乳糖蛋白胨培养液的试管中(内有倒管)；

d) 将上述 15 支试管充分混匀后，置于 44℃恒温箱中培养 24 h。

9.1.5.2 复发酵试验

复发酵试验按以下步骤进行：

a) 经培养 24 h 后，将产酸(培养液变成黄色)产气(倒管上端积有气泡)及只产酸的发酵管，用一无菌环(3 mm 直径)或木压舌板转接入 EC 培养液中，摇匀后置 44℃±0.5℃恒温箱中培养 24 h±2 h。在此期间内所得的产气阳性管即证实有粪大肠菌群存在；

b) 依据阳性管数查表 7，即可得每 100 mL 水样中粪大肠菌群的最近似值(MPN)，此数值再乘以 10，即求得每升水样中粪大肠菌群数；

c) 若海水水样污染较严重，接种后 15 管全部产酸产气时，可将接种量减少为十分之一，即 1 mL 的 5 管，0.1 mL(1+9 稀释的 1 mL)5 管，0.01 mL(1+99 稀释的 1 mL)的 5 管。此时，由表 9 查得的每 100 mL 水样中的大肠菌群数的最近似值乘以 100，即得一升水样中的粪大肠菌群数。

9.1.6 记录

将检测结果记入表 A.25 中。

9.1.7 注意事项

本方法执行中应注意以下事项：

——大肠菌群的检验应按照无菌操作的要求进行，同时应作平行样品的测定；

——上述发酵法也适用于检测近岸海域沉积物中的粪大肠菌群。即以定量的沉积物经适当稀释并充分混匀后，吸取一定量水样代替，其他检验步骤与测水样相同。

9.2 滤膜法

9.2.1 方法原理

将水样注入已灭菌的放有微孔滤膜的滤器中，经过抽滤，细菌被截留在滤膜上，然后将滤膜贴于合适的培养基上进行培养。计数与鉴定滤膜上生长的大肠菌群菌落，计算出每升水样中含有的大肠菌群数。

9.2.2 M-TEC 培养基配制

9.2.2.1 成分：蛋白胨 5 g；乳糖 10 g；酵母浸膏 3.0 g；氯化钠（NaCl）7.5 g；磷酸氢二钾（$K_2HPO_4 \cdot 3H_2O$）3.3 g；磷酸二氢钾（KH_2PO_4）1.0 g；十二烷基磺酸钠〔$CH_3(CH_2)_{10}CH_2SO_3Na$〕0.2 g；去氧胆酸钠（$C_{24}H_{39}O_4Na$）0.1 g；溴甲酚紫〔$C_6H_4SO_2OC(C_6H_2CH_3OHBr)_2$〕0.08 g；溴酚红（$C_{19}H_{12}Br_2O_4S$）0.08 g；琼脂 15.0 g；蒸馏水 100 mL。

表 9　大肠菌群检数表

出现阳性份数			每 100 mL 水样中大肠菌群数的最近似值	95%可信限值		出现阳性份数			每 100 mL 水样中大肠菌群数的最近似值	95%可信限值	
5 个 10mL 管	5 个 1mL 管	5 个 0.1mL 管		下限	上限	5 个 10mL 管	5 个 1mL 管	5 个 0.1mL 管		下限	上限
0	0	0	<2			4	2	1	26	9	78
0	0	1	2	<0.5	7	4	3	0	27	9	80
0	1	0	2	<0.5	7	4	3	1	33	11	93
0	2	0	4	<0.5	11	4	4	0	34	12	93
1	0	0	2	<0.5	7	5	0	0	23	7	70
1	0	1	4	<0.5	11	5	0	1	31	11	89
1	1	0	4	<0.5	11	5	0	2	43	15	110
1	1	1	6	<0.5	15	5	1	0	33	11	93
1	2	0	6	<0.5	15	5	1	1	46	16	120
2	0	0	5	<0.5	13	5	1	2	63	21	150
2	0	1	7	1	17	5	2	0	49	17	130
2	1	0	7	1	17	5	2	1	70	23	170
2	1	1	9	2	21	5	2	2	94	28	220
2	2	0	9	2	21	5	3	0	79	25	190
2	3	0	12	3	28	5	3	1	110	31	250
3	0	0	8	1	19	5	3	2	140	37	340
3	0	1	11	2	25	5	3	3	180	44	500
3	1	0	11	2	25	5	4	0	130	35	300
3	1	1	14	4	34	5	4	1	170	43	490
3	2	0	14	4	34	5	4	2	220	57	700
3	2	1	17	5	46	5	4	3	280	90	850
3	3	0	17	5	46	5	4	4	350	120	1 000
4	0	0	13	3	31	5	5	0	240	68	750
4	0	1	17	5	46	5	5	1	350	120	1 000
4	1	0	17	5	46	5	5	2	540	180	1 400
4	1	1	21	7	63	5	5	3	920	300	3 200
4	1	2	26	9	78	5	5	4	1 600	640	5 800
4	2	0	22	7	67	5	5	5	≥2 400		

注：接种 5 份 10mL、5 份 1 mL、5 份 0.1 mL 水样时，各种不同阳性及阴性情况下 100 mL 水样中大肠菌群数的最近似值和 95%可信限值。

9.2.2.2 制法：按上述成分的规定量置于 1 000 mL 蒸馏水中，加热溶解，用碳酸钠溶液[9.1.2.1.b)]调 pH 为 7.4，分装于小烧瓶内，每瓶 100 mL，于 115℃灭菌 15 min，贮于冰箱中备用。

9.2.3 仪器设备

仪器和设备如下：

——滤膜过滤器；

——硝化纤维滤膜：孔径 0.45 μm；

——真空泵或其他抽气设备；

——无齿镊子；

——抽滤瓶；

——培养皿：6cm 或 9cm；

——其他有关仪器设备见 9.1.3。

9.2.4 样品采集

采样瓶、采样方法及样品保存同 9.1.4。

9.2.5 检验步骤

9.2.5.1 准备工作

按以下步骤作准备工作：

a) 滤膜灭菌：将滤膜放入烧杯中，加入蒸馏水，置于沸水浴中煮沸灭菌三次，每次 15 min。前两次煮沸后需要换水并洗涤 2 次～3 次以除去膜内残余溶剂；

b) 滤器灭菌：用点燃的酒精棉球火焰灭菌，也可用 121℃高压蒸气灭菌 20 min。

9.2.5.2 过滤水样

按以下方法过滤水样：

a) 用无菌镊子夹取灭菌滤膜边缘(粗糙面向上)，贴放在已灭菌的滤器上，稳妥地固定好滤器，连接好抽气系统；

b) 滤器内预先加入约 10 mL 已灭菌的清洁海水，然后再用已灭菌吸量管吸取一定量的(一般为 1 mL 左右，随海水水样污染程度而异)充分混匀的待检水样，加入滤器中；

c) 在负压 50 kPa 下进行抽滤，快滤完前应再加入灭菌清洁海水少许以冲洗滤器内壁，使水样内细菌全部集聚于滤膜上；

d) 水样滤完后，再抽滤约 5 s 即停止抽气，取下滤器，用灭菌镊子夹取滤膜边缘部分，移放在 M-TEC培养基上，滤膜截留细菌面向上，滤膜应与培养基面完全紧贴，两者间不应留有气泡，然后将平板倒置，放入 37℃恒温相内培养 0.5 h，再移至 44℃恒温箱内培养 18 h～24 h。

9.2.5.3 观察及报告结果

在 M-TEC 培养基上，粪大肠菌群菌落呈黄色，计数滤膜上此类菌落的数目。对某些不典型或疑难的菌落，可取其一部分进行涂片、革兰氏染色、镜检。另一部分接种于 EC 培养液内(管内有倒管)，经 44℃培养 24 h 后观察是否产气，以决定此类可疑菌落是否为粪大肠菌群细菌。根据过滤的海水水样量及滤膜上的粪大肠菌群数，计算出每升海水中的粪大肠菌群数。

9.2.6 记录

将检测结果记入表 A.26 中。

9.2.7 注意事项

本方法执行中应注意以下事项：

——如海水水样混浊，过滤的水量又较多时，滤膜易被堵塞而影响检测，应采用“发酵法”为宜；

——水样过滤前，应将水样充分摇匀，使附着于颗粒、杂质上的细菌分散，以利于正确的检测；

——滤膜上所生的菌数一般以不超过 50 个为宜，如菌落数过多则不易分散生长，影响菌落准确计数，遇此情况应将过滤水样量减少，或同一水样作几个不同稀释度，再行过滤，以选择其中合适的一个滤膜进行计数。同时须作平行样品测定；

——采用新滤膜前，应对滤膜进行鉴定，即将已知的大肠埃希氏菌置于水样中用此种滤膜过滤，此时在滤液中不得检出大肠埃希氏菌。

10 细菌总数测定

10.1 平板计数法

10.1.1 方法原理

平板计数法是根据单一的细菌在平板培养基上，经若干时间培养，形成一个肉眼可见的子细胞群(菌落)(亦即一个菌落代表一个细胞)，通过计算菌落数而得知细菌数的。计数关键是必须尽可能将样品中的细菌分散成单个细胞，并制成均匀的不同浓度稀释液，将一定量的稀释液均匀地接种到盛有固体培养基的培养皿上(以下简称平皿)。

10.1.2 试剂和培养基的配制

10.1.2.1 试剂配制

10.1.2.1.1 氢氧化钠溶液(160 g/L)：称取氢氧化钠(NaOH)160 g，溶于 1 000 mL 的蒸馏水中。

10.1.2.1.2 吐温溶液(1+2 000)：取 1 mL 吐温 80，溶于 2 000 mL 蒸馏水中。

10.1.2.2 培养基配制

10.1.2.2.1 2216E 培养基的成分：蛋白胨 5 g；酵母膏 1 g；磷酸高铁 0.1 g；琼脂 20 g；陈海水1 000 mL。

10.1.2.2.2 制备：将上述成分加热溶解，用氢氧化钠溶液(见 10.1.2.1.1)调节 pH 为 7.6。分装于锥形瓶中，置高压蒸气灭菌器中，在 121℃(约 105 kPa)下灭菌 20 min，尔后，将此培养基分别倒入经灭菌的各平皿中，每平皿约 15 mL，待其冷却凝固，置冰箱内保存备用。

10.1.3 仪器调备

仪器和设备如下：

——恒温培养箱：25℃；

——干热灭菌箱；

——高压蒸气灭菌器；

——培养皿：直径 9 cm；

——吸量管：1 mL；

——试管：12 mm×150 mm；

——纱布和棉花：塞试管用；

——广口瓶采样瓶：250 mL；

——玻璃刮棒：接种用；

——锥形烧瓶；

——牛皮纸；

——线绳；

——电炉：2 000 W；

——精密 pH 试纸；

——超净工作台；

——一般实验室常用仪器设备。

10.1.4 样品采集

样品采集见 9.1.4。

10.1.5 测定步骤

10.1.5.1 依水样量，按 100 mL 水样加 1 mL 吐温溶液(见 10.1.2.1.2)，充分摇匀，使样品中的细菌细胞分散成单一细胞。

10.1.5.2 以无菌操作法吸取 1 mL 水样注入盛有 9 mL 灭菌陈海水的试管内混匀，并依同法依次连续稀释至所需要的稀释度(倍数)。稀释度依水样含菌量而定，以每平皿的菌落数在 30 个～300 个之间为宜，每种稀释度需有 3 个平行样。

10.1.5.3 取 0.1 mL 稀释水样(见 10.1.5.2)，滴入制好的平皿上，用灭菌玻璃刮棒将菌液涂抹均匀，平放于超净工作台上 20 min ～30 min，使菌液渗入培养基。

10.1.5.4 将此平皿置于 25℃恒温箱内培养 7 d，取出计数菌落。

10.1.5.5 菌落计数法：

10.1.5.5.1 当平皿上出现较大片菌苔时，则不应计数。

10.1.5.5.2 选择菌落数在 30 个～300 个之间的平皿，以平均菌落数乘其稀释倍数，即为该水样的细菌数。

10.1.5.5.3 若有两种稀释度的平均菌落数均在 30 个～300 个之间，则应按两者菌落数之比值决定，比值小于 2，取两者的平均数，若大于 2，取其较少的菌落数。

10.1.5.5.4 若所有稀释度中各不同稀释度的平均菌落数均大于 300，则以稀释度最高的(浓度最低)平均菌落数乘其稀释倍数。

10.1.5.5.5 若所有稀释度中各不同稀释度的平均菌落数均小于 30，则用稀释度最低的(浓度最高)平均菌落数乘其稀释倍数。

10.1.5.5.6 若所有稀释度都没有长出菌落，同时也没检出抑制物，则报告小于 1 乘其最低稀释倍数。如：最低稀释度(倍数)为 1∶100，则报告其群落数小于 100。

10.1.6 记录与计算

将计数结果记入表 A.27 中。

10.1.7 注意事项

本方法执行中应注意以下事项：

——细菌学检验必须严格遵照无菌操作；

——采得的样品应及时送检，时间不得超过 2 h，否则，水样应放置冰瓶保存，但保存时间也不应超过 6 h；

——平板应预先制作好，否则存留于平板上的水分会影响检测结果。

10.2 荧光显微镜直接计数法

10.2.1 方法原理

样品中的细菌经吖啶橙染色，用预先经伊拉克黑染色的微孔滤膜过滤，截留在滤膜上(黑色背景)。在荧光显微镜下观察，可见细菌发荧光绿，由此可直接计数。一般而言样品中的细菌量在(10^3～10^8)个/mL时，用此法效果较好，准确度高。

10.2.2 试剂配制和处理

10.2.2.1 伊拉克黑染色液(2 g/L)：称取 1 g 伊拉克黑(Irgalan black)溶于 500 mL 含 1%醋酸(CH_3COOH)的无菌无颗粒的溶液中，该液可长期保存于冰箱中，用前需经 0.2 μm 滤膜过滤。

10.2.2.2 吖啶橙染色液(1 g/L)：称取 1 g 吖啶橙染色剂，溶解于 1 000 mL 水中经 0.2 μm 的微孔滤膜过滤，除去染料中不溶颗粒和细菌。该染色液可于冰箱中 5℃保留数周。但每次使用时应检查该染色液是否染菌。若有染菌，应重新过滤方可使用。

10.2.2.3 无菌冲洗水：用蒸馏水经 0.20 μm 微孔滤膜过滤而成。

10.2.2.4 甲醛溶液(40%)：经 0.20 μm 滤膜过滤待用，用于固定海水样品，按水样量的 3%～5%加入。

10.2.3 仪器设备

仪器和设备如下：

——荧光显微镜；

——过滤器：内径 25 mm，容积 15 mL，玻璃制；

——微孔滤膜：孔径 0.2 μm，直径 25 mm；

——自动移液管：容量 1 mL、5 mL；

——一般实验室常用仪器设备。

10.2.4 样品采集：见 9.1.4。

装样瓶必须清洗干净、无菌，取样量 10 mL 以上。装样后立即用无菌注射器加入甲醛溶液固定（加入量见 10.2.2.4），混匀后置于冰瓶中保存。若现场立即分析，可不必加甲醛溶液固定。样品在 2 周内分析完毕。

10.2.5 测定步骤

样品测定按以下步骤进行：

a) 取 0.20 μm 微孔滤膜数片，于伊拉克黑染色液（见 10.2.2.1）中浸泡 4 h 以上，用时取出用无菌冲洗水（见 10.2.2.3）漂洗数次。滤膜光面朝上，平贴于滤器底部，使滤膜上下不留气泡。然后，在水平台面上安好滤器，用夹子夹紧，使滤器处于水平状态；

b) 摇匀样品，用移液管吸取一定量水样注入滤器内（注意勿使移液管触及滤膜），同时加入 2～4 滴（约 0.2 mL）吖啶橙染色液（见 10.2.2.2），混匀。染色 3 min（秒表计时），即在负压 50 kPa 下滤去染色液。之后，用无菌冲洗水（见 10.2.2.3）沿滤器筒壁冲洗数次，再将滤液抽干；

c) 卸下滤器，用镊子轻轻掀起滤膜，移至洁净载玻片上，于滤膜上滴浸油 1 滴，盖上盖玻片，移置荧光显微镜油镜下观察计数，按一般显微镜观察方法操作，至少随机计算 20 个视野的细菌数，每视野的细菌数一般以 30 个～50 个为宜。

10.2.6 记录与计算

10.2.6.1 将每视野细菌数记入表 A.28 中，并求平均数（$\overline{x}$）。

10.2.6.2 按式（13）计算样品中的细菌含量：

$$E=\overline{x}\frac{S_1}{S_2}\frac{1}{V} \qquad (13)$$

式中：

E——样品中细菌的含量，单位为个每毫升（个/mL）；

$\overline{x}$——各计数视野细菌总数的平均值，单位为个；

S_1——滤膜面积，单位为平方毫米（mm^2）；

S_2——显微镜油镜视野的面积，单位为平方毫米（mm^2）

V——过滤水样的体积，单位为毫升（mL）。

10.2.7 注意事项

本方法执行中应注意以下事项：

——检测过程，应按一般细菌学检验的无菌操作进行；

——每次检测前应作空白对照；

——各种染色液和冲洗用水，需经过滤，不得含有颗粒和细菌；

——若样品加入甲醛固定，换算时的水样体积应作必要修正。如：10 mL 水样，加入 0.5 mL 甲醛，则计算公式中的过滤水样体应除以 10.5。

11 生物毒性试验

11.1 实验设施及仪器设备

11.1.1 供水系统

由潜水泵、输水管道、砂滤设备、贮水池等构成。材料应无毒和耐腐蚀。

11.1.2 生物培养设备

培养设备如下：

——贮养池或大型玻璃水箱；

——玻璃缸或试验水槽：依受试生物个体大小选用合适容器；

——充气增氧机；

——仪器设备；

——筛绢：40 目(380 μm)、100 目(150 μm)、200 目(75 μm)、300 目(48 μm)；

——过滤器：包括抽滤设备；

——微孔滤膜：0.45 μm，直径与滤器内径相等；

——计数框：1 mL；

——一般实验室常用仪器设备。

11.2 受试生物

11.2.1 受试生物的选择原则

受试生物的选择应遵循以下原则：

——栖息于非污染区、生长良好、健康无病的个体；

——对污染反应较敏感的种类；

——地理分布较广、数量较大，全年在某一实际海区容易采到的、并对其生活习性清楚，易在实验室条件下培养的种类；

——受试生物来源于同一地点、同一种群，力求个体大小基本一致；

——选用受试生物的早期发育阶段(受精卵、幼虫或幼体)。

11.2.2 受试生物的选择

11.2.2.1 贝类

贝类选择如下：

——褶牡蛎(Ostrea plicatula)——胚胎期或幼虫期；

——太平洋牡蛎(Ostrea gigas)——胚胎期和幼虫期；

——缢蛏(Sinonovacula constricta)——胚胎期、幼虫期和稚贝期；

——菲律宾蛤仔(Ruditapes philippinarum)——胚胎期、幼虫期和稚贝期；

——海湾扇贝(Argopecten irradians)——胚胎期，幼虫期；

——泥螺(Bullacta exarata)——受精卵及幼虫期。

11.2.2.2 甲壳类

甲壳类选择如下：

——长毛对虾(Penaeus penicillatus)——受精卵及无节幼体；

——中国对虾(Penaeus chinensis)——受精卵及无节幼体；

——桡足类、端足类。

11.2.2.3 棘皮动物

海胆(Echinoidea)——胚胎期及幼体期。

11.2.2.4 多毛类沙蚕(如：**Neries sp**)——幼体

上述所列受试生物种类供参考，各地可根据试验目的和当地海况选择适宜的受试生物。

11.2.3 受试生物的采集

受试生物按以下方法采集：

——定居性或活动能力很小的种类，可直接用铲、耙采集，选取无损伤、大小相近的个体；

——活动性强的种类(如：鱼、虾)和浮游桡足类，需用曳网、浮游生物网采捕，谨防弄伤；

——若试验材料选用受精卵、幼虫或幼体而需进行室内人工催产培养的，亲体应选体壮、性腺成熟者；

——采集的受试生物在运输过程中，应保证其存活条件(如：温度、供氧等)，避免碰撞致伤，尽快带回实验室。

11.2.4 受试生物的贮养

受试生物按以下办法贮养：

——贮养池(或水箱)应事先清洗干净，进行消毒灭菌，然后由供水系统提供无污染的清洁海水；

——小心洗净、剔除受试生物体表的泥沙和附着物，再用清洁海水冲洗，以防将病菌带入池中；

——将受试生物轻放入池，控制池中的水温、盐度、pH 等，使其大体接近于采集的自然海区。并给予适当充气；

——根据受试生物食性，适当投饵，经常换水和清除粪便、残饵，以防水质恶化；

——受试生物需经一星期以上驯养才能用于实验，若驯养期间内有 10％以上个体死亡，则该批生物不能用于试验，应全部弃去，另采新的受试生物。并检查死亡原因；

——用受精卵、幼虫、幼体作试验，必须取性腺成熟个体，经人工催产、培养。部分受试生物的催产及幼虫培养条件见附录 C。同一系列的试验材料应力求来自同一亲体，并应选择生长发育正常者。

11.3 污染水样采集和致毒试验液的配制

11.3.1 污染水样采集及处理

11.3.1.1 采样应用无毒容器，水样应装满，以免运输过程剧烈摇荡而改变某些水质特性。采集的水样量，应按实验设计和次数备足。同一系列试验，应用同时同地采的污水。

11.3.1.2 采水时应记录采样时间、地点，现场测量水温，并观察记录污染的表观现象。

11.3.1.3 采回的水样最好立即用于试验，若需放置，应低温保存。水样应进行化学分析，测定其盐度、pH、水温、溶解氧(DO)、化学耗氧量(COD)、营养盐及主要污染物含量，为配制致毒试液提供参考。

11.3.2 致毒试液的配制

11.3.2.1 毒性试验的浓度范围的确定一般应做预试验。预试验可用较大浓度间隔按等比级数配制污水稀释液，如：按污水体积比配制出如下浓度组：0.01％、0.1％、1.0％、10％、100％。

11.3.2.2 正式实验可根据预试验所提供的浓度范围(引起少数生物死亡的浓度为下限，引起 90％以上死亡的为上限)，按相等的浓度对数间隔安排 5 个以上的试验浓度组。

11.3.2.3 配制不同浓度的致毒试液时，应先将污水轻轻摇匀，再按需要量取一定体积用清洁海水稀释。注意用海盐或除氯自来水调节其盐度，使与受试生物的适盐范围(或驯养时的盐度)基本一致。

11.3.2.4 若要试验某特定污染物的毒性效应，可人工配制该种污染物的储备液，然后，参照化学分析测得的污水中该污染物的含量，酌情按上述方法，用洁净海水配制试液。石油类污染物，可单独试验水溶性组分或用少量低毒性的分散剂制备乳浊液后再行配制。

11.4 试验步骤

试验按以下步骤进行：

a) 备好若干洗净的试验容器(成体按每克体重 1 L 的用水量选用玻璃缸或水槽；受精卵和幼体用 0.5 L～1 L 左右的烧杯)，并按对照组和各不同浓度组分别编号；

b) 将上述配好的致毒试液，按浓度顺序分别倒入各相应的试验容器中，对照组可依试验目的，加入洁净的海水或受纳水体的海水；

c) 按从低浓度至高浓度顺序，移入受试生物。若受试生物是成体，每组放入 10 个以上；若受试生物属受精卵，密度约 20 000 个/～30 000 个/L；若为贝类幼虫，密度 10 000 个/～15 000 个/L；甲宙类无节幼体 200 只/L～500 只/L 左右。受试生物移入试液前，需经必要检查，受精卵、幼小个体应在解剖镜下观察，除去死亡和异常个体；

d) 记录试验起始时间，检查时间是 2 h、4 h、6 h、8 h、10 h、12 h、16 h、20 h、24 h、32 h、40 h、48 h、

60 h、72 h、96 h，发现死亡个体，应及时拣出，统计记录 24 h、48 h、72 h、96 h 各时间内的死亡或异常的总个体数。受精卵和微小个体可用显微镜或解剖镜观察；

e) 试验期间，每隔 24 h 更换一次试液，注意勿改变各组试液浓度。换新试液时，微小个体和受精卵可用孔径小于受试个体的筛绢滤出，再放回相应的新试液中；

f) 试验结束，为统计各组个体差异，应及时测量各组个体大小(不宜试验前测量，以免损伤)。微小个体可进行显微测量若干数量，以比较各组生长发育受抑制情况。必要时，还可取水样和受试生物样分析，比较试验前后污染物质在水体和生物体内的变化；

g) 每一试验应有两个平行试验，并按上述步骤和条件，重复试验两次以上。

11.5 记录与计算

11.5.1 按各致毒时间，把观察到的受试生物死亡或异常的个体数记入表 A.29 中。

11.5.2 依表 A.29 数据，计算死亡百分率。由死亡百分率，在表 10 中查出对应的概率单位记入表 A.30中。并依试液浓度算出其浓度对数一并记入表 A.30 相应栏目。

表 10 百分率与概率单位换算表

百分率/%	0	1	2	3	4	5	6	7	8	9
0	/	2.67	2.95	3.12	3.25	3.36	3.45	3.52	3.59	3.66
10	3.72	3.77	3.82	3.87	3.92	3.96	4.01	4.05	4.08	4.12
20	4.16	4.19	4.23	4.26	4.29	4.33	4.36	4.39	4.42	4.45
30	4.48	4.50	4.53	4.56	4.59	4.61	4.64	4.67	4.69	4.72
40	4.75	4.77	4.80	4.82	4.85	4.87	4.90	4.92	4.95	4.97
50	5.00	5.03	5.05	5.08	5.10	5.13	5.15	5.18	5.20	5.23
60	5.25	5.28	5.31	5.33	5.36	5.39	5.41	5.44	5.47	5.50
70	5.52	5.55	5.58	5.61	5.64	5.67	5.71	5.74	5.77	5.81
80	5.84	5.88	5.92	5.95	5.99	6.04	6.08	6.13	6.18	6.23
90	6.28	6.34	6.41	6.48	6.55	6.64	6.75	6.88	7.05	7.33

11.5.3 半致死浓度(LC_{50})的求法

11.5.3.1 概率单位法

求算某一试验时间的半致死浓度(LC_{50})，可依表 A.30 中该试验时间的一组数据，以死亡率的概率单位为纵坐标，试液浓度的对数为横坐标，在对数坐标纸上标出各数据点，拟合各数据数(应尽量照顾概率单位 5 附近的点)绘出一直线，在直线上查出概率单位为 5(死亡率 50%)的点所对应的浓度对数值($\lg LC_{50}$)，其反对数即为 LC_{50}。

由此法得出的 $\lg LC_{50}$ 的 95%可置信限，其计算如式(14)：

$$可置信限 = \lg LC_{50} \pm 1.96 \times \frac{2S}{\sqrt{2N}} \quad (14)$$

式中：

S——表示标准差。亦即相当于直线斜率的倒数。数值等于概率单位 6 和 4 之差除其相应的浓度对数值之差；

N——死亡率在 16%～84%（概率单位 4 和 6）范围内的各组受试生物总数。

由此算出的 $\lg LC_{50}$ 的 95% 可置信限，其反对数即为 LC_{50} 的 95% 可置信限。

11.5.3.2 平均致死量法（又称寇氏法）

该法计算 LC_{50} 较简便，但必须具备如下条件：各试验组的受试生物个数一样；各试验组的浓度应按等比级数分组（相邻两组的浓度对数值之差相等）；试验浓度组不得少于 5 组；最低试验浓度和最高试验浓度的死亡率应分别等于（或接近）0% 和 100%，其计算如式（15）。

$$可置信限 = \lg LC_{50} = X_m - d(\Sigma p_i - 0.5) \quad \cdots\cdots (15)$$

式中：

X_m——最高试验浓度的对数值；

d——相邻两组浓度的对数值之差；

Σp_i——各组死亡率的总和。

由上式计算出的 $\lg LC_{50}$，其反对数即为 LC_{50}。

由此法求得 $\lg LC_{50}$ 的 95% 可置信限，其计算如式（16）：

$$可置信限 = \lg LC_{50} \pm 1.96 \times d\sqrt{\frac{\Sigma p_i - \Sigma p_i^2}{n}} \quad \cdots\cdots (16)$$

式中：

p_i——某一试验组的死亡率；

d——相邻两组浓度的对数值之差；

n——一组受试生物的个数。

求出 $\lg LC_{50}$ 的 95% 可置信限后，其反对数即是 LC_{50} 的 95% 可置信限。

11.5.4 半效应浓度的求法

半效应浓度（EC_{50}）的求法与 LC_{50} 的求法相同，只需把受试生物的死亡率换成发生异常反应的百分率即可。

11.6 注意事项

生物毒性试验过程中应注意以下事项：

——试验期间，温度、pH、光照等条件，必须适合受试生物的要求，受精卵和幼体早期发育阶段对环境变化特别敏感，应特别注意控制。重复试验，上述条件应基本一致；

——更新式试验，水体应保证足量，以免受试生物因缺氧死亡。若需通气增氧也不宜剧烈曝气（特别是含有挥发性污染物的试验），以免污染物毒性受影响而降低；

——试验过程，一旦发现死亡个体，应及时拣出，登记入表 A.29 以防腐烂影响水质。更换试液时，可依存活的个数，适当减少试液用量；

——若发现对照组受试生物的死亡率大于最低浓度试验组，该批试验数据应舍弃；

——试验容器应按化学分析要求清洗干净，防止沾污。在同一批试验中，各组容器应固定，以避免倒序使用。

12 鱼类回避反应实验

12.1 实验装置及仪器设备

12.1.1 回避槽

回避槽有多种形式可选用，如长方型、Y 型、圆型和平行槽等，无论何型均应用无毒材料制成。通常其结构，应能使清水和污水进入槽内形成清水区、污水区和混合区，还应配有自动关闸装置和计时器，以便定时关闸观察鱼在槽内的分布。

12.1.2 供水设备

两只体积大于 50 L 具阀门的容器,分别用于盛放待测试液(污染水样或毒物)和清洁海水(或受纳水体海水),溶器的出水口与回避槽的进水管相连,由阀门控制进水流量,所有的材料亦应无毒。

12.1.3 海水供水系统及生物贮养设备按 11.1.1 和 11.1.2 的要求配置。

12.1.4 其他一般实验室常用的仪器设备。

12.2 受试生物

12.2.1 受试生物的选择

一般采用幼鱼或鱼苗,也可选用虾类等游动性动物。受试生物选择的基本原则与要求见 11.2.1.1～11.2.1.4。

12.2.2 受试生物的采集

受试生物的采集应遵循以下原则:

——受试生物可从自然海区采集或向养殖场购买;

——应是健康、无病、无损伤、游动活泼者;

——采集时避免离水、最好用桶捞取,小心移入运输容器;

——运输容器应事先清洗干净,灭菌。运输过程中应尽量避碰撞,并注意充气增氧。

12.2.3 驯养:按 11.2.3 要求执行。

12.3 污染水样的处理及试液的制备

12.3.1 污染水样的采集及处理

12.3.1.1 污染水样的采集及处理方法按 11.3.1 要求进行。

12.3.1.2 为了解污染水样的毒性,可按 11 章“生物毒性试验”的方法求出半致死浓度(LC_{50})。

12.3.2 试液的配制

12.3.2.1 用于回避实验的污染水样应用时现配,用洁净海水逐级稀释,配制成所需浓度的试液。

12.3.2.2 试验浓度范围一般可选取 LC_{50} 的 0.05～0.5 倍量并在该浓度范围内按等比级数设计 5 个以上试验组。

12.4 实验步骤

实验按以下步骤进行:

a) 洗净回避槽(见 12.1.1),注入清洁海水,使槽内水位高度能使受试鱼自由活动,放入 10 尾受试鱼,驯养 0.5 h ～1.0 h;

b) 在两个供水设备(见 12.1.2)中,分别盛放清洁海水和待试试液;

c) 用乳胶管连接回避槽与两供水容器的进出水口,控制适当的相同流量;

d) 先把计时器拨到预定的实验时间(10 min ～20 min),在放海水和试液进入槽内的同时,启动计时器,试验开始;

e) 待到预定的实验时间,自控装置自动关闭闸板。观察清水区,试液区和混合区内鱼的分布和游动情况,并把鱼在各区内的尾数记入表 A.31 中;

f) 把受试后的鱼移入清洁海水中暂养 24 h,观察其活动和存活情况,以确定是否发生死亡或其他迟发性中毒症状;

g) 每次实验结束,应把回避槽内的水放尽,用清洁海水冲洗数遍后,再进行下一组实验。

12.5 记录计算

测试结果记入表 A.31 中,按式(17)计算回避率(P),数值以%表示:

$$P=\frac{E-A}{T}\times 100 \qquad (17)$$

式中：

E——清洁海水区鱼的尾数；

A——污水试液区鱼的尾数；

T——两区内鱼的总尾数。

上式表明，当鱼全部进入清洁海水区时，回避率为100%；全部进入试液区，回避率为-100%；全部集中在混合区，回避率为零。

根据回避率及其相应的效应浓度数据，按11.5.3的方法求出半数回避浓度(EC_{50})。

12.6 注意事项

本实验过程中应注意以下事项：

——实验装置应设在安静的室内，避免强光、噪声、走动等，以免惊动鱼的正常游动，影响实验结果；

——试液和实验用的海水，其水温、盐度应尽量与驯养条件一致，若差别较大，需先行调节；

——进入回避槽的清洁海水和试液，应依回避槽的设计要求，控制相同的流量。同批试验不应改变已定流量，试验时间亦应一致；

——受试生物应在实验之前24 h停止投饵，以免影响实验结果；

——每批实验都必须用没接触过毒物的鱼，经实验接触过毒物的鱼不宜用作下一次实验；

——每个试验浓度应有8次～10次的重复实验。

13 滤食率测定

13.1 实验设施及仪器设备

13.1.1 海水供水系统

海水供水系统见11.1.1；

13.1.2 贮养池

贮养池见11.1.2；

13.1.3 仪器设备

仪器和设备如下：

——试验缸(或水槽)：容量20 L～50 L，用玻璃、有机玻璃或其他无毒材料制成；

——过滤器；

——微孔滤膜：0.45 μm；

——卡尺；

——电子颗粒计数器；

——荧光计；

——显微计数法所需的仪器设备，见5.3.2；

——叶绿素a测定所需的仪器设备，见8.1.3；

——一般实验室常用仪器和设备。

13.2 实验生物

13.2.1 受试生物的选择

13.2.1.1 受试生物一般选用双壳类滤食性动物，建议采用以下生物种：贻贝(Mytilus spp)、菲律宾蛤仔(Ruditapes philippinarum)、蛤蜊(Mactra spp)等。此外其他滤食性动物也可考虑。

13.2.1.2 受试生物选择的基本原则及其他要求见11.2.1.1～11.2.1.4。

13.2.2 受试生物的采集与驯养，按11.2.2和11.2.3要求进行。

13.2.3 饵料单细胞藻

用于滤食实验的饵料单细胞藻应选择非群体性，能在海水中悬浮均匀分布的种类，建议采用如下的种类：湛江叉鞭藻(Dicrateria Zhanjiangensis)、三角褐指藻(Phaeodactylum triconutum)、牟勒氏角刺藻

(Chaetoceros muelleri)等。

13.3　污染水样的处理及试液的制备：见11.3。

13.4　实验步骤

13.4.1　致毒实验

致毒实验按以下步骤进行：

a)　根据实验需要准备若干试验缸(或水槽)，清洗干净后按对照组和致毒浓度组的顺序编号。在各试验缸中分别加入不同浓度的试液，对照组用清洁海水(或受纳水体海水)。用水量按每个受试生物1.0 L计；

b)　选取滤食活动正常，个体大小基本一致，经驯养过的生物等数量分组移入各试验缸；

c)　致毒时间可为24 h、48 h、96 h或更长的时间，每隔24 h更换一次新试液；

d)　致毒期间应注意观察受试生物是否有死亡或其他异常现象，并做记录。

13.4.2　滤食实验

滤食实验按以下步骤进行：

a)　预定的致毒时间一到，把各试验缸中的试液倒弃，保留缸内生物，用海水冲洗数遍，换上等量的含藻海水。并另设一未放生物的含藻海水样作对照，以检测海水中藻类在试验时间内的浓度变化；

b)　含藻海水应事先配好，使水体中的藻类浓度约为1×10^4个/mL～4×10^4个/mL，搅拌均匀后再加入各试验缸；

c)　换上含藻海水后，各试验缸要立即同时取样，经滤食1 h～2 h，再同时取样一次，记录下二次取样的时间。按藻类浓度测定法(见13.4.3)，分析两次藻类浓度的变化；

d)　取出的水样应按实验序号记录编号，以免弄乱，应取的水样量及固定方法应按选用的藻类测定方法进行；

e)　滤食实验结束后，用卡尺量取各组受试生物的壳长，计算平均值记入表A.32中。

13.4.3　藻类浓度测定

藻类浓度测定可采用如下方法中的一种：

a)　藻类细胞显微计数法按5.3.2要求进行；

b)　电子颗粒计数法：取50 mL水样移入仪器的计数杯中，启动搅拌器，每次进样量50 μL。仪器测定条件：电眼孔器直径100 μm，用过滤海水作电解液。粒径测定范围按藻类的颗粒大小分布而定。每测样应读取二次测值，取其平均值并换算成水样的藻类含量(个/mL)；

c)　活体细胞荧光法：用荧光计测定水样中藻类的活体细胞荧光值，仪器的激发波长436 nm，发射波长680 nm。取5 mL水样移到测试管中，把测试管放入吸收池，选择适当的测试量程，读取两次测值，取其平均值与标准对照，查出水样的藻类含量(个/mL)。测定时用已知浓度的藻液作标准，以过滤海水作空白；

d)　藻类叶绿素a测定按第8章执行。

13.5　记录与计算

把藻类浓度测定数据及其他有关实验数据记入表A.32中，按式(18)计算滤食率(*FR*)：

$$FR=\frac{V(\ln C_0-\ln C_t)}{Nt} \quad \cdots\cdots (18)$$

式中：

FR——每个生物个体每小时滤过的海水体积，单位为升(L)；

V——实验的海水体积，单位为升(L)；

N——受试生物个数；

t——滤食时间，单位为小时(h)；

C_0——实验海水的藻类初始浓度，单位为个每升(个/L)；

C_t——经滤食 t 时间后的藻类浓度，单位为个每升(个/L)。

该公式只适用于海水中的单细胞藻在滤食期间基本不变的情况，如藻类有明显的增殖，浓度变化大，式(18)不适用。

把计算出的滤食率数据记入表 A.33 中，比较各试验组的滤食率与对照组的滤食率，计算抑制百分率。把抑制百分率及其他有关数据记入表 A.33 中。

根据表 A.33 的数据，按 11.5.3 方法求出滤食率的半抑制浓度(IC_{50})。

13.6 注意事项

本方法执行中应注意以下事项：

——受试生物要选用同一来源。每个浓度试验组的生物个数不得少于 10 个。个体大小应尽量一致；

——每批次实验用藻、实验的海水体积、藻类浓度和滤食时间应尽可能一致；

——每批次的实验应有二次以上的重复；

——受试生物于实验前 24 h 停止投饵；

——致毒实验的注意事项见 11.6。

14 赤潮毒素——麻痹性贝毒的检测

14.1 试剂配制

14.1.1 盐酸溶液 A：量取 42 mL 盐酸(HCl，ρ=1.18 g/ mL)，缓慢加入 58 mL 水中，混匀。

14.1.2 盐酸溶液 B：取 10 mL 盐酸溶液(见 14.1.1)，用水稀释至 500 mL。

14.1.3 氢氧化钠溶液(4 g/L)：称取 0.8 g 氢氧化钠(NaOH)，溶解于 200 mL 水中。

14.2 仪器设备

仪器和设备如下：

——内切式组织匀浆器

——离心机；

——冰箱；

——秒表；

——注射器；

——一般实验室常用仪器和设备。

14.3 实验材料：健康无孕的雌性小白鼠，重量每只约 18 g ～22g，数量视实验批次而定。

14.4 贝类样品的采集和试样的制备

14.4.1 贝类样品的采集

贝类样品的采集应遵循以下原则：

a) 样品应采于赤潮发生区的水域或滩涂，选择人工养殖品种和野生经济食用种类；

b) 采样量应足以提供制取 100 g 以上的组织匀浆量。此外，另采集 10 个个体，用 70%酒精溶液或 5%的甲醛溶液固定，以供分析胃内含物；

c) 依采集地点和品种，分别将样品置于冰柜中，投入注明采集地点、时间和品种的标签；

d) 采得的样品应尽快带回实验室及时处理，否则应放入冰箱保存。

14.4.2 试样的制备

按以下方法制备试样；

a) 打开贝壳，将软组织和体液取出，用剪刀剪碎，取 100 g 以上的量置于组织匀浆器中匀浆；

b) 称取 100.0 g 匀浆样，置于 500 mL 烧杯中，加入 100 mL 盐酸溶液(见 14.1.2)，充分搅拌。然后，用盐酸溶液(见 14.1.1)或氢氧化钠溶液(见 14.1.3)调 pH 为 3～4；

c) 将此烧杯置水浴中煮沸 5 min,冷却至室温,再调节 pH 为 2～4,后用盐酸溶液(见 14.1.2)定容至 200 mL;

d) 若组织样品不足 100 g,可按 1 g 组织得 2 mL 的上述处理样进行制备;

e) 将处理的样品离心,离心速度 3 000 r/min,离心时间 5 min。之后,小心倾取上清液,即是贝毒的抽提液,置冰箱备用。

14.5 检测步骤

14.5.1 空白试验

取 2 只～3 只小白鼠,在其腹腔处分别注入 1 mL 盐酸溶液(见 14.1.2),若 1 h 内无死亡,即可进行毒性试验。

14.5.2 毒性试验

毒性试验按以下步骤进行:

a) 先进行预试验,以判断提取液毒性强弱。取 2 只～3 只小白鼠,在每只的腹腔内注射提取液 1 mL,若小白鼠在 4 min 内死亡,可依死亡时间在表 11 中查出相应的鼠单位;

b) 按预试验得出的鼠单位数据,用盐酸溶液(见 14.1.2)稀释提取液,使每毫升稀释液的毒性约含 1.60 个鼠单位,以便把小白鼠的致死时间基本控制在 4 min～8 min 之间。若预试验时,小白鼠死亡时间大于 4 min,提取液不必稀释;

c) 取 8 只～10 只小白鼠(每试验组应有的鼠数),于每只腹腔注射 1 mL 抽取液(或稀释液),注意观察、记录每只死亡时间(精确至秒),死亡判定以最后一次喘息为准。死亡时间力求控制在 4 min～8 min 之间。

14.5.3 胃含物的分析与鉴定

胃含物的分析与鉴定以下步骤进行:

a) 将野外固定的贝类样品外壳撬开,用吸管吸水冲洗其软体部分,剖开胃囊,滴入少许清水,稍加搅动,吸出胃含物,按(见 5.3.2)的浮游植物计数法计数;

b) 认真鉴定胃含物中的藻种,确定胃内是否含有海区的赤潮生物,并计算其在饵料中的比例。

14.6 记录与计算

将毒性试验检测结果记入表 A.34 中。

样品的毒素含量以 100 g 组织含有的鼠单位(Mu)表示。1 个鼠单位(Mu)的定义是 15 min 杀死一只 20 g 重小白鼠的腹腔注射剂量。

按式(19)计算 100 g 贝类软组织中的毒素含量:

$$\rho = 200\,ABD \qquad (19)$$

式中:

A——每试验组小白鼠平均死亡时间在表 11 中查得的相应鼠单位;

B——每试验组小白鼠平均体重在表 11 中对应的鼠单位校正系数;

D——抽提液的稀释倍数。

若死亡时间(T)为 240 s ～480 s,则 A 与 T 有如下的关系式:

$$\lg A = (145/T) - 0.2 \qquad (20)$$

表 11 小白鼠死亡时间与鼠单位关系表

20 g 小白鼠		20 g 小白鼠		其他重量的小白鼠	
死亡时间/min:s	鼠单位/Mu	死亡时间/min:s	鼠单位/Mu	小白鼠重量/g	鼠单位校正系数
1:08	100	5:00	1.92	10	0.50
1:10	66.2	5:05	1.89	10.5	0.53
1:15	38.3	5:10	1.86	11	0.56
1:20	26.4	5:15	1.83	11.5	0.59
1:25	20.7	5:20	1.80	12	0.62
1:30	16.5	5:30	1.74	12.5	0.65
1:35	13.9	5:40	1.69	13	0.675
1:40	11.9	5:45	1.67	13.5	0.70
1:45	10.4	5:50	1.64	14	0.73
1:50	9.33	6:00	1.60	14.5	0.76
1:55	8.42	6:15	1.54	15	0.785
2:00	7.67	6:30	1.48	15.5	0.81
2:05	7.04	6:45	1.43	16	0.84
2:10	6.52	7:00	1.39	16.5	0.86
2:15	6.09	7:15	1.35	17	0.88
2:20	5.66	7:30	1.31	17.5	0.905
2:25	5.32	7:45	1.28	18	0.93
2:30	5.00	8:00	1.25	18.5	0.95
2:35	4.73	8:15	1.22	19	0.97
2:40	4.48	8:30	1.20	19.5	0.985
2:45	4.62	8:45	1.18	20	1.000
2:50	4.06	9:00	1.16	20.5	1.015
2:55	3.88	9:30	1.13	21	1.03
3:00	3.70	10:00	1.11	21.5	1.04
3:05	3.57	10:30	1.09	22	1.05
3:10	3.43	11:00	1.075	22.5	1.06
3:15	3.31	11:30	1.06	23	1.07
3:20	3.19	12:00	1.05		
3:25	3.08	12:13	1.03		
3:30	2.98	12:14	1.015		
3:35	2.88	12:15	1.000		
3:40	2.79	12:16	0.99		
3:45	2.71	12:17	0.98		
3:50	2.63	12:18	0.972		
3:55	2.56				
4:00	2.50				

15 海水增养殖区监测

15.1 监测方案设计

15.1.1 测站布设

15.1.1.1 布设原则

测站布设应遵循以下原则：

——选择重点监测增养殖区，在重点监测增养殖区内，测站可适当加密；在重点监测增养殖区外，测站可适当减少；

——重点监测增养殖区面积小于 50 km^2，测站不能少于 6 个；等于或大于 50 km^2，测站不能少于 12 个；

——尽可能沿用历史测站，以便于进行比较。

15.1.1.2 布设方法

以重点监测增养殖区为中心，设立若干断面，每断面至少设 3 个站位。

15.1.2 监测频率

常规监测：水质监测每月一次；沉积物监测每季度一次。

应急监测：在接到紧急事件(发生有毒有害物质污染、养殖对象发生大面积死亡或赤潮等)报告时，立即前往监测。视具体情况，选择适当的监测频率和监测项目。

15.1.3 采样层次

水深 5 m 以内，采集表层水样，5 m 及 5 m 以上采集表、底层水样。油类分析采 1.0 m 层水样。沉积物采集表层沉积物样。

15.1.4 监测项目

15.1.4.1 水质监测

必测项目：水温、透明度、化学需氧量(COD)、pH、溶解氧(DO)、盐度、无机氮(氨氮、硝酸盐、亚硝酸盐)、活性磷酸盐、油类、叶绿素 a。

选测项目：总氮、总磷、硅酸盐、汞、镉、铅、铜、砷、挥发酚、粪大肠菌群、弧菌数量、异养细菌总数、浮游植物。

15.1.4.2 沉积物监测

必测项目：总汞、镉、铅、铜、砷、油类、DDT、PCBs、硫化物、有机质、粪大肠菌群。

选测项目：异养细菌总数、总磷、总氮、底栖生物。

15.2 质量控制与保证

本办法实施过程中所有的质量控制与保证应满足 GB 17378.1、GB 17378.2 和 GB 17378.3 的相关规定和要求。

15.3 分析方法

水质监测项目分析方法见表 12。

沉积物监测项目分析方法见表 13。

15.4 监测资料汇总

监测资料按以下方法汇总：

——水质监测结果按照表 A.35 规定的格式汇总资料；

——沉积物检测结果按照表 A.36 规定的格式汇总资料；

——浮游植物监测结果按照表 A.37 规定的格式汇总资料。

15.5 监测海域水质与沉积物环境质量评价

15.5.1 评价参数

水质评价参数为：溶解氧、化学需氧量、总无机氮(NO_3^--N、NO_2^--N 和 NH_3-N 之和)、磷酸盐、油类、汞、镉、铅、铜、砷、粪大肠菌群。

沉积物评价参数为：有机质、硫化物、油类、汞、镉、铅、铜、砷、粪大肠菌群。

15.5.2 评价标准

评价执行以下标准：

——水质评价采用 GB 3097—1997 的第二类标准；

——沉积物评价采用 GB 18668—2002 的第一类标准；

——异养细菌总数参照附录G的评价等级进行评价。

15.5.3 评价方法与评价模式

15.5.3.1 单因子评价模式，按照式(21)评价：

$$P_i=\frac{C_i}{C_{io}} \qquad (21)$$

式中：

P_i——某污染因子的污染指数即单因子污染指数；

C_i——某污染因子的实测浓度*；

C_{io}——某污染因子的评价标准；

注：若采表底层样，带*为表、底层平均浓度。

根据溶解氧的特点，采用萘墨罗(N. L. Nemerow)的指数公式(式22)计算溶解氧污染指数：

$$P_i=\frac{C_{im}-C_i}{C_{im}-C_{io}} \qquad (22)$$

式中：

P_i——溶解氧的污染指数；

C_i——溶解氧的实测值*；

C_{io}——溶解氧的评价标准；

C_{im}——本次调查中溶解氧的最大值。

注：若采表底层样，带*为表、底层平均值。

表12 水质监测项目分析方法

监测项目	分析方法	引用标准
水温	水温表法	GB 17378.4
盐度	盐度计法	GB 17378.4
透明度	目视法	GB 17378.4
溶解氧	碘量法	GB 17378.4
化学需氧量	碱性高锰酸钾法	GB 17378.4
pH值	pH计法	GB 17378.4
氨氮	次溴酸盐氧化法	GB 17378.4
硝酸盐	镉柱或锌镉还原法	GB 17378.4或GB/T 12763.4
亚硝酸盐	盐酸萘乙二胺分光光度法	GB 17378.4
活性磷酸盐	磷钼蓝分光光度法	GB 17378.4
硅酸盐	硅钼黄法	GB 17378.4
挥发酚	4-氨基安替比林分光光度法	GB 17378.4
汞	原子荧光法	GB 17378.4
镉	无火焰原子吸收分光光度法	GB 17378.4
铅	无火焰原子吸收分光光度法	GB 17378.4
铜	无火焰原子吸收分光光度法	GB 17378.4
砷	原子荧光法	GB 17378.4
油类	紫外分光光度法	GB 17378.4

表 12(续)

监测项目	分析方法	引用标准
粪大肠菌群	发酵法	GB 17378.4
弧菌数量	平板计数法	见附录 D
异养细菌总数	平板计数法	GB 17378.7
叶绿素 a	分光光度法或荧光法	GB 17378.7
浮游植物	计数法	GB 17378.7
总氮	过硫酸钾氧化法	GB/T 12763.4
总磷	过硫酸钾氧化法	GB/T 12763.4

表 13 沉积物监测项目分析方法

监测项目	分析方法	引用标准
汞	原子荧光法	GB 17378.5
镉	无火焰原子吸收分光光度法	GB 17378.5
铅	无火焰原子吸收分光光度法	GB 17378.5
铜	无火焰原子吸收分光光度法	GB 17378.5
砷	原子荧光法	GB 17378.5
油类	荧光分光光度法	GB 17378.5
滴滴涕	气相色谱法	GB 17378.5
多氯联苯	气相色谱法	GB 17378.5
硫化物	亚甲基蓝分光光度法	GB 17378.5
有机质	重铬酸钾氧化—还原容量法	GB 17378.5
总氮	凯式滴定法	GB 17378.5
总磷	分光光度法	GB 17378.5
粪大肠菌群	发酵法	见附录 E
异养细菌总数	平板计数法	见附录 F
底栖生物	计数法	GB 17378.5

根据 pH 的特点，pH 的评价按照式(23)评价：

$$S_{pH}=\frac{|pH-pH_{sm}|}{DS} \qquad (23)$$

$$\text{其中：} pH_{sm}=\frac{pH_{su}+pH_{sd}}{2} \quad DS=\frac{pH_{su}-pH_{sd}}{2}$$

式中：

S_{pH}——pH 的污染指数；

pH——本次调查实测值*；

pH_{su}——海水 pH 标准的上限值；

pH_{sd}——海水 pH 标准的下限值。

注：若采表底层样，带 * 为表、底层平均值

15.5.3.2 生物多样性指数(H')法

生物多样性指数(H')(Shannon-Weiver 种类多样性指数)按式(24)计算：

$$H' = -\sum_{i=1}^{s} P_i \log_2 P_i \quad \cdots\cdots (24)$$

式中：

H'——站位或海域浮游植物的种类多样性指数；

S——站位或海域浮游植物种种类数；

P_i——第 i 种的细胞个数与总细胞数的比值。

15.5.3.3 营养指数(E)法

营养指数(E)按式(25)计算：

$$E = COD \times DIN \times DIP \times 10^6 / 4\,500 \quad \cdots\cdots (25)$$

式中：

COD——水样中化学需氧量实测浓度，单位为毫克每升(mg/L)；

DIN——溶解态无机氮的实测浓度，单位为毫克每升(mg/L)；

DIP——溶解态无机磷的实测浓度，单位为毫克每升(mg/L)。

15.5.3.4 有机污染评价指数(A)法

有机污染评价指数(A)按式(26)计算：

$$A = COD/COD_0 + DIN/DIP_0 - DO/DO_0 \quad \cdots\cdots (26)$$

式中：

COD——水体的化学需氧量的实测浓度，单位为毫克每升(mg/L)；

DIN——溶解态无机氮的实测浓度，单位为毫克每升(mg/L)；

DIP——溶解态无机磷的实测浓度，单位为毫克每升(mg/L)；

DO——溶解氧的实测浓度，单位为毫克每升(mg/L)；

COD_0、DIN_0、DIP_0、DO_0——分别为水体的上述各项指标的评价标准，其中：

$COD_0 = 3.0$ mg/L；

$DIN_0 = 0.10$ mg/L；

$DIP_0 = 0.015$ mg/L；

$DO_0 = 5.0$ mg/L。

15.5.3.5 营养状态质量指数(NQI)法

营养状态质量指数(NQI)按式(27)计算：

$$NQI = C_{COD}/C'_{COD} + C_{T-N}/C'_{T-N} + C_{T-P}/C'_{T-P} \quad \cdots\cdots (27)$$

式中：

C_{COD}——水体的化学需氧量的测量浓度，单位为毫克每升(mg/L)；

C_{T-N}——总氮的测量浓度，单位为毫克每升(mg/L)；

C_{T-P}——总磷的测量浓度，单位为毫克每升(mg/L)；

C'_{COD}、C'_{T-N}、C'_{T-P}——分别为水体的化学需氧量、总氮和总磷的评价标准，其中：

$C'_{COD} = 3.0$ mg/L；

$C'_{T-N} = 0.6$ mg/L；

$C'_{T-P} = 0.03$ mg/L；

注 1：单因子评价模式用于水质和沉积物环境化学要素评价。

注 2：15.5.3.1～15.5.3.5 项分析结果按照附录 L 的规定汇总。

15.5.4 评价指标

污染指数：以单因子污染指数 1.0 作为该因子是否对环境产生污染的基本分界线，小于 0.5 为水域或沉积物未受该因子沾污；介于 0.5～1.0 之间为水域或沉积物受到该因子沾污；大于 1.0 表明水域或沉积物已受到该因子污染。

营养指数(E):如 $E \geqslant 1$,则水体呈富营养化状态。

有机污染评价指数(A):用有机污染评价指数评价海域质量状况。有机污染评价分级见表 14。

表 14 有机污染评价分级表

A 值	<0	0～1	1～2	2～3	3～4	>4
污染程度分级	0	1	2	3	4	5
水质评价	良好	较好	开始受到污染	轻度污染	中度污染	严重污染

生物多样性指数(H'):H' 值在 3～4 为清洁区域,2～3 为轻度污染,1～2 为中度污染,<1 为重污染。

营养状态质量指数(NQI):根据 NQI 值将海域营养水平分为三级,NQI<3 为富营养水平;NQI 为 2～3 为中营养水平;NQI<2 为贫营养水平。

病原微生物指标:根据已有的标准,判断病原微生物是否超标。

15.5.5 监测报告编写

海水增养殖区监测报告的格式和内容应满足附录 I 的要求。

附 录 A
（规范性附录）
记 录 表

表 A.1～表 A.37 给出了近海污染生态调查和生物监测的通用记录格式。

表 A.1 浮游生物采集记录表

共____页第____页

站号			水深/m		海区		调查船	
标定站位		纬度		经度				
实测站位		纬度		经度				
调查时间		自 年 月 日 时 分至 月 日 时 分						
采集项目		瓶号	绳长/m	倾角/(°)		流量计		备注
				开始	终了	号码	转数	
垂直拖网	浅水Ⅰ型浮游生物网							
	浅水Ⅱ型浮游生物网							
	浅水Ⅲ型浮游生物网							
采水	层							
	层							
	层							
	层							
	层							
	层							
	层							
	层							
海况（记事）		（采水量 mL）						

采样者________记录者________校对者________

表 A.2　浮游动物垂直分层拖网采集记录表

共___页第___页

站　号		水深/m		海　区		调查船	
标定站位	纬度		经度				
实测站位	纬度		经度				
网　型		采集时间	自　年　月　日　时　分至　月　日　时　分				
采集层次/m	瓶　号	绳长/m			倾角/(°)		备　注
		放出	闭锁时	实际绳长	上升时	扔锤时	
海　况（记事）							

采样者________记录者________校对者________

表 A.3　浮游生物标本登记表

调查海区________　调查船________　　　　共____页第____页

标本编号	站号	实测站位	日期年月日	时间时分	水深/m	层次/m	采水量/mL	网型	倾角/(°)		流量计		绳长/m	滤水量/m^3	备注
									开始	终了	转数	标定值			

记录者________计算者________校对者________审核者________

表 A.4 浮游植物细胞数量计数记录表

标本编号______站号____层次　　m 调查时间　　年　　月　　日

浓缩体积　　mL 计数体积　　mL 计数时间__________水量　　mL　　　　共____页第____页

种　　名	数　　量	小计/个	个/L	备　　注
硅藻种数：　个		数量：　个		
甲藻种数：　个		数量：　个		
其　他：　个		总量：　个		

采集者__________记录者__________校对者__________审核者__________

表 A.5　浮游动物生物量测定表

测定日期：　　年　　月　　日　　　　　　　　　　　　　　　　　　　　　　　　共____页第____页

标本编号	筛绢＋样品湿重或海水＋样品体积	筛绢湿重或海水体积/m^3	样品湿重或样品体积/m^3	滤水量/m^3	生物量/(mg/m^3)或(mL/m^3)	备　注

测定者__________记录者__________校对者__________审核者__________

表 A.6 ______型浮游动物个体计数记录表

标本编号______站号______水深______m层次______m

滤水量______m³ 取样______调查时间____年____月____日计数时间______时______分　　　　共____页第____页

种　　名	数量/个	小计/个	总计	个/m³	备　注
种数　　　总个体数：　　个					

计数者__________统计者__________校对者__________审核者__________

表 A.7 夜光藻数量计数记录表

调查时间：_____年_____月_____日至_____年_____月_____日 调查海区________ 共___页第___页

标本编号	站号	取样	计数数量/个	总个数/个	滤水量/m^3	个/m^3	备 注

计数者________ 统计者________ 校对者________ 审核者________

表 A.8 浮游植物数量统计表

海区________采样方法__________调查时间__________年__________月　　　　共____页第____页

站号											
采样时间	日期										
	时分										
层次/m											
总种数/个											
总细胞数/个											
种名		细胞数量/(个/m^3)									

计数者__________统计者__________校对者__________审核者__________

表 A.9 浮游动物数量统计表

海区______网型______调查时间______年______月　　　　共____页第____页

站　号										
采样时间 日　期										
采样时间 时　分										
层次/m										
生物量/(mg/m^3)或(mL/m^3)										
总种数/个										
个体数/个										
种　名	个　体　数/(个/m^3)									

计数者______统计者______校对者______审核者______

表 A.10　大型底栖生物海上采集记录表

共____页第____页

站　号________编号________船名____________海区________站位：纬度____________经度____________
沉积物________底温________℃　底盐____________　水深________m　放绳长度________m
采泥器________m^2　采泥次数________次　样品厚度________网型______网宽______拖网距离______m
采泥时间______年______月______日______时______分　拖网时间______年______月______日______时______分
至______时______分　计______分

采泥标本总数：　　　　拖网标本总数：

优势、主要种类记录

次序	种　　名	总个数/个	总重量/g	取回个数/个	附　注
1					
2					
3					
4					
5					
6					
7					
8					
9					
10					

记事：

采集者__________填表者__________校对者__________

表 A.11 主要种的各种生物学参数

共____页第____页

序号	种　　名	个数/个	生物量/g	干湿重/g		平均大小	性别	年龄	生长率
				湿	干				
1									
2									
3									
4									
5									
6									
7									
8									
9									
10									
11									
12									
13									
14									
15									
16									
17									
18									
19									
20									

制表者________校对者________审核者________

表 A.12 大型底栖生物定量采集记录表

共____页第____页

站号________编号________时间____年____月____日____时____分
船名________海区________水深____m 沉积物________底温________℃
底盐__________采泥器__________ m^2 取样次数__________次
样品厚度______cm 站位:纬度________________经度________________

次序	类群	种 名	个数	密度/(个/m^2)	重量/g	生物量/(g/m^2)	附 注
1							
2							
3							
4							
5							
6							
7							
8							
9							
10							
11							
12							
13							
14							
15							
16							
17							
18							
19							
20							

采集者__________称重者__________计算者__________校对者__________

表 A.13 大型底栖生物定性采集记录表

共____页第____页

站号________编号________时间________年________月________日________时________分至________时________分 计________分 船名________海区________水深________m

沉积物________底温________℃ 底盐________网型________网宽________m

拖网距离________m 站位:纬度________经度________

次序	种名	数量/个	附注
1			
2			
3			
4			
5			
6			
7			
8			
9			
10			
11			
12			
13			
14			
15			
16			
17			
18			
19			
20			

采集者________填表者________校对者________

表 A.14　大型底栖生物密度统计表

海区______调查船______调查日期______年______月______日　　　　共____页第____页

站号	编号	采集日期	总密度	海绵		腔肠		蛆虫		星虫、桥虫		多毛类		腕足		软体		甲壳		棘皮		脊索		鱼类		其他		附注
			个/m^2	个/m^2	%	个/m^2	%	个/m^2	%	个/m^2	%	个/m^2	%	个/m^2	%	个/m^2	%	个/m^2	%	个/m^2	%	个/m^2	%	个/m^2	%	个/m^2	%	
总计/(个/m^2)																												
平均值/(个/m^2)																												

制表者______计算者______校对者______审核者______

表 A.15　大型底栖生物生物量统计表

海区______调查船______调查日期______年____月____日　　　　共____页第____页

站号	编号	采集日期	总生物量	海绵		腔肠		蛆虫		星虫、桥虫		多毛类		腕足		软体		甲壳		棘皮		脊索		鱼类		其他		附注
			g/m^2	g/m^2	%	g/m^2	%	g/m^2	%	g/m^2	%	g/m^2	%	g/m^2	%	g/m^2	%	g/m^2	%	g/m^2	%	g/m^2	%	g/m^2	%	g/m^2	%	
总计/(g/m^2)																												
平均值/(g/m^2)																												

制表者______计算者______校对者______审核者______

表 A.16 大型底栖生物采集种类分布表

科名＿＿＿＿＿＿＿＿种名＿＿＿＿＿＿＿＿　　　　　　　　　　　　　　　　　　　　　　共＿＿页第＿＿页

站号	标本号	采集日期/ 年、月、日	分布密度/ （个/m^2）	生物量/ （g/m^2）	深度/ m	底温/ ℃	底盐	沉积物	附注

标本鉴定者＿＿＿＿＿＿制表者＿＿＿＿＿＿校对者＿＿＿＿＿＿审核者＿＿＿＿＿＿

表 A.17 大型底栖生物定性采集种类分布表

科名________种名________ 共____页第____页

站号	标 本 号	采集日期/ 年、月、日	数量/个	深度/m	底温/℃	底盐	沉积物	附 注

标本鉴定者________制表者________校对者________审核者________

表 A.18 潮间带生物野外采集记录表

共____页第____页

项目编号____________地点____________断面____________站 号____________

样方号____________潮带____________站距____________m，沉积物____________

取样面积______m^2 样品厚度____________cm 气温____________℃，水 温____________℃ 底温______℃，

气象____________露出时间____________淹没时间____________日 期______年______月______日

定量标本瓶数	定性标本瓶数		
主要种类或类群	个数	覆盖面积/m^2	生态特征

记事：

采集者________记录者________校对者________审核者________

表 A.19 潮间带生物定量采集记录表

共____页第____页

项目编号__________地点__________断 面__________站 号__________

样方号__________潮带__________沉积物__________取样面积__________m²

样方层次厚度__________cm 采样日期__________年____月____日

次序	种 名	数量	密度	生物量		备 注
		个	个/m²	g	g/m²	
1						
2						
3						
4						
5						
6						
7						
8						
9						
10						
11						
12						
13						
14						
15						
16						
17						
18						
19						
20						
合 计						

称重者________填表者________校对者________审核者________

表 A.20 潮间带生物定性采集记录表

共____页第____页

项目编号________ 地 点________ 断 面________ 站号________

潮 带________ 沉积物________ 采样日期________年____月____日

次序	种 名	俗名	数量/个	备 注
1				
2				
3				
4				
5				
6				
7				
8				
9				
10				
11				
12				
13				
14				
15				
16				
17				
18				
19				
20				
21				

鉴定者________ 填表者________ 校对者________ 审核者________

表 A.21　潮间带主要生物类群种类组成统计表

地点＿＿＿＿＿断面＿＿＿＿＿时间＿＿＿＿＿年＿＿＿月＿＿＿日　　　　　　　共＿＿页第＿＿页

站号	总种类	藻　类		腔　肠		多毛类		软　体		甲　壳		棘　皮		其　他		备注
		种数	%	种数	%	种数	%	种数	%	种数	%	种数	%	种数	%	
合计																

统计者＿＿＿＿填表者＿＿＿＿校对者＿＿＿＿审核者＿＿＿＿

表 A.22 潮间带生物定量种类分布表

科名：　　　　种名：　　　　　　　　　　　　　　　　　　　　　　　　　　共____页第____页

地点	断面	站号	潮带	标本号	采集日期	密度		湿重		干重		沉积物	备注
						个	个/m^2	g	g/m^2	g	g/m^2		

鉴定者________填表者________校对者________审核者________

表 A.23 叶绿素 a 荧光分光光度法测定记录表

海　　区＿＿＿＿＿＿＿＿调查船＿＿＿＿＿＿＿＿

采样日期＿＿＿＿＿＿＿＿年＿＿＿＿月＿＿＿＿日分析日期＿＿＿＿＿＿＿＿年＿＿＿＿月＿＿＿＿日　共＿＿＿＿页第＿＿＿＿页

序号	站号	水深/m	采样时间	瓶号	取样体积/L	提取液体积/mL	量程	光读数		叶绿素 a/(μg/L)	脱镁色素/(μg/L)	备　注
								R_b	R_s			
1												
2												
3												
4												
5												
6												
7												
8												校准
9												$\rho_{chl\text{-}a}$ R_b
10												R_a R_b
11												R F_D
12												
13												
14												
15												
16												
17												
18												

分析者＿＿＿＿＿计算者＿＿＿＿＿校对者＿＿＿＿＿审核者＿＿＿＿＿

表 A.24 叶绿素 a、b、c 分光光度法测定记录表

海　区________调查船________深度________m 纬度________经度________

采样日期________年____月____日 分析日期________年____月____日 测定池________cm　　共____页第____页

序号	站号	水深/m	采样时间	瓶号	取样体积/L	滤膜号	离心管号	提取液体积/mL	各波长时的吸光值				结果/(μg/L)			备注
									750 nm	664 nm	647 nm	630 nm	a	b	c	
1																
2																
3																
4																
5																
6																
7																
8																
9																
10																
11																
12																

分析者________计算者________校对者________审核者________

表 A.25 粪大肠菌群记录表(发酵法)

海　区______船名______航次______采样器类型______采样单位______采样者______

水样收到时间______检验开始时间______检验完成时间______检验发出时间______　　共____页第____页

水样号	站号	站位		最大水深/m	水层/m	潮汐/m	气温/℃	采样时间 年月日 时 分	水温/℃	盐度	pH值	接种水样量/mL	初发酵试管					复发酵试管					分样粪大肠菌群数/(个/100mL)	平均粪大肠菌群数/(个/100 mL)
		纬度	经度										1	2	3	4	5	1	2	3	4	5		

检验者______记录者______校对者______审核者______

表 A.26　粪大肠菌群记录表(滤膜法)

海　区＿＿＿＿　船名＿＿＿＿　航次＿＿＿＿　采样器类型＿＿＿＿　采样单位＿＿＿＿　采样者＿＿＿＿

水样收到时间＿＿＿＿　检验开始时间＿＿＿＿　检验完成时间＿＿＿＿　检验发出时间＿＿＿＿　共＿＿页第＿＿页

水样号	站号	站位		最大水深/m	水层/m	潮汐/m	气温/℃	采样时间 年月日 时　分	水温/℃	盐度	pH值	过滤水样量/mL	滤膜用培养基	培养温度/℃	培养时间/d	滤膜上粪大肠菌群数/个	分样粪大肠菌群数/(个/100 mL)	平均粪大肠菌群数/(个/100 mL)
		纬度	经度															

检验者＿＿＿＿　记录者＿＿＿＿　校对者＿＿＿＿　审核者＿＿＿＿

表 A.27　细菌平板计数记录表

共____页第____页

海　区		站　号		水深/m		采样时间	
水温/℃		潮汐/m		盐度		pH	
样品号	水层/m	稀释度	菌落数	平均值	细菌数/（个/mL）		

分析者________计算者________校对者________审核者________

表 A.28 荧光显微镜直接计数海洋细菌总数记录表

海 区________　　　　　　　　　　　　　　　　共___页第___页

站号		站位经度： 纬度：			水深/m			调查船	
采样器型号		采样时间： 年 月 日 时 分						测定时间	年 月 日
样品号	水温/℃	水层/m	样品量/L	稀释度	计数记录			平均值	细菌数/(个/mL)

分析者________计算者________校对者________审核者________

表 A.29 毒性试验记录表

受试生物种________________ 试验起止时间________________

试液类型________________

试验组别	试液浓度	受试生物数	各致毒时间生物死亡累计														
			2 h	4 h	6 h	8 h	10 h	12 h	16 h	20 h	24 h	32 h	40 h	48 h	60 h	72 h	96 h
备注																	

试验者________ 记录者________ 校对者________ 审核者________

表 A.30 毒性试验数据统计换算登记表

受试生物种____________________试验起止时间____________________

试液类型____________________

试液浓度	浓度对数	受试生物数	死亡数	死亡率/%	概率单位	备 注
致毒时间：	h	LC_{50}（或 EC_{50}）：		LC_{50}（或 EC_{50}）的 95%置信限：		

记录者________计算者________校对者________审核者________

表 A.31　鱼类回避反应实验记录表

污染水样采集海区__________采集时间__________实验日期__________

受试生物种类__________采集地点__________平均体长__________

污水含量/%	鱼在回避槽内分布尾数			回避率/%	回避现象观察	24 h内的死亡尾数	备　注
	清水区	试液区	混合区				

实验者________记录者________校对者________审核者________

表 A.32 滤食实验记录表

受试生物种类____________ 实验日期____________
单细胞藻种类____________ 海水温度____________

实验序号	生物个数	平均壳长/cm	实验海水体积/dm^3	实验起止时间/h、min	藻类浓度测定个/mL		滤食率/[L/(个·h)]	备注
					C_0	C_t		

实验者________ 记录者________ 校对者________ 审核者________

表 A.33 污染水样检测记录表

水样采集海区＿＿＿＿＿＿采集时间＿＿＿＿＿＿

受试生物种类＿＿＿＿＿＿实验起止日期＿＿＿＿＿　　　　第＿＿页 共＿＿页

实验序号	生物个数	污水含量/%	致毒时间/h	滤食率/[L/(个·h)]	抑制率/%	实验现象观察	备　注

实验者＿＿＿＿记录者＿＿＿＿校对者＿＿＿＿审核者＿＿＿＿

表 A.34　贝类赤潮毒素的毒性检测记录表

采样海区________采样日期__________分析日期__________

赤潮生物种__________　　　　　　　　　　　　第____页 共____页

采样地点站位	样品种类	稀释倍数 *D*	毒性实验测定项目	小白鼠编号 1	2	3	4	5	6	7	8	9	10	平均	每百克组织毒素含量 *p*/Mu
			小白鼠重量/g												
			死亡时间/min:s												
			小白鼠重量/g												
			死亡时间/min:s												
			小白鼠重量/g												
			死亡时间/min:s												
			小白鼠重量/g												
			死亡时间/min:s												
			小白鼠重量/g												
			死亡时间/min:s												
			小白鼠重量/g												
			死亡时间/min:s												
			小白鼠重量/g												
			死亡时间/min:s												
			小白鼠重量/g												
			死亡时间/min:s												
			小白鼠重量/g												
			死亡时间/min:s												

分析者________记录者________校对者________审核者________

表 A.35 海水增养殖区水质监测结果报表

养殖区名称： 采样日期： 分析日期：

地理位置： 分析单位： 报告日期：

站位	温度/℃	盐度	透明度/m	pH 值	溶解氧/(mg/L)	COD/(mg/L)	铵盐/(μg/L)	硝酸盐/(μg/L)	亚硝酸盐/(μg/L)	磷酸盐/(μg/L)	硅酸盐/(μg/L)
	表层										
	底层										
	平均										
	表层										
	底层										
	平均										
	表层										
	底层										
	平均										
	表层										
	底层										
	平均										
	表层										
	底层										
	平均										
	表层										
	底层										
	平均										
	表层										
	底层										
	平均										
	表层										
	底层										
	平均										
	表层										
	底层										
	平均										
最大值											
最小值											
总均值											

报表者________ 校对者________ 审核者________

表 A.35　海水增养殖区水质监测结果报表(续)

站位		Hg/(μg/L)	Cd/(μg/L)	Pb/(μg/L)	Zn/(μg/L)	As/(μg/L)	油类/(μg/L)	粪大肠菌群数/(个/L)	异氧细菌总数/(cfu/mL)	弧菌数量/(cfu/mL)	叶绿素 a/(μg/L)	总氮/(μg/L)	总磷/(μg/L)
	表层												
	底层												
	平均												
	表层												
	底层												
	平均												
	表层												
	底层												
	平均												
	表层												
	底层												
	平均												
	表层												
	底层												
	平均												
	表层												
	底层												
	平均												
	表层												
	底层												
	平均												
	表层												
	底层												
	平均												
	表层												
	底层												
	平均												
	表层												
	底层												
	平均												
最大值													
最小值													
总均值													

报表者________　校对者________　审核者________

表 A.36 海水增养殖区沉积物监测结果报表

养殖区名称：　　　　　采样日期：　　　　　分析日期：

地理位置：　　　　　　分析单位：　　　　　报告日期：

站位		Hg/10^{-6}	Cd/10^{-6}	Pb/10^{-6}	Zn/10^{-6}	As/10^{-6}	油类/10^{-6}	硫化物/10^{-6}	有机质/%	DDT/10^{-6}	PCBs/10^{-6}	粪大肠菌群数/（个/g 湿重）	异氧细菌总数/（cfu/g 湿重）	总磷/10^{-6}	总氮/10^{-6}
	表层														
	底层														
	平均														
	表层														
	底层														
	平均														
	表层														
	底层														
	平均														
	表层														
	底层														
	平均														
	表层														
	底层														
	平均														
	表层														
	底层														
	平均														
	表层														
	底层														
	平均														
	表层														
	底层														
	平均														
	表层														
	底层														
	平均														
最大值															
最小值															
总均值															

报表者＿＿＿＿＿校对者＿＿＿＿＿审核者＿＿＿＿＿

表 A.37 浮游植物细胞数量计数记录表

标本编号______站号______水深______m　采水量______mL

浓缩体积______mL 记数体积______mL 调查时间______记数时间______

序号	种　名	数　量	小计	统计/(个/L)	备注
1					
2					
3					
4					
5					
6					
7					
8					
9					
10					
11					
12					
13					
14					
15					
16					
17					
18					
19					
20					
21					
22					
23					
24					
25					
26					
27					
硅藻种数/种		数量/个			
甲藻种数/种		数量/个			
其他/种		总量/个			
多样性指数(H')					

报表者______校对者______审核者______

附　录　B

（资料性附录）

污染生态调查资料常用评述方法

B.1　指标生物

在海洋污染的生物学评价中所谓指标生物，通常是指在污染环境中，能正常生活与繁殖、并随污染程度的发展，其比率趋向增加的生物种。广义而言，应该包括对污染敏感的种类，即环境污染，其数量急剧减少并最终消失的种类。

B.2　编组比率

编组比率是指标生物概念的发展，考虑的不是某些生物种，而是生物类群。由于不同生物分类群的抗污能力不同，可根据其在群落组成中比例关系的改变，反映环境污染状况。一般认为：污染环境，多毛类种类比率趋于增加，而棘皮动物、甲壳动物的比率趋向减少。

B.3　丰度

是表示群落（或样品）中种类丰富程度的指数。其计算公式有多种，本标准采用马卡列夫（Margalef，1958）的计算式如式（B.1）：

$$d=(S-1)/\log_2 N \qquad \text{(B.1)}$$

式中：

d——丰度；

S——样品中的种类总数；

N——样品中的生物总个体数。

一般而言，健康的环境，种类丰度高，污染环境，种类丰度低。

B.4　多样性指数

反映群落种类多样性的数学模式也有许多，本标准采用种类和数量信息函数表示的香农-韦弗（Shannon-Weaver，1963）多样性指数。

$$H' = -\sum_{i=1}^{S} P_i \log_2 P_i \qquad \text{(B.2)}$$

式中：

H'——种类多样性指数；

S——样品中的种类总数；

P_i——第 i 种的个体数（n_i）或生物量（w_i）与总个体数（N）或总生物量（W）的比值（$\frac{n_i}{N}$或$\frac{w_i}{W}$）。一般认为，正常环境，该指数值高；污染环境，该指数值低。

B.5　均匀度

该指数是皮诺（Pielou，1966）提出，其式：

$$J=H'/H_{max} \qquad \text{(B.3)}$$

式中：

J——均匀度；

H'——为前式计算的种类多样性指数值；

H_{max}——为 $\log_2 S$，表示多样性指数的最大值，S 为样品中总种类数。

J 值范围为 0～1 之间，J 大时，体现种间个体数分布较均匀；反之，J 值小反映种间个体数分布欠均。由于污染环境的种间个体数分布差别大，亦则 J 是低的。

B.6 优势度

优势度与均匀度是相对应的指数，指数值范围也是 0～1 之间，在污染环境中，个体数的分布可能集中在少数耐污种类上，使其指数值增高，其式是：

$$D_2=(N_1+N_2)/NT \quad \cdots\cdots (B.4)$$

式中：

D_2——优势度；

N_1——样品中第一优势种的个体数；

N_2——样品中第二优势种的个体数；

NT——样品中的总个体数。

B.7 种类相似性指数

本标准采用杰卡德(Jaccard)指数(J_c)和克齐卡诺基(Czekanowki)指数(C_c)，其表示式分别为：

$$J_c(\%)=\frac{c}{a+b-c}\times 100 \quad \cdots\cdots (B.5)$$

$$C_c(\%)=\frac{2c}{a+b}\times 100 \quad \cdots\cdots (B.6)$$

式中：

a——样品 A 的生物种类数(或属数)；

b——样品 B 的生物种类数(或属数)；

c——样品 A 和 B 的的共有种数(或属数)。

当 A、B 两份样品(或两调查地点、或两断面)的种类完全相同时，相似性为 100%；反之，若不存在共有种，则相似性为零。

B.8 群落相似性分析

不同调查地点或断面的生物群落相似性，用桑德斯(Sanders，1960)提出的公式计算并进行聚类、比较。

$$PSC=100-0.5\sum|a'-b'| \quad \cdots\cdots (B.7)$$

式中：

a'——样品 A 各生物种的栖息密度与总栖息密度的比值；

b'——样品 B 各生物种的栖息密度与总栖息密度的比值。

本式可用生物量或覆盖度的比值进行计算。

样品 A 和 B，除可代表不同地点、不同断面的比较外，为反映时间尺度变化，也可以是表示同一地点(或断面)不同调查时间的比较。

附　录　C
（资料性附录）
受试动物的亲体产卵和幼虫阶段培养条件

表C.1给出了几种受试动物的亲体产卵和幼虫阶段的培养条件。

表C.1　受试动物的亲体产卵及幼虫培养条件

受试生物		水温/℃	饵料密度/(10^4 个/mL)	光照强度/lx	海水密度/(g/cm^3)	盐度	pH值	个体密度/(个/L)
缢蛏	亲贝产卵	20～23	-	暗	1.018～1.020	23.4～27.0	8.0～8.1	-
	受精卵	20～23	-	-	1.018～1.020	23.4～27.0	8.0～8.1	3 000
	浮游幼虫	20～23	2.5～5	1 000～2 500	1.012	15.6	8.0～8.1	1 000
	稚　贝	20～23	10～15	1 000～2 500	1.012	15.6	8.0～8.1	500
褶牡蛎	亲贝产卵	20～25	-	暗	1.018	23.4	8.0～8.1	-
	受精卵	20～25	-	-	1.018	23.4	8.0～8.1	3 000
	浮游幼虫	20～25	2.5～5	1 000～2 500	1.018	23.4	8.0～8.1	1 000
太平洋牡蛎	亲贝产卵	23～25	-	暗	1.018	23.4	8.0～8.1	-
	受精卵	23～25	-	-	1.018	23.4	8.0～8.1	3 000
	浮游幼虫	23～25	2.5～5	1 000～2 500	1.018	23.4	8.0～8.1	1 000
菲律宾蛤仔	亲贝产卵	23～26	-	暗	1.020	27.0	8.0～8.1	-
	受精卵	23～26	-	-	1.020	27.0	8.0～8.1	3 000
	浮游幼虫	23～27	2.5～5	2 000～3 000	1.020	27.0	8.0～8.1	1 000
海湾扇贝	亲贝产卵	20～25	-	暗	1.020	27.0	8.0～8.1	-
	受精卵	20～25	-	-	1.020	27.0	8.0～8.1	3 000
	浮游幼虫	20～25	2.5～5	2 000～3 000	1.020	27.0	8.0～8.1	1 000
长毛对虾	亲虾产卵	23～25	-	暗	1.018～1.020	23.4～27.0	8.0～8.1	-
	受精卵	23～25	-	-	1.018～1.020	23.4～27.0	8.0～8.1	5 000～10 000
	无节幼体	23～25	-	-	1.018～1.020	23.4～27.0	8.0～8.1	300
中国对虾	亲虾产卵	13～23	-	暗	1.018～1.020	23.4～27.0	8.0～8.1	-
	受精卵	13～23	-	-	1.018～1.020	23.4～27.0	8.0～8.1	5 000～10 000
	无节幼体	20～23	-	-	1.018～1.020	23.4～27.0	8.0～8.1	300
泥螺胚胎		10～30	-	-	1.005～1.010	6.5～13	7.5～8.0	50～100块

注1：受试亲体需采自非污染区或养殖区，催产前需洗刷干净。培养过程中，水体溶解氧应保持在5 mg/L以上。

注2：缢蛏、褶牡蛎、太平洋牡蛎、海湾扇贝、菲律宾蛤仔等贝类的催产采用阴干（降温）——升温，加雄性性腺（或0.5%氨海水）诱导，催产时雌雄个体最好分开，待产精产卵后进行人工受精，尔后洗去残余精虫，将受精卵移入新鲜过滤海水待用。

注3：长毛对虾和中国对虾成熟亲体，最好直接采自自然海区，让其在人工育苗网箱内自然产卵。

注4：泥螺胚胎受试材料，可直接采集自然海区的卵群，用镊子和解剖针小心去除其胶质膜，冲洗干净并将其分成小卵块，每一卵块约含20个～30个胚胎。

附 录 D
（规范性附录）
弧菌数量检测——平板计数法

D.1 培养基

D.1.1 计数培养基BTB：牛肉膏3.0 g，蛋白胨10.0 g，蔗糖15.0 g，氯化钠20.0 g，Teepol 1.0 mL，溴麝香草酚蓝0.06 mg，蒸馏水1 000 mL。配制方法：将上述数量的牛肉膏、蛋白胨、蔗糖、氯化钠和Teepol加热溶解于1 000 mL蒸馏水中，用16%的氢氧化钠调整pH值为7.8，再将溴麝香草酚蓝按上述量溶解其中。分装于试管（每管5 mL）中，塞棉塞，包装后于115℃高压蒸气灭菌20 min，然后于冰箱中冷藏备用。

D.1.2 平板分离培养基TCBS：蛋白胨10.0 g，酵母膏5.0 g，柠檬酸钠10.0 g，硫代硫酸钠10.0 g，蔗糖20.0 g，胆盐8.0 g，氯化钠10.0 g，柠檬酸铁1.0 g，溴麝香草酚蓝0.04 g，麝香草酚蓝0.04 g，琼脂15 g，蒸馏水1 000 mL。配制方法：将上述数量的蛋白胨、酵母膏、柠檬酸钠、硫代硫酸钠、蔗糖、胆盐、氯化钠、柠檬酸铁、溴麝香草酚蓝和麝香草酚蓝加热溶解于1 000 mL蒸馏水中，调节pH值为8.6，在加热至沸腾。然后冷却至55℃，倾注无菌培养皿即可。该培养基不需要高压灭菌。

D.1.3 PAC斜面培养基：蛋白栋5.0 g，酵母膏2.5 g，葡萄糖1.0 g，氯化钠10.0 g，琼脂15.0 g，蒸馏水1 000 mL。配制方法：将上述量蛋白栋、酵母膏、葡萄糖、氯化钠和琼脂加热溶解于1 000 mL蒸馏水中，调节pH值为7.0，分装于试管（每管5 mL）中，塞棉塞，包装后于高压蒸汽灭菌锅中115℃灭菌20 min。灭菌后立即取出装有上述培养基的试管，倾斜放置于实验台面上，使其冷却后培养基在试管内形成斜面。放置冰箱中冷藏备用。

D.2 检测步骤

D.2.1 弧菌的分离和计数：采用9管“MPN”法以3个不同稀释度（原水样、10^{-1}和10^{-2}）的水样接种于BTB培养液的试管中，37℃培养18 h，把阳性管中的菌液于TCBS平板上划线分离，平板放进培养箱里，于37℃培养18 h，将出现的绿色、蓝绿色和黄色菌种接种于PCA斜面上保存。分离菌株首先经革兰氏染色、氧化酶、运动性和0/129弧菌素敏感实验等，符合弧菌特征的菌株，视其来源的“MPN”管数，查“MPN”表进行计数。

D.2.2 弧菌种的鉴定：从TCBS平板上分离的菌株经上述4个弧菌属基本特征鉴别后，采用API20E系统进行生理生化特征鉴定，并做耐盐性试验（盐度为0、3、6、8和10），根据API20E反应结果，查API20E检索表，即可得到种名。

注：除有特殊需要外，可不做第二步。

附 录 E
（规范性附录）
沉积物粪大肠菌群数——发酵法

E.1 样品预处理

用无菌培养皿无菌称取1.0 g（若沉积物是沙质，则样品量加倍，视具体情况而定）沉积物样品，然后无菌加入9.0 mL（或加倍增加）无菌海水制备成10^{-1}稀释样；再用无菌移液管将10^{-1}稀释样连续稀释，制备成10^{-2}、10^{-3}、10^{-4}稀释样。

E.2 检测方法

按照第9章规定的粪大肠菌群数测定方法进行检测。

附　录　F
（规范性附录）
沉积物异养细菌总数——平板计数法

F.1　样品预处理

用无菌培养皿无菌称取 1.0 g（若沉积物是沙质，则样品量加倍，视具体情况而定）沉积物样品，然后无菌加入 9.0 mL（或加倍增加）无菌海水制备成 10^{-1} 稀释样；再用无菌移液管将 10^{-1} 稀释样连续稀释，制备成 10^{-2}、10^{-3}、10^{-4} 稀释样。

F.2　检测方法

按照第 10 章规定的细菌总数测定法进行检测。

附 录 G
（资料性附录）
异养细菌总数评价等级

表 G.1 给出了异养细菌总数评价等级。

表 G.1 异养细菌总数评价等级表

异养细菌总数/(cfu/mL)	$>10^5$	$10^5\sim10^4$	$10^4\sim10^3$	$10^3\sim10^2$	$10^2\sim10$
污染程度评价等级	严重污染	重污染	中污染	轻污染	清洁

附　录　H
（规范性附录）
水质、沉积物质量评价资料汇总

H.1　水质污染指数

水质各项污染因子的污染指数应按照表 H.1 的内容计算、填报。

表 H.1　水质各项污染因子的污染指数报表

养殖区名称：　　　　　　　　　　养殖区类型：　　　　　　　　　　报告日期：

站　位	DO	COD	Hg	Cd	Pb	Zn	As	pH	油类	无机氮	无机磷
最大值											
最小值											
平均值											

报表人：________校对人：________审核人：________

H.2　沉积物污染指数

沉积物各项污染因子的污染指数应按照表 H.2 的内容计算、填报。

表 H.2　沉积物各项污染因子的污染指数

养殖区名称：　　　　　　　　　　养殖区类型：　　　　　　　　　　报告日期：

站　位	Hg	Cd	Pb	Zn	As	有机质	油类	硫化物
最大值								
最小值								
平均值								

报表人：________校对人：________审核人：________

H.3 水质营养指数

水质营养指数应按照表 H.3 的内容计算、填报。

表 H.3 水质营养指数

养殖区名称： 养殖区类型： 报告日期：

站 位										
E										

H.4 水质有机污染评价指数

水质有机污染评价指数应按照表 H.4 的内容计算、填报。

表 H.4 水质有机污染评价指数

养殖区名称： 养殖区类型： 报告日期：

站 位										
A										

H.5 水质营养状态质量指数

水质营养状态质量指数应按照表 H.5 的内容计算、填报。

表 H.5 水质营养状态质量指数

养殖区名称： 养殖区类型： 报告日期：

站 位										
NQI										

附 录 I
（规范性附录）
海水增养殖区监测报告内容与格式

I.1 文本格式

I.1.1 文本规格

海水增养殖区监测报告文本外形尺寸为 A4(210 mm×297 mm)。

I.1.2 封面格式

海水增养殖区监测报告封面格式如下。

第一行书写：×××海区或省市×××海域(一号宋体，加黑，居中)；

第二行书写：海水增养殖区监测报告(一号宋体，加黑，居中)；

落款书写：编制单位全称(如有多个单位可逐一列入，三号宋体，加黑，居中)；

第四行书写：××××年××月(小三号宋体，加黑，居中)；

第五行书写：中国，空一格，××(地名，小三号宋体，加黑，居中)；

以上各行间距应适宜，保持封面美观。

I.1.3 封里内容

封里应分行写明：监测项目实施单位全称(加盖公章)；项目负责人、技术总负责人、分项目负责人(包括生物因子、水化学因子等分项)和主要参加人员姓名；报告书编制单位全称(加盖公章)；编制人、审核人姓名；编制单位地址；通信地址；邮政编码；联系人姓名；联系电话；E-mail 地址等内容。

I.2 海水增养殖区监测报告章节内容

增养殖区监测报告应包括以下全部或部分内容。依据监测目的、内容和具体要求，可对下列章节及内容适当增减。

I.2.1 前言

主要包括海水增养殖区监测工作任务来源、监测任务实施单位、养殖区概况(养殖种类、方式、数量、规模等)、监测时间与航次、监测船只与合作单位等的简要说明。

I.2.2 监测方案

监测方案主要内容包括：

——监测海区的区域与范围；

——监测站位布设；

——监测站位图；

——监测站位类型与说明；

——监测时间与频率；

I.2.3 监测内容与检测分析

I.2.3.1 水质监测与分析结果

水质监测与分析结果主要内容：

——水文要素：主要包括水温、透明度、盐度等项目的监测与分析结果；

——化学要素：主要包括汞、镉、铅、锌、砷、油类、磷酸盐、硅酸盐、氨氮、硝酸盐、亚硝酸盐、溶解氧、化学需氧量、pH 值等项目的监测与分析结果；

——生物要素：主要包括粪大肠菌群数、弧菌数量、异氧细菌总数、叶绿素 a 含量、浮游植物的种类与数量等生物学指标的监测与分析结果。

I.2.3.2 沉积物监测与分析结果

沉积物监测与分析主要内容：

——化学要素：主要包括汞、镉、铅、锌、砷、油类、DDT*、PCBs*、有机质、硫化物等项目的监测与分析结果；

——生物要素：主要包括粪大肠菌群数、弧菌数量、异氧细菌总数等生物学指标的监测与分析结果。

注：带*号为选测项目

I.2.4 分析与评价

I.2.4.1 污染指数指标：主要包括海水和沉积物的化学要素的单因子污染指数分析评价。

I.2.4.2 浮游植物生物多样性指标：主要包括浮游植物的种类及数量、赤潮种类及其密度分布等、浮游植物生多样性的分析评价。

I.2.4.3 营养水平指标：运用单项和综合的营养水平指标评价监测海域的营养状况。

I.2.4.4 病原微生物指标：根据病原微生物学指标是否超标，分析养殖区水环境和沉积物环境的质量状况。

I.2.5 海水增养区监测结果的综合分析与评价

I.2.5.1 监测海区的水环境质量现状的分析与评价；

I.2.5.2 监测海区的沉积物环境的分析与评价；

I.2.5.3 监测海区环境质量发展趋势的分析与预测；

I.2.5.4 对监测海区环境质量管理的措施与建议。

I.2.6 监测数据报表

水质、沉积物、浮游植物等监测结果汇表。

I.2.7 附图、附表、附件

含等值线图、参考文献等。

ICS 47.020.99
U 04

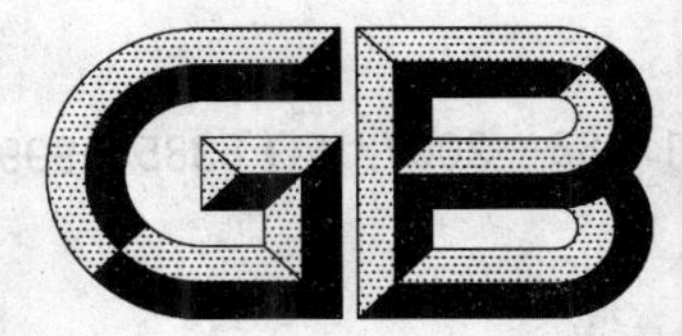

中华人民共和国国家标准

GB/T 17383—2007/ISO 8385:1999
代替 GB/T 17383—1998

船舶和海上技术 挖泥船 分类

Ships and marine technology—Dredgers—Classification

(ISO 8385:1999,IDT)

2007-07-17 发布　　2008-01-01 实施

中华人民共和国国家质量监督检验检疫总局
中国国家标准化管理委员会　发布

前　言

本标准等同采用 ISO 8385:1999《船舶和海上技术　挖泥船　分类》(英文版)。

本标准等同翻译 ISO 8385:1999。

为便于使用,本标准做了下列编辑性修改:

——“本国际标准”一词改为“本标准”;

——用顿号“、”代替作为分述的逗号“,”;

——删除国际标准的前言。

本标准代替 GB/T 17383—1998《造船及海上结构物　挖泥船　分类》。

本标准与 GB/T 17383—1998 相比,主要有下列变化:

——修改了“表 1”中“1.1”,将“内河”修改为“内河、内河港口等挖泥场所”;

——增加了“表 1”中“2.9 细粉砂”;

——删除了“表 1”中“10 挖泥方法”中的“钢扒船”;

——增加了“表 1”中“10.2.3 拉铲式”;

——修改了“表 1”中“10.3”,将“多斗挖泥船”修改为“链斗挖泥船”;

——修改了“表 1”中“10.7.2.2”,将“斗轮”修改为“斗轮/刀轮”;

——修改了“表 1”中“11”,将“挖掘物的输送”修改为“挖掘物质的处置/输送”;

——删除了“附录 A”。

本标准自实施之日起,GB/T 17383—1998 同时废止。

本标准由中国船舶工业集团公司提出。

本标准由全国海洋船标准化技术委员会(SAC/TC 12)归口。

本标准起草单位:中国船舶工业综合技术经济研究院。

本标准主要起草人:宋艳媛、苗宏仁。

本标准所代替标准的历次版本发布情况为:

——GB/T 17383—1998。

船舶和海上技术　挖泥船　分类

1　范围

本标准规定了设计用于疏松、挖掘、输送和处置所挖材料的各类挖泥船的分类。

2　规范性引用文件

下列文件中的条款通过本标准的引用而成为本标准的条款。凡是注日期的引用文件，其随后所有的修改单(不包括勘误的内容)或修订版均不适用于本标准，然而，鼓励根据本标准达成协议的各方研究是否可使用这些文件的最新版本。凡是不注日期的引用文件，其最新版本适用于本标准。

ISO 8384[1)]　船舶和海上技术　挖泥船　词汇

3　术语和定义

ISO 8384 规定的术语和定义适用于本标准。

4　分类

挖泥船按表 1 规定进行分类。

表 1　分类准则

类　　别	准　　则	
1 作业区域	1.1 内河、内河港口等挖泥场所	
	1.2 海域	1.2.1 港口和沿海
		1.2.2 近海
		1.2.3 深远海
	1.3 特殊环境	1.3.1 热带
		1.3.2 寒带
		1.3.3 其他特殊环境
2 土质特性	2.1 淤泥	
	2.2 泥炭土和有机土	
	2.3 砂土	
	2.4 砂砾	
	2.5 黏土	
	2.6 漂石和鹅卵石	
	2.7 岩石	
	2.8 混合土	
	2.9 细粉砂	

1) GB/T 17843 为修改采用 ISO 8384。

表 1(续)

类 别	准 则	
3 动力装置	3.1 蒸汽机	
	3.2 柴油机	
	3.3 柴-电驱动	
	3.4 柴-液驱动	
	3.5 电动	
	3.6 电-液驱动	
	3.7 燃气轮机	
	3.8 核动力	
	3.9 组合式	
4 可移动性	4.1 非自航	
	4.2 自航	
	4.3 有限推进	
5 可运输性	5.1 不可拆卸	
	5.2 可拆卸	
6 船员舱	6.1 无船员舱	
	6.2 坐舱	
	6.3 卧铺舱	
7 挖泥设备位置	7.1 置于一舷	
	7.2 置于两舷	
	7.3 置于槽内	7.3.1 艏部
		7.3.2 艉部
	7.4 置于甲板上	7.4.1 艏部
		7.4.2 艉部
8 作业运动	8.1 纵向	8.1.1 向前
		8.1.2 向后
	8.2 横向或侧向/弧线	
	8.3 组合和特殊运动	
9 移动和推进设备	9.1 螺旋桨或其他推进装置	
	9.2 锚	
	9.3 定位桩	
	9.4 组合和特殊装置	
10 挖泥方法	10.1 单斗挖泥船	10.1.1 正铲式
		10.1.2 反铲式
	10.2 抓斗挖泥船	10.2.1 单抓斗式
		10.2.2 多抓斗式

表 1(续)

类　别	准　则		
10 挖泥方法	10.2 抓斗挖泥船	10.2.3 拉铲式	
	10.3 链斗挖泥船		
	10.4 碎石船	10.4.1 落锤式	
		10.4.2 动力锤式	
		10.4.3 钻孔爆破式	
	10.5 河床平整器		
	10.6 搅动挖泥船		
	10.7 吸扬挖泥船	10.7.1 挖泥泵类型	10.7.1.1 离心泵或轴流泵
			10.7.1.2 喷射泵
			10.7.1.3 气力提升
			10.7.1.4 组合和特种泵
		10.7.2 疏松泥土方式	10.7.2.1 绞刀
			10.7.2.2 斗轮/刀轮
			10.7.2.3 水力搅松器
			10.7.2.4 组合和特殊方法
		10.7.3 吸头类型	10.7.3.1 艏吸头
			10.7.3.2 耙头
			10.7.3.3 组合和特殊类型
11 挖掘物质的处置/输送	11.1 直接输送		
	11.2 水力输送	11.2.1 悬臂管路	
		11.2.2 水上管路	
		11.2.3 水下管路	
	11.3 溜泥槽		
	11.4 皮带输送		
	11.5 泥驳输送		
	11.6 带泥舱挖泥船	11.6.1 底开泥门或底阀	
		11.6.2 对开船体	
		11.6.3 其他处置方式	
	11.7 组合输送		

ICS 59.100.10
Q 36

中华人民共和国国家标准

GB/T 17470—2007
代替 GB/T 17470—1998

玻璃纤维短切原丝毡和连续原丝毡

Glass fiber mats—Chopped strand and continuous filament mats

2007-03-26 发布　　　　2007-10-01 实施

中华人民共和国国家质量监督检验检疫总局
中国国家标准化管理委员会　发布

前　言

本标准参考 EN 14118:2003《增强材料—玻璃纤维毡(短切原丝毡和连续纤维毡)规范》。

本标准代替 GB/T 17470—1998《玻璃纤维短切原丝毡》。

本标准与 GB/T 17470—1998 相比主要变化如下:

——更改了标准名称;

——增加了产品规格品种,扩大了标准的适用范围;

——取消了对产品分等分级的规定;

——取消了对毡卷质(重)量的要求;

——增加了覆模性的要求;

——增加了附录 B(规范性附录)玻璃纤维毡宽度的测定;

——提高了部分项目的技术指标。

本标准的附录 A 和附录 B 为规范性附录。

本标准由中国建筑材料工业协会提出。

本标准由全国玻璃纤维标准化技术委员会(SAC/TC 245)归口。

本标准负责起草单位:南京玻璃纤维研究设计院、欧文斯科宁(中国)投资有限公司、常州天马集团有限公司(建材二五三厂)、河北金牛能源股份有限公司玻璃纤维分公司、泰山玻璃纤维股份有限公司、巨石集团有限公司。

本标准参加起草单位:重庆国际复合材料有限公司、南京天明玻纤制品有限公司、丹阳中亚玻璃纤维有限公司。

本标准主要起草人:王玉梅、陈尚、方允伟、师卓、高旭东。

本标准所替代标准的历次版本发布情况为:

——GB/T 17470—1998。

玻璃纤维短切原丝毡和连续原丝毡

1 范围

本标准规定了玻璃纤维短切原丝毡和连续原丝毡(以下简称毡)的分类和代号、产品规格、要求、试验方法、检验规则、标志、包装、运输和贮存。

本标准适用于增强塑料和增强胶凝材料的玻璃纤维短切原丝毡(以下简称短切毡)和玻璃纤维连续原丝毡(以下简称连续毡)。对于玻璃纤维连续单丝毡、玻璃纤维针刺毡也可参照采用。

本标准不适用于玻璃纤维缝编毡、玻璃纤维薄毡,也不适用于绝热隔音用途的玻璃纤维毡。

2 规范性引用文件

下列文件中的条款通过本标准的引用而成为本标准的条款。凡是注日期的引用文件,其随后所有的修改单(不包括勘误的内容)或修订版均不适用于本标准,然而,鼓励根据本标准达成协议的各方研究是否可使用这些文件的最新版本。凡是不注日期的引用文件,其最新版本适用于本标准。

GB/T 191 包装储运图示标志

GB/T 1449 纤维增强塑料弯曲性能试验方法

GB/T 1549 钠钙硅铝硼玻璃化学分析方法

GB/T 6006.1 玻璃纤维毡试验方法 第1部分:苯乙烯溶解度的测定

GB/T 6006.2 玻璃纤维毡试验方法 第2部分:拉伸断裂强力的测定

GB/T 7193.1 不饱和聚酯树脂 粘度测定方法

GB/T 9914.1 增强制品试验方法 第1部分:含水率的测定(GB/T 9914.1—2001,idt ISO 3344:1997)

GB/T 9914.2 增强制品试验方法 第2部分:玻璃纤维可燃物含量的测定(GB/T 9914.2—2001,eqv ISO 1887:1995)

GB/T 9914.3 增强制品试验方法 第3部分:单位面积质量的测定(GB/T 9914.3—2001,idt ISO 3374:2000)

GB/T 20309 玻璃纤维毡和织物覆模性的测定

3 分类和代号

3.1 产品分类

按玻璃成分分为无碱玻璃、中碱玻璃、E-CR玻璃三类。

按纤维的形态分为短切毡、连续毡。

3.2 产品代号

毡的代号包括下列要素:

a) 所用玻璃的类型,E表示无碱玻璃,C表示中碱玻璃,E-CR表示E-CR玻璃;

b) 毡的种类,MC表示短切毡,MS表示连续毡;

c) 毡的单位面积质量,以g/m^2为单位的数值;

d) 对短切毡,以H、M、L分别表示溶解度高、中、低,后接"—"号;

e) 毡的宽度,以mm为单位的数字;

f) 粘结剂类型和/或制造商标记,放在括号内,以E表示乳液粘结剂,P表示粉末粘结剂。

示例1:公称单位面积质量300 g/m^2,高溶解度,宽度2 080 mm,乳液型粘结剂的中碱玻璃纤维短切毡代号为:

CMC300H—2080(E)

示例 2：公称单位面积质量 450 g/m²，宽度 1 040 mm，粉末型粘结剂的无碱玻璃纤维连续毡代号为：

EMS450—1040(P)

示例 3：公称单位面积质量 600 g/m²，高溶解度，宽度 2 080 mm，粉末型粘结剂的 E-CR 玻璃纤维短切毡代号为：

E-CRMC600H—2080(P)

4 产品规格

4.1 短切毡

短切毡的典型规格见表 1。

表 1 短切毡典型规格

预定用途	适用基材	典型单位面积质量/(g/m²)	典型宽度/mm
通用	不饱和聚酯树脂、环氧树脂、乙烯基酯树脂、聚氨酯树脂等	100、200、225、300、375、450、600	965、1 040、1 270、1 524、2 080、2 600、3 400
专用（高透光制品）	不饱和聚酯树脂、环氧树脂、乙烯基酯树脂等	100、150、225、300、375、400、450、500、600	965、1 040、1 270、1 524、2 080
手糊成型（粉末粘结剂）	不饱和聚酯树脂、环氧树脂、乙烯基酯树脂等	275、300、375、450、600、750、900、1 200	965、1 040、1 270、1 524、2 080、2 600、3 400
手糊成型（乳液粘结剂）	不饱和聚酯树脂、酚醛树脂等	300、375、450、600、900	965、1 040、1 270、1 524、2 080
GMT 专用	聚丙烯树脂、聚酰胺树脂、聚乙烯树脂、聚对苯二甲酸乙二酯树脂等	330、760、910	829、1 040、2 080
增强胶凝材料	胶凝材料	120	600、900、1 200

4.2 连续毡

连续毡的典型规格见表 2。

表 2 连续毡典型规格

预定用途	适用基材	典型单位面积质量/(g/m²)	典型宽度/mm
注射模塑成型（RTM）	不饱和聚酯树脂、环氧树脂、乙烯基酯树脂、聚氨酯树脂等	225、300、380、450、600	965、1 040、1 270、1 400、1 524、2 080
预成型	不饱和聚酯树脂、环氧树脂、乙烯基酯树脂、聚氨酯树脂等	225、300、380、450、600	965、1 040、1 270、1 400、1 524、2 080
结构反应注射成型（SRIM）	聚氨酯树脂	225、300、380、450、600	965、1 040、1 270、1 400、1 524、2 080
拉挤成型	不饱和聚酯树脂、乙烯基酯树脂、聚丙烯酸脂树脂等	225、300、380、450、600	—
连续层压	不饱和聚酯树脂、环氧树脂等	300、450、600	—
GMT 专用	聚丙烯树脂、聚酰胺树脂、聚乙烯树脂、聚对苯二甲酸乙二酯树脂等	330、760、910	1 040、2 080
增强胶凝材料	胶凝材料	100、150	根据需要

5 要求

5.1 理化性能

5.1.1 碱金属氧化物含量

应符合下列要求：

——无碱玻璃和 E-CR 玻璃碱金属氧化物含量应不大于 0.8%；

——中碱玻璃碱金属氧化物含量应为 11.6%～12.4%。

5.1.2 单位面积质量

单位面积质量应符合表 3 的规定。

表 3 单位面积质量允许偏差

种 类	标称单位面积质量/(g/m²)	单值允许偏差/%	平均值允许偏差/%
短切毡	<300	±22	±12
	300～599	±20	±10
	≥600	±18	±8
连续毡	<300	±22	±15
	301～599	±20	±12
	≥600	±18	±10

5.1.3 可燃物含量

除非另有商定，可燃物含量应为 1.8%～8.5%，极差不大于 2.0%。

5.1.4 含水率

对使用粉末粘接剂的毡含水率应不大于 0.20%，使用乳液粘结剂的毡含水率应不大于 0.50%。

5.1.5 拉伸断裂强力

5.1.5.1 短切毡拉伸断裂强力应符合表 4 的规定。

表 4 短切毡拉伸断裂强力

标称单位面积质量/(g/m²)	拉伸断裂强力/(N/150 mm) ≥	
	纵向	横向
<300	40	40
300～599	60	60
≥600	80	80

5.1.5.2 连续毡拉伸断裂强力应符合表 5 的规定。

5.1.6 苯乙烯溶解度

短切毡苯乙烯溶解度应符合表 6 的规定。

5.1.7 层合板弯曲强度

玻璃纤维毡与树脂制作的层合板弯曲强度应符合表 7 的规定。除非制造商有特别声明，层合板采用通用型不饱和聚酯树脂制作。

表 5 连续毡拉伸断裂强力

预定用途	标称单位面积质量/(g/m²)	拉伸断裂强力/(N/75 mm) ≥	
		纵向	横向
拉挤成型	<300	120	40
	300～599	150	60
	≥600	180	80

表 5(续)

预定用途	标称单位面积质量/(g/m²)	拉伸断裂强力/(N/75 mm) ≥	
		纵向	横向
其他	<300	100	30
	300～599	135	40
	≥600	160	50

表 6 短切毡苯乙烯溶解度

类 型	苯乙烯溶解度(23℃)/s
H	<60
M	60～200
L	>200

表 7 层合板弯曲强度

种 类	层合板弯曲强度/MPa	
	标准状态	潮湿状态
短切毡	≥123	≥103
连续毡	≥144	≥125

注 1：层合板中玻璃纤维质量含量为：短切毡(30±5)%，连续毡(35±5)%；

注 2：潮湿状态：沸腾蒸馏水中浸泡 2 h；

注 3：所有试样均为纵向试样。

5.1.8 覆模性

除非另有商定，用于手糊成型的玻璃纤维毡，覆模性应符合表 8 的规定。

5.1.9 树脂浸透速率

除非另有商定，使用粉末粘结剂的玻璃纤维毡树脂浸透速度应小于 100 s，使用乳液粘结剂的玻璃纤维毡树脂浸透速率应小于 250 s。

表 8 玻璃纤维毡覆模性

标称单位面积质量/(g/m²)	覆模性/mm ≤
<300	4
300～599	5
≥600	6

5.1.10 边和宽度

边由供需双方商定，可以是经过修剪的光边，也可以是未经修剪的羽边。

宽度由供需双方商定，允许偏差为±5 mm。

5.2 外观质量

5.2.1 毡卷应边缘平直，卷绕紧密、均匀。

5.2.2 毡面上不得有影响使用的撕裂、孔洞、污渍、油渍、杂物、原丝团、粘结剂分散不良、局部原丝稀疏、局部粘结不良、边不规则等疵点。

5.2.3 凡不符合 5.2.2 条规定的，应作开剪(或假开剪)处理。

5.2.4 每卷毡允许开剪(假开剪)1 次，开剪(或假开剪)处应有明显标识。对于一个交付批，开剪(或假开剪)的卷数不得超过总卷数的 20%。

6 试验方法

6.1 碱金属氧化物含量

按 GB/T 1549 的规定。

6.2 单位面积质量

按 GB/T 9914.3 的规定进行测定，得到各个测试单值，分别按式(1)和式(2)计算平均值偏差和单值偏差。

$$R_p = \frac{|\overline{x} - a|}{a} \times 100 \quad \cdots\cdots(1)$$

式中：

R_p——单位面积质量平均值偏差，%；

$\overline{x}$——单位面积质量测试平均值，g/m^2；

a——单位面积质量标称值，g/m^2。

$$R_i = \frac{|x_i - a|}{a} \times 100 \quad \cdots\cdots(2)$$

式中：

R_i——单位面积质量单值偏差，%；

x_i——与标称单位面积质量偏离最大的测试单值，g/m^2；

a——单位面积质量标称值，g/m^2。

6.3 可燃物含量

按 GB/T 9914.2 的规定。

6.4 含水率

按 GB/T 9914.1 的规定。

6.5 拉伸断裂强力

按 GB/T 6006.2 的规定。

6.6 苯乙烯溶解度

按 GB/T 6006.1 的规定。

6.7 层合板弯曲强度

按 GB/T 1449 的规定。

6.8 覆模性

按 GB/T 20309 的规定。

6.9 树脂浸透速率

按附录 A 的规定。

6.10 宽度

若两个边均为光边，则用精度为 1 mm 的钢卷尺，沿毡卷的外表面，平行于卷轴，做 3 次分布均匀的测量，计算测定结果的平均值。

若含有羽边，则按附录 B 的规定。

6.11 外观质量

在生产线上目测检验。

7 检验规则

7.1 出厂检验和型式检验

7.1.1 出厂检验

产品出厂时，应进行出厂检验。出厂检验项目应包括：单位面积质量、可燃物含量、拉伸断裂强力、宽度、含水率和外观。

7.1.2 型式检验

有下列情况之一时，应进行型式检验：

a) 新产品投产时；

b) 原材料或生产工艺有较大的改变时；

c) 停产时间超过三个月，恢复生产时；

d) 正常生产时，每年至少进行一次；

e) 出厂检验结果与上次型式检验有较大差异时；

f) 供需双方合同有要求时；

g) 国家质量监督机构提出型式检验要求时。

型式检验应对标准中规定的全部技术要求进行检验。

7.2 批与抽样

7.2.1 检查批

同一规格品种、同一生产工艺稳定连续生产的一定数量的单位产品为一检查批。

7.2.2 抽样

采用计数检验抽样方案，按表 9 的规定从检查批中随机抽取检验用样本。

7.3 判定规则

7.3.1 以单位产品测试结果平均值的修约值进行判定。单位产品中所有单项符合 5.1 及 5.2 的要求时，判该单位产品合格，否则判为不合格。

7.3.2 批质量的判定按表 9 的规定。

表 9 计数检验的抽样与判定

批量范围	样本大小	AQL＝4.0	
		接收数 Ac	拒收数 Re
3～25	3	0	1
26～280	13	1	2
281～500	20	2	3
501～1 200	32	3	4
1 201～3 200	50	5	6
3 201～10 000	80	7	8

8 标志、包装、运输和贮存

8.1 标志

8.1.1 产品标志应包括：

a) 产品名称、产品代号、本标准号；

b) 生产厂名称和地址；

c) 生产日期(或批号)；

d) 质量(或卷长)；

e) 适用树脂。

8.1.2 产品标志应在包装上标明，或者预先向用户提供有关资料。

8.2 包装

8.2.1 应卷绕在外径不小于 76 mm 的硬纸管上，使用防潮材料密封。确保在搬动、贮存和运输过程中避免受潮和损坏。

8.2.2 包装外表面应标明：

a) 产品名称、产品代号、本标准号；

b) 生产厂名称和地址；

c) 生产日期(或批号)；

d) 质量(或卷长)；

e) 按 GB/T 191 规定的“怕雨”、“堆码层数极限”二种图示；

f) 贮存期。

8.2.3 特殊包装由供需双方商定。

8.3 运输

应采用干燥遮篷工具运输，运输过程中应避免机械损伤、日光直射和受潮。

8.4 贮存

应放置在干燥、通风的室内贮存。避免阳光直射和热源。堆码高度符合要求。

最适宜的贮存条件为温度 10℃～35℃、相对湿度小于 85%。贮存期一般为 12 个月。

附　录　A
（规范性附录）
玻璃纤维毡树脂浸透速率的测定

A.1　范围

本附录规定了玻璃纤维毡树脂浸透速率的测定方法。

本附录适用于玻璃纤维短切原丝毡、玻璃纤维连续原丝毡、玻璃纤维连续单丝毡、玻璃纤维针刺毡。对玻璃纤维薄毡、玻璃纤维缝编织物、玻璃纤维机织物等其他玻璃纤维产品也可参照采用。

A.2　原理

将一定量的树脂注入试样，随着树脂的浸入，试样逐渐变得透明。测定从树脂注入到变得完全透明所需的时间，即得到树脂浸透速率。

A.3　材料与设备

A.3.1　树脂。除特殊要求外，应采用粘度为 0.30 Pa·s～0.50 Pa·s 的通用型不饱和聚酯树脂。

A.3.2　透明聚酯薄膜。

A.3.3　标准靶环，尺寸为 125 mm×125 mm，见图 A.1。

A.3.4　金属模板，尺寸为 125 mm×125 mm×5 mm，中心开有 ϕ50 mm 的通孔。最好为不锈钢或铝质材料。

A.3.5　秒表，精度不小于 0.5 s。

A.3.6　锋利的剪刀或裁纸刀。

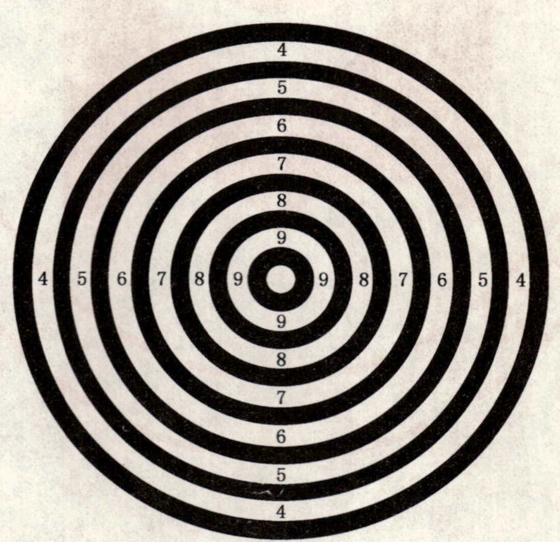

图 A.1　标准靶环

A.4　操作程序

A.4.1　调节树脂的温度至(23±1)℃，并按 GB/T 7193.1 的规定测试树脂的粘度。

A.4.2　裁取规格为 100 mm×100 mm 的试样若干和透明聚酯薄膜若干。

A.4.3　在水平台面上，依次将标准靶环、透明聚酯薄膜、试样和金属模板叠合，并使金属模板圆孔和标准靶环同心。

A.4.4　向金属模板圆孔内迅速倒入树脂，当树脂表面和金属模板上表面平齐时开始计时。

A.4.5　记录金属模板圆孔内标准靶环数字变得清晰可见所需的时间，精确到秒。

A.4.6　重复上述测试，直至获得5个测试数据，计算测量结果的平均值。

A.5　测试报告

应包括下列内容：

a）样品名称；

b）试验室的温度；

c）树脂的种类、温度、粘度；

d）试样的层数；

e）五次测量的单值和平均值。

附　录　B
（规范性附录）
玻璃纤维毡宽度的测定

B.1　范围

本附录规定了带有羽边的玻璃纤维毡宽度的测定方法。

本附录适用于玻璃纤维短切原丝毡、玻璃纤维连续原丝毡、玻璃纤维连续单丝毡、玻璃纤维针刺毡。

B.2　设备

B.2.1　钢直尺，精度 1 mm。

B.2.2　试样架，由两个垂直于桌面相距 10 mm 的金属板或木板构成。

B.2.3　锋利的剪刀或裁纸刀。

B.3　操作程序

B.3.1　有一条羽边

沿着毡的整个幅宽裁取一条 30 cm 的毡条，在毡条上裁取包括羽边在内的(50±5)cm 矩形试样，见图 B.1。

单位为厘米

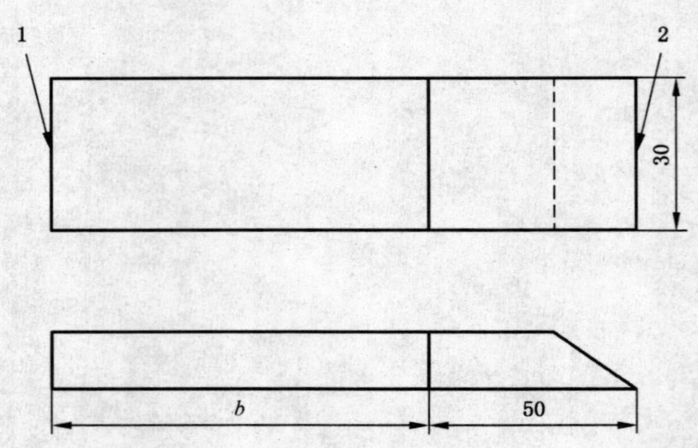

1——光边；
2——羽边。

图 B.1　试样切裁示意图

将试样垂直放入试样架的两个垂直导板之间，羽边朝下，测量试样的高度 h，见图 B.2。

测量毡条剩余部分的长度 b。则毡的宽度为 $b+h$。

B.3.2　有两条羽边

与 B.3.1 相同。沿着毡的整个幅宽裁取一条 30 cm 的毡条，在毡条两边分别裁取两个包括羽边在内的(50±5)cm 矩形试样，将两个试样分别垂直放入试样架的两个垂直导板之间，羽边朝下，测量试样的高度 h_1 和 h_2。测量毡条剩余部分的长度 b。则毡的宽度为 $b+h_1+h_2$。

单位为毫米

1——垂直导板。

图 B.2 宽度测量示意图

ICS 31.020
K 04

中华人民共和国国家标准

GB/T 17564.5—2007/IEC 61360-5:2004

电气元器件的标准数据元素类型和相关分类模式 第5部分：EXPRESS字典模式扩展

Standard data element types with associated classification scheme for electric components—Part 5:Extensions to the EXPRESS dictionary schema

(IEC 61360-5:2004,IDT)

2007-04-30 发布　　　　2008-01-01 实施

中华人民共和国国家质量监督检验检疫总局
中国国家标准化管理委员会　发布

前　言

GB/T 17564 在总标题《电气元器件的标准数据元素类型和相关分类模式》下,包括以下几个部分:

第 1 部分:定义——原则和方法;

第 2 部分:EXPRESS 字典模式;

第 3 部分:维护和认证的程序;

第 4 部分:IEC 标准数据元素类型、元器件类别和项的基准集;

第 5 部分:EXPRESS 字典模式扩展。

本部分为 GB/T 17564 的第 5 部分。

本部分等同采用 IEC 61360-5:2004《电气元器件的标准数据元素类型和相关分类模式　第 5 部分:EXPRESS 字典模式扩展》(英文版)。

附录 A、附录 B、附录 C、附录 D、附录 E、附录 F 都为资料性附录。

本部分由全国电气信息结构　文件编制和图形符号标准化技术委员会提出并归口。

本部分起草单位:中国电子技术标准化研究所、北京机械工业自动化研究所。

本部分主要起草人:徐云驰、马健、董连续、王丙义、张衡、匡常山、常建宏。

本部分首次发布。

IEC 引言

要理解用于 IEC 61360 系列标准本部分中的通用资源，需要有 ISO 10303-11:1994 中定义的 EXPRESS 知识，还需要有 ISO 13584-24:2003 和 ISO 13584-42 的基本知识。

本部分中规定的通用资源由 ISO TC 184/SC 4/WG 2 和 IEC SC 3D 合作共同开发。准备用于 IEC 61360 的本部分和 ISO 13584。IEC SC 3D 和 ISO TC 184/SC4 同意不彼此单独改变和/或修改 EXPRESS 模式以保证两个委员会的工作一致和重复使用。因此，增补的要求应送至两个委员会。修改 EXPRESS 信息模式之前，这些要求应该被两个委员会都采纳。

本部分与 ISO 13584 第 42 和第 25 部分完全兼容。

本部分含有那些创造用来满足用户需要的公共 ISO 13584_IEC 61360_dictionary_schema (IEC 61360-2)的扩展。

下面的部分从 ISO 13584-25 拷贝而来，并在 IEC 61360-5 中按如下方式出现：

ISO 13584-25	IEC 61360-5
第 6 章	附录 A(资料性附录)
第 8 章	附录 B(资料性附录)
附录 C	附录 C(资料性附录)
附录 D	附录 D(资料性附录)
附录 E	附录 E(资料性附录)
图 F.1	附录 F(资料性附录)

电气元器件的标准数据元素类型和相关分类模式 第5部分:EXPRESS 字典模式扩展

1 范围和目的

GB/T 17564 本部分用于 GB/T 17564.1—2005、GB/T 17564.2—2005 中规定的信息模型中没有规定的概念定义的公共 ISO/IEC 字典模式扩展。

本部分的目的是为符合上面给出范围的数据提供形式模型,并因此和 GB/T 17564.2—2005 一起为符合 GB/T 17564.1—2005 的所有数据的计算机可识别表示和交换提供手段。

GB/T 17564.2 中定义的公共 ISO/IEC 字典模式是基于如下两个基础标准范围交叉部分的公共 ISO/IEC 字典模式:

——IEC 61360-1;

——ISO 13584-42。

并便于两者协调。

引用 IEC 61360-1 的范围和目的的相关部分是:

IEC 61360 的本部分为准确和无歧义地定义所有电气技术系统中的基本元件、组件乃至整个系统的特征特性(数据元素类型)提供坚实的基础。尽管最初是为电子/电气元器件提供信息交换的基础,但本部分的原则和方法可用于更广泛的领域,例如:元器件组件和电气技术系统及分系统。

引用 ISO 13584-42 的引言的相关部分是:

ISO 13584 的本部分为数据库数据供应商提供了按照公共方法创建零件族分层结构的规则和指导原则,以使众多供应商的建库方法保持一致。这些规则如下:把各零件族中的零件分组形成分层结构的方法;描述各零件族和各零件特性的字典元素。

IEC 61360-2 为两个委员会的工作提供公共信息模型,这样就允许字典系统实现中涉及数据传输的部分可以根据两个委员会中的任何一个的具体标准的要求。

与 GB/T 17564.2、ISO 13584 和 ISO 10303 的资源一起,GB/T 17564 的本部分提供库集成信息模型(liim),允许符合 GB/T 17564.1—2005 的字典信息建模和交换。

2 规范性引用文件

下列文件中的条款通过 GB/T 17564 的本部分的引用而成为本部分的条款。凡是注日期的引用文件,其随后所有的修改单(不包括勘误的内容)或修订版均不适用于本部分,然而,鼓励根据本部分达成协议的各方研究是否可使用这些文件的最新版本。凡是不注日期的引用文件,其最新版本适用于本部分。

GB/T 16656.11—1996 工业自动化系统与集成 产品数据表达和交换 第 11 部分:描述方法:EXPRESS 语言参考手册(idt ISO 10303-11:1994)

GB/T 17564.1—2005 电气元器件的标准数据元素类型和相关分类模式 第 1 部分:定义——原则和方法(idt IEC 61360-1:2004)

GB/T 17564.2—2005 电气元器件的标准数据元素类型和相关分类模式 第 2 部分:EXPRESS 字典模式(idt IEC 61360-2:2004)

GB/T 17564.4—2001 电气元器件的标准数据元素类型和相关分类模式 第 4 部分:IEC 标准数

据元素类型、元器件类别和项的基准集(idt IEC 61360-4:1997)

GB/T 17645.42—2001 工业自动化系统与集成 零件库 第42部分:描述方法学:构造零件族的方法学(idt ISO 13584-42:1998)

ISO 13584-1:2001 工业自动化系统与集成 零件库 第1部分:综述与基本原理

ISO 13584-24:2003 工业自动化系统与集成 零件库 第24部分:逻辑资源:供应商库的逻辑模型

ISO 13584-25 工业自动化系统与集成 零件库 第25部分:逻辑资源:有集合值和清楚内容的供应商库的逻辑模型[a]

3 术语和定义

本部分采用GB/T 17564.1—2005、GB/T 17564.2—2005、ISO 13584-24:2003中给出的术语和定义以及下面的术语和定义。为了方便,重复了一些定义。

注:采用其他标准的定义,后面括号中有参照的源标准。从其他标准改编而来的定义后面有解释性注释。

3.1

可应用特性 applicable property

为某些零件族定义的特性,并且它将应用于属于这个零件族的任何零件。

[ISO 13584-24:2003,定义3.3]

示例:对于螺栓通用族,螺纹直径是可应用特性,该特征应用于任何螺栓。

3.2

基本语义单元 basic semantic unit;BSU

一种实体,它提供了应用领域(例如:类、数据元素类型)特定对象的一个绝对和唯一的标识。

[GB/T 17564.2—2005,定义2.1]

3.3

类扩展 class extension

符合类定义的所有实例的集合。

[ISO 13584-24:2003,定义3.13]

3.4

公共字典模式 common dictionary mode

采用EXPRESS信息建模语言的字典信息模型。

[GB/T 17564.2—2005,定义2.3]

注:公共字典模式正式命名为 ISO 13584_IEC 61360_dictionary_schema 并且在 GB/T 17564.2—2005、GB/T 17645.42—2001的附录D重用了该模式。

3.5

一致性类 conformance class

可规定一致性的一个应用协议的子集。

[ISO 13584-24:2003,定义3.17]

3.6

一致性要求 conformance requirement

在一个一致性实现中表示所要求特征的精确文本定义。

[GB/T 16656.1-1996,定义3.2.13]

---

[a] 待出版。

3.7

字典元素　dictionary element

构成应用域某些对象(例如:类、数据元素类型)的字典描述的属性集。

[GB/T 17564.2—2005,定义 2.2]

3.8

数据元素类型　data element type;DET

规定了标识、描述和值表达式的数据单元。

[GB/T 17564.2—2005,定义 2.3]

3.9

数据类型　data type

数据元素类型的允许值集。

[GB/T 17564.2—2005,定义 2.4]

注:在 IEC 内,把作为测量单位或值域的 data_type 按每个数据元素类型分别定义。

3.10

零件族　family of parts

零件的简单族或者通用族。

[ISO 13584-24:2003,定义 3.40]

3.11

功能模型　functional model

集成库中描述零件一个表达分类的库数据。

[ISO 13584-1:2001,定义 3.1.3]

3.12

功能视图　functional view

在产品数据中描述一个零件表达分类的数据。

[ISO 13584-1:2001,定义 3.1.4]

注:功能视图的结构不依赖它表示的零件。

3.13

通用模型　general model

集成库中对零件进行定义和标识的库数据。

[ISO 13584-1:2001,定义 3.1.5]

3.14

零件通用族　generic family of parts

为了分类或分解公共信息,所作的零件简单族或零件通用族的一种分组。

[ISO 13584-24:2003,定义 3.44]

3.15

库传送文件　library delivery file

符合库集成信息模型的,并且根据 GB/T 16656.11—1996 中所规定的一种实现方法所表达的,EXPRESS 实体实例的全体。

注:库传送文件规定了供应商库的结构和内容。它可以引用库外部的文件。

[ISO 13584-24:2003,定义 3.68]

3.16

库零件　library part

在库中与表达其本身的数据的集合相关的零件。

[ISO 13584-1:2001,定义 3.1.13]

3.17

库零件数据 library part data

在库中表达零件的数据。

[ISO 13584-1:2001,定义 3.1.14]

3.18

库交换相关环境 library exchange context

一个库传送文件与零个、一个或若干个库外部文件的集合,它们一起表达供应商库。

[ISO 13584-24:2003,定义 3.70]

3.19

库外部文件 library external file

一个文件,它来自库传送文件引用,帮助定义供应商库。

注:库外部文件的结构和格式在引用它的该库传送文件中规定。

[ISO 13584-24:2003,定义 3.71]

3.20

库集成信息模型 library integrated information model

LIIM

一种 EXPRESS 模式,为了交换,它集成了来自表达供应商库的不同 EXPRESS 模式的资源构造,并且它与一致性要求相关。

[ISO 13584-24:2003,定义 3.72]

3.21

类的库规范 library specification of a class

在供应商库中,类扩展的显式表示。

注 1:在 ISO 13584 系列标准中,所有的类有意通过字典元素进行定义。只有那些该供应方想显式地表达该合理实例的类与库规范相关。

注 2:在 ISO 13584-24:2003 中,类的库规范由包含所有不同合理实例的集合组成。

[ISO 13584-24:2003,定义 3.76]

3.22

零件 part

用来构成不同产品元器件的材料或功能元素。

[ISO 13584-1:2001,定义 3.1.16]

3.23

特性 property

可用数据元素类型表达的信息。

[ISO 13584-1:2001,定义 3.1.10]

3.24

表达分类 representation category

即一种抽象概念,它用于区分关于某一零件描述的各种可能的用户需求。

[ISO 13584-1:2001,定义 3.1.20]

注:在 GB/T 17645 系列标准定义的模型中,这种区分用视图逻辑名和视图控制变量形式化表示。

3.25

资源结构 resource construct

EXPRESS 语言实体、类型、函数、规则和引用的集合,它们一起定义数据的有效描述。

[ISO 13584-24:2003,定义 3.97]

3.26

零件简单族 simple family of parts

零件的集合,它的每个零件可以由相同的特性分组来描述。

[ISO 13584-24:2003,定义 3.98]

3.27

供应商库 supplier library

一组数据,也可能是一组程序,可以确认供应商,并按 GB/T 17645 中定义的标准格式描述一组零件和/或零件表达的集合。

[ISO 13584-1:2001,定义 3.1.22]

3.28

用户库 user library

通过库管理系统从一个或多个供应商库集成产生的和可能是用户做的随后改编中产生的信息。

[ISO 13584-1:2001,定义 3.1.23]

3.29

视图交换协议 view exchange protocol

VEP

GB/T 17645 的一部分,它描述了资源结构和表达传输接口的用法,表达传输接口满足零件的一个表达类交换的信息需求。

[ISO 13584-24:2003,定义 3.107]

3.30

可视特性 visible property

为某些零件族定义的一种特性,并且它可以用于或不用于该零件族的不同零件。

[ISO 13584-24:2003,定义 3.109]

例:对于螺栓的一种通用族,该螺杆无螺纹部分的长度是一种可见的特性:对于任何螺栓,它被明确地定义,除了那些有这个特性值的具有非螺纹的螺栓零件。

注:特性定义为可见的类的代码是表达该特性的数据元素类型标识的一部分。

3.31

IEC 根类 IEC root class

GB/T 17564.4—2004 中定义的所有类的超类;它的分类代码是'AAA000',它的版本号为'001'。

[GB/T 17564.2—2005,定义 2.5]

3.32

可应用数据元素类型 applicable data element type

按某些元器件分类定义且适合属于该元器件分类的任何元器件的数据元素类型。

[GB/T 17564.2—2005,定义 2.6]

3.33

可视数据元素类型 visible data element type

按某些元器件分类定义且可能或可能不适合该元器件分类中不同元器件的数据元素类型。

注 1:数据元素类型被定义为可视数据元素类型的类的代码,是该数据元素类型标识的部分。

注 2:在 IEC 范围内,在根类层上所有数据元素类型定义为可视的。根类是元器件分类和材料分类两者的超类。

4 结构

GB/T 17564.5 有两个主要部分:

- 通用资源部分为表达聚集数据类型提供资源结构。聚集数据类型和值的建模完全符合EXPRESS语言。
- 库集成信息模型收集上面的资源结构及其他来自GB/T 17564.2—2005和GB/T 17645及GB/T 16656.11—1996不同部分的通用资源结构到一个单一模式来表达字典，该字典可包括聚集数据类型。

4.1 通用资源

通用资源包括：

ISO 13584_IEC 61360_dictionary_aggregate_extension_schema EXPRESS模式。

该模式规定本质上通用的资源结构。它可用于GB/T 17564系列标准之外，特别是采用符合GB/T 17564系列标准的数据字典的所有应用中。

它规定描述数据类型需要的资源构造，该数据类型对应如EXPRESS语言中定义的聚集数据类型。它定义描述阵列、数包、列表和集合数据类型的资源。这些数据类型扩展GB/T 17564.2—2005中发布的ISO 13584_IEC 61360_dictionary_schema中已经定义的数据类型。

4.2 库集成信息模型

4.2.1 概述

GB/T 17564的本部分中规定的库集成信息模型将GB/T 17564本部分中定义的通用资源构造以及GB/T 17564.2—2005和GB/T 17645与GB/T 16656的各部分中定义的资源构造聚集在一起形成了用于交换的表达字典的单一模式。库集成信息模型由ISO和IEC联合开发。为了交换符合GB/T 17564.1—2005的字典信息，只有四种交换适用于本部分并在下面定义。其他交换种类在ISO 13584-25中定义。

- 定义了项类层次结构的字典，可以是零件、材料、特征或其他项的字典，只使用ISO/IEC公共字典模式中或本部分ISO 13584_IEC 61360_dictionary_aggregate_extension_schema中定义的EXPRESS资源构造的聚集属性，对应一致性类1；
- 定义了项类层次结构的字典，可以是零件、材料、特征或其他项的字典，使用了ISO 13584-24：2003中定义的公共字典模式的扩展，但不进行项表达和项目录表达的描述，并且不使用聚集结构的特性，对应一致性类2；
- 定义了项类层次结构、项表达层次结构和项表达分类层次结构的字典，具有聚集结构特性，对应一致性类3；
- 与一致性类3有相同的范围但不超过两级嵌套聚集结构特性的字典，对应一致性类4。

上面的各种交换环境对应库集成模型'ISO 13584_25_IEC 61360_5_liim_schema'的一个一致性类。每个一致性类规定声明符合该一致性类实现的一致性要求。GB/T 17564的本部分中，定义一致性类的每个子集通过实体列表规定。声明符合任何一致性类的实现应支持该一致性类列出的所有实体及相关结构。

库集成模型ISO 13584_25_IEC 61360_5_liim_schema是通过表述ISO TC 184/SC 4/WG 2和IEC SC3D两者的要求的实体、类型和相关构造的集合定义的，因此，这里的一致性类的范围要比IEC一致性类规定的范围宽。

4.2.2 一致性类1：最小字典

一致性类1支持交换项类层次结构定义的信息要求，其中，项可以是零件或材料。它允许交换按ISO/IEC字典模式(GB/T 17564.2—2005)描述的所有字典元素，并且按照本部分附录A的规定这些字典元素可以带聚集结构值。一致性类1与库交付文件的实现方法相关，其一致性要求在GB/T 17564本部分的B.3.1中规定。

4.2.3 一致性类2：项类字典

一致性类2支持交换项类层次结构定义的信息要求，其中，项可以是零件、材料或特征，其特性可能不带聚合结构值。并与定义库外部文件格式的一组标准数据相关,符合它的库交付文件应引用这组标准数据集合。其一致性要求在 GB/T 17564 本部分的 B.3.2 中规定。

4.2.4 一致性类 3:完整字典

一致性类 3 支持交换项类层次结构定义的信息要求,其中,项可以是零件、材料或特征以及表达这个项类的定义。这些类中的所有特性可以带聚合结构值。并与定义库外部文件格式的一组标准数据相关,符合它的库交付文件应引用这组标准数据。其一致性要求在 GB/T 17564 本部分的 B.3.3 中定义。

4.2.5 一致性类 4:限制嵌套聚集值的完整字典

一致性类 4 支持对应带限定的一致性类 3 的信息要求。一致性类 4 规定聚合值不超过两次嵌套。其一致性要求在 GB/T 17564 本部分的 B.3.4 中定义。

为了交换零件库和/或实例,定义了基于同一个库集成模型 ISO 13584_25_IEC 61360_5_liim_schema 的五个附加一致性类。这些一致性类的定义可在 ISO 13584-25 中找到。

5 要求

本部分的要求应通过符合 ISO 13584-25 的合适条款和附录来实现。

为了方便,这些条款和附录作为本部分的资料性附录重新放置如下:

附录 A:集合数据类型的 EXPRESS 信息模型;[ISO 13584-25 第 6 章]

附录 B:库集成信息模型‘ISO 13584_25_IEC 61360_5_liim_schema’的定义和一致性类的定义;[ISO 13584-25 第 8 章]

附录 C:库集成信息模型‘ISO 13584_25_IEC 61360_5_liim_schema’的扩展清单;[ISO 13584-25 附录 C]

附录 D:库集成信息模型‘ISO 13584_25_IEC 61360_5_liim_schema’的标准数据要求;[ISO 13584-25 附录 D]

附录 E:库集成信息模型‘ISO 13584_25_IEC 61360_5_liim_schema’的实现要求,规定 GB/T 17564.5 的本附录;[ISO 13584-25 附录 E]

附录 F:集合数据类型的 EXPRESS_G 框图;[ISO 13584-25 附录 F1]。

附 录 A
（资料性附录）
ISO 13584_IEC 61360_dictionary_aggregate_extension_schema

A.1 概述

本附录规定 ISO 13584_IEC 61360_dictionary_aggregate_extension_schema 的要求。下列 EXPRESS 声明介绍 ISO 13584_IEC 61360_dictionary_aggregate_extension_schema 并标识必要的外部参考文件。

EXPRESS 规范：

```
*)
SCHEMA ISO 13584_IEC 61360_dictionary_aggregate_extension_schema;
REFERENCE FROM ISO 13584_IEC 61360_dictionary_schema (
        data_type,
        entity_instance_type);
(*
```

注：可以在下列标准中找到上面引用的模式：

ISO 13584_IEC 61360_dictionary_schema IEC 61360-2:2002

（为了方便，复制在 GB/T 17645.42—2001 的资料性附录 D 中。）

A.2 ISO 13584_IEC 61360_dictionary_aggregate_extension_schema 介绍

ISO 13584_IEC 61360_dictionary_aggregate_extension_schema 规定 ISO/IEC 公共字典模式扩展的信息模型，允许使用列表、集合、数包、阵列以及单一或复杂数据类型子集的集合。

该扩展以两步实现：

- entity_instance_type_for_aggregate 实体规定引用 EXPRESS 定义的实体的方法。该实体规定聚集数据类型。entity_instance_type_for_aggregate 是 entity_instance_type 实体的子类型；

注：entity_instance_type 实体在 GB/T 17564.2—2005 中规定并在 GB/T 17645.42—2001 中复制。

- 然后，规定聚集数据类型的实体通过 aggregate_type 实体及其特殊性建模。

A.3 ISO 13584_IEC 61360_dictionary_aggregate_extension_schema 实体定义

下面实体类型定义描述聚集类型编码所需的必要资源。

A.3.1 Aggregate_entity_instance_type 实体

entity_instance_type_for_aggregate 实体规定可以表达为简单或复杂值的列表、集合、数包或阵列的数据类型的引用定义。它由本模式中规定的引用 aggregate_type 规定。

EXPRESS 规范：

```
*)
ENTITY entity_instance_type_for_aggregate
SUBTYPE OF (entity_instance_type);
        type_structure:aggregate_type;
WHERE
        WR1:SELF\entity_instance_type.type_name=
```

```
[‘ISO 13 584_IEC 61360_DICTIONARY_AGGREGATE_EXTENSION_SCHEMA’
        +’. AGGREGATE_TYPE’];
END_ENTITY;
(*
```

属性定义:

type_structure:aggregate_type 由 entity_instance_type 引用和携带。

形式限制:

WR1: entity _ instance _ type 的 type _ name 属性应该包含字符串 ISO 13584_IEC 61360_DICTIONARY_AGGREGATE_EXTENSION_SCHEMA’+’. AGGREGATE_TYPE’。

A. 3. 2 Aggregate_type 实体

aggregate_type 实体规定可以表达为简单或复杂值的列表、集合、数包或阵列的数据类型的定义。

EXPRESS 规范:

```
*)
ENTITY aggregate_type
ABSTRACT SUBTYPE OF (ONE OF(
        list _type,
        set_type,
        bag_type,
        array_type,set_with_subset_constaint_type));
    bound_1:OPTIONAL INTEGER;
    bound_2:OPTIONAL INTEGER;
    value_type:data_type;
WHERE
    WR1:bound_1:<=bound_2;
END_ENTITY;
(*
```

属性定义:

value_type:是用作聚集的每个元素的值(简单或复杂)类型。

bound_1:定义被定义聚集类型下限的可选整数。

bound_2:定义被定义聚集类型上限的可选整数。

形式限制:

WR1:bound_1 不能大于 bound_2。

A. 3. 3 List_type 实体

list_type 实体规定可以表达为值有序列表的数据类型的定义,该值中允许或不允许有复制。

EXPRESS 规范:

```
*)
ENTITY list_type
SUBTYPE OF (aggregate_type);
    uniqueness:BOOLEAN;
WHERE
```

```
        WR1:EXISTS(bound_1) OR NOT (EXISTS (bound_2));
        WR2:NOT EXISTS(bound_1) OR (bound_1>=0);
END_ENTITY;
(*
```

属性定义：

uniqueness：表明列表中的所有元素是否必须唯一(真)或是否允许复制(假)的标记。

形式限制：

WR1：如果定义的列表选项属性有上限 bound_2，意味着定义的列表也有下限 bound_1 选项属性。

WR2：如果定义的列表选项属性有下限 bound_1，那么它大于或等于 0。

A.3.4 Set_type 实体

set_type 实体规定可以表达为值的无序集合的数据类型的定义，该值中不会有复制。

EXPRESS 描述：

```
*)
ENTITY set_type
SUBTYPE OF (aggregate_type);
WHERE
        WR1:EXISTS(bound_1) OR NOT (EXISTS (bound_2));
        WR2:NOT EXISTS(bound_1) OR (bound_1>=0);
END_ENTITY;
(*
```

形式限制：

WR1：如果定义的列表选项属性有上限 bound_2，意味着定义的列表也有下限 bound_1 选项属性。

WR2：如果定义的列表选项属性有下限 bound_1，那么它大于或等于 0。

A.3.5 Bag_type 实体

bag_type 实体规定可以表达为值的无序集合的数据类型的定义，该值中可能有复制。

EXPRESS 描述：

```
*)
ENTITY bag_type
SUBTYPE OF (aggregate_type);
WHERE
        WR1:EXISTS(bound_1) OR NOT (EXISTS (bound_2));
        WR2:NOT EXISTS (bound_1) OR (bound_1>=0);
END_ENTITY;
(*
```

形式限制：

WR1：如果定义的列表选项属性有上限 bound_2，意味着定义的列表也有下限 bound_1 选项属性。

WR2：如果定义的列表选项属性有下限 bound_1，那么它大于或等于 0。

A.3.6 Array_type 实体

array_type 实体规定可以表达为值阵列的数据类型的定义。阵列数据类型有编有索引的自身值域、类似元素的固定大小的集合。整数值下、上限规定索引值的范围并因此规定每个阵列集合大小。阵列数据类型定义可以有选择地规定阵列值不能包含复制元素。

EXPRESS 描述：

*)

ENTITY array_type

SUBTYPE OF (aggregate_type);

SELF\aggregate_type. bound_1:INTEGER;

SELF\aggregate_type. bound_2:INTEGER;

uniqueness:BOOLEAN;

are_optional:BOOLEAN;

END_ENTITY;

(*

属性定义：

bound_1:定义被定义集合类型下索引的整数。

bound_2:定义被定义集合类型上索引的整数。

uniqueness:表明阵列的所有元素是否必须出现(假)或阵列的有些元素是否可以遗漏(真)。

are_optional:表明阵列的所有元素是否必须出现(假)或阵列的有些元素是否可以遗漏(真)。

A.3.7 Set_with_subset_constraint_type 实体

set_with_subset_constraint _type 实体规定了可以表达为由子集抽取出来的值的数据类型的定义。子集的大小由最小和最大值定义，如果不定义大小，则允许为任意子集。

注：可以抽取子集的相关环境不在 ISO 13584 部分的范围内。

EXPRESS 描述：

*)

ENTITY set_with_subset_constraint _type

SUBTYPE OF (aggregate_type);

cardinal_min:OPTIONAL INTEGER;

cardinal_max:OPTIONAL INTEGER;

WHERE

WR1:cardinal_min<=cardinal_max;

WR2:NOT EXISTS (bound_2) OR NOT EXISTS (cardinal_max)

OR (cardinal_max<=bound_2);

WR3:NOT EXISTS (bound_1) OR NOT EXISTS (cardinal_mix)

OR (cardinal_min<=bound_1);

END_ENTITY;

(*

属性定义：

cardinal_min:可以抽取子集的最小值。

cardinal_max:可以抽取子集的最大值。

形式限制：

WR1:可以抽取子集的最小值 cardinal_min 应该小于或等于可以抽取子集的最大值 cardinal_max。

WR2:可以抽取子集的最大值不应该大于集合本身的最大值。

WR3:可以从集合抽取子集的最小值不应该大于集合本身的最小值。

*)

END SCHEMA;

--ISO 13584_IEC 61360_dictionary_aggregate_extension_schema

(*

附 录 B
（资料性附录）
库集成信息模型 25

B.1 总则

符合库集成信息模型 LIIM25 包括满足 B.2 中 ISO 13584_25_IEC 61360_5_liim_schema 模式描述的信息要求，支持附录 D 中 ISO 13584_25_IEC 61360_5_comformance_schema 模式描述的标准数据的要求，支持的实现方法的要求和引用标准的相关要求。

实现方法至少应该支持下面的实现方法：ISO 10303-21。附录 E 中规定了实现方法的要求。

ISO 13584_25_IEC 61360_5_liim_schema 模式规定了实现方法可以支持的许多选项。这些选项分成一致性类。规定了 9 个一致性类，选项由每个一致性类规定并可由实现来选择。符合特殊的一致性类要求与类别相关的标准数据一起支持所有的 ISO 13584_25_IEC 61360_5_liim_schema 实体、类型以及定义为类别一部分的相关限制。

注：支持与类别相关的标准数据由 ISO 13584_25_IEC 61360_5_liim_schema 中规定的全局规则保证。

一致性类的编号模式如下：

- 一致性类 1：来自 ISO/IEC 公共字典模式的最少 dictionary_elements 实体但增加了聚集类型；

注：GB/T 17645.42—2001 中评注的 ISO 13584_IEC 61360_dictionary _schema 定义 ISO/IEC 公共字典模式。

- 一致性类 2：来自无功能模型和功能视图也没有聚集类型的扩展字典模式的 dictionary_elements；

注：GB/T 17645.42—2001 中评注的 ISO 13584_IEC 61360_dictionary _schema 定义扩展字典模式。

- 一致性类 3：来自带功能模型和功能视图以及聚集类型的扩展字典模式的 dictionary_elements；
- 一致性类 4：等同于一致性类 3，但是带有限的嵌入聚集类型；
- 一致性类 5：来自无功能模型和功能视图类别，也没有集合类型和值，但是库中的类别有 class_extension 的显式描述的扩展字典模式的 dictionary_elements；
- 一致性类 6：来自带功能模型和功能视图以及聚集类型和值，并且库中的类别有 class_extension 的显式描述的扩展字典模式的 dictionary_elements；
- 一致性类 7：等同于一致性类 6，但是带有限的嵌入聚集类型和值；
- 一致性类 10：没有字典定义也没有库结构的项实例和项表达实例；
- 一致性类别 11：有字典定义但没有库结构的项实例和项表达实例；

注 1：external_file_protocol 实体的属性值受发送者和接收者之间的先期协议支配，该实体不属于 GB/T 17564 的本部分附录 D 中定义的标准数据或不属于部分 ISO 13584 视图交换协议系列一部分中定义的标准数据。他们不属于本部分的范围。

注 2：只有可以引用为一致性类 2 种～8 种和 10 种～11 种的 http_files 的文件是 MIME 类型和子类型如下的文件：

- 与现有标准对应，或
- 与现有因特网公共域读者相关。

表 B.1 显示库集成信息模型 25 的不同一致性类的被支持范围。

表 B.1 库集成信息模型 25 的一致性选项

范围	字典元素				
一致性类	项类的字典定义	项类表达和表达分类的字典定义	结构化聚集特性	库规范（类扩展）	实例表达
1	x		x		
2	x				
3	x	x	x		
4	x	x	x		
5	x			x	x
6	x	x	x	x	x
7	x	x	x	x	x
10			x		x
11	x	x	x		x

B.2 ISO 13584_25_IEC 61360_5_liim_schema 短列表

本条规定 EXPRESS 模式采用来自 ISO 10303 系列的集成资源系列和来自部分 ISO 13584 逻辑资源和描述方法系列的元素来定义 GB/T 17564 的本部分中规定的库集成信息模型 LIIM25 的要求。

注：ISO 10303 的集成资源系列是 ISO 10303-4x 和 ISO 10303-1xx。部分 ISO 13584 逻辑资源系列是 ISO 13584-2x 以及部分 ISO 13584 描述方法系列是 ISO 13584-4x.。

ISO 13584_25_IEC 61360_5_liim_schema 扩大了的 EXPRESS 列表，以及 ISO 13584_25_IEC 61360_5_conformance_schema 中定义的附加限制，在 ISO 13584-25 的附录 A 中规定。产生的模式，叫做 ISO 13584_25_IEC 61360_5_library_implicit_schema，是供应商库的信息模型。由于它不在本部分的范围中，供应商库的引用库信息模型 LIIM25 不在本部分中规定。

注：集成库的信息模型不在本部分的范围。

EXPRESS 规范：

```
*)
SCHEMA ISO 13584_25_IEC 61360_5_liim_shema;
USE FROM ISO 13584_IEC 61360_dictionary_shema
    (axisl_placement_type,
    axis2_placement_2d_type,
    axis2_placement_3d_type,
    boolean_type,
    class_BSU,
    class_instance_type,
    class_value_type,
    class_value_assignment,
    complex_type,
    component_class,
    condition_DET,
    data_type_BSU,
    data_type_element,
    dates,
    dependent_P_DET,
```

```
        dic_unit,
        dic_value,
        entity_instance_type,
        identified_document,
        int_currency_type,
        int_measure_type,
        int_type,
        integer_type,
        item_class,
        item_names,
        label_with_language,
        level_type,
        material_class,
        mathematical_string,
        named_type,
        non_dependent_P_DET,
        non_quantitative_code_type,
        non_quantitative_int_type,
        non_si_unit,
        number_type,
        placement_type,
        property_BSU,
        property_DET,
        real_currency_type,
        real_measure_type,
        real_type,
        string_type,
        supplier_BSU,
        supplier_element,
        value_domain;

USE FROM ISO 13584_IEC 61360_language_resource_schema
        (global_language_assignment,
        present_translations,
        translated_label,
        translated_text);

USE FROM ISO 13584_instance_resource_schema
        (null_value,
        primitive_value,
        null_or_primitive_value,
        simple_value,
        null_or_simple_value,
```

```
        number_value,
        null_or_ number _value,
        integer_value,
        null_or_ integer_value,
        real_value,
        null_or_real _value,
        boolean_value,
        null_or_ boolean _value,
        translatable_string_value,
        translated_string_value,
        string_value,
        null_or translatable_string_value;
        complex_value,
        null_or_complex _value,
        entity_instance_value,
        null_or_ entity_instance_value,
        defined_entity_instance_value,
        controlled_entity_instance_value,
        STEP_entity_instance_value,
        PLIB_entity_instance_value,
        property_or_data_type_BSU,
        level_spec_value,
        null_or_ level_spec_value,
        int_ level_spec_value,
        null_or_int_level_spec_value,
        real_ level_spec_value,
        null_or_real_level_spec_value,
        property_value,
        context_dependent_property_value,
        dic_class_instance,
        null_or_ dic_class_instance,
        dic_component_instance,
        dic_feature_instance,
        dic_material_instance,
        lib_component_instance,
        lib_feature_instance,
        lib_material_instance,
        dic_f_model_instance,
        lib_f_model_instance);
USE FROM ISO 13584_IEC 61360_dictionary_aggregate_extension_schema
        (entity_instance_type_for_aggregate,
        list_type,
        set_type,
```

```
        bag_type,
        array_type,
        set_with_subset_constraint_type);
USE FROM ISO 13584_extended_dictionary_schema
        (dictionary,
        dictionary_in_standard_format,
        library_iim_identification,
        view_exchange_protocol_identification,
        representation_type,
        geometric_representation_context_type,
        representation_reference_type,
        program_reference_type,
        program_library_BSU,
        document_BSU,
        supplier_program_libraty_relationship,
        class_document_relationship,
        representation_P_DET,
        class_related_dictionary_element,
        program_library_element,
        document_element,
        document_element_with_http_resource,
        document_element_with_translated_http_resource,
        referenced_document,
        referenced_graphics,
        feature_class,
        functional_model_class,
        fm_class_view_of,
        functional_view_class,
        non_instantiable_functional_view_class,
        view_control_variable_range,
        item_class_case_of,
        component_class_case_of,
        material_class_case_of,
        feature_class_case_of,
        a_posteriori_case_of,
        a_posteriori_view_of;
USE FROM ISO 13584_IEC 61360_external_file_schema
        (standard_simple_program_protocol,
        non_standard_simple_program_protocol ,
        linked_interfance_program_protocol,
        standard_data_protocol,
        non_standard_data_protocol ,
        http_protocol,
```

```
        program_library_content,
        document_content,
        representation_reference,
        program_reference,
        property_value_external_item,
        message,
        illustration,
        A6_illustration,
        A9_illustration,
        translated_external_content,
        not_ translated_external_content,
        not_ translatable_external_content,
        language_specific_content,
        external_file_unit,
        http_file,
        http_class_directionary,
        simple_program_protocol);
USE FROM ISO 13584_aggregate_value_schema
        (aggregate_entity_instance_value,
        list_value,
        set_value,
        bag_value,
        array_value,
        set_with_subset_constraint_value);
USE FROM ISO 13584_library_content_schema
        (library,
        library_in_standard_format,
        explicit_item_class_extension,
        explicit_functional_model_class_extension,
        property_classification,
        property_value_recommended_presentation);
USE FROM measure_schema
        (amount_of_substance_measure,
        area_measure,
        context_dependent_measure,
        context_dependent_unit,
        conversion_based_unit,
        count_measure,
        derived_unit,
        derived_unit_element,
        dimensional_exponents,
        electric_current_measure,
        global_unit_assigned_context,
```

```
        length_measure,
        length_measure_with_unit,
        length_unit,
        luminous_intensity_measure,
        mass_measure,
        measure_value,
        measure_with_unit,
        named_unit,
        numeric_measure,
        parameter_value,
        plane_angle_measure,
        positive_length_measure,
        positive_plane_angle_measure,
        ratio_measure,
        si_unit,
        solid_angle_measure,
        thermodynamic_temperature_measure,
        time_measure,
        volume_measure);
USE FROM person_organization_schema
        (address,
        organization,
        person);
USE FROM date_time_schema
        (date,
        date_and_time,
        local_time,
        calendar_date,
        ordinal_date,
        week_of_year_and_day_date);
USE FROM geometry_schema
        (axis1_placement,
        axis2_placement_2D,
        axis2_placement_3D,
        geometric_representation_context,
        placement);

USE FROM representation_schema
        (representation,
        representation_context,
        representation_item);

USE FROM application_context_schema
```

```
    (application_context,
    application_context_element,
    application_protocol_definition);
END_SCHEMA;--ISO 13584_25_IEC 61360_5_liim_schema
(*
```

注:上面引用的模式可以在下面的标准中找到:

ISO 13584_IEC 61360_dictionary_schema (为了方便,在 GB/T 17645.42—2001 附录 D 中复制了),	IEC 61360-2:2002
ISO 13584_IEC 61360_language_resource_schema (为了方便,在 GB/T 17645.42—2001 附录 D 中复制了),	IEC 61360-2:2002
ISO 13584_instance_ resource _schema	ISO 13584-24:2003,
ISO 13584_IEC 61360_dictionary_aggregate_extension_schema	ISO 13584-25:2004,
ISO 13584_extended_ dictionary _schema	ISO 13584-24:2003,
ISO 13584_external_file_schema	ISO 13584-24:2003,
ISO 13584_aggregate_value _schema	ISO 13584-25:2004,
ISO 13584_library_content_schema	ISO 13584-24:2003,
measure_schema	ISO 10303-41:2000,
person_organization_schema	ISO 10303-41:2000,
date_time_schema	ISO 10303-41:2000,
geometry_schema	ISO 10303-42:2000,
representation_schema	ISO 10303-43:2000,
application_context_schema	ISO 10303-41:2000.

B.3 一致性类要求

B.3.1 一致性类 1:最小字典

一致性类 1 指的是:用于支持 ISO/IEC 字典模式及其扩展中陈述的公共要求的那些实现。扩展处理聚集数据类型和值。库集成信息模型 25 的一致性类 1 的实现应该支持下面的实体和相关的结构:

```
FROM ISO 13584_IEC 61360_dictionary_schema
    supplier_BSU
    supplier_element
    class_BSU
    item_class
    component_class
    material_class
    property_BSU
    property_DET
    condition_DET
    dependent_P_DET
    non_dependent_P_DET
    class_value_assignment
    data_type_BSU
    data_type_element
    number_type
    int_type
```

int_measure_type
int_currency_type
integer_type
non_quantitative_int_type
real_type
real_measure_type
real_currency_type
boolean_type
string_type
non_quantitative_code_type
complex_type
level_type
class_instance_type
entity_instance_type
placement_type
axis1_ placement_type
axis2_ placement_2d_type
axis2_ placement_3d_type
named_type
value_domain
dic_value
non_si_unit
dic_unit
dates
identified_document
item_names
label_with_language
mathematical_string

FROM ISO 13584_IEC 61360_language_resource_schema
global_language_assignment
present_translations
translated_label
translated_text

FROM ISO 13584_IEC 61360_dictionary_aggregate_extension_schema
aggregate_entity_instance_type
list_type
set_type
bag_type
array_type
set_with_subset_constraint_type

FROM measure_schema
amount_of_substance_measure
area_measure
context_dependent_measure
context_dependent_unit
conversion_based_unit
count_measure
derived_unit
derived_unit_element
dimensional_exponents
electric_current_measure
global_unit_assigned_context
length_measure
length_measure_with_unit
length_unit
luminous_intensity_measure
mass_measure
measure_value
measure_with_unit
named_unit
numeric_measure
parameter_value
plane_angle_measure
positive_length_measure
positive_plane_angle_measure
ratio_measure
si_unit
solid_angle_measure
thermodynamic_temperature_measure
time_measure
volume_measure

FROM person_organization_schema
address
organizaiton

B.3.2 一致性类 2:项类字典

一致性类 2 指的是:支持来自无功能模型及功能视图类别也没有聚集类型的扩展字典模式的 dictionary_element 的实现。库集成信息模型 25 的一致性类 2 的实现应该支持下面的实体和相关的结构:

FROM ISO 13584_IEC 61360_dictionary_schema
supplier_BSU
supplier_element
class_BSU
item_class

component_class
material_class
property_BSU
property_DET
condition_DET
dependent_P_DET
non_dependent_P_DET
class_value_assignment
data_type_BSU
data_type_element
number_type
int_type
int_measure_type
int_currency_type
integer_type
non_quantitative_int_type
real_type
real_measure_type
real_currency_type
boolean_type
string_type
non_quantitative_code_type
complex_type
level_type
class_instance_type
entity_instance_type
placement_type
axis1_ placement_type
axis2_ placement_2d_type
axis2_ placement_3d_type
named_type
value_domain
dic_value
non_si_unit
dic_unit
dates
identified_document
item_names
label_with_language
mathematical_string

FROM ISO 13584_IEC 61360_language_resource_schema
global_language_assignment

present_translations
translated_label
translated_text

FROM ISO 13584_extended_dictionary_schema
dictionary
dictionary_in_standard_format
library_iim_identification
view_exchange_protocol_identification
document_BSU
class_document_relationship
representation_P_DET
class_related_dictionary_element
document_element
document_element_with_http_access
document_element_with_translated_http_access
referenced_document
referenced_graphics
feature_class
item_class_case_of
component_class_case_of
material_class_case_of
feature_class_case_of
a_posteriori_case_of
a_posteriori_view_of

FROM ISO 13584_IEC 61360_external_file_schema
standard_data_protocol
non_standard_data_protocol
http_protocol
document_content
translated_external_content
not_translated_external_content
not_translatable_external_content
language_specific_content
external_file_unit
http_file
http_class_directionary
simple_program_protocol

FROM measure_schema
amount_of_substance_measure
area_measure

context_dependent_measure
context_dependent_unit
conversion_based_unit
count_measure
derived_unit
derived_unit_element
dimensional_exponents
electric_current_measure
global_unit_assigned_context
length_measure
length_measure_with_unit
length_unit
luminous_intensity_measure
mass_measure
measure_value
measure_with_unit
named_unit
numeric_measure
parameter_value
plane_angle_measure
positive_length_measure
ratio_measure
si_unit
solid_angle_measure
thermodynamic_temperature_measure
time_measure
volume_measure

FROM person_organization_schema
address
organizaiton

B.3.3 一致性类 3:完整字典

一致性类 3 指的是:支持一致性类 2 并支持功能模型及功能视图类别和聚集数据类型两者的实现。库集成信息模型 25 的一致性类 3 的实现应该支持所有一致性类 2 支持的实体外加下面的实体和相关的结构:

FROM ISO 13584_extended_dictionary_schema
representation_type
geometric_ representation_context_type
representation_reference_type
supplier_program_library_relationship
functional_model_class
fm_class_view_of
functional_view_class

non_instantiable_functional_view_class
view_control_variable_range
FROM ISO 13584_external_file_schema
standard_simple_program_protocol
non_standard_simple_program_protocol
linked_interface_program_protocol
program_library_content
representation_reference
program_reference

FROM ISO 13584_IEC 61360_dictionary_aggregate_extension_schema
aggregate_entity_instance_type
list_type
set_type
bag_type
array_type
set_with_subset_constraint_type

B.3.4 一致性类 4:限制嵌入聚集值的完整字典

一致性类 4 指的是:支持一致性类 3 定义的所有实体和相关结构,但具有如下限制:集合嵌入层次由附录 D 中定义的 nesting_level_aggregate_limit_rule 规则限制为 2 的实现。

B.3.5 一致性类 5:项类库

一致性类 5 指的是:通过定义实例集合支持一致性类 2 和项类扩展显式描述的实现。一致性类 5 不支持功能模型实例、也不支持结构化聚集值。库集成信息模型 25 的一致性类 5 的实现应该支持为一致性类 2 定义的实体外加下面的实体和相关的结构:

FROM ISO 13584_extended_dictionary_schema
FROM ISO 13584_extended_file_schema
property_value_external_item,
message,
illustration,
A6_ illustration,
A9_ illustration,

FROM ISO 13584_instance_resource_schema
null_value
primitive_value
null_or_primitive_value
simple_value
null_or_simple_value
number_value
null_or_ number _value
integer_value
null_or_ integer_value
real_value

```
    null_or_real _value
    boolean_value
    null_or_ boolean _value
    translatable_string_value
    translated_string_value
    string_value
    null_or translatable_string_value
    complex_value
    null_or_complex _value
    entity_instance_value
    null_or_ entity_instance_value
    defined_entity_instance_value
    controlled_entity_instance_value
    STEP_entity_instance_value
    PLIB_entity_instance_value
    property_or_data_type_BSU
    level_spec_value
    null_or_ level_spec_value
    Int_ level_spec_value
    null_or_int_level_spec_value
    real_ level_spec_value
    null_or_real_level_spec_value
    property_value
    context_dependent_property_value
    dic_class_instance
    null_or_ dic_class_instance
    dic_component_instance
    dic_feature_instance
    dic_material_instance
    lib_component_instance
    lib_feature_instance
    lib_material_instance

FROM ISO 13584_library_content_schema
    library
    library_in_standard_format
    explicit_item_class_extension
    property_classification
    property_value_recommended_presentation

FROM person_organization_schema
    person
```

FROM data_time_schema
date
date_and_time
local_time
calendar_date
ordinal_date
week_of_year_and_day_date

FROM geometry_schema
axis1_placement
axis2_placement_2D
axis2_placement_3D
geometric_representation_context,
placement

FROM representation_schema
representation
representation_context
representation_item
FROM application_context_schema
application_context
application_context_element
application_protocol_definition

B.3.6 一致性类 6:完整库

一致性类 6 指的是:支持一致性类 5 更显式描述功能模型类扩展和结构化聚集准备值的实现。库集成信息模型 25 的一致性类 6 的实现应该支持一致性类 5 支持的所有实体外加下面的实体和相关结构:

FROM ISO 13584_extended_dictionary_schema
representation_type
geometric_representation_context_type
representation_reference_type
program_reference_type
program_library_BSU
program_library_element
functional_model_class
fm_class_view_of
functional_view_class
non_instantiable_functional_view_class
view_control_variable_range
a_posteriori_view_of

FROM ISO 13584_IEC 61360_external_file_schema
standard_simple_program_protocol

non_standard_simple_program_protocol
linked_interfance_program_protocol
program_library_content
representation_reference
program_reference

FROM ISO 13584_instance_resource_schema
dic_f_model_instance
lib_f_model_instance

FROM ISO 13584_library_content_schema
explicit_functional_model_class_extension

FROM ISO 13584_IEC 61360_dictionary_aggregate_extension_schema
entity_instance_type_for_aggregate
list_type
set_type
bag_type
array_type
set_with_subset_constraint_type

FROM ISO 13584_aggregate_value_schema
(aggregate_entity_instance_value
list_value
set_value
bag_value
array_value
set_with_subset_constraint_value

FROM person_organization_schema
person

FROM date_time_schema
date
date_and_time
local_time
calendar_date
ordinal_date
week_of_year_and_day_date

B.3.7 一致性类 7:限制嵌入聚集值的完整库

一致性类 7 指的是:支持一致性类 6 定义的所有实体和相关结构,但具有如下限制:聚集嵌入层次由附录 D 中定义的 nesting_level_aggregate_limit_rule 规则限制为 2 的实现。

B.3.8　一致性类 10:库实例

一致性类 10 指的是:支持项类实例描述或项表达式实例描述的实现。实例没有字典定义也没有库结构。库集成信息模型 25 的一致性类 10 的实现应该支持所有下面的实体和相关结构:

注:如果实例表达式不采用视点交换协议,一致性类 10 不需要使用任何字典 dictionary 或库 library。

FROM ISO 13584_IEC 61360_dictionary_schema
supplier_BSU
supplier_element
class_BSU
property_BSU
data_type_BSU
dic_value
dates
identified_document
item_names
label_with_language
mathematical_string

FROM ISO 13584_IEC 61360_language_resource_schema
global_language_assignment
present_translations
translated_label
translated_text

FROM ISO 13584_instance_resource_schema
null_value
primitive_value
null_or_primitive_value
simple_value
null_or_simple_value
number_value
null_or_ number _value
integer_value
null_or_ integer_value
real_value
null_or_real _value
boolean_value
null_or_ boolean _value
translatable_string_value
translated_string_value
string_value
null_or translatable_string_value
complex_value

null_or_complex _value
entity_instance_value
null_or_ entity_instance_value
defined_entity_instance_value
controlled_entity_instance_value
STEP_entity_instance_value
PLIB_entity_instance_value
property_or_data_type_BSU
level_spec_value
null_or_ level_spec_value
Int_ level_spec_value,
null_or_int_level_spec_value,
real_ level_spec_value,
null_or_real_level_spec_value,
property_value,
context_dependent_property_value,
dic_class_instance,
null_or_ dic_class_instance,
dic_component_instance,
dic_feature_instance,
dic_material_instance,
lib_component_instance,
lib_feature_instance,
lib_material_instance,
dic_f_model_instance,
lib_f_model_instance);

FROM ISO 13584_extended_dictionary_schema
dictionary
dictionary_in_standard_format
library_iim_identification
view_exchange_protocol_identification
document_element
document_element_with_http_resource,
document_element_with_translated_http_resource,
referenced_document,
referenced_graphics
document_BSU
class_document_relationship

FROM ISO 13584_IEC 61360_external_file_schema
http_protocol
document_content

translated_external_content
not_ translated_external_content
not_ translatable_external_content
language_specific_content
external_file_unit
http_file
property_value_external_item

FROM ISO 13584_aggregate_value_schema
aggregate_entity_instance_value
list_value
set_value
bag_value
array_value
set_with_subset_constraint_value
FROM ISO 13584_library_content_schema
library
library_in_standard_format

FROM person_organization_schema
address
organization,
person

FROM date_time_schema
date
date_and_time
local_time
calendar_date
ordinal_date
week_of_year_and_day_date

B.3.9 一致性类 11:有相关字典定义的库实例

一致性类 11 指的是:支持项类实例描述或项表达实例描述的实现。实例有字典定义但没有库结构。库集成信息模型 25 的一致性类 11 的实现应该支持为一致性类 10 定义的所有实体外加下面的实体和相关结构:

注:如果实例表达不采用视点交换协议,一致性类 11 不需要使用任何字典 dictionary 或库 library。

FROM ISO 13584_IEC 61360_dictionary_shema
item_class
component_class
material_class
property_DET
condition_DET

non_dependent_P_DET
class_value_assignment
data_type_element
number_type
int_type,
int_measure_type
int_currency_type
integer_type
non_quantitative_int_type
real_type
real_measure_type
real_currency_type
string_type
non_quantitative_code_type
complex_type
level_type
class_instance_type
entity_instance_type
placement_type
axisl_placement_type
axis2_placement_2d_type
axis2_placement_3d_type
named_type
value_domain
non_si_unit
dic_unit

FROM ISO 13584_extended_dictionary_schema
representation_P_DET
class_related_dictionary_element
feature_class
item_class_case_of
component_class_case_of
material_class_case_of
feature_class_case_of
a_posteriori_case_of
a_posteriori_view_of
representation_type
geometric_representation_context_type
representation_reference_type
supplier_program_libraty_relationship
functional_model_class
fm_class_view_of

functional_view_class
non_instantiable_functional_view_class
view_control_variable_range

FROM ISO 13584_IEC 61360_external_file_schema
standard_data_protocol
non_standard_data_protocol
http_class_directionary
simple_program_protocol
standard_simple_program_protocol,
non_standard_simple_program_protocol ,
linked_interfance_program_protocol
representation_reference
program_reference

FROM measure_schema
amount_of_substance_measure
area_measure
context_dependent_measure
context_dependent_uni
conversion_based_unit
count_measure
derived_unit
derived_unit_element
dimensional_exponents
electric_current_measure
global_unit_assigned_context
length_measure
length_measure_with_unit,
length_unit,
luminous_intensity_measure
mass_measure
measure_value
measure_with_unit
named_unit
numeric_measure
parameter_value
plane_angle_measure
positive_length_measure
positive_plane_angle_measure
ratio_measure
si_unit
solid_angle_measure

thermodynamic_temperature_measure
time_measure
volume_measure

FROM ISO 13584_IEC 61360_dictionary_aggregate_extension_schema
aggregate_entity_instance_type
list_type
set_type
bag_type
array_type
set_with_subset_constraint_type

FROM geometry_schema
axis1_placement
axis2_placement_2D
axis2_placement_3D
geometric_representation_context
placement

FROM representation_schema
representation
representation_context
representation_item

FROM application_context_schema
application_context
application_context_element
application_protocol_definition

附 录 C
（资料性附录）
ISO 13584_25_IEC 61360_5_library_implicit_schema 扩展列表

本附录引用本部分附录B中规定的完整EXPRESS模式的列表，不加评论或其他解释文字，但是有附录D规定的ISO 13584_25_IEC 61360_5_comformance_schema中规定的附加限制。该列表将来自其他模式对应附录B中短形式模式采用的所有元素合并到没有任何外部引用的单个模式中。

本模式可用于：

- 交换引用ISO 13584_25_IEC 61360_5_liim_schema及其相关ISO 13584_25_IEC 61360_5_conformance_schema的库，但是该库不引用任何视图交换协议，和
- 交换引用ISO 13584_25_IEC 61360_5_liim_schema及其相关ISO 13584_25_IEC 61360_5_conformance_schema的库，而且该库引用某些视图交换协议；这时，不检查这些视图交换协议中规定的限制。

本模式可以按下列程序完全检查定义在引用视图交换协议的约束。

按下列程序，本模式可以为每个视图交换协议完整地检查其定义的约束。

假设V1是引用的视图交换协议并且它规定名称为S1_V1、S2_V1的两个限制模式。

a） 检查S1_V1模式和S2_V1模式中引用的所有实体已经在ISO 13584_25_IEC 61360_5_library_implicit_schema存在，否则，不允许通过同一库传递文件引用库集成信息模型25和视图交换协议S1。

注：库传递文件信息模型及其可能包含的实体由库集成信息模型规定，视图交换协议可能仅增加限制。

b） 构建S1_V1模式的长形式并对产生的模式给出相同的名称："S1_V1"。

c） 构建S2_V1模式的长形式并对产生的模式给出相同的名称："S2_V1"。

d） 在S1_V1模式的长形式中，用ISO 13584_25_IEC 61360_5_library_implicit_schema代替任何地方的字符串"S1_V1"。

e） 在S2_V1模式的长形式中，用ISO 13584_25_IEC 61360_5_library_implicit_schema代替任何地方的字符串"S2_V1"。

f） 在ISO 13584_25_IEC 61360_5_library_implicit_schema的内容里增加S1_V1模式长形式的内容。删去可能的复制。

g） 在ISO 13584_25_IEC 61360_5_library_implicit_schema的内容里增加S2_V1模式长形式的内容。删去可能的复制。

上面的过程对视图交换协议V1、V2...Vn完成后，产生的ISO 13584_25_IEC 61360_5_library_implicit_schema可用来交换任何引用ISO 13584_25_IEC 61360_5_liim_schema及其相关的ISO 13584_25_IEC 61360_5_conformance_schema作为其库集成信息模型的库，以及引用整个或部分V1、V2...Vn视图交换协议集的库。该模式也包括所有引用的视图交换协议的限制。

ISO 13584_25_IEC 61360_5_library_implicit_schema模式的列表有计算机可翻译形式并能在下列URL中找到：

http://www.tc184-sc4.org/EXPRESS/

如果访问该站点有困难，可与ISO中央秘书处联系或直接与ISO TC 184/SC4秘书处联系：

sc4sec@tc184-sc4.org。

注1：上面URL计算机可翻译形式提供的信息是正式标准。

注2：如果投票过程中，EXPRESS代码中发现一些错误，这些错误的描述以及部分编辑为PLIB实现推荐的改正方法在下列URL中找到：http://www.lisi.ensma.fr/ftp/pub/PLIB_release_notes/Part25/Part-IS/。

附 录 D
（资料性附录）
库集成信息模型 25 的标准数据要求

D.1 总则

标准数据是能被任何总体符合 ISO 13584 的实现识别的实体实例，并声明符合某些库集成信息模型的某些一致性类或 ISO 13584 系列视图交换协议。

标准数据必须由每个库集成信息模型和每个视图交换协议规定。对于每个一致性类，本附录中的每个扩展列表并入了附录 B 短形式模式、其他模式中规定的所有元素，而每一个这些模式没有任何外部引用。

标准数据可能包括：

- basic_semantic_units 实例，与对应的 dictionary_element 相关并可能与 content_item 相关；
- external_file_protocol 实例，和
- 要求用来定义前面实体实例的其他实体的实例。

辨认一个收到的 basic_semantic_unit 意味着对应的 basic_semantic_unit 与如视图交换协议或库集成信息模型标准数据中规定的对应 dictionary_element 并且可能是 content_item 一起应该已经储存在用户库中，这暗示引用供应商库中的等值 basic_semantic_unit 可以理解为引用先前存在的 basic_semantic_unit。

注：可以按视图交换协议中标准数据规定的 basic_semantic_unit 的例子包括可由视点交换协议规定标识功能视图类别的 class_BSU，还包括标识该功能视图类别视图控制变量的 property_BSU。

辨认一个外部文件协议意味着引用值相等的 external_file_protocol 的外部文件应该由辨认该 external_file_protocol 的实现处理。

注：可以由视图交换协议或库集成信息模型按标准数据规定的外部文件协议的例子是 ISO 8859-1:1998，该标准为拉丁字母表 N°1 规定 8-位单字节编码图形字符集。

一组限制来规定标准数据，这些限制应该由任何声明符合 LIIM 的某些一致性类的库来完成，下面的标准数据由库集成信息模型 25 规定。

D.2 引用库集成信息模型 25 时库传递文件的限制

本条规定 library_iim_identification 实例值。该值允许用于库传递文件来引用 GB/T 17564 的本部分规定的库集成信息模型 25。

允许值的集合由表 D.1 规定，该表通过一个包含通用规则的 EXPRESS 模式为每个一致性类规定 library_iim_identification. name 和 library_iim_identification. application 允许值。该规则应该由引用库集成信息模型 25、在它的任何一致性类中的 GB/T 17564 的本部分规定的任何库传递文件满足。本规则的目的是通过与 view_exchange_protocol_indentification. name 和 view_exchange_protocol_indentification. application 的关系为用来引用库集成信息模型 25 的 library_iim_identification 规定其他属性规定允许值。

本规则包含在 D.5.1 规定的 ISO 13584_25_IEC 61360_5_library_implicit_schema 中。

D.3 一致性类规范表

表 D.1 规定 library_iim_identification. name 和 library_iim_identification. application 的值，允许用在 library_iim_identification 中来引用其任何一致性类中的库集成信息模型 25。

表 D.1 ISO 13584 LIIM 25 一致性类规范

一致性类	library_iim_identification. name 强制值	library_iim_identification. application 强制值
2	'ISO 13584_25_IEC 61360_5'	'2'
3	'ISO 13584_25_IEC 61360_5'	'3'
4	'ISO 13584_25_IEC 61360_5'	'4'
5	'ISO 13584_25_IEC 61360_5'	'5'
6	'ISO 13584_25_IEC 61360_5'	'6'
7	'ISO 13584_25_IEC 61360_5'	'7'
10	'ISO 13584_25_IEC 61360_5'	'10'
11	'ISO 13584_25_IEC 61360_5'	'11'

注 1：没有明显地规定一致性类 1 是因为它没有引用 library_iim_identification 实体数据类型。结果，没有为一致性类 1 规定标准数据。明显地规定一致性类 10 和 11 是因为它可能(可选择地)引用 library_iim_identification 实体数据类型。

注 2：allowed_reference_to_LIIM_25_rule、allowed_entity_instance_type_in_LIIM_25_rule 和 allowed_language_assignment_rule 规则适用于一致性类 1～7 和 10～11 的定义中包括的所有元素，然而，allowed_reference_to_LIIM_25_rule 对一致性类 1 不起作用并且可能对一致性类 10～11 也不起作用，因为这两个类别可能在他们的交换环境中不包含 library_iim_identification。

D.4 一致性类 2～7 和 10～11 的标准数据(除一致性类 1 之外的所有一致性类)

D.4.1 总则

本条规定符合库集成模型 LIIM25 的库传递文件的限制。

允许用于符合任何一致性类 2～7 和 10～11 中的 GB/T 17564 的本部分中规定的库集成模型 LIIM25 的库传递文件中的 library_iim_identification 的值应该遵守下面 EXPRESS 模式中规定的限制。

EXPRESS 规范：

```
*)
SCHEMA ISO 13584_25_IEC 61360_5_comformance_schema;
USE FROM ISO 13584_IEC 61360_language_resouce_schema(
        translated_label,
        present_translations,
        global_language_assignment);

USE FROM ISO 13584_IEC 61360_dictionary_aggregate_extension_schema(
        aggregate_type,
        entity_instance_type);

USE FROM ISO 13584_extended_dictionary_schema(
        data_exchange_specification_identification,
        library_iim_identification);
```

```
USE FROM ISO 13584_external_file_schema(
        external_file_protocol);
(*
```

注：上面采用的模式可以在下面的标准中找到：

ISO 13584_IEC 61360_language_resounce_schema　　IEC 61360-2:2002

（为了方便，在 GB/T 17645.42—2001 的附录 D 中复制了）

ISO 13584_IEC 61360_dictionary _schema　　IEC 61360-2:2002

（为了方便，在 GB/T 17645.42—2001 的附录 D 中复制了）

ISO 13584_extended_dictionary_schema　　ISO 13584-24:2003

ISO 13584_external_file_schema　　ISO 13584-24:2003

D.4.2 Allowed_reference_to_LIIM_25_rule 规则

allowed_reference_to_LIIM_25_rule 规则规定允许用来引用 GB/T 17564 的本部分中定义的库集成模型 LIIM25 的一致性类 1～7 和 10～11 的 library_iim_identifications 的形式限制和非形式限制。如果下面的条件满足，library_iim_identification 允许用来引用库集成模型 LIIM25 的一致性类 2～7 和 10～11：

- 引用库集成模型 LIIM25 的 library_iim_identification 的 name 属性应该等于"ISO 13584_25_IEC 61360_5"，和
- library_iim_identification 的 status 属性应该等于"WD"、或"CD"、或"DIS"、或"FDIS"、或"IS"、或"TS"、或"PAS"、或"ITA"和
- library_iim_identification 的 application 属性应该有值"2"、"3"、"4"、"5"、"6"、"7"、"10"、或"11"和
- external_file_protocol 通过 library_iim_identification 的 external_file_protocol 属性引用的值应该满足 compliant_external_file_protocol_25 功能要求的限制。

而且，如果下面两个条件中的一个满足有关 http_file，library_iim_identification 允许用来引用库集成模型 LIIM25 的一致性类 2～7 和 10～11，http_file 可以直接或间接从 library_iim_identification 中引用：

- 每个引用的 http_file 与 mime 属性以及对应 MIME 类型和子类型的 exchange_format 属性相关，MIME 类型和子类型对应已有的规范，或者
- 与 mime 属性以及对应 MIME 类型和子类型的 exchange_format 属性相关，MIME 类型和子类型对应与公共域可用因特网读者相关的规范。

引用对应其他 MIME 类型和子类型的 http_file 可能仅能由发送者和接收者之间的专用协议来完成，并超出了本部分的范围。这规定为 allowed_reference_to_LIIM_25_rule 规则中的非形式限制 IP1。

EXPRESS 规范：

```
*)
RULE allowed_reference_to_LIIM_25_rule FOR (
        library_iim_identification)
WHERE
        WR1:QUERY (liim_id< * library_iim_ identification|
        ((liim_id\data_exchange_specification_ identification. status
                = 'WD') OR
        (liim_id\data_exchange_specification_ identification. status
                = 'CD') OR
        (liim_id\data_exchange_specification_ identification. status
```

```
            ='DIS') OR
    (liim_id\data_exchange_specification_ identification. status
            ='FDIS') OR
    (liim_id\data_exchange_specification_ identification. status
            ='IS') OR
    (liim_id\data_exchange_specification_ identification. status
            ='TS') OR
    (liim_id\data_exchange_specification_ identification. status
            ='PAS') OR
    (liim_id\data_exchange_specification_ identification. status
            ='ITA'))
      AND
      (liim_id\data_exchange_specification_ identification. status
      ='ISO 13584_25_IEC 61360_5')
      AND
      is correct _liim_25_application_value (liim_id)
      AND
      QUERY (efp <*
        liim_id\data_exchange_specification_ identification.
        external_file_protocols
        | NOT (compliant_external_file_protocol_25([efp]))
        )=[]))
      =QUERY (liim_id<* library_iim_identification|
    (liim_id\data_exchange_specification_ identification. name
            ='ISO 13584_25_IEC 61360_5'));
END_RULE;--allowed_reference_to_LIIM_25_rule
(*
```

形式限制：

WR1：当引用 GB/T 17564 的本部分中定义的库集成模型 LIIM25 时，library_iim_identification. name 应该是'ISO 13584_25_IEC 61360_5'作为其值，library_iim_identification. status 应该等于“WD”、“CD”、或“DIS”、或“FDIS”、或“IS”、或“TS”、或“PAS”、或“ITA”，library_iim_identification. application 应该让“2”、“3”、“4”、“5”、“6”、“7”、“10”、或“11”作为其值，而且 library_iim_identification. external_file_protocols 应该满足下面规定的 compliant_external_file_protocol_25 功能要求的限制规范。

非形式限制：

IP1：当引用一致性类 2、3、4、5、6 或 7 中一个中的 GB/T 17564 的本部分定义的库集成模型 LIIM25 时，library_iim_identification 可能仅直接或间接引用 http_file，http_file 以 MIME 类型和子类型为特征，这些类型和子类型对应已有的规范或者对应与公共域可用因特网读者相关的规范。

D.4.3 Allowed_entity_instance_type_in_LIIM_25_rule 规则

allowed_entity_instance_type_in_LIIM_25_rule 规则规定一致 entity_instance_type 允许数据类型的形式限制。

为了 LIIM_25，仅仅允许 STEP 资源颁布的下列 entity_instance_data_type 数据类型：

- 引用实体 representation 的 entity_instance_type 数据类型；
- 引用实体 data 的 entity_instance_type 数据类型；
- 引用实体 ordinal_date 的 entity_instance_type 数据类型；
- 引用实体 calendar_date 的 entity_instance_type 数据类型；
- 引用实体 local_time 的 entity_instance_type 数据类型；
- 引用实体 weekl_of_year_and_day_date 的 entity_instance_type 数据类型；
- 引用实体 day_and_time 的 entity_instance_type 数据类型；
- 引用实体 ordinal_date 的 entity_instance_type 数据类型；
- 引用实体 person 的 entity_instance_type 数据类型；
- 引用实体 organization 的 entity_instance_type 数据类型；
- 引用实体 address 的 entity_instance_type 数据类型；

为了 LIIM_25，仅仅允许 PPIB 资源颁布的如下 entity_instance_data_type 数据类型：

- 引用实体 representation_reference 的 entity_instance_type 数据类型；
- 引用实体 program_reference 的 entity_instance_type 数据类型；
- 引用实体 property_value_external_item 的 entity_instance_type 数据类型；

EXPRESS 规范：

```
*)
RULE allowed_entity_instance_type_in_LIIM_25_rule FOR (
        entity_instance_type);
WHERE
        WR1:QUERY (x<*entity_instance_type|
                NOT(
                ('REPRESENTATION_SCHEMA. REPRESENTATION'
                        IN X. type_name)
                        OR
                ('REPRESENTATION_SCHEMA. REPRESENTATION_CONTEXT'
                        IN X. type_name)
                        OR
                ('GEOMETRY_SCHEMA. GEOMETRIC_REPRESENTATION _CONTEXT'
                        IN X. type_name)
                        OR
                ('REPRESENTATION_SCHEMA. REPRESENTATION_ITEM'
                        IN X. type_name)
                        OR
                ('DATA_TIME_SCHEMA. DATE'IN X. type_name)
                        OR
                ('DATA_TIME_SCHEMA. DATE_AND_TIME'IN X. type_name)
                        OR
                ('DATA_TIME_SCHEMA. LOCAL_TIME'IN X. type_name)
                        OR
                ('DATA_TIME_SCHEMA. CALENDAR_TIME'IN X. type_name)
                        OR
```

```
            ('DATA_TIME_SCHEMA. ORDINAL_TIME'IN X. type_name)
                  OR
            ('DATA_TIME_SCHEMA. WEEK_OF_YEAR_AND_DAY_TIME'
                  IN X. type_name)
                  OR
            ('PERSON_ORGANIZATION_SCHEMA. PERSON'
                  IN X. type_name)
                  OR
            ('PERSON_ORGANIZATION_SCHEMA. ORGANIZATION'
                  IN X. type_name)
                  OR
            ('PERSON_ORGANIZATION_SCHEMA. ADDRESS'
                  IN X. type_name)
                  OR
            ('ISO 13584_EXTERNAL_FILE_SCHEMA. REPRESENTATION _REFERENCE'
                  IN X. type_name)
                  OR
        ('ISO 13584_EXTERNAL_FILE_SCHEMA. PROPERTY_VALUE_EXTERNAL_ITEM'
                  IN X. type_name)
            )) =[];
END_RULE;--allowed_entity_instance_type_in_LIIM_25_rule
(*
```

形式限制：

WR1：当引用 GB/T 17564 的本部分中定义的库集成模型 LIIM25 时，entity_instance_type. type_name 应该引用 GB/T 17564 的本部分中定义的交换环境中允许的 entity_instance_type 数据类型。

D.4.4　Allowed_language_assignment_rule 规则

allowed_language_assignment_rule 规则保证库传递文件中有可用的 global_language_assignment 实例或者有一个或几个 present_translation 实例，但不能是两者都有。

EXPRESS 规范：

```
*)
RULE allowed_language_assignment_rule FOR (present_translations,
                    global_language_assignment);

    WHERE
    WR1:(QUERY (x <* global_ language_assignment|TRUE)=[])
    XOR
        (QUERY (x <*  present_translations |TRUE)=[]
        );
END_RULE;--Allowed_language_assignment
(*
```

形式限制：

WR1：当有一个或几个 present_translations 实例时，交换文件中没有可用的 global_ language_assignment 实例。

D.4.5 Compliant_http_protocol_25 函数

Compliant_http_protocol_25 函数检查 external_file_protocol 是否可以被任何一致性类中引用库集成模型 LIIM25 的 library_iim_identificaiton 引用为 HTTP 协议。如果给出的 external_file_protocol 允许引用，则它返回 TRUE，否则，返回 FALSE。如果下面的条件满足，external_file_protocol 可以被引用其任何一致性的仅仅只有中的库集成模型 LIIM25 的 library_iim_identificaiton 引用为 HTTP 协议：

- external_file_protocol 应该是 http_protocol，和
- external_file_protocol 的 organization 属性应该引用 id 属性等于'IAB'和 name 属性等于'因特网建设委员会'的组织，和
- external_file_protocol 的 protocol_name 属性应该为'HTTP'或'HTTPS'，和
- external_file_protocol 的 designation 属性应该引用 preferred_name 属性等于"超文本传输协议"和 short_name 属性等于后面紧接 4 位数字和可能一些其他字符的'RFC'的 item_names。

EXPRESS 规范：

```
FUNCTION compliant_http_protocol_25(ef:external_file_protocol):
BOOLEAN;

LOCAL
    ok:BOOLEAN:=TRUE;
END_LOCAL;

IF (('ISO 13584_EXTERNAL_FILE_SCHEMA'
    +'.HTTP_PROTOCOL' IN TYPEOF(ef))AND
    (ef.orgination.id='IAB')AND
    (ef. orgination.name='Internet Architecture Board')AND
    ((ef.protocol_name='HTTP')
        OR (ef.protocol_name='HTTPS'))AND
    (ef.designation.preferred_name
    ='Hypertext Transfer Protocol'))
THEN
  IF
'ISO 13584_IEC 61360_LANGUAGE_RESOURCE_SCHEMA.TRANSLATED_LABEL'
      IN TYPEOF (ef.designation.short_name)
   THEN
      REPEAT i:=1 TO SIZEOF (ef.designation.short_name
          \translated_label.labels);
        IF (ef. designation.short_name\translated_label.label.
          labels[i] LIKE 'RFC####&')
        THEN
          ok:=AND TRUE;
        ELSE
          ok:=AND FALSE;
        END_IF;
```

```
    END_REPEAT;
    RETURN(OK);
  ELSE
    IF (ef. designation. short_name LIKE 'RFC####&')
    THEN
      RETURN(TRUE);
    ELSE
      RETURN (FALSE);
    END_IF;
  END_IF;
ELSE
  RETURN (FALSE);
END_IF;
END_FUNCTION;--compliant_http_protocol_25
(*
```

D.4.6 Compliant_8859_1_protocol_25 函数

compliant_8859_1_protocol_25 函数检查 external_file_protocol 是否可以被任何一致性类中引用库集成模型 LIIM25 的 library_iim_identificaiton 引用为 ISO 8859-1 协议。如果给出的 external_file_protocol 允许引用，则它返回 TRUE，否则，返回 FALSE。如果下面的条件满足，external_file_protocol 可以被表达式引用任何一致性类中的库集成模型 LIIM25 的 library_iim_identificaiton 引用为 ISO 8859-1 协议：

- external_file_protocol 应该是 standard_data_protocol，和
- external_file_protocol 的 organization 属性应该引用 id 属性等于'ISO'和 name 属性等于'国际标准化组织'的组织，和
- external_file_protocol 的 protocol_name 属性应该为'ISO_8859_1'，和
- external_file_protocol 的 designation 属性应该引用 preferred_name 属性等于"拉丁字母表 1"和 short_name 属性等于' ISO 8859-1'的 item_names。

EXPRESS 规范：

```
*)
FUNCTION compliant_8859_1_protocol_25(ef:external_file_protocol)
    :BOOLEAN;
IF (('ISO 13584_EXTERNAL_FILE_SCHEMA'
    +'.STANDARD_DATA_PROTOCOL' IN TYPEOF (ef)) AND
    (ef. organization. id='ISO') AND
    (ef. .organization. name
    ='International Organization for Standardization') AND
    (ef. protocol_name=' ISO_8859_1') AND
    (ef. designation. preferred_name
    ='Latin alphabet No 1') AND
    (ef. designation. short_name=' ISO 8859-1'))
THEN
```

```
        RETURN (TRUE);
ELSE
        RETURN (FALSE);
END_IF;
END_FUNCTION;--compliant_8859_1_protocol_25
(*
```

D.4.7 Compliant_external_file_protocol_25 函数

compliant_external_file _protocol_25 函数检查 external_file_protocols 集合的所有 external_file_protocols 是否可以被其任何一致性类 1～4 中的一个引用库集成模型 LIIM25 的 library_iim_identificaiton 引用为库集成模型 LIIM25。如果 external_file_protocols 集合的所有 external_file_protocols 允许引用，则它返回 TRUE，否则，返回 FALSE。

如果 external_file_protocol 可以被引用，它可以被代表库集成模型 LIIM25 的一致性类 1～4 中的 library_iim_identificaiton 引用为：

- HTTP 协议，或
- ISO 8859-1 协议。

注：在库集成模型 LIIM25 的扩展一致性类中，可以引用任何其他 external_file_protocol，只要服从发送者和接收者之间的专用协议。

EXPRESS 规范：

```
FUNCTION compliant_external_file_protocol_25(
    s:SET [0:?] OF external_file_protocol):BOOLEAN;

REPEAT I:=1 TO SIZEOF (s);
    IF NOT (compliant_8859_1_protocol_25(s[i])
        OR compliant_http_protocol_25 (s[i]))
    THEN
        RETURN (FALSE);
    END_IF;
END_REPEAT;
RETURN (TRUE);
END_FUNCTION;--compliant_ external_file_protocol _25
(*
```

D.4.8 Is_correct_liim_25_application_value 函数

is_correct_liim_25_application_value 函数检查 liim_id_library_iim_identification 是否和与 LIIM25 相关的一致性类兼容。

EXPRESS 规范：

```
*)
FUNCTION is _correct_liim_25_application_value(
        liim_id:library_iim_identification):BOOLEAN;
IF EXISTS (liim_id\data_exchange_specification_identification.
        application)
        AND
```

```
    (((liim_id\data_exchange_specification_identification.
            application[1]='2')
            OR
    (liim_id\data_exchange_specification_identification.
            application[1]='3')
            OR
    (liim_id\data_exchange_specification_identification.
            application[1]='4')
            OR
    (liim_id\data_exchange_specification_identification.
            application[1]='5')
            OR
    (liim_id\data_exchange_specification_identification.
            application[1]='6')
            OR
    (liim_id\data_exchange_specification_identification.
            application[1]='7')
    AND
    (liim_id\data_exchange_specification_identification.
            Application LIKE='#')
    OR
    ((liim_id\data_exchange_specification_identification.
            application[1]='1')
            AND
    ((liim_id\data_exchange_specification_identification.
            application[2]='0')
    OR
    (liim_id\data_exchange_specification_identification.
            application[2]='1')))
THEN
    RETURN (TRUE);
ELSE
    RETURN (FALSE);
END_IF;
END_FUNCTION;--is_correct_liim_25_application_value
(*
```

D.5 一致性类 4～7 的其他限制

本条规定符合与库集成模型 LIIM25 相关的一致性类 4～7 的库传递文件的其他限制。

D.5.1 nesting_level_aggregate_limit_rule 规则

nesting_level_aggregate_limit_rule 规则检查集合值中嵌入元素的层次限制为 2。

本规则应用于实体 aggregate_type 的每个实例。布林函数 no_more_than_two_nested_levels 用作 aggregate_type 实体每个实例的过滤器。

EXPRESS 规范：

```
*)
RULE nesting_level_aggregate_limit_rule FOR
      (library_iim_identification,
            aggregate_type);
    WHERE
    WR1:NOT (QUERY(liim_id<* library_iim_identification |

    (liim _id\data_exchange_specification_identification. name
          ='ISO 13584_25_IEC 61360_5'
          AND
          ((liim_id\data_exchange_specification_identification.
          application[1]='4')
          OR
          (liim_id\data_exchange_specification_identification.
          application[1]='7')))<>[])
    OR
          (QUERY (x<* aggregate_type |NOT
          no_more_than_two_nested_levels(x))=[]);
END_RULE;--nesting_level_aggregate_limit_rule
(*
```

D. 5. 2 no_more_than_two_nested_levels 函数

no_more_than_two_nested_levels 函数检查聚集值没有包含聚集值两层以上。

EXPRESS 规范：

```
*)
FUNCTION no_more_than_two_nested_levels(typ
aggregate_type):BOOLEAN;
IF NOT ('ISO 13584_IEC 61360_DICTIONARY_AGGREGATE_EXTENSION_SCHEMA.'+
      'ENTRY_INSTANCE_TYPE_FOR_AGGREGATE' IN
      TYPEOF (typ. value_type))
THEN--level 1 is not an aggregate
      RETURN (TRUE);
END_IF;
--level 1 is an aggregate
IF NOT ('ISO 13584_IEC 61360_DICTIONARY_AGGREGATE_EXTENSION_SCHEMA.'+
      'ENTRY_INSTANCE_TYPE_FOR_AGGREGATE' IN
      TYPEOF (typ. value_type. type_structure. value_type))
THEN-level 2 is not an aggregate
      RETURN (TRUE);
END_IF;
--level 2 is an aggregate
```

```
RETURN (FALSE);

END_FUNCTION;--no_more_than_two_nested_levels
(*

*)
END_SCHEMA;--ISO 13584_25_IEC 61360_5_comformance_schema
(*
```

附 录 E
（资料性附录）
库集成信息模型 25 特定要求的实现方法

应该用一种或多种实现方法实现库集成信息模型 25 的一致性。实现方法规定在交换协议上要求什么类型的交换行为。

为库传递文件规定了一个实现方法：ISO 10303-21:2002。

从库传递文件引用的可能外部文件及 external_file_protocol 属于库集成信息模型 25 标准数据的实现方法由该 external_file_protocol 中引用的标准规定，可能进一步规定为库集成信息模型标准数据的部分描述（见 ISO 13584-25 的附录 B）。

对于交换结构，库传递文件的文件格式应该根据为 ISO 13584-25 附录 A 中规定的模式而在 ISO 10303-21:2002 中规定的语法和 EXPRESS 语言映射编码，交换结构的字头应该由模式名称 'ISO 13584_25_IEC 61360_5_library_implicit_schema' 标识使用 ISO 13584-25。

注：库传递文件的标识由发送者和接收者之间的个别协议完成并且不在 ISO 13584-25 的范围内。

附 录 F
（资料性附录）
EXPRESS_G 框图

图 F 对应附录 A 中给出的 EXPRESS 模式。框图采用 GB/T 16656.11—1996 的附录 A 中定义的 EXPRESS 语言的 EXPRESS_G 图形记法。

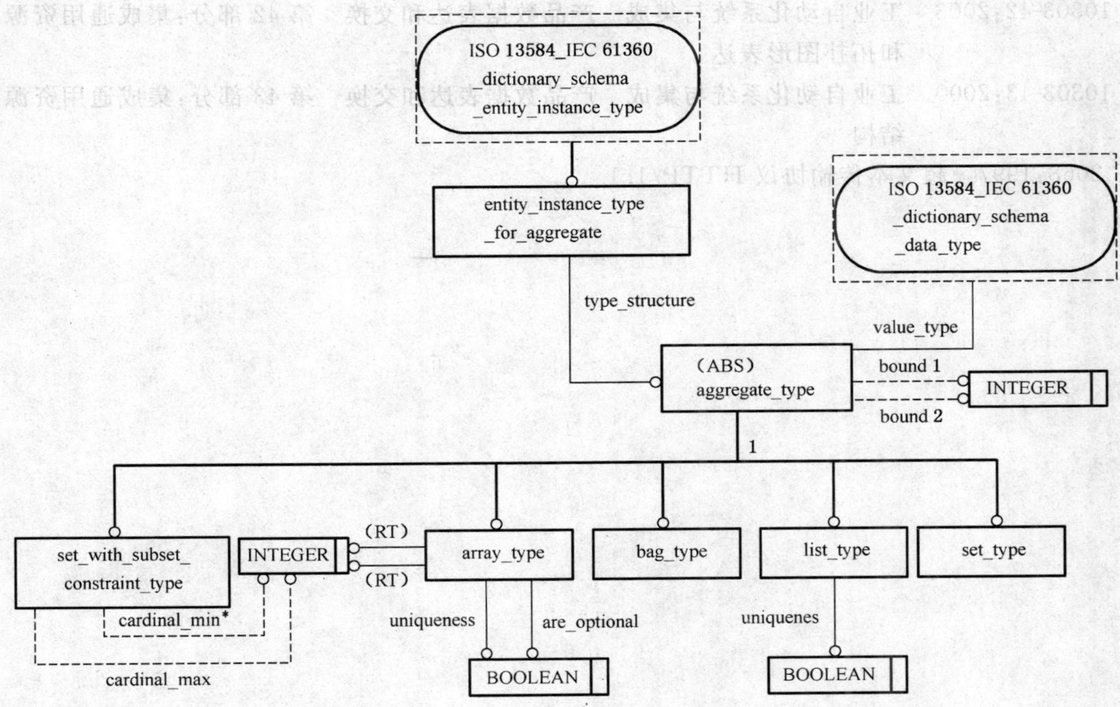

图 F.1 ISO 13584_IEC 61360_dictionary_aggregate_extension_schema 框图

参 考 文 献

ISO 8859-1:1998 信息技术 8位单字节编码图形字符集 第1部分:拉丁字母表 No.1

ISO 10303-21:2002 工业自动化系统与集成 产品数据表达和交换 第21部分:实现方法:交换结构的明码电报编码

ISO 10303-41:2000 工业自动化系统与集成 产品数据表达和交换 第41部分:集成通用资源:产品描述和支持基础

ISO 10303-42:2003 工业自动化系统与集成 产品数据表达和交换 第42部分:集成通用资源:几何和拓扑图形表达

ISO 10303-43:2000 工业自动化系统与集成 产品数据表达和交换 第43部分:集成通用资源:表达结构

RFC 2068:1997 超文本传输协议 HTTP/1.1

ICS 13.310
A 91

中华人民共和国国家标准

GB 17565—2007
代替 GB 17565—1998

防盗安全门通用技术条件

General specification for burglary resistant safety door

2007-09-15 发布　　2008-04-01 实施

中华人民共和国国家质量监督检验检疫总局
中国国家标准化管理委员会　发布

前　言

本标准的5.3、5.4.2、5.6.1、5.6.2 、5.10.1、5.10.2、5.10.3为强制性条款，其余为推荐性条款。

本标准是对GB 17565—1998《防盗安全门通用技术条件》的修订。与GB 17565—1998相比主要变化如下：

——防盗安全级别由原来“C”、“B”、“A”3级，修订为“甲”、“乙”、“丙”、“丁”4级；

——防盗安全级别的划分中，增加了钢质防盗门体的板材厚度及允许偏差；

——规定了产品的永久固定标记；

——增加了主锁舌有效伸出长度的检测及门框与门扇间的锁闭点数；

——增加了“悬端吊重试验”、“撞击障碍物试验”两项关于铰链连接强度的检测项目；

——对抗冲击试验中的残余凹变形，根据板材材质及厚度做了更加具体的限定，并划入防盗安全级别规定中；

——在防破坏性能试验中，对门扇防破坏性试验的“打开615 cm^2 开口”一项，仅对非钢质板材材质做出了规定；

——对防破坏性能的试验时间，调整为30 min、15 min、10 min、6 min，并对操作的总间歇时间及使用计时器具和计时方法作了明确的规定；

——删除折叠门、栅栏门、定时锁、双向锁、专用锁、防撬锁、便携式电动的术语和定义；

——删除门铰链稳定性试验；

——删除机械防盗锁具的互开率试验；

——删除电子密码锁试验；

——删除报警系统试验；

——删除欠压报警试验；

——删除电源适用范围试验；

——门铰链与门扇连接强度中悬端吊重试验和撞击障碍物试验替代原压力试验。

本标准的附录A为资料性附录。

本标准由中华人民共和国公安部提出。

本标准由全国安全防范报警系统标准化技术委员会归口。

本标准起草单位：盼盼安居股份有限公司、重庆美心·麦森门业有限公司、全国安全防范报警系统技术委员会实体防护设备分技术委员会秘书处、国家安全防范报警系统产品质量监督检测中心(北京、上海)、王力集团有限公司。

本标准主要起草人：韩召善、牟晓生、夏明宪、戴学嵘、马铭宇、王斌坚、孙笑地。

本标准所代替标准的历次版本发布情况为：

——GB 17565—1998。

引　言

GB 17565—1998《防盗安全门通用技术条件》已实施了8年，指导了我国防盗安全门产品的生产、提高了我国防盗安全门产品的质量。

为了适应产品的变化和市场的管理，进一步靠近或等同国际标准，促进贸易和交流，有必要对GB 17565—1998《防盗安全门通用技术条件》进行修订。修订版增加了新的检验项目，删除不适用项目及对应的名词和定义。

根据产品的实际变化情况，本着实事求是的原则，对部分技术参数做了修改和变动。从客观实际出发重新划分了防盗安全级别。

为使检验的方法更科学、更合理，部分试验方法参考了ISO 8275：1985(E)、CEN/TS 13126-8：2004标准，并直接引用，替代了部分经验证不适应的检验项目。

防盗安全门通用技术条件

1 范围

本标准规定了防盗安全门的通用技术要求、试验方法和检验规则，是设计、制造、检测、验收和认证评价防盗安全门的技术依据。

本标准适用于民用及其他重要场所和部位使用的防盗安全门。

2 规范性引用文件

下列文件中的条款通过本标准的引用而成为本标准的条款。凡是注日期的引用文件，其随后所有的修改单(不包括勘误的内容)或修订版均不适用于本标准，然而，鼓励根据本标准达成协议的各方研究是否可使用这些文件的最新版本。凡是不注日期的引用文件，其最新版本适用于本标准。

GB/T 708 冷轧钢板和钢带的尺寸、外形、重量及允许偏差

GB/T 709 热轧钢板和钢带的尺寸、外形、重量及允许偏差

GA/T 73 机械防盗锁

GA 374 电子防盗锁

3 术语和定义

GA/T 73、GA 374 中确立的以及下列术语和定义适用于本标准。

3.1

防盗安全门 burglary resistant safety door

配有防盗锁，在一定时间内可以抵抗一定条件下非正常开启，具有一定安全防护性能并符合相应防盗安全级别的门。

3.2

防盗安全级别 burglary safety class

按产品的防破坏时间长短、板材厚度及其他指标对防盗安全门划分的防盗安全级别。

3.3

普通机械手工工具 common machine hand tools

普通机械手工工具包括各种式样的凿子、锉子、锲子、钳子、螺丝刀、扳手、钢锯、长度不大于600 mm 的大铁剪、1.2 kg 的手锤、便携式手摇钻、长度不大于 600 mm 且直径不大于 Φ50 mm 的各种撬棍和撬扒工具。

3.4

615 cm^2 开口 615 cm^2 opening

最小边长尺寸为 152 mm 的矩形开口、或直径为 281 mm 的圆形开口、或斜边长为 497 mm 的等腰直角三角形。

4 分类、代号和标记

4.1 分类

防盗安全级别按表 4 进行分类，共分为 4 级，其中中文代号为“甲”、“乙”、“丙”、“丁”，拼音字母代号分别为“J”、“Y”、“B”、“D”。甲为最高级，依此递减。

4.2 代号

防盗安全门的代号为 FAM。

4.3 标记

防盗安全门标记由防盗安全门代号、防盗安全级别、企业自定义特征 3 部分组成。标记符号为拼音字母，从左到右第一部分防盗安全门代号，第二部分为防盗安全级别、企业自定义特征。企业自定义特征由两部分构成，第一部分代表企业特征代号，第二部分代表产品特征代号。如下所示：

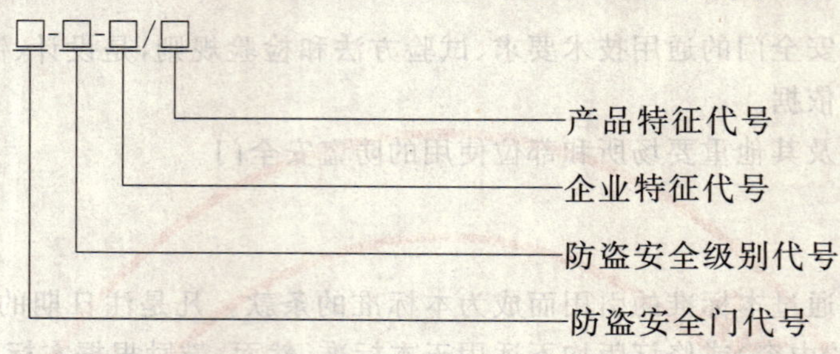

示例 1：

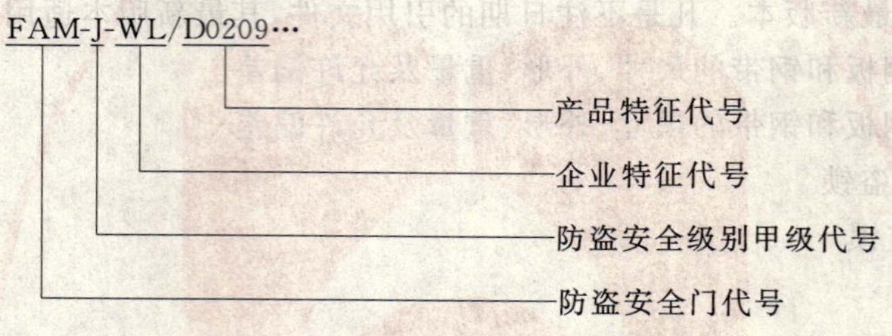

示例 2：

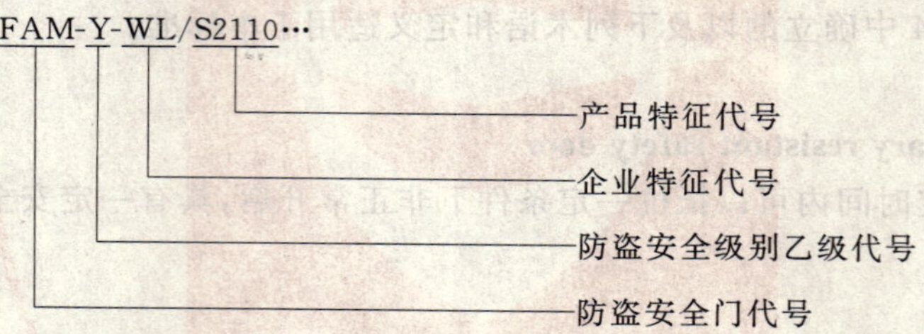

5 技术要求

5.1 一般要求

a) 防盗安全门所选用的板材材质应符合相关的国家标准或行业标准规定；

b) 主要构件及五金附件应与防盗安全门使用功能协调一致，有效证明符合相关标准的规定。

注：附录 A 为相关国家标准或行业标准的资料列表。

5.2 外观

a) 门框、门扇构件表面应平整光洁，无明显凹痕和机械损伤；

b) 铭牌标志应端正、牢固、清晰。

5.3 永久性标记

a) 防盗安全门应有永久性防盗安全级别标记；

b) 防盗安全级别标记由其中文代号和平面圆组成，中文代号应位于直径为 ϕ25 mm 的平面圆中；

c) 以宋体凹印形式永久固定在内侧铰链边上角，距地面高度 1 600 mm±100 mm 的位置上。

5.4 板材及材质

5.4.1 板材材质

可选用钢、不锈钢、钢/木、铜或其他复合材料。

5.4.2 钢质板材厚度

a) 门框按防盗安全的乙、丙、丁级别分别应选用 2.00 mm、1.80 mm、1.50 mm。

b) 门扇的外面板、内面板厚度用"外板/内板"形式表示，按防盗安全的乙、丙、丁级别分别应选用 1.00 mm/1.00 mm、0.80 mm/0.80 mm、0.80 mm/0.6 mm。

c) 甲级防盗安全门的板材厚度在符合其防破坏性能的条件下，按产品设计选择厚度。若选择钢质板材其厚度应不低于乙级防盗安全级别门框、门扇的厚度及允许偏差要求。

d) 钢质板材厚度允许偏差应符合表 1 的规定。

5.4.3 其他材质的板材厚度

当选用其他材质的板材时，其板材厚度及允许偏差应符合相关国家或行业标准规定(参照附录 A)。

表 1 钢制板材允许偏差

单位为毫米

轧制方式允许偏差	公称厚度					
	2.00	1.80	1.50	1.00	0.80	0.60
冷轧薄钢板允许偏差	−0.15	−0.14	−0.12	−0.09	−0.07	−0.06
热轧薄钢板允许偏差	−0.17	−0.17	−0.15	−0.12	−0.10	−0.09

5.5 尺寸公差与配合间隙

5.5.1 门框、门扇对角线尺寸、门框槽口、门扇外形尺寸公差应符合表 2 的规定。

表 2 尺寸公差

单位为毫米

尺寸	<1 000	1 000～2 000	2 000～3 500	≥3 500
公差范围	≤2.0	≤3.0	≤4.0	≤5.0

5.5.2 门框与门扇配合间隙(含组合门扇)应符合表 3。

表 3 间隙

单位为毫米

锁孔与锁舌间隙	门框与门扇配合活动间隙	门框与铰链边贴合面间隙	开启边与门框贴合面间隙
≤3.0	≤4.0	≤2.0	≤3.0

5.5.3 门扇与门框搭接宽度不小于 8 mm。

5.5.4 门扇平面度不应大于 4.0 mm/m²。

5.6 防盗安全要求

5.6.1 防盗安全级别

应符合表 4 的规定。

表 4 防盗安全级别

项目	级别			
	甲级	乙级	丙级	丁级
门扇钢板厚度/mm	符合设计要求	外面板≥1.0−δ 内面板≥1.0−δ	外面板≥0.8−δ 内面板≥0.8−δ	外面板:≥0.8−δ 内面板:≥0.6−δ
防破坏时间/min	≥30	≥15	≥10	≥6
机械防盗锁防盗级别	B	A		
电子防盗锁防盗级别	B	A		
注 1：级别分类原则应同时符合同一级别的各项指标。 注 2："δ"为 GB/T 708、GB/T 709 中规定的允许偏差。				

5.6.2 防破坏性能

5.6.2.1 门扇

选择非钢质板材的门扇,应能阻止在门扇上打开一个不小于 615 cm^2 穿透门扇的开口,防破坏时间应符合表 4 的相应规定。

5.6.2.2 锁具

锁具应在表 4 防盗安全级别规定的防破坏时间内,承受以下破坏试验,门扇不应被打开:

a) 钻掉锁芯、撬断锁体连接件从而拆卸锁具;

b) 通过上下间隙伸进撬扒工具,试图松开锁舌;

c) 用套筒或类似扳动工具对门把手施动扭矩,试图震开、冲断锁体内的锁定档块或铆钉。

5.6.2.3 铰链

在表 4 防盗安全级别规定的防破坏时间内,铰链应承受使用普通机械手工工具对其实施冲击、鏊切破坏时,传给铰链的冲击力和撬扒力矩,应无断裂现象。铰链表面、转轴被锯掉后不应将门扇打开。铰链与门框、门扇采用焊接时,焊缝不应高于铰链表面。

5.6.3 防闯入性能

门框与门扇之间或其他部位允许安装防闯入装置,装置本身及连接强度应可承受 30 kg 沙袋、3 次冲击试验。试验后,不应产生断裂或脱落。

5.6.4 软冲击性能

门扇应能承受 30 kg 沙袋、9 次冲击试验。试验后,残余凹变形不应大于:甲级:3.0 mm;乙级:5.0 mm;丙级:8.0 mm;丁级:10.0 mm。

5.7 悬端吊重性能

门扇开启到 90°±5°或 45°±5°,在通过门扇把手垂直于地面的作用线上附加(100±0.5)kg 重物,保持 5 min。试验后门框、门扇垂直变形量应不大于 2.0 mm。

5.8 撞击障碍物性能

通过重物的自由落体进行撞击障碍物试验,反复 3 次后,门扇不应脱落,其门框与门扇的间隙变化不大于 2.0 mm,门扇撞击面残余凹变形量不大于 5.0 mm,铰链不应有明显的变形,并应能正常开启。

5.9 铰链转动性能

应转动灵活,在不大于 49 N 的拉力作用下,门体应灵活转动 90°。

5.10 锁具要求

5.10.1 防盗安全门在锁具安装部位以锁孔为中心,在半径不小于 100 mm 的范围内应有加强防护钢板。

5.10.2 防盗安全门上的机械防盗锁应符合 GA/T 73 规定,并应提供有效合格证明,其防盗级别应符合 5.6.1。图纸上应标明选用的机械防盗锁的产品型号和制造厂名称。

5.10.3 防盗安全门上的电子防盗锁其防盗性能应达到 GA 374 要求,并应提供有效合格证明,其防盗级别应符合 5.6.1。图纸上应标明选用的电子防盗锁的产品型号和制造厂名称。

5.10.4 防盗安全门宜采用三方位多锁舌锁具,门框与门扇间的锁闭点数,按防盗安全级别甲、乙、丙、丁应分别不少于 12 个、10 个、8 个、6 个。

5.10.5 主锁舌伸出有效长度应不小于 16 mm,并应有锁舌止动装置。

5.11 电气安全要求

a) 防盗安全门若使用交直流电源时,与门体的接触电压应低于 36 V;

b) 电源引入端子与外壳及金属门体之间的绝缘电阻在正常环境条件下不小于 200 MΩ。

6 试验方法

6.1 试验条件

a) 试验设备

采用可将防盗安全门安装并固定住的一种试验设备，该设备在刚度和强度上应符合防盗安全门破坏性试验和操作功能试验的要求。该设备应可安装多种尺寸规格的防盗安全门，悬摆横梁应可上下、左右移动。

b) 试验人员

——试验人员应有开启门锁、门体的专门技能。试验人员应研究安全门的技术图纸所用材料特性，针对其薄弱环节确定试验先后顺序及试验具体部位。

——由两名试验人员组成破坏性试验小组。试验小组根据产品具体情况确定试验条件。进行防盗安全门非正常开启试验时，两名试验人员轮流进行。其间歇时间总和不大于0.2倍的净工作时间。

c) 试验样品的安装

防盗安全门要按实际安装状态，安装在试验设备上或专用的试验固定支架上，然后进行功能检查和其他试验。

d) 试验计时

应采用经计量校准的计时装置，并应由非操作人员的第三人计时。

6.2 一般要求检查

a) 根据防盗安全门的材质检查其有效合格证明应符合5.1 a)的要求；

b) 检查主要构件及五金附件应符合5.1 b)的要求。

6.3 外观检查

目视检查外观应符合5.2的要求。

6.4 永久性标记检查

采用卷尺测量永久性标记的位置应符合5.3的要求，字形和字样用标准钢印比对检查应完全符合。

6.5 板材及材质检查

6.5.1 板材材质

检查选材材质的有效证明。

6.5.2 钢质板材厚度

用精度0.001 mm超声波测厚仪在距离边部不小于40 mm处测量。测量3个部位，对3次测量结果取平均值应符合5.4.2 a)、5.4.2 b)、5.4.2 c)、5.4.2 d)的要求。

6.5.3 其他材质的板材厚度

应用精度0.02 mm卡尺测量，结果应符合5.4.3的要求。

6.6 尺寸公差与间隙

6.6.1 使用适宜量程的钢卷尺测量门框、门扇两对角线尺寸，门框、门扇高度尺寸按图1 A-A和B-B位置测量，宽度尺寸按图1 C-C和D-D位置测量，应符合5.5.1的要求。

单位为毫米

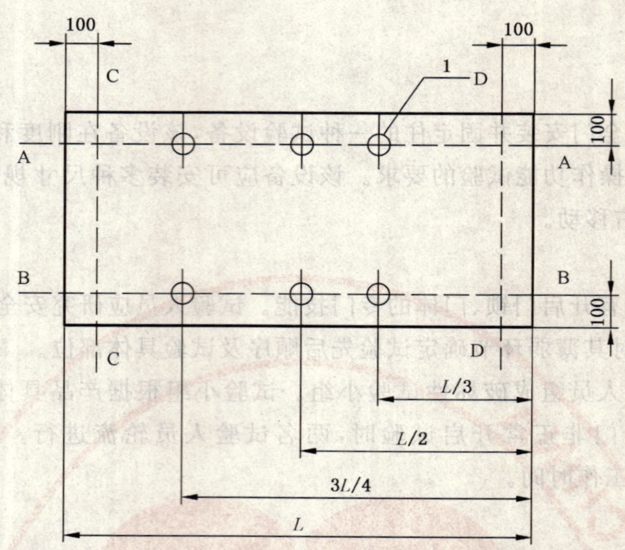

1——门扇厚度测量位置。

图 1 尺寸公差测量

6.6.2 用精度不低于 0.01 mm 厚薄规插进门扇与门框之间的间隙、门扇与门框贴合面的间隙，以最大插进厚度作为间隙值，应符合 5.5.2 的要求。

6.6.3 用精度不低于 0.02 mm 卡尺测量门框与门扇的四边搭接宽度，测量结果取最小值，应符合 5.5.3 的规定。

6.6.4 门扇平面度测量用精度为 1.0 mm、最大量程 1 m 的直尺和精度为 0.01 mm 的塞尺测量，测量结果应符合 5.5.4 的规定。

6.7 防盗安全要求

6.7.1 防盗安全级别

防盗安全门的各检测项目应同时满足相应防盗安全级别要求，按 5.6.1 规定确定防盗安全级别。

6.7.2 防破坏性能

6.7.2.1 门扇

对非钢材板材的门扇在规定时间内实施钻、切、锯、錾、撬、扒、撕等方法，试图在门扇上打开一个不小于 615 cm^2 穿透开口，门扇应符合 5.6.2.1 的要求。

6.7.2.2 锁具

在表 4 规定的时间内对锁具进行以下破坏试验：

a) 在距门锁锁定点 150 mm 的半圆内，试图打开一个 38 mm^2 的开口，通过开口用手工或工具从内部拨开锁具，应符合 5.6.2.2 a)的要求；

b) 錾掉门框锁定点处的金属，在锁定点的上、下间隙伸进撬扒工具，试图松开锁舌，应符合 5.6.2.2 b)的要求；

c) 用套筒或类似扳动工具对门把手施动扭矩，试图震开、冲断锁体内的锁定档块或铆钉，应符合 5.6.2.2 c)的要求。

6.7.2.3 铰链

a) 用扁刃撬扒工具拆卸门铰链，从铰链边打开门；

b) 锁闭点应能抵御通过上下间隙伸进的撬扒工具，试图松开锁舌；

c) 能抵御用套筒或类似扳动工具对门把手施动扭矩，试图震开、冲断锁体内的锁定档块或铆钉。

6.7.3 防闯入性能试验

将被试件安装在试验设备上，吊架横梁连接 1 500 mm 长的绳索，绳索端连接 30 kg 的球形沙袋作为悬摆，悬摆位置与落点的高度差值为 800 mm，沙袋冲击点为被试件下 $H/2$ 部位，见图 2，连续冲击 3 次，冲击间隔时间为 30 s，试验结果应符合 5.6.3 的要求。

单位为毫米

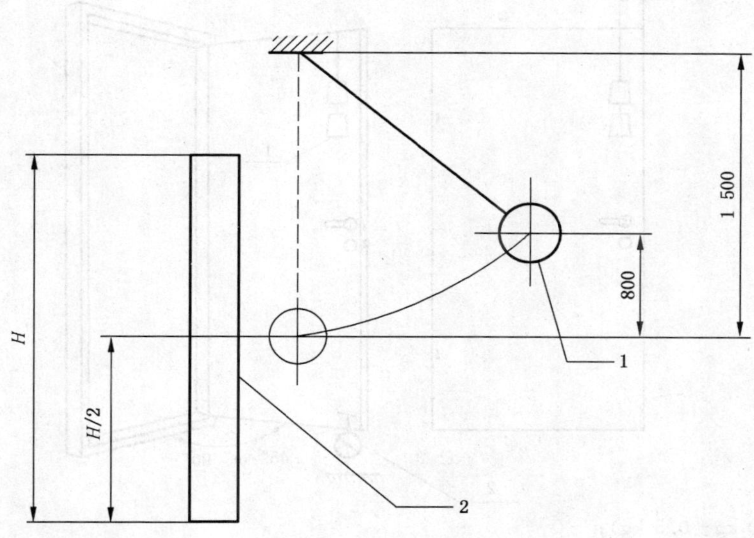

1——沙袋；
2——试件。

图 2 防闯入试验

6.7.4 软冲击性能试验报告

将被试件安装在试验设备上，吊架横梁连接 1 500 mm 长的绳索，30 kg 球形沙袋作为悬摆，悬摆位置与落点的高度差值为 800 mm，沙袋冲击方向沿门扇开启方向，冲击点在试件下 $H/3$ 部位，见图 3，连续冲击 9 次，每次冲击间隔时间不超过 1 min。试验后，测量冲击部位的最大残余凹变形，结果应符合 5.6.4 的要求。

单位为毫米

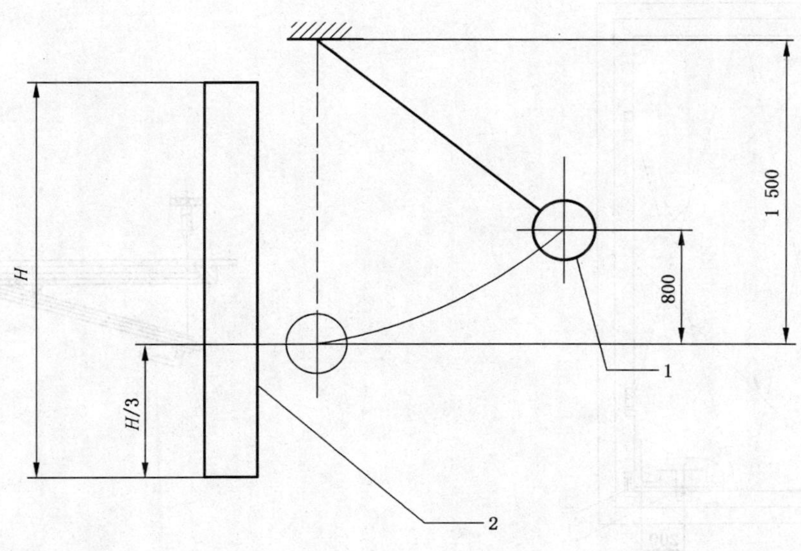

1——沙袋；
2——试件。

图 3 软冲击试验

6.8 悬端吊重性能试验

门扇开启到90°±5°或45°±5°状态下，见图4，记下百分表的读数 h_0，在门扇顶端距门扇边距50 mm的位置，施加(100±0.5)kg垂直载荷力保持5 min。试验卸载5 min后，记下百分表的读数 h_1，计算门扇相对门框在垂直方向的残余变形量 h_0-h_1，结果应符合5.7的要求。

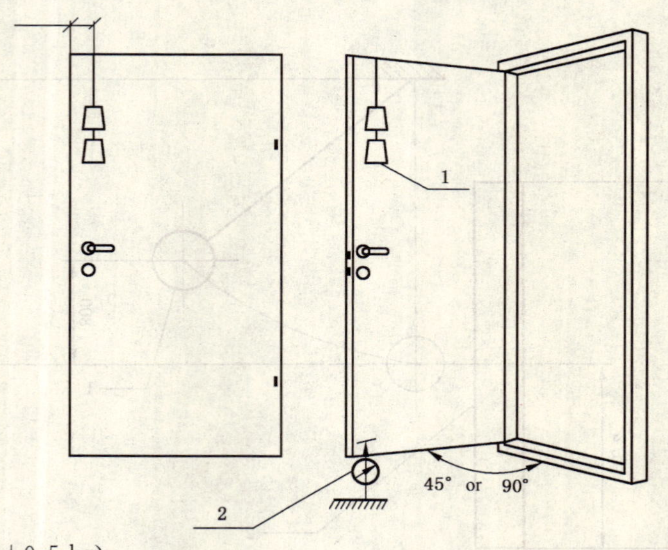

1——试验重物(100 kg±0.5 kg)；
2——百分表。

图4 悬端吊重试验

6.9 撞击障碍物性能试验

在有平开限位器装置的状态下，障碍物固定安装在距铰链边底框200 mm处，见图5 a)，将门扇开启到距测试基准面(200±10)mm位置时，见图5 c)，使10 kg自由落体的重物用非弹性绳子与门把手位置处相连接，使门扇加速关闭，见图5 b)。在重物距离测试基准面(20±2)mm时，门扇撞到障碍物，10 kg重物停止运动，见图5 c)。每次测试后待模拟门扇摆动停止后，再进行下一次试验。反复3次，试验后其结果应符合5.8的要求。

单位为毫米

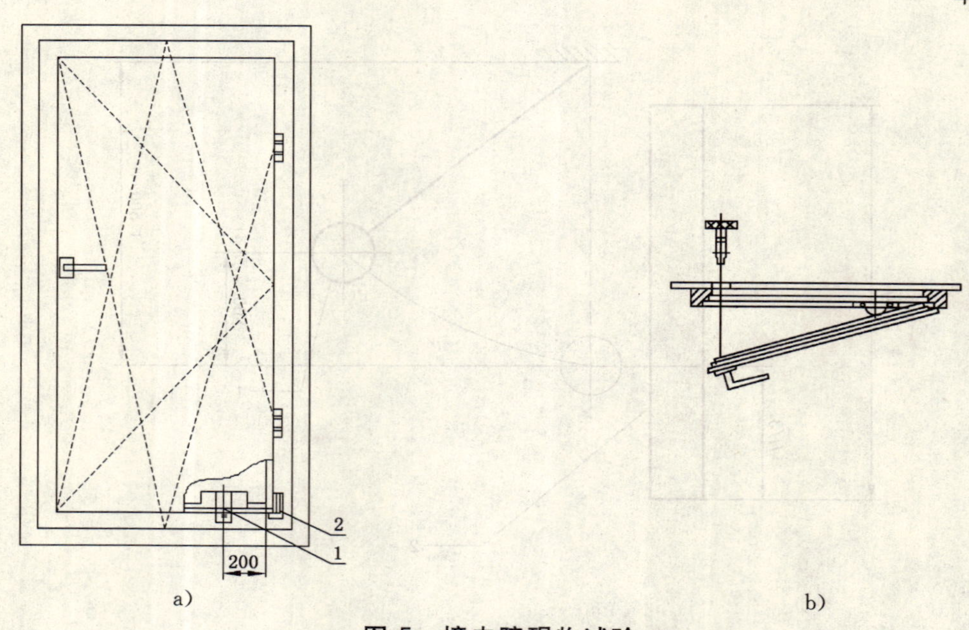

图5 撞击障碍物试验

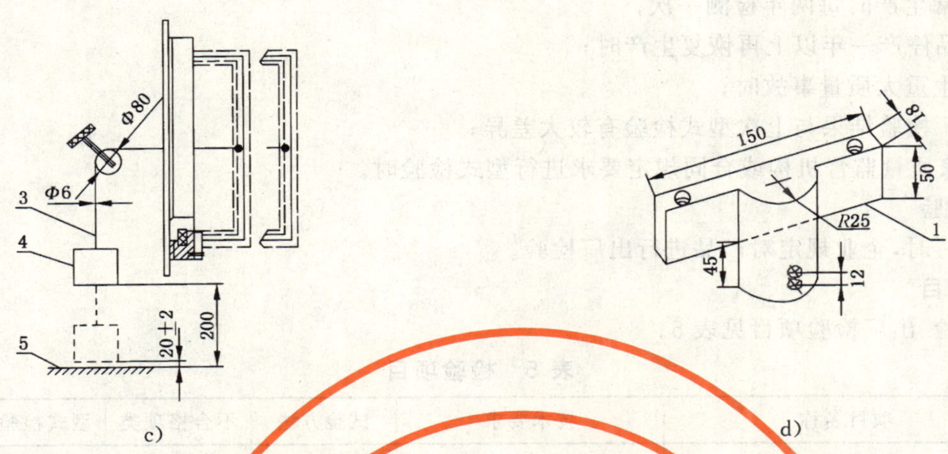

1——障碍物；

2——限位器；

3——钢丝绳；

4——10 kg 配重物；

5——基准面。

图 5（续）

6.10 铰链转动性能试验

将弹簧拉力装置装卡在门把手上，通过弹簧拉力装置施加不大于 49 N 的拉力，将门打开；将弹簧拉力装置装卡在门的反方向，施加不大于 49 N 的拉力，将门关闭。结果应符合 5.9 的要求。

6.11 锁具检查

a) 用精度不低于 0.001 mm 超声波测厚仪测试加强钢板的范围和厚度，结果应符合 5.10.1 的要求。

b) 检查机械防盗锁、电子防盗锁的防盗级别的有效合格证明应符合 5.10.2、5.10.3 的要求。

c) 在正常关闭状态下，沿门的门框与门扇间隙，用塞尺或板尺滑动，累计出门框与门扇的结合点数、锁具的锁定方位数应符合 5.10.4 的要求。

d) 检查锁舌止动装置的有效性，测出锁舌的伸出净长度 L_S 和锁具边门框与门扇的配合间隙 δ_s，计算锁舌有效伸出长度，应符合 5.10.5 的要求。锁舌有效伸出长度计算公式为：

$$L_X = L_S - \delta_S \text{ (mm)}$$

式中：

L_S——锁舌伸出净长度；

δ_S——锁具边门框与门扇的间隙；

L_X——锁舌有效伸出长度。

6.12 电气安全性能检查

a) 用精度不低于 0.1 V 的数字电压表测量带电装置输出电压，应符合 5.11 a)的要求；

b) 用精度不低于 0.1 MΩ，500 V 的绝缘电阻表分别测量电源任意输入端与门体、带电装置外壳之间的绝缘电阻，应符合 5.11 b)的要求。

7 检验规则

检验分为型式检验和出厂检验。

7.1 型式检验

有下列情况之一时应进行型式检验：

a) 正式生产后当结构、材料、工艺有较大改变可能影响产品性能时；

b) 正常生产时每两年检测一次；

c) 产品停产一年以上再恢复生产时；

d) 发生重大质量事故时；

e) 出厂检验结果与上次型式检验有较大差异；

f) 国家质量监督机构或合同规定要求进行型式检验时。

7.2 出厂检验

产品出厂时，企业规定对产品进行出厂检验。

7.3 检验项目

型式检验、出厂检验项目见表5。

表5 检验项目

序号	项目名称	技术要求	试验方法	不合格项类	型式检验	出厂检验
1	一般要求	5.1	6.2	C	√	√
2	外观	5.2	6.3	C	√	√
3	永久性标记	5.3	6.4	A	√	√
4	板材材质	5.4.1	6.5.1	C	√	√
5	钢质板材厚度	5.4.2	6.5.2	A	√	√
6	其他材质的板材厚度	5.4.3	6.5.3	B	√	√
7	尺寸公差与间隙	5.5	6.6	C	√	√
8	防盗安全级别	5.6.1	6.7.1	A	√	
9	防破坏性能	5.6.2	6.7.2	A	√	
10	防闯入性能	5.6.3	6.7.3	B	√	
11	软冲击性能	5.6.4	6.7.4	B	√	
12	悬端吊重性能	5.7	6.8	B	√	
13	撞击障碍物性能	5.8	6.9	B	√	
14	铰链转动性能	5.9	6.10	B	√	√
15	锁具防盗要求	5.10.1～5.10.3	6.11	A	√	
16	锁具一般要求	5.10.4、5.10.5	6.11	B	√	√
17	电气安全性能	5.11	6.12	A	√	√

7.4 检验及判定规则

7.4.1 型式检验应从成品库的相同材质、相同防盗级别的产品中随机抽取2樘。

7.4.2 按表5规定的检验项目进行合格与否的判定，有下列情况之一时，判定产品不合格：

a) 有一项A类不合格；

b) 有两项B类不合格；

c) 有三项C类不合格；

d) 有一项B类和两项C类不合格。

7.4.3 出厂检验按企业规定，合格后方能出厂。

8 标志

8.1 标志

在产品明显部位或指定部位应标明下列标志：

a) 制造厂名和商标；

b) 产品名称、型号；

c) 生产日期或编号；

d) 合格证明标志；

e) 防盗级别及标志。

8.2 包装

a) 产品应用无腐蚀作用的材料包装；

b) 包装后的各类部件，避免发生相互碰撞、窜动；

c) 产品包装后，应有装箱单；

d) 包装箱应有足够的强度确保运输中不受损坏或划伤。

8.3 运输

a) 搬运过程中应轻拿轻放；

b) 运输工具应有防雨措施，并保持清洁无污物。

8.4 贮存

a) 产品应放置在通风、干燥的地方。严禁与酸、碱、盐类物质接触并防止雨水侵入；

b) 产品放置应用垫块垫平，立放角度不小于70°。

附 录 A
（资料性附录）
相 关 标 准

A.1 相关材质标准

GB/T 716 碳素结构钢冷轧钢带
GB/T 2518 连续热镀锌钢板及钢带
GB/T 2520 冷轧电镀锡薄钢板
GB/T 3277 花纹钢板
GB/T 3280 不锈钢冷轧钢板
GB/T 4237 不锈钢热轧钢板
GB/T 4239 不锈钢和耐热钢冷轧钢带
GB/T 8165 不锈钢复合钢板和钢带
GB/T 12754 彩色涂层钢板及钢带
GB/T 13238 铜钢复合钢板
GB/T 15675 连续电镀锌冷轧钢板及钢带
GB/T 17102 不锈复合钢冷轧薄钢板和钢带

A.2 相关形位公差及偏差标准

GB/T 1184 形状和位置公差 未注公差值
GB/T 1800.3 极限与配合 基础 第3部分：标准公差和基本偏差数值表
GB/T 5824 建筑门窗洞口尺寸系列
GB/T 5825 建筑门窗扇开、关方向和开、关面的标志符号

A.3 相关配件附件标准

GB 9305 闭门器
GB 10408.8 振动入侵探测器
GB 12663 防盗报警控制器通用技术条件
GB 15209 磁开关入侵探测器
GA/T 269 黑白可视对讲系统
JG/T 187 建筑门窗用密封胶条

A.4 相关方法标准

GB 10408.1 入侵探测器 第1部分：通用要求
GB 11336 直线度误差检测
ISO 8275:1985(E) Doorsets—Vertical load test
CEN/TS 13126-8:2004 Building hardware, fittings for windows and door height windows Requirements and test methods—Part 8: Tilt & turn, Tilt-First and Turn-Only hardware

A.5 相关规定

GB/T 247 钢板和钢带检验、包装、标志及质量证明书的一般规定

《产品标识标注规定》(中华人民共和国国家质量监督检验检疫总局)

注：以上所列标准不排除采用其他材质、附件、配件、允差、规定的资料性相关标准。

ICS 27.160
F 12

中华人民共和国国家标准

GB/T 17581—2007
代替 GB/T 17581—1998

真空管型太阳能集热器

Evacuated tube solar collectors

2007-11-08 发布　　2008-06-01 实施

中华人民共和国国家质量监督检验检疫总局
中国国家标准化管理委员会　发布

前　言

本标准代替 GB/T 17581—1998《真空管太阳集热器》。

本标准与 GB/T 17581—1998 相比主要技术内容变化为：

——修改编排了产品分类的结构顺序(本版 5.1)；

——增加罩玻璃管直径为 ϕ58 的全玻璃真空管、玻璃-金属结构真空管型太阳能集热器推荐结构尺寸(本版 5.1.3)；

——将原 4.3 表 1 增加内容后以真空管型太阳能集热器推荐结构尺寸作为附录(本版附录 B)；

——修改了真空管型太阳能集热器产品的标记内容(本版 5.2)；

——增加对真空管型太阳能集热器闷晒、外热冲击、内热冲击、淋雨、耐冻、耐撞击的技术要求(本版 6.1、6.2)；

——增加对集热器最小工作压力的要求(本版 6.2)；

——提高对真空管型太阳能集热器瞬时效率截距 $\eta_{0,a}$ 的技术要求(本版 6.2)；

——增加试验顺序，闷晒、外热冲击、内热冲击、淋雨、耐冻、耐撞击试验方法(本版 7.1、7.6、7.8、7.9、7.10、7.11、7.14)；

——取消原 6.1.1 至 6.1.6 热性能试验方法，原 6.2.1 至 6.2.3 压力降落试验方法内容，整合到 GB/T 4271；

——取消原附录 A 中与热性能试验方法和压力降落试验方法相关的符号、单位；

——取消原附录 C 中内容：计算真空管太阳能集热器瞬时效率时的参考面积；

——取消原附录 D。

本标准的附录 A、附录 C 为规范性附录；附录 B 为资料性附录。

本标准由全国能源基础与管理标准化技术委员会提出。

本标准由全国能源基础与管理标准化技术委员会新能源和可再生能源分委会归口。

本标准负责起草单位：中国标准化研究院、国家太阳能热水器质量监督检验中心(北京)、皇明太阳能集团有限公司、山东力诺瑞特新能源有限公司、北京清华阳光能源开发有限责任公司。

本标准参加起草单位：江苏太阳雨热水器制造有限公司、江苏省华扬太阳能有限公司、江苏桑夏太阳能产业有限公司、山东桑乐太阳能有限公司、浙江美大太阳能工业有限公司、北京四季沐歌太阳能技术有限公司、北京市太阳能研究所有限公司、北京北方赛尔太阳能工程技术有限公司、深圳市嘉普通太阳能有限公司、北京恩派太阳能科技有限公司、合肥荣事达太阳能科技有限公司、北京天普太阳能工业有限公司、江苏淮阴辉煌太阳能有限公司、国际铜业协会(中国)、江苏元升太阳能有限公司。

本标准主要起草人：贾铁鹰、张昕宇、王宪东、马迎昌、王群伟、郑瑞澄、何涛。

本标准于 1998 年 11 月首次发布。

真空管型太阳能集热器

1 范围

本标准规定了真空管型太阳能集热器产品的术语和定义、产品分类与标记、要求、试验方法、检验规则、标志、包装、运输、贮存以及检测报告。

本标准适用于利用太阳辐射加热，传热工质为液体的非聚光型全玻璃真空管型太阳能集热器、玻璃-金属结构真空管型太阳能集热器和热管式真空管型太阳能集热器。

2 规范性引用文件

下列文件中的条款通过本标准的引用而成为本标准的条款。凡是注日期的引用文件，其随后所有的修改单(不包括勘误的内容)或修订版均不适用于本标准，然而，鼓励根据本标准达成协议的各方研究是否可使用这些文件的最新版本。凡是不注日期的引用文件，其最新版本适用于本标准。

GB/T 191 包装储运图示标志(GB/T 191—2000，eqv ISO 780:1997)

GB/T 1527 铜及铜合金拉制管

GB/T 1800.3—1998 极限与配合 基础 第3部分:标准公差和基本偏差数值表(eqv ISO 286-1:1988)

GB 3100 国际单位制及其应用(GB 3100—1993，eqv ISO 1000:1992)

GB/T 4271 平板型太阳能集热器热性能试验方法

GB/T 11087 散热器冷却管专用黄铜带

GB/T 12467.3 焊接质量要求 金属材料的熔化焊 第3部分:一般质量要求(GB/T 12467.3—1998,idt ISO 3834-3:1994)

GB/T 12936 太阳能热利用术语

GB/T 13384 机电产品包装通用技术条件

GB/T 17049 全玻璃真空太阳集热管

GB/T 19775 玻璃-金属封接式热管真空太阳集热管

JJG 1032 光学辐射计量名词及定义

ISO 9488:1999 太阳能术语

3 术语和定义

GB 3100、GB/T 4271、GB/T 12936、JJG 1032 和 ISO 9488:1999 确立的以及下列术语和定义适用于本标准。

3.1

玻璃-金属结构真空太阳集热管 glass-metal evacuated solar collector tube

用金属作为吸热体、传热介质不发生相变的真空太阳集热管。

3.2

真空管型太阳能集热器的空晒温度 stagnation temperature of an evacuated tube solar collector

环境温度高于15℃、日太阳辐照量大于17 MJ / m^2 时，真空管型太阳能集热器在空晒状态下放置1 d,真空管型太阳能集热器内空气所达到的最高温度。

4 符号与单位

本标准使用的符号及单位见附录A。

5 产品分类与标记

5.1 产品分类

5.1.1 结构类型

5.1.1.1 真空管型太阳能集热器按真空太阳集热管结构型式分类可分为三类：

a) 全玻璃真空管型太阳能集热器；

b) 玻璃-金属结构真空管型太阳能集热器；

c) 热管式真空管型太阳能集热器。

5.1.1.2 真空管型太阳能集热器按真空太阳集热管的排列方式可分为竖(真空太阳集热管竖直排列)单排、横(真空太阳集热管水平排列)单排和横双排三类，其排列方式示意图如图1所示。

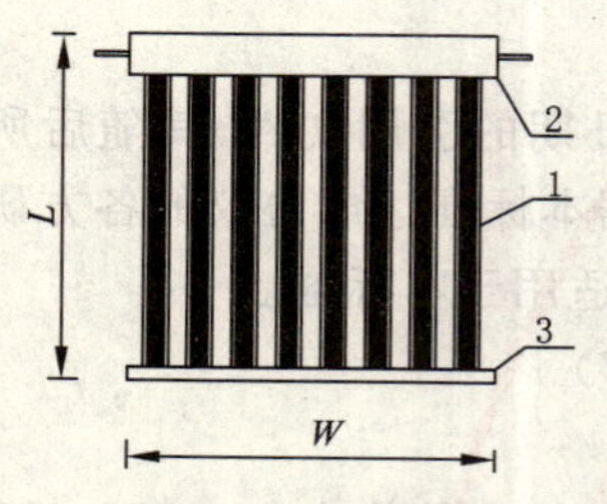

a) 竖单排真空管型太阳能集热器

b) 横单排真空管型太阳能集热器

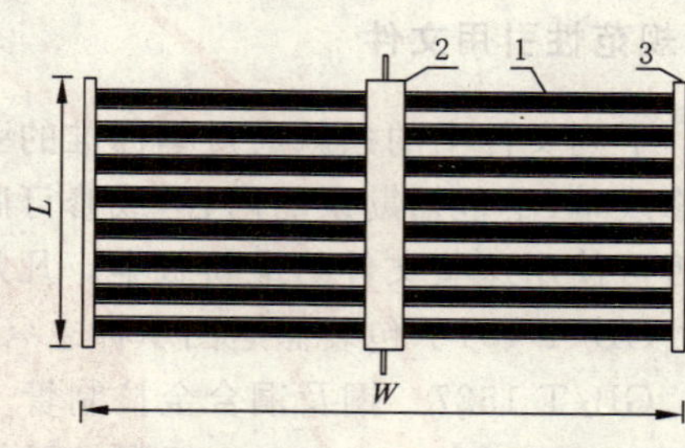

c) 横双排真空管型太阳能集热器

1——真空管太阳能集热器；

2——联集管；

3——尾架；

L——长度；

W——宽度。

图1 真空管型太阳能集热器排列方式

5.1.2 产品结构

三种真空管型太阳能集热器的基本结构和主要部件名称如图2中a)、b)、c)所示。

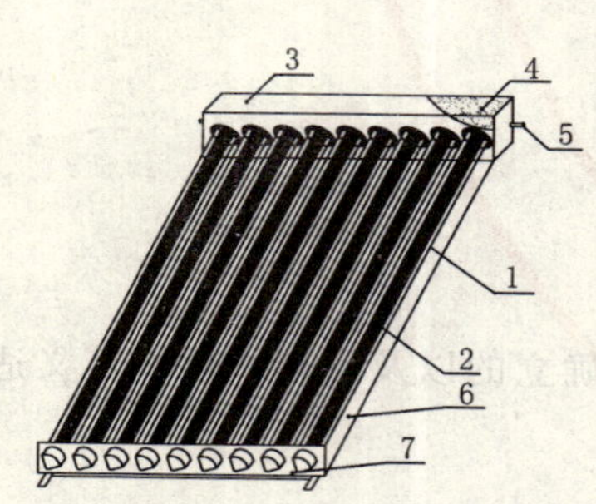

a) 全玻璃真空管型太阳能集热器

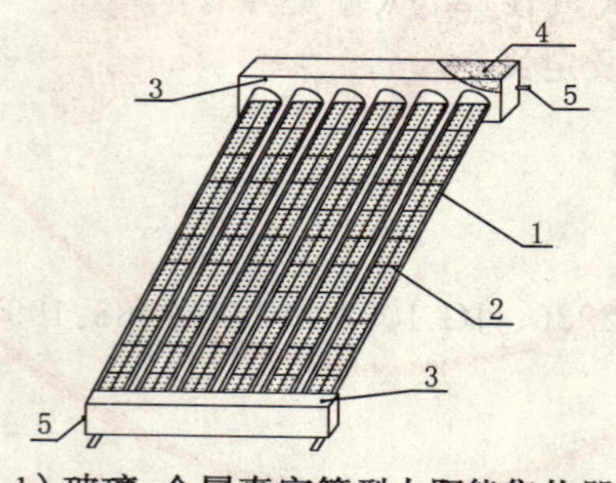

b) 玻璃-金属真空管型太阳能集热器

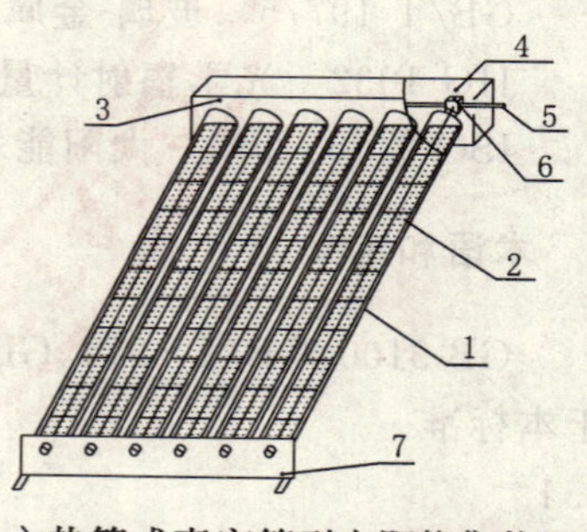

c) 热管式真空管型太阳能集热器

1——真空管太阳能集热管；

2——吸热管；

3——联集管；

4——隔热体；

5——配管接口；

6——反射器；

7——尾架。

图2 真空管型太阳能集热器的基本结构和主要部件

5.1.3 结构尺寸

5.1.3.1 按照 GB/T 17049 规定的全玻璃真空太阳集热管结构尺寸 ϕ47 mm×1 200 mm，ϕ47 mm×1 500 mm，ϕ47 mm×1 800 mm；ϕ58 mm×1 500 mm，ϕ58 mm×1 800 mm，ϕ58 mm×2 100 mm；玻璃-金属结构太阳集热管的结构尺寸 ϕ47 mm×1 500 mm，ϕ58 mm×1 500 mm，ϕ58 mm×1 800 mm 和热管式真空太阳集热管的结构尺寸 ϕ100 mm×1 700 mm，ϕ100 mm×2 000 mm 设计的真空管型太阳能集热器的推荐外形平面尺寸可参照附录 B 表 B.1 选取。

5.1.3.2 真空管型太阳能集热器联集管进出口管径推荐采用以下四种公称尺寸：15 mm、20 mm、25 mm、32 mm。

5.1.3.3 尺寸公差应按 GB/T 1800.3—1998 表 1 中的 IT18 级精度选用。

5.2 产品分类与标记

5.2.1 标记内容

真空管型太阳能集热器产品标记由如下五部分组成：

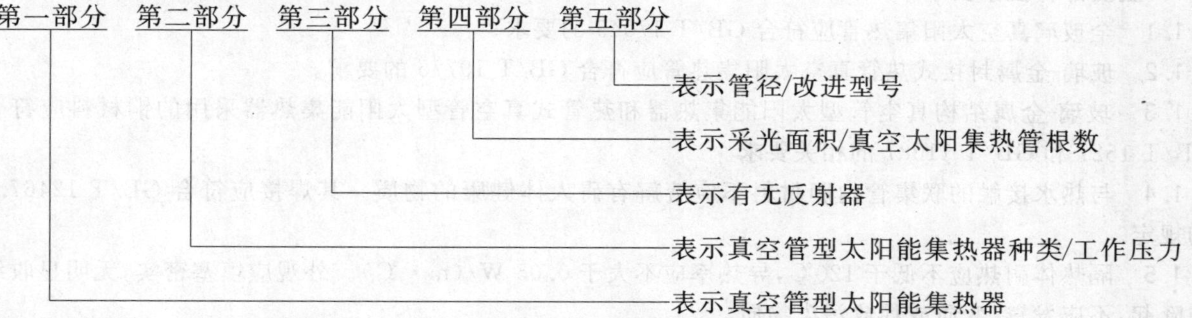

第一部分：用汉语拼音字母 Z 表示真空管型太阳能集热器

第二部分：用汉语拼音字母 QB、BJ 和 RG 分别表示全玻璃真空集热管型太阳能集热器、玻璃-金属真空管型太阳能集热器和热管式真空管型太阳能集热器/用阿拉伯数字表示以 MPa 为单位的真空管型太阳能集热器工作压力。

第三部分：用汉语拼音字母 YF 和 WF 分别表示有无反射器。

第四部分：用阿拉伯数字表示以 m^2 为单位的真空管型太阳能集热器采光面积（小数点后保留一位数字）/真空太阳集热管根数。

第五部分：用阿拉伯数字表示以 mm 为单位的真空太阳集热管罩玻璃管外径/改进型号。

在各相邻部分之间用“—”隔开。

5.2.2 标记示例

以 10 根全玻璃真空太阳集热管构成的全玻璃真空管型太阳能集热器产品为例。

a) 无反射器的示例

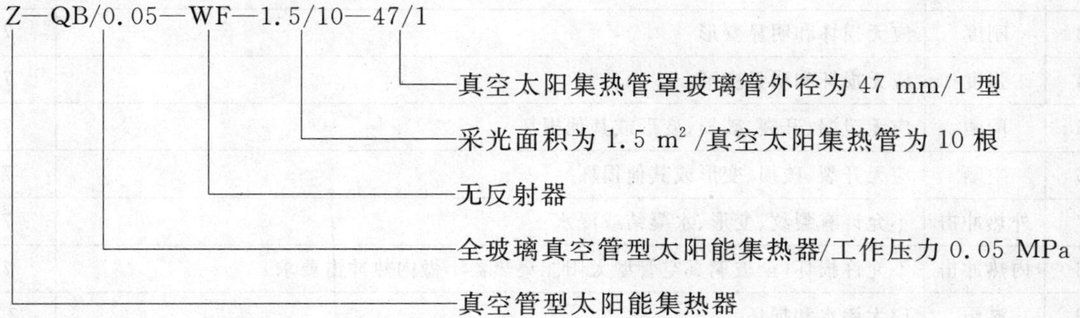

b) 有反射器的示例

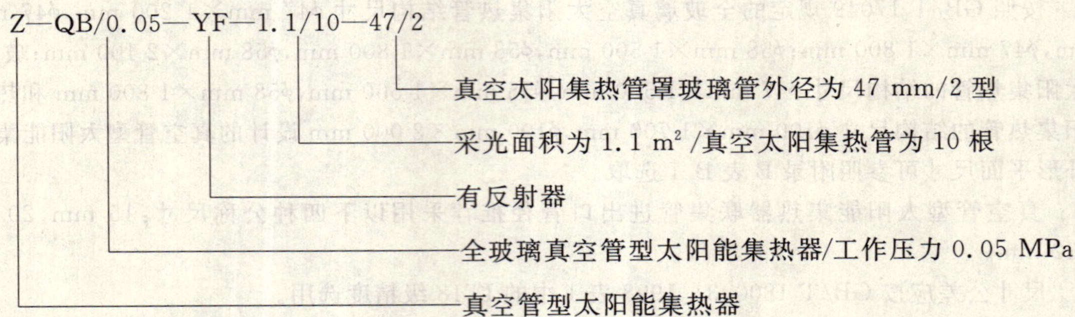

6 要求

6.1 主要部件技术要求

6.1.1 全玻璃真空太阳集热管应符合 GB/T 17049 的要求；

6.1.2 玻璃-金属封接式热管真空太阳集热管应符合 GB/T 19775 的要求。

6.1.3 玻璃-金属结构真空管型太阳能集热器和热管式真空管型太阳能集热器采用的铜材料应符合 GB/T 1527 和 GB/T 11087 的相关要求。

6.1.4 与热水接触的联集管内胆材料不应溶解有碍人体健康的物质。其焊接应符合 GB/T 12467.3 的规定。

6.1.5 隔热体耐热应不低于 120℃，导热率应不大于 0.05 W/(m·℃)。外观应填塞密实，无明显收缩与隆起，不应发霉、变质或释放污染物质。

6.1.6 密封件材料外观应无裂痕、划伤或发黏、老化。

6.1.7 反射器表面的太阳反射率应不低于 0.7。外观应无划伤、蚀斑或裂痕。

6.2 真空管型太阳能集热器技术要求

真空管型太阳能集热器应符合表 1 的规定。

表 1 真空管型太阳能集热器技术要求

项目编号	项 目	技 术 要 求	试验方法
6.2.1	外观	应对真空管型太阳能集热器主要部件外观存在问题进行判定；真空太阳集热管外观应符合 GB/T 17049 和 GB/T 19775 的规定要求，联集管、尾架外表面平整、无划痕、污垢和其他缺陷；集热器产品标记应符合本标准规定	7.2
6.2.2	耐压	传热工质应无渗漏，非承压式集热器应承受 0.06 MPa 的工作压力，承压式集热器应承受 0.6 MPa 的工作压力	7.3
6.2.3	刚度	应无损坏和明显变形	7.4
6.2.4	强度	应无损坏和明显变形	7.5
6.2.5	闷晒	应无泄漏、开裂、破损、变形或其他损坏	7.6
6.2.6	空晒	应无开裂、破损、变形或其他损坏	7.7
6.2.7	外热冲击	不允许有裂纹、变形、水凝结或浸水	7.8
6.2.8	内热冲击	不允许损坏（全玻璃真空管型太阳能集热器不做内热冲击要求）	7.9
6.2.9	淋雨	应无渗水和损坏	7.10
6.2.10	耐冻	不允许有泄漏和破损，部件与工质不允许有冻结	7.11

表 1(续)

项目编号	项　目	技　术　要　求	试验方法
6.2.11	热性能	a)　无反射器的真空管型太阳能集热器的瞬时效率截距 $\eta_{0,a}$ 应不低于 0.62； 有反射器的真空管型太阳能集热器的瞬时效率截距 $\eta_{0,a}$ 应不低于 0.52； 无反射器的真空管型太阳能集热器总热损系数 U 应不大于 3.0 W/(m²·℃)； 有反射器的真空管型太阳能集热器总热损系数 U 应不大于 2.5 W/(m²·℃)。 其中：$\eta_{0,a}$ 为集热器基于采光面积、进口温度的瞬时效率截距； U 为以 T_i^* 为参考的集热器总热损系数； b)　应作出 (t_e-t_a) 随时间的变化曲线，并给出真空管型太阳能集热器的时间常数 τ_c。 c)　应给出真空太阳集热管南北向排列与东西向排列时的入射角修正系数 $K_{\theta,N\text{-}S}$ 与 $K_{\theta,W\text{-}E}$ 随入射角 θ 的变化曲线和 $\theta=50°$ 时的 $K_{\theta,N\text{-}S}$ 与 $K_{\theta,W\text{-}E}$ 值，热管式真空管型太阳能集热器只需给出真空太阳集热管南北向排列时的入射角修正系数 $K_{\theta,N\text{-}S}$ 随入射角 θ 的变化曲线和 $\theta=50°$ 时的 $K_{\theta,N\text{-}S}$ 值	7.12
6.2.12	压力降落	应做出真空管型太阳能集热器压力降落特性曲线 $\Delta p\sim\dot{m}$	7.13
6.2.13	耐撞击	不允许损坏	7.14

7　试验方法

7.1　试验顺序

真空管型太阳能集热器产品的全性能检测或两项以上性能检测应按表 2 中的顺序进行。

在各方均同意或实验室认为必要的情况下而不遵循表 2 中的试验顺序时，试验顺序的改变应该在检测结果中给出。

对于某些鉴定试验，集热器的一部分可能被破坏，如集热器联集管上可能需要打孔安装温度传感器测量传热工质的温度。在这种情况下应该确保任何破坏不至于影响后面的鉴定试验结果，如，淋雨试验可能会受打孔的影响。

表 2　真空管型太阳能集热器试验项目试验顺序

试验顺序	试 验 项 目	试验方法
1	外观	7.2
2	耐压	7.3
3	刚度	7.4
4	强度	7.5
5	闷晒	7.6
6	空晒	7.7
7	外热冲击	7.8
8	内热冲击	7.9
9	淋雨	7.10
10	耐冻	7.11
11	热性能	7.12
12	压力降落	7.13
13	耐压	7.3
14	外观	7.2
15	耐撞击	7.14

7.2 外观检查

7.2.1 试验条件

试验在常温下进行，按产品说明书组装被测真空管型太阳能集热器样品；对样品进行两次外观检查——首次检查和末次检查，顺序应按表2进行。

7.2.2 试验方法

由专业技术人员目视检查真空管型太阳能集热器产品的主要部件情况，对主要部件存在的问题进行判定。

7.2.3 试验结果

真空管型太阳能集热器样品外观没有问题，首次和末次的外观检查结果应一致。

7.3 耐压试验

7.3.1 试验条件

试验在常温下进行，试验压力：1.5×工作压力。对样品进行两次耐压试验——首次试验和末次试验，顺序应按表2进行。

非承压式真空管型太阳能集热器应承受的工作压力为0.06 MPa，承压式真空管型太阳能集热器应承受的工作压力为0.6 MPa。

7.3.2 试验方法

将真空管型太阳能集热器内注满常温的水，通过放气阀排尽集热器内残留空气，并关闭放气阀。然后由液压源缓慢增压至试验压力。维持试验压力，持续时间：10 min；同时检查真空管型太阳能集热器有无变形、破裂。

7.3.3 试验结果

检查工质渗漏和真空管型太阳能集热器变形情况。将检查结果和试验压力，持续时间记入试验报告。首次和末次试验的结果应一致。

7.4 刚度试验

7.4.1 试验条件

试验在常温下进行，真空管型太阳能集热器不加工质，水平放置。

7.4.2 试验方法

未加工质的真空管型太阳能集热器水平放置，然后将其任意一端抬高100 mm，保持5 min后复原。

7.4.3 试验结果

检查真空管型太阳能集热器受损和变形情况。

7.5 强度试验

7.5.1 试验条件

试验在常温下进行，真空管型太阳能集热器注满水，水平放置。

7.5.2 试验方法

在真空管型太阳能集热器表面放置轻质垫板，再在垫板上均匀铺放一层干砂，每平方米干砂质量为100 kg。

7.5.3 试验结果

检查真空管型太阳能集热器损坏和变形情况，并记录所加载荷重量。

7.6 闷晒试验

7.6.1 试验条件

日平均环境温度 $t_a \geqslant 8$℃，真空管型太阳能集热器采光平面接受的日太阳辐照量 $H \geqslant 17$ MJ/(m^2·d)。

7.6.2 试验方法

在室外按运行时的倾角和朝向安装真空管型太阳能集热器，集热器内充满传热工质并被阳光加热至当天最高温度。

7.6.3 试验结果

试验后，检查真空管型太阳能集热器的受损和变形情况，并逐时记录试验期间的辐照量 H、环境温度 t_a、风速 u。

7.7 空晒试验

7.7.1 试验条件

日平均环境温度 $t_a \geqslant 8$℃，真空管型太阳能集热器采光平面接受的日太阳辐照量 $H \geqslant 17$ MJ/(m^2 · d)，真空管型太阳能集热器在阳光下空晒至少 1 d。

7.7.2 试验方法

以空气为工质，除真空管型太阳能集热器出口的配管接口敞开作排气外，其余接口均用堵头密封。感温元件置于联集管中心处，以监测试验中联集管中心处空气的温度。

7.7.3 试验结果

检查真空管型太阳能集热器损坏与变形情况，并逐时记录试验期间的辐照量 H_i、环境温度 t_a、风速 u 和联集管中心处空气温度（空晒温度）。

7.8 外热冲击试验

7.8.1 试验条件

在真空管型太阳能集热器采光面上的太阳辐照度达到 700 W/m^2 以上时，使集热器空晒 30 min。

7.8.2 试验方法

对满足试验条件的真空管型太阳能集热器均匀喷水，喷水方向与采光面之间的夹角不应小于 20°，水温 15℃±10℃，喷水量应大于 200 kg/(m^2 · h)，保持喷水 5 min。

7.8.3 试验结果

检查真空管型太阳能集热器的各个部件有否损坏、变形，并记录试验期间的辐照量 H、水流量、水温。

7.9 内热冲击试验

7.9.1 试验条件

在真空管型太阳能集热器采光面上的太阳辐照度达到 700 W/m^2 以上时，使集热器空晒 30 min。

7.9.2 试验方法

对满足试验条件的真空管型太阳能集热器吸热体中通水 5 min，水温为 15℃±10℃，流量不小于 60 kg/(m^2 · h)。

7.9.3 试验结果

检查真空管型太阳能集热器的各个部件有否损坏、变形，并记录试验期间的辐照量 H、水流量、水温。

7.10 淋雨试验

7.10.1 试验条件

试验在常温下进行，将真空管型太阳能集热器的进出口堵严，按 40°倾角安放。

7.10.2 试验方法

用自来水从各个方向喷淋真空管型太阳能集热器。喷淋水与集热器采光面之间的角度不应小于 20°，喷水量应不低于 200 kg/(m^2 · h)，喷淋面积应不小于集热器外表面积的 80%，持续 15 min。

7.10.3 试验结果

检查真空管型太阳能集热器有无渗水、损坏。

7.11 耐冻试验

7.11.1 试验条件

本试验针对厂家声明防冻的集热器，包括工作在防冻循环下的集热器；不适用于使用防冻液工质的集热器。本试验分为集热器在充满水的情况下的耐冻试验和集热器在排空水情况下的耐冻试验。

7.11.2 试验方法

将进行耐冻试验的集热器安装在冷库中。集热器安装倾角为厂家推荐的与水平面的最小夹角。如果没有推荐这个角度,集热器安装倾角应为30°。

将集热器中充满常温冷水,水温 t_1 范围为:8℃≤t_1≤25℃。集热器在(-20±2)℃下保持至少30 min,然后,将温度升高至+10℃,保持至少30 min。这种冷冻、升温的循环应进行3次。

将集热器中的水排空。集热器在(-20±2)℃下保持至少30 min,然后,将温度升高至+10℃,保持至少30 min。这种冷冻、升温的循环应进行3次。

7.11.3 试验结果

试验结束后检查集热器有无泄漏、损坏、变形、扭曲。

7.12 热性能试验

热性能试验包括:准稳态的瞬时效率、集热器时间常数和入射角修正系数。按GB/T 4271的规定测试得出。应同时给出基于采光面积和基于总面积的两个瞬时效率方程和两条瞬时效率曲线。

7.13 压力降落试验

按GB/T 4271的规定检测得出。

7.14 耐撞击试验

7.14.1 试验条件

拆下被检真空管型太阳能集热器试件的全部真空太阳能集热管,真空太阳能集热管水平放置。

7.14.2 试验方法

根据GB/T 17049和GB/T 19775进行试验。对一个试件的每根集热管各做一次试验。

7.14.3 试验结果

检查每根真空太阳能集热管有无损坏。

8 检验规则

真空管型太阳能集热器检验分为出厂检验和型式检验。

8.1 出厂检验

8.1.1 真空管型太阳能集热器产品出厂前必须进行出厂检验。

8.1.2 出厂检验包括以下内容:

a) 按本标准表1中6.2.1逐台检验;

b) 每生产班次的一批产品中,抽取一台按本标准表1中6.2.2检验;

c) 每生产班次的一批产品中,抽取一台按本标准表1中6.2.3检验。

8.1.3 出厂检验判定规则

出厂检验中凡各项检验全部合格者,判为合格产品。要求逐台检验的项目,凡有一项检验不合格者即为不合格产品;要求在每一生产批次中抽取一台产品进行检验的项目,项目检验不合格时,应在该批次再抽取两台产品进行检验,再次检验两台均应合格,否则该批次产品为不合格产品;检验项目有两个及两个以上指标要求时,任何一个指标不合格即视为该检验项目不合格。

8.2 型式检验

8.2.1 在正常情况下,每年应至少进行一次型式检验。

8.2.2 产品有下列情况之一时,应随时进行型式检验:

a) 新产品试制定型时;

b) 改变产品结构、材料、工艺而影响产品性能时;

c) 停产超过半年,恢复生产时;

d) 国家质量技术监督检验机构提出进行型式检验要求时。

8.2.3 型式检验样品是在出厂检验合格的产品中随机抽取,抽取的样品不少于一台。

8.2.4 型式检验项目按本标准第6章各项进行，结果应符合本标准要求。

8.2.5 型式检验判定规则

型式检验中凡各项检验全部合格者，判为合格产品。凡有一项检验不合格者即为不合格产品。检验项目有两个及两个以上指标要求时，任何一个指标不合格即视为该项性能检验不合格；同一项目规定作两次检验的，任何一次检验不合格即视为该检验项目不合格。

9 标志、包装、运输、贮存

9.1 产品标志

产品应在明显位置设有清晰、不易消除的标志。标志应包括但不限于制造厂家、产品名称、产品标记、商标、产品型号、集热器采光面积/总面积、工作压力、制造日期或生产批号等信息。

9.2 包装

9.2.1 包装方法应采用箱装，包装箱应符合 GB/T 13384 的规定。

9.2.2 包装箱的标志图样应符合 GB/T 191 的规定。

9.2.3 包装箱上还应包括以下内容：

a) 制造厂名称和地址；

b) 产品名称；

c) 商标；

d) 产品标记；

e) 产品数量；

f) 允许垂直堆码层数；

g) 外形尺寸(长×宽×高)；

h) 整箱的质量；

i) 制造日期或生产批号；

j) 执行标准号。

9.2.4 包装箱内应附有检验合格证。

9.3 运输

产品在装卸和运输过程中，不得遭受强烈颠簸、震动，不得受潮、雨淋。

9.4 贮存

9.4.1 产品应存放在通风、干燥的仓库内。

9.4.2 产品不得与易燃物品及化学腐蚀物品混放。

10 检测报告

真空管型太阳能集热器检测报告格式见附录C。

附 录 A
（规范性附录）
符号和单位

表 A.1 中列出本标准使用的符号与单位。

表 A.1 符号和单位

符 号	意 义	单 位
H	试验期间的日太阳辐照量	MJ/(m^2·d)
H_i	试验期间的逐时太阳辐照量	MJ/(m^2·h)
t_i	真空管型太阳能集热器工质进口温度	℃
t_e	真空管型太阳能集热器工质出口温度	℃
t_a	环境或周围空气温度	℃
t_s	空晒温度	℃
T_i^*	归一化温差＝$(t_i-t_a)/G$	(m^2·℃)/W
U	以 T_i^* 为参考的真空管型太阳能集热器总热损系数	W/(m^2·℃)
$\eta_{0,a}$	$T_i^*=0$ 时真空管型太阳能集热器基于采光面积的瞬时效率	—
u	周围空气速度或风速	m/s
τ_c	真空管型太阳能集热器时间常数	s
θ	入射角	(°)
K_θ	入射角修正系数	1
$K_{\theta,N\text{-}S}$	南北向入射角修正系数	1
$K_{\theta,W\text{-}E}$	东西向入射角修正系数	1

附 录 B
（资料性附录）
真空管型太阳能集热器推荐外形平面尺寸

表 B.1 真空管型太阳能集热器推荐外形平面尺寸

真空太阳集热管结构尺寸			长 L/mm	宽 W/mm	真空太阳集热管数/根	真空太阳集热管排列方式
全玻璃	玻璃-金属结构	热管式				
ϕ47×1 200			1 280	760	12	竖单排
			1 320	1 000	12	竖单排
			1 000	2 500	24	横双排
			2 000	2 500	50	横双排
ϕ47×1 500			1 580	760	12	竖单排
			1 620	1 000	12	竖单排
ϕ47×1 800			1 880	760	12	竖单排
			1 920	1 000	12	竖单排
ϕ58×1 500			1 580	892	12	竖单排
			1 620	1 132	12	竖单排
ϕ58×1 800			1 880	892	12	竖单排
			1 920	1 132	12	竖单排
ϕ58×2 100			2 180	892	12	竖单排
			2 220	1 132	12	竖单排
	ϕ47×1 500		1 580	760	12	竖单排
			1 620	1 000	12	竖单排
	ϕ58×1 500		1 580	892	12	竖单排
			1 620	1 132	12	竖单排
	ϕ58×1 800		1 880	892	12	竖单排
			1 920	1 132	12	竖单排
		ϕ100×1 700	1 800	1 000	8	竖单排
		ϕ100×2 000	2 100	1 000	8	竖单排

附 录 C
（规范性附录）
真空管型太阳能集热器检测报告格式

检 测 报 告

（报告编号）

产品名称：______________________________

委托单位：______________________________

生产单位：______________________________

检测类别：______________________________

××××××××××××××××××××实验室

××××年××月××日

注意事项

1. 报告无“检测报告专用章”或检测单位公章无效。
2. 未经本中心书面批准不得复制本检测报告(完整复制除外)。
3. 检测报告无主检、审核、批准人签字无效。
4. 检测报告涂改无效。
5. 对检测报告若有异议,应于收到报告之日起十五日内向检测单位提出。
6. 测验报告仅对委托检测样品负责。

××××××××××××××××××××××实验室

检 测 报 告

报告编号：　　　　　　　　　　　　　　　　　　　　共　页　第　页

<table>
<tr><td>样品编号：</td><td></td><td>检测地点：</td><td></td></tr>
<tr><td rowspan="2">产品名称：</td><td rowspan="2"></td><td>出厂编号：</td><td></td></tr>
<tr><td>生产日期：</td><td></td></tr>
<tr><td rowspan="2">委托单位：</td><td rowspan="2"></td><td>型号规格：</td><td></td></tr>
<tr><td>商　　标：</td><td></td></tr>
<tr><td rowspan="2">生产单位：</td><td rowspan="2"></td><td>送样数量：</td><td></td></tr>
<tr><td>送样日期：</td><td></td></tr>
<tr><td>检测类别：</td><td></td><td>检测时间：</td><td></td></tr>
<tr><td>检测依据：</td><td colspan="3"></td></tr>
<tr><td>委托单位地址：</td><td colspan="3"></td></tr>
<tr><td>检测用
仪器、装置：</td><td colspan="3"></td></tr>
<tr><td>检测项目：</td><td colspan="3"></td></tr>
<tr><td>检
测
结
论</td><td colspan="3">（以下空白）

检测单位公章
签发日期：　　　年　月　日</td></tr>
</table>

批准：　　　　　审核：　　　　　主检：

××××××××××××××××××××实验室

检 测 报 告

报告编号：　　　　　　　　　　　　　　　　　　　　　　　　　　　　共 页 第 页

样品编号：		
样品描述		
集热管根数：	根	
排列方式：		
采光面积：	m^2	
总面积：	m^2	
罩玻璃管：	外径：	mm
	结构尺寸：	mm
反射器：		
传热工质：		
吸热体涂层：		

××××××××××××××××××××××实验室

检 测 报 告

报告编号：　　　　　　　　　　　　　　　　　　　　　　　　　　　　共 页 第 页

样品编号：				
序号	检测项目	技 术 要 求	检测结果	分项判断
	外观	应对真空管型太阳能集热器主要部件外观存在问题进行判定；真空太阳集热管外观应符合 GB/T 17049 和 GB/T 19775 的规定要求，联集管、尾架外表面平整、无划痕、污垢和其他缺陷；产品标记应符合本标准 5.2 规定		
	耐压	传热工质应无渗漏		
	刚度	应无损坏和明显变形		
	强度	应无损坏和明显变形		
	闷晒	应无泄漏、开裂、破损、变形或其他损坏		
	空晒	应无开裂、破损、变形或其他损坏		
	外热冲击	不允许有裂纹、变形、水凝结或浸水		
	内热冲击	不允许损坏（全玻璃真空管型太阳能集热器不做内热冲击要求）		
	淋雨	应无渗水和损坏		
	耐冻	不允许有泄漏和破损，部件与工质不允许有冻结		
	热性能	a) 无反射器的真空管型太阳能集热器的瞬时效率截距 $\eta_{0,a}$ 应不低于 0.62； 有反射器的真空管型太阳能集热器的瞬时效率截距 $\eta_{0,a}$ 应不低于 0.52； 无反射器的真空管型太阳能集热器总热损系数 U 应不大于 3.0 W/(m² · ℃)； 有反射器的真空管型太阳能集热器总热损系数 U 应不大于 2.5 W/(m² · ℃)。 其中：$\eta_{0,a}$ 为集热器基于采光面积、进口温度的瞬时效率截距； U 为以 T_i^* 为参考的集热器总热损系数； b) 应作出 (t_e-t_a) 随时间的变化曲线，并给出真空管型太阳能集热器的时间常数 τ_c。 c) 应给出真空太阳集热管南北向排列与东西向排列时的入射角修正系数 $K_{\theta,N\text{-}S}$ 与 $K_{\theta,W\text{-}E}$ 随入射角 θ 的变化曲线和 $\theta=50°$ 时的 $K_{\theta,N\text{-}S}$ 与 $K_{\theta,W\text{-}E}$ 值，热管式真空管性能太阳能集热器只需给出真空太阳集热管南北向排列时的入射角修正系数 $K_{\theta,N\text{-}S}$ 随入射角 θ 的变化曲线和 $\theta=50°$ 时的 $K_{\theta,N\text{-}S}$ 值		
	压力降落	应做出真空管型太阳能集热器压力降落特性曲线 $\Delta p \sim \dot{m}$		
	耐撞击	不允许损坏		

××××××××××××××××××××××实验室

检 测 报 告

报告编号：　　　　　　　　　　　　　　　　　　　　　　共 页 第 页

样品编号：		检测地点：	
检测项目：	瞬时效率曲线(基于采光面积，进口温度)		

基于采光面积 A_a 和集热器进口温度 t_i 的瞬时效率曲线(线性拟合)

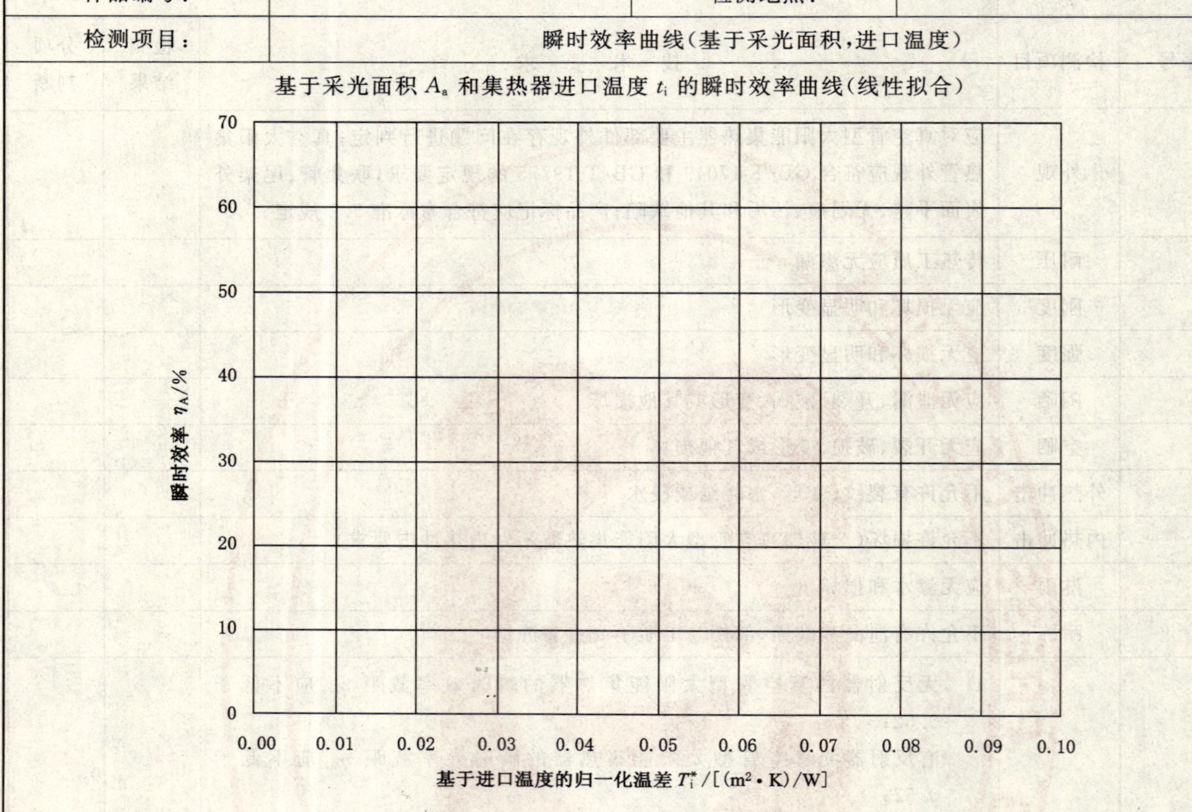

该集热器瞬时效率曲线方程为：$\eta_a = \eta_{0,a} - UT_i^*$

式中：

$T_i^* = (t_i - t_a)/G$；

t_i——工质进口温度，℃；

t_a——环境温度，℃；

G——集热器采光面上总日射辐照度，W/m²。

××××××××××××××××××××××实验室

检 测 报 告

报告编号：　　　　　　　　　　　　　　　　　　　　　　　　共 页 第 页

样品编号：		检测地点：	
检测项目：	瞬时效率曲线(基于总面积,进口温度)		

基于总面积 A_G 和集热器进口温度 t_i 的瞬时效率曲线(线性拟合)

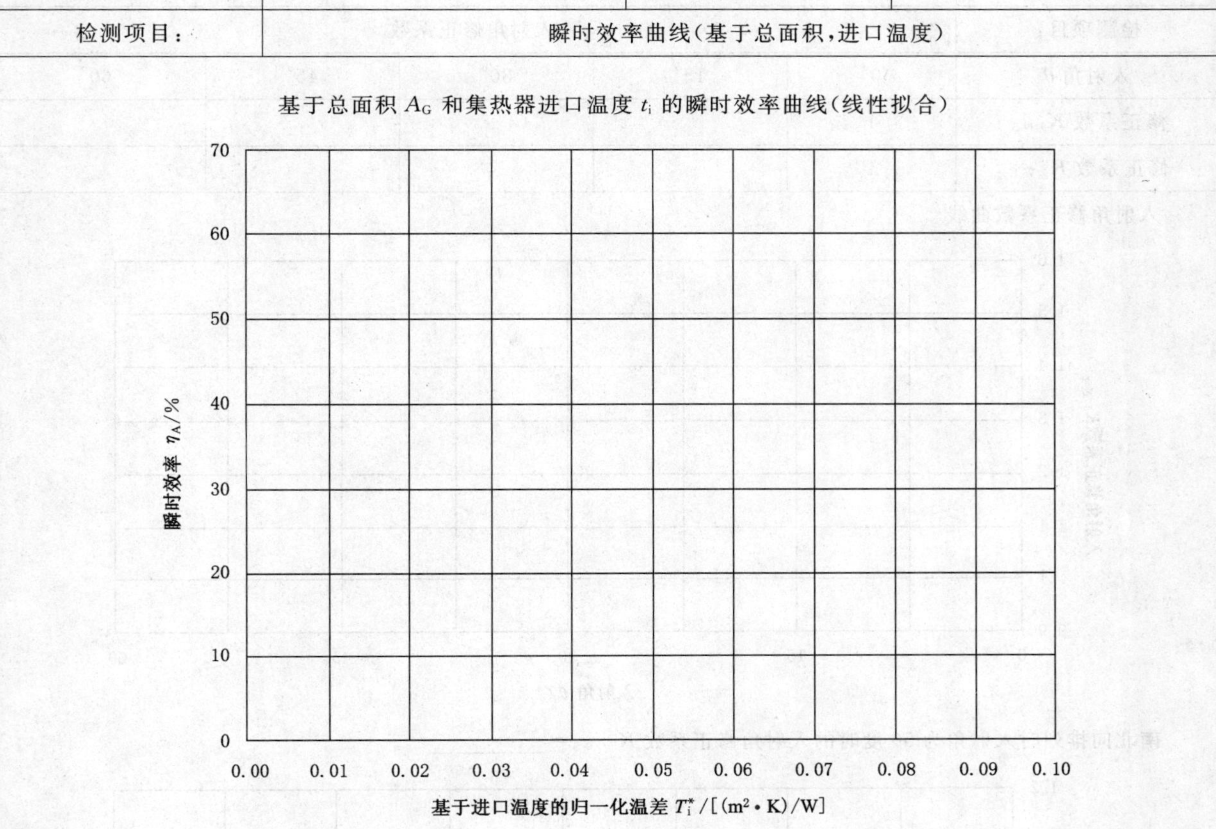

该集热器瞬时效率曲线方程为：$\eta_a=\eta_{0,G}-UT_i^*$

式中：

$T_i^*=(t_i-t_a)/G$；

t_i——工质进口温度，℃；

t_a——环境温度，℃；

G——集热器采光面上总日射辐照度，W/m²。

××××××××××××××××××××实验室

检 测 报 告

报告编号： 共 页 第 页

样品编号：			检测地点：		
检测项目：	入射角修正系数				
入射角 θ	0°	15°	30°	45°	60°
修正系数 $K_{\theta,N\text{-}S}$	1				
修正系数 $K_{\theta,W\text{-}E}$	1				

入射角修正系数曲线

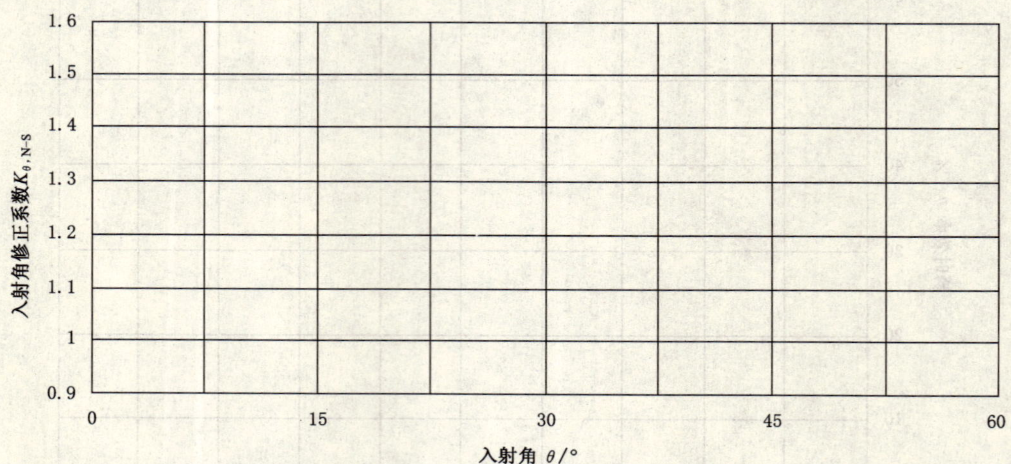

南北向排列时入射角为50度时的入射角修正系数 $K_{50,N\text{-}S}$＝________

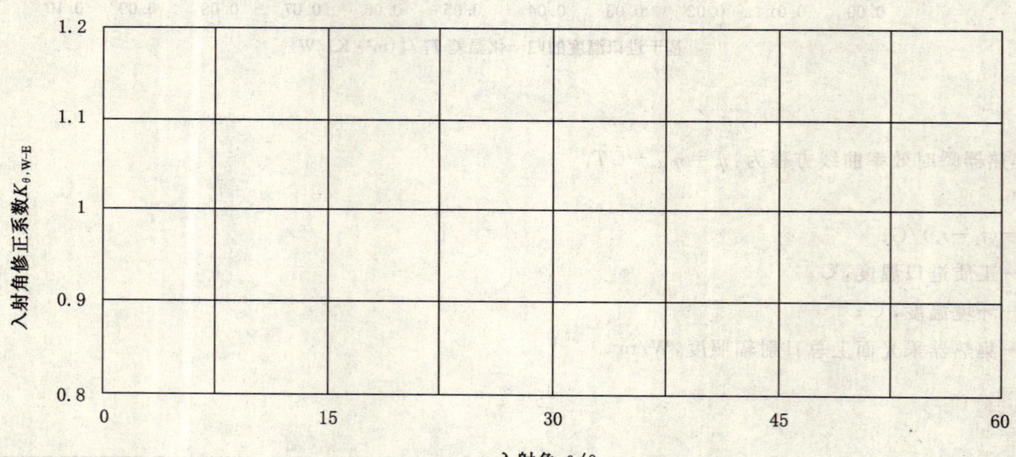

东西向排列时入射角为50度时的入射角修正系数 $K_{50,W\text{-}E}$＝________

××××××××××××××××××××实验室

检 测 报 告

报告编号：　　　　　　　　　　　　　　　　　　　　　　共　页　第　页

<table>
<tr><td>样品编号：</td><td></td><td>检测地点：</td><td></td></tr>
<tr><td>检测项目：</td><td></td><td colspan="2">时间常数</td></tr>
<tr><td colspan="3">时间常数 τ_c</td><td>单　位</td></tr>
<tr><td colspan="3"></td><td>s</td></tr>
<tr><td colspan="4">集热器出口温度 t_e 与环境温度 t_a 之差(t_e-t_a)与时间的关系曲线</td></tr>
</table>

××××××××××××××××××××××实验室

检 测 报 告

报告编号：　　　　　　　　　　　　　　　　　　　　　　　　　　　　　　　　共 页 第 页

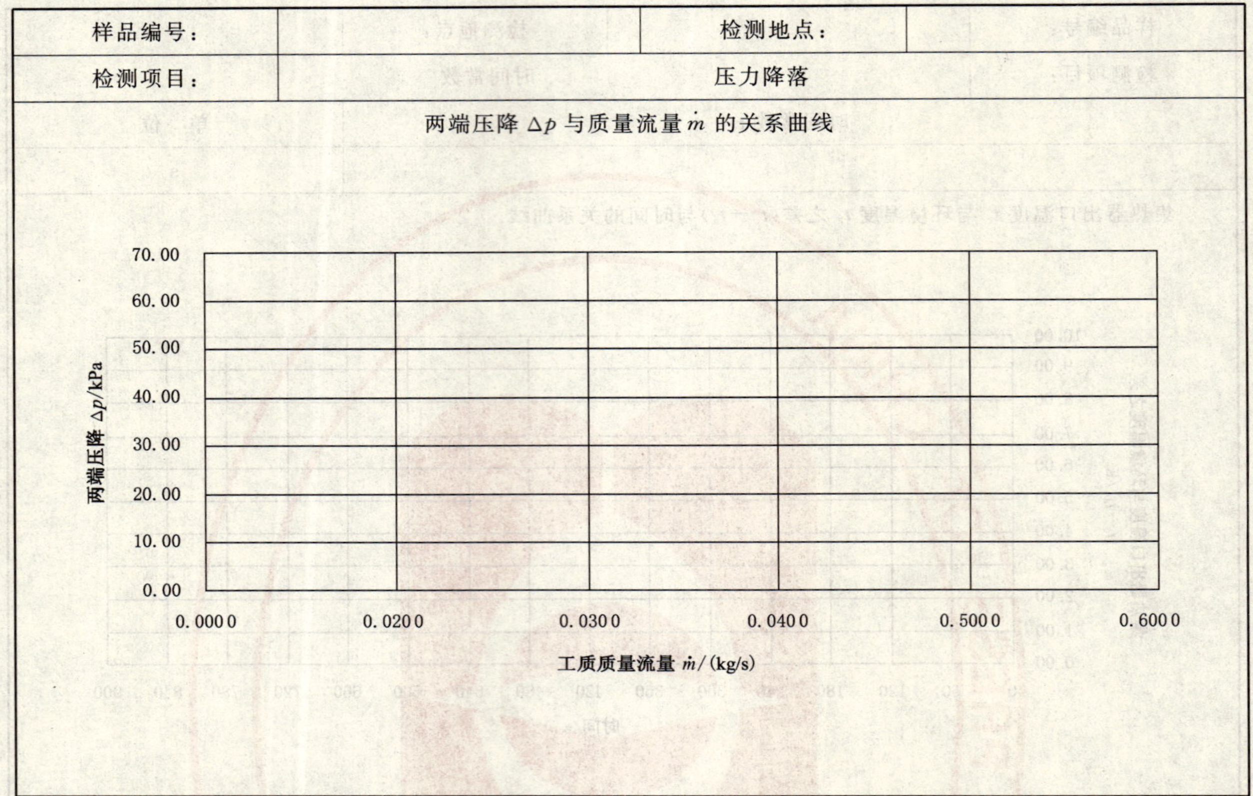

样品编号：		检测地点：	
检测项目：	压力降落		

两端压降 Δp 与质量流量 $\dot{m}$ 的关系曲线

ICS 59.080.01
W 04

中华人民共和国国家标准

GB/T 17593.2—2007

纺织品　重金属的测定
第2部分:电感耦合等离子体原子发射光谱法

Textiles—Determination of heavy metals—
Part 2:Inductively coupled plasma atomic emission spectrometry

2007-12-05 发布　　2008-09-01 实施

中华人民共和国国家质量监督检验检疫总局
中国国家标准化管理委员会　发布

前　言

GB/T 17593《纺织品　重金属的测定》包括以下部分：
——第1部分：原子吸收分光光度法；
——第2部分：电感耦合等离子体原子发射光谱法；
——第3部分：六价铬　分光光度法；
——第4部分：砷、汞　原子荧光分光光度法。

本部分为GB/T 17593的第2部分，采用电感耦合等离子体原子发射光谱仪(ICP)测定。

本部分的附录A为资料性附录。

本部分由中国纺织工业协会提出。

本部分由全国纺织品标准化技术委员会基础分会(SAC/TC 209/SC1)归口。

本部分起草单位：天津出入境检验检疫局、纺织工业标准化研究所。

本部分主要起草人：闫婧、于涛、朱缨、诸乃彤、郭维、王彦生。

纺织品　重金属的测定
第2部分：电感耦合等离子体原子发射光谱法

警告——使用 GB/T 17593 的本部分的人员应有正规实验室工作的实践经验。本部分并未指出所有可能的安全问题。使用者有责任采取适当的安全和健康措施，并保证符合国家有关法规规定的条件。

1　范围

GB/T 17593 的本部分规定了采用等离子体原子发射光谱仪(ICP)对纺织品中可萃取重金属砷(As)、镉(Cd)、钴(Co)、铬(Cr)、铜(Cu)、镍(Ni)、铅(Pb)、锑(Sb)八种元素同时测定的方法。

本部分适用于纺织材料及其产品。

2　规范性引用文件

下列文件中的条款通过 GB/T 17593 的本部分的引用而成为本部分的条款。凡是注日期的引用文件，其随后所有的修改单(不包括勘误的内容)或修订版均不适用于本部分，然而，鼓励根椐本部分达成协议的各方研究是否可使用这些文件的最新版本。凡是不注日期的引用文件，其最新版本适用于本部分。

GB/T 3922　纺织品耐汗渍色牢度试验方法

GB/T 6682　分析实验室用水规格和试验方法

3　原理

试样用酸性汗液萃取后，用电感耦合等离子体原子发射光谱仪在相应分析波长下测定萃取液中铅、镉、砷、铜、钴、镍、铬、锑八种重金属元素的发射强度，对照标准工作曲线确定各重金属离子的浓度，计算出试样中可萃取重金属含量。

4　试剂和材料

除非另有说明，仅使用优级纯的试剂和符合 GB/T 6682 规定的二级水。

4.1　酸性汗液

根据 GB/T 3922 的规定配制酸性汗液，试液应现配现用。

4.2　单元素标准储备溶液

各元素标准储备溶液可使用标准物质或按如下方法配制。

4.2.1　砷(As)标准储备溶液(100 μg/mL)

称取 0.132 g 于硫酸干燥器中干燥至恒重的三氧化二砷，温热溶于 1.2 mL 氢氧化钠溶液(100 g/L)，移入 1 000 mL 容量瓶中，稀释至刻度。

4.2.2　镉(Cd)标准储备溶液(100 μg/mL)

称取 0.203 g 氯化镉($CdCl_2 \cdot 5/2H_2O$)，溶于水，移入 1 000 mL 容量瓶中，稀释至刻度。

4.2.3　钴(Co)标准储备溶液(1 000 μg/mL)

称取 2.630 g 无水硫酸钴[用硫酸钴($CoSO_4 \cdot 7H_2O$)于 500℃～550℃灼烧至恒重]，加 150 mL 水，加热至溶解，冷却，移入 1 000 mL 容量瓶中，稀释至刻度。

4.2.4 铬(Cr)标准储备溶液(100 μg/mL)

称取 0.283 g 重铬酸钾($K_2Cr_2O_7$),溶于水,移入 1 000 mL 容量瓶中,稀释至刻度。

4.2.5 铜(Cu)标准储备溶液(100 μg/mL)

称取 0.393 g 硫酸铜($CuSO_4 \cdot 5H_2O$),溶于水,移入 1 000 mL 容量瓶中,稀释至刻度。

4.2.6 镍(Ni)标准储备溶液(100 μg/mL)

称取 0.448 g 硫酸镍($NiSO_4 \cdot 6H_2O$),溶于水,移入 1 000 mL 容量瓶中,稀释至刻度。

4.2.7 铅(Pb)标准储备溶液(100 μg/mL)

称取 0.160 g 硝酸铅[$Pb(NO_3)_2$],用 10 mL 硝酸溶液(1+9)溶解,移入 1 000 mL 容量瓶中,稀释至刻度。

4.2.8 锑(Sb)标准储备溶液(100 μg/mL)

称取 0.274 g 酒石酸锑钾($C_4H_4KO_7Sb \cdot 1/2H_2O$),溶于盐酸溶液(10%),移入 1 000 mL 容量瓶中,用盐酸溶液(10%)稀释至刻度。

注:除另有规定外,标准储备溶液在常温(15℃~25℃)下保存期为六个月,当出现浑浊、沉淀或颜色有变化等现象时,应重新制备。

4.3 标准工作溶液(10 μg/mL)

根据需要,分别移取适量镉、铬、铜、镍、铅、锑、锌、钴标准储备溶液于加有 5 mL 浓硝酸的 100 mL 容量瓶中,用水稀释至刻度,摇匀,配制成浓度为 10 μg/mL 的标准工作溶液。

注:此溶液有效期为一周,若出现浑浊、沉淀或颜色有变化等现象时,应重新配制。

5 仪器和装置

5.1 电感耦合等离子体原子发射光谱仪(ICP):氩气纯度≥99.9%,以提供稳定清澈的等离子体焰炬,在仪器合适的工作条件下进行测定。

5.2 具塞三角烧瓶:150 mL。

5.3 恒温水浴振荡器:(37±2)℃,振荡频率为 60 次/min。

6 分析步骤

6.1 萃取液制备

取有代表性样品,剪碎至 5 mm×5 mm 以下,混匀,称取 4 g 试样两份(供平行试验),精确至 0.01 g,置于具塞三角烧瓶(5.2)中。加入 80 mL 酸性汗液(4.1),将纤维充分浸湿,放入恒温水浴振荡器(5.3)中振荡 60 min 后取出,静置冷却至室温,过滤后作为样液供分析用。

6.2 测定

6.2.1 将标准工作溶液(4.3)用水逐级稀释成适当浓度的系列工作溶液。根据试验要求和仪器情况,设置仪器的分析条件,点燃等离子体焰炬,待焰炬稳定后,在相应波长下,按浓度由低至高的顺序测定系列工作溶液中各待测元素的光谱强度。以光谱强度为纵坐标,元素浓度(μg/mL)为横坐标,绘制工作曲线。

6.2.2 按 6.2.1 所设定的仪器条件,测定空白溶液和样液(6.1)中各待测元素的光谱强度,从工作曲线上计算出各待测元素的浓度

注:不同仪器的分析条件可能有所不同,部分 ICP 光谱仪的工作条件及待测元素的分析波长参见附录 A。

7 结果的计算

试样中可萃取重金属元素 i 的含量,按式(1)计算:

$$X_i = \frac{(C_i - C_{i0}) \times V}{m} \quad \cdots\cdots (1)$$

式中：

X_i——试样中可萃取重金属元素 i 的含量，单位为毫克每千克(mg/kg)；

C_i——样液中被测元素 i 的质量浓度，单位为微克每毫升(μg/mL)；

C_{i0}——空白溶液中被测元素 i 的质量浓度，单位为微克每毫升(μg/mL)；

V——样液的总体积，单位为毫升(mL)；

m——试样的质量，单位为克(g)。

取两次测定结果的算术平均值作为试验结果，计算结果表示到小数点后两位。

8 测定低限和精密度

8.1 测定低限

本方法的测定低限见表1。

表1 可萃取重金属元素测定低限

元素	测定低限/(mg/kg)
砷(As)	0.20
镉(Cd)	0.01
钴(Co)	0.02
铬(Cr)	0.12
铜(Cu)	0.06
镍(Ni)	0.05
铅(Pb)	0.23
锑(Sb)	0.09
注：不同仪器的检出限会有差异，本方法测定低限仅供参考。	

8.2 精密度

在同一实验室，由同一操作者使用相同设备，按相同的测试方法，并在短时间内对同一被测对象相互独立进行的测试获得的两次测试结果的绝对差值都不大于这两个测定值的算术平均值的10%，以大于这两个测定值的算术平均值的10%的情况不超过5%为前提。

9 试验报告

试验报告应包括下列内容：

a) 本部分的编号；

b) 样品的描述；

c) 试验日期；

d) 样品中的各重金属的含量；

e) 与本部分的任何偏差。

附 录 A
（资料性附录）
ICP 光谱仪的工作条件

表 A.1 ICP 光谱仪的工作条件

光谱仪型号		IRIS HR	IRIS Advantage ICAP	JY 238	JY 70P	JY 381	P-4 010	Baird PS4	ICP-2 000
高频功率发生器	入射功率/W	1 150	1 150	1 000	1 480	1 000	1 000	1 150	1 800
	反射功率/W	—	—	<5	—	—	<5	<5	<3
	工作频率/MHz	27.12	27.12	40.68	56	40.68	27.12	40.68	40.68
气路系统	观测高度/mm	15	15	15	18	16	13	10	15
	冷却气/(L/min)	14	14	15	15	16	11	12	12
	辅助气/(L/min)	0.5	0.5	—	1.0	1.0	1.0	1.0	0.4
	载气/(L/min)	—	—	0.3	1.0	0.7	0.6	0.5	0.4
	雾化器压力/kPa(psi)	270.3(30.06)	165.9(24.06)	—	—	—	—	—	—
	蠕动泵转速/(r/min)	100	100	—	—	—	—	—	—
数据处理系统	短波部分积分时间/s	30	10	视元素而定	视元素而定	5	5	5	5
	长波部分积分时间/s	10	5			5	5	5	5
	积分次数	3	3			3	4	4	2

表 A.2 元素的分析波长及衍射级

单位为纳米

元素	Pb	Cd	As	Cu	Co	Ni	Cr	Sb
波长(衍射级)	220.3(152) 261.4(129)	214.4(157) 226.5(148) 228.8(147)	189.0(177) 228.8(146)	324.7(103) 327.3(102)	228.6(147) 237.8(141)	221.6(152) 231.6(145)	267.7(126) 283.5(118)	231.1(145) 206.8(162) 252.8(133)

注：括号中注明的光谱衍射级仅对全谱直读 ICP-AES 光谱仪适用。

ICS 33.100
L 06

中华人民共和国国家标准

GB 17625.2—2007/IEC 61000-3-3:2005
代替 GB 17625.2—1999

电磁兼容 限值 对每相额定电流≤16 A且无条件接入的设备在公用低压供电系统中产生的电压变化、电压波动和闪烁的限制

Electromagnetic compatibility (EMC)—Limits—Limitation of voltage changes, voltage fluctuations and flicker in public low-voltage supply systems, for equipment with rated current ≤16 A per phase and not subject to conditional connection

(IEC 61000-3-3:2005, IDT)

2007-04-30 发布　　2008-01-01 实施

中华人民共和国国家质量监督检验检疫总局
中国国家标准化管理委员会　发布

ICS 33.100
L 06

中华人民共和国国家标准

GB 17625.2—2007/IEC 61000-3-3:2005
代替 GB 17625.2—1999

电磁兼容 限值 对每相额定电流≤16 A且无条件接入的设备在公用低压供电系统中产生的电压变化、电压波动和闪烁的限制

Electromagnetic compatibility (EMC)—Limits—
Limitation of voltage changes, voltage fluctuations and flicker
in public low-voltage supply systems, for equipment with rated current
≤16 A per phase and not subject to conditional connection

(IEC 61000-3-3:2005, IDT)

2007-04-30 发布 2008-01-01 实施

中华人民共和国国家质量监督检验检疫总局
中国国家标准化管理委员会 发布

前　言

本部分的全部技术内容为强制性。

本部分等同采用 IEC 61000-3-3:2005。

IEC 61000 系列标准按照下述结构作为独立部分出版:

第 1 部分:综述

综合考虑(概述,基本原理)

定义、术语

第 2 部分:环境

环境的描述

环境的分类

兼容性水平

第 3 部分:限值

发射限值

抗扰度限值(它们不属于产品委员会的责任范围时)

第 4 部分:试验和测量技术

测量技术

试验技术

第 5 部分:安装和减缓导则

安装导则

减缓方法和装置

第 9 部分:其他

每一部分又可以分为若干分部分,它们作为国际标准或技术报告出版。

这些标准和报告将按时间顺序出版,并相应地编号。

本部分等同采用 IEC 61000-3-3:2005《电磁兼容(EMC)第 3-3 部分:限值　对每相额定电流≤16 A 和无条件连接的设备在公用低压供电系统中产生的电压变化、电压波动和闪烁的限制》,属产品族的限值标准。

本部分的限值与用户体验到的在公用低压供电网络和设备使用者的安装界面上的电压变化有关。因此,如果在与设备使用者安装连接的设备的供电端的电源实际阻抗大于测试阻抗,就可能出现电源骚扰超过限值的情况。

《电磁兼容　限值》目前包括以下部分

——GB 17625.1—2003　电磁兼容　限值　谐波电流发射限值(设备每相输入电流≤16 A)

——GB 17625.2—2007　电磁兼容　限值　对每相额定电流≤16 A 且无条件接入的设备在公用低压供电系统中产生的电压变化、电压波动和闪烁的限制

——GB/Z 17625.3—2000　电磁兼容　限值　对额定电压大于 16 A 的设备在低压供电系统中产生的电压波动和闪烁的限制

本部分为《电磁兼容限值》的第二部分。

本部分自实施之日起代替 GB 17625.2—1999《电磁兼容　限值　对额定电流不大于 16 A 的设备在低压供电系统中产生的电压波动和闪烁的限制》。

本部分与 GB 17625.2—1999 相比主要修改如下:

——修改了标准的名称,与 IEC 61000-3-3 的标准名称一致。

——第 1 章范围,将"本部分适用每相输入电流不大于 16 A,并打算连接到相电压为 220 V~

250 V、频率为 50 Hz 的公用低电压配电系统的电气和电子设备。”修改为:“本部分适用于每相输入电流等于或小于 16 A,打算连接到相电压为 220 V 至 250 V、频率为 50 Hz 的公用低压配电系统,并且无条件连接的电气和电子设备”。

增加:“当用 6.4 的参考阻抗 Z_{ref} 测试时不符合本部分的限值,并因此不能声明符合本部分,对于此类设备可以进行再测试或评估以表明符合 IEC 61000-3-11。IEC 61000-3-11 适用于每相额定输入电流 ≤75 A 并有条件连接的设备”。

删去注中:“非广泛使用且设计与不可能符合本部分要求(限值)的特殊设备,在接到配电系统前,应征得供电部门的同意。这类设备评定导则由技术报告 IEC 61000-3-5:1994 给出。”

——第 2 章规范性引用文件中增加:GB 15579—1995 《弧焊设备安全要求 第 1 部分:焊接电源》;GB 17625.1—2003 《电磁兼容 限值 谐波电流发射限值(设备每相输入电流≤16 A)》;IEC 61000-3-11 《电磁兼容(EMC) 第 3-11 部分:限值 对额定电流≤75 A 并且有条件连接的设备在公用低压供电系统中产生的电压变化、电压波动和闪烁的限制》。

由于 IEC 60868:1986 增补版 1(1990)《闪烁计 功能和设计规范》已被 IEC 61000-4-15:2003 取代,因此原引用标准替换为 IEC 61000-4-15:2003。

——第 3 章定义中增加术语:有效值电压波形 $U(t)$、电压变化特性 $\Delta U(t)$、最大电压变化特性 ΔU_{max}、电压波动、闪烁印象时间 t_f、条件连接、接口点。

——第 4 章的标题改为“电压变化、电压波动和闪烁的评定”。在原标题中增加了“电压波动”。

——第 5 章限值作下述修改:

“相对稳态电压变化 d_c 不超过 3%。”修改为:相对稳态电压变化不超过 3.3%;“在电压变化期间 $d(t)$ 值超过 3%的时间不大于 200 ms”修改为:在电压变化期间 $d(t)$ 值超过 3.3%的时间不大于 500 ms;“最大相对电压变化 d_{max} 不超过 4%”修改为:最大相对电压变化 d_{max} 不超过 4%、6%、7%。并规定了 d_{max} 不同限制值的适用条件。

——第 6 章总则中增加下述内容:

“那些不可能产生严重电压波动或闪烁的设备不必进行试验。

可能有必要通过电路图和设备说明书检查和短时的功能试验的检查来确定是否可能产生严重的电压波动。

对于手动开关引起的电压变化,如果在过零点间每 10 ms 半个周期中评估的最大有效值输入电流(包括涌入电流)不超过 20 A,且在涌入电流后电源电流变化在 1.5 A 内,则不必进一步测试,认为设备符合要求。

如果要进行测量,由手动开关引起的最大相对电压变化 d_{max} 应按附录 B 进行。”

——修改了图 2 $U(t)$ 直方图评定,图 3 相对电压变化特性的图形。

——附录 A 特定设备的限值应用及其型式试验条件中增加:

照明及类似设备的试验条件,洗衣机的试验条件,音频放大器的试验条件,空气调节器、除湿器、加热泵和商业制冷设备试验条件,弧焊设备和类似操作的试验条件。

——增加附录 B 测量由于手动开关引起的电压变化 d_{max} 的试验条件和程序。

本部分的附录 A、附录 B 为规范性附录。

本部分由中国电器工业协会提出。

本部分由全国电磁兼容标准化技术委员会(SAC/TC 246)归口。

本部分负责起草单位:上海电动工具研究所。

本部分参加起草单位:上海市照明灯具研究所。

本部分主要起草人:尹海霞、李邦协、顾菁、陈建秋、潘顺芳、汪永锡。

本部分由上海电动工具研究所解释。

本部分代替标准的历次版本发布情况为:GB 17625.2—1999。

电磁兼容 限值 对每相额定电流≤16 A且无条件接入的设备在公用低压供电系统中产生的电压变化、电压波动和闪烁的限制

1 范围

本部分涉及的是对公用低压供电系统产生的电压波动和闪烁进行限制。

本部分规定了在一定条件下受试设备可能产生的电压变化的限值，并给出了评定方法导则。

本部分适用于每相输入电流等于或小于16A，打算连接到相电压为220V至250V、频率为50Hz的公用低压供电系统，并且无条件连接的电气和电子设备。

当用6.4的参考阻抗 Z_{ref} 测试时不符合本部分的限值，并因此不能声明符合本部分，对于此类设备可以进行再测试或评估以表明符合IEC 61000-3-11。IEC 61000-3-11适用于每相额定输入电流≤75 A并有条件连接的设备。

本部分试验为型式试验，特殊的试验条件由附录A给出，试验电路见图1。

注：本部分的限值主要依据由于供电电压的波动使230 V/60 W螺旋式灯丝的灯产生闪烁的主观严酷度确定的。对于标称相电压小于220 V和/或频率为60 Hz的系统，其限值和参考电路参数在考虑中。

2 规范性引用文件

下列文件中的条款通过本部分的引用而成为本部分的条款。凡是注日期的引用文件，其随后所有的修改单(不包括勘误的内容)或修订版均不适用于本部分，然而，鼓励根据本部分达成协议的各方研究是否可使用这些文件的最新版本。凡是不注日期的引用文件，其最新版本适用于本部分。

GB/T 4365—2003 电工术语 电磁兼容(IEC 60050(161):1990,IDT)

GB 4706.20—2004 家用和类似用途电器的安全 滚筒式干衣机的特殊要求(IEC 60335-2-11:2002,IDT)

GB 15579.1—2004 弧焊设备安全要求 第1部分:焊接电源(IEC 60974-1:2000,IDT)

GB 17625.1—2003 电磁兼容 限值 谐波电流发射限值(设备每相输入电流≤16 A)(IEC 61000-3-2:2001,IDT)

GB 17625.3—2000 电磁兼容 限值 对额定电流大于16 A的设备在低压供电系统中产生的电压波动和闪烁的限制(idt IEC 61000-3-5:1994)

IEC 60725:1981 对用于确定家用及类似用途电气设备的骚扰特性参考阻抗的考虑

IEC 61000-3-11 电磁兼容(EMC) 第3-11部分:限值 对额定电流≤75 A并且有条件连接的设备在公用低压供电系统中产生的电压变化、电压波动和闪烁的限制

IEC 61000-4-15:2003 电磁兼容 第4部分 试验与测量技术 第15章:闪烁计 功能和设计规范

3 术语和定义

本部分采用GB/T 4365—2003中确定的以及下列术语和定义。

3.1

有效值电压波形　r. m. s. voltage shape

$U(t)$

以每个相连的电源电压过零点间的半周期上的有效值电压作为单一值评定的有效值电压对时间的函数(见图 2)。

3.2

电压变化特性 voltage change characteristic

$\Delta U(t)$

在电压处于稳态至少 1s 的时间间隔内,以每个相连的电源电压过零点间的半周期上的有效值电压变化作为单一值评定的有效值电压变化对时间的函数(见图 2)。

注:由于此特性仅用于评定时计算,假定处于稳态的电压在测量准确度范围内为常量(见 6.2)。

3.3

最大电压变化特性　maximum voltage change characteristic

ΔU_{max}

电压变化特性的最大有效值与最小有效值之差(见图 2)。

3.4

稳态电压变化　steady-state voltage change

ΔU_c

被至少一个电压变化特性隔开的两个相邻稳态电压之间的电压差(见图 2)。

注:定义 3.2～3.4 与相线-中线的电压绝对值有关。这些幅值对图 1 参考网络中相线-中线的标称电压值(U_n)之比分别称为:

——相对电压变化特性:$d(t)$(定义 3.2);

——最大相对电压变化:d_{max}(定义 3.3);

——相对稳态电压变化:d_c(定义 3.4)。

这些定义在图 3 的例子里给予解释说明。

3.5

电压波动　voltage fluctuation

以每个相连的电源电压过零点间的半周期上的有效值电压作为单一值评定的有效值电压的一系列变化。

3.6

闪烁　flicker

亮度或频谱分布随时间变化的光刺激所引起的不稳定的视觉效果。

3.7

短期闪烁指示值　short -term flicker indicator

P_{st}

评定短时间(几分钟)闪烁的严酷程度;$P_{st}=1$ 表示敏感性常规阈值。

3.8

长期闪烁指示值　long-term flicker indicator

P_{lt}

用连续的 P_{st} 值评定长时间(几个小时)内闪烁的严酷程度。

3.9

闪烁计　flickermeter

用来测量闪烁量值的仪器。

注:一般测量 P_{st} 和 P_{lt}。[GB/T 4365—2003 中 8.14]

3.10

闪烁印象时间　flicker impression time

t_f

描述电压变化特性产生的闪烁印象的时间值。

3.11

条件连接　conditional connection

要求用户的供电接口点的阻抗低于参考阻抗 Z_{ref},使得设备的发射符合本部分限值的设备连接。

注:满足电压变化限值可以不是连接的唯一条件,也可以要求满足其他现象的发射限值,如谐波。

3.12

接口点　interface point

公用供电网络与用户的设备之间的接口。

4　电压变化、电压波动和闪烁的评定

4.1　相对电压变化"d"的评定

闪烁评定是依据受试设备端的电压变化特性,即任意两个连续的相线-中线电压 $U(t_1)$ 和 $U(t_2)$ 的差 ΔU:

$$\Delta U = U(t_1) - U(t_2) \quad\cdots\cdots(1)$$

电压有效值 $U(t_1)$ 和 $U(t_2)$ 应由测量或计算得出。当通过示波器波形推算出有效值时,应考虑可能存在的波形失真。电压变化 ΔU 是由于受试设备复数基波输入电流的变化 $\Delta \underline{I}$ 在复数参考阻抗 $\underline{Z}$ 上产生的压降变化而引起的。ΔI_p 和 ΔI_q 分别是电流变化 $\Delta \underline{I}$ 的有功和无功部分。

$$\Delta \underline{I} = \Delta I_p - j\Delta I_q = I(t_1) - I(t_2) \quad\cdots\cdots(2)$$

注1:I_q 在电流滞后时为正,超前时为负。

注2:如果电流 $I(t_1)$ 和 $I(t_2)$ 的谐波失真率小于10%,则总的有效值可以用来代替基波电流有效值。

注3:对于单相和对称的三相设备,假定 X 为正(感性),电压变化可以近似地表达为:

$$\Delta U = |\Delta I_p R + \Delta I_q X| \quad\cdots\cdots(3)$$

其中:

ΔI_p 和 ΔI_q 分别是电流变化 $\Delta \underline{I}$ 的有功和无功部分;

R 和 X 为复数参考阻抗 $\underline{Z}$ 的组成部分(见图1);

相对电压变化由下式给出:

$$\text{“}d\text{”} = \Delta U / U_n \quad\cdots\cdots(4)$$

4.2　短期闪烁值 P_{st} 的评定

短期闪烁值 P_{st} 的规定见 IEC 61000-4-15:2003。

表1给出了根据不同电压波动类型来选择可相互替代的 P_{st} 评定方法:

表1　评定方法

电压波动类型	P_{st} 评定方法
所有电压波动(在线评定)	直接测量
定义了 $U(t)$ 的所有电压波动	模拟 直接测量
根据图5～图7发生率低于每秒1次的电压变化特性	解析法 模拟 直接测量
等距矩形电压变化	使用图4的 $P_{st}=1$ 的曲线

4.2.1　闪烁计

所有类型的电压波动均可以使用符合 IEC 61000-4-15:2003 要求的,并且按本部分第6章的规定进

行连接的闪烁计直接测量进行评定。该方法为限值使用的基准方法。

4.2.2 模拟法

在相对电压变化特性 $d(t)$ 已知的条件下，P_{st} 可以使用计算机模拟进行评定。

4.2.3 解析法

对于如图 5～图 7 所示类型的电压变化特性，P_{st} 值可以通过式(5)～(6)的解析法进行评定。

注 1：用此方法求得的 P_{st} 应在直接测量法(基准方法)测得结果的±10%范围内。

注 2：如果在一个电压变化结束至下一个电压变化开始的持续时间小于 1 s，不推荐使用该方法。

4.2.3.1 解析法的描述

每个相对电压变化特性应由闪烁印象时间 t_f(s)来表示：

$$t_f = 2.3(F \cdot d_{max})^{3.2} \quad \cdots\cdots(5)$$

其中：

最大相对电压变化 d_{max} 以标称电压的百分比表示；

波形因子 F，与电压变化特性的波形有关(见 4.2.3.2)。

在总时间间隔 T_p(s)内，所有各评定时段的闪烁印象时间总和 $\sum t_f$ 是评定 P_{st} 的基础。如果总时间间隔 T_p 是根据 6.5 来选择，那么它就是一个“观察时间”，并且：

$$P_{st} = (\sum t_f / T_p)^{1/3.2} \quad \cdots\cdots(6)$$

4.2.3.2 波形因子

波形因子 F，是将相对电压变化特性 $d(t)$ 转换为一个等效相对阶跃电压变化($F \cdot d_{max}$)的闪烁。

注 1：对于阶跃电压变化，波形因子 F 等于 1.0。

注 2：相对电压变化特性可以直接测量(见图 1)或由受试设备的有效值电流计算得出(见式(1)～式(4))。

相对电压变化特性可由 $U(t)$ 的直方图得到(见图 3)。

如果相对电压变化特性与图 5、图 6、图 7 中所示特性相符，则波形因子可由图中推导得出。如果特性相符，则按下述步骤进行：

——找出最大相对电压变化 d_{max}(按照图 3)，和

——找出适合于图 5、图 6、图 7 所示的电压变化特性的时间 T(ms)，并使用该值求得波形因子 F。

注 3：超出图示范围的推断会导致不可接受的误差。

4.2.4 使用 $P_{st}=1$ 曲线法

在由相等的时段隔开的等幅“d”的矩形电压变化情况下，图 4 中的曲线可用来推导对于特定重复率下对应 $P_{st}=1$ 的幅度；该幅度称为 d_{lim}。对应电压变化为“d”的 P_{st} 值则由公式 $P_{st}=d/d_{lim}$ 求得。

4.3 长期闪烁值 P_{lt} 的评定

长期闪烁值 P_{st} 的规定见 IEC 61000-4-15：2003 的附录 A.2。使用时，$N=12$(见 6.5)。

对于一次正常运行超过 30 min 的设备，一般需对 P_{lt} 进行评定。

5 限值

本部分限值适用于受试设备电源端的电压波动和闪烁，该限值是按第 6 章和附录 A 规定的试验条件并根据第 4 章测量或计算得出。证明是否符合限值的试验认为是型式试验。

下述限值适用：

P_{st} 值不大于 1.0；

P_{lt} 值不大于 0.65；

在电压变化期间 $d(t)$ 值超过 3.3%的时间不大于 500 ms；

相对稳态电压变化 d_c 不超过 3.3%；

最大相对电压变化 d_{max} 不超过：

a) 4%，无附加条件；

b) 6%,设备为:

——手动开关,或

——每天多于2次的自动开关,且在电源中断后有一个延时再启动(延时不少于数十秒),或手动再启动。

注:循环的频率将由P_{st}和P_{lt}限值进一步限制。例如:对于一个d_{max}为6%的每小时产生2次的矩形电压变化特性,将给出P_{lt}值约为0.65。

c) 7%,设备为:

——使用时有人照看(例如:吹风机、真空吸尘器、厨房设备如搅拌器、园艺设备如割草机、便携式工具如电钻),或

——每天不多于2次的自动开关或打算手动的开关,且在电源中断后,有一个延时再启动(延时不少于数十秒)或手动再启动。

对于符合6.6具有几个单独控制电路的设备,只有在电源中断后有延时或手动再启动时,限值b)和c)适用;对所有具有电源中断后恢复时能立即动作的自动开关的设备,限值a)适用;对所有手动开关设备,根据开关的频率,限值b)和c)适用。

P_{st}和P_{lt}要求不适用于由手动开关引起的电压变化。

这些限值不适用于应急开关动作或紧急中断的情况。

6 试验条件

6.1 总则

那些不可能产生严重电压波动或闪烁的设备不必进行试验。

可能有必要通过电路图和设备说明书检查和短时的功能试验来确定是否可能产生严重的电压波动。

对于手动开关引起的电压变化,如果在过零点间每10 ms半个周期中评估的最大有效值输入电流(包括涌入电流)不超过20 A,且在涌入电流后电源电流变化在1.5 A内,则不必进一步测试,认为设备符合要求。

如果要进行测量,由手动开关引起的最大相对电压变化d_{max}应按附录B进行。

证实设备符合限值的试验应采用图1所示的试验电路。

试验电路由下列组成:

——试验电源电压(见6.3);

——参考阻抗(见6.4);

——受试设备(见附录A);

——如有必要,闪烁计(见IEC 61000-4-15:2003)。

相对电压变化$d(t)$可直接测量或从4.1描述的有效值电流推导得出。为确定受试设备的P_{st}值,可使用4.2描述的任何一种方法。在有争议的情况下,应使用闪烁计的基准方法测量P_{st}。

注:如果被测的是平衡的多相设备,那么仅测量三个相线中的一个相线—中线的电压是可以接受的。

6.2 测量准确度

电流幅度的测量必须达到±1%或更高的准确度。如果使用相角代替有功和无功电流,测量误差应不超过±2°。

相对于最大值d_{max},确定相对电压变化"d"的总的准确度应优于±8%。电路总阻抗,不包括受试设备阻抗,但包括电源的内部阻抗,应等于参考阻抗。该总阻抗的稳定性和容差应足以确保在整个评定过程中达到±8%的系统准确度。

注:在测量值接近限值的场合下,不推荐使用下述的方法。

当电源阻抗难以确定时,例如在电源阻抗变化不可预测的场合下,将具有与参考阻抗相等的电阻和

电感的阻抗连接到电源和受试设备的端子之间。电压测量可在参考阻抗的电源端和设备端上进行。在此情况下，在电源端测量的最大相对电压变化 d_{max} 应小于在设备端测量的最大值 d_{max} 的 20%。

6.3 试验电源电压

试验电源电压(开路电压)应为设备的额定电压。如果对设备规定了一个电压范围，那么试验电压应为单相 220 V 或三相 380 V。试验电压应保持在标称值±2%的范围内，频率应为 50(1±0.5%)Hz。

电源电压总谐波失真率应小于 3%。

如果 P_{st} 值小于 0.4，则在试验期间可忽略试验电源电压的波动。在每次试验前后都应验证该条件。

6.4 参考阻抗

按 IEC 60725:1981 的规定，对受试设备参考阻抗 Z_{ref} 应是用于计算和测量相对电压波动"d"，P_{st} 和 P_{lt} 值的规范性的阻抗。

各元件的阻抗值在图 1 中给出。

6.5 观察时间

对于用闪烁计测量、闪烁模拟、或解析法来评定闪烁值的情况，其观察时间 T_p 规定如下：

——对 P_{st}，$T_p = 10$ min；

——对 P_{lt}，$T_p = 2$ h。

观察时间应包括受试设备在整个运行周期里所产生最不利电压变化结果的那部分时间。

对 P_{st} 评定时，运行周期应连续的重复，除非附录 A 中另有规定。在受试设备运行周期小于观察时间且受试设备在运行周期结束时自动停止的情况下，重新启动时最少时间应计入观察时间内。

对 P_{lt} 评定时，当受试设备的运行周期小于 2 h 并且通常不连续使用的情况下，运行周期不应重复，除非附录 A 中另有说明。

注：例如，假设设备运行周期为 45 min，那么在 50 min 的时间内应连续测量 5 个 P_{st} 值，但在 2 h 的观察时间里剩余的 7 个 P_{st} 值将被认为是 0。

6.6 一般试验条件

测量电压波动和闪烁的试验条件如下所述。对附录 A 未提及的其他设备，应只使用制造商在说明书阐明的或其他可能用到的控制方式和程序来选择产生最不利电压变化结果的控制方式和自动程序进行试验。对附录 A 中没有包括的设备，其特殊试验条件尚在考虑之中。

设备应在制造商提供的条件下进行试验。试验前可能需要进行电机驱动的预运行以确保结果与正常使用时一致。

注：运行条件包括机械和/或电气负载条件。

对电机，可使用堵转的方法来测量确定在电机启动期间出现的最大有效值电压变化 d_{max}。

当设备具有几个独立控制电路时，下述条件适用：

——只要控制不是设计成同时切换并打算独立使用时，则每个电路都应作为设备的一个单独部分进行试验；

——如果独立电路的控制设计成同时切换，则这组控制电路可作为设备的一个单独部分进行试验。

对控制系统仅调节负载的某个部分时，应考虑该负载的每个可变部分单独产生的电压波动。

某些设备的详细型式试验条件见附录 A。

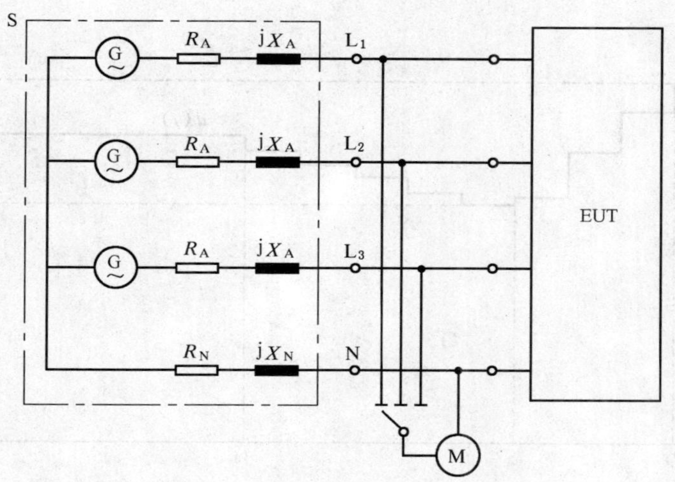

EUT——受试设备。

M——测量设备。

S——由电源电压发生器 G 和参考阻抗 Z 组成的供电电源，Z 由下列元件组成：

$R_A=0.24\ \Omega$；　$jX_A=0.15\ \Omega$　50 Hz

$R_A=0.16\Omega$；　$jX_N=0.10\ \Omega$　50 Hz

这些元件包括实际的发生器阻抗。

当电源阻抗难以确定时，见 6.2。

G——符合 6.3 要求的电压源。

注：在一般情况下，三相负载平衡，因为中线中没有电流，R_N 和 X_N 可忽略不计。

图 1　由三相四线制电源引出用于单相和三相电源的参考网络

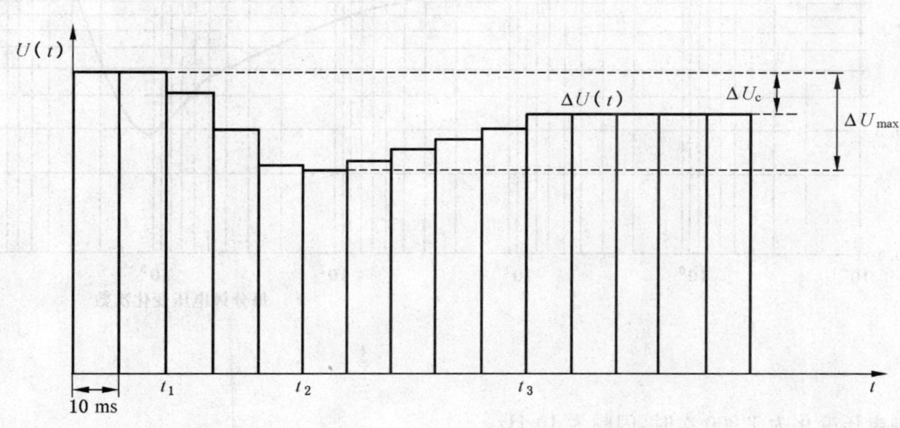

图 2　*U*(*t*)直方图评定

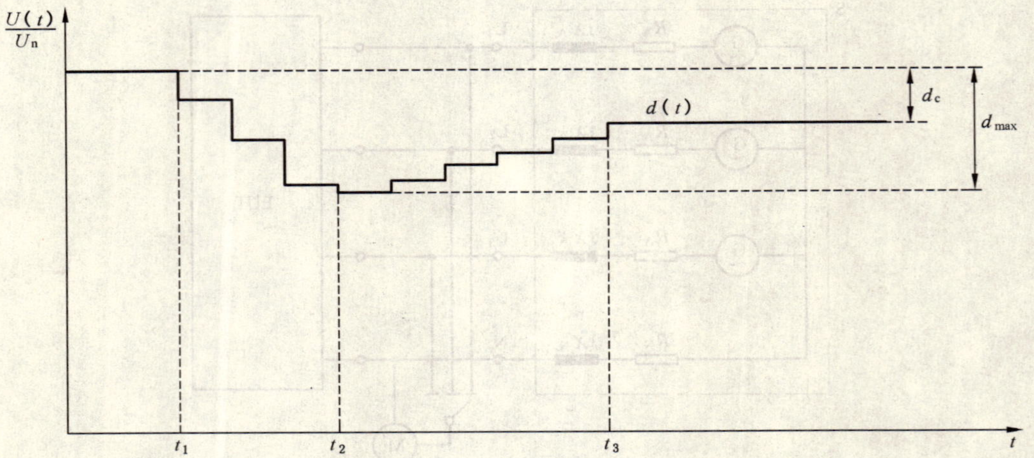

图 3　相对电压变化特性

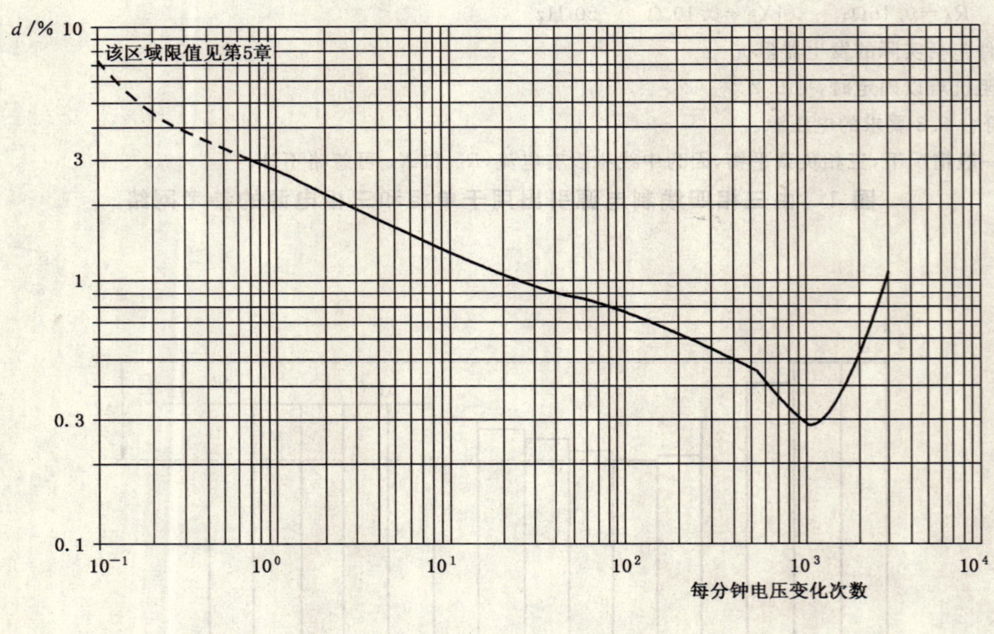

注：当每分钟电压变化为 1 200 次时，闪频为 10 Hz。

图 4　等距矩形电压变化 $P_{st}=1$ 的曲线

图 5　双步阶跃和斜坡电压特性的波形因子 F

图 6　矩形和三角形电压特性的波形因子 F

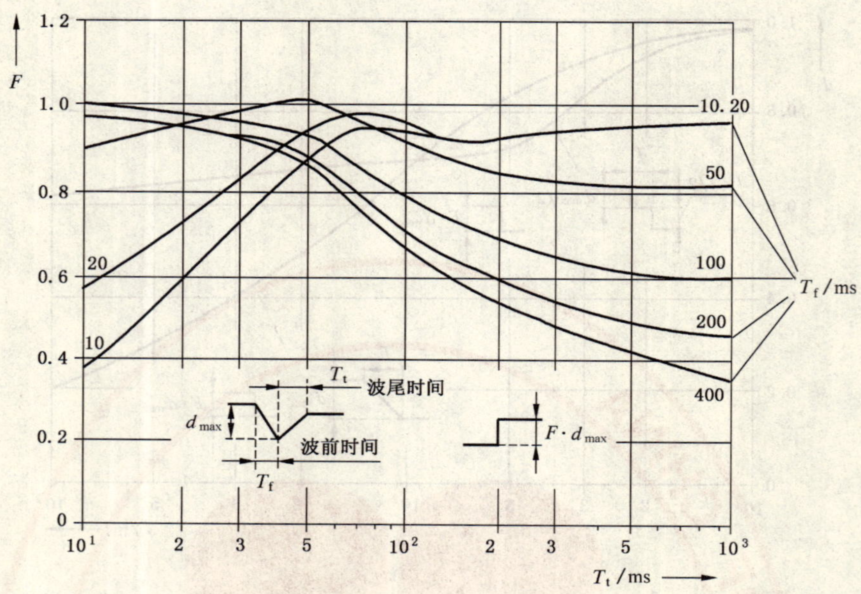

注：$T_t = t_3 - t_2$，$T_f = t_2 - t_1$（见图 3）。

图 7　具有不同波前时间的电机启动电压特性波形因子 *F*

附 录 A
（规范性附录）
特定设备的限值应用及其型式试验条件

A.1 炊具的试验条件

对设计用于家庭的炊具，P_{lt}评定不作要求。

除非另有规定，否则 P_{st}应在温度达到稳定状态的条件下进行测试。

每个加热器应按下列要求单独进行试验。

A.1.1 电炉

电炉试验应使用标准长柄且有盖子的深锅，其直径、高度和水量要求如下：

电炉直径/mm	锅（坩埚）高/mm	水量/g
145	约 140	1 000±50
180	约 140	1 500±50
220	约 120	2 000±50

在试验期间必须补偿因蒸发而可能减少的水量。

在下面所有的试验中，电炉应符合第 5 章规定的限值。

a) 沸腾温度范围：将控制设定在水刚好沸腾的位置。进行 5 次试验并计算试验结果的平均值。

b) 油煎温度范围：将上述表中水量 1.5 倍的硅酮油倒入锅中，不加盖子。将温度控制设定在 180℃，由放置在油几何中心的热电偶测量温度。

c) 总功率设定范围：应在 10 min 的观察期内连续地检查总的功率范围。如果控制开关有多档，则所有档都应进行试验，但最多不超过 20 档。如果控制开关不分档，则将整个控制范围等分成 10 档。测量应从最大功率档处开始。

A.1.2 烘炉

烘炉试验应在关门空炉条件下进行。对常规炉，调节控制器使安装在箱内几何中心的热电偶所测量的平均温度为 220℃；对热气炉，则为 200℃。

A.1.3 烤炉

如果制造商没有另外的规定，烤炉试验应在关门空炉条件下进行。如果烤炉有控制器，则应将其分别设定在低、中、高档位置进行试验；记录最差的结果。

A.1.4 烘烤炉

烘烤炉试验应在关门空炉条件下进行。调节控制器使安装在箱内几何中心的热电偶所测量的平均温度为 250℃，或最可能接近该值的温度。

A.1.5 微波炉

微波炉或带微波功能的多用炉试验应分别在最低档、中档和小于等于最大功率的 90% 的最高可调功率第三档位置上进行。微波炉内放置一个盛有（1 000±50）g 水的玻璃碗。

A.2 照明及类似设备的试验条件

下述试验条件适用于其主要功能是通过白炽灯或放电灯或 LED（发光二极管）进行产生和/或调节和/或分配光辐射的设备。

这些设备应带使设备额定运行的功率的灯进行测试。如果照明设备有多个灯，所有灯都应使用。

只对那些可能产生闪烁的照明设备进行 P_{st} 和 P_{lt} 的评定：例如迪斯科照明设备和自动调节设备。

对灯无限值要求。

额定功率小于或等于 1 000 W 的白炽灯灯具和额定功率小于或等于 600 W 的放电灯灯具，被认为符合本部分 d_{max} 限值，不要求进行测试。较高额定功率的灯具，当其不符合本部分时，应满足按 IEC 61000-3-11 的条件连接。

镇流器被认为是灯具的一部分，不要求进行测试。

A.3 洗衣机的试验条件

洗衣机的试验应用双折边的，预先洗好的，尺寸为 70 cm×70 cm，干燥质量在 140 g/m^2 和 175 g/m^2 之间的棉布料，在包含正常洗涤周期的完整的洗衣程序过程中进行。

注水温度应为：

——65℃±5℃，无加热器元件的洗衣机；

——15℃±5℃，其他洗衣机。

对于有程序控制器的洗衣机，应使用无预先洗好的 60℃的棉织物洗涤程序进行测试。

如果洗衣机不包含程序控制器，水应加热至 90℃±5℃或较低者，只要在开始第一个洗涤周期前达到稳定的状态。

在 d_c，d_{max}和 $d(t)$的评定中，忽略加热器和电机同时切换的情况。

应评定 P_{st}和 P_{lt}。

A.4 滚筒式干衣机的试验条件

滚筒式干衣机应在滚筒中放入干燥质量为使用说明书中规定最大负载的 50%的纺织布料进行试验。

纺织布料应为预先洗好的，双折边的棉布片，尺寸约为 70 cm×70 cm，干燥质量在 140 g/m^2 和 175 g/m^2 之间。布料应用温度为(25±5)℃，质量为布料质量的 60%的水浸透。

如果有干燥温度可调控制，则试验应分别在最高档和最低档上进行。

应评定 P_{st}和 P_{lt}。

A.5 冰箱的试验条件

冰箱应在关门条件下连续运行。将控温器设定在可调节范围的中间位置。冰箱应是空的且未受热。测量应在达到稳定状态后进行。P_{st}和 P_{lt}不需评定。

A.6 复印机、激光打印机和类似设备的试验条件

对 P_{st}进行评定，器具应以最快复印速度进行。如果制造商未作另外的规定，复印/打印底稿应是空白纸，并且复印纸规格为 80 g/m^2。

在待机状态下评定 P_{lt}。

A.7 真空吸尘器的试验条件

对真空吸尘器，P_{st}和 P_{lt}不作评定。

A.8 食物搅拌器的试验条件

对食物搅拌器，P_{st}和 P_{lt}不作评定。

A.9 便携式工具的试验条件

对便携式工具，P_{lt}不作评定。对无加热元件的便携式工具，P_{st}不作评定。对有加热元件的便携式

工具，P_{st}应按如下条件进行评定。

合上开关让其连续运行 10 min，或直到其自动停止，在这种情况下 6.5 适用。

A.10 干发器的试验条件

对手持式干发器，P_{lt}不需评定。为了评定 P_{st}，应合上开关让其连续运行 10 min 或直到其开关自动断开，在这种情况下 6.5 适用。

对有功率范围的干发器，在 10 min 的观察期内连续检查总的功率范围。如果控制器开关有多档，则所有档都进行试验，但最多不超过 20 档。如果控制器开关不分档，则将整个控制范围分成 10 档。测量应从最大功率档处开始。

A.11 消费类电子产品的试验条件

对消费类电子产品，只测量 d_{max}。

A.12 直热式热水器的试验条件

对没有电子控制的直热式热水器，只通过切换加热器通一断(顺序 0-P_{max}-0)来评定 d_c。

对有电子控制的直热式热水器，必须选择出水温度，以便通过改变水流量来达到 P_{min}和 P_{max}之间所有的耗电功率。P_{max}定义为可选择的最大功率，P_{min}定义为大于零的可选择的最小功率。

注：对某些器具，可选择的最大功率 P_{max}可能小于额定功率。

在整个试验期间设定的温度保持不变。

从最大损耗功率 P_{max}所要求的水流量开始，以 20 个大致相等的等级将流量减少到最小损耗功率 P_{min}所要求的水流量。

然后，以另外 20 个大致相等的等级，将水流量再次增大到最大损耗功率 P_{max}所要求的水流量。对这 40 个步幅中的每一个 $P_{st,i}$值都应进行评定；当达到稳定状态时，也就是改变水流量后大约 30 s，测量开始。

注：对计算 $P_{st,i}$值，仅 1 min 测量时间可能足够了。

此外，由加热器通一断动作引起的闪烁 $P_{st,z}$必须在 10 min 内测量。在这期间，损耗功率必须以尽可能快的方式在 $P=0$ 和 $P=P_{max}$之间改变两次(顺序 0-P_{max}-0-P_{max}-0)。

加热器的工作周期应为 50%，即功率是 P_{max}时间为 5 min。

总的 P_{st}值由下式计算：

$$P_{st}=\left(P_{st,z}{}^{3}+\frac{1}{40}\sum_{i=1}^{i=40}(P_{st,i})^{3}\right)^{\frac{1}{3}} \quad\cdots\cdots\cdots\cdots(A.1)$$

并和第 5 章的限值进行比较。

P_{lt}不作评定。

A.13 音频放大器的试验条件

音频放大器应按 GB 17625.1—2003 中 C.3 规定的相同运行条件进行试验。

A.14 空气调节器、除湿机、加热泵和商业制冷设备试验条件

运行设备直到达到稳定状态或压缩机至少运行 30 min。

试验环境温度应为加热时 15℃±5℃，制冷或干燥时 30℃±5℃。

逆循环热泵只需测试制冷模式。

d_{max}应以下列方式中的一种进行评定：

a) 直接测量

——使用温控器关闭压缩机电机；

——通过用户说明书中描述的或由自动控制允许的最少关闭时间后，使用温控器重新启动压缩机电机；

——重复关闭/开启顺序 24 次并按附录 B 进行结果评定。

但是，如果第一次的试验结果不在限值的±10%以内，则可以以此单次结果评定设备符合性，可中断试验。

b) 解析方法：

使用压缩机电机和任何其他在压缩机电机启动之前或之后小于 2 s 内开启的负载(如风扇电机)的启动电流、电机堵转电流和功率因数；此方法使产生的电压变化分开。

P_{st}和 P_{lt}应使用由制造商说明的每小时的周期数进行解析评定。

A.15 弧焊设备和类似操作的试验条件

对于工作时有人照看的弧焊设备和类似操作，d_{max}应使用附录 B 给出的试验方法，用第五章 c)7%限值进行评定。

另外，设计用于手工金属电弧(MMA)工艺的设备，P_{st}和 d_c 值应按 A15.1 和 A15.2 给出的步骤进行评定。

对所有试验，由设备在额定最大输出功率的正常运行条件下产生的电压降应为供电电压的 3%至 5%。

尽管本部分的范围限定为输入电流等于或小于 16 A 的设备，这些试验条件对输入电流大于 16 A的设备同样有效。

下述试验条件适用于按 GB 15579.1—2004 设计的焊接设备，其他类型设备的试验条件正在考虑中。

A.15.1 P_{st}的评定

对于 MMA 焊接设备的 P_{st}值评定试验应用模拟焊接 3.25 mm 的基准焊条的试验配置进行。如果 EUT 不适用于这些电极(I_{2max}<130 A)，则应使用对应 2.5 mm 电焊条的参数。见表 A.1。

表 A.1 电焊条参数

直径/mm	基准数据				
	I_{nom}/A	U_{nom}/V	下降/L/min	t_{drop}/ms	$R_{short\ circuit}$/mΩ
2.5	90	23.6	920	5.6	18
3.25	130	25.2	350	7.5	13

在 EUT 输入端的电压变化值 ΔU，其对确定 P_{st}是非常关键的，应使用下述试验步骤之一，在 EUT 的电源输入端由输入电流测量进行测量和计算。

如有电弧强度刻度盘，在所有情况下应将其设定为中间位置。模拟负载的连接应使用两根 3 m长、50 mm^2 的铜焊接电缆。

A.15.1.1 程序 A

此简单试验程序将给出较高不利的试验结果且因而可以用于预测试。

首先在 EUT 带一等效标称输出电流和电压的阻性负载测量输入电流有效值(r.m.s)，其次带规定的短路负载，$R_{short\ circuit}$见表 A.1。两次测量的有效值输入电流差，ΔI_{input}，用于在评定过程中确定 ΔU 值。

A.15.1.2 程序 B

此试验程序较试验 A 复杂，但能给出较实际的结果。表 A.1 给出的参数应能由电子装置切换的阻性负载模拟，此负载应能以规定的相对于输入电压的相角，在规定的短时间内，按规定的阻抗从“标称负载”值至“短路”值间变化。

由这些输出端的负载变化引起的输入电流变化(10 ms有效值采样)应在过零点即开始并间隔2 ms、4 ms、6 ms和8 ms进行测量,在评定过程中应使用所得到的电流变化的算术平均值。

A.15.1.3 P_{st}评定过程

EUT的P_{st}应使用下述公式计算:

$$P_{st} = 0.365 \times \Delta U \times F \times r^{0.31} \times R \quad \cdots\cdots(A.2)$$

其中:

$$\Delta U = \Delta I_{input} \times Z_{ref} \times 100/U_n\% \quad \cdots\cdots(A.3)$$

F是等效因子,取决于电压变化特性的波形;对MMA焊接,$F=1.0$;

r是每分钟电压变化的频率;

R是取决于频率重复的系数,其值在表A.2给出。

表A.2 与重复率"r"有关的频率系数R

r	R	r	R
0.2	0.98	2	0.99
0.3	1.03	3	1.00
0.4	1.02	4	1.00
0.5	1.00	5	1.03
0.6	1.00	6	1.02
0.7	1.02	7	1.02
0.8	1.00	8	1.03
0.9	1.00	9	1.03
1.0	1.00	10	1.08

注:实际上,MMA焊接过程是由工件准备,焊接时间,处理接缝时间和换焊条时间组成,因此,估计产生电压变化的使用时间在每10 min只有2.5 min,由工作周期表示为0.25;只有当连续焊接周期开始和结束时电压变化是非常明显的,此典型操作的r值为每分钟0.2次变化。结果应符合第5章的限值。如果超过限值则不能声明设备符合本部分,应适用IEC 6100-3-11的程序。

A.15.2 d_c的试验程序

首先在EUT带一等效额定最大输出电流和电压的阻性负载测量输入电流有效值(r.m.s),其次带等效空载的负载。两次测量的有效值输入电流差用于评定过程。

A.15.2.1 d_c的评定

应用下述公式确定d_c:

$$d_c = \Delta I_{input} \times Z_{ref} \times 100/U_n \quad \cdots\cdots(A.4)$$

结果应符合第5章的限值,如果超过限值,则不能声明设备符合本部分,应适用IEC 6100-3-11的程序。

附 录 B

（规范性附录）

测量由手动开关引起的电压变化 d_{max} 的试验条件和程序

B.1 简介

设计时的许多变化和手动操作开关的特性能引起电压变化测量结果较大差异。依赖于 EUT 手动操作开关的实际操作的试验程序是必须的。

因此需应用统计方法测量 d_{max} 以便获得是结果的重复性。

B.2 程序

a) 按下述顺序进行 24 次启动电流测量：

——开始测量；

——接通 EUT(产生一个电压变化)；

——在 1 min 的测量时间间隔内让 EUT 在正常运行条件下尽可能长时间运行；

——在 1 min 测量时间间隔结束前切断 EUT 并确定在下次测量间隔开始之前 EUT 内部所有运动部件停止且任何减轻 d_{max} 的装置有冷却至环境温度的时间；

——开始下一次测量。

注：冷却方法可以自然的或强加的，如果需要，冷却周期由设备制造商规定。

b) 应去掉最高和最低的结果进行最终结果的计算，取剩下 22 个值的算术平均值。

ICS 33.100
L 06

中华人民共和国国家标准

GB/T 17626.16—2007/IEC 61000-4-16:2002

电磁兼容　试验和测量技术 0 Hz～150 kHz 共模传导骚扰抗扰度试验

Electromagnetic compatibility—Testing and measurement techniques—Test for immunity to conducted, common mode disturbances in the frequency range 0 Hz to 150 kHz

(IEC 61000-4-16:2002 Electromagnetic compatibility(EMC)—Part 4-16: Testing and measurement techniques—Test for immunity to conducted, common mode disturbances in the frequency range 0 Hz to 150 kHz, IDT)

2007-04-30 发布　　2007-09-01 实施

中华人民共和国国家质量监督检验检疫总局
中国国家标准化管理委员会　发布

前　言

GB/T 17626《电磁兼容　试验和测量技术》系列标准包括以下部分：

GB/T 17626.1—2006　电磁兼容　试验和测量技术　抗扰度试验总论

GB/T 17626.2—2006　电磁兼容　试验和测量技术　静电放电抗扰度试验

GB/T 17626.3—2006　电磁兼容　试验和测量技术　射频电磁场辐射抗扰度试验

GB/T 17626.4—1998　电磁兼容　试验和测量技术　电快速瞬变脉冲群抗扰度试验

GB/T 17626.5—1999　电磁兼容　试验和测量技术　浪涌(冲击)抗扰度试验

GB/T 17626.6—1998　电磁兼容　试验和测量技术　射频场感应的传导骚扰抗扰度

GB/T 17626.7—1998　电磁兼容　试验和测量技术　供电系统及相连设备的谐波、谐间波的测量和测量仪器导则

GB/T 17626.8—2006　电磁兼容　试验和测量技术　工频磁场抗扰度试验

GB/T 17626.9—1998　电磁兼容　试验和测量技术　脉冲磁场抗扰度试验

GB/T 17626.10—1998　电磁兼容　试验和测量技术　阻尼振荡磁场抗扰度试验

GB/T 17626.11—1999　电磁兼容　试验和测量技术　电压暂降、短时中断和电压变化抗扰度试验

GB/T 17626.12—1998　电磁兼容　试验和测量技术　振荡波抗扰度试验

GB/T 17626.13—2006　电磁兼容　试验和测量技术　交流电源端口谐波、谐间波及电网信号的低频抗扰度试验

GB/T 17626.14—2005　电磁兼容　试验和测量技术　电压波动抗扰度试验

GB/T 17626.16—2007　电磁兼容　试验和测量技术　0 Hz～150 kHz 共模传导骚扰抗扰度试验

GB/T 17626.17—2005　电磁兼容　试验和测量技术　直流电源输入端口纹波抗扰度试验

GB/T 17626.27—2006　电磁兼容　试验和测量技术　三相电压不平衡抗扰度试验

GB/T 17626.28—2006　电磁兼容　试验和测量技术　工频频率变化抗扰度试验

GB/T 17626.29—2006　电磁兼容　试验和测量技术　直流电源输入端口电压暂降、短时中断和电压变化抗扰度试验

本部分为 GB/T 17626 的第 16 部分。

本部分等同采用国际标准 IEC 61000-4-16:2002《电磁兼容(EMC)　第 4-16 部分：试验和测量技术　0～150 kHz 传导共模骚扰抗扰度试验》。

本部分的附录 A 是资料性附录，附录 B 是资料性附录。

本部分由中华人民共和国信息产业部提出。

本部分由中国通信标准化协会归口。

本部分主要起草单位：信息产业部通信计量中心。

本部分主要起草人：肖雳、訾晓刚、郭琳、赵晓欣。

本部分委托信息产业部通信计量中心负责解释。

电磁兼容 试验和测量技术 0 Hz～150 kHz 共模传导骚扰抗扰度试验

1 范围

GB/T 17626 的本部分规定了电气、电子设备在 0 Hz～150 kHz 频率范围内，对于共模传导骚扰抗扰度的试验要求和方法。

本部分的目的是建立电气、电子设备经受共模传导骚扰测试的通用和可重复性准则。本部分适用于设备的电源端口、控制/信号端口和通信端口。

本部分规定了：

——试验电压和电流波形；

——试验等级的范围；

——试验设备；

——试验布置；

——试验程序。

对一些类型的端口，例如：与高度平衡线相连的端口，需要产品规范给出额外的试验规定。

本部分的规定旨在验证电子、电气设备对诸如来自电力线电流和接地系统中的回路泄漏电流等传导共模骚扰的抗扰性能。

本部分不包括来自于 400Hz 电力系统所产生的骚扰。

由于这些骚扰源造成的实际干扰相对比较少(工业环境除外)，因此专业标准化技术委员会应当根据情况在产品/产品类标准中判断采用。(见本部分第 4 章)

试验不适用于连接长度小于 20 m 的短线缆端口。

本部分的试验适用于电气和电子设备或系统。如果 EUT(受试设备)的额定功率大于本部分 6 要求的试验发生器的容量，也同样适用于模块或子系统。

交流电源端口的谐波和谐间波，以及电源信号的差模抗扰度试验不包括在本部分中，包括在 GB/T 17626.13中。

对于有意电磁发射产生的骚扰抗扰度试验也不包括在本部分中，包括在 GB/T 17626.6 中。

一些 ITU 建议，如：K17、K20 和 K21，已经规定了类似的试验，但是它们适用于在交流电源和电气化铁路频率范围下的通信端口和电力线感应。

专业标准化技术委员会应当在制定产品标准时，考虑应用以上 ITU 建议。

2 规范性引用文件

下列文件中的条款通过 GB/T 17626 的本部分的引用而成为本部分的条款。凡是注日期的引用文件，其随后所有的修改单(不包括勘误的内容)或修订版均不适用于本部分，然而，鼓励根据本部分达成协议的各方研究是否可使用这些文件的最新版本。凡是不注日期的引用文件，其最新版本适用于本部分。

GB/T 4365 电工术语 电磁兼容(GB/T 4365—2003，idt IEC 60050(161)：1990)

IEC 60068-1：1998 环境试验 第 1 部分：总则和指南

3 术语和定义

GB/T 4365 确立的以及下列术语和定义适用于本部分。

3.1

EUT

受试设备。

3.2

辅助设备　auxiliary equipment(AE)

在试验时,为设置 EUT 的所有功能和评估正确性能(运行)的设备。

3.3

端口　port

指定设备与外部电磁环境的特定界面。

3.4

耦合　coupling

电路之间的相互作用。能量从一个电路转移到另一个。

3.5

耦合网络　coupling network

将能量从一个电路转移到另外一个电路的电路。

3.6

去耦合网络　decoupling network

为了防止施加到 EUT 上的试验电压对其他非测试的装置、设备或系统产生影响的电子电路。

3.7

(对骚扰的)抗扰度　immunity(to a disturbance)

装置、设备或系统面临电磁骚扰不降低运行性能的能力(见 GB/T 4365)。

4 概述

在 0 Hz～150 kHz 频率范围内的共模传导骚扰会影响安装在商业环境、工业环境和电站的设备和系统的可靠运行。

只有本部分提到的那些可能受到干扰的 EUT 端口才执行本部分规定的试验要求。图 1 为设备端口和配置示例。

骚扰的产生有以下典型情况:

——电力分配系统的基频、信号谐波和互调谐波;

——电力电子设备(例如:电力整流器),它可以通过寄生电容或滤波器将骚扰引入到接地导体和接地系统中或者通过感应在信号和控制线中产生骚扰。

在电源频率和其谐波频率,骚扰通常是由电力分配系统的故障或在大地和接地系统中的漏电流产生的。

在电源谐波频率以上的频率范围产生的骚扰通常是由工业和电站的电力电子设备产生的。

这些骚扰可以通过与电源、信号、控制和通信电缆的耦合而传递到 EUT 的相应端口。

因为以上的耦合情况不能完全消除,所以需要设备对这些骚扰具有适当的抗扰度能力。

根据安装类型,骚扰可以分为以下几类:

a)　电源频率(DC、16⅔ Hz、50 Hz 和 60 Hz)的电压/电流;

b)　在 15 Hz～150 kHz 频率范围(包括电源频率的谐波)内的电压/电流。

本部分定义了上述类型骚扰的试验程序。在产品标准中选择适用的试验。

附录 A 包含了现象的更多信息。

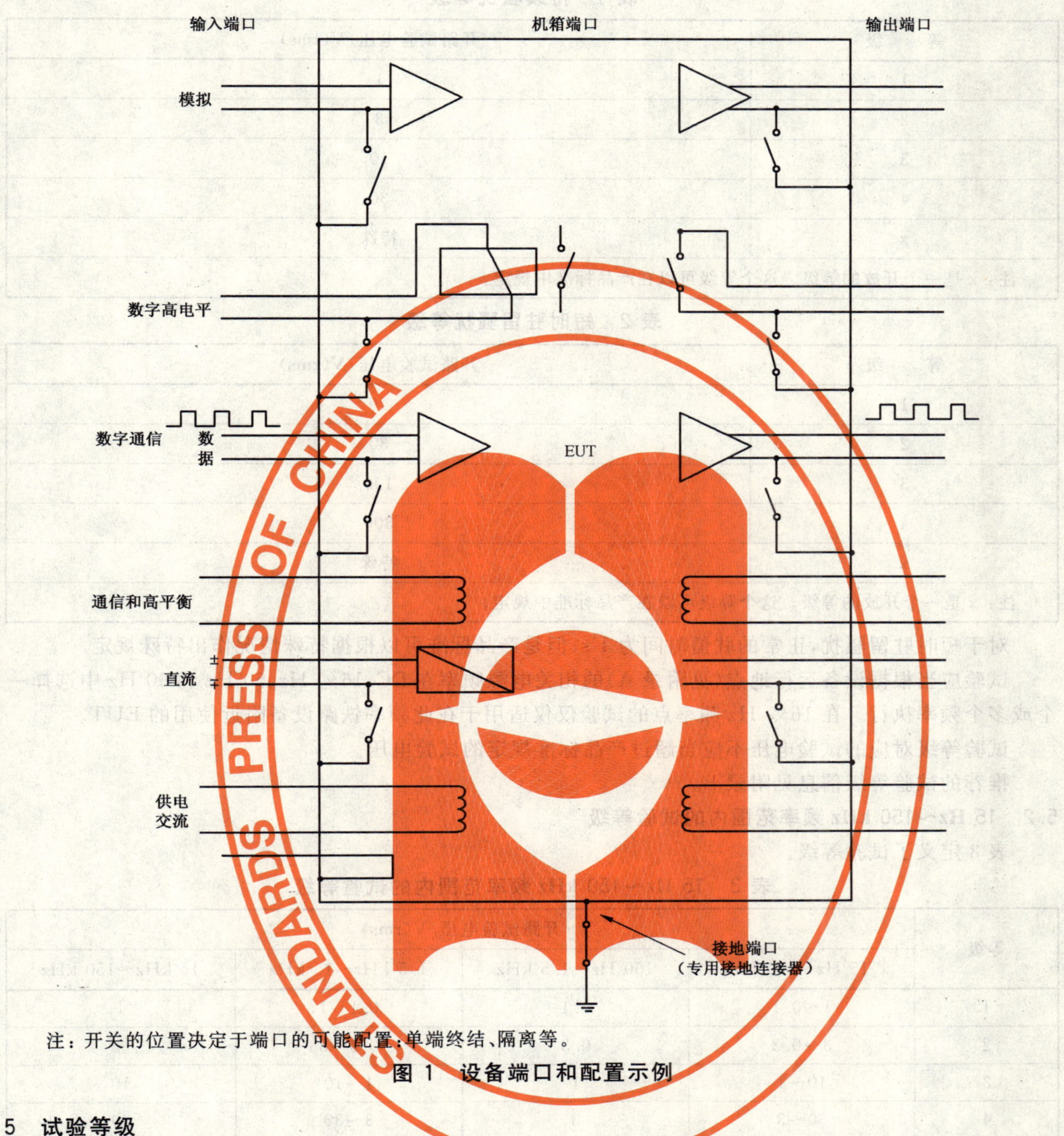

注：开关的位置决定于端口的可能配置：单端终结、隔离等。

图 1　设备端口和配置示例

5　试验等级

适用于设备不同类型端口和不同骚扰源的试验等级见 5.1 和 5.2。

规定了电源频率(DC、16⅔ Hz、50 Hz 和 60 Hz)和在 15 Hz～150 kHz 频率范围内的试验等级。

每个试验是否适用由产品标准规定。

在电源、控制、信号和通信端口应使用共模试验电压(差模电压取决于电路的非平衡性)。

试验等级的选择指南见附录 B。

5.1　电源频率的试验等级

试验等级见表 1 和表 2。

试验等级是指在 DC、16⅔ Hz、50 Hz 和 60 Hz 上的电压等级。

表 1 持续骚扰等级

等　　级	开路试验电压/V(rms)
1	1
2	3
3	10
4	30
x	特殊
注：x 是一个开放的等级。这个等级可以在产品标准中规定。	

表 2 短时驻留骚扰等级

等　　级	开路试验电压/V(rms)
1	10
2	30
3	100
4	300
x	特殊
注：x 是一个开放的等级。这个等级可以在产品标准中规定。	

对于短时驻留骚扰，正常的驻留时间为 1 s；但是产品标准可以根据特殊情况作出特殊规定。

试验应当根据设备运行地点(见附录 A)的相关电源频率在 DC、16⅔ Hz、50 Hz 和 60 Hz 中选择一个或多个频率执行。在 16⅔ Hz 频率点的试验仅仅适用于在此频率铁路设备附近使用的 EUT。

试验等级对应的试验电压不应当超过产品标准规定的试验电压。

推荐的试验等级信息见附录 B。

5.2 15 Hz～150 kHz 频率范围内的试验等级

表 3 定义了试验等级。

表 3 15 Hz～150 kHz 频率范围内的试验等级

等级	开路试验电压/V(rms)			
	15 Hz～150 Hz	150 Hz～1.5 kHz	1.5 kHz～15 kHz	15 kHz～150 kHz
1	1～0.1	0.1	0.1～1	1
2	3～0.3	0.3	0.3～3	3
3	10～1	1	1～10	10
4	30～3	3	3～30	30
x	x	x	x	x
注：x 是一个开放的等级。这个等级可以在产品标准中规定。				

试验电压与频率的关系如下：

——从 15 Hz 开始到 150 Hz，电压以 20 dB/十倍频程减小。

——从 150 Hz 开始到 1.5 kHz，电压保持不变。

——从 1.5 kHz 开始到 15 kHz，电压以 20 dB/十倍频程增加。

——从 15 kHz 开始到 150 kHz，电压保持不变。

试验电压如图 2 所示。

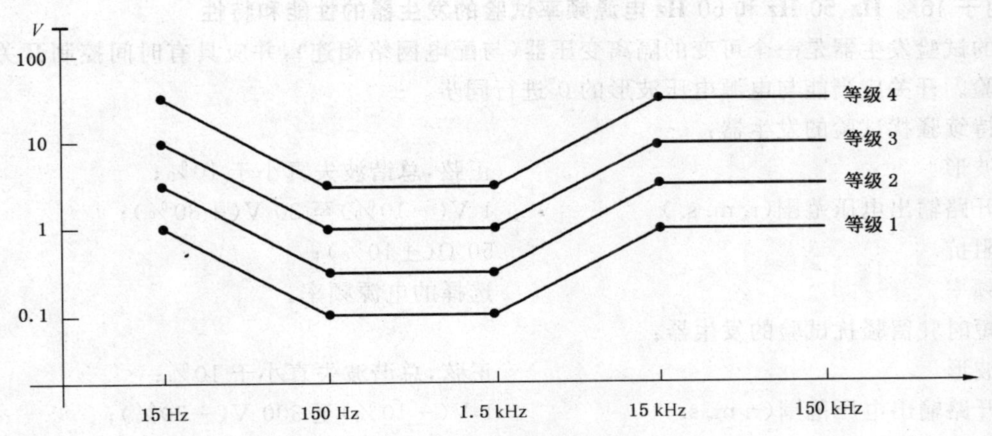

图 2 试验电压曲线

15 Hz 以下频率，除了 DC 以外，没有定义 15 Hz 以下的试验等级，暂不考虑。

6 试验设备

6.1 试验发生器

6.1.1、6.1.2 和 6.1.3 规定了特定试验的发生器的特性。

试验发生器应当防止为其供电网络的电磁骚扰影响试验结果。

试验发生器的阻抗见附录 A。

6.1.1 用于 DC 试验的发生器的性能和特性

典型的试验发生器是具有可变输出电压的 DC 电源，并应有时间控制开关以进行短时驻留试验。

用于持续骚扰试验的发生器：

——波形	直流，纹波小于 5%；
——开路输出电压范围	1 V(−10%)至 30 V(+30%)；
——阻抗	50 Ω(±10%)。

用于短时驻留骚扰试验的发生器：

——波形	直流，纹波小于 5%；
——开路输出电压范围	1 V(−10%)至 300 V(+30%)；
——阻抗	50 Ω(±10%)；
——开关时输出电压的上升和下降时间	1 s～5 s。

试验发生器的原理图见图 3 所示。

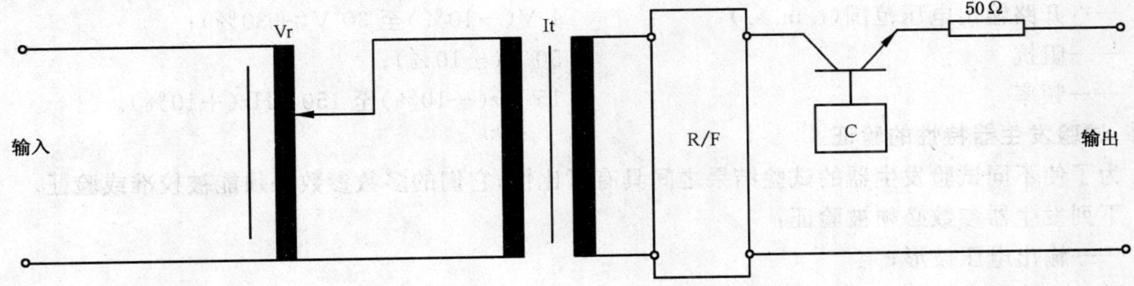

Vr：电压调节

It：隔离变压器

R/F：整流/滤波

C：控制电路

图 3 直流电压试验发生器准则示意图

6.1.2 用于 $16\frac{2}{3}$ Hz、50 Hz 和 60 Hz 电源频率试验的发生器的性能和特性

典型的试验发生器是一个可变的隔离变压器(与配电网络相连),并应具有时间控制开关以进行短时驻留试验。开关应当能与电源电压波形的 0°进行同步。

用于持续骚扰试验的发生器:

——波形　　正弦,总谐波失真小于 10%;
——开路输出电压范围(r.m.s.)　　1 V(−10%)至 30 V(+30%);
——阻抗　　50 Ω(±10%);
——频率　　选择的电源频率。

用于短时驻留骚扰试验的发生器:

——波形　　正弦,总谐波失真小于 10%;
——开路输出电压范围(r.m.s.)　　1 V(−10%)至 300 V(+30%);
——阻抗　　50 Ω(±10%);
——频率　　选择的电源频率;
——输出电压的开关　　在 0°同步(0°±5%)。

试验发生器的原理图见图 4 所示。

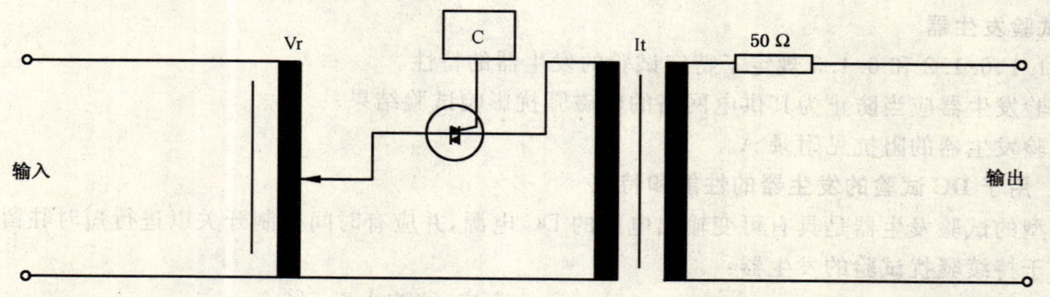

Vr:电压调节
It:隔离变压器
C:控制电路

图 4　电源频率($16\frac{2}{3}$ Hz、50 Hz 和 60 Hz)试验发生器准则示意图

6.1.3 用于 15 Hz～150 kHz 频率范围内的试验的发生器的性能和特性

典型的试验发生器是一个覆盖所涉及频段的波形发生器,它具有 1×10^{-2} 十倍频程/s 或更慢的自动扫描能力,并具有 10%步进的频率编程和手动设置。

特性:

——波形　　正弦,总谐波失真小于 1%;
——开路输出电压范围(r.m.s.)　　1 V(−10%)至 30 V(+30%);
——阻抗　　50 Ω(±10%);
——频率　　15 Hz(−10%)至 150 kHz(+10%)。

6.2 试验发生器特性的验证

为了使不同试验发生器的试验结果之间具有可比性,它们的多数参数必须能被校准或验证。

下列发生器参数必须被验证:

——输出电压波形;
——发生器阻抗;
——频率精确度;
——开路输出电压精确度;
——开关时输出电压的上升和下降时间(适用时)。

验证采用电压探头和示波器或其他等同的测量设备,最小带宽为 1 MHz。

测量设备的精确度应当优于±5%。

6.3 耦合/去耦网络

耦合网络能使试验电压以共模形式施加到 EUT 的电源线、(信号和控制)输入/输出和通信端口。去耦网络阻止试验电压应用到进行试验的辅助设备上。

6.3.1 耦合网络

6.3.1.1 电源和输入/输出端口的耦合网络

对电源和输入/输出端口,耦合网络的每个导线都是由一系列的电阻和电容构成的,并且与耦合网络的端口并联。

图 6 是耦合网络的电路图。电容 $C=1.0\ \mu F$,电阻 $R=100\times n\Omega$,n 是导线的数量($n\geqslant 2$)。

耦合网络中的电阻和电容与每个导线端口的匹配误差应在 1%以内。

对 DC 电压试验,1.0 μF 的电容应当被短路。

注:当在信号端口进行 DC 电压试验时,耦合网络的阻抗可能会导致工作信号的降级。

对于屏蔽电缆,试验信号直接注入到电缆的屏蔽层,因此不需要耦合网络(见图 6)。

6.3.1.2 通信端口的耦合网络

对于与平衡线(单线或多线对)相连的通信端口或其他端口,耦合网络是 T 网络。

图 5 是 T 网络的电路图。电容 $C=4.7\ \mu F$,电阻 $R=200\ \Omega$,电感 $L=2\times 38$ mH(双线线圈)。

T 网络的元件匹配误差应不能显著降低共模注入 EUT 的比例。

注:如果 T 网络的共模抑制比大于 80 dB,那么产品标准应当规定可供替代的耦合方法。

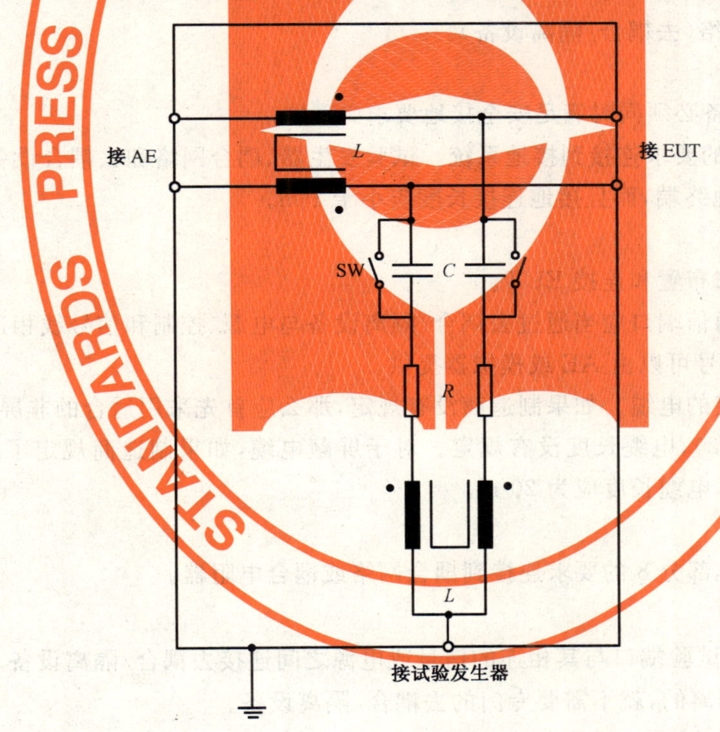

$R=200\ \Omega$

$C=4.7\ \mu F$,在直流电压试验时短路(SW)

$L=2\times 38$ mH(双线缠绕)

图 5 为通信端口和其他连接到高平衡线对端口的 T 型网络的电路示意图

6.3.2 去耦合设备

6.3.2.1 总体性能

去耦合设备的功能在于将 AE 和/或模拟器从被试验的 EUT 端口隔离开来,因此可以防止试验电压注入到 AE 和/或模拟器。

去耦合设备最重要的特性是在 0 Hz～150 kHz 频率范围内的共模衰减。

有源和无源隔离设备都可以。有源设备如放大器和光学隔离器，无源设备如变压器和转换器。

6.3.2.2 技术指标

适用于所有设备、所有运行信号的隔离和去耦合特性如下：

——输入对输出和输入/输出对地的绝缘承受能力： 1 kV，50/60 Hz，60 s；

——在 15 Hz～150 kHz 频率范围内的共模去耦合衰减：≥60 dB。

在试验等级 4 以下的试验时，可以使用较低绝缘承受能力的去耦合设备。

去耦合设备的共模反射应尽可能高，以便减小 EUT 端口的共模抑制比的恶化。

这些要求同样也适用于复杂设备，例如：绝缘变压器电源和 AC 到 DC 的转换器。

对于平衡线，6.3.1.2 所述的 T 网络能在 10 kHz～150 kHz 频率范围内提供有效的去耦合，但是在 10 kHz 以下，仍然需要其他去耦合设备。

7 试验布置

试验布置涉及内容如下：

——接地连接；

——EUT；

——试验发生器；

——耦合/去耦合网络（去耦合/隔离设备）。

7.1 接地连接

EUT、AE 和试验设备必须同时满足安全接地要求。

EUT 根据制造厂商的要求连接到接地系统。试验发生器、耦合网络和去耦合设备应当连接到参考地平面（GRP）或共模接地终端，而且接地连接长度应小于 1 m。

7.2 EUT

根据设备安装规范来布置和连接 EUT。

电源、输入/输出和通信端口应当通过去耦合/隔离设备与电源、控制和信号线相连。（见 6.3.2）

激励 EUT 的工作信号可以由 AE 或模拟器提供。

应当使用制造商规定的电缆。如果制造商没有规定，那么应首先采用适合的非屏蔽电缆。

除屏蔽电缆外（见 8.2），电缆长度没有规定。对于屏蔽电缆，如果制造商规定了最大电缆长度，那么采用此长度；如果没有，电缆长度应为 20 m。

7.3 试验发生器

试验发生器应当按本部分 8 的要求连接到耦合网络或耦合电阻器。

7.4 去耦合/隔离设备

应当在所有 EUT 被试验端口与其相连的信号或电源之间连接去耦合/隔离设备。

如果 AE 或电源是隔离的，就不需要专门的去耦合/隔离设备。

注：为了利用电缆的正常端接而不切断电缆，去耦合/隔离设备应当位于电缆一侧靠近 AE 端口。

对于屏蔽电缆，试验发生器直接与屏蔽外层相连（不需要额外的电阻和电容）。

8 试验程序

试验程序包括：

——设备正确运行的预先验证；

——执行试验。

8.1 试验室参考条件

为了使环境参数对试验结果的影响最小，试验应当在 8.1.1 和 8.1.2 所述的气候和电磁条件下进行。

8.1.1 气候条件

除非通用标准或产品标准另有规定，实验室的气候条件应当在 EUT 运行以及测量设备所要求的范围中。

如果相对湿度太高以致在 EUT 或测量设备上出现凝露现象，就不能进行试验。

注：如果有证据显示本部分的试验效果受气候条件的影响，应当在本部分修订时予以注意。

8.1.2 电磁条件

试验室的电磁条件应能保证 EUT 正常运行，并且使试验结果不受影响。

8.2 试验

EUT 按正常运行状态进行布置。

试验计划包含以下内容：

——试验类型；

——试验等级；

——持续时间；

——EUT 的试验端口；

——EUT 的典型运行状态；

——辅助设备。

所施加的电源、信号和其他功能的量值应在其额定范围内。如果不能得到实际的信号源，可以采用模拟的信号源。

试验程序的主要步骤如下：

——初步验证设备的性能；

——将耦合网络和去耦合设备与 EUT 的被测端口相连；

——如果需要，应当验证输入信号的工作性能；

——施加试验电压。

试验配置能影响到 EUT 的输入/输出端口的运行条件。这些新的情况应当作为评估试验电压影响的参考。

试验电压的持续时间应当充分满足完整验证 EUT 的运行性能。对于短时驻留试验（1 s 的驻留时间），试验电压应当重复施加直到满足要求。

在 15 Hz～150 kHz 频率范围内，扫描速率不能超过 1×10^{-2} 十倍频程/s。当扫描频率增加时，步长不应超过开始频率的 10%。此后，步进的大小不应超过前一频率值的 10%。

应当持续监视 EUT 的性能，任何性能降低应当记录在试验报告中。

试验发生器依次与每个端口相连。当前不进行试验的端口应和耦合网络的相应接地端相连（见图 6）。

如果装置有大量相同的端口，应当挑选足够数量的端口，以便覆盖不同的端接类型。

注：当 EUT 完整配置进行试验时，在将试验电压施加到 EUT 的接地端口时，必须进行预先调查。应当在端口到端口的基础上调查任何的敏感度条件。

如果端口与非屏蔽电缆连接，那么试验电压直接施加到端口的负载上。

对于屏蔽电缆（例如：同轴电缆），发生器的输出直接与屏蔽层连接，不需要额外的电阻和电容。

如果试验端口有两个或两个以上的负载（如：群组），试验电压应当同时施加在所有负载的端口和地之间施加（共模）。

对于那些与平衡线相连的端口，试验电压应当采用 6.3.1.2 中所述的 T 型网络注入。

当进行直流电压试验时，应当在试验电压极性反转的情况下也进行试验。

试验电压施加的通用示意图见图 6。

试验电压应当以共模方式施加到下列端口：

——电源端口；

——输入和输出端口；

——通信端口。

应当根据计划要求验证 EUT 的性能。

因为施加试验电压或产生对地漏电流，可能会造成不安全的情况。在这种情况下，应当采取适当的有效的安全措施来保护试验人员。

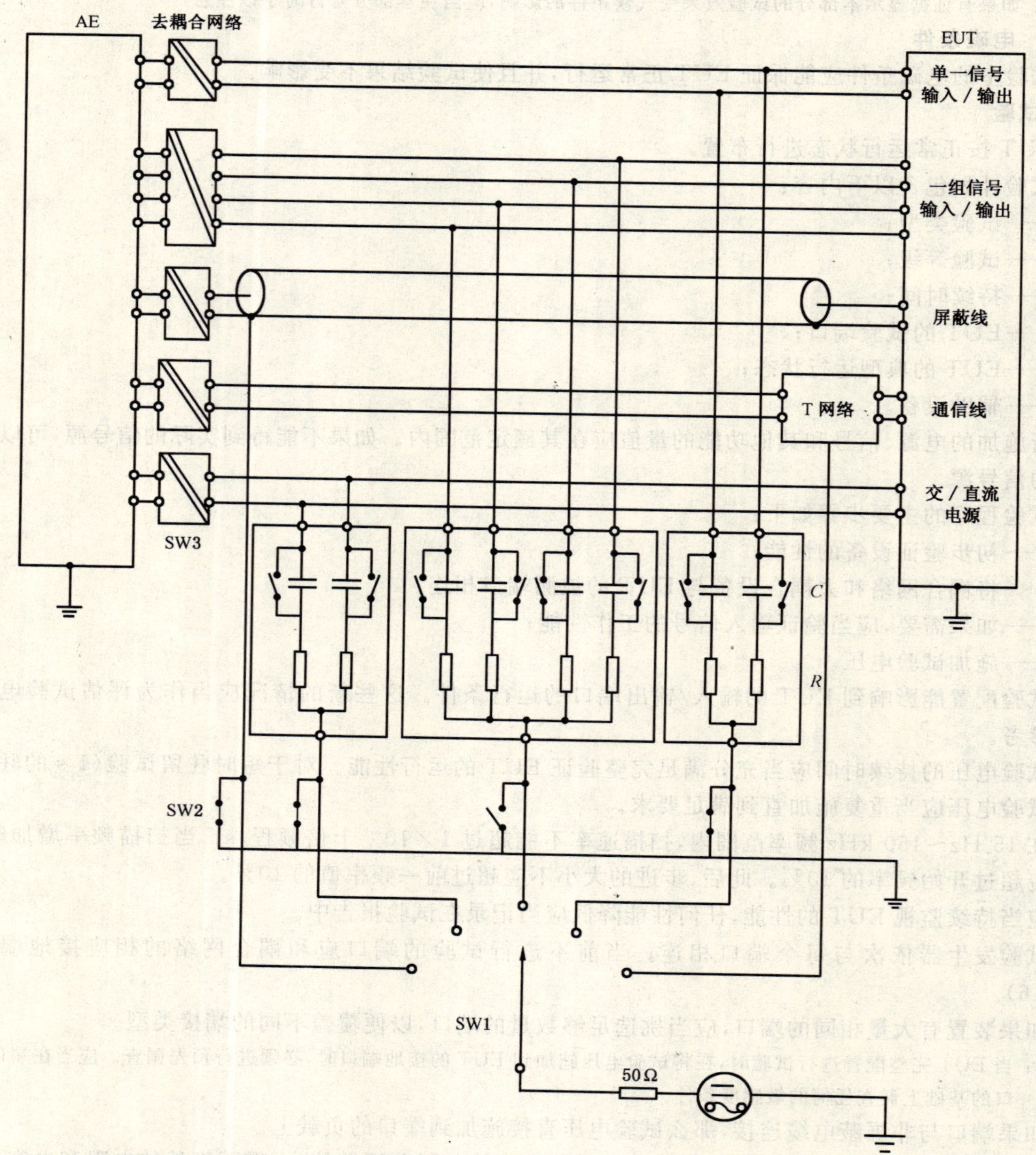

$C=1.0\ \mu F$，在直流电压试验时短路(SW3)

$R=100\ \Omega\times n$ 属于端口涉及的导体，例如：$n=4$；$R=400\ \Omega$

注：开关 SW2 用于将除测试以外的输入端口接地(见 8.2)。

图 6　典型试验的示意电路

9 试验结果评估

试验结果应当根据 EUT 的功能丧失或性能降级的情况进行分类。推荐的分类如下：

a) 在技术要求限值内性能正常；

b) 功能或性能暂时降低或丧失，但能自行恢复；

c) 功能或性能暂时降低或丧失，但需要操作者干预或系统复位；

d) 因设备(元件)或软件的损坏，或数据丢失而造成不能恢复至正常状态的功能降低或丧失。

技术规范可以定义对 EUT 产生的影响，这些影响可以认为是不重要的，因而是可接受的。

分类可以作为通用、产品或产品族标准委员会明确性能判据的指南，或作为制造商与用户在没有合适的通用、产品或产品族标准情况下对性能判据达成一致的框架基础。

10 试验报告

试验报告必须包含能复现试验的全部信息。特别记录以下内容：

——本部分第 8 章中所要求的试验计划中规定的项目内容；

——EUT 的标识和任何相关设备，例如：商标名称、产品型号、序列号；

——试验设备标识，例如：商标名称、产品型号、序列号；

——试验进行的特殊环境条件，例如：屏蔽室内；

——使试验进行所必需的任何特殊条件；

——制造商、申请者或购买者规定的性能等级；

——通用标准、产品标准和产品类标准中规定的性能判据；

——试验中或试验后，EUT 的响应以及所持续的时间；

——试验通过/不通过结论的理由(基于通用、产品和产品族标准中规定的性能判据或制造商与用户的协议)；

——任何特殊的使用条件，例如：电缆长度或类型，屏蔽或接地，EUT 运行条件。这些都要求满足条件。

附 录 A
(资料性附录)
骚扰源和耦合机理

A.1 骚扰源

在电源频率和谐波上产生的共模传导骚扰可能是由主配电系统的故障和接地系统上的漏电流而引起的。

在工业、变电站和电信中心环境中使用的DC供电网络都有可能产生DC共模骚扰，尤其那些是正极性或是负极性的终端连接到地的时候，更容易产生骚扰。

电气化铁路在其工作频率(典型的：16⅔ Hz)可能产生骚扰。

感应骚扰在IEC 61000-2-3和GB/Z 18039.1(IEC 61000-2-5)中有详细描述。不同类型的骚扰可能同时出现，但是其电平等级不同。甚至电源系统出现故障时，骚扰电平的等级可能是正常运行条件下参考等级的10倍。故障条件下的骚扰的典型特点是只有很短的持续时间(最长大约1 s)。

电源频率及其谐波骚扰在共模抑制不充分时，可能影响设备的信号端口。

低于1～2 kHz的骚扰主要是由电源谐波引起的。

在更高频率的骚扰主要取决于供电电子设备。它可能产生涉及到接地系统的开关电流，而产生传导共模传导骚扰。

A.2 耦合机理

本章所考虑的耦合机理包括容性耦合、感性耦合和阻性耦合。不同耦合机理的详细内容参见IEC 61000-2-3。容性耦合不会发生在有参考地的信号线上，例如：在负载与地之间或有容性滤波器的地方。

感性耦合是由骚扰源的磁场引起的(例如：电力线、接地电路)。感性耦合通常会在信号线上产生显著的骚扰。

阻性(或共模电阻)耦合能够直接影响接地信号源的信号线，或者将电流注入到信号电缆的屏蔽层上。这种类型的耦合大多数表现在或包括在容性耦合和感性耦合中。

耦合机理的等效阻抗可以在很大范围内取值，这取决于骚扰源和被骚扰对象的之间的布置。

在最坏情况下的共模阻抗耦合，等效耦合阻抗正常可以达到几个欧姆。在其他情况下阻抗可能比正常值高几个等级，如：受容性耦合的平衡线。

实验室经验表明在不同端口的设备上进行最有效的抗扰度试验是采用150 Ω单独的源阻抗。这个值代表了电源或信号线中的共模阻抗特性。这与其他GB/T 17626系列基础标准中采用的值是一致。

附 录 B
（资料性附录）
试验等级的选择

本部分描述了不同的试验。适用每种试验时，试验等级和相关可接受的性能判据应当在产品标准中定义。

试验等级的选择应当根据实际安装和环境条件来决定。

试验适用的导则和在不同安装环境下的试验等级的选择见 GB/Z 18039.1(IEC 61000-2-5)。以下给出了在不同使用环境下的骚扰等级。

基于通用的安装实践，可以应用以下的实际准则进行环境分级：

等级 1：良好保护环境

由以下条件来界定：

——内部供电网络与主电源网络隔离，例如：它们之间由隔离变压器隔离。

——电子设备的接地端通过专用接地连接器与接地系统（接地网络）相连。

计算机机房是此类环境的典型代表。

等级 2：保护环境

由以下条件来界定：

——直接连接到低压供电网络。

——电子设备的接地端与接地系统相连。

工业车间和电力站的专用建筑物中的控制室或终端负载室是此类环境的典型代表。

等级 3：典型工业环境

由以下条件来界定：

——直接连接到中低压供电网络。

——电子设备的接地端与接地系统（接地网络）相连。

工业设施和电力站是此类环境的典型代表。

等级 4：严酷工业环境

由以下条件来界定：

——直接连接到中低电压电源网络。

——电子设备的接地与接地系统（接地网络）相连，与高压设备和系统共地。

——使用电力变流器能将扩散电流注入接地网络。

GIS、暴露的高压变电站和相应的电力站是此类环境的典型代表。

等级 5：需要特殊分析的情况

对于特殊安装环境，需要进行调查和研究。从而决定其抗扰度要求是低于还是高于所规定的各种等级。

ICS 33.100
L 06

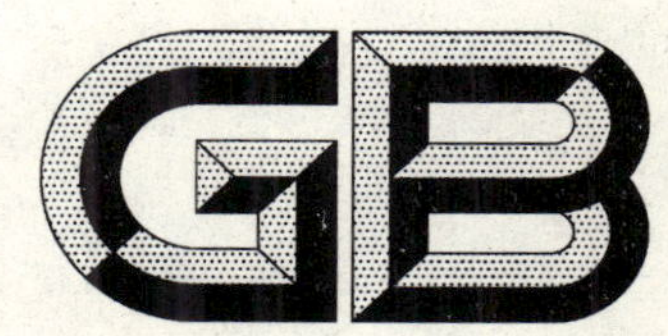

中华人民共和国国家标准

GB 17743—2007/CISPR 15:2005
代替 GB 17743—1999、GB 15734—1995

电气照明和类似设备的无线电骚扰特性的限值和测量方法

Limits and methods of measurement of radio disturbance characteristics of electrical lighting and similar equipment

(CISPR 15:2005,IDT)

2007-11-12 发布　　　　2009-11-01 实施

中华人民共和国国家质量监督检验检疫总局
中国国家标准化管理委员会　发布

ICS 33.100
L 06

中华人民共和国国家标准

GB 17743—2007/CISPR 15:2005
代替GB 17743—1999

电气照明和类似设备的无线电骚扰特性的限值和测量方法

Limits and methods of measurement of radio disturbance characteristics of electrical lighting and similar equipment

(CISPR 15:2005,IDT)

2007-11-12发布　　2008-11-01实施

中华人民共和国国家质量监督检验检疫总局
中国国家标准化管理委员会　发布

前　言

本标准的全部技术内容为强制性。

本标准等同采用 CISPR 15：2005《电气照明和类似设备的无线电骚扰特性的限值和测量方法》及其 2006 年第 1 号修正案。

本标准覆盖了 GB 15734—1995《电子调光设备无线电骚扰特性限值及测量方法》的全部内容。

本标准自实施之日起代替 GB 17743—1999《电气照明和类似设备的无线电骚扰特性的限值和测量方法》和 GB 15734—1995《电子调光设备无线电骚扰特性限值及测量方法》。

本标准与 GB 17743—1999 相比主要变化如下：

——删除了前言中"对适用于舞台、电视、娱乐场所等使用，控制对象为白炽灯的电子调光设备无线电骚扰电压限值按 GB 15734《电子调光设备无线电骚扰特性限值及测量方法》"的内容；

——删除了 CISPR 前言；

——在范围中增加了不适用本标准的照明设备是"工作在工业、科学和医疗频段(ITU 无线电条例第 63 号决议(1979)给出了定义)的照明设备"(见第 1 章)；

——引用标准改为规范性引用文件(见第 2 章)；

——规范性引用文件的规则修订为：区分注日期和不注日期的引用文件(见第 2 章)；

——规范性引用文件 GB 7000.1—1996 修订为 GB 7000.1—2007 灯具　第 1 部分：一般要求与试验(IEC 60598-1:2003,IDT)(见第 2 章)；

——规范性引用文件 CISPR 16-1:1993 修订为：

CISPR 16-1-1:2003　无线电骚扰和抗扰度测量设备和测量方法规范　第 1-1 部分：无线电骚扰和抗扰度测量设备　测量设备(见第 2 章)；

CISPR 16-1-2:2003　无线电骚扰和抗扰度测量设备和测量方法规范　第 1-2 部分：无线电骚扰和抗扰度测量设备　辅助设备——传导骚扰(见第 2 章)；

CISPR 16-1-4:2003　无线电骚扰和抗扰度测量设备和测量方法规范　第 1-4 部分：无线电骚扰和抗扰度测量设备　辅助设备——辐射骚扰(见第 2 章)；

——规范性引用文件增加了 CISPR 16-2-1:2003　无线电骚扰和抗扰度测量设备和测量方法规范　第 2-1 部分：无线电骚扰和抗扰度测量方法　传导骚扰测量(见第 2 章)；

——规范性引用文件增加了 CISPR 22:2005　信息技术设备　无线电骚扰特性　限值和测量方法(见第 2 章)；

——规范性引用文件增加了 IEC 61000-4-6:2003　电磁兼容　第 4-6 部分　试验和测量技术　射频场感应的传导骚扰抗扰度；

——定义改为术语和定义(见第 3 章)；

——对表 2a 电源端子骚扰电压限值作了修订，删除了"注：在日本，频率范围为 9 kHz～150 kHz 的限值不适用"的内容(见 4.3.1)；

——增加了表 2c 控制端子骚扰电压限值的要求(见 4.3.3)；

——对表 3a 辐射电磁骚扰限值作了修订，删除了"注：在日本，频率范围为 9 kHz～150 kHz 的限值不适用"的内容(见 4.4.1)；

——增加了 30 MHz～300 MHz 频率范围和表 3b(见 4.4.2)；

——删除了"4.5 在指定频率处的限值"的条款；

——增加了独立式的启动器和触发器的限值和测量方法(见 5.3.6、8.9)；

——CISPR 15:2005 标准中的“注:道路车辆用照明设备的要求由 CISPR 的 D 分技术委员会涉及。”改为“注:道路车辆用照明设备的要求由全国无线电干扰标准化技术委员会 D 分技术委员会涉及。”(见 5.7.1);

——增加了自容式应急照明灯具的限值和测量方法(见 5.9、8.8、9.8);

——增加了荧光灯用可替换启动器限值和测量方法(见 5.10);

——增加了有电源电压范围时的测量方法(见 6.3);

——对调光器的骚扰电压测量方法作了修订(见 8.1.4);

——增加了落地式灯具的测量方法(见 8.2);

——修订了白炽灯用独立的变压器的内容并增加了转换器的内容(见 8.4.2);

——对测量布置和程序修改为涉及 4.4.1 和 4.4.2 的测量布置和步骤(见 9.1、9.2);

——对磁场分量环形天线的内容作了修改(见 9.1.1);

——对调光器的辐射骚扰测量方法作了修订(见 9.1.4);

——附录 B 磁感应电流方法修订为辐射骚扰测量的独立方法;

——附录 C 大环形天线(LLA)的相对灵敏度和转换系数修订为根据 CISPR 22:2005 辐射骚扰测量时的试验布置举例;

——图 5 和图 6 中的调光装置改成遥控端子。

本标准的附录 A、附录 B 和附录 C 均为规范性附录。

本标准由全国无线电干扰标准化技术委员会提出。

本标准由全国无线电干扰标准化技术委员会 F 分会归口。

本标准起草单位:上海市照明灯具研究所、广州电器科学研究院、飞利浦(中国)投资有限公司、广州市九佛电器有限公司、上海时代之光照明电器检测有限公司。

本标准主要起草人:陈超中、汪永锡、李秀青、陈子良、钟学周、刘尔立、施晓红。

本标准所代替标准的历次版本发布情况为:

——GB 17743—1999;

——GB 15734—1995。

电气照明和类似设备的无线电骚扰特性的限值和测量方法

1 范围

本标准适用于以下设备发射(辐射和传导)的射频骚扰：

——用于照明的具有产生和(或)分配光的基本功能，并打算连接到低压电源上或者用电池工作的所有照明设备；

——主要功能之一是照明的多功能设备中的照明部分；

——专用于照明设备的独立的辅助设备；

——紫外线和红外线辐射设备；

——霓虹广告标志灯；

——打算在室外使用的道路或投光灯具；

——(安装在汽车和火车上的)运输照明灯具。

不适用本标准的是：

——工作在工业、科学和医疗频段(ITU 无线电条例第 63 号决议(1979)给出了定义)的照明设备；

——航空器和飞机场用的照明设备；

——射频范围内的电磁兼容性要求在其他 IEC 或 CISPR 标准内有明确提出的器具。

注：实例是：

1) 在其他设备内装的照明装置，例如刻度盘照明装置或霓虹装置；

2) 复印机；

3) 幻灯放映机；

4) 道路机动车辆的照明设备。

覆盖的频率范围为 9 kHz～400 GHz。

同时适用本标准和(或)其他标准不同条款的多功能设备，相关功能工作时应满足每个条款或标准的规定。

本标准中的限值是在概率基础上确定的，使得骚扰抑制在经济合理的限值内，同时还能达到足够的无线电保护和电磁兼容的水平。在例外情况下，可能提出附加的要求。

2 规范性引用文件

下列文件中的条款通过本标准的引用而成为本标准的条款。凡是注日期的引用文件，其随后所有的修改单(不包括勘误的内容)或修订版均不适用于本标准。然而，鼓励根据本标准达成协议的各方研究是否可使用这些文件的最新版本。凡是不注日期的引用文件，其最新版本适用于本标准。

GB/T 4365—2003 电工术语 电磁兼容(IEC 60050(161):1990,IDT)

GB 4824—2004 工业、科学和医疗(ISM)射频设备 电磁骚扰特性 限值和测量方法(idt CISPR 11:2003,IDT)

GB 7000.1—2007 灯具 第 1 部分:一般要求与试验(IEC 60598-1:2003,IDT)

QB 2276—1996 荧光灯用启动器(idt IEC 60155:1993)

IEC 61000-4-6:2003 电磁兼容 第 4-6 部分:试验和测量技术 射频场感应的传导骚扰抗扰度

CISPR 16-1-1:2003 无线电骚扰和抗扰度测量设备和测量方法规范 第 1-1 部分:无线电骚扰和抗扰度测量设备 测量设备

CISPR 16-1-2:2003　无线电骚扰和抗扰度测量设备和测量方法规范　第1-2部分:无线电骚扰和抗扰度测量设备　辅助设备——传导骚扰

CISPR 16-1-4:2003　无线电骚扰和抗扰度测量设备和测量方法规范　第1-4部分:无线电骚扰和抗扰度测量设备　辅助设备——辐射骚扰

CISPR 16-2-1:2003　无线电骚扰和抗扰度测量设备和测量方法规范　第2-1部分:无线电骚扰和抗扰度测量方法　传导骚扰测量

CISPR 22:2005　信息技术设备　无线电骚扰特性　限值和测量方法

3　术语和定义

GB/T 4365—2003确立的术语和定义适用于本标准。

连续骚扰既可能是宽带的,例如由开关操作或在灯电极区由不稳定的气体放电引起的;也可能是窄带的,例如在指定频率处由电子控制装置的工作引起的。

注:代之以"宽带"和"窄带"的概念,本标准以所用的检波器的类型来规定两种相关类型骚扰的区别。因此,用准峰值检波器和用平均值检波器的测量方法来规定限值,使用这种办法,同样可以评定宽带和窄带骚扰的组合。

4　限值

4.1　频率范围

4.2、4.3和4.4给出了随频率范围变化的限值,没有规定限值的频率处,不需进行测量。

注:世界无线电通信管理联合会(WARC)于1979年降低了1 kHz～148.5 kHz内较低频率的限值;对落在本标准适用范围中的频率,在150 kHz处试验是足够的,因为148.5 kHz落在接收机带宽内。

4.2　插入损耗

频率范围为150 kHz～1 605 kHz的插入损耗的最小值见表1。

表1　插入损耗最小值

频率范围/kHz	最小值/dB
150～160	28
160～1 400	28～20[a]
1 400～1 605	20

a　随着频率的对数增加而线性递减。

4.3　骚扰电压

4.3.1　电源端子

频率范围为9 kHz～30 MHz的电源端子骚扰电压限值见表2a。

表2a　电源端子骚扰电压限值

频率范围	限值/dB(μV)[a]	
	准峰值	平均值
9 kHz～50 kHz	110	—
50 kHz～150 kHz	90～80[b]	—
150 kHz～0.5 MHz	66～56[b]	56～46[b]
0.5 MHz～5.0 MHz	56[c]	46[c]
5 MHz～30 MHz	60	50

a　在转换频率处,应用较低限值。

b　在50 kHz～150 kHz和150 kHz～0.5 MHz范围内,限值随着频率的对数增加而线性递减。

c　对无极灯及其灯具,在频率范围为2.51 MHz～3.0 MHz之间的准峰值限值为73 dB(μV)和平均值限值为63 dB(μV)。

4.3.2 负载端子

频率范围为 150 kHz～30 MHz 的负载端子的骚扰电压限值见表 2b。

表 2b 负载端子骚扰电压限值

频率范围/MHz	限值/dB(μV)[a]	
	准峰值	平均值
0.15～0.50 0.50～30	80 74	70 64
a 在转换频率处,应用较低限值。		

4.3.3 控制端子

频率范围为 150 kHz～30 MHz 的控制端子骚扰电压限值见表 2c。

表 2c 控制端子骚扰电压限值

频率范围/MHz	限值/dB(μV)	
	准峰值	平均值
0.15～0.50 0.50～30	84～74 74	74～64 64
注 1:在 0.15 MHz～0.5 MHz 范围内,限值随着频率的对数增加而线性递减。 注 2:电压骚扰限值来自于连接到控制端子的共模(不对称模式)阻抗为 150 Ω 的阻抗稳定网络(ISN)。		

4.4 辐射电磁骚扰

4.4.1 9 kHz～30 MHz 频率范围

在 9 kHz～30 MHz 频率范围内,照明设备周围用直径为 2 m、3 m 或 4 m 的环形天线测得的辐射骚扰场强的磁场分量的电流准峰值限值见表 3a。

环形天线直径 2 m 的限值适用于长度不超过 1.6 m 的设备,环形天线直径为 3 m 的限值适用于长度为 1.6 m～2.6 m 之间的设备,环形天线直径为 4 m 的限值适用于长度为 2.6 m～3.6 m 之间的设备。

表 3a 9 kHz～30 MHz 频率范围内的辐射电磁骚扰限值

频率范围	不同直径环形天线的限值/dB(μA)[a]		
	2 m	3 m	4 m
9 kHz～70 kHz 70 kHz～150 kHz 150 kHz～3.0 MHz 3.0 MHz～30 MHz	88 88～58[b] 58～22[b] 22	81 81～51[b] 51～15[b] 15～16[c]	75 75～45[b] 45～9[b] 9～12[c]
a 在转换频率处,应用较低限值。 b 随着频率的对数增加而线性递减。对无极灯及其灯具,在 2.2 MHz～3.0 MHz 频率范围内,当天线直径为 2 m时限值为 58 dB(μA);当天线直径为 3 m 时限值为 51 dB(μA)和当天线直径为 4 m 时限值为 45 dB(μA)。 c 随着频率的对数增加而线性递增。			

4.4.2 30 MHz～300 MHz 频率范围

按照 CISPR 22:2005 第 10 章规定的方法测量,在 30 MHz～300 MHz 频率范围内,辐射骚扰场强的电场分量的准峰值限值见表 3b。

注:为了实现重现性,建议将电源电缆接到 CDN,该 CDN 放置在接地平板上且端接 50 Ω 的阻抗。

表 3b　10 m 测量距离下,30 MHz～300 MHz 频率范围内的辐射电磁骚扰限值

频率范围/MHz	准峰值限值/dB(μV/m)[a]
30～230	30
230～300	37
[a] 在转换频率处,应用较低限值。	

在 30 MHz～300 MHz 频率范围内的试验可以按附录 B 规定的试验进行,使用表 B.1 限值。如果照明设备符合附录 B 的要求,则被认为符合本条的限值。

5　限值的应用

5.1　总则

本标准适用范围内提到的各种照明设备的限值的应用见 5.2～5.10。

除自镇流灯以外,发射要求不适用于光源,也不适用于装在灯具、自镇流灯或半灯具内的附件(参见 5.3.1 的注 2)。

由连接或断开电源的手动或自动控制开关(设备内或设备外)引起的骚扰应忽略不计。它包括手动通/断开关,或例如,由传感器或脉冲控制接收器驱动的开关。但是,反复动作的开关(例如,广告标志灯的开关)不属此例。

5.2　室内灯具

5.2.1　总则

下列情况适用于所有不考虑使用环境的室内灯具。

5.2.2　白炽灯灯具

在交流电或直流电下工作,或未装有调光装置或电子开关的白炽灯灯具,是不产生电磁骚扰的,因此,认为它们满足本标准中所有有关要求,而不需进一步试验。

注:本标准提到的术语"白炽灯"是包括卤钨灯在内的所有种类的白炽灯。

5.2.3　荧光灯灯具

当荧光灯灯具是启动器开关工作型的,并且设计成用下述之一的光源类型时,其插入损耗最小值应符合表 1 的规定。

——标称直径 15 mm、25 mm 或 38 mm 的管形荧光灯;

——标称直径 28 mm 或 32 mm 的环形荧光灯;

——标称直径 15 mm、25 mm 或 38 mm 的 U 形荧光灯;

——标称直径 15 mm,没有整体式启动器的单端荧光灯;

——标称直径 12 mm,带整体式启动器,双管或四边形的管形单端荧光灯。

5.2.4　其他灯具

除 5.2.2 或 5.2.3 中描述的灯具以外的室内灯具应符合表 2a 电源端子电压限值的规定。

灯电流工作频率超过 100 Hz 的灯具,应符合表 3a 和表 3b 给出的辐射骚扰限值。

当灯具的光输出是由单独控制线的外部装置调节时,控制端子的骚扰电压应符合 4.3.3 的要求。

5.3　照明设备专用的独立附件

5.3.1　总则

独立附件是在灯具外部,用于调节气体放电灯或白炽灯电流或电压的电气或电子装置。例如灯用调光器、变压器和转换器、放电灯(包括荧光灯)用镇流器以及装紧凑型荧光灯和白炽灯的半灯具。

注 1:5.3 规定的要求是单独检验附件本身的电磁发射特性。由于接线电路是多样化的,不可能描述安装的要求。在这方面,建议制造厂提供正确使用附件的指南。

注 2:5.3 的要求可用于测量打算装在灯具内部的附件。但是,这种试验并不是必需的。况且,即使附件符合本款的要求,该灯具也总是要进行试验的。

5.3.2 独立的调光装置

5.3.2.1 装置类型

有两类调光装置,一种是类似直接调节光源的调光器,另一种是具有遥控功能并借助镇流器或转换器来调节光输出的装置。

5.3.2.2 独立的直接工作调光装置

装有半导体的装置,应符合表2a和表2b给出的端子电压限值,否则没有限值规定。

当几个调光装置装在一个产品或外壳内,且每一个单独装置由一个完整的自容调节电路(包括所有抑制元件)组成,且独立工作于其他装置(即用设计或者在意外情况下,不控制被其他单独调节装置所控制的任何负载),则各个装置应分别加以试验。

5.3.2.3 独立的遥控装置

产生直流或低频(<500 Hz)控制信号的独立的遥控装置,无限值要求。对射频或红外线操纵的装置,本标准不适用。其他的独立的遥控装置应符合4.3.1和4.3.3的要求。

5.3.3 白炽灯用独立的变压器和转换器

5.3.3.1 总则

白炽灯用变压器只改变电压而不变换电源频率,而转换器还改变频率,这两种装置都具有调节灯光输出的作用。

5.3.3.2 独立的变压器

不通过有源电子元件调节电压的白炽灯用变压器,应用5.2.2的规定。白炽灯用其他独立的变压器应符合表2a和表2b给出的端子电压限值的要求。

5.3.3.3 独立的转换器

白炽灯用独立的电子转换器应该:

a) 符合表2a和表2b给出的端子电压限值的要求;或者,

b) 如果转换器有一根不可拆卸的负载电源电缆,或制造厂对接到光源的电缆的位置、类型和最大长度给出了严格的安装说明,则转换器在这些条件下应符合表2a给出的端子电压限值和表3a和表3b给出的辐射骚扰限值。

5.3.4 荧光灯和其他放电灯用独立的镇流器

5.3.4.1 设计成5.2.3中提到的一种荧光灯类型的,并且用启动器工作的独立的镇流器应符合表1中规定的插入损耗的最小值。

5.3.4.2 其他独立的镇流器应符合表2a中规定的电源端子电压限值。

对于灯电流工作频率超过100 Hz的镇流器,应符合表3a和表3b给出的辐射骚扰限值。

如果灯光是通过有单独控制线的外部装置调节的,控制端子的骚扰电压应满足4.3.3的要求。

5.3.5 半灯具

用紧凑型荧光灯和白炽灯的半灯具(接合器)是这样的装置:其一边是螺口或卡口灯头,用于固定到一个标准的白炽灯灯座上;另一边是灯座,用于插入一个可更换的光源。

半灯具应符合表2a给出的端子电压限值。

光源的工作频率超过100 Hz的半灯具应符合表3a和表3b给出的辐射骚扰限值。

5.3.6 独立的启动器和触发器

荧光灯和其他放电灯用独立的启动器和触发器,使用8.9所描述的电路进行试验。应符合表2a规定的端子电压限值。

5.4 自镇流灯

自镇流灯的镇流和启动装置与光源一起封装成一个单独的装置。这些自镇流灯配有螺口或卡口灯头,可以直接插入适当的灯座内。

自镇流灯应符合表2a给出的端子电压限值。

光源的工作频率超过 100 Hz 时，自镇流灯应符合表 3a 和表 3b 给出的辐射骚扰限值。

5.5 室外照明器具

5.5.1 总则

本标准提到的术语“室外照明”是用于公共区域(诸如街道、散步廊、环行小径、公路、隧道、泊车场、服务站、室外运动和娱乐场所)的一般照明，以及用于大楼等的安全照明和泛光照明。此外，5.5 所述要求也适用于私人场所、工业区和类似场所的室外照明器具。

然而，有些照明设备，例如飞机场的照明设备，可能要承受特殊的发射要求，不在本标准所涉及的范围内。

5.5 不适用于霓虹灯和其他广告标志灯。

5.5.2 安装系统

一般而言，一套室外照明器具包括一个支撑件和一个或多个灯具。

支撑件可以是：

——管子(托架)或类似物件；

——杆(柱)臂；

——杆子顶部；

——跨线或悬挂线；

——墙或天花板。

除非另有规定，5.5 中规定的发射要求适用于灯具(包括光源)，而不适用于灯具的支撑件。

5.5.3 整体式开关装置

由整体式开关装置(如脉冲控制接收器)操作产生的骚扰应忽略不计。

5.5.4 白炽灯灯具

应用 5.2.2 的规定。

5.5.5 荧光灯灯具

使用 5.2.3 中提到的一种荧光灯并且配用启动器工作的荧光灯具，应符合表 1 规定的插入损耗的最小值。

5.5.6 其他灯具

除了在 5.5.4 或 5.5.5 中提到的室外灯具以外，其他室外灯具应符合表 2a 给出的电源端子电压限值。

当灯具中的灯电流频率大于 100 Hz 时，灯具内应装有电子镇流器，灯具应符合表 3a 和表 3b 给出的辐射骚扰限值。

5.6 紫外线和红外线辐射器具

5.6.1 总则

紫外线和红外线辐射器具是指医疗和化妆护理用器具、工业用器具和紧急区域加热用的器具。

5.6 适用于主要在居住环境使用的器具。其他器具应用 GB 4824—2004 的规定。

5.6.2 红外线辐射器具

对于不含任何有源电子元件，只装有电源频率下工作的白炽辐射光源(红外发射器)的器具，应用 5.2.2 的规定。

5.6.3 紫外线荧光灯器具

使用的紫外线灯与 5.2.3 提到的荧光灯类型相同，且用可替换启动器工作的紫外线器具，应符合表 1给出的插入损耗的最小值。

5.6.4 其他紫外线和(或)红外线器具

除 5.6.2 或 5.6.3 描述以外的紫外线和红外线辐射器具应符合表 2a 给出的电源端子电压限值。

辐射源电流(调制)频率超过 100 Hz 的器具应符合表 3a 和表 3b 给出的辐射骚扰限值。

当器具的辐射由单独控制线的外部装置调节时，控制端子的骚扰电压应符合 4.3.3 的要求。

5.7 运输照明

5.7.1 总则

光源用于运输工具是为了：

——外部照明和信号；

——仪表板照明；

——船舱和房间内的照明。

5.7 规定了船舶和铁路车辆照明设备的要求。飞机上或飞机内使用的照明设备要满足特殊的要求，不包括在本标准适用的范围内。

注：道路车辆用照明设备的要求由全国无线电干扰标准化技术委员会 D 分技术委员会涉及。

5.7.2 外部照明和信号装置

如果照明或传送信号用的装置装有白炽灯，则认为它们满足本标准的所有有关要求，而不需进一步试验。如果装有气体放电灯，则灯及其镇流器应装在一个单元体内，并应符合表 2a 给出的端子电压限值和表 3a、表 3b 给出的辐射骚扰限值。

5.7.3 仪表板照明

仪表板照明应考虑符合仪表的要求。

5.7.4 船舱和房间内的照明

船舶和载客列车的内部照明设备被看作是室内照明设备，应用 5.2 的有关要求。

5.8 霓虹灯和其他广告标志灯

限值和测量方法正在考虑之中。

5.9 自容式应急照明灯具

5.9.1 总则

设计成万一电源中断时提供应急照明的灯具，应在电源供电模式和应急模式（电源中断）两种情况下工作时加以测量，具体见 5.9.2 和 5.9.3 的规定。

——电源供电模式：由公共电网供电，自容式应急灯具处于准备工作的状态。在电源供电故障的情况下，灯具自动变换到应急模式。

——应急模式：公共电网供电故障（电源中断），自容式应急灯具处于由其内部电源提供照明的状态。

注：使用氙灯的闪烁式应急照明灯具的场强限值和测量方法正在考虑中。

5.9.2 在电源供电模式下的测量，即电源中断前的工作条件

灯具应符合表 2a 给出的电源端子骚扰电压限值。灯电流工作频率超过 100 Hz 的灯具，应符合表 3a 和表 3b 给出的辐射骚扰限值。如果灯具的光输出是由单独控制线的外部装置调节时，控制端子的骚扰电压应符合 4.3.3 的要求。

5.9.3 在应急模式下的测量，即电源中断后的工作条件

灯电流工作频率超过 100 Hz 的灯具，在应急模式下，应符合表 2a 给出的电源端子骚扰电压限值和表 3a、表 3b 给出的辐射骚扰限值。

5.10 荧光灯用可替换的启动器

可替换的启动器应该是：

——启动器两插脚并联一个容量在 0.005 μF～0.02 μF 之间的电容器。

——或符合以下插入损耗试验：

启动器应按照 7.1.4 的说明在灯具中进行测量。制造厂规定灯具的类型及试验时应使用的有关附件。覆盖表 1 给出的整个频率范围，用受试启动器时测得的灯具的插入损耗值应大于或者等于用配有容量为 0.005×(1±5%)μF 电容器的启动器时测得的灯具的插入损耗值。

——或符合下面端子电压试验：

启动器以设计的最大功率电路，在相关的单根光源的灯具中加以试验。制造厂规定灯具的类型及适用于启动器的有关电路。应用 8.2 的测量说明。应不超过表 2a 的端子电压限值。

6 照明设备工作条件

6.1 总则

在进行照明设备的骚扰或插入损耗测量时，设备都应在 6.2～6.6 规定的条件下工作。

另外，如果适用，要遵守第 7 章、第 8 章和第 9 章中不同测量方法给出的特殊条件。

6.2 照明设备

由制造厂提供的照明设备在正常工作条件下（例如，灯具在 GB 7000 系列标准中给出）进行试验。

6.3 电源电压和频率

电源电压应在额定电压的±2%范围内。若电源电压是一个范围，应在该范围内的每个额定电源电压的±2%内进行测量。电源频率应为设备的额定频率。

6.4 环境条件

测量应在常规实验室条件下进行。环境温度应在 15℃～25℃范围内。

6.5 光源

6.5.1 所使用的光源类型

端子骚扰电压和辐射场的测量应使用照明设备设计的光源。应使用照明设备允许的最大额定功率的光源。

6.5.2 光源的老化时间

测量应使用至少已工作了下列时间的光源：

——白炽灯 2 h；

——荧光灯和其他放电灯 100 h。

6.5.3 光源的稳定时间

测量之前，光源应工作到稳定状态。除本标准另有说明或制造厂的规定外，应遵守下列稳定时间：

——白炽灯 5 min；

——荧光灯 15 min；

——其他放电灯 30 min。

6.6 可替换的启动器

当使用 QB 2276—1996 辉光启动器时，其电容器用一个 0.005×(1±5%)μF 的电容器替换。除非另有规定，启动器应保持在启动器座上。在整个测量所覆盖的频率范围内，应注意维持其特性。

如果制造厂在启动器上外配了一个电容器，按成品灯具（包括这个启动电容器）进行测量。

7 插入损耗的测量方法

7.1 插入损耗的测量电路

7.1.1 对 5.2.3 和 5.5.5 中描述的灯具，插入损耗按下列图示进行测量：

——图 1，管形和 U 形荧光灯具；

——图 2，环形荧光灯具；

——图 3，带整体式启动器的单端荧光灯具。

模拟灯见 7.2.4 的规定。

在荧光灯具中当标称直径为 25 mm 的光源可与标称直径为 38 mm 的光源互换时，插入损耗应用标称直径为 38 mm 的模拟灯测量，除非制造厂说明书中规定只能使用直径为 25 mm 的光源。

7.1.2 对于 5.3.4 提及的独立的镇流器，插入损耗应在受试镇流器有关的电路上测量。镇流器应与模拟灯和启动器一起安放在一块厚12 mm±2 mm的绝缘材料上。应把这种布局视作为一个灯具，并且应用第7章的有关条件。

7.1.3　5.6.3中描述的紫外线辐射器具被视作为灯具，并且应用第7章的有关条件。

7.1.4　在进行5.10描述的插入损耗测量时，可替换的启动器应装在设计使用该启动器的单根光源的灯具中加以试验。灯具的额定电压应等于启动器的电源电压或落在其电源电压范围内。对功率同样适用。插入损耗应测量两次：

a)　用受试启动器；

b)　启动器用触点间有0.005×(1±5%)μF电容的辉光启动器代替。

7.2　测量布置和步骤

测量布置包括下列几个部分。

7.2.1　射频发生器

这是一个正弦波发生器，输出阻抗50 Ω，并适合测量所覆盖的频率范围。

7.2.2　平衡/不平衡转换器

低电容平衡/不平衡转换器用来得到一个从射频发生器来的对称电压。电气和结构上的要求在附录A中给出。

7.2.3　测量接收机和网络

应使用CISPR 16-1-1:2003所规定的测量接收机和CISPR 16-1-2:2003规定的50 Ω/50 μH+5 Ω(或50 Ω/50 μH)的人工电源网络(V型网络)。

7.2.4　模拟灯

图1、图2和图3的电路中使用的模拟灯，模拟了荧光灯的射频特性，如图4a、图4b、图4c、图4d、图4e和图4f所示。

将模拟灯装入灯具时，应使模拟灯平行于灯具的金属件，为此而必须的任何支撑件不能显著地改变在模拟灯和灯具之间的电容量。

模拟灯的长度应等于所设计灯具的荧光灯的长度，金属管的长度应按本标准有关模拟灯数据表中的要求。

7.2.5　测量布置

在转换器和模拟灯输入端子之间无屏蔽连接导线的长度应尽可能短，长度不超过0.1 m。

在灯具和测量网络之间的同轴连接导线的长度不应超过0.5 m。

为了避免寄生电流，在测量网络中应只有一个接地点，所有接地端子应连接到该点上。

7.3　灯具

除6.6中指出的可能的调整和调换光源外，测量应使用成品灯具。

当灯具中装有一根以上的灯管时，每根灯管依次用模拟灯代替。多根灯管并联的灯具插入损耗应对每根灯管进行测量，并应用测得的插入损耗最小值与相关的限值进行比较。

当测量灯管串联工作的灯具时，灯管均用模拟灯代替，一根模拟灯的输入端子应接到平衡/不平衡转换器上，而剩下的一根模拟灯的输入端子接150 Ω电阻(高频型)。

如灯具有一个绝缘材料框架，灯具的背面应放在一块金属板上，金属板应连接到测量网络的基准地。

7.4　测量步骤

7.4.1　插入损耗通过比较电压U_1和电压U_2得到，电压U_1由转换器的输出端子连接到测量网络的端子之间测量得到，电压U_2是将转换器通过灯具连接到测量网络测量得到的。

7.4.2　电压U_1

转换器的输出电压U_1(在2 mV和1 V之间)用测量接收机测得。为此，转换器与测量网络的输入端子之间作直接连接。电压U_1在测量网络两个输入端子中的任何一个与地之间测得，且两者的数值应大体相同,就是说与测量网络的布置无关。平衡/不平衡转换器的特性和磁性饱和效应的检验见附录A。

7.4.3 电压U_2

将灯具连接到转换器和测量网络之间测得的电压U_2可能有不同的数值,因此U_2可能取决于测量网络开关的两个位置。记录较高的电压读数为U_2。

7.4.4 插入损耗由公式 $20\lg\frac{U_1}{U_2}$(dB)给出。

注:用此测量方法得到的插入损耗值,在同样灯具上,用模拟灯和用实际灯管,两者之间有良好的相关性。

7.4.5 按图1或图2或按7.3串联工作的荧光灯测量插入损耗时,如果已知对某给定方向的模拟灯所得到的插入损耗是最小的,那么只在这个方向进行测量(例如:对带有单个镇流器的灯具,插入模拟灯,使有关的输入端子直接接到灯具的中性电源端子上)。假如对这一点有任何疑问,则应在模拟灯所有可能的方向进行测量。

8 骚扰电压的测量方法

8.1 测量布置和步骤

8.1.1 电源端子电压测量

骚扰电压应按照相关设备的类型,用图5和图6的布置,在照明设备的电源端子测量。

人工电源网络(V型网络)的输出端子与a-b端子应相距约0.8×(1±20%)m,并用一根0.8 m长的三芯软缆中的两根动力线连接。

8.1.2 负载端子电压测量

在负载端子测量时应使用一个电压探头(见图5)。它包括一个与电容器串联的阻值至少为1 500 Ω电阻,电容器的电抗值相对于该电阻的阻值(150 kHz~30 MHz范围内)可忽略不计(见CISPR 16-1-2:2003第5.2条)。

测量结果应根据探头和测量装置之间的电压分配进行修正。修正时应只考虑阻抗的电阻部分。

8.1.3 控制端子电压测量

控制端子测量应使用CISPR 22:2005描述的阻抗稳定网络。阻抗稳定网络(ISN)应接地(见8.2)。测量应在稳定工作模式下进行,即有稳定的光输出。

注:由于测量的是镇流器产生的共模骚扰,实际的(差模)控制信号对于照明控制线是忽略不计的。

8.1.4 调光控制器

如果照明设备含有一个调光控制器或由一个外部装置调光,那么测量骚扰电压时应用下列方法:

——对于直接改变电源电压的调光控制器(类似于调光器),电源端、负载端和控制端的骚扰电压(如果有的话)应按照8.1.4.1和8.1.4.2规定加以测量。

——对于通过镇流器或转换器调节光输出的调光控制器,电源端和控制端的骚扰电压(如果有的话)应在最大和最小光输出时加以测量。

8.1.4.1 在电源端子

应在全光输出的条件下,在9 kHz~30 MHz的整个频率范围内,进行初步测量或搜寻。另外,在下列频率和初步测量时发现有最大骚扰的所有频率处测量,应在最大负载时调节控制器的设置,以达到最大骚扰。

9 kHz、50 kHz、100 kHz、160 kHz、240 kHz、550 kHz、1 MHz、1.4 MHz、2 MHz、3.5 MHz、6 MHz、10 MHz、22 MHz、30 MHz。

8.1.4.2 在负载端子和(或)控制端子

应在全光输出的条件下,在150 kHz~30 MHz的整个频率范围内,进行初步测量或搜寻。另外,在下列频率和初步测量时发现有最大骚扰的所有频率处测量,应在最大负载时调节控制器的设置,以达到最大骚扰。

160 kHz、240 kHz、550 kHz、1 MHz、1.4 MHz、2 MHz、3.5 MHz、6 MHz、10 MHz、22 MHz、30 MHz。

8.1.5　用平均值检波器测量

当用准峰值检波器的接收机的测量值符合平均值限值时，则认为试验装置符合了两种限值的要求，且不必再用平均值检波器进行测量。

8.2　室内和室外灯具

测量布置见图 6a。

当灯具中装有一个以上光源时，所有的光源应同时工作。如果使用者可能以不同方式将光源插入到照明设备中，则应对所有情形进行测量，并用最大值与有关的限值作比较。荧光灯灯具在装有一个可替换的启动器的情况下，使连接到启动器的相同的接线端子处于两种可能的测量位置。

如果灯具有一个接地端子，则该接地端子应连接到 V 型人工电源网络的参考地上。该连接应通过灯具电源线中的接地导体实现。当这种布置不是通常实际情况时，应用与电源线等长的导线实现接地连接，且导线应与电源线平行，相距不超过 0.1 m。

如果灯具有一个接地端子，但是制造厂说明该设备不必接地时，应测量两次：一次用接地连接，一次不用接地连接。在两种情况下，照明设备都应满足要求。

灯具应安装离一块尺寸至少为 2 m×2 m 的金属板 0.4 m 处。灯具的基座应与金属板平行，且金属板应用一低阻抗连接件与 V 型人工电源网络的参考接地相连(见 CISPR 16-2-1:2003)。

如果测量在屏蔽室内进行，0.4 m 距离可以是指与屏蔽室某一内壁之间。灯具的基座应与屏蔽室的参考壁平行放置，并与屏蔽室其他外表面间的距离应至少为 0.8 m。

对于室外灯具，如果镇流器是安装在灯具外(在灯杆内)，则电源端子骚扰电压在镇流器电源输入端子处测量。

落地式灯具应按以下方式加以测量：

灯具应置于水平金属地平面(参考地平面)上，但用高为 0.1×(1±25%)m 的非金属支撑物与之隔离。如果测量在屏蔽室内进行，该距离应是至屏蔽室参考金属地的距离。

灯具边缘与尺寸至少为 2 m×2 m 接地的垂直导电表面的距离应至少为 0.4 m。如果测量在屏蔽室内进行，该距离是指至屏蔽室最近的内壁的距离。

参考地平面应至少超出灯具边缘 0.5 m，且最小尺寸为 2 m×2 m。

V 型人工电源网络应用金属片与参考地平面连接(见 CISPR 16-2-1:2003)。

参考地平面应用低阻抗连接件与垂直表面连接。

8.3　独立的调光装置

8.3.1　直接操作装置

调节装置应按图 5 所示的布置。如果适用的话，负载和控制端子的连接导线的长度应是 0.5 m～1 m。

除非制造厂另有规定，应在制造厂规定的由白炽灯组成的最大允许负载下，测量调节装置。

首先，调节装置应根据 8.1.4.1 的规定进行测量。然后，如果适用的话，负载和控制端子的骚扰电压应根据 8.1.4.2 规定进行测量。

8.3.2　具有遥控功能的装置

这种装置应连接到由制造厂规定的电阻、电容和(或)电感组成的测量线路。然后采用图 5 所示的测量布置。电源端子和各控制端子的端电压应根据 8.1.3 相应的规定进行测量。

8.4　白炽灯用独立的变压器和转换器

8.4.1　独立的变压器应按 8.3.1 有关规定进行测量。

8.4.2　具有不可拆卸的电缆或制造厂对引到光源的电缆的位置、类型和最大长度给出了严格的安装说明,独立的电子转换器应与适当的最大允许功率的光源一起安装在绝缘支撑物上。转换器与光源之间的负载电缆应按以下规定加以选择。

a) 负载电缆长度≤2 m时,应采用长0.8×(1±20%)m或制造厂指定的较短的最大长度的电缆进行测量。电缆应是两芯软缆,有足够的截面积,且应成直线布置。

b) 负载电缆长度>2 m时,应进行两次测量。第一次测量采用上述a)所述的长0.8×(1±20%)m的负载电缆,第二次测量采用最大允许的电缆。

c) 当装配说明规定了负载电缆的特殊的长度和类型,测量应在这些条件下进行。

应在安装说明书和(或)转换器的标签上清晰说明电缆的最大允许长度。

转换器、光源和电缆的组合应被视作灯具,按8.2加以测量。

8.5 荧光灯和其他放电灯用独立的镇流器

应在受试装置有关的电路中测量骚扰电压,如图6b所示。该装置应与一个或多个适当的光源一起安装在绝缘支撑件上。

如果启动灯泡需要用启动器或触发器的话,它应该适宜于镇流器和光源。应用6.6给出的说明。

电源接线没有特殊的规定。受试装置和各光源之间的接线应尽量短,以减少其对测量结果的影响。

镇流器、光源和电缆的组合应被视作灯具,按8.2进行测量。

8.6 自镇流灯和半灯具

自镇流灯应用成品测量。半灯具应装上一个适当的最大允许功率的光源后加以测量。

自镇流灯或半灯具的骚扰电压的测量电路如图6c所示。需使用的锥形金属罩的详细尺寸在图7中给出。锥形金属罩上接线端子与V形网络间连接电缆的长度应不超过0.8 m。锥形金属罩应连接到V型网络的接地端子上。然而,工作频率在2.51 MHz～3.0 MHz内的自镇流灯,应使用下述的电路:光源安在适合的灯座上,并置于尺寸至少为2 m×2 m金属板的上方0.4 m处,且与任何其他接地导电表面的距离至少保持在0.8 m。人工电源网络(V型网络)与光源的距离也应至少为0.8 m,且灯座与V型网络之间的导线长度应不超过1 m。金属板应连接到V型网络的基准地上。

应在自镇流灯或半灯具的电源端子上测量骚扰电压。

8.7 紫外线和红外线辐射器具

这些器具被视作灯具,应用8.1和8.2的说明以及下列附加的要求:

——当器具中既有紫外线辐射源,又有红外线辐射源,如果红外线辐射源的工作频率是电源频率,则红外线辐射源应该忽略。

——应在光源安装就位后,对器具进行测量。在测量前,高压型光源应经5 min的稳定,低压型光源应经15 min的稳定。

8.8 自容式应急照明灯具

应用8.1和8.2的说明以及下列附加的要求:

——自容式应急照明灯具在电源供电模式下,当电池充电时,光源可能通电或可能断电,应在光源通电的情况下进行测量。

——自容式灯具若含一个以上单元,如带有分离的控制装置的灯具,所有单元均应放在一块厚12 mm±2 mm的绝缘材料上,并用制造厂规定的最大长度的互连电缆。这种布置应被视为灯具加以测量。

——灯具若含一个以上光源时,应按以下方法测量灯具。只要灯具设计成在电源供电模式下光源是工作的,灯具在该模式下试验时,这些光源应通电。只要灯具设计成在应急模式下光源是工作的,灯具在该模式下试验时,这些光源应通电。

8.9 荧光灯和其他放电灯用独立的启动器和触发器

独立的启动器或触发器在相关的光源-镇流器电路中加以测试。启动器或触发器应与适宜的光源和镇流器一起放在一块厚12 mm±2 mm绝缘材料上,该绝缘材料应放在一块尺寸比之稍大的金属板上。金属板应连接到V型网络的参考地上。如果该装置或镇流器提供接地端子，它还应连接到参考地上。在灯启动并稳定后测量端子电压。

9 辐射电磁骚扰的测量方法

9.1 涉及4.4.1的测量布置和步骤

9.1.1 测量设备

磁场分量应通过CISPR 16-1-4:2003中4.7.1所述的环形天线来测量。照明设备应放置在如CISPR 16-1-4:2003附录C所示的天线的中心。位置的要求不是苛刻的。

9.1.2 在三个方向上测量

用电流探头(1 V/A)和CISPR测量接收机(或等效仪器)来测量在环形天线中的感应电流。利用同轴开关可依次测得三个方向的场强。每个值都应满足给出的要求。

9.1.3 接线说明

对于电源接线没有专门的说明。

9.1.4 调光控制器

如果照明设备含有一个内装的调光控制器或由一个外部装置控制调光，辐射电磁骚扰应用下列方法测量：

——对于通过镇流器或转换器调节光输出的调光控制器，应在最大和最小光输出时测量。

9.2 涉及4.4.2的测量布置和步骤

在开阔试验场或者电波暗室进行试验，应用CISPR 22:2005第10章规定的方法。测量时如何布置灯具的指南见附录C。

9.3 室内和室外灯具

当灯具中装有一个以上的光源时，所有光源同时工作。不需要对光源不同的安装位置进行测量。

9.4 白炽灯用独立的转换器

独立的转换器应按8.4.2的规定安装，并应把组件作为一个灯具测量。

9.5 荧光灯和其他放电灯用独立的镇流器

独立的镇流器应按8.5的规定安装，并应把组件作为一个灯具测量。

9.6 自镇流灯和半灯具

测量自镇流灯和半灯具时，自镇流灯和半灯具应插入相应的灯座内，且安放在一块绝缘材料上。

9.7 紫外线和红外线辐射器具

紫外线和红外线辐射器具，应用8.7的有关条件。

9.8 自容式应急照明灯具

自容式应急照明灯具，应用8.8的有关条件。在应急模式工作时，应用以下附加条件：

——若灯具含有一内置电源，应在该电源充满电的状态下进行测量。

10 CISPR无线电骚扰限值的解释

10.1 CISPR限值的意义

10.1.1 CISPR限值推荐给各国在制定国家标准、有关法律法规和技术规范中采用。它同样也推荐国际组织使用这些限值。

10.1.2 对型式认可的器具，其限值的意义应是在统计基础上有至少80%成批生产的器具，以至少80%的置信度符合限值。

10.2 试验

试验应：

a) 在同类器具的一个样本上进行，用10.3.1和10.3.2的统计评价方法；

b） 或者为了简便起见，只在一个器具上进行（另见 10.3.2）。

尤其在 b）所述的情况下，往往有必要从产品中随机抽取器具进行试验。

10.3 统计评价方法

10.3.1 如果进行插入损耗测量，合格性由是否满足下列关系式来判定：

$$\bar{x} - kS_n \geqslant L$$

式中：

$\bar{x}$——样本中 n 个样品的测量值的算术平均值；

L——适当的限值；

k——由非中心 t 分布表得出的系数，以 80% 置信度保证有 80% 或以上的产品超过插入损耗限值的最小值；k 值取决于样本大小 n，并列于表 4。

$$S_n^2 = \sum_n (x_n - \bar{x})^2/(n-1)$$

x_n——单个样品的测量值。

x_n、$\bar{x}$、S_n 和 L 的量值均用对数（dB）表示。

表 4 样本大小与非中心 t 分布的相应的系数 k 值

n	3	4	5	6	7	8	9	10	11	12
k	2.04	1.69	1.52	1.42	1.35	1.30	1.27	1.24	1.21	1.20

10.3.2 如果考虑端子骚扰电压限值或辐射感应电流限值，合格性由下列关系式判定：

$$\bar{x} + kS_n \leqslant L$$

式中：

$\bar{x}$、S_n、x_n 与 10.3.1 中给出的意义相同；

k——由非中心 t 分布表得出的系数，以 80% 置信度保证有 80% 或以上的产品低于限值，k 值取决于样本大小 n，并在 10.3.1 中陈述。

x_n、$\bar{x}$、S_n 和 L 的量值均用对数（dB(μV) 或 dB(μA)）表示。

测量光源可替换的照明设备时，所用试验样品至少 5 个，每个样品带它自己的光源。如果出于简便的原因，只试验一个样品，则应用 5 个光源进行试验，且每个光源都要满足限值。

测量光源不可替换的照明设备时，所用试验样品至少 5 个（由于光源的骚扰电压的离散性，必须考虑几个试验样品）。

10.4 禁止销售

只有在试验完成使用统计评价方法以后，才应该考虑以禁止销售或撤消型式认可的方法作为争议的结果。

限值合格性的统计评定应按如下进行。

试验应在不少于 5 个但不多于 12 个同型样品上进行，但在得不到 5 个样品的特殊情况下，才可使用 4 个或 3 个样品。

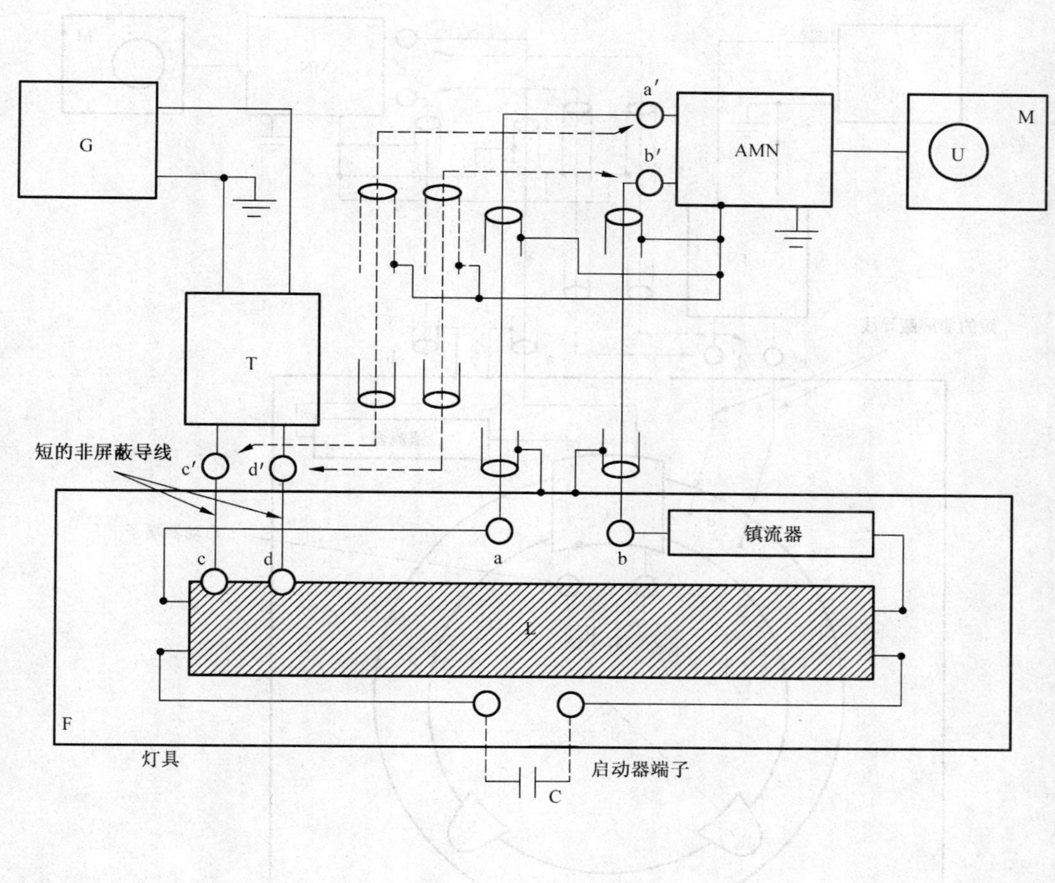

G——射频信号发生器；

T——平衡/不平衡转换器；

AMN——CISPR 16-1-2:2003 规定的 50 Ω/50 μH+5 Ω(或 50 Ω/50 μH)人工电源网络；

M——射频毫伏表或测量接收机；

L——模拟灯；

F——灯具；

C——电容器；

a-b——电源端子；

a′-b′——测量网络 AMN 的输入端子；

c-d——模拟灯 L 的射频端子；

c′-d′——T 的输出端子；

a-a′和 b-b′——同轴电缆($Z_0=75\ \Omega$)，使屏蔽层各端分别与 AMN 和 F 的基准地连接，长度不超过 50 cm；

c-c′和 d-d′——转换器与模拟灯的连接应用长度不超过 100 mm 的非屏蔽导线。

注：当测量 U 形灯管的灯具时，采用同样的电路布置，但要用 U 形模拟灯代替管形模拟灯。

图 1 管形和 U 形荧光灯灯具插入损耗的测量

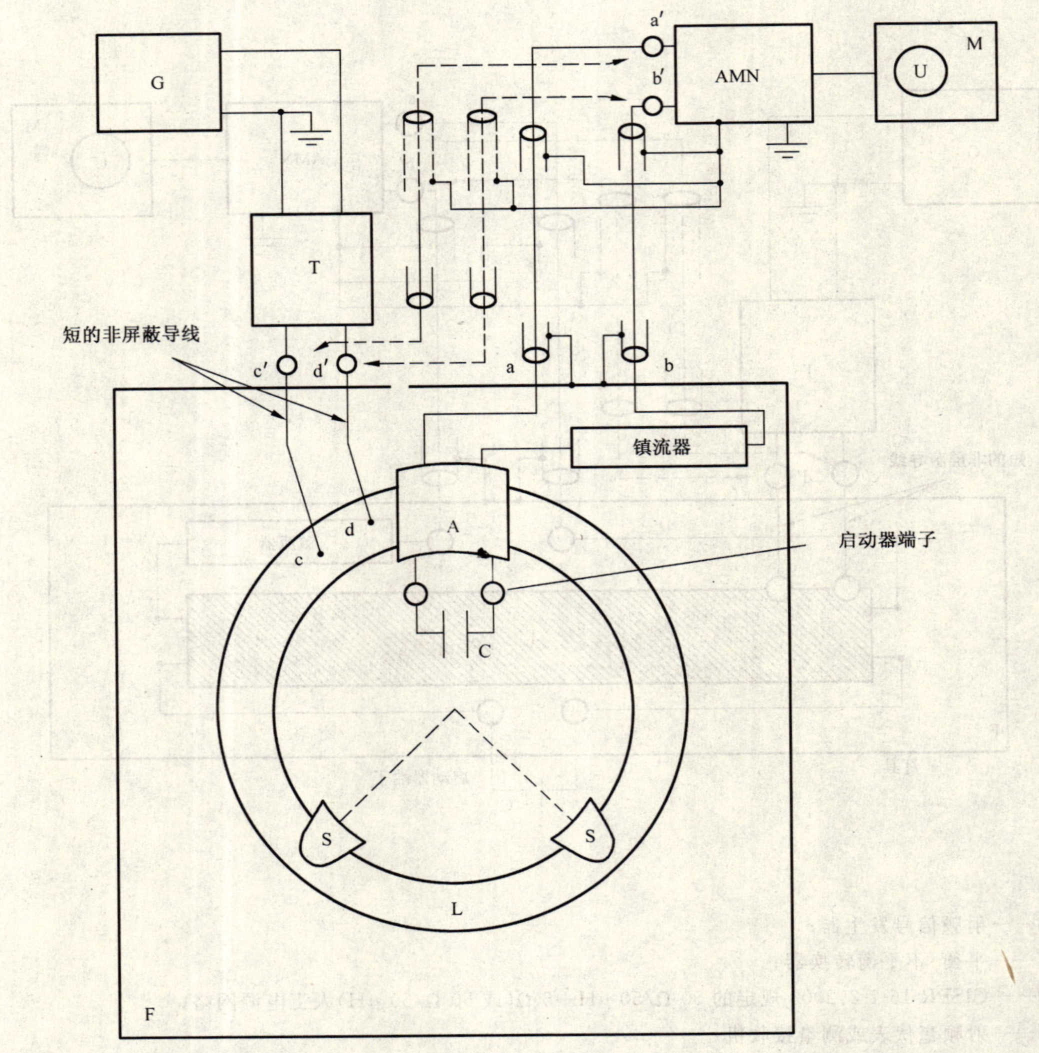

G——射频信号发生器；

T——平衡/不平衡转换器；

AMN——CISPR 16-1-2:2003 规定的 50 Ω/50 μH+5 Ω(或 50 Ω/50 μH)人工电源网络；

M——射频毫伏表或测量接收机；

L——模拟灯；

F——灯具；

C——电容器；

A——灯座；

S——绝缘材料的支撑件；

a-b——电源端子；

a′-b′——测量网络 AMN 的输入端子；

c-d——模拟灯 L 的射频端子；

c′-d′——T 的输出端子；

a-a′和 b-b′——同轴电缆(Z_0=75 Ω)，使屏蔽层各端分别与 AMN 和 F 的基准地连接，长度不超过 50 cm；

c-c′和 d-d′——转换器与模拟灯的连接应用长度不超过 100 mm 的非屏蔽导线。

图 2　环形荧光灯灯具插入损耗的测量

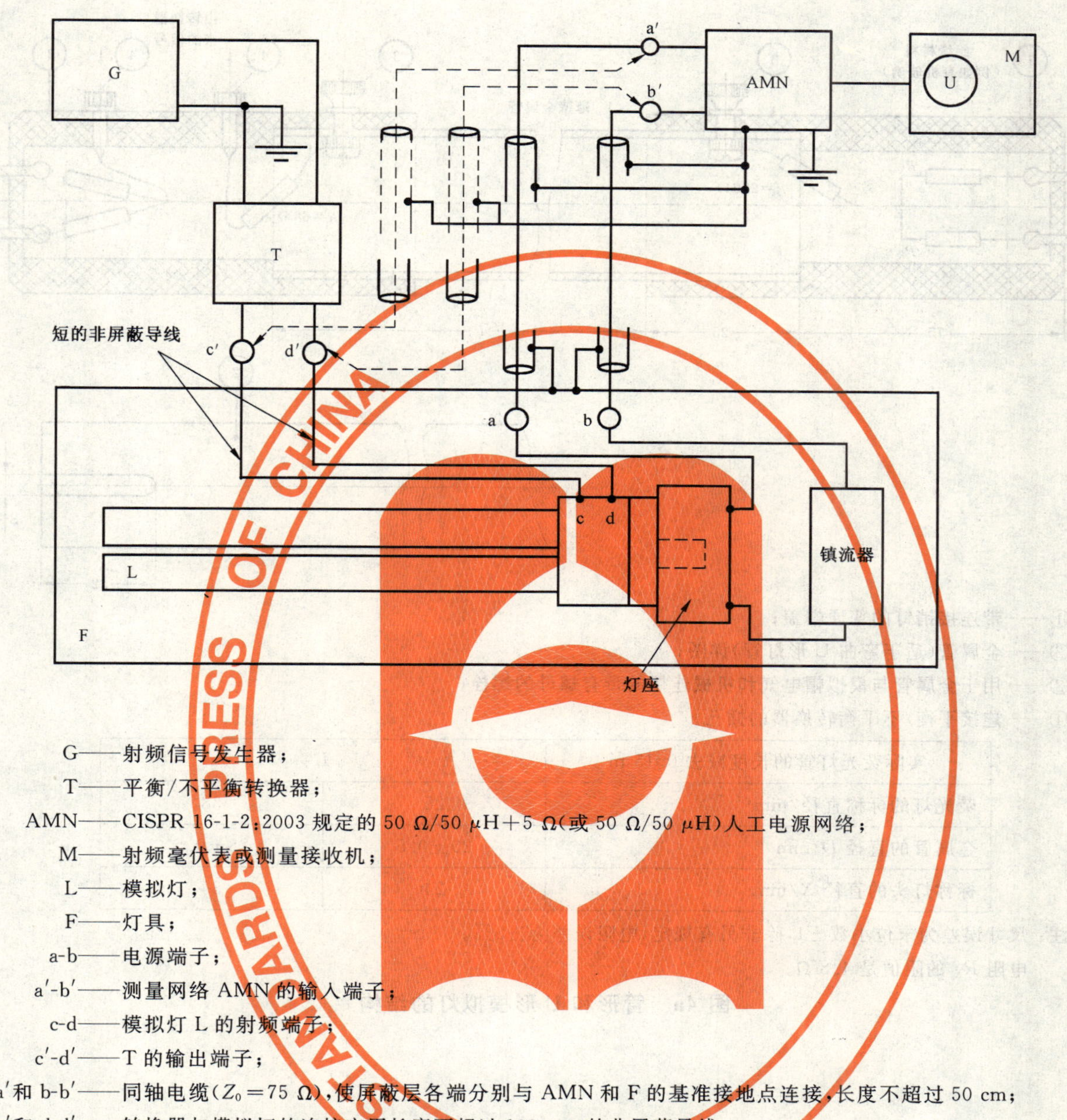

G——射频信号发生器；

T——平衡/不平衡转换器；

AMN——CISPR 16-1-2:2003 规定的 50 Ω/50 μH+5 Ω(或 50 Ω/50 μH)人工电源网络；

M——射频毫伏表或测量接收机；

L——模拟灯；

F——灯具；

a-b——电源端子；

a′-b′——测量网络 AMN 的输入端子；

c-d——模拟灯 L 的射频端子；

c′-d′——T 的输出端子；

a-a′和 b-b′——同轴电缆(Z_0=75 Ω)，使屏蔽层各端分别与 AMN 和 F 的基准接地点连接，长度不超过 50 cm；

c-c′和 d-d′——转换器与模拟灯的连接应用长度不超过 100 mm 的非屏蔽导线。

图 3 带整体式启动器的单端荧光灯灯具插入损耗的测量

单位为毫米

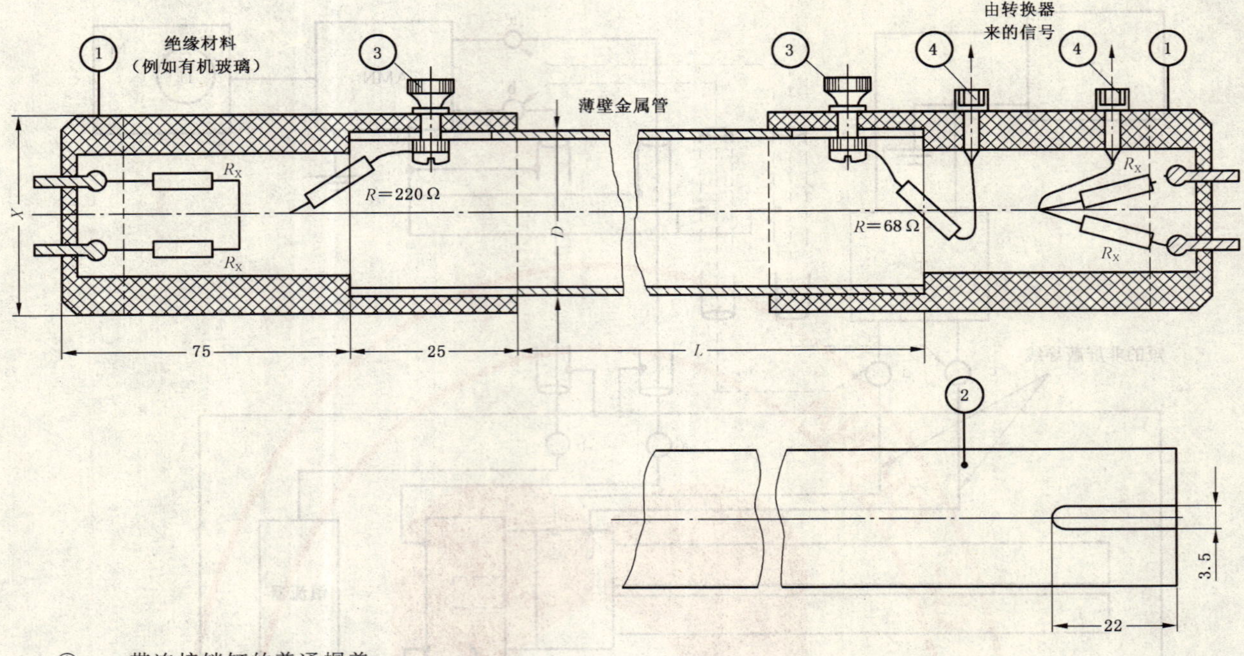

①——带连接销钉的普通帽盖；

②——金属管(适于弯曲 U 形灯管)详图；

③——用于金属管与模拟帽电气和机械连接的带有螺母的螺栓；

④——连接平衡/不平衡转换器的插孔。

实际荧光灯管的长度减去 0.15 m	L	
荧光灯的标称直径/mm	25	38
金属管的直径 D/mm	20±0.5	28±0.5
标称灯头的直径 X/mm	24	35

注：尺寸误差为末位小数±1，除非另有规定，电阻误差为±5%。

电阻 R_X 的阻值是 4.8 Ω。

图 4a 管形和 U 形模拟灯的结构

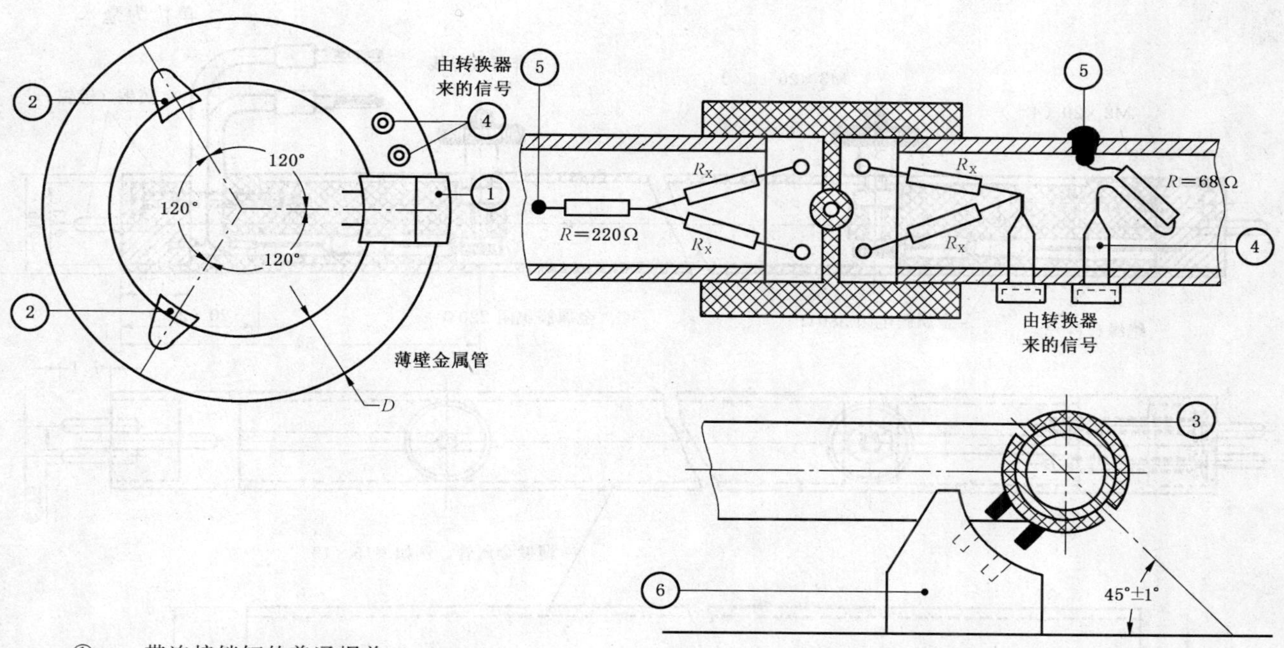

①——带连接销钉的普通帽盖；

②——绝缘材料制成的支撑件；

③——说明与金属管连接的连接器①的详图；

④——连接平衡/不平衡转换器的插孔；

⑤——连接金属管的导线；

⑥——灯具的插座。

荧光灯管的标称直径/mm	28	32
金属管的直径 D/mm	20±0.5	28±0.5

注：尺寸误差为末位小数±1，除非另有规定，电阻误差为±5%。

电阻 R_X 的阻值是 4.8 Ω。

图 4b 环形模拟灯的结构

单位为毫米

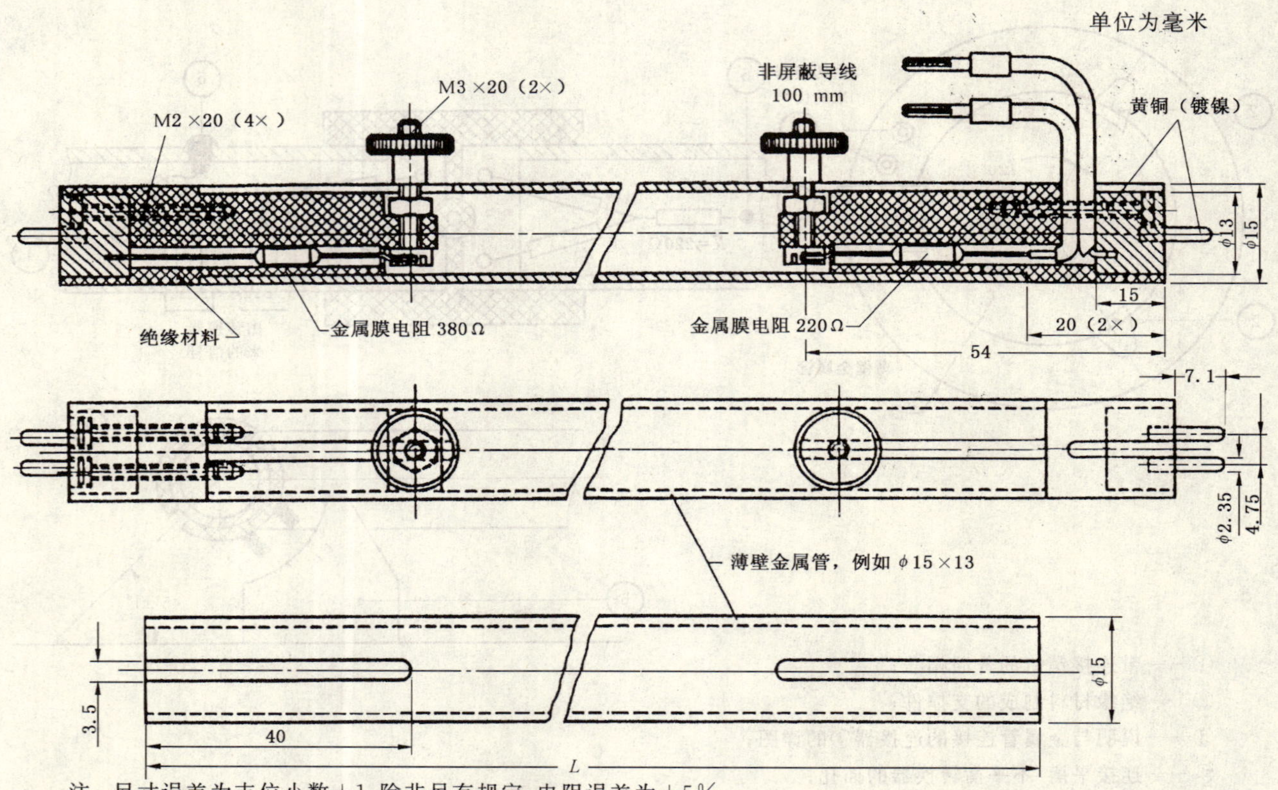

注：尺寸误差为末位小数±1，除非另有规定，电阻误差为±5%。

L＝实际的荧光灯长度减去 40 mm。

图 4c　15 mm 荧光灯的模拟灯

单位为毫米

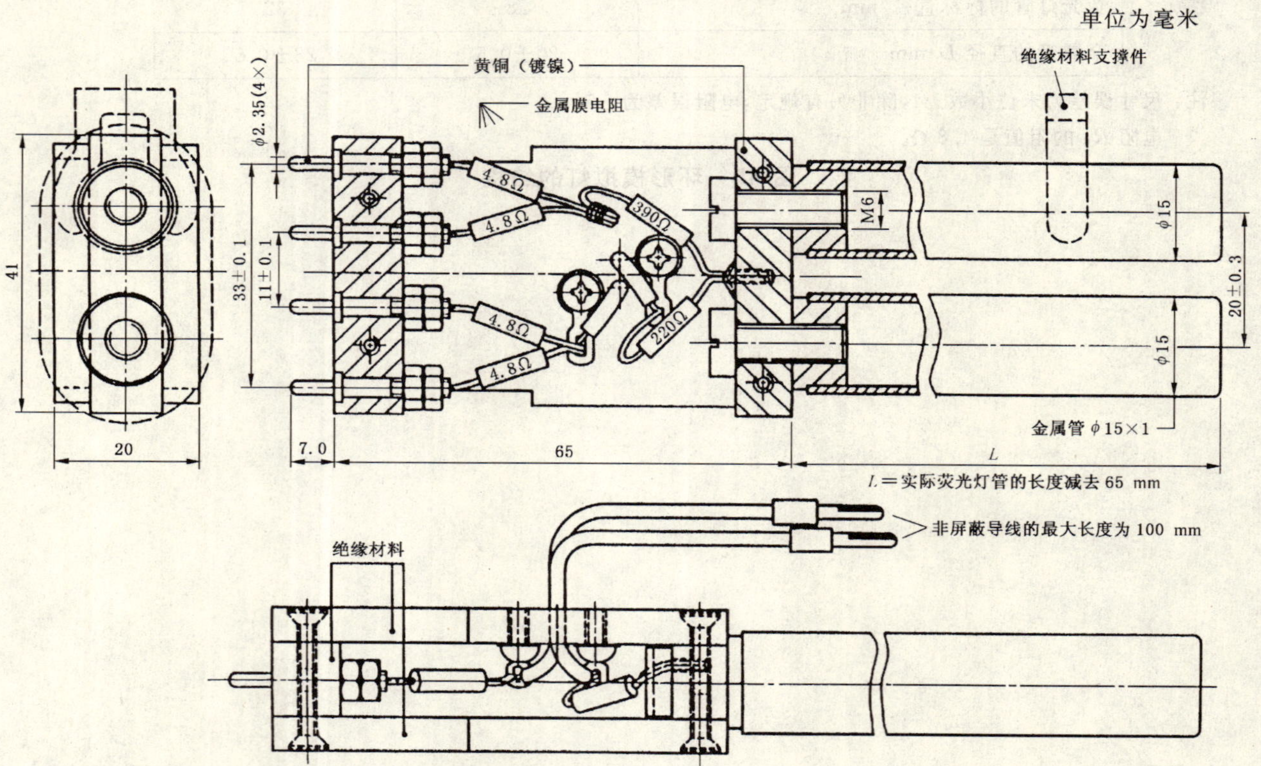

注：尺寸误差为末位小数±1，除非另有规定，电阻误差为±5%。

图 4d　15 mm 单端荧光灯的模拟灯

单位为毫米

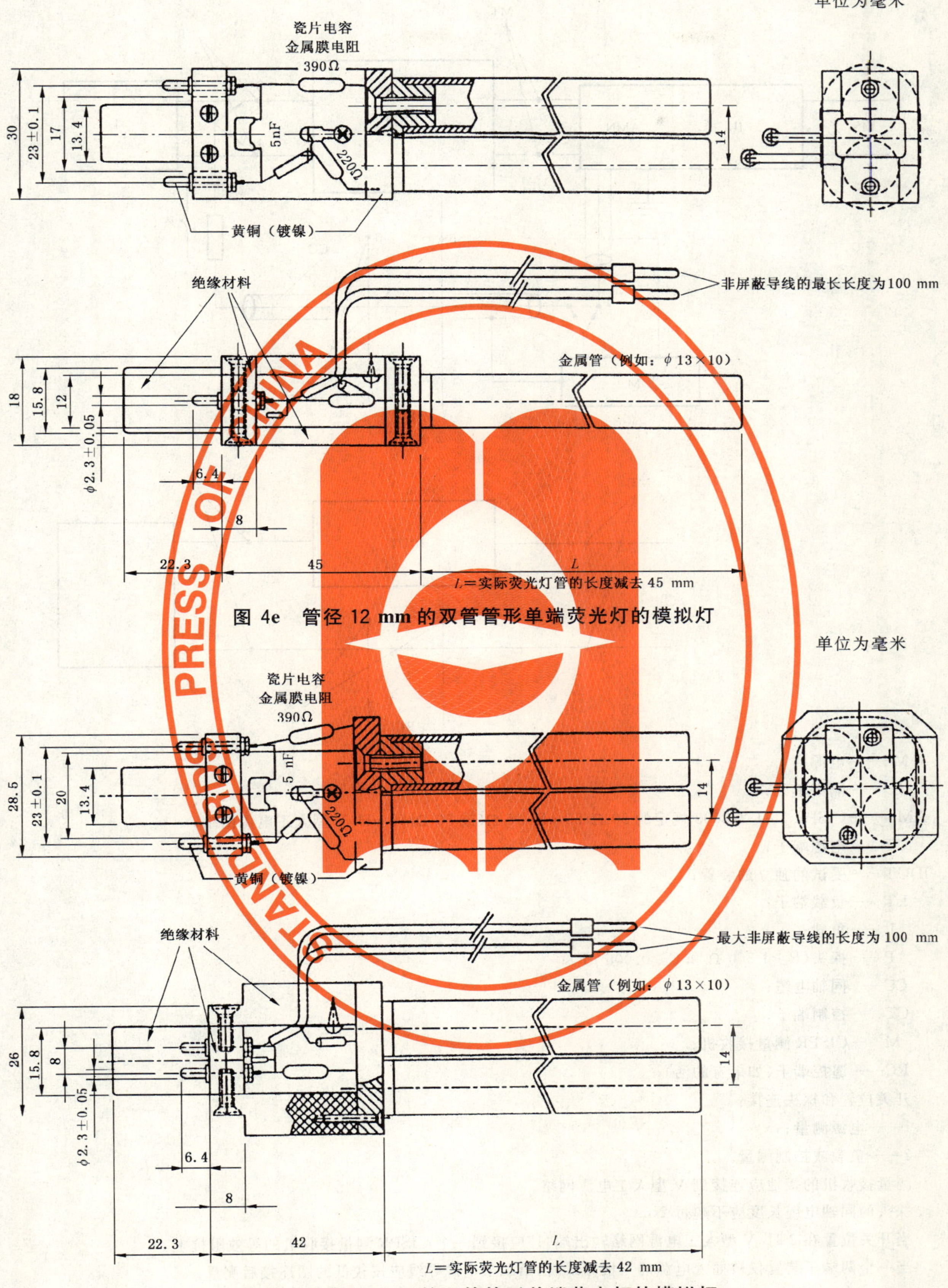

图 4e　管径 12 mm 的双管管形单端荧光灯的模拟灯

单位为毫米

图 4f　管径 12 mm 的四管管形单端荧光灯的模拟灯

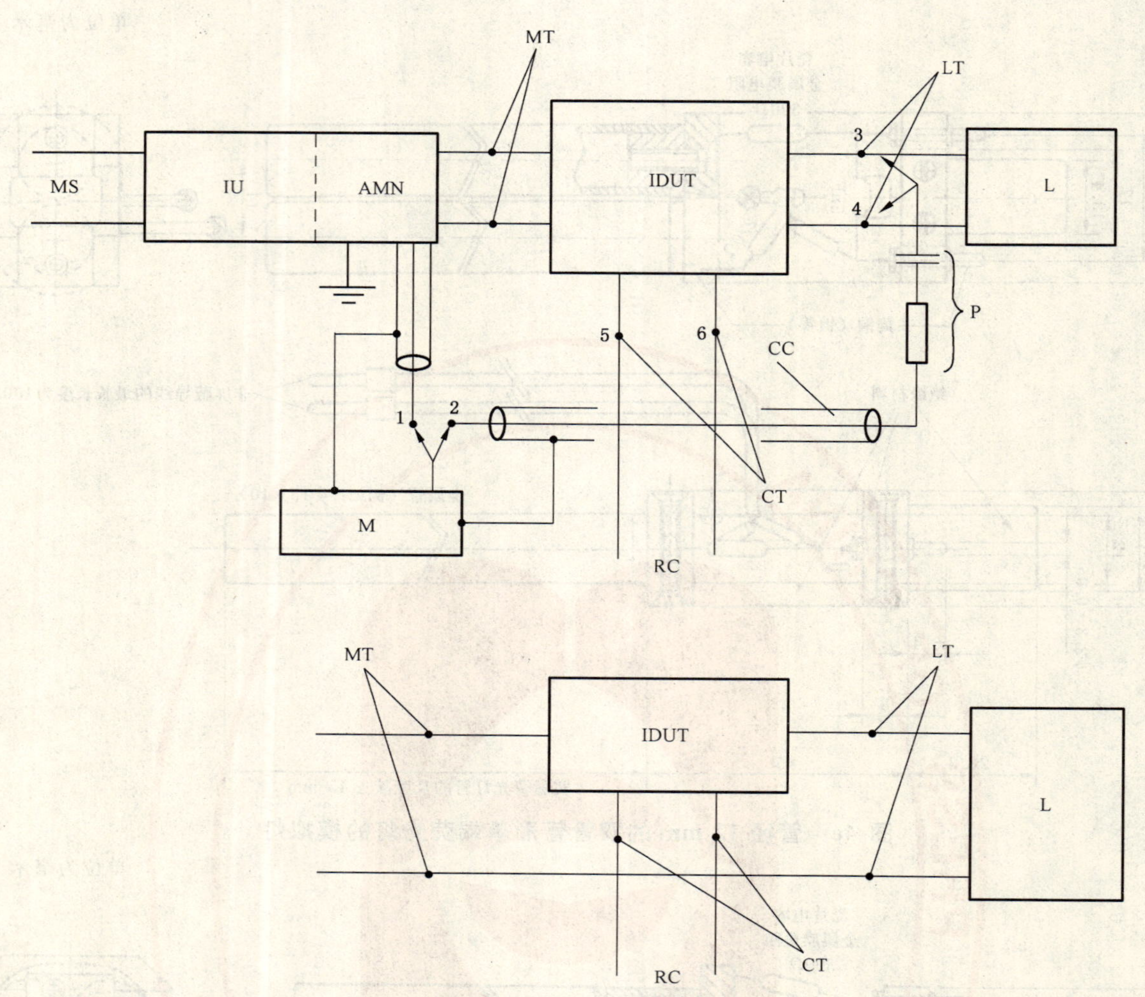

MS——电源；
IU——隔离单元；
AMN——CISPR 16-1-2:2003 规定的 50 Ω/50 μH+5 Ω(或 50 Ω/50 μH)V 型人工电源网络；
MT——电源端子；
IDUT——受试的独立的装置；
LT——负载端子；
L——负载；
P——探头(R≥1 500 Ω 和 C≥0.005 μF)；
CC——同轴电缆；
CT——控制端子；
M——CISPR 测量接收机；
RC——遥控端子(如果有的话)。

开关位置和探头连接：

1——电源测量；

2——负载或控制测量。

测量接收机的接地应连接到 V 型人工电源网络。

探头的同轴电缆长度应不超过 2 m。

当开关位置在 2 时，V 型人工电源网络输出端"1"应接到一个 CISPR 测量接收机的等效阻抗上。

当一个两端子装置仅被插入电源的一根导线时，第二根电源导线应按较低的图连接后测量。

图 5 独立的调光装置、变压器或转换器的测量布置

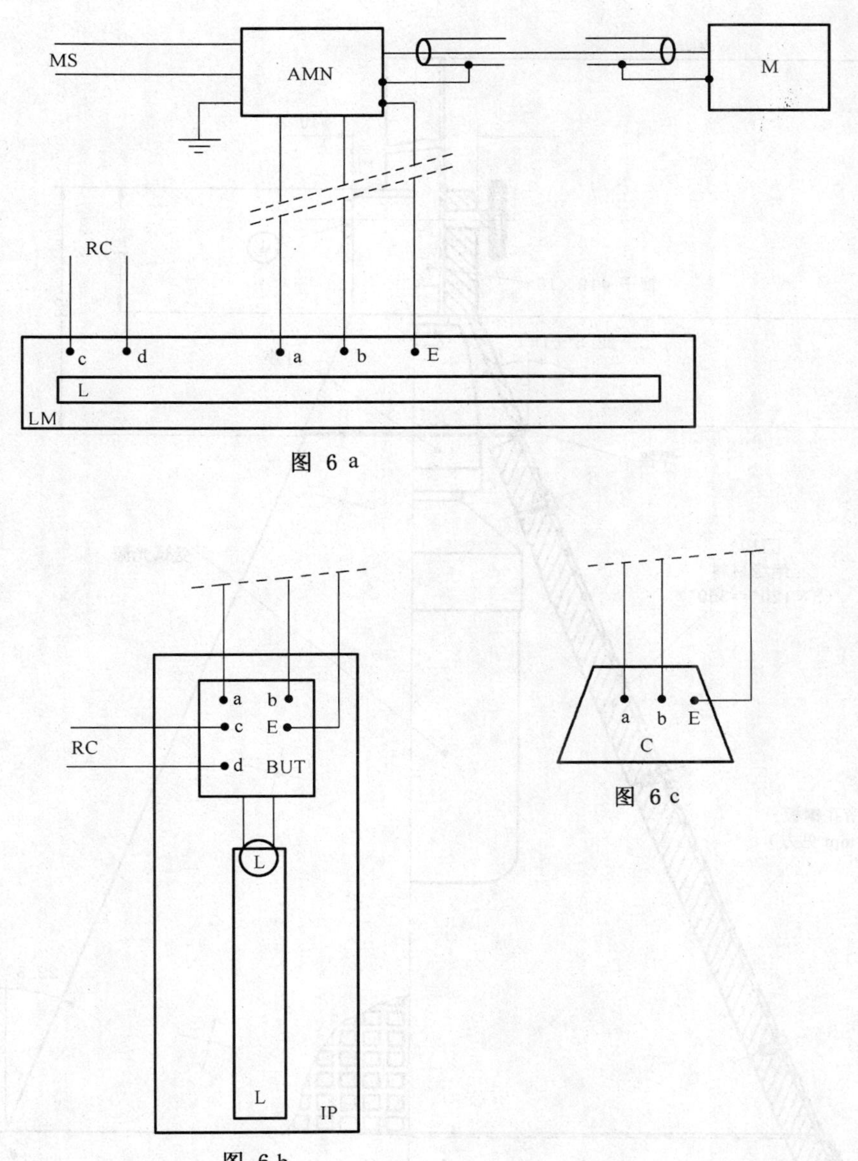

图 6 a

图 6 b

图 6 c

AMN——CISPR 16-1-2:2003 规定的 50 Ω/50 μH+5 Ω(或 50 Ω/50 μH)V 型人工电源网络；
MS——电源；
M——CISPR 测量接收机；
RC——遥控端子；
L——光源；
LM——灯具；
C——锥形金属罩；
IP——绝缘材料片；
BUT——受试镇流器；
a-b——电源端子；
c-d——控制端子；
E——接地端子。

图 6 测量灯具(图 6a)、独立的镇流器(图 6b)和自镇流灯(图 6c)的测量布置

单位为毫米

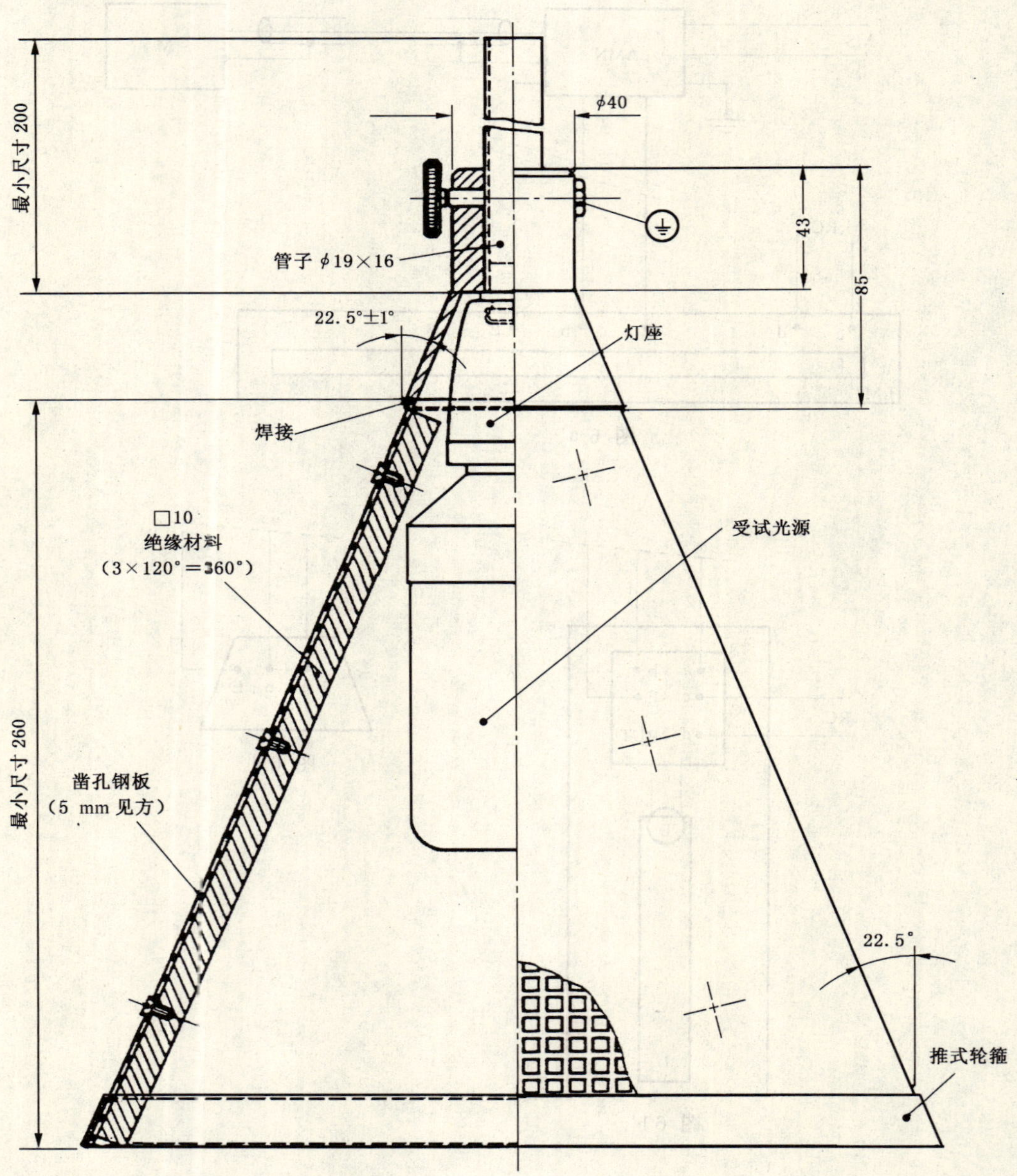

注 1：除非另有规定，尺寸误差为末位小数±1。

注 2：为统一基准，调节光源到最高位置。

注 3：为统一基准，灯座应为绝缘材料制成。

图 7 自镇流荧光灯的锥形金属罩

附 录 A
（规范性附录）
低电容平衡/不平衡转换器的电气和结构要求

A.1 总则

为了满足性能要求，在转换器的结构上必须注意。

合适结构的示例以及可使用的材料如图 A.2a、图 A.2b、图 A.2c 和图 A.2d 所示。

A.2 基本要求

A.2.1 当转换器输入端子接 50 Ω 阻抗时，其输出阻抗应为 150×(1±10%)Ω，并且相位角不超过 10°。转换器的绝缘按如下方法检验(见图 A.1)。

用一个高阻伏特计(如 1 MΩ)，但是并联一个 150 Ω 电阻，电压 V_2'(见图 A.1b)和在转换器的每个次级端子和接地连接测得的 V_2''(见图 A.1c)应比跨接次级端子上测得的 V_1(见图 A.1a)低至少 43 dB，而射频发生器输出电平恒定。

A.2.2 A.1 的要求应在 150 kHz～1 605 kHz 的整个频率范围中得到满足。

A.2.3 转换器应安装在一个金属盒内，安装输出端子的一侧用绝缘材料制成，其输入端子的接地连接应与金属盒相连接(见图 A.2d)。

A.3 附加要求

为使测量步骤得以简化，应用下面的附加要求：

a) 在 150 kHz～1 605 kHz 的整个频率范围内，转换器的传输特性保持在 0.5 dB 内。

b) 转换器采用的结构应使 7.4.2 中定义的 U_1 能调节至 1 V，而不使铁氧体磁芯产生饱和效应。

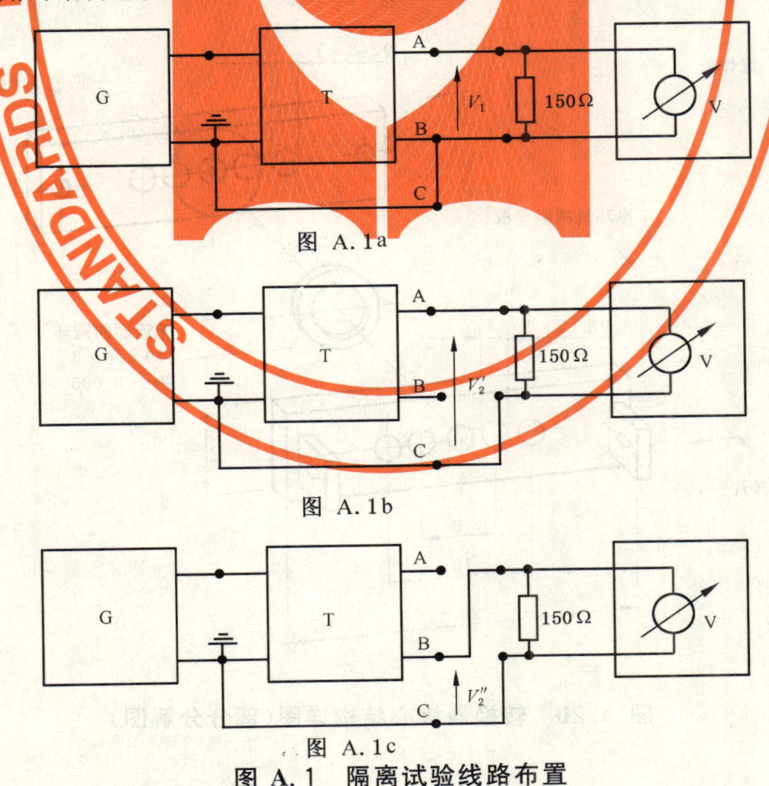

图 A.1 隔离试验线路布置

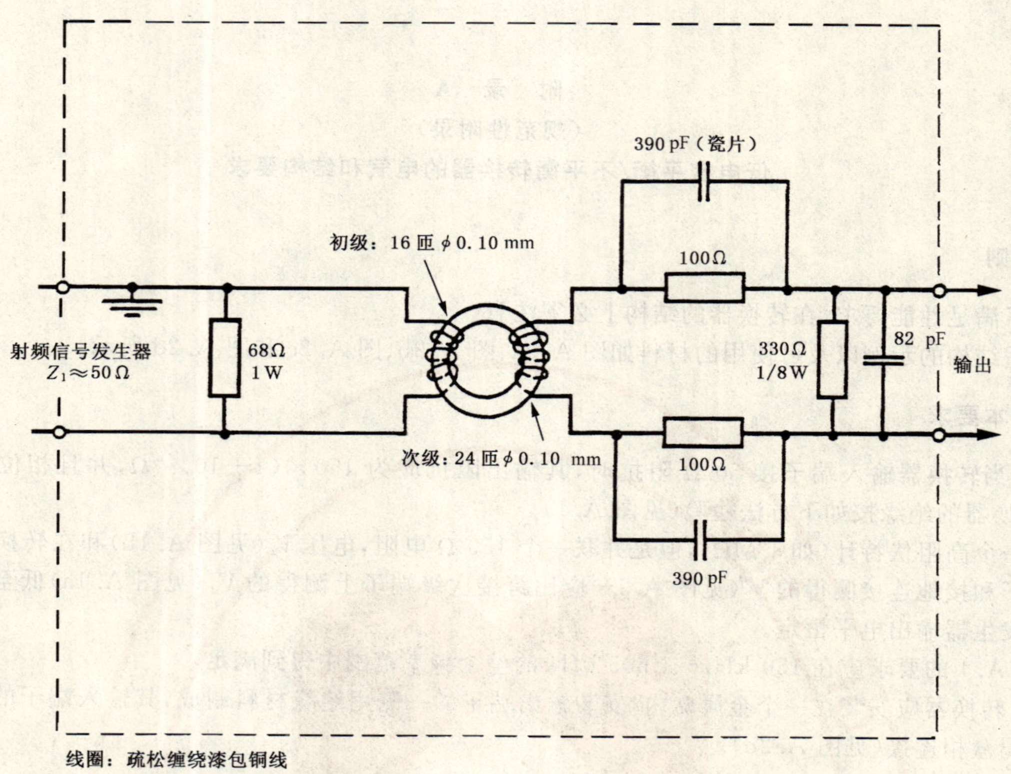

图 A.2a　平衡/不平衡转换器电路

单位为毫米

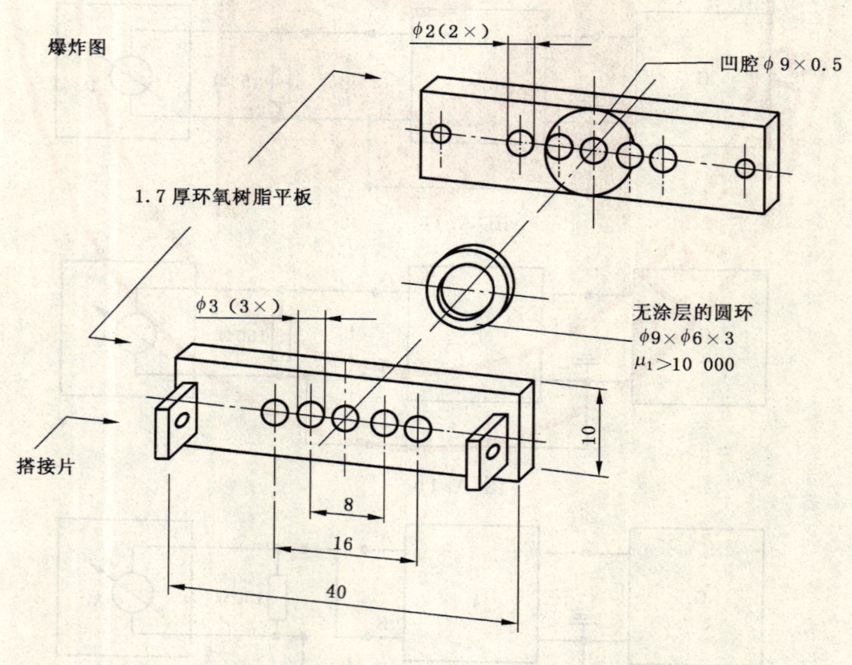

图 A.2b　转换器核心结构详图(部分分解图)

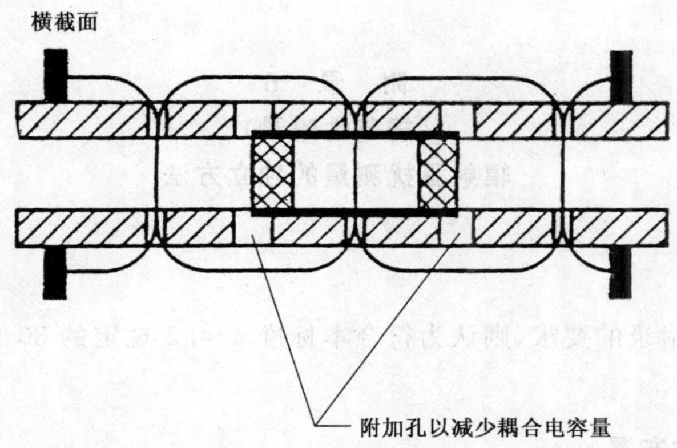

图 A.2c 转换器核心结构详图(截面图)

单位为毫米

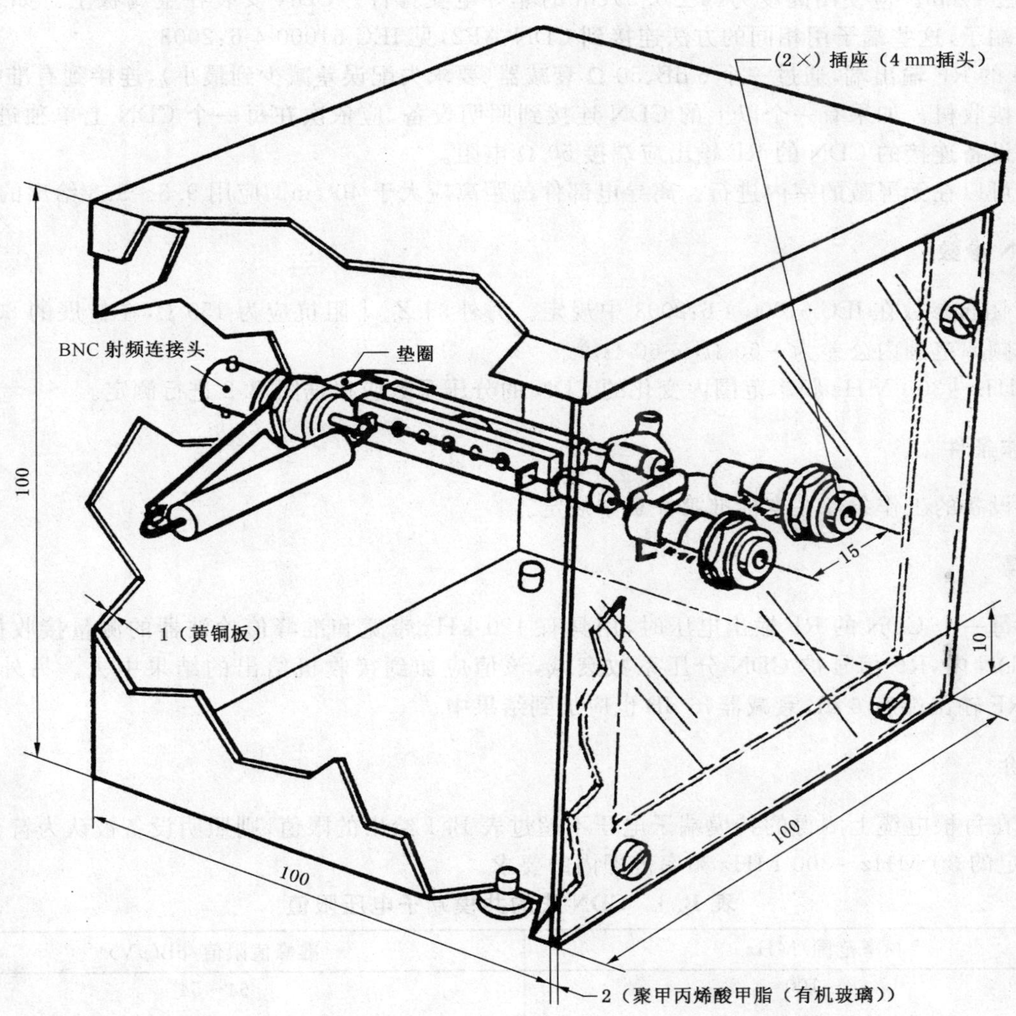

图 A.2d 转换器结构

附　录　B
（规范性附录）
辐射骚扰测量的独立方法

B.1　概述

如果照明设备符合本附录的要求，则认为符合本标准4.4.2规定的30 MHz～300 MHz频率范围内辐射骚扰的要求。

B.2　进行射频发射试验的布置

本试验的布置如图B.1所示。照明设备放置在一块或者多块非导电的木块上，木块的高度(10±0.2)cm，木块放置在接地金属板上，金属板的尺寸比照明设备至少大20 cm。

照明设备通过一根长(20±10)cm的电源电缆与适当的耦合/去耦网络相连接。电缆离金属板的距离应为(4±1)cm。应使用高度为(4±0.2)cm的非导电支撑件。CDN安装在金属板上。如果照明设备有控制端子，这些端子用相同的方法连接到CDN-AF2，见IEC 61000-4-6:2003。

CDN的RF输出端，通过一个6 dB、50 Ω衰减器(要求失配误差减少到最小)，连接到有准峰值检波器的测量接收机。如果有一个以上的CDN连接到照明设备，应依次在每一个CDN上单独进行测量。不与测量设备连接的CDN的RF输出应端接50 Ω电阻。

测量可以在无屏蔽的室内进行。离导电部件的距离应大于40 cm。应用9.3～9.8给出的说明。

B.3　CDN参数

CDN阻抗参数在IEC 61000-4-6:2003中规定。另外，$|Z_{ce}|$阻抗应为150 Ω，在扩展的80 MHz～300 MHz频率范围内公差为+60 Ω/−60 Ω。

30 MHz～300 MHz频率范围内变化的CDN的分压系数应根据图B.2进行测定。

B.4　工作条件

照明设备的工作条件在本标准第6章中规定。

B.5　测量

测量每一个CDN的RF输出电压时，用具有120 kHz带宽和准峰值检波器的测量接收机进行测量。在CDN内，RF信号被CDN分压系数衰减，该值应加到接收机给出的结果中去。另外，由于在CDN的RF输出端有6 dB衰减器，6 dB也应加到结果中。

B.6　评价

如果在每根电缆上测得的共模端子电压不超过表B.1给出的限值，则照明设备被认为符合本标准4.4.2规定的30 MHz～300 MHz频率范围内的要求。

表B.1　CDN法的共模端子电压限值

频率范围/MHz	准峰值限值/dB(μV)[a]
30～100	64～54[b]
100～230	54
230～300	61

[a] 在转换频率处，应用较低限值。

[b] 限值随着频率的对数增加而线性减少。

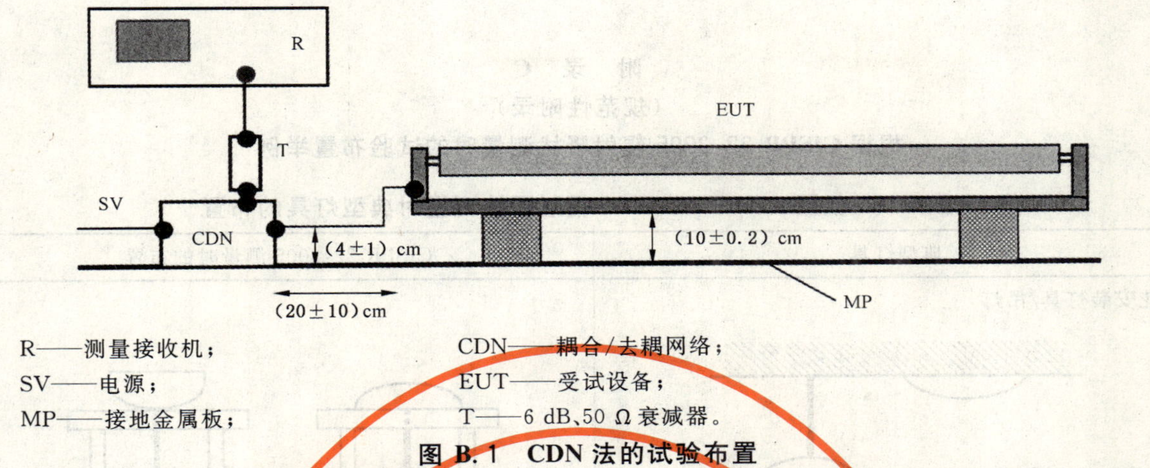

R——测量接收机；
SV——电源；
MP——接地金属板；
CDN——耦合/去耦网络；
EUT——受试设备；
T——6 dB、50 Ω 衰减器。

图 B.1　CDN 法的试验布置

注：照明装置最好在正常使用位置下(实际的热环境)测量。为了方便测量，在对试验结果没有重大影响的条件下，允许用其他位置。底部应面向且平行于金属板。

为了确保受试设备与金属板之间的间距，所用的绝缘材料不应明显地影响试验结果(如木头)。

在 CDN 与受试设备间应使用电缆，而不是单根线。

图 B.1 表示电源电缆从灯具的一端进入。如果电源电缆从灯具不同位置(如中心位置)进入，电源电缆在灯具一侧应旋转 90°，以保持电缆长度(20±10)cm。

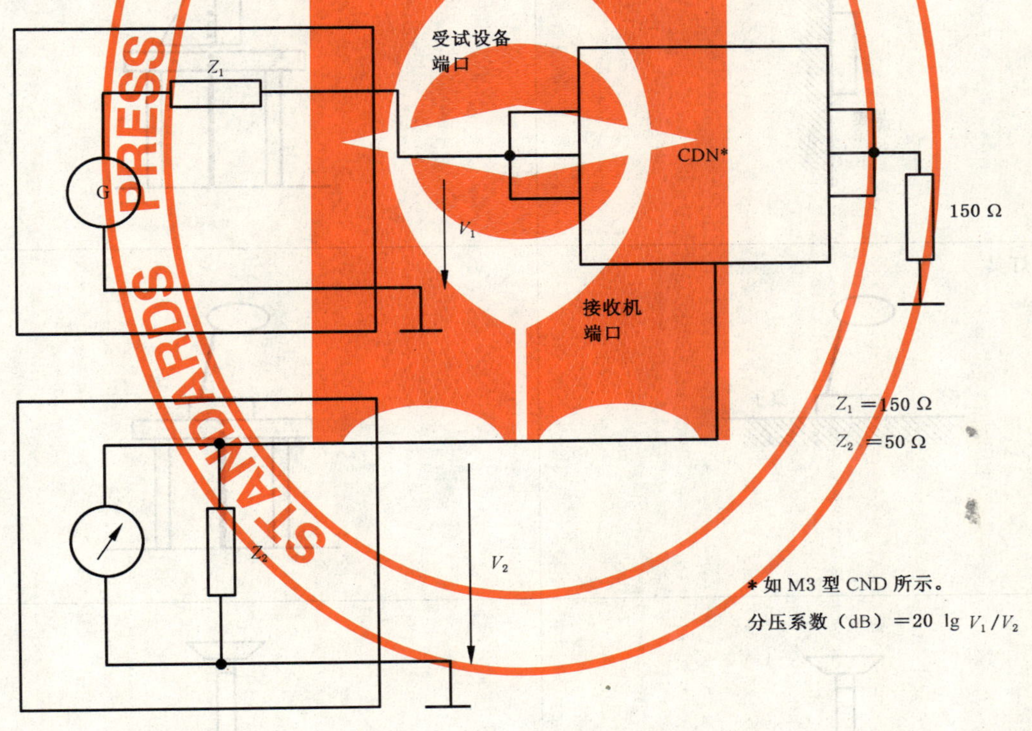

注：更进一步的校准布置见 IEC 61000-4-6:2003，包括 150 Ω～50 Ω 转接器的详细资料。

图 B.2　确定 CDN 分压系数的校准布置

附　录　C
（规范性附录）
根据 CISPR 22:2005 辐射骚扰测量时的试验布置举例

表 C.1　根据 CISPR 22:2005 辐射骚扰测量时典型灯具的布置

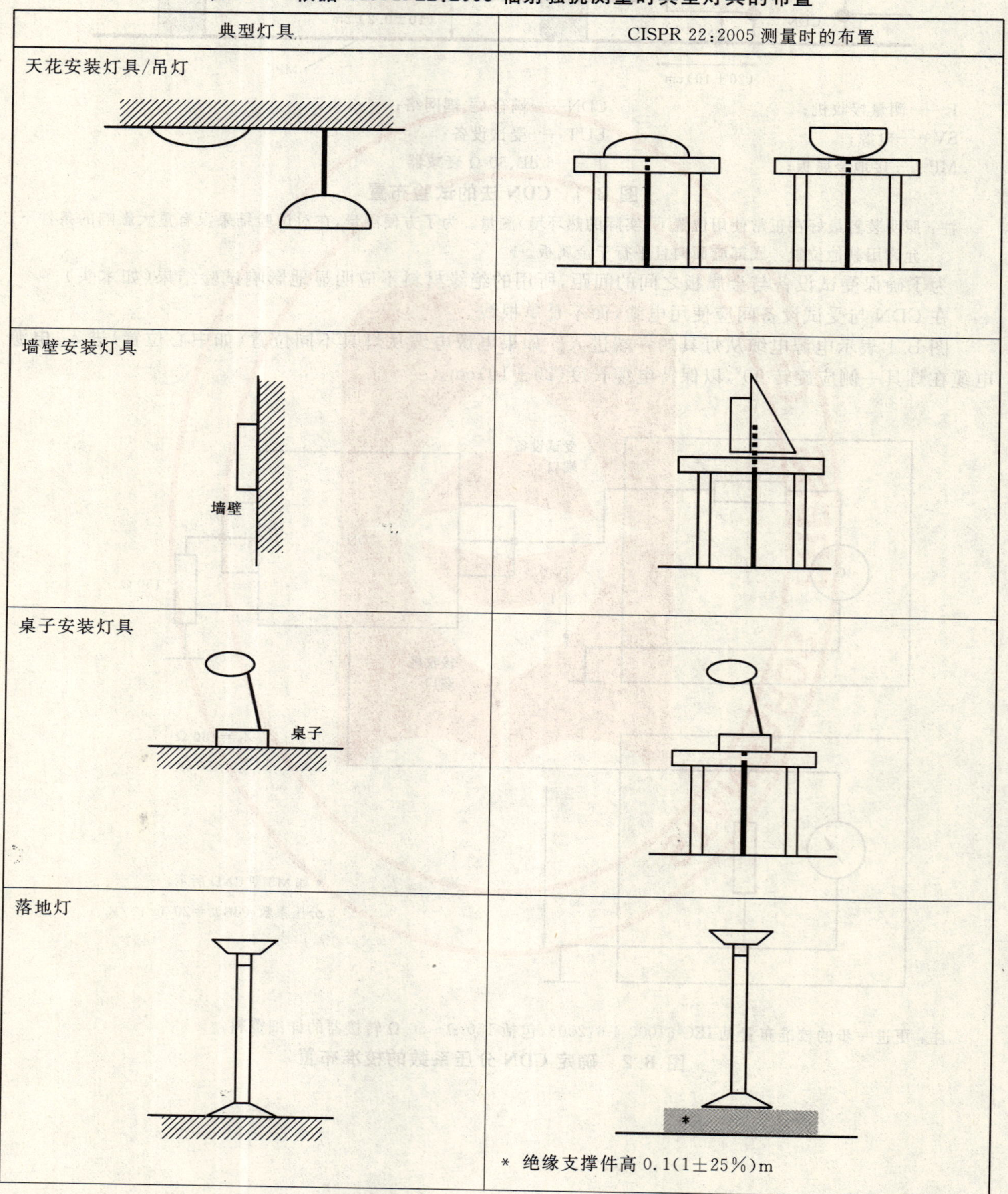

典型灯具	CISPR 22:2005 测量时的布置
天花安装灯具/吊灯	
墙壁安装灯具 墙壁	
桌子安装灯具 桌子	
落地灯	* * 绝缘支撑件高 0.1(1±25%)m

表 C.1（续）

典型灯具	CISPR 22:2005 测量时的布置
杆安装灯具 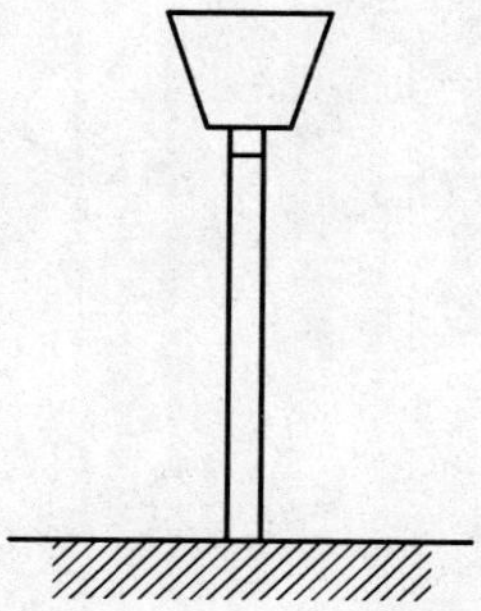	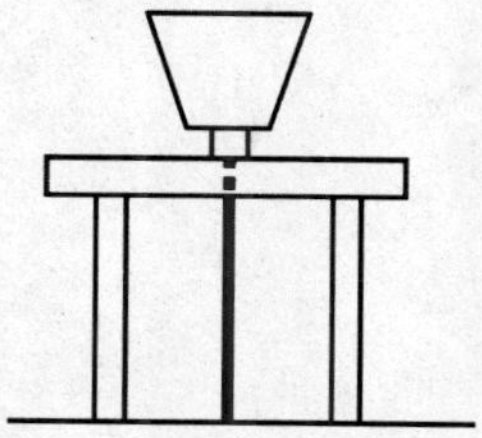

ICS 77.150.30
H 62

中华人民共和国国家标准

GB/T 17791—2007
代替 GB/T 17791—1999

空调与制冷设备用无缝铜管

Seamless copper tube for air conditioner and refrigeration equipment

2007-10-25 发布　　2008-04-01 实施

中华人民共和国国家质量监督检验检疫总局
中国国家标准化管理委员会　发布

前　言

本标准代替 GB/T 17791—1999《空调与制冷用无缝铜管》。

本标准参照 ASTM B280:2003《空调和制冷领域用无缝铜管》、EN 12735:2001《空调制冷用铜及铜合金无缝圆形管》和 JIS H3300:2006《铜及铜合金无缝管》进行修订，包括盘管和直管两部分内容。

本标准与 GB/T 17791—1999 相比主要变化如下：

——取消平螺旋盘管；

——扩宽了管材的规格，外径由原来 4 mm～30 mm 扩为 3～30 mm；壁厚由原来 0.3 mm～2.0 mm扩为0.25 mm～2.0 mm，盘卷的内外直径也做了相应的调整；

——管材的尺寸偏差加严；

——取消盘管定尺长度要求；

——直管长度原有的较高精度与普通精度统一为一种精度要求；

——增加半硬态管材断后伸长率要求；

——增加管材规定非比例延伸强度 $R_{P0.2}$ 要求；

——软态管材平均晶粒度由原来的 0.025 mm～0.060 mm 修改为 0.015 mm～0.060 mm；

——管材的清洁度由原来的不超过 0.038 g/m^2 修改为外径大于 15 mm 的管材清洁度不超过 0.038 g/m^2，外径小于等于 15 mm 的管材清洁度不超过 0.025 g/m^2；

——取消原附录 A，将其内容写入"5.6 氢脆试验"中。

本标准的附录 A 是规范性附录。

本标准由中国有色金属工业协会提出。

本标准由全国有色金属标准化技术委员会归口。

本标准由金龙精密铜管集团股份有限公司、浙江海亮股份有限公司、高新张铜股份有限公司负责起草。

本标准由中铝上海铜业有限公司参加起草。

本标准主要起草人：李长杰、周永利、张金利、王虎、郭照相、刘爱奎、赵学龙、包玉平、李红安、党建龙、朱卫东、马俊环、黎晓桃、王向东。

本标准所代替标准的历次版本发布情况为：

——GB/T 17791—1999。

空调与制冷设备用无缝铜管

1 范围

本标准规定了无缝铜管材(以下简称管材)的产品分类、要求、试验方法、检验规则及包装、标志、运输和贮存。

本标准适用于家用空调、中小型中央空调及制冷设备用无缝铜管材。

2 规范性引用文件

下列文件中的条款通过本标准的引用而成为本标准的条款。凡是注日期的引用文件,其随后所有的修改单(不包括勘误的内容)或修订版均不适用于本标准,然而,鼓励根据本标准达成协议的各方研究是否可使用这些文件的最新版本。凡是不注日期的引用文件,其最新版本适用于本标准。

GB/T 228 金属材料 室温拉伸试验方法

GB/T 242 金属管 扩口试验方法

GB/T 246 金属管 压扁试验方法

GB/T 2828.1 计数抽样检验程序 第一部分:按接受质量限(AQL)检索的逐批检验抽样计划

GB/T 5121(所有部分) 铜及铜合金化学分析方法

GB/T 5231 加工铜及铜合金化学成分和产品形状

GB/T 5248 铜及铜合金无缝管涡流探伤方法

GB/T 8888 重有色金属加工产品的包装、标志、运输和贮存

YS/T 347 铜及铜合金平均晶粒度测定方法

3 术语

下列术语和定义适用于本标准。

3.1

盘管 coil

绕成一系列相邻圈的整根管子。

3.2

蚊香形盘管 single or double layer flat

螺旋缠绕成圆盘状单层或双层的整根管子,形似蚊香盘。

3.3

水平盘管 level or traverse wound

管子缠绕时,各圈绕成与盘管轴线平行的层次,使任意层次中的相邻各圈彼此紧挨。

3.4

轻软状态 light annealed

为满足产品力学性能及名义平均晶粒度的轻微退火所获得的状态。本标准用 M_2 标识。

4 要求

4.1 产品分类

4.1.1 牌号、状态、规格。

管材的牌号、状态、规格应符合表1的规定。

表 1 牌号、状态和规格

牌号	状态	种类	规格/mm		
			外径	壁厚	长度
TU1 TU2 T2 TP1 TP2	软(M) 轻软(M_2) 半硬(Y_2) 硬(Y)	直管	3～30	0.25～2.0	400～10 000
		盘管		0.25～2.0	—

4.1.2 盘卷内外直径应符合表 2 的规定。

表 2 盘卷内外直径

单位为毫米

类型	最小内径	最大外径	卷高	外径
水平盘管	560	1 150	≥200	—
蚊香形盘管	—	—	—	≤1 100

4.1.3 标记示例

示例 1：用 TP2 制造的、半硬状态的、外径为 10 mm、壁厚为 0.3 mm 的盘管标记为：

盘管 TP2Y_2 10×0.3 GB/T 17791—2007。

示例 2：用 T2 制造的、硬状态的、外径为 12 mm、壁厚为 0.5 mm、长度为 800 mm 的直管标记为：

直管 T2Y 12×0.5×800 GB/T 17791—2007。

4.2 化学成分

管材的化学成分应符合 GB/T 5231 的规定。

4.3 管材的尺寸及尺寸允许偏差

4.3.1 管材的尺寸及尺寸允许偏差应符合表 3 的规定。

表 3 尺寸及尺寸允许偏差

单位为毫米

平均外径		壁厚				
尺寸范围	允许偏差 (±)	0.25～0.4	>0.4～0.6	>0.6～0.8	>0.8～1.5	>1.5～2.0
		允许偏差(±)				
3～15	0.05	0.03	0.04	0.05	0.06	0.07
>15～20	0.05	0.04	0.05	0.06	0.07	0.09
>20～30	0.07	—	0.05	0.07	0.09	0.10

4.3.2 直管的不定尺长度为 400 mm～10 000 mm，管材的定尺或倍尺长度应在不定尺范围内，倍尺长度应加入锯切分段时的锯切量，每一锯切量为 5 mm，直管定尺允许偏差应符合表 4 的规定。

表 4 直管定尺长度允许偏差

单位为毫米

长度	允许偏差
400～600	+2 0
>600～1 800	+3 0
>1 800～4 000	+5 0
>4 000～10 000	+8 0

4.3.3 管材端部应锯切平整，允许有轻微的毛刺，直管切斜不大于 2 mm。

4.3.4 半硬和硬状态直管的直度应符合表 5 的规定。

表 5 直管的直度

单位为毫米

长度	直度，不大于
400～1 000	3
>1 000～2 000	5
>2 000～2 500	8
>2 500～3 000	12
注：长度大于 3 000 mm 的管子，全长中任意部位每 3 000 mm 的最大弯曲度为 12 mm。	

4.3.5 壁厚不小于 0.4 mm 硬态或半硬态直管的圆度应符合表 6 的规定。

表 6 直管的圆度

壁厚/外径	圆度/mm，不大于
0.01～0.03	公称外径的 1.5%
>0.03～0.05	公称外径的 1.0%
>0.05～0.10	公称外径的 0.8%（最小值 0.05）
>0.10	公称外径的 0.7%（最小值 0.05）

4.4 管材的室温力学性能应符合表 7 的规定。

表 7 管材的室温力学性能

牌号	状态	抗拉强度 R_m/(N/mm²)	规定非比例延伸强度 $R_{P0.2}$/(N/mm²)	断后伸长率 A/%
TU1 TU2 T2 TP1 TP2	软(M)	≥205	35～80	≥40
	轻软(M_2)	≥205	40～90	≥40
	半硬(Y_2)	≥250	≥120	≥15
	硬(Y)	≥315	≥250	—

4.5 工艺性能

扩口试验和压扁试验可任选其一进行检验，或由供需双方协商确定。

4.5.1 扩口试验

轻软状态、软状态的管材进行扩口试验时，扩口试验从管材的端部切取适当的长度作试样，采用冲锥 60°，其结果应符合表 8 的规定，其他状态的管材进行该项试验时，试样应按软状态工艺进行退火后再测试。

表 8 管材的扩口试验

外径/mm	扩口率/%	结果
>19	30	试样不应产生肉眼可见的裂纹和裂口
≤19	40	

4.5.2 压扁试验

轻软状态、软状态的管材应进行压扁试验时，压扁后两壁间的距离等于壁厚，试样不应产生肉眼可见的裂纹和裂口。

4.6 涡流探伤检验

4.6.1 管材应逐根进行涡流探伤检测。探伤过程中，直管不允许有探伤缺陷；盘管的缺陷数由供需双方商定，缺陷深色标记长度不小于 300 mm。

由轻微机械损伤痕迹、污物引起的信号不应作为报废的依据。

4.6.2 涡流探伤检验时，在保证探伤信噪比≥10 dB 的情况下，标准人工缺陷(钻孔直径)应符合表 9 的规定，孔径偏差应不大于±0.02 mm。

表 9 涡流探伤钻孔直径

单位为毫米

管材外径	管材壁厚	人工标准缺陷孔径
3～6	<0.4	0.4
	≥0.4	0.5
>6～10	<0.4	0.5
	≥0.4	0.6
>10～16	<0.5	0.6
	≥0.5	0.7
>16～20	<0.5	0.7
	≥0.5	0.8
>20～30	—	0.9

注：经供需双方协商，可按其他孔径探伤。

4.7 晶粒度检验

管材应进行晶粒度试验，结果应符合表 10 的规定。

表 10 管材的平均晶粒度

牌 号	状 态	平均晶粒度/mm
TU1、TU2、T2、TP1、TP2	M	0.015～0.060
	M_2	≤0.040

4.8 铜管材的氢脆检验，供方可不进行，但必须保证。

4.9 管材应进行清洁度检验，非退火态管材内表面残留污物由供需双方协商确定；退火态管材内表面残留污物应符合表 11 的规定。

表 11 退火态管材清洁度

牌 号	外径/mm	清洁度/(g/m^2)
TU1、TU2、T2、TP1、TP2	≤15	≤0.025
	>15	≤0.038

4.10 表面质量

管材的内外表面质量应清洁、光亮，不应存在影响使用的有害缺陷。

5 试验方法

5.1 化学成分的仲裁分析方法

管材的化学成分仲裁分析方法按 GB/T 5121 的规定进行。

5.2 力学性能检验方法

管材的室温拉伸试验方法按 GB/T 228 的规定进行，其拉伸试样按 GB/T 228 中 S7 试样的规定进行。

5.3 工艺性能检验方法

管材的扩口试验方法按 GB/T 242 的规定进行，管材的压扁试验按 GB/T 246 的规定进行。

5.4 涡流探伤检验方法

管材涡流探伤试验方法按 GB/T 5248 的规定进行。

5.5 晶粒度的检验方法

管材的晶粒度测定应按 YS/T 347 的规定进行。

5.6 氢脆试验

将经过清洗或除油的试样，在至少含有 10%(体积)氢气的炉内于(850±25)℃下保温至少 20 min，然后将其在水中淬火，要尽量避免与空气接触，试样经抛光后，用普通照明在放大至少 75 倍的显微镜下检验该材料表面，若显示出气泡或晶界开裂等脆性特征，则表明材料存在氢脆。

5.7 清洁度的检验

管材的清洁度检验方法按附录 A 的规定进行。

5.8 表面质量检验

管材用肉眼检验外表面质量。

5.9 尺寸测量方法

管材用相应精度的测量工具测量尺寸。

6 检验规则

6.1 检查和验收

6.1.1 管材应由供方技术监督部门进行检验，保证产品质量符合本标准或订货合同的规定，并填写质量证明书。

6.1.2 需方应对收到的产品按本标准的规定进行检验。检验结果与本标准及订货合同的规定不符时，应以书面形式向供方提出，由供需双方协商解决。属于表面质量及尺寸偏差的异议，应在收到产品之日起一个月内提出，属于其他性能的异议，应在收到产品之日起三个月内向供方提出。如需仲裁，由供需双方在需方共同进行仲裁取样。

6.2 组批

管材应成批提交验收。每批应由同一牌号、状态、规格和制造方法的管材组成，每批重量不大于 10 000 kg。

6.3 检验项目

6.3.1 每批管材应进行尺寸偏差、化学成分、力学性能、工艺性能、晶粒度、清洁度、涡流探伤及表面质量的检验。

6.3.2 当用户要求时，管材应进行氢脆试验。

6.4 取样

取样应符合表 12 的规定。

表 12 取样规定

检验项目	取样规定	要求的章条号	试验的章条号
化学成分	1 个试样/炉次(供方)，1 个试样/批(需方)	4.2	5.1
尺寸偏差	按照 GB/T 2828.1 规定取样，一般检验水平Ⅱ或供需双方协商	4.3	5.9
力学性能	任取 2 根或盘/批，1 个试样/根或盘	4.4	5.2
工艺性能	任取 2 根或盘/批，1 个试样/根或盘	4.5	5.3
涡流探伤检验	逐根检验	4.6	5.4
晶粒度	任取 2 根或盘/批，1 个试样/根或盘	4.7	5.5

表 12(续)

检验项目	取样规定	要求的章条号	试验的章条号
氢脆检验	任取 2 根或盘/批，1 个试样/根或盘	4.8	5.6
清洁度	1 个试样/批	4.9	5.7
表面质量	按照 GB/T 2828.1 规定取样，一般检验水平Ⅱ或供需双方协商	4.10	5.8
注：接收质量限 AQL＝2.5。			

6.5 检验结果的判定

管材的检验结果按表 13 的规定进行判定。

表 13 检验结果的判定

检验项目	检验结果的判定
化学成分	如试验中出现不合格，判该批不合格
氢脆检验	
尺寸偏差	如试验中出现不合格，从该批产品(包括原检验不合格的那件产品)中再取双倍数量的试样进行重复试验，如仍有不合格则判该批不合格，允许逐件检验，合格者交付
力学性能	
工艺性能	
清洁度	
表面质量	
晶粒度	如试验中出现不合格，从该批产品(包括原检验不合格的那件产品)中再取双倍数量的试样进行重复试验，如仍有不合格则判该批不合格
无损检验	逐根检验不合格时，判单根不合格，合格者交货

7 标志、包装、运输和贮存

7.1 标志

7.1.1 在检验合格的管材标签上应标注如下标志：

a) 供方技术监督部门印记；

b) 合金牌号；

c) 规格；

d) 供应状态；

e) 批号；

f) 生产日期；

g) 缺陷点数；

h) 净重；

i) 执行标准；

j) 其他。

7.1.2 管材的包装箱标志应符合 GB/T 8888 的规定。

7.2 包装、运输、贮存及质量证明书

7.2.1 管材的包装、运输、贮存及质量证明书应符合 GB/T 8888 的规定。

7.2.2 包装方式有特殊要求时由供需双方协商确定。

8 订货单(或合同)内容

本标准所列材料的订货单(或合同)内应包括下列内容:

a) 材料名称;

b) 合金牌号;

c) 材料状态;

d) 供货形状;

e) 尺寸(管材的直径、壁厚及长度或其他尺寸要求);

f) 尺寸允许偏差(有特殊要求时);

g) 重量;

h) 氢脆检验;

i) 交货方式;

j) 本标准编号;

k) 其他需要协商或增加标准以外要求的内容。

附　录　A
（规范性附录）
铜管清洁度测定方法

A.1　范围

本附录规定了铜管清洁度的测定方法。

本附录适用于铜管材内表面清洁度的测定。

A.2　试样

A.2.1　试样长度

直管：长度大于 1.5 m 的直条管材，试样长度不应小于 1.5 m；长度小于或等于 1.5 m 的直条管材，试样长度即为成品管材长度。

盘管：试样长度不应小于 1.5 m。

A.2.2　试样制备

制备盘管和大于 1.5 m 的直管试样时，应先在成品管上切取不小于 1.5 m 的一段管子，切割时，应防止铜屑或铜粉混入管内，并对盘管加以矫直，然后将接触溶剂的管外端清洗干净。

A.3　溶剂

用四氯化碳、三氯乙烯或精制的三氯甲烷及精制的三氯乙烯作为溶剂。

所用溶剂量应随所检验的管子尺寸而变化，管材直径在 13 mm 以下者，最少需 10 mL 溶剂，对较大尺寸的管材，溶剂量应成正比增加。

A.4　操作步骤

将试样管一端堵塞，并灌入适量的溶剂，再将另一端堵塞，把管子放在水平支架上滚动或充分振荡，以便彻底清洗内壁，取下管端头，将溶剂倒入一个重量已知、清洁的容器（坩锅蒸发盘或烧杯均可）中，将容器置于一个低温的电炉或蒸气槽上，使溶剂蒸发至干（注意不要让容器过热以免导致残余物碳化）。然后将容器置入一个 100℃～110℃ 的烘箱内烤 10 min，取出后放在一个干燥器中冷却，然后再称出重量。应用同样测定量的溶剂进行空白液的测定，将残余物试样重量减去空白液试样的重量，算出每平方米管子内表面上的残余物克数。

ICS 07.040
A 75

中华人民共和国国家标准

GB/T 17798—2007
代替 GB/T 17798—1999

地理空间数据交换格式

Geospatial data transfer format

2007-08-30 发布　　2007-12-01 实施

中华人民共和国国家质量监督检验检疫总局
中国国家标准化管理委员会　发布

前　言

本标准代替 GB/T 17798—1999《地球空间数据交换格式》。本标准与 GB/T 17798—1999 相比主要修改内容如下：

——对标准的格式进行了规范；
——对标准的术语和定义进行了规范；
——增加对注释段的描述；
——坐标参照系：确定了坐标参照系的定义方式，并在附录 C 中列出常用的参考椭球、投影类型和投影参数；增加了高程基准、时间参照系描述；
——几何数据：增加了点簇、体、聚合等空间对象；对线、面、注记要素进行了扩充；增加了对参数化图形（三点圆弧、圆心半径圆弧、椭圆弧、三次样条曲线、B 样条曲线、贝赛尔曲线、三点圆、圆心半径圆、椭圆、三角形、矩形）的确定性描述；增加了对注记的描述；
——拓扑：增加了记录结点拓扑和线拓扑的数据段；
——属性结构：根据常用数据库和编程语言中的数据类型对字段的描述进行了规定；
——时态要素：在属性结构中增加了对时态要素的说明；
——图形表现数据：将图形定位信息与图形表现信息分开，增加了图形表现信息的描述，包括对点、线、面、注记的表现信息的描述；
——增加附录 C 说明中国常用的参考椭球及其参数，投影类型及投影需要的参数；
——增加附录 B 给出了交换格式的 XML 模式（Schema）。

本标准的附录 A、附录 C 为规范性附录，附录 B、附录 D、附录 E、附录 F 为资料性附录。

本标准由全国地理信息标准化技术委员会归口。

本标准起草单位：国家测绘局测绘标准化研究所 、武汉大学测绘遥感信息工程国家重点实验室。

本标准起草人：龚健雅、邓跃进、黄俊韬、肖学年、张坤。

本标准所代替标准的历次版本发布情况为：

——GB/T 17798—1999。

地理空间数据交换格式

1 范围

本标准规定了矢量和栅格两种空间数据的交换格式。

本标准适用于矢量、影像和格网空间数据交换。

2 规范性引用文件

下列文件中的条款通过本标准的引用成为本标准的条款。凡是注日期的引用文件，其随后所有的修改单(不包括勘误的内容)或修订版均不适用于本标准，然而，鼓励根据本标准达成协议的各方研究是否可使用这些文件的最新版本。凡是不注日期的引用文件，其最新版本适用于本标准。

GB 2312 信息交换用汉字编码字符集 基本集

GB/T 7408 数据元和交换格式 信息交换 日期和时间表示法(GB/T 7408—2005,ISO 8601:2000,IDT)

GB/T 16831 地理点位置的纬度、经度和高程的标准表示法(GB/T 16831—1997,idt ISO 6709:1983)

3 术语和定义

下列术语和定义适用于本标准。

3.1

数据集 dataset

可以标识的数据集合。[ISO 19101]

3.2

数据交换 data interchange

数据的传输、接收和解译。[ISO 19118]

3.3

模式 schema

模型的形式化描述。[ISO 19101]

3.4

要素 feature

现实世界现象的抽象。[ISO 19101]

3.5

要素属性 feature attribute

要素的性质。[ISO 19109]

3.6

对象 object

具有明确定义的边界和封装状态与行为特征的实体。[UML 语义[17]]

3.7

实体 entity

具有共同性质的对象类。

3.8

实例　instance

类的实现对象。[ISO 19107]

3.9

空间对象　spatial object

代表要素空间特征的对象。[ISO 19107]

3.10

地理信息　geographic information

直接或间接与地球位置相关联的现象有关的信息。[ISO 19101]

3.11

笛卡儿坐标系　Cartesian coordinate system

给出与 n 个相互垂直轴相关的点的位置的坐标系。[ISO 19111]

3.12

大地坐标系　geodetic coordinate system

位置由大地经度和大地纬度及(在三维的情况下)大地高确定的坐标系。[ISO 19111]

3.13

投影坐标系　projected coordinate system

由地图投影产生的二维坐标系。[ISO 19111]

3.14

坐标参照系　coordinate reference system

通过基准与现实世界相关的坐标系。[ISO 19111]

3.15

时间参照系　temporal reference system

时间度量所依据的参照系。[ISO 19108]

3.16

协调世界时　Coordinated Universal Time;UTC

由国际计量局和国际地球自转服务(IERS)维护的时间标度,是各标准频率和时间信号协调播发的基准。[ISO 19108]

3.17

坐标　coordinate

用来指示 N 维空间中点的位置的数值序列。[ISO 19107]

3.18

基于坐标的空间对象　spatial object by coordinates

直接用坐标表示的空间对象。

3.19

基于标识的空间对象　spatial object by identifiers

通过引用其他空间对象的标识表示的空间对象。

3.20

点　point

0 维几何元素,表示一个位置。[ISO 19107]

3.21

曲线 curve

一维几何元素，表示一条线的连续映射。[ISO 19107]

3.22

曲面 surface

二维几何元素，局部代表一个平面区域内连续的映射。[ISO 19107]

3.23

多边形 polygon

由一个外边界和一个或多个内边界描述的2维几何元素。

3.24

体 solid

三维几何元素，代表欧几里得三维空间一个区域的连续映射。[ISO 19107]

3.25

拓扑 topology

对相连或相邻的点、线、面、体之间关系的科学阐述。特指那种在连续映射变换下保持不变的对象性质。

3.26

拓扑对象 topological object

在连续转换中空间特征不变的空间对象。[ISO 19107]

3.27

拓扑关系 topological relationship

描述两个要素之间边界拓扑和点集拓扑的要素关系。

3.28

结点 node

0维拓扑元素。[ISO 19107]

3.29

边 edge

一维拓扑元素。[ISO 19107]

3.30

面 face

二维拓扑元素。[ISO 19107]

3.31

拓扑体 topological solid

三维拓扑元素。[ISO 19107]

3.32

图形表现 graphical presentation

用图形符号表达空间对象。

3.33

元数据 metadata

关于数据的内容、质量、状况和其他特性的描述性数据。

3.34

矢量数据 vector data

由几何元素所表示的数据。

3.35

栅格数据　raster data

被表示成有规则的空间阵列的数据。

3.36

格网数据　grid data

与特定参照系相对应的空间的规则化的数据。

4　总则

4.1　空间数据模型

本标准规定的空间数据交换格式的基础是一个空间数据模型。其概念模型和空间对象的定义见附录A。

4.2　标准的格式

本标准采用两种描述方式：一种是文本格式，用Backus-Naur格式（BNF）来精确描述所说明的结构、相互关系和格式；另一种是XML格式。用户可以采用文本格式或XML形式表示实例数据。

本标准中纬度、经度和高程的表示法参见GB/T 16831，纬度、经度一般采用度和十进制小数度表示法。

本标准中日期和时间的表示法参见GB/T 7408，一般采用公历日期和时间表示法的基本格式YYYYMMDDThhmmss，其中YYYY、MM、DD分别表示年、月、日，T用于分隔日期与时间，hh、mm、ss分别表示小时、分、秒，采用通用的24 h计时系统。日期和时间表示中长度不足的采用前置“0”。

4.3　规则的符号

BNF的每一产生规则都有一个左项（标识）和一个右项（表达式），其间由“∷=”连接，含义是左项由右项产生或左项被右项取代。用于产生规则的符号所具有的意义见表1。

表1　用于产生规则的符号

<table>
<tr><th>符　号</th><th>含　　义</th></tr>
<tr><td>∷=</td><td>被取代、产生、组成</td></tr>
<tr><td>|</td><td>或者（在该符号前后的项之间任选一个）</td></tr>
<tr><td>$\{\ \}_m^n$</td><td>大括号内的项可重复至少 m 次，至多 n 次，缺省 $m=0$，$n=\infty$</td></tr>
<tr><td>[ ]</td><td>中括号内的项可选，相当于$\{\ \}_0^1$</td></tr>
<tr><td>＜＞</td><td>尖括号内的项应当被取代</td></tr>
<tr><td>～</td><td>在该符号前后的项之间取值</td></tr>
<tr><td>“ ”</td><td>双引号内的项表示字符本身，如“|”表示字符|（7CH）</td></tr>
</table>

4.4　文件结构基本组成元素

文件结构中的基本组成元素及其说明如下：

a)　＜CR＞ ∷= 回车符（0AH）{{＜空白符＞}回车符（0AH）}

　　表示换行和/或若干空行。

b)　＜空白符＞ ∷= 空格符（20H）| 制表符（08H）

c) ＜对象标识码＞ ::= ＜整数＞

正数用于空间对象标识。空间对象标识在同一数据文档中必须唯一。

零用于表示要素的多个组成部分的分隔。对象标识码前的负号用于表示组成要素的子对象的方向。

d) ＜要素类型编码＞ ::= {＜汉字字符＞|＜英文字母＞|＜数字＞|_}$_1$

不超过 16 个字节。“Unknown”是预定义的保留编码。

e) ＜图形表现编码＞ ::= {＜汉字字符＞|＜英文字母＞|＜数字＞|_}$_1$

不超过 16 个字节。“Unknown”是预定义的保留编码。

f) ＜层名＞ ::= {＜汉字字符＞|＜英文字母＞|＜数字＞|_}$_1$

不超过 32 个字节。“Unknown”是预定义的保留层名。

g) ＜X＞ ::= ＜浮点＞

X 方向坐标。

h) ＜Y＞ ::= ＜浮点＞

Y 方向坐标。

i) ＜Z＞ ::= ＜浮点＞

Z 方向(高程)坐标。

j) ＜角度＞ ::= ＜浮点＞

角度值，单位是度，逆时针方向为正。

k) ＜RGB＞ ::= ＜整数＞

用于表达颜色的整数型值。

l) ＜日期＞ ::= ＜YYYY＞＜MM＞＜DD＞

＜YYYY＞、＜MM＞、＜DD＞分别表示年、月、日，不足的前面补“0”。

m) ＜英文字母＞ ::= A～Z | a～z

n) ＜数字＞ ::= 0～9

o) ＜汉字字符＞ ::= 符合 GB 2312 的所有汉字字符

p) ＜字符＞ ::= !|"|#|$|%|&|'|*|+|,|-|.|/|:|;|＜|=|＞|?|@|\|^|_|`|“(”“)”|
“[”|“]”|“{”|“|”|“}”|“～”|＜英文字母＞|＜数字＞|＜汉字字符＞

q) ＜字符串＞ ::= {＜字符＞}$_1$

r) ＜标识符＞ ::= ＜汉字字符＞|＜英文字母＞{＜汉字字符＞|＜英文字母＞|＜数字＞|_}

s) ＜整数＞ ::= [+|-]{＜数字＞}$_1$

在计算机内部运算时应表示为 32 位整型数。

t) ＜浮点＞ ::= [+|-]{＜数字＞}[.[{＜数字＞}]][E | e ＜整数＞]

在计算机内部运算时应表示为 64 位双精度浮点数。

u) ＜坐标＞ ::= ＜X＞,＜Y＞[,＜Z＞]

表示点的坐标。

4.5 格式中的关键字

本标准规定的交换格式所用的关键字见表 2。

表 2　交换格式中的关键字

关　键　字	说　　明	关　键　字	说　　明
AggregationBegin	聚合对象开始标识	PointBegin	点要素开始标识
AggregationEnd	聚合对象结束标识	PointEnd	点要素结束标识
AnnotationBegin	注记数据段开始标识	PolygonBegin	面要素开始标识
AnnotationEnd	注记数据段结束标识	PolygonEnd	面要素结束标识
AttributeBegin	属性数据段开始标识	RelationTableBegin	属性值对应表开始标识
AttributeEnd	属性数据段结束标识	RelationTableEnd	属性值对应表结束标识
CommentBegin	注释段开始标识	RepresentationBegin	图形表现数据开始标识
CommentEnd	注释段结束标识	RepresentationEnd	图形表现数据结束标识
ConstantBegin	常量定义开始标识	SolidBegin	体要素开始标识
ConstantEnd	常量定义结束标识	SolidEnd	体要素结束标识
EdgeTopologyBegin	弧段拓扑开始标识	StyleBegin	图形表现开始标识
EdgeTopologyEnd	弧段拓扑结束标识	StyleEnd	图形表现结束标识
FeatureCodeBegin	要素类型编码开始标识	TableEnd	属性表结束标识
FeatureCodeEnd	要素类型编码结束标识	TableStructureBegin	属性表结构开始标识
HeadBegin	文件头开始标识	TableStructureEnd	属性表结构结束标识
HeadEnd	文件头结束标识	TopologyBegin	拓扑开始标识
LineBegin	线要素开始标识	TopologyEnd	拓扑结束标识
LineEnd	线要素结束标识	Unknown	未知的编码或层名
NodeTopologyBegin	结点拓扑开始标识	VarcharBegin	变长字符串开始标识
NodeTopologyEnd	结点拓扑结束标识	VarcharEnd	变长字符串结束标识

4.6　文件类型

本标准包含四种文件类型。分别由数据标志 DataMark 予以区别。

本标准所采用的文件名后缀见表 3。

表 3　文件名后缀

数据类型	普通文本的文件名后缀	XML 格式的文件名后缀
矢量数据	. VCT	. VCT. XML
影像数据	. TIF/. BMP	. TIF/. BMP
影像数据的附加信息	. IMG	. IMG. XML
格网数据	. GRD	. GRD. XML

4.7　可扩展的原则

允许用户在本标准格式的基础上进行扩展，以兼顾本标准无法表示的用户数据或应用的需求。用户可以在文件中通过增加相应的关键词进行扩展，但用户的扩展不应破坏本标准规定的格式部分。用户的扩展数据由进行数据交换的用户解析。

5 矢量数据交换格式

5.1 一般规定

5.1.1 空间对象

本格式考虑0维空间对象(点)、一维空间对象(线)、二维空间对象(面)、三维空间对象(体)、注记对象和聚合对象。

空间对象由几何数据、属性数据、拓扑数据、图形表现数据组成,通过标识码关联。几何数据属于同一坐标参考系统,并在文件头中说明几何数据的坐标参考系统。

注记对象的几何数据类型包括单点和多点。注记内容作为注记对象的一部分进行记录。

二维、三维空间对象的标识点作为空间对象的一部分进行记录。

5.1.2 几何数据

本交换格式的几何数据类型分为点、线、面、体和聚合对象五类。点状要素有四种,分别是独立点、结点、有向点和点簇。线状要素、面状要素和体状要素的几何数据可以用直接坐标或间接坐标表示。直接坐标表示中可以包括用于描述图形的参数。一个线对象由一个或多个线段组成。一个面对象由一个或多个圈组成。聚合对象是多个空间对象组成的聚合。

5.1.3 属性数据

几何数据和属性数据通过对象标识码关联,即具有相同对象标识码的几何数据和属性数据是对同一空间对象的描述。空间对象的对象标识码必须为大于0的整数,并在同一文档中是唯一的对象标识码。任一空间对象采用的属性数据结构可通过在空间对象上添加要素类型编码来说明。

5.1.4 文件组成

矢量数据交换文件由八部分组成:第一部分为文件头,它说明了数据的基本特征,如数据范围、坐标维数、比例尺等;第二部分为要素类型参数;第三部分为属性数据结构;第四部分为几何数据;第五部分为注记;第六部分为拓扑数据;第七部分为属性数据;第八部分为图形表现数据。

＜矢量数据交换格式＞ ::＝＜文件头＞＜要素类型参数＞＜属性数据结构＞＜几何数据＞＜注记＞＜拓扑数据＞＜属性数据＞＜图形表现数据＞

每一部分表示一个数据段,分别以Begin和End表示数据段的起始位置和结束位置。数据段内的格式是严格的。但可以在文件中增加数据段以自行扩展用户需要的数据,或使应用程序能够兼容不同版本的格式标准。

5.1.5 文件组织方式

数据以文本格式存储在一个文件中,或根据附录B规定的模式以XML形式存储在一个文件中。

5.1.6 字符集

文件中的汉字不做转换,直接采用GB 2312编码,对GB 2312未编码的扩展汉字由读写本交换格式的程序自行决定扩展编码方式,本标准暂不作定义。

5.1.7 字符大小写

除表示属性值和注记内容外,字符和字符串的大小写一律不区分。

5.1.8 空行

除对Varchar型属性值的表示外,交换文件中所有空行均应被忽略。

5.2 文件头

5.2.1 文件头标识

采用字符标识HeadBegin说明文件头的起始位置,字符标识HeadEnd说明文件头的结束位置。起始位置和结束位置间不限定字节数,以便扩充。

5.2.2 文件头数据类型

文件头分两类数据:基本的且必须的信息(基本部分)和扩充的附加信息(扩充部分)。附加部分可以省略。

5.2.3 文件头内容和格式

文件头内容和格式如下：

<文件头> ∷= HeadBegin<CR>
DataMark：CNSDTF-VCT<CR>
Version：<GB/T 17798—2007><CR>
[CoordinateSystemType：C|D|P<CR>]
[Dim：<2|3><CR>]
[XAxisDirection：<E|N|W|S><CR>]
[YAxisDirection：<N|E|S|W><CR>]
[XYUnit：M|D|<其他单位><CR>]
[ZUnit：M|<其他单位><CR>]
[Spheroid：<参考椭球><CR>]
[PrimeMeridian：<首子午线><CR>]
[Projection：<投影类型><CR>]
[Parameters：<投影参数><CR>]
[VerticalDatum：<高程基准><CR>]
[TemporalReferenceSystem：<时间参照系><CR>]
[ExtentMin：<坐标><CR>]
[ExtentMax：<坐标><CR>]
[MapScale：<整数><CR>]
[Offset：<坐标><CR>]
[Date：<日期><CR>]
[Separator：<字符><CR>]
HeadEnd<CR>

5.2.3.1 交换格式标志

DataMark：中国地球空间数据交换格式-矢量交换格式(CNSDTF-VCT)的标志。基本部分。

5.2.3.2 版本号

Version：空间数据交换格式的版本号，当前版本号为 GB/T 17798—2007。基本部分。

5.2.3.3 坐标系类型

CoordinateSystemType：坐标系类型。C 表示笛卡儿(Cartesian)坐标系、D 表示大地坐标系，P 表示投影坐标系。缺省为 C。

5.2.3.4 坐标维数

Dim：坐标维数，2 表示仅有二维坐标，3 表示有三维坐标。当 Dim 为 2 时，点的坐标中无<Z>项，Dim 为 3 时，点的坐标中有<Z>项。缺省为 2。

5.2.3.5 坐标轴方向

XAxisDirection：X 坐标轴方向。缺省为 E。

YAxisDirection：Y 坐标轴方向。缺省为 N。

X 坐标轴与 Y 坐标轴垂直。E 表示向东，N 表示向北，W 表示向西，S 表示向南。

当坐标系类型为大地坐标系时不需要说明坐标轴方向。

5.2.3.6 坐标单位

XYUnit：平面坐标单位，M 表示米，D 表示经纬度。当坐标系类型为笛卡儿坐标系或投影坐标系时，缺省为 M。当坐标系类型为大地坐标系时，缺省为 D。

ZUnit：高程坐标单位，M 表示米，缺省为 M。仅当坐标维数为 3 时有效。

<其他单位>∷=<单位名称>，<单位类型>，<单位因子>

其中：

a) <单位名称>∷=<字符串>

<字符串>中不能含有逗号（,）。

b) <单位类型>∷=Length|Angle

Length 表示为长度单位，Angle 表示为角度单位。高程坐标单位的类型必须为长度单位。

c) <单位因子>∷=<浮点>

与标准单位（长度的标准单位为米，经纬度的标准单位为度）的比例因子，如公里或千米的单位因子为 1 000。

5.2.3.7 参考椭球

<参考椭球> ∷=<参考椭球名称>，<长半轴>，<扁率的倒数>

其中：

a) <参考椭球名称> ∷= <字符串>

b) <长半轴> ∷= <浮点>

c) <扁率的倒数> ∷= <浮点>

长半轴的单位为米。中国常用的参考椭球及其参数见附录 C。当坐标系类型为笛卡儿坐标系时不需要说明参考椭球。

5.2.3.8 首子午线

<首子午线> ∷= Greenwich|<其他首子午线>

Greenwich 表示格林尼治子午线。格林尼治子午线的经度为 0。缺省为 Greenwich。

<其他首子午线> ∷= <首子午线名称>，<首子午线格林尼治经度>

其中：

a) <首子午线名称> ∷= <字符串>

<字符串>中不能含有逗号（,）。

b) <首子午线格林尼治经度>∷=<浮点>

从格林尼治子午线起算度量首子午线的经度，向东为正。当坐标系类型为笛卡儿坐标系时不需要说明首子午线。

5.2.3.9 投影类型

<投影类型> ∷= <字符串>

投影类型隐含了投影转换时的公式。中国常用投影类型的名称及需要的投影参数见附录 C。

仅当坐标系类型为大地坐标系、投影坐标系时才需要说明投影类型。

5.2.3.10 投影参数

<投影参数>∷= <原点经度>，<原点纬度>，<第一标准纬线>，<第二标准纬线>，<方位角>，<归化比例因子>，<东偏>，<北偏>，<带宽>，<带号>

其中：

a) <原点经度> ∷= <浮点>

b) <原点纬度>∷= <浮点>

c) <第一标准纬线>∷=<浮点>

d) <第二标准纬线>∷=<浮点>

e) <方位角>∷= <浮点>

f) <归化比例因子>∷=<浮点>

g) <东偏>∷=<浮点>

h) <北偏>∷= <浮点>

i) <带宽>∷= 3|6|1.5|<浮点>

j) <带号>∷= <整数>

各投影参数间以逗号(,)分隔,在一行内表达完毕。其中投影参数可以为空,但逗号分隔符(,)不能缺少。

其中,经度、纬度、方位角的表示法参见 GB/T 16831,一般采用度和十进制小数度的表示法。东偏、北偏以米为单位。不同类型的投影,需要的投影参数不同。中国常用投影类型的名称及需要的投影参数见附录 C。

仅当坐标系类型为投影坐标系时才需要说明投影参数。

5.2.3.11 高程基准

<高程基准> ∷= 1985 国家高程基准|1956 年黄海高程系统|<其他高程基准>

<其他高程基准> ∷= <高程基准名称>,<与 1985 国家高程基准的较差>

其中:

a) <高程基准名称> ∷= <字符串>

<字符串>中不能含有逗号(,)。

b) <与 1985 国家高程基准的较差> ∷= <浮点>

与 1985 国家高程基准的较差,以米为单位。

5.2.3.12 时间参照系

<时间参照系> ∷= 协调世界时|<当地时间>

<当地时间> ∷= <当地时间名称>,<与协调世界时的时差>

其中:

a) <当地时间名称>∷= <字符串>

<字符串>中不能含有逗号(,)。举例:北京时间。

b) <与协调世界时的时差>∷= <+|−hhmm>

hh 表示小时数,mm 表示分。举例:北京时间与协调世界时的时差为+0800。

5.2.3.13 数据集范围

ExtentMin: 数据集最小坐标。

ExtentMax: 数据集最大坐标。

5.2.3.14 比例尺

MapScale:数据集比例尺分母。

5.2.3.15 坐标偏移量

Offset∷ 坐标偏移量。

5.2.3.16 数据集创建时间

Date:数据集创建日期,日期的表示法参见 GB/T 7408。

5.2.3.17 属性字段分隔符

Separator:任意单字节非空白字符,用于分隔属性值。缺省为逗号(,)。

5.3 注释

5.3.1 注释标识

采用字符标识"CommentBegin"表示注释起始位置,采用字符标识"CommentEnd"表示注释结束位置。注释段可以位于文件中的任意行。一个文件中可以有多个注释段,但注释段不可嵌套。

5.3.2 注释内容

<注释> ∷=CommentBegin <CR>{<字符串><CR>}CommentEnd <CR>

CommentBegin 和 CommentEnd 标志间的内容为说明性内容,系统不必处理。

5.4 要素类型参数

5.4.1 要素类型参数标识

采用字符标识“FeatureCodeBegin”表示要素类型参数定义起始位置，采用字符标识“FeatureCodeEnd”表示要素类型参数定义结束位置。

5.4.2 要素类型参数内容和格式

＜要素类型参数＞ ::＝FeatureCodeBegin＜CR＞{＜要素类型编码＞，＜要素类型名称＞，＜几何类型＞，＜属性表名＞{，＜用户项＞}$_0^\infty$＜CR＞}$_0^\infty$ FeatureCodeEnd＜CR＞

其中：

a) ＜要素类型名称＞ ::＝ ＜字符串＞

b) ＜几何类型＞ ::＝ Point | Line | Polygon | Solid | Annotation

同一要素类型必须具有相同的几何类型。本标准支持的几何类型分别是点(Point)、线(Line)、面(Polygon)、体(Solid)和注记(Annotation)。

c) ＜属性表名＞ ::＝ [＜标识符＞]

空表名表示没有属性表。

d) ＜用户项＞ ::＝ ＜字符串＞

＜字符串＞中不能含有逗号(，)。

5.4.3 自行定义用户项

可以自行定义若干用户项，以扩展其他要素类型参数信息。

5.5 属性数据结构

5.5.1 属性数据结构标识

采用字符标识“TableStructureBegin”表示属性数据结构定义起始位置，采用字符标识“TableStructureEnd”表示属性数据结构定义结束位置。

5.5.2 属性数据结构内容和格式

＜属性数据结构＞ ::＝ TableStructureBegin ＜CR＞ {＜属性表定义＞}$_0^\infty$ TableStructureEnd＜CR＞

＜属性表定义＞ ::＝＜属性表名＞，＜字段个数＞[，NoneGeometry]＜CR＞

{＜字段名＞，＜字段描述＞＜CR＞}$_m^m$

0＜CR＞

其中：

a) 标注为 NoneGeometry 的表，没有相关的几何数据，属性数据中不包含空间对象标识码。

b) ＜字段个数＞ ::＝ ＜整数＞

c) ＜字段名＞ ::＝ ＜标识符＞

在同一个属性表中不能有相同名称的字段。对于具有时态的要素，分别以可选的字段名 Temporal_Start 和 Temporal_End 表示要素的起始时间和终止时间，字段类型为 Datetime。

d) ＜字段描述＞ ::＝ Char，＜宽度＞ | Int1 | Int2 | Int4 | Int8 | Float ＜宽度＞，＜精度＞ | Double＜宽度＞，＜精度＞ | Date | Time | Datetime | Varchar | Varbin

1) Int1、Int2、Int4、Int8 类型分别以 1、2、4、8 个字节存储；Float 类型以 4 个字节存储；Double 类型以 8 个字节存储；Date 类型以 4 个字节存储，显示格式应为 YYYYMMDD；Time 类型以 4 个字节存储，显示格式应为 hh:mm:ss.sss；Datetime 类型以 8 个字节存储，显示格式应为 YYYYMMDDThh:mm:ss.s，格式中 YYYY 表示年，MM 表示月，DD 表示日期，hh 表示小时，采用 24 小时制，mm 表示分，ss 表示秒，s 表示小数秒；Varchar 表示可变长字符串，属性值的表示见 5.9.3。

2) 由于文本交换格式的限制，本格式暂不包含二进制类型属性值的转换。二进制字段(如多媒体数据)采取外挂文件转换,在字段描述处记录“Varbin”,属性值处记录外挂文件路径。

3) ＜宽度＞ ::= ＜整数＞,数据的显示长度,包括符号+或−,以及小数点符号。

4) ＜精度＞ ::= ＜整数＞,小数点后的有效位数。

e) m=字段个数,$0\leqslant m<\infty$。后面紧接着定义 m 个字段。

f) 以0开始的单独一行表示一个属性表结构定义结束。

5.6 几何数据

5.6.1 几何数据标识

分别用“PointBegin”、“PointEnd”、“LineBegin”、“LineEnd”、“PolygonBegin”、“PolygonEnd”、“SolidBegin”、“SolidEnd”、“AggregationBegin”、“AggregationEnd”表示点、线、面、体、聚合对象几何数据的起始位置和结束位置。

5.6.2 几何数据内容和格式

＜几何数据＞ ::= PointBegin＜CR＞{＜点状要素＞0＜CR＞}$_0^{\infty}$ PointEnd＜CR＞
LineBegin＜CR＞{＜线状要素＞0＜CR＞}$_0^{\infty}$ LineEnd＜CR＞
PolygonBegin＜CR＞{＜面状要素＞0＜CR＞}$_0^{\infty}$ PolygonEnd＜CR＞
SolidBegin＜CR＞{＜体状要素＞0＜CR＞}$_0^{\infty}$ SolidEnd＜CR＞
AggregationBegin＜CR＞{＜聚合对象要素＞0＜CR＞}$_0^{\infty}$ AggregationEnd＜CR＞

以0开始的单独一行表示一个要素数据结束。

5.6.2.1 点状要素

5.6.2.1.1 点状要素内容与格式

＜点状要素＞ ::= ＜对象标识码＞＜CR＞＜要素类型编码＞＜CR＞＜图形表现编码＞＜CR＞＜点的特征类型＞＜CR＞[,＜点数＞＜CR＞]{＜坐标＞＜CR＞}$_n^n$

其中:

a) ＜点的特征类型＞ ::= 1|2|3|4

1表示独立点,2表示结点,3表示有向点,4表示点簇。独立点、结点的点数为1,有向点的点数为2 。当点的特征类型为1,2,3时没有点数表示,当点的特征类型为4时有点数表示。

b) ＜点数＞ ::= ＜整数＞

c) n=点数,$0\leqslant n<\infty$。

5.6.2.2 线状要素

5.6.2.2.1 线状要素内容与格式

＜线状要素＞ ::= ＜对象标识码＞＜CR＞＜要素类型编码＞＜CR＞＜图形表现编码＞＜CR＞＜线的特征类型＞＜CR＞＜直接坐标线＞|＜间接坐标线＞

5.6.2.2.2 线的特征类型

＜线的特征类型＞ ::= 1|100

其中,1表示直接坐标线,100表示间接坐标线。

5.6.2.2.3 直接坐标线

直接坐标线是基于坐标的空间对象。

＜直接坐标线＞ ::= ＜线段条数＞＜CR＞{＜线段的类型＞＜CR＞＜折线＞|＜三点圆弧＞|＜圆心弧＞|＜椭圆弧＞|＜三次样条曲线＞|＜B样条曲线＞|＜贝赛尔曲线＞}$_m^m$

其中:

a) ＜线段条数＞ ::= ＜整数＞

b) ＜线段的类型＞ ::= 11|12|13|14|15|16|17

11 表示折线，12 表示三点圆弧，13 表示圆心弧，14 表示椭圆弧，15 表示三次样条曲线，16 表示 B 样条曲线，17 表示贝赛尔曲线。

c) m=线段条数，$0 \leqslant m < \infty$。后面紧接着定义 m 条线段。

5.6.2.2.3.1 折线

<折线> ::= <点数><CR>$\{$<坐标><CR>$\}_n^n$

线段的类型为 11 时，采用此记法。其中：

a) <点数> ::= <整数>

b) n=点数，$2 \leqslant n < \infty$。

5.6.2.2.3.2 三点圆弧

<三点圆弧> ::= <3><CR>$\{$<坐标><CR>$\}_3^3$

线段的类型为 12 时，采用此记法。

三点圆弧的点数固定为 3。表示法如图 1 所示，箭头方向为弧段走向，第一点和第三点分别为圆弧的起点和终点，第二点为圆弧上的任一点。

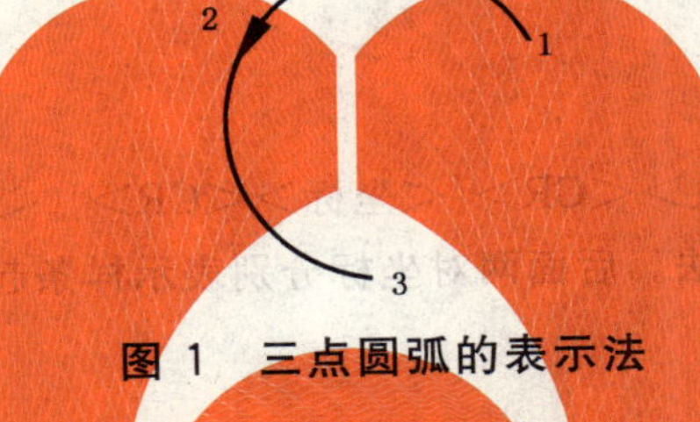

图 1 三点圆弧的表示法

5.6.2.2.3.3 圆心弧

<圆心弧> ::= <坐标><CR><Radius><CR><StartAngle><CR><EndAngle><CR>

线段的类型为 13 时，采用此记法，分别记录圆心点坐标、半径、起始角和终止角，表示法如图 2 所示。

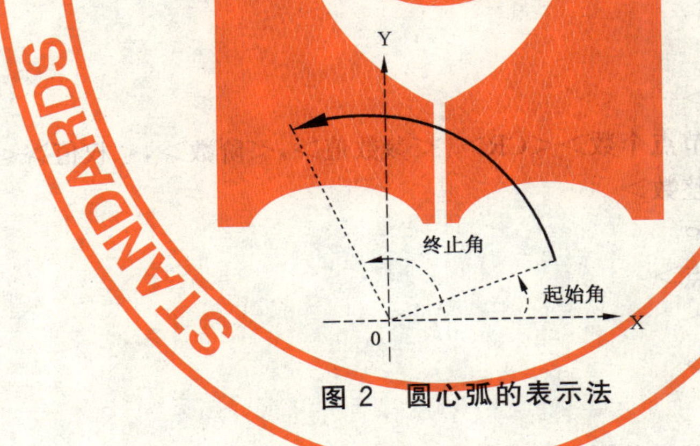

图 2 圆心弧的表示法

其中：

<Radius> ::= <浮点>

<StartAngle> ::= <角度>

<EndAngle> ::= <角度>

5.6.2.2.3.4 椭圆弧

<椭圆弧> ::= <坐标><CR><坐标><CR><Ratio><CR> <StartAngle><CR><EndAngle><CR>

线段的类型为 14 时，采用此记法，分别记录椭圆中心点坐标、长半轴端点相对于中点的坐标、短半轴长度与长半轴的比率、起始角和终止角，表示法如图 3 所示。

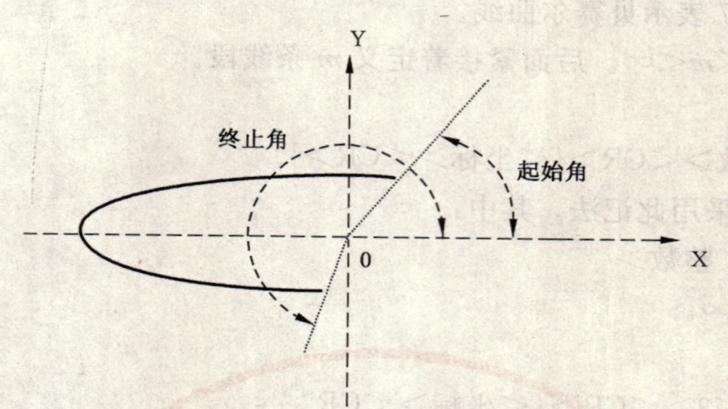

图 3　椭圆弧的表示法

其中：

＜Ratio＞ ∷= ＜浮点＞

＜StartAngle＞ ∷= ＜角度＞

＜EndAngle＞ ∷= ＜角度＞

5.6.2.2.3.5　三次样条曲线

＜三次样条曲线＞ ∷= ＜点数＞＜CR＞{＜坐标＞＜CR＞$\}_n^n$＜坐标＞＜CR＞＜坐标＞＜CR＞

线段的类型为 15 时，采用此记法。后面两对坐标分别表示样条起点和终点的单位切矢量。其中：

＜点数＞ ∷= ＜整数＞

n=点数，$3\leqslant n<\infty$。

5.6.2.2.3.6　B 样条曲线

＜B样条曲线＞ ∷= ＜点数＞＜CR＞{＜坐标＞＜CR＞$\}_n^n$＜阶数＞＜CR＞＜节点描述＞＜CR＞

线段的类型为 16 时，采用此记法。其中：

a) ＜点数＞ ∷= ＜整数＞

b) n=点数，$2\leqslant n<\infty$。

c) ＜阶数＞ ∷= ＜整数＞

d) ＜节点描述＞ ∷= ＜节点个数＞＜CR＞{＜参数值＞，＜阶数＞，＜权值＞＜CR＞$\}_m^m$

＜节点个数＞ ∷= ＜整数＞

m=节点个数，$2\leqslant m<\infty$。

＜参数值＞ ∷= ＜浮点＞

＜阶数＞ ∷= ＜整数＞

＜权值＞ ∷= ＜浮点＞

5.6.2.2.3.7　贝赛尔曲线

＜贝赛尔曲线＞ ∷= ＜点数＞＜CR＞{＜坐标＞＜CR＞$\}_n^n$＜阶数＞＜CR＞＜节点描述＞＜CR＞

线段的类型为 17 时，采用此记法。其中：

a) ＜点数＞ ∷= ＜整数＞

b) n=点数，$2\leqslant n<\infty$。

c) ＜阶数＞ ∷= ＜整数＞

d) ＜节点描述＞ ∷= ＜2＞＜CR＞{＜参数值＞，＜阶数＞，＜权值＞＜CR＞$\}_2^2$

＜参数值＞ ∷= ＜浮点＞

＜阶数＞ ∷= ＜整数＞

＜权值＞ ∷= ＜浮点＞

5.6.2.2.4 间接坐标线

间接坐标线是基于标识的空间对象，用构成它的子线对象的标识号表示。

本标准支持线对象的嵌套引用，不限定嵌套层数（如线对象 A 可以由线对象 B 和线对象 C 组成，线对象 B 可以由线对象 D 组成，线对象 C 可以由线对象 E 组成），但不得自我引用和循环引用（即线对象 B 不可以由线对象 B 或线对象 A 组成）。

＜线状要素间接坐标＞ ∷＝ ＜线对象的项数＞＜CR＞{＜[－]线对象标识号＞{，＜[－]线对象标识号＞}$_0^7$＜CR＞}$_0^\infty$

线的特征类型为 100 时，采用此记法。其中：

a） ＜线对象的项数＞ ∷＝ ＜整数＞

b） ＜线对象标识号＞ ∷＝ ＜整数＞

线对象标识号 8 个一行，以逗号（，）分开，总数目为＜线对象的项数＞。

＜线对象标识号＞前可选的负号表示该子线对象反向。以 0 表示不相连的子线对象间的分隔标识，分隔标识计入＜线对象的项数＞中。

5.6.2.3 面状要素

5.6.2.3.1 面状要素内容与格式

＜面状要素＞ ∷＝＜对象标识码＞＜CR＞＜要素类型编码＞＜CR＞＜图形表现编码＞＜CR＞＜面的特征类型＞＜CR＞＜标识点＞＜CR＞＜边界＞

5.6.2.3.2 面的特征类型

＜面的特征类型＞ ∷＝ 1|100

其中，1 表示由直接坐标表示的面对象，100 表示由间接坐标表示的面对象。

5.6.2.3.3 标识点

＜标识点＞ ∷＝ ＜坐标＞

5.6.2.3.4 边界

＜边界＞ ∷＝＜直接坐标面＞|＜间接坐标面＞

5.6.2.3.5 直接坐标面

直接坐标面是基于坐标的空间对象。

＜直接坐标面＞∷＝＜圈数＞＜CR＞{＜面的几何形状＞＜CR＞＜多边形＞|＜三点圆＞|＜圆心圆＞|＜椭圆＞}$_m^m$

面的特征类型为 1 时，采用此记法。其中：

a） ＜圈数＞ ∷＝ ＜整数＞

b） ＜面的几何形状＞ ∷＝ 11|12|13|14

11 表示简单多边形，12 表示三点圆，13 表示圆心圆，14 表示椭圆。

c） m＝圈数。

5.6.2.3.5.1 多边形

＜多边形＞ ∷＝ ＜点数＞＜CR＞{＜坐标＞＜CR＞}$_n^n$

面的几何形状为 11 时，采用此记法。多边形必须是封闭的。其中：

a） ＜点数＞ ∷＝ ＜整数＞

b） n＝点数，$4 \leqslant n < \infty$。

5.6.2.3.5.2 三点圆

＜三点圆＞ ∷＝＜3 ＞＜CR＞{坐标＜CR＞}$_3^3$

面的几何形状为 12 时，采用此记法。三点圆的点数固定为 3。

5.6.2.3.5.3　**圆心圆**

＜圆心圆＞ ∷＝ ＜坐标＞＜CR＞＜Radius＞＜CR＞

面的几何形状为 13 时，采用此记法，分别记录圆心点坐标和半径。其中：

＜Radius＞ ∷＝ ＜浮点＞

5.6.2.3.5.4　**椭圆**

＜椭圆＞ ∷＝ ＜坐标＞＜CR＞＜坐标＞＜CR＞＜Ratio＞＜CR＞

面的几何形状为 14 时，采用此记法，分别记录椭圆中心点坐标、长半轴端点相对于中点的坐标、短半轴长度与长半轴的比率。

5.6.2.3.6　**间接坐标面**

间接坐标面是基于标识的空间对象，是引用线对象或面对象构成的面对象，用构成它的线对象或面对象的标识号表示。面对象不能由线对象和面对象混合组成。

本标准支持面对象引用（如面对象 A 可以由线对象 B 和线对象 C 组成，或面对象 A 可以由面对象 D 和面对象 E 组成），但不支持嵌套引用（即线对象 B 和线对象 C 不能是间接坐标线，面对象 D 和面对象 E 不能是间接坐标面），不得自我引用和循环引用。面对象应是封闭的。

＜间接坐标面＞ ∷＝ ＜间接坐标面的构成类型＞＜CR＞＜对象的项数＞＜CR＞{＜对象标识号＞{，＜对象标识号＞}$_0^7$＜CR＞}$_0^\infty$

面的特征类型为 100 时，采用此记法。其中：

a)　＜间接坐标面的构成类型＞ ∷＝ 21|22

　　21 表示引用线对象构成的面，22 表示引用面对象构成的面。

b)　＜对象的项数＞ ∷＝ ＜整数＞

c)　＜对象标识号＞ ∷＝＜[－]线对象标识号＞|＜面对象标识号＞

　　对象标识号 8 个一行，以逗号（，）分开，总数目为＜对象的项数＞。

d)　＜线对象标识号＞ ∷＝ ＜整数＞

e)　＜面对象标识号＞ ∷＝ ＜整数＞

当间接坐标面的构成类型为 21 时，采用线对象标识号，线对象标识号前可选的负号表示该线对象反向。构成间接坐标面的线对象是与顺序有关的，即前一个线对象的终点坐标与后一个线对象的起点坐标是一致的。

当间接坐标面的构成类型为 22 时，采用面对象标识号。

以 0 表示不相连的对象间的分隔标识，分隔标识计入对象的项数中。

5.6.2.4　**体状要素**

只有当坐标维数为 3 时才允许有体状要素。

5.6.2.4.1　**体状要素内容与格式**

＜体状要素＞ ∷＝＜对象标识码＞＜CR＞＜要素类型编码＞＜CR＞＜图形表现编码＞＜CR＞＜体的特征类型＞＜CR＞＜标识点＞＜CR＞＜直接坐标体＞|＜间接坐标体＞

5.6.2.4.2　**体的特征类型**

＜体的特征类型＞ ∷＝ 1|100

其中，1 表示直接坐标体，100 表示间接坐标体。

5.6.2.4.3　**标识点**

＜标识点＞ ∷＝ ＜坐标＞

5.6.2.4.4　**直接坐标体**

直接坐标体是基于坐标的空间对象。

＜直接坐标体＞ ∷＝ ＜体的个数＞＜CR＞{＜体的几何形状＞＜CR＞＜四面体＞|＜旋转体＞}$_m^m$

体的特征类型为 1 时，采用此记法。其中：

a) ＜体的个数＞ ∷＝ ＜整数＞

b) ＜体的几何形状＞ ∷＝ 11|12|19

11 表示四面体,11 表示长方体,19 表示旋转体。

c) m＝体的个数。

5.6.2.4.4.1 **四面体**

＜四面体＞ ∷＝ ＜4＞＜CR＞{＜坐标＞＜CR＞}

体的几何形状为 11 时,采用此记法。四面体由构成四面体的 4 个顶点表示,点数固定为 4。

5.6.2.4.4.2 **长方体**

＜长方体＞ ∷＝ ＜4＞＜CR＞{＜坐标＞＜CR＞$\}_4^4$

体的几何形状为 12 时,采用此记法。长方体由构成长方体的前侧面(或后侧面)、左侧面(或右侧面)、上侧面(或下侧面)的 4 个顶点表示,点数固定为 4。

5.6.2.4.4.3 **旋转体**

＜旋转体＞ ∷＝ ＜坐标＞＜CR＞＜坐标＞＜CR＞＜旋转平面＞＜CR＞

体的几何形状为 19 时,采用此记法。分别记录构成旋转轴的两个点的坐标和绕旋转轴旋转的旋转平面。旋转轴应与旋转平面共面。

旋转体包括圆锥体、圆柱体、圆台体、圆筒体、球体、椭球体等。

＜旋转平面＞ ∷＝ ＜多边形＞|＜三点圆＞|＜圆心圆＞|＜椭圆＞

＜多边形＞、＜三点圆＞、＜圆心圆＞、＜椭圆＞的表示见 5.6.2.3.5。旋转平面应闭合。

5.6.2.4.5 **间接坐标体**

间接坐标体是基于标识的空间对象,是引用面或体对象构成的体对象。

＜间接坐标体＞ ∷＝＜间接坐标体的构成类型＞＜CR＞＜对象的项数＞＜CR＞

{＜[－]对象标识号＞{,＜[－]对象标识号＞$\}_0^7$＜CR＞$\}_0^\infty$

体的特征类型为 100 时,采用此记法。其中:

a) ＜间接坐标体的构成类型＞∷＝ 21|22

21 表示引用面对象构成的体,22 表示引用体对象构成的体。

b) ＜对象的项数＞ ∷＝ ＜整数＞

c) ＜对象标识号＞ ∷＝ ＜整数＞

对象标识号 8 个一行,以逗号(,)分开,总数目为＜对象的项数＞。＜对象标识号＞前可选的负号表示对象反向。

5.6.2.5 **聚合对象要素**

聚合对象是基于标识的空间对象。聚合对象通过引用其他空间对象来表示。聚合对象要素内容与格式如下:

＜聚合对象要素＞ ∷＝＜对象标识码＞＜CR＞＜要素类型编码＞＜CR＞＜图形表现编码＞＜CR＞＜聚合对象几何＞＜CR＞

＜聚合对象几何＞ ∷＝{＜子对象类型＞＜CR＞＜子对象的项数＞＜CR＞

{＜子对象标识号＞{,＜子对象标识号＞$\}_0^7$＜CR＞$\}_0^\infty\}_0^\infty$

其中:

a) ＜子对象类型＞∷＝point|line|polygon|solid|annotation

b) ＜子对象的项数＞ ∷＝＜整数＞

c) ＜子对象标识号＞ ∷＝＜点对象标识号＞|＜线对象标识号＞|＜面对象标识号＞|＜体对象标识号＞|＜注记对象标识号＞

子对象标识号 8 个一行,以逗号(,)分开,总数目为＜子对象的项数＞。

＜点对象标识号＞ ∷＝ ＜整数＞

＜线对象标识号＞ ∷＝ ＜整数＞

＜面对象标识号＞ ∷＝ ＜整数＞

＜体对象标识号＞ ∷＝ ＜整数＞

＜注记对象标识号＞ ∷＝ ＜整数＞

5.7 注记

5.7.1 注记数据标识

采用字符标识“AnnotationBegin”、“AnnotationEnd”表示注记数据的开始和结束。

5.7.2 注记数据内容和格式

＜注记＞ ∷＝AnnotationBegin＜CR＞{＜注记要素＞0＜CR＞}AnnotationEnd＜CR＞

＜注记要素＞ ∷＝＜对象标识码＞＜CR＞＜要素类型编码＞＜CR＞＜图形表现编码＞＜CR＞＜注记的特征类型＞＜CR＞＜单点注记＞|＜多点注记＞＜CR＞

其中：

a) ＜注记的特征类型＞ ∷＝ 1|2

1 表示单点注记，2 表示多点注记。

b) ＜单点注记＞ ∷＝ ＜注记内容＞＜CR＞＜坐标＞，＜角度＞＜CR＞

c) ＜多点注记＞ ∷＝ ＜注记内容＞＜CR＞＜点数＞＜CR＞{＜坐标＞，＜角度＞＜CR＞}$_n^n$

＜注记内容＞ ∷＝ ＜字符串＞

＜点数＞ ∷＝ ＜整数＞

n＝点数，$2 \leqslant n < \infty$。

对于多点注记，点数应等于注记内容的字符数，每个字符有独立的位置和方向。注意：由于双字节字符（一个汉字作为一个字符处理）的存在，注记内容的字符数一般不等于字节数。

以 0 开始的单独一行表示一个注记要素数据结束。

5.8 拓扑数据

5.8.1 拓扑数据标识

用字符标识“TopologyBegin”、“TopologyEnd”表示拓扑数据的开始和结束。

5.8.2 拓扑数据内容和格式

＜拓扑＞ ∷＝TopologyBegin＜CR＞＜拓扑数据＞TopologyEnd＜CR＞

＜拓扑数据＞ ∷＝＜结点拓扑＞＜CR＞＜弧段拓扑＞＜CR＞

5.8.2.1 结点拓扑

＜结点拓扑＞ ∷＝NodeTopologyBegin＜CR＞{＜结点拓扑数据＞}$_0^\infty$NodeTopologyEnd＜CR＞

＜结点拓扑数据＞ ∷＝＜对象标识码＞＜CR＞＜关联线对象的项数＞＜CR＞{＜关联线对象标识号＞＜CR＞}$_m^m$0＜CR＞

＜关联线对象的项数＞ ∷＝ ＜整数＞

m＝关联线对象的项数

＜关联线对象标识号＞ ∷＝ ＜整数＞

如果该结点是关联线对象的终结点，则关联线对象标识号以负值表示。

以 0 开始的单独一行表示一个结点拓扑数据结束。

5.8.2.2 弧段拓扑

＜弧段拓扑＞ ∷＝EdgeTopologyBegin＜CR＞{＜弧段拓扑数据＞}EdgeTopologyEnd＜CR＞

＜弧段拓扑描述＞ ∷＝＜对象标识码＞，＜起结点标识号＞，＜终结点标识号＞，＜左多边形标识号＞，＜右多边形标识号＞＜CR＞

＜起结点标识号＞ ∷＝ ＜整数＞

＜终结点标识号＞ ∷＝ ＜整数＞

＜左多边形标识号＞ ∷＝ ＜整数＞

＜右多边形标识号＞ ∷＝ ＜整数＞

5.9 属性数据

5.9.1 属性数据标识

所有对象的属性数据块以“AttributeBegin”和“AttributeEnd”作为开始和结束的标志，每个对象的属性数据必须在一行内表达完毕。每一属性表的记录相对集中，由属性表名作为开始标志，“TableEnd” 作为结束标志。

5.9.2 属性数据内容和格式

＜属性数据＞ ∷＝ AttributeBegin＜CR＞{＜属性表＞}$_0^\infty$ AttributeEnd＜CR＞[VarcharBegin＜CR＞{＜变长字符串表＞}$_0^\infty$ VarcharEnd＜CR＞]

其中：

a) ＜属性表＞ ∷＝ ＜属性表名＞＜CR＞{＜对象标识码＞{＜分隔符＞＜属性值＞}$_0^\infty$＜CR＞}$_0^\infty$ TableEnd＜CR＞

1) ＜属性表名＞ ∷＝ ＜字符串＞

2) ＜对象标识码＞ ∷＝ ＜整数＞

对象标识码可以为 0，此时表示只有属性数据，没有关联的几何数据。

3) ＜分隔符＞∷＝ ＜字符＞

在文件头中定义的属性字段分隔符。

b) ＜属性值＞ ∷＝ ＜字符串＞|＜整数＞|＜浮点＞|＜日期＞|＜变长字符串标识＞

1) 属性值中不能含文件头中定义的属性字段分隔符。属性值可以为空。

2) ＜变长字符串标识＞∷＝ ＜整数＞

c) ＜变长字符串表＞ ∷＝ {＜变长字符串标识＞＜CR＞＜正文＞＜分隔符＞＜CR＞}$_0^\infty$

用分隔符“,”单独一行表示该变长字符串的结束。

＜正文＞ ∷＝ ＜字符串＞＜CR＞{＜字符串＞＜CR＞}$_0^\infty$

＜正文＞中的空行是变长字符串值的一部分，此时空行在读取时不应被忽略。

5.9.3 变长字符串属性数据标识

对变长字符串，在属性值的位置上填一变长字符串标识，实际值在由“VarcharBegin”和“VarcharEnd”分隔的数据块中。

5.10 图形表现数据

5.10.1 图形表现数据标识

采用字符标识 “StyleBegin”、“StyleEnd”作为图形表现数据开始和结束的标志。图形表现数据相对集中地放在一起，不再附加标志说明。

5.10.2 图形表现数据内容和格式

＜图形表现数据＞ ∷＝ StyleBegin＜CR＞[＜常量定义＞＜CR＞][＜值对应表＞＜CR＞][＜图形表现＞＜CR＞]StyleEnd＜CR＞

其中：

a) ＜常量定义＞∷＝ConstantBegin＜CR＞{＜常量名＞,＜常量值＞＜CR＞}$_0^\infty$ ConstantEnd ＜CR＞

＜常量名＞∷＝＜字符串＞

＜常量值＞∷＝＜字符串＞

b) ＜值对应表＞∷＝RelationTableBegin＜CR＞{＜值对应表标识＞＜CR＞{＜原值＞,＜对应值＞{,＜别名＞}$_0^\infty$＜CR＞}0＜CR＞}$_0^\infty$ RelationTableEnd＜CR＞

＜值对应表标识＞∷＝＜字符串＞

＜原值＞∷＝＜字符串＞

<对应值>∷=<字符串>

<别名>∷=<字符串>

c) <图形表现>∷=RepresentationBegin<CR>{<图形表现编码><CR><图形表现属性项数><CR>{<图形表现关键词,<图形表现属性值>[,<值对应表标识><CR>]}$^{m}_{m}$0<CR>}$^{\infty}_{0}$ RepresentationEnd<CR>

1) <图形表现编码>∷=<字符串>

2) <图形表现属性项数>∷=<整数>

3) m=图形表现属性项数,$0\leqslant m<\infty$。

4) <图形表现关键词>∷=<字符串>

用于图形表现数据的关键词举例如表 4 所示。

5) <图形表现属性值>∷=[$(]<字符串>[)]

其中可选的符号$()表示宏替代,括号中的内容为常量名,图形表现属性值则应替代为预先定义的常量。图形表现属性值中不能有逗号(,)。

6) <值对应表标识>∷=<字符串>

如果值对应表标识不为空,说明该图形表现属性值存在着对应的值,这时需要根据值对应表标识在值对应表中查找对应的值。

表 4 用于图形表现的关键词

图形表现关键词	说明
LAYERNAME	图层名,以字符串值表示
COLOR	绘制对象时的颜色,以 RGB 值、CMYK 或颜色号表示
FORECOLOR	绘制对象时的前景颜色,以 RGB 值、CMYK 或颜色号表示
BACKCOLOR	绘制对象时的背景颜色,以 RGB 值、CMYK 或颜色号表示
SYMBOLID	绘制对象时的符号标识,以字符串值表示
SYMBOLLIBPROTOCOL	符号库协议描述,以字符串值表示
SYMBOLLIBLOCATION	符号库位置,以字符串值表示
SYMBOLDESCRIPTION	符号描述,以字符串值表示
RETRIEVALSTATUS	状态返回描述,以字符串值表示
POINTSIZE	绘制点对象时的大小,以浮点数值(毫米为单位)或线宽号表示
LINEWIDTH	绘制线对象时的线宽,以浮点数值(毫米为单位)或线宽号表示
LINESTYLEID	绘制线对象时的线型标识,以字符串值表示
PATTERNID	绘制对象时的填充图案标识,以字符串值表示
FONT	注记字体,以字符串值表示
ANNOHEIGHT	注记字符高度,以毫米为单位
ANNOWIDTH	注记字符宽度,以毫米为单位
ANNOSPACE	注记字符间隔,以毫米为单位
ANNOWEIGHT	注记线划的粗细程度,以 0～1 000 的整数表示,如 400 代表正常体,700 代表粗体字

表 4（续）

图形表现关键词	说　明
ANNOSTYLE	注记形状，0 代表正体，1 代表左斜，2 代表右斜，3 代表左耸，4 代表右耸
ANNOUNDERLINE	注记是否有下划线，0 表示没有下划线，1 表示有下划线
ANNOSTRIKE	注记是否有删除线，0 代表没有删除线，1 代表有单删除线，2 代表有双删除线
ANNOSHADOW	注记是否有阴影，0 表示没有阴影，1 表示有阴影
ANNOHOLE	注记是否为空心，0 表示没有空心，1 表示有空心
ANNOALIGNMENT	注记对齐方式，如图 4 所示。LB 代表左下，LC 代表左中，LT 代表左上，CT 代表中上，RT 代表右上，RC 代表右中，RB 代表右下，CB 代表中下，CC 代表中中
ANNOHORIZONTAL	注记是横排或竖排，0 表示横排，1 表示竖排
ANNOTRANSPARENT	注记是否为透明，0 表示不透明，1 表示透明

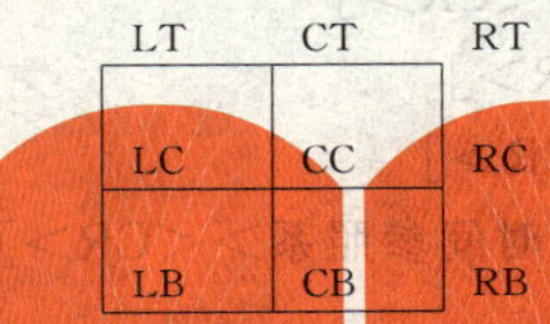

图 4　注记的对齐方式

5.11　矢量数据交换格式示例

矢量数据交换格式示例参见附录 D。

6　正射影像数据交换格式

6.1　一般规定

正射影像数据的交换格式，原则上采用国际工业标准无压缩的 TIFF 或 BMP 等格式，但需将大地坐标在影像上的定位信息以及像素的地面分辨率等信息另写一个文件，和 TIFF 或 BMP 等格式的文件一起组成正射影像数据。

6.2　正射影像数据的原点和存贮顺序

正射影像数据的栅格坐标位于栅格的中心，影像的值是每一个栅格中心代表的值。正射影像数据的存贮采取从北到南，从西到东的顺序。

6.3　内容和格式

＜正射影像数据交换格式＞ ::= ＜正射影像文件＞＜附加信息文件＞

6.3.1　正射影像文件

＜正射影像文件＞ ::= 无压缩的 TIFF 文件|BMP 文件|其他格式的影像文件

“TIFF 文件”和“BMP 文件”参见相关标准，本标准不再定义，存贮的顺序是从北到南，从西到东。

6.3.2　附加信息文件

附加的信息用文本格式或 XML 格式另写一个文件，不应破坏原有 TIFF 或 BMP 等格式。附加的信息分两类：基本的且应有的信息（基本部分）和扩充的附加信息（扩充部分）。

＜附加信息文件＞ ::=

　　DataMark：CNSDTF-IMG＜CR＞

　　Version：＜GB/T 17798—2007＞＜CR＞

　　Type：TIFF|BMP|＜字符串＞＜CR＞

　　SaveWay：Y|H|B|RGB＜CR＞

　　Band：＜字符串＞{,＜字符串＞}＜CR＞

Alpha：＜浮点＞＜CR＞
RowNumber：＜整数＞＜CR＞
ColNumber：＜整数＞＜CR＞
Row：＜整数＞＜CR＞
Col：＜整数＞＜CR＞
Xr：＜浮点＞＜CR＞
Yc：＜浮点＞＜CR＞
Dr：＜浮点＞＜CR＞
Dc：＜浮点＞＜CR＞
[CoordinateSystemType：C|D|P＜CR＞]
[XYUnit：M|D|＜其他单位＞＜CR＞]
[Spheroid：＜参考椭球＞＜CR＞]
[PrimeMeridian：＜首子午线＞＜CR＞]
[Projection：＜投影类型＞＜CR＞]
[Parameters：＜投影参数＞＜CR＞]
[TemporalReferenceSystem：＜时间参照系＞＜CR＞]
[MinV：＜整数＞＜CR＞]
[MaxV：＜整数＞＜CR＞]

附加信息交换格式示例见附录E。

6.3.2.1 影像交换格式标志

DataMark：中国地球空间数据交换格式—影像交换格式(CNSDTF-IMG)的标志。基本部分。

6.3.2.2 版本号

Version：空间数据交换格式的版本号。基本部分。

6.3.2.3 影像类型

Type：影像类型。基本部分。

6.3.2.4 存贮方式

SaveWay：彩色影像采取的存贮方式。Y表示以像元为间隔排列，H表示以行为间隔排列，B表示以波段为间隔排列，RGB表示RGB混合彩色图像。基本部分。

6.3.2.5 波段

Band：选用的波段。基本部分。

6.3.2.6 方向角

Alpha：方向角。基本部分。

6.3.2.7 栅格矩阵的行数

RowNumber：栅格矩阵的行数，扩充部分，由影像数据文件获得。

6.3.2.8 栅格矩阵的列数

ColNumber：栅格矩阵的列数，扩充部分，由影像数据文件获得。

6.3.2.9 定位点行号

Row：定位点行号。基本部分。

6.3.2.10 定位点列号

Col：定位点列号。基本部分。

与定位点行号共同确定了定位栅格在矩阵中的位置。

6.3.2.11 定位点的X坐标

Xr：定位点的X坐标。基本部分。

6.3.2.12 定位点的 Y 坐标

Yc：定位点的 Y 坐标。基本部分。

定位点的坐标位于定位栅格的中心。

6.3.2.13 像素在行方向上的地面分辨率

Dr：像素在行方向上的地面分辨率。基本部分。

6.3.2.14 像素在列方向上的地面分辨率

Dc：像素在列方向上的地面分辨率。基本部分。

6.3.2.15 坐标系类型

见 5.2.3.3。

6.3.2.16 坐标单位

见 5.2.3.6。

6.3.2.17 参考椭球

见 5.2.3.7。

6.3.2.18 首子午线

见 5.2.3.8。

6.3.2.19 投影类型

见 5.2.3.9。

6.3.2.20 投影参数

见 5.2.3.10。

6.3.2.21 时间参照系

见 5.2.3.12。

6.3.2.22 像素值范围

MinV：像素的最小值。

MaxV：像素的最大值。

7 格网数据交换格式

7.1 格网的值

格网的值是该格网的高程、要素类型编码或统计数据。

7.2 格网的原点和存贮顺序

格网的原点在左上角，格网数据的存贮采取从北到南，从西到东的顺序。

7.3 数据文件组成

数据文件包含两部分：文件头和数据体。

7.4 内容和格式

<格网数据交换格式> ∷＝ <文件头><数据体>

7.4.1 文件头

文件头的信息分两类：基本的且应有的信息（基本部分）和扩充的附加信息（扩充部分）。

<文件头> ∷＝ DataMark：CNSDTF-RAS|CNSDTF-DEM<CR>
Version：<GB/T 17798—2007><CR>
Alpha：<浮点><CR>
Compress：0|1<CR>
X0：<浮点><CR>
Y0：<浮点><CR>
DX：<浮点><CR>

DY：＜浮点＞＜CR＞
Row：＜整数＞＜CR＞
Col：＜整数＞＜CR＞
ValueType：Char|Integer＜CR＞
HZoom：＜整数＞＜CR＞
[CoordinateSystemType：C|D|P＜CR＞]
[XYUnit：M|D|＜其他单位＞＜CR＞]
[ZUnit：M|＜其他单位＞＜CR＞]
[Spheroid：＜参考椭球＞＜CR＞]
[PrimeMeridian：＜首子午线＞＜CR＞]
[Projection：＜投影类型＞＜CR＞]
[Parameters：＜投影参数＞＜CR＞]
[VerticalDatum：＜高程基准＞＜CR＞]
[TemporalReferenceSystem：＜时间参照系＞＜CR＞]
[MinV：＜字符|整数＞＜CR＞]
[MaxV：＜字符|整数＞＜CR＞]

7.4.1.1 格网数据交换格式标志

DataMark：中国地球空间数据交换格式—格网数据交换格式(CNSDTF-RAS 或 CNSDTF-DEM)的标志。基本部分。

7.4.1.2 版本号

Version：空间数据交换格式的版本号。基本部分。

7.4.1.3 方向角

Alpha：方向角。基本部分。

7.4.1.4 压缩方法

Compress：压缩方法。0 表示不压缩,1 表示游程编码。基本部分。

7.4.1.5 左上角原点 X 坐标

X0：左上角原点(中心位置)X 坐标。基本部分。

7.4.1.6 左上角原点 Y 坐标

Y0：左上角原点(中心位置)Y 坐标。基本部分。

7.4.1.7 X 方向的间距

DX：X 方向的间距。基本部分。

7.4.1.8 Y 方向的间距

DY：Y 方向的间距。基本部分。

7.4.1.9 行数

Row：行数。基本部分。

7.4.1.10 列数

Col：列数。基本部分。

7.4.1.11 格网值的类型

ValueType：格网值的类型。基本部分。

7.4.1.12 高程放大倍率

HZoom：高程放大倍率。基本部分。

设置高程的放大倍率,使高程数据可以整数存贮。例如,如果高程精度精确到厘米,高程的放大倍率为 100,如果高程精度精确到毫米,高程的放大倍率为 1 000。如果不是数字高程模型(DEM),则

HZoom 为 1。

7.4.1.13 坐标系类型

见 5.2.3.3。

7.4.1.14 坐标单位

见 5.2.3.6。仅对于 DEM,高程单位有效。

7.4.1.15 参考椭球

见 5.2.3.7。

7.4.1.16 首子午线

见 5.2.3.8。

7.4.1.17 投影类型

见 5.2.3.9。

7.4.1.18 投影参数

见 5.2.3.10。

7.4.1.19 高程基准

见 5.2.3.11。仅对于 DEM,高程基准有效。

7.4.1.20 时间参照系

见 5.2.3.12。

7.4.1.21 格网值范围

MinV:格网最小值。

MaxV:格网最大值。

这里应为乘了放大倍率以后的最大最小值。

7.4.2 数据体

<数据体> ::= {<格网值>{,<格网值>}$_0^9$<CR>} | {<格网值><整数>{,<格网值><整数>}$_0^9$<CR>}$_0^\infty$

压缩方法为 0 时采用数据体的前一种格式;压缩方法为 1 时采用数据体的后一种格式,<整数>表示游程长度。数据体中的总数值单元数由行数乘列数决定,在文件中每 10 个单元记录一行。

<格网值> ::= <字符串>|<整数>

7.5 格网数据交换格式示例

格网数据交换格式示例见附录 F。

附 录 A
（规范性附录）
空间数据的概念和对象模型

A.1 概念模型

本标准所规定的空间数据交换格式概念模型包括三个部分：空间现象模型、用于表示空间现象的空间对象模型和解释空间对象与空间现象相互联系的空间要素模型。

下列术语定义了概念模型的各个部分：

a) 现象(Phenomenon)——事实、存在或环境。如：中山路、京九铁路、顺义县等都是现象。

b) 分类(Classification)——把相似现象划分为同一类。一个具体的现象是所属类的一个实例。如：中山路是路类的一个实例。

c) 综合(Generalization)——把一些类抽象到另一些类的过程。一般的类包括所有子类的一个实例。如：下水道包括于更一般的设施类之中。

d) 聚集(Aggregation)——由元现象构造更加复杂现象的操作。例如：房屋是墙、门窗和房顶的聚合。

e) 关联(Association)——采用不同于分类的标准把现象分成不同的集合。例如：水泥路可能与水泥下水道、水泥闸门以及其他由水泥构筑起来的现象有关。

A.1.1 空间现象模型

CNSDTF 转换关于现象的信息，这些现象定义于时空中，并且采用一个固定的位置来描述，这种现象也叫空间现象。所有现象都属于某一现象类。如：红星农场属于农场类，该类所具有的特征称为属性，例如：面积是农场的一种属性。一个属性值是该属性所在类的一个现象的具体量或质。例如：红星农场拥有面积 1 600 公顷。

一个给定的现象是否属于某一类，决定于该类的定义。这个定义由对该类的所有成员共有特征的描述所组成，它还包括这一类区别于其他类的特征。这些定义特征是把某些现象归入这一类或将其他一些现象从这一类排除的充分必要条件。数据采集者能够定义哪些类现象是有意义的。现象的这些类别称为实体类型。而具体的现象称为实体实例。

每一类都有自己的特定属性。每类的属性具有关键属性。关键属性值的组合形成了每个实体唯一的识别标志。

实体实例可以聚合成为一个不同类型实体的实例。

多种实体类型可以依据多个类所共有的定义特征归纳为专题。专题也可有其自己的属性，包括名称。

实体实例的联系是用定义实体类型之外的特征定义的。一种公共的联系是空间域，将具有指定范围内坐标值的所有实体实例聚合在一起。另一个有用的联系是时间域。CNSDTF 把实体实例表示为表态的，没有时间维。然而，可将时间属性值如将年代赋给实体实例，并用这些属性值把实例联成具有公共时间范围的集合。

关系是联系的一种特殊情况。关系存在于实体类型之间。关系实例是具有唯一关系值的实体实例之间的联系。

A.1.2 空间对象模型

实体实例具有一种数字表示。这种数字由一个或多个的空间对象组成。一个空间对象可以是许多其他空间对象的聚合，但并不需要所有这些空间对象都表示一个实体实例。能表示单个实体实例的全部内容的空间对象是一个实体对象，它可以归入某个实体对象类。而且实体对象具有许多通性和联系：

一个实体专题的表示就是一个对象专题,同样实体空间域的表示都是对象空间域。一般说来,实体实例和实体对象间的相互对应是与实体和对象的所有特征相对应的。

实体对象具有位置属性(空间地址)、非位置属性和相互关系(拓扑关系)。实体对象的属性和相互关系不必象它们对应的实体实例的属性与相互关系那么详细。用于区别特定实例的关键属性在实际的转换中可能不出现,而实体对象记录的标识符可能是区别实例的唯一途径。

空间对象不管它们是否是实体对象都可能具有独立的属性,所有对象都可以实体实例可能有的同样通用的方式进行分类、聚合和联系。

本标准定义一个简单的空间对象的集合。这些简单的空间对象或者是原始对象(不能由其他对象聚合而成),或者是仅仅由属于不同类的空间对象聚合而成(例如,多边形不能由多边形集合而成,而只能由弧段集合组成)。组合对象是仅有的例外,组合空间对象可以由简单的对象或其他组合对象聚合而成。

A.1.3 空间要素模型

传统的地理数据处理过程中的术语没有把现象和其表示区别开来。二者都当作要素。为了明确起见,在本标准中要素被定义为现象和其表示的结合。一个要素实例由一个实体实例和表示它的实例对象组成,并属于某种要素类型。

A.2 空间对象的定义

空间对象含有两方面的特性:几何特性和属性特性。几何特性由下面的定义区分;属性特性由属性编码区分。空间对象有下列几种类型:

a) 纯几何类型。例如一个独立点、一条等高线,只有几何位置,没有对象之间的关联关系。

b) 几何拓扑类型。既有几何位置,又有拓扑关系,如结点、公共弧段。

c) 纯拓扑类型。仅有拓扑关联关系,通常用于定义空间分析操作。

d) 空间要素。有属性特征,或者说有确定的要素意义,有对应的要素编码和属性描述记录,如油井、房屋、公园等。

e) 非要素类型。没有确定的要素意义,只是为了便于空间数据的表达和组织方便设置的中间对象,如一个纯粹的结点或多边形的公共弧段。

前三种由几何概念区分,后两种以属性概念区分。它们之间有概念的交叉,以上划分主要是为了下面的叙述方便。

A.2.1 0维空间对象

0维对象主要有以下几种类型:

a) 独立点状要素。是纯几何类型,但它是一个空间要素,有对应的属性编码和属性表。

b) 纯结点。是几何拓扑元素,不是一种要素类型。这种结点只是用来表达与弧段的关联关系和几何位置。

c) 结点要素。既是几何拓扑类型,又是空间要素。如电力线之间的结点往往是一个配电站。

d) 注记参考点。用作注记位置的参考,可将它放入注记的数据结构中。

e) 多边形标识点。是多边形的辅助信息,可放在多边形的数据结构中。

以上a)、b)、c)三类空间对象有许多相似性,又有交叉的概念联系,应在设计数据结构时,把它们作为一类对象处理,称为结点一点状类型,并用特征描述码将它们区分为不同的对象。

A.2.2 一维对象

一维对象主要有以下几种类型:

a) 拓扑弧段:它是几何拓扑类型。弧段没有分支,有起结点和终结点。它可能是线状要素的一部分,也可能仅是面状要素的边界,并且甚至可以既是面状要素的边界,同时又是一个或多个线状要素的一部分或全部。弧段本身一般没有要素意义,但是如果一条弧段本身就是一个线状要素，那么它可以直接赋以要素的编码，连接到属性表，拓扑弧段可能有折线、圆、圆弧、光滑曲线等几何特征。

b) 无拓扑弧段：它是一种纯几何要素，有些系统称为面条要素（Spaghetti）。例如等高线，一般不需要考虑它的起结点、终结点、左多边形和右多边形。它比前面所述的拓扑弧段要简单得多。就形状上说，无拓扑弧段也有光滑与不光滑之分。

c) 线状要素：一个线状要素可以由一条或若干条弧段组成。线状要素允许有分支和交叉，以使它扩展到处理河流流域和交通等问题。线状要素必须有属性编码，并联接到属性表。

拓扑弧段与无拓扑弧段可合并成一类，共用一个数据结构，并用特征码进行区分。

A.2.3 二维对象

二维对象主要有以下几种类型：

a) 简单多边形：包括一个外边界但不带内岛的多边形。

b) 带岛的多边形：由外边界和一个或多个内岛组成的多边形。

c) 复合多边形：由多个简单多边形和/或带岛多边形组成的多边形。

d) 广义多边形：仅有内岛边界没有外边界的多边形。

e) 像元：一个二维图素，它是最小的不可再分的图像元素。

f) 网络单元：网格单元的二维对象。

A.2.4 栅格对象

栅格对象主要有以下几种类型：

a) 图像或称数字影像：它是组成一个图案的，在空间上规则排列的元素的二维矩阵。

b) 格网：它是某种面的规则或接近规则的镶拼。通常是长方形或正方形。如基于格网的GIS，或数字高程模型。

附 录 B
（资料性附录）
标准的模式(Schema)

B.1 概述

为了能够提供以 XML 形式表示的地球空间数据,结合本标准,形成了符合本标准的地球空间数据模式。

用户可以根据应用的需要选择使用文本的格式或 XML 编码方式表示他们的空间数据。

B.2 Csdf.xsd

```
<? xml version="1.0" encoding="UTF-8"? >
<schema targetNamespace="http://www.csdf.org/Schema" xmlns:csdf="http://www.csdf.org/Schema"
xmlns="http://www.w3.org/2001/XMLSchema" elementFormDefault="qualified" attributeForm-Default="unqualified">
    <complexType name="datasetType">
        <annotation>
            <documentation>分为矢量数据集、影像数据集和格网数据集</documentation>
        </annotation>
        <choice>
            <element ref="csdf:vectorData"/>
            <element ref="csdf:imageData"/>
            <element ref="csdf:gridData"/>
        </choice>
    </complexType>
    <element name="dataset" type="csdf:datasetType">
        <annotation>
            <documentation>所有数据实例必须以该元素作为根元素。</documentation>
        </annotation>
    </element>
    <complexType name="vectorDataType">
        <annotation>
            <documentation>矢量数据类型</documentation>
        </annotation>
        <sequence>
            <element ref="csdf:vectorMetaData"/>
            <element ref="csdf:featureCodes"/>
            <element ref="csdf:tableStructures"/>
            <element ref="csdf:pointFeatures" minOccurs="0"/>
            <element ref="csdf:curveFeatures" minOccurs="0"/>
            <element ref="csdf:polygonFeatures" minOccurs="0"/>
```

```
        <element ref="csdf:solidFeatures" minOccurs="0"/>
        <element ref="csdf:multiGeometryFeatures" minOccurs="0"/>
        <element ref="csdf:annotationFeatures" minOccurs="0"/>
        <element ref="csdf:topoNodes" minOccurs="0"/>
        <element ref="csdf:topoEdges" minOccurs="0"/>
        <element ref="csdf:attributeTables" minOccurs="0"/>
        <element ref="csdf:varchars" minOccurs="0"/>
        <element ref="csdf:styles" minOccurs="0"/>
    </sequence>
</complexType>
<element name="vectorData" type="csdf:vectorDataType">
    <annotation>
        <documentation>矢量数据</documentation>
    </annotation>
</element>
<complexType name="vectorMetaDataType">
    <annotation>
        <documentation>矢量数据元数据类型</documentation>
    </annotation>
    <sequence>
        <element name="version" type="string" fixed="GB/T 17798—2007">
            <annotation>
                <documentation>版本号</documentation>
            </annotation>
        </element>
        <element ref="csdf:coordinateSystem" minOccurs="0"/>
        <element ref="csdf:dim" minOccurs="0"/>
        <element name="xAxisDirection" type="csdf:axisDirectionType" minOccurs="0">
            <annotation>
                <documentation>X 坐标轴方向</documentation>
            </annotation>
        </element>
        <element name="yAxisDirection" type="csdf:axisDirectionType" minOccurs="0">
            <annotation>
                <documentation>Y 坐标轴方向</documentation>
            </annotation>
        </element>
        <element ref="csdf:xyUnit" minOccurs="0"/>
        <element ref="csdf:zUnit" minOccurs="0"/>
        <element ref="csdf:spheroid" minOccurs="0"/>
        <element ref="csdf:primeMeridian" minOccurs="0"/>
        <element ref="csdf:projection" minOccurs="0"/>
        <element ref="csdf:projectionParameters" minOccurs="0"/>
```

```
        <element ref="csdf:verticalDatum" minOccurs="0"/>
        <element ref="csdf:temporalReferenceSystem" minOccurs="0"/>
        <element ref="csdf:envelope" minOccurs="0"/>
        <element name="mapScale" type="double" minOccurs="0">
            <annotation>
                <documentation>数据集比例尺</documentation>
            </annotation>
        </element>
        <element name="offset" type="csdf:pointType" minOccurs="0">
            <annotation>
                <documentation>坐标偏移量</documentation>
            </annotation>
        </element>
        <element name="separator" type="string" default="," minOccurs="0">
            <annotation>
                <documentation>任意单字节非空白字符,用做属性字段分隔符</documentation>
            </annotation>
        </element>
        <element name="createDate" type="dateTime" minOccurs="0">
            <annotation>
                <documentation>数据集创建时间</documentation>
            </annotation>
        </element>
    </sequence>
</complexType>
<element name="vectorMetaData" type="csdf:vectorMetaDataType">
    <annotation>
        <documentation>矢量数据元数据</documentation>
    </annotation>
</element>
<complexType name="unitType">
    <sequence>
        <element name="name" type="string" default="M">
            <annotation>
                <documentation>单位名称,M表示米,D表示经纬度</documentation>
            </annotation>
        </element>
        <element name="type" default="Length" minOccurs="0">
            <annotation>
                <documentation>单位类型</documentation>
            </annotation>
            <simpleType>
                <restriction base="string">
```

```
                <enumeration value="Length"/>
                <enumeration value="Angle"/>
            </restriction>
        </simpleType>
    </element>
    <element name="factor" type="double" default="1.0" minOccurs="0">
        <annotation>
            <documentation>单位因子</documentation>
        </annotation>
    </element>
  </sequence>
</complexType>
<element name="xyUnit" type="csdf:unitType">
  <annotation>
    <documentation>平面坐标单位</documentation>
  </annotation>
</element>
<element name="zUnit" type="csdf:unitType">
  <annotation>
    <documentation>高程坐标单位</documentation>
  </annotation>
</element>
<simpleType name="axisDirectionType">
  <annotation>
    <documentation>坐标轴方向</documentation>
  </annotation>
  <restriction base="string">
    <enumeration value="East"/>
    <enumeration value="North"/>
    <enumeration value="West"/>
    <enumeration value="South"/>
  </restriction>
</simpleType>
<simpleType name="dimType">
  <annotation>
    <documentation>坐标维数类型,2 表示仅有二维坐标,3 表示有三维坐标。</docu-
mentation>
  </annotation>
  <restriction base="integer">
    <enumeration value="2"/>
    <enumeration value="3"/>
  </restriction>
</simpleType>
```

```
<element name="dim" type="csdf:dimType" default="2">
    <annotation>
        <documentation>坐标维数</documentation>
    </annotation>
</element>
<simpleType name="coordinateSystemType">
    <annotation>
        <documentation>坐标系类型。C 表示笛卡儿(Cartesian)坐标系、D 表示大地坐标系，P
表示投影坐标系。</documentation>
    </annotation>
    <restriction base="string">
        <enumeration value="C"/>
        <enumeration value="D"/>
        <enumeration value="P"/>
    </restriction>
</simpleType>
<element name="coordinateSystem" type="csdf:coordinateSystemType" default="C">
    <annotation>
        <documentation>坐标系</documentation>
    </annotation>
</element>
<complexType name="spheroidType">
    <annotation>
        <documentation>参考椭球类型</documentation>
    </annotation>
    <sequence>
        <element name="name" type="string">
            <annotation>
                <documentation>参考椭球名称</documentation>
            </annotation>
        </element>
        <element name="description" type="string" minOccurs="0"/>
        <element name="source" type="string" minOccurs="0"/>
        <element name="semiMajor" type="double">
            <annotation>
                <documentation>长半轴</documentation>
            </annotation>
        </element>
        <element name="inverseFlatten" type="double">
            <annotation>
                <documentation>扁率</documentation>
            </annotation>
        </element>
```

```
            </sequence>
        </complexType>
        <element name="spheroid" type="csdf:spheroidType">
            <annotation>
                <documentation>参考椭球</documentation>
            </annotation>
        </element>
        <element name="primeMeridian" type="csdf:primeMeridianType">
            <annotation>
                <documentation>首子午线</documentation>
            </annotation>
        </element>
        <complexType name="primeMeridianType">
            <sequence>
                <element name="name" type="string" default="Greenwich">
                    <annotation>
                        <documentation>首子午线名称,缺省为格林尼治子午线</documentation>
                    </annotation>
                </element>
                <element name="longtitude" type="double" default="0.0" minOccurs="0">
                    <annotation>
                        <documentation>从格林尼治子午线起算度量首子午线的经度,向东为正</
documentation>
                    </annotation>
                </element>
            </sequence>
        </complexType>
        <complexType name="projectionType">
            <annotation>
                <documentation>投影类型</documentation>
            </annotation>
            <sequence>
                <element name="type">
                    <annotation>
                        <documentation>投影名称</documentation>
                    </annotation>
                    <simpleType>
                        <restriction base="string">
                            <enumeration value="地理坐标系"/>
                            <enumeration value="高斯-克吕格"/>
                            <enumeration value="兰勃特正形割圆锥"/>
                            <enumeration value="兰勃特正形切圆锥"/>
                            <enumeration value="兰勃特等积方位"/>
```

```
                        <enumeration value="亚尔勃斯等积割圆锥"/>
                        <enumeration value="亚尔勃斯等积切圆锥"/>
                        <enumeration value="通用横轴墨卡托"/>
                        <enumeration value="墨卡托正轴等角切圆柱"/>
                        <enumeration value="墨卡托正轴等角割圆柱"/>
                        <enumeration value="波斯托等距切方位"/>
                        <enumeration value="彭纳等积伪圆锥"/>
                        <enumeration value="等积正轴切圆柱"/>
                        <enumeration value="等积正轴割圆柱"/>
                        <enumeration value="等距正轴切圆锥"/>
                        <enumeration value="等距正轴割圆锥"/>
                        <enumeration value="等积斜轴切方位"/>
                    </restriction>
                </simpleType>
            </element>
            <element name="description" type="string" minOccurs="0"/>
        </sequence>
    </complexType>
    <element name="projection" type="csdf:projectionType">
        <annotation>
            <documentation>投影</documentation>
        </annotation>
    </element>
    <complexType name="projectionParametersType">
        <annotation>
            <documentation>投影参数类型</documentation>
        </annotation>
        <sequence>
            <element name="origin_longitude" type="double" minOccurs="0">
                <annotation>
                    <documentation>原点经度,以度为单位</documentation>
                </annotation>
            </element>
            <element name="origin_latitude" type="double" minOccurs="0">
                <annotation>
                    <documentation>原点纬度,以度为单位</documentation>
                </annotation>
            </element>
            <element name="first_standard_parallel" type="double" minOccurs="0">
                <annotation>
                    <documentation>第一标准纬线,以度为单位</documentation>
                </annotation>
            </element>
```

```
        <element name="second_standard_parallel" type="double" minOccurs="0">
            <annotation>
                <documentation>第二标准纬线,以度为单位</documentation>
            </annotation>
        </element>
        <element name="azimuth" type="double" minOccurs="0">
            <annotation>
                <documentation>方位角,以度为单位</documentation>
            </annotation>
        </element>
        <element name="scale_reduction_factor" type="double" default="1.0" minOccurs="0">
            <annotation>
                <documentation>归化比例因子</documentation>
            </annotation>
        </element>
        <element name="false_easting" type="double" default="500" minOccurs="0">
            <annotation>
                <documentation>东偏,以公里为单位</documentation>
            </annotation>
        </element>
        <element name="false_northing" type="double" default="0" minOccurs="0">
            <annotation>
                <documentation>北偏,以公里为单位</documentation>
            </annotation>
        </element>
        <element name="zone_width" type="double" minOccurs="0">
            <annotation>
                <documentation>带宽,如1.5度带,3度带,6度带,9度带等</documentation>
            </annotation>
        </element>
        <element name="zone_number" type="integer" minOccurs="0">
            <annotation>
                <documentation>带号</documentation>
            </annotation>
        </element>
    </sequence>
</complexType>
<element name="projectionParameters" type="csdf:projectionParametersType">
    <annotation>
        <documentation>投影参数</documentation>
    </annotation>
</element>
<complexType name="verticalDatumType">
```

```
    <annotation>
        <documentation>高程基准类型</documentation>
    </annotation>
    <sequence>
        <element name="name" type="string" default="1985 国家高程基准">
            <annotation>
                <documentation>高程基准名称</documentation>
            </annotation>
        </element>
        <element name="heightDifference" type="double" default="0.0" minOccurs="0">
            <annotation>
                <documentation>与 1985 国家高程基准的较差</documentation>
            </annotation>
        </element>
    </sequence>
</complexType>
<element name="verticalDatum" type="csdf:verticalDatumType">
    <annotation>
        <documentation>高程基准</documentation>
    </annotation>
</element>
<complexType name="temporalReferenceSystemType">
    <annotation>
        <documentation>时间参照系类型</documentation>
    </annotation>
    <sequence>
        <element name="name" type="string" default="协调世界时">
            <annotation>
                <documentation>时间参照系名称，缺省为协调世界时(UTC)</documentation>
            </annotation>
        </element>
        <element name="zone" type="double" default="0.0" minOccurs="0">
            <annotation>
                <documentation>与协调世界时的时差</documentation>
            </annotation>
        </element>
    </sequence>
</complexType>
<element name="temporalReferenceSystem" type="csdf:temporalReferenceSystemType">
    <annotation>
        <documentation>时间参照系</documentation>
    </annotation>
</element>
```

```
<simpleType name="geometryTypeType">
    <annotation>
        <documentation>几何类型</documentation>
    </annotation>
    <restriction base="string">
        <enumeration value="Point"/>
        <enumeration value="Line"/>
        <enumeration value="Polygon"/>
        <enumeration value="Annotation"/>
        <enumeration value="Solid"/>
    </restriction>
</simpleType>
<complexType name="featureCodeType">
    <annotation>
        <documentation>要素类型参数类型</documentation>
    </annotation>
    <sequence>
        <element name="code" type="string">
            <annotation>
                <documentation>要素类型编码</documentation>
            </annotation>
        </element>
        <element name="name" type="string">
            <annotation>
                <documentation>要素类型名称</documentation>
            </annotation>
        </element>
        <element name="geometryType" type="csdf:geometryTypeType">
            <annotation>
                <documentation>几何类型</documentation>
            </annotation>
        </element>
        <element name="tableName" type="string">
            <annotation>
                <documentation>属性表名</documentation>
            </annotation>
        </element>
        <element name="userItem" minOccurs="0" maxOccurs="unbounded">
            <annotation>
                <documentation>用户项</documentation>
            </annotation>
            <complexType>
                <simpleContent>
```

```
                    <extension base="string">
                        <attribute name="name" type="string">
                            <annotation>
                                <documentation>用户项的名称</documentation>
                            </annotation>
                        </attribute>
                    </extension>
                </simpleContent>
            </complexType>
        </element>
    </sequence>
</complexType>
<element name="featureCode" type="csdf:featureCodeType">
    <annotation>
        <documentation>要素类型参数</documentation>
    </annotation>
</element>
<complexType name="featureCodesType">
    <sequence>
        <element ref="csdf:featureCode" minOccurs="0" maxOccurs="unbounded"/>
    </sequence>
</complexType>
<element name="featureCodes" type="csdf:featureCodesType">
    <annotation>
        <documentation>要素类型参数数据</documentation>
    </annotation>
</element>
<complexType name="tableStructuresType">
    <annotation>
        <documentation>属性表结构数据类型</documentation>
    </annotation>
    <sequence>
        <element ref="csdf:tableStructure" minOccurs="0" maxOccurs="unbounded"/>
    </sequence>
</complexType>
<element name="tableStructures" type="csdf:tableStructuresType">
    <annotation>
        <documentation>属性表结构数据</documentation>
    </annotation>
</element>
<complexType name="tableStructureType">
    <annotation>
        <documentation>属性表结构类型</documentation>
```

```
        </annotation>
        <sequence>
            <element name="tableName" type="string">
                <annotation>
                    <documentation>属性表名</documentation>
                </annotation>
            </element>
            <element name="hasGeometry" type="boolean" default="true" minOccurs="0">
                <annotation>
                    <documentation>是否有几何属性</documentation>
                </annotation>
            </element>
            <element ref="csdf:fields"/>
        </sequence>
    </complexType>
    <element name="tableStructure" type="csdf:tableStructureType">
        <annotation>
            <documentation>属性表结构</documentation>
        </annotation>
    </element>
    <complexType name="fieldsType">
        <annotation>
            <documentation>属性项类型</documentation>
        </annotation>
        <sequence>
            <element ref="csdf:field" maxOccurs="unbounded"/>
        </sequence>
    </complexType>
    <element name="fields" type="csdf:fieldsType">
        <annotation>
            <documentation>属性项</documentation>
        </annotation>
    </element>
    <complexType name="fieldType">
        <annotation>
            <documentation>属性字段类型</documentation>
        </annotation>
        <sequence>
            <element name="name" type="string">
                <annotation>
                    <documentation>属性字段名</documentation>
                </annotation>
            </element>
```

```
<element name="type">
    <annotation>
        <documentation>属性字段类型</documentation>
    </annotation>
    <simpleType>
        <restriction base="string">
            <enumeration value="char"/>
            <enumeration value="int1"/>
            <enumeration value="int2"/>
            <enumeration value="int4"/>
            <enumeration value="int8"/>
            <enumeration value="float"/>
            <enumeration value="double"/>
            <enumeration value="date"/>
            <enumeration value="time"/>
            <enumeration value="datetime"/>
            <enumeration value="varchar"/>
            <enumeration value="varbin"/>
        </restriction>
    </simpleType>
</element>
<element name="totalDigitals" type="integer" minOccurs="0">
    <annotation>
        <documentation>属性值的长度</documentation>
    </annotation>
</element>
<element name="fracDigitals" type="integer" minOccurs="0">
    <annotation>
        <documentation>属性值的小数位数</documentation>
    </annotation>
</element>
</sequence>
</complexType>
<element name="field" type="csdf:fieldType">
    <annotation>
        <documentation>属性字段</documentation>
    </annotation>
</element>
<complexType name="featurePropertyType">
    <annotation>
        <documentation>要素一般属性类型</documentation>
    </annotation>
    <sequence>
```

```
        <element name="featureID" type="long">
            <annotation>
                <documentation>对象标识码,整数,在同一文档必须唯一</documentation>
            </annotation>
        </element>
        <element name="featureCode" type="string">
            <annotation>
                <documentation>要素类型编码</documentation>
            </annotation>
        </element>
        <element name="featureStyle" type="string">
            <annotation>
                <documentation>图形表现编码</documentation>
            </annotation>
        </element>
    </sequence>
</complexType>
<element name="featureProperty" type="csdf:featurePropertyType">
    <annotation>
        <documentation>要素一般属性</documentation>
    </annotation>
</element>
<complexType name="pointFeaturesType">
    <sequence>
        <element ref="csdf:pointFeature" minOccurs="0" maxOccurs="unbounded"/>
    </sequence>
</complexType>
<element name="pointFeatures" type="csdf:pointFeaturesType">
    <annotation>
        <documentation>点要素数据</documentation>
    </annotation>
</element>
<simpleType name="pointType">
    <list itemType="double"/>
</simpleType>
<element name="point" type="csdf:pointType"/>
<complexType name="pointFeatureType">
    <sequence>
        <element ref="csdf:featureProperty"/>
        <element name="type" default="1">
            <annotation>
                <documentation>点的特征类型,1 表示独立点,2 表示结点,3 表示有向点,
4 表示点簇。</documentation>
```

```
            </annotation>
            <simpleType>
                <restriction base="integer">
                    <enumeration value="1"/>
                    <enumeration value="2"/>
                    <enumeration value="3"/>
                    <enumeration value="4"/>
                </restriction>
            </simpleType>
        </element>
        <sequence>
            <element ref="csdf:point" maxOccurs="unbounded"/>
        </sequence>
    </sequence>
</complexType>
<element name="pointFeature" type="csdf:pointFeatureType"/>
<complexType name="curveFeaturesType">
    <sequence>
        <element ref="csdf:curveFeature" minOccurs="0" maxOccurs="unbounded"/>
    </sequence>
</complexType>
<element name="curveFeatures" type="csdf:curveFeaturesType">
    <annotation>
        <documentation>线要素数据</documentation>
    </annotation>
</element>
<complexType name="curveFeatureType">
    <sequence>
        <element ref="csdf:featureProperty"/>
        <choice>
            <element ref="csdf:curve"/>
            <element ref="csdf:referenceCurve"/>
        </choice>
    </sequence>
</complexType>
<element name="curveFeature" type="csdf:curveFeatureType"/>
<element name="curve" type="csdf:segmentsType"/>
<complexType name="segmentsType">
    <sequence>
        <element ref="csdf:segment" maxOccurs="unbounded"/>
    </sequence>
</complexType>
<element name="segments" type="csdf:segmentsType"/>
```

```
<complexType name="segmentType">
    <choice>
        <element ref="csdf:lineString"/>
        <element ref="csdf:arcByThreePoint"/>
        <element ref="csdf:arcByCenterPoint"/>
        <element ref="csdf:ellipseArc"/>
        <element ref="csdf:cubicSpline"/>
        <element ref="csdf:BSpline"/>
        <element ref="csdf:Bezier"/>
    </choice>
</complexType>
<element name="segment" type="csdf:segmentType"/>
<complexType name="lineStringType">
    <sequence>
        <element ref="csdf:point" minOccurs="2" maxOccurs="unbounded"/>
    </sequence>
</complexType>
<element name="lineString" type="csdf:lineStringType"/>
<complexType name="arcByThreePointType">
    <sequence>
        <element ref="csdf:point" minOccurs="3" maxOccurs="3"/>
    </sequence>
</complexType>
<element name="arcByThreePoint" type="csdf:arcByThreePointType"/>
<complexType name="arcByCenterPointType">
    <sequence>
        <element name="centerPoint" type="csdf:pointType">
            <annotation>
                <documentation>圆心点</documentation>
            </annotation>
        </element>
        <element name="radius" type="double">
            <annotation>
                <documentation>半径</documentation>
            </annotation>
        </element>
        <element name="startAngle" type="csdf:angleValueType">
            <annotation>
                <documentation>起始角</documentation>
            </annotation>
        </element>
        <element name="endAngle" type="csdf:angleValueType">
            <annotation>
```

```
            <documentation>终止角</documentation>
        </annotation>
    </element>
</sequence>
</complexType>
<element name="arcByCenterPoint" type="csdf:arcByCenterPointType"/>
<complexType name="ellipseArcType">
    <sequence>
        <element name="centerPoint" type="csdf:pointType">
            <annotation>
                <documentation>椭圆中心点</documentation>
            </annotation>
        </element>
        <element name="endPoint" type="csdf:pointType">
            <annotation>
                <documentation>长半轴端点</documentation>
            </annotation>
        </element>
        <element name="ratio" type="double">
            <annotation>
                <documentation>短半轴长度与长半轴的比率</documentation>
            </annotation>
        </element>
        <element name="startAngle" type="csdf:angleValueType">
            <annotation>
                <documentation>起始角</documentation>
            </annotation>
        </element>
        <element name="endAngle" type="csdf:angleValueType">
            <annotation>
                <documentation>终止角</documentation>
            </annotation>
        </element>
    </sequence>
</complexType>
<simpleType name="angleValueType">
    <annotation>
        <documentation>角度值,逆时针方向为正,以度为单位</documentation>
    </annotation>
    <restriction base="double"/>
</simpleType>
<element name="ellipseArc" type="csdf:ellipseArcType"/>
<complexType name="cubicSplineType">
```

```
        <sequence>
            <element ref="csdf:point" minOccurs="3" maxOccurs="unbounded"/>
            <element name="vectorAtStart" type="csdf:pointType"/>
            <element name="vectorAtEnd" type="csdf:pointType"/>
        </sequence>
    </complexType>
    <element name="cubicSpline" type="csdf:cubicSplineType"/>
    <complexType name="BSplineType">
        <sequence>
            <element ref="csdf:point" minOccurs="0" maxOccurs="unbounded"/>
            <element name="degree" type="nonNegativeInteger"/>
            <element name="knot" minOccurs="2" maxOccurs="unbounded">
                <complexType>
                    <sequence>
                        <element name="value" type="double"/>
                        <element name="multiplicity" type="nonNegativeInteger"/>
                        <element name="weight" type="double"/>
                    </sequence>
                </complexType>
            </element>
        </sequence>
    </complexType>
    <element name="BSpline" type="csdf:BSplineType"/>
    <complexType name="BezierType">
        <sequence>
            <element ref="csdf:point" minOccurs="0" maxOccurs="unbounded"/>
            <element name="degree" type="nonNegativeInteger"/>
            <element name="knot" minOccurs="2" maxOccurs="2">
                <complexType>
                    <sequence>
                        <element name="value" type="double"/>
                        <element name="multiplicity" type="nonNegativeInteger"/>
                        <element name="weight" type="double"/>
                    </sequence>
                </complexType>
            </element>
        </sequence>
    </complexType>
    <element name="Bezier" type="csdf:BezierType"/>
    <complexType name="referenceCurveType">
        <annotation>
            <documentation>引用线要素</documentation>
        </annotation>
```

```
    <sequence>
        <element name="referenceCurveID" type="long" maxOccurs="unbounded">
            <annotation>
                <documentation>标识号前的负号表示该引用线对象反向,0用于表示分隔不相连的引用线对象</documentation>
            </annotation>
        </element>
    </sequence>
</complexType>
<element name="referenceCurve" type="csdf:referenceCurveType"/>
<complexType name="polygonFeaturesType">
    <sequence>
        <element ref="csdf:polygonFeature" minOccurs="0" maxOccurs="unbounded"/>
    </sequence>
</complexType>
<element name="polygonFeatures" type="csdf:polygonFeaturesType">
    <annotation>
        <documentation>面要素</documentation>
    </annotation>
</element>
<complexType name="polygonFeatureType">
    <sequence>
        <element ref="csdf:featureProperty"/>
        <element name="labelPoint" type="csdf:pointType" minOccurs="0"/>
        <choice>
            <element ref="csdf:patches"/>
            <element ref="csdf:referencePolygon"/>
        </choice>
    </sequence>
</complexType>
<element name="polygonFeature" type="csdf:polygonFeatureType"/>
<element name="polygon" type="csdf:patchesType"/>
<complexType name="patchesType">
    <sequence>
        <element ref="csdf:patch" maxOccurs="unbounded"/>
    </sequence>
</complexType>
<element name="patches" type="csdf:patchesType"/>
<complexType name="patchType">
    <choice>
        <element ref="csdf:ring"/>
        <element ref="csdf:circleByThreePoint"/>
        <element ref="csdf:circleByCenterPoint"/>
```

```
            <element ref="csdf:ellipse"/>
            <element ref="csdf:envelope"/>
        </choice>
</complexType>
    <element name="patch" type="csdf:patchType"/>
    <complexType name="ringType">
        <annotation>
            <documentation>简单多边形</documentation>
        </annotation>
        <sequence>
            <element ref="csdf:lineString"/>
        </sequence>
    </complexType>
    <element name="ring" type="csdf:ringType"/>
    <complexType name="circleByThreePointType">
        <annotation>
            <documentation>三点圆</documentation>
        </annotation>
        <sequence>
            <element ref="csdf:point" minOccurs="3" maxOccurs="3"/>
        </sequence>
    </complexType>
    <element name="circleByThreePoint" type="csdf:circleByThreePointType"/>
    <complexType name="circleByCenterPointType">
        <annotation>
            <documentation>圆心圆</documentation>
        </annotation>
        <sequence>
            <element name="centerPoint" type="csdf:pointType">
                <annotation>
                    <documentation>圆心点</documentation>
                </annotation>
            </element>
            <element name="radius" type="double">
                <annotation>
                    <documentation>半径</documentation>
                </annotation>
            </element>
        </sequence>
    </complexType>
    <element name="circleByCenterPoint" type="csdf:circleByCenterPointType"/>
    <complexType name="ellipseType">
        <annotation>
```

```
            <documentation>椭圆</documentation>
        </annotation>
        <sequence>
            <element name="centerPoint" type="csdf:pointType">
                <annotation>
                    <documentation>椭圆中心点</documentation>
                </annotation>
            </element>
            <element name="endPoint" type="csdf:pointType">
                <annotation>
                    <documentation>长半轴端点相对于中点的坐标</documentation>
                </annotation>
            </element>
            <element name="ratio" type="double">
                <annotation>
                    <documentation>短半轴长度与长半轴的比率</documentation>
                </annotation>
            </element>
        </sequence>
    </complexType>
    <element name="ellipse" type="csdf:ellipseType"/>
    <complexType name="referencePolygonType">
        <annotation>
            <documentation>引用面要素</documentation>
        </annotation>
        <choice>
            <element ref="csdf:referenceCurve"/>
            <element name="referenceSurface" type="csdf:referenceCurveType"/>
        </choice>
    </complexType>
    <element name="referencePolygon" type="csdf:referencePolygonType"/>
    <complexType name="solidFeaturesType">
        <sequence>
            <element ref="csdf:solidFeature" minOccurs="0" maxOccurs="unbounded"/>
        </sequence>
    </complexType>
    <element name="solidFeatures" type="csdf:solidFeaturesType">
        <annotation>
            <documentation>体要素</documentation>
        </annotation>
    </element>
    <complexType name="solidFeatureType">
        <sequence>
```

```
            <element ref="csdf:featureProperty"/>
            <choice>
                <element ref="csdf:solids"/>
                <element ref="csdf:referenceSolid"/>
            </choice>
        </sequence>
    </complexType>
    <element name="solidFeature" type="csdf:solidFeatureType"/>
    <complexType name="solidType">
        <choice>
            <element ref="csdf:cuboid"/>
            <element ref="csdf:tetrahedron"/>
            <element ref="csdf:rotaryBody"/>
        </choice>
    </complexType>
    <element name="solid" type="csdf:solidType"/>
    <complexType name="solidsType">
        <sequence>
            <element ref="csdf:solid" maxOccurs="unbounded"/>
        </sequence>
    </complexType>
    <element name="solids" type="csdf:solidsType"/>
    <complexType name="cuboidType">
        <annotation>
            <documentation>长方体</documentation>
        </annotation>
        <sequence>
            <element ref="csdf:point" minOccurs="7" maxOccurs="7"/>
        </sequence>
    </complexType>
    <element name="cuboid" type="csdf:cuboidType"/>
    <complexType name="tetrahedronType">
        <annotation>
            <documentation>四面体</documentation>
        </annotation>
        <sequence>
            <element ref="csdf:point" minOccurs="4" maxOccurs="4"/>
        </sequence>
    </complexType>
    <element name="tetrahedron" type="csdf:tetrahedronType"/>
    <complexType name="rotaryBodyType">
        <annotation>
            <documentation>旋转体</documentation>
```

```
    </annotation>
    <sequence>
        <element ref="csdf:point" minOccurs="2" maxOccurs="2"/>
        <element ref="csdf:patch"/>
    </sequence>
</complexType>
<element name="rotaryBody" type="csdf:rotaryBodyType"/>
<complexType name="referenceSolidType">
    <sequence>
        <element ref="csdf:referencePolygon" maxOccurs="unbounded"/>
    </sequence>
</complexType>
<element name="referenceSolid" type="csdf:referenceSolidType"/>
<complexType name="multiGeometryFeaturesType">
    <sequence>
        <element ref="csdf:multiGeometryFeature" minOccurs="0" maxOccurs="unbounded"/>
    </sequence>
</complexType>
<element name="multiGeometryFeatures" type="csdf:multiGeometryFeaturesType">
    <annotation>
        <documentation>集合要素</documentation>
    </annotation>
</element>
<complexType name="multiGeometryFeatureType">
    <sequence>
        <element ref="csdf:featureProperty"/>
        <element ref="csdf:multiGeometry"/>
    </sequence>
</complexType>
<element name="multiGeometryFeature" type="csdf:multiGeometryFeatureType"/>
<complexType name="multiGeometryType">
    <sequence>
        <element ref="csdf:point" minOccurs="0" maxOccurs="unbounded"/>
        <element ref="csdf:curve" minOccurs="0" maxOccurs="unbounded"/>
        <element ref="csdf:polygon" minOccurs="0" maxOccurs="unbounded"/>
    </sequence>
</complexType>
<element name="multiGeometry" type="csdf:multiGeometryType"/>
<complexType name="annotationFeaturesType">
    <sequence>
        <element ref="csdf:annotationFeature" minOccurs="0" maxOccurs="unbounded"/>
    </sequence>
</complexType>
```

```
<element name="annotationFeatures" type="csdf:annotationFeaturesType">
    <annotation>
        <documentation>注记要素</documentation>
    </annotation>
</element>
<complexType name="annotationFeatureType">
    <sequence>
        <element ref="csdf:featureProperty"/>
        <element name="text" type="string"/>
        <element name="position">
            <complexType>
                <sequence maxOccurs="unbounded">
                    <element ref="csdf:point"/>
                    <element name="rotation" type="double"/>
                </sequence>
            </complexType>
        </element>
    </sequence>
</complexType>
<element name="annotationFeature" type="csdf:annotationFeatureType"/>
<complexType name="topoNodesType">
    <sequence>
        <element ref="csdf:topoNode" minOccurs="0" maxOccurs="unbounded"/>
    </sequence>
</complexType>
<element name="topoNodes" type="csdf:topoEdgesType">
    <annotation>
        <documentation>拓扑结点</documentation>
    </annotation>
</element>
<complexType name="topoNodeType">
    <sequence>
        <element name="nodeID" type="long"/>
        <element name="edgeID" type="long" minOccurs="0" maxOccurs="unbounded"/>
    </sequence>
</complexType>
<element name="topoNode" type="csdf:topoNodeType"/>
<complexType name="topoEdgesType">
    <sequence>
        <element ref="csdf:topoEdge" minOccurs="0" maxOccurs="unbounded"/>
    </sequence>
</complexType>
<element name="topoEdges" type="csdf:topoEdgesType">
```

```
    <annotation>
        <documentation>拓扑弧段</documentation>
    </annotation>
</element>
<complexType name="topoEdgeType">
    <sequence>
        <element name="edgeID" type="long"/>
        <element name="fromNode" type="long"/>
        <element name="toNode" type="long"/>
        <element name="leftPolygon" type="long"/>
        <element name="rightPolygon" type="long"/>
    </sequence>
</complexType>
<element name="topoEdge" type="csdf:topoEdgeType"/>
<complexType name="attributeTablesType">
    <sequence>
        <element ref="csdf:attributeTable" minOccurs="0" maxOccurs="unbounded"/>
    </sequence>
</complexType>
<element name="attributeTables" type="csdf:attributeTablesType">
    <annotation>
        <documentation>属性表数据</documentation>
    </annotation>
</element>
<complexType name="attributeTableType">
    <sequence>
        <element name="tableName" type="string"/>
        <element name="records">
            <complexType>
                <sequence minOccurs="0" maxOccurs="unbounded">
                    <element name="row" type="string"/>
                </sequence>
            </complexType>
        </element>
    </sequence>
</complexType>
<element name="attributeTable" type="csdf:attributeTableType"/>
<complexType name="varcharsType">
    <sequence minOccurs="0" maxOccurs="unbounded">
        <element name="varcharID" type="string"/>
        <element name="text" type="string"/>
    </sequence>
</complexType>
```

```
<element name="varchars" type="csdf:varcharsType">
    <annotation>
        <documentation>变长字符串数据</documentation>
    </annotation>
</element>
<complexType name="stylesType">
    <annotation>
        <documentation>样式类型</documentation>
    </annotation>
    <sequence>
        <element name="constantDefine" minOccurs="0">
            <annotation>
                <documentation>常量定义</documentation>
            </annotation>
            <complexType>
                <sequence maxOccurs="unbounded">
                    <element name="constantName" type="string">
                        <annotation>
                            <documentation>常量名</documentation>
                        </annotation>
                    </element>
                    <element name="constantValue" type="string">
                        <annotation>
                            <documentation>常量值</documentation>
                        </annotation>
                    </element>
                </sequence>
            </complexType>
        </element>
        <element name="relationTable" minOccurs="0">
            <annotation>
                <documentation>对应表</documentation>
            </annotation>
            <complexType>
                <sequence maxOccurs="unbounded">
                    <element name="relationID" type="string">
                        <annotation>
                            <documentation>对应表标识</documentation>
                        </annotation>
                    </element>
                    <element name="relationRow" maxOccurs="unbounded">
                        <annotation>
                            <documentation>对应表中的一行</documentation>
```

```
                    </annotation>
                </element>
            </sequence>
        </complexType>
    </element>
    <element ref="csdf:representation"/>
  </sequence>
</complexType>
<element name="styles" type="csdf:stylesType"/>
<complexType name="representationType">
  <sequence minOccurs="0" maxOccurs="unbounded">
    <element name="styleID" type="string"/>
    <sequence minOccurs="0" maxOccurs="unbounded">
      <element name="key" type="string"/>
      <element name="value" type="string"/>
    </sequence>
  </sequence>
</complexType>
<element name="representation" type="csdf:representationType"/>
<complexType name="gridDataType">
  <annotation>
    <documentation>格网数据</documentation>
  </annotation>
  <sequence>
    <element ref="csdf:gridMetaData"/>
    <element name="dataBody">
      <complexType>
        <choice minOccurs="0">
          <element name="fileName" type="string">
            <annotation>
              <documentation>数据体文件名</documentation>
            </annotation>
          </element>
          <element name="gridValues">
            <complexType>
              <sequence>
                <element name="gridRow" type="string" maxOccurs="unbounded">
                  <annotation>
                    <documentation>格网中的一行数据,以空格为分隔符</documentation>
                  </annotation>
                </element>
```

```
                </sequence>
              </complexType>
            </element>
          </choice>
        </complexType>
      </element>
    </sequence>
  </complexType>
  <element name="gridData" type="csdf:gridDataType"/>
  <complexType name="gridMetaDataType">
    <annotation>
      <documentation>格网数据元数据</documentation>
    </annotation>
    <sequence>
      <element name="version" type="string" fixed="GB/T 17798—2007">
        <annotation>
          <documentation>版本号</documentation>
        </annotation>
      </element>
      <element name="alpha" type="double">
        <annotation>
          <documentation>方向角</documentation>
        </annotation>
      </element>
      <element name="compress">
        <annotation>
          <documentation>压缩方法。0 表示不压缩,1 表示游程编码</documentation>
        </annotation>
        <simpleType>
          <restriction base="integer">
            <enumeration value="0"/>
            <enumeration value="1"/>
          </restriction>
        </simpleType>
      </element>
      <element name="x0" type="double">
        <annotation>
          <documentation>左上角原点(中心位置)X 坐标</documentation>
        </annotation>
      </element>
      <element name="y0" type="double">
        <annotation>
          <documentation>左上角原点(中心位置)Y 坐标</documentation>
```

```
        </annotation>
    </element>
    <element name="dx" type="double">
        <annotation>
            <documentation>X 方向的间距</documentation>
        </annotation>
    </element>
    <element name="dy" type="double">
        <annotation>
            <documentation>Y 方向的间距</documentation>
        </annotation>
    </element>
    <element name="rowCount" type="integer">
        <annotation>
            <documentation>行数</documentation>
        </annotation>
    </element>
    <element name="colCount" type="integer">
        <annotation>
            <documentation>列数</documentation>
        </annotation>
    </element>
    <element name="valueType">
        <annotation>
            <documentation>格网值的类型</documentation>
        </annotation>
        <simpleType>
            <restriction base="string">
                <enumeration value="Char"/>
                <enumeration value="Integer"/>
            </restriction>
        </simpleType>
    </element>
    <element name="HZoom" type="double">
        <annotation>
            <documentation>高程放大倍率.设置高程的放大倍率,使高程数据可以整数
存贮。例如,如果高程精度精确到厘米,高程的放大倍率为100,如果高程精度精确到毫米,高程的放大
倍率为1000。如果不是DEM则HZoom为1</documentation>
        </annotation>
    </element>
    <element ref="csdf:coordinateSystem" minOccurs="0"/>
    <element ref="csdf:xyUnit" minOccurs="0"/>
    <element ref="csdf:zUnit" minOccurs="0"/>
```

```
            <element ref="csdf:spheroid" minOccurs="0"/>
            <element ref="csdf:primeMeridian" minOccurs="0"/>
            <element ref="csdf:projection" minOccurs="0"/>
            <element ref="csdf:projectionParameters" minOccurs="0"/>
            <element ref="csdf:verticalDatum" minOccurs="0"/>
            <element ref="csdf:temporalReferenceSystem" minOccurs="0"/>
            <element name="minV" type="double" minOccurs="0">
                <annotation>
                    <documentation>格网最小值</documentation>
                </annotation>
            </element>
            <element name="maxV" type="double" minOccurs="0">
                <annotation>
                    <documentation>格网最大值</documentation>
                </annotation>
            </element>
        </sequence>
    </complexType>
    <element name="gridMetaData">
        <complexType>
            <complexContent>
                <extension base="csdf:gridMetaDataType"/>
            </complexContent>
        </complexType>
    </element>
    <complexType name="imageDataType">
        <annotation>
            <documentation>影像数据</documentation>
        </annotation>
        <sequence>
            <element ref="csdf:imageMetaData"/>
            <element name="fileName" type="string">
                <annotation>
                    <documentation>影像数据文件名</documentation>
                </annotation>
            </element>
        </sequence>
    </complexType>
    <element name="imageData" type="csdf:imageDataType"/>
    <complexType name="imageMetaDataType">
        <annotation>
            <documentation>影像数据元数据</documentation>
        </annotation>
```

```
<sequence>
    <element name="version" type="string" fixed="GB/T 17798—2007">
        <annotation>
            <documentation>版本号</documentation>
        </annotation>
    </element>
    <element name="type" type="string">
        <annotation>
            <documentation>影像类型</documentation>
        </annotation>
    </element>
    <element name="saveWay">
        <annotation>
            <documentation>彩色影像采取的存贮方式。Y 表示以像元为间隔排列，H 表示以行为间隔排列，B 表示以波段为间隔排列，RGB 表示 RGB 混合彩色图像</documentation>
        </annotation>
        <simpleType>
            <restriction base="string">
                <enumeration value="Y"/>
                <enumeration value="H"/>
                <enumeration value="B"/>
                <enumeration value="RGB"/>
            </restriction>
        </simpleType>
    </element>
    <element name="band" type="string" maxOccurs="unbounded">
        <annotation>
            <documentation>选用的波段</documentation>
        </annotation>
    </element>
    <element name="alpha" type="double">
        <annotation>
            <documentation>方向角</documentation>
        </annotation>
    </element>
    <element name="rowCount" type="integer">
        <annotation>
            <documentation>栅格矩阵的行数</documentation>
        </annotation>
    </element>
    <element name="colCount" type="integer">
        <annotation>
            <documentation>栅格矩阵的列数</documentation>
```

```
        </annotation>
    </element>
    <element name="row" type="integer">
        <annotation>
            <documentation>定位点行号</documentation>
        </annotation>
    </element>
    <element name="col" type="integer">
        <annotation>
            <documentation>定位点列号</documentation>
        </annotation>
    </element>
    <element name="Xr" type="double">
        <annotation>
            <documentation>定位点的 X 坐标</documentation>
        </annotation>
    </element>
    <element name="Yc" type="double">
        <annotation>
            <documentation>定位点的 Y 坐标</documentation>
        </annotation>
    </element>
    <element name="Dr" type="double">
        <annotation>
            <documentation>像素在行方向上的地面分辨率</documentation>
        </annotation>
    </element>
    <element name="Dc" type="double">
        <annotation>
            <documentation>像素在列方向上的地面分辨率</documentation>
        </annotation>
    </element>
    <element ref="csdf:coordinateSystem" minOccurs="0"/>
    <element ref="csdf:xyUnit" minOccurs="0"/>
    <element ref="csdf:spheroid" minOccurs="0"/>
    <element ref="csdf:primeMeridian" minOccurs="0"/>
    <element ref="csdf:projection" minOccurs="0"/>
    <element ref="csdf:projectionParameters" minOccurs="0"/>
    <element ref="csdf:temporalReferenceSystem" minOccurs="0"/>
    <element name="minV" type="double" minOccurs="0">
        <annotation>
            <documentation>像素的最小值</documentation>
        </annotation>
```

```
      </element>
      <element name="maxV" type="double" minOccurs="0">
        <annotation>
          <documentation>像素的最大值</documentation>
        </annotation>
      </element>
    </sequence>
  </complexType>
  <element name="imageMetaData" type="csdf:imageMetaDataType"/>
  <complexType name="envelopeType">
    <annotation>
      <documentation>范围类型</documentation>
    </annotation>
    <sequence>
      <element name="extentMin" type="csdf:pointType"/>
      <element name="extentMax" type="csdf:pointType"/>
    </sequence>
  </complexType>
  <element name="envelope" type="csdf:envelopeType">
    <annotation>
      <documentation>范围</documentation>
    </annotation>
  </element>
</schema>
```

附 录 C
（规范性附录）
常用参考椭球、投影类型及参数

C.1 常用的参考椭球及其参数

常用的参考椭球及其参数见表 C.1。

表 C.1 常用的参考椭球及其参数

坐标参照系	参考椭球	长半轴(单位:米)	扁率的倒数
1954 年北京坐标系	克拉索夫斯基椭球(1940)	6 378 245	298.3
1980 国家大地坐标系	IAG-75	6 378 140	298.257
WGS84 世界大地坐标系	WGS-84	6 378 137	298.257 223 563

C.2 常用投影类型和需要的投影参数描述

常用投影类型和需要的投影参数见表 C.2，其中 X 表示需要该项投影参数，否则不需要该项投影参数。

表 C.2 常用投影类型和需要的投影参数

投影类型	需要的投影参数描述									
	原点经度	原点纬度	第一标准纬线	第二标准纬线	方位角	归化比例因子	东偏	北偏	带宽	带号
地理坐标系										
高斯-克吕格	X					X	X	X	X	X
兰勃特正形割圆锥	X	X	X	X			X	X		
兰勃特正形切圆锥	X	X					X	X		
兰勃特等积方位	X	X				X	X	X		
亚尔勃斯等积割圆锥	X	X	X	X			X	X		
亚尔勃斯等积切圆锥	X	X					X	X		
通用横轴墨卡托	X						X	X		X
墨卡托正轴等角切圆柱	X					X	X	X		
墨卡托正轴等角割圆柱	X	X				X	X	X		
波斯托等距切方位	X	X					X	X		
彭纳等积伪圆锥	X	X					X	X		
等积正轴切圆柱	X						X	X		
等积正轴割圆柱	X	X					X	X		
等距正轴切圆锥	X	X					X	X		
等距正轴割圆锥	X	X	X	X			X	X		
等积斜轴切方位	X	X				X	X	X		

附 录 D
（资料性附录）
矢量数据交换格式样本

根据本标准，下面给出一些矢量数据交换格式文件中可能出现的数据片段形式并进行简单说明。这些数据片段是示例性的。

D.1 文件头示例

D.1.1 示例1

下面的片段说明了一个矢量数据集的文件头信息，坐标系类型为大地坐标系，坐标单位为度，坐标维数为2，参考椭球名称为克拉索夫斯基(1940)，数据集比例尺为1∶4 000 000，数据日期为20040512，属性数据分隔符为“,”。

CommentBegin
这是全国1∶4 000 000基础数据。
CommentEnd
HeadBegin
DataMark：CNSDTF-VCT
Version：GB/T 17798—2007
CoordinateSystemType：D
Dim：2
XYUnit：D
Spheroid：克拉索夫斯基（1940），6378.245，298.3
Projection：地理坐标系
ExtentMin：120.028190，41.097137
ExtentMax：121.467820，41.954895
MapScale：4000000
Date：20040512
Separator： ,
HeadEnd

D.1.2 示例2

下面的片段说明了一个土地利用数据集的文件头信息，坐标系类型为投影坐标系，坐标单位为米，坐标维数为2，参考椭球名称为西安(1980)，采用高斯－克吕格投影，中央经度为117°，东偏500 000 m，数据集比例尺为1∶10 000，数据日期为20040512，属性数据分隔符为“,”。

CommentBegin
这是广州1:10 000土地利用数据。
CommentEnd
HeadBegin
DataMark：CNSDTF-VCT
Version：GB/T 17798—2007
CoordinateSystemType：P

Dim：2

XYUnit：M

Spheroid：西安(1980),6378.140,298.257

Projection：高斯-克吕格

Parameters：117,0,,,,,1,500 000,0,3,

ExtentMin：39429645.026，2572324.505

ExtentMax：39436217.094，2577026.710

Scale：10000

Date：20040512

Separator：,

HeadEnd

D.2 要素类型参数示例

下面的文本片段描述了一个数据集中要素类型参数信息，其中，要素类 City 的几何类型为 Point，属性表名为 TCity，要素类 Road 和 River 的几何类型为 Line，属性表名分别为 TRoad 和 TRiver，要素类 Prov 的几何类型为 Polygon，属性表名为 TProv，要素类 Text 的几何类型为 Annotation，属性表名为空(没有属性表)。

FeatureCodeBegin

City,City,Point,TCity

Road,Road,Line, TRoad

River,River,Line,TRiver

Prov,Prov,Polygon,TRrov

Text,Text,Annotation,,

FeatureCodeEnd

D.3 属性数据结构示例

D.3.1 示例 1

下面的文本片段描述了要素类 Road 的属性表结构信息，表名为 TRoad，共有 7 个字段，其中，字段 Name 的类型为 Char，宽度为 32 个字符，字段 Code 的类型为 Int2，字段 Level 的类型为 Int4，字段 Width 的类型为 Float，字段 Length 的类型为 Double，字段 Paving 的类型为 Int1，字段 ConstructDate 的类型为 Date。

TableStructureBegin

TRoad,7

Name,Char,32

Code,Int2

Level,Int4

Width,Float,7,3

Length,Double,10,3

Paving,Int1

ConstructDate,Date

0

TableStructureEnd

D.3.2 示例2

下面的文本片段描述了要素类 Building 的属性表结构信息，表名为 TBuilding，共有 8 个字段，其中，字段 Name 的类型为 Char，显示宽度为 32 个字符，字段 Area 的类型为 Double，显示宽度为 10，小数点后位数为 4，字段 Floors 的类型为 Int4，字段 ConstructDate 的类型为 DateTime，字段 OpenTime 和 CloseTime 的类型为 Time，字段 Description 的类型为 Varchar，字段 Picture 的类型为 Varbin。

TableStructureBegin

TBuilding,8

Name,Char,32

Area,Double,10,4

Floors,Int4

ConstructDate,DateTime

OpenTime,Time

CloseTime,Time

Description,Varchar

Picture,Varbin

0

TableStructureEnd

D.3.3 示例3

下面的文本片段描述了具有时态属性的要素类 LandPatch 的属性表结构信息，表名为 TLandPatch，共有 3 个字段，其中，字段 PatchID 的类型为 Int4，字段 Temporal_Start 和 Temporal_End 的类型为 DateTime，分别表示要素的起始时态和终止时态。

TableStructureBegin

TLandPatch,3

PatchID,Int4

Temporal_Start,DateTime

Temporal_End,DateTime

0

TableStructureEnd

D.4 点状要素几何数据示例

下面的文本片段描述了点状数据，其中，标识码为 11 的点为独立点，它属于要素类 City，图形表现编码为 CityStyle，标识码为 12 的点为结点，它不属于任何要素类，没有图形表现编码，标识码为 13 的点为有向点，它属于要素类 PowerStation，图形表现编码为 PowerStationStyle，标识码为 14 的点为点簇，它属于要素类 Star，图形表现编码为 StarStyle。

PointBegin

11

City

CityStyle

1

39429692.671,2576976.101

0

12

Unknown

Unknown

2

39429721.040,2576649.307

0

13

PowerStation

PowerStationStyle

3

39430161.206,2576510.895

39430164.376,2576567.138

0

14

Star

StarStyle

4

6

39433180.065,2576829.637

39433180.980,2576858.660

39433214.339,2576857.161

39433213.964,2576846.665

39433245.075,2576845.541

39433245.075,2576856.036

0

PointEnd

D.5 线状要素几何数据示例

下面的文本片段描述了线状要素几何数据，它们属于要素类 Road，并具有图形表现编码 RoadStyle。其中，标识码为 21 的线如图 D.1 所示，它由两段折线组成。标识码为 22 的线如图 D.2 所示，它由一段折线和一段三点圆弧组成。标识码为 23 的线如图 D.3 所示，它由一段折线和一段圆心弧组成，圆心弧的圆心坐标为(360,150)，半径为 40，起始角为 0°，终止角为 45°。标识码为 24 的线如图 D.4 所示，它是一段椭圆弧，椭圆中心坐标为(450,100)，长半轴端点坐标为(450,200)，短半轴与长半轴比率为 0.5，起始角为 0°，终止角为 135°。标识码为 25 的线为引用线 21、22、23、24 构成的线。

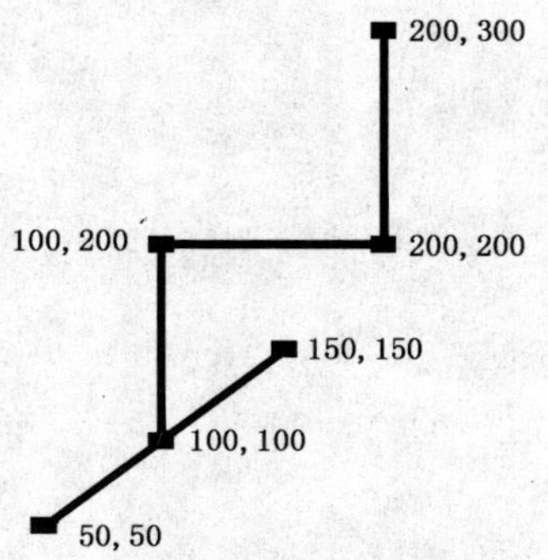

图 D.1 折线

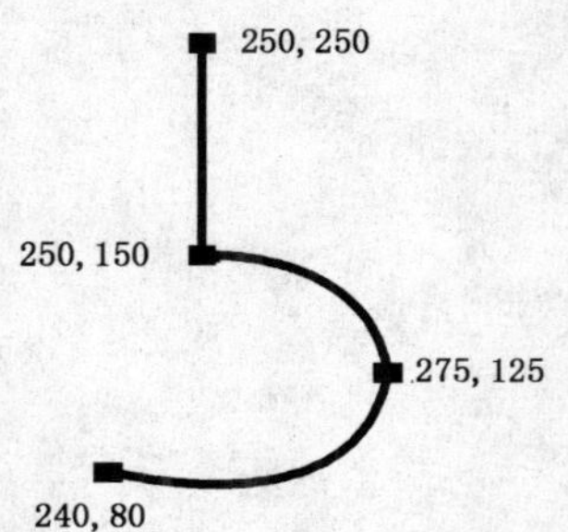

图 D.2 由折线和三点圆弧组成的线

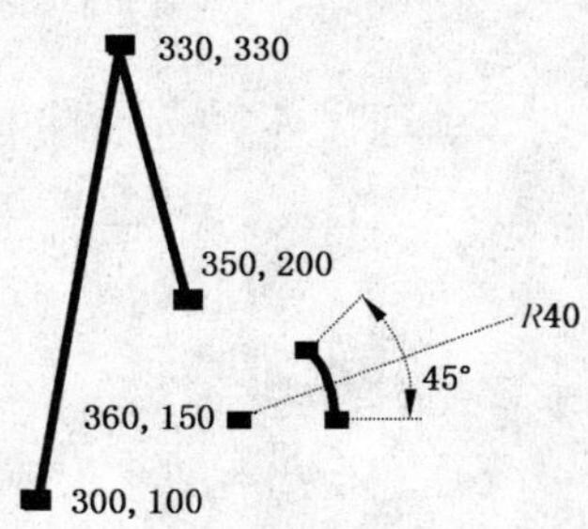

图 D.3 由折线和圆心弧组成的线

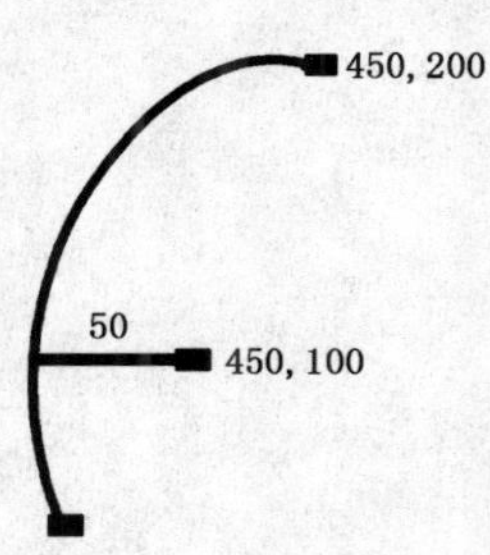

图 D.4 椭圆弧

LineBegin

21

Road

RoadStyle

1

2

11

4

100,100

100,200

200,200

200,300

11

2

50,50

150,150

0

22

Road

RoadStyle

1

2

11
2
250,250
250,150
12
3
250,150
275,125
240,80
0

23
Road
RoadStyle
1
2
11
3
300,100
330,330
350,200
13
360,150
40
0
45
0

24
Road
RoadStyle
1
1
14
450,100
450,200
0.5
0
135
0

25
Road

RoadStyle

100

7

21,0,22,0,23,0,24

0

LineEnd

D.6 面状要素几何数据示例

下面的文本片段描述了面状要素几何数据，它们属于要素类 Province，并具有图形表现编码 ProvinceStyle。其中，标识码为 31 的面如图 D.5 所示，它由三个多边形组成。标识码为 32 的面如图 D.6 所示，它由一个多边形、一个三点圆、一个圆心圆和一个椭圆组成。标识码为 33 的面为引用线对象(1,4,3;2,−4;5)构成的间接坐标面，如图 D.7 所示。标识码为 34 的面为引用面对象 31、32 构成的间接坐标面。

图 D.5 由多边形组成的面　**图 D.6 由圆、椭圆、多边形组成的面**　**图 D.7 间接坐标面**

PolygonBegin

31

Province

ProvinceStyle

1

3

11

6

80.1077,215.5975

129.1950,177.4507

180.6435,212.3475

163.3532,272.0616

101.2187,274.0703

80.1077,215.5975

11

5

115.5596,241.4828

127.1497,208.1044

160.5281,219.6944

148.9381,253.0728

115.5596,241.4828

11

7

140.7850131.8108

115.5596,165.1892

74.0403,160.0326

57.7465,121.4975

82.9719,88.1191

124.4912,93.2757

140.7850131.8108

0

32

Province

ProvinceStyle

1

4

11

6

284.6380,126.3612

337.8159,88.8956

389.8807,127.8933

368.8806,189.4608

303.8370,188.5139

284.6380,126.3612

12

3

360.5433,145.3098

342.7016,163.1515

324.8599,145.3098

13

342.7016,145.3098

17.8417

14

266.9120,221.7282

337.8159,221.7282

0.3459

0

33

Province

ProvinceStyle

2

21

8

1,4,3,0,2,—4,0,5

```
0

34
Province
ProvinceStyle
2
22
2
31,32
0
PolygonEnd
```

D.7　注记要素数据示例

下面的文本片段描述了注记数据，它们属于要素类 Text，并具有图形表现编码 TextStyle。其中，标识码为 41 的注记为单点注记，注记角度为 0°。标识码为 42 的注记为 3 点注记，每个注记的角度为 45°。

```
AnnotationBegin
41
Text
TextStyle
1
湖北
39434898.740,2576962.375,0.000000
0

42
Text
TextStyle
2
武汉市
3
39430611.263,2572601.416,45.000000
39430585.455,2572582.448,45.000000
39430577.681,2572573.120,45.000000
0
AnnotationEnd
```

D.8　拓扑数据示例

下面的文本片段描述了拓扑数据，如图 D.8 所示。图中带'号的数字表示构成弧段的结点的标识码，带 * 号的数字表示面的标识码，其他数字表示弧段的标识码。

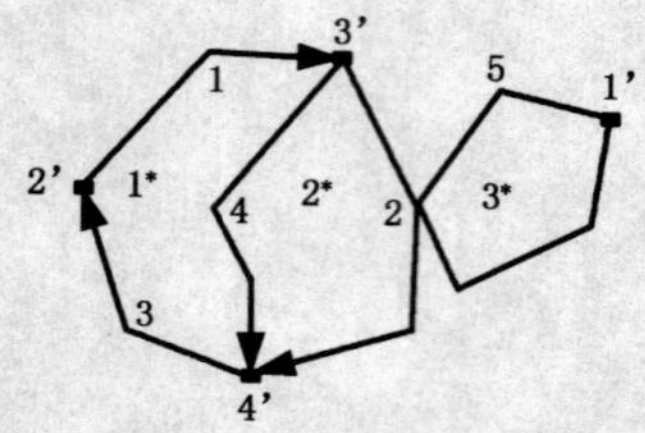

图 D.8 拓扑数据

TopologyBegin
NodeTopologyBegin
1
1
5
0

2
2
1,—3
0

3
3
—1,2,4
0

4
3
—2,—4,3
0
NodeTopologyEnd

EdgeTopologyBegin
1,2,3,0,1
2,3,4,0,2
3,4,2,0,1
4,3,4,2,1
5,1,1,0,3
EdgeTopologyEnd

TopologyEnd

D.9 属性数据示例

下面的文本片段描述了属性数据。其中属性表 TRoad 的结构见 D.3.1 示例 1,属性表 TBuilding 的结构见 D.3.2 示例 2。

AttributeBegin
TRoad
21,珞瑜路,430079,1,8.6,45000.000,1,1998-01-01
22,雄楚大道,430064,2,7.6,32000.000,1,1988-01-01
TableEnd

TBuilding
91,世贸大楼,5498.4786,9,2000-12-06 12:00:00.000,09:30:00,21:00,1000,c:\Media\Building91.bmp
92,亚贸大楼,3465.3219,7,2002-06-04 12:00:00.000,09:30:00,21:00,1001,c:\Media\Building92.bmp
93,市府大楼,2160.3219,5,1987-08-04 12:00:00.000,09:30:00,21:00,
TableEnd
AttributeEnd

VarcharBegin
1000
世贸大楼:是XXX市最大的购物中心
具有现代化的设施
,
1001
亚贸大楼:是XXX市最大的服装中心
,
VarcharEnd

D.10 图形表现数据示例

下面的文本片段描述了图形表现数据。

StyleBegin
RepresentationBegin
CityStyle
City
3
COLOR,0
SYMBOLID,100
POINTSIZE,1.0
0

PowerStationStyle
PowerStation
3
COLOR,6255
SYMBOLID,101

POINTSIZE,*2.0*
0

StarStyle
Star
3
COLOR,*255*
SYMBOLID,*103*
POINTSIZE,*4.0*
0

RoadStyle
Road
4
COLOR,*100*
SYMBOLID,*201*
LINEWIDTH,*4.0*
LINESTYLEID,*200*
0

ProvinceStyle
Province
4
FORECOLOR,*200*
BACKCOLOR,*45782*
SYMBOLID,*301*
PATTERNID,*3*
0

TextStyle
Text
14
COLOR,*900*
FONT,宋体
ANNOHEIGHT,*2.5*
ANNOWIDTH,*2.5*
ANNOSPACE,*0.0*
ANNOWEIGHT,*400*
ANNOSTYLE,*0*
ANNOUNDERLINE,*0*
ANNOSTRIKE,*0*
ANNOSHADOW,*0*
ANNOHOLE,*0*

ANNOALIGNMENT,LB
ANNOHORIZONTAL,0
ANNOTRANSPARENT,0
0
RepresentationEnd
StyleEnd

D.11 XML 形式的矢量数据示例

```
<? xml version="1.0" encoding="UTF-8"? >
<dataset xmlns="http://www.csdf.org/Schema" xmlns:xsi="http://www.w3.org/2001/
XMLSchema-instance"
xsi:schemaLocation="http://www.csdf.org/Schema csdf.xsd">
    <vectorData>
        <vectorMetaData>
            <version>GB/T 17798—2007</version>
            <coordinateSystem>P</coordinateSystem>
            <dim>2</dim>
            <xyUnit>
                <name>M</name>
            </xyUnit>
            <spheroid>
                <name>克拉索夫斯基(1940)</name>
                <semiMajor>6378.245</semiMajor>
                <inverseFlatten>298.3</inverseFlatten>
            </spheroid>
            <projection>
                <type>兰勃特正形切圆锥</type>
            </projection>
            <projectionParameters>
                <origin_longitude>105</origin_longitude>
                <origin_latitude>0</origin_latitude>
                <first_standard_parallel>25</first_standard_parallel>
                <second_standard_parallel>47</second_standard_parallel>
                <false_easting>0</false_easting>
                <false_northing>0</false_northing>
            </projectionParameters>
            <envelope>
                <extentMin>-2638796.300 526702.310</extentMin>
                <extentMax>2201225.000 6239252.000</extentMax>
            </envelope>
            <mapScale>4000000</mapScale>
            <separator>,</separator>
```

```
    </vectorMetaData>
    <featureCodes>
        <featureCode>
            <code>bont_L</code>
            <name>bont_L</name>
            <geometryType>Line</geometryType>
            <tableName/>
        </featureCode>
        <featureCode>
            <code>bont_S</code>
            <name>bont_S</name>
            <geometryType>Polygon</geometryType>
            <tableName>Tbont_S</tableName>
        </featureCode>
        <featureCode>
            <code>bont_PROV_S</code>
            <name>bont_PROV_S</name>
            <geometryType>Polygon</geometryType>
            <tableName>Tbont_PROV_S</tableName>
        </featureCode>
    </featureCodes>
    <tableStructures>
        <tableStructure>
            <tableName>Tbont_S</tableName>
            <fields>
                <field>
                    <name>NAME</name>
                    <type>char</type>
                    <totalDigitals>20</totalDigitals>
                </field>
            </fields>
        </tableStructure>
        <tableStructure>
            <tableName>Tbont_PROV_S</tableName>
            <fields>
                <field>
                    <name>CODE</name>
                    <type>int4</type>
                </field>
                <field>
                    <name>NAME</name>
                    <type>char</type>
                    <totalDigitals>30</totalDigitals>
```

```
            </field>
            <field>
                <name>PYNAME</name>
                <type>char</type>
                <totalDigitals>50</totalDigitals>
            </field>
            <field>
                <name>CAPNAME</name>
                <type>char</type>
                <totalDigitals>20</totalDigitals>
            </field>
            <field>
                <name>PYCAPNAME</name>
                <type>char</type>
                <totalDigitals>20</totalDigitals>
            </field>
        </fields>
    </tableStructure>
</tableStructures>
<pointFeatures/>
<curveFeatures>
    <curveFeature>
        <featureProperty>
            <featureID>1</featureID>
            <featureCode>bont_L</featureCode>
            <featureStyle>bont_L_Style</featureStyle>
        </featureProperty>
        <curve>
            &lt;segment&gt;
                <lineString>
                    <point>1423127.600 6192395.500</point>
                    <point>1421988.500 6191238.000</point>
                    <point>1419929.400 6189744.500</point>
                    <point>1417990.400 6190081.500</point>
                    <point>1416802.400 6191131.500</point>
                    <point>1416647.000 6193502.500</point>
                    <point>1417341.800 6195699.500</point>
                    <point>1418880.000 6198445.500</point>
                    <point>1420346.600 6199828.500</point>
                    <point>1420370.400 6202507.500</point>
                </lineString>
            &lt;/segment&gt;
        </curve>
```

```
        </curveFeature>
        <curveFeature>
            <featureProperty>
                <featureID>2</featureID>
                <featureCode>bont_L</featureCode>
                <featureStyle>bont_L_Style</featureStyle>
            </featureProperty>
            <curve>
                &lt;segment&gt;
                    <lineString>
                        <point>1317379.600 6223467.500</point>
                        <point>1315835.500 6225107.500</point>
                        <point>1313051.100 6227420.500</point>
                        <point>1287931.000 6232589.000</point>
                        <point>1283361.500 6234140.500</point>
                        <point>1279032.100 6235061.500</point>
                        <point>1274826.800 6235302.500</point>
                        <point>1271832.500 6235940.500</point>
                        <point>1270345.800 6237331.000</point>
                        <point>1269223.900 6239252.000</point>
                        <point>1267863.800 6238077.500</point>
                        <point>1266379.800 6235740.500</point>
                    </lineString>
                &lt;/segment&gt;
            </curve>
        </curveFeature>
    </curveFeatures>
    <polygonFeatures>
        <polygonFeature>
            <featureProperty>
                <featureID>1848</featureID>
                <featureCode>bont_S</featureCode>
                <featureStyle>bont_S_Style</featureStyle>
            </featureProperty>
            <labelPoint>1107526.950 1287715.600</labelPoint>
            <patches>
                <patch>
                    <ring>
                        <lineString>
                            <point>1106607.300 1287403.300</point>
                            <point>1106658.900 1288348.800</point>
                            <point>1106803.900 1288583.500</point>
                            <point>1107774.000 1288563.300</point>
```

```
                    <point>1108158.000 1288294.600</point>
                    <point>1108432.800 1288015.900</point>
                    <point>1108446.600 1287270.100</point>
                    <point>1108222.100 1287000.400</point>
                    <point>1107738.900 1286844.600</point>
                    <point>1107182.000 1286875.800</point>
                    <point>1106607.300 1287403.300</point>
                </lineString>
            </ring>
        </patch>
    </patches>
</polygonFeature>
<polygonFeature>
    <featureProperty>
        <featureID>1850</featureID>
        <featureCode>bont_S</featureCode>
        <featureStyle>bont_S_Style</featureStyle>
    </featureProperty>
    <labelPoint>1106948.800 1286123.850</labelPoint>
    <patches>
        <patch>
            <ring>
                <lineString>
                    <point>1106995.000 1285755.800</point>
                    <point>1106592.300 1285813.400</point>
                    <point>1106430.300 1286273.300</point>
                    <point>1106903.000 1286491.900</point>
                    <point>1107340.100 1286342.500</point>
                    <point>1107467.300 1286054.900</point>
                    <point>1106995.000 1285755.800</point>
                </lineString>
            </ring>
        </patch>
    </patches>
</polygonFeature>
</polygonFeatures>
<attributeTables>
    <attributeTable>
        <tableName>Tbont_PROV_S</tableName>
        <records>
            <row>1920,110000,北京市,Beijing Shi,北京,Beijing</row>
            <row>1921,120000,天津市,Tianjin Shi,天津,Tianjin</row>
            <row>1922,130000,河北省,Hebei Sheng,石家庄,Shijiazhuang</row>
```

```
            <row>1923,140000,山西省,SHanxi Sheng,太原,Taiyuan</row>
            <row>1924,150000,内蒙古自治区,Neimongol Zizhiqu,呼和浩特,Hohhot</row>
            <row>1925,210000,辽宁省,Liaoning Sheng,沈阳,Shenyang</row>
            <row>1926,220000,吉林省,Jilin Sheng,长春,Changchun</row>
            <row>1927,230000,黑龙江省,Heilongjiang Sheng,哈尔滨,Haerbin</row>
            <row>1928,310000,上海市,Shanghai Shi,上海,Shanghai</row>
            <row>1929,320000,江苏省,Jiangsu Sheng,南京,Nanjing</row>
            <row>1930,330000,浙江省,Zhejiang Sheng,杭州,Hangzhou</row>
            <row>1931,340000,安徽省,Anhui Sheng,合肥,Hefei</row>
            <row>1932,350000,福建省,Fujian Sheng,福州,Fuzhou</row>
            <row>1933,360000,江西省,Jiangxi Sheng,南昌,Nanchang</row>
            <row>1934,370000,山东省,Shandong Sheng,济南,Jinan</row>
            <row>1935,410000,河南省,Henan Sheng,郑州,Zhengzhou</row>
            <row>1936,420000,湖北省,Hubei Sheng,武汉,Wuhan</row>
            <row>1937,430000,湖南省,Hunan Sheng,长沙,Changsha</row>
            <row>1938,440000,广东省,Guangdong Sheng,广州,Guangzhou</row>
            <row>1939,450000,广西壮族自治区,Guangxizhuangzu Zizhiqu,南宁,Nanning</row>
            <row>1940,460000,海南省,Hainan Sheng,海口,Haikou</row>
            <row>1941,610000,陕西省,Shanxi Sheng,西安,Xi′an</row>
            <row>1942,630000,青海省,Qinghai Sheng,西宁,Xining</row>
            <row>1943,640000,宁夏回族自治区,Ningxiahuizu Zizhiqu,银川,Yinchuan</row>
            <row>1944,650000,新疆维吾尔自治区,Xinjianguygur Zizhiqu,乌鲁木齐,Urumuqi</row>
            <row>1945,710000,台湾省,Taiwan Sheng,台北,Taibei</row>
            <row>1946,810000,香港特别行政区,Xianggang Tebiexingzhengqu,香港,Xianggang</row>
            <row>1947,820000,澳门特别行政区,Aomen Tebiexingzhengqu,澳门,Aomen</row>
            <row>1948,540000,西藏自治区,Xizang Zizhiqu,拉萨,Lasha</row>
            <row>1949,530000,云南省,Yunnan Sheng,昆明,Kunming</row>
            <row>1950,520000,贵州省,Guizhou Sheng,贵阳,Guiyang</row>
            <row>1951,510000,四川省,Sichuan Sheng,成都,Chengdu</row>
            <row>1952,500000,重庆市,Chongqing Shi,重庆,Chongqing</row>
            <row>1953,620000,甘肃省,Gansu Sheng,兰州,Lanzhou </row>
          </records>
        </attributeTable>
      </attributeTables>
    </vectorData>
</dataset>
```

附 录 E
（资料性附录）
正射影像附加信息交换格式样本

DataMark：CNSDTF-IMG
Version：GB/T 17798—2007
Type：BMP
SaveWay：Y
Band：0
Alpha：0.0
Row：0
Col：0
Xr：37599745.000
Yc：4125038.752
Dr：0.847
Dc：0.847
XYUnit：M
MinV：0
MaxV：210

附　录　F
（资料性附录）
格网数据交换格式样本

F.1　文本格式的格网数据示例

DataMark：CNSDTF-DEM
Version：GB/T 17798—2007
Alpha：0.0
Compress：0
X0：458312.500
Y0：3458762.500
DX：12.500
DY：12.500
Row：366
Col：473
ValueType：Integer
Hzoom：100
XYUnit：M
ZUnit：M

```
-99999 -99999 -99999 -99999 -99999 -99999 -99999 -99999 -99999 -99999
-99999 -99999 -99999 -99999 -99999 -99999 -99999 -99999 -99999 -99999
-99999 -99999 -99999 -99999 -99999 -99999 -99999 -99999 -99999 -99999
-99999 -99999 -99999 -99999 -99999 -99999 -99999 -99999 -99999 -99999
-99999 -99999 -99999 -99999 -99999 -99999 -99999 -99999 -99999 -99999
-99999 -99999 -99999 -99999 -99999 -99999 -99999 -99999 -99999 -99999
-99999 -99999 -99999 -99999 -99999 -99999 1891 1904 1917 1930
1943 1955 1968 1981 1994 1837 1854 2004 2029 2049
2071 2102 2130 2157 2183 2203 2220 2242 2269 2299
2331 2362 2394 2425 2456 2488 2537 2597 2657 2717
2783 2855 2915 2982 2999 3018 3029 3036 3041 3069
3098 3126 3154 3183 3211 3240 3268 3298 3328 3358
3388 3419 3449 3480 3571 3730 3888 4013 4058 4103
4151 4202 4253 4304 4355 4406 4457 4513 4598 4680
4737 4787 4821 4852 4887 4924 4963 5006 5111 5228
5345 5457 5587 5725 5830 5909 5943 5926 5924 5990
6128 6303 6479 6808 7194 7555 7930 8362 8900 9359
9988 10515 11244 11703 11960 12076 12045 11997 11954 11881
11712 11448 11078 10525 9946 9757 9442 9163 8853 8504
```

……

F.2 XML形式的格网数据示例


```
<? xml version="1.0" encoding="UTF-8"? >
<dataset xmlns = " http://www. csdf. org/Schema" xmlns: xsi = " http://www. w3. org/2001/
XMLSchema-instance"
xsi:schemaLocation="http://www. csdf. org/Schema csdf. xsd">
  <gridData>
    <gridMetaData>
      <version>GB/T 17798—2007</version>
      <alpha>0.0</alpha>
      <compress>0</compress>
      <x0>458312.500</x0>
      <y0>3458762.500</y0>
      <dx>12.500</dx>
      <dy>12.500</dy>
      <rowCount>366</rowCount>
      <colCount>473</colCount>
      <valueType>Integer</valueType>
      <HZoom>100</HZoom>
      <xyUnit>
        <name>M</name>
      </xyUnit>
    </gridMetaData>
    <dataBody>
      <gridValues>
        <gridRow> -99999 -99999 -99999 -99999 -99999 -99999 -99999
                  -99999 -99999 -99999 </gridRow>
        <gridRow> -99999 -99999 -99999 -99999 -99999 -99999 -99999
                  -99999 -99999 -99999 </gridRow>
        <gridRow> -99999 -99999 -99999 -99999 -99999 -99999 -99999
                  -99999 -99999 -99999 </gridRow>
        <gridRow> -99999 -99999 -99999 -99999 -99999 -99999 -99999
                  -99999 -99999 -99999 </gridRow>
        <gridRow> -99999 -99999 -99999 -99999 -99999 -99999 -99999
                  -99999 -99999 -99999 </gridRow>
        <gridRow> -99999 -99999 -99999 -99999 -99999 -99999 -99999
                  -99999 -99999 -99999 </gridRow>
        <gridRow> -99999 -99999 -99999 -99999 -99999
                  -99999 1891 1904 1917 1930 </gridRow>
        <gridRow> 1943 1955 1968 1981 1994 1837 1854
                  2004 2029 2049 </gridRow>
        <gridRow> 2071 2102 2130 2157 2183 2203 2220
                  2242 2269 2299 </gridRow>
```

```
        <gridRow>  2331   2362   2394   2425   2456   2488   2537
                   2597   2657   2717 </gridRow>
        <gridRow>  2783   2855   2915   2982   2999   3018   3029
                   3036   3041   3069 </gridRow>
        <gridRow>  3098   3126   3154   3183   3211   3240   3268
                   3298   3328   3358 </gridRow>
        <gridRow>  3388   3419   3449   3480   3571   3730   3888
                   4013   4058   4103 </gridRow>
        <gridRow>  4151   4202   4253   4304   4355   4406   4457
                   4513   4598   4680 </gridRow>
        <gridRow>  4737   4787   4821   4852   4887   4924   4963
                   5006   5111   5228 </gridRow>
        <gridRow>  5345   5457   5587   5725   5830   5909   5943
                   5926   5924   5990 </gridRow>
        <gridRow>  6128   6303   6479   6808   7194   7555   7930
                   8362   8900   9359 </gridRow>
        <gridRow>  9988   10515  11244  11703  11960  12076  12045
                   11997  11954  11881 </gridRow>
        <gridRow>  11712  11448  11078  10525  9946   9757   9442
                   9163   8853   8504 </gridRow>
      </gridValues>
    </dataBody>
  </gridData>
</dataset>
```